SCHÄFFER
POESCHEL

Reiner Bröckermann

Personalwirtschaft
Lehr- und Übungsbuch
für Human Resource Management

5., überarbeitete Auflage

2009
Schäffer-Poeschel Verlag Stuttgart

Autor:
Prof. Dr. Reiner Bröckermann, Institut für Personalführung und Management, Hochschule Niederrhein in Mönchengladbach.

Für meine Mutter, Ria Bröckermann, und meine Frau, Tina Bröckermann

Dozenten finden Powerpoint-Folien und PDF-Dateien der Abbildungen für dieses Lehrbuch unter www.sp-dozenten.de (Registrierung erforderlich).

Bibliografische Information der Deutschen Nationalbibliothek
Die Deutsche Nationalbibliothek verzeichnet diese Publikation in der Deutschen Nationalbibliografie; detaillierte bibliografische Daten sind im Internet über http://dnb.d-nb.de abrufbar.

Gedruckt auf chlorfrei gebleichtem, säurefreiem und alterungsbeständigem Papier

ISBN 978-3-7910-2839-2

© 2009 Schäffer-Poeschel Verlag für Wirtschaft · Steuern · Recht GmbH
www.schaeffer-poeschel.de
info@schaeffer-poeschel.de

Einbandgestaltung: Willy Löffelhardt/Melanie Frasch (Bild: MEV Verlag)
Satz: Claudia Wild, Stuttgart
Druck und Bindung: aprinta druck GmbH & Co. KG, Wemding

Printed in Germany
August 2009

Schäffer-Poeschel Verlag Stuttgart

Vorwort

Wer sich mit der ruhe- und rastlosen Personalwirtschaft beschäftigt, dem Personalmanagement oder Human Resource Management, und zwar mit allen Aspekten von der Personalbeschaffung bis hin zur Personalfreisetzung, dem wird nicht langweilig.

Bildungsprämie, Blog, Competitive Intelligence, Demografie, Elterngeld, Gesundheitsfonds, Health Care Management, Job Casting, Mindestlohn, Near-, Off- und Onshoring, Pflegezeit, Podcast, Second Life, Social Software, Talent Scout, Talentmanagement, Training along the Job, Web 2.0, Wiki, diese und weitere Begriffe sind in der letzten Zeit diskutiert worden. Der Gesetzgeber, die Fachleute vor Ort und in der Wissenschaft haben sich wieder einmal viel einfallen lassen. Allein schon deshalb war eine gründliche Überarbeitung notwendig.

Die fünfte Auflage beinhaltet darüber hinaus neue Aufgaben samt Lösungen, Passagen, die »unter der Lupe« ein vertieftes Verständis er-

möglichen, und Texte, die Entwicklungen »aus der Praxis« schildern. Zudem erscheint das Buch in einem neuen Gewand. All dies geschieht, damit es Ihr verlässlicher Begleiter in allen personalwirtschaftlichen Lehrveranstaltungen und, nicht zu vergessen, Ihr praxisorientiertes Nachschlagewerk im Berufsalltag wird.

Dem professionellen, verlässlichen Team des Schäffer-Poeschel Verlags, vor allem Herrn Frank Katzenmayer und Frau Adelheid Fleischer, danke ich für die erstklassige Unterstützung.

Über Rückmeldungen, Vorschläge und Ergänzungen würde ich mich freuen.

Mönchengladbach, im Sommer 2009
Prof. Dr. Reiner Bröckermann

Dozenten finden Powerpoint-Folien und PDF-Dateien der Abbildungen für dieses Lehrbuch unter www.sp-dozenten.de (Registrierung erforderlich).

Inhaltsverzeichnis

1 Grundlagen

Leitfragen

▸ **Aus welchen Personengruppen setzt sich eine Belegschaft zusammen?**
Wie grenzt man diese Personengruppen gegeneinander ab?
Wann ist ein Unternehmen ein Arbeitgeber?

▸ **Wie kann man das Personalwesen organisieren?**

▸ **Welche Prinzipien sind für die Personalpolitik maßgeblich?**

▸ **Was versteht man unter Personalwirtschaft, Personalmanagement und Human Resource Management?**
Wer beschäftigt sich in welcher Form mit den personalwirtschaftlichen Aufgaben?
Inwiefern kann die elektronische Datenverarbeitung hilfreich sein?

▸ **Welchen Einfluss hat das Arbeitsrecht auf die Personalwirtschaft?**

1.1 Akteure

1.1.1 Personal

Im Zentrum der Personalwirtschaft steht das Personal *(Abb. 1.1)*. Das Personal oder die Belegschaft ist die Gesamtheit der Beschäftigten eines Unternehmens. Häufig bezeichnet man diesen Personenkreis auch als Arbeitskräfte oder Mitarbeiterinnen und Mitarbeiter. Damit soll ein partnerschaftliches Verhältnis betont werden.

1.1.1.1 Arbeitnehmer

Zum Personal zählen zunächst die Arbeitnehmerinnen und Arbeitnehmer, also Personen, die in Anlehnung an § 84 des Handelsgesetzbuches und § 611 des Bürgerlichen Gesetzbuches

▸ auf privatrechtlicher Grundlage, dem **Arbeitsvertrag**,

▸ von einem anderen, dem **Arbeitgeber**,

▸ gegen die Zusage einer Gegenleistung, dem **Arbeitsentgelt**,

▸ beschäftigt werden, also in eigener Person für ihn **Arbeit** verrichten, *(Stelzer-Rothe/Hohmeister 2001, S. 19)* und

▸ zu diesem Arbeitgeber in einem **persönlichen Abhängigkeitsverhältnis** stehen, also vor-

wiegend fremdbestimmte, fremdnützige Arbeit leisten und

– sowohl persönlich als auch fachlich weisungsgebunden sind,

– deren Arbeitsort und Arbeitszeit vom Auftraggeber festgelegt,

– deren Arbeitsleistung kontrolliert und

– denen eine unverzichtbare und eingeplante Dienstbereitschaft abverlangt wird,

– die mit anderen Beschäftigten zusammenarbeiten und

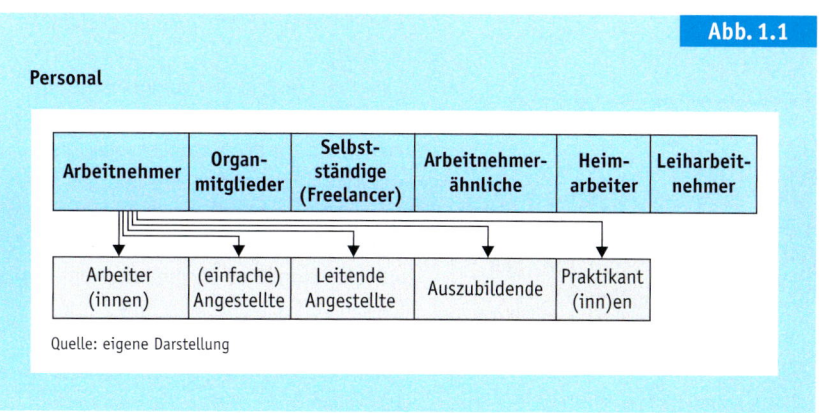

Abb. 1.1

Personal

Arbeitnehmer	Organmitglieder	Selbstständige (Freelancer)	Arbeitnehmerähnliche	Heimarbeiter	Leiharbeitnehmer
Arbeiter (innen)	(einfache) Angestellte	Leitende Angestellte	Auszubildende	Praktikant (inn)en	

Quelle: eigene Darstellung

Auszubildende

Praktikanten

Arbeiter/innen

Angestellte

Leitende Angestellte

– sich einem fremden Produktionsplan unterordnen müssen,
– die ihre Tätigkeit nicht als Unternehmer selbst bestimmen und
– einzelne Aufträge nicht ablehnen können *(Holtbrügge 2005, S. 34 f.)*.

Die Bezieher des Arbeitslosengelds II, das für bis 49-Jährige nach 12-monatiger, für 50- bis 54-Jährige nach 15-monatiger, für 55- bis 57-Jährige nach 18-monatiger und für Ältere nach 24-monatiger Arbeitslosigkeit den Lebensunterhalt sichert, können als sogenannte Ein-Euro-Jobber tätig werden. Sie übernehmen dann gemäß § 16 des Dritten Buchs des Sozialgesetzbuches befristet und maximal bis zu 30 Stunden pro Woche für ein bis zwei Euro pro Stunde gemeinnützige oder zusätzliche Arbeiten. Dabei handelt es sich um eine reine Eingliederungsmaßnahme. Deshalb sind Ein-Euro-Jobber keine Arbeitnehmer und damit auch keine Beschäftigten.

Arbeitnehmerinnen und Arbeitnehmer sind entweder

▸ Arbeiterinnen und Arbeiter, auch gewerbliche Mitarbeiter genannt, die eine überwiegend körperliche Tätigkeit ausüben, oder

▸ Angestellte, das heißt, kaufmännische und technische Mitarbeiter, die vornehmlich geistige Tätigkeiten verrichten. Diese Unterscheidung, die im Einzelfall nur schwer nachzuvollziehen ist, ist nach mehreren Entscheidungen des Bundesverfassungsgerichts zur Gleichbehandlung und aufgrund einer Vielzahl von tarifvertraglichen Regelungen rechtlich von untergeordneter Bedeutung. Allerdings genießen Angestellte immer noch ein höheres Ansehen *(Etzel/Griebeling/Liebscher 2002, S. 21)*.

▸ Eine spezielle Gruppe der Angestellten, die leitenden Angestellten, sind ebenfalls Arbeitnehmer. Nach § 5 des Betriebsverfassungsgesetzes ist leitender Angestellter, wer nach Arbeitsvertrag und Stellung im Unternehmen oder im Betrieb

– zur selbstständigen Einstellung und Entlassung von Arbeitnehmerinnen und Arbeitnehmern berechtigt ist oder

– Generalvollmacht respektive Prokura besitzt oder

– regelmäßig sonstige Aufgaben wahrnimmt, die für den Bestand und die Entwicklung des Unternehmens oder eines Betriebes von Bedeutung sind.

– Da diese Umschreibung sehr unbestimmt ist, hat der Gesetzgeber in der besagten Vorschrift weitere Entscheidungshilfen gegeben.

Auf die leitenden Angestellten finden nur die wenigen Vorschriften des Betriebsverfassungsgesetzes Anwendung, in denen dies ausdrücklich bestimmt ist. Ansonsten trifft das Sprecherausschussgesetz spezielle Regelungen *(Vogel 2002, S. 313 ff.)*.

▸ Auch Auszubildende sind Arbeitnehmer. Von den anderen Arbeitnehmern unterscheidet sie die Tatsache, dass sie zum Zwecke der Ausbildung auf der Basis eines Ausbildungsvertrages beschäftigt werden.

▸ Praktikantinnen und Praktikanten arbeiten sich im Rahmen einer Ausbildung, etwa des Studiums, regelmäßig gegen ein nur geringes Entgelt in die Praxis eines kaufmännischen oder, als sogenannte Volontäre, eines journalistischen Berufs ein *(Bühler 2003, S. 36)*.

1.1.1.2 Organmitglieder

Keine Arbeitnehmer, aber sehr wohl Beschäftigte, sind die Gesellschafter von Personengesellschaften und Vorstandsmitglieder juristischer Personen. Sie sind für das Unternehmen aufgrund einer besonderen gesellschaftsrechtlichen Beziehung oder auf der Basis eines freien Dienstvertrags tätig *(Hanau/Adomeit 2000, Randnummer 549)*.

1.1.1.3 Selbstständige

Im Gegensatz zu Arbeitnehmern stehen die Selbstständigen, also freie Mitarbeiter, zu ihrem Vertragspartner in **keinem persönlichen Abhängigkeitsverhältnis.** Trotzdem zählen sie zu den Beschäftigten. Sie werden als sogenannte Freelancer aufgrund von freien Dienstverträgen tätig, mit denen sie sich verpflichten, bestimmte Dienstleistungen zu erbringen *(Hesse 2002, S. 350 ff.)*.

Hierbei kann es sich um Leistungen aller Art handeln, etwa die Rechts- und Unternehmensberatung oder ärztliche Dienste. Deshalb gelten auch die **Handelsvertreter** im Sinne des § 84

Scheinselbstständige

Werden die Dienstleistungen ständig erbracht, kann die Entscheidung problematisch sein,

- *ob sie Dienstleistende oder*
- *tatsächlich Selbstständige sind bzw.*
- *ob sie sogenannte Scheinselbstständige sind, also Arbeitnehmer, die wie Selbstständige auftreten.*

Die bisherige Vermutungsregelung des § 7 des Vierten Buchs des Sozialgesetzbuches ist weggefallen. Damit sind nunmehr die Träger der Sozialversicherung aufgefordert, den Beweis für das Vorliegen einer Scheinselbstständigkeit zu führen. Sprechen einige Merkmale für ein Arbeitsverhältnis, andere für ein freies Mitarbeiterverhältnis, werden sie abwägen, welche Umstände in

ihrer Gesamtheit gewichtiger erscheinen, sich aber sicherlich an den früher geltenden Kriterien orientieren (Welslau 2000 b, S. 80 ff.):

- *Scheinselbstständige beschäftigen keine versicherungspflichtigen Arbeitnehmer, deren Arbeitsentgelt mehr als 400 Euro im Monat beträgt.*
- *Sie arbeiten auf Dauer und im Wesentlichen nur für einen Auftraggeber.*
- *Scheinselbstständige üben eine arbeitnehmertypische Beschäftigung aus.*
- *Sie handeln nicht unternehmerisch.*
- *Scheinselbstständige haben die Tätigkeit zuvor für denselben Auftraggeber in einem Arbeitsverhältnis ausgeübt.*

des Handelsgesetzbuches als Selbstständige. Handelsvertreter sind selbstständige Gewerbetreibende, die für ihren Auftraggeber Geschäfte vermitteln oder in dessen Namen abschließen.

1.1.1.4 Arbeitnehmerähnliche
Beschäftigte, die zwar als Selbstständige oder Handelsvertreterbezeichnet werden, aber in die wirtschaftliche Abhängigkeit eines Auftraggebers geraten, sind gemäß § 12 a des Tarifvertragsgesetzes als arbeitnehmerähnliche Personen anzusehen. Das ist der Fall,

- wenn sie vertraglich nur für einen Unternehmer tätig werden dürfen oder
- nach Art und Umfang der von ihnen verlangten Tätigkeit nur für einen Unternehmer tätig sein können, und
- wenn sie mit dieser Tätigkeit im Durchschnitt der letzten sechs Monate die Hälfte ihrer gesamten Erwerbseinnahmen erzielen.

Auf die arbeitnehmerähnlichen Personen sind nach § 5 des Arbeitsgerichtsgesetzes bestimmte arbeitsrechtliche Vorschriften anwendbar *(Pulte 2006, S. 8)*.

1.1.1.5 Heimarbeiter
Letzteres gilt auch für die arbeitnehmerähnlichen Personen, die man als Heimarbeiterinnen und Heimarbeiter bezeichnet. Da sie sich im Auftrag von Gewerbetreibenden gewerblich betätigen, sind sie an sich keine Arbeitnehmer. Ihre Arbeitsstätte ist unabhängig vom Auftraggeber,

in dessen Betrieb sie folglich nicht eingegliedert werden. Überdies unterliegen sie keineswegs dem Weisungsrecht dieses Auftraggebers. Da sie ihm aber die Verwertung der aus Roh- und Hilfsstoffen gefertigten Arbeitserzeugnisse überlassen, sind sie seine Beschäftigten.

Regelmäßig stehen Heimarbeiter in einer wirtschaftlichen Abhängigkeit zum Auftraggeber. Deshalb legt das Heimarbeitsgesetz zu ihrem Schutz unabdingbare Mindestbedingungen fest.

Wirtschaftliche Abhängigkeit

1.1.1.6 Leiharbeitnehmer
Die Leiharbeitnehmerinnen und Leiharbeitnehmer gehören sehr wohl der Arbeitnehmerschaft an, aber nicht der des Unternehmens, in dem sie tätig werden, sondern der eines gewerbsmäßigen Verleihers von Personal. Trotzdem sind sie Beschäftigte des Unternehmens, in dem sie tätig werden, denn sie stellen jenem Unternehmen ihre Arbeitskraft zur Verfügung.

1.1.1.7 Beamte
Neben vielen Arbeitnehmerinnen und Arbeitnehmern sind Beamte im öffentlichen Dienst tätig. Im Unterschied zu den Arbeitnehmern im öffentlichen Dienst werden Beamte durch einen staatlichen Hoheitsakt ernannt. Beamte verrichten ihre Arbeit also nicht auf privatrechtlicher, sondern auf öffentlich-rechtlicher Grundlage. Aus diesem Grund sind sie keine Arbeitnehmer, jedoch Beschäftigte. Dasselbe gilt für Soldaten und Richter. Angesichts der diversen speziellen gesetzlichen Regelungen verbietet sich eine wei-

Keine Arbeitnehmer jedoch Beschäftigte

tere Erörterung des Beschäftigungsverhältnisses von Beamten, Soldaten und Richtern im Rahmen der Personalwirtschaft *(Holtbrügge 2005, S. 37)*.

1.1.1.8 Familienrechtliche Mitarbeiter
Wer aufgrund einer familienrechtlichen Pflicht für ein Familienmitglied Arbeitsleistungen erbringt, leistet sogenannte familienrechtliche Mitarbeit, **ohne Beschäftigter** des Familienmitgliedes oder des Auftraggebers der Arbeitsleistungen **zu werden**. Das schließt jedoch nicht aus, dass trotzdem ein Arbeitsverhältnis begründet wird *(Hanau/Adomeit 2000, Randnummer 545)*.

Kein Beschäftigter des Auftraggebers

1.1.2 Arbeitgeber

Arbeitgeber sind alle natürlichen oder juristischen Personen und Körperschaften des öffentlichen Rechts, die mindestens eine Person beschäftigen, der sie für ihre Tätigkeit eine Gegenleistung versprochen haben *(Pulte 2006, S. 6 f.)*.

Arbeitgeber werden häufig als Unternehmer bezeichnet. Das ist nicht ganz exakt.

▸ Auch der **Staat** ist ein Arbeitgeber. Er ist aber nur dann ein Unternehmer, wenn er wirtschaftlich tätig wird.

▸ Als **Management oder Manager** bezeichnet man den Personenkreis, der die grundsätzlichen, wegweisenden, die sogenannten originären Entscheidungen in Unternehmen trifft *(Abb. 1.3, Bröckermann 2000 b, S. 24)*. Diese

Manager sind sogenannte **Auftragsunternehmer**. Sie sind als leitende Angestellte mit unternehmerischen Funktionen betraut, aber keineswegs die Eigentümer des Unternehmens.

▸ Nur die sogenannten **Eigentümerunternehmer** sind zugleich Arbeitgeber. Sie sind einerseits die Vertragspartner der Beschäftigten. Andererseits übernehmen sie als Allein- oder Miteigentümer das Risiko für das haftende Kapital.

1.1.3 Unternehmen

Das Unternehmen ist eine rechtliche und wirtschaftliche Einheit, die aus einem oder mehreren Betrieben, das heißt organisatorischen Gefügen, besteht *(Schmalen/Pechtl 2006, S. 2)*.

In diversen Gesetzen und im täglichen Sprachgebrauch werden Unternehmen immer wieder uneinheitlich und unpräzise als **Firma** – eigentlich der juristische Begriff für den Namen – **Werk**, **Geschäft** oder **Gewerbebetrieb** bezeichnet.

Mithin lässt sich keine eindeutige, allgemein akzeptierte Definition der genannten Begriffe finden. Deshalb soll in den folgenden Ausführungen aus Vereinfachungsgründen der Begriff Unternehmen im eingangs zitierten Sinne verwendet werden, der neben den privaten und öffentlichen Produktionsbetrieben das Gros der sozialen Organisationen und der Körperschaften des öffentlichen Rechts umfasst.

1.2 Personalwesen

1.2.1 Unternehmenssektion

Das Personalwesen ist die Sektion eines Unternehmens, die sich federführend den personalwirtschaftlichen Aufgabenfeldern widmet *(Abb. 1.4, Olfert 2008, S. 37)*.

Die personalwirtschaftlichen Aufgaben werden in **kleinen Unternehmen** mit bis zu 100 Beschäftigten vom **Eigentümer oder Führungskräften** mit Personalkompetenz mit übernommen.

Bereits in **mittelständischen Unternehmen** mit über 100 Beschäftigten wird eine **Stelle** na-

Personalabteilung

mens Personalwesen geschaffen. Die Stelleninhaberin oder der Stelleninhaber nimmt dann einige oder den Großteil der personalwirtschaftlichen Aufgaben wahr.

In größeren Unternehmen ab 200 bis 400 Beschäftigten ist das Personalwesen in der Regel eine **Personalabteilung** oder gar Hauptabteilung Personal mit mehreren Fachgebieten oder Fachgruppen. Zumeist arbeitet ca. ein Prozent der Belegschaft in der Personalabteilung *(Danne/Heider-Knabe 2003, S. 16)*.

Im Übrigen hat es sich nicht als sinnvoll erwiesen, eine **Trennung von Personal- und**

Unter der Lupe

Unternehmung

Statt Unternehmen verwendet man häufig den Begriff ***Unternehmung****. Mit Unternehmung meint man dann*

- *private und*
- *öffentliche Produktionsbetriebe, die mit dem Ziel wirtschaften, fremden Bedarf zu decken.*

Haushaltung

Den Gegenbegriff bildet die ***Haushaltung****,*

- *ein privater Konsumtionsbetrieb zur individuellen Deckung des Eigenbedarfs bzw.*
- *ein öffentlicher Konsumtionsbetrieb zur kollektiven Deckung des Eigenbedarfs (Kosiol 1962, Spalte 5540 ff.).*

Sozialwesen vorzunehmen. Beide Aufgabenbereiche sind miteinander verwoben.

1.2.2 Organisation des Personalwesens

In kleineren Unternehmen kann die Organisation des Personalwesens kein bedeutsames Thema sein, wohl aber die Modalitäten der Vergabe dieser Aufgaben an Externe. Zu einem bedeutsamen Thema wird die Organisation des eigenen Personalwesens erst in größeren Unternehmen.

Die Organisation hat zwei Aspekte. Während die Gliederung des Personalwesens den Aufbau dieser Unternehmenssektion betrifft, zeigt die Eingliederung seine Positionierung und Bedeutung im Unternehmen auf *(Abb. 1.2, Hentze/Kammel 2001, S. 101 ff.)*.

1.2.2.1 Funktionsorientierte Gliederung

Bei der funktionsorientierten Gliederung organisiert man das Personalwesen entsprechend den Aufgabenfeldern der Personalwirtschaft *(Nicolai 2006, S. 11)*.

Recht simpel ist die funktionsorientierte Gliederung nach Zielkategorien. Hier entsteht eine Zweiteilung des Personalwesens in ein Sozialwesen und ein Personalressort, wie sie im Kapitel Personalservice angesprochen wird.

Komplexer ist eine funktionsorientierte, sogenannte aufgabenbezogene Gliederung nach Schwerpunkten. Dabei wird das Personalwesen in Abhängigkeit vom Arbeitsvolumen gemäß den Funktionen unterteilt, die alle Beschäftigten angehen und zentral ausgeübt werden. Derartige Funktionen sind beispielsweise der Personalservice und die Entgeltabrechnung.

Bei einer funktionsorientierten Gliederung nach Prozessphasen werden die Arbeitsvorgänge in einer zeitlichen Abfolge hintereinandergereiht, etwa Personalbeschaffung, Personaleinsatz und so weiter.

Die funktionsorientierte Gliederung bringt es mit sich, dass die Beschäftigten für ihre Personalangelegenheiten zu **viele Ansprechpartner** haben. Zudem wird das Arbeitsfeld der Personalverantwortlichen sehr eingeengt. Deshalb hat man andere Gliederungsformen entwickelt.

1.2.2.2 Objektorientierte Gliederung

Die objektorientierte Gliederung richtet sich, mitarbeiterorientiert, an Belegschaftsgruppen oder, bereichsbezogen, an den Strukturen des betreffenden Unternehmens aus *(Nicolai 2006, S. 11 f.)*.

Die klassische, mitarbeiterorientierte Gliederung nach Belegschaftsgruppen trennt zwi-

Abb. 1.2

Gliederung und Eingliederung des Personalwesens

Gliederung					Eingliederung
Funktionsorientiert	**Objektorientiert**	**Center-Konzepte**	**Outsourcing**	**Personalwesen als Fragment**	
▸ Zielkategorien ▸ Schwerpunkte ▸ Prozessphasen	▸ Belegschaftsgruppen ▸ Berufsgruppen ▸ bereichsbezogen ▸ Referentensystem	▸ Cost Center ▸ Service Center ▸ Profit Center	▸ Aufgabenfelder ▸ externes Personalwesen ▸ Verselbstständigung	▸ Kernaufgaben ▸ virtuelles Personalwesen	▸ in die Linie ▸ in kaufmännischer Abteilung ▸ direkt unter der Geschäftsleitung ▸ Sitz im Vorstand

Quelle: eigene Darstellung

schen Arbeitern oder Lohnempfängern und Angestellten oder Gehaltsempfängern, eventuell ergänzt durch eine Sozialverwaltung. Der Vorteil dieser Lösung liegt in der Spezialisierung der Personalverantwortlichen auf die besonderen Belange der einzelnen Belegschaftsgruppen. Allerdings bleibt dabei das Expertenwissen für diverse Aufgabenfelder wie die Personalentwicklung auf der Strecke.

Wenig verbreitet ist die mitarbeiterorientierte Gliederung nach Berufsgruppen, etwa nach Ingenieuren, Kaufleuten usw.

Als bereichsbezogen oder divisional bezeichnet man eine Gliederung gemäß der Aufbauorganisation des jeweiligen Unternehmens. Sie ist gleichfalls in der Praxis seltener anzutreffen, vor allem aber dort, wo die Unternehmensbereiche auch räumlich voneinander getrennt sind. In diesem Fall besitzen die verschiedenen Unternehmens- oder Geschäftsbereiche üblicherweise eigenverantwortliche Personalabteilungen. Solche Personalabteilungen sind in der Regel wie in mittelständischen Unternehmen gegliedert.

Alle Aufgabenfelder der Personalwirtschaft stehen in einer engen Wechselbeziehung. Deshalb wurden die beschriebenen Formen der objektbezogenen Gliederung zum sogenannten divisionalen Referentensystem weiterentwickelt. Die Beschäftigten einer Produktlinie, einer Sparte, eines Standortes oder einer Funktion werden von Personalreferenten vor Ort betreut. Die Beschäftigten haben dadurch, im Sinne eines »One Face to the Customer«, einen einzigen Ansprechpartner für alle personalwirtschaftlichen Belange, der zudem über mitarbeiter- und bereichsspezifische Kenntnisse verfügt. Der Überforderung der Personalreferentinnen und -referenten wird durch die Benennung von Funktionsspezialisten, die Key-Account Personalmanager, für besonders komplexe und komplizierte Personalaufgaben begegnet *(Armutat et al. 2007, S. 41 ff., Bühner 2005, S. 382 ff.)*.

1.2.2.3 Center-Konzepte

In den letzten Jahren rückt die **Wertschöpfung**, die Differenz zwischen den vom Unternehmen an die externen Kunden abgegebenen Leistungen und den von den Lieferanten übernommenen Leistungen, ins Blickfeld der Betriebswirtschaftslehre und damit auch in den Fokus der Personal-

wirtschaft. Das Personalwesen hat folglich solche Beiträge zu erbringen, die sich wertschöpfend für die Leistungsprozesse des Unternehmens auswirken. Damit wird das Personalwesen zum Wertschöpfungscenter *(Oechsler 2006, S. 6 ff.)*.

Praktiziert wird dieser Ansatz, indem man das Personalwesen als Cost, Service oder Profit Center führt *(Bühner 2005, S. 389 ff., Wunderer/Arx 2002, S. 17 ff.)*.

Mit dem Blick auf die Wirtschaftlichkeit der Personalwirtschaft wird der Personalaufwand immer detaillierter erfasst und analysiert. Dadurch wird das Personalwesen zum Cost Center. Wenn hier unter der Bezeichnung Corporate oder Competence Center eine unternehmensweite, über Umlagen finanzierte Steuerungs- und Beratungsfunktion für strategische Aufgaben wahrgenommen wird, spricht man vom Expertise Center *(Armutat et al. 2007, S. 25 ff.)*.

Bietet die Personalabteilung ihre Leistungen in der Folge den anderen Abteilungen zu internen Verrechnungspreisen an, wird sie zum Service Center. Die Personalabteilung hat das Ziel, ihre eigenen Kosten zu decken. Die nachfragenden Abteilungen werden als Kunden betrachtet. In mitarbeiterstarken Unternehmen, speziell in solchen mit mehreren Standorten, entstehen Shared Service Center, wenn die vermeintlich standardisierbaren, ortunabhängigen personal-

Aus der Praxis

»Erhebliche Potenziale bieten Shared Services Center (SSC) noch immer für viele Unternehmen. Das ist das Fazit einer europaweiten Umfrage der PA Consulting Group unter 141 Unternehmen. Danach haben die Befragten seit 2001 ihre Kosten mithilfe von SSC um zwölf Prozent gesenkt ... Zwei Drittel der Befragten wollen SSC künftig nutzen, um Prozesse mit größerer Wertschöpfung (wie Personalentwicklung und Mitarbeiterbetreuung) voranzutreiben. Zudem plant die Hälfte der Unternehmen einen Mix aus internen und externen Leistungen.«
PA Consulting 2007: PA Consulting Group (www.paconsulting.com, Verfasser unbekannt), »Erhebliche Potenziale«, in: Personalführung, Heft 10/2007, S. 8.

Cost Center

Expertise Center

(Shared) Service Center

Referentensystem

wirtschaftlichen Aufgaben von einem Standort aus erledigt werden *(Ackermann 2005, S. 10 f., Krüger/Werder/Grundel 2007, S. 8)*.

Erhält die Personalabteilung zur Verantwortung für die Kosten auch noch eine Ertragsverantwortung, also die Vorgabe, einen Gewinn zu erzielen, wird sie zum Profit Center. Das Profit Center stellt Dienstleistungen bereit, die von internen und externen Kunden nachgefragt und gegen kosten- und marktorientierte Verrechnungspreise zur Verfügung gestellt werden. Funktionstüchtig ist dieses Modell nur, wenn die Personalabteilung Kosten und Erlöse unmittelbar beeinflussen kann und entsprechende Entscheidungsbefugnisse hat *(Sengelmann 2002, S. 257 ff.)*.

1.2.2.4 Outsourcing der Personalwirtschaft
Schließlich kann man Überlegungen anstellen, ob personalwirtschaftliche Aufgaben nicht kostengünstiger von Externen erledigt werden können. Entschließt man sich dazu, so bezeichnet man das als Outsourcing *(Eggert 2001, S. 58 f.)*.

Eine weit verbreitete Variante dieses Outsourcing ist das Business Process Outsourcing (BPO), die komplette Übernahme von Geschäftsprozessen durch einen externen Anbieter, und zwar

▸ als Onshoring in einer anderen Region im selben Land,
▸ als Nearshoring in einem anderen Land auf demselben Kontinent oder
▸ als Offshoring auf einem anderen Kontinent *(Dressler 2007, S. 59 ff.)*.

Laut *Alex (2000, S. 38 ff.)* kommen zum Beispiel folgende **Aufgabenfelder** in Frage:

▸ die Personalbeschaffung,
▸ weite Bereiche des Personalservice, etwa die Aufgaben der Arbeitssicherheit und Arbeitsmedizin, die Verpflegung und der Werkschutz,
▸ wesentliche Teile der Entgeltabrechnung und der Personalstatistik,
▸ Aufgabenfelder der Personalentwicklung wie die Berufsausbildung und diverse weitere Maßnahmen.

Profit Center

Maßgebend bleiben neben den Kostenüberlegungen die Erhaltung der Arbeitszufriedenheit der Beschäftigten des betroffenen Unternehmens und der sensible Umgang mit den Kernkompetenzen, zu denen sicherlich die personalwirtschaftliche Kompetenz der Beschäftigten eines Unternehmens zählt *(Scherm 2004, S. 42 ff.)*.

Kernkompetenzen

Grundsätzlich ist es äußerst problematisch, das gesamte Personalwesen im Rahmen eines Outsourcing in fremde Hände zu geben. Unternehmerische und strategische Aufgaben müssen im Unternehmen verbleiben. Dazu zählen die Personalplanung, Entgeltfindung und Personalentwicklung, das Personalcontrolling sowie die Arbeit mit den Betriebsverfassungsorganen. Selbst wenn es denkbar wäre, die bisher bestehende formale Personalorganisation beispielsweise in mittelständischen Unternehmen aufzulösen, müsste die Koordination und Verantwortung für die genannten Bereiche innerhalb des Unternehmens erhalten bleiben.

Business Process Outsourcing

Outsourcing umsetzen

*Für das Outsourcing sollte eine **Projektgruppe** aus Mitarbeitern der Abteilungen Finanzen, Personal, Datenverarbeitung, Recht und Organisation gebildet werden, das die Verantwortung übernimmt.*

*Diese Projektgruppe sollte umgehend die **Belegschaftsvertretung informieren und** so weit wie möglich **einbinden**, denn beim Outsourcing sind alle Mitbestimmungsrechte zu beachten, die das kollektive und individuelle Arbeitsrecht kennt.*

*Danach muss man sich auf die Suche nach einem geeigneten Kooperationspartner machen. Informationen über die Anbieter erhält man aus Fachzeitschriften, auf Messen, von Marktforschungsunternehmen, über Anzeigen, von befreundeten Firmen, den Industrieorganisationen oder über das Internet. Man stellt eine Liste mit Kriterien zusammen, die die **Anbieter** erfül-*

*len sollen. Mit geeigneten Anbietern klärt man danach die Konditionen einer etwaigen Übernahme der **vorhandenen Mitarbeiter** nach § 613 a des Bürgerlichen Gesetzbuches und Fragen hinsichtlich des gebotenen **Services**. Nachdem die Entscheidung für einen Anbieter gefallen ist, wird die konkrete Ausgestaltung der Partnerschaft durch einen **Outsourcing-Vertrag** gestaltet.*

*Die **Übergabe von internen Aufgaben an einen Dienstleister** ist keine einfache Aufgabe. Besonders kritisch ist die Kommunikationspolitik während der Angebotserstellung und der Verhandlungen. Während nach außen äußerst sparsam mit Informationen umgegangen werden sollte, müssen die Mitarbeiter so früh wie möglich informiert werden.*

Unter der Lupe

Aus der Praxis

»Zusammen mit der Züricher Gesellschaft für Personalmanagement (ZGP) führte der Lehrstuhl für Human Resources Management an der Universität Zürich im Herbst 2006 eine Vollbefragung bei den Mitgliedern der Personal-Managementgesellschaften BGP, HR-Bern und ZGP durch. 792 Personen aus der deutschsprachigen Schweiz haben sich an der Studie beteiligt, was einem Rücklauf von 30 Prozent entspricht ... Das Outsourcing von Aufgaben im Human Resource Management (HRM) ist noch wenig verbreitet. Nur einer von vier Befragten arbeitet in einer Firma, die HRM-Aufgaben auslagert. Dennoch gehen alle davon aus, dass HRM-Outsourcing in den nächsten zwei Jahren zunehmen wird. Auf keinen Fall darf die Personalbetreuung ausgelagert werden. Die Studie zeigt zudem, dass auslagernde Firmen dann mit dem Outsourcing zufrieden sind, wenn die Kosten weniger im Vordergrund stehen.«

Renggli 2008: Renggli, S., »Human Resources – das Outsourcing-Potenzial ist enorm«, in: io new management, Heft 03/2008, S. 32–35.

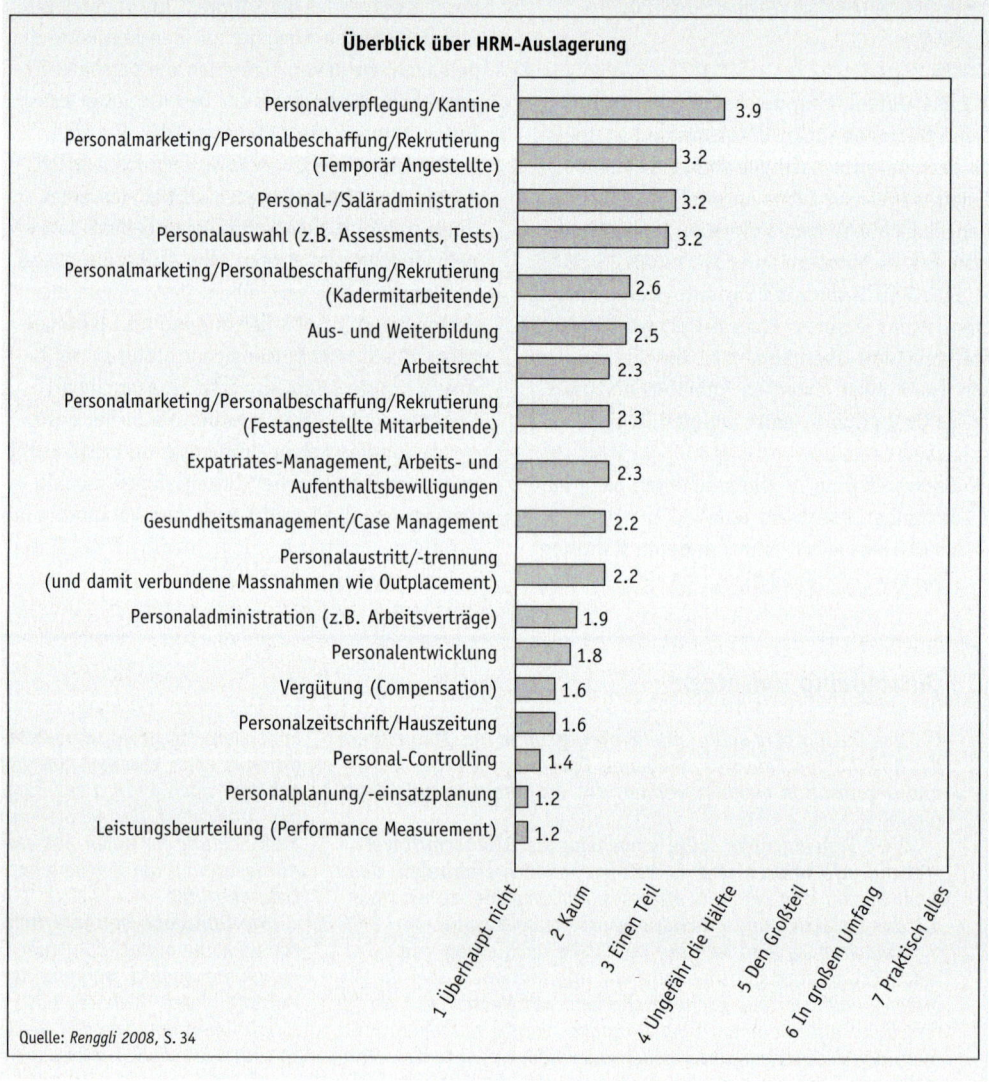

Überblick über HRM-Auslagerung

Kategorie	Wert
Personalverpflegung/Kantine	3.9
Personalmarketing/Personalbeschaffung/Rekrutierung (Temporär Angestellte)	3.2
Personal-/Saläradministration	3.2
Personalauswahl (z.B. Assessments, Tests)	3.2
Personalmarketing/Personalbeschaffung/Rekrutierung (Kadermitarbeitende)	2.6
Aus- und Weiterbildung	2.5
Arbeitsrecht	2.3
Personalmarketing/Personalbeschaffung/Rekrutierung (Festangestellte Mitarbeitende)	2.3
Expatriates-Management, Arbeits- und Aufenthaltsbewilligungen	2.3
Gesundheitsmanagement/Case Management	2.2
Personalaustritt/-trennung (und damit verbundene Massnahmen wie Outplacement)	2.2
Personaladministration (z.B. Arbeitsverträge)	1.9
Personalentwicklung	1.8
Vergütung (Compensation)	1.6
Personalzeitschrift/Hauszeitung	1.6
Personal-Controlling	1.4
Personalplanung/-einsatzplanung	1.2
Leistungsbeurteilung (Performance Measurement)	1.2

1 Überhaupt nicht   2 Kaum   3 Einen Teil   4 Ungefähr die Hälfte   5 Den Großteil   6 In großem Umfang   7 Praktisch alles

Quelle: *Renggli 2008*, S. 34

Trotzdem wird auch die Idee eines externen Personalwesens praktiziert. Gerade in kleineren Unternehmen, in denen das Personalwesen vom Eigentümer, Geschäftsführer oder Führungskräften mit Personalkompetenz betreut wird, kommt die Personalwirtschaft nicht selten zu kurz. Zuweilen mangelt es Mittelständlern, Handwerkern und Ärzten sowohl an der Zeit als auch am geeigneten Handwerkszeug, um die notwendigen Aufgaben professionell zu erledigen. In diese Marktlücke stoßen einige Dienstleister mit dem Angebot eines externen Personalwesens auf Anfrage oder regelmäßig für ein bis mehrere Tage in der Woche *(Kempfer/Kolakovic 2004, S. 22 ff.)*.

Auf der anderen Seite kann man das Personalwesen, gleich in welcher Rechtsform, verselbstständigen und seine Dienste anderen Unternehmen zur Verfügung stellen, die ihrerseits personalwirtschaftliche Aufgabenfelder im Rahmen des Outsourcing preisgeben wollen. Eine konzerneigene, aber rechtlich selbstständige Dienstleistungsgesellschaft kann Funktionen innerhalb des Konzerns zu Marktpreisen anbieten *(Sengelmann 2002, S. 258 ff.)*.

1.2.2.5 Personalwesen als Fragment

Wenn tatsächlich Aufgabenfelder in fremde Hände vergeben werden, stellt sich die Frage, ob und in welcher Form im Unternehmen ein Personalwesen existieren soll.

Im Anschluss an die Möglichkeiten des Outsourcing hat das Personalwesen konzeptionelle und dispositive Kernaufgaben, etwa die Auswertung der Personalkosten, Personalbestandsveränderungen, Personalstrukturdaten, Fehl- und Ausfallzeiten sowie die Weiterleitung dieser Informationen an die relevanten Stellen. Zudem verbleibt im Personalwesen eine Dienstleistungsfunktion für die in der Abwicklung komplexen, rechtlich diffizilen Aufgaben der Personalbeschaffung, der Personalbeurteilung und des Personalabbaus.

Scholz zufolge ist das Personalwesen unverzichtbar, allerdings nicht notwendigerweise in Form einer traditionellen Personalabteilung. Er erachtet es nicht als notwendig, dass die Organisationseinheit Personalwesen räumlich verbunden ist und dass die Mitarbeiter des Personalwesens einer Personalleiterin oder einem Personalleiter direkt zugeordnet sind. *Scholz* erwartet,

dass Personalverantwortliche in unterschiedlichen Bereichen eingesetzt werden, wo sie neben den personalwirtschaftlichen Aufgaben weitere Aktivitäten wahrnehmen. Mithin werde die Personalorganisation in Zukunft aus Kernkompetenzträgern bestehen, die im Unternehmen verteilt installiert werden. Das Ergebnis dieser Überlegungen ist ein virtuelles Personalwesen, das auf eine verlässliche, sichere Computerunterstützung bauen kann *(Scholz 2000, S. 208 ff., 2002, S. 22 ff., 2005, S. 52 ff.)*.

1.2.2.6 Eingliederung des Personalwesens

Mit der Gliederung des Personalwesens sind noch nicht alle organisatorischen Fragen geklärt. Offen bleiben

▸ die hierarchische Positionierung des Personalwesens als Stelle, Abteilung, Hauptabteilung oder Geschäftsbereich,
▸ der Berichtsweg, entweder direkt an die Geschäftsleitung bzw. den Vorstand oder an eine andere Sektion des Unternehmens, etwa an die Verwaltung oder die kaufmännische Leitung,
▸ die Bedeutung des Personalwesens im Gefüge des Unternehmens und
▸ die Stellung sowie der Einfluss der Personalleiterin oder des Personalleiters.

Diesen Komplex bezeichnet man als Eingliederung des Personalwesens *(Olesch 2008, S. 43 ff.)*.

Wenn man das Personalwesen als Organisationseinheit größtenteils oder gar komplett auflöst, wird die Personalwirtschaft in die Linie, das heißt auf die Vorgesetzten vor Ort verlagert.

Solange es aber im Unternehmen eine Organisationseinheit Personalwesen gibt, findet man bezüglich dieser Eingliederung mehrere Varianten, die hauptsächlich von der Größe des Unternehmens abhängen.

▸ Soweit in **kleineren Unternehmen** eine Stelle Personalwesen existiert, ist der Stelleninhaber in der Regel Mitglied einer kaufmännischen Abteilung. Ansonsten stellt sich lediglich die Frage, wem die personalwirtschaftlichen Aufgaben übertragen werden, etwa dem Eigentümer, dem Geschäftsführer oder Führungskräften mit Personalkompetenz.

Externes Personalwesen

Verselbstständigung

Kernaufgaben

Eingliederung größenabhängig

Virtuelles Personalwesen

▶ In **mittelständischen Unternehmen** ist das Personalwesen nur in Ausnahmefällen direkt in der Geschäftsleitung vertreten. Meist ist es auf dem direkten Berichtsweg der kaufmännischen Leitung unterstellt. Die personalwirtschaftlichen Aufgaben sind schon hier derart bedeutungsvoll, dass das Personalwesen auf der höchsten hierarchischen Ebene unter der Geschäftsleitung positioniert wird. Dementsprechend groß ist auch der Einfluss der Personalleiterin oder des Personalleiters.

▶ In **größeren Unternehmen** hat das Personalwesen in der Regel einen Sitz im Vorstand oder einem entsprechenden Organ. In Unternehmen des Bergbaus und der Eisen und Stahl erzeugenden Industrie mit mehr als 1.000 Beschäftigten ist nach dem Montan-Mitbestimmungsgesetz ein Arbeitsdirektor im Vorstand vorgeschrieben. Sind größere Unternehmen in Divisionen gegliedert, so besitzen die verschiedenen Unternehmens- oder Geschäftsbereiche eigenständige Personalabteilungen. Dazu gesellt sich häufig eine zentrale Personalabteilung, die die einzelnen Personalabteilungen und die Personalpolitik koordiniert und ein Weisungsrecht besitzt. Ansonsten wird das Personalwesen regelmäßig als Geschäftsbereich oder doch zumindest als Hauptabteilung geführt.

1.3 Personalpolitik

Die Personalpolitik ist ein Element im Zusammenspiel der betrieblichen Produktionsfaktoren. Um dieses Zusammenspiel zu verstehen, ist ein Blick auf das heute in der Betriebswirtschaftslehre gebräuchliche System der Produktionsfaktoren notwendig, das auf *Gutenberg (1983, 1984, 1980)* zurückgeht *(Abb. 1.3)*.

In seinem System der betriebswirtschaftlichen Produktionsfaktoren führt *Gutenberg (1980, 1983, 1984)* die **Entscheidungen** auf.

Ökonomisches Prinzip

Die Festlegung der grundlegenden Entscheidungen eines Unternehmens wird als Unternehmenspolitik bezeichnet *(Nicolai 2006, S. 6)*.

Entscheiden bedeutet, aus mehreren Möglichkeiten auswählen. Dabei kommen nur Alternativen in Frage, die in eine Planung, Organisation, Realisierung und Kontrolle umsetzbar und auf ein gesetztes Ziel ausgerichtet sind. Die Unternehmenspolitik birgt folglich im Kern Zielsetzungen in sich. Für die praktische Umsetzung werden die unternehmenspolitischen Zielsetzungen in unternehmenspolitische Prinzipien übersetzt *(ähnlich Bleicher/Meyer 1976, S. 203, Jung 2008, S. 21 f.)*.

Die Personalpolitik ist ein Teil der Unternehmenspolitik. Sie nimmt die Unternehmenspolitik in sich auf, sie richtet sich an der Unternehmenspolitik aus, aber sie bestimmt die Unternehmenspolitik auch entscheidend. Die Personalpolitik umfasst alle grundlegenden Entscheidungen für die Personalwirtschaft *(Bertelsmann 2002, S. 144 ff., Nicolai 2006, S. 6)*.

Auch die Personalpolitik birgt Zielsetzungen in sich, die für die praktische Umsetzung in **personalpolitische Prinzipien** übersetzt werden *(Olfert 2008, S. 25 f., Scholz 2000, S. 592)*.

▶ Das ökonomische Prinzip hat zwei Facetten. Das Personal soll entweder,
– nach dem **Maximumprinzip**, mit einem gegebenen Input, das heißt zu im Voraus festgelegten Kosten, einen größtmöglichen Output erarbeiten, oder,
– nach dem **Minimumprinzip**, einen bestimmten Output mit geringstmöglichem Input, das heißt zu geringstmöglichen Kosten, erwirtschaften.

Man könnte dies sehr eng interpretieren und das Personal an die zuvor personalunabhängig entworfenen Strukturen anpassen. Spannt man den Bogen richtigerweise weiter, so muss das Personal den gegenwärtigen und zukünftigen, quantitativen, qualitativen, zeitlichen und lokalen Erfordernissen des Unternehmens genügen.

▶ Wer Qualität fordert und Perspektiven bieten will, muss das soziale Prinzip ernst nehmen, also mit transparenten, möglichst fehlerfreien Aktivitäten auf die Erwartungen, Bedürfnisse und Interessen der Beschäftigten eingehen und die Vertraulichkeit wahren. Die Beschäftigten erwarten zum Beispiel angemessene Entgelte und Arbeitszeitregelungen, eine ansprechende Arbeitsplatzgestaltung, Arbeitsschutz und Altersversorgung, attraktive Arbeitsinhalte und soziale Kontakte, Mitbestimmung und Personalentwicklung.

Hier ist das **Allgemeine Gleichbehandlungsgesetz** von Bedeutung, das den Arbeitgeber verpflichtet, Benachteiligungen aus Gründen der Rasse oder der ethnischen Herkunft, des Geschlechts, der Religion oder Weltanschauung, einer Behinderung, des Alters oder der sexuellen Identität zu verhindern oder zu beseitigen. Das betrifft jegliche Diskriminierung, von der planerischen Vorbereitung der Maßnahmen über die Personalbeschaffung bis hin zur Personalfreisetzung, in jeder betrieblichen Situation und für jede Beschäftigtengruppe. Gemeint sind nicht nur **unmittelbare Diskriminierungen**, also eindeutige Zurücksetzungen, sondern auch **mittelbare**, wenn etwa für eine Beförderung eine ununterbrochene Beschäftigung gefordert wird, was Eltern benachteiligt, die eine Elternzeit in Anspruch nehmen. Gemeint sind ferner **Belästigungen** jeder, auch sexueller Natur, das heißt unerwünschte Verhaltensweisen, die auf die genannten Diskriminierungsmerkmale Bezug nehmen, die Würde der Betroffenen verletzen und ein feindliches Umfeld schaffen. Und gemeint sind schließlich **Anweisungen zur Benachteiligung** von Beschäftigten, wenn etwa der Arbeitgeber eine Führungskraft auffordert, einen Mitarbeiter wegen seiner Religion schlechter zu stellen, selbst wenn der Anweisung nicht nachgekommen wird.

Nach den §§ 8 bis 10 sind Benachteiligungen jedoch gerechtfertigt, wenn sie aufgrund der beruflichen Anforderungen unvermeidbar oder durch ein rechtmäßiges Ziel angemessen und erforderlich sind. Für eine Benachteiligung aus Gründen des Geschlechts bleibt da, neben Beispielen wie der Tätigkeit als Amme oder der Besetzung einer männlichen Schauspielerrolle, wenig Spielraum. Für Tätigkeiten, die mit körperlichen Anstrengungen

verbunden sind und die man mit einer Behinderung selbst mit Hilfsmitteln nicht ordnungsgemäß verrichten kann, darf der Arbeitgeber Personen einstellen oder einsetzen, die nicht behindert sind. Wenn der Arbeitgeber eine Religionsgemeinschaft, eine weltanschauliche Vereinigung oder eine Einrichtung dieser Gemeinschaften bzw. Vereinigungen ist, kann eine bestimmte Religion oder Weltanschauung eine gerechtfertigte berufliche Anforderung darstellen. Eine Unterscheidung nach der Rasse oder ethnischen Herkunft ist erlaubt, wenn diese Merkmale aufgrund einer bestimmten beruflichen Tätigkeit eine entscheidende Voraussetzung darstellen, beispielsweise wenn eine Tätigkeit eine bestimmte nationale Herkunft und Verbundenheit mit dem dortigen Volkstum fordert. Eine ungleiche Behandlung wegen des Alters ist zulässig, wenn sie objektiv, angemessen und durch ein legitimes Ziel gerecht-

Soziales Prinzip und Gleichbehandlung

Abb. 1.3

Das System der betrieblichen Produktionsfaktoren

Produktionsfaktoren Elemente, die zur Erstellung eines Produktes (oder einer Dienstleistung) notwendig sind		
Elementare Produktionsfaktoren	**Originäre Entscheidungen** ursprünglich, nicht delegierbar, im Vorhinein nicht bewertbar, z. B. Einführung neuer Produkte	**Derivative Entscheidungen** leiten sich aus den originären ab, delegierbar
Betriebsmittel im Betrieb verwendete Gegenstände, die nicht Bestandteil des Outputs werden, z. B. Gebäude **Werkstoffe** alle Roh-, Halb- und Fertigfabrikate, die ganz oder teilweise in den Output eingehen, z. B. Eisenerz **objektbezogene Arbeitsleistungen** unmittelbare Durchführung der betrieblichen Vorgänge, z. B. Eisenerz verhütten		**Planung** Konzeption des weiteren Vorgehens **Organisation** Umwandlung in einen betrieblichen Ablauf **Kontrolle** Soll-Ist-Vergleich und Ermittlung von Abweichungsursachen

Quelle: nach *Schmalen/Pechtl 2006*, S. 4 f.

Aus der Praxis

»Fast ein Jahr nach Inkrafttreten des AGG (Allgemeines Gleichbehandlungsgesetz) hat das LAG Baden-Württemberg erstmals Bilanz gezogen.

Im Zeitraum 18.08.2006 bis 18.04.2007 berührten 109 oder 0,3 % der bei den Arbeitsgerichten anhängig gemachten Verfahren Vorschriften des AGG. Hiervon haben sich 64 bereits erledigt, hauptsächlich durch Vergleich.

Die Hitliste der Diskriminierungsgründe wird vom Alter (36 %) angeführt. Ihm folgen das Geschlecht (28 %), Behinderung (18 %) und ethnische Herkunft (11 %). Dabei beriefen sich die Kläger in 73 % der Fälle auf eine unmittelbare Benachteiligung und nur bei 27 % auf eine mittelbare.

Bei den Klagegegenständen kam es am häufigsten zu Vorwürfen im Zusammenhang mit Bewerbungen (38 %), dicht gefolgt von Kündigungen (36 %). Auf Platz drei liegen Beschuldigungen wegen Diskriminierungen in bestehenden Arbeitsverhältnissen (26 %). Bei 75 % der Fälle begehrten die Kläger eine Entschädigung oder Schadensersatz.«

LAG Baden-Württemberg 2007: LAG Baden-Württemberg (Verfasser unbekannt), »Erste Erfahrungen mit dem AGG vor Gericht«, in: Lohn + Gehalt, Heft 05/2007, S. 11.

»Das empirische Fazit einer wissenschaftlichen Studie der Universität Dortmund zeigt deutlich, dass nach einem Jahr AGG den Unternehmen hierdurch erhebliche Mehrkosten entstanden sind und eine Wirkung höchst fraglich ist … Das Ergebnis einer größendifferenzierten Hochrechnung der quantifizierbaren AGG-bezogenen Folgekosten ergab für Deutschland einen Mindestbetrag von 1,73 Milliarden Euro.«

Hoffjan/Bramann 2007: Hoffjan, A. und Bramann, A., »Teurer Papiertiger mit zweifelhafter Wirkung«, in: Personalwirtschaft, Heft 10/2007, S. 37–39.

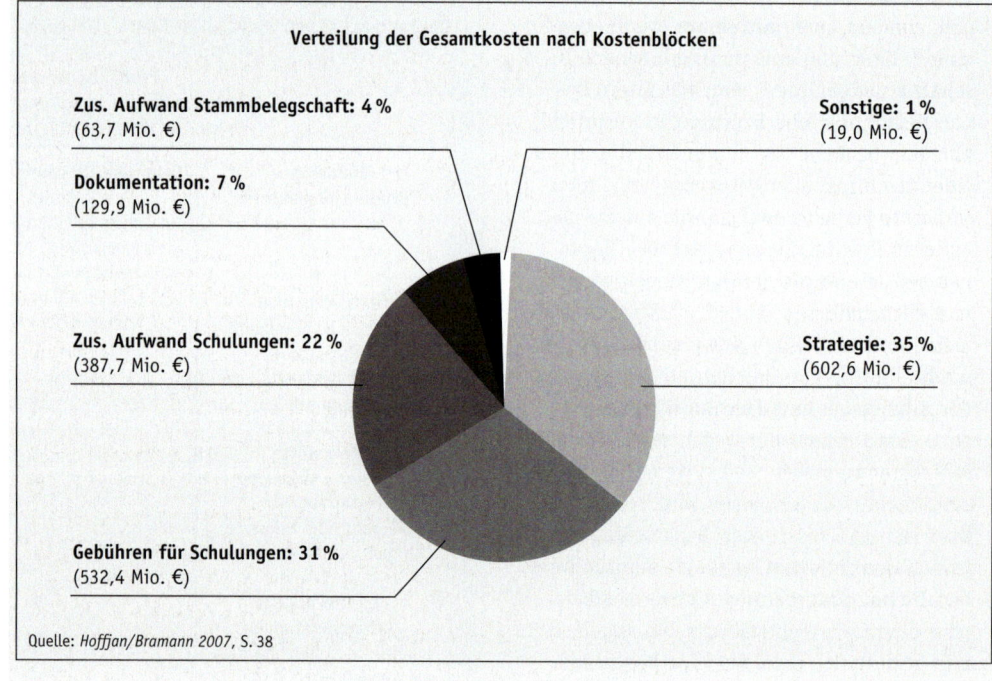

Verteilung der Gesamtkosten nach Kostenblöcken

Zus. Aufwand Stammbelegschaft: 4 %
(63,7 Mio. €)

Sonstige: 1 %
(19,0 Mio. €)

Dokumentation: 7 %
(129,9 Mio. €)

Zus. Aufwand Schulungen: 22 %
(387,7 Mio. €)

Strategie: 35 %
(602,6 Mio. €)

Gebühren für Schulungen: 31 %
(532,4 Mio. €)

Quelle: *Hoffjan/Bramann 2007*, S. 38

fertigt ist. § 10 des Allgemeinen Gleichbehandlungsgesetzes listet Beispiele wie ein Höchstalter für die Aufnahme einer Ausbildung auf. Und schließlich darf der Arbeitgeber positive Maßnahmen zugunsten bisher benachteiligter Gruppen ergreifen.

Gemäß § 14 des Allgemeinen Gleichbehandlungsgesetzes haben Beschäftigte, die am Arbeitsplatz belästigt werden, das Recht, ihre Tätigkeit ohne Verlust des Arbeitsentgelts einzustellen, wenn der Arbeitgeber keine oder offensichtlich ungeeignete Maßnahmen zur Unterbindung getroffen hat. Nach § 15 des Gesetzes ist der Abschluss eines Arbeits- oder Ausbildungsvertrages oder eine Beförderung bei Vorliegen einer Diskriminierung zwar nicht erzwingbar. Allerdings können Beschäftigte, die im Sinne des Gesetzes diskriminiert wurden, innerhalb von zwei Monaten **Schadensersatz** verlangen, wenn durch eine diskriminierende Maßnahme wie eine Absage, eine verweigerte Beförderung oder eine Entlassung ein Vermögensschaden eingetreten ist. Darüber hinaus können sie in derselben Frist eine angemessene **Entschädigung** verlangen. Diskriminierte Bewerberinnen und Bewerber haben, selbst wenn sie auch ohne eine Diskriminierung nicht eingestellt worden wären, einen Entschädigungsanspruch in Höhe von bis zu drei Monatsbezügen. Eine etwaige Klage muss innerhalb von drei Monaten, nachdem der Anspruch schriftlich geltend gemacht worden ist, erhoben werden. Vor Gericht muss der oder die Betroffene Indizien beweisen, die eine Benachteiligung im genannten Sinne vermuten lassen. Gelingt das, trägt der Arbeitgeber die Beweislast dafür, dass eine unterschiedliche Behandlung nicht vorliegt, nach den §§ 8 bis 10 des Allgemeinen Gleichbehandlungsgesetzes gerechtfertigt ist oder aus einem anderen sachlichen Grund erfolgte. Deshalb ist eine genaue Dokumentation aller relevanten personalwirtschaftlichen Maßnahmen unbedingt notwendig. Empfehlenswert ist darüber hinaus ein sogenanntes Diversity Controlling (auch HR-Audit genannt), das heißt eine statistische Erfassung der unterschiedlichen Beschäftigtengruppen und ihrer Entwicklung, sowie eine Diversity Strategie (oder Equal Opportunity Policy), die eine gesetzeskonforme Handhabung sicherstellt (Kapitel Personalbeschaffung und -controlling).

Laut § 12 des Gesetzes muss der Arbeitgeber Maßnahmen zum Schutz vor Benachteiligungen ergreifen. Dazu gehört nicht nur das Eingreifen bei konkreten Diskriminierungen durch geeignete, erforderliche und angemessene Maßnahmen zur Unterbindung der Benachteiligung von Beschäftigten, zum Beispiel Versetzungen, Abmahnungen und Kündigungen, aber auch von Dritten, etwa Kunden und Lieferanten. Gefordert ist ferner die Vorbeugung, um ein benachteiligungsfreies Umfeld zu schaffen, und zwar durch Hinweise auf die Unzulässigkeit von Diskriminierungen, insbesondere durch **Schulungen** von Vorgesetzten oder gar der gesamten Belegschaft im Rahmen der Personalentwicklung. Arbeitgeber, die derartige Schulungen nicht durchführen, verstoßen allein dadurch schon gegen das Allgemeine Gleichbehandlungsgesetz. Der Betriebs- bzw. Personalrat hat einen Anspruch auf Freistellung für seine Schulungen zu diesem Themenkreis. Zudem muss der Arbeitgeber die Beschäftigten über das Gesetz und über die im Unternehmen zuständige **Beschwerdestelle**, beispielsweise das Personalwesen, informieren. Letztlich sollte der Arbeitgeber alle Arbeitsverträge, Betriebs- bzw. Dienstvereinbarungen und Tarifverträge auf unzulässige Benachteiligungen überprüfen, sie gegebenenfalls korrigieren und eine **Antidiskriminierungsvereinbarung** über die betrieblichen Regeln und Verfahrensweisen mit dem Betriebs- bzw. Personalrat treffen (*Rühl, Hoffmann 2008, S. 19 ff., Wisskirchen 2006, S. 1491 ff.*).

▸ Wie es das Beispiel des Allgemeinen Gleichbehandlungsgesetzes zeigt, müssen personalwirtschaftliche Grundsatzentscheidungen sich am Rechtsstaatsprinzip orientieren, das heißt rechtssicher erfolgen. Dabei geht es insbesondere um die Rechtssicherheit auf dem Gebiet es Arbeitsrechts, das in diesem Kapitel noch genauer umrissen wird.

▸ Das Organisationsprinzip findet vor allem im Personaleinsatz, in der Organisationsentwicklung und der Organisation des Personalwesens seinen Niederschlag, also unter anderem in Aufgabenfeldern, die im Folgenden genauer ins Auge gefasst werden.

Schutz

Ansprüche

Rechtsstaatsprinzip

Organisationsprinzip

Arbeitsmarktprinzip

▶ Letztlich hat die Personalwirtschaft unbestreitbar arbeitsmarktpolitische Aspekte. Der Arbeitsmarkt ist zum Teil ein Spiegelbild personalwirtschaftlicher Aktivitäten. Zugleich reagiert man mit diesen Aktivitäten auf den Arbeitsmarkt.

Für den Arbeitsmarkt spielt die Demografie eine entscheidende Rolle *(Bröckermann 2007, S. 16 ff., Lurse 2005, S. 36, Walter 2005, S. 1).*

Diese **Prinzipien** können unverbunden nebeneinander stehen oder sich ergänzen. Sie können aber auch in Konflikt zueinander geraten, besonders in Phasen der Rezession mit Kurzarbeit und Entlassungen.

Es gibt freilich keine Personalpolitik per se, sondern nur die Personalpolitik eines Unternehmens. Die Personalpolitik kann nur dann das tägliche Handeln bestimmen, wenn sie das **Ergebnis kollektiver Entscheidungsprozesse** nicht nur des Managements und des Personalwesens, sondern auch der Belegschaftsvertretung und der Belegschaft selbst ist, in die zahlreiche individuelle Wertprämissen und Gruppeninteressen einfließen. Eine derart abgestimmte Personalpolitik bestimmt mit ihren personalpolitischen Prinzipien, zuweilen in spezifischer Ausprägung, die Rahmenbedingungen der einzelnen

Aufgabenfelder der Personalwirtschaft. Sie kursiert

▶ im Rahmen von Grundsatzerklärungen, Unternehmenssatzungen, -leitsätzen oder -zielen,

▶ in Geschäfts-, Betriebs- oder Arbeitsordnungen,

▶ in Arbeitsanweisungen oder Organisationsrichtlinien und

▶ in mündlicher Form als Unternehmenstradition oder als selbstverständliche Haltung *(Oechsler 2006, S. 114 ff.).*

Die Personalpolitik reicht demzufolge über die Zielsetzung hinaus und umfasst auch die Leitlinien für die konkrete Umsetzung. Man findet

▶ allgemeine Grundsätze für alle Unternehmensbereiche, beispielsweise das Bekenntnis zur Mitbestimmung und zur repräsentativen Meinungsermittlung,

▶ Grundsätze für Vorgesetzte, etwa die Verpflichtung zum Prinzip der offenen Tür, also zur weitgehenden Ansprechbarkeit, zur Personalbeurteilung und zur Förderung der Beschäftigten sowie zum kooperativen Führungsstil,

▶ personalwirtschaftliche Grundsätze, zum Beispiel das Bekenntnis zur Gleichbehandlung,

---

Unter der Lupe

Demografie

Während die Weltbevölkerung nach jüngsten Schätzungen bis zum Jahr 2050 um gut 3 Milliarden Menschen auf rund 9,3 Milliarden anwachsen wird, ist für die meisten europäischen Länder mit einem Bevölkerungsrückgang zu rechnen. Um die Bevölkerung zahlenmäßig auf dem derzeitigen Stand zu halten, sind im Durchschnitt 2,1 Kinder pro Frau erforderlich. In Deutschland sind es aktuell jedoch nur 1,35, in Österreich 1,28, und in den anderen Mitgliedsstaaten der Europäischen Union sieht es auch nicht besser aus.

Der dadurch bedingte demografische Wandel wird sich in Deutschland ab etwa 2010 merklich auswirken. Ab 2015 wird die Zahl der Erwerbstätigen kontinuierlich sinken. Waren im Jahr 2002 noch rund 41 Millionen Menschen in Deutschland erwerbstätig, so werden es 2030 noch 37,5 Millionen sein und 2050 nur noch 24 Millionen.

Der Bevölkerungsrückgang führt automatisch zu einer Alterung der Bevölkerung. Da darüber hinaus die Lebenserwartung fast überall steigt, wird dieser Prozess beschleunigt. Im Jahr 2005 gab es in Deutschland 20 Millionen Menschen in der Alterklasse von 35 bis 49, im Jahr 2050 werden es nur noch 14

Millionen sein. Vor 50 Jahren waren in Westeuropa durchschnittlich gerade einmal 8 Prozent über 65 Jahre alt. Schon im Jahr 2020 wird diese Altersklasse in Deutschland 22 Prozent ausmachen, im Jahr 2070 mehr als 25 Prozent. Im Jahr 2070 werden etwa 45 Prozent der deutschen Bevölkerung über 50 Jahre alt sein. Dabei ist Deutschland schon jetzt eine der weltweit zehn ältesten Gesellschaften mit einem Durchschnittsalter von 39,6 Jahren.

Das hat Folgen für den Arbeitsmarkt. Schon seit einigen Jahren klagen Unternehmensverantwortliche trotz hoher Arbeitslosigkeit über einen Mangel an Fach- und Führungskräften. Die Lücke, die hier entsteht, kann durch die schwach besetzten nachfolgenden Generationen nicht ausgeglichen werden, und zwar weder quantitativ, wegen des Bevölkerungsrückgangs, noch qualitativ, alleine schon, weil Ausbildungs- und Studienplätze unbesetzt bleiben. Der Mangel an Fachkräften wird dazu führen, dass die Unternehmen gegenseitig gute Beschäftige abwerben. Dadurch wird die Fluktuation zwangsläufig steigen. Also werden Personalmarketing, Personalbindung und Work-Life-Balance eine entscheidende Rolle spielen (siehe weiter unten).

zur Personalentwicklung, zur Information, aber auch zum Datenschutz,

▸ Grundsätze für personalwirtschaftliche Teilaufgaben, etwa die Verpflichtung, Stellen vorrangig intern zu besetzten, Entgelte leistungsgerecht zu gestalten, Arbeitszeiten zu flexibilisieren und einen unabweisbaren Personalabbau sozialverträglich zu gestalten.

1.4 Personalwirtschaft

1.4.1 Begriffliche Präzisierung

Wie das System der Produktionsfaktoren *(Abb. 1.3)* zeigt, ist die menschliche Arbeit, also die objektbezogene und dispositive Arbeitsleistung, einer der bestimmenden Faktoren jeder betrieblichen Betätigung. Das Sujet der **Personalwirtschaft** ist aber weder die objektbezogene noch die dispositive Arbeitsleistung, sondern deren Träger, das Personal, also Menschen.

> Die Personalwirtschaft ist die Gesamtheit der mitarbeiterbezogenen Gestaltungs- und Verwaltungsaufgaben im Unternehmen *(Olfert 2008, S. 24)*.

▸ Die Verwaltungsaufgaben bezeichnet man zu Deutsch als Personalarbeit oder Personaladministration, im englischen Sprachraum als Personnel Management. Dieser Verwaltungsaufgaben nimmt sich weitgehend das Personalwesen an *(Scholz 2000, S. 1)*.

▸ Die Gestaltungsaufgaben werden von der Unternehmensleitung, den Führungskräften, der Belegschaftsvertretung, der Belegschaft selbst und, sicherlich in den meisten Aufgabenfeldern federführend, vom Personalwesen umgesetzt. Für die besagten Gestaltungsaufgaben hat sich die Benennung einiger Aufgabenfelder der Personalwirtschaft eingebürgert, die in *Abb. 1.4* sowie im nachfolgenden Text im Überblick geschildert werden. In den nachfolgenden Kapiteln findet sich eine eingehende Erläuterung mit den jeweiligen Quellennachweisen.

Seit Mitte der 1980er-Jahre verwendet man im deutschsprachigen Raum den Begriff Personalmanagement.

▸ Zunächst wurde damit vorrangig die Steuerung des Personals als rechenbare Größe umschrieben, mithin ein Aufgabenfeld der Personalwirt-

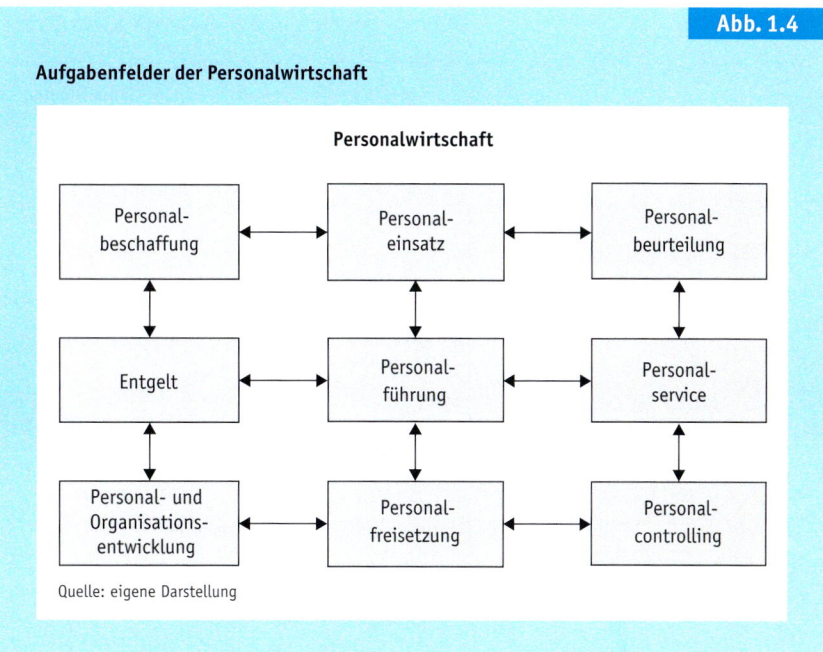

Abb. 1.4

Aufgabenfelder der Personalwirtschaft

Personalwirtschaft

Personalbeschaffung ⟷ Personaleinsatz ⟷ Personalbeurteilung

Entgelt ⟷ Personalführung ⟷ Personalservice

Personal- und Organisationsentwicklung ⟷ Personalfreisetzung ⟷ Personalcontrolling

Quelle: eigene Darstellung

schaft, für das sich nunmehr eher die Bezeichnung Personalcontrolling eingebürgert hat.

▸ Im Laufe dieser Entwicklung ist der Begriff Personalmanagement mehr und mehr in den täglichen Sprachgebrauch der Verantwortlichen übergegangen, sodass er mittlerweile als Synonym für Personalwirtschaft gilt *(Nicolai 2006, S. 1 ff.)*.

▸ *Scholz (2000, S. 1)* zufolge steckt hinter der Verwendung des Begriffs Personalmanagement aber mehr als nur ein Spiel mit Worten, nämlich die Einsicht, dass das Personal der entscheidende Wettbewerbsfaktor ist. Mit der Bezeichnung Personalmanagement propagiere man die Integration der mitarbeiterbezogenen Aufgaben in alle unternehmerischen Aktivitäten. Sie sollen einen unverzichtbaren Bestandteil des gesamten Managementprozesses bilden.

Personalarbeit

Personalmanagement

Aus der Praxis

»Seit 2006 erhebt die Kienbaum Management Consultants GmbH im ersten Quartal des HR-Klima Index, die die ›Konjunktur‹ für HR transparent machen soll. Zur diesjährigen Befragung wurden rund 1.200 HR-Experten und Personalleiter aus Deutschland, Österreich und der Schweiz eingeladen, von denen sich 191 an der Studie beteiligten … Der dritte HR-Klima Index … gibt Auskunft darüber, wie Personalverantwortliche die Bedeutung und Entwicklung ihres Personalbereichs einschätzen und welche Themen- und Aufgabenfelder im laufenden Geschäftsjahr im Mittelpunkt ihrer Arbeit stehen.« *Kötter/Ruppel 2008: Kötter, P. und Ruppel, D., »Arbeitgeberattraktivität gewinnt an Bedeutung«, in: Personalwirtschaft, Heft 04/2008, S. 42–43.*

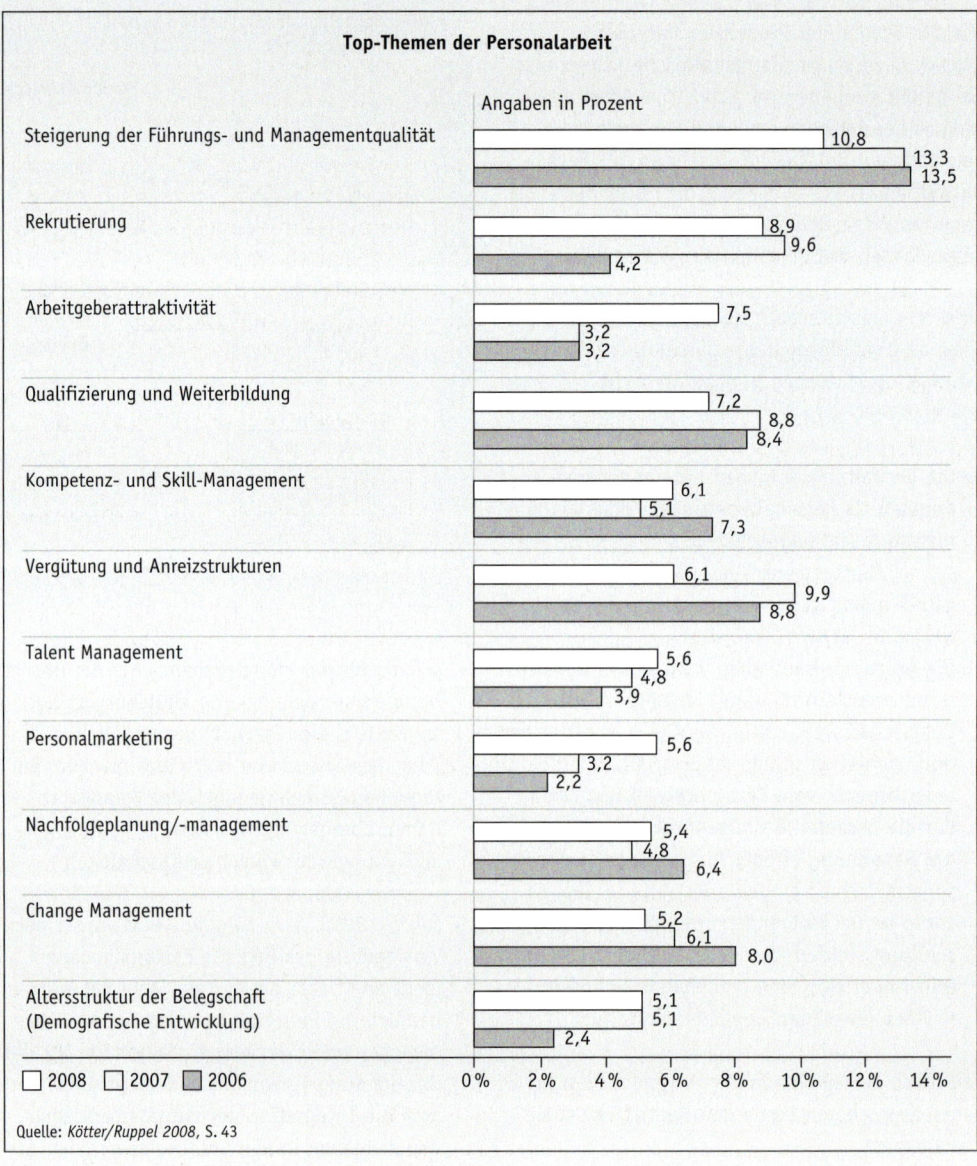

Top-Themen der Personalarbeit

Angaben in Prozent

Steigerung der Führungs- und Managementqualität: 10,8 / 13,3 / 13,5

Rekrutierung: 8,9 / 9,6 / 4,2

Arbeitgeberattraktivität: 7,5 / 3,2 / 3,2

Qualifizierung und Weiterbildung: 7,2 / 8,8 / 8,4

Kompetenz- und Skill-Management: 6,1 / 5,1 / 7,3

Vergütung und Anreizstrukturen: 6,1 / 9,9 / 8,8

Talent Management: 5,6 / 4,8 / 3,9

Personalmarketing: 5,6 / 3,2 / 2,2

Nachfolgeplanung/-management: 5,4 / 4,8 / 6,4

Change Management: 5,2 / 6,1 / 8,0

Altersstruktur der Belegschaft (Demografische Entwicklung): 5,1 / 5,1 / 2,4

☐ 2008 ☐ 2007 ☐ 2006

0 % 2 % 4 % 6 % 8 % 10 % 12 % 14 %

Quelle: *Kötter/Ruppel 2008,* S. 43

In der zeitgenössischen, vor allem US-amerikanischen Praxis und Literatur spricht man, unter Berufung auf US-Business Schools, vom Human Resource Management und meint damit jene Begriffsinhalte, die im deutsprachigen Raum als Personalmanagement bezeichnet werden *(Oechsler 2006, S. 24 ff., Scholz 2000, S. 1)*.

Die Argumente für die Verwendung der Begriffe Personalmanagement und Human Resource Management sind durchaus ehrenwert und überzeugend. Andererseits macht der Begriff Personalwirtschaft eher deutlich, dass es sich um eine betriebswirtschaftliche Funktion und mithin um ein Teilgebiet der Wirtschaftswissenschaften handelt *(Stelzer-Rothe/Hohmeister 2001, S. 9)*.

Letztlich ist die Benennung jedoch nicht von Belang, wenn man den Gegenstandbereich mit *Stelzer-Rothe, Hohmeister (2001, S. 10)*, *Berthel* und *Becker (2007, S. 7 ff.)* als ein aktiv zu gestaltendes, methodisch und inhaltlich fundiertes System des Unternehmens versteht, ein System, das neben den finanz- und leistungswirtschaftlichen Systemen als dritte Säule eines erfolgreichen Unternehmens existenziell notwendig ist.

Die Personalökonomik strebt eine Re-Ökonomisierung der betriebswirtschaftlichen Teilfunktion an, die sich auf das Personal bezieht. Unter diesem Vorzeichen besinnt man sich auf die – weiter vorne unter der Überschrift Personalpolitik – zitierte Perspektive von *Gutenberg (1983, 1984, 1980)*, der Arbeit als Produktionsfaktor definiert. Dazu wird auf zahlreiche ökonomische Theorien zurückgegriffen, die nicht spezifisch personalwirtschaftlicher Natur sind, etwa

▸ die Produktivitätstheorie, wonach Arbeit ausgedehnt wird, wenn der Grenzertrag größer als die Grenzkosten des zunehmenden Faktoreinsatzes ist,

▸ die Theorie der Verfügungsrechte, also der individuellen Handlungsoptionen,

▸ die Prinzipal-Agent-Theorie, die Verträge und ihre Bedeutung im Rahmen von Austauschbeziehungen zwischen dem Prinzipal, dem Auftraggeber, und einem Auftragnehmer, dem Agenten, diskutiert und

▸ die Transaktionskostentheorie, die Aussagen zur relativen Vorteilhaftigkeit alternativer institutioneller Arrangements ermöglicht.

▸ Zudem fließen spiel-, verhandlungs- und informationstheoretische Überlegungen ein. Arbeitsverhältnisse werden als Aushandlungsprozesse von Lohn und Leistung interpretiert *(Backes-Gellner/Lezear/Wolff 2001, Scherm/Süß 2003, S. 1, 14 ff.)*.

Human Resource Management

1.4.2 Aufgabenfeld Personalbeschaffung

Die Personalbeschaffung zielt darauf ab, freie Stellen zeitlich unbefristet oder doch zumindest für einige Zeit neu zu besetzen.

Die Personalbeschaffung will zunächst **planerisch** vorbereitet werden. Es folgt die Wahl und das Beschreiten eines **Personalbeschaffungswegs**. Daran schließt sich die **Personalauswahl** an. Nach der **Entscheidung** für eine Bewerberin oder einen Bewerber wird abschließend ein **Vertrag** formuliert und unterzeichnet.

1.4.3 Aufgabenfeld Personaleinsatz

Der Personaleinsatz steht vor der Aufgabe, für die optimale Eingliederung der Beschäftigten in den Arbeitsprozess zu sorgen.

Die **Einarbeitung** stellt sicher, dass die Mitarbeiterinnen und Mitarbeiter ihre Aufgaben kennen, akzeptieren und erlernen sowie in die soziale Struktur der Belegschaft integriert werden. Durch eine **Stellenzuweisung** werden die Personen den Stellen zugeordnet. Die **Stellenanpassung** arbeitet mit den Instrumenten der Arbeitsstrukturierung und Arbeitsplatzgestaltung. Die Beeinflussung der Arbeits- und Urlaubszeiten ist Thema der **Zeitwirtschaft**.

Personalökonomik

1.4.4 Aufgabenfeld Personalbeurteilung

Bei Personalbeurteilungen geht es um die Einschätzung von Personen. Man beurteilt die Beschäftigten, Bewerberinnen und Bewerber vorrangig hinsichtlich ihrer Leistung und ihres Verhaltens.

Personalbeurteilungen unterscheiden sich in ihrer Form, im Turnus, innerhalb dessen die Beurteilungen stattfinden, in ihren Beurteilungs-kriterien, der Differenzierung dieser Kriterien, der Zuständigkeit, dem Personenkreis, der zur Beurteilung ansteht, und in ihrem Zeithorizont. Sie bedürfen eines **Beurteilungsverfahrens**, an dem sich die Beteiligten orientieren können. Deshalb muss einer Personalbeurteilung ein **Planungsprozess** vorangestellt werden. Für die **Durchführung** empfehlen sich folgende Schritte: Beobachtung, Beschreibung, Beurteilung und schließlich das Beurteilungsgespräch.

1.4.5 Aufgabenfeld Entgelt

Entgeltformen und -abrechnung

Das Entgelt ist die materielle Gegenleistung eines Unternehmens für die Leistungen jener Personen, die sich dem Unternehmen vertraglich verpflichtet haben, diese Leistungen zu erbringen.

Man unterscheidet **Arbeitsentgelte**, also Zeit- und Akkordlöhne sowie Gehälter und Ausbildungsvergütungen, von **Honoraren**, den Entgelten der Freelancer. Zu diesen **Grundvergütungen** kommen oft **zusätzliche Vergütungen**, etwa Zulagen, Prämien und andere leistungs- oder erfolgsabhängige Entgeltbestandteile. Gesetze, Tarifverträge, Betriebs- und Dienstvereinbarungen sowie Arbeitsverträge sehen eine Vielzahl von Regelungen vor, die den Beschäftigten für verschiedene Anlässe auch dann ein Arbeitsentgelt zusichern, wenn sie gar keine Arbeitsleistung erbracht haben. Außerdem hat der Gesetzgeber zur Sicherung des Arbeitsentgelts mehrere Regelungen getroffen. Grundsätzlich rechnet man die Entgelte wie folgt ab: Auf eine Bruttorechnung folgt die Nettorechnung. Mit der Zahlungsrechnung erfolgen die Überweisungen auf die Konten der Entgeltempfänger. Die Auswertungsrechnung dient der Verarbeitung der Abrechnungsdaten.

Zusätzliche Leistungen

1.4.6 Aufgabenfeld Personalführung

Einflussnahme

Personalführung ist eine zielorientierte soziale, das heißt interpersonelle Einflussnahme zur Erfüllung gemeinsamer Aufgaben in einer strukturierten Arbeitssituation.

Mit dem Wort »interpersonell« wird darauf hingewiesen, dass Personalführung eine **wech-**selseitige Beeinflussung ist. Es sind nicht nur die Führungskräfte, die Einfluss auf ihre Mitarbeiterinnen und Mitarbeiter ausüben. Involviert sind auch die Mitarbeiterinnen und Mitarbeiter, die ihre Führungskräfte gleichfalls beeinflussen, die sich – nicht immer erwartungsgemäß – verhalten und Verhalten provozieren. Insofern sind in der Tat alle Beschäftigten in die Personalführung eingebunden. Das Personalwesen gibt im Einzelfall Hilfestellung.

Personalführung ist eine **Einflussnahme**, die nur fruchten kann, wenn die Beteiligten in der Lage sind, **motiviert** zu Werke zu gehen. Die Personalführung beruht, vergleichbar mit der Unternehmensführung, auf Interdependenzen und Rückkopplungen, sprich der **Kommunikation** aller Betroffenen. Daneben beinhaltet die Personalführung, analog zur Unternehmensführung, die Prozessfolge von Zielsetzung, Planung, Organisation, Realisierung und Kontrolle.

1.4.7 Aufgabenfeld Personalservice

Beim Personalservice handelt es sich um zusätzliche, oft freiwillige Leistungen,

▶ die ein Unternehmen seinen derzeitigen und im Einzelfall ehemaligen Mitarbeiterinnen und Mitarbeitern sowie deren Angehörigen einräumt,
▶ die mehrheitlich weder gesetzlich noch tarifvertraglich vorgeschrieben sind und
▶ auch nicht Arbeitsentgelt, Erfolgsbeteiligung oder Personalentwicklung darstellen.

Der Personalservice hat Leistungen rund um das Arbeitsverhältnis zum Gegenstand, wie Bescheinigungen, Beschwerden, Beratungen und Informationen, Statussymbole und Titel sowie Werkschutz, aber auch das **Gesundheitswesen**, also Verpflegung, Arbeitshygiene, Betriebsarzt und Sozialstation, Unfallschutz und Arbeitssicherheit, Suchtbekämpfung, Freizeit und Erholung, Betriebssport sowie Betriebskrankenkasse. Diverse **Vergünstigungen** zählen ebenfalls zum Personalservice, etwa Betriebsfeste, der Belegschaftsverkauf und Deputate, Beihilfen, das Wohnungswesen, Darlehen, Interessengemeinschaften, ein Betriebskindergarten und eine Ausleihe.

1.4.8 Aufgabenfeld Personal- und Organisationsentwicklung

Die **Personalentwicklung** dient der Vermittlung jener Qualifikationen und Kompetenzen, die zur optimalen Verrichtung der derzeitigen und der zukünftigen Aufgaben erforderlich und beruflich, persönlich sowie sozial förderlich sind.

Dazu muss man im Rahmen der Personalentwicklungsplanung den Personalentwicklungsbedarf ermitteln und dokumentieren. Dadurch werden eine Maßnahmenplanung und ihre Umsetzung möglich. Mit einem abschließenden Personalentwicklungscontrolling überprüft man, ob bzw. inwieweit die angestrebten Ziele erreicht wurden.

Die **Organisationsentwicklung** führt die Personalentwicklung mit der Organisationsplanung zusammen. Organisationsentwicklung ist ein allumfassender Entwicklungs- und Veränderungsprozess von Organisationen und den in diesen Organisationen tätigen Menschen. Die Betroffenen sind maßgeblich sowohl in die Ursachenforschung von Problemen als auch in die Suche und Verwirklichung von Lösungen eingebunden.

Für die Umsetzung empfiehlt sich ein Vorgehen in Phasen. Man beginnt mit einer Kontaktaufnahme zwischen dem Klienten und internen oder externen Beraterinnen respektive Beratern. Es folgen Vorgespräche, eine Vereinbarung und eine Datensammlung. Daran schließen sich ein Datenfeedback und eine Diagnose an. Die Maßnahmenplanung und -durchführung beruhen auf dieser Diagnose. Eine Erfolgskontrolle dient der Auswertung des meist mehrere Jahre dauernden Prozesses.

1.4.9 Aufgabenfeld Personalfreisetzung

Die Beendigung von Arbeitsverhältnissen ist einerseits eine Erscheinung im Rahmen des tagtäglichen Betriebsablaufs. In diesem Fall spricht man von Trennung.

Eine **Trennung** stellt sich infolge des Vertragsauslaufes, einer Arbeitnehmerkündigung, eines Aufhebungs- oder Abwicklungsvertrages, der Entlassung, eines Outplacement oder infolge von Ruhestandsvereinbarungen ein.

Andererseits zwingt eine Vielzahl von Sachverhalten Unternehmensverantwortliche immer wieder dazu, Überlegungen anzustellen, wie das in Zukunft zu erwartende Auftragsvolumen kostengünstig oder kostengünstiger als bisher bewältigt werden kann. Derartige Anlässe sind periodische Schwankungen des Personalbedarfs, technische Innovationen oder die starke Konkurrenz auf den Absatzmärkten.

Zuweilen ist ein **Personalabbau** unvermeidlich, der aber nicht nur auf das letzte Mittel, die Beendigung von Arbeitsverhältnissen, beschränkt ist.

Der Personalabbau stützt sich auf eine Personalfreisetzungsplanung. Muss oder soll demnach die Stammbelegschaft abgebaut werden, kommen als Maßnahmen der Vorruhestand, initiierte Eigenkündigungen der Arbeitnehmer, Aufhebungs- oder Abwicklungsverträge, betriebsbedingte Entlassungen, Massenentlassungen und Betriebsänderungen in Betracht. Soll die Stammbelegschaft erhalten werden, empfehlen sich vor allem Kurzarbeit, Versetzungen, Veränderungen der Arbeitszeiten, der Urlaubsplanung und -abwicklung, Abbau von Mehrarbeit, ein Einstellungsstopp, die Aufgabe auslaufender Verträge sowie die Rücknahme von Fremdaufträgen.

1.4.10 Aufgabenfeld Personalcontrolling

Controlling ist der zukunftsorientierte Regelkreis aus Zielsetzung, Planung und Statistik, Datenauswertung, Information und Steuerung. Unter Personalcontrolling wird die Anwendung der Controlling-Idee auf alle personalwirtschaftlichen Strukturen und Prozesse verstanden.

Das Personalcontrolling beschränkt sich nicht auf die Planung und die Errechnung vergangenheitsbezogener Daten. Wichtiger ist die vorwärts orientierte Betrachtung durch das Aufzeigen von Trends und die Ursachenermittlung. Durch den Vergleich von Ist, Plan und Soll gewinnt man Informationen, die die Steuerung personalwirtschaftlicher Strukturen und Prozesse ermöglichen.

Zum Instrumentarium der **Datenerhebung** zählen die Personalstatistik, Personalplanung und Zielsetzung, zum Instrumentarium der **Da-**

Qualifikationen und Kompetenzen

Betroffene einbinden

Personalstamm reduzieren

Was ist Personalcontrolling?

tenauswertung die Trendverfahren, Zielvereinbarungen, Balanced Scorecard, ursachenanalytische Verfahren, das Benchmarking und personalwirtschaftliche Rechnungswesen.

1.5 Vernetzte Aufgabenfelder

In der Praxis kann man die genannten Aufgabenfelder der Personalwirtschaft freilich nicht Schritt für Schritt und voneinander getrennt abarbeiten. Die Herausforderungen des Alltags liegen in vernetzten Aufgaben, zu deren Lösung Elemente vieler Aufgabenfelder notwendig sind.

> Angesichts der Bedeutsamkeit des Personals sowie der zunehmenden Schwierigkeiten bei der Beschaffung und Bindung qualifizierter Beschäftigter legt man auf ein zugkräftiges Personalmarketing Wert *(Bröckermann/Pepels 2002, S. 2 ff., DGFP 2006, S. 13 ff.).*

Personalmarketing

Personalmarketing ist mehr als ein Internal Marketing, das heißt die Ausrichtung an den Kundenwünschen, denn die Konzentration der Unternehmen auf ihre Absatzmärkte wird ja gerade durch Engpässe am Arbeitsmarkt gebremst. Personalmarketing ist auch mehr als ein Arbeitsplatzmarketing, also die Erhöhung der Attraktivität des Unternehmens durch Personalwerbung, denn dabei gilt das Augenmerk nur den Interessen des Unternehmens, nicht denen der Beschäftigten. Andererseits ist Personalmarketing keine reine Mitarbeiterorientierung. Wenn alle Unternehmensaktivitäten ausschließlich an den Erwartungen und Interessen der Belegschaft ausgerichtet werden, verliert man die Kunden aus den Augen, was den Bestand eines Unternehmens gefährdet. Richtig verstanden bedeutet Personalmarketing, die Wirkungen von Unternehmensaktivitäten auf potenzielle und aktuelle Beschäftigte ins Kalkül zu ziehen. Auf diesem Weg macht man sich das Marketing als Orientierungsrahmen, Leitbild oder Denkweise für alle Aufgabenfelder der Personalwirtschaft zunutze *(Bröckermann/Pepels 2002, S. 3 ff., Scholz 2000, S. 417).*

▸ Logisch, am Anfang der Überlegungen steht die **Personalbeschaffung**. Nach gründlicher Personalplanung und Arbeitsmarktforschung wird auf den optimalen Personalbeschaffungswegen die bestgeeignete Person angesprochen und ausgewählt.

▸ Danach folgen die Einarbeitung, die Stellenzuweisung, vielleicht auch eine Arbeitsstrukturierung und sicherlich das Arbeitszeitmanagement. Die Mitarbeiterorientierung des Personalmarketing kommt also nicht zuletzt im **Personaleinsatz** zum Ausdruck.

▸ Personalmarketing ist ein Konzept, dass via **Personalführung** die Berücksichtigung der Interessen der Beschäftigten fordert, weil gerade in Zeiten lose gekoppelter Arbeitsbeziehungen die Personalbindung große Bedeutung erhält.

▸ Personalmarketing sollte nicht nur die Gegenwart thematisieren, sondern mittels der **Personalentwicklung** auch in Richtung auf eine Verbesserung der Einsatz- und Aufstiegsmöglichkeiten weisen.

▸ Schließlich ist auch die **Trennung** von Mitarbeitern Teil des Personalmarketing. Gerade dieser sensible Bereich muss im Rahmen des Personalmarketing adäquat gestaltet werden *(Mehring 2002, S. 32 ff.).*

▸ Zur systematischen Gestaltung eines langfristig angelegten Personalmarketing ist das **Personalcontrolling** unerlässlich.

> Personalbindung ist eine Daueraufgabe, die darauf abzielt, die in einem mühevollen, zeit- und kostenaufwändigen Prozess gewonnenen Belegschaftsmitglieder nicht wieder zu verlieren *(Bröckermann 2004, S. 18 ff., DGFP 2004 a, S. 13 ff., Pepels 2002, S. 130 ff.).*

Personalbindung

Man kann unterstellen, dass zufriedene Beschäftigte, die sich in ihren Werthaltungen vom Arbeitgeber bestätigt erleben, keinen oder weniger Anlass zu einem Stellenwechsel verspüren als unzufriedene. Sie empfinden emotionale Verbundenheit, die aber auch dadurch entsteht, dass sie wirtschaftlichen Risiken des Wechsels scheuen. Diese Risiken sowie vertragliche, ökonomische und funktionale Wechselbarrieren, das heißt Kündigungs- und Einstellungsfristen, erzeugen schließlich Gebundenheit. Mithin sind

Arbeitszufriedenheit, Verbundenheit und Gebundenheit die Anker für eine gelungene Personalbindung, die auch als Identifikation, Integration, Loyalität, Mitarbeiterbindung und Personalerhaltung oder Attraction, Commitment, Relationship, Retainment und (Staff) Retention (Management) bezeichnet wird.

▸ Personalbindung beginnt mit der Ermittlung der ökonomischen **Rahmenbedingungen** und der Arbeitszufriedenheit sowie der quantitativen und qualitativen Struktur der Belegschaft (Kapitel Personalbeschaffung und -controlling).

▸ Die bindungsstrategische **Personalbeschaffung** beginnt schon im Vorfeld eines Vertragsverhältnisses. Man hält Kontakt zu Praktikanten, Studierenden, Bewerbern, Beratern, Kunden und Personen im Umfeld der Beschäftigten, um sie bei Bedarf schnell verpflichten zu können und dadurch sowohl Zeit- als auch Kostenvorteile zu realisieren. Eine sensible, das heißt bewerberfreundliche Personalauswahl tut ein Übriges.

▸ Im Beschäftigungsverhältnis angelangt, ist das erste Bindungsinstrument die Einarbeitung. Zudem kann man den **Personaleinsatz** in Sachen Personalbindung so konzipieren, dass insbesondere weit entfernt wohnenden Beschäftigten durch attraktive Stellen und Arbeitszeiten interessante Bedingungen geboten werden.

▸ Bei der **Personalbeurteilung** steht die zukunftsgerichtete Potenzialbeurteilung im Vordergrund.

▸ Die monetären Anreize müssen auf einem gerechten **Entgeltsystem** basieren, das Anforderungen, Leistungen, den Markt, das betriebliche Stellengefüge und soziale Gesichtspunkte gleichermaßen berücksichtigt.

▸ Mit nichtmonetären Anreizen kann man die sozialen **Motive** und die Wünsche nach mehr Selbstverwirklichung bei der Aufgabenerfüllung ansprechen. Dabei sollte man weitgehend auf kooperative Ansätze setzen (Kapitel Personalführung).

▸ Ein guter **Personalservice** bietet vielfältige und vielversprechende Anhaltspunkte für die Personalbindung. So erzeugt beispielsweise die Gewährung von Darlehen eine nennenswerte Bindungswirkung.

Aus der Praxis

»Rund 37 Prozent der Führungskräfte würden lieber heute als morgen ihren Job wechseln. Fast genauso viele (38 Prozent) planen mittelfristig eine Veränderung. Nur 25 Prozent hegen keine Wechselabsichten. Zu diesem Ergebnis kommt das LAB Managerpanel mit einer Befragung unter 926 Führungskräften, durchgeführt von der Personalberatung Lachner Aden Beyer & Company. In den vergangenen drei Jahren hat sich die Wechselbereitschaft bei 63 Prozent der Befragten erhöht, gesunken ist sie nur bei neun Prozent. Damit bestätigt sich erneut die große Bedeutung der Mitarbeitergewinnung und vor allem der -bindung an das Unternehmen.« *Lachner Aden Beyer & Company 2008: Lachner Aden Beyer & Company (Verfasser unbekannt), »Wechselwillige Führungskräfte«, in: Personalmagazin, Heft 07/2008, S. 24.*

▸ Coaching, Mentoring und flexible, individuell ausgestaltete Aufstiegs- und Entwicklungsmöglichkeiten in Form von **Laufbahnplanungen** sowohl für Fach- als auch für Führungskräfte mindern die Gefahr eines Stellenwechsels (Kapitel Personalentwicklung).

▸ Austritts- bzw. Abgangsinterviews dienen der Ermittlung von betrieblichen Schwachstellen, die zu **Kündigungen** führen und behoben werden sollten. So werden Strategien des Anti-Headhunting möglich, die der Abwerbung Paroli bieten (Kapitel Personalfreisetzung).

Mit dem markanten Begriff Talentmanagement fasst man die Aktivitäten des Personalmarketing und der Personalbindung zusammen. Das Begriffsverständnis ist eher schwammig. Gemeinsam ist allen Definitionen das Gewinnen, Identifizieren, Halten und Entwickeln von talentierten Mitarbeitern (Scholz 2008, S. 50 ff.).

Talentmanagement

Wer ist aber eine talentierte Mitarbeiterin oder ein talentierter Mitarbeiter? Manche verstehen darunter, reichlich elitär, nur die High Potentials, also Nachwuchs- und Führungskräfte mit überdurchschnittlichen Fähigkeiten, andere jedoch jedes Belegschaftsmitglied, da jeder Mensch Talente hat.

Work-Life-Balance ist ein ausgewogenes Gleichgewicht zwischen Berufs- und Privatleben, zwischen Arbeit und Freizeit. Das betrifft nicht nur die Vereinbarkeit von Beruf und klassischer Familie, sondern auch die wach-

Work-Life-Balance

sende Gruppe derer, die kein traditionelles Familienleben führen (*Bertrand 2004, S. 283, Knoblauch 2004, S. 123 f., Speck/Ryba 2004, S. 386*).

Immer mehr und gerade junge Menschen gestehen dem Privatleben eine sehr hohe Priorität zu. Zuweilen werten Arbeitgeber dies als Schwäche, was auf der immer noch latent vorhandenen Annahme basiert, das Personal habe dem Unternehmen zu jeder Zeit voll und ganz zur Verfügung zu stehen. Um das Spannungsfeld zu entschärfen, in das die Beschäftigten und vor allem Führungskräfte dadurch geraten, ist die Work-Life-Balance ins Blickfeld der Personalwirtschaft geraten. Die eingesetzten Maßnahmen sind gleichfalls nicht revolutionär, sondern in den klassischen Aufgabenfeldern der Personalwirtschaft verankert.

Work-Life-Balance: Maßnahmen

▸ Als wichtigste Instrumente gelten **Arbeitszeitmodelle**, die Gestaltungsräume für die individuelle und flexible Zeiteinteilung je nach Lebensphase und privatem Engagement bieten. Das sind vor allem die Gleitzeit mit Arbeitzeitkonten oder Jahresarbeitszeitmodelle, die Altersteilzeit und die konventionelle Teilzeit einschließlich der auf vier Tage komprimierten Arbeitswoche und des Job Sharing, also der Arbeitsplatzteilung, variable Arbeitszeiten, eventuell als Vertrauensarbeitszeit ohne Zeiterfassung, Sabbaticals, das heißt langfristige Urlaube, und die Term Time, die arbeitsfreie Phasen während der Schulferien zusichert. Sogar die Schichtarbeit verspricht im Einzelfall Vorteile (Kapitel Personaleinsatz, *Klimpel/Schütte 2006, S. 50 ff.*).

▸ Mit dem Advanced Personal Planning werden die Beschäftigten ermutigt, wichtige persönliche Termine in den offiziellen Firmenkalender einzutragen. Zudem kann die **Stellenzuweisung** mehr Zeitsouveränität erzeugen und damit erhebliche positive Effekte auf die Balance zwischen Arbeitsaufgaben und persönlichen Belangen haben, zum Beispiel die Telearbeit an einem Arbeitsplatz außerhalb der Betriebsstätte und teilautonome Arbeitsgruppen (Kapitel Personaleinsatz).

▸ Um eine bessere Vereinbarkeit von Berufs- und Privatleben zu ermöglichen, können Unternehmen ihren Beschäftigten **Personalservice** bieten, etwa bei der Kinderbetreuung durch Betriebskindergärten, den Erwerb von Belegplätzen, Kinder im Betrieb, die Unterstützung von Elterninitiativen und Tagesmütter. Denkbar sind überdies Beihilfen bei der Geburt oder Heirat, Rabatte im Belegschaftsverkauf, Darlehen und Fonds für familiäre Notfälle. Beliebt ist die Unterstützung bei der Wohnungssuche und der privaten Haushaltsführung, insbesondere als Relocation-Service bei einer betriebsbedingten Versetzung ins Ausland oder in eine andere Stadt, aber auch generell durch Concierge-Dienste, etwa Besorgungen, Behördengänge, Autopflege, Kartenreservierungen, Einkaufs- und Wäscheservice. Die Beratung zu Krisenthemen, also Partnerkonflikten und Erziehungsproblemen, sowie Dienstleistungen im Bereich Elder Care, der Pflege oder Betreuung von älteren Familienangehörigen, werden zunehmend mehr nachgefragt (*Klimpel/Schütte 2006, S. 90 ff.*).

▸ Immer größere Bedeutung erfahren Maßnahmen zur Förderung der physischen und psychischen **Gesundheit** durch den Betriebssport und die Begünstigung des Besuchs außerbetrieblicher Fitness- und Wellness-Angebote. Seminare in Sachen Stressmanagement, Gesundheitsförderung und Prävention mit Rücken- und Nackenschulung, Ernährungs- und Suchtberatung, eine gesundheitsbewusste Gestaltung der Arbeitsplätze sowie Vorsorgeuntersuchungen beim Betriebsarzt schlagen in dieselbe Kerbe (*Klimpel/Schütte 2006, S. 80 ff.*, Kapitel Personaleinsatz, -service und -entwicklung).

▸ Man billigt Beschäftigten Lebensabschnitte zu, in denen sie sich ganz dem Privaten zuwenden, etwa in der Elternzeit. Die Rückkehr an den Arbeitsplatz, die sogenannte **Reaktivierung**, kann durch Urlaubs- oder Krankheitsvertretungen während der Nichterwerbsphase und Teilzeitangebote für den Übergang unterstützt werden, flankiert durch Wiedereinstiegszusagen sowie die Vermittlung von Qualifikationen und Kompetenzen vor und während der erneuten Einarbeitung (Kapitel Personaleinsatz und -entwicklung).

Aus der Praxis

»Um eine bessere Vereinbarkeit von Beruf und Privatleben zu schaffen und damit auch zu einer stärkeren Zufriedenheit der Arbeitnehmer beizutragen, wurden in den letzten Jahren Work Life Balance-Konzepte entwickelt ... Weitestgehend ungeklärt ist aber bisher, wie groß das Interesse der Arbeitnehmer an verschiedenen konkreten Angeboten ... ist und welche Angebote es in den Unternehmen tatsächlich gibt. Um diesen Fragen nachzugehen, hat das Link Institut im Rahmen einer repräsentativen Bevölkerungsbefragung 500 Arbeitnehmer zum Thema Work Life Balance befragt.«
Wachenfeld/Wiesmann 2008: Wachenfeld, A. und Wiesmann, D., »Angebote, die ankommen«, in: Personalwirtschaft, Heft 09/2008, S. 57-59.

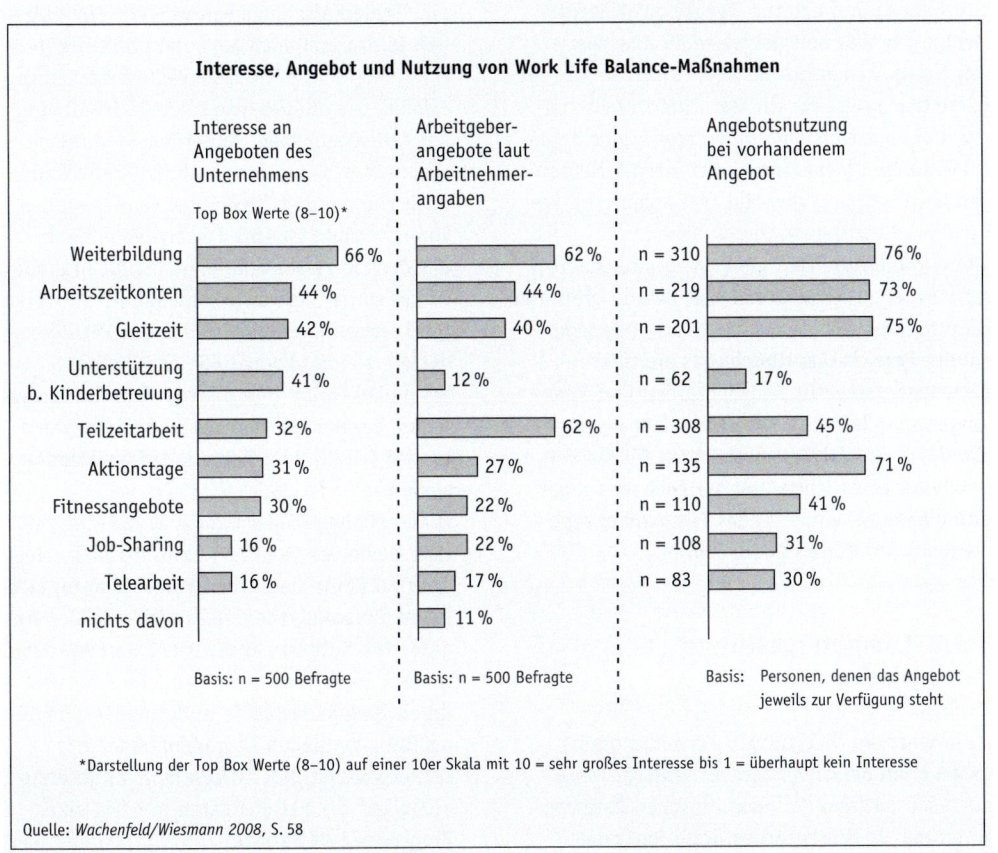

Interesse, Angebot und Nutzung von Work Life Balance-Maßnahmen

	Interesse an Angeboten des Unternehmens Top Box Werte (8–10)*	Arbeitgeber- angebote laut Arbeitnehmer- angaben		Angebotsnutzung bei vorhandenem Angebot
Weiterbildung	66 %	62 %	n = 310	76 %
Arbeitszeitkonten	44 %	44 %	n = 219	73 %
Gleitzeit	42 %	40 %	n = 201	75 %
Unterstützung b. Kinderbetreuung	41 %	12 %	n = 62	17 %
Teilzeitarbeit	32 %	62 %	n = 308	45 %
Aktionstage	31 %	27 %	n = 135	71 %
Fitnessangebote	30 %	22 %	n = 110	41 %
Job-Sharing	16 %	22 %	n = 108	31 %
Telearbeit	16 %	17 %	n = 83	30 %
nichts davon		11 %		
	Basis: n = 500 Befragte	Basis: n = 500 Befragte		Basis: Personen, denen das Angebot jeweils zur Verfügung steht

*Darstellung der Top Box Werte (8–10) auf einer 10er Skala mit 10 = sehr großes Interesse bis 1 = überhaupt kein Interesse

Quelle: *Wachenfeld/Wiesmann 2008*, S. 58

1.6 Personalarbeit

Wie weiter oben erwähnt, bezeichnet man die Verwaltungsaufgaben der Personalwirtschaft zu Deutsch als Personalarbeit oder Personaladministration, im englischen Sprachraum als Personnel Management *(Scholz 2000, S.1)*.

1.6.1 Verwaltungsaufgaben

Diese Verwaltungsaufgaben sind einerseits **ordnender Natur**. So müssen beispielsweise Formulare, Unterlagen und Dateien für die Personalplanung und die Personalentwicklung erstellt

Datenpflege

oder persönliche Daten der Beschäftigten geändert werden.

Überwachung

Andererseits ist eine Reihe von Vorgängen kontinuierlich zu überwachen, beispielsweise Fluktuation, Krankenstand, geleistete Mehrarbeit und Inanspruchnahme des Urlaubs. Dazu gehören aber auch Termine im Zusammenhang mit Aufenthalts- und Arbeitserlaubnissen bei ausländischen Beschäftigten.

Meldung

Schließlich stehen **Meldeaufgaben** für innerbetriebliche und externe Zwecke an. Externe Meldungen sind beispielsweise die Nachweise von freien Stellen für die Agentur für Arbeit, die Entgeltnachweise für die Berufsgenossenschaften und Sozialversicherungen sowie Lohnsteueranmeldungen beim Finanzamt. Interne Meldungen beziehen sich etwa auf den Ablauf von Probezeiten, Geburtstage und Jubiläen.

Um diese Aufgaben gleichartig und widerspruchsfrei zu lösen, formuliert man in größeren Unternehmen ein Nachschlagewerk, das sogenannte **Personalhandbuch**, das die internen personalwirtschaftlichen Richtlinien und Regelungen, den Handlungsspielraum der Personalabteilung, die Arbeitsanweisungen für die Personalverantwortlichen und die Entscheidungsgrundlagen als einheitliches Personalkonzept dokumentiert (*Olfert 2008, S. 471 f.*).

1.6.2 Computergestützte Personalarbeit

Angesichts der Vielzahl von Verwaltungsaufgaben kann Personalarbeit vernünftigerweise nur noch mithilfe der elektronischen Datenverarbeitung als **computergestützte Personalarbeit**, auch eHRM genannt, geleistet werden (*Berger/Schwalbe 2003, S. 10 ff.*).

▶ Die **konventionelle Personalarbeit** anhand von Personalkarteien und Lohnkontoblättern muss angesichts des erheblichen Personal- und Zeitaufwands sowie der Fehlerträchtigkeit der Vergangenheit angehören.

Automatisierung

ESS

Arbeitsteilung

▶ Bei der, heute veralteten, **arbeitsteiligen** computergestützten **Personalarbeit** werden die Personaldaten gesammelt, auf Formularen erfasst, manuell in Personaldateien eingegeben und gespeichert. Der Computer übernimmt die Massendatenverarbeitung sowie

die Speicherung und Selektion von Daten, also Melde- und Statistikaufgaben sowie die Lohn- und Gehaltsabrechnung. Die Ergebnisse werden in Listenform ausgedruckt und gegebenenfalls korrigiert, indem eine erneute Eingabe vorgenommen wird.

▶ Der Einsatz von Mikrocomputern, Terminals und entsprechender Software ermöglicht eine **Personalarbeit im Dialog**. Man gibt die Daten und Anweisungen über Bildschirmmasken ein. Fehlerhafte Eingaben werden sofort über den Bildschirm angezeigt und können korrigiert werden, bevor eine Weiterverarbeitung erfolgt. Das erlaubt eine schnelle Erledigung der Arbeitsaufgaben. Außerdem sind die gespeicherten Daten immer aktuell und können auch von anderen Stellen verwendet werden. Voraussetzung ist eine Personaldatenbank, mit der die Personaldaten archiviert und verwaltet sowie nach unterschiedlichen Kriterien für Auswertungen unmittelbar zur Verfügung gestellt werden können. Solche Personaldatenbanken mit integrierten Verwaltungssystemen bezeichnet man als HR-Informationssystem (HRIS) oder **Personalinformationssystem** (*Mülder 2004, S. 1534 f., Mülder/Hohoff/Kaneko 2002, S. 255 ff.*).

▶ Eine Reihe von Routine-, Informations-, Melde- und Kontrollaufgaben kann als **automatisierte Personalarbeit** selbsttätig von der eingesetzten Software abgewickelt werden. Dabei werden Ergebnisse ohne manuelle Eingriffe durch Programmabläufe in definierten, regelmäßigen zeitlichen Abständen erzeugt.

▶ Ferner können Beschäftigte und Vorgesetzte einen Teil der Personaldaten in Form eines **Employee Self Service** (ESS) im Intranet des Arbeitgebers über einen Zugriffscode selbst abrufen, verwalten und pflegen. Das Intranet ist wie das Internet aufgebaut, verknüpft also unterschiedliche Nutzer mit unterschiedlicher Software über Knotenrechner, sogenannte Server, und einige wenige einheitliche Standards. Das Intranet ist aber durch spezielle Vorkehrungen gegen unberechtigte unternehmensfremde Nutzer abgeschottet (*Lohse/Morczinek 2004, S. 186 ff., Mülder/Hohoff/Kaneko 2002, S. 277 ff.*).

▶ Mit Mitarbeiterportalen stellt man Beschäftigten Inhalte und Anwendungen sowohl im In-

Unter der Lupe

Vorbedingungen für Computerunterstützung

Die computergestützte Personalarbeit ist der konventionellen Personalarbeit nur überlegen, wenn einige Vorbedingungen erfüllt sind:

- *Die Personaldaten sollen nur jeweils einmal gespeichert werden. Durch diese **redundanzfreie Speicherung** wird sichergestellt, dass die Personaldaten zu geringen Kosten und änderungsfreundlich verwaltet werden.*
- *Die Personaldaten sollten unabhängig von der jeweils anstehenden Aufgabe und Auswertung verwaltet werden. Gefordert ist also eine **Datenunabhängigkeit**.*
- *Autorisierten Personen muss ein **direkter Zugriff** auf die Personaldaten möglich sein.*
- *Personaldaten verlangen einen besonderen **Schutz** und spezielle **Sicherungseinrichtungen**. Das betrifft einerseits den Schutz vor dem unberechtigten Zugriff und vor fatalen Datenänderungen sowohl durch Beschäftigte als auch durch Externe. Dieser Schutz kann durch die Vergabe von Zugriffs- und Veränderungscodes gewährleistet werden. Andererseits sind auch nach dem Bundesdatenschutzgesetz vielfältige Maßnahmen zum Schutz vor dem Missbrauch personenbezogener Daten zu treffen, die in Dateien gespeichert sind und maschinell sortiert und ausgewertet werden können. Zudem müssen Unternehmen einen Datenschutzbeauftragten benennen, wenn fünf Arbeitnehmer personenbezogene Daten mit Hilfe der elektronischen Datenverarbeitung erheben, verarbeiten oder nutzen, bei manueller Verarbeitung ab 20 Arbeitnehmern. Über den Datenschutz wachen Aufsichtsbehörden der Länder und des Bundes.*

tra- als auch im Internet zur Verfügung. Ein derartiges **Portal** weist eine Internet-basierte Arbeitsplattform auf, denn der Zugriff auf das System mit einer einheitlichen Benutzeroberfläche erfolgt mit einer Browser genannten Software.

Es ist personalisiert, denn Rollen und Berechtigungen legen fest, auf welche Informationen zugegriffen werden darf. Eine einmalige Anmeldung am System genügt im Sinne des »single sign on« für alle Anwendungen und für die Aktivierung der persönlichen Einstellungen, wie etwa der Sprache. Das Portal integriert Geschäftsprozesse, unternehmensinterne und externe Informationen sowie Datenbanken im Employee Self Service *(Knöfel 2003, S. 14 ff.)*.

- Und schließlich kann man die für die Personalarbeit notwendige Hard- und Software bei einem sogenannten **Provider** anmieten. Das Vertragswerk für diese Form des Outsourcing der Personalwirtschaft muss alle wesentlichen Sicherheits-, Service- und Übernahmefragen regeln. Beim Application Management ist der Provider für die Wartung und Schulung zuständig, beim Hosting bzw. Processing trägt er zudem die technische Verantwortung. Beim Application Service Providing (ASP) sendet der Kunde alle relevanten Daten über ein Netzwerk, oft das Internet. Der Provider verarbeitet die Daten und sendet die Ergebnisse wiederum über das Netzwerk zurück *(Hentschel 2003, S. 195 ff., Mülder/Hohoff/Kaneko 2002, S. 271 ff.)*.

Portal und Provider

1.7 Arbeitsrecht

Das **Arbeitsrecht** hat nachhaltigen Einfluss auf nahezu alle personalwirtschaftlichen Aufgaben *(Abb. 1.5, Büdenbender/Will 2008, S. 20 ff.)*.

Abb. 1.5

Wirkungskreise des Arbeitsrechts

Arbeitsrecht			
Individuelles Arbeitsrecht	**Kollektives Arbeitsrecht**	**Arbeitsgerichtsbarkeit**	**Sozialrecht**
▸ Arbeitsvertragsrecht ▸ Arbeitsschutzrecht	▸ Mitbestimmungsrechte ▸ unternehmerische Mitbestimmung ▸ Tarifvertragsrecht ▸ Arbeitskampfrecht		

Quelle: eigene Darstellung

1.7.1 Individuelles Arbeitsrecht

Das individuelle Arbeitsrecht regelt das Arbeitsverhältnis zwischen dem einzelnen Arbeitgeber und dem einzelnen Arbeitnehmer *(Hanau/Adomeit 2000, Randnummer 36)*.

Es gliedert sich in

▸ das **Arbeitsvertragsrecht** (Kapitel Personalbeschaffung) und

▸ das **Arbeitsschutzrecht** (Kapitel Personaleinsatz) einschließlich des Kündigungsschutzes
(Kapitel Personalfreisetzung).

1.7.2 Kollektives Arbeitsrecht

Das kollektive Arbeitsrecht normiert die Beziehungen zwischen den Sozialpartnern *(Hanau/
Adomeit 2000, Randnummer 36, Schmalen/Pechtl
2006, S. 143 ff.)*.

Das Betriebsverfassungsgesetz, das Sprecherausschussgesetz, das Gesetz über Europäische
Betriebsräte, diverse Wahlordnungen, das Neun-
te Buch des Sozialgesetzbuches sowie die Personalvertretungsgesetze des Bundes und der
Länder beinhalten Vorschriften zur Wahl und zu
den Aufgaben von Belegschaftsvertretungen. Die
jeweilige Mitgliederzahl ist in *Abb. 1.6* dargestellt
(Schmalen/Pechtl 2006, S. 143 ff.).

▸ Wenn in einem Unternehmen in der Regel
mindestens fünf ständige und zugleich wahlberechtigte Arbeitnehmer tätig sind, von denen drei wählbar sind, kann dort ein Betriebsrat gewählt werden. In Dienststellen
gilt das Gleiche für den Personalrat. Betriebsräte mit neun oder mehr Mitgliedern bilden
einen Betriebsausschuss, der die laufenden
Geschäfte führt. Unternehmen mit mehreren
Betriebsräten bilden einen Gesamt- und gegebenenfalls einen Konzernbetriebsrat. In den
Gesamtbetriebsrat entsendet jeder Betriebsrat
mit bis zu drei Mitgliedern eines seiner Mitglieder, jeder Betriebsrat mit mehr als drei
Mitgliedern zwei seiner Mitglieder. In den
Konzernbetriebsrat entsendet jeder Gesamtbetriebsrat zwei seiner Mitglieder. Diese Belegschaftsvertretungen haben diverse Mitbestimmungsrechte, die sogenannten Mitwirkungsrechte und die Mitbestimmung im
eigentlichen Sinne. Zur Letzteren zählen

– Initiativrechte in sozialen Angelegenhei-
ten, also bei Fragen der Ordnung und des
Verhaltens, bei technischen Überwa-
chungseinrichtungen, für Beginn und
Ende, die vorübergehende Verkürzung und
Verlängerung der Arbeitszeiten und Pau-

sen, hinsichtlich der Urlaubsgrundsätze,
des Urlaubsplans und der zeitlichen Lage
des Urlaubs Einzelner, für die Unfallver-
hütung und den Gesundheitsschutz, bei
der Form, Ausgestaltung und Verwaltung
von Sozialeinrichtungen, in Sachen Zuweisung, Kündigung und Nutzungsbedingun-
gen von Werkswohnungen, für die Entloh-
nungsgrundsätze und -methoden sowie
die Bezugsgrößen der leistungsbezogenen
Entgelte, in punkto Zeit, Ort und Art der
Entgeltauszahlung, hinsichtlich der
Grundsätze des betrieblichen Vorschlags-
wesens, für alle Fragen der betrieblichen
Berufsausbildung und schließlich für die
Grundsätze über die Durchführung von
Gruppenarbeit,

– Vetorechte in personellen Angelegenheiten, also bei der Erstellung und Verwendung von Personalfragebogen, Beurteilungsgrundsätzen und Auswahlrichtlinien
bei Einstellungen, bei Einstellungen, Versetzungen, Ein- und Umgruppierungen,
bei Entlassungen und insbesondere bei außerordentlichen Entlassungen oder Versetzungen von Mitgliedern der Belegschaftsvertretungen sowie

– die vielfältigen Mitbestimmungsrechte im
Rahmen der sogenannten Betriebsänderung, auf die im Kapitel Personalfreisetzung eingegangen wird. In diesem Zusammenhang kann der Betriebsrat etwa einen
Sozialplan verlangen.

Die Mitwirkungsrechte sind

– Beratungsrechte bei der Planung von Bau-
vorhaben, bei Investitionen, bei der Einschränkung, der Verlagerung, der Stilllegung oder beim Zusammenschluss von
Unternehmen, bei Änderungen der Betriebsorganisation oder des Betriebs-
zwecks, bei der Einführung neuer Arbeitsverfahren und -abläufe sowie das Recht,
Vorschläge zur Sicherung und Förderung
der Beschäftigung zu diskutieren,

– Anhörungsrechte bei Entlassungen (Kapitel Personalfreisetzung) und schließlich

– Informationsrechte in Sachen Personalplanung und Gleichbehandlung, hinsichtlich
der wirtschaftlichen Lage und Entwicklung, bei Personalbeurteilungen, bei der

Belegschaftsvertretung

Betriebs- und Personalrat

Mitbestimmung
im eigentlichen Sinne

Mitwirkungsrechte

Abb. 1.6

Mitgliederzahlen der Belegschaftsvertretungen

Mitarbeiter	Betriebsratsmitglieder	Mitarbeiter	Freigestellte Betriebsräte
5–20	1		
21–50	3		
51–100	5		
101–200	7	200–500	1
201–400	9		
401–700	11		
		501–900	2
701–1.000	13	901–1.500	3
1.001–1.500	15		
1.501–2.000	17	1.501–2.000	4
2.001–2.500	19	2.001–3.000	5
2.501–3.000	21		
3.001–3.500	23	3.001–4.000	6
3.501–4.000	25		
4.001–4.500	27	4.001–5.000	7
4.501–5.000	29		
5.001–6.000	31	5.001–6.000	8
6.001–7.000	33	6.001–7.000	9
7.001–9.000	35	7.001–9.000	10
		8.001–9.000	11
		9.001–10.000	12
+ je 3.000	+ je 2	+ je 2.000	+ je 1

Leitende Angestellte	Sprecherausschussmitglieder	Jugendliche und Auszubildende	Mitglieder ihrer Vertretung
		5–20	1
10–20	1		
21–100	3	21–50	3
		51–151	5
101–300	5	151–300	7
> 300	7	301–500	9
		501–700	11
		701–1.000	13
		> 1.000	15

Quelle: nach Schmalen/Pechtl 2006, S.143ff., §§ 7ff., 60ff. Betriebsverfassungsgesetz, §§ 3ff. Sprecherausschussgesetz

Einigungsstelle

Wirtschaftsausschuss

**Jugend- und Auszubildenden-
vertretung**

Schwerbehindertenvertretung

Europäischer Betriebsrat

Sprecherausschuss

Einstellung leitender Angestellter und beim Jahresabschluss sowie das Recht auf Einsicht in Lohn- und Gehaltslisten.

▶ Im Rahmen der Mitbestimmung werden bei Bedarf sogenannte Einigungsstellen gebildet. Eine Einigungsstelle ist ein temporäres oder ständiges Organ, das nur in Aktion tritt, wenn es vom Arbeitgeber oder Betriebsrat laut §§ 76 ff. des Betriebsverfassungsgesetzes bzw. vom Personalrat angerufen wird. Sie besteht aus mehreren Beisitzern, die je zur Hälfte vom Arbeitgeber und von der Belegschaftsvertretung bestellt werden, und einem unparteiischen Vorsitzenden. Eine Einigungsstelle hat in den gesetzlich vorgesehenen Fällen Meinungsverschiedenheiten zwischen Arbeitgeber und Belegschaftsvertretung in betrieblichen Angelegenheiten durch einen Spruch zu entscheiden. Der Spruch der Einigungsstelle ist gerichtlich überprüfbar und kann bei Verstoß gegen gesetzliche Vorschriften oder wegen Überschreitung der Grenzen des billigen Ermessens aufgehoben werden *(Oechsler 2006, S. 75 ff.)*.

▶ Zudem wird in Unternehmen mit in der Regel mehr als 100 ständig beschäftigen Arbeitnehmern ein Wirtschaftsausschuss mit drei bis sieben Mitgliedern gebildet, dem mindestens ein Betriebsratsmitglied angehören muss. Hier werden regelmäßig die Mitwirkungsrechte in wirtschaftlichen Angelegenheiten des Unternehmens wahrgenommen.

▶ In Unternehmen mit mehr als 1.000 Arbeitnehmern in mindestens zwei Mitgliedstaaten der EU, in denen mindestens 150 Arbeitnehmer beschäftigt sind, kann ein europäischer Betriebsrat gebildet werden. Er muss mindestens einmal jährlich angehört und vor wichtigen grenzüberschreitenden Unternehmensentscheidungen unterrichtet werden.

▶ Wenn in Unternehmen in der Regel mindestens zehn leitende Angestellte tätig sind, kann dort ein Sprecherausschuss gewählt werden. Er hat keine Mitbestimmungsrechte im eigentlichen Sinne, aber Mitwirkungsmöglichkeiten
– bei der Vereinbarung von Richtlinien über Inhalt, Abschluss und Beendigung von Arbeitsverhältnissen der leitenden Angestellten sowie

– bei der Vermittlung von Auseinandersetzungen mit dem Arbeitgeber.
– Er hat zudem Informations- und Beratungsrechte bei Einstellung, Versetzung und Entlassung von leitenden Angestellten und schließlich
– das Recht auf Unterrichtung über Pläne für Betriebsänderungen (Kapitel Personalfreisetzung) und die wirtschaftliche Situation.
– Der Sprecherausschuss hat ferner ein Vetorecht im Betriebsrat, wenn Belange der leitenden Angestellten berührt sind *(Pulte 2006, S. 98 f.)*.

▶ Eine Jugend- und Auszubildendenvertretung kann in Unternehmen und Dienstellen mit in der Regel mindestens fünf Arbeitnehmern gewählt werden,
– die das 18. Lebensjahr noch nicht vollendet haben oder
– zu ihrer Berufsausbildung beschäftigt und das 25. Lebensjahr noch nicht vollendet haben.
Sie hat im Personal- bzw. Betriebsrat ein Vorschlagsrecht, vor allem in Sachen Berufsausbildung.

▶ In Unternehmen und Dienstellen, in denen wenigstens fünf schwerbehinderte Menschen nicht nur vorübergehend beschäftigt sind, kann eine Schwerbehindertenvertretung gewählt werden, die aus einer Vertrauensperson und wenigstens einem stellvertretenden Mitglied besteht. Sie fördert die Eingliederung der schwerbehinderten Menschen und vertritt ihre Interessen. Deshalb muss sie in allen Angelegenheiten, die schwerbehinderte Menschen betreffen, unterrichtet und angehört werden. Sie kann an den Sitzungen des Betriebs- oder Personalrates beratend teilnehmen und mindestens einmal jährlich eine Versammlung schwerbehinderter Menschen einberufen.

Auf diese Rechte der Belegschaftsvertretungen wird in den folgenden Kapiteln jeweils unter dem Stichwort Mitbestimmung eingegangen.

Rechtsvorschriften zur unternehmerischen Mitbestimmung finden sich im Drittelbeteiligungsgesetz, im Montan-Mitbestimmungsgesetz und im

Gesetz über die Mitbestimmung der Arbeitnehmer. Die rechtlichen Möglichkeiten einer Arbeitnehmervertretung in den Gesellschaftsorganen reichen, abhängig von der Belegschaftsstärke, der Rechtsform und der Branche, von Null über ein Drittel bis zur leicht eingeschränkten Parität *(Abb. 1.7, Schmalen/Pechtl 2006, S. 148 ff.)*.

Das Tarifvertragsgesetz hat das Tarifvertragsrecht zum Inhalt, also Regelungen über die Vertragsvereinbarungen zwischen Arbeitgeber- und Arbeitnehmervereinigungen.

Artikel 9 Absatz 3 des Grundgesetzes gibt den Gewerkschaften das Recht, für die Durchsetzung ihrer Forderungen über Arbeits- und Wirtschaftsbedingungen einen Arbeitskampf durchzuführen. Bevor es aber beim Scheitern von Tarifverhandlungen zum Streik kommt, setzt ein Schlichtungsverfahren ein, bei dem ein Gremium von Arbeitgeber- und Gewerkschaftsvertretern unter einem neutralen Vorsitzenden versucht, eine Einigung zu erarbeiten. Führt auch die Schlichtung nicht zum Erfolg, können die Gewerkschaften unter bestimmten Voraussetzungen einen Streik beschließen. Ein Streikbeschluss wird in der Regel durch eine sogenannte Urabstimmung herbeigeführt, bei der alle Mitglieder befragt werden. Die Streikenden erhalten weder Arbeitsentgelt noch Arbeitslosengeld. Lediglich die Gewerkschaftsmitglieder werden von der Gewerkschaft unterstützt. Eine Waffe der Arbeitgeberseite im Arbeitskampf ist die Aussperrung, mit der arbeitswilligen Beschäftigten das Betreten der Betriebe und damit die Aufnahme der Arbeit verwehrt wird.

1.7.3 Recht der Arbeitsgerichtsbarkeit

Das Arbeitsgerichtsgesetz behandelt das Recht der Arbeitsgerichtsbarkeit.

Gegenüber den ordentlichen Gerichten ist das Verfahren wegen der kürzeren Fristen rascher und wegen der niedrigeren Gerichtskosten billiger. Die Arbeitsgerichtsbarkeit wird durch Arbeitsgerichte, Landesarbeitsgerichte und das Bundesarbeitsgericht ausgeübt. Nach dem Arbeitsgerichtsgesetz sind die Arbeitsgerichte in der Hauptsache zuständig für Streitigkeiten

▸ zwischen einzelnen Arbeitgebern und Arbeitnehmern, die aus dem Arbeits- oder Berufsausbildungsvertrag und aus unerlaubten Handlungen resultieren,
▸ zwischen Tarifvertragsparteien,
▸ zwischen Arbeitnehmern aus gemeinsamer Arbeit und wegen unerlaubter Handlungen,
▸ im Rahmen der Mitbestimmungsrechte der Belegschaftsvertretungen sowie
▸ um die unternehmerische Mitbestimmung.

Jede Partei kann sich selbst vertreten oder vertreten lassen, vor dem Landes- und Bundesarbeitsgericht aber nur durch Rechtsanwälte

Unternehmerische Mitbestimmung

Tarifvertrag

Arbeitskampf

Abb. 1.7

Unternehmerische Mitbestimmung im Aufsichtsrat

Unternehmensform	Anzahl der Arbeitnehmer			
	bis 500	über 500 bis 1.000	über 1.000 bis 2.000	über 2.000
Versicherungsverein auf Gegenseitigkeit (VVaG)				
Eingetragene Genossenschaft (eG)				
Gesellschaft mit beschränkter Haftung (GmbH)				
Aktiengesellschaft (AG)[1]				
Kommanditgesellschaft auf Aktien (KGaA)[1]				
AG im Montan-Bereich[1]				
GmbH im Montan-Bereich				

[1] bei Familiengesellschaften und Tendenzbetrieben keine

☐ keine
☐ 1/3 Arbeitnehmer + 2/3 Arbeitgeber
☐ 1/2 Arbeitnehmer + 1/2 Arbeitgeber
▨ 1/2 Arbeitnehmer + 1/2 Arbeitgeber + neutrales Mitglied

Quelle: nach *Oechsler 2006*, S. 64

oder Verbandsvertreter. Der Gesetzesauftrag lautet, eine gütliche Erledigung des Rechtsstreites herbeizuführen.

1.7.4 Sozialrecht

Die Normen, die auf die soziale Gerechtigkeit abzielen, nennt man Sozialrecht.

Soziale Gerechtigkeit wird in der Hauptsache durch die Gewährung von Sozialleistungen ge-

währleistet. Die Personalwirtschaft wird vor allem durch die sozialrechtlichen Vorschriften zur Sozialversicherung tangiert. Sie ist weiten Bevölkerungskreisen zur Pflicht gemacht, und soll die Versicherten vor Bedürftigkeit bei Krankheit, Erwerbsunfähigkeit, Arbeitslosigkeit und Unfall schützen und ihnen einen Lebensabend ohne materielle Not ermöglichen (Kapitel Entgelt).

Aufgaben Kapitel 1

1. *Zählen Leiharbeitnehmer zur Belegschaft des Entleihers? Zählen sie zur Belegschaft des Verleihers? Bitte begründen Sie Ihre Antwort.*

2. *Arbeitgeber werden häufig als Unternehmer bezeichnet. Warum ist das nicht exakt?*

3. *Jeder Arbeitgeber hat ein Personalwesen, aber nicht jeder Arbeitgeber hat eine Personalabteilung. Warum ist das so?*

4. *Was versteht man im Zusammenhang mit der Organisation des Personalwesens unter Referentensystem und was unter Shared Service Center?*

5. *Das allgemeine Gleichbehandlungsgesetz setzt wichtige Maßstäbe für die Personalpolitik. Wozu verpflichtet dieses Gesetz den Arbeitgeber und was versteht der Gesetzgeber unter unmittelbaren und mittelbaren Benachteiligungen, Belästigungen und Anweisungen zur Benachteiligung?*

6. *Bitte grenzen Sie die Begriffe Personalwirtschaft, Personalarbeit, Personalmanagement und Human Resource Management gegeneinander ab.*

7. *Was versteht man unter Personalmarketing, Personalbindung, Talentmanagement und Work-Life-Balance?*

8. *Bitte schildern Sie gerafft und im Überblick, welche Mitbestimmungsrechte der Betriebsrat hat.*

Lösungen zu den Aufgaben finden Sie im Anschluss an das letzte Kapitel.

2 Personalbeschaffung

Leitfragen

▶ **Was plant man im Hinblick auf die Personalbeschaffung?**
Wie bestimmt man die Zahl, Qualifikation und Kompetenz der benötigten Personen? Wie legt man den Arbeitszeitrahmen für die neuen Beschäftigten fest?

▶ **Welche Personalbeschaffungswege stehen zur Wahl?**
Welche Vor- und Nachteile haben die internen und externen Beschaffungswege? Welche Kriterien sind für die Wahl eines Beschaffungswegs maßgeblich?

▶ **Wie geht man bei der Personalauswahl vor?**
Welche Formen der Bewerbung gibt es und wie analysiert man sie? Welche weiteren Verfahren stehen zur Verfügung, wann und wie setzt man sie ein?

▶ **Wer entscheidet nach welchen Kriterien über die Einstellung?**

▶ **Was ist für die Formulierung eines Vertrags entscheidend?**

2.1 Personalbeschaffung im Rampenlicht

2.1.1 Aufgaben und Prinzipien der Personalbeschaffung

Sowohl die Personalbeschaffung als auch der Personaleinsatz sind Aktivitäten eines Unternehmens, die dazu dienen, dass Personal in der erforderlichen **Anzahl** mit der erforderlichen **Qualifikation und Kompetenz** zu dem für die Erstellung der betrieblichen Leistung notwendigen **Zeitpunkt** oder Zeitraum an dem jeweiligen **Einsatzort** verfügbar ist.

> Die Personalbeschaffung ist, anders als der Personaleinsatz, darauf ausgerichtet, freie Stellen, sogenannte Vakanzen, zeitlich unbefristet oder doch zumindest für einige Zeit neu zu besetzen.

Allerdings sind die Grenzen zwischen Personalbeschaffung, die man auch als **Recruitment, Rekrutierung, Mitarbeiter-** oder **Personalakquisition** bezeichnet, und Personaleinsatz im Einzelfall fließend.

Mit dieser Begriffsbestimmung liegen die Aufgaben der Personalbeschaffung auf der Hand. Die Richtschnur für die Erledigung dieser Aufgaben geben die **Prinzipien der Personalbeschaffung**, die sich aus den personalpolitischen Prinzipien ableiten (Kapitel Grundlagen).

▶ Die Personalbeschaffung muss sich am Arbeitsmarkt orientieren. Das **Arbeitsmarktprinzip** bedingt nicht nur eine rechtzeitige und fundierte Planung. Zudem bestimmen die Gewohnheiten und Erwartungen der Interessenten die Auswahl der Personalbeschaffungswege.

▶ Neuzugänge sollten nach dem **Flexibilitäts- und Personalbindungsprinzip** möglichst vielseitig sein, sich aber zugleich dauerhaft an das Unternehmen binden.

▶ Dem **Personalpassungsprinzip** zufolge will man leistungsfähige und -willige, verträgliche Beschäftigte gewinnen, deren Eignung sich dauerhaft mit den an sie gestellten Anforderungen deckt.

Aufgaben

Prinzipien

Diversity

▸ Die Personalauswahl dient allein der Ermittlung der Passung. Sie darf das **Prinzip der Menschenwürde** nicht verletzen.

▸ Die Beachtung des **Repräsentanz- oder Diversity-Prinzips** dient nicht nur der sozialen Gerechtigkeit, sondern auch der Reaktionsfähigkeit bei etwaigen zukünftigen Marktgegebenheiten. Deshalb sollten in der Belegschaft recht viele Bevölkerungsgruppen und beide Geschlechter in einem angemessenen Verhältnis vertreten sein. Dabei macht das sogenannte Gender Mainstreaming die aufgrund ihrer Geschlechterrollen (Gender) unterschiedlichen Interessen und Lebenssituationen von Frauen und Männern zum zentralen Bestandteil (Mainstreaming) bei allen Entscheidungen und Prozessen, auch und gerade bei der Personalbeschaffung (*Becker 2006,*

S. 7 ff., Finke 2006, S. 7 ff., 65 f., Stuber 2002, S. 48 ff.).

Für einige Beschäftigtengruppen hat der Gesetzgeber dieses Prinzip in spezielle Vorschriften gefasst. So müssen nach §§ 71 ff. des Neunten Buch des Sozialgesetzbuchs schwerbehinderte Menschen auf in der Regel mindestens fünf Prozent der Arbeitsplätze beschäftigt werden, sofern das Unternehmen über mindestens 20 Arbeitplätze verfügt. Andernfalls besteht eine gesetzliche Pflicht zu einer Ausgleichsabgabe, die pro Monat und unbesetztem Pflichtarbeitsplatz 105 bis 260 Euro beträgt. Nach § 81 der besagten Vorschrift ist der Arbeitgeber verpflichtet zu prüfen, ob freie Stellen mit schwerbehinderten Menschen besetzt werden können. Ansonsten droht ein Ent-

---

Aus der Praxis

»Frauen sind in Führungspositionen nach wie vor unterrepräsentiert. Eine aktuelle Untersuchung der Managementberatung Kienbaum Consultants International zeigt aber im Zehn-Jahres-Vergleich eine geringe Erhöhung des Anteils weiblicher Führungskräfte. Betrug der Anteil 1996 funktionsübergreifend noch fünf Prozent, lag er mit neun Prozent im Jahr 2006 fast doppelt so hoch. Bei einem Anteil an allen Er-

werbstätigen von zirka 50 Prozent ist dies jedoch immer noch sehr gering. Ganz anders sieht es aber in den Personalabteilungen aus: Dort gibt es den höchsten Frauenanteil in Führungspositionen.«

Kienbaum 2007: Kienbaum Consultants International (www.kienbaum.de, Verfasser unbekannt), »Frauen dominieren im HR-Bereich«, in: Personalmagazin, Heft 06/2007, S. 32.

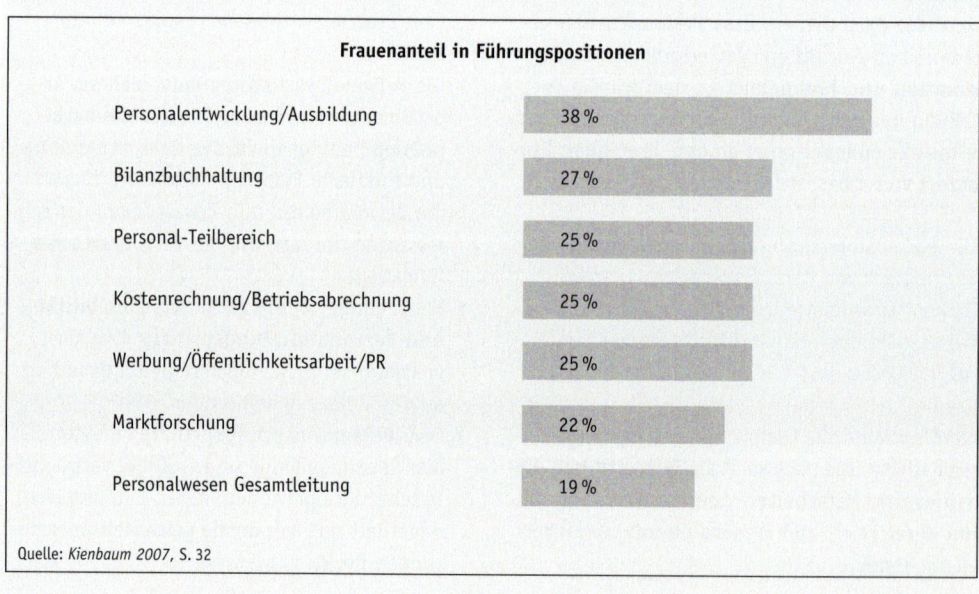

Frauenanteil in Führungspositionen

Personalentwicklung/Ausbildung	38 %
Bilanzbuchhaltung	27 %
Personal-Teilbereich	25 %
Kostenrechnung/Betriebsabrechnung	25 %
Werbung/Öffentlichkeitsarbeit/PR	25 %
Marktforschung	22 %
Personalwesen Gesamtleitung	19 %

Quelle: *Kienbaum 2007*, S. 32

schädigungsanspruch von drei Monatsverdiensten.

Mit dem **Allgemeinen Gleichbehandlungsgesetz** erhebt der Gesetzgeber das Diversity-Prinzip zur Verpflichtung, die alle Beschäftigten und Bewerber betrifft. Der Arbeitgeber muss Benachteiligungen aus Gründen der Rasse oder der ethnischen Herkunft, des Geschlechts, der Religion oder Weltanschauung, einer Behinderung, des Alters oder der sexuellen Identität verhindern oder beseitigen, auch und gerade bei der Personalbeschaffung. Nach § 15 des Gesetzes ist der Abschluss eines Arbeits- oder Ausbildungsvertrages bei Vorliegen einer Diskriminierung zwar nicht erzwingbar. Allerdings haben diskriminierte Bewerberinnen und Bewerber, selbst wenn sie auch ohne eine Diskriminierung nicht eingestellt worden wären, einen Entschädigungsanspruch in Höhe von bis zu drei Monatsbezügen, den sie innerhalb von zwei Monaten schriftlich geltend machen müssen. Wenn durch eine diskriminierende Absage ein Vermögensschaden eingetreten ist, wird neben der Entschädigung ein Schadensersatz fällig, regelmäßig in Höhe des entgangenen Arbeitsentgelts bis zum ersten Kündigungstermin (Kapitel Grundlagen, *Rühl/Hoffmann 2008, S. 79 ff., 135 ff., Wisskirchen 2006, S. 1491 ff.*).

▸ Das Vertragswerk muss rechtssicher gestaltet werden. Im Rahmen des **Rechtsstaatsprinzips** gilt es insbesondere, das Arbeitsrecht inklusive des Allgemeinen Gleichbehandlungsgesetzes zu beachten.

2.1.2 Personalbeschaffungsprozess und -organisation

Wer Personal beschaffen will, muss zunächst planerisch ermitteln, was die erforderliche Anzahl, Qualifikation und Kompetenz, der notwendige Zeitpunkt und der jeweilige Einsatzort sind, wie man vorgehen kann und was der Arbeitsmarkt hergibt. Danach geht man mit der Wahl eines Beschaffungsweges zur Personalakquisition über. Es folgt der häufig sehr aufwändige Auswahlpro-

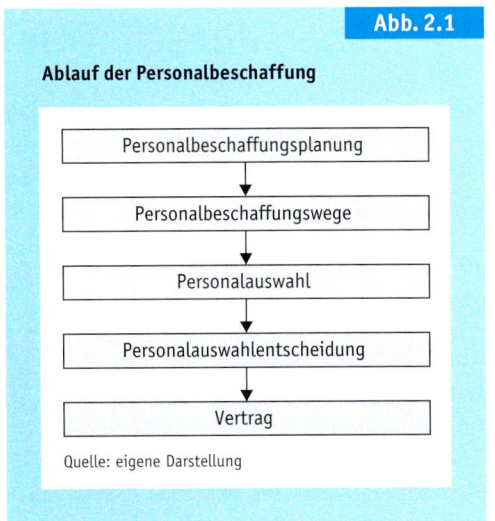

Abb. 2.1

Ablauf der Personalbeschaffung

Personalbeschaffungsplanung

Personalbeschaffungswege

Personalauswahl

Personalauswahlentscheidung

Vertrag

Quelle: eigene Darstellung

zess, der in eine Entscheidung für eine Bewerberin oder einen Bewerber und die Unterzeichnung eines Vertrages mündet *(Abb. 2.1)*.

Organisatorisch ist die Personalbeschaffung in nahezu allen im Kapitel Grundlagen geschilderten Gliederungsformen anzutreffen, traditionell eher in der funktionsorientierten, oft aber auch in der objektorientierten Gliederung, etwa im divisionalen Referentensystem, und neuerdings in Cost, Service oder Profit Centern. Und schließlich hat das Outsourcing der Personalbeschaffung an Personalberater einen hohen Stellenwert.

Traditionell denkt man beim Begriff Personalbeschaffung nur an die Beschaffung von Arbeitnehmerinnen und Arbeitnehmern. Angesichts des Trends zur projektbezogenen Arbeit mit temporären Mitarbeitern im losen, aber auch internationalen Verbund, geraten aber immer mehr die anderen Beschäftigtengruppen, vor allem die Leiharbeitnehmer und Freelancer, in den Blick. Sie müssen aus Sicht der Unternehmen gleichfalls und im Prinzip nach den gleichen Regularien beschafft werden. Oft werden jedoch Dienstleister im Auftrag tätig, etwa der Verleiher oder eine Vermittlungsagentur *(Böck 2002, S. 335 ff., Cisek 2000, S. 68, Hesse 2002, S. 350 ff.)*.

Allgemeines Gleichbehandlungsgesetz (AGG)

Organisation

Für alle Beschäftigten

2.2 Personalbeschaffungsplanung

Durch die Personalbeschaffungsplanung will man ermitteln, wer, wann und wo eingesetzt und wie rekrutiert werden soll *(Abb. 2.2, Mag 2003a, S. 84)*.

Dabei orientiert man sich an der Richtschnur, der jede Personalplanung folgt (Kapitel Personalcontrolling).

Planungsablauf

Mitbestimmung

Man muss zunächst den aktuellen und künftigen Personalbestand kennen: Wer wird zur Zeit und in Zukunft wann und wo eingesetzt? Der Personalbestand bildet die Grundlage für die Festlegung des quantitativen und qualitativen Personalbedarfs. Mit der zeitlichen Personalplanung bestimmt man den Stichtag, an dem oder für den man tätig werden muss, und den Arbeitszeitrahmen für den oder die neuen Beschäftigten. Die Personalbeschaffungsplanung gipfelt in einer genauen Beschreibung dessen, was die Personalverantwortlichen für die Beschaffung wissen müssen, der Personalbedarfsmeldung. Schließlich folgt eine Maßnahmenplanung, innerhalb derer man die Bearbeitungsschritte festlegt und gegebenenfalls den Arbeitsmarkt erforscht.

Wenn man es mit der Wortwahl genau nimmt, handelt es sich in weiten Teilen schon um eine Datenauswertung (Kapitel Personalcontrolling). Deshalb sprechen manche von der Personalbedarfsanalyse *(Hartmann 2002, S. 30 f.)*.

Der Gesetzgeber hat in den einschlägigen Vorschriften bestimmt, dass der Betriebs- bzw. Personalrat, gleichfalls der Sprecherausschuss der leitenden Angestellten, über die Personalplanung und die daraus folgenden Maßnahmen rechtzeitig und umfassend zu unterrichten ist. Gegebenenfalls sollen Vorschläge von dieser Seite einfließen und Beratungen stattfinden. Außerdem ist der Wirtschaftsausschuss nach § 106 Betriebsverfassungsgesetz in Unternehmen mit mehr als einhundert ständigen Beschäftigten über die Auswirkungen wirtschaftlicher Angelegenheiten auf die Personalplanung zu unterrichten *(Mag 2003 b, S. 148 ff.)*.

2.2.1 Personalbestandsplanung

Die Personalbestandsplanung ermittelt den aktuellen Personalbestand und die Personalveränderungen. Schließlich ergründet sie auf dieser Grundlage – stichtagsbezogen – den künftigen Personalbestand. Der gewählte Stichtag ist meist der 1. Januar eines Jahres *(Drumm 2005, S. 285 ff., Mentzel 2005, S. 36 ff.)*.

2.2.1.1 Aktueller Personalbestand

Für die Ermittlung des aktuellen Personalbestandes muss zunächst festgelegt werden, was unter einer Arbeitskraft rein zahlenmäßig zu verstehen ist.

Das erscheint auf den ersten Blick kurios. Und doch ist eine Definition vonnöten, ob Teilzeitbeschäftigte als eine Person oder nur mit ihrem Anteil an der betriebsüblichen Wochen- bzw. Monatsarbeitszeit zählen. Dasselbe gilt für

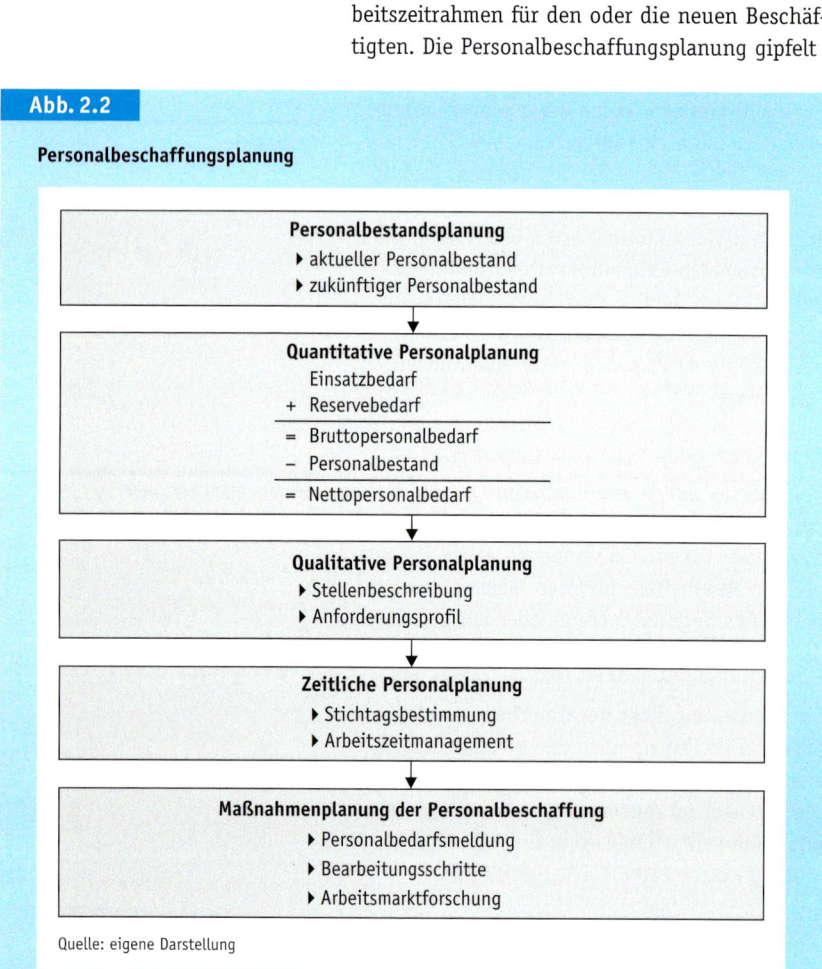

Abb. 2.2

Personalbeschaffungsplanung

Personalbestandsplanung
▸ aktueller Personalbestand
▸ zukünftiger Personalbestand

Quantitative Personalplanung
   Einsatzbedarf
+ Reservebedarf
= Bruttopersonalbedarf
− Personalbestand
= Nettopersonalbedarf

Qualitative Personalplanung
▸ Stellenbeschreibung
▸ Anforderungsprofil

Zeitliche Personalplanung
▸ Stichtagsbestimmung
▸ Arbeitszeitmanagement

Maßnahmenplanung der Personalbeschaffung
▸ Personalbedarfsmeldung
▸ Bearbeitungsschritte
▸ Arbeitsmarktforschung

Quelle: eigene Darstellung

Beschäftigte, die nach anderen, von der üblichen Arbeitszeit abweichenden Arbeitszeitmodellen arbeiten, etwa im Job Sharing. Unumgänglich ist weiterhin ein Übereinkommen, wie man es mit der Zählung von weiteren Arbeitnehmergruppen hält, wie beispielsweise langfristig Kranken, Wehr- und Ersatzdienstleistenden, Leiharbeitnehmern sowie Eltern in der Elternzeit.

Danach kann man zum Stellenbesetzungsplan übergehen. Er basiert auf dem Stellenplan, der lediglich die benötigten und genehmigten Stellen aufführt, gegliedert nach Unternehmensbereichen, Abteilungen und ähnlichen Kriterien. Der Stellenbesetzungsplan beinhaltet darüber hinaus für jede Stelle den Namen des jeweiligen Stelleninhabers. Üblich ist hier nicht die tabellarische Form, sondern die grafische Darstellung, wie in *Abb. 2.3*.

Damit ist der aktuelle Personalbestand bekannt, übersichtlich orientiert an den Stellen, die zugleich auch den oder die Einsatzorte definieren.

2.2.1.2 Zukünftiger Personalbestand

Dieser aktuelle Stellenbesetzungsplan hat aber sicherlich nicht lange Bestand. Recht bald werden sich Veränderungen im Personalgefüge ergeben, die man auch als Fluktuation bezeichnet.

Es werden **autonome Personalveränderungen** zu verzeichnen sein, das heißt solche, auf die das Unternehmen keinen oder nur bedingten Einfluss hat:

▸ Autonom sind zum Planungszeitpunkt beispielsweise Zugänge aufgrund von Entscheidungen der Arbeitsgerichte oder aufgrund von Wiedereinstellungszusagen für den Fall einer erfolgreichen Suchttherapie im Zusammenhang mit der Entlassung von Suchterkrankten. Autonom sind ferner solche Personalzugänge, die ein Unternehmen aufgrund von Mergers and Acquisitions, das heißt infolge von Fusionen und Übernahmen, zu verzeichnen hat *(Schmalen/Pechtl 2006, S. 59 ff.)*. Und schließlich zählt man auch die Beschäftigten, die von der Bundeswehr, dem Zivildienst oder aus der Elternzeit zurückkehren, sowie jene, die ihre Beschäftigung nach einer langfristigen Krankheit oder einem langfristigen Urlaub wieder aufnehmen, zu den autonomen Zugängen, obwohl die Betreffenden genau genom-

men nur vom inaktiven zum aktiven Status der Beschäftigung wechseln.

▸ Beispiele für autonome Abgänge sind Kündigungen seitens der Arbeitnehmer oder Todesfälle, aber auch Ruhestandsvereinbarungen oder die Einberufung zum Wehr- bzw. Ersatzdienst, Letztere, obwohl die Betroffenen genau genommen nur vom aktiven zum inaktiven Status der Beschäftigung wechseln.

Weiterhin sind **initiierte Personalveränderungen** zu berücksichtigen, das heißt vom Unternehmen ausgelöste oder zumindest beeinflusste Personalveränderungen:

▸ Zugänge, etwa aufgrund der Übernahme der Absolventen einer Ausbildung in ein Arbeitsverhältnis,
▸ Abgänge, beispielsweise durch Kündigungen seitens des Unternehmens.

Stellenbesetzungsplan

Fluktuation

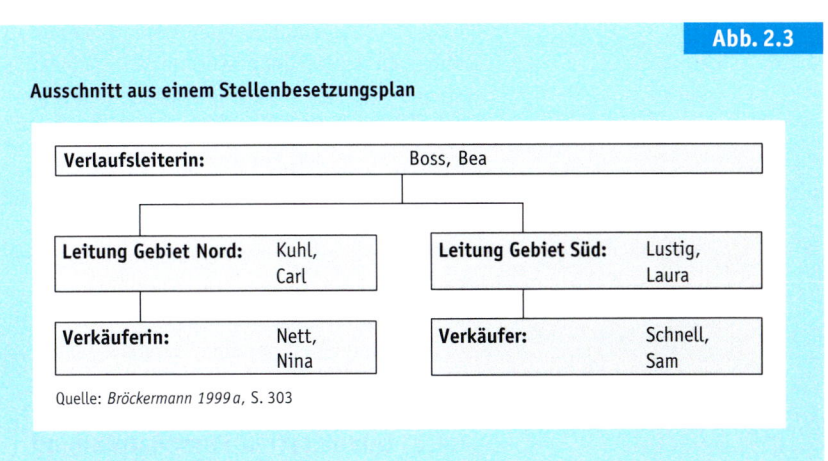

Abb. 2.3

Ausschnitt aus einem Stellenbesetzungsplan

Verlaufsleiterin:	Boss, Bea
Leitung Gebiet Nord:	Kuhl, Carl
Verkäuferin:	Nett, Nina
Leitung Gebiet Süd:	Lustig, Laura
Verkäufer:	Schnell, Sam

Quelle: *Bröckermann 1999 a*, S. 303

Abb. 2.4

Personalbestandsveränderungen

	Einkauf	Fertigung	Vertrieb	Gesamt
Personalbestand 01.01.	13	193	25	231
autonomer Zugang	+ 1	+ 7		+ 8
initiierter Zugang	+ 1	+ 2	+ 2	+ 5
autonomer Abgang	– 2	– 9	– 2	– 13
initiierter Abgang		– 1	– 1	– 2
Personalbestand 31.12.	13	192	24	229

Quelle: eigene Darstellung

Künftiger Personalbestand

Diese Personalveränderungen werden, soweit absehbar, in den Stellenbesetzungsplan eingearbeitet. Der gibt damit, bezogen auf die jeweiligen Stellen und die unterschiedlichen Zu- und Abgangstermine, den **zukünftigen Personalbestand** wieder.

Zum besseren Überblick wird häufig neben den grafisch aufbereiteten, stichtagsbezogenen Stellenbesetzungsplänen eine Tabelle erstellt, die Personalveränderungen im Ablauf eines Jahres nach Bereichen geordnet darstellt *(Abb. 2.4)*.

2.2.2 Quantitative Personalplanung

Man könnte nun meinen, mit einem Stellenbesetzungsplan, der absehbare Personalveränderungen berücksichtigt, sei die Planung der Personalbeschaffung erledigt. Dem ist aber bei weitem nicht so, denn er macht keinerlei Aussagen

Arbeitszeitmanagement

Abb. 2.5

Verfahren zur Bestimmung des Personalbedarfs

Stellen-(plan-)methode	Alters-struktur-analysen	Szenario-technik	Schätzverfahren und Experten-befragungen	Arbeitswissen-schaftliche Methoden
Bestimmung des Personalbedarfs				

Kapazitäts-bedarfs-rechnung	Kennzahl-techniken	Trend-verfahren	Multi-variable Methoden	Experten-systeme	Monetäre Methoden

Quelle: eigene Darstellung

Abb. 2.6

Stellenmethode

	Einkauf	Fertigung	Vertrieb	Gesamt
Stellenbestand 01.01.	13	193	25	231
Einführung Produkt A		+ 5	+ 1	+ 6
Neue Vertriebsniederlassung			+ 2	+ 2
Neues Fertigungsverfahren		− 10		− 10
Zentralisierung der Beschaffung	− 2			− 2
Stellenbestand 31.12.	11	188	28	227

Quelle: eigene Darstellung

über den Personalbedarf. Der Personalbedarf ergibt sich keineswegs aus dem Personalbestand. Vielmehr soll umgekehrt der Personalbestand dem Personalbedarf angeglichen werden *(Bontrup 2000, S. 500 ff.)*.

> Für die Bestimmung des quantitativen, das heißt mengenmäßigen Personalbedarfs muss man den Brutto- und den Nettopersonalbedarf errechnen *(Abb. 2.2)*.

2.2.2.1 Einsatzbedarf

Der Bruttopersonalbedarf beinhaltet zunächst den Einsatzbedarf, das heißt, die Anzahl von Arbeitskräften, die für die künftigen Aufgaben exakt notwendig ist.

Auf den ersten Blick scheint es einfach, diesen Einsatzbedarf zu bestimmen: Man bestimmt den **Arbeitszeitbedarf**, der erforderlich ist, um die geplanten Absatzmengen oder Dienstleistungen zu erstellen. Dazu gehört auch der Arbeitszeitbedarf in den administrativen Bereichen des Unternehmens. Diesen Arbeitszeitbedarf teilt man durch die von den Arbeitskräften vertraglich zu leistenden Arbeitsstunden und erhält so die Anzahl der notwendigen Mitarbeiter. So einfach ist es aber leider nicht. Man muss nämlich in Rechnung stellen, dass der Arbeitszeitbedarf keine Konstante ist.

Einerseits verändert man fortwährend die Arbeits- und Pausenzeiten der Beschäftigten durch ein Arbeitszeitmanagement, das unter der Überschrift zeitliche Personalplanung umrissen wird. Andererseits modifiziert man das Stellengefüge und damit auch den Arbeitszeitbedarf, weil sich die geplanten Absatzmengen, die Produktionsmethoden, der Technikeinsatz oder die Arbeitsorganisation ändern. In der Folge entstehen neue Stellen und alte werden verändert, zusammengeführt oder gestrichen. Für die Erfassung dieser Veränderungen steht eine ganze Anzahl von Verfahren zur Verfügung *(Abb. 2.5, Horsch 2000, S. 25 ff., Stock-Homburg 2008, S. 79 ff.)*.

▶ In der Praxis wird häufig die Stellenplan- oder **Stellenmethode** angewandt, die, falls genaue Informationen über die Änderungen zur Verfügung stehen, zu exakten Ergebnissen führt. Man zeichnet die Veränderungen im Stellengefüge, soweit absehbar, stichtagsbezogen wie in *Abb. 2.6* auf.

Es wird deutlich, dass die Streichung von Stellen oftmals durch neue Stellen in der gleichen oder einer anderen Abteilung ausgeglichen wird. Gerade die Stellenmethode legt es nahe, diese Veränderungen in einen stichtagsbezogenen Stellenbesetzungsplan einzuarbeiten.

▸ **Altersstrukturanalysen** dienen der Feststellung, wann vom altersbedingten Ausscheiden von Beschäftigten auszugehen ist *(Mudra 2004, S. 172)*.

▸ Mit der **Szenariotechnik** werfen Expertengruppen, die sich aus den Führungskräften des Unternehmens zusammensetzen, zunächst die für die Zukunft relevanten Fragen auf, etwa nach dem Geschäftsverlauf. Danach entwickeln die Expertengruppen mögliche Entwicklungsverläufe, sogenannte Bilder, und diskutieren ihre Auswirkungen, in diesem Zusammenhang auf den erforderlichen Personalbestand *(Mudra 2004, S. 169 f.)*.

▸ **Schätzverfahren und Expertenbefragungen**, auch Delphi-Methode genannt, beruhen auf subjektiven Urteilen der zuständigen Führungskräfte bzw. Experten. Die Antworten auf eine schriftliche oder mündliche Befragung werden den Befragten anonym zurückgemeldet, von ihnen erneut überprüft, zusammengefasst, auf ihre Plausibilität geprüft und – falls erforderlich – berichtigt. Stimmige Ergebnisse sind nur zu erwarten, wenn für die Befragung einheitliche Maßstäbe angelegt

Aus der Praxis

»Wenn Belegschaften altern, drohen Kapazitätsengpässe und Produktivitätsverluste. Das Beispiel des deutschen Versorgers RWE Power illustriert, wie Unternehmen diesen Gefahren wirksam begegnen können ... Es ist Aufgabe von Führungskräften zu ermitteln, welche Auswirkungen das steigende Durchschnittsalter ihrer Belegschaft haben. Dafür müssen sie die Altersstruktur ihrer Mitarbeiter unter die Lupe nehmen. RWE Power, die Kraftwerks- und Bergbausparte des Energiekonzerns, hat auf diese Weise festgestellt, dass in zehn Jahren ein Großteil ihrer Beschäftigten kurz vor der Rente steht, wenn weiterhin kaum junge Leute eingestellt werden.«
Strack/Baier/Fahlander 2008: Strack, R., Baier, J. und Fahlander, A., »Demografie: Talente fördern – Wissen bewahren«, in: Harvard Business Manager, Heft 03/2008, S. 24–36.

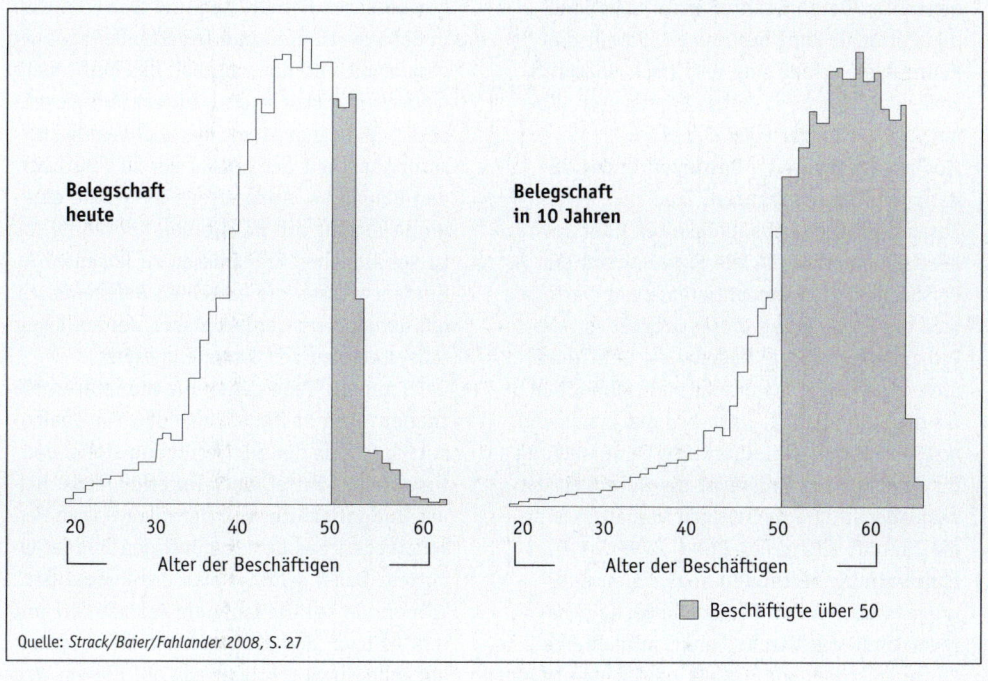

Quelle: *Strack/Baier/Fahlander 2008*, S. 27

werden und die Befragten alle Gegebenheiten berücksichtigen *(Becker 2005 b, S. 52 ff.)*.

▶ Für **arbeitswissenschaftliche Methoden** wendet man häufig das REFA-System an, das in den Kapiteln Personaleinsatz und Entgelt erläutert wird. Dieses System fußt auf der Zerlegung von Arbeitsabläufen in Arbeitsverrichtungen. Es folgt die Bestimmung der für jede Arbeitsverrichtung notwendigen Zeit. Die Summe der errechneten Zeiten ist dann die Basis des quantitativen Personalbedarfs. Die arbeitswissenschaftlichen Methoden werden überwiegend im Fertigungsbereich verwendet *(Bartscher/Huber 2007, S. 68 f.)*.

▶ Soweit man den Personalbedarf für die Fertigung mithilfe von Arbeitsplänen oder arbeitswissenschaftlichen Methoden exakt ermitteln kann, dient er im Rahmen der **Kapazitätsbedarfsrechnung** als Basis für eine Hochrechnung auf andere Abteilungen oder das gesamte Unternehmen.

▶ **Kennzahltechniken** unterstellen eine stabile Beziehung zwischen dem Personalbedarf und seinen Einflussgrößen, den produzierten oder abgesetzten Mengen, dem Technisierungsgrad, dem Fertigungsprogramm usw. Diese Beziehung wird in Kennzahlen formuliert. Aus der Veränderung einer oder mehrerer der genannten Determinanten kann man dann den Personalbedarf bestimmen. Soweit die Kennzahlen aktuell und empirisch überprüft sind, kommt man zu guten Ergebnissen *(Lorenz/Rohrschneider 2007, S. 118 f.)*.

▶ Möglich ist auch eine Bestimmung des Bedarfs mit **Trendverfahren**. Zunächst werden Zusammenhänge, Abhängigkeiten oder auch Kennzahlen ermittelt, die Einflüsse auf den Personalbedarf dokumentieren. Dann verfolgt man die Entwicklung dieser Größen von der Vergangenheit in die Gegenwart. Den Trend dieser Entwicklung schreibt man schließlich für die Zukunft fort. Dazu bedient man sich mathematischer Verfahren. Die Voraussetzung für stimmige Ergebnisse ist die Gültigkeit der vergangenen und derzeitigen Verhältnisse für die Zukunft *(Bartscher/Huber 2007, S. 71)*.

▶ **Multivariable Methoden** analysieren und prognostizieren den Personalbedarf als mathematisch-statistische Funktion mehrerer Einflussfaktoren wie Umsatz oder Verkaufsflä-

che. Im Prinzip ist dieser Ansatz eine Erweiterung des Verfahrens zur Ermittlung der Trendfunktion, wobei nun anstelle der Zeit mehrere Einflussgrößen berücksichtigt werden. Bei der Korrelationsrechnung etwa besteht mit um so größerer Wahrscheinlichkeit eine funktionale Beziehung, je näher der Korrelationsfaktor bei 1 liegt. Bei der Regressionsrechnung, einer anderen multivariablen Methode, muss die Regressionsfunktion angesetzt und untersucht werden. Ökonometrische Modelle bauen meist auf Korrelations- und Regressionsanalysen auf. Hier werden zahlreiche Variablen aufgrund empirischer Ergebnisse oder theoretischer Einsichten miteinander verknüpft. In der Folge werden die Entwicklungsverläufe einzelner Variablen in Abhängigkeit von äußeren Einflussgrößen wie dem Verhalten der Kunden simuliert. Diese Verfahren sind sehr aufwändig und erfordern hochqualifiziertes Personal. Das macht sie nur für große Unternehmen interessant *(Bartscher/Huber 2007, S. 71)*.

▶ Letztlich können auch **Expertensysteme** Anwendung finden, also komplexe computergestützte Verfahren, die Regeln und Wissensbausteine über den Personalbedarf und seine Einflussgrößen enthalten. Das Wissen von kompetenten Fachkräften und Experten wird in Schätzverfahren und Expertenbefragungen gesammelt und dann formal, das heißt mathematisch-statistisch, strukturiert und gespeichert. Allerdings steigt der Rechenaufwand sprunghaft mit der Anzahl der zu verarbeitenden Bausteine. Andererseits ist gerade eine große Anzahl von Bausteinen notwendig, um zu verlässlichen Ergebnissen zu kommen. Außerdem müssen die einzelnen Bausteine ständig aktualisiert werden. Daher werden Expertensysteme zurzeit kaum eingesetzt.

▶ Ganz andere Wege gehen die **monetären Methoden**. Hier bestimmt man den Personalbedarf auf Basis der zur Verfügung stehenden finanziellen Mittel eines Unternehmens. Bei der **Budgetierung** wird der quantitative Personalbedarf aus dem zukünftigen Budget ermittelt. Dabei schreibt man das Budget der Vorperiode auf die laufende Periode fort und teilt es nach den strategischen Zielvorgaben auf. Allerdings schreibt man auf diesem Wege auch Fehler aus vorherigen Budgets fort. Die **Zero-Base-Budgetierung** vermeidet dieses Manko, weil man hier, ausgehend von der Basis Null, also keinerlei Ausstattung, die unbedingt notwendigen Funktionen des Unternehmens ermittelt. Zur Gewährleistung dieser Funktionen werden die erforderlichen Kosten ermittelt und entsprechende Budgetvorlagen abgeleitet *(Scholz 2000, S. 722 ff.)*. Die **Gemeinkosten-Wert-Analyse** ergründet die vorhandenen Arbeitsstrukturen und ermittelt ihre Kosten. Dabei wird jede Funktion oder erbrachte Leistung, mit Ausnahme der gesetzlich vorgeschriebenen, in Frage gestellt. Dazu sammelt man zunächst Fakten über die realisierten Leistungen. Sodann kann man Kostensenkungsziele formulieren und die Leistungen der Stellen überprüfen. Alle denkbaren Einsparungen werden dokumentiert, hinsichtlich ihrer Wirksamkeit sowie Realisierbarkeit bewertet, ausgewählt und schließlich umgesetzt *(Nicolai 2006, S. 29)*.

2.2.2.2 Reservebedarf

Der Bruttopersonalbedarf beinhaltet nicht nur den Einsatzbedarf, sondern auch den Reservebedarf *(Bartscher/Huber 2007, S. 71 f.)*.

Wenn auf dem Papier für eine Stelle ein Arbeitnehmer vorgesehen ist, so ist er jedoch nicht immer anwesend. Er kann und wird in Urlaub fahren, er wird möglicherweise erkranken und er könnte in anderen Abteilungen aushelfen. Das Unternehmen muss also eine Personalreserve einplanen.

Der Reservebedarf kann ebenfalls durch die genannten Verfahren ermittelt und in einen stichtagsbezogenen Stellenbesetzungsplan eingearbeitet werden.

2.2.2.3 Bruttopersonalbedarf

Der Bruttopersonalbedarf ergibt sich – wiederum stichtagsbezogen – aus der Addition von Einsatz und Reservebedarf *(Abb. 2.7)*.

Einsatz und Reserve

2.2.2.4 Nettopersonalbedarf

Den Nettopersonalbedarf erhält man nun, indem man – bezogen auf einen Stichtag – vom Bruttopersonalbedarf den Personalbestand abzieht.

Diese Rechnung kann auch einen Personalüberhang zum Ergebnis haben, der im Prinzip eine Personalbeschaffung erübrigt und zum Personalabbau führt *(Abb. 2.8, Kapitel Personalfreisetzung)*.

Bedarf oder Überhang

Aber selbst ein Nettopersonalbedarf gleich Null oder ein überschaubarer Personalüberhang führt noch nicht dazu, von Personalbeschaffungsaktivitäten Abstand zu nehmen. Es mag vorkommen, dass rein von der Zahl her ausreichend Personal zur Verfügung steht, dass die einzelne Arbeitskraft aber eine andere Aufgabe übernehmen müsste, zu deren Bewältigung sie zumindest zurzeit gar nicht in der Lage ist. Das Unternehmen muss in einem solchen Fall entweder eine Personalentwicklung in Betracht ziehen oder trotz des Personalüberhangs neues Personal beschaffen.

2.2.3 Qualitative Personalplanung

Damit kommt der letzte Faktor ins Spiel, der durch die Personalplanung erfasst werden muss und die meiste Mühe macht. Es handelt sich um die Qualifikation und Kompetenz des benötigten Personals *(Mentzel 2005, S. 37 ff.)*.

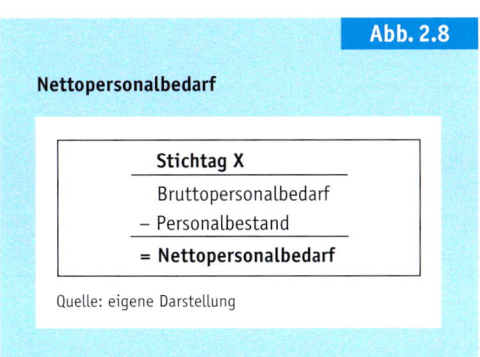

Abb. 2.7

Bruttopersonalbedarf

| **Stichtag X** |
| Einsatzbedarf |
| + Reservebedarf |
| = **Bruttopersonalbedarf** |

Quelle: eigene Darstellung

Abb. 2.8

Nettopersonalbedarf

| **Stichtag X** |
| Bruttopersonalbedarf |
| – Personalbestand |
| = **Nettopersonalbedarf** |

Quelle: eigene Darstellung

Ersatz- und Neubedarf

Beim Nettopersonalbedarf kann man den Ersatzbedarf und den Neubedarf unterscheiden. Der Ersatzbedarf entsteht allein durch Abgänge, der Zusatz- oder Neubedarf durch neue Stellen etwa aufgrund der Ausweitung der Kapazitäten (Horsch 2000, S. 36 f.).

2.2.3.1 Qualifikation und Kompetenz

Qualifikation

Die **Qualifikation** eines Menschen ist die Gesamtheit der Fähigkeiten, genauer gesagt der Kenntnisse, Fertigkeiten und Verhaltensweisen, über die er, als Voraussetzung für die Ausübung einer beruflichen Tätigkeit, verfügt oder verfügen muss *(Abb. 2.9, Becker 2005 a, S. 4 ff., Mentzel 2005, S. 175 ff.).*

▸ Die Summe aller **Kenntnisse** eines Menschen bezeichnet man als sein **Wissen**, also das gesamte theoretische und praktische Know-how. Tätigkeitsspezifische Kenntnisse werden durch das Anforderungsprofil einer bestimmten Stelle gefordert. Tätigkeitsungebundene Kenntnisse ermöglichen es hingegen, diverse Anforderungen verschiedener Stellen zu erfüllen. Kenntnisse eignet man sich mit kognitivem, auf der Erkenntnis beruhendem Lernen an.

Kompetenz

▸ Die Summe aller **Fertigkeiten** eines Menschen bezeichnet man als sein **Können**, das erworbene Wissen bei einer geistigen oder motorischen Tätigkeit praktisch anzuwenden. Motorische Fertigkeiten befähigen dazu, mit Werkzeugen, Maschinen und Materialien richtig umzugehen. Geistige Fertigkeiten zielen darauf ab, praktisch und theoretisch erworbenes Wissen bei der eigenen geistigen Arbeit sinnvoll anzuwenden. Fertigkeiten erwirbt man durch psychomotorisches Lernen, also Übung und Erfahrung.

▸ Das **Verhalten** eines Menschen in unterschiedlichen Situationen, seine mannigfachen Verhaltensweisen, bezeichnet man als sein **Benehmen**. Einige Einflussgrößen des Umfeldes, beispielsweise Vorschriften, Regelungen und die Arbeitsbedingungen, formen das Arbeitsverhalten. Das Sozialverhalten wird durch die formellen und informellen Beziehungen zur Familie, zum Freundeskreis, zu Kollegen, Vorgesetzten und Mitarbeitern bestimmt. Das Verhalten wird einerseits durch individuelle Veranlagungen und andererseits durch Einflüsse des Umfeldes, also affektives Lernen, geprägt.

Als **Kompetenzen** bezeichnet man die Fähigkeiten, die Menschen in die Lage versetzen, sich in offenen und unüberschaubaren, komplexen und dynamischen Situationen selbstorganisiert zurechtzufinden. Kompetenzen lassen sich damit als **Selbstorganisationsdispositionen**, als Fähigkeiten, sich selbst zu organisieren, beschreiben *(Erpenbeck/Rosenstiel 2003, S. XV ff., Heyse/Erpenbeck 2004, S. XIII ff.).*

Heyse und *Erpenbeck (2004, S. XIII ff.)* beschreiben in ihrem beeindruckend detaillierten **Kompetenzatlas** folgende Schlüssel- oder Basiskompetenzen, die sie mithilfe eines nicht unumstrittenen Kompetenzmessverfahrens ermittelt haben *(Abb. 2.12, Gessler 2008 a, S. 55 f.):*

▸ **Personale Kompetenzen** sind Fähigkeiten, reflexiv selbstorganisiert zu handeln. das heißt sich selbst einzuschätzen, produktive Einstellungen, Werthaltungen, Motive und Selbstbilder zu entwickeln, eigene Begabungen, Motivationen und Leistungsvorsätze zu entfalten sowie sich im Rahmen der Arbeit und außerhalb kreativ zu entwickeln und zu lernen.

▸ **Aktivitätsbezogene Kompetenzen** sind Fähigkeiten, aktiv und gesamtheitlich selbstorganisiert zu handeln und dieses Handeln auf die Umsetzung von Absichten, Vorhaben und Plänen zu richten, das heißt das Vermögen, eigene Emotionen, Motivationen, Er-

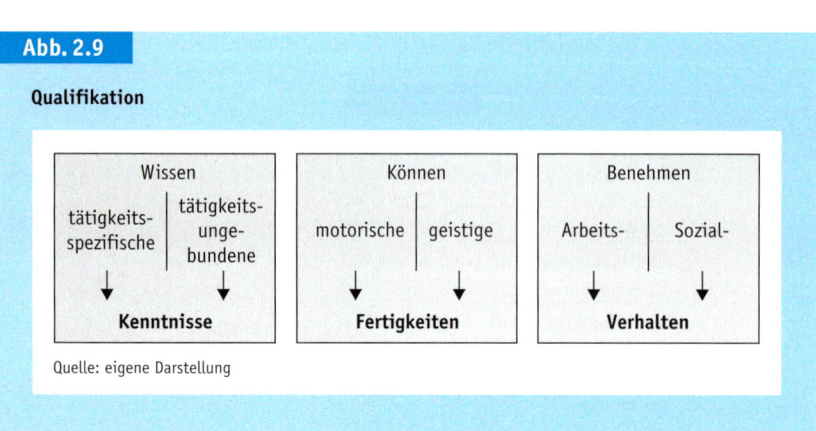

Abb. 2.9

Qualifikation

Wissen		Können		Benehmen	
tätigkeits-spezifische	tätigkeits-ungebundene	motorische	geistige	Arbeits-	Sozial-
↓	↓	↓	↓	↓	↓
Kenntnisse		**Fertigkeiten**		**Verhalten**	

Quelle: eigene Darstellung

fahrungen und Kompetenzen in Willensantriebe zu integrieren und Handlungen erfolgreich zu realisieren.

▸ **Fachlich-methodische Kompetenzen** sind Fähigkeiten, bei der Lösung von gegenständlichen Problemen selbstorganisiert zu handeln, das heißt mit Kenntnissen und Fertigkeiten kreativ Probleme zu lösen sowie Wissen sinnorientiert zu bewerten. Das schließt Fähigkeiten ein, Tätigkeiten, Aufgaben und Lösungen methodisch selbstorganisiert zu gestalten sowie Methoden kreativ weiterzuentwickeln.

▸ **Sozial-kommunikative Kompetenzen** sind Fähigkeiten, kommunikativ und kooperativ selbstorganisiert zu handeln, das heißt sich mit anderen kreativ auseinander- und zusammenzusetzen, sich gruppen- und beziehungsorientiert zu verhalten sowie neue Pläne, Aufgaben und Ziele zu entwickeln *(Erpenbeck/Rosenstiel 2003, S. XVI)*.

Wie die in *Abb. 2.12* vermerkten »Zweierkombinationen« zu verstehen sind, macht folgendes Beispiel deutlich:

▸ P/F: Um die personale Kompetenz zu realisieren, bedarf es einer umrissenen fachlich-methodischen Kompetenz, die in der eigenen Person verankerte Disziplin verlangt, also fachliches und methodisches Wissen und Können.

▸ F/P: Um die fachlich-methodische Kompetenz zu realisieren, bedarf es einer umrissenen personalen Kompetenz, die fachliche und methodische Sachlichkeit verlangt, also das Wissen um die eigene Person bzw. Emotionalität *(Heyse/Erpenbeck 2004, S. XIX f.)*.

In der Kompetenzforschung scheint sich jedoch die Auffassung durchzusetzen, dass die fachlichen und methodischen Kompetenzen voneinander zu trennen und die aktivitätsbezogenen Kompetenzen schlicht als Summe der anderen zu verstehen sind. So kommt man zu dem in

Schlüsselqualifikationen/Soft Skills

Als **Schlüsselqualifikationen** oder **Soft Skills** gelten spezielle *Qualifikationen, wie sie in Abb. 2.10 aufgeführt werden (Becker 2005 a, S. 8 f., Bröckermann 2000 b, S. 38 ff.).*

Kenntnisse	Fertigkeiten	Verhalten
berufsübergreifend, z. B. Allgemeinbildung	selbstständiges, logisches, kritisches, kreatives Denken	einzelpersönliche Betonung, z. B. Selbstvertrauen, Optimismus
neu aufkommend, z. B. Umgang mit neuen Technologien	Gewinnen und Verarbeiten von Informationen	zwischenmenschliche Betonung, z. B. Kooperation und Fairness
vertieft, also der Ausbau von Grundlagen	selbstständiges Lernen, das Lernen lernen	gesellschaftliche Betonung, z. B. Fähigkeit zum sozialen Konsens
berufsausweitend, z. B. hinsichtlich Arbeits- und Umweltschutz	anwendungsbezogenes Denken und Handeln, entscheiden, führen und gestalten	Arbeitstugenden, also Genauigkeit, Zuverlässigkeit, Exaktheit, Ehrlichkeit, Ordnung

Abb. 2.10: Schlüsselqualifikationen
Quelle: nach *Becker 2002, S. 136*

Qualifikation und Kompetenz im Vergleich

Freilich ist diese Begriffsbestimmung doch eher tastend und ungenau, denn hier werden objekt- und subjektbezogene Fähigkeiten vermengt. Das wird deutlich, wenn man den Begriff Qualifikation gegen den Begriff Kompetenz abgrenzt (Abb. 2.11).

Qualifikation	Kompetenz
ist fremdorganisiert, also auf die Erfüllung vorgegebener Zwecke gerichtet	ist die Fähigkeit, sich selbst zu organisieren
ist objektbezogen, d. h. beschränkt sich auf die Erfüllung konkreter Anforderungen,	ist subjektbezogen
ist auf unmittelbare tätigkeitsbezogene Kenntnisse, Fertigkeiten und Verhaltensweisen verengt	bezieht sich auf die ganze Person
ist auf individuelle Fähigkeiten bezogen, die nach fixierten Regeln bescheinigt werden können	beinhaltet individuelle Absichten und Werte

Abb. 2.11: Qualifikation und Kompetenz im Vergleich
Quelle: nach *Heyse/Erpenbeck 2004, S. XVI*

Abb. 2.12

Kompetenzatlas

P: Personale Kompetenzen				A: Aktivitätsbezogene Kompetenzen			
Loyalität	normativ-ethische Einstellung	Einsatz-bereitschaft	Selbst-management	Entscheidungs-fähigkeit	Gestaltungs-wille	Tatkraft	Mobilität
P		**P/A**		**A/P**		**A**	
Glaubwürdig-keit	Eigenverant-wortung	schöpferische Fähigkeit	Offenheit für Veränderungen	Innovations-fähigkeit	Belastbarkeit	Ausführungs-bereitschaft	Initiative
Humor	Hilfsbereit-schaft	Lernbereit-schaft	ganzheitliches Denken	Optimismus	soziales Engagement	ergebnisorien-tiertes Handeln	zielorientiertes Führen
P/S		**P/F**		**A/S**		**A/F**	
Mitarbeiter-förderung	Delegieren	Disziplin	Zuverlässigkeit	Impulsgeben	Schlagfertigkeit	Beharrlichkeit	Konsequenz
Konfliktlösungs-fähigkeit	Integrations-fähigkeit	Akquisitions-stärke	Problemlösungs-fähigkeit	Wissensorien-tierung	analytische Fähigkeiten	Konzeptions-stärke	Organisations-fähigkeit
S/P		**S/A**		**F/P**		**F/A**	
Teamfähigkeit	Dialogfähigkeit (mit Kunden)	Experimentier-freude	Beratungsfä-higkeit	Sachlichkeit	Beurteilungs-vermögen	Fleiß	systematisches Vorgehen
Kommunika-tionsfähigkeit	Kooperations-fähigkeit	Sprach-gewandtheit	Verständnis-bereitschaft	Projektmanage-ment	Folgebewusst-sein	Fachwissen	Markt-kenntnisse
S		**S/F**		**F/S**		**F**	
Beziehungs-management	Anpassungs-fähigkeit	Pflichtgefühl	Gewissen-haftigkeit	Lehrfähigkeit	fachliche Anerkennung	Planungs-verhalten	überfachliche Kenntnisse
S: Sozial-kommunikative Kompetenzen				**F: Fachlich-methodische Kompetenzen**			

Quelle: nach *Heyse 2003, S. 383* und *Heyse/Erpenbeck 2004, S. XXI*

Abb. 2.13 ersichtlichen Kompetenzmodell, dem freilich die einzelnen von *Heyse* und *Erpenbeck* (2004, S. XIII ff.) genannten Kompetenzen zugeordnet werden können.

Allerdings sollte man in jedem Unternehmen ein spezifisch auf eigenen Belange ausgerichtetes Kompetenzmodell anhand der Frage erstellen, welche Kompetenzen im Unternehmen an welcher Stelle aufgrund aktueller und zukünftiger Erfordernisse notwendig sind *(Gessler 2008 a, S. 56 ff.)*.

Verwirrung stiftet die Tatsache, dass das, was früher Wissen, Können und Benehmen, Kenntnisse, Fertigkeiten, Verhalten oder Qualifikation

Aus der Praxis

»Bewerber zeigen laut einer Umfrage der DIS AG eine höhere Bereitschaft zu beruflicher Mobilität. Demnach sind 71 Prozent aller Befragten projektbezogenen Reisen innerhalb der EU gegenüber aufgeschlossen. Führungskräfte zeigen dabei die stärkste Bereitschaft, regelmäßig ins Flugzeug zu steigen: Für über 80 Prozent ist das Reisen innerhalb der EU selbstverständlich.

Unabhängig von Position und Branche sind 60 Prozent bereit, für einen passenden Job umzuziehen. Rund 41 Prozent würden bei Bedarf täglich bis zu 50 Kilometer pendeln.«
DIS 2008: DIS AG (www.dis-ag.com, Verfasser unbekannt), »Bewerber«, in: Personalführung, Heft 04/2008, S. 6.

genannt wurde, heute oft fälschlicherweise zur Kompetenz umgetauft wird. Die Zusammenhänge sind komplizierter *(Abb. 2.14, Heyse/Erpenbeck 2004, S. XV f.)*:

▶ Es kann sehr wohl Qualifikation ohne Kompetenz geben. Eine erlangte Qualifikation sagt nämlich noch nichts über die Fähigkeiten, in offenen, komplexen, problemhaltigen Situationen selbstorganisiert zu handeln. Ein Arbeitnehmer kann beispielsweise zum Elektroniker oder Systeminformatiker qualifiziert sein, aber in der konkreten Situation, eine neue Software für eine bestimmte Arbeitsaufgabe zu entwickeln, hoffnungslos versagen.

▶ Es kann aber kaum Kompetenz ohne Qualifikation geben, denn Kompetenzen umfassen zumeist Qualifikationen, die jedoch in handlungsentscheidende Beziehungen eingebunden sind.

2.2.3.2 Stellenbeschreibung

Um die notwendige Qualifikation und Kompetenz abschätzen zu können, bedarf es genauer Informationen über die Aufgaben, die innerhalb einer Stelle wahrgenommen werden. Diese Informationen liefern Stellenbeschreibungen *(Becker 2005 a, S. 297 ff., Nicolai 2004, S. 177 ff.)*.

Sie beinhalten neben Hinweisen auf die Einordnung der Stelle in die Organisationsstruktur auch umfassende Angaben über die Stellenziele sowie die Aufgaben, Rechte und Pflichten des Stelleninhabers. Stellenbeschreibungen werden im Übrigen nicht nur für die Personalbeschaffung benötigt. Sie dienen als Hilfsmittel zur Bewältigung vieler anderer personalwirtschaftlicher Aufgaben, zum Beispiel der Personalbeurteilung, der Personalentwicklung und des Personaleinsatzes. Über den Inhalt von Stellenbeschreibungen gehen die Meinungen auseinander. In *Abb. 2.15* ist die übliche Gliederung einer Stellenbeschreibung wiedergegeben.

Die Einführung von Stellenbeschreibungen ist eine Aufgabe im Rahmen der **Aufbauorganisation**. Dazu ist zunächst eine Aufgabenanalyse vonnöten. Man untersucht, welche Tätigkeiten vorgenommen werden müssen, damit die Unternehmensziele erreicht werden. Es geht also um die Ermittlung der derzeitigen Situation durch Gespräche mit Stelleninhabern

oder Selbstaufschreibung bzw. Fragebogen. Nun folgt eine **Aufgabensynthese**. Die Aufgaben werden zu Stellen zusammengefügt und gegen andere Stellen abgegrenzt. Überschneidungen von Aufgaben, Verantwortlichkeiten und Befugnissen, unzweckmäßige Arbeitsabläufe und weitere Ungereimtheiten werden in Abstimmung mit den Beteiligten beseitigt. Danach wird die Stellenbeschreibung meist

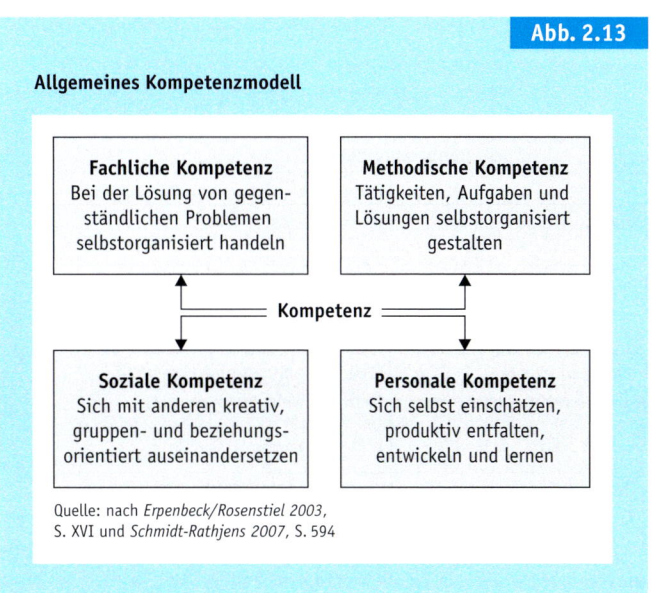

Abb. 2.13

Allgemeines Kompetenzmodell

Fachliche Kompetenz
Bei der Lösung von gegenständlichen Problemen selbstorganisiert handeln

Methodische Kompetenz
Tätigkeiten, Aufgaben und Lösungen selbstorganisiert gestalten

Kompetenz

Soziale Kompetenz
Sich mit anderen kreativ, gruppen- und beziehungsorientiert auseinandersetzen

Personale Kompetenz
Sich selbst einschätzen, produktiv entfalten, entwickeln und lernen

Quelle: nach *Erpenbeck/Rosenstiel 2003*, S. XVI und *Schmidt-Rathjens 2007*, S. 594

Abb. 2.14

Qualifikation und Kompetenz im Zusammenspiel

Qualifikation

Kompetenz

Quelle: eigene Darstellung

Abb. 2.15

Stellenbeschreibung

Stellenbeschreibung	
Stellenbezeichnung:	Rangstufe:
Ziel der Stelle bzw. Kurzbeschreibung des Aufgabengebietes:	
Stellenbezeichnung der/s direkten Vorgesetzten:	Stelleninhaber/in erhält zusätzlich fachliche Weisungen von:
Stellenbezeichnung und Anzahl der direkt zugeordneten Mitarbeiter/innen:	Stelleninhaber/in gibt zusätzlich fachliche Weisungen an:
Stelleninhaber/in vertritt:	Stelleninhaber/in wird vertreten von:
Spezielle Vollmachten und Berechtigungen, die nicht in einer allgemeinen Regelung festgehalten sind:	
Beschreibung der Tätigkeiten, die die/der Stelleninhaber/in selbstständig durchführt:	
Die dargestellten Tätigkeiten werden – soweit nicht schon geschehen – spätestens nach 12 Monaten seit Einführung der Stellenbeschreibung übernommen.	
Datum, Unterschrift: Stelleninhaber, unmittelbarer Vorgesetzter, nächsthöherer Vorgesetzter, einführende Stelle	
Änderungsvermerke:	

Quelle: nach *Mentzel 2005*, S. 40 f.

das heißt über das Anforderungsprofil, dem der Stelleninhaber genügen muss.

Die Kenntnis der Anforderungen jedes Arbeitsplatzes ist eine notwendige Voraussetzung für eine optimale Stellenbesetzung. Sie beruht auf einem Vergleich der Anforderungen mit den Qualifikationen und Kompetenzen der Bewerberinnen und Bewerber. Die Stellenbeschreibung ist aber die Grundlage für die Ermittlung des Anforderungsprofils, denn sie enthält Angaben über die Aufgaben, die der Stelleninhaber wahrzunehmen hat.

Zuweilen ist der Anlass der Personalbeschaffungsplanung die Tatsache, dass sich die Stellenaufgaben wandeln, dass also technische oder organisatorische **Änderungen** anstehen.

Über die geplanten Änderungen kann man sich mit den in *Abb. 2.16* aufgezeigten Fragen informieren, die man an den Unternehmer, den Vorstand, die Geschäftsführung oder -leitung und die Abteilungsleitungen richtet. Das erledigt in der Regel das Personalwesen zentral für alle Unternehmensbereiche.

Daneben kann man geplante Investitionen analysieren. Zu diesem Zweck sollte man sich frühzeitig über jedes Investitionsvorhaben und die dadurch notwendigen Qualifikationen und Kompetenzen informieren. Hier wird ebenfalls regelmäßig das Personalwesen tätig *(Abb. 2.17)*.

Auf der Grundlage dieser Erkenntnisse kann man eine **Anforderungsanalyse** vornehmen *(Kanning 2004, S. 226 ff.)*. Man ermittelt, welche Faktoren und Verhaltensweisen bei der Aufgabenerfüllung mehr oder weniger Erfolg versprechend sind. Dabei finden einige Verfahren Anwendung, die bereits im Zusammenhang mit der Bestimmung des quantitativen Personalbedarfs geschildert wurden: Szenariotechnik, Schätzverfahren und Expertenbefragungen sowie Trendverfahren. Zudem kann man die Methode der kritischen Vorfälle einsetzen. Dabei werden in einem festgelegten Zeitraum alle positiven und negativen Begebenheiten dokumentiert, die auf der betreffenden Stelle beobachtet wurden. Oft lassen sich daraus Anforderungen ableiten *(Mudra 2004, S. 167 ff.)*. Eine in der Regel weniger aufwändige Ermittlung der benötigten Informationen kann das Personalwesen in Zusammenarbeit mit den Fachvor-

Investitionsanalyse

durch Unterschriften in Kraft gesetzt *(Bröckermann 2000 b, S. 227 ff., Steinbuch 2001, S. 216 ff.)*.

Mithin ist ein großer Arbeitsumfang erforderlich. Deshalb beschränkt man sich zuweilen auf Schlüsselpositionen.

2.2.3.3 Anforderungsprofil

Die Stellenbeschreibung selbst gibt aber noch keine Auskunft über die erforderliche Qualifikation und Kompetenz des benötigten Personals,

Anforderungsanalyse

gesetzten vornehmen: mündliche oder schriftliche Befragungen der ehemaligen oder derzeitigen Stelleninhaber, des Kollegenkreises und der Führungskräfte, gegebenenfalls auch der Kunden und Lieferanten, mit denen der Stelleninhaber Kontakt halten muss. Hier hängt die Aussagefähigkeit der Ergebnisse freilich in hohem Maße von der Bereitschaft der Betroffenen zur Mitwirkung ab.

Für die Anforderungsanalyse müssen Anforderungskriterien oder -arten definiert werden, etwa Qualifikations- oder Kompetenzfelder. Das geschieht durch eine analytische **Arbeitsbewertung**, die im Kapitel Entgelt erläutert wird. Grundsätzlich sind dabei zwei Varianten denkbar: Entweder wird für alle oder zumindest für übereinstimmende Gruppen von Stellen ein fester, gleich bleibender Kanon von Anforderungskriterien festgelegt, dem man die jeweils relevanten entnimmt, oder es werden für jede Stelle die jeweils typischen Kriterien bestimmt *(Kanning/Pöttker/Klinge 2008, S. 48 ff.)*.

Diese Anforderungskriterien müssen in der Regel konkretisiert werden, und zwar durch einen erläuternden Text oder durch eine Auflistung von Anforderungsmerkmalen. Das Kompetenzfeld soziale Kompetenzen kann beispielsweise durch die Kompetenzen Kooperations-, Kommunikations- und Konfliktlösungsfähigkeit veranschaulicht werden. Gegebenenfalls ist die Angabe weiterer Indikatoren zum Verständnis notwendig, etwa: Kooperationsfähigkeit kommt durch die Gestaltung der Zusammenarbeit, die Schaffung und Nutzung von Netzwerken sowie die Fähigkeit, im Team zu arbeiten, zum Ausdruck *(Müller-Vorbrüggen 2008 a, S. 716)*.

Mit der Festlegung der Anforderungskriterien und -merkmale entsteht ein sogenannter Anforderungskatalog. Er sollte

▸ die **Stelle** identifizieren, beispielsweise durch Stellennummer, Stellenbezeichnung, Abteilung, Kostenstelle und Vergütungsgruppe,

▸ **allgemeine Anforderungskriterien** wie Alter und Geschlecht nennen, falls das unumgänglich ist, ferner

▸ **körperliche Anforderungskriterien**, etwa hinsichtlich der Muskelbelastung, Körperhaltung und Motorik sowie der Umgebungseinflüsse auf die Sinne und Nerven, zudem

▸ **Qualifikationskriterien**, zum Beispiel die notwendige Ausbildung in der Schule, im Be-

> ### Aktualität von Stellenbeschreibungen
>
> *In manchen Unternehmen sind die Stellenbeschreibungen aufgrund des großen Informationsbedürfnisses sehr voluminös geworden. Davon kann nur abgeraten werden, weil einerseits zu viele Informationen eher verwirren und andererseits der unbedingt notwendige Änderungsdienst zu aufwändig wird. Stellenbeschreibungen sollten nämlich regelmäßig überarbeitet werden, damit sie stets den aktuellen Stand abbilden.*

Unter der Lupe

ruf und in der Hochschule, die erforderliche Fortbildung, Berufs-, Branchen- und Firmenerfahrung sowie die gewünschten fachlichen Qualifikationen.

▸ Schließlich müssen förderliche **Kompetenzen**, etwa mit Hilfe des obigen Kompetenzatlas *(Abb. 2.12)*, ermittelt werden.

Die Anforderungsmerkmale werden entsprechend ihrer Bedeutung gewichtet. Mit der **Gewichtung** legt man fest, in welcher Ausprägung das jewei-

Anforderungskriterien und -merkmale

Anforderungskatalog

Abb. 2.16

Fragen zu technischen und organisatorischen Änderungen

▸ Wie werden sich die Absatzmärkte entwickeln?
▸ Welche Schwerpunkte werden gesetzt, um die zukünftigen Ziele und Aufgaben zu erfüllen?
▸ Welche Entwicklungen werden Auswirkungen auf die Belegschaft haben?
▸ Sind Veränderungen der Produktionskapazitäten oder des Dienstleistungsangebotes geplant?
▸ Werden neue Produkte und Dienstleistungen eingeführt?
▸ Werden bisherige Aufgabenbereiche wegfallen?
▸ Welche Veränderungen sind in der Organisation der Entscheidungsprozesse zu erwarten?
▸ Werden neue Produktions- und Fertigungsverfahren eingeführt?
▸ Welche Veränderungen werden sich in der Arbeitsorganisation ergeben?
▸ Ist mit dem Abbau, der Aufstockung oder der Umstrukturierung der Belegschaft zu rechnen?
▸ Welche Unternehmensbereiche werden von diesen Veränderungen betroffen?
▸ Können die zukünftigen Aufgaben mit der vorhandenen Mitarbeiterstruktur erfüllt werden?
▸ Welche neuen Anforderungen an die Technik sind zu erwarten?
▸ Entstehen dadurch Defizite bei Qualifikationen und Kompetenzen?
▸ Welche Qualifikationen und Kompetenzen müssen in welchen Abteilungen vorhanden sein?

Quelle: eigene Darstellung

Abb. 2.17

Investitionsanalyse

Investitionsvorhaben	Termin	Notwendige Qualifikationen und Kompetenzen

Quelle: eigene Darstellung

lige Anforderungsmerkmal vorhanden sein sollte. Nur durch eine eindeutige Gewichtung wird der Maßstab für den späteren Vergleich mit den korrespondierenden Qualifikationen und Kompetenzen von Bewerbern geschaffen. Die Ausprägung eines Merkmals sollte dem Durchschnitt in der jeweiligen Berufsgruppe und Funktion entsprechen und mit den spezifischen Erfahrungswerten des Unternehmens abgeglichen werden. Sie wird entweder in Form einer Notenskala, in abgestuften Verbalinformationen oder in Plus- und Minuszeichen festgehalten. So entsteht ein Anforderungsprofil *(Abb. 2.18, Becker 2005 a, S. 304 ff., Hartmann 2002, S. 41 ff., Weuster 2008, S. 31 ff.).*

Man kann die Anforderungen noch differenzieren in notwendige, die also für die Aufgabenerfüllung unabdingbar sind, und wünschenswerte.

2.2.4 Zeitliche Personalplanung

Durch die Personalbeschaffungsplanung will man ermitteln, wann und in welchem zeitlichen Umfang der Personalbedarf gedeckt werden soll.

2.2.4.1 Stichtagsbestimmung
Bei der Ermittlung des Personalbestands und -bedarfs war wiederholt von Stichtagen die Rede. Das verdeutlicht, dass man einen Personalbestand und -bedarf immer für ein konkretes Datum bestimmen und dementsprechend Maßnahmen rechtzeitig auf dieses konkrete Datum hin einleiten muss.

▸ Das gestaltet sich einfach, wenn man eine neue Stelle schafft.
▸ Relativ unproblematisch ist die Stichtagsbestimmung, wenn man Beschäftigte ersetzen will, die in den Ruhestand gehen. Man muss lediglich den Termin der Verrentung identifizieren soweit die Beschäftigten nicht darüber hinaus arbeiten wollen und dürfen.
▸ Die Stichtagsbestimmung gestaltet sich jedoch schwierig bis aussichtslos, wenn man Ersatz für Beschäftigte beschaffen will, die ihr Arbeitsverhältnis aufgrund von Kündigungen beenden. Wenn sie etwaige Nachfolger noch einarbeiten sollen, muss man so früh wie möglich reagieren.

2.2.4.2 Arbeitszeitmanagement des Personalbedarfs
Im Rahmen der Berechnung des Einsatzbedarfs wurde bereits darauf hingewiesen, dass man zuweilen die Betriebs- und Arbeitszeiten der Be-

Unter der Lupe

Gleichbehandlung

Angesichts der Vorschriften im Allgemeinen Gleichbehandlungsgesetz ist besondere Sorgfalt vonnöten. Jedes Anforderungskriterium und -merkmal muss daraufhin untersucht werden, ob es eine Diskriminierung hervorruft. Zugleich geben die sachlich notwendigen Anforderungskriterien und -merkmale die Möglichkeit, sich eines unberechtigten Diskriminierungsvorwurfs zu erwehren. Sogenannte Tendenzbetriebe, also Religionsgemeinschaften oder weltanschauliche Vereinigungen samt ihrer Einrichtungen, dürfen einen besonderen Maßstab anlegen. Generell ist das Geschlecht – mit wenigen Ausnahmen, wie für die Tätigkeit als Amme oder eine männlichen Schauspielerrolle – keine akzeptable Anforderung. Für Tätigkeiten, die mit körper-

lichen Anstrengungen verbunden sind und die man mit einer Behinderung selbst mit Hilfsmitteln nicht ordnungsgemäß verrichten kann, darf Konstitution ein Anforderungskriterium sein. Die Rasse oder ethnischen Herkunft ist nur dann als Kriterium erlaubt, wenn eine Tätigkeit eine bestimmte nationale Herkunft und Verbundenheit mit dem dortigen Volkstum fordert. Das Kriterium Alter ist zulässig, wenn es objektiv, angemessen und durch ein legitimes Ziel gerechtfertigt ist, beispielsweise bei besonderen Arbeitsbedingungen, wenn die Berufserfahrung wichtig ist und für die Aufnahme einer Ausbildung (Kapitel Grundlagen, Rühl/Hoffmann 2008, S. 19 ff., Wisskirchen 2006, S. 1491 ff.).

schäftigten durch ein Arbeitszeitmanagement verändert, von dem im Kapitel Personaleinsatz unter dem Stichwort Zeitwirtschaft noch die Rede sein wird. Veränderte Betriebs- und Arbeitszeiten modifizieren mithin häufig zugleich den Personalbedarf.

- ▸ Wenn etwa die individuellen Arbeitszeiten so über das Jahr verteilt werden, dass die Wochenarbeitszeit in Zeiten hoher Auslastung ausgedehnt und in Zeiten geringer Auslastung reduziert wird, ist eine Personalbeschaffung für diverse Stellen unter Umständen entbehrlich, weil man diese Stellen komplett streichen kann.
- ▸ Wenn die Arbeitszeit z. B. für eine einzelne Stelle herabgesetzt wird, die neu besetzt werden soll, so muss man für diese Stelle einen Teilzeitbeschäftigten suchen.
- ▸ Und wenn eine Stelle nur noch temporär besetzt werden soll, muss man einen befristeten Arbeitsvertrag anbieten.

2.2.5 Maßnahmenplanung der Personalbeschaffung

Damit ist die Personalbedarfsplanung abgeschlossen, denn nunmehr sind die erforderliche Anzahl, Qualifikation und Kompetenz, der notwendige Zeitpunkt und der jeweilige Einsatzort des zu beschaffenden Personals bekannt.

Die einzelnen Maßnahmen müssen in der Folge noch individuell ausgewählt, geplant und durchgeführt werden.

Währenddessen kann es sich herausstellen, dass die tatsächliche Entwicklung von den Plandaten abweicht und Korrekturen notwendig werden.

2.2.5.1 Personalbedarfsmeldung

Eine konkrete Personalbedarfsmeldung eines Vorgesetzten kann nun, nachdem alle Plandaten bekannt sind, auf eben diese Plandaten hin geprüft werden.

Das Personalwesen und die Geschäftsleitung werden nur dann bereit sein, den Beschaffungsvorgang freizugeben, wenn die Vorstellungen des jeweiligen Vorgesetzten auch realistisch sind. Aus diesem Grunde wird die konkrete Personalbedarfsmeldung eines Vorgesetzten, die

seine aktuelle Zielbestimmung für eine Stelle beinhaltet, in Beziehung zur Personalplanung für die jeweilige Periode gesetzt, die auf der globalen Zielbestimmung für diese Periode basiert. Verläuft diese Prüfung positiv, so ist die Personalbedarfsmeldung der **Einstieg in den Beschaffungsvorgang**.

Die Personalbedarfsmeldung wird schriftlich fixiert. Die Verantwortlichen verbürgen sich durch ihre Unterschriften für ihren Inhalt. So lassen sich Missverständnisse und Fehlinformationen ausschließen und es wird sichergestellt, dass die Stellenbesetzung gemäß den unternehmensspezi-

Abb. 2.18

Anforderungsprofil mit der Skala: –, ±, +, ++

Stellenbenennung	Personalentwicklungsreferent/in			
Stellennummer	1234			
Abteilung	Personal			
Qualifikation durch Ausbildung	wirtschafts- oder sozialwissenschaftliches Hochschulstudium bzw. gleichwertiges Niveau			
Qualifikation durch Fortbildung	Ausbildereignung gem. § 2 AEVO			
Qualifikation durch Berufserfahrung	im Anschluss an das Studium mindestens 2 Jahre im Personalwesen			
		–	±	+	++
Qualifikation durch Zeugnisse	Personalentwicklung				++
	Organisationsentwicklung				++
	Planung und Organisation				++
Fachliche Kompetenzen	Gestaltungswille				++
	Wissensorientierung				++
	Ausführungsbereitschaft			+	
Methodische Kompetenzen	Analytische Fähigkeit				++
	Konzeptionsstärke				++
	Organisationsfähigkeit				++
Soziale Kompetenzen	Kooperationsfähigkeit				++
	Kommunikationsfähigkeit				++
	Konfliktlösungsfähigkeit			+	
Personale Kompetenzen	Schöpferische Fähigkeit			+	
	Selbstmanagement			+	
	Lernbereitschaft				++

Quelle: nach *Mentzel 2005*, S. 53

fischen Regelungen freigegeben ist und der Beschaffungsvorgang eingeleitet werden kann. Es empfiehlt sich, innerhalb des Unternehmens ein einheitliches Formular einzusetzen *(Abb. 2.19)*.

Das angegebene Formular verdeutlicht, dass die Personalbedarfsmeldung eine weitere, äu-

Abb. 2.19

Personalbedarfsmeldung

Ab .... soll
▸ die Stelle Nr. ... erneut
▸ eine neue Stelle mit der Bezeichnung .... und der Nr. ... besetzt werden mit

▸ einer/m Arbeiter/in
▸ einer/m Angestellten
▸ einer/m leitenden Angestellten
▸ einer/m Selbstständigen
▸ einer/m Heimarbeiter/in
▸ einer/m Leiharbeitnehmer/in

▸ als Telearbeitsplatz am Arbeitsort ....
▸ als Arbeitsplatz in der Abteilung/im Werk ....

▸ mit einer regelmäßigen Arbeitszeit von ... Stunden ... Minuten pro ...
▸ mit variabler Arbeitszeit, aber erfolgsabhängig von

▸ befristet bis ....
▸ unbefristet.

Eine Stellenbeschreibung und ein Anforderungsprofil
▸ liegen vor mit der Nr.
▸ liegen nicht vor.

Die Stellenbesetzung ist zum vorgesehenen Termin notwendig, weil
....

Die wichtigsten Anforderungen (möglichst aus dem Anforderungsprofil)
sind ....

Entgeltrahmen ...., Euro als
▸ Zeitlohn pro ....
▸ Gehalt pro ....
▸ Honorar pro ....
▸ Akkordrichtsatz pro ....
▸ sonstige Entgeltform ....
zuzüglich ..., Euro als zusätzliche Vergütung, nämlich als
▸ Zuschlag für ....
▸ Sonderzahlung/Gratifikation für ....
▸ Prämie/Provision für ....
▸ Zulage für ....
▸ Erfolgsbeteiligung für ....

Genehmigung

Datum, Unterschrift: Fachabteilung, Personalwesen, Geschäftsleitung

Quelle: in Anlehnung an *Goossens 1981*, S. 593 f.

ßerst wichtige Information enthält, auf die zum Zwecke der Personalbeschaffung nicht verzichtet werden kann: den **Entgeltrahmen**. Das mögliche Entgelt muss natürlich in das Lohn- und Gehaltsgefüge des Unternehmens passen. Ein zu niedriges oder zu hohes Entgelt führt zu Konflikten, die schwerlich zu bereinigen sind. Das Arbeitsentgelt wird anhand der Lohn- und Gehaltsgruppen im Tarifvertrag oder anhand einer Arbeitsbewertung bestimmt, die wiederum auf der Stellenbeschreibung und dem Anforderungsprofil basiert. Mögliche zusätzliche Vergütungen sind einerseits tarifvertraglich vorgeschrieben, oder sie beruhen auf einer individuellen Leistungsbewertung des Stelleninhabers. Hier könnte man sich an der Leistungsbewertung der Vorgängerin oder des Vorgängers ausrichten. Es empfiehlt sich, zur Bestimmung des Entgeltrahmens eine Checkliste zu verwenden:

▸ Wie ist die Einstufung der Stelle laut Tarifvertrag oder Arbeitsbewertung?
▸ Kommen zusätzliche Vergütungen laut Tarifvertrag hinzu?
▸ Sind außertarifliche Zahlungen notwendig, um ein anforderungs-, leistungs- und marktgerechtes Entgelt sicherzustellen?
▸ Beinhaltet das Entgelt eine leistungsbezogene Komponente und wie haben die bisherigen Stelleninhaber bei der Leistungsbewertung abgeschnitten?
▸ Sind Lohn- bzw. Gehaltsbandbreiten für derartige Stellen im Unternehmen definiert?
▸ Wie ist schließlich der Verhandlungsspielraum für das Gespräch über das Entgelt?
▸ Mit welchen Zusatzleistungen können höhere Einkommenswünsche gegebenenfalls kompensiert werden?

2.2.5.2 Bearbeitungsschritte

Jedes Unternehmen kennt nun individuelle Bearbeitungsschritte, die einerseits geplant und andererseits in Dateien und Akten dokumentiert werden. Diese Bearbeitungsschritte entsprechen im Großen und Ganzen dem weiteren Aufbau dieses Kapitels *(Abb. 2.20)*.

2.2.5.3 Arbeitsmarktforschung

Wie bereits eingangs dieses Kapitels gesagt, muss sich die Personalbeschaffung an den Reali-

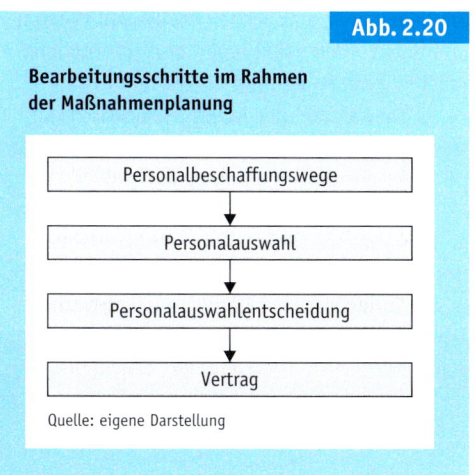

Abb. 2.20

Bearbeitungsschritte im Rahmen der Maßnahmenplanung

Personalbeschaffungswege

Personalauswahl

Personalauswahlentscheidung

Vertrag

Quelle: eigene Darstellung

täten des Arbeitsmarktes orientieren *(Birker 2002, S. 16 ff., Hentze/Kammel 2001, S. 248 ff.)*.

Eine Arbeitsmarktforschung kann nie schaden. Unverzichtbar wird sie immer dann,

▶ wenn die Personalbeschaffung den Rahmen des Üblichen sprengt oder
▶ bei gravierenden Änderungen im Umfeld, etwa außergewöhnlichen Tariferhöhungen.

Im ersten Fall dient sie der Einschätzung, wer für die Stelle überhaupt in Betracht kommt. Im zweiten Fall sind grundsätzliche Überlegungen angebracht, ob die Stelle ausgeschrieben werden soll *(Oechsler 2006, S. 216 ff.)*.

Die betriebliche Arbeitsmarktforschung, die sogenannte Personalforschung, hat die im Unternehmen tätigen Arbeitskräfte zum Gegenstand.

Während die Fluktuations- und die Abwesenheitsrate sowie die Altersstruktur der Belegschaft schon innerhalb der Personalplanung berücksichtigt werden, sind hier von besonderer Bedeutung:

▶ der Grad der **Arbeitszufriedenheit** und das interne Firmenimage, um abschätzen zu können, ob interne Bewerbungen zu erwarten sind, und um gegebenenfalls einer verstärkten Fluktuation und Abwesenheit vorbeugen zu können, (Kapitel Personalcontrolling) sowie
▶ das interne **Beschaffungspotenzial**, also die Anzahl der Mitarbeiterinnen und Mitarbeiter, die nach quantitativen, qualitativen, räumlichen und zeitlichen Gesichtspunkten für die Stelle in Frage kommen. Die Bestimmung des internen Beschaffungspotenzials ist eine komplexe Aufgabe. Deshalb seien die Leser diesbezüglich auf das Kapitel Personalentwicklung verwiesen.

Personalforschung

Die Aufgabe der überbetrieblichen Arbeitsmarktforschung ist die Beobachtung der Konstellationen auf den für das Unternehmen wichtigen Segmenten jenes Marktes vor den Werkstoren, auf dem sich Angebot und Nachfrage nach Arbeitskräften treffen *(Stock-Homburg 2008, S. 116 ff.)*.

Die Teilarbeitsmärkte werden, jeder für sich, nicht nur von konjunkturellen, sondern auch von saisonalen und sogar demografischen Entwicklungen beeinflusst, die das externe Beschaffungspotenzial festlegen. Als offenes Beschaffungspotenzial bezeichnet man Arbeitskräfte, die einen Arbeitsplatz einnehmen können, ohne

Überbetriebliche Arbeitsmarktforschung

Teilarbeitsmärkte

Man spricht von Segmenten oder Teilarbeitsmärkten, da keine Rede von einem einheitlichen Angebot von Arbeitskräften sein kann, dem eine ebenso einheitliche Nachfrage gegenübersteht. Die Berufsbilder und Tätigkeitsfelder sind keineswegs austauschbar, und die Arbeitskräfte sind auch nicht uneingeschränkt mobil, sondern nicht selten an ihren Wohnsitz gebunden. Deshalb kann und muss zum Zwecke der Personalbeschaffung nicht der gesamte Arbeitsmarkt analysiert werden. Man grenzt vielmehr den für die anstehende Personalbeschaffung unter quantitativen, qualitativen, räumlichen und zeitlichen Gesichtspunkten interessanten Teilarbeitsmarkt ab. Man betrachtet zum Beispiel

▶ *die Höhe der Nachfrage nach einer kaufmännischen Ausbildung (quantitativer Gesichtspunkt)*
▶ *durch Schulabgänger mit einem qualifizierten Abgangszeugnis (qualitativer Gesichtspunkt)*
▶ *im näheren Einzugsgebiet des Unternehmens (räumlicher Gesichtspunkt)*
▶ *für den Ausbildungsbeginn im Herbst des nächsten Jahres (zeitlicher Gesichtspunkt),*

um die Beschaffungsaktivitäten auf einen etwaigen Bewerbermangel oder einen möglichen Bewerberüberhang abzustimmen.

Unter der Lupe

dass ein anderer Arbeitsplatz dadurch frei wird, also Arbeitslose und Personen, die in das Erwerbsleben eintreten. Dagegen werden Arbeitskräfte, die gewillt sind, ihren jetzigen Arbeitsplatz aufzugeben und einen neuen Arbeitsplatz zu suchen, zum latenten Beschaffungspotenzial gezählt.

Der Konjunkturverlauf, Veränderungen der Strukturen der Absatzmärkte, das Verhalten der Konkurrenz, technische Entwicklungen und die Daten, die die Wirtschaftspolitik setzt, haben Auswirkungen auf die **Tarifpolitik**. Die wieder-

Tarifpolitik

um beeinflusst maßgeblich die Personalkosten und damit die Vorstellungen der Unternehmen, welcher Personalbestand verkraftet werden kann. Im Rahmen der Arbeitsmarktforschung sind mithin Informationen über die genannten Faktoren ebenfalls unabdingbar.

Die gewünschten Informationen können eigene Erhebungen, Personalforschungsinstitute, Hochschulen, Personalberatungen, Arbeitsagenturen, Industrie- und Handelskammern sowie Arbeitgeberverbände und Branchenvereinigungen liefern.

2.3 Personalbeschaffungswege

Die Möglichkeiten der Personalbeschaffung sind vielfältig. In der Praxis greift man für die Personalakquisition trotzdem immer wieder auf einige wenige, aber sehr bewährte Methoden wie die Stellenanzeige zurück. Eine ausgewogene, zugleich kostenorientierte Personalbeschaffung wird indes die Vor- und Nachteile der Personalbeschaffungswege im Einzelfall abwägen.

Grundsätzlich werden zwei Personalbeschaffungsmärkte unterschieden: der interne, gemeint sind die Arbeitskräfte, die bereits für das Unternehmen tätig sind, und der externe. Ebenso kann man interne und externe Personalbeschaffungswege unterscheiden (Horsch 2000, S. 43 ff., Olfert 2008, S. 105 ff.).

2.3.1 Interne Personalbeschaffungswege

Es erweist sich immer als vorteilhaft, vor einer Stellenbesetzung zu prüfen, ob und inwieweit im Unternehmen vorhandene Arbeitskräftereserven genutzt werden können *(Abb. 2.21, Bertelsmann 2002, S. 156 ff.)*.

2.3.1.1 Beschaffung durch Versetzung
Versetzungen kann man zur internen Personalbeschaffung zählen. Wenn in der einen Werkstatt eine Mechanikerin Leerlauf hat, in der anderen aber gerade eine Mechanikerin ausgeschieden ist, bietet sich geradezu eine Versetzung als sogenanntes Stellenclearing an *(Bertelsmann 2002, S. 164 ff.)*.

Grundsätzlich versteht man unter Versetzung jede Änderung des Aufgabenbereichs nach Art, Ort und Umfang der Tätigkeit.

Der Arbeitgeber hat laut §106 der Gewerbeordnung die Möglichkeit, diesen Aufgabenbereich einseitig durch eine Weisung zu verändern, aber nur, wenn

▸ dieses Recht nicht durch **Tarifverträge** respektive **Betriebs-** oder **Dienstvereinbarungen** eingeschränkt wird, die der Arbeitgeber beachten muss, und wenn

▸ der **Arbeitsvertrag** mit der oder dem Beschäftigten dies zulässt, wenn also

  – die zugewiesenen Arbeiten innerhalb der fachlichen Umschreibung der Tätigkeit lie-

Abb. 2.21

Interne Personalbeschaffungswege

Versetzung	Stellenclearing: Tätigkeitsart, -ort und -umfang, Änderungsvertrag, -kündigung
Personalentwicklung	Personalbildung, Personalförderung, Arbeitsstrukturierung, Beförderung
Innerbetriebliche Stellenausschreibung und Bewerbung	Rundschreiben, Werkszeitschrift, schwarzes Brett, Intranet, interne (Initiativ)bewerbung

Quelle: eigene Darstellung

gen und üblicherweise in dem betreffenden Beruf geleistet werden,

– die zugewiesenen Arbeiten allgemein umschrieben sind sowie bei Vertragsschluss voraussehbar waren und nicht willkürlich angeordnet wurden,

– der Ort der Leistung im Arbeitsvertrag nicht auf den gegenwärtigen Ort beschränkt ist, sondern eine Versetzung aus bestimmten Gründen allgemein oder unter Nennung bestimmter Orte, einer bestimmten Region oder eines bestimmten Umkreises vereinbart ist, oder wenn

– der Arbeitsvertrag eine allgemeine Widerrufsklausel beinhaltet, das heißt eine Formulierung, die vorsieht, dass der Arbeitgeber die Art, den Ort respektive den Umfang der Tätigkeit einseitig ändern darf.

▸ In keinem Fall darf der Arbeitgeber dem Arbeitnehmer einen Arbeitsplatz mit **geringerem Arbeitsentgelt** zuweisen. Dies ist selbst dann nicht möglich, wenn er es sich arbeitsvertraglich vorbehalten hat.

▸ Trotz einer vertraglich vereinbarten Versetzungsklausel kann sich bei lang andauernder Beschäftigung des Arbeitnehmers auf einem bestimmten Arbeitsplatz eine Beschränkung der Versetzungsbefugnis für den Arbeitgeber ergeben.

▸ Unabhängig davon, ob eine Versetzung durch eine einseitige Weisung des Arbeitgebers aus den genannten Gründen möglich ist, muss geklärt werden, ob der Arbeitgeber die Zustimmung der Belegschaftsvertretung benötigt. § 95 Absatz 3 des Betriebsverfassungsgesetzes definiert jene Versetzungen, die der Zustimmung der Belegschaftsvertretung bedürfen, als

– Zuweisung eines anderen Arbeitsbereiches, das heißt einer anderen Aufgabe, Verantwortung, Art der Tätigkeit oder Einordnung in den betrieblichen Arbeitsablauf, die

– voraussichtlich die Dauer von einem Monat überschreitet oder

– mit einer erheblichen Änderung der Umstände verbunden ist, unter denen die Arbeit zu leisten ist. Gemeint ist auch ein geringeres Arbeitsentgelt.

Gerade diese Fälle, bei denen es ja um eine zumindest mittel-, möglicherweise aber auch langfristige Besetzung einer anderen Stelle geht, sind Thema der Personalbeschaffung. Und gerade in diesen Fällen muss die Belegschaftsvertretung angehört werden. Bei einer Weisung ohne Anhörung hat die Belegschaftsvertretung einen Anspruch auf Aufhebung der Maßnahme. Wird sie hingegen angehört, so kann sie einer weisungsbedingten Versetzung ausdrücklich zustimmen. Sie kann die Anhörungsfrist von einer Woche verstreichen lassen, ohne zu reagieren. In diesem Fall gilt die Zustimmung als erteilt. Und schließlich kann die Belegschaftsvertretung der Versetzungsanordnung unter Angabe der Gründe widersprechen, die in § 99 des Betriebsverfassungsgesetzes genannt sind:

Widerspruch
der Belegschaftsvertretung

– Verstoß gegen Gesetze, Verordnungen, Tarifverträge oder andere Normen,

– Verstoß gegen eine Auswahlrichtlinie,

– Besorgnis der Entlassung oder Benachteiligung anderer Arbeitnehmer,

– Benachteiligung des betroffenen Arbeitnehmers, ohne dass dies aus betrieblichen oder persönlichen Gründen gerechtfertigt ist,

– Unterlassen einer betrieblichen Stellenausschreibung, falls sie zuvor vom Betriebs- oder Personalrat verlangt wurde oder

– Störung des Betriebsfriedens durch die versetzten Beschäftigten.

Auf diese Gründe wird später unter der Überschrift Personalauswahlentscheidung noch genauer eingegangen. Verweigert der Betriebsrat seine Zustimmung, so kann der Arbeitgeber dagegen im arbeitsgerichtlichen Verfahren vorgehen und die Versetzung mittlerweile vorläufig vollziehen, soweit sie aus sachlichen Gründen dringend erforderlich ist.

Ist eine einseitige Versetzungsanordnung aus einem der vielen genannten Gründe nicht möglich, kann sich der Arbeitgeber bemühen, sein Ziel per einvernehmlichem Änderungsvertrag zu erreichen. Er kann dem Arbeitnehmer ein Angebot unterbreiten, den Arbeitsvertrag in einigen Punkten zu ändern. Der Betroffene muss auf dieses Angebot aber nicht eingehen.

Änderungsvertrag

Denkbar ist in diesem Fall, wenn also alle Mittel, die den Bestand des Arbeitsverhältnisses unberührt lassen, nicht zum Erfolg führen, eine Änderungskündigung. Sie besteht nach § 2 des Kündigungsschutzgesetzes aus dem Angebot, das Arbeitsverhältnis unter geänderten Arbeitsbedingungen fortzusetzen, und, soweit zulässig, einer Entlassung bei Ablehnung des Änderungsangebotes. Für die Änderungskündigung gelten die allgemeinen Grundsätze der Beendigungskündigung (Kapitel Personalfreisetzung). Demnach sind alle Kündigungstypen als Änderungskündigung denkbar. Den Regelfall bildet indes die ordentliche betriebsbedingte Änderungskündigung, etwa aus Gründen der Aufgabe von Teilen der Produktion *(Hromadka 2002, S. 1249 ff., Kramer 2002, S. 30 f.)*.

Wie bei allen Kündigungen seitens des Arbeitgebers ist der Betriebs- oder Personalrat bzw. der Sprecherausschuss auch vor der Änderungskündigung zu hören. Eine Änderungskündigung ohne Anhörung der Belegschaftsvertretung ist unwirksam. Der Arbeitgeber muss der Belegschaftsvertretung das Änderungsangebot und die Gründe für die beabsichtigte Änderung der Arbeitsbedingungen mitteilen. Zugleich muss er verdeutlichen, dass er im Fall der Ablehnung des Änderungsangebotes die Beendigungskündigung beabsichtigt. Die Belegschaftsvertretung kann der Änderungskündigung ausdrücklich zustimmen. Sie kann die Anhörungsfrist verstreichen lassen, ohne zu reagieren. In diesem Fall gilt die Zustimmung als erteilt. Sie kann der Versetzungsanordnung aus den oben angeführten Gründen widersprechen. Und schließlich kann sie Bedenken äußern und der Änderungskündigung unter Angabe der Gründe widersprechen, die im § 102 des Betriebsverfassungsgesetzes und in den analogen Vorschriften des Bundespersonalvertretungsgesetzes genannt sind:

- ▶ Keine oder keine ausreichende Berücksichtigung sozialer Gesichtspunkte,
- ▶ Verstoß gegen eine Auswahlrichtlinie,
- ▶ generelle Weiterbeschäftigungsmöglichkeit,
- ▶ Weiterbeschäftigungsmöglichkeit nach Umschulung oder Fortbildung oder
- ▶ Weiterbeschäftigungsmöglichkeit unter geänderten Vertragsbedingungen, zu denen die oder der Betroffene zugestimmt hat.

Verweigert der Betriebsrat seine Zustimmung, so kann der Arbeitgeber dagegen im arbeitsgericht-

lichen Verfahren vorgehen und die Versetzung mittlerweile vorläufig vollziehen, soweit sie aus sachlichen Gründen dringend erforderlich ist.

Für den Betroffenen gibt es mehrere Möglichkeiten, auf die ordentliche Änderungskündigung zu reagieren. Davon wiederum hängen die Konsequenzen der Änderungskündigung ab.

- ▶ Er nimmt das Änderungsangebot vorbehaltlos an. Das Arbeitsverhältnis besteht dann unter den angebotenen Änderungen fort, und zwar mit Wirkung ab Ablauf der Kündigungsfrist.
- ▶ Er lehnt das Änderungsangebot ab. In diesem Fall läuft das Arbeitsverhältnis nach Ablauf der Kündigungsfrist aus, es sei denn, es bestünde ein Anspruch auf Weiterbeschäftigung. Die Änderungskündigung kann mit der Kündigungsschutzklage angegriffen werden.
- ▶ Er nimmt das Änderungsangebot unter dem Vorbehalt der Sozialwidrigkeit der Änderung der Arbeitsbedingungen an und erklärt den Vorbehalt innerhalb einer Frist von drei Wochen nach Zugang der Änderungskündigung dem Arbeitgeber. Hier wird das Arbeitsverhältnis nach Ablauf der Kündigungsfrist zu den angebotenen Bedingungen fortgesetzt. Bei rechtzeitiger Kündigungsschutzklage entscheidet sich die endgültige Rechtswirksamkeit der Änderungskündigung im Kündigungsschutzprozess. Obsiegt der Arbeitnehmer, wird er nach rechtskräftigem Urteil zu den alten Arbeitsbedingungen weiterbeschäftigt.
- ▶ Er reagiert nicht und lässt die Klagefrist von drei Wochen verstreichen. Das führt zur Wirksamkeit der Kündigung.

Sinnvoll sind die genannten mittel- und langfristigen Versetzungen nur für qualitative Notlagen, und dies auch nur, wenn die Betroffenen tatsächlich über die benötigten Qualifikationen und Kompetenzen verfügen. Man hat zum Beispiel eine Stelle mehrfach ausgeschrieben. Qualifizierte, kompetente Bewerberinnen oder Bewerber melden sich jedoch nicht. Andererseits muss die Stelle unbedingt besetzt werden, und geeignetes Personal ist im Unternehmen vorhanden. Ist die Ausgangslage dagegen ein quantitatives Manko, steht nicht genügend Personal zur Verfügung, kann man das Problem mit mittel- und langfristigen Versetzungen nicht lösen. Man würde lediglich ein Loch stopfen, um ein anderes aufzureißen.

2.3.1.2 Personalentwicklung als Personalbeschaffungsweg

Sollte sich bei einer Versetzung ein qualitatives Manko bei den Betroffenen herausstellen, so ist an Personalentwicklungsmaßnahmen zu denken, aber nicht nur dann. Die Personalentwicklung, auf die im gleichnamigen Kapitel intensiv eingegangen wird, umfasst

▸ die Personalbildung,
▸ die Personalförderung und
▸ die Arbeitsstrukturierung.

Diese Bausteine der Personalentwicklung können alle der internen Personalbeschaffung zugerechnet werden. So kann die Absolventin einer beruflichen Ausbildung vom Unternehmen übernommen werden und eine vakante Position übernehmen. Der Lagerarbeiter mag nach einer Einarbeitung als Pförtner tätig werden und die Buchhalterin im Rahmen einer Nachfolgeregelung zur Leiterin der Buchhaltung avancieren. Die Vorteile der Personalentwicklung liegen auf der Hand. Die betroffenen Arbeitskräfte kennen das Unternehmen, ein Faktum, das eine schnelle und reibungslose Einarbeitung erwarten lässt. Und das Unternehmen kennt die Betroffenen, was Fehlgriffe sehr in Grenzen hält, die ansonsten bei der Personalbeschaffung nicht zu vermeiden sind. Allerdings erfordert Personalentwicklung lange und (kosten-)intensive Vorarbeit. Sie kann ebenfalls in der Regel nur den qualitativen, nicht aber den quantitativen Personalbedarf decken.

2.3.1.3 Innerbetriebliche Stellenausschreibung und Bewerbung

Die innerbetriebliche Stellenausschreibung gilt als eines der Instrumente zur Ermittlung der Eignungsprofile und der Entwicklungsbedürfnisse für Zwecke der Personalentwicklung. Zugleich gilt sie als Synonym für die interne Personalbeschaffung, weil sie sehr häufig durchgeführt wird. Das wiederum ist unter anderem auf die **gesetzliche Regelung** des § 93 des Betriebsverfassungsgesetzes und der analogen Regelung der Personalvertretungsgesetze des Bundes und der Länder zurückzuführen. Danach kann der Betriebs- bzw. Personalrat verlangen, dass entweder alle oder im Einzelfall spezifizierte Arbeitsplätze, die besetzt werden sollen, vor ihrer Besetzung zunächst innerhalb des Unternehmens ausgeschrieben werden. Ausgenommen hiervon sind die Positionen leitender Angestellter. Kommt das Unternehmen dem Verlangen des Betriebs- oder Personalrates nicht nach, so kann dieser die notwendige Zustimmung zur Einstellung verweigern. Allerdings besagen die Vorschriften nicht, dass interne Bewerbungen Vorrang vor externen hätten.

Die innerbetriebliche Stellenausschreibung sollte alle für die potenziellen Bewerber wichtigen **Informationen** enthalten. Durch die Verwendung einheitlicher Formulare, etwa ähnlich dem Muster in *Abb. 2.22* wird die Berücksichtigung der wesentlichen Details sichergestellt.

Wird die Stelle zugleich über eine Anzeige ausgeschrieben, bietet es sich an, eine Kopie des Inserats zu verwenden.

Eine innerbetriebliche Stellenausschreibung muss frei von Diskriminierungen im Sinne des Allgemeinen Gleichbehandlungsgesetzes sein (Kapitel Grundlagen). Ferner müssen alle geeigneten Arbeitsplätze nach § 7 des Teilzeit- und Befristungsgesetzes auch als Teilzeitarbeitsplätze ausgeschrieben werden.

Es muss sichergestellt werden, dass die Ausschreibung den Mitarbeitern bekannt wird. Des-

Beförderung

Innerbetriebliche Stellenausschreibung

Abb. 2.22

Innerbetriebliche Stellenausschreibung

Innerbetriebliche Stellenausschreibung

In der Abteilung .... ist ab .... folgende Stelle zu besetzen:

Stellenbezeichnung: ....

Stellennummer: ....

Aufgaben: ....

Entgelt: ....

Anforderungen: ....

Qualifikationen: ....

Kompetenzen: ....

Sonstiges: ....

Bewerbungsunterlagen sind bis .... einzureichen bei ....

Datum, Unterschrift

Quelle: nach *Mentzel 2005*, S. 105

Vor- und Nachteile interner Personalbeschaffungswege

Allen internen Personalbeschaffungswegen gemeinsam ist die **Gefahr der Betriebsblindheit**. *Wer den Arbeitgeber wechselt, stellt schnell fest, wie viel ihm im neuen Unternehmen unerwartet gut und sinnvoll erscheint, wie viel aber auch unnötig kompliziert, bürokratisch und überholt ist. Wer im Unternehmen bleibt, kann diese Eindrücke nicht gewinnen und auch nicht mit ihnen arbeiten. Er wird betriebsblind und kann dem Unternehmen die neuen Impulse, die aus der Kenntnis der Andersartigkeit entstehen, nicht vermitteln. Weiterhin kann ein Automatismus der internen Personalbeschaffung zu nachlassender Leistungsbereitschaft führen. Und letztlich sind die Maßnahmen der* **Personalentwicklung** *für interne Bewerber häufig* **aufwändiger** *als für externe, die ähnliche Aufgaben bereits bei anderen Arbeitgebern wahrgenommen haben.*

Deshalb sollte man nicht ausschließlich auf interne Beschaffungswege setzen, obwohl für sie neben den genannten Vorteilen auch die **kürzere Beschaffungs- und Einarbeitungszeit** *sowie* **geringere Beschaffungskosten** *sprechen. Außerdem liegen die* **Lohn- und Gehaltsvorstellungen** *der internen Bewerber oftmals unter denen externer Bewerber, die sich den Wechsel auch finanziell versüßen lassen wollen.*

Manche Unternehmen lehnen es ab, Führungspositionen mit internen Bewerberinnen und Bewerbern zu besetzen. Sie befürchten Neid und Frustration im ehemaligen Kollegenkreis, aber auch eine mangelnde Durchsetzungsfähigkeit auf Seiten der neuen Führungskräfte. Selbst wenn diese Befürchtungen im Einzelfall berechtigt sein mögen, so kann man ihnen doch mit Führungsseminaren und durch das fortgesetzte Angebot von Aufstiegschancen den Boden entziehen.

halb sollte sie in Rundschreiben, in der Werkszeitschrift, am schwarzen Brett, über das Intranet, also das firmeninterne Datennetz, oder in sonstiger Form verbreitet werden. Ein Formular für die innerbetriebliche Bewerbung, das der Ausschreibung beigefügt wird, kann Hemmschwellen abbauen und der besseren Vergleichbarkeit der Bewerbungen dienen. Es sollte auf die Belange des Unternehmens abgestellt sein.

Für die **Auswertung** der internen Bewerbungen gelten die Regeln, die im Folgenden für externe Bewerbungen aufgezeigt werden. Zusätzlich ist darauf zu achten, dass abgelehnte Bewerber keine Nachteile erleiden, und dass sie trotz der Ablehnung weiterhin motiviert bleiben. Das kann zum Beispiel durch individuelle Fördermaßnahmen und durch die Information über eine Speicherung der Bewerbung zum Abgleich

Interne Initiativbewerbung

für weitere Vakanzen, das heißt freie Stellen geschehen. Sollte hingegen eine interne Bewerbung das Rennen machen, dürfen die notwendigen Personalentwicklungsmaßnahmen nicht in Vergessenheit geraten. Außerdem muss gegebenenfalls die Stimmungslage der ehemaligen Kolleginnen und Kollegen aufgearbeitet werden.

Die Auswertung von **Initiativbewerbungen** ist ein hinlänglich bekannter externer (siehe weiter unten), aber ebenfalls ein interner Personalbeschaffungsweg, denn Beschäftigte, vor allem auch Auszubildende, wissen oft ohne innerbetriebliche Stellenausschreibungen von Vakanzen. In der Form sind interne Initiativbewerbungen recht vielfältig. Die Beschäftigten verfassen formale Anschreiben oder gar komplette Bewerbungen. Sie wenden sich aber auch persönlich an die betroffenen Kollegen, ihre direkten Vorgesetzten oder das Personalwesen *(Bertrand 2002, S. 180 f.)*.

Die Vorteile der innerbetrieblichen Stellenausschreibung und Bewerbung sind identisch mit denen der Personalentwicklung als Instrument der Personalbeschaffung: Die betroffenen Arbeitskräfte kennen das Unternehmen, und das Unternehmen kennt die Betroffenen. In der Regel kann aber auch auf diesen Wegen der quantitative Personalbedarf nicht ausgeglichen werden. Dazu kommt die angesprochene Gefahr der Demotivation bei Absagen.

Personalwerbung

Wenn man externe Personalbeschaffungswege anspricht, kommt schnell der Begriff Personalwerbung ins Spiel. Es ist allerdings umstritten, was genau Personalwerbung ist. Sicherlich zählen die Stellenangebote in Printmedien, im Internet und in Non-Printmedien dazu, selbst wenn man dazu eine Personalberatung einschaltet, zudem die Personalimagewerbung und die spezifische Planung der Personalwerbung, wenn man will auch noch die Analyse der Bewerbungen, die durch die Personalwerbung auslöst werden.

2.3.2 Externe Personal-beschaffungswege

Mit den externen Personalbeschaffungswegen *(Abb. 2.23)* geht man den Teil des Arbeitsmarktes an, der außerhalb des Unternehmens liegt und dem auch das Augenmerk der überbetrieblichen Arbeitsmarktforschung gilt. Externe Personalbeschaffungswege werden immer dann genutzt, wenn die interne Personalbeschaffung keinen Erfolg verspricht oder fehlgeschlagen ist. Manche Unternehmen beschränken sich wegen der genannten Nachteile der internen Personalbeschaffungswege auch gänzlich auf die externe Personalbeschaffung.

2.3.2.1 Stellenangebote in Printmedien

Das Stellenangebot in Printmedien gibt nicht nur die Möglichkeit, eine breite Zielgruppe anzusprechen. Es hat darüber hinaus noch einen werbewirksamen Effekt: Das Unternehmen kann sich der Öffentlichkeit gegenüber ins rechte Licht rücken.

Hinter jedem Stellenangebot steht eine Investition von 10.000 bis 50.000 Euro, rechnet man

- ▶ die Kosten der Anzeige,
- ▶ die Kostenerstattung für das Vorsprechen beim Unternehmen,
- ▶ etwaige Kosten für Vermittlungsaktivitäten,
- ▶ den geldwerten Zeitaufwand von Führungskräften und vom Personalwesen sowie
- ▶ die Produktivitätseinbußen während der Einarbeitung unter Berücksichtigung des durchschnittlichen Entgelts samt Personalzusatzkosten zusammen *(Lucas 2005, S. 2 f.)*.

Die Anzeige wird von einer mehr oder weniger großen Leserschaft zur Kenntnis genommen. Unter den Lesern befinden sich sowohl potenzielle Interessenten von heute und morgen als auch Beschäftigte, Kunden, Lieferanten und Konkurrenten. Die Selektionskraft einer Anzeige steigert die Qualität der Bewerbungen und vermindert deren Zahl. Das spart Zeit und Geld und reduziert die Anzahl der notwendigen Absagen. Man vermeidet damit unnötig hohe Zahlen von enttäuschten Bewerbern und das damit verbundene Negativimage des Unternehmens. All dies spricht dafür, auf die Gestaltung und Positionierung große Aufmerksamkeit zu lenken, und

Abb. 2.23	
Externe Personalbeschaffungswege	
Stellenangebote in Printmedien	Tages- und Wochenzeitungen, Fachzeitschriften, Bücher
Stellenangebote im Internet	Homepages, Banner, Jobbörsen, Newsgroups, Portale, Web 2.0
Stellenangebote in Non-Printmedien	Plakate, Rundfunk-, TV- und Kinowerbung, Videotext, Fax
Employer Branding	Anzeigen, Vorträge, Filme, Infos, Betriebsführungen und Werbefilme
Arbeitsvermittlung	Agenturen für Arbeit, ARGE, Jobcenter, Fach-, Auslandsvermittlung, Stellenanzeigen, Jobbörse
Personalberatung	Planung, Stellenanzeigen, Auswahl, Entscheidung, Vertragsmodalitäten, Headhunting
Sourcing	Empfehlungen, Competitive Intelligence, Initiativbewerbungen, Stellengesuche, Hochschulmarketing, Campus Scouting, Messen, Partys, Recruitainment und Internet-Sourcing
Personalleasing	Externes und internes Personalleasing, Inhouse- und Master-Service

Quelle: eigene Darstellung

zwar entweder selbst oder indem man eine geeignete Agentur beauftragt *(Pepels 2001, S. 15 f., Theuner 2001, S. 47 ff.)*.

Voraussetzung für den Erfolg des Stellenangebotes ist zunächst eine zielgruppengerechte Auswahl des Anzeigenträgers. Die gesuchten Arbeitskräfte müssen Leser des Printmediums sein, in dem die Anzeige erscheint. Informationsmaterialien der jeweiligen Medien geben die Möglichkeit, das Profil der Leserschaft genauer zu be-

Anzeigenträger

Stellenangebot und -gesuch

Die Bezeichnung Stellenanzeige ist nicht exakt. Gemeint ist nämlich das Stellenangebot, das man vom Stellengesuch unterscheiden muss. Stellengesuche werden von Bewerbern aufgegeben, die eine Arbeitsstelle suchen. Stellenangebote sind dagegen Inserate von Unternehmen, die potenzielle Bewerberinnen und Bewerber auf dem externen Arbeitsmarkt auf eine Vakanz aufmerksam machen.

Unter der Lupe

stimmen. Regionale Tageszeitungen werden zumeist für Arbeitskräfte der unteren bis mittleren Hierarchieebenen gewählt, da man hier von einer eingeschränkten räumlichen Mobilität ausgeht. Arbeitskräfte der höheren bis obersten Hierarchieebenen werden hingegen überwiegend in überregionalen oder internationalen Tages- und Wochenzeitungen gesucht. Sind Spezialkenntnisse gefragt, empfehlen sich Fachzeitschriften, deren Leser nicht selten dem Anforderungsprofil der Vakanz nahe kommen, deren Streuverlust also gering ist. Sie haben zudem durch ihre mehrwöchige Erscheinungsfrequenz eine längere Wirkungsdauer. Für Fachzeitschriften sprechen gleichfalls die relativ günstigen Anzeigenpreise. Ähnliches gilt bei Buchveröffentlichungen für Hochschulabsolventen, die regelmäßig einen redaktionellen Teil, in der Hauptsache jedoch Firmenprofile und Stellenanzeigen beinhalten.

Anzeigenart

Auch der Anzeigentermin will überlegt sein. Ist das ausgewählte Printmedium eine Tageszeitung, kommt der Mittwoch oder der Samstag in Frage, da die Leser an allen anderen Wochentagen nicht mit Stellenangeboten rechnen. Am Mittwoch lenkt die Anzeige mehr Aufmerksamkeit auf sich, da der Anzeigenteil an diesem Tag kleiner ist. Am Samstag wird die Zeitung auch von Personen gekauft und gelesen, die sie nicht abonniert haben. Das sind nicht selten Leser, die sich gerade wegen der Anzeigen zum Kauf entschließen. Zu Recht sind Stellenangebote in der Urlaubszeit und zwischen den Feiertagen rar, da viele Leser, aber auch die Personalverantwortlichen in dieser Zeit nicht präsent sind. Wenn die Stelle erstmals besetzt wird und es nicht auf eine schnelle Besetzung ankommt, sollte man diese Termine meiden. Dasselbe gilt,

Anzeigentermin

wenn die Vakanz langfristig absehbar ist, etwa wegen der Pensionierung des Stelleninhabers. Bei Stellenausschreibungen für Berufsanfänger scheiden jene unglücklichen Termine gleichermaßen aus, es sei denn, es handelt sich um typische Stichtage des Ausbildungsabschlusses. Alle anderen Empfehlungen gehen zumeist ins Leere, da man in der Praxis davon ausgehen muss, dass die Kündigungsfrist der derzeitigen Stelleninhaber ganz ähnlich der der potenziellen Bewerber ist. So sind die Unternehmen dazu genötigt, möglichst unverzüglich zu inserieren.

Die Anzeigenart muss sorgfältig erwogen werden.
- ▶ Bei **offenen Stellenanzeigen** firmieren die Unternehmen erkennbar.
- ▶ Die **Chiffreanzeige** ist nach der Kennziffer benannt, unter der die Bewerbung an die Zeitung zu adressieren ist. Sie gibt nicht preis, welcher Arbeitgeber die Stelle zu vergeben hat,
  - – weil die Position zurzeit noch besetzt ist und der Stelleninhaber von der Ausschreibung nichts wissen soll,
  - – weil der Konkurrenz keine Informationen über betriebliche Vorhaben offenbart werden sollen oder
  - – weil verhindert werden soll, dass Bewerber mit guten Beziehungen zum Unternehmen, beispielsweise Verwandte von Führungskräften, diese Beziehungen aktivieren.

  Erfahrungsgemäß schrecken Chiffreanzeigen jene, oft gerade besonders qualifizierte Interessenten ab, die Wert auf eine offene Informationspolitik legen oder befürchten, der Inserent könne ihr derzeitiger Arbeitgeber sein. Um diese Bewerber bei der Stange zu halten, aber nicht nur deswegen, kann man Personalberater einschalten *(Krieg 2001, S. 68)*.
- ▶ Bei **Anzeigen über Personalberater** verhindert der sogenannte Sperrvermerk (zum Beispiel ein Umschlag mit der Aufschrift: »Bitte nicht an ... weiterleiten«) die Peinlichkeit der Bewerbung beim eigenen Arbeitgeber. Sperrvermerke werden aber auch von den Zeitungsverlagen beachtet. Die Personalberatung kann zudem ihr Renommee auf die ausgeschriebene Position übertragen, mit ihrer Erfahrung die Anzeigengestaltung optimieren und durch ihre ständigen Geschäftsbeziehungen Preisnachlässe offerieren.

Abb. 2.24

Fließsatzanzeige

Zuverlässige Mitarbeiter/innen für Kontroll- und Ordnungsdienst an Sonn- und Feiertagen (ca. 4 Std. nachmittags) gesucht. Bewerbungen telefonisch ...

Quelle: eigene Darstellung

Ebenso wichtig ist die Entscheidung für ein Satzverfahren.

▶ Die sogenannten **Wort-, Fließsatz-, Klein-, oder Gelegenheitsanzeigen** sind einspaltig und werden im laufenden Text abgesetzt. Ihr Preis orientiert sich nur an der Zahl der enthaltenen Worte. Sie zielen auf Bewerber, die sich durch aufwändig gestaltete Anzeigen nicht angesprochen fühlen. Allerdings können sie leicht überlesen werden. Sie haben keinerlei Werbewirksamkeit und entsprechen regelmäßig nicht dem Unternehmensimage *(Abb. 2.24)*.

▶ Die **gestalteten Anzeigen**, die mehrspaltig sein können und auf der Grundlage eines Spaltenpreises pro Millimeter berechnet werden, verfügen nicht über diese Mankos *(Abb. 2.25)*.

Stellenangebote verfehlen ihren Zweck, wenn Interessenten keine klaren, informativen Auskünfte erhalten. Damit sind die inhaltlichen Gestaltungskriterien angesprochen *(Abb. 2.26)*.

Stellenangebote müssen ferner, wie die innerbetrieblichen Stellenausschreibungen, frei von Diskriminierungen im Sinne des Allgemeinen Gleichbehandlungsgesetzes sein (Kapitel Grundlagen). Sie müssen deshalb **geschlechtsneutral formuliert** werden. Ferner müssen alle geeigneten Arbeitsplätze nach § 7 des Teilzeit- und Befristungsgesetzes auch extern als **Teilzeitarbeitsplätze** ausgeschrieben werden *(Pulte 2001, S. 176 f.)*.

Bei der **Aufmachung** der Anzeige achten die meisten Unternehmen auf ein einprägsames, einheitliches Erscheinungsbild, von der Größe der Anzeige über die Platzierung des Namens und Firmenlogos bis hin zur Verwendung von Grafiken und Fotos, zur Typografie und zur Verwendung von Schlagzeilen. Der Text sollte einfach, kurz und prägnant sein. Erfolgreich sind übersichtliche Anzeigen, die den Leser persönlich ansprechen *(Bröckermann 2001, S. 31 f.)*.

Zu guter Letzt zeigt auch die **Platzierung** Wirkung. Hier streiten sich allerdings die Fachleute, ob Anzeigen in der Tat immer dann besonders aufmerksam gelesen werden, wenn sie sich auf einer der ersten rechten Seiten rechts oben finden.

Die Kosten einer dreispaltigen Stellenanzeige mit einer Höhe von 150 bis 180 mm in der Ge-

samtausgabe einer Tageszeitung können um die 2.000 bis 7.000 Euro ausmachen. Daher ist es durchaus angebracht, eine **Erfolgskontrolle** durchzuführen. Hier werden die Kosten der Anzahl der Bewerbungen insgesamt und der qualifizierten Bewerbungen gegenübergestellt. Zudem werden die Bewerber gezielt befragt. Beides kann den Verantwortlichen Hinweise für die Optimierung von Anzeigenträger, -termin, -art und -gestaltung geben.

Satzverfahren

Inhaltliche Gestaltung

Abb. 2.25

Gestaltete Anzeige

Wir sind ein mittelständisches Unternehmen mit 70 Beschäftigten. In den Abteilungen Färberei, Druckerei, Appretur bearbeiten wir Stoffe im Schwerpunkt für DOB. Wir suchen zum baldmöglichen Eintritt eine/n

Leiter/in der Arbeitsvorbereitung

Kenntnisse über die Abläufe in einem Veredlungsbetrieb sind Voraussetzung. Erfahrungen im Bereich Disposition/AV und im Umgang mit einem PC sind wünschenswert.
Wenn sie Interesse an dieser abwechslungsreichen Aufgabe haben, senden Sie uns bitte Ihre Unterlagen …

Quelle: eigene Darstellung

Abb. 2.26

Inhaltliche Gestaltungkriterien für Stellenangebote

Wir sind	Angaben zum **Unternehmen** bzw. zur **Organisation**, wie Firma, Logo, Standort, Bedeutung, Branche
Wir haben	Angaben zur **freien Stelle**, zum Beispiel Anzahl der freien Stellen, u.U. Ausschreibungsgrund, Besetzungszeitpunkt und -dauer, Arbeitszeiten, Stellenbezeichnung, Einordnung in die Organisationsstruktur, Stellenziele, Aufgaben, Rechte und Pflichten
Wir suchen	Angaben zum **Anforderungsprofil**, etwa Schul- und Berufsausbildung, berufliche Fortbildung, Berufserfahrung, körperliche Anforderungen, Arbeits- und Sozialverhalten, Kompetenzen, u. U. Führungsqualifikation
Wir bieten	zumeist vorsichtige Angaben zu den **Leistungen des Unternehmens**, wie zur Höhe der Grundvergütung und etwaiger zusätzlicher Vergütungen, vorsichtig, weil man den Entgeltverhandlungen nicht vorgreifen will, aber auch Unruhe in der Belegschaft verhindern möchte
Wir bitten	Angaben zu den einzureichenden **Bewerbungsunterlagen**

Quelle: eigene Darstellung

Internet

*Das Internet setzt sich aus unzähligen **EDV-Netzwerken** zusammen, die über mehrere Millionen Knotenrechner, sogenannte **Server**, und einige wenige einheitliche Standards untereinander verknüpft sind. Hat ein Computernutzer mittels entsprechender Software, einem **Browser**, einen Zugang zu einem Netzwerk, kann er alle Informationen auf allen Netzwerken abrufen oder eigene Informationen weitergeben. Das **World Wide Web** ist der Bereich des Internet, der Dokumente in*

*Form von Dateien auf verschiedensten Servern umfasst. Dabei sorgt das **Hypertext Transfer Protokoll** (http) für die Übertragung. Die einzelnen Dateien werden als **Seiten oder (Web-)Sites** bezeichnet. Zu deren Erstellung wird zumeist die Programmsprache **Hypertext Markup Language** (html) verwendet, die der besagte Browser in eine Darstellung gemäß dem Betriebssystem des jeweiligen Computers übersetzt.*

2.3.2.2 Stellenangebote im Internet

Auf Stellenangebote in Printmedien wird man auch in Zukunft nicht verzichten. Allerdings gewinnt das Internet im sogenannten E-Recruitment an Bedeutung *(Wiener 2003, S. 22 ff.)*.

▸ Auf Stellenangebote kann man auf der eigenen **Homepage**, der Einstiegsseite im World Wide Web, mit einem Link, einem Verweis, hinweisen. So gelangen die Interessenten auf eine Internetseite, die entweder einen Index aller Stellenangebote *(Abb. 2.27)* oder ein konkretes Angebot beinhaltet *(Schreiber-Tennagels 2002, S. 79 ff., Schmeisser/Eckstein/Klugmann 2002, S. 86 ff., Straub/Jäger 2000)*. Dort finden sie ein nach den Regeln für Printmedien gestaltetes Stellenangebot mit

einer Adresse, an die sie die gängigen Bewerbungsunterlagen senden können, sowie die E-Mail-Adresse oder ein Bewerbungsformular, das als elektronische Post, eben als E-Mail, an das Unternehmen gesandt wird. Einige Unternehmen lassen Bewerbungen erst nach der erfolgreichen Bewältigung eines Online-Assessment mit internetbasierten Testverfahren und Übungen zu, andere locken potenzielle Kandidaten mit Online-Assessments, die als spannende, spaßige Online-Spiele daherkommen (im Folgenden Stichwort Assessment Center, *Beck 2002, S. 212 ff., Konradt/Hertel 2004, S. 55 ff.*).

Mit einer nutzerorientierten Gestaltung der Internetseiten kann man gegenüber Wettbewerbern an Boden gewinnen. Jedes Dokument sollte einen Link zum Index enthalten. Dieses Inhaltsverzeichnis sollte auf der Homepage gut zu finden sein und eine Übersicht bieten. Einheitliche, übersichtliche Menüstrukturen erleichtern das Zurechtfinden. Es empfiehlt sich, lange Texte überschaubar zu strukturieren. Im Gegensatz zu Grafiken, Tondateien oder Videofilmen, beanspruchen Texte wenig Datenvolumen. Werden Grafiken als Blickfang eingesetzt, sollten sie klein sein, um den Datenverkehr zu reduzieren. Verschiedene Farbtöne, kombiniert mit einem Hintergrundbild, auf dem der Text eingelagert ist, ermöglichen eine ansprechende Darstellung. Grundsätzlich ist eine größere Anzahl kleinerer Seiten besser als ein riesiges Dokument, das viel Zeit zur Übertragung benötigt.

Abb. 2.27

Stellenangebote über einen Link von einer Homepage

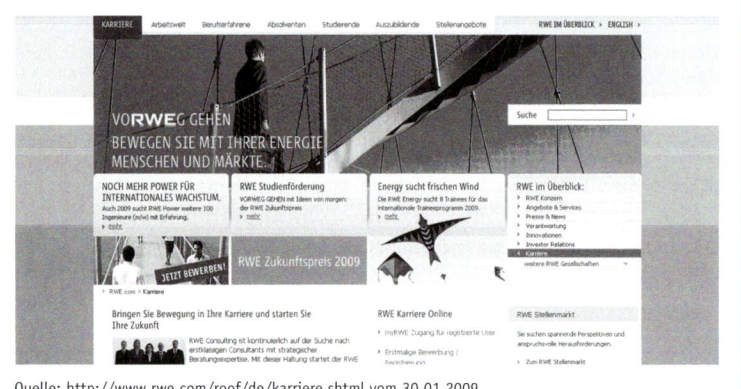

Quelle: http://www.rwe.com/roof/de/karriere.shtml vom 30.01.2009

Freilich ergibt sich erstens das **Problem**, den gewünschten Arbeitgeber bzw. dessen Adressangabe, den Uniform Resource Locator (URL), zu finden. Zweitens stellt sich die Frage, ob dieser Arbeitgeber auch tatsächlich eine Stelle zu besetzen hat. Manche präsentieren sich allein aus Imagegründen. Hilfreich sind hier Suchdienste, die eine Liste von Arbeitgebern mit Stellenangeboten zusammenstellen. Selbst wenn diese Suche erfolgreich war, bleibt die Frage, ob das Angebot aktuell und die Stelle noch frei ist. Nicht alle Unternehmen lassen ihre Websites regelmäßig aktualisieren.

▸ Auf eine Internetseite, die entweder einen Index aller Stellenangebote *(Abb. 2.28)* oder ein konkretes Angebot beinhaltet, kann man auch durch ein **Banner** hinweisen.

Banner sind mehr oder weniger geschickt und attraktiv gestaltete Werbebalken, die gegen Gebühr auf häufig besuchten Sites, etwa von Zeitschriften oder Jobbörsen, untergebracht werden können. Für derartige Banner sollte man selbstverständlich jene Sites auswählen, die von den potenziellen Bewerberinnen und Bewerbern gerne aufgesucht werden *(Köhler 2000, S. 24)*.

▸ Vor allem kann man die vakante Position über **Jobbörsen**, das heißt Dienstleister, im Internet platzieren *(Abb. 2.29, Schreiber-Tennagels 2002, S. 73 ff.)*.

Hier hat sich eine Reihe kommerzieller Anbieter etabliert, zumeist Personalberatungen, die qualifizierte und klassifizierte Eignungsprofile für ihre Bewerberdatenbanken sammeln. Aber auch nicht-kommerzielle Anbieter, beispielsweise die Bundesagentur für Arbeit, Hochschulen mit ihren Absolventenkatalogen und Zeitungsverlage, sind auf diesem Stellenmarkt aktiv. Jobbörsen funktionieren wie der Stellenteil einer Wirtschaftszeitung: Stellenanbieter und Stellensuchende sollen über dieses Medium zueinander finden.

Gute Jobbörsen sind so gestaltet, dass Interessenten über einen eigenen datenbankgesteuerten Auswahlprozess, ein sogenanntes Matching, etwa nach Region, Firma, Stellenbezeichnung und Anforderungsprofil, eine Position aussuchen und über einen Link direkt mit der entsprechenden Internetseite

Abb. 2.28

Banner

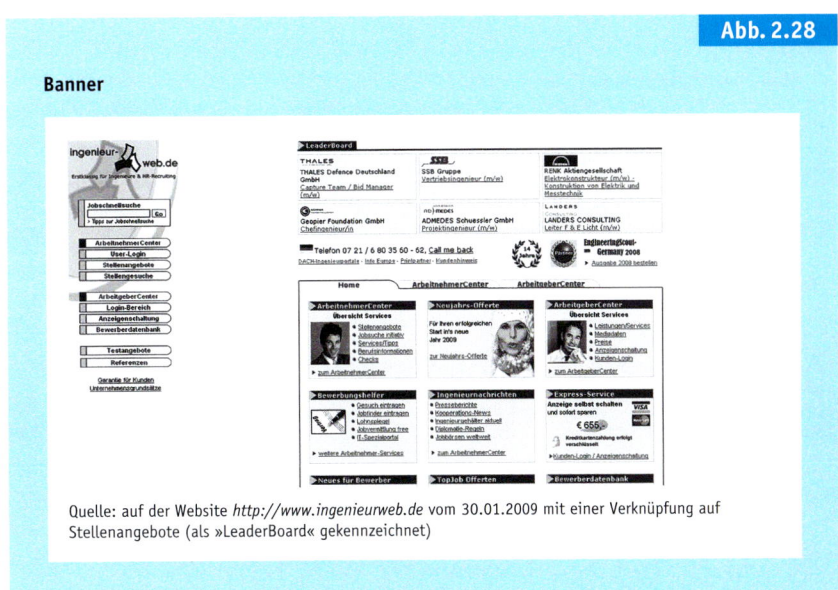

Quelle: auf der Website *http://www.ingenieurweb.de* vom 30.01.2009 mit einer Verknüpfung auf Stellenangebote (als »LeaderBoard« gekennzeichnet)

Abb. 2.29

Stellenangebote bei einer Jobbörse

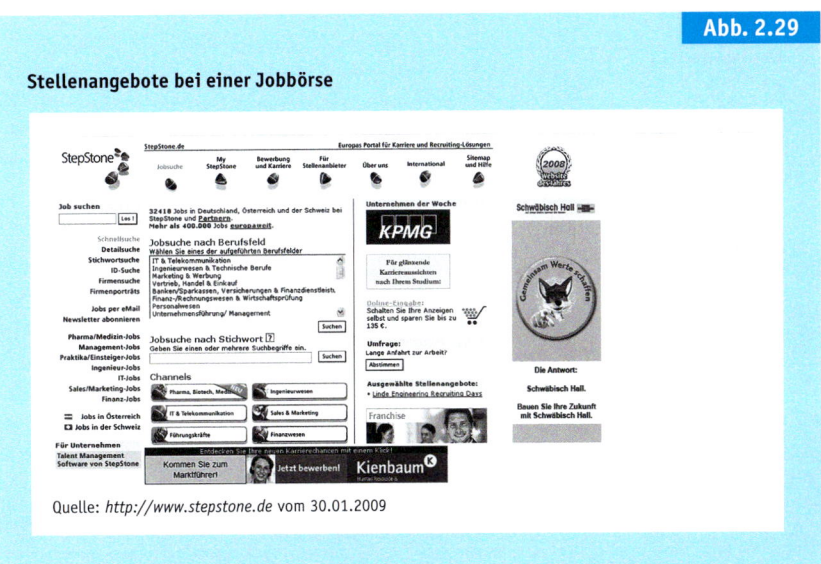

Quelle: *http://www.stepstone.de* vom 30.01.2009

des Arbeitgebers verbunden werden *(Abb. 2.29)*.

▸ Grundsätzlich bieten sich auch **Newsgroups** zur Veröffentlichung von Stellenangeboten an *(Abb. 2.30, Schreiber-Tennagels 2002, S. 81 f.)*. Das Prinzip der Newsgroups ist das eines Diskussionsforums bzw. einer Pinnwand. Jeder Computernutzer, der über einen Browser verfügt, kann kostenlos eine Nachricht veröffentlichen und umgekehrt kann jeder Nutzer diese Nachricht lesen.

Abb. 2.30

Stellenangebote in Newsgroups

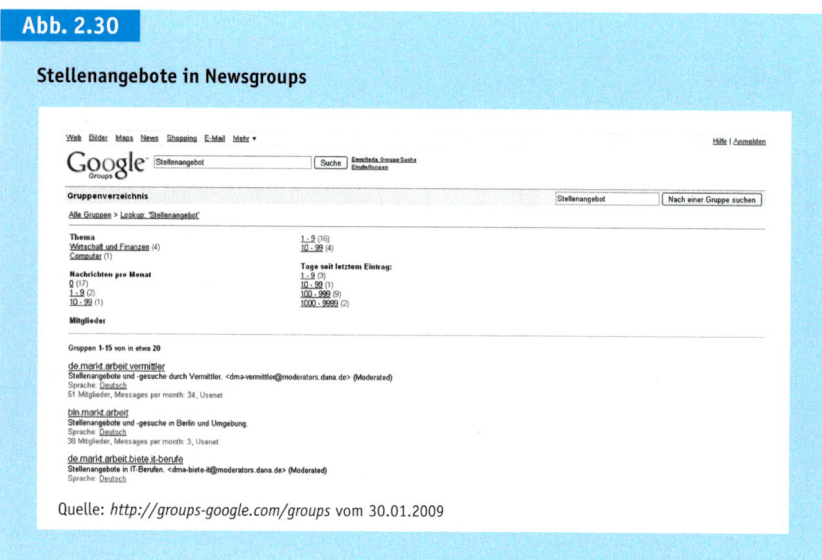

Quelle: *http://groups-google.com/groups* vom 30.01.2009

Abb. 2.31

Karrierereportal

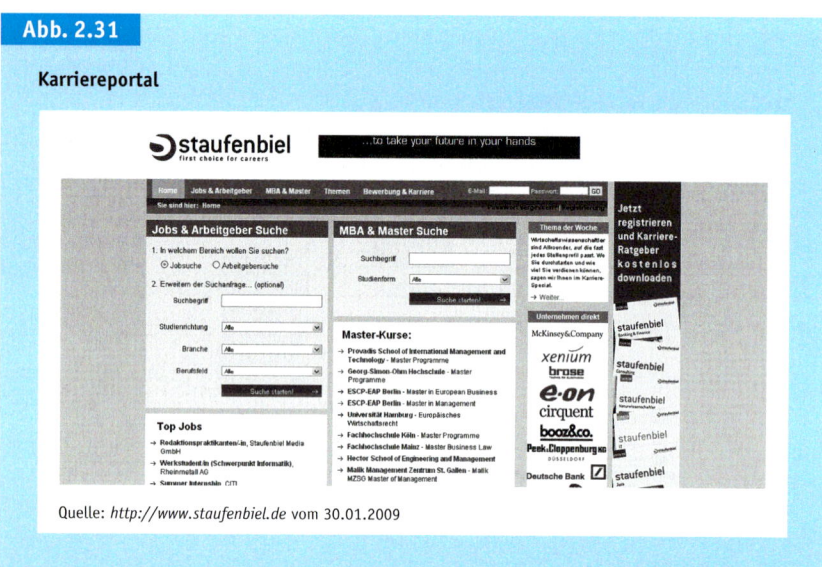

Quelle: *http://www.staufenbiel.de* vom 30.01.2009

Portal

Stellenangebote in Newsgroups können nicht grafisch gestaltet werden. Sie bestehen ausschließlich aus Texten. Deshalb verfährt man hier wie bei Printmedien.

Da ihr Bekanntheitsgrad gering ist, gestaltet sich die Recherche noch unübersichtlicher als die im World Wide Web. Hat man eine einschlägige Newsgroup ausgemacht, so findet man dort unzählige Stellengesuche und wenige Stellenangebote aus den verschiedensten Branchen. Oft betreffen sie Nebentätigkeiten. Selten findet man ein Angebot eines renom-

mierten Arbeitgebers, denn die Newsgroups funktionieren nicht nur wie Pinnwände, sie haben auch einen solchen Charakter. Eine unbedeutende Nebentätigkeit würde man vielleicht wie einen gebrauchten Gegenstand über eine Pinnwand anbieten, eine qualifizierte Festanstellung sicherlich nicht.

▸ Abschließend kann das, auch Virtual Community oder Kontaktnetzwerk genannte, Konzept des Portals als Personalbeschaffungsweg eingesetzt werden *(Abb. 2.31, Rieck 2002, S. 130)*. Ein **Portal** ist eine Kommunikations- und Informationsplattform im Internet, die entweder ausschließlich unternehmensintern (Kapitel Grundlagen) oder aber extern, und hier wiederum kostenfrei oder für diverse Dienste kostenpflichtig, genutzt werden kann. Gerade beim externen Portal finden Experten und Interessenten eines Fachgebietes zum Informationsaustausch zueinander. Für ein externes Karriereportal bildet ein Thema wie Bewerbung und Berufseinstieg den Mittelpunkt. Der Kontakt untereinander wird ständig erneuert, da immer wieder neue Aspekte des Themas diskutiert werden: Man gibt sich Ratschläge, weist auf Veranstaltungen und Literatur hin oder trägt selbst neue Informationen in die Runde. Mit der Zeit entwickelt sich eine Gemeinschaft, aus der alle Beteiligten einen hohen Nutzen ziehen *(Schreiber-Tennagels 2002, S. 84)*.

Unternehmen können sich in ein Portal einbringen oder gar ein Portal erstellen und sich dort mit potenziellen Bewerbern austauschen. Sie werden aber nur dann als gleichberechtigte Mitglieder anerkannt, wenn sie eigene Beiträge einbringen, beispielsweise »Bewerber fragen – Personalverantwortliche antworten«. Über Spiele mit Bewerbungsinhalten kann noch intensiver mit Interessenten kommuniziert werden. Ein Newsletter, der ständig über aktuelle Anliegen des Portals informiert, vervollständigt die interaktiven Elemente. Um das Portal interessant zu machen, müssen diese interaktiven Elemente durch eine Jobbörse mit aktuellen Stellenangeboten und Unternehmensporträts ergänzt werden. Auch Artikel, die rund um die Themen Studium und Beruf informieren, sowie redaktionelle Beiträge zu Branchen und neuen Berufsfeldern dürfen

Web 2.0

Unter dem Schlagwort Web 2.0 sind Weblogs oder kurz Blogs in Mode gekommen, Tagebücher im Internet, die neben privaten auch die genannten Inhalte beinhalten und von den Lesern kommentiert werden können. Man muss auch nicht lange suchen, denn über spezielle Abonnements, die RSS Feeds, werden ausgewählte Inhalte aus allen möglichen Internetanwendungen zugestellt. Es entstehen Wikis, Ansammlungen miteinander verknüpfter Websites, die von jedem Leser erweiter- und veränderbar sind. Audio- und Videoaufnahmen, sogenannte Podcasts,

die sich über internetfähige Geräte herunterladen lassen, werden gleichfalls genutzt. Mit Social Software, das heißt Programmen zum Aufbau von Netzwerken, beispielsweise xing, myspace oder linkedin, kann man Fachleute identifizieren, diese Angaben online verwalten und für andere freischalten. Selbst in der virtuellen 3D-Welt Second Life finden sich einschlägige Informationen (Kapitel Personalentwicklung, Schäffer-Külz 2008, S. 92 f.).

---

nicht fehlen. Die Verknüpfung mit den Homepages der beteiligten Unternehmen vergrößert die Fülle, aber auch die Tiefe der Information *(Köhler 2000, S. 22 ff.)*.

Interne Unternehmensportale dienen darüber hinaus Zwecken der verwaltenden Personalarbeit und der Personalentwicklung sowie dem Wissensmanagement *(Franke 2002, S. 14 ff.)*.

Insgesamt muss man bei Stellenangeboten im Internet folgende Vor- und Nachteile in Rechnung stellen:

▶ Nachteilig ist die Tatsache, dass zwar recht viele Menschen das Internet nutzen, aber bei weitem nicht alle für die Stellensuche. Trotzdem sind bei einer Ausschreibung über das Internet weit mehr Bewerbungen zu erwarten als über die Printmedien. Den schnell erzeugten Internetbewerbungen fehlt es indes oft an Ernsthaftigkeit, sodass den Personalverantwortlichen eine Vorselektion nicht erspart bleibt. Aber etliche Personalabteilungen wollen ohnehin die klassische Bewerbungsmappe. Allein schon deshalb kann man nicht immer auf das Internet setzen, und selbst wenn, dann kommt auf diesem Weg zuweilen nur der Erstkontakt zustande. Ferner ist das Internet mit Informationen überfrachtet. Selbst Suchdienste ertrinken im Datenwust. Schließlich entstehen erhebliche Sicherheitsprobleme. Die übertragenen Daten können von Unbefugten mitgelesen werden, Informationen können verfälscht werden oder ganz verschwinden, ohne dass ein Übertragungsfehler gemeldet wird *(Paschen 2002, S. 105 f.)*.

▶ Vorteilhaft sind die zeitliche Flexibilität, die lange Wirkungsdauer und das progressive

Image des Internets, an dem das suchende Unternehmen partizipieren kann. Obendrein unterliegt die Menge der vermittelten Informationen kaum einer Beschränkung. Stellenangebote über kommerzielle Dienstleister im Internet, die bis zu vier Wochen eingesehen werden können, sind zudem recht preisgünstig. Sie kosten zwischen rund 250 und 1.000 Euro. Auch der Vorteil der weltweiten Vernetzung liegt auf der Hand: Analog zum globalisierten Beschaffungs- und Absatzmarkt etabliert sich ein globaler Arbeitsmarkt *(Eggert/ Nitzsche 2001, S. 97 f.)*.

Vor- und Nachteile von Stellenangeboten im Internet

2.3.2.3 Stellenangebote in weiteren Non-Printmedien

Nicht mehr so recht zeitgemäß, aber nicht unbedingt ohne Wirkung, ist ein **Aushang am Werkstor**. Soweit man sich bei der Stellenbesetzung mit zufälligen und folglich nicht speziell qualifizierten Passanten zufrieden geben kann, ist eine große, gut sichtbare und attraktiv aufgemachte Tafel durchaus Erfolg versprechend.

Möglich ist auch die **Plakatwerbung** vor allem in Verkehrsmitteln, an Litfasssäulen und Plakatwänden in öffentlichen Gebäuden wie Bahnhöfen oder an Haltestellen. Bekannt sind bundesweite Werbeaktionen von Branchenvereinigungen. Für eine einzelne offene Stelle war die Plakatwerbung hingegen lange Zeit nicht üblich, denn man wollte sich nicht dem Verdacht aussetzen, dass alle anderen Wege aus gutem Grund nicht gefruchtet haben. Das hat sich geändert, denn die begehrten jüngeren Spezialisten sind nicht die typischen Zeitungsabonnenten. Außerdem kann man Plakate gezielt regional oder sogar an einzelnen Standorten, etwa

Gewohnte und ungewohnte Wege

Hochschulen, platzieren. Eine große Plakatfläche in einer Hochschule kostet zwischen 6 und 30 Euro am Tag. *(Günther 2008, S. 50 f.)*.

In den USA ist es durchaus alltäglich, Stellenangebote per **Rundfunk- und Fernsehwerbung** zu propagieren. Diese Werbung hat in Deutschland durch die Schaffung des Lokalrundfunks und -fernsehens einen Aufschwung genommen. Werbeminuten sind schon zu relativ erschwinglichen Preisen zu erwerben.

Dasselbe gilt für die **Kinowerbung**. Bekannt sind Werbespots für Ausbildungsplätze im Bäcker- und Bauhandwerk. Allerdings sollte man abwägen, ob es der Vakanz nicht abträglich ist, wenn für sie zwischen Produkten für die Körperhygiene und Katzenstreu geworben wird.

Zu denken ist auch an den **Videotext** und an den **Faxabruf**.

Hinsichtlich Träger, Termin, Art, Inhalt, Aufmachung und Platzierung gilt für die genannten Medien analog das, was bereits zu Stellenangeboten in Printmedien gesagt wurde. Die Kriterien müssen lediglich auf die spezifische Eigenart des jeweiligen Mediums abgestellt werden *(Pepels 2001, S. 9)*.

2.3.2.4 Employer Branding

Die Öffentlichkeitsarbeit im Sinne einer Personalimagewerbung steht beim Employer Branding im Vordergrund. Das Unternehmen profiliert sich quasi als Marke auf dem Arbeitsmarkt, um zum Wunscharbeitgeber, zum Employer of Choice, zu werden. Wenn die Beschäftigten als Multiplikatoren eingesetzt werden, spricht man vom Employee Branding.

Über Anzeigen, Vorträge, Filme, Informationsmaterial und Betriebsführungen, beispielsweise an einem Tag der offenen Tür, ja sogar über Werbefilme im Fernsehen und teils von Beschäftigten verantwortete Präsentationen, sogenannte Blogs, im Internet zeigt sich das Unternehmen in einem günstigen Licht und setzt darauf, dass sich geeignete Kandidaten für Vakanzen von sich aus melden. Das zeigt jedoch nur langfristig Wirkung. Für eine dringende Stellenbesetzung ist dieser Beschaffungsweg daher nicht geeignet, wohl aber als vorausschauende, dauerhafte Strategie *(Knoblauch 2001, S. 131 ff., Martens 2007, S. 63 ff., Walther 2008, S. 24 ff.)*.

2.3.2.5 Arbeitsvermittlung

Eine kurzfristige Wirkung kann man hingegen erreichen, wenn man eine Arbeitsvermittlung einschaltet. Arbeitsvermittlung ist nach dem Dritten Buch des Sozialgesetzbuches eine Tätigkeit, die darauf ausgerichtet ist, Arbeitsuchende mit Arbeitgebern zur Begründung von Arbeitsverhältnissen zusammenzuführen.

Die bekannteste Arbeitsvermittlung betreibt die Arbeitsverwaltung, also die Bundesagentur für Arbeit und die ihr zugehörigen Einrichtungen. Der Arbeitsschwerpunkt der regionalen **Agenturen für Arbeit** liegt – insbesondere bei hoher Arbeitslosigkeit – eher bei Tätigkeiten ausführender Art. Aufgrund der Vielzahl der Arbeitsuchenden bleibt wenig Zeit für die aufwändigere Vermittlung von höher qualifizierten Arbeitskräften.

Für erwerbsfähige Hilfebedürftige, die als 49-Jährige nach 12-monatiger, als 50- bis 54-Jährige nach 15-monatiger, als 55- bis 57-Jährige nach 18-monatiger und als Ältere nach 24-monatiger Arbeitslosigkeit das Arbeitslosengeld II beziehen, sind Jobcenter zuständig. Meist bildet die Kommune mit der regionalen Agentur für Arbeit eine Arbeitsgemeinschaft (ARGE), die ein Jobcenter einrichtet. Einige Kommunen stellen eigenständig ein Jobcenter, entweder statt oder neben der Kommune.

Die Klage mancher Personalverantwortlicher, über die Arbeitsvermittlung würden ihnen zu wenige geeignete Bewerberinnen und Bewerber vermittelt, ist kaum berechtigt. Es kommt vielmehr auf eine gute Zusammenarbeit an. Dem Arbeitsvermittler sollte, etwa in Form einer Betriebsbesichtigung, die Möglichkeit gegeben werden, die fraglichen Stellen und die betrieblichen Zusammenhänge kennen zu lernen. Weiterhin sollte ihm das Personalwesen die relevanten Daten aus der Stellenbeschreibung und dem Anforderungsprofil der Vakanz zuleiten. Und schließlich darf sich das Personalwesen nicht scheuen, ihm ausführlich Auskunft über die Personen zu geben, die zur Vermittlung genannt wurden: Haben sie sich gemeldet? Haben sie vorgesprochen? Zeigten sie sich interessiert? Wurden sie eingestellt? Warum wurden sie nicht eingestellt? Das hilft, die Stellen, aber auch die Arbeitsuchenden besser einzuschätzen zu können.

Arbeitsverwaltung

ARGE

Personalimage

Unter diesen Vorzeichen kann die Arbeitsvermittlung durch die Agenturen für Arbeit und die Jobcenter erfolgreich sein. Zudem fallen für die Unternehmen keinerlei Kosten an. Vielmehr können die Agenturen für Arbeit eine Reihe von Förderungsmöglichkeiten nach dem Dritten Buch des Sozialgesetzbuches anbieten, die bei der Beschaffung und Eingliederung spezieller Arbeitnehmergruppen gewährt werden.

Unter denselben Vorzeichen kann sich das Personalwesen an andere Einrichtungen der Bundesagentur für Arbeit wenden. Sie bemühen sich unter anderem um die Vermittlung von Fach- und Hochschulabsolventen sowie von besonders qualifizierten Fach- und Führungskräften, auch durch Stellenanzeigen in Zeitungen. Hie und da wurde die Zuständigkeit direkt auf die regionalen Agenturen verlagert. Die Bundesagentur veröffentlicht darüber hinaus einen zentralen Stellenanzeiger und eine Jobbörse. Weiterhin ist sie zuständig für die Vermittlung ins Ausland. Die Unternehmen scheuen sich freilich, auf diese Vermittlungsangebote einzugehen. Man geht davon aus, dass Hochschulabsolventen und qualifizierte Fach- und Führungskräfte ohne die Hilfestellung der Arbeitsverwaltung dazu in der Lage

sein müssten, sich auf eine Stelle zu bewerben. Wer das nicht könne, sei auch nicht kompetent. Trotzdem wenden sich viele Arbeitsuchende aus diesem Bewerberkreis an die Agentur für Arbeit, da sie ansonsten unter Umständen auf Arbeitslosengeld, Krankenversicherungsschutz und Rentenanwartschaften verzichten müssten *(Klimecki/ Gmär 2005, S. 170 f.)*.

Neben der staatlichen Arbeitsvermittlung existiert auch eine ganze Reihe privater Arbeitsvermittler. Sie haben sich zumeist auf spezifische Qualifikationen spezialisiert. Hier liegt auch der Vorteil der Privaten. Ferner arbeiten sie kundenorientiert und sind mithin auf erfolgreiche Vermittlungen angewiesen. Die Kehrseite der Medaille ist der Nachteil, dass das auftraggebende Unternehmen, der Kunde, die Kosten der Vermittlung trägt, es sei denn, die Agentur für Arbeit hat dem Arbeitssuchenden einen Vermittlungsgutschein ausgestellt.

Private Arbeitsvermittler

2.3.2.6 Personalberatung
Der Schwerpunkt der reinen Personalberatung liegt nicht auf der Vermittlung, sondern auf der Beratung des beauftragenden Unternehmens.

Aus der Praxis

»Durch eine Steigerung der Arbeitsgeberattraktivität kann der Vergütungsaufschlag bei Neueinstellungen um bis zu 50 Prozent reduziert werden. Das ergab eine Studie zum Thema Employer Branding des Corporate Executive Board. Betrachten Bewerber ein Unternehmen als attraktiven Arbeitgeber, verlangen sie eine geringere Gehaltsaufbesserung, um zum Wechsel bewegt zu werden. Bei unattraktiven Arbeitgebern werden Gehaltsaufschläge von 21 Prozent erwartet, bei attraktiven Arbeitgebern liegen diese nur bei elf Prozent. Für die Studie wurden weltweit 58.000 Mitarbeiter aus 90 Unternehmen befragt.

Die Studie ermittelte auch, dass die Attraktivität eines Unternehmens im Wesentlichen durch folgende sieben Kernmerkmale definiert ist:

▸ Vergütung
▸ Stabilität des Unternehmens
▸ Entwicklungschancen
▸ Karriereaussichten
▸ Respekt
▸ Qualität der Führungskräfte
▸ Kollegiales Arbeitsumfeld

Diese sieben Merkmale machen 60 Prozent der Vorteile aus, die ein attraktives Unternehmen bei der Personalsuche gegenüber anderen genießt. Des Weiteren sind Vertrauen, Flexibilität und Unternehmenswerte der Schlüssel, um Mitarbeiter als Fürsprecher für das Unternehmen zu gewinnen, so die Studie.«
Corporate Executive Board 2007: Corporate Executive Board (www.executiveboard.com, Verfasser unbekannt), »Employer Branding spart Personalkosten«, in: Personalmagazin, Heft 06/2007, S. 32.

Spektrum der Personalberatung

Gerade bei der Personalbeschaffung werden die Dienste von Personalberatungen gerne in Anspruch genommen, da sie über für diese Zwecke qualifiziertes Personal und einige Erfahrung verfügen. Das ist auch notwendig, da das Auftrag gebende Unternehmen für Verstöße der Personalberatung gegen das Allgemeine Gleichbehandlungsgesetz, also für unzulässige Diskriminierungen, einstehen muss *(Wisskirchen 2006, S. 1493 f.)*. Das Aufgabenspektrum der Personalberatungen reicht von

▸ der Abwicklung der Personalplanung samt
▸ der Erstellung von Stellenschreibungen und Anforderungsprofilen, über
▸ die Gestaltung und Positionierung von Stellenanzeigen sowie
▸ die Auswertung der Bewerbungen bis hin
▸ zur Mitwirkung bei der Bewerberauswahl,
▸ der Entscheidung und
▸ der Festlegung der Vertragsmodalitäten *(Bohlken 2002, S. 374 ff., Hansen 2001, S. 153 ff. Hummel 2002, S. 360 ff.)*.

Wie bereits erwähnt, kann die Personalberatung gerade bei Stellenanzeigen ihr Renommee auf die ausgeschriebene Position übertragen, mit ihrer Erfahrung die Anzeigengestaltung optimieren und durch ihre ständigen Geschäftsbeziehungen Preisnachlässe offerieren. Personalberater sind Experten in der Personalbeschaffung, vor allem von Führungskräften. Viele haben sich auf bestimmte Branchen oder Berufsgruppen bzw. Regionen spezialisiert. Dadurch verfügen sie über Informationen und Kontakte, die sich das Unternehmen ansonsten nicht nutzbar machen könnte. Die Einschaltung einer Personalberatung ist unumgänglich, wenn das Personalwesen die Be-

schaffung nicht selbst bewältigen kann, wie das in kleinen Unternehmen der Fall sein mag. Nachteilig ist das Faktum, das die Anzahl der Zuschriften auf Anzeigen, die über Personalberatungen geschaltet werden, oftmals geringer ist als auf Anzeigen, in denen das suchende Unternehmen ausschließlich selbst auftritt. Ferner entstehen Kosten, die sich zumeist aus Posten für die diversen Dienstleistungen wie Anzeigengestaltung, Anzeigenpreis, gesichtete Bewerbungen usw. sowie einem Prozentsatz vom Jahreseinkommen der gesuchten Kandidaten zusammensetzen *(Detmers 2002, S. 73 ff.)*.

Headhunting

Eine spezielle Dienstleistung, die von einigen Personalberatungen angeboten wird, ist das sogenannte Headhunting oder Executive bzw. Direct Search, zu deutsch die Direktansprache oder Abwerbung *(Bohlken 2002, S. 379 ff.)*.

Der Headhunter erarbeitet eine Zielfirmenliste. Sie beinhaltet die Unternehmen, die für seinen Auftraggeber potenziell interessante Kandidaten beschäftigen. Dafür greift er auf seine Erfahrungen bzw. Datenbanken, das Internet, Fachzeitschriften und Informanten zurück. Sogenannte Researcher haben die Aufgabe, die Kandidaten namentlich ausfindig zu machen. Sie recherchieren im Internet und Publikationen und sie rufen, zuweilen unter Vorwänden, in den Zielfirmen an. Der Headhunter ergründet danach, meist telefonisch, ob die identifizierten Kandidaten Interesse an einem Wechsel haben und ob ihr Eignungsprofil dem Anforderungsprofil entspricht. Ist das der Fall, folgen weitere persönliche Gespräche, die letztlich zum Vertragsabschluss führen können.

Unter der Lupe

(Anti-)Headhunting

Das Headhunting ist immer dann unzulässig, wenn man den ehemaligen Arbeitgeber bewusst damit schädigt oder Beschäftigte zum Vertragsbruch verleitet werden. In diesem Fall können Schadensersatzansprüche nach dem Bürgerlichen Gesetzbuch und dem Gesetz gegen den unlauteren Wettbewerb entstehen. Das reine Vertragsangebot, das Beschäftigte zur ordentlichen Beendigung ihres Arbeitsverhältnisses veranlasst, ist jedoch *rechtlich unbedenklich, solange keine unlauteren Mittel eingesetzt werden. Trotzdem ist es den Unternehmen nicht zu verdenken, dass sie im Sinne der Personalbindung Strategien des Anti-Headhunting entwickeln, etwa Schulungen zur Identifikation von Researchern, Formulare und Mitarbeiterprämien für gemeldete Headhunter (Lützeler/Bissels 2008, S. 36 f., Steppan 2004, S. 58 ff.).*

»Der Kampf gegen den Fachkräftemangel nimmt bizarre Züge an. Derzeit zahlt jede sechste Firma ihren Beschäftigten eine Prämie, wenn sie einen neuen Mitarbeiter werben, sagen Studien von Institut der deutschen Wirtschaft (IW) und von Ingenieursverband VDI. Vor zwei Jahren waren es noch weniger als fünf Prozent. Teilweise zahlen die suchenden Unternehmen für die schnelle Stellenbesetzung mehrere tausend Euro an ihre Mitarbeiter aus.«

tb 2008: tb (Verfasser unbekannt), »Kopfgeld für Mitarbeiter«, in: Rheinische Post vom 10.07.2008, S. C3.

2.3.2.7 Sourcing

Die bislang angesprochenen Personalbeschaffungswege muss man allesamt eher zum heute noch weit verbreiteten **Posting** zählen: Man macht auf eine Vakanz aufmerksam und geht davon aus, dass Bewerbungen eingehen *(Bröckermann 2002 a, S. 387 f.).*

Angesichts der Verknappung diverser Spezialistinnen und Spezialisten wird jedoch das aktive **Sourcing** oder Scouting, die zielgerichtete Recherche nach oder Ansprache von Kandidaten für offene Stellen, in Zukunft eine immer wichtigere Rolle spielen.

Eine trennscharfe Kategorisierung in Posting und Sourcing ist angesichts des Erfindungsreichtums der Praxis freilich nicht möglich *(Brauner 2000, S. 14, Bröckermann 2002 a, S. 388 ff., Rieck 2002, S. 119 ff.).*

▸ Eng verwandt mit dem Headhunting sind **Mitarbeiterempfehlung**en. Man fordert die Beschäftigten auf, geeignete Kandidaten für eine freie Stelle direkt anzusprechen. Das werden Beschäftigte, die von ihrem Arbeitgeber überzeugt sind, gerne tun. Manche Unternehmen zahlen sogar Anwerbeprämien, angeblich bis zu 3.000 Euro, und das sogar an Betriebsfremde, die als »Talent Scouts« tätig werden und sich über eine speziell zu diesem Zweck gegründete Internet-Plattform kundig gemacht haben. Wird das Unternehmen etwa mit seiner Personalabteilung selbst in Sachen Abwerbung aktiv, kommt die sogenannte **Competitive Intelligence** zum Zuge. Man kennt die Beschäftigten der Konkurrenz und nutzt dieses Wissen zur Erstellung von Listen mit Wunschkandidaten und deren Präferenzen, die man anspricht und letztlich für sich gewinnen will. Leicht kommt man dabei allerdings in einen rechtlich zweifelhaften Bereich. Die Abwerbung aus einem Konkurrenzunternehmen, speziell gegen die Zahlung von Abwerbeprämien, kann unter Umständen bereits als Verstoß im Sinne des Gesetzes gegen den unlauteren Wettbewerb gewertet werden, der die bereits erwähnten Schadensersatzansprüche nach den Vorschriften des Bürgerlichen Gesetzbuches auslöst. Gegen eine bloße Empfehlung ist allerdings noch nichts einzuwenden, und die kann man mit den Mitteln des **Employer Branding** erreichen. Wenn man Kunden, Lieferanten oder die Hausbank von den positiven Entwicklungsmöglichkeiten des Unternehmens überzeugt hat, kann man davon ausgehen, dass sie gezielt geeignete Arbeitskräfte ansprechen *(Schmidt 2008, S. 10 ff., Trost/Horstmeier 2007, S. 50 ff., Wolf 2006, S. E17).*

▸ Altbekannt ist die mehr oder minder aufwändige Auswertung der Bewerbungen, die den Unternehmen unaufgefordert zugehen, und die direkte **Kontaktaufnahme** zu aussichtsreichen Bewerberinnen oder Bewerbern. Auf diese Kurz-, Aktiv-, Blind- oder Initiativbewerbungen wird im Rahmen der Personalauswahl noch eingegangen. Ebenso bekannt ist die Recherche in den Stellengesuchen in **Printmedien** und im **Internet**, speziell in Jobbörsen. Jobbörsen bieten Stellensuchenden meist kostenfrei die Möglichkeit, die relevanten Daten zu hinterlegen. Personalverantwortliche können hier teils gegen Gebühr, teils kostenfrei, aber fast immer in einem datenbankgesteuerten Auswahlprozess nach geeigneten Kandidaten suchen. Das Inserat in einem Printmedium ist für Stellensuchende kostenpflichtig, aber vergleichsweise kostengünstig und erfordert eine traditionelle, zeitaufwändige Recherche des Lesers *(Bröcker-*

Empfehlungen und Competitive Intelligence

Employer Branding

Kontakte

mann 2001, S. 41 ff., Watzka/Wenkel 2004, S. 16 ff.). Einige Hochschulen erstellen für jedes Semester einen sogenannten **Absolventenkatalog**, der übersichtlich aufbereitete Lebensläufe samt Bildungsweg und Berufswunsch beinhaltet. Den Unternehmen wird damit die Möglichkeit eines gezielten Abgleichs von Anforderungs- und Eignungsprofil geboten. Dadurch wird die Vorauswahl verkürzt. Überdies ist ein direkter und schneller Kontakt möglich.

Hochschulmarketing und Campus Scouting

▸ Unternehmen suchen, zuweilen über spezialisierte Personalberatungen, zuweilen über ihr eigenes Personalwesen, den Kontakt zu Bildungseinrichtungen, deren Absolventinnen und Absolventen als zukünftige Fach- und Führungskräfte eingesetzt werden können. Man bezeichnet diese Kontakte als **Hochschulmarketing** oder **College Recruiting**. Die Unternehmen bieten Fachvorträge, Informationsmaterialien, Praktika, Ferienjobs, praxisbezogene Diplomarbeitsthemen, zuweilen sogar Forschungs- und Projektaufträge, Sponsoring und Stipendien an. Campus-Scouting oder On-Campus-Recruiting nennt man die direkte Aufforderung zur Bewerbung in der Bildungseinrichtung (Knoblauch 2002, S. 69 f., Rieck 2002, S. 122 ff.).

Messen, Partys und Recruitainment

▸ Absolventenkongresse und generell die Rekrutierungsmessen, zum Teil sogar virtuell im Internet, bieten neben Firmenvorträgen und Seminaren die Möglichkeit des Kennenlernens der **High Potentials** in Informationszentren der Unternehmen. Neben Veranstaltungen für den begabten Nachwuchs haben sich auch solche für Kandidaten mit mindestens zwei Jahren Berufserfahrung sowie für Experten und Routiniers etabliert. Die Akzeptanz nimmt zu und das Angebot wird spezifischer. Den hoch qualifizierten Beschäftigten, die Bekanntschaft mit dem »pink slip« machen mussten, dem – in den USA rosafarbenen – Umschlag, in dem sich das Entlassungsschreiben befindet, will man die Möglichkeit geben, flexibel, unbürokratisch und schnell neue Kontakte zu knüpfen. Dafür wählt man eine Form, die dem Selbstverständnis der Betroffenen entspricht, also keine bierernste Arbeitsvermittlung, sondern eine **Pink Slip Party.** Hier treffen sich die Arbeitslosen, aber

Internet-Sourcing

auch Gäste, die einen Karriereschub ins Auge fassen, mit Personalberatern und Personalverantwortlichen. Man tauscht unverbindlich Visitenkarten und Informationen aus und kann so eventuell ein Vertragsverhältnis anbahnen. Für den in manchen Bereichen höchst raren Hochschulnachwuchs bieten einige Unternehmen ein Recruitainment im Form von faszinierenden Online-Spielen, Absolventen-Workshops und sogar aufwändigen **Auslandreisen** zum ersten Kennenlernen an (Bröckermann 2005, S. 9, Detmers 2002, S. 77, Rieck 2002, S. 126 ff.).

▸ Als **Internet-Sourcing** bezeichnet man die aktive Recherche nach frei zugänglichen Lebensläufen und ähnlichen Daten im Internet. **Web-Kataloge** kategorisieren Dateien nach Themengebieten. Über **Suchdienste**, sogenannte Suchmaschinen, Robots oder Spider, kann man das Internet nach Stichworten oder Begriffskombinationen durchforsten. **Metasuchmaschinen** kombinieren verschiedene Suchdienste. Noch komfortabler ist der Einsatz eines **Job-Agenten**, eines RSS Feed genannten Computerprogramms, das nach Eingabe der einschlägigen Kriterien selbsttätig und regelmäßig im Internet nach geeigneten Kandidaten sucht. Das Ergebnis wird in einem Dokument per E-Mail oder Handy als sogenannter **Push-Service** zugestellt. Schließlich kann man mit Social Software, das heißt Programmen zum Aufbau von Netzwerken, Fachleute identifizieren. Die ermittelten Personen wird man danach umgehend persönlich kontaktieren. Freilich wollen nicht alle, die ihre Daten im Internet zugänglich machen, Arbeitnehmer eines Unternehmens werden. Recht viele interessieren sich für eine eher temporäre Beschäftigung als Freelancer. Manche geben ihr freies Arbeitskontingent sogar ernsthaft zur **Versteigerung** im Internet frei, wobei ein Mindestgebot Voraussetzung ist (Brauner 2000, S. 14, Schreiber-Tennagels 2002, S. 82 ff.).

2.3.2.8 Personalleasing als Personalbeschaffung

Ein letzter externer Beschaffungsweg ist das Personalleasing. Das suchende Unternehmen tritt als Auftraggeber, das heißt Entleiher, an einen

Verleiher heran. Der Verleiher überlässt diesem Entleiher Arbeitskräfte zeitweilig gegen eine Leihgebühr. Der Gesetzgeber nennt diese Vertragsbeziehung **Arbeitnehmerüberlassung**. Synonyme Begriffe sind **Zeitarbeit** und **Leiharbeit**. Das Arbeitnehmerüberlassungsgesetz beinhaltet eine Lizenzpflicht. Die Verleiher müssen über eine Erlaubnis von der Bundesagentur für Arbeit verfügen. In der Bauwirtschaft ist das Personalleasing allerdings nur eingeschränkt erlaubt *(Böck 2002, S. 331 ff., Böhm/Hennig/Popp 2008, S. 11 ff., Pollert/Spieler 2008, S. 18 ff.).*

Abb. 2.32 verdeutlicht die rechtlichen und wirtschaftlichen Beziehungen der Beteiligten.

Zwischen dem Verleiher und dem Leiharbeitnehmer besteht ein Arbeitsvertrag, für den alle gesetzlichen Regelungen gelten, die generell für Arbeitsverhältnisse bestehen, einschließlich der Befristungsmöglichkeiten. Für das Arbeitsverhältnis zwischen dem Verleiher und dem Leiharbeitnehmer gelten auch die üblichen arbeits-, sozial- und steuerrechtlichen Rahmenbedingungen. Daher zahlt der Verleiher dem Leiharbeitnehmer das vereinbarte Arbeitsentgelt. Der Verleiher führt auch die Steuern und Sozialabgaben ab. Allerdings muss der Verleiher nach den §§ 3 und 9 des Arbeitnehmerüberlassungsgesetzes dem Leiharbeitnehmer für die Zeit der Überlassung die Arbeitsbedingungen des jeweiligen Entleihbetriebs gewährleisten, also auch das dort für die ausgeübte Tätigkeit übliche Arbeitsentgelt. Wenn ein Verleiher diverse Leiharbeitnehmer an Unternehmen unterschiedlichster Branchen überlässt, und das unter Umständen täglich wechselnd, ist die besagte Vorschrift sicherlich kaum umsetzbar. Der Gesetzgeber bietet einen Ausweg an. Wenn der Verleiher Mitglied eines Arbeitgeberverbandes ist, der speziell für das Personalleasing mit den zuständigen Gewerkschaften einen Tarifvertrag abgeschlossen

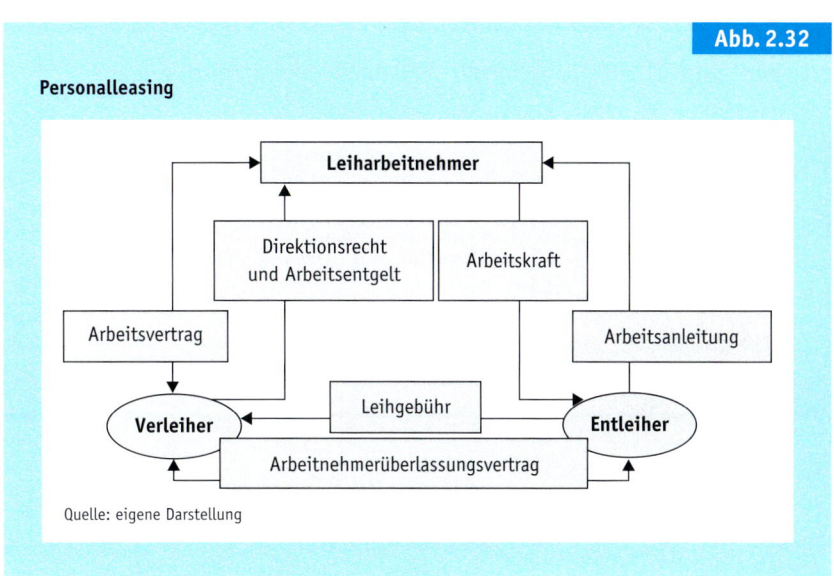

Abb. 2.32

Personalleasing

Leiharbeitnehmer

Direktionsrecht und Arbeitsentgelt

Arbeitskraft

Arbeitsvertrag

Arbeitsanleitung

Verleiher

Leihgebühr

Entleiher

Arbeitnehmerüberlassungsvertrag

Quelle: eigene Darstellung

hat, gelten die in diesem Tarifvertrag verbrieften Bedingungen *(Hümmerich/Holthausen 2003, S. 7 ff., Kokemoor 2003, S. 238 ff.).*

Weisungen kann und wird nur der Verleiher dem Leiharbeitnehmer erteilen, denn der Verleiher hat das sogenannte Direktionsrecht. Der Leiharbeitnehmer ist folglich in der Verleihfirma wahlberechtigt und wählbar für den Betriebsrat. Zusätzlich ist er laut § 7 des Betriebsverfassungsgesetzes im Entleihbetrieb für die dortigen Betriebsratswahlen wahlberechtigt, wenn er volljährig ist und länger als drei Monate dort eingesetzt wird.

Der Entleiher sollte sich kundig machen, ob der Verleiher seinen Zahlungsverpflichtungen hinsichtlich der Sozialversicherungen nachkommt. Wäre das nicht der Fall, müsste der Entleiher für diese Verpflichtungen wie ein selbstschuldnerischer Bürge haften. Der Entleiher muss aus diesem Grunde jedes Personalleasing der zuständigen Krankenversicherung

Interner, Inhouse- und Master-Service

Bei hohem Bedarf an Leiharbeitnehmern wird ein besonderer Service geboten. Im Rahmen einer On-Site- oder Inhouse-Lösung übernimmt ein Disponent des Verleihers im Hause des Entleihers die Einteilung und die Betreuung der Leiharbeitnehmer, im Rahmen einer Master-Lösung zusätzlich die Koordination aller Verleiher, die dort Leiharbeitnehmer im Einsatz haben. Praktiziert

wird auch ein internes Personalleasing: Ein Konzernunternehmen, beispielsweise die Holding, gründet ein Personalleasingunternehmen als Tochtergesellschaft, etwa in der Rechtsform einer GmbH, die Personal einstellt, nach den niedrigeren Sätzen der Tarifverträge für das Personalleasing entlohnt und an andere Konzernunternehmen verleiht (Ubber 2006, S. 50 ff.).

Unter der Lupe

Vor- und Nachteile externer Personalbeschaffungswege

*Die externen Personalbeschaffungswege verfügen gegenüber den internen über den Vorteil einer **größeren Auswahlmöglichkeit**. Die externe Personalbeschaffung gleicht den **quantitativen Personalbedarf** aus. Externe bringen neue Impulse ins Unternehmen ein. Und die Maßnahmen der Personalentwicklung für externe Bewerberinnen und Bewerber sind regelmäßig weniger aufwändig als für interne.*

Viele Nachteile der externen Beschaffungswege korrespondieren mit Vorteilen der internen: die – abgesehen vom Personallea-

sing – längere Beschaffungs- und Einarbeitungszeit, die höheren Beschaffungskosten, die höheren Entgeltforderungen der externen Bewerber und besonders die größere Gefahr eines Fehlgriffs, weil man externe Bewerber weniger gut kennt als die eigenen Mitarbeiterinnen und Mitarbeiter. Eine hohe externe Einstellungsquote wirkt schließlich fluktuationsfördernd. Die Belegschaft wird demotiviert, da sie wenig Aufstiegschancen sieht. Das kann negative Folgen für das Betriebsklima und die Produktivität haben. Deshalb sollte man nicht ausschließlich auf externe Beschaffungswege setzen.

anzeigen. Der Betriebsrat des Entleihers hat beim Einsatz der Leiharbeitnehmer ein Mitbestimmungsrecht.

Zwischen dem Entleiher und dem Leiharbeitnehmer besteht kein Vertragsverhältnis. Trotzdem stellt der Leiharbeitnehmer dem Entleiher seine Arbeitskraft zur Verfügung und der Entleiher gibt dem Leiharbeitnehmer Arbeitsanleitungen.

Wohl aber besteht zwischen dem Verleiher und dem Entleiher ein Vertragsverhältnis, der Arbeitnehmerüberlassungsvertrag, der den Entleiher zur Zahlung der vereinbarten Leihgebühr und den Verleiher zur Bereitstellung des vereinbarten Personals verpflichtet.

Personal-Service-Agentur

Der große Vorteil des Personalleasing ist die kurzfristige Wirksamkeit. Ein Anruf genügt, jedenfalls wenn der Verleiher über genügend qualifiziertes, kompetentes Personal verfügt und gut mit dem Entleiher zusammenarbeitet. Außerdem räumen die Verleiher dem Entleiher regelmäßig das Recht ein, einen Leiharbeitnehmer ohne Angabe von Gründen während der ersten Stunden nach Arbeitsaufnahme abzulehnen. Das mindert das Risiko eines Fehlgriffs. Das Personalleasing bietet sich auch zum Abdecken von Arbeitsspitzen an. Der Entleiher muss seinen Personalbestand nicht so weit ausbauen, dass er zu jeder Zeit und bei jeder Auftragslage genügend Personal zur Verfügung hat. Er kann es bei

einem Personalbestand belassen, mit dem er im Jahresdurchschnitt zurechtkommt. Zudem entfallen die Personalbeschaffungs- und Einarbeitungskosten, sofern sich für ein kurzfristiges, befristetes Arbeitsverhältnis überhaupt geeignete Interessenten finden würden. Allerdings ist die Leihgebühr oft höher als der Personalaufwand für einen eigenen Arbeitnehmer, selbst wenn man in Rechnung stellt, dass der Verleiher die gesamten Personalzusatzkosten trägt. Da die Verleiher ebenfalls Probleme haben, besonders qualifizierte Fach- und Führungskräfte zu rekrutieren, ist das Personalleasing für diese Personengruppe eher die Ausnahme *(Hesse 2002, S. 348 ff.)*.

Nach den §§ 37 ff. des Dritten Buchs des Sozialgesetzbuches kann jede Agentur für Arbeit für die Gründung einer **Personal-Service-Agentur** sorgen. Die Agenturen für Arbeit schließen in aller Regel mit Verleihern einschlägige Verträge. Diese Personal-Service-Agenturen stellen Arbeitslose zum Zwecke der vermittlungsorientierten Arbeitnehmerüberlassung ein. Arbeitgeber sollen also durch die Überlassung dazu veranlasst werden, die Leiharbeitnehmer in den eigenen Personalstamm zu übernehmen. In überlassungsfreien Zeiten müssen die Personal-Service-Agenturen ihre Beschäftigten qualifizieren *(Pollert/Spieler 2008, S. 30, Gaul/Otto 2002, S. 2486 ff.)*.

DIN-Norm

Das DIN-Institut in Berlin hat in Zusammenarbeit mit Fachleuten die **Norm 33430** geschaffen. Sie legt fest, dass Personalauswahlverfahren nur dann eingesetzt werden dürfen, wenn alle Informationen ebenso wahrheitsgetreu wie belegbar sind und die einschlägigen Unterlagen sowie Ergebnisse strengster Geheimhaltung unterliegen. Bei abgelehnten Bewerbern sollen alle Dokumentationen nach Abschluss des Verfahrens vernichtet werden, was freilich dem Dokumentationsgebot wegen etwaiger Ansprüche nach dem Allgemeinen Gleichbehandlungsgesetz widerspricht. Die besagte DIN-Norm sieht schließlich eine Zertifizierung der Verfahren und ihres Einsatzes vor. Dabei orientieren sich die Anforderungen an die Verfahrensanwender am Profil eines Diplom-Psychologen. Ein Teil der Marktkenner erwartet, dass sich die Norm zum Maßstab entwickelt und deshalb de facto bindend sein wird. Ein anderer Teil erachtet die Norm lediglich als profitables Instrument der Zertifizierungsgesellschaften und Psychologen (Kanning 2004, S. 505 ff., Schmitz-Buhl 2002, S. 295 ff.).

2.4 Personalauswahl

Die Personalauswahl hat zum Ziel, die für die Position am besten geeignete Person zu ermitteln. Dazu muss man die Eignung aller Bewerberinnen und Bewerber für die vakante Position feststellen. Deshalb spricht man in diesem Zusammenhang auch von Eignungsdiagnostik (Abb. 2.33, Wottawa 2000, S. 28 ff.).

Die Personalauswahl wird in der Regel federführend vom Personalwesen, aber in enger Zusammenarbeit mit der betreffenden Fachabteilung, durchgeführt.

Nach § 95 des Betriebsverfassungsgesetzes kann der Betriebsrat in Betrieben mit einer Belegschaft von mehr als 500 Personen die Aufstellung von Richtlinien über die personelle Auswahl bei Einstellungen, aber auch bei Versetzungen, Umgruppierungen und Entlassungen verlangen. Auch wenn das Unternehmen weniger Arbeitnehmer beschäftigt, können derartige Richtlinien erstellt werden, bedürfen aber der Zustimmung des Betriebsrates.

Die Auswahl interner Bewerberinnen und Bewerber stützt sich neben der Bewerbung in erster Linie auf bereits vorliegende Daten, zum Beispiel aus Personalbeurteilungen, und auf die Bewährung auf ehemaligen und derzeitigen Stellen. Diese Daten werden etwa im Rahmen der Personalbeurteilung und -entwicklung gewonnen. Eine Bewerbung setzt hier lediglich die Auswahl in Gang.

Interne Bewerbung

Bei der Auswahl Externer steht hingegen immer zunächst die Analyse der Bewerbung im Mittelpunkt des Interesses, gleich in welcher Form sie den Unternehmen zugegangen sein mag. Erst danach und für Bewerbungen, die dieser Analyse standgehalten haben, kommen weitere Verfahren in Frage. Die weiterführenden Verfahren werden in der Praxis alternativ oder kombiniert angewandt. Das sogenannte Assessment Center fasst die meisten Verfahren zusammen. Die Auswahl endet mit einer ärztlichen Eignungsuntersuchung (Abb. 2.33).

Externe Bewerbung

Aus der Praxis

»Nur befriedigend ist die Rekrutierungspraxis in vielen Unternehmen. Von der Stellenausschreibung, die der HR-Abteilung unbekannt ist, bis zu zerknitterten Bewerbungsunterlagen, die irgendwann an den Bewerber zurückgehen, gebe es ›anscheinend nichts, was es nicht gibt‹, so eine Studie des Instituts für Gegenwartsforschung. Trotz eines hohen Aufwands gelinge es HR-Abteilungen im Durchschnitt nur befriedigend, geeignete Kandidaten anzusprechen und zu identifizieren.«

Institut für Gegenwartsforschung 2007: Institut für Gegenwartsforschung (www.gegenwartsforschung.de, Verfasser unbekannt), »Nur befriedigend«, in: Personalführung, Heft 12/2007, S. 18.

Abb. 2.33

Verfahren zur Personalauswahl

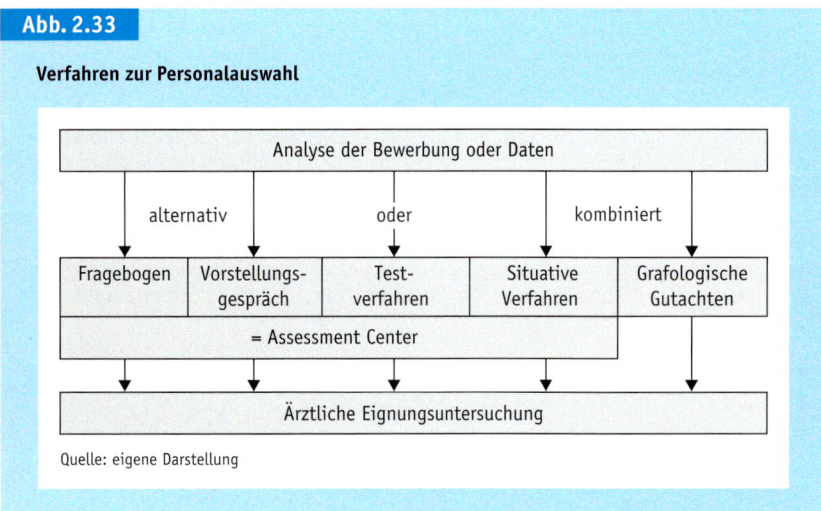

Quelle: eigene Darstellung

Wenn Externe nicht als Arbeitnehmer angeworben werden, sind diese Verfahren nur beschränkt brauchbar. Hier wird die Personalauswahl oft von Dienstleistern übernommen, etwa von Verleihern oder Vermittlungsagenturen.

Eine Vielzahl wissenschaftlicher Untersuchungen legt an diese Verfahren jene Gütekriterien an, die im Kapitel Personalbeurteilung erläutert werden. Die Ergebnisse dieser Untersuchungen sind aber höchst gegensätzlich. Folglich kann man keines dieser Verfahren besonders hervorheben und, mit Ausnahme der grafologischen Gutachten, keines der Verfahren besonders ächten.

2.4.1 Bewerbungsformen

2.4.1.1 Schriftliche Bewerbung

Eine schriftliche Bewerbung erfolgt zumeist nach Aufforderung, etwa durch ein Stellenangebot in einem Printmedium. Sie enthält dann üblicherweise

▸ ein Anschreiben,
▸ einen Lebenslauf,

je nach dem Ausbildungsstand und der beruflichen Laufbahn

▸ Ausbildungszeugnisse und
▸ Arbeitszeugnisse

sowie eventuell

▸ Referenzen und
▸ Arbeitsproben.

Diese Unterlagen befinden sich in einem **Hefter**, der in einem Umschlag auf den Postweg gegeben wird.

In einigen Staaten, unter anderem in Deutschland, legte man früher großen Wert darauf, dass die Bewerbung auch ein **Foto** der Bewerberin bzw. des Bewerbers enthält. Angesichts des Allgemeinen Gleichbehandlungsgesetzes sollte man davon absehen, da man sich dem Vorwurf aussetzt, Menschen mit dem Blick auf das Foto aus Gründen der Rasse oder der ethnischen Herkunft, des Geschlechts, einer Behinderung, des Alters oder vielleicht sogar wegen ihrer Religion, Weltanschauung oder sexuellen Identität diskriminiert zu haben. Man sollte sich ein Beispiel an den USA nehmen, wo die Bewerbungsunterlagen wegen der strengen Gesetzte gegen Diskriminierung generell kein Foto beinhalten *(Walk 2005, S. 52)*.

2.4.1.2 Internetbewerbung

Gerade in Stellenangeboten im Internet werden Bewerberinnen und Bewerber bei Interesse öfters um eine sogenannte Online- oder Internetbewerbung gebeten *(Krüger 2002, S. 215 ff.)*.

Zuweilen müssen die Interessenten eine Hürde bewältigen, bevor sie zur Bewerbung zugelassen werden, ein Online-Assessment mit internetbasierten Testverfahren und Übungen, teils sogar mit Interviews via Videokonferenz. Einige dieser Online-Assessments sind als Online-Spiele ausgelegt, die eine launige Rahmenhandlung und einen »Spaßfaktor« bieten (im Folgenden Stichwort Assessment Center, *Beck 2002, S. 212 ff., Konradt/Hertel 2004, S. 55 ff.)*.

Bei manchen Stellenangeboten im Internet wird man zwingend auf ein Formular zu Erfassung des Eignungsprofils und eventueller Restriktionen, also eine Art Fragebogen verwiesen. Die Angaben überprüfen entweder Personalverantwortliche oder eine entsprechend programmierte Software auf Übereinstimmung mit dem Anforderungsprofil. Bei fehlender Übereinstimmung wird eine Bewerbung gar nicht erst zugelassen *(Krüger 2002, S. 218 ff.)*.

Ansonsten kann man das Anschreiben oder ein Bewerbungsformular als E-Mail, als elektronische Post, an das suchende Unternehmen senden. Selbst die für schriftliche Bewerbungen üb-

Online-Assessment

lichen Bewerbungsunterlagen können eingescannt, also über ein geeignetes Gerät elektronisch eingelesen, in Dateien umgewandelt und
als E-Mail versandt werden *(Nickel 2005,
S. 1148 f.)*.

Kreative, progressive und versierte Interessenten erstellen eine eigene Website oder eine
spezielle Bewerbungshomepage, auf die sie in
einer E-Mail oder in der konventionellen schriftlichen Bewerbung hinweisen. Hier gelten dieselben Gestaltungskriterien wie für die Homepages
der Unternehmen *(Krüger 2002, S. 218)*. Freilich
sollte man diese Website nicht allgemein zugänglich machen, sondern mit einem Passwort
verschlüsseln, das man nur dem kontaktierten
Unternehmen nennt.

Den Personalverantwortlichen bleibt bei Internetbewerbungen das Erfassen der Bewerberdaten erspart. So kann umgehend über einen
Datenabgleich mit dem Anforderungsprofil eine
Vorselektion vorgenommen werden. Die weitere
Kommunikation erfolgt per E-Mail: Eingangsbestätigung, das Anfordern weiterer Unterlagen,
Absage oder Einladung. Wird außerdem eine Be-
werbernummer und ein Passwort vergeben, können die Bewerberinnen und Bewerber jederzeit
über das Internet den aktuellen Stand der Bearbeitung abfragen. Dadurch unterbleiben viele
Anfragen.

Freilich sind die Internetbewerbungen oft mit
schneller Hand erstellt und nicht immer so
ernsthaft wie aufwändige schriftliche Bewerbungen. Zudem kann es bei der Datenübermittlung
zu technischen Problemen kommen, ganz zu
schweigen von der Gefahr, dass so auch Compu-
terviren verbreitet werden *(Krüger 2002, S. 217,
Paschen 2002, S. 105 f.)*.

2.4.1.3 Initiativbewerbung

Den Unternehmen gehen Bewerbungen häufig
auch dann zu, wenn sie gar nicht darum gebeten haben. Die klassische und allgemein akzeptierte Form einer solchen unaufgeforderten Bewerbung ist die schriftliche Initiativbewerbung,
immer häufiger auch als Internetbewerbung. Sie
wird auch als Kurz-, Aktiv- oder Blindbewerbung
bezeichnet und beinhaltet lediglich

▸ ein Anschreiben und
▸ einen Lebenslauf.

Im Anschreiben fragt die Bewerberin oder der
Bewerber an, ob das Unternehmen zurzeit oder
später eine Stelle mit einem mehr oder weniger
genau umrissenen Anforderungsprofil zu vergeben hat, und weist auf eine entsprechende
Eignung hin. Das Unternehmen kann nun bei
Bedarf ausführliche Unterlagen anfordern. Andernfalls erfolgt eine Mitteilung über den gegenwärtig nicht vorhandenen Bedarf mit der Bitte
um erneute Bewerbung zu einem späteren Termin oder eine Absage.

2.4.1.4 Mündliche Bewerbung

Bei weitem nicht alle Bewerbungen sind schriftlich abgefasst. In der Praxis setzt man nicht selten auf mündliche Bewerbungen.

Manche Unternehmen und Personalberatungen fordern zunächst zum telefonischen Kontakt
auf, um im Laufe der Telefonate die Anzahl der
schriftlichen Bewerbungen schon im Vorfeld zu
reduzieren.

Ferner kann sich an eine der aufgezeigten
Bewerbungsformen eine mündliche Bewerbung
anschließen, das heißt ein **Telefonat** oder ein
auf einem ähnlichen Wege geführtes Gespräch

Bewerbungshomepage

Telefonischer Kontakt

Gespräch zum Kennenlernen

*Im Verlauf eines Telefonats oder eines ersten Gesprächs zum
Kennenlernen hält man die Angaben der Bewerberinnen oder
Bewerber zu ihrer Interessenlage in Bezug auf die Stelle und zu
ihren Lebenslaufdaten einschließlich der schulischen und beruflichen Laufbahn schriftlich fest. Wenn die Interessenten diese
Angaben nicht oder nicht in ausreichendem Maße machen können, mag das ein Kriterium für eine Absage sein. Ansonsten
werden die Angaben nach den gleichen Vorgaben analysiert wie
schriftliche Bewerbungen. Die notwendigen Belege wie Zeugnis-*

*se können gegebenenfalls nachgefordert werden. Soweit das be-
treffende Anforderungsprofil fordert, dass der Stelleninhaber lesen, schreiben und rechnen kann, sollte man zurückhaltend
und in freundlicher Form im persönlichen Gespräch nach einem
Anlass suchen, anhand dessen diese Fähigkeiten unter Beweis
gestellt werden können. Man könnte zum Beispiel die Entfernung zwischen Wohnung und Arbeitsplatz unbeholfen mehrfach
falsch ausrechnen, und darum bitten, den Namen und die
Adresse aufzuschreiben.*

Unter der Lupe

mit der Person, die für die Stellenbesetzung verantwortlich ist. Ein derartiges Gespräch empfiehlt sich zumeist nur dann, wenn Bewerber in der Tat Fragen haben und die Personalverantwortlichen sich für die Beantwortung anbieten.

Und schließlich ist es für viele Stellen gerade im gewerblichen Bereich nicht von Belang, ob der Stelleninhaber sich problemlos und flüssig schriftlich äußern kann. Für diese Stellen macht es keinen Sinn, auf einer **schriftlichen Bewerbung** zu bestehen. Man müsste sogar damit rechnen, dass sich zu wenige und vielleicht auch überqualifizierte Interessenten melden würden. Hier bittet man um einen **Anruf** oder eine **persönliche Vorstellung**.

2.4.2 Bewerbungsanalyse

2.4.2.1 Erste Schritte

Bewerbungsverwaltung

Mittels einer Bewerbungsverwaltung sollte man alle Bewerbungen, noch bevor die Analyse beginnt, in eine Bewerbungsdatei oder notfalls -kartei aufnehmen und alle Unterlagen zur Personalauswahl und -entscheidung beifügen. Das erleichtert die Ausfertigung später anzufertigender Schreiben und die Erfolgskontrolle hinsichtlich des Personalbeschaffungswegs. Ferner wird so ein Rückgriff auf qualifizierte Bewerbungen möglich, falls später ähnliche Vakanzen auftreten. Und schließlich muss man mit Ansprüchen und Klagen abgelehnter Bewerberinnen und Bewerber nach dem Allgemeinen Gleichbehandlungsgesetz rechnen. Vor Gericht muss der oder die Betroffene nämlich nur Indizien beweisen, die eine Diskriminierung vermuten lassen. Gelingt das, trägt das Unternehmen die Beweislast dafür, dass eine unterschiedliche Behandlung nicht vorliegt, nach den §§ 8 bis 10 des Allgemeinen Gleichbehandlungsgesetzes gerechtfertigt ist oder aus einem anderen sachlichen Grund erfolgte, was ohne eine genaue Dokumentation nicht möglich ist. Eine dauerhafte Speicherung der Daten und das Vorhalten der Bewerbung über die normale Bearbeitungsdauer hinaus kommt freilich nicht in Frage, da dafür nach der Rechtsprechung zum Bundesdatenschutzgesetz die Genehmigung der bzw. des Betroffenen notwendig ist (*Pulte 2001, S. 193 f.*, Ka-

Aufbau und Form

Absage

pitel Grundlagen, *Wisskirchen 2006, S. 1494, 1496 f.*).

Weiterhin muss für die Dauer des Verbleibs der Bewerbungen im Unternehmen sichergestellt sein, dass sie sorgfältig und sicher aufbewahrt werden. Sie dürfen nur den Personalverantwortlichen und den ansonsten mit der Stellenbesetzung befassten Mitarbeiterinnen und Mitarbeitern zugänglich sein, keinesfalls jedoch unternehmensfremden Personen oder anderen Unternehmen ausgehändigt werden.

Am Anfang steht eine rasche, grobe Sichtung der Bewerbungen, die in Fachkreisen gerne als **ABC-Analyse** bezeichnet wird. Man investiert in jede Bewerbung nur ein paar Minuten, um festzustellen, ob die **Mindestanforderungen**, beispielsweise die Qualifikationen, gegeben sind. Dabei konzentriert man sich auf das Anschreiben und den Lebenslauf (*Kellner 2001, S. 202, Wickel-Kirsch/Janusch/Knorr 2008, S. 49*).

Auf A-Bewerbungen, die die Anforderungen weitestgehend erfüllen, konzentriert man sich im weiteren Verlauf.

B-Bewerbungen erfüllen nur teilweise die Anforderungen und werden für eine mögliche spätere Berücksichtigung zurückgelegt.

C-Bewerbungen, die nicht stringent aufgebaut sind, haben in der Regel keine Chance. Wichtig ist auch eine ansprechende Form der Bewerbung, die ja die erste und zu der Zeit einzige Arbeitsprobe ist. Die Ansichten, was denn ansprechend sei, unterscheiden sich naturgemäß sehr. Verschmutzte oder mehrfach verwendete Unterlagen, fehlende Unterlagen, Adressen und Unterschriften, unsaubere Kopien, lose Blätter und Tippfehler sind jedenfalls immer inakzeptabel (*Becker 2005 a, S. 323*).

Für C-Bewerbungen erstellt man zeitnah eine Absage, die aber möglichst nicht vor Ablauf von zwei Wochen zugestellt werden sollte. Die Betroffenen bekommen sonst den Eindruck, sie seien dem Unternehmen nichts wert oder die Stellenausschreibung sei aus unerfindlichen Gründen nur fingiert. Für diese Absagen gilt dasselbe wie für die Absagen nach der endgültigen Personalauswahlentscheidung: Da man innerhalb von zwei Monaten mit etwaigen Ansprüchen nach dem Allgemeinen Gleichbehandlungsgesetz und innerhalb weiterer drei Monate mit einer Klage rechnen muss, sollte man die Absage mit der beigefügten Bewerbung per Einschreiben mit Rückschein versenden, um den Beginn der Frist zu dokumentieren, und in der besagten Bewerbungsverwaltung alle Unterlagen ablegen, mit denen man unberechtigte Vorwürfe abwehren kann. Außerdem muss man das Absageschreiben neutral formulieren, um keinen Anlass für einen Diskriminierungsvorwurf zu geben *(Rühl/Hoffmann 2008, S. 116, Wisskirchen 2006, S. 1494 f.)*.

Vor diesem Hintergrund ist es gleichfalls erforderlich, allen Bewerberinnen und Bewerbern, die die erste Hürde der groben Durchsicht erfolgreich genommen haben, binnen zwei Wochen eine **Eingangsbestätigung** zu schicken. Hier bittet man um Geduld und verweist auf die Bearbeitung der Bewerbungen, die nun in Form einer Analyse jeder verbliebenen Bewerbung einzeln und Schritt für Schritt vorgenommen wird. Bei einer längeren Bearbeitungsdauer ist es angebracht, einen Zwischenbescheid ähnlichen Inhalts zu erteilen. Den Eingangsbestätigungen und Zwischenbescheiden sollte nach Möglichkeit Informationsmaterial über das Unternehmen beigefügt werden.

2.4.2.2 Anschreiben

Das Anschreiben bzw. der Text der E-Mail muss den üblichen formalen Kriterien genügen. Es darf mithin in der Regel nicht länger als eine Seite sein. Ansonsten unterstellt man fehlendes analytisches Denken und Weitschweifigkeit. Aus denselben Gründen erwartet man eine klare Gliederung und ordentliche Gestaltung. Das Anschreiben muss den Namen, die Anschrift und die Telefonnummer der Bewerberin bzw. des Bewerbers beinhalten, damit man mit ihnen in Kontakt treten kann. Die Bezugnahme auf den Anlass der Bewerbung, etwa ein Stellenangebot in einer Zeitung, darf nicht fehlen, um dem Unternehmen eine Zuordnung zu ermöglichen *(Abb. 2.34, Krüger 2002, S. 200 ff., List 2002, S. 230 ff.)*.

Im Text soll das Interesse an der Vakanz mit dem Informationsbedürfnis des Unternehmens verknüpft werden, das an Schlüsselbegriffen aus der Ausschreibung festgemacht werden kann. Ist zum Beispiel Durchsetzungsvermögen gefordert, so sind Angaben über berufliche oder private Aktivitäten angebracht, die Rückschlüsse auf ein selbstbewusstes, sicheres Auftreten erlauben. Ein Hinweis auf ein bestehendes gekündigtes oder ungekündigtes Beschäftigungsverhältnis, den frühesten Eintrittstermin und gegebenenfalls auch die Nennung des Arbeitgebers werden regelmäßig erwartet. Die Bewerberinnen und Bewerber müssen nicht befürchten, dass ihr derzeitiger Arbeitgeber auf die Bewerbung angesprochen wird und ihnen so möglicherweise Unannehmlichkeiten ins Haus stehen. Ein derartiges Vorgehen bei ungekündigten Arbeitsverhältnissen ist nicht nur unzulässig. Es würde sich auch schnell herumsprechen und das Vertrauensverhältnis außerhalb und innerhalb des Unternehmens zerstören. Im Text des Anschreibens sollten ebenso Aussagen zum momentanen Tätigkeitsfeld und zu den Fähigkeiten bzw. zur Bewältigung ähnlicher Aufgaben gemacht werden. Soweit in der Stellenausschreibung gewünscht, ist die Angabe der Einkommenserwartungen erforderlich *(Becker 2005 a, S. 325 f.)*.

Der Stil des Anschreibens sollte informativ sein. Übersteigerte Selbstdarstellungen werden ebenso negativ gewertet wie über die Maßen zurückhaltende Äußerungen.

Text

Stil

Aus der Praxis

»AGG-konform haben über 90 Prozent der Unternehmen ihre Personalprozesse ausgerichtet. Die überwiegende Mehrheit achtet laut einer Umfrage der DIS AG auch darauf, dass Stellenanzeigen den Anforderungen des Allgemeinen Gleichbehandlungsgesetzes (AGG) genügen. Rund die Hälfte ist beim Bewerber-Feedback vorsichtiger geworden, und rund 25 Prozent enthalten sich sogar jeglicher Bewertung. Nach einer Studie von StepStone halten fast 70 Prozent der Personalmanager das AGG für sinnlos. Über 60 Prozent geben an, dass sich ihr Arbeitsalltag durch das Gesetz nicht verändert hat.«
DIS/stepstone.de 2007: DIS AG und stepstone.de (www.dis-ag.com/www.stepstone.de, Verfasser unbekannt), »AGG-konform«, in: Personalführung, Heft 10/2007, S. 8.

Abb. 2.34

Anschreiben

Güternahverkehr GmbH	Alfred Schmitz
Personalabteilung	Alter Markt 1
Dieselstr. 100	50000 Köln, den ....
40000 Düsseldorf	Tel. 0221/1234567
	Schmitz@email.de

Bewerbung als Lastkraftfahrer und Handwerker
Ihre Anzeige vom .... in der Rheinischen Post, Kennziffer 0815

Sehr geehrte Damen und Herren,
als gelernter Tischler verfüge ich über fundierte handwerkliche Kenntnisse und Fertigkeiten. Ich habe bereits vor geraumer Zeit die Führerscheinprüfungen der Klassen 2 und 3 abgelegt. Fahrpraxis konnte ich in meinen bisherigen Tätigkeiten erwerben.
Zurzeit bin ich in ungekündigter Stellung mit ähnlichen Aufgaben tätig, wie sie in der Ausschreibung beschrieben werden. Ihre Anzeige weckt wegen der Aufstiegsmöglichkeiten mein besonderes Interesse. Ich war bereits mit der Disposition betraut. Diese anspruchsvolle Aufgabe hat mir viel Freude bereitet.
Außerdem würde ich gerne meinen Wohnort von Köln nach Düsseldorf verlegen, da meine Verlobte in Düsseldorf wohnt und arbeitet. Über einen Termin für ein persönliches Gespräch würde ich mich freuen. Wann darf ich mich bei Ihnen vorstellen?

Mit freundlichen Grüßen
Alfred Schmitz

Quelle: eigene Darstellung

in der Ausschreibung gefordert wird. Er bildet dann die Grundlage einer grafologischen Analyse, von der später die Rede sein wird. Übersichtliche und gut auswertbare Lebensläufe werden grundsätzlich positiv gewertet. Sie enthalten in einer Spalte links die jeweiligen Datumsangaben, üblicherweise nur den Monat und das Jahr. Rechts daneben finden sich die entsprechenden Ereignisse in Stichworten. Ob eine Gliederung in schulische und berufliche Ausbildung sowie beruflichen Werdegang positiver zu werten ist als ein rein chronologischer Aufbau, kommt darauf an, ob die Darstellung im Ergebnis übersichtlich ist oder ob der Leser wegen paralleler Ereignisse in verschiedenen Lebenssituationen eher verwirrt wird. Im englischsprachigen Raum, zunehmend auch in Deutschland, beginnt man mit der Gegenwart und geht dann schrittweise in die Vergangenheit. Ansonsten gliedert man üblicherweise umgekehrt *(Abb. 2.35, List 2002, S. 234 f.)*.

Lebensläufe enden häufig mit der Erwähnung von Hobbys. Empfehlenswert im Sinne einer Erfolg versprechenden Analyse ist das nur, wenn die Hobbys in einer Beziehung zur ausgeschriebenen Stelle oder dem Unternehmen stehen. Sie lassen zudem Rückschlüsse auf das Kontaktverhalten der Bewerberinnen und Bewerber zu.

2.4.2.3 Lebenslauf

Im Lebenslauf geben die Bewerberinnen und Bewerber Aufschluss über ihre persönliche und berufliche Entwicklung. Er beginnt mit Angaben zur Person, also dem Namen und der Adresse.

Der Lebenslauf sollte in tabellarischer Form abgefasst sein. Ein handschriftlicher Lebenslauf ist gegebenenfalls zusätzlich beizufügen, wenn er

In den USA schließt sich nahtlos ein **Skills Resume**, ein Kurzprofil mit Angaben über die Qualifikationen, Kompetenzen und Leistungen, an. In Deutschland setzt sich dieser Bewerbungsbaustein nach und nach durch *(Kellner 2001, S. 211 f., Krüger 2002, S. 214 f.)*.

Im Rahmen einer **Zeitfolgeanalyse** wird der Lebenslauf auf Lücken, den Ausbildungsgang und

Angaben zur Person

Manche Arbeitgeber erwarten im Lebenslauf Angaben wie beispielsweise das Geburtsdatum (das man ohnehin aufgrund der anderen Angaben annähernd errechnen kann), den Familienstand und die Konfession. Das kann sich jedoch als Fehler erweisen, da man sich bei einer etwaigen Absage damit dem Vorwurf aussetzt, man habe Menschen im Sinne des Allgemeinen Gleichbehandlungsgesetzes aus Gründen ihres Alters, ihrer Religion oder sexuellen Identität diskriminiert. Wenn diese Angaben sich unaufgefordert im Lebenslauf finden, sollte man sie zumindest formal nicht zur Kenntnis nehmen und nicht verwerten. Sogenannte Tendenzbetriebe, also Religionsgemeinschaften oder weltanschauliche Vereinigungen samt ihrer Einrichtungen, dürfen allerdings einen besonderen Maßstab anlegen und derartige Angaben fordern sowie verwerten. Ferner können die Angaben für zulässige positive Maßnahmen zugunsten bisher benachteiligter Gruppen genutzt werden (Kapitel Grundlagen, Wisskirchen 2006, S. 1491 ff.).

Arbeitsplatzwechsel untersucht. Von Bedeutung sind dabei die Häufigkeit des Wechsels von Ausbildungen und Arbeitsplätzen, das Alter, der Beruf, die Branchen und die Karriere. Ein häufiger Wechsel in oder kurz nach der Probezeit wirft kein gutes Licht auf die Bewerbung. Auch ansonsten kann ein häufiger Wechsel auf ein problematisches Persönlichkeitsbild hindeuten. Bei kreativen Berufen ist das allerdings anders zu beurteilen. Der Arbeitsplatzwechsel in überschaubarem zeitlichem Rahmen wird dagegen fast immer positiv bewertet, besonders, wenn er mit einem Aufstieg verbunden ist *(Krüger 2002, S. 204 ff.)*.

Der berufliche Auf- und Abstieg sind Gegenstand der **Positionsanalyse**, die außerdem den Wechsel des Berufs oder des Arbeitsgebietes thematisiert. Dabei wird natürlich jede Wendung zum Besseren positiv beurteilt. Ein Abstieg bzw. ein unvorteilhafter Wechsel des Berufs oder des Arbeitsgebietes sind jedoch immer erklärlich, wenn sie auf einer ungünstigen konjunkturellen Lage oder einer besonderen Lebenssituation fußen.

Die **Firmen- und Branchenanalyse** dient der Beurteilung, ob eine Bewerberin oder ein Bewerber aufgrund der bisherigen Arbeitgeber für die Stellenbesetzung geeignet ist. Für manche Stellen sind vertiefte Branchenkenntnisse eine unabdingbare Voraussetzung. Für andere erscheint es dagegen wünschenswert, dass Erfahrungen aus anderen Branchen oder sogar von Zulieferern respektive Kunden eingebracht werden. Von Interesse ist auch die Frage, ob die bisherigen Arbeitgeber vorwiegend oder ausschließlich Klein- oder Großbetriebe waren. Beschäftigte aus Großbetrieben arbeiten nicht selten innerhalb eines relativ engen Rahmens von Aufgaben, Verantwortlichkeiten und Befugnissen, verfügen dafür aber in diesem Rahmen über aktuelle Kenntnisse. Arbeitskräfte aus Kleinbetrieben kennen dagegen häufig ein recht breites Aufgabenfeld, dies jedoch nicht so detailliert *(Krüger 2002, S. 206)*.

Eine abschließende **Kontinuitätsanalyse** fasst die gewonnenen Einsichten zusammen und beurteilt den Aufbau der gesamten beruflichen Entwicklung. Hier wird nach einem roten Faden gesucht, also nach einem Moment der Stetigkeit und Geradlinigkeit, das den Lebenslauf ausmachen sollte. Unsichere, wechselhafte Charak-

Abb. 2.35

Lebenslauf

Name:	Schmitz
Vorname:	Alfred
Adresse:	Alter Markt 1, 50000 Köln
08/68 – 07/80	Schulbesuch, Abschluss: mittlere Reife
08/80 – 07/83	Berufsausbildung zum Tischler bei der Schreinerei Astrein in Köln, Lehrabschlussprüfung mit der Note »Gut«
12/80	Führerscheinprüfung für die Klasse 3
08/83 – 07/84	Tischler bei der Schreinerei Astrein
08/84 – 07/85	Fachoberschule für Gestaltung, Abschluss: Fachhochschulreife
08/85 – 12/85	Aushilfstätigkeit als Kraftfahrer bei der Südnordwest Spedition
01/86 – 03/87	Wehrdienst bei der Luftwaffe
04/87 – 07/88	Anstellung als Tischler bei der Eiche GmbH mit wechselnden Einsätzen an verschiedenen Orten in Deutschland
08/88 – 12/94	Tätigkeit in der Disposition und Montage der Handel und Wandel KG
10/88	Führerscheinprüfung für die Klasse 2
01/95 – heute	Lastkraftfahrer und Tischler bei der Stahlbetonbau GmbH und Co. KG

Köln, den
Alfred Schmitz

Quelle: eigene Darstellung

tere bergen für die Unternehmen ein großes Risiko einer Fehlbesetzung in sich, dem man nach Möglichkeit aus dem Wege gehen möchte.

2.4.2.4 Ausbildungs- und Arbeitszeugnisse

Zeugnisse stellen ein wichtiges Auswahlkriterium dar, seien es nun Ausbildungs- oder Arbeitszeugnisse.

Ausbildungszeugnisse sind von großer Bedeutung vor allem bei der Bewerbung zum Berufseinstieg. Mangels anderer Unterlagen werden sie in diesem Fall recht genau untersucht. Erfahrungsgemäß ermöglichen sie zwar kein objektives Urteil. Sowohl Schul- und Hochschulzeugnisse als auch betriebliche Ausbildungszeugnisse, auf die man laut § 16 des Berufsbildungsgesetzes einen Anspruch hat, werden vom allgemeinen Niveau der Ausbildung und vielen anderen Details beeinflusst. Zudem beweisen sich manche schlechte Auszubildende und Schüler in der be-

Positionsanalyse

Firmen- und Branchenanalyse

Kontinuitätsanalyse

Abb. 2.36

Arbeitsbescheinigung

ABC GmbH
Adresse

Arbeitsbescheinigung

Herr Peter Müller, wohnhaft ...., war in der Zeit vom
.... bis .... als Lagerarbeiter in unserem Unternehmen beschäftigt.

München, den
Unterschrift

Quelle: eigene Darstellung

Arbeitszeugnis

ruflichen Praxis. Trotzdem sind gerade bei Vorliegen mehrerer Ausbildungszeugnisse einige Schlussfolgerungen möglich. Sind auf einem Gebiet vermehrt schlechte Noten zu verzeichnen, deutet das zumindest auf Desinteresse, wenn nicht gar auf mangelndes Talent hin. Mit guten Noten auf einem Gebiet, das mit dem Aufgabenfeld der ausgeschriebenen Stelle verwandt ist, empfehlen sich die Bewerber hingegen. Und im Zweifel entscheidet sich sicherlich fast jeder bei ansonsten gleichen Voraussetzungen für die Bewerbungen mit den besseren Noten.

Bei Vorliegen einiger Berufserfahrung verblasst die inhaltliche Bedeutung der Ausbildungszeugnisse allerdings und tritt hinter die Dokumentationsfunktion zurück. Ausbildungszeugnisse dienen dann nur noch dem Beleg der Daten aus dem Lebenslauf und beweisen, dass die behauptete Ausbildung tatsächlich absolviert wurde.

Zeugnisgrundsätze

Nach § 109 der Gewerbeordnung müssen bei Beendigung eines Arbeitsverhältnisses Arbeitszeug-

nisse ausgestellt werden. Man bezeichnet sie als **Abgangszeugnisse**. Der Anspruch auf ein solches Zeugnis verjährt im Prinzip nach drei Jahren, wenn Tarif- und Arbeitsverträge keine kürzere Frist vorsehen. Möglich sind auch vorläufige Zeugnisse oder **Zwischenzeugnisse** vor Beendigung eines Arbeitsverhältnisses. Ein Rechtsanspruch auf Ausfertigung eines Zwischenzeugnisses besteht allerdings nicht, es sei denn, ein für Arbeitgeber und Arbeitnehmer bindender Tarifvertrag besagt etwas anderes (*Kador/Kador 2001, S. 13 ff.*).

Arbeitszeugnisse haben gleichfalls die erwähnte Dokumentationsfunktion. Die einfachen Zeugnisse oder Arbeitsbescheinigungen haben sogar nahezu ausschließlich eine Dokumentationsfunktion. Sie beinhalten den Ausstellungsort und das Ausstellungsdatum sowie die Unterschrift des Arbeitgebers bzw. der Personalleitung oder eines Vorgesetzten. Besonders wichtig sind Angaben über die Person sowie die Art und Dauer der Beschäftigung (*Abb. 2.36, Kador/Kador 2001, S. 15 f.*).

In Abb. 2.37 sind die **Komponenten** eines qualifizierten Zeugnisses aufgeführt, ergänzt um die wenig trennscharfen Stichworte, mit denen man sie in der Praxis konkretisiert. Nicht nur die sozial-kommunikativen Kompetenzen werden hier im Vergleich zum Kompetenzatlas aus Abb. 2.12 recht lax interpretiert.

Die Rechtsprechung hat **Zeugnisgrundsätze** erarbeitet. Demnach muss ein Arbeitszeugnis wohlwollend und unvoreingenommen formuliert sein, um dem Arbeitnehmer das weitere berufliche Fortkommen nicht zu erschweren. Es soll aber auch wahrheitsgemäß sein, damit ein zukünftiger Arbeitgeber beurteilen kann, wen er

Aussagekraft von Arbeitsbescheinigungen

Hinter der Dokumentationsfunktion der Arbeitsbescheinigung verbirgt sich eine weitere Aussage. Der Arbeitnehmer hat nicht auf einem qualifizierten Zeugnis bestanden. Arbeitnehmer und Auszubildende eines Unternehmens haben nämlich einen Rechtsanspruch auf die Ausstellung eines Arbeitszeugnisses, der mit dem Ausspruch der Kündigung gleich von welcher Seite entsteht. Die einschlägigen Vorschriften besagen zwar, dass eine Arbeitsbescheinigung bzw. für betriebliche Auszubildende eine Ausbildungsbescheinigung ausgestellt werden muss, falls die

Betreffenden nicht ein qualifiziertes Zeugnis mit weitergehenden Angaben verlangen. In der Praxis stellt man jedoch regelmäßig ein qualifiziertes Zeugnis aus, wenn die Betreffenden nicht ausdrücklich nur ein einfaches Zeugnis wünschen (Weuster/Scheer 2002, S. 15).

Angesichts dieser Fakten müssen sich die Personalverantwortlichen logischerweise fragen, wieso nur eine Arbeitsbescheinigung vorgelegt wird. Da liegt die Vermutung nahe, dass weitergehende Angaben etwas Negatives offenbart hätten.

Abb. 2.37

Komponenten eines qualifizierten Zeugnisses

Überschrift

Zeugnis, Arbeits-, Dienst-, Ausbildungs-, Praktikanten-, Zwischen- oder vorläufiges Zeugnis

Einleitung

u. U. Titel, Vorname, Name, u. U. Geburtsname, Adresse, Eintritts- und Austrittsdatum (beim Endzeugnis), Tätigkeit

Tätigkeits-, Positions- und Laufbahnbeschreibung

u. U. Unternehmen und Branche, Laufbahnhistorie, hierarchische Position, Einordnung, Berichtspflicht, Stellvertretung, Haupt- und Sonderaufgaben, Projekte, u. U. Vollmachten bzw. Prokura, Befugnisse, Verantwortung für Umsatz, Ergebnis, Budget, Investitionen, Kapital und Bilanzsumme

Beurteilung der Leistung und des Erfolgs

Leistungsbereitschaft (Arbeitsmotivation): Einsatzwille, -bereitschaft, Identifikation, Engagement, Initiative, Elan, Dynamik, Zielstrebigkeit, Fleiß, Interesse, Einsatzwille, Bereitschaft zur Mehrarbeit

Arbeitsbefähigung: Belastbarkeit, Ausdauer, Stressstabilität, Flexibilität, Interesse, Auffassungsgabe, logisch-analytisches Denkvermögen, Systematik, Methodik, Urteilsvermögen, Kreativität, Planung, Organisation, Fachwissen, Ausbildung, Berufserfahrung, praktische Fähigkeiten, Aktualität, Umfang, Tiefe und Anwendung des Fachwissens, Kompetenzen, Fort- und Weiterbildung sowie Erfolg, Zertifikate

Arbeitsweise: Schnelligkeit, Sorgfalt, Zuverlässigkeit, Pflichtgefühl, Gewissenhaftigkeit, Vertrauenswürdigkeit, Loyalität, Systematik, Methodik, Planung, Selbstständigkeit, Eigenverantwortlichkeit, Genauigkeit, Arbeitssicherheit, Sauberkeit

Arbeitserfolg (Arbeitsergebnis): Zielerreichung, Arbeitsqualität, -güte, -quantität, -tempo, -intensität, -effizienz, Verwertbarkeit, Termintreue

Führungsfähigkeit (nur bei Führungskräften): Führungsumstände wie Zahl und Art der Mitarbeiter, Leistung, Arbeitszufriedenheit und Motivation der Mitarbeiter

Zusammenfassende Beurteilung

Zufriedenheitsaussage, Erwartungshaltung, Loyalität, Ehrlichkeit, Pflichtbewusstsein, Gewissenhaftigkeit

Beurteilung des Sozialverhaltens

Verhalten gegenüber Vorgesetzten und Kollegen: vorbildlich oder einwandfrei, Teamfähigkeit, Kooperation, Hilfsbereitschaft, Freundlichkeit, Wertschätzung, Anerkennung, Beliebtheit, Informationsbereitschaft

Verhalten gegenüber Mitarbeitern (nur bei Führungskräften): dito

Verhalten gegenüber Externen (Kunden, Gästen, Lieferanten): vorbildlich oder einwandfrei, Auftreten, Kontaktfähigkeit, Gesprächsverhalten, Verhandlungsstärke, Akquisitionsstärke, Kundenzufriedenheit

Sozial(-kommunikativ)e Kompetenzen: Vertrauenswürdigkeit, Ehrlichkeit, Integrität, Loyalität, Diskretion, Kompromissbereitschaft, Durchsetzungsfähigkeit, Überzeugungsvermögen

Beendigungsgrund

Beendigungsformel (Beendigungsinitiative), eventuell mit Begründung, beim Zwischenzeugnis der Grund für die Erstellung

Schlusssatz

Dankes- bzw. Bedauernsformel, Zukunftswünsche, u. U. Empfehlung, Verständnis, Bitte um Wiederbewerbung und Wiedereinstellungsaussage, Zukunfts- und Erfolgswunsch

Ausstellungsdatum und Unterschrift(en)

des Arbeitgebers bzw. der Personalleitung oder eines Vorgesetzten

Quelle: nach *Danne/Heider-Knabe 2003, S. 48, Knobbe/Leis/Umnuß 2003, S. 58, Weuster/Scheer 2003, S. 45* einstellt. Ansonsten erwachsen dem Arbeitnehmer oder zukünftigen Arbeitgebern Schadensersatzansprüche (*Danne/Heider-Knabe 2003, S. 48*).

Um diese Gratwanderung bewältigen zu können, hat sicheine **Zeugnissprache**, eine Art Geheimcode, entwickelt, mit der negative Aussagen positiv dargestellt werden können (*Knobbe/Leis/Umnuß 2003, S. 77 ff., Weuster/Scheer 2002, S. 35 ff.*).

▸ **Positiv-Skala:** Das denkbare Spektrum positiver und negativer Aussagen wird sprachlich auf den feiner unterteilten Positivbereich eingegrenzt mit Formulierungen wie »noch gut« und »teilweise gut«.

▸ **Leerstellen bzw. vielsagendes, beredtes Schweigen:** Fehlt in einem Arbeitszeugnis eine Komponente, innerhalb einer Komponen-

te eine Aussage oder in Aussagen ein Wort, steht dahinter eine deutliche Kritik. Beispielsweise wird die Leistung gut, aber das Sozialverhalten gar nicht beurteilt, bei einem Forscher fehlt die Wertung der Kreativität oder bei einer Kassiererin die Bestätigung ihrer Ehrlichkeit.

▸ **Reihenfolge:** Eine Abwertung wird dadurch ausgedrückt, dass man unwichtige oder weniger wichtige Aussagen vor wichtige und in der Tätigkeitsbeschreibung Neben- vor Hauptaufgaben erwähnt. Wenn der Einkäufer für »Büromaterial, Werkzeuge und Maschinen« zuständig war, dann klingt das anders als »Maschinen, Werkzeuge und Büromaterial«. Und wenn die Leistungsbeurteilung hinter die deutlich bessere Beurteilung des Sozialverhal-

Zeugnissprache

Abb. 2.38

Texte von Arbeitszeugnissen und ihre Bedeutung

Zeugnistext zur Leistung	Bedeutung
war für die Position die ideale Besetzung	sehr gute Eignung
verfügte über Fachwissen und ein gesundes Selbstvertrauen	überspielte geringes Fachwissen mit Geschwätzigkeit
hatte ausgezeichnete Ideen und setzte sie um	sehr gute Leistungsbereitschaft und Initiative
hatte Verständnis für seine Arbeit	ungenügende Leistungsbereitschaft
hielt jedem Termindruck stand	gute Ausdauer und Belastbarkeit
bevorzugte eine gleichbleibende Tätigkeit	schlechte Ausdauer und Belastbarkeit
hat jederzeit unser volles Vertrauen genossen	sehr vertrauenswürdig
hat alle Aufgaben in seinem und im Interesse der Firma gelöst	beging Diebstahl und/oder schwere andere Unkorrektheiten
nutzte jede Chance, Fachwissen fortzuentwickeln	sehr gute Entwicklung
hatte Gelegenheit, sich Wissen anzueignen	hat die Gelegenheit nicht genutzt

Zeugnistext zum Erfolg	Bedeutung
erzielte selbstständig optimale Lösungen	sehr gute Arbeitsweise mit sehr gutem Erfolg
bemüht, den Anforderungen gerecht zu werden	die Bemühungen führten nicht zum Erfolg
war bei unseren Kunden schnell beliebt	machte schnell Zugeständnisse
war bei allen Problemen kompromissbereit	war besonders nachgiebig

Zeugnistext zur zusammenfassenden Beurteilung	Bedeutung
stets zu unserer vollsten Zufriedenheit	sehr gut
stets zu unserer vollen Zufriedenheit	gut
zu unserer vollen Zufriedenheit/stets zu unserer Zufriedenheit	befriedigend
zu unserer Zufriedenheit	ausreichend
im Großen und Ganzen zu unserer Zufriedenheit	mangelhaft
hat sich bemüht/zu unserer Zufriedenheit zu erledigen versucht	ungenügend

tens gesetzt wird, handelt es sich um einen netten Kollegen mit mäßiger Arbeitsleistung.

▸ **Ausweichen bzw. Überbetonung von Nebensächlichem**: Man hebt Unwichtiges, weniger Wichtiges oder Selbstverständliches, wie das gepflegte Äußere, Basis- oder rückständige Qualifikationen, anstelle von Wichtigem hervor. Wenn einem Ingenieur technisches Verständnis attestiert wird, gibt es wohl sonst nichts Positives.

▸ **Einschränkungen**: Man engt die räumliche oder zeitliche Geltung von Aussagen durch Bemerkungen wie »kümmerte sich auch«, also zu wenig, »um die Reklamationen«, ein. Ferner macht man Aussagen ohne einen eindeutigen Maßstab, etwa »die ihm eigene Genauigkeit«, oder in Relativsätzen, zum Beispiel »die Aufgaben, die wir ihm übertrugen«, also sonst keine. Schließlich werden Worte verwen-

det, die nur Anforderungen und Erwartungen ausdrücken oder lediglich den Beginn von Arbeiten beschreiben: »Die Tätigkeiten, die er aufgriff«, aber augenscheinlich nicht erledigte, »bearbeitete er mit regem Interesse.«

▸ **Andeutungen**: In Arbeitszeugnissen sind Unklarheiten fast immer als negative Wertung zu verstehen. Negative Schlüsse legt man durch Leerformeln und mehrdeutige Verben, Adjektive und Adverbien nahe, beispielsweise »anspruchsvoll«, will sagen, war nie zufrieden, »kritisch«, gemeint ist, mäkelte dauernd herum, und »leistungswillig«, wollte, aber schaffte es nicht. Gebräuchlich ist auch die Passivierung durch Formulierungen wie »wurde betraut« und »wurde eingesetzt«, die den Arbeitnehmer als unselbstständiges Objekt ohne Initiative und Engagement beschreibt. Überdies setzt man auf die Negation, die Verneinung des Gegenteils oder

Abb. 2.38

Texte von Arbeitszeugnissen und ihre Bedeutung

Zeugnistext zum Sozialverhalten	Bedeutung
Führung der Mitarbeiter war stets vorbildlich	hervorragende Führungskraft
war seinen Mitarbeitern jederzeit ein verständnisvoller Vorgesetzter	war nicht durchsetzungsfähig und besaß keine Autorität
Vorbild für Vorgesetzte, Kollegen und Mitarbeiter	sehr gutes Sozialverhalten
zeigte durchweg eine erfrischende Offenheit	war immer sehr vorlaut
für die Belange der Belegschaft großes Einfühlungsvermögen	Liebschaften
gesellige Art zur Verbesserung des Betriebsklimas	übermäßiger Alkoholgenuss
Aufgaben mit vollem Erfolg delegiert	war faul und ließ andere darunter leiden
durch seine Bildung ein gesuchter Gesprächspartner	war geschwätzig, führte lange Privatgespräche
wusste sich gut zu verkaufen	tat selbst nicht zu viel, schmeichelte sich ein
Zeugnistext zum Beendigungsgrund	**Bedeutung**
auf eigenen Wunsch	Kündigung durch den/die Arbeitnehmer/in
im beiderseitigen/gegenseitigen Einvernehmen	Aufhebungsvertrag wegen Unstimmigkeiten
aus organisatorischen Gründen	regelmäßig ein vorgeschobener Grund
endet umgehend mit dem heutigen Tage	außerordentliche, fristlose Entlassung
Schlusssatz des Zeugnisses	**Bedeutung**
wünschen für die Zukunft weiterhin viel Erfolg	war für das Unternehmen sehr wertvoll
wünschen für die Zukunft alles Gute	neutrale Formulierung
wünschen für die Zukunft vor allem Gesundheit	war dauernd krank
wir wünschen für die Zukunft viel Glück	es gab Probleme in der Zusammenarbeit

Quelle: eigene Darstellung

negativ besetzte Begriffe: »nicht unerhebliche Erfolge« oder »war nicht zu beanstanden«.

▸ **Knappheit:** Kurze Arbeitszeugnisse, die in einzeiliger Schreibweise verfasst werden, und lakonische Aussagen zu einzelnen Komponenten signalisieren eine bewusste Abwertung.

▸ **Widersprüche:** Negativ gemeint sind Tätigkeitsbeschreibungen, in denen neben sehr verantwortungsvollen Aufgaben Hilfsarbeiten aufgeführt werden, aber auch gute Leistungs- und Sozialbeurteilungen, denen im Schlusssatz keine Dankes- bzw. Bedauernsformel folgt. Widersprüche entstehen außerdem, wenn über den Inhalt des Arbeitszeugnisses verhandelt wurde, der Arbeitnehmer dabei aber Negatives übersehen hat oder nur einige Verbesserungen durchsetzen konnte.

▸ **Beendigungstermin:** Ist der Termin der Beendigung des Arbeitsverhältnisses nicht mit dem Ende der üblichen Kündigungsfrist identisch, muss davon ausgegangen werden, dass der Arbeitgeber aufgrund schwerwiegender Vorfälle auf eine unverzügliche Beendigung des Arbeitsverhältnisses durchgesetzt hat.

Abb. 2.38 gibt einen Überblick über gängige Formulierungen.

Freilich kommt es bei der Interpretation immer auf den Zusammenhang an. *Knobbe, Leis* und *Umnuß (2003, S. 81)* zitieren aus einem Arbeitszeugnis: »Er war mit Fleiß und Interesse bei der Sache, was sich in glänzenden Ergebnissen widerspiegelte.« Eine negative Aussage läge nur vor, wenn die glänzenden Ergebnisse nicht erwähnt würden.

Bislang haben die Arbeitsgerichte die meisten Spielarten der Zeugnissprache als zulässig erachtet. Allerdings ist der Zeugnisanspruch seit 2003 im § 109 der Gewerbeordnung neu geregelt worden. Dort heißt es, dass ein Arbeitszeugnis klar und verständlich sein muss und keine Merkmale oder Formulierungen enthalten darf, die den Zweck haben, eine andere als aus der äußeren Form oder aus dem Wortlaut ersichtliche Aussage über den Arbeitnehmer zu treffen. Deshalb ist es möglich, dass die Arbeitsgerichte die übliche Zeugnissprache in Zukunft nicht mehr sanktionieren. Nicht nur für den Fall gibt es Formulierungshilfen, die es ermöglichen, Arbeitzeugnisse informativ, konkret und anschaulich zu schreiben *(List 2005, S. 7, 22 ff.)*. Unzulässig sind schon immer Aussagen über

▸ alles, was das Privatleben betrifft, also auch eine Nebentätigkeit und die sexuelle Identität,

▸ Vorstrafen, wenn sie nicht zur Entlassung geführt haben,

▸ den Gesundheitszustand, es sei denn, das Arbeitsverhältnis und Dritte werden gefährdet oder krankheitsbedingte Fehlzeiten machen etwa die Hälfte der gesamten Beschäftigungszeit aus,

▸ eine Behinderung,

▸ Alkoholkonsum, wenn er lediglich den privaten Bereich betrifft,

▸ eine dem Arbeitsverhältnis vorausgegangene Arbeitslosigkeit oder die Vermittlung durch die Agentur für Arbeit,

▸ das Arbeitsentgelt,

▸ die Tätigkeit als Arbeitnehmervertreter oder eine Freistellung, wenn sie nicht über lange Jahre bis zum Ausscheiden andauerte,

▸ Abmahnungen,

▸ die Umstände, unter denen das Arbeitsverhältnis beendet wurde, es sei denn, der Arbeitnehmer wünscht das,

▸ die offene Beschreibung eines Vorfalls, der zu arbeitsrechtlichen Konsequenzen oder zur Entlassung geführt hat.

▸ Unzulässig sind schließlich Geheimzeichen: ein senkrechter Strich links von der Unterschrift für Gewerkschaftsmitglieder, ein Häkchen nach rechts für Mitglieder einer rechts stehenden Partei, ein Häkchen nach links für Mitglieder einer links stehenden Partei oder ein Doppelhäkchen für Mitglieder einer linksgerichteten, verfassungsfeindlichen Organisation.

Vieles, was nicht erwähnt werden darf, findet durch verklausulierte Formulierungen dennoch

Unzulässige Aussagen

Unter der Lupe

Grenzen der Analyse

Trotz einer Fülle von Interpretationsregeln lässt die Analyse von Arbeitszeugnissen **keine eindeutigen Urteile** *zu. Zwar kann man regelmäßig davon ausgehen, dass größere Unternehmen die Zeugnissprache bewusst verwenden. Bei kleineren, gegebenenfalls auch mittelständischen Unternehmen kann es jedoch sein, dass Formulierungen uneinheitlich angewendet werden oder ihre Bedeutung überhaupt nicht bekannt ist. Hier kann nur der Vergleich mehrerer zeitlich nacheinander liegender Arbeitszeugnisse helfen. Dadurch wird es möglich, Fehldeutungen teilweise einzuschränken (Weuster/Scheer 2002, S. 125 ff.).*

den Weg in das Arbeitszeugnis *(Knobbe/Leis/ Umnuß 2003, S. 84 ff.)*.

Auch die Kritik, Arbeitszeugnisse spiegelten wegen der subjektiven Einflüsse weniger die Leistung als vielmehr das Wohlverhalten im Betrieb wider, ist nicht ganz unberechtigt. Auf der anderen Seite ist aber gerade dieses Wohlverhalten, verbunden mit einer durchschnittlichen Leistungsfähigkeit und Leistungsbereitschaft, eine mögliche Voraussetzung für eine erfolgreiche Eingliederung in ein anderes Unternehmen.

2.4.2.5 Referenzen

Referenzen holt man dann und wann ein, wenn sich jemand als Freelancer oder auf eine recht bedeutsame Position bewirbt. Die Möglichkeit, eine Referenz einzuholen, ist gegeben, wenn die Betreffenden in ihrem Anschreiben Personen nennen, die auf Anfrage Aussagen zu ihnen machen können *(Nicolai 2006, S. 78)*.

Die **Aussagekraft** von Referenzen ist zumeist recht gering. Zunächst machen Referenzen nur Sinn, wenn die möglichen Aussagen auf einer längeren Zusammenarbeit oder besonderen Verbindung beruhen. Weiterhin entspricht es den Gepflogenheiten, dass Referenzen nur dann in einer Bewerbung angeführt werden, wenn die Bewerber vorher das Einverständnis zu ihrer Nennung eingeholt haben. Aber niemand wird eine Auskunftsperson benennen, von der zu erwarten ist, dass sie sich negativ äußert. So nehmen viele Unternehmen davon Abstand, von den genannten Referenzen Gebrauch zu machen.

Allerdings ist die Tatsache, wer als Referenz genannt wird, von einer gewissen Aussagekraft. Die Angabe von Auskunftspersonen, die nur wegen ihres klingenden Namens aufgeführt werden, aber im Grunde genommen wenig über die berufliche Qualifikation und Kompetenz sagen können, gilt als sogenannte Renommier- oder Gefälligkeitsreferenz, die negativ beurteilt wird. Andererseits ist es für einen Lobbyisten sicherlich unverzichtbar, die richtigen Leute zu kennen.

Referenzen können einer Bewerbung auch in Form einer schriftlichen Äußerung, einer Art Gutachten, beigefügt werden. Sie sind in der gleichen Weise zu beurteilen.

Zulässig ist auch das Einholen von Auskünften bei **früheren Arbeitgebern** ohne die Zustimmung der Bewerberin respektive des Bewerbers und ohne Referenzangabe, nicht jedoch

beim derzeitigen Beschäftigungsunternehmen, solange das Arbeitsverhältnis ungekündigt ist. Die früheren Arbeitgeber sind unter zwei Voraussetzungen berechtigt, aber nicht verpflichtet, Auskünfte zu erteilen:

▸ Sie haben sich nicht zur Unterlassung solcher Auskünfte verpflichtet, beispielsweise im Rahmen eines Vergleichs vor dem Arbeitsgericht.
▸ Das anfragende Unternehmen macht ein berechtigtes Interesse geltend, von dem bei Vorliegen einer Bewerbung immer auszugehen ist *(Stelzer-Rothe/Hohmeister 2001, S. 71)*.

Stellungnahme Dritter

Auch hier ist die Aussagekraft gering. Der frühere Arbeitgeber darf zwar wahrheitsgemäße, damit theoretisch auch negative Auskünfte geben. Er muss aber bei negativen Äußerungen Schadensersatzansprüche des ehemaligen Arbeitnehmers in Betracht ziehen. Denen könnte er nur dadurch begegnen, dass er Belege für Vorgänge liefert, die negative Äußerungen rechtfertigen. Derartigen möglichen Unbilden will sich kaum ein ehemaliger Arbeitgeber aussetzen. Folglich wird er sich eher nichtssagend oder gar nicht äußern.

Auskünfte einholen

2.4.2.6 Arbeitsproben

Soweit einer Bewerbung Arbeitsproben beigefügt werden, sollen sie einen unmittelbaren Eindruck über die Qualifikation und Kompetenz vermitteln. Arbeitsproben sind besonders angebracht oder gar gefordert, wenn die Stelle vor allem kreative Aufgaben beinhaltet. Das gilt etwa für Designer und Journalisten, die ihren Bewerbungen beispielsweise Veröffentlichungen, Entwürfe, Texte oder Bilder beifügen. Auch ein Auszug aus einer betriebswirtschaftlichen Masterthesis kann opportun sein, wenn die Arbeit wichtige Bereiche aus dem Aufgabenfeld der offenen Stelle thematisiert. Völlig unangebracht sind interne Unterlagen des derzeitigen Arbeitgebers. Sie wecken nur den Verdacht, dass sich ein derartiger

Unmittelbarer Eindruck

Simulationen

Arbeitsproben, die unter Aufsicht im Unternehmen durchgeführt werden, rechnet man eher zu den situativen Verfahren, die später Erwähnung finden. Gemeint sind zum Beispiel Übersetzungen oder Übungen am Arbeitsplatz (Schuler 2000, S. 115 ff.).

Unter der Lupe

Diskriminierende Bewerbungsfotos

Unternehmen, die das Risiko eingehen, sich im Sinne des Allgemeinen Gleichbehandlungsgesetzes dem Vorwurf auszusetzen, Menschen aus Gründen der Rasse oder der ethnischen Herkunft, des Geschlechts, einer Behinderung, des Alters oder vielleicht sogar wegen ihrer Religion, Weltanschauung oder sexuellen Identität diskriminiert zu haben, wollen in der Bewerbung ein Foto vorfinden *(Walk 2005, S. 52). Verständlich, aber nicht unbedingt ratsam, ist das dort, wo der künftige Stelleninhaber das Unternehmen in der Öffentlichkeit repräsentiert, etwa im Kundenkontakt. Ansonsten sollten unaufgefordert beigefügte Bewerbungsfotos zumindest formal nicht zur Kenntnis genommen und nicht verwertet werden.*

Vertrauensbruch wiederholen könnte, wenn es zu einer Einstellung käme.

Arbeitsproben dürfen weder im Format noch im Umfang zu sehr aus dem Rahmen fallen. Die Personalverantwortlichen tendieren ansonsten dazu, die sperrigen Unterlagen durch eine Absage loszuwerden.

2.4.2.7 Foto

Wo man das Foto für unverzichtbar hält, erwartet man ein aktuelles, professionelles, eventuell eingescanntes Lichtbild, meist ungefähr in der Größe eines Passbildes, wie es in der Regel nur ein Fotograf machen kann, und zwar in der rechten oberen Ecke des Lebenslaufs, oder gar ein größeres Foto als Blickfang am Anfang der Bewerbung. Es soll einen Eindruck von der persönlichen **Ausstrahlung** vermitteln, also zeigen, wie die Bewerberin bzw. der Bewerber gern gesehen werden möchte *(Kellner 2001, S. 208)*. Alle Versuche, die äußere Erscheinung eines Menschen darüber hinaus zu deuten, sind zum Scheitern verurteilt. Wer beispielsweise von den mimischen Zügen und dem Gesichtsausdruck auf die Intelligenz, Leistungsfähigkeit und charakterliche Grundhaltung schließen will, bewegt sich auf der Ebene von Vorurteilen, aber nicht auf der Ebene wissenschaftlicher Erkenntnisse *(Schuler 2000, S. 14 f.)*.

2.4.2.8 Auswertung

Für die Dokumentation der Analyse der Bewerbungen ist die Verwendung eines **Auswertungsbogens** sehr empfehlenswert. Er ermöglicht es, eine Systematik in die Analyse zu bringen, die allzu subjektive Urteile verhindert. Möglich wäre zum Beispiel der in *Abb. 2.39* dargestellte Aufbau.

Dabei schafft im Auswertungsbogen eine freie, verbale Beschreibung mehr Freiräume, auf die Besonderheiten des Einzelfalls einzugehen. Eine ausschließliche oder zusätzliche Bewertung etwa in Form von Noten oder Plus- und Minuszeichen erleichtert indessen den Vergleich der Bewerberinnen und Bewerber.

Auswertungsbogen

Aus der Praxis

»Die meisten Bewerber in Deutschland verzichten bei ihren Bewerbungen nicht aufs Foto – unabhängig davon, ob Unternehmen vor dem Hintergrund des Allgemeinen Gleichbehandlungsgesetzes (AGG) bei der Stellenausschreibung ein Bild einfordern oder nicht. Das zeigt eine Umfrage der Online-Jobbörse stellenanzeigen.de. 71,9 Prozent der befragten Fach- und Führungskräfte würden demnach auch dann ein Bild bei ihrer Bewerbung mitschicken, wenn der Arbeitgeber dieses nicht ausdrücklich verlangt. Nur 12,9 Prozent stimmten der Aussagen ‚wer kein Foto verlangt, bekommt in der Bewerbung auch keines von mir' zu. 15,2 Prozent machen die Entscheidung für oder gegen ein Bewerbungsfoto von jeweiligen Job oder Arbeitgeber abhängig. An der Online-Umfrage beteiligten sich rund 1.200 Fach- und Führungskräfte.« *stellenanzeigen.de 2008 a: stellenanzeigen.de (www.stellenanzeigen.de/umfrage, Verfasser unbekannt), »Bewerbung mit Bild«, in: Personal, Heft 07–08/2008, S. 57.*

Abb. 2.39

Auswertungsbogen

Auswertungsbogen		
Stelle	Personalentwicklungsreferent/in	
Bewerber/in	Susi Schmitz	
Form	sauber	*o. k.*
	komplett	*Abschlusszeugnis fehlt*
	Besonderheiten	*keine*
Anschreiben	Adresse, Telefon, E-Mail	*angegeben*
	Länge	*eine Seite*
	Gliederung	*übersichtlich*
	Gestaltung	*ansprechend*
	Schlüsselbegriffe	*bearbeitet*
	derzeitiger Arbeitgeber	*keiner: Studium*
	gekündigt/ungekündigt	*Studium*
	derzeitige Tätigkeit	*Studium*
	Stil	*ansprechend*
Lebenslauf	Angaben zur Person	*o. k.*
	Form	*tabellarisch, chronologisch*
	übersichtlich	*o. k.*
	Besonderheiten, Hobbys	*Hobby Bergführerin*
	Zeitfolgeanalyse	*o. k.*
	Positionsanalyse	*o. k.*
	Firmen-/Branchenanalyse	*Praktika im Personalwesen*
	Kontinuitätsanalyse	*o. k.*
Zeugnisse	Ausbildungszeugnisse	
	▸ Abitur	*Note 2,0 aber Chemie schwach*
	▸ Studium	*laut Statusbogen gut, aber keine »Planung und Organisation«*
	Arbeitszeugnisse	*nur Praktika, aber gut bis sehr gut, Schwächen in Arbeitsorganisation*
Referenzen	Aussagekraft	*keine erwähnt*
	Auskünfte	*keine eingeholt*
Arbeitsprobe	Aussagekraft	*Auszug Masterthesis zur Personalenwicklung zeigt fachliche Qualifikation*
Gesamturteil	Schwächen	*Praxis, Planung und Organisation*
	Stärken	*fachliche Qualifikation, Kompetenzen*
	Gesamteindruck	*gut, aber keine Berufserfahrung*
Fortgang	Absage	*nein*
	Reserve	*nein*
	Einladung	*ja*
	Unterlagen nachfordern	*Abschlusszeugnis*
	offene Fragen	*Planung und Organisation*

Quelle: eigene Darstellung

Für jede Bewerbung sollte ein gesonderter Bogen verwendet werden. Der Aufbau müsste jedoch für jede Bewerbung immer derselbe sein, um wiederum eine Vergleichbarkeit sicherzustellen.

Abschließend ist es unumgänglich, die Bewerbungsunterlagen und Angaben der Bewerberinnen und Bewerber, die in die letzte Auswahl kommen, genauestens auf ihre Richtigkeit zu überprüfen. So lässt man sich etwa die Originale der Zeugnisse beim Vorstellungstermin vorlegen und vergleicht sie mit den eingereichten Zeugniskopien, man nimmt Einsicht in die Veröffentlichungen der Kandidaten bzw. man erkundet, ob der Bewerber in der Tat aufgrund der Insolvenz eines früheren Arbeitgebers seine Stelle verloren hat *(Bohlen/Lotze 2000, S. 18 ff.)*.

Die im Auswertungsbogen zusammengefassten Erkenntnisse aus der Analyse der Bewerbung werden in ein **Tätigkeits- oder Eignungsprofil** der Bewerberin bzw. des Bewerbers übersetzt. Dieses Eignungsprofil sollte im Aufbau dem zuvor erstellten Anforderungsprofil entsprechen, um einen Profilabgleich zu ermöglichen. Orientiert an dem weiter oben angeführten Anforderungsprofil sähe es für eine fiktive Bewerberin etwa wie in *Abb. 2.40* beschrieben aus.

Die Verwendung von Formularen für den Auswertungsbogen und das Eignungsprofil kann bereits als Richtlinie über die personelle Auswahl im Sinne des Betriebsverfassungsgesetzes und der Personalvertretungsgesetze verstanden werden, die der Zustimmung des Betriebs- oder Personalrates bedarf.

Bei großen Diskrepanzen zwischen dem Anforderungs- und dem Eignungsprofil kann oder muss man an diesem Punkt erneut Absagen erteilen. Besonders, wenn man es nach wie vor mit einer großen Anzahl von Bewerbungen zu tun hat, die die erste, grobe Durchsicht überstanden hatten, ist eine Reduzierung unumgänglich.

Für alle anderen Bewerbungen ist das ermittelte Eignungsprofil nur ein vorläufiges. Weitere Auswahlverfahren dienen nun der genaueren Erfassung der Eignung für die ausgeschriebene Stelle.

2.4.3 Fragebogen

Aus der Vielzahl möglicher Arten von Fragebogen sind für die Auswahl von Bewerberinnen und Bewerbern zwei von besonderem Interesse:
▸ die Personalfragebogen und
▸ die biografischen Fragebogen.

2.4.3.1 Personalfragebogen
Ein einheitlicher Personalfragebogen für alle Gruppen von Beschäftigten erleichtert die Aus-

Eignungsprofil

Abb. 2.40

Eignungsprofil mit der Skala –, +, +, ++

Stelle	Personalentwicklungsreferent/in		–	±	+	++
Bewerber/in	*Susi Schmitz*					
Qualifikation durch Ausbildung	*wirtschafts-/sozialwissenschaftliches Studium*	Master in Business Administration				
Qualifikation durch Fortbildung	*Ausbildereignung*	vorhanden				
Qualifikation durch Berufserfahrung	*2 Jahre im Personalwesen*	nur Praktika im Personalwesen				
Qualifikation durch Zeugnisse	Personalentwicklung: *Studienleistung: sehr gut*					
	Organisationsentwicklung: *Studienleistung: gut*					
	Planung und Organisation: *keine Kenntnisse*					
Fachliche Kompetenzen	Gestaltungswille: *Hobby Bergführerin*					
	Wissensorientierung: *Zeugnisse, Anschreiben*					
	Ausführungsbereitschaft: *Praktikumzeugnis*					
Methodische Kompetenzen	Analytische Fähigkeit: *Zeugnisse, Anschreiben*					
	Konzeptionsstärke: *Praktikumzeugnis*					
	Organisationsfähigkeit: *Hobby Bergführerin*					
Soziale Kompetenzen	Kooperationsfähigkeit: *Praktikumzeugnis*					
	Kommunikationsfähigkeit: *Anschreiben*					
	Konfliktlösungsfähigkeit: *Anschreiben*					
Personale Kompetenzen	Schöpferische Fähigkeit: *Form der Bewerbung*					
	Selbstmanagement: *Hobby Bergführerin*					
	Lernbereitschaft: *Zeugnisse, Anschreiben*					

Quelle: eigene Darstellung

wertung, insbesondere für Statistiken und beim unerlässlichen Einsatz von Computerunterstützung. Die Auswertung erfolgt durch einen Vergleich mit den Daten des Lebenslaufs. So lassen sich Widersprüche und Abweichungen aufdecken. Außerdem erlaubt die Systematik des Personalfragebogens eine einfachere Zeitfolge- und Positions-, Branchen- und Kontinuitätsanalyse. Ein Auswertungsbogen ist nicht notwendig, da die Fragen in Reihenfolge und Inhalt selbst schon in Hinsicht auf die Auswertung formuliert sind.

Der **Inhalt** eines Personalfragebogens muss auf die Erfordernisse des Unternehmens abgestimmt sein. In der Regel werden folgende Bereiche abgefragt:

- Angaben zur Person,
- Ausbildung,
- Berufstätigkeit,
- Kenntnisse und Fertigkeiten,
- Erfindungen, Patente, Veröffentlichungen und
- Angaben für die Einstellung.

Das Unternehmen darf zu diesen Bereichen aber nur Daten erheben, die für die ausgeschriebene Position von Bedeutung sind und nicht zur Diskriminierung im Sinne des Allgemeinen Gleichbehandlungsgesetzes Anlass geben. Zulässig sind demnach beispielsweise Fragen

- zum beruflichen Werdegang,
- zu einer Behinderung, wenn deren Fehlen wesentliche und entscheidende Voraussetzung für die Tätigkeit ist,
- zu Krankheiten, wenn eine Krankheit die Eignung für die Tätigkeit ausschließt, eine Gefährdung der übrigen Arbeitskräfte oder der Kunden mit sich bringt respektive eine Arbeitsunfähigkeit zum Arbeitsantritt oder direkt danach bedingt,

- zum bisherigen Entgelt nur, wenn die ausgeschriebene Stelle der jetzigen entspricht und deshalb das frühere Entgelt Bedeutung für das künftige Entgelt hat,
- zu den Vermögensverhältnissen, wenn die Tätigkeit ein besonderes Vertrauensverhältnis zum Arbeitgeber fordert,
- zu Vorstrafen, wenn sie in einer direkten Beziehung zur künftigen Arbeit stehen oder falls eine bestimmte Vorstrafe die Arbeitsausübung ausschließt, und
- zur politischen, gewerkschaftlichen oder konfessionellen Zugehörigkeit nur bei Tendenzbetrieben, das heißt politisch, gewerkschaftlich oder konfessionell gebundenen Arbeitgebern *(Pulte 2001, S. 181 ff., Wisskirchen 2006, S. 1494)*.

Beantworten Bewerberinnen und Bewerber zulässige Fragen unwahr oder unvollständig, kann das Unternehmen den Arbeitsvertrag anfechten. Möglich ist auch eine Entlassung und sogar ein Schadensersatzanspruch. Um dies deutlich zu machen, enden die meisten Personalfragebogen mit der Unterschrift der Betroffenen unter Formulierungen wie:

»Ich versichere, dass die vorstehenden Angaben der Wahrheit entsprechen und vollständig sind. Es ist mir bekannt, dass wegen wissentlich unwahrer Angaben oder wegen Verschweigens wesentlicher Tatsachen der Arbeitsvertrag angefochten bzw. gekündigt werden kann.«

Die unwahre oder unvollständige Beantwortung von unzulässigen Fragen hat jedoch keinerlei nachteilige Folgen für die Betreffenden *(Stelzer-Rothe/Hohmeister 2001, S. 14 ff.)*.

Ob denn ein Personalfragebogen absolut unverzichtbar ist, will angesichts dieser Rechtslage gut überlegt sein.

Auswertung

Zulässige Fragen

Zweck von Personalfragebogen

Immer mehr Unternehmen gehen dazu über, als Ergänzung zu den sonstigen Bewerbungsunterlagen ausgefüllte Personalfragebogen zu verlangen. Sie sollen die aus der Sicht der Unternehmen wichtigen persönlichen und beruflichen Daten in systematischer und auf einfache Weise auswertbarer Form darstellen. Diese Unternehmen senden den Bewerberinnen und Bewerbern, etwa in Verbindung mit einer Eingangsbestätigung oder einem *Zwischenbescheid, einen entsprechenden Vordruck mit der Bitte um Rücksendung zu. Bei mündlichen oder telefonischen Bewerbungen ist der Personalfragebogen mitunter die einzige schriftliche Bewerbungsunterlage. Soweit die Betreffenden des Schreibens unkundig sind und die ausgeschriebene Stelle auch mit Analphabeten besetzt werden kann, wird der Personalfragebogen mithilfe von Personalverantwortlichen ausgefüllt.*

Unter der Lupe

Gegen Personalfragebogen spricht weiter, dass Bewerberinnen und Bewerber grundsätzlich immer eine Offenbarungspflicht haben, die spätestens im persönlichen Gespräch zum Zuge kommt. Auch ohne gefragt worden zu sein, müssen sie alle Informationen geben, die für das Arbeitsverhältnis wichtig sind. Das betrifft vor allem Informationen über alle Umstände, die der vereinbarten Aufnahme der Tätigkeit entgegenstehen, wie beispielsweise über geplante Kuren und ein Wettbewerbsverbot. Genügt der Bewerber seiner Offenbarungspflicht nicht, hat das die gleiche Wirkung, als wenn er zulässige Fragen falsch beantwortet *(Pulte 2001, S. 177 f.)*.

Auch angesichts der Tatsache, dass es relativ aufwändig ist, die Daten aus den Lebensläufen vieler Bewerbungen in einer einheitliche Systematik aufzunehmen, ist es doch ein Faktum, dass gute Lebensläufe ohnehin die wichtigsten Daten enthalten. Deshalb sollte man zumindest auf detaillierte Fragen aus dem persönlichen Bereich verzichten.

Ferner ist es für Bewerberinnen und Bewerber äußerst unangenehm, ja sogar abschreckend, wenn sie von Personen detailliert und anonym ausgefragt werden, die sie kaum oder gar nicht kennen. Man ist eher dazu bereit, Fragen im persönlichen Gespräch zu beantworten.

Schließlich bedarf die Einführung eines Personalfragebogens nach § 94 Betriebsverfassungsgesetz und den entsprechenden Vorschriften der Personalvertretungsgesetze des Bundes und der Länder der Zustimmung des Betriebs- bzw. Personalrates. Der kann und wird Einfluss auf den Inhalt des Personalfragebogens nehmen, hat aber keine Möglichkeit, die Einführung und Verwendung zu erzwingen *(Pulte 2001, S. 180 f.)*.

2.4.3.2 Biografische Fragebogen

Biografische Fragebogen erheben **Lebenslaufdaten**. Diese Fragebogen müssen zwar immer eigens für den Anwender entwickelt werden. Dabei wird jedoch auf empirisch bewährte Vorgaben zurückgegriffen, das heißt auf diverse Kriterien, denen jeweils eine Anzahl von Merkmalen zugeordnet ist, etwa

- zur Schulzeit,
- zur Ausbildung,
- zum Berufswahlverhalten,
- zu den bisherigen Arbeits- und Berufserfahrungen,
- über die Leistungsbereitschaft,
- über die Einstellung zur Arbeit,
- zu Interessen und Aktivitäten,
- über die Kontaktfähigkeit und -bereitschaft sowie
- die Fähigkeit, die persönlichen finanziellen Angelegenheiten zu regeln *(Dralle 2004, S. 13 ff., Schuler 2000, S. 95 ff.)*.

Die Befragten haben entweder die Möglichkeit, eine von mehreren vorgegebenen Antworten anzukreuzen, oder anzugeben, in welchem Maß sie einer Aussage zustimmen. Einige biografische Fragebogen enthalten Segmente, in denen man sein Verhalten und seine Einstellungen frei beschreiben soll. Durch die Formulierung und Kombination der Fragen und Aussagen, manchmal sogar durch deren auf den ersten Blick nicht direkt ersichtliche Wiederholung, wird im Ansatz sichergestellt, dass ehrliche Angaben erfolgen. Fachleute werten die Fragebogen aus und erkennen Verhaltensmuster und Einstellungen, aufgrund derer sie auf das zukünftige Arbeits- und Berufsverhalten schließen.

Unter der Lupe

Theorie und Praxis biografischer Fragebogen

Wissenschaftliche Untersuchungen haben bewiesen, dass die Vorhersagegenauigkeit biografischer Fragebogen sehr hoch und weit über der anderer Auswahlverfahren liegt. Trotzdem werden sie selten eingesetzt. Das mag daran liegen, dass dieses Auswahlverfahren noch nicht genügend bekannt ist. Möglicherweise ist aber auch die fehlende theoretische Begründung abschreckend. Die wissenschaftlich belegbare Aussage, das vergangene Verhalten lasse die besten Vorhersagen für künftiges Verhalten

zu, gilt nämlich für biografische Fragebogen nur zu einem geringen Teil. Sie beziehen sich größtenteils nicht auf konkretes vergangenes Verhalten, sondern vielmehr auf Einstellungen, Bewertungen und Beweggründe für individuelles Verhalten. Ferner ist gerade der biografische Fragebogen ein für Bewerberinnen und Bewerber äußerst unangenehmes Instrument. Hier werden recht persönliche Bereiche von Fremden durchleuchtet.

Meist führt man mit Bewerberinnen und Bewerbern zunächst ein Gespräch vor Ort, um zu klären, ob gewisse unabdingbare Voraussetzungen erfüllt sind. Nur jenen, für die das gilt, wird dann der biografische Fragebogen vorgelegt, den sie gleichfalls in der Regel vor Ort in einer vorgegebenen Zeit ausfüllen sollen. So kann man mögliche Verzerrungen verhindern, die sich ergäben, wenn der Bogen mithilfe von Freunden oder der Familie ausgefüllt würde.

Im Rahmen der Personalbeschaffung ist nicht nur die Auswertung der Antworten der Bewerberinnen und Bewerber möglich. Man kann den biografischen Fragebogen zudem erfolgreichen Beschäftigten des Unternehmens vorlegen, so ihre mithin erfolgreichen Verhaltensmuster und Werteinstellungen ermitteln und diese mit denen der Bewerberinnen und Bewerber vergleichen *(Oechsler 2006, S. 225, Schmitz-Buhl 2002, S. 289)*.

Die Einführung eines biografischen Fragebogens bedarf nach § 94 Betriebsverfassungsgesetz und den entsprechenden Vorschriften der Personalvertretungsgesetze des Bundes und der Länder gleichfalls der Zustimmung des Betriebs- bzw. Personalrates.

Schließlich ist eine grundlegende Kritik angebracht. Mithilfe eines biografischen Fragebogens werden Unternehmen dazu verleitet, ihre Belegschaft immer nach den gleichen, in der Vergangenheit und Gegenwart sicherlich Erfolg versprechenden Kriterien zusammenzusetzen. Das ist auf die Dauer nicht nur recht eintönig. So geht auch die unbedingt notwendige Flexibilität verloren, auf Änderungen im Umfeld zu reagieren.

Soweit man durch die Auswertung von Fragebogen zu neuen Einsichten gekommen ist, werden diese im Eignungsprofil dokumentiert.

2.4.4 Vorstellungsgespräch

Neben der Analyse der Bewerbungsunterlagen zählt das Vorstellungsgespräch zu den Auswahlverfahren, die sehr häufig angewandt werden. So gut wie keine Personalauswahl geht ohne ein oder mehrere Gespräche zwischen Bewerbern und Personalverantwortlichen vonstatten *(Huf 2003, S. 58 ff.)*.

2.4.4.1 Formen und Inhalte von Vorstellungsgesprächen

Vorstellungsgespräche *(Abb. 2.41)* bezeichnet man auch als Einstellungsgespräche, Einstellungsinterviews, Bewerberinterviews oder Auswahlgespräche *(Rastetter 1999, S. 20 ff.)*.

Gar nicht so selten wird mit sogenannten **Screening-Kontakten** eine Vorselektion durchgeführt. Das funktioniert per Telefon *(Glahn 2002, S. 71 f., Stelzer-Rothe 2002, S. 252 f.)*, aber auch per Internet, beim Einsatz einer Webcam sogar mit Bild und Ton. Grundsätzlich sind derartige Kontakte kürzer als Vorstellungsgespräche, die vor Ort geführt werden. Trotzdem laufen sie im Prinzip nach denselben Regeln ab.

Screening-Kontakt

Aus Sicht der Unternehmen bietet das Vorstellungsgespräch folgende Informationsmöglichkeiten:

Informationsmöglichkeiten

▸ Die Bewerberinnen und Bewerber können einen persönlichen Eindruck vom Unternehmen, seiner Belegschaft und der ausgeschriebenen Position gewinnen und so eine sicherere Entscheidung für oder gegen die offerierte Stelle treffen. Das verringert die Fluktuation.

Abb. 2.41

Anhaltspunkte für Vorstellungsgespräche

Vorbereitung	Durchführung	Aufbereitung
▸ Stellen-beschreibung ▸ Anforderungs-profil ▸ Arbeitsumfeld ▸ Entgeltrahmen ▸ Entwicklungs-möglichkeiten ▸ Überprüfung der Angaben ▸ Fragen vorbereiten ▸ Informations-material ▸ Information an Teilnehmer ▸ Gesprächs-termin ▸ Raum ▸ Einladung	offen, aktiv, konzentriert, gezielt und verantwortlich kommunizieren, nicht immer sprechen, beruhigen und inspirieren, Willen zum Zuhören zeigen, Ablenkungen fernhalten, auf Gesprächspartner einstellen, Geduld und Selbstbeherrschung Interviewer: ▸ duales Vorstellungsgespräch ▸ Doppelinterview ▸ Board-Interview Aufbau: ▸ standardisiert ▸ strukturiert ▸ frei ▸ multimodal: Gesprächsbeginn, Selbstvorstellung, freies Gespräch, Berufsorientierung, biografiebezogene Fragen, Tätigkeitsinformation, situative Fragen, Gesprächsabschluss Fragen und Aufforderungen	▸ Auswertung ▸ Dokumentation ▸ Eignungsprofil ▸ Vorstellungs-kosten

Quelle: eigene Darstellung

▶ Die Interviewer gewinnen gleichfalls einen persönlichen Eindruck von den Bewerbern. Aufgrund dieses Eindrucks fällt es leichter, die Integrationsfähigkeit zu beurteilen, also die Fähigkeit, sich in die Arbeitsgruppe einzuordnen.

▶ Fehlende Daten, etwa zur Person, zum Leistungsstand und zur Einsatzfähigkeit, können problemlos erfragt werden.

▶ Im Gespräch ergeben sich häufig weitere, für die Auswahlentscheidung wertvolle Informationen, beispielsweise über die Motivation zum Stellenwechsel, das derzeitige Arbeitsumfeld und die Zielvorstellungen für die Zukunft.

▶ Das Vorstellungsgespräch ermöglicht eine Überprüfung der schriftlichen Angaben durch einen Vergleich mit den mündlichen Aussagen. Eventuelle Differenzen können gleich vor Ort geklärt werden.

2.4.4.2 Vorbereitung des Vorstellungsgesprächs

Erfolgreich können Vorstellungsgespräche nur dann ablaufen, wenn sie von den Interviewern sorgfältig vorbereitet werden. Dazu gehört *(Abb. 2.41, Verfürth 2002, S. 261 ff.)*

▶ die genaue Kenntnis der Stellenbeschreibung und des Anforderungsprofils der vakanten Position sowie des Arbeitsumfeldes, der Vorgesetzten und des Kollegenkreises,

▶ die ebenfalls genaue Kenntnis des möglichen Entgeltrahmens und der Entwicklungsmöglichkeiten,

▶ die Überprüfung der schriftlichen Angaben aus der Bewerbung auf Vollständigkeit und Klarheit sowie die schriftliche Fixierung festgestellter Lücken und Unklarheiten,

▶ die Vorbereitung von Informationsmaterial, falls das den Bewerberinnen und Bewerbern nicht schon im Vorhinein zugesandt wurde, sowie die Vorbereitung auf mögliche spezielle Fragen,

▶ die rechtzeitige Information aller Gesprächsteilnehmerinnen und -teilnehmer aus dem Unternehmen sowie die Fixierung eines Termins und einer geeigneten Räumlichkeit, so dass keine Störungen zu erwarten sind, und

▶ eine rechtzeitige schriftliche Einladung an die Bewerberinnen und Bewerber. Sie sollte eine genaue Termin- und Ortsangabe beinhalten bzw. Informationen über die Anreise, gegebenenfalls die Übernachtungsmöglichkeiten und die Kostenerstattung.

2.4.4.3 Durchführung des Vorstellungsgesprächs

Vorstellungsgespräche dauern durchschnittlich 30 bis 90 Minuten. Die Interviewer, also die Personen, die das Vorstellungsgespräch auf Seiten des Unternehmens führen, sollten offen, aktiv, konzentriert, gezielt und verantwortlich kommunizieren. Bewerberinnen und Bewerber können sich nur öffnen, wenn man ihnen die Freiheit lässt, den Gesprächsverlauf mitzugestalten. Deshalb sollten die Interviewer nicht immer selbst sprechen. Sie sind angehalten, den Gesprächspartner zu inspirieren und den Willen zum Zuhören zu zeigen. Gegebenenfalls sind Gesten und Bemerkungen angebracht, um den Gesprächsfluss aufrechtzuerhalten. Die Interviewer sollten Ablenkungen fernhalten, sich auf den Gesprächspartner einstellen, Geduld haben und die Selbstbeherrschung behalten. Die genauen Modalitäten differieren je nach der Bedeutung der Position und ihrer Einbindung in die Organisation und je nach den Gepflogenheiten des Unternehmens *(Abb. 2.41)*.

Unter der Lupe

Belastungs- und Stressgespräche

Ebenso unüblich wie rechtlich und moralisch zweifelhaft sind sogenannte Belastungs- oder Stressgespräche. Hier soll das Vorstellungsgespräch dafür herhalten, zu überprüfen, wie sich Personen unter Belastung verhalten und wo die Belastungsgrenze liegt. Die Ergebnisse sind kaum brauchbar, da sich die Belastung im Vorstellungsgespräch doch sehr stark von der im beruflichen Alltag unterscheidet. Weitere Einsichten sind im Stressgespräch nicht zu gewinnen, da sich die Gesprächspartner in hohem Maße verschließen. Zudem gewinnen sie einen schlechten Eindruck vom Unternehmen und werden dies publik machen.

Hinsichtlich der **Zahl und Person** der Interviewer, gibt es folgende Variationen.

Beim **dualen Vorstellungsgespräch** haben die Bewerber es nur mit einem Repräsentanten des Unternehmens zu tun, in der Regel einem Personalverantwortlichen oder Fachvorgesetzten. Dadurch wird das Gespräch persönlicher, und es kann ein Vertrauensverhältnis aufgebaut werden. So werden unter Umständen auch Fragen beantwortet, bei denen ansonsten eine gewisse Scheu oder ein ausweichendes Verhalten gezeigt wird. Es besteht jedoch die Gefahr einer großen Subjektivität, da das Gespräch nur von einer Person gesteuert und bewertet wird. Duale Vorstellungsgespräche werden häufig seriell durchgeführt. Die Bewerberin bzw. der Bewerber spricht dann zunächst nur mit einem Personalverantwortlichen, dann nur mit einem Fachvorgesetzten, oder umgekehrt *(Lucas 2005, S. 88 ff., Stelzer-Rothe 2002, S. 242)*.

Im **Doppelinterview** befragen und beobachten zwei Personen, etwa aus der Personal- und der Fachabteilung, abwechselnd. Dadurch werden das Rollenverhalten und die Einordnungsfähigkeit von Bewerbern recht deutlich. Ferner wird die Subjektivität der Auswertung etwas eingeschränkt. Allerdings gewinnt das Gespräch einen Prüfungscharakter. Dadurch neigen die Befragten eher dazu, sich zu verschließen.

Beim **Board-Interview** oder Multiple bzw. Panel Interview befragen mehrere Personen einen Bewerber zusammen respektive hintereinander. Wenn die Gespräche nicht nacheinander stattfinden, kann auch hier wieder der Eindruck einer Prüfung erweckt werden. Dadurch können Antworten provoziert werden, die nicht der tatsächlichen Befindlichkeit der Befragten oder den Fakten entsprechen. Vorteilhaft ist bei dieser Form die Tatsache, dass sich viele der Betroffenen aus dem Unternehmen eine Meinung bilden können *(Nicolai 2006, S. 81 f.)*.

Auch der Aufbau von Vorstellungsgesprächen bietet viele Möglichkeiten *(Nicolai 2006, S. 81)*.

Beim **standardisierten** (vollstrukturierten) **Vorstellungsgespräch** sind Gesprächsinhalt und -verlauf genau vorgegeben. Dadurch ist die Auswertung, vor allem eine statistische Auswertung, recht einfach. Mehrere Vorstellungsgespräche können gut miteinander verglichen werden. Fer-

ner ist der oft unerwünschte Einfluss des Interviewers gering, da die Gesprächssituation gut kontrollierbar ist. Auch die Möglichkeit, viele Fragen in kurzer Zeit zu stellen, wird oft als Vorteil gesehen. Nachteilig ist jedoch der unflexible und starre Gesprächsverlauf. Die Bewerberinnen und Bewerber fühlen sich eher ausgefragt und bemühen sich deshalb um kontrollierte Antworten. Antworten sind außerdem nur zu den abgefragten Sachverhalten zu erwarten. Möglicherweise ist aber gerade etwas von Interesse für das Unternehmen, was abseits dieser Sachverhalte liegt.

Beim (teil-)**strukturierten Vorstellungsgespräch** ist lediglich ein Gesprächsrahmen vorgegeben, der sich regelmäßig auf einen Katalog von unbedingt zu klärenden Fragen beschränkt. Ansonsten sind Gesprächsinhalt und -verlauf nicht festgelegt. Hier ist die Auswertung aufwändiger. Auch kann der Interviewer ungewollt oder gewollt größeren Einfluss auf sein Gegenüber nehmen und so die Antworten verfälschen. Sehr vorteilhaft ist aber die Chance, auf den Gesprächspartner einzugehen.

Beim **freien Vorstellungsgespräch** sind weder der Gesprächsinhalt noch der Gesprächsablauf im Vorhinein festgelegt. Die Fragestellungen können dem Gesprächsverlauf flexibel angepasst werden. Besonders viele Informationen liefern Gespräche, in denen der Interviewer nur einen Anstoß gibt, auf den sein Gegenüber eingeht. Dem inneren Zwang folgend, sich begreiflich zu machen und eine Argumentationskette durch eine weitere und noch eine weitere zu untermauern, offenbaren sich Bewerberinnen und Bewerber in solchen Gesprächen recht weitgehend und vielleicht mehr als beabsichtigt. Die große Einflussmöglichkeit des Gesprächsführers kann sich jedoch nachteilig auswirken. Fälschlicherweise lassen sich manche Repräsentanten von Unternehmen hier zu einer weitschweifigen Darstellung des Unternehmens oder, noch schlimmer, zu einer umfassenden Selbstdarstellung hinreißen. Damit vergeben sie sich jede Chance, etwas von ihrem Gegenüber zu erfahren. Die Auswertung, die ohnehin beim freien Vorstellungsgespräch individuell erfolgen muss, verkommt damit zu einer Entäußerung von Vorurteilen.

Schuler (2000, S. 89 ff., Schuler/Marcus 2006, S. 217 ff.) hat diese Formen kombiniert und wei-

Aufbau von Vorstellungsgesprächen

Standardisiertes Vorstellungsgespräch

Strukturiertes Vorstellungsgespräch

Freies Vorstellungsgespräch

Unter der Lupe

Erfolgreicher Gesprächsaufbau

Ohne eine fundierte Schulung oder einige Erfahrung in Sachen Gesprächsführung verspricht das standardisierte Vorstellungsgespräch noch den meisten Erfolg. Nach einer Schulung oder mit zunehmender Erfahrung gewinnen die Vorteile des freien Vorstellungsgesprächs an Gewicht.

Multimodales Interview

tere Elemente hinzugefügt. Sein sogenanntes **multimodales Interview**, das sich in der Praxis gut bewährt hat, kennt folgende Phasen:

▶ **Gesprächsbeginn:** Die Gesprächspartner stimmen sich freundlich aufeinander ein. Sie signalisieren die Bereitschaft zum Zuhören und Antworten. Man wünscht sich einen guten Tag, dankt für das Kommen, stellt die Gesprächspartner und das Unternehmen kurz vor, erkundigt sich nach der Anreise und dem Wohlbefinden, bietet ein Getränk an, nimmt Platz und gibt schließlich einen Überblick über den weiteren Verlauf.

▶ **Selbstvorstellung:** Die Bewerberin bzw. der Bewerber wird aufgefordert, sich darzustellen, also die Ausbildung und die berufliche Entwicklung zu schildern, auf die Bewerbung und Bewerbungsmotive, das Unternehmen und die freie Stelle einzugehen (man erwartet, dass Informationen eingeholt wurden) und auch die persönliche Situation darzulegen.

▶ **Freies Gespräch:** Es handelt sich um eine Sequenz des freien Vorstellungsgesprächs, die an die Bewerbungsunterlagen und die Selbstvorstellung anknüpft. Die Interviewer wollen Lücken aus den Bewerbungsunterlagen schließen, Verständnisprobleme klären und Widersprüche aufklären *(Jetter 2003, S. 143)*.

▶ **Berufsorientierung:** Hier finden sich Fragen zur Berufswahl, zu den beruflichen Interessen, zur Wahl der Arbeitgeber, zur Bewerbung und bei berufserfahrenen Bewerberinnen bzw. Bewerbern auch zu den fachlichen Qualifikationen.

▶ **Biografiebezogene Fragen:** In dieser Gesprächsphase geht es um die Person, um ihre Einstellungen und Arbeitsweise, die

ihre Kompetenzen verdeutlichen. Die gestellten Fragen sind solche, wie sie im besagten biografischen Fragebogen zu finden wären.

▶ Realistische **Tätigkeitsinformation:** Die Interviewer geben vertiefte Informationen über die freie Stelle und das Unternehmen, beispielsweise zur Unternehmensstruktur (Größe, Mitarbeiterzahl, Umsatz, Gewinn, Investitionen, Standorte), zu den Produkten (Produktpalette, Marktanteile, Kundenstrukturen), zur freien Stelle (Aufgaben, Befugnisse, Verantwortung, Anforderungen, Arbeitsbedingungen, Arbeitszeitregelung, organisatorische Einbindung, Kooperation, Kontakte, Vorgesetzte, Kollegen, Mitarbeiter, Einarbeitung), zu den Entwicklungsmöglichkeiten (Beurteilung, Personalentwicklung) und zum Standort (Wohnungsmarkt, Infrastruktur, Freizeitangebot). Es ist vorteilhaft, wenn sie sich dabei auf Informationsmaterial beziehen können, das der Bewerberin bzw. dem Bewerber bereits zugeschickt wurde. Ansonsten sollte es spätestens jetzt überreicht werden. Den Wunsch auf Besichtigung des Arbeitsplatzes kann man oft nicht erfüllen, weil das viel Unruhe im Unternehmen erzeugt.

▶ **Situative Fragen:** An dieser Stelle kommen Elemente von situativen Verfahren ins Spiel, von denen später noch die Rede sein wird. Die Bewerberin bzw. der Bewerber muss mit Konstellationen umgehen, die typisch für die spätere Arbeitstätigkeit sind.

▶ **Gesprächsabschluss:** Zunächst versucht man, den Rahmen der möglichen Zusammenarbeit abzustecken. Dabei werden die spezifischen Details der ausgeschriebenen Stelle angesprochen. Zudem wird der Entgeltrahmen thematisiert. Aber auch die Bewerberin bzw. der Bewerber kann Fragen stellen, etwa nach den Vertrags- und Kündigungsfristen, der Probezeit, vertraglichen Sonderklauseln, dem Urlaubsanspruch, einer betrieblichen Altersversorgung und Unfallversicherung, einer Umzugsbeihilfe, und die Verdienstmöglichkeiten ausloten.

Da das Vorstellungsgespräch nur eines in einer Reihe von Gesprächen mit den Personen der engeren Wahl ist, kann und darf bei der Ver-

Fragen zum Entgelt

Der Entgeltrahmen ist ein heikles Thema für beide Seiten. Die Bewerberin bzw. der Bewerber muss befürchten, dass zu hohe Forderungen die Chancen zunichte machen, zu niedrige Forderungen hingegen die finanzielle Lage auf lange Sicht beeinträchtigen. Aus Sicht des Unternehmens wäre eine hohe Forderung im Einzelfall finanziell sicherlich tragbar. Man wird sie trotzdem nicht erfüllen, da die Sorge besteht, dass eine erhöhte Einstufung im Wege informeller Kommunikation bekannt werden könnte. Dadurch würde in der Belegschaft allenthalben der Wunsch nach einem höheren Entgelt laut, ein Wunsch, der nicht erfüllt werden könnte und deshalb zu Unzufriedenheit und Fluktuation führen kann. Eine zu niedrige Forderung lässt hingegen Zweifel am Selbstvertrauen und der Qualifikation und Kompetenzen des Betreffenden aufkommen.

abschiedung noch keine Zu- oder Absage erfolgen. Man sollte hingegen den ungefähren Termin einer erneuten Kontaktaufnahme nennen und auf Wunsch auch einen ersten Gesprächseindruck wiedergeben. Außerdem sollte spätestens an dieser Stelle zum Ersatz von Vorstellungskosten Stellung genommen werden, soweit das nicht schon im Einladungsschreiben geschehen ist.

Fragen, die einerseits Interesse signalisieren und andererseits das Informationsbedürfnis des Unternehmens stillen, sind die Hauptinformationsquelle *(Jetter 2003, S. 142)*.

Wenngleich zulässig, so verbieten sich doch Suggestivfragen, die dem Gegenüber eine bestimmte Antwort nahe legen. Der Informationsgewinn ist nämlich gleich Null. Ebenfalls zulässig aber wenig nützlich sind Fragen im Stile einer Prüfung. Hier kommt weniger das Fachwissen als Prüfungserfahrung zur Geltung. Fragen oder Äußerungen, die negative Werturteile über die Gesprächspartner beinhalten, stellen das Unternehmen in ein schlechtes Licht. Sie sind ebenfalls kaum geeignet, Informationen zu erhalten, und sollten deshalb unterbleiben *(Hofmann 2008, S. 19 ff.)*.

Beim Vorstellungsgespräch sind, wie bei den Fragebogen, nur Fragen zulässig, deren Beantwortung für die ausgeschriebene Position von Bedeutung sind und nicht zur Diskriminierung im Sinne des Allgemeinen Gleichbehandlungsgesetzes Anlass geben. Sie ergeben sich hauptsächlich aus der Analyse der Bewerbungsunterlagen, also aus fehlenden, unvollständigen, unklaren und widersprüchlichen Angaben, und aus den Indizien dafür, dass die Anforderungskriterien erfüllt werden *(Jetter 2003, S. 143, Wisskirchen 2006, S. 1494)*.

In der Praxis wird diese Maxime im Rahmen von Vorstellungsgesprächen nicht ganz so ernst genommen wie im Rahmen von Fragebogen. Das Gespräch lässt nämlich eine Vielzahl von Formulierungen zu, die in schriftlicher Form im Fragebogen einen ganz anderen Eindruck hinterlassen. Zudem wird das Gespräch nicht in der gleichen Weise dokumentiert wie ein Fragebogen.

Häufig kommen die in Abb. 2.42 aufgezeigten Fragen und Aufforderungen zum Zuge.

Gerade beim Vorstellungsgespräch ist die bereits erwähnte **Offenbarungspflicht** der Bewerberinnen und Bewerber von Bedeutung. Sie müssen, auch ohne gefragt worden zu sein, alle Informationen geben, die für das Arbeitsverhältnis wichtig sind. Ansonsten kann der Arbeitgeber den Arbeitsvertrag anfechten oder eine Entlassung aussprechen und unter Umständen sogar einen Schadensersatzanspruch geltend machen.

2.4.4.4 Aufbereitung des Vorstellungsgesprächs

Die Aufbereitung von Vorstellungsgesprächen ist in vielerlei Hinsicht problematisch *(Abb. 2.41)*.

Die **Auswertung** unterliegt einer Reihe von subjektiven Einflüssen. Sehr schnell und unbemerkt können sich Wahrnehmungsverzerrungen und weitere Verwirrungen einschleichen, auf die im Kapitel Personalbeurteilung näher eingegangen wird. Deshalb ist die Aussagekraft von Vorstellungsgesprächen wissenschaftlich umstritten.

Ferner ist eine **Dokumentation** des Gesagten nur in Ansätzen möglich, gerade wenn sich die Interviewer intensiv auf das Zuhören konzentrieren. Eine umfängliche Mitschrift oder gar eine Bandaufnahme würde beim Gegenüber auch Ängste wecken, die jene freien Äußerungen verhinderten, auf die es gerade ankommt. Deshalb

Zulässige Fragen

Offenbarungspflicht

Auswertung

Dokumentation

Abb. 2.42

Fragen in Vorstellungsgesprächen

Gesprächsbeginn

Wie geht es Ihnen?

Möchten Sie etwas trinken?

Haben Sie gut hergefunden?

Sind Sie mit dem Gesprächstermin gut zurechtgekommen?

Waren Sie schon einmal hier in der Stadt?

Selbstvorstellung

Erzählen Sie über sich selbst.

Bitte erläutern Sie die wichtigsten Stationen Ihres Lebenslaufs.

Freies Gespräch

Fragen zu den Bewerbungsunterlagen

Diese Fragen sind individuell.

Persönliche Situation

Was hat sich in den letzten Jahren bei Ihnen verändert?

Wenn Sie neu anfangen könnten, was würden Sie anders machen?

Wie bringen Sie Beruf und Privatleben in Einklang?

Wie gelingt es Ihnen, nach einem stressigen Tag zu entspannen?

Wie haben Sie Ihr privates Umfeld über Ihre Bewerbung informiert?

Berufsorientierung

Ausbildung

Warum haben Sie diesen Beruf gewählt?

Hatten Sie in der Ausbildung Interesse für bestimmte Tätigkeiten?

Welche Schwerpunkte haben Sie in Ihrer Ausbildung gesetzt?

Warum haben Sie gerade an dieser Hochschule studiert?

Warum haben Sie sich für Ihr Studienfach entschieden?

In welchem Fach haben Sie schlechte Noten bekommen und warum?

Haben Sie gerne studiert?

Warum hat Ihr Studium so lange gedauert?

Welches Ziel verfolgten Sie mit Ihrer Examensarbeit, was kam heraus?

Würden Sie gerne noch ein Studium aufnehmen?

Berufliche Entwicklung

Wie läuft ein typischer Arbeitstag an Ihrem derzeitigen Arbeitsplatz ab?

Welche Arbeiten führen Sie gegenwärtig selbstständig aus?

Was sind Ihre fünf besten Leistungen an Ihrem Arbeitsplatz?

Was war Ihr bislang originellster Einfall? Wie haben Sie ihn realisiert?

Mit welchen Problemen werden Sie an Ihrem Arbeitsplatz konfrontiert?

Was gefällt Ihnen an Ihrem jetzigen Arbeitsplatz, was nicht?

Was haben Vorgesetzte bisher am meisten an Ihnen kritisiert?

Wie haben Sie sich auf Neuerungen in Ihrem Fachgebiet vorbereitet?

Welche fachlichen Publikationen lesen Sie regelmäßig?

Welche Ihrer Erfahrungen könnten für die freie Stelle relevant sein?

Bewerbung und Bewerbungsmotive

Ist Ihre Arbeitssuche bis jetzt zu Ihrer Zufriedenheit verlaufen?

Warum wollen Sie Ihren Arbeitsplatz (gerade jetzt) aufgeben?

Wonach suchen Sie bei Ihrem nächsten Arbeitsplatz?

Manche machen Ihr Hobby zum Beruf. Könnten Sie das auch?

Wie haben wir Ihr Interesse geweckt?

Warum bewerben Sie sich auf diese Stelle?

Worauf beruht Ihr Interesse, bei uns zu arbeiten?

Was interessiert Sie am meisten an der freien Stelle?

Was interessiert Sie am wenigsten an der freien Stelle?

Welche Position könnte noch interessant für Sie sein?

Unternehmen und freie Stelle aus Bewerbersicht

Was wissen Sie über die Entwicklungen in unserer Branche?

Was wissen Sie über unser Unternehmen? Was gefällt Ihnen nicht?

Dieses Unternehmen ist sehr groß/klein. Wie finden Sie das?

Wie sieht Ihr idealer Arbeitsplatz (im Vergleich zur freien Stelle) aus?

Beschreiben Sie Ihren idealen Vorgesetzten.

Wie würden Sie die Position beschreiben, um die Sie sich bewerben?

Welche Tätigkeiten werden in dieser Stelle auf Sie zukommen?

Was erwarten Sie von einer Anstellung in unserem Unternehmen?

Was gibt es, was Sie hier noch lernen können?

Was könnten andere Menschen hier von Ihnen lernen?

Biografiebezogene Fragen

Fachliche Kompetenz

Wie wird sich Ihr Beruf in den nächsten Jahren verändern?

Wie hat er sich in den letzten Jahren verändert?

Welche dieser Veränderungen sind positiv, welche negativ?

Was ist zentral, um in Ihrem Beruf erfolgreich zu sein?

Welcher der zentralen Faktoren bereitet Ihnen Mühe?

Wie erfolgreich sind Sie im Vergleich zu Ihren Kollegen?

Was war Ihre bislang aufreibendste Entscheidung?

Warum war diese Entscheidung so aufreibend?

Welche Entscheidung war Ihr größter Flop?

Warum war diese Entscheidung ein Flop?

Methodische Kompetenz

In welchen Situationen handeln Sie eher risikofreudig?

In welchen Situationen handeln sie eher sicherheitsorientiert?

Wie schaffen Sie es, lange eine konstante Leistung zu erbringen?

Wie stellen Sie sicher, dass Ihre Erfolge keine Zufallsprodukte sind?

Wie behalten Sie den Überblick über unerledigte Arbeiten?

Was war Ihr schwierigstes Problem und wie haben Sie es gelöst?

Wie treffen Sie wichtige Entscheidungen?

Wie sichern Sie sich bei wichtigen Entscheidungen ab?

Wen bitten Sie aus welchem Grund um Rat?

Was machen Sie, wenn es keine überzeugende Lösung gibt?

Soziale Kompetenz

Was macht Ihnen bei öffentlichen Auftritten zu schaffen?

Welche Rolle nehmen Sie in der Zusammenarbeit ein?

Wie häufig fragt Sie ein Arbeitskollege/Bekannter um Rat?

Worauf führen Sie Ihre Wirkung auf andere zurück?

Gibt es Menschen, die im Umgang mit Ihnen Probleme haben?

Warum haben diese Menschen Probleme mit Ihnen?

Mit welchen Personen kommen Sie schlecht zurecht?

Wie sorgen Sie für eine konfliktarme Zusammenarbeit?

Welchen Konflikten gehen Sie am liebsten aus dem Weg?

Wie führen Sie ein Kritikgespräch?

Personale Kompetenz

Wie würde Ihr bester Freund Sie beschreiben?

Welche Führungskraft hat Sie am meisten überzeugt?

Warum hat Sie diese Führungskraft überzeugt??

Worauf sind Sie am meisten stolz?

Was würden Sie am liebsten an sich ändern?

Wie erreicht man, dass Sie mit voller Kraft arbeiten?

Was muss geschehen, damit Sie alles von jetzt auf gleich hinwerfen?

Welchen Anspruch stellen Sie an sich und andere?

Welchen Gefallen möchten Sie sich gerne selbst erweisen?

Wo wollen Sie in fünf Jahren beruflich stehen?

Zwischenfragen

Was sagt das über Sie?

Wie würden Ihre Kolleg/inn/en diesen Vorfall beschreiben?

Was würde Ihr Vorgesetzter zu diesem Vorgehen sagen?

Was haben Sie aus dem berichteten Vorfall gelernt?

Was haben die anderen Beteiligten daraus gelernt?

Tätigkeitsinformationen

Die Interviewer stellen in dieser Phase keine Fragen. Sie geben Informationen über die freie Stelle und das Unternehmen.

Situative Fragen

Was machen Sie, wenn Ihr Vorgesetzter eine unverständliche Nachricht für Sie hinterlassen hat und für eine Woche nicht erreichbar ist?

Gehen Sie davon aus, dass ich Ihr Kunde bin. Schildern Sie mir die wesentlichen Leistungsvorteile von ...

Wie kann es einer Führungskraft gelingen, in einem Team unterschiedliche Interessen und Charaktere unter einen Hut zu bringen?

Ihr Mitarbeiter kommt zu Ihnen, um einen von ihm verursachten Fehler zu besprechen. Schildern Sie, wie Sie das Gespräch führen.

Sie stellen in letzter Zeit fest, dass Ihr Mitarbeiter keinen Antrieb hat. Was machen Sie?

Gesprächsabschluss

Rahmen der möglichen Zusammenarbeit

Wann könnten Sie bei uns anfangen?

Was wollen Sie zu Anfang verdienen?

Haben Sie spezielle Wünsche zu Inhalt eines etwaigen Vertrags?

Müssten Sie umziehen und könnten wir Ihnen dabei helfen?

Könnten Sie Ihre etwaigen Nebentätigkeiten hier weiter ausüben?

Verabschiedung

Haben Sie noch Fragen?

Gibt es noch etwas, das ich über Sie wissen sollte?

Was spricht für Sie, was gegen Sie?

Warum sollen wir Sie einstellen?

Wie haben Sie das Gespräch erlebt?

Quelle: nach *Glahn 2002, S. 80 ff., Hufnagl 2002, S. 75 ff., Jetter 2003, S. 261 ff., Linde/Heyde 2003, S. 69, 79 ff.*

sollte man die Eindrücke und Erkenntnisse aus dem Gespräch recht bald nach seinem Ende zu Papier bringen. Waren mehrere Personen auf Seiten des Unternehmens anwesend, sollte das zunächst jeder für sich tun. Das verhindert, dass sich einer bereits in dieser Phase mit seiner Meinung durchsetzen kann. Die Bewertung der Fachkenntnisse obliegt dabei maßgeblich den Fachvorgesetzten. Daran anschließend sollte eine Abstimmung der Ergebnisse stattfinden.

Die **Form** der Dokumentation hängt von der Strukturierung des Gesprächs ab. Beim standardisierten Vorstellungsgespräch sind Eintragungen zu den einzelnen Fragen laut Gesprächsleitfaden vorzunehmen. Das gilt auch für den Katalog von unbedingt zu klärenden Fragen beim strukturierten Vorstellungsgespräch. Für das freie Vorstellungsgespräch und die in Gesprächsinhalt und -verlauf nicht festgelegten Teile des strukturierten Vorstellungsgesprächs bietet sich hingegen nur eine Dokumentation in Form einer freien Schilderung der Eindrücke und Erkenntnisse an. Die für diesen Zweck erstellten Bewertungsbogen, die zahlreich in der personalwirtschaftlichen Literatur zitiert werden, versprechen kaum Erkenntnisgewinn. Hier wären Eintragungen zu Punkten wie unlebendige Reaktionsweise, zarte Bewegungen, heftige Unterstreichungsgesten, monotone Sprechweise usw. vorzunehmen, ohne dass Klarheit darüber besteht, was man denn daraus folgern könnte.

Die abgestimmten Ergebnisse der Auswertung der Vorstellungsgespräche werden wiederum in das **Eignungsprofil** der Betreffenden übertragen. Das Eignungsprofil gewinnt dadurch an Kontur. Zum Beispiel sind nun Unklarheiten über die Schul- und Berufsausbildung wie auch die berufliche Fortbildung und fachlichen Qualifikationen ausgeräumt. Ferner hat man einen Eindruck von den Kompetenzen erhalten, der die Erkenntnisse aus den Bewerbungsunterlagen bestätigt oder modifiziert *(Abb. 2.40)*.

In Sachen Aufarbeitung steht letztlich gegebenenfalls der Ersatz der **Vorstellungskosten** an. Zu diesen Vorstellungskosten, die nicht nur bei Vorstellungsgesprächen, sondern auch bei anderen Auswahlverfahren anfallen, zählen insbesondere:

▸ die Fahrtkosten,

▸ eventuelle Übernachtungskosten und

▸ mögliche Verpflegungskosten.

Ist in einer Stellenanzeige nur ein Termin genannt, zu dem Repräsentanten des Unternehmens für Gespräche zu Verfügung stehen, oder stellen sich Interessenten aufgrund eines Hinweises der Agentur für Arbeit respektive auf eigene Initiative vor, besteht keine Erstattungspflicht.

Eine Rechtspflicht zum Ersatz von Vorstellungskosten liegt jedoch vor, wenn ausdrücklich zum Gespräch eingeladen wurde und in der Einladung nicht darauf hingewiesen wurde, dass

Eignungsprofil

Vorstellungskosten

eine Erstattung ausgeschlossen sei. Dabei ist es völlig unerheblich, ob das Gespräch zum Abschluss eines Arbeitsvertrages führt. Freilich sagt die Rechtsprechung lediglich etwas über den Ersatz angemessener Vorstellungskosten. Die Höhe der Erstattung ist demnach nicht genau bestimmt. Die Bewerberinnen und Bewerber sind aber gehalten, den Vorstellungstermin auf die kostengünstigste Weise wahrzunehmen. Sie können dann in der Regel davon ausgehen, dass ihnen zumindest Beträge in Höhe der Kosten einer Bahnfahrkarte zweiter Klasse und der steuerlichen Übernachtungs- und Verpflegungspauschalen ersetzt werden, soweit sie vor Ort übernachten müssen und nicht im Unternehmen essen können *(Pulte 2001, S. 192 f.)*.

Um das Gespräch nicht mit einer unnötigen Verunsicherung zu befrachten, sollte bereits in der Einladung auf die Höhe der Erstattung hingewiesen werden. Falls eine Übernachtung nötig ist, sollte das Unternehmen ein Zimmer buchen und bezahlen und darüber gleichfalls in der Einladung informieren. Die Rückforderung der gezahlten Vorstellungskosten im Falle des Nichtantritts oder eines Vertragsbruchs ist nicht möglich.

2.4.5 Testverfahren

Testverfahren *(Abb. 2.43 und 2.44, Hoyningen-Huene 1997, S. 22 ff., Schuler 2000, S. 101 ff.)* sind psychologisch-diagnostische Methoden. Sie

gehören in die Hände erfahrener Fachleute. Ferner müssen sie einer methodischen Überprüfung standhalten, also jene Kriterien erfüllen, die im Kapitel Personalbeurteilung erläutert werden.

Immer mehr Testverfahren stehen auch als PC-Programm oder im Internet zur Verfügung. Bei den guten Angeboten ist die Auswertung professionell vorbereitet. Die ortsunabhängigen Online-Tests dienen der Selbstselektion bei Internetbewerbungen oder der Vorauswahl. Mehr können sie auch nicht leisten, denn man weiß nicht, ob die vermeintlich getestete Person den Test tatsächlich selbst, ohne Hilfe und in einem Zug, also ohne mehrfache Bearbeitung, absolviert hat.

Da sie Auswahlrichtlinien und Beurteilungsgrundsätze beinhalten, bedarf ihr Einsatz nach den §§ 94 und 95 des Betriebsverfassungsgesetzes und den entsprechenden Vorschriften der Personalvertretungsgesetze des Bundes und der Länder der Zustimmung des Betriebs- bzw. Personalrates.

2.4.5.1 Leistungs- und Fähigkeitstests
Leistungs- oder Fähigkeitstests dienen der Messung bestimmter Funktionsleistungen, zum Beispiel der Konzentrationsfähigkeit und Reaktionsgeschwindigkeit. Im Mittelpunkt des Interesses steht also die Fähigkeit, sich auf bestimmte Reize konzentrieren zu können und hierin über die Zeit wenig nachzulassen *(Schmitz-Buhl 2002, S. 291 f.)*.

Für vorwiegend manuelle Tätigkeiten wird beispielsweise die Handgeschicklichkeit oder

Mitbestimmung

Unter der Lupe

Freistellung für das Vorstellungsgespräch

Bewerberinnen und Bewerber, die sich aus einem bestehenden Arbeitsverhältnis heraus um eine neue Stelle bemühen, können für die Zeit, in der sie sich bei einem anderen Unternehmen vorstellen, ihrer Arbeit nicht nachkommen. Das Unternehmen, in dem sie sich vorstellen, trifft keine Pflicht zur Erstattung des möglichen Verdienstausfalls. Ihr derzeitiger Arbeitgeber muss sie aber laut § 629 des Bürgerlichen Gesetzbuches zu diesem Zweck auf Verlangen beurlauben, falls sie

- *in einem unbefristeten Arbeitsverhältnis stehen,*
- *dessen Ende absehbar ist,*

- *also, wie es die zitierte Vorschrift sagt, nach der Entlassung oder,*
- *analog dieser Vorschrift, wenn ein Aufhebungsvertrag geschlossen wurde bzw. der derzeitige Arbeitgeber Bewerbungen bei anderen Unternehmen empfohlen hat.*

Natürlich muss der Zeitpunkt der Beurlaubung rechtzeitig angemeldet werden und darf nicht mit den betrieblichen Interessen kollidieren. Das Arbeitsentgelt wird im Übrigen für eine angemessene Zeit weitergezahlt. Nach der arbeitsrechtlichen Rechtsprechung gilt als Maßstab dafür die Dauer des derzeitigen Arbeitsverhältnisses (Pulte 2001, S. 194 ff.).

Fingerfertigkeit geprüft, also der Grad an Geschwindigkeit und Genauigkeit, mit dem bestimmte manuelle Tätigkeiten verrichtet werden. In diesem Bereich findet häufig die Drahtbiegeprobe Anwendung, bei der ein genormtes Stück Draht nach Anweisung in einer bestimmten Weise zu biegen ist. Die Auswertung orientiert sich an einer Liste von möglichen Ergebnissen, die mit Punktwerten versehen sind *(Schuler 2000, S. 117)*. Besser brauchbar und daher auch aussagekräftiger sind spezielle, auf das jeweilige Berufsfeld abgestimmte Tests, wie etwa normierte Nähproben für die Bekleidungsfertigung.

Testverfahren zum Fachwissen oder zum zahlengebunden Denken erfassen einen eng umgrenzten Bereich spezieller Arbeitsanforderungen.

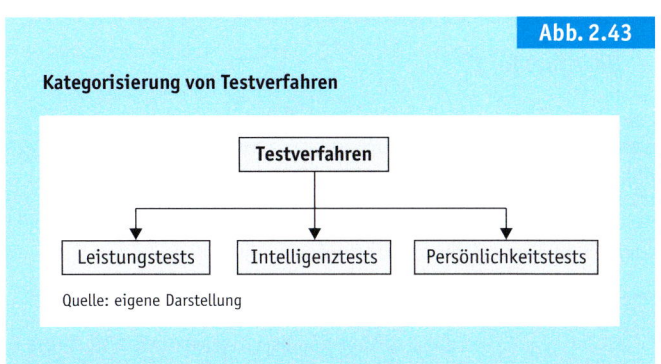

Abb. 2.43

Kategorisierung von Testverfahren

Quelle: eigene Darstellung

Abb. 2.44

Die fünf gebräuchlichsten Tests

Kategorie Name: Durchführung	Aussage	Qualität	Inhalt
Leistungstest **Konzentrations-Leistungs-Test (K-L-T):** Lösen von Rechenaufgaben	Grad der psychischen Aktivität und Leistungsmotivation, Ausdauer der Konzentration, Sorgfalt, Gewissenhaftigkeit	anerkannt guter Test, gut geeignet für die Auswahl von Auszubildenden und Berufsanfängern	Additions- und Subtraktionsaufgaben
Leistungstest **Pauli-Test:** Lösen von Rechenaufgaben	Leistungsdynamik, psychische Antriebskraft, Ausdauer, Antriebs- und Leistungsverlauf, Sorgfalt, Gewissenhaftigkeit, Motivation, Willenseinsatz	anerkannt guter Test, gut geeignet für Berufsberatung, Berufswechsel, Umschulung, bei Berufsanfängern, internen und externen Bewerbern	Addition von Zahlen unter starkem Zeitdruck
Leistungstest **Aufmerksamkeits-Belastungs-Test (Test d 2):** Durchstreichen von Zeichen	visuelle Aufmerksamkeit, allgemeine Aufmerksamkeit, Sorgfalt, Gewissenhaftigkeit	anerkannt guter Test, gut geeignet für Berufsberatung und bei Berufsanfängern	in vorgegebener Zeit müssen aus 16 verschiedenen Kombinationen der Buchstaben d und p zwei Zeichen durchgestrichen werden
Intelligenztest **Intelligenz-Struktur-Test (I-S-T):** Beantwortung von schriftlichen Fragen	Intelligenzniveau u. a. schlussfolgerndes Denken, Urteilsbildung, Kombinationsfähigkeit, Abstraktionsvermögen	anerkannt guter Test, gut geeignet für Berufsberatung, den Einstieg in das Berufsleben und Studium	Satzergänzung, Bildung von Analogien und Zahlenreihen, Erkennen von Gemeinsamkeiten, Merkaufgaben, Auswahl von Figuren
Persönlichkeitstest **16-Persönlichkeits-Faktoren-Test (16-PF-Test):** Beantworten von schriftlichen Fragen	16 Persönlichkeitsfaktoren, u. a. soziales Verhalten, Abstraktionsfähigkeit, Belastbarkeit, Durchsetzungsfähigkeit, Ausgeglichenheit	umstrittener Test, Schwächen in Zulässigkeit und Genauigkeit	fast 200 Fragen sind mit »ja«, »nein« oder »unsicher« zu beantworten

Quelle: nach *Wagner/Bartscher/Nowak 2002, S. 109 f.*

Intelligenz = Berufserfolg?

Wissenschaftliche Untersuchen kommen zu dem Ergebnis, dass zwischen der in Tests festgestellten Intelligenz und dem Berufserfolg nicht unbedingt ein merklicher Zusammenhang besteht. Selbst wenn jemand beispielsweise unübertroffen gut darin ist, zwischen vorgegebenen Begriffen unter Zeitdruck Gemeinsamkeiten herauszuarbeiten, wird dies nur wenig bei der Prognose helfen, ob er oder sie eine gute Führungskraft wäre.

Zur Prüfung der psychischen Leistungsfähigkeit müssen unter Zeitdruck schnell einfache Fehler aus Texten oder einfache Reizmuster erkannt werden. Beim oft verwendeten Pauli-Test sollen die Probanden über eine vorgegebene Zeit hinweg so schnell wie möglich einstellige Zahlen addieren. Im Rahmen der Auswertung lässt sich die Anzahl der Additionen, der nachträglichen Verbesserungen und der Fehler in Abhängigkeit vom Zeitverlauf in einer Kurve darstellen, aus der das Leistungsniveau und die Leistungsschwankungen ersichtlich sind.

2.4.5.2 Intelligenztests

Intelligenztests messen vor dem Hintergrund unterschiedlicher Intelligenztheorien die intellektuelle Leistungsfähigkeit. Untersucht wird entweder die allgemeine Intelligenz, also die allgemeine Fähigkeit zum abstrakten Denken und Problemlösen mit Faktoren wie

Projektive Testverfahren

- Sprachbeherrschung,
- Rechengewandtheit,
- Denkfähigkeit,
- Kombinationsvermögen und
- Raumvorstellung,

oder eine spezielle Intelligenz, einer dieser oder ähnlicher Faktoren für sich *(Kahlke/Schmidt 2004, S. 181 ff.)*.

Intelligenztests bestehen aus einer Reihe ähnlicher Aufgaben, die mittels weniger geistiger Operationen unter Zeitdruck gelöst werden sollen. Es geht um die Fortsetzung von Zahlenreihen, das Erkennen von Gemeinsamkeiten in vorgegebenen Begriffen, die Ergänzung von Sätzen, komplexe Rechenaufgaben und sogenannte Matrizenaufgaben, bei denen nach dem Analogie-Prinzip eine Figur zu ermitteln ist, die eine Reihe angegebener Figuren sinnvoll fortschreibt.

2.4.5.3 Persönlichkeitstests

Geht man davon aus, dass bestimmte berufliche Positionen bestimmte Persönlichkeitseigenschaften voraussetzen, und geht man weiter davon aus, dass Menschen über Persönlichkeitseigenschaften verfügen, also über die Zeit stabile Dispositionen zu bestimmten Verhaltensweisen, so scheint der Nutzen von Persönlichkeits- oder Charaktertests offensichtlich. Sie bezwecken die Messung der Persönlichkeitsstruktur, Charakterbilder, Interessen, Einstellungen und Wahrnehmungen. Dafür werden Situationen geschaffen, die Probanden dazu veranlassen sollen, möglichst ihrer Eigenart entsprechend zu reagieren. Sie sollen ihre persönlichen Einstellungen, Wertvorstellungen, Motive, ihr Temperament usw. offenlegen *(Kahlke/Schmidt 2004, S. 155 ff.)*.

In der Praxis werden vor allem **projektive Testverfahren** angewandt. Sie erfassen die Persönlichkeit indirekt. Die Probanden werden aufgefordert, angefangene Geschichten zu ergänzen, verschwommene Bilder zu deuten oder dargestellte Szenen fortzusetzen. Bei der Auswertung geht man davon aus, dass die Probanden dabei im Wesentlichen dazu neigen, ihre Gedanken und Vorstellungen in die Geschichten,

Tests in der Kritik

Neben der bereits geäußerten Kritik an den einzelnen Testverfahren ist eine grundsätzliche Kritik an allen Verfahren, vielleicht mit Ausnahme der speziellen, auf das jeweilige Berufsfeld abgestimmten Leistungstests, angebracht. Es ist prinzipiell nicht möglich, Tests zu entwickeln, mit denen sich sämtliche für die spätere berufliche Entwicklung bedeutsamen Merkmale erfassen lassen. Außerdem stimmt die Tatsache bedenklich, dass nicht selten veraltete Testverfahren verwendet werden, die bei den di

agnostisch tätigen Psychologen als längst überholt gelten. Letztlich lässt auch die Akzeptanz bei den Bewerberinnen und Bewerbern zu wünschen übrig.

Wenn die eingangs erwähnte DIN-Norm 33430 zum Maßstab genommen wird, können Bewerberinnen und Bewerber freilich darauf vertrauen, dass verlässliche, anforderungsbezogene Tests von geschulten Fachleuten eingesetzt werden.

Die Praxis simulieren

Mithilfe der situativen Verfahren versucht man, Phänomene, die in der Praxis existieren, vor- oder nachzustellen. Dadurch lassen sich Einsichten in Zusammenhänge erzielen, die sich sonst vielleicht nicht erzielen ließen, weil die Manipulationsmöglichkeiten in der Realität nicht immer gegeben oder nicht wünschenswert sind. Entscheidend für die Brauchbarkeit dieser Methode ist, dass *die Phänomene in der Simulation die gleichen oder zumindest ähnliche Strukturen aufweisen wie in der Praxis (Abb. 2.45). Das realistischste situative Verfahren ist logischerweise eine als mehrstündiges oder gar mehrtägiges Probearbeitsverhältnis ausgestaltete* **Arbeitsprobe***, bei der konkrete Arbeitsaufgaben aus dem Arbeitsalltag gestellt werden (Kanning 2004, S. 424 ff.).*

Bilder und Szenen zu übertragen *(Hoyningen-Huene 1997, S. 27)*.

Alle Verfahren verlangen für die Durchführung einen geübten Diagnostiker, der die Wechselwirkungen zwischen ihm und dem Probanden beherrschen kann.

Ohnehin ist die Durchführung von Testverfahren rechtlich nur dann zulässig, wenn
▸ die Kandidatinnen und Kandidaten über Inhalt und Reichweite unterrichtet wurden,
▸ sie ihr Einverständnis gegeben haben und
▸ sich der Test ausschließlich auf Anforderungen des betreffenden Arbeitsplatzes bezieht *(Kaehler 2006, S. 277 ff.)*.

2.4.6 Situative Verfahren

Situative Verfahren, auch Simulationen genannt, sind eine Art standardisierter Arbeitsproben. Wie *Obermann (1992, S. 13)* feststellt, besteht die Kernidee darin, mit den Bewerberinnen und Bewerbern nicht nur über die kritischen Klippen der neuen Position zu sprechen, sondern diese Aufgaben in der Form von Übungen tatsächlich zu leben.

Die Verhaltensweisen und Fähigkeiten, die die Beurteilten im Rahmen der situativen Verfahren offenbaren, werden von speziell dafür vorbereiteten Führungskräften und externen Fachleuten beobachtet und ausgewertet.

Abb. 2.45

Situative Verfahren

Einzelübungen	Rollenübungen	Gruppenübungen
Kurzfall	Kurzfall	—
Fallstudie	Fallstudie	Fallstudie
Videosimulation	Videosimulation	Videosimulation
Informationssuche	—	—
Wirtschafts-/Planspiele	Wirtschafts-/Planspiele	Wirtschafts-/Planspiele
Prüfen von Schriftstücken	—	—
Postkorb	—	—
Verfassen von Schriftstücken	—	—
Präsentation	—	—
Organisationsaufgabe	—	—
Selbsteinstufung	—	—
—	—	Gruppendiskussion
—	—	u. U. mit Peer-Ranking
—	—	u. U. mit Peer-Rating
—	—	u. U. mit Interaktionsanalyse

Quelle: eigene Darstellung

Die **Einzel- und Rollenübungen** können mit jeweils einer Bewerberin oder einem Bewerber durchgeführt werden, die Einzelübungen sogar in computergestützten oder Online-Verfahren, wobei allerdings die Gefahren zu bedenken sind, die bei Testverfahren erwähnt wurden *(Etzel/ Küppers 2002, S. 157 ff.)*. Die Rollenübungen unterscheiden sich von den Einzelübungen dadurch, dass durch eine schriftliche Vorinformation oder eine mündliche Instruktion eine Rolle vorgegeben wird, in die man hineinschlüpfen soll. Nach einer ausreichenden Vorbereitungszeit steht man in geeigneten Räumlichkeiten einem oder mehreren Rollenspielern gegenüber, die komplementäre Rollen in der vorgegebenen Situation übernehmen. Die Rollenspieler stammen entweder aus dem Unternehmen, oder sie werden speziell für diese Aufgabe verpflichtet. Gruppenübungen sind dagegen erst durchführbar, wenn zu einem Termin ein größerer Teilnehmerkreis eingeladen worden ist.

Kurzfälle sollten, wie etwa die Schilderung eines Produktionsausfalls, aus der Arbeitswelt stammen. Sie werden so konstruiert, dass mehrere, sozial gleichwertige Reaktions- und Verhaltensmuster möglich sind. Ein Kurzfall wird der oder dem Betreffenden in knapper Form vorgetragen oder schriftlich vorgelegt. Nach einer kurzen Vorbereitungszeit soll sie oder er dann möglichst spontan reagieren, das heißt darstellen, schildern oder in einer Rolle vorspielen, wie sie oder er mit der Situation umgehen würde.

Fallstudien unterscheiden sich von den Kurzfällen lediglich durch die Größenordnung und die Variationsbreite der Problemsituation. Aufgrund dessen sind sie auch dazu geeignet, in Gruppen bearbeitet zu werden.

Videofilme können Kurzfälle und Fallstudien ergänzen oder plastischer machen. Man spricht dann von Videosimulationen. Die Videofilme zeigen entweder eine bestimmte Situation oder vorgegebene Antwortalternativen.

Bei der **Informationssuche** stehen die Teilnehmer einzeln vor der Aufgabe, eine realistische Betriebs- oder Marktsituation zu analysieren und Lösungsalternativen zu erarbeiten. Anders als bei der Fallstudie ist hier jedoch die Analyse im Rahmen eines Gesprächs durchzuführen. Die Informationen sind ebenfalls nur im Gespräch durch die Befragung des Gegenübers zu

erlangen. Den Gesprächseinstieg bilden relativ spärliche oder lückenhafte, schriftliche oder mündliche Hinweise zu einem Sachverhalt.

Wirtschafts- und Planspiele finden immer interaktiv statt. Die Fallgestaltung entspricht der bei Fallstudien, ist aber hie und da noch umfangreicher. In Wirtschaftsspielen wird eine bestimmte wirtschaftliche Situation abgebildet, die etwa mit den Mitteln des Marketings angegangen werden soll. In Planspielen wird meist ein Unternehmen oder gar ein Staat in seiner Gesamtheit modellhaft abgebildet, dessen Situation beeinflusst werden soll. Anders als bei Fallstudien bekommen die Teilnehmer ständig Rückmeldungen über die Auswirkungen ihrer Aktionen und Reaktionen. Wirtschafts- und Planspiele können auch von Einzelnen durchgeführt werden, und zwar auf einem Computer, der via Software zumindest Situationseinflüsse simulieren kann und Feedback zu den eingeleiteten Maßnahmen gibt.

Beim **Prüfen von Schriftstücken** geht es darum, Berichte und Unterlagen wie Konstruktionszeichnungen oder Bilanzen zielorientiert und zutreffend zu analysieren und zu bewerten.

Auch der **Postkorb** simuliert die Bearbeitung von Schriftstücken, mit denen es die Bewerberinnen und Bewerber tatsächlich zu tun haben könnten, wenn sie die betreffende Stelle bekämen. Angeboten werden auch standardisierte Postkörbe als Software für den Personalcomputer. Um die Schriftstücke wird zudem ein Szenario aufgebaut, das es notwendig macht, die Bearbeitung in einer vorgegebenen Zeit abzuschließen. Die Bearbeitung wird auf den Schriftstücken bzw. im Softwareprogramm fixiert oder den Beobachtern geschildert.

Beim **Verfassen von Schriftstücken** sollen die Kandidaten mehr Zeit für die Formulierung verwenden als bei den kurzen Bearbeitungshinweisen im Rahmen des Postkorbs. Die Aufgabe lautet beispielsweise, einen Werbebrief oder ein Mitarbeiterrundschreiben zu erstellen.

Die Aufgabe, ein bestimmtes Thema oder vorgegebenes Material aufzubereiten, zu strukturieren und dann vor einer Gruppe vorzutragen, bezeichnet man als **Präsentationsübung**. Das Thema bzw. das Material sollte in einer engen Beziehung zur Zielposition stehen. Oft werden die Vortragenden nach der Präsentation mit vorbereiteten Fragen und Einwänden konfrontiert.

Form von Gruppendiskussionen

*Die Übungen, die unter dem Sammelbegriff Gruppendiskussion firmieren, unterscheiden sich inhaltlich und formal recht deutlich. Bei **Kooperationsübungen** haben die Teilnehmer die Aufgabe, gemeinsam ein Produkt zu erstellen, zum Beispiel eine kleine Brücke aus bereitgestelltem Material. Bei **Entscheidungsübungen** wird die Gruppe vor ein Problem gestellt, dass sie durch eine Gruppenentscheidung lösen soll. Sie soll beispielsweise entscheiden, wer aus dem Teilnehmerkreis den neuen Dienstwagen bekommen soll. Bei Gruppendiskussionen **ohne Rollenvorgabe** bilden sich die Kandidaten aufgrund der Ge-*

*spräche eine eigene Position. Gruppendiskussionen **mit Rollenvorgabe** sehen eine feste Rollenverteilung vor. Bei **führerlosen Gruppendiskussionen** wird der Gruppe lediglich ein Thema bzw. ein Problem oder eine Aufgabe vorgegeben. Gruppendiskussionen **mit Diskussionsleiter** basieren darauf, dass eine Person aufgefordert wird, die Diskussion auf einem Erfolg versprechenden Weg zu halten. Je nach Thema bzw. Aufgabe hat die Gruppendiskussion einen **Wettbewerbscharakter**. Möglich sind sogar Gruppendiskussionen **ohne Themenvorgabe**.*

Eine Führungskraft im Unternehmen muss zum Beispiel trotz einer Anzahl krankheits- und urlaubsbedingt fehlender Personen alle Aufgaben so auf die verbliebenen verteilen, dass sie bewältigt werden können. Beinhaltet die zu vergebende Position derartige Anforderungen, können Organisationsaufgaben angebracht sein, die derartige Konstellationen simulieren.

Für die **Selbsteinstufung** erhalten die Teilnehmer ein Polaritätenprofil mit Eigenschaftspaaren wie zurückgezogen versus gesellig, entschlossen versus zögernd, impulsiv versus beherrscht usw. Sie haben die Aufgabe, sich anhand dieses Polaritätenprofils selbst einzuschätzen. Im Vergleich zu den Erkenntnissen aus anderen Auswahlverfahren will man feststellen, wie sie sich selbst sehen und ob sie sich realistisch einschätzen.

Gruppendiskussionen sollen zeigen, wie die oder der Einzelne in Arbeitssituationen mit anderen umgeht. Es geht also um die Fähigkeit, sich in eine Gruppe zu integrieren und gleichzeitig seine eigenen Impulse zu Inhalten oder zur Vorgehensweise zu setzen. Es geht weiter um die Tatkraft, die Einsatzbereitschaft und den Gestaltungswillen, die Sprachgewandtheit und Integrationsfähigkeit.

Die Gruppe selbst liefert Anreize für bestimmte Verhaltensweisen. Und die Gruppenmitglieder lösen gegenseitig bestimmte Verhaltensweisen aus. So werden diverse Verhaltensbereiche durch die Gruppe maßgeblich beeinflusst, ein Phänomen, das nur in Gruppen beobachtbar ist. Das macht die Gruppendiskussion zu einem unverwechselbaren und wertvollen situativen Auswahlverfahren.

Die Gruppe sollte mindestens vier, höchstens zwölf Personen umfassen und über die notwendigen Hilfsmittel wie etwa Moderationsmaterial verfügen können. Ihr werden mehrere Beobachter zugeteilt, die sich jeweils auf maximal zwei Gruppenmitglieder konzentrieren.

Man kann die Gruppendiskussion mit einem **Peer-Ranking** verbinden, das heißt der Bildung einer Rangreihe zu Fragen wie:

▸ Wer trug am meisten zur Effizienz der Gruppe bei?
▸ Wer war am kooperativsten?
▸ Wer war am aggressivsten?
▸ Wer hatte die kreativsten Ideen?
▸ Wer hat die Gruppe am meisten behindert?
▸ Wer hat für eine positive Stimmung in der Gruppe gesorgt?

Beim **Peer-Rating**, das ebenfalls an eine Gruppendiskussion gekoppelt werden kann, erfolgt eine skalierte Einstufung. Die Teilnehmer schätzen sich gegenseitig bezüglich bestimmter Kriterien ein. Als Einstufungsmerkmale können ähnliche Eigenschaftspolaritäten gewählt werden wie bei der oben erwähnten Selbsteinstufung.

Die **Interaktionsanalyse**, also die Untersuchung der Wechselbeziehungen der Gruppenmitglieder, beruht entweder auf den Einschätzungen der Gruppenmitglieder oder der Beobachter. Es handelt sich dabei um eine Einschätzung nach bestimmten, sensiblen Kriterien, die das soziale Beziehungsgeflecht offenbaren, etwa wer mit wem zusammenarbeitet und wer kaum Kontakte zu den anderen hat. Bei der Auswertung werden die einzelnen Gruppenmitglieder durch Kreise und Quadrate dargestellt, die untereinander mit Linien oder Pfeilen unterschiedlicher Länge verbunden sind. Die Länge der Linie oder des Pfeils zeigt die soziale Distanz

Selbsteinstufung

Gruppendiskussion

Peer-Ranking

Peer-Rating

Interaktionsanalyse

zwischen zwei Personen an. Die Pfeile zeigen die Richtung der Interaktion an.

Peer-Ranking, Peer-Rating und Interaktionsanalyse erfolgen nach der Diskussion, und zwar anonym. Die Beobachter fassen die Ergebnisse zusammen und teilen das Gesamtergebnis mit.

Folgt man *Obermann (2006, S. 35 ff., 101)* und hält den in *Abb. 2.12* zitierten Kompetenzatlas dagegen, kommt man zu der Empfehlung in *Abb. 2.46,* was die Zuordnung von situativen Verfahren zu verschiedenen Anforderungskrite-

rien und -merkmalen und insbesondere zu Kompetenzen anbelangt.

Die genannten **situativen Verfahren** dürfen nun keineswegs den diversen Standardsammlungen entnommen werden. Sie müssen vielmehr grundlegend auf der Basis des **Anforderungsprofils** entwickelt werden, wobei Standardübungen durchaus Anhaltspunkte liefern können. Auf der Grundlage des Anforderungsprofils, genauer der Anforderungskriterien und -merkmale, werden Verhaltensweisen für typische Arbeitssituationen beschrieben, die Erfolg versprechend sind. Ein

Zuordnung von situativen Verfahren

Abb. 2.46

Zuordnung situativer Verfahren

Situatives Verfahren	Geeignet für die Anforderungskriterien und -merkmale
Kurzfall	Delegieren, ergebnisorientiertes Handeln, Einsatzbereitschaft, Beziehungsmanagement, Sprachgewandtheit, Entscheidungsfähigkeit, analytische Fähigkeiten, schöpferische Fähigkeit, Organisationsfähigkeit
Fallstudie	Delegieren, ergebnisorientiertes Handeln, Einsatzbereitschaft, Beziehungsmanagement, Gestaltungswille, Sprachgewandtheit, Entscheidungsfähigkeit, Beharrlichkeit, Tatkraft, Belastbarkeit, analytische Fähigkeiten, schöpferische Fähigkeit, Organisationsfähigkeit, normativ-ethische Einstellung, Selbstmanagement
Videosimulation	Beziehungsmanagement, analytische Fähigkeiten, schöpferische Fähigkeit, Organisationsfähigkeit
Informationssuche	Beziehungsmanagement, Sprachgewandtheit, Entscheidungsfähigkeit, Integrationsfähigkeit, Beharrlichkeit, zielorientiertes Führen, Tatkraft, Belastbarkeit, Einsatzbereitschaft, analytische Fähigkeiten, schöpferische Fähigkeit, Organisationsfähigkeit
Wirtschafts- und Planspiele	Einsatzbereitschaft, Beziehungsmanagement, Gestaltungswille, Teamfähigkeit, Sprachgewandtheit, Entscheidungsfähigkeit, Integrationsfähigkeit, Beharrlichkeit, zielorientiertes Führen, Tatkraft, Belastbarkeit, Einsatzbereitschaft, analytische Fähigkeiten, schöpferische Fähigkeit
Prüfen von Schriftstücken	Sprachgewandtheit, analytische Fähigkeiten, Organisationsfähigkeit
Postkorb	Delegieren, ergebnisorientiertes Handeln, Entscheidungsfähigkeit, Beharrlichkeit, Tatkraft, Belastbarkeit, analytische Fähigkeiten, schöpferische Fähigkeit, Organisationsfähigkeit
Verfassen von Schriftstücken	Sprachgewandtheit, Beharrlichkeit, Belastbarkeit, analytische Fähigkeiten, schöpferische Fähigkeit, Organisationsfähigkeit, normativ-ethische Einstellung, Selbstmanagement
Präsentation	Sprachgewandtheit, Integrationsfähigkeit, Tatkraft, Belastbarkeit, Organisationsfähigkeit
Organisationsaufgabe	Beharrlichkeit, zielorientiertes Führen, Tatkraft, Belastbarkeit, analytische Fähigkeiten, Organisationsfähigkeit
Selbsteinstufung	Beziehungsmanagement, Teamfähigkeit, Entscheidungsfähigkeit, Belastbarkeit, analytische Fähigkeiten, normativ-ethische Einstellung, Selbstmanagement
Rollenübungen	Delegieren, ergebnisorientiertes Handeln, Einsatzbereitschaft, Beziehungsmanagement, Gestaltungswille, Teamfähigkeit, Sprachgewandtheit, Entscheidungsfähigkeit, Integrationsfähigkeit, Beharrlichkeit, zielorientiertes Führen, Tatkraft, Belastbarkeit, Organisationsfähigkeit
Gruppendiskussion	Einsatzbereitschaft, Beziehungsmanagement, Gestaltungswille, Teamfähigkeit, Sprachgewandtheit, Integrationsfähigkeit, Beharrlichkeit, zielorientiertes Führen, Tatkraft, Belastbarkeit, normativ-ethische Einstellung
Peer-Ranking, Peer-Rating, Interaktionsanalyse	Beziehungsmanagement, Teamfähigkeit, Entscheidungsfähigkeit, Belastbarkeit, analytische Fähigkeiten, normativ-ethische Einstellung, Selbstmanagement

Quelle: eigene Darstellung nach *Heyse/Erpenbeck 2004, S. XXI* und *Obermann 2006, S. 101*

Versicherungsunternehmen hat zum Beispiel das Anforderungsmerkmal Kommunikationsfähigkeit umgesetzt, wie es in *Abb. 2.47* ersichtlich ist.

Die typischen Arbeitssituationen werden in ein Übungsszenario umgesetzt, die Erfolg versprechenden Verhaltensweisen in einen Katalog möglicher Bewältigungsstrategien. Aus diesen Bewältigungsstrategien leitet man nun Beobachtungskriterien und -merkmale ab. Das besagte Versicherungsunternehmen etwa konstruierte ein Szenario für ein Akquisitionsgespräch, bei dem die Bewerberin bzw. der Bewerber die Rolle des Außendienstmitarbeiters übernahm. Die Beobachter sollten die Kommunikationsfähigkeit letztlich mit den Noten eins bis vier beurteilen. Sie hatten sich dabei an einer Unterlage wie in *Abb. 2.48* zu orientieren.

Derartige Beobachtungskriterien und -merkmale sind notwendig, weil definiert werden muss, was eigentlich beobachtet werden soll, um ein Mindestmaß an Objektivität sicherzustellen. Denn auch die situativen Verfahren sind anfällig für Wahrnehmungsverzerrungen (Kapitel Personalbeurteilung).

Aus den einzelnen Beobachtungen entstehen zunächst Einzelurteile. Aus diesen Einzelurteilen wird ein Gesamturteil zu einem Beobachtungs- und dann zu einem Anforderungskriterium oder -merkmal entwickelt. Falls mehrere Beobachter tätig wurden, geschieht das in einer Diskussion, der Beobachterkonferenz. Bei der **analytischen Urteilsfindung** bildet man aufgrund einer zuvor festgelegten Beurteilungsskala rein mathematisch-statistisch ein Gesamturteil. Das Gesamturteil zu einem Anfordcrungskriterium oder -merkmal wird dann in das Eignungsprofil des Betreffenden übertragen *(Abb. 2.40, Kapitel Personalbeurteilung)*.

Möglich ist zudem eine **summarische Urteilsfindung**. Dann diskutieren die Beurteiler, welcher Bewerber bei welchem Anforderungskriterium oder -merkmal am besten, an zweiter Stelle usw. abgeschnitten hat. Auch das muss ins Eignungsprofil der Betreffenden eingetragen werden.

Da die situativen Verfahren eine Art von Auswahlrichtlinie aufstellen, weil sie zugleich Auswahl- und Platzierungsentscheidungen maßgeblich beeinflussen, haben sie nach der Rechtsprechung den Charakter eines Personalfragebogens. Ihre Auswahl, Konstruktion und Durchführung ist folglich nach den §§ 94 und 95 des Betriebsverfassungsgesetzes und den entsprechenden Vorschriften der Personalvertretungsgesetze des Bundes und der Länder von der Zustimmung des Betriebs- bzw. Personalrates abhängig.

2.4.7 Assessment Center

Das Wort Assessment kann mit Beobachtung, Einschätzung oder Beurteilung übersetzt werden. Alle drei Begriffe sind einschlägig, denn die Teilnehmerinnen und Teilnehmer werden beobachtet, sie werden anschließend beurteilt und es wird eingeschätzt, ob sie bestimmte Aufgaben erfüllen können *(Schuler 2000, S. 118 ff.)*.

Analytische Urteilsfindung

Summarische Urteilsfindung

Abb. 2.47

Umsetzung eines Anforderungsmerkmals

Kommunikations-fähigkeit	Fähigkeit, durch eigene Aktionen und Reaktionen eine vertrauensvolle Beziehung zum Gesprächspartner aufzubauen und weiterzuentwickeln
Verhaltens-beispiele	▸ dem Gesprächspartner zugewandte Körperhaltung ▸ sucht und hält Blickkontakt ▸ zeigt seinem Gesprächspartner Wertschätzung ▸ achtet die Person des anderen ▸ stellt sich auf seinen Gesprächspartner ein ▸ dokumentiert durch Fragen sein Interesse ▸ lässt andere ausreden ▸ bezieht passive Gesprächspartner in die Kommunikation ein ▸ löst emotionale Spannungen im Gespräch auf

Quelle: eigene Darstellung

Abb. 2.48

Beobachtungskriterium und -merkmale

Beobachtungs-kriterium	Inwieweit geht der/die Teilnehmer/in auf die Bedürfnisse des Kunden ein?
Beobachtungs-merkmale	▸ baut positive Atmosphäre auf ▸ hört aktiv zu ▸ hält Blickkontakt ▸ achtet die Person des anderen ▸ lässt den Kunden ausreden ▸ zeigt seinem Gesprächspartner Wertschätzung

Quelle: eigene Darstellung

Online-Assessment

In Anlehnung an eine Formulierung von *Obermann (2006, S. 12)* kann man das Assessment Center definieren als ein
- ein- bis dreitägiges Seminar mit in der Regel
- acht bis zwölf Teilnehmerinnen und Teilnehmern,
- die von Führungskräften und Personalfachleuten,
- gegebenenfalls auf der Grundlage von Fragebogen,
- in Interviews,
- unter Umständen auch in Testverfahren,
- in der Hauptsache aber in Einzel-, Rollen- und Gruppenübungen
- beobachtet und beurteilt werden.

In Analogie zu bekannten Fernsehsendungen bezeichnet man Assessment Center neuerdings auch als Job Casting *(Thierig 2008, S. 34 f.)*.

Einzel-Assessment

Zur Auswahl von Bewerberinnen und Bewerbern um Spitzenpositionen wird häufiger ein sogenanntes Einzel-Assessment durchgeführt. Hier nehmen nur ein bis zwei Personen teil, und das Assessment Center dauert nur einen halben Tag, ausnahmsweise auch bis zu zwei Tagen. Im Übrigen entspricht das Einzel-Assessment dem Assessment Center für einen größeren Personenkreis, mit den Ausnahmen, dass Gruppenübungen selbstverständlich entfallen und oftmals externe Fachleute als Assessoren, als Beobachter und Beurteiler, fungieren *(Eck/Jöri/Vogt 2007, S. 111 ff.)*.

On-the-Job-Assessment

Beim On-the-Job-Assessment (OTJ-Assessment) wird der Kandidat über einige Zeit an realen Arbeitsplätzen eingesetzt, die fachlich seinen späteren Aufgaben entsprechen. Hier werden ihm im Rahmen des Tagesgeschehens Aufgaben übertragen, die er im Team zu lösen hat. Er muss ferner Präsentationen durchführen und in Telefonaten seine Überzeugungskraft unter Beweis stellen. Je nach Hierarchiestatus kann er Freiräume in der Zeit- und Aufgabengestaltung optimieren. Die Effizienz der Aufgabenlösung und die Teamqualität werden dann durch die zuvor entsprechend geschulten Beschäftigten beurteilt, die mit ihm zusammenarbeiten. Statt einer einzelnen Person können auch zwei bis drei Kandidaten parallel eingesetzt werden, die die betrieblichen Aufgaben miteinander zu lösen haben *(Kahabka 2004, S. 92 f.)*.

Das Online-Assessment sieht die Durchführung über das Internet vor. Hier werden Online-Tests und Postkorb-Übungen eingesetzt, aber auch Interviews und Gruppenübungen mittels der Videotechnologie. Neben vielen Vorteilen, wie Zeit-, Raum-, Material-, Personal- und dadurch Kosteneinsparungen, tun sich auch Nachteile auf, beispielsweise Hard- und Software-, Dateisicherheits- sowie Akzeptanzprobleme und die Unsicherheit, wer das Assessment mit welcher Hilfe bearbeitet hat. Deshalb dienen Online-Assessments vornehmlich der Vorauswahl. Hier sind sie zuweilen als Online-Spiele ausgelegt, die eine launige Rahmenhandlung bieten. Über den schnell entstehenden Bekanntheitsgrad und den »Spaßfaktor« werden geeignete Kandidaten auf die Vakanz aufmerksam gemacht *(Beck 2002, S. 212 ff., Konradt/Hertel 2004, S. 55 ff.)*.

2.4.7.1 Vorauswahl

Einerseits ist ein Assessment Center, mit Ausnahme des Einzel-Assessment, nur dann sinnvoll, wenn genügend Kandidaten für die zu besetzenden Stellen zur Verfügung stehen. Andererseits ist bei einer Vielzahl von Bewerbungen für eine Position eine unverzichtbar, denn die Durchführung ist wegen
- der Notwendigkeit einer langwierigen, spezifischen Konstruktion von Übungen,
- der Schulung der Assessoren,
- des Einsatzes von Führungskräften über ein bis drei Tage,
- des möglichen Einsatzes von externen Fachleuten,
- der etwaigen Anmietung von Räumlichkeiten sowie
- der Reise- und Übernachtungskosten für den gesamten Teilnehmerkreis

recht aufwändig und somit kostenträchtig. Die Vorauswahl orientiert sich am Ergebnis der Analyse der Bewerbungen und kann durch Fragebogen sowie ein Vorstellungsgespräch ergänzt werden. Dadurch wird die Zahl der Teilnehmer in überschaubaren Grenzen gehalten. Das Verhältnis zwischen offenen Stellen und dem Teilnehmerkreis sollte immer noch so günstig sein, dass sich der Einzelne eine gute Chance ausrechnen kann. Ansonsten wird das gezeigte Verhaltensrepertoire sich in Richtung Dominanz und Konfliktorientierung verzerren. Die Vorauswahl stellt zugleich sicher, dass nur jene zum Assessment Center eingeladen werden, die bestimmte Minimalanforderungen erfüllen und somit für die Besetzung der offenen Stelle in Betracht kommen.

2.4.7.2 Prinzipien des Assessment Center

Um ein verlässliches Urteil fällen zu können, müssen bei der Vorbereitung und Durchführung der Assessment Center folgende Prinzipien beachtet werden:

▸ Das Prinzip der **Anforderungsanalyse** fordert als Grundlage für das Assessment Center ein Anforderungsprofil der Zielposition, das in der weiter oben aufgezeigten Art und Weise ermittelt und umgesetzt wird. Aus dem Anforderungsprofil werden Verhaltensweisen abgeleitet, die bei der Bewältigung von Aufgaben im Rahmen der Zielposition mehr oder weniger Erfolg versprechend sind.

▸ Das Prinzip der **Simulation** weist auf den Einsatz von situativen Verfahren, die sogenannten Simulationen, hin. Man konzentriert sich auf das beobachtbare Verhalten in einer künstlich hergestellten Situation, die den Gegebenheiten am künftigen Arbeitsplatz in jeweils einigen wesentlichen Aspekten entsprechen soll. Damit verbietet sich auch die Verwendung von Standardübungen. Das Verhalten in der Simulation bildet dann die Grundlage für die Prognose der künftigen Eignung.

▸ Nach dem Prinzip der **Methodenvielfalt** soll das Assessment Center sowohl die bereits angesprochenen situativen Verfahren als auch nicht situative Verfahren beinhalten. Zu Letzteren zählen die weiter oben angesprochenen Fragebogen, die ebenfalls schon diskutierten Testverfahren sowie das Interview, verstanden als eine Art Vorstellungsgespräch. In ihrer Gesamtheit sollen die verwendeten Verfahren sicherstellen, dass die im Anforderungsprofil festgehaltenen Kriterien jeweils in unterschiedlichen Übungen mehrfach, unabhängig voneinander beobachtet und beurteilt werden.

▸ Das Prinzip der **Transparenz** macht es notwendig, die Teilnehmerinnen und Teilnehmer so umfassend wie möglich über den Inhalt und Ablauf des Assessment Center zu informieren. Detailinformationen zu den einzelnen Bausteinen können regelmäßig nicht gegeben werden, da sie das Verhalten im Vorhinein prägen würden. Andererseits ist eine Akzeptanz dieses nervenaufreibenden Verfahrens nur zu erreichen, wenn umfangreiche Informationen zur Verfügung gestellt werden. Daher wird dem Teilnehmerkreis häufig frühzeitig eine schriftliche Auskunft über die Auswahlkriterien zur Teilnahme, den Ablauf des Assessment Center, die Vorbereitung der Assessoren und die Verwendung der Ergebnisse zugesandt. Überdies beginnen die Veranstaltungen oft mit einer Präsentation des Unternehmens sowie realitätsnahen Tätigkeitsinformationen wie einem Videofilm mit anschließender Diskussion und dem Angebot von Einzelgesprächen. Außerdem erhalten alle Teilnehmerinnen und Teilnehmer am Ende des Assessment Center durch die Assessoren eine Rückmeldung über ihre Stärken und Schwächen.

▸ Das Prinzip der **Beobachtung durch Führungskräfte** aus dem Unternehmen beruht auf folgender Einsicht: Niemand kann besser beurteilen, ob Bewerberinnen und Bewerber in die Kultur des Unternehmens und speziell einer Abteilung passen, als die Personen, die diese Kultur selbst mitprägen und von ihr geprägt wurden. Deshalb werden jene Führungskräfte wechselweise in unterschiedlichen Übungen als Assessoren eingesetzt. Sie werden mit einer Schulung auf ihre Rolle vorbereitet und beobachten auf der Basis schriftlicher, vorher festgelegter Kriterien, die dem Anforderungsprofil folgen. Neben den Führungskräften werden auch externe Fachleute angefragt, die zumindest bei der erstmaligen Durchführung eines Assessment Center, aber auch in der Folge, durch ihr Expertenwissen wertvolle Einsichten vermitteln können.

Methodenvielfalt

Transparenz

Beobachtung durch Führungskräfte

Direkte Vorgesetzte als Assessoren?

Viele Unternehmen sehen davon ab, die direkten Vorgesetzten als Assessoren einzusetzen, da ansonsten die Gefahr einer über die Maßen subjektiven Beurteilung besteht, einer Beurteilung, für die der Gedanke maßgeblich ist, welchen persönlichen Nutzen ein spezieller Bewerber verspricht. Andere Unternehmen setzen gerade auf die direkten Vorgesetzten, da eine gedeihliche Zusammenarbeit möglich ist, wenn zumindest keine Antipathie besteht.

Unter der Lupe

Unter der Lupe

Beobachtung und Beurteilung

Ungeschulte Assessoren neigen dazu, Verhaltensbeobachtungen direkt in Urteile umzusetzen und somit schon während der Übung die Richtung möglicher Beobachtung einzuschränken. In der Assessorenschulung wird angestrebt, zunächst nur Verhaltensweisen zu registrieren und die Umsetzung in Urteile erst nach der Übung vorzunehmen. Die Konzentration des Assessors wird hierbei allein auf die Aktionen der Teilnehmer fixiert, und eine Ablenkung durch Beurteilungsüberlegungen findet nicht statt.

2.4.7.3 Assessorenschulung

Es wurde bereits darauf hingewiesen, dass Testverfahren in die Hände von Fachleuten gehören. Zudem macht das Prinzip der Beobachtung durch Führungskräfte aus dem Unternehmen, das für das Assessment Center mit seinen mannigfaltigen Verfahren maßgeblich ist, eine gründliche Schulung der Assessoren unverzichtbar. Die Assessoren müssen lernen, wie die Prozesse der Verhaltensbeobachtung ablaufen sollten, wie man Beobachtungen erfasst, wie man sie dokumentiert und wie man schließlich eine Verhaltensbeobachtung in ein Urteil umsetzt *(Preusser 2007, S. 158 ff., Stelzer-Rothe 2002, S. 251 f.)*.

Es hat sich als sinnvoll erwiesen, diese Schulung einige Wochen vor dem Assessment Center in Form eines mindestens **eintägigen Seminars** durchzuführen. Unmittelbar vor dem Assessment Center sollte den Assessoren darüber hinaus nochmals die Möglichkeit gegeben werden, aufgekommene Fragen aufzugreifen. Die Assessorenschulung könnte wie folgt aufgebaut sein:

Aufbau der Assessorenschulung

▸ Zunächst wird die **Zielsetzung** des anstehenden Assessment Center angesprochen, zum Beispiel die Besetzung von mehreren Stellen für Führungsnachwuchskräfte. Dann werden die Assessoren anhand der Frage: »Wie beschreibt man die ideale Stellenbesetzung?« mit den jeweiligen Stellenbeschreibungen und Anforderungsprofilen vertraut gemacht.

▸ Nach einer **Darstellung modellhafter Verfahren**, etwa durch Videoaufzeichnungen, werden in einem zweiten Schritt die **Übungen und die Gründe** für ihre Zuordnung zu Anforderungskriterien erläutert. Daran anschließend arbeitet man gemeinsam die Beobachtungskriterien und -merkmale sowie ihre Beziehung zu den Anforderungskriterien und -merkmalen detailliert heraus.

Terminplan

▸ Danach wird, beispielsweise wiederum anhand von Videoaufzeichnungen einiger Übungen, demonstriert, wie vorteilhaft es ist, wenn sich die Beobachtung allein auf das tatsächlich gezeigte Verhalten bezieht. Eine **Beurteilung** sollte immer erst stattfinden, nachdem die Beobachtung durch eine Beschreibung des Beobachteten abgeschlossen wurde. Es hat sich nämlich gezeigt, dass sich die Trennung von Beobachtung und Beurteilung positiv auf die Objektivität der Beurteilung auswirkt.

Außerdem wird illustriert, dass bei den verschiedenen Verfahren nur nach zwei bis drei Kriterien beobachtet werden kann. Mehr Kriterien stiften nur Verwirrung. Die Assessoren lernen überdies, dass diese Beurteilung vor dem Hintergrund des Anforderungsprofils stattfindet.

▸ Es folgen Rollenspiele zur **Demonstration von Beobachtung und Beurteilung.** Die künftigen Assessoren übernehmen wechselweise die Rollen von Teilnehmern und Assessoren. So wird aufgezeigt, wie subjektive Interpretationen, Vorurteile und voreilige Beurteilungen das Ergebnis verzerren. Und so wird verdeutlicht, dass Verhalten auch immer eine Reaktion darstellt. Bestimmte Verhaltensweisen werden durch andere Personen ausgelöst und andere Verhaltensweisen aus demselben Grund gar nicht erst gezeigt. Die Assessoren werden dazu angehalten, möglichst nicht in dieser Weise auf die Teilnehmer einzuwirken. Wichtig ist auch eine gemeinsame Sprachregelung der Assessoren. Die verwendeten Begriffe müssen definiert werden, damit auch jeder das Gleiche damit bezeichnet. In dieser letzten Phase der Assessorenschulung wird die Zusammenfassung der Ergebnisse und die Erstellung eines Urteils diskutiert. Es werden Richtlinien für die Darstellung des Urteils zusammengetragen und Hinweise für die Führung des Abschlussinterviews gegeben.

2.4.7.4 Durchführung des Assessment Center

Für die Durchführung eines Assessment Center ist Folgendes zu beachten:

▸ Der Terminplan sollte eine reibungslose Durchführung der Übungen und eine ebenso reibungslose Diskussion der Beobachtungen und Beurteilungen ermöglichen. So muss man etwa für eine Gruppendiskussion und einen Postkorb jeweils dreißig bis neunzig Minuten und für eine Rollenübung zwanzig bis vierzig Minuten einplanen. Nach jeder Übung sind zehn bis zwanzig Minuten für eine Besprechung der Assessoren vorzusehen. Der Kreis der Assessoren und der Kreis der Teilnehmer kann im Zeitplan rotieren, damit Zeit für die Auswertung der Beobachtungen und die Beurteilung vorhanden ist. Die Zeiträume, in denen die Assessoren zur Auswertung unter sich sind, dienen den Teilnehmern häufig zur Vorbereitung von Einzelarbeiten wie Fallstudien und Fragebogen. Zudem sind Essenszeiten und Getränkepausen vorzusehen. Erfahrungsgemäß verursachen zu große Pausen Stress und sind deshalb zu vermeiden.

▶ Die Assessoren müssen frühzeitig ausgewählt und, wie weiter oben geschildert, geschult werden.

▶ Es sollte ein zentraler Ansprechpartner, ein **Moderator**, bestimmt werden. Er leitet die anfängliche Informations- und Einstimmungsphase, er kann auf Fragen zum organisatorischen Ablauf eingehen, die Teilnehmer und Beobachter zur Einhaltung des Zeitplanes anhalten und Verschiebungen koordinieren. Außerdem beeinflusst er die Atmosphäre und leitet die Gruppenarbeitssituationen sowie die Abschlussphase. Letztlich trägt er die Beobachtungen und in der Folge die Urteile zusammen und moderiert ihre Koordination.

▶ Es muss frühzeitig dafür Sorge getragen werden, dass die notwendigen **Räume**, das heißt ein Plenum und genügend Gruppenräume, angemietet werden oder zur Verfügung stehen.

Die Räume müssen mit Pinnwänden, Overhead-Projektoren, Flipcharts und Ähnlichem ausgestattet sein und sollten nahe beieinander liegen. Findet das Assessment Center in einem Hotel statt, so muss Wert auf ein Bestätigungsschreiben des Hotels mit allen Vereinbarungen gelegt werden. Außerdem sollte dem Hotel ein Tagungsleiter genannt werden.

▶ Die Teilnehmerinnen und Teilnehmer sollten mehrere Wochen vor Beginn schriftlich eingeladen werden. Zumeist werden mehr Einladungen ausgesprochen als Teilnehmerplätze vorhanden sind, um Absagen auszugleichen. Die **Einladung** beinhaltet regelmäßig die Nennung eines Ansprechpartners für Rückfragen, Angaben zur Regelung der Reisekosten, eine Anfahrtskizze und die Bitte um eine schriftliche Terminbestätigung.

▶ Die einzelnen **Gruppen** während der Übungen sollten so zusammengestellt werden, dass sich die Teilnehmer möglichst nicht kennen. Damit räumt man die Gefahr aus, dass sich Einzelne durch ihre positiv oder negativ gefestigten Beziehungen untereinander beeinflussen. Die Teilnehmer sollten weder zu oft noch zu selten der gleichen Gruppe angehören, die Assessoren möglichst gleich häufig mit allen anderen Assessoren zusammenarbeiten.

Damit ergibt sich ein **Terminplan** für ein eintägiges Assessment Center, wie er in *Abb. 2.49* abgebildet ist.

Wie es auch bei Verwendung anderer Auswahlverfahren der Fall ist, werden die abgestimmten Beurteilungen der einzelnen Bewerberinnen und Bewerber nun in deren Eignungsprofil übertragen *(Abb. 2.40)*.

Moderator

Einladung

Terminplan für Assessment Center

Assessment Center in der Kritik

*Einige Autoren, wie Kühl (2003, S. 11) und Manke (2006, S. 56 ff.) bezweifeln auch die Vorhersagekraft der Assessment Center. Ihrer Meinung nach ist ein Grund für die relativ häufige Übereinstimmung von prognostiziertem und tatsächlichem Erfolg eine **Self Fulfilling Prophecy**: Die späteren Vorgesetzten kennen das Ergebnis der Assessment Center*

*und fördern allein schon deshalb die gut beurteilten Teilnehmerinnen und Teilnehmer. Ein weiterer Grund sei das Verfahren der **Vorauswahl**. Die dort gesetzten Maßstäbe seien regelmäßig so streng, dass ohnehin nahezu alle ausgewählten Teilnehmerinnen und Teilnehmer am Assessment Center eine erfolgreiche berufliche Laufbahn vor sich hätten.*

Unter der Lupe

Abb. 2.49

Terminplan für ein eintägiges Assessment Center

Vorarbeiten	
Termin	**Aktion**
5–6 Wochen vorher	Vorauswahl der Teilnehmerinnen und Teilnehmer
4–5 Wochen vorher	Auswahl der Verfahren, Übungen, Beobachtungs- und Beurteilungskriterien, Auswahl der Assessoren sowie eines Moderators, Terminabsprache
3–4 Wochen vorher	Reservierung der Räumlichkeiten
2–3 Wochen vorher	Einladung der Teilnehmerinnen und Teilnehmer nach Terminbestätigung Gruppen zusammenstellen
1–2 Wochen vorher	mindestens eintägige Assessorenschulung
ein Tag vorher	letzte Abstimmung der Assessoren

Durchführung		
Uhrzeit	**Teilnehmer**	**Assessoren**
9:00– 9:20	Begrüßung	Vorbereitung
9:20–10:00	Gruppendiskussion	Beobachtung der Gruppendiskussion
10:00–10:15	Pause	Beurteilung der Gruppendiskussion
10:15–11:00	Rollenübung	Beobachtung der Rollenübung
11:00–11:15	Pause	Beurteilung der Rollenübung
11:15–12:00	Interview	Durchführung der Interviews
12:00–13:00	Mittagspause	Beurteilung der Interviews und Mittagspause
13:00–14:00	Präsentation	Beobachtung der Präsentation
14:00–14:20	Pause	Beurteilung der Präsentation
14:20–15:20	Kurzfall	Beobachtung des Kurzfalls
15:20–15:40	Pause	Beurteilung des Kurzfalls
15:40–16:10	Postkorb	Ermittlung des Zwischenergebnisses
16:10–16:20	Pause	Beurteilung des Postkorbs
16:20–16:50	Test	Abendessen
16:50–18:00	Abendessen	Testauswertung und Ergebniszusammenfassung
18:00–19:00	Rückmeldung der Ergebnisse	Gesprächsführung

Aufarbeitung	
Termin	**Aktion**
ein Tag danach	Berichte schreiben
zwei Tage danach	persönliche und telefonische Gespräche mit den Teilnehmern

Quelle: eigene Darstellung

Durch die mehrfach abgestimmten Urteile etwa zum Selbstmanagment und Beurteilungsvermögen, zur Sprachgewandtheit und Teamfähigkeit wird das Eignungsprofil in einer Weise präzisiert, dass eine **exakte Prognose** des beruflichen Erfolgs nach fast einhelliger Meinung aller Fachleute und Wissenschaftler möglich ist. Empirische Untersuchungen bescheinigen dem Assessment Center durch die Bank, dass es die wissenschaftlichen Gütekriterien hervorragend erfüllt, vor allem die Kriterien Objektivität, Reliabilität und Validität, die im Kapitel Personalbeurteilung

Aus der Praxis

»Assessment-Center boomen. Einer Umfrage zufolge nutzen heute mehr als 50 Prozent der deutschen Unternehmen dieses Auswahlverfahren, um besonders Führungspositionen mit den richtigen Leuten zu besetzen. Tendenz: steigend. Doch nicht immer halten Assessment-Center das, was sie versprechen.

Unter wissenschaftlichen Gesichtspunkten ist Deutschland europäisches Schlusslicht in der systematischen Auswahl von Mitarbeitern. Nur sechs Prozent der Unternehmen setzen auf wissenschaftliche Auswahltests, so eine aktuelle britische Studie.

Einer Umfrage des Arbeitskreises Assessment-Center in Hamburg zufolge nutzten 2001 von den 141 befragten Unternehmen 78 Prozent das AC, um Mitarbeiter auszuwählen. Für 71,6 Prozent diente das AC auch dazu, das Leistungspotenzial firmeninterner Mitarbeiter einschätzen zu können. Doch ganz zufriedenstellend waren die Ergebnisse nicht: 47 Prozent der befragten Entscheider gaben an, das AC habe ihre ursprünglichen Erwartungen nur teilweise erfüllt …

Tatsächlich werden Assessment-Center immer populärer, bestätigt Heinz Schuler, Bewerbungsforscher an der Universität Hohenheim. Doch mit der Zunahme der Auswahl-Verfahren in der Welt der Unternehmen nimmt gleichzeitig die Validität (sprich: die messbare Wirksamkeit) der AC ab. ›Kurios‹ und ›höchst bedenklich‹ nennt Schuler das.

Vor allem im Vergleich zu früheren Studien, die dem AC große Effektivität nachwiesen. Ursprünglich stammt das Konzept aus der Zeit der Weltkriege: Mitte der 20er Jahre verwendete die deutsche Wehrmacht verschiedene Tests in einem mehrtägigen Auswahlverfahren, um Offiziersanwärter auszuwählen. Im zweiten Weltkrieg nutzten die Briten die Idee, um Geheim-Agenten zu rekrutieren. In den 50er und 60er Jahren wurden Assessment-Center auch in der Wirtschaft populär. Die ersten Studien belegten die hohe prognostische Validität von Assessment-Centern. Über die USA und England wurden diese Verfahren seit den 70er Jahren wieder in Deutschland eingesetzt. Doch mit der Validität ging es bergab.

Grund: ›Assessment-Center sind eine Spielwiese für die Laiendiagnostik geworden‹, sagt Schuler. Immer häufiger arbeiteten Unternehmen bei der Konzeption der AC mit Nicht-Psychologen zusammen. Auch die Beobachter, die die Teilnehmer des Verfahrens später beurteilen sollen, seien häufig Vorgesetzte aus dem Unternehmen – und keineswegs psychologisch versiert.

Den Mangel an psychologischem Wissen kompensierten die Entscheider mit Simulations-Übungen, die den beruflichen Alltag widerspiegeln sollen. Anhand von Rollenspielen und Gruppendiskussionen, die der Bewerber durchläuft, wollen die Beobachter dann feststellen können, ob sich der Teilnehmer für den Job eignet.

Ein nicht ausreichendes Verfahren, um Mitarbeiter zu rekrutieren, sagt Schuler. Um brauchbare Ergebnisse zu erzielen, müssten Tests und Übungen aus verschiedenen Bereichen angewendet werden: Simulations-Übungen, der Blick auf den Lebenslauf und psychologische Tests, die Fähigkeiten wie Kreativität und Leistungsbereitschaft messen. Die seien aussagekräftiger als Gruppen-Übungen, bei denen Antipathien die Ergebnisse verzerren könnten.

Ob sich der junge Bewerber später als Führungskraft entpuppt, können auch Assessment-Center kaum prognostizieren. ›Es ist schwierig, menschliches Verhalten über längere Zeit vorherzusagen‹, sagt der Bewerbungsforscher.

Wer auf Nummer Sicher gehen will, lädt die Teilnehmer zum persönlichen Gespräch: ›Ein strukturiertes Interview von einer Stunde bringt mehr als ein Assessment-Center von drei Tagen‹.«
Ronge 2007: Ronge, B., »Die Richtigen finden«, in: Rheinische Post vom 05.05.2007, S. M17.

Abb. 2.50

Grafologische Interpretation von Schriftproben

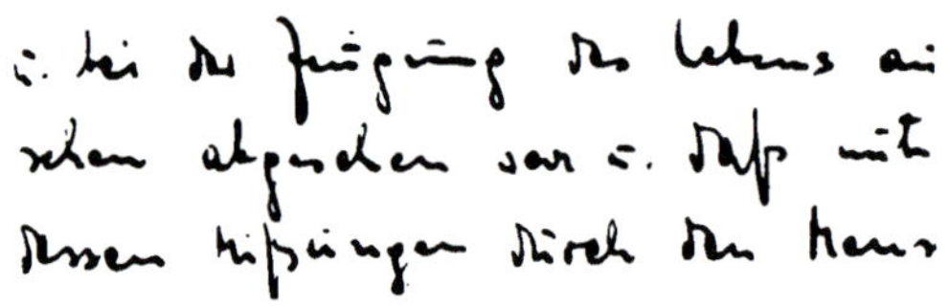

Weiblich, 28 J. — Kleinheit, Vereinfachung, großer Längenunterschied, Teigigkeit. — Kritisch, präzise, intelligent, einsatzfreudig, sinnenfroh.

Männlich, 28 J. — Anfangsdruck, Bereicherung, Arkaden. — Energieverschwendung, eitel, förmlich.

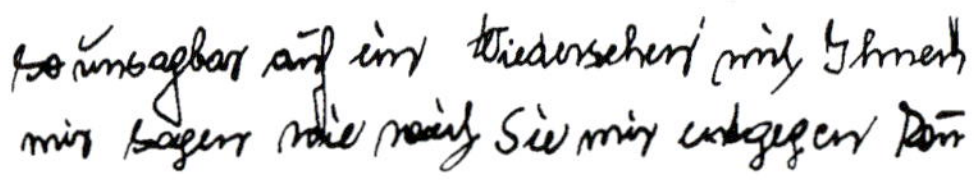

Weiblich, 25 J. — Arkade, Deckstrich, Unterlängenbetonung, Teigigkeit. — Unaufrichtig, sinnlich, abenteuerlich.

Quelle: *Hubmann 1993*, S. 125

lauf einzureichen. Möglich ist auch die offene Aufforderung, eine Schriftprobe einzusenden, oder die Bitte, im Rahmen des Vorstellungsgesprächs ein bestimmtes Thema handschriftlich zu bearbeiten. Grafologische Gutachten dürfen zwar nur mit Einwilligung des Betroffenen angefertigt werden. Von der Einwilligung kann man nach der arbeitsrechtlichen Rechtsprechung aber oft ausgehen, wenn Bewerberinnen den genannten Bitten nachkommen, da die dahinter stehende Absicht offensichtlich ist.

> Die Grafologie ist eine spezielle Methode der Ausdruckspsychologie. Hier wird eine Gesamtbeurteilung der Bewerberinnen und Bewerber vorgenommen, die auf der Schrift, genauer dem Schriftfluss, Ober- und Unterlängen, dem Druck, mit dem der Stift geführt wird, etc. basiert *(Abb. 2.50, Hubmann 1993)*.

Ein grafologisches Gutachten erstreckt sich regelmäßig auf folgende Beurteilungskriterien:
▸ die Persönlichkeit, hier verbunden mit Begriffen wie Egoismus, Geduld, Heiterkeit, Kälte, Minderwertigkeitsgefühle, Rücksichtslosigkeit usw.,
▸ die Leistungsfähigkeit und -bereitschaft, etwa die Ablenkbarkeit, das Anpassungsvermögen, die Auffassungsgabe, Ausdauer, das Pflichtgefühl usw. und
▸ Leistungsstörungen, verstanden als Aggressivität, Arroganz, Nachlässigkeit, Nervosität, Pedanterie usw.

genauer erläutert werden. Nur eines dieser Kriterien, die Ökonomie des Verfahrens, wird des Öfteren in Zweifel gezogen. Wie der Terminplan zeigt, ist der Zeit- und Kostenaufwand doch sehr hoch *(Rosenstiel 2002, S. 60)*.

2.4.8 Grafologische Gutachten

Da vor allem Führungskräfte kaum davon zu überzeugen sind, sich Tests zu unterziehen, und da auch zuweilen die Bereitschaft für situative Verfahren nicht vorhanden ist, greifen manche Unternehmen auf die recht antiquierte Grafologie zurück, um ihre Erkenntnisse aus den Bewerbungsunterlagen und einem etwaigen Vorstellungsgespräch abzusichern.

Die Grundlage für ein grafologisches Gutachten ist eine **Schriftprobe**. Deshalb werden Bewerberinnen und Bewerber gebeten, neben dem tabellarischen einen handschriftlichen Lebens-

2.4.9 Ärztliche Eignungsuntersuchung

Während Fragebogen, Vorstellungsgespräche, Tests, situative Verfahren, Assessment Center und grafologische Gutachten im Einzelfall alternativ oder kombiniert als Auswahlverfahren verwendet werden, beginnt nahezu jede Personalauswahl mit der Analyse der Bewerbung und sie endet für Arbeitnehmerinnen und Arbeitnehmer ebenso regelmäßig mit einer ärztlichen Eignungsuntersuchung *(Horsch 2000, S. 116 f.)*.

Die ärztliche Eignungsuntersuchung ist zumeist kein Auswahlverfahren, sondern nur eine Art letzter Bestätigung. Zwar kann man, wenn

Grafologie in der Kritik

Wissenschaftlich lässt sich nicht belegen, dass der Grafologie irgendein Wert beigemessen werden kann. Zuverlässige empirische Erhebungen liegen nicht vor. Zudem werden grafologische Analysen nicht selten von den Personalverantwortlichen selbst vorgenommen, von Personen also, die in dieser Sache kaum oder gar nicht geschult sind. Soweit

Grafologen tätig werden, ist ihnen meist wenig bis nichts über das Anforderungsprofil der betreffenden Stelle bekannt. Die Folge ist, dass sie ihre ohnehin fragwürdigen Gutachten sehr allgemein und damit durchaus mehrdeutig abfassen (Becker 2005 a, S. 328 f., Kanning 2004, S. 498 ff.).

körperliche Anforderungen entscheidend sind, einen größeren Bewerberkreis untersuchen lassen. In aller Regel wird eine ärztliche Eignungsuntersuchung aber nur für die Bewerberinnen und Bewerber angesetzt, die konkret für die Stellenbesetzung vorgesehen sind. Vorgeschrieben ist diese Untersuchung beispielsweise für Beamte, Seeleute und Personen unter achtzehn Jahren sowie beim Umgang mit radioaktiven Stoffen *(Pulte 2001, S. 191)*. Bei einer Beschäftigung im Lebensmittelbereich ist eine Belehrung des Gesundheitsamtes nach dem Infektionsschutzgesetz notwendig.

Durch die ansonsten freiwillige Untersuchung soll festgestellt werden, ob und inwieweit die Betreffenden den **Belastungen** ihrer künftigen Tätigkeit gewachsen sind. Das verlangt die Kenntnis der Anforderungen, die der künftige Arbeitsplatz stellt. Falls das Unternehmen einen Betriebsarzt beschäftigt oder mit einem betriebsärztlichen Dienst zusammenarbeitet, sollte der Arzt die Anforderungen aus eigener Anschauung recht gut kennen. Falls dem nicht so ist bzw. der Hausarzt die Untersuchung durchführt, muss ihm entweder das Anforderungsprofil zugeleitet werden, was eher unüblich ist, oder es sollte ihm ein Untersuchungsleitfaden an die Hand gegeben werden, der auf den Stellenanforderungen basiert. Eine allgemein gehaltene, nicht arbeitsplatzbezogene Eignungsuntersuchung ist nicht zulässig.

Etwaige Fragen im Rahmen der Untersuchung müssen wahrheitsgemäß beantwortet werden,

soweit sie nach den weiter oben angesprochenen Grundsätzen zulässig sind. Daneben gilt auch hier die **Offenbarungspflicht**, wonach auch unaufgefordert alle Gegebenheiten dargelegt werden müssen, die für das Arbeitsverhältnis wichtig sind *(Pulte 2001, S. 190 f.)*.

Als Untersuchungsergebnis wird dem Unternehmen mitgeteilt, dass die Bewerberin oder der Bewerber für die Stelle
- geeignet ist,
- nur mit genauer spezifizierten Einschränkungen geeignet ist,
- zurzeit nicht geeignet ist,
- dauerhaft nicht geeignet ist, gegebenenfalls mit einem Hinweis auf andere geeignete Stellen.

Untersuchungsergebnis

Möglicherweise wird noch auf die Notwendigkeit einer Nachuntersuchung und deren Terminierung hingewiesen. Weitergehende Mitteilungen macht der untersuchende Arzt in keinem Fall, denn das genaue Untersuchungsergebnis unterliegt der ärztlichen Schweigepflicht. Nur die Betroffenen selbst könnten ihn von seiner Schweigepflicht entbinden.

Ist das Untersuchungsergebnis positiv, so bildet es den letzten Baustein des Eignungsprofils. Ist es negativ, müssen andere Bewerberinnen oder Bewerber zum Zuge kommen. Deshalb sorgen viele Unternehmen dafür, dass die ärztliche Eignungsuntersuchung sich direkt an die anderen Auswahlverfahren anschließt.

Untersuchung nach Arbeitsaufnahme

Alternativ zu einer Untersuchung vor der Arbeitsaufnahme kann auch ein Passus in den Arbeitsvertrag aufgenommen werden, der dessen Fortbestand an ein positives Ergebnis einer späteren Untersuchung koppelt. Bei einem negativen Ergebnis würde sich dann jedoch die Frage stellen, ob die anderen Bewerberinnen und Bewerber noch greifbar

sind. Außerdem wollen Bewerber unter diesen Voraussetzungen nur ungern ihr bestehendes Arbeitsverhältnis kündigen. Ihnen steht immerhin noch eine Untersuchung ins Haus, in deren Ergebnis es schlimmstenfalls lauten könnte, dass sie erstens krank sind und zweitens infolgedessen der neue Arbeitsvertrag hinfällig wäre.

2.5 Personalauswahlentscheidung

Im Anschluss an die Analyse der Bewerbungsunterlagen, im Anschluss auch an die weiterführenden Auswahlverfahren, an denen nur noch ein kleinerer Bewerberkreis teilgenommen hat, seltener erst im Anschluss an die ärztliche Eignungsuntersuchung, fällt die Entscheidung, wer für die Besetzung der Stelle in Frage kommt.

Entscheidungsträger

An der Entscheidung sind in jedem Fall

▸ Personalverantwortliche, also in der Regel Mitglieder der Personalabteilung,

▸ künftige Vorgesetzte und,

▸ für Arbeitnehmer sowie beim Personalleasing, der Betriebs- bzw. Personalrat beteiligt.

Fallweise sind weitere Personengruppen entscheidungsbefugt.

▸ Externe Fachleute, etwa Personalberater bzw. Beobachter und Beurteiler bei situativen Verfahren oder Tests, können in die Entscheidungsfindung eingebunden sein. Ausschlaggebend ist jedoch das Urteil der ersten drei genannten Personengruppen.

▸ Kommen situative Verfahren für sich oder im Rahmen eines Assessment Center zum Einsatz, ist der Kreis der Entscheidungsträger noch größer und umfasst Führungskräfte mehrerer Hierarchieebenen.

▸ Möglich ist auch die Beteiligung der künftigen Kolleginnen und Kollegen. Sie können über die fachliche Eignung urteilen. Besonders gefragt ist aber ihre Meinung über die Einbindung in die soziale Organisation und Gruppe.

▸ Hie und da behält sich ein Unternehmer oder Geschäftsführer noch das letzte Wort vor.

2.5.1 Profilabgleich

Während für die **künftigen Vorgesetzen** die fachliche und persönliche Eignung sowie die Verfügbarkeit zum erforderlichen Zeitpunkt im Vordergrund stehen, müssen die **Personalverantwortlichen** außerdem rechtliche und personalpolitische Gesichtspunkte beachten. Deshalb, aber nicht nur aus diesem Grunde, ist die Entscheidung nicht immer unproblematisch. Denn nach dem Abschluss der Auswahlverfahren stehen in der Regel mehrere Personen in der engsten Wahl.

Die erste von zwei Entscheidungsgrundlagen ist das **Anforderungsprofil** *(Abb. 2.18)* der vakanten Position. Wie weiter oben dargestellt, sind die im Anforderungsprofil erfassten Anforderungskriterien und -merkmale fachlicher und persönlicher Art. Man differenziert zudem üblicherweise in wünschenswerte und notwendige Anforderungen. Letztere sind für die Aufgabenerfüllung unabdingbar.

Dem Anforderungsprofil der Position steht als zweite Entscheidungsgrundlage das **Eignungsprofil** *(Abb. 2.40)* der Bewerberin bzw. des Bewerbers gegenüber, also ein im Auswahlverfahren ermittelter Komplex unterschiedlichster Qualitäten für die Anforderungen der vakanten Position.

Profilabgleich

Die Entscheidung selbst beruht nun auf einem Profilabgleich, also der Feststellung, inwieweit sich das Anforderungsprofil der Position mit den Eignungsprofilen der Bewerberinnen und Bewerber deckt. Gefordert ist demnach eine präzise Gegenüberstellung der Anforderungskriterien und -merkmale des Arbeitsplatzes mit den unterschiedlichen Qualitäten der Betreffenden, genauer mit den unterschiedlichen Erfüllungsgraden hinsichtlich der Anforderungen der zu besetzenden Position *(Abb. 2.51)*.

Aus dem Profilabgleich gewinnen die Entscheidungsträger zunächst undiskutierte Einzelurteile. Aus diesen Einzelurteilen muss dann ein Gesamturteil entwickelt werden. Dieser Prozess ist sehr kompliziert, da mit einiger Sicherheit keine Bewerberin und kein Bewerber alle Anforderungen der Position voll erfüllen wird. Erfüllt jemand allerdings unabdingbare Anforderungen nicht, wird er aus dem weiteren Auswahlprozess ausgeschlossen.

2.5.2 Urteilsfindung

Das Gesamturteil kann, wie die Beurteilung im Anschluss an situative Verfahren, in analytischer Form gefunden werden. Der Präzedenzfall der analytischen Urteilsfindung ist die sogenannte **Entscheidungsanalyse**, eine besondere Form der Nutzwertanalyse. Hier wird zunächst für die einzelnen Anforderungen eine analytische Arbeitsbewertung durchgeführt. Deren Ergebnis sind sogenannte Anforderungsziffern, das heißt Wertzahlen, etwa von eins bis zehn, wobei der Wert eins eine äußerst niedrige Bedeutung kennzeichnet, der Wert zehn eine äußerst hohe Bedeutung. Danach wird die Bewertung der jeweiligen Eignung, der sogenannten Qualitäten der Bewerberinnen und Bewerber in Qualitätsziffern ausgedrückt, etwa von null bis zehn, wobei der Wert null überhaupt keine Eignung meint, der Wert zehn dagegen die höchstmögliche. Inwieweit eine Person einer Anforderung genügt, ergibt sich aus der Multiplikation von Anforderungsziffer und Qualitätsziffer. Das Gesamturteil für diese Person drückt sich in der Summe der Ergebnisse dieser Multiplikationen für alle Anforderungen aus.

Wenn man das Gesamturteil in summarischer Form gewinnt, wägen die Entscheidungsträger mit Blick auf das Anforderungs- und Eignungsprofil, aber ohne ein mathematisches Kalkül ab, welcher Bewerber bei welchem Anforderungskriterium oder -merkmal am besten, an zweiter Stelle usw. abgeschnitten hat. Sie können sich sogar darauf festlegen, wessen Eignungsprofil generell am besten dem Anforderungsprofil entspricht, wer an zweiter Stelle liegt, usw.

Sowohl bei der analytischen als auch bei der summarischen Urteilsfindung darf man aber nicht aus den Augen verlieren, dass nicht immer die nach bestimmten Beurteilungskriterien Besten auch die für die freie Position am besten geeignet sind. Viele Positionen stellen an den Positionsinhaber nur durchschnittliche Anforderungen. Sie sollten also auch nur mit

Analytische Urteilsfindung

Summarische Urteilsfindung

Abb. 2.51

Profilabgleich: · · · · **Anforderungen — Eignung**

Stelle	Personalentwicklungsreferent/in					
Bewerber/in	*Susi Schmitz*					
Qualifikation durch Ausbildung	*wirtschafts-/sozialwissenschaftliches Studium*	Master in Business Administration				
Qualifikation durch Fortbildung	*Ausbildereignung*	vorhanden				
Qualifikation durch Berufserfahrung	*2 Jahre im Personalwesen*	nur Praktika im Personalwesen				
			−	±	+	++
Qualifikation durch Zeugnisse	Personalentwicklung					
	Organisationsentwicklung					
	Planung und Organisation					
Fachliche Kompetenzen	Gestaltungswille					
	Wissensorientierung					
	Ausführungsbereitschaft					
Methodische Kompetenzen	Analytische Fähigkeit					
	Konzeptionsstärke					
	Organisationsfähigkeit					
Soziale Kompetenzen	Kooperationsfähigkeit					
	Kommunikationsfähigkeit					
	Konfliktlösungsfähigkeit					
Personale Kompetenzen	Schöpferische Fähigkeit					
	Selbstmanagement					
	Lernbereitschaft					

Quelle: nach *Mentzel 2005*, S. 56

durchschnittlich befähigten Mitarbeiterinnen und Mitarbeitern besetzt werden, die zwar beispielsweise weniger Kreativität, Flexibilität und Eigeninitiative entwickeln, den rein ausführenden Aufgaben aber umso eher mit Geduld und Ausdauer gerecht werden. Ausschlaggebend ist also die Passung, die möglichst weitgehende Deckungsgleichheit von Anforderungs- und Eignungsprofil.

Passung

2.5.3 Mitbestimmung durch Personal- oder Betriebsrat

Der Personal- oder Betriebsrat ist an der Entscheidung nur indirekt beteiligt. Der Betriebsrat muss in Betrieben mit in der Regel mehr als zwanzig wahlberechtigten Arbeitnehmern vor jeder Einstellung, Eingruppierung, Umgruppierung und Versetzung seine Zustimmung erteilen (Stelzer-Rothe/Hohmeister 2001, S. 30 ff.).

Personal- oder Betriebsrat muss informiert werden

Nach § 99 des Betriebsverfassungsgesetzes sind ihm deshalb Auskünfte über die Auswirkungen der geplanten Maßnahme sowie über den Arbeitsplatz und die vorgesehene Eingruppierung zu geben. Außerdem sind ihm die erforderlichen Bewerbungsunterlagen vorzulegen, nach herrschender Meinung allerdings nur die Unterlagen jener, die in der engeren Wahl stehen. § 105 des Betriebsverfassungsgesetzes besagt, dass für leitende Angestellte keine Zustimmung des Betriebsrates vonnöten ist. Trotzdem ist der Betriebsrat auch hier rechtzeitig zu informieren.

In der Regel leitet man dem Betriebsrat sowohl bei einer Neueinstellung als auch bei einer Personalbeschaffungsmaßnahme in Form einer Versetzung frühzeitig ein Formular zu, das Angaben zu folgenden Punkten enthält:

▸ Daten zur Person,
▸ Tätigkeit,
▸ vorgesehene Abteilung,
▸ Einstellung unbefristet, befristet bis oder befristet zur Probe bis,
▸ Ersatzeinstellung oder Zusatzeinstellung,
▸ Lohnempfänger, Angestellter im Tarif oder außertariflich, leitender Angestellter, Auszubildender,
▸ vereinbartes Arbeitsentgelt.

Man fügt diesem Formular dann gegebenenfalls den Personalfragebogen und die Bewerbung bei und bittet den Betriebsrat um Stellungnahme. Verweigert der Betriebsrat seine Zustimmung nicht innerhalb von einer Woche, so gilt die Zustimmung als erteilt. Der Betriebsrat kann seine Zustimmung nur aus folgenden Gründen verweigern:

▸ Die personelle Maßnahme verstößt gegen ein Gesetz, eine Verordnung, eine Unfallverhütungsvorschrift, eine Bestimmung in einem Tarifvertrag oder in einer Betriebs- bzw. Dienstvereinbarung, eine gerichtliche Entscheidung oder eine behördliche Anordnung.
▸ Bei der Auswahl wurde gegen eine vereinbarte Auswahlrichtlinie verstoßen.
▸ Es besteht die begründete Besorgnis, dass bereits beschäftigten Arbeitnehmern wegen der

Unter der Lupe

Subjektives Urteil?

Bei der Personalauswahlentscheidung wird man auch alle jene Aspekte berücksichtigen, die einer mathematischen Bewertung kaum oder nur schwerlich zugänglich sind. Diese Aspekte werden von einigen wissenschaftlichen Studien, vor allem aber von der Praxis geschätzt. Die Entscheidungsträger haben nämlich ein recht genaues Bild des zukünftigen Belegschaftsmitgliedes vor Augen. Sie wollen nicht nur Qualifikationen überprüfen. Ebenso wichtig ist ihnen oftmals die Frage, ob die Bewerberin bzw. der Bewerber in das Unternehmen bzw. die Abteilung passt. Anhand dieser Frage kann die Struktur und Verhaltensweise des Kollegenkreises berücksichtigt werden, denn nicht nur die Zeugnisnoten oder die fachlichen Qualifikationen entscheiden über den Erfolg. Die Übereinstimmung mit der jeweiligen

Unternehmenskultur, das heißt den vorherrschenden Wertvorstellungen, ist die Grundlage für das Funktionieren eines jeden Unternehmens. Andererseits fordert das Allgemeine Gleichbehandlungsgesetz eine Urteilsfindung frei von Diskriminierungen, die für einen Dritten bzw. das Arbeitsgericht nachvollziehbar dokumentiert wird. Für Subjektivität bleibt da kein Freiraum. Das Dilemma kann man lösen, indem man die genannten Aspekte in die Definition der erforderlichen Kompetenzen einbindet, das heißt, beispielsweise Hilfs- und Verständnisbereitschaft sowie Anpassungs-, Integrations-, Kommunikations-, Konfliktlösungs-, Kooperations- und Teamfähigkeit als Anforderungskriterien definiert (Wisskirchen 2006, S. 1494 f.).

Neueinstellung gekündigt wird oder sonstige Nachteile entstehen, ohne dass dies aus betrieblichen oder persönlichen Gründen gerechtfertigt ist.

▸ Der betroffene Arbeitnehmer wird durch die personelle Maßnahme, etwa eine Versetzung, benachteiligt, ohne dass dies aus betrieblichen oder in der Person des Arbeitnehmers liegenden Gründen gerechtfertigt ist.

▸ Obwohl der Betriebsrat auf einer innerbetrieblichen Stellenausschreibung bestanden hat, wurde diese unterlassen.

▸ Es besteht die Gefahr, dass der neue Arbeitnehmer durch gesetzwidriges Verhalten oder durch die grobe Verletzung des Grundsatzes der Gleichbehandlung aller Betriebsangehörigen den Betriebsfrieden stören wird.

Verweigert der Betriebsrat seine Zustimmung, so kann der Arbeitgeber beim Arbeitsgericht beantragen, die Zustimmung zu ersetzen.

2.5.4 Zusage und letzte Absagen

Nachdem die Entscheidung gefallen ist und der Betriebsrat seine Zustimmung erteilt hat, erhält die betreffende Bewerberin bzw. der betreffende Bewerber eine Zusage. In sehr dringenden Fällen kann diese Zusage sogar telefonisch erfolgen. In der Regel wird sie jedoch schriftlich formuliert und beinhaltet eine Einladung zu Verhandlungen über die genauen Vertragsmodalitäten.

In einigen Unternehmen gibt es ein unumstößliches Vertragswerk und ebenso unumstößliche Richtlinien über die Einstufung des Entgelts, die grundsätzlich nicht modifiziert werden. Diese Unternehmen verbinden die Zusage mit der Zusendung des Vertrages und der Bitte,

ein unterschriebenes Exemplar bis zu einem bestimmten Zeitpunkt zurückzuschicken.

Manche Unternehmen sind bei der Formulierung der Zusage hingegen recht vorsichtig. Sie laden die Betreffenden lediglich zu einem weiteren Gespräch ein und verschweigen, dass eine Entscheidung bereits gefallen ist. Diese Vorsicht hat ihren Grund. Es ist nämlich durchaus noch möglich, dass sie sich zwischenzeitlich für eine Position im bisherigen oder einem anderen Unternehmen entschieden haben, oder dass man in den Vertragsverhandlungen zu keiner Einigung kommt.

Auf jeden Fall ist Vorsicht bei den letzten Absagen angebracht. Eine einmal ausgesprochene Absage kann man nämlich schlecht wieder zurücknehmen. Die Betroffenen werden immer den Eindruck haben, sie seien nur zweite Wahl und nur deshalb ausgewählt worden, weil andere, vielleicht auch aus guten Gründen, in letzter Minute abgesprungen sind. Und damit haben sie dann ja auch Recht! Man sollte deshalb mit den Absagen zumindest für jene, die nur knapp am Anforderungsprofil gescheitert sind, warten, bis der Vertrag von der Bewerberin bzw. dem Bewerber der ersten Wahl unterschrieben ist und gegebenenfalls die ärztliche Eignungsuntersuchung ein positives Ergebnis erbracht hat.

Vorsicht bei Absagen

Da der Absage sämtliche Bewerbungsunterlagen mit Ausnahme des Anschreibens beizufügen sind, man aber innerhalb von zwei Monaten nach der Absage mit etwaigen Ansprüchen nach dem Allgemeinen Gleichbehandlungsgesetz und innerhalb weiterer drei Monate mit einer Klage rechnen muss, ist weitere Vorsicht empfehlenswert. Um den Beginn der Frist zu dokumentieren, sollte man sich zumindest bei den Bewerberinnen und Bewerbern, bei denen man ein Risi-

---

Golden Handshake

Wenn man Personen mit besonders raren und begehrten Qualifikationen und Kompetenzen beziehungsweise mit speziellem Insiderwissen als neue Beschäftigte gewinnen will, bietet man ihnen bisweilen eine zusätzliche Vergütung an, die bei Vertragsschluss oder zu einem vereinbarten Termin nach der Arbeitsaufnahme fällig wird. Diese zusätzliche Vergütung, die man Abschlussgratifikation oder »golden handshake« nennt, ist in jeder

nur denkbaren Form möglich, etwa als Prämie in Geld, als Dienstwagen mit unbeschränkter privater Nutzung oder als Aktienoption (Stock Option). Der derzeitige Arbeitgeber wird diese Strategie zu konterkarieren suchen, indem er seinerseits Zahlungen in Aussicht stellt, die man als goldenen Fallschirm bezeichnet (Bröckermann 2005, S. 6f., Kapitel Personalfreisetzung).

Unter der Lupe

ko befürchtet, einen Zugangsnachweis über die Unterlagen beschaffen. Dafür reicht die Versendung per Einschreiben mit Rückschein. Und die bereits erwähnte Bewerbungsverwaltung, eine Datei oder notfalls Kartei mit den Bewerberdaten und allen Unterlagen zur Personalauswahl und -entscheidung, hilft, unberechtigte Vorwürfe abzuwehren. Die Vorsicht erstreckt sich auch auf das Absageschreiben, in dem man keinen Anlass für einen Diskriminierungsvorwurf geben darf.

Das bedeutet leider, dass man dieses Schreiben recht neutral unter Verwendung der üblichen, standardisierten Textbausteine formulieren muss, obwohl gerade eine Absage öffentlichkeitswirksam ist. Telefonische oder mündliche Auskünfte für abgelehnte Bewerberinnen und Bewerber dürfen folglich bedauerlicherweise auch nicht aussagekräftig sein *(Rühl/Hoffmann 2008, S. 116, Wisskirchen 2006, S. 1494 f.)*.

2.6 Vertrag

Die Zusammenarbeit und auch die Gerichte werden oft an sich völlig unnötig durch Streitigkeiten belastet. Viele dieser Streitigkeiten lassen sich durch eine eindeutige vertragliche Regelung der gegenseitigen Rechte und Pflichten vermeiden. Ein in allen Aspekten deutlich formulierter Vertrag ist daher unverzichtbar.

2.6.1 Vertragsformen

Aus juristischer Sicht ist der Arbeitsvertrag ein **Dienstvertrag**, der die Grundlage für die Beziehung von Arbeitgeber und Arbeitnehmer bildet. Mit ihm wird ein Arbeitsverhältnis begründet, das den Arbeitnehmer zu einer

▸ weisungsgebundenen Tätigkeit gegen Entgelt, die er höchstpersönlich vorzunehmen hat, und
▸ zur Eingliederung in einen Betrieb – im juristischen Sprachgebrauch zu Treue und Gehorsam – verpflichtet.

Der Arbeitgeber ist verpflichtet

▸ zur Zahlung des Arbeitsentgelts,
▸ zur Gleichbehandlung, zum Schutz der Person, des Vermögens und des Fortkommens – im juristischen Sprachgebrauch zur Fürsorge – und
▸ zur Beschäftigung *(Pulte 2006, S. 18 ff.)*.

Wenn die Rechte und Pflichten anders ausgestaltet sind, liegt kein Arbeitsverhältnis vor, sondern eine anders geartete Beziehung, deren Grundlage z. B. ein Werk-, Gesellschafts-, Arbeitnehmerüberlassungs-, Heimarbeiter- oder Dienstverschaffungsvertrag sein kann.

2.6.2 Rechtsvorschriften

Um im juristischen Sinne gültig zu sein, muss bei der Formulierung des Vertrages eine Vielzahl von Rechtsvorschriften beachtet werden

Arbeitsverhältnis

Haftung bei Schaden

Verursacht der Arbeitnehmer dem Arbeitgeber bei Erfüllung des Arbeitsvertrages schuldhaft einen Schaden, so haftet er grundsätzlich auf Schadensersatz, aber nicht bei jedem Grad des Verschuldens in voller Höhe.

▸ *Bei leichtester Fahrlässigkeit haftet er gar nicht.*
▸ *Bei mittlerer Fahrlässigkeit wird der Schaden zwischen Arbeitnehmer und Arbeitgeber nach den Umständen des Falles prozentual aufgeteilt. Dabei spielen beispielsweise die Höhe des Gesamtschadens, das Einkommen, die Unterhaltspflich-*

ten und die Tatsache eine Rolle, ob es sich um einen Wiederholungsfall oder die Folge einer Übermüdung handelt.

▸ *Bei grober Fahrlässigkeit ist eine Haftungserleichterung möglich, wenn der Schaden ungewöhnlich groß ist.*
▸ *Bei gröbster Fahrlässigkeit oder Vorsatz haftet der Arbeitnehmer voll (Danne/Heider-Knabe 2003, S. 150 f.).*

Leitende Angestellte und die Geschäftsleitung haften unter schärferen Bedingungen (Siry 2004, S. 43 f.).

> ### Vertragsfreiheit
>
> *Dank der sogenannten **Abschlussfreiheit** ist niemand gezwungen, ein Vertragsverhältnis einzugehen. Der Vertrag entsteht nach den Vertragsverhandlungen durch eine Einigung zwischen den Vertragsparteien. Die Einigung muss sich aber grundsätzlich auf alle Vertragspunkte erstrecken, über die nach der Er-* *klärung auch nur einer Partei eine Vereinbarung getroffen werden sollte. Ist das nicht der Fall, so gilt der Vertrag im Zweifel als nicht geschlossen. Minderjährige Arbeitnehmer brauchen für einen Arbeitsvertrag die Zustimmung ihrer gesetzlichen Vertreter, in der Regel der Eltern.*

(Abb. 5.1, ähnlich Pulte 2006, S. 2 ff. und Oechsler 2006, S. 240 ff.).

▸ Das deutsche Recht, also auch das Vertragsrecht, wird daran gemessen, ob es im Gleichklang mit der Bundesverfassung, dem **Grundgesetz** für die Bundesrepublik Deutschland, steht. Soweit Regelungstatbestände der Hoheit der Bundesländer unterliegen, werden sie an den jeweiligen **Verfassungen der Länder** gemessen. Zudem dürfen sie nicht gegen zwingendes **Europäisches Recht** verstoßen.

▸ Diverse **Gesetze** sehen Regelungen vor, von denen nicht einzelvertraglich abgewichen werden darf. Derartige Vorschriften beinhalten zum Teil die §§ 611 bis 630 des Bürgerlichen Gesetzbuches und eine Vielzahl spezieller Rechtsnormen, etwa das Aufenthalts- und Arbeitserlaubnisrecht.

▸ **Tarifverträge** werden zwischen einer oder mehreren Gewerkschaften und einem Arbeitgeberverband bzw. einem einzelnen Arbeitgeber geschlossen. Sie legen für beide Vertragspartner den unabdingbaren Mindeststandard fest. Wenn das Bundesministerium für Arbeit und Soziales nach dem im Tarifvertragsgesetz, im Arbeitnehmer-Entsendegesetz oder im Gesetz über die Festlegung von Mindestarbeitsbedingungen vorgeschriebenen Verfahren einen Tarifvertrag oder einzelne Regelungen wie den Mindestlohn für allgemeinverbindlich erklärt hat, gelten sie auch für Arbeitgeber und Arbeitnehmer, die nicht dem Arbeitgeberverband oder der Gewerkschaft angehören (Kapitel Entgelt).

▸ **Betriebs- oder Dienstvereinbarungen** können zwischen dem Arbeitgeber und dem jeweiligen Betriebs- oder Personalrat geschlossen werden. Sie ergänzen in der Regel tarifliche Vereinbarungen durch ein Regelwerk, das auf die betrieblichen Gegebenheiten abgestellt ist. Regelungstatbestände, die bereits durch Tarifverträge erfasst werden, dürfen aber gemeinhin nicht Gegenstand von Betriebs- oder Dienstvereinbarungen sein. Die einzelnen Arbeitnehmer können auf jene Rechte, die ihnen durch Betriebs- oder Dienstvereinbarungen eingeräumt werden, auch arbeitsvertraglich nur mit Zustimmung des Betriebs- oder Personalrates verzichten *(Frey/Pulte 2005, S. 1 ff.).*

▸ Die **betriebliche Übung** ist eine Art Gewohnheitsrecht. Die Rechtsprechung geht davon aus, dass die Arbeitnehmer generell einen Rechtsanspruch auf den Einsatz von Regelungen haben, die seit längerem im betreffenden Unternehmen angewandt wurden.

Die genannten Rechtsquellen müssen für das Vertragswerk genau in dieser Reihenfolge beachtet werden. Die jeweils **nachrangige Rechtsquelle** hat sich an der jeweils höherrangigen zu orientieren. Davon abgesehen besteht grundsätzlich Vertragsfreiheit.

Verträge, auch Arbeitsverträge, sind grundsätzlich **formfrei**, können also prinzipiell auch mündlich geschlossen werden. Für Arbeitsverträge können Gesetze, Tarifverträge, Betriebs- oder Dienstvereinbarungen aber zwingend die Schriftform fordern, wie beispielsweise das Berufsbildungsgesetz, wonach das Unternehmen spätestens vor Beginn einer Berufsausbildung den wesentlichen Inhalt des Vertrages schriftlich niederlegen muss. Die Befristung eines Arbeitsvertrages bedarf gemäß § 14 des Teilzeit- und Befristungsgesetzes und ein Wettbewerbsverbot nach § 74 des Handelsgesetzbuches der Schriftform. Ohnehin ist es allen Beteiligten angeraten, vor allem den Arbeitsvertrag und alle Nebenabre-

Normenhierarchie

Inhaltliche Mängel von Verträgen

Nicht alle Beteiligten kennen alle einschlägigen Normen, und manchmal werden sie auch missachtet. Dadurch enthalten manche Verträge Formulierungen, die nicht rechtsgültig sind und so das gesamte Vertragswerk in Frage stellen. Solange beide Parteien aber keine Einwände erheben, halten sie sich auch an diese Formulierungen: Wo kein Kläger ist, da ist auch kein Richter.

Soweit die Gerichte angerufen werden, nehmen sie bei inhaltlichen Mängeln eine Auslegung vor. An die Stelle des unwirksamen Vertragsteiles tritt dann eine Regelung, die dem Willen der Vertragspartner entsprochen hätte, wenn sie die Rechtslage gekannt und berücksichtigt hätten.

den in jedem Fall schriftlich zu dokumentieren. Nur die Schriftform gewährleistet die notwendige Rechtssicherheit. Im Übrigen fordert das **Nachweisgesetz** vom Arbeitgeber, spätestens einen Monat nach dem vereinbarten Beginn des Arbeitsverhältnisses – und auch bei erheblichen Vertragsänderungen im laufenden Arbeitsverhältnis –, die wesentlichen Vertragsbedingungen – ähnlich wie in der folgenden Auflistung – schriftlich niederzulegen, zu unterschreiben und den Beschäftigten auszuhändigen *(Stelzer-Rothe/Hohmeister 2001, S. 17 ff.)*.

Grundsätzlich sind die Vertragsparteien bei der zeitlichen und inhaltlichen **Gestaltung** des Vertrages frei. Für Arbeitsverträge unterstreicht das § 105 der Gewerbeordnung. Sie müssen jedoch die weiter oben genannten Vorschriften beachten, die im Einzelfall die Gestaltungsfreiheit beschränken. Ferner sollten Arbeitgeber und Arbeitnehmer die Inhalte des Arbeitsvertrages in jedem Detail frei aushandeln. Werden jedoch vorformulierte Passagen in Arbeitsverträgen verwendet oder kommen Vertragsmuster zum Einsatz, sind dies Allgemeine Geschäftsbedingungen im Sinne der §§ 305 ff. des Bürgerlichen Gesetzbuches. Das hat möglicherweise die Unwirksamkeit der betreffenden Vertragsklauseln zur Folge *(Bredehorn 2003, S. 62 ff.)*.

Entgegen den allgemeinen Regeln des Bürgerlichen Gesetzbuches führen **Mängel** beim Abschluss eines Arbeitsvertrages, zum Beispiel die fehlende Aufenthaltserlaubnis für ausländische Beschäftigte, grundsätzlich nicht zur Nichtigkeit des Arbeitsvertrages. Vielmehr bleiben die gegenseitigen Rechte für die Vergangenheit erhalten, wenn die Arbeit bereits geleistet ist. Für die Zukunft entfällt die Bindung an das Arbeits-

verhältnis ohne Rücksicht auf kündigungsrechtliche Bestimmungen.

2.6.3 Inhalt des Arbeitsvertrages

Ein typischer Arbeitsvertrag zwischen einem Arbeitgeber und einem Arbeitnehmer nimmt gemeinhin zu folgenden Punkten Stellung *(Worzalla 2005, S. 11 ff.)*:

- ▸ **Bezeichnung der Vertragsparteien:** Für den Arbeitgeber sind hier die Firma, die Rechtsform und der Sitz zu benennen, für den Arbeitnehmer der Vor-, Zu- und gegebenenfalls Geburtsname sowie zumindest die Anschrift.
- ▸ **Vertragsbeginn:** Der Vertragsbeginn ist unmissverständlich zu nennen, in der Regel in Form eines Datums. Eine Vertragsstrafe für den Nichtantritt eines Arbeitsverhältnisses ist rechtlich umstritten *(Conein-Eikelmann 2003, S. 2546 ff.)*.
- ▸ **Dauer** des Arbeitsverhältnisses: Die Laufzeit des Vertrages kann sowohl unbefristet als auch befristet sein. Der Dauerarbeitsvertrag wird erst durch die Kündigung einer der beiden Vertragsparteien oder durch eine vertragliche Vereinbarung, den Aufhebungsvertrag, beendet. Befristete Arbeitsverträge enden hingegen zum vereinbarten Zeitpunkt. Das kann, wie bei den meisten Arbeitsverträgen, der Eintritt in den Ruhestand sein, aber auch ein bestimmtes Datum. Zulässig ist eine **Befristung** nach dem Teilzeit- und Befristungsgesetz grundsätzlich, wenn sie durch einen sogenannten sachlichen Grund gerechtfertigt ist. § 14 führt beispielhaft Saison- und Projektarbeit, Probezeit, Vertretung sowie per-

Folgen von Mängeln

sönliche Gründe auf. Wenn mehrfach befristete Arbeitsverträge geschlossen werden, die nahtlos aneinander anschließen, entsteht ein sogenannter Kettenarbeitsvertrag, der vor den Gerichten als Dauerarbeitsvertrag gilt, falls keine zulässigen sachlichen Gründe für die jeweiligen Befristungen vorlagen, wie beispielsweise Urlaubsvertretungen. Nach der besagten Vorschrift sind Befristungen grundsätzlich auch ohne einen sachlichen Grund möglich, aber lediglich bei Neueinstellungen und nur bis zu einer Dauer von insgesamt 24 Monaten, auch bei maximal dreifach verlängerten Befristungen, die zunächst kürzer ausgelegt waren. Für Arbeitnehmer, die das 52. Lebensjahr vollendet haben und unmittelbar zuvor mindesten vier Monate ohne Beschäftigung – das heißt nicht unbedingt arbeitslos gemeldet – waren, bedarf die Befristung eines neuen Arbeitsvertrages bis zu einer Dauer von fünf Jahren keines sachlichen Grundes. In den ersten vier Jahren nach der Gründung eines Unternehmens ist die Befristung ohne sachlichen Grund für eben diesen Zeitraum generell zulässig *(Hümmerich/Holthausen 2003, S. 7 ff., Schiefer/Köster/Korte 2007, S. 1081 ff.)*.

▸ **Arbeitsort:** In Unternehmen mit mehreren Standorten ist eine Vereinbarung über den Arbeitsort von großer Bedeutung. Gegebenenfalls wird festgelegt, dass der Arbeitnehmer an verschiedenen Orten beschäftigt werden kann.

▸ **Probezeit:** Mögen die Auswahlverfahren auch noch so gründlich sein, ein stimmiges Bild von einer Person erhält man erst durch die Dauerbeobachtung. Darauf ist die allgemein geübte Praxis zurückzuführen, bei Einstellung eine angemessene Probezeit zu vereinbaren, mit der das Arbeitsverhältnis beginnt. Viele Tarifverträge befristen die Probezeit. Sie beträgt für gewerbliche Arbeitnehmer gewöhnlich vier Wochen und für Angestellte drei bis sechs Monate. Vorsichtige Unternehmen vereinbaren keine Probezeit, sondern ein Probearbeitsverhältnis, also ein befristetes Arbeitsverhältnis. Dieses endet entweder zum vereinbarten Termin, oder es wird zu diesem Termin in ein Dauerarbeitsverhältnis umgewandelt. Nicht selten wird dabei Bezug auf

das Teilzeit- und Befristungsgesetz genommen und so dem eigentlichen Arbeitsverhältnis ein befristetes vorgeschaltet *(Preis/Kliemt/Ulrich 2003, S. 1 ff., 18 ff., 78 ff.)*.

▸ **Tätigkeitsbezeichnung:** Häufig sind Arbeitsverträge zu diesem Punkt recht ungenau, denn je weitreichender die Tätigkeitsbezeichnung ist, umso breiter ist das Spektrum der Leistungen, die der Arbeitgeber fordern kann. Entspricht die Tätigkeitsbezeichnung lediglich der üblichen Berufsbezeichnung, ist der Arbeitnehmer grundsätzlich zur Leistung aller dem betreffenden Berufsbild entsprechenden Arbeiten verpflichtet. Und behält sich der Arbeitgeber durch eine Klausel vor, dem Arbeitnehmer auch andere der Berufserfahrung und Ausbildung entsprechende Aufgaben zu übertragen, ist die Zuweisung solcher Aufgaben regelmäßig nicht von der Zustimmung der Betroffenen und des Betriebs- bzw. Personalrates abhängig.

▸ **Arbeitsentgelt:** Hier werden die Entgeltform, die Höhe, die Fälligkeit und die Auszahlungsweise, eventuell auch die Steigerung des Arbeitsentgelts und die Vergütung von Mehr-, Schicht-, Nacht-, Feiertags- und Sonntagsarbeit sowie gegebenenfalls der Anspruch auf und die Berechnung von leistungs- oder erfolgsbezogenen Komponenten geregelt. Wenn die Vertragsparteien an den einschlägigen Tarifvertrag gebunden sind, muss wenigstens die tarifliche Mindestvergütung gezahlt werden.

▸ **Sozialleistungen:** Falls das Unternehmen Leistungen wie Dienstwagen, Umzugskosten, Gratifikationen, Vermögensbildung, Altersversorgung usw. in Aussicht stellt, sollte das im Arbeitsvertrag dokumentiert werden.

▸ **Arbeitszeit:** Entweder wird auf den Tarifvertrag respektive eine Betriebs- oder Dienstvereinbarung Bezug genommen oder die regelmäßige Arbeitszeit unter Einschluss der Pausen genannt. Der Arbeitsvertrag beinhaltet oft auch die Verpflichtung zur Mehr-, Schicht-, Nacht-, Feiertags- und Sonntagsarbeit.

▸ **Urlaub:** Soweit zu diesem Punkt keine Regelung getroffen wird, gilt entweder die tarifvertragliche oder gesetzliche Norm. Laut Bundesurlaubsgesetz beträgt der Mindesturlaub vierundzwanzig Werktage einschließlich des Samstags, denn der ist ein Werktag.

▶ **Arbeitsversäumnis:** Regelungsbedürftig sind die Konsequenzen einer unverschuldeten Arbeitsverhinderung und die Nachweispflicht bei Erkrankungen. Wenn das Unternehmen über die gesetzliche Entgeltfortzahlung von sechs Wochen hinausgeht, wird das gleichfalls festgehalten. Hie und da sieht der Vertrag die Abtretung von Schadensersatzansprüchen an den zur Entgeltfortzahlung verpflichteten Arbeitgeber vor, die der Arbeitnehmer etwa aufgrund eines Unfalls gegen Dritte erwirbt.

▶ **Kündigung:** Die Kündigungsfrist wird regelmäßig in den Arbeitsvertrag aufgenommen. Erfolgt keine Regelung, gelten entweder die Bestimmungen des einschlägigen Tarifvertrags oder die gesetzlich zulässigen Mindestkündigungsfristen des § 622 des Bürgerlichen Gesetzbuches. Einige Arbeitsverträge beinhalten Klauseln, die im Falle der Kündigung des Arbeitnehmers die Rückgabe des Arbeitsmaterials und vor allem die Rückzahlung von Seminargebühren und Umzugskostenerstattung vorsehen, die der Arbeitgeber übernommen

hat. Eine Kündigung vor Arbeitsantritt kann vertraglich ausgeschlossen werden.

▶ **Sonstige Regelungen:** Manche Arbeitsverträge nehmen zur Geheimhaltungspflicht des Arbeitnehmers Stellung, die sich ohnehin aus der Treuepflicht ergibt. Nicht unüblich sind auch Regelungen für Diensterfindungen, Vereinbarungen in Bezug auf Nebentätigkeiten und Gerichtsstandsklauseln. Die salvatorische Klausel beinhaltet die Regelung, dass bei Ungültigkeit einzelner vertraglicher Regelungen alle anderen fortgelten sollen. Seltener wird Wettbewerbsverbot vereinbart. Das Wettbewerbsverbot bedarf der Schriftform. Es dient dazu, eine zeitnahe Tätigkeit des Arbeitnehmers nach Beendigung des Arbeitsverhältnisses bei der Konkurrenz zu verhindern. Nach den §§ 74 und 74 a des Handelsgesetzbuches ist es auf maximal zwei Jahre begrenzt. Zudem muss für die Dauer des Wettbewerbsverbotes eine Entschädigung von mindestens der Hälfte der zuletzt bezogenen vertragsmäßigen Leistungen vorgesehen werden *(Bredow 2004, S. 58 ff.)*.

Aufgaben Kapitel 2

1. Worin liegen die Unterschiede und Gemeinsamkeiten von Personalbeschaffung, Recruitment und Personalwerbung?

2. In welcher Beziehung stehen das Diversity-Prinzip der Personalbeschaffung und das Allgemeine Gleichbehandlungsgesetz?

3. Was versteht man generell unter Kompetenzen, was unter fachlicher, methodischer, sozialer und personaler Kompetenz?

4. Müssen offene Stellen innerbetrieblich ausgeschrieben werden?

5. Man kann Bewerbungen mit einem Sperrvermerk versehen. Was ist ein Sperrvermerk und wann macht er Sinn?

6. Wieso empfiehlt es sich, auf Jobbörsen statt auf die Websites der Unternehmen zu zuzugreifen, wenn man im Internet nach geeigneten Stellenangeboten sucht?

7. Welche Vor- und Nachteile hat das Internet bei der Personalbeschaffung?

8. Eine Dienstleistung, die von einigen Personalberatungen angeboten wird, ist das Headhunting oder Executive bzw. Direct Search, zu deutsch die Direktansprache oder Abwerbung. Eng verwandt damit sind Mitarbeiterempfehlungen, die Zusammenarbeit mit »Talent Scouts« und die Competitive Intelligence. Bitte erläutern Sie, worum es sich bei den drei letztgenannten Verfahren handelt.

9. Was beinhaltet die DIN 33430?

10. Wie geht man vor und was kommt auf einen zu, wenn die Stellenausschreibung eine Online- bzw. Internetbewerbung fordert?

11. Am Anfang der Personalauswahl steht eine rasche, grobe Sichtung der eingegangenen Bewerbungen. Warum bezeichnet man diese Sichtung in Fachkreisen als ABC-Analyse?

12. Als Personalreferent/in beschäftigen Sie sich mit einigen Bewerbungen, die auf eine ausgeschriebene Stelle eingegangen sind, intensiver. In einer Bewerbung finden Sie für mehrere mehrjährige Tätigkeiten nur Arbeitsbescheinigungen statt qualifizierter Arbeitszeugnisse. Warum müssen Sie was daraus schließen?

13. In einem Arbeitszeugnis finden sich unter anderem folgende Formulierungen: »Herr Meier hatte Verständnis für seine Arbeit. Er bevorzugte eine gleichbleibende Tätigkeit und hatte Gelegenheit, sich Wissen anzueignen. Herr Meier war bemüht, den Anforderungen gerecht zu werden. Er hat im Großen und Ganzen zu unserer Zufriedenheit gearbeitet.« Wie muss man diese Formulierungen nach den gängigen Regeln der Zeugnisinterpretation auslegen?

14. Zuweilen beinhalten Stellenausschreibungen detaillierte Aufzählungen der Bewerbungsunterlagen, die man einreichen soll. Warum wird das Bewerbungsfoto in derartigen Aufzählungen in der Regel nicht erwähnt?

15. Ihr Freund Peter sucht eine neue Stelle als Krankenpfleger. In einem Vorstellungsgespräch stellt man ihm die Frage, ob er HIV-positiv ist. Wieder zu Hause ist er immer noch ganz aufgebracht und will von Ihnen wissen, ob diese Frage überhaupt zulässig war.

16. Ihre Freundin Nicole ist für Montag um 9:00 Uhr zum Vorstellungsgespräch für eine Stelle eingeladen worden, auf die sie sich beworben hatte. Da sie ca. 600 km anreisen muss und beim Gespräch ausgeschlafen sein will, möchte Sie von Sonntag auf Montag vor Ort übernachten. Bitte erläutern Sie Nicole, wer ihr Vorstellungskosten in welchem Umfang ersetzen könnte.

17. Unter welchen Bedingungen sind Testverfahren bei der Personalauswahl rechtlich zulässig?

18. Situative Verfahren, die man auch als Simulationen bezeichnet, sind eine Art standardisierter Arbeitsproben. Ein recht bekanntes situatives Verfahren ist der Postkorb. Was muss man sich in diesem Zusammenhang unter einem Postkorb vorstellen?

19. Sie haben sich für eine Stelle beworben, für die ein kommunikativer, teamfähiger Mensch gesucht wird, obwohl Sie sich eher für eine/n verschlossene/n Einzelkämpfer/in halten. Nun werden Sie zum Assessment Center eingeladen. Unter welchen Voraussetzungen macht es Sinn, die Einladung anzunehmen?

20. Die Geschäftsführung eines Unternehmens mit 1.320 Beschäftigten hat sich nach langer Suche für eine neue Prokuristin entschieden, die in einschlägigen Kreisen als Spezialistin für Massenentlassungen bekannt ist und weitreichende Vollmachten erhalten soll. Der Betriebsrat wurde laufend und umfassend über die Bewerbungen und die Personalauswahl informiert. Einen Tag nach der letzten Information teilt der Betriebsrat der Geschäftsführung schriftlich mit, er verweigere die Zustimmung für die Einstellung, weil er die Sorge habe, dass bereits beschäftigten Arbeitnehmern wegen der Neueinstellung gekündigt wird, ohne dass dies aus betrieblichen oder persönlichen Gründen gerechtfertigt ist. Wie muss man diese Mitteilung des Betriebsrats rechtlich werten?

21. Volker gibt auf einer Party lautstark damit an, dass er das Unternehmen gewechselt hat und nun als rechte Hand des Chefs arbeitet. Der Chef hätte ihn am ersten Arbeitstag sogar mit einen »golden handshake« begrüßt. Was meint Volker mit »golden handshake«?

22. Rolf und Werner sind seit Jahren als Gabelstaplerfahrer tätig. Sie streiten darüber, wer der bessere Fahrer ist. Rolf kommt auf die Idee, eine Arbeitsaufgabe »auf Tempo« um die Wette zu erledigen. Werner willigt ein. Beide trinken sich mit viel Schnaps Mut an. Nach ein paar Metern wird es Werner übel, und er stoppt. Rolf hingegen gibt Vollgas. Es kommt, wie es kommen musste: Rolf kann auf dem Hof nicht rechtzeitig bremsen. Dadurch verursacht er am neuen Dienstwagen des Geschäftsführers einen Totalschaden. Muss Rolf für den Schaden haften?

23. Sie einigen sich mündlich mit einem Arbeitgeber, der an keinen Tarifvertrag gebunden ist und bei dem kein Betriebsrat gewählt wurde, auf ein Arbeitsverhältnis. Einen schriftlichen Arbeitsvertrag bekommen Sie nicht. Ist die mündliche Vereinbarung rechtsgültig, und können Sie nicht doch auf einem schriftlichen Dokument bestehen?

24. Ihre Freundin Nicole hat die Zusage für eine Stelle bekommen, auf die sie sich beworben hatte. Man hat ihr einen Arbeitsvertrag geschickt, den sie unterschreiben soll. Als Sie den Vertrag lesen, stellen Sie fest, dass der Arbeitgeber ein Probearbeitsverhältnis mit Nicole vereinbaren will. Bitte erläutern Sie Nicole den Unterschied zwischen einem Probearbeitsverhältnis und einer Probezeit.

25. Was ist ein Wettbewerbsverbot und unter welchen Bedingungen ist es statthaft?

Lösungen zu den Aufgaben finden Sie im Anschluss an das letzte Kapitel.

3 Personaleinsatz

Leitfragen

- **Was unterscheidet die Einsatzplanung von der Beschaffungsplanung?**

- **Warum ist eine Einarbeitung notwendig?**
  Für welche Beschäftigten sieht man eine Einarbeitung vor?
  Wie gestaltet man die Einarbeitung?

- **Warum und in welcher Form weist man Beschäftigten eine andere Stelle zu?**

- **Wie passt man Stellen an geänderte Umstände an?**
  Wie kann man die Arbeitsinhalte und die Arbeitsteilung gestalten?
  Wie kann man die Bedingungen am Arbeitsplatz verbessern?

- **Wie plant man die Arbeits-, Pausen- und Urlaubszeiten der Beschäftigten?**
  Welche Arbeitszeitmodelle gibt es?
  Wie geht man mit dem Urlaubsanspruch der Beschäftigten um?

3.1 Zur rechten Zeit am rechten Ort

3.1.1 Aufgaben, Verfahren und Organisation des Personaleinsatzes

Der Personaleinsatz steht vor derselben Aufgabe wie die Personalbeschaffung: Personal soll in der erforderlichen Anzahl mit der erforderlichen Qualifikation und Kompetenz zu dem für die Erstellung der betrieblichen Leistung notwendigen Zeitpunkt und an dem jeweiligen Einsatzort verfügbar sein.

Die Personalbeschaffung ist darauf ausgerichtet, freie Stellen zeitlich unbefristet oder doch zumindest für einige Zeit neu zu besetzen. Bei der Personalbeschaffung steht also eine spezielle Mangelsituation im Mittelpunkt des Interesses. Aufgrund von Personalabgängen besteht ein Ersatzbedarf oder aufgrund der Ausweitung der Kapazitäten respektive ähnlichen Vorkommnissen ein Neubedarf.

Beim Personaleinsatz geht es hingegen um das vorhandene Personal, also um die Aufgabe, für die optimale Eingliederung der Mitarbeiterinnen und Mitarbeiter in den Arbeitsprozess zu sorgen. Mit anderen Worten sollen die Stellen und die Personen bestmöglich in Übereinstimmung gebracht werden (*Kropp 2001, S. 257 ff.*).

Der Personaleinsatz beruht auf einer Personaleinsatzplanung, die von einer Personalbestandsplanung über eine quantitative, qualitative und zeitliche Planung zur Maßnahmenplanung überleitet. Die Ansatzpunkte, auf dieser Planungsgrundlage Stellen und Personen bestmöglich in Übereinstimmung zu bringen, sind nämlich recht unterschiedlich (*Abb. 3.1*).

- Eine fundierte **Einarbeitung** stellt sicher, dass die Mitarbeiterinnen und Mitarbeiter ihre Aufgaben kennen, akzeptieren und erlernen sowie in die soziale Struktur der Belegschaft integriert werden.
- Durch eine **Stellenzuweisung** werden die Personen den Stellen zugeordnet und eventuell durch Maßnahmen der Personalentwicklung auf diese Stellen vorbereitet.
- Andererseits kann man die **Stellen** in Hinsicht auf die physischen und psychischen Bedürfnisse der Beschäftigten modifizieren, also die Stellen den Personen **anpassen**, wie das bei der Arbeitsstrukturierung und Arbeitsplatzgestaltung der Fall ist.

Abb. 3.1

Verfahren des Personaleinsatzes

Personaleinsatzplanung			
Einarbeitung	**Stellen-zuweisung**	**Stellen-anpassung**	**Zeitwirtschaft**
		Arbeits-strukturierung	**Arbeitszeit-modelle**
▸ Vorbereitung ▸ Begrüßung ▸ Information ▸ Vorstellung ▸ Orientierung ▸ soziale Integration ▸ Einweisung und Kontrolle ▸ Beurteilung	▸ Mehrarbeit ▸ Versetzung ▸ Personal-entwicklung ▸ Auslands-einsatz ▸ Personal-reserve ▸ Personal-leasing ▸ befristete Verträge ▸ Outsourcing	▸ REFA-System ▸ Telearbeit ▸ Job Rotation ▸ Fertigungsteam ▸ Job Enlargement ▸ Job Enrichment ▸ teilautonome Gruppe ▸ Fertigungs-insel ▸ Qualitätszirkel ▸ Werkstattzirkel ▸ Projektgruppe	▸ feste Arbeitszeit ▸ rollierendes System ▸ Schichtarbeit ▸ Bandbreiten-Modell ▸ gestaffelte Arbeitszeit ▸ Baukasten-system ▸ Teilzeit ▸ Gleitzeit ▸ variable Arbeitszeit ▸ Jahres-arbeitszeit ▸ Lebens-arbeitszeit ▸ Sabbatical ▸ Cafeteria-System
		Arbeitsplatz-gestaltung	**Urlaub**
		▸ anthropo-metrisch ▸ physiologisch ▸ psychologisch ▸ informations-technisch ▸ sicherheits-technisch	▸ Erholungs-urlaub ▸ Mindesturlaub ▸ Sonderurlaub ▸ Betriebsferien

Quelle: eigene Darstellung

▸ Und letztlich kann man eine Übereinstimmung mittels der **Zeitwirtschaft** angehen, indem man die Arbeits- und Urlaubszeiten der Beschäftigten beeinflusst.

Was die **Organisation** anbelangt, ist der Personaleinsatz weit weniger den aktuellen Trends unterworfen wie die Personalbeschaffung. Man wählt eher

die funktionsorientierte oder die objektorientierte Gliederung im divisionalen Referentensystem.

Dabei ist jedoch zu beachten, dass Personaleinsatzentscheidungen im täglichen Betriebsablauf oft von den Vorgesetzten vor Ort getroffen werden. Das Personalwesen hat diesbezüglich eine Koordinationsaufgabe. Mittel- und langfristige Personaleinsatzfragen werden hingegen fast immer unter Einbeziehung des Personalwesens entschieden.

Für den Personaleinsatz werden die Center-Konzepte und das Outsourcing selten angewandt, weil der Personaleinsatz doch zu den Kernaufgaben der Personalwirtschaft zählt. Dagegen ist es durchaus denkbar, dass der Personaleinsatz ausschließlich von Vorgesetzen vor Ort vorgenommen wird und eine unternehmensweite Abstimmung in Form einer virtuellen Personalabteilung stattfindet (Kapitel Grundlagen).

3.1.2 Prinzipien und Rahmenbedingungen des Personaleinsatzes

Eine optimale Eingliederung des Personals ist nur möglich, wenn fünf gleichermaßen wichtige Prinzipien berücksichtigt werden, die aus den personalpolitischen Prinzipien abgeleitet sind (Kapitel Grundlagen).

Nach dem **Rentabilitätsprinzip** sollen den in der Regel unterschiedlich geeigneten Beschäftigten Tätigkeitsbereiche und Arbeitszeiten derart zugewiesen werden, dass eine optimale Relation von Personalkosten und Leistungsergebnis erreicht wird.

Das betriebliche Leistungsergebnis soll über einen längeren Zeitraum relativ verlässlich und zuverlässig sein. Beim Personaleinsatz muss also im Sinne des **Stabilitätsprinzips** bedacht werden, welche Beschäftigten eine Tätigkeit längerfristig und beständig ausüben können.

Neben einer eignungs- und anforderungsgerechten Besetzung der Arbeitsplätze achtet man auf eine Erhöhung der Flexibilität des Personaleinsatzes. Die Beachtung des **Flexibilitätsprinzips** gewährleistet jederzeit eine möglichst reibungslose Anpassung an geänderte betriebliche Anforderungen.

Das **Planungsprinzip** besagt, dass Maßnahmen rechtzeitig entworfen werden müssen, soweit nicht eine umgehende Reaktion gefordert ist. Sie bedürfen rechtzeitiger, vorausschauender Überlegungen, um einen reibungslosen Verlauf und eine frühzeitige Mitarbeiterinformation sicherzustellen.

Leistung kann nur erbracht und Arbeitszufriedenheit nur erreicht werden, wenn die Beschäftigten ihre Aufgaben kennen, akzeptieren und erlernt haben, und wenn sie in die soziale Struktur der Belegschaft integriert werden. Der Personaleinsatz folgt mithin dem **Transparenz-, Akzeptanz- und Integrationsprinzip**. Für dieses Prinzip stecken das Grundgesetz, das Betriebsverfassungsgesetz und die Personalvertretungsgesetze des Bundes und der Länder sowie das Allgemeine Gleichbehandlungsgesetz die Grenzen ab.

Der rechtliche Rahmen des Personaleinsatzes ist durch eine Vielzahl von Vorschriften geprägt.

Beim Personaleinsatz hat der **Personal- bzw. Betriebsrat** einige **Mitwirkungsrechte**, etwa bei der Erstellung von Personalfragebogen, Beurteilungsgrundsätzen und Auswahlrichtlinien. Dasselbe gilt für die personelle Auswahl bei Versetzungen und Umgruppierungen. Auch die Gestaltung der Arbeitsplätze, des Arbeitsablaufs und der Arbeitsumgebung sind mitbestimmungspflichtig. Der Personal- bzw. Betriebsrat kann ferner eine innerbetriebliche Stellenausschreibung verlangen. Betriebsänderungen und Änderungen der Betriebsorganisation müssen mit dem Personal- oder Betriebsrat abgesprochen werden. Zu beachten ist schließlich das Mitbestimmungsrecht bei der Einführung von Mehrarbeit, bei der Bestimmung der Arbeitszeiten und Pausenregelungen sowie bei der Aufstellung allgemeiner Urlaubsgrundsätze und des Urlaubsplans. Der Personal- bzw. Betriebsrat wird in der Regel – notfalls über eine Einigungsstelle – eine Betriebs- oder Dienstvereinbarung erwirken, de-

Unter der Lupe

Für alle Beschäftigten

Wie die Personalbeschaffung so ist auch der Personaleinsatz nicht ausschließlich auf die Arbeitnehmerinnen und Arbeitnehmer beschränkt. Der Personaleinsatz zielt immer mehr auf die anderen Beschäftigtengruppen, vor allem die Freelancer und Leiharbeitnehmer, für die indes die gleichen Regularien gelten (Kapitel Grundlagen).

ren Ausgestaltung er im Interesse der Beschäftigten beeinflusst.

Die **Beschäftigten** müssen vom Arbeitgeber über ihren Arbeitsplatz und die Möglichkeiten ihrer beruflichen Entwicklung unterrichtet werden. Sie haben zudem das Recht auf Einsicht in ihre Personalakten.

Weiterhin sind neben dem gesetzlichen Unfallschutz und den Vorschriften zur Arbeitssicherheit diverse spezielle **Schutzgesetze** zu beachten. So wird die Zulässigkeit diverser Tätigkeiten für Jugendliche und Auszubildende durch besondere Vorschriften geregelt. Frauen dürfen nicht unter Tage eingesetzt werden. Das Mutterschutzgesetz beinhaltet einige Vorschriften, die den Personaleinsatz von Schwangeren betreffen, und das Sozialgesetzbuch thematisiert den Einsatz schwerbehinderter Menschen.

Den **gesetzlichen Arbeitszeitrahmen** gibt vor allem das Arbeitszeitgesetz vor. Es gilt mit wenigen Ausnahmen für alle Arbeitnehmer in allen Beschäftigungsbereichen. Zu den Ausnahmen zählen beispielsweise leitende Angestellte. Für diverse Beschäftigtengruppen gelten speziellere und dadurch vorrangige gesetzliche Regelungen, wie für Kinder und Jugendliche oder für Beschäftigte im Einzelhandel. Das Teilzeit- und Befristungsgesetz gibt den Arbeitnehmern die Möglichkeit, die tägliche Arbeitszeit auf Wunsch zu verkürzen.

Rechtlicher Rahmen
des Personaleinsatzes

Gleichbehandlung

Der Arbeitgeber muss Diskriminierungen aus Gründen der Rasse oder der ethnischen Herkunft, des Geschlechts, der Religion oder Weltanschauung, einer Behinderung, des Alters oder der sexuellen Identität verhindern oder beseitigen und die freie Entfaltung der Persönlichkeit fördern. Das besagt, dass die Betroffenen, etwa durch Kleidungsvorschriften, keine Nachteile er-

leiden sollen. Das Allgemeine Gleichbehandlungsgesetz fordert jedoch nicht, dass Vorteile einzuräumen sind. Beispielsweise gibt das religiöse Bekenntnis keinen Anspruch auf einen bestimmten arbeitsfreien Tag oder das Recht, eine generell akzeptierte Arbeitsaufgabe zu verweigern (Kapitel Grundlagen, Wisskirchen 2006, S. 1491 ff., insbesondere S. 1495).

Unter der Lupe

3.2 Personaleinsatzplanung

Durch die Personaleinsatzplanung will man ermitteln, welche Beschäftigten wann, wo und wie eingesetzt werden sollen. In der Regel stimmen sich die Führungskräfte mit dem Personalwesen ab, und zwar vor Beginn einer Periode, etwa am Jahresende für das Folgejahr, oder aktuell bei einem akuten Engpass.

Unternehmensplanung

Zu diesem Zweck muss man das Augenmerk nicht nur auf die Ziele und Rahmenbedingungen lenken. Die Personaleinsatzplanung richtet sich vor allem an den Vorgaben der **Unternehmensplanung** aus. Daraus ergibt sich eine Orientierung an den realisierbaren Personalkosten und an den Daten aus der Personalentwicklung. Eine enge Verzahnung dieser Bereiche ist daher eine Planungsvoraussetzung.

Aufgrund der Verwandtschaft der Ziele und Rahmenbedingungen kommt die Personaleinsatzplanung der Personalbeschaffungsplanung vom Ablauf her gleich *(Abb. 3.2)*.

Man kann einen anderen als den derzeitigen Personaleinsatz nur dann vorsehen, wenn man weiß, wer an welchem Einsatzort tätig ist, das heißt, wenn man den **Personalbestand** kennt. Den ermittelt man auf demselben Wege wie bei der Personalbeschaffungsplanung (Kapitel Personalbeschaffung).

Quantitative Personalplanung

Die gestellte Aufgabe muss man in einem ersten Schritt mittels einer rein **quantitativen Personalplanung** angehen. Man bestimmt deshalb den Nettopersonalbedarf.

Qualitative Personalplanung

Die rein quantitative Betrachtung hat aber ihre Grenzen. So sind etwa die Mitarbeiter einer Abteilung, die Personal abgeben könnte, von ihrer Qualifikation her den Aufgaben einer anderen Abteilung, die Personal benötigt, gar nicht gewachsen. Die quantitative Personalplanung würde also nicht greifen. Deshalb ist in aller Regel eine **qualitative Personalplanung** vonnöten.

▸ Wie bei der Personalbeschaffungsplanung gilt es an dieser Stelle, die Anforderungen in einem **Anforderungsprofil** zu präzisieren, um sie später mit den Eignungen der Betroffen vergleichen zu können *(Abb. 2.18)*.

▸ Das **Eignungsprofil** ist zunächst das Ergebnis der Personalbeschaffung *(Abb. 2.40)*. Es wird im Laufe der Betriebszugehörigkeit ergänzt und aktualisiert, denn die Beschäftigten sammeln Arbeits- und Betriebserfahrungen, sie nehmen unter Umständen an Personalentwicklungsmaßnahmen teil, sie werden beurteilt und eventuell ändert sich ihr Gesundheitszustand. Gerade in diesem Zusammenhang ist der Hinweis angebracht, dass sich auch für schwerbehinderte und ältere Beschäftigte fraglos und selbstverständlich aus den Eignungsprofilen geeignete Einsatzmöglichkeiten ergeben, die via Personalentwicklung ausgeweitet werden können. Überdies kann man das Anforderungsprofil einer Stelle durch technische Maßnahmen ändern, die umfangreich gefördert werden.

Die Informationen über die Eignungsprofile sollten so zuverlässig und umfassend wie möglich sein. Deshalb sollte auf alle zur Verfügung stehenden Informationsquellen, also sowohl auf Primär- wie auch auf Sekundärerhebungen zurückgegriffen werden *(Mentzel 2005, S. 59 ff.)*. Mit Sekundärerhebungen werden bereits vorhandene Daten ausgewertet, die ursprünglich für einen anderen Zweck gesammelt wurden. Für Zwecke der Ermittlung von Eignungsprofilen bietet sich die Recherche personalwirtschaftlicher Daten an, insbesondere aus Personaldateien und -akten. Mit Primärerhebungen ermittelt man neue Informationen und Daten speziell zu den Eignungsprofilen. Für die Primärerhebung empfehlen sich Personalbeurteilungen sowie Gespräche, Befragungen, Testverfahren und situative Verfahren, aber auch Assessment Center, die auf den letztgenannten Verfahren basieren. Schließlich kommen ärztliche Eignungsuntersuchungen in Betracht (Kapitel

Unter der Lupe

Advanced Personal Planing

Einige Unternehmen ermutigen die Beschäftigten mit dem sogenannten Advanced Personal Planning, wichtige persönliche Termine in den offiziellen Firmenkalender einzutragen, die dann so weit wie eben möglich berücksichtigt werden.

Personalbeschaffung, -beurteilung und -führung).

▸ Bei der Personalbeschaffung ist eine Ermittlung der **Motivation** der Betroffenen entbehrlich. Durch ihre Bewerbung tun sie ja kund, dass sie geneigt sind, die fragliche Stelle zu übernehmen. Für alle anderen Zwecke muss man im Rahmen der Personalplanung die Neigungen und Interessen der betroffenen Arbeitskräfte, das heißt ihre Motivation, erst einmal erkunden *(Bröckermann 1998 a, S. 4 ff., Bröckermann 1998 b, S. 14 ff.)*.
Es ist nicht sinnvoll, Arbeitskräfte an Arbeitsplätzen einzusetzen, an denen sie auf keinen Fall arbeiten wollen, oder zu Zeiten, die sie ablehnen. Es macht gleichermaßen keinen Sinn, Beschäftigte für Personalentwicklungsmaßnahmen vorzusehen, an denen sie kein Interesse haben. Der wirtschaftliche Erfolg eines Unternehmens hängt in erheblichem Maße davon ab, dass die Motivation der einzelnen Beschäftigten bei der Arbeit weitgehend berücksichtigt und die Gleichbehandlung aller Beschäftigten sichergestellt wird. Für die Erkundung der Motivation eignen sich mit wenigen Ausnahmen alle Instrumente, die zur Ermittlung der Eignung eingesetzt werden. Natürlich ist es in diesem Zusammenhang weitaus besser, sich mit den Betroffenen als über die Betroffenen zu unterhalten. Zudem zielt die ärztliche Eignungsuntersuchung vornehmlich auf den Gesundheits- zustand und nicht auf die Motive. Und schließlich sollte die Motivation dem unmittelbaren, für die Arbeitseinteilung zuständigen Vorgesetzten aufgrund der Zusammenarbeit und des persönlichen Kontaktes ohnehin bekannt sein.

▸ Ein erster Abgleich des Anforderungs- mit dem Eignungsprofil wird im Rahmen der Personalbeschaffung nach der Analyse der Bewerbungsunterlagen vollzogen, ein weiterer für Bewerberinnen und Bewerber der engeren Wahl im Anschluss an die Personalauswahlverfahren. In dieser Hinsicht ist der **Profilabgleich** ein Bestandteil der Personalbeschaffung *(Abb. 2.51)*.
Für alle anderen Aufgabenfelder ist der Profilabgleich aber bereits ein Bestandteil der Personalplanung, da hier, anders als bei der Personalbeschaffung, immer Beschäftigte be-

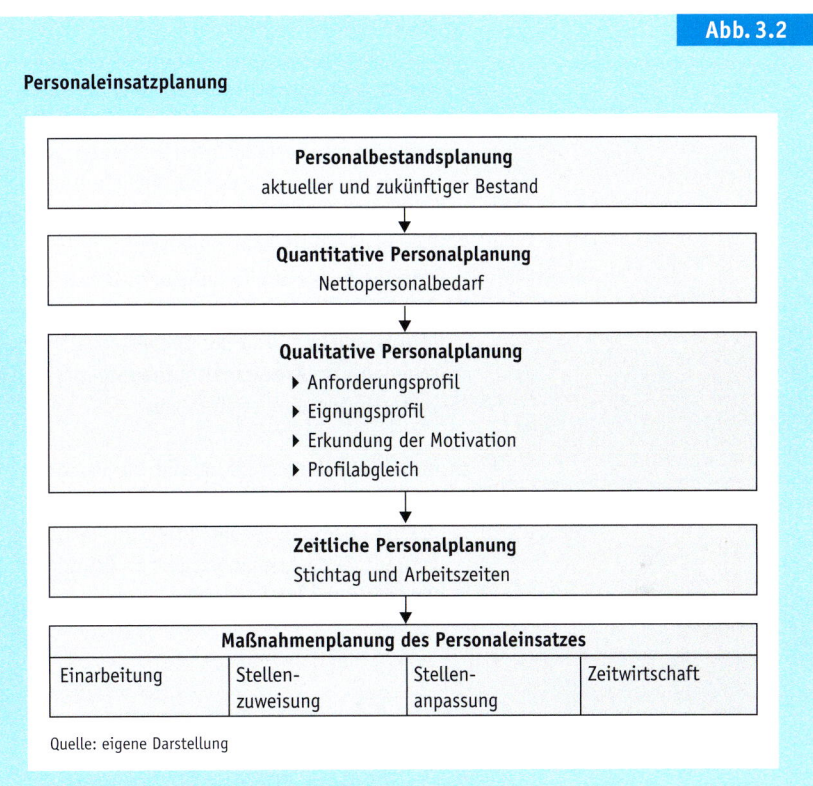

Abb. 3.2

Personaleinsatzplanung

Personalbestandsplanung
aktueller und zukünftiger Bestand

↓

Quantitative Personalplanung
Nettopersonalbedarf

↓

Qualitative Personalplanung
▸ Anforderungsprofil ▸ Eignungsprofil ▸ Erkundung der Motivation ▸ Profilabgleich

↓

Zeitliche Personalplanung
Stichtag und Arbeitszeiten

↓

Maßnahmenplanung des Personaleinsatzes			
Einarbeitung	Stellen- zuweisung	Stellen- anpassung	Zeitwirtschaft

Quelle: eigene Darstellung

troffen sind, deren Eignungsprofile sich seit ihrer Einstellung weiterentwickelt haben und mit den Anforderungsprofilen jener Stellen verglichen werden, für die sie in der Diskussion sind. Hier wird allerdings zusätzlich die Motivation vermerkt, die man freilich nur schwerlich in Tabellenform erfassen kann. Man sollte besser eine freie verbale Beschreibung verwenden.

Durch die **zeitliche Personalplanung** will man schließlich ermitteln, wann und in welchem zeitlichen Umfang der Personaleinsatz erfolgen soll.

▸ Für die Personaleinsatzplanung gilt dasselbe wie für die Personalbeschaffungsplanung: Einen Personalbestand und -bedarf muss man immer für einen **Stichtag**, ein konkretes Datum, bestimmen und dementsprechend Maßnahmen rechtzeitig auf dieses konkrete Datum hin einleiten.

▸ In den letzten Jahren ist ein Aspekt der zeitlichen Personalplanung im Kontext des Per-

Zeitliche Personalplanung

sonaleinsatzes von besonderem Interesse: Die Entwicklung von Arbeitszeitmodellen, mit denen man den Arbeitszeitbedarf der Unternehmen und die individuellen Arbeitszeitwünsche der Beschäftigten auf einen gemeinsamen Nenner bringen will. Für die Unternehmen steht dabei die Schaffung einer flexiblen Personalstruktur, der sogenannte Optimum Workforce Mix, im Vordergrund. Dieser Teil der Personaleinsatzplanung ist Thema einer Maßnahmenplanung der Zeitwirtschaft, des sogenannten **Arbeitszeitmanagements**, das weiter unten aufgegriffen wird.

Inhalt der Personaleinsatzplanung

In diesem Planungsstadium gibt die Personaleinsatzplanung Auskunft über

▸ das Ist, also den Personalbestand, dessen unbefriedigende Ausgangslage den Grund zum Eingreifen bildet,

▸ das Soll, also die anstehende Aufgabe in allen ihren Aspekten, wie etwa dem Anforderungsprofil der tangierten Stellen, und

▸ den Rahmen für eine angemessene Reaktion,

▸ unter Berücksichtigung der Eignung und Motivation der Beschäftigten.

Damit ist die planerische Zuordnung der betroffenen Beschäftigten abgeschlossen, denn nunmehr sind die erforderliche Anzahl, Qualifikation und Kompetenz, der notwendige Zeitpunkt bzw. Zeitrahmen und der jeweilige Einsatzort bekannt.

Die einzelnen Verfahren der Einarbeitung, der Stellenzuweisung, der Stellenanpassung und der Zeitwirtschaft müssen in der Folge noch individuell ausgewählt, geplant und durchgeführt werden.

3.3 Einarbeitung

3.3.1 Gründe für die Einarbeitung

Folgen für die Unternehmen

Die Erfahrungen aus der betrieblichen Praxis haben gezeigt, dass die ersten Arbeitstage und -wochen ein wesentliches Kriterium für eine erfolgreiche Partnerschaft zwischen den Beschäftigten und dem Unternehmen sind. Fehler und Unachtsamkeiten in dieser Phase sind nicht selten Auslöser für Unzufriedenheit, Demotivation, Desinteresse und in letzter Konsequenz die Kündigung in den ersten Monaten der neuen Tätigkeit *(Nicolai 2006, S. 102 ff., Steinert 2002, S. 316 ff.)*.

Für die Unternehmen ist eine Fehlentwicklung zu Beginn des Arbeitsverhältnisses aus mehreren Gründen fatal. Der gesamte Personalbeschaffungsprozess ist recht zeit- und kostenintensiv. Bei einer Kündigung fällt dieser Zeit- und Kostenaufwand erneut an und in dem Zeitabschnitt zwischen innerer Kündigung und tatsächlichem Austritt liegt zumeist ein gestörtes Verhältnis von Personalkosten und Mitarbeiterleistung vor. Es ist also aus wirtschaftlicher Sicht im Interesse der Unternehmen, dass ihnen die neuen Beschäftigten erhalten bleiben, und dass sie schnell eigenständig Leistungen erbrin-

Ursachen für Probleme

Die Ursache für Probleme nach der Arbeitsaufnahme kann darin liegen, dass eine hohe Erwartungshaltung der neuen Beschäftigten und die Realität vor allem der ersten Tage und Wochen stark auseinanderfallen. In der Tat werden häufig hohe Erwartungen geweckt. In ihren Gesprächen mit den zukünftigen Mitarbeiterinnen und Mitarbeitern, vor allem in den Vorstellungsgesprächen, tendieren die Gesprächspartner auf der Unternehmensseite nämlich zu einer sehr positiven Beschreibung der Stelle und des Arbeitsumfeldes. Ähnliche Beschreibungen haben möglicherweise auch Freunde und Kollegen gemacht. Zudem haben die neuen Beschäftigten gute oder schlechte Erfahrungen aus früheren Beschäftigungsverhältnissen. Und sie haben ihren früheren Arbeitsbereich mit all seiner Sicherheit und persönlichen Beziehungen aufgegeben. Sie erwarten mithin eine fachliche und persönliche Starthilfe, die es ihnen ermöglicht, möglichst bald selbstständig zu arbeiten und sich in die Arbeitsgruppe zu integrieren.

gen können sowie einen hohen Leistungsstand erreichen. Außerdem müssen neue Mitarbeiterinnen und Mitarbeiter, auf die kein besonderes Augenmerk gelenkt wird, häufig auf ihre Vorgesetzten und Kollegen zugehen, um die Informationen einzuholen, die sich oftmals problemlos zusammengefasst vermitteln ließen. Dadurch können die Vorgesetzten und Kollegen nicht ihre normale Leistung erbringen. Letztlich bewirkt eine hohe Fluktuation von neuen Beschäftigten im gesamten Unternehmen aber auch bei Kunden ein negatives Image, das sich auf die Geschäftslage auswirken kann.

Auch den neuen Beschäftigten macht die Unzufriedenheit, die Demotivation, das Desinteresse und besonders die mögliche Kündigung zu schaffen, die ihren Karriereweg negativ beeinflusst. Gerade wenn der Stellenwechsel mit einem Umzug verbunden war, ist die Kündigung für den Ehepartner, die Kinder und auch den Freundeskreis eine kaum erträgliche Härte.

Eine Personalbeschaffung ohne **Personalbindung** macht keinen Sinn. Und der erste Baustein der Bindung neuer Mitarbeiterinnen und Mitarbeiter ist die Einarbeitung. Sie umfasst sowohl rein fachliche wie auch menschliche Aspekte, also alle Aktivitäten, die zum Ziel haben, die Betreffenden in ihre betriebliche Umwelt einzugliedern.

Ein Teil dieser Einarbeitungsinhalte ist sogar von der rechtlichen Seite her ein Muss. § 81 des Betriebsverfassungsgesetzes besagt, dass der Arbeitgeber den Arbeitnehmer über dessen Aufgabe und Verantwortung, über die Art seiner Tätigkeit und ihre Einordnung in den Arbeitsablauf des Betriebs sowie Unfall- und Gesundheitsgefahren zu unterrichten hat.

3.3.2 Realisierung der Einarbeitung

Was im Einzelnen bei der Einarbeitung zu beachten ist, wird in *Abb. 3.3* deutlich *(Becker 2005 a, S. 355 ff., Steinert 2002, S. 319 ff.).*

3.3.2.1 Vorbereitung

Das Personalwesen muss die Vorbereitung, das heißt die **Maßnahmenplanung** der Einarbeitung, in die Hand nehmen und sich zunächst den Arbeitsbeginn und die Stelle vergegenwärtigen, die besetzt werden soll. Man muss dafür Sorge tragen, dass der Arbeitsplatz vorbereitet wird, und die Arbeits- und Bewerbungsunterlagen überprüfen. Mitunter finden sich Aufzeichnungen über Zusagen beispielsweise hinsichtlich der Ausstattung des Arbeitsplatzes mit Hard- oder Software.

Maßnahmenplanung

Der Kollegenkreis, etwaige Mitarbeiterinnen und Mitarbeiter sowie die Vorgesetzten und die Belegschaftsvertretung müssen über die Person des neuen Beschäftigten, sein Eintrittsdatum, seine Aufgaben, seinen Arbeitsplatz, das Unterstellungsverhältnis und den Ablauf der Einarbeitung informiert werden. Zudem sind interne und externe Vorstellungs- und Kontaktgespräche zu vereinbaren, Seminare zu buchen und Besichtigungstermine anzusetzen.

Kontaktpartner

Besonders empfiehlt sich die Erstellung eines exakten **Einarbeitungsplans**, der den organisatorischen Ablauf regelt und fachliche wie auch persönliche Aspekte berücksichtigt. Ein solcher Einarbeitungsplan kann nicht pauschalisiert werden. Er geht vielmehr auf die Person, die Qualifikation, Kompetenz und Tätigkeit ein. Er wird mit allen Betroffenen abgestimmt und gemeinsam mit den Vorgesetzten erarbeitet. Die Dauer

Einarbeitungsplan

»Neue« Mitarbeiter

»Neue« Mitarbeiterinnen und Mitarbeiter sind jedoch keineswegs nur die Beschäftigten, die zuvor noch nicht im Unternehmen tätig waren. Auch versetzte oder abgeordnete Mitarbeiter, die bereits einige Jahre dem Unternehmen angehören, bedürfen der Einarbeitung, die man in diesem Zusammenhang **Training into the Job** *nennt. Selbstverständlich ist ihre Einarbeitung in der*

Regel weniger umfangreich und zeitaufwändig wie die der Neueintritte. Wenn jemand beispielsweise lediglich die Abteilung wechselt, sein Aufgabengebiet aber beibehält, benötigt er sicherlich keine allzu umfangreiche Einarbeitung. War er indes zuvor für mehrere Jahre im Ausland eingesetzt, kann die Einarbeitung ebenso umfangreich sein wie die eines neu eingetretenen Mitarbeiters.

Unter der Lupe

Abb. 3.3

Checkliste für die Einarbeitung

Vorbereitung
▸ Arbeitsbeginn und Zeit für Einarbeitung vormerken
▸ Arbeitsplatz vorbereiten
▸ Arbeits- und Bewerbungsunterlagen überprüfen
▸ Arbeitskollegen, Mitarbeiter/innen, Vorgesetzte und Belegschaftsvertretung unterrichten
▸ Einarbeitungsplan erstellen
▸ soziale Integration übertragen an einen Paten
▸ Hotelzimmer buchen oder Hilfe bei der Wohnungssuche stellen

Begrüßung
▸ Gespräch über den Terminplan für den ersten Tag führen
▸ Hilfe für persönliche Probleme durch die Arbeitsaufnahme anbieten
▸ fehlende Mitarbeiterdaten aufnehmen
▸ unter Umständen ärztliche Eignungsuntersuchung
▸ Schlüssel, Ausweise und Ähnliches aushändigen

Information
▸ Einarbeitungsplan
▸ Unternehmen: Betriebsbesichtigung, Entwicklung, Ziele, Vertriebs- und Fertigungsprogramm
▸ Organisation: hierarchischer Aufbau, Zuständigkeiten, Abläufe, betriebliche Einrichtungen
▸ Stelle: Stellenbeschreibung, Aufgaben, Verantwortung, Bedeutung, Schnittstellen
▸ Arbeitszeiten, Pausen, Urlaubsregelung und Entgeltzahlungstermin
▸ Sicherheitsvorschriften und -einrichtungen, Sicherheitsbeauftragte
▸ Unfall- und Gesundheitsgefahren und deren Vermeidung
▸ Verhalten bei Unfall und Krankheit, Betriebsärztin oder -arzt
▸ Datenschutzvorschriften und -einrichtungen, Datenschutzbeauftragte betriebliches Vorschlagswesen

Vorstellung
▸ Vorgesetzte
▸ Belegschaftsvertretung
▸ Pate
▸ Kolleg/inn/en
▸ andere Beschäftigte

Orientierung
▸ Arbeitsplatz
▸ betriebliche Umgebung: Umkleide-, Sanitärräume, schwarzes Brett, Sanitätsräume, Kantine

Soziale Integration
▸ offizielle und inoffizielle Spielregeln

Fachliche Einweisung und Kontrolle
▸ Arbeitsunterlagen, -abläufe, Befugnisse, Verantwortung erläutern
▸ Schulungen
▸ Arbeitsausführung und -ergebnisse prüfen und besprechen, Hilfestellung geben
▸ Rückmeldung an das Personalwesen über Erfahrungen

Beurteilung
▸ Eignung innerhalb der Probezeit feststellen
▸ Entscheidung über Übernahme in unbefristetes Arbeitsverhältnis

Quelle: ähnlich *Bartscher/Huber 2007*, S. 108 f.

der Einarbeitungszeit hängt wesentlich von der Position ab. Für Angelernte mögen einige Tage oder Wochen ausreichen. Bei qualifizierten Beschäftigten kann die Einarbeitung sogar mehrere Monate ausmachen. Die Einarbeitungszeit auf die Probezeit zu beschränken, kann nicht richtig sein, da die Probezeit überwiegend nach rechtlichen Gesichtspunkten vereinbart wird *(Steinert 2002, S. 318 f.)*.

Da die Eingliederung in eine in sich gefestigte und durch ein Gruppenbewusstsein gekennzeichnete Arbeitsgruppe oftmals schwierig und langwierig ist, empfiehlt sich der Einsatz eines **Paten.** Er soll die neue Kollegin oder den neuen Kollegen auf dem Weg zur sozialen Integration begleiten und unterstützen. Der Pate ist außerhalb der Fachthemen Ansprechpartner bei allen Fragen und Problemen im Betrieb. Die Auswahl des Paten erfolgt in der Regel durch eine Konsensentscheidung zwischen Personalwesen und Vorgesetzten nach folgenden Kriterien:

▸ Alter, Herkunft, Muttersprache, Freizeitinteressen und Ausbildung sollten ähnlich sein.
▸ Vom Verhalten her darf es dem Paten keine Schwierigkeiten machen, auf andere, ihm nicht bekannte Menschen zuzugehen und offen mit diesen über eigene und deren Probleme zu sprechen.
▸ Der Pate sollte keine Rivalität gegenüber der bzw. dem neuen Beschäftigten haben,
▸ von den Aufgaben und der Notwendigkeit der Einarbeitung überzeugt sein, und
▸ seine Stelle sollte auf einer ähnlichen hierarchischen Ebene angesiedelt sein.
▸ Er sollte zwar einerseits erfahren und integriert sein, aber andererseits die Belange von neuen Mitarbeiterinnen und Mitarbeitern noch verstehen. Das ist bei einer Betriebszugehörigkeit zwischen drei und acht Jahren gegeben.
▸ Man wünscht sich einen motivierten Paten, der sich mit dem Unternehmen identifiziert und gerne Zeit in die Einarbeitung investiert.

Wenn diese wesentlichen Voraussetzungen erfüllt sind, erfolgt ein Gespräch zwischen Mitarbeitern des Personalwesens und dem Paten. Er muss frei entscheiden können, ob er diese verantwortungsvolle Aufgabe übernehmen möchte. Entscheidet er sich dafür, so ist er auf die Aufgabe vorzubereiten. Dies kann durch ein Seminar, einen Austausch mit erfahrenen Paten und durch das Bereitstellen geeigneter Hilfsmittel wie Formulare oder Checklisten geschehen. Wenn die soziale Integration durch einen hierarchisch höhergestellten Beschäftigten übernommen wird, der über die Einarbeitung hinaus tätig wird, spricht man vom **Mentoring** (*Berthel/Becker 2007, S. 284 ff., Kapitel Personalentwicklung*).

Im Falle einer weiten Distanz zwischen Arbeits- und Wohnort muss, je nach Vereinbarung, auch an die Reservierung eines Hotelzimmers oder eine Unterstützung bei der Wohnungssuche gedacht werden.

3.3.2.2 Begrüßung

Am ersten Arbeitstag beginnt die Einarbeitung mit einer Begrüßung, meist durch einen Personalverantwortlichen. In einem **Einstellungsgespräch**, das nicht unter Zeitnot geführt werden sollte, bespricht man die Terminplanung für den Tag.

Man bietet Hilfe für persönliche Probleme durch die Arbeitsaufnahme an und nimmt etwaige noch fehlende Mitarbeiterdaten auf. Danach erbittet man die üblichen Unterlagen wie Lohnsteuerkarte (in Zukunft steuerliche Identifikationsnummer), Sozialversicherungsausweis, Urlaubsbescheinigung, gegebenenfalls Aufenthalts- und Arbeitserlaubnis sowie eine Bescheinigung der Krankenversicherung. Mit diesen Unterlagen werden dann Datensammlungen wie Personalakte, Personaldatei und Personalstammsatz angelegt und Anmeldungen etwa beim Ausländeramt, bei der Krankenversicherung und einer Pensionskasse vorgenommen. Wenn eine ärztliche Eignungsuntersuchung noch nicht stattgefunden hat, muss sie spätestens zu diesem Zeitpunkt terminiert werden. Schließlich werden der Betriebs- oder Werksausweis, Garderobenschlüssel und Ähnliches übergeben.

3.3.2.3 Information

Danach werden der oder dem Neuen die weiter oben erwähnten Informationen in mündlicher oder besser schriftlicher Form gegeben. Nach einer Erläuterung sollte nun der Einarbeitungsplan ausgehändigt werden.

Da neue Beschäftigte häufig zu bestimmten einheitlichen Zeitpunkten ihre Arbeit aufneh-

men, können die besagten Informationen durch eine gemeinsame Veranstaltung kostengünstig und wirksam durchgeführt werden. Hier bieten sich Betriebsbesichtigungen wie auch Vorträge und Filmvorführungen zur Bedeutung des Unternehmens, zur Geschichte und Entwicklung, zum organisatorischen Aufbau, zu den Unternehmenszielen, den Schwerpunkten der Aktivitäten sowie zum Vertriebs- und Fertigungsprogramm an.

3.3.2.4 Vorstellung

Es folgt die Vorstellung bei der Belegschaftsvertretung und den Vorgesetzten. Damit geht die Einarbeitung in die Hände der Fachabteilung über. Die oder der direkte Vorgesetzte wird sodann den Kollegenkreis, den Paten und andere Beschäftigte vorstellen, mit denen die neuen Stelleninhaber Kontakt haben werden (*Bartscher/Huber 2007, S. 106*).

Die Einarbeitung ist sehr betreuungsintensiv. Speziell am Beginn des neuen Arbeitsverhältnisses suchen und benötigen die Neuen den engen Kontakt zu ihren Vorgesetzten. Viele Fragen müssen geklärt werden und nahezu täglich kommen neue dazu. Völlig falsch wäre der Ansatz, sie erst einmal zur Ruhe kommen zu lassen oder die Einarbeitung zu delegieren. Vielmehr sollten die Vorgesetzten und Personalverantwortlichen ein generelles **Gesprächsangebot** machen und daneben feste Termine für situations- und bedarfsorientierte Gespräche absprechen.

3.3.2.5 Orientierung

Der Pate oder direkte Vorgesetzte werden im Anschluss daran eine erste Orientierung schaffen, also den Arbeitsplatz, die Garderobe, Sanitärräume, die Kantine und das schwarze Brett zeigen. Ein Hinweis auf die Sanitätsräume sollte auch nicht fehlen.

3.3.2.6 Soziale Integration

Man muss auch das vermitteln, was mit Begriffen wie **Unternehmensphilosophie**, -kultur, -werte und -normen bezeichnet wird. Die Beschäftigten sollen erfahren, wie die Ziele des Unternehmens umgesetzt werden, wie also etwa der Umgang miteinander ist, damit sie kulturkonform im Unternehmen handeln und arbeiten können. Sie befinden sich in einem Schwebe-

Einstellungsgespräch

Gesprächsangebote

Unternehmensphilosophie

Eigeninitiative

Manchmal können die Betroffenen keinen Sinn in den einzelnen Abschnitten der Einarbeitung sehen, was zu einer mangelnden Akzeptanz führt. Dieses Problem lässt sich am besten dadurch beheben, dass sowohl die Ziele der Einarbeitung als auch die einzelnen Schritte zur Zielerreichung erläutert und diskutiert werden. Denn für die Einarbeitung ist durchaus die Eigeninitiative der neuen Mitarbeiterinnen und Mitarbeiter gefragt. Sie sollten aufgefordert werden, nicht nur das zu tun, was andere sagen, sondern den Ablauf und die Inhalte der Einarbeitung mitgestalten, erkannte Defizite aufzeigen und eigene Ideen einbringen.

zustand, in dem alles auf sie einen großen Eindruck macht. Die Arbeitsgruppe, in die sie eintreten, ist ihnen gegenüber nicht immer positiv eingestellt. Beide Seiten treten meist mit vorsichtiger Zurückhaltung auf. Die Neuen verändern, ob sie wollen oder nicht, die Struktur der Gruppe. Diesem sich anbahnenden und ablaufenden Strukturierungsprozess stehen sie vorläufig noch etwas hilflos gegenüber. Man muss es ihnen also erleichtern, sich in die neue Umgebung einzufinden und einzuleben *(Bartscher/Huber 2007, S. 107)*.

Das kann und soll sicherlich auch durch das Personalwesen und den unmittelbaren Vorgesetzten geschehen. Noch besser ist dafür aber der bereits erwähnte Pate geeignet. Er begleitet und unterstützt die neue Kollegin bzw. den neuen Kollegen auf dem Weg zur sozialen Integration. Er vermittelt vor allem die offiziellen und inoffiziellen Spielregeln.

Arbeitsgruppe

Pate

3.3.2.7 Fachliche Einweisung und Kontrolle

Die nunmehr folgende fachliche Einweisung sprengt den Rahmen des ersten Arbeitstages. Hier geht es um das Erlernen und Trainieren von besonderen Techniken und Methoden sowie die Bedienung von Maschinen und Anlagen. Dabei werden Arbeitsunterlagen und Arbeitsabläufe erklärt. Die fachliche Einweisung findet am Arbeitsplatz statt oder auch im Rahmen von Schulungen. Die Einarbeitung kann also auch Maßnahmen der Personalentwicklung beinhalten. Der Lernprozess muss so gestaltet werden, dass die verlangten Lernschritte in angemessenem Tempo, sinnvoller Reihenfolge und zweckmäßigen Größenordnungen stattfinden können. Der Vorgesetzte sollte Hilfestellung geben und engen Kontakt zu dem Betreffenden halten, ihn über die Aufgaben informieren sowie den Sinn der Tätigkeit im Kontext des Betriebes erklären. Großunternehmen unterhalten mitunter für den gewerblichen Bereich gesonderte Anlernwerkstätten.

Die Arbeitsausführung ist zu kontrollieren und die Arbeitsergebnisse sind zu besprechen. Fortschritte sollten jederzeit anerkannt werden. Die Führungskraft, die oder der Neue und gegebenenfalls der Pate sollten sich regelmäßig zusammensetzen, um die bisherige Einarbeitung und die weiteren Maßnahmen zu diskutieren. Sie sollten sich fragen, inwieweit aus Unternehmens- und Mitarbeitersicht die gesetzten Ziele erreicht wurden, wie geeignet die Einarbeitungsmaßnahmen waren und welche unvorhergesehenen Schwierigkeiten auftauchten, um die Einarbeitung daraufhin zu optimieren. Zugleich muss das Personalwesen Rückmeldung über die Erfahrungen bekommen, damit Fehlentwicklungen und -handlungen auch dort frühzeitig erkannt werden und gegebenenfalls Änderungen herbeigeführt werden können.

3.3.2.8 Beurteilung

Die Einarbeitungszeit, die sich zeitlich oft mit der Probezeit deckt, dient gleichzeitig dazu, den neuen Mitarbeiter zu beurteilen und seine Eignung festzustellen. Deshalb wird vor Ablauf der Probezeit von den Vorgesetzten eine Personalbeurteilung eingeholt. Die Fach- und die Personalabteilung entscheiden auf dieser Grundlage gemeinsam, ob die oder der neue Beschäftigte in ein Dauerarbeitsverhältnis übernommen wird. Die Entscheidung sollte schriftlich mitgeteilt werden. Erfolgt keine Mitteilung, gilt die Probezeit als erfolgreich absolviert.

3.4 Stellenzuweisung

Wenn man auf Tatbestände reagieren muss, die eine **kurzfristige** Reaktion fordern, etwa auf Fehlzeiten, wenn man **mittelfristig** zum Beispiel absehbare Freistellungen wegen Mutterschaft, Elternzeit oder Ähnlichem auffangen will, oder wenn man **langfristig** beispielsweise die Mengenleistung pro Arbeitsplatz und pro Abteilung optimieren will, bietet sich zuallererst folgender Weg an:

Man weist den einzelnen Beschäftigten jeweils eine andere Stelle zu, und man berücksichtigt die mittel- und langfristigen Ziele bei der Zuweisung von neu geschaffenen Stellen *(Hentze/Kammel 2001, S. 475 ff.)*.

Wenn man Stellen zuweist, ohne die Konsequenzen zu bedenken, kann es leicht zu einem Dominoeffekt kommen: Ein Problem wird gelöst, aber die Lösung ruft neue Probleme hervor. Deshalb macht eine Stellenzuweisung ohne eine Einsatzplanung keinen Sinn. Erst danach kann man zu Maßnahmen kommen.

Will man den Rahmen, der durch die Einsatzplanung gesetzt wird, mit Leben füllen, so kommen die Maßnahmen aus *Abb. 3.4* in Betracht. Sie sind den Leserinnen und Lesern zum Teil bereits als interne und externe Personalbeschaffungswege bekannt.

Maßnahmen der Stellenzuweisung

Mehrarbeit	Versetzung	Personalentwicklung	Auslandseinsatz
Stellenzuweisung			
Personalreserve	Personalleasing	Befristete Verträge	Outsourcing

Quelle: eigene Darstellung

Abb. 3.4

3.4.1 Mehrarbeit

Ist der Anlass für die Umverteilung von Arbeitsaufgaben und -bereichen ein zeitlich absehbares quantitatives Manko, kann also das Arbeitsvolumen für eine begrenzte Zeit nicht mehr mit den vorhandenen Arbeitskräften zu den üblichen Bedingungen abgewickelt werden, kommt die Mehrarbeit ins Spiel. Zwar wird den Beschäftigten durch Mehrarbeit keine andere oder neue Stelle zugewiesen. Das Unternehmen erlangt durch Mehrarbeit indes ein größeres Arbeitszeitvolumen, das ansonsten durch zusätzliche Arbeitskräfte abgedeckt werden müsste.

Man kann für Einzelne, eine Abteilung oder gar das gesamte Unternehmen Überstunden an-

Stellenzuweisung:
– kurzfristig,
– mittelfristig,
– langfristig

Überstunden

Nachteile von Überstunden

Überstunden sind für das Unternehmen sehr kostenträchtig, denn viele Tarif- und Arbeitsverträge legen fest, dass je nach Lage der zusätzlichen Arbeitszeit fünfundzwanzig und mehr Prozent an Zuschlägen zu zahlen sind, zu denen sich aus Unternehmenssicht noch die Lohn- bzw. Gehaltszusatzkosten addieren. Durch flexible Arbeitszeitregelungen kann dieser Nachteil für die Unternehmen allerdings entfallen oder zumindest eingeschränkt werden. Aber keine Mitarbeiterin und kein Mitarbeiter kann in der neunten und zehnten Arbeitsstunde oder am sechsten Arbeitstag ebenso produktiv arbeiten wie zu Beginn der regelmäßigen Arbeitszeit. Es kommt hinzu, dass Überstunden mitbestimmungspflichtig sind. Wenn der Betriebs- bzw. Personalrat die Zustimmung gemäß § 87 des Betriebsverfassungsgesetzes respektive § 75 des Bundespersonalvertretungsgesetzes verweigert, bleibt dem Unternehmen nur die häufig nicht aussichtsreiche Anrufung einer Einigungsstelle.

Vorteile von Überstunden

Trotz der erwähnten Nachteile bieten sich Überstunden gerade für die kurzzeitige Überbrückung eines Engpasses an, denn das Unternehmen kann ohne großen Zeitverzug und äußerst flexibel reagieren. Die Arbeitskräfte beherrschen ihre Tätigkeit. Eine zeit- und kostenaufwändige Einarbeitung ist daher entbehrlich. Außerdem ist eine Neueinstellung trotz der Regelungen des Teilzeit- und Befristungsgesetzes, die eine Befristung auch ohne Angabe von sogenannten sachlichen Gründen ermöglichen, ein recht sperriges Instrument.

Der längerfristige Einsatz von Überstunden macht dagegen keinen Sinn. Einerseits hätte dies eine sinkende Motivation und in der Folge schlechtere Leistungen zum Ergebnis. Andererseits sinkt notwendigerweise die Konzentration, was Unfälle und zusätzliche Arbeitsausfälle mit sich bringt.

beraumen. Mehrarbeit im Sinne von Überstunden liegt vor, wenn die betriebsübliche Arbeitszeit vorübergehend verlängert wird. Dabei kann, unter Beachtung des Arbeitszeitgesetzes, entweder die tägliche Arbeitszeit unter bestimmten Voraussetzungen bis auf zehn Stunden heraufgesetzt werden, oder die personelle Kapazität wird durch einen zusätzlichen Arbeitstag erhöht. Dabei erlaubt das Arbeitszeitgesetz die Einbeziehung des Sonntags nur unter strengen Voraussetzungen.

Urlaubsverschiebung, Teilzeit, Arbeitsintensität

Mehrarbeit meint aber nicht nur Überstunden. Auch – regelmäßig ebenfalls mitbestimmungspflichtige – Urlaubsverschiebungen, die Umwandlung von Teilzeit- in Vollzeitarbeitsplätze und die Erhöhung der Arbeitsintensität durch Rationalisierung bewirken eine bessere Bewältigung des Arbeitsvolumens ohne Neueinstellung. Die Umwandlung in Vollzeitarbeitsplätze und die Rationalisierung sind kostenintensive und langfristig wirkende Maßnahmen. Der große Vorteil, den Mehrarbeit ansonsten mit sich bringt, die Flexibilität, entfällt somit hier. Urlaubsverschiebungen sind zwar einerseits kostenneutral, soweit die betroffenen Beschäftigten nicht im Vertrauen auf einen zuvor genehmigten Urlaubsplan bereits Urlaubsreisen gebucht haben und nun Stornokosten anfallen, die in diesem Fall der Arbeitgeber tragen muss. Andererseits sind Urlaubsverschiebungen für die Betroffenen und ihre Familien nicht gerade motivierend. Außerdem muss der Urlaub eines Tages nachgeholt werden und führt dann wahrscheinlich zu einem erneuten Engpass.

3.4.2 Personaleinsatz durch Versetzung

Die Versetzung ist die klassische Maßnahme der Stellenzuweisung, obwohl Versetzungen auch im Rahmen der Personalbeschaffung gute Dienste leisten.

Die Versetzung im Rahmen der Personalbeschaffung meint jedoch ausschließlich jene Maßnahmen, die eine mittel- und langfristige Änderung der Art, des Orts und des Umfangs des Aufgabenbereichs bezwecken.

Versetzungen als Maßnahme des Personaleinsatzes sind dagegen in erster Linie jene Änderungen des Aufgabenbereichs, die **nicht der Zustimmung der Belegschaftsvertretung** bedürfen, die also

▸ längstens einen Monat andauern und
▸ nicht mit einer erheblichen Änderung der Umstände verbunden sind, unter denen die Arbeit zu leisten ist. Gemeint ist auch ein geringeres Arbeitsentgelt.
▸ Auch in diesen Fällen darf die Versetzungsanordnung selbstverständlich nicht im Widerspruch zu bindenden Tarifverträgen und Betriebs- oder Dienstvereinbarungen, vor allem aber nicht im Widerspruch zu den arbeitsvertraglichen Vereinbarungen stehen.

Diese Versetzungen eignen sich besonders zur Bereinigung kurzfristiger – auch qualitativer – Notlagen. Zwar ist eine solche Versetzung auf Dauer keine Lösung, denn man verteilt die Not lediglich anders. Für den Moment kann diese Maßnahme aber durchaus sinnvoll sein, etwa

Aus der Praxis

»Neun Prozent der Arbeitnehmer in unteren Gehaltsklassen werden für Mehrarbeit zusätzlich bezahlt. 99 Prozent der Besserverdiener dagegen überziehen unentgeltlich. Das ist das Ergebnis einer Auswertung von Compensation-Online, der webbasierten Gehaltsdatenbank von Personalmarkt und Baumgartner & Partner. 60 Prozent derjenigen, die ein Grundgehalt zwischen 15.000 und 25.000 Euro pro Jahr beziehen, arbeiten mehr Stunden als vereinbart. Bei denen, die ein Grundgehalt von mindestens 75.000 Euro jährlich erhalten, sind es sogar mehr als neun von zehn. Aber: Wer viel verdient, macht nicht nur häufiger, sondern meist auch mehr Überstunden: 13,5 gegenüber durchschnittlich 5,8 Stunden pro Woche.«
Compensation-Online 2008: Compensation-Online (www.compensation-online.de, Verfasser unbekannt), »Mehrarbeit oft unbezahlt«, in: Personal, Heft 10/2008, S. 32.

Änderungskündigung

Die Änderungskündigung besteht nach § 2 des Kündigungsschutzgesetzes aus einem Angebot, das Arbeitsverhältnis unter geänderten Arbeitsbedingungen fortzusetzen, und einer Entlassung bei Ablehnung des Änderungsangebotes. Für die Änderungskündigung gelten die allgemeinen Grundsätze der Beendigungskündigung. Die Beendigungskündigung und damit auch die

Änderungskündigung dürfte jedoch nur in den seltensten Fällen zulässig und angemessen sein, wenn es allein um eine kurzfristige Versetzung geht. Für die wenigen Konstellationen, in denen sie in Frage kommt, sei auf die Ausführungen zur Änderungskündigung im Kapitel Personalbeschaffung verwiesen.

---

wenn die Telefonzentrale eines Unternehmens plötzlich wegen der Erkrankung einer Mitarbeiterin unbesetzt ist.

- Ist der Arbeitsvertrag im Einzelfall so formuliert, dass eine Versetzung durch eine **Weisung des Arbeitgebers** nicht möglich ist,
- verweigert sich der Arbeitnehmer einer **Änderung des Arbeitsvertrages** und
- ist zugleich die Versetzung aus betrieblicher Sicht unumgänglich, so müsste prinzipiell eine **Änderungskündigung** erwogen werden.

3.4.3 Personalentwicklung im Personaleinsatz

Sollte sich bei einer Versetzung ein qualitatives Manko bei den Betroffenen herausstellen, sollte mithin eine Anpassungsqualifikation anstehen, so ist an Personalentwicklungsmaßnahmen zu denken, auf die im gleichnamigen Kapitel umfassend eingegangen wird.

Ähnliches gilt, wenn Beschäftigten im Rahmen einer Beförderung höherwertige, anspruchsvollere Positionen übertragen werden. Hier müssen, möglichst schon im Vorfeld, die notwendigen Qualifikationen und Kompetenzen vermittelt werden.

3.4.4 Auslandseinsatz

Der Auslandseinsatz darf die Entwicklungsmöglichkeiten nicht beschneiden. Er sollte ein Bestandteil der Karriereplanung sein *(Templer 2002, S. 206 ff., Wegerich 2008, S. 589 ff.)*.

Bei der **Auswahl** der sogenannten Expatriates für einen Personaleinsatz im Ausland sind die Anpassungsfähigkeit gegenüber der künftigen geografischen und soziokulturellen Umwelt, die Loyalität zum Stammhaus, die physische Konstitution und die Einstellung zur fremden Kultur ausschlaggebend *(Mauer 2003, S. 17 ff.)*.

Die **Einarbeitung** muss eine interkulturelle Sensibilisierung beinhalten, also ein Grundwissen über die Gepflogenheiten im Zielland, die kulturelle Andersartigkeit und die Wirkungen des eigenen Verhaltens vermitteln. Oftmals werden die Expatriates durch externe Relocation-Unternehmen bei ihrem Umzug ins Ausland und am Zielort unterstützt *(Diefenbach/Ring 2000, S. 36 ff.)*.

Der Auslandseinsatz muss zudem mit einer besonderen **Vertragsgestaltung** einhergehen. Bei einer Vertragsbindung mit einer Auslandsgesellschaft gilt das deutsche Arbeitsrecht grundsätzlich nicht. Dadurch sind zusätzliche Vereinbarungen etwa über die Anrechnung von Dienstzeiten, eine Altersversorgung und eine Wiedereinstellungszusage angebracht. Relativ problemlos ist dagegen die arbeitsvertragliche Bindung an die deutsche Muttergesellschaft. Hier sind freilich schwierige sozialversicherungs-

Auswahl

Einarbeitung

Vertrag

Performance Consulting

Grundsätzlich soll das Performance Consulting helfen, Leistungsdefizite zu vermeiden. Es handelt sich um einen Vergleich der angestrebten Leistungen eines Beschäftigten mit den Zielen des Unternehmens und einen parallelen Vergleich seiner aktuellen Leistungen mit den gegenwärtigen Unternehmensergebnissen. Daraus werden Personalentwicklungsmaßnahmen erarbeitet (Kahabka 2004, S. 96).

rechtliche Fragen zu klären. Und ohnehin müssen regelmäßig Visa und Arbeitsgenehmigungen beschafft werden *(Friedrich/Warwersig 2000, S. 51 ff.).*

Entgelt

Beim **Entgelt** sind steuerliche Aspekte besonders zu erücksichtigen, eventuell auch gewisse Sonderzahlungen neben dem Basisgehalt wie Verpflegungs- und Übernachtungspauschalen oder Länderzulagen (Kapitel Entgelt).

Während des Auslandseinsatzes muss ein regelmäßiger **Kontakt** und die wechselseitige Übermittlung von Informationen gewährleistet sein. Das betrifft auch den wirtschaftlichen Erfolg und die Arbeitszufriedenheit der Expatriates (Kapitel Personalführung und -controlling).

Wiedereingliederung

Nach der Rückkehr ist eine erneute Einarbeitung unverzichtbar, bei der das Augenmerk auf der Reintegration, der **Wiedereingliederung**, liegt *(Hild 2002, S. 64 ff. Oechsler 2006, S. 554 ff.).*

3.4.5 Personalreserve

Glücklich können sich die Abteilungsleiterinnen und Abteilungsleiter schätzen, deren Beschäftigungsunternehmen im Sinne einer vorausschauenden Einsatzplanung einen quantitativen Reservebedarf vorgesehen haben. In Notlagen können sie auf diese Personalreserve zugreifen, soweit die notwendigen Qualifikationen und Kompetenzen gegeben sind.

Um das sicherzustellen, bilden die Unternehmen häufig sogenannte **Springer** aus, Personen, die auf mehreren Stellen eingesetzt werden können und dies auch wollen. Häufig ist die Springertätigkeit höher entlohnt als eine vergleich-

bare Tätigkeit im normalen Betriebsablauf. Möglich ist auch die sogenannte **vertikale Einsatzflexibilität**. Hierbei vertreten sich Arbeitnehmer aus verschiedenen Hierarchieebenen untereinander.

3.4.6 Personalleasing als Personaleinsatz

Lässt die Personaldecke des Unternehmens die angesprochenen Lösungen nicht zu, bietet sich das Personalleasing an.

Man tritt an eine Verleihfirma heran, die qualifiziertes, kompetentes Personal auf Zeit gegen Entgelt überlässt und bereinigt das Problem damit umgehend. Allerdings liegen die Kosten für den Leiharbeitnehmer höher als die für die eigenen Arbeitnehmer, selbst wenn man in Rechnung stellt, dass der Verleiher die gesamten Personalzusatzkosten trägt.

3.4.7 Befristete Verträge

Befristete Einstellungen erhöhen den Personalbestand und fallen damit eigentlich aus dem Rahmen des Personaleinsatzes. Sie sollen trotzdem an dieser Stelle erwähnt werden, da sie zur Überbrückung von Engpässen dienen können.

Man greift am liebsten auf Personen zu, die keine Einarbeitung benötigen, da die Wirkung ansonsten verpuffen könnte. Begehrt sind deshalb für diese Zwecke **ehemalige Beschäftigte**, zum Beispiel ehemalige Auszubildende, die ein Studium aufgenommen haben, Rentnerinnen

---

Unter der Lupe

Interim-Management versus Personalleasing

Das Personalleasing beruht auf einer gänzlich anderen vertraglichen Grundlage als das Interim-Management und wird eher für ausführende Tätigkeiten in Betracht gezogen. Das Interim-Management kommt aber, wie das Personalleasing, dem Wunsch vieler Unternehmen nach mehr Flexibilität im personellen Bereich entgegen, ohne dauerhafte Bindungen eingehen zu müssen. Es eignet *sich zur schnellen und kostengünstigen Durchführung organisatorischer Veränderungen und bietet sich vor allem dort an, wo keine Ressourcen zur Verfügung stehen. Ursachen dafür können die Unabkömmlichkeit aller derzeitigen Manager oder das Fehlen von bestimmtem Fachwissen und Erfahrung sein.*

Aus der Praxis

Einsatzgebiete auf Zeit

Organisationstwicklung/Reorganisation	55 %
Überbrückung oder Besetzung vakanter Führungspositionen	41 %
Einführung eines neuen technischen Systems	17 %
Aufbau einer/s neuen Abteilung/Bereichs	16 %
Entwicklung eines neuen Produkts	8 %

Kabst/Thost/Isidor/Boyden Interim Management 2008: Kabst, R., Thost, W., Isidor, R. und Boyden Interim Management (www.boydeninterim.de),

»Interim Manager: In manchen Gebieten festen Führungskräften überlegen«, in: Personalmagazin, Heft 04/2008, S. 38.

---

und Rentner oder Studierende, die den Unternehmen über das Hochschulmarketing, Praktika und Ferienjobs bekannt sind. Allerdings sind auch hier die im Kapitel Personalbeschaffung unter der Überschrift Inhalt des Arbeitsvertrages genannten Regelungen des Teilzeit- und Befristungsgesetzes zu beachten *(Bertrand 2002, S. 183 f.)*.

Das sogenannte **Interim-Management**, das Management auf Zeit, sieht gleichfalls befristete Verträge vor. Die Beziehung zwischen dem Interim-Manager und der Unternehmung basiert allerdings auf einem Dienstvertrag. Der Interim-Manager übernimmt als temporäre Führungskraft bzw. als Beauftragter mit projektbezogener Ver-

antwortung ein eindeutig zeitlich und sachlich abgegrenztes Projekt *(Tiberius 2004, S. 11 ff.)*.

3.4.8 Outsourcing

Möglich ist auch das Outsourcing, die Vergabe der Aufgabe, die man beispielsweise aufgrund des Engpasses mit dem eigenen Personal nicht mehr bewältigen kann, an ein anderes Unternehmen.

Durch eine derartige Auftragsvergabe begibt man sich indes in eine häufig unerwünschte Abhängigkeit von einem Dritten. Zudem muss man ihm Informationen über das Produkt und den Fertigungsprozess geben.

Interim-Management

3.5 Stellenanpassung

Mit der Stellenanpassung beschreitet man einen anderen Weg, Personen und Stellen in Übereinstimmung zu bringen. Hier weist man dem Personal nicht einfach vorhandene oder geplante Stellen zu, sondern man modifiziert die Stellen.

Die Stellenanpassung kann durch eine **Arbeitsstrukturierung**, das heißt die Gestaltung der Arbeitsinhalte und des Ausmaßes der Arbeitsteilung, sowie durch die Verbesserung der

Bedingungen am Arbeitsplatz, die Arbeitsplatzgestaltung, angegangen werden. So will man erreichen, dass die Beschäftigten mit einer höheren Leistungsfähigkeit und Leistungsbereitschaft tätig werden können *(Abb. 3.5, Bühner 2005, S. 126 ff.)*.

Die Stellenanpassung benötigt zumeist eine gewisse Zeit. Alleine die **Auswahl der geeigneten Maßnahme** erstreckt sich allenthalben

Arbeitsstrukturierung

Abb. 3.5

Formen der Stellenanpassung

Arbeitsstrukturierung	Arbeitsplatzgestaltung
traditionell	▸ anthropometrisch
▸ REFA-System	▸ physiologisch
	▸ psychologisch
zeitgenössisch	▸ informationstechnisch
▸ Telearbeit	▸ sicherheitstechnisch
▸ Job Rotation	
▸ Fertigungsteam	
▸ Job Enlargement	
▸ Job Enrichment	
▸ teilautonome Gruppe	
▸ Fertigungsinsel	
▸ Qualitätszirkel	
▸ Lernstatt	
▸ Werkstattzirkel	
▸ Projektgruppe	

Quelle: eigene Darstellung

Arbeitsbeschreibung

Arbeitsstudie

über einen längeren Zeitraum. Deshalb kommt die Stellenanpassung für kurzfristige Reaktionen nur selten in Betracht. Will man jedoch mittelfristig beispielsweise Projekte anforderungs- und eignungsgerecht besetzen, oder langfristig etwa die Lohn- und Gehaltskosten reduzieren, ist es ratsam, die Stellen zu modifizieren.

3.5.1 Personaleinsatz und Arbeitsstrukturierung

Unter Arbeitsstrukturierung versteht man die Gestaltung der Arbeitsinhalte und des Ausmaßes der Arbeitsteilung.

Unter der Lupe

Fachabteilung: federführend

Bei der Stellenanpassung ist das Personalwesen keinesfalls federführend, sondern die jeweilige Fachabteilung. Sie kennt die Arbeitsaufgaben und -bedingungen, die Anforderungen, die eine Veränderung wünschenswert machen, und auch die praktischen Möglichkeiten der Veränderung sehr viel besser als das Personalwesen. Andererseits ist im Personalwesen organisationspsychologisches und arbeitswissenschaftliches Know-how konzentriert, so dass sie regelmäßig intensiv in die Veränderungsprozesse eingebunden wird.

3.5.1.1 Traditionelle Arbeitsstrukturierung

Traditionell hat die Arbeitsstrukturierung keinesfalls eine Anpassung der Stellen an die Beschäftigten zum Ziel. Üblicherweise steht vielmehr das Interesse im Vordergrund, den Fertigungsprozess in einfache Teilaufgaben zu zerlegen, die routiniert und folglich ebenso schnell wie kostengünstig erledigt werden können. Man folgt dabei der Maxime, die Stückkosten seien umso niedriger, je länger und zahlreicher ein bestimmtes Produkt produziert wird und je einfacher die Teilaufgaben sind, wobei vertretbare Fehlerquoten in Kauf genommen werden *(REFA 1984, REFA 1991 a, REFA 1992)*.

Die traditionelle Arbeitsstrukturierung beruht auf einer **Arbeitsbeschreibung**, einer Zustandsbeschreibung des Arbeitssystems und der Organisationsbeziehungen für einen Arbeitsplatz. Arbeitsbeschreibungen kann man, falls vorhanden, den Stellenbeschreibungen entnehmen. Ansonsten muss man sie nach einheitlichen Kriterien anfertigen.

Im Anschluss wird eine **Arbeitsstudie** vorgenommen, die auch als Arbeitsanalyse bezeichnet wird. Mittels der Arbeitsstudie werden die Arbeitsmethoden und die Arbeitsabläufe an den jeweiligen Arbeitsplätzen untersucht. Unter dem Arbeitsablauf wird die zeitliche Reihenfolge der einzelnen Tätigkeiten verstanden, die es zu optimieren gilt. Dabei sind auch Zeiten für die Erholung und persönliche Bedürfnisse sowie für Unterbrechungen zu berücksichtigen. Das REFA-System kennt dafür die in *Abb. 3.6* wiedergegebene Ablaufgliederung.

Neben dieser Ablaufgliederung der Arbeitszeit des Menschen kennt das REFA-System noch je eine Ablaufgliederung der Betriebsmittelzeit und der Werkstoffzeit.

Im Ergebnis ermöglicht die Arbeitsstudie Anhaltspunkte und Vorschläge zur Optimierung dieser Abläufe und der angewandten Arbeitsmethoden.

3.5.1.2 Zeitgenössische Arbeitsstrukturierung

Die Nachteile der traditionellen Arbeitsstrukturierung sind heute allen bewusst. Zwar verliert die vielfach polemische Kritik die zu Zeiten von *Taylor (1911)* vorherrschenden Bedingungen aus den Augen. Trotzdem bleibt festzustellen, dass das Scientific Management und das daraus abge-

Wissenschaftliche Betriebsprüfung

Taylor (1911) entwickelte zu Beginn des 20. Jahrhunderts das Scientific Management, zu deutsch die wissenschaftliche Betriebsführung. Angesichts der generell kläglichen Arbeitsentgelte und der ausgedehnten Arbeitszeiten wollte Taylor (1911) Produktivitätsfortschritte erreichen, um die Unternehmen in die Lage zu versetzen, höhere Arbeitsentgelte bei kürzeren Arbeitszeiten zu zahlen. Seine Strategie war es,

▸ *die Arbeit, etwa in Fließbändern, in kleinste Einheiten zu gliedern,*
▸ *durch Arbeits- und Zeitstudien die optimalen Arbeitsabläufe zu ermitteln,*
▸ *gebrauchsgerechte Arbeitsgeräte zu entwickeln,*
▸ *die Arbeitsumgebung leistungsfördernd zu gestalten,*

▸ *die geeigneten Arbeitskräfte auszuwählen,*
▸ *in den Arbeitsabläufen zu unterweisen und*
▸ *durch acht Meister detailliert zu kontrollieren.*

Das Scientific Management überzeugte den Automobilproduzenten Ford und trat von dort aus einen Siegeszug rund um die Welt an.

In Deutschland wurde auf dieser Grundlage vom ehemaligen Reichsausschuss für Arbeitszeitermittlung, der später in REFA-Verband für Arbeitsgestaltung, Betriebsorganisation und Unternehmensentwicklung e. V. umbenannt wurde, das REFA-System entwickelt, das im Kapitel Entgelt noch genauer zur Sprache kommt (Wicher 2002, S. 1067 ff.).

leitete REFA-System mit einer hochgradigen **Spezialisierung** auf einfache Verrichtungen einhergeht. Bei einer solchen Spezialisierung treten einseitige Belastungen auf, die zu starker Ermüdung führen. So wächst nicht nur der Bedarf an Erholung. Es treten auch gesundheitliche Schäden auf, beides Faktoren, die Kosten verursachen. Insbesondere die Trennung von Arbeitsvorbereitung und -ausführung lässt geistige Fertigkeiten verkümmern. Damit sinkt auch die Anpassungsfähigkeit. Und durch die Monotonie der dauernden Wiederholung von Arbeitsverrichtungen geht der Sinnzusammenhang verloren. Im Ergebnis entstehen so Produktions- bzw. Qualitätsmängel, die oft erst nach abschließenden **kostenintensiven Kontrollen** behoben werden können.

Mit den zeitgenössischen Formen vermeidet man die Nachteile der traditionellen Arbeitsstrukturierung. Man muss aber Mehrinvestitionen je Arbeitsplatz, zusätzliche Kosten infolge von Personalentwicklung und eine höhere Entlohnung infolge eines höheren Qualifikations- und Kompetenzniveaus in Kauf nehmen.

Telearbeit ist eine Arbeit, die entfernt von der Betriebsstätte mithilfe von Kommunikationsmedien ausgeführt wird *(Abb. 3.7, Boemke 2000, S. 147 ff., Oechsler 2006, S. 332).*

Telearbeit kann dauerhaft oder temporär an einem außerhalb des Unternehmens liegenden Arbeitsplatz – in speziell eingerichteten Räum-

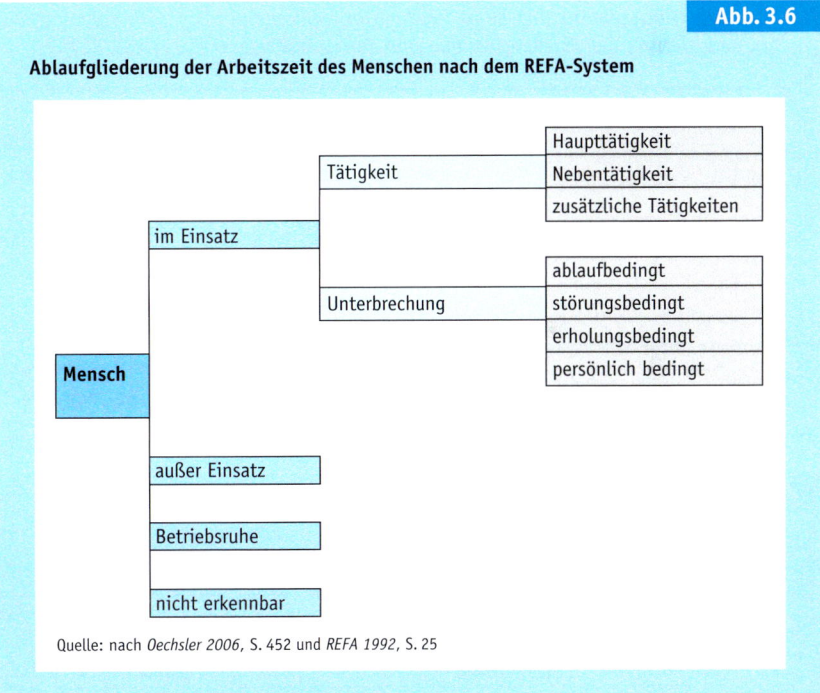

Abb. 3.6

Ablaufgliederung der Arbeitszeit des Menschen nach dem REFA-System

Quelle: nach *Oechsler 2006*, S. 452 und *REFA 1992*, S. 25

lichkeiten eines Dienstleisters, dem sogenannten Telecenter, in der Privatwohnung, unterwegs per Datenübertragung, aber auch in vom Unternehmen eingerichteten Satellitenbüros in Wohnortnähe oder an zentralen Standorten, mobil oder on site, das heißt stationär bei Kunden, Lieferanten bzw. Partnern – verrichtet werden. Der Arbeitsplatz ist aber immer mit dem Unternehmen durch elektronische Kommunikationsmittel

Telearbeit

Fehlervermeidung im Produktionsprozess

Man kann einem starken Wettbewerb nur standhalten, wenn man Produkte zügig und unter Berücksichtigung der Kundenwünsche entwickelt und hohe Produktivität bei gleichzeitiger hoher Qualität sicherstellt. Das geht über die Einbindung sämtlicher Funktionsbereiche, über eine Beschleunigung der Entwicklungszeiten, das Simultaneous Engineering, über Informationsnetzwerke und über präventive Maßnahmen der Fehlervermeidung im Produktionsprozess.

Damit sind jedoch gerade die geistigen Fähigkeiten der Beschäftigten, die Anpassungsfähigkeit und die Einsicht in die Sinnzusammenhänge gefordert, die die traditionelle Arbeitsstrukturierung verkümmern lässt. Deshalb sind unter Schlagworten wie

▸ *Empowerment, einem Ansatz der strategischen Neuverteilung der Verantwortlichkeiten sowie der Verbesserung und Demokratisierung der Arbeitsorganisation,*
▸ *Lean Management und Lean Production, verstanden als Reduzierung der Führungsspanne und Fertigungstiefe,*

▸ *Business Reengineering, der Konzentration der Kräfte auf die kritischen Erfolgsfaktoren eines Unternehmens durch eine Optimierung der gewachsenen Strukturen mit Blick auf die Wertschöpfung (Kapitel Grundlagen),*
▸ *Total Quality Management, einer systematischen Entwicklung von Qualitätsbewusstsein bei allen Beschäftigten und dessen Durchsetzung (Wimmer/Neuberger 1998, S. 578 ff.),*
▸ *Kaizen, der ständigen und kontinuierlichen Verbesserung aller Bereiche eines Unternehmens in kleinen Schritten, sowie*
▸ *Six Sigma, einer Kombination der genannten Ansätze mit dem Ziel einer Prozessoptimierung und Fehlerreduzierung zum Zwecke der Renditesteigerung (Harry/Schroeder 2000)*

andere Formen der Arbeitsstrukturierung aufgekommen, die sowohl die einzelnen Stellen als auch das Stellengefüge verändern (Bühner 2005, S. 123 ff., Scholz 2000, S. 616 ff., Ulich 2005, S. 181 ff.).

Job Rotation

Fertigungsteam

verbunden. Häufig sind Mischformen anzutreffen, die sogenannte **alternierende Telearbeit**, mit einem Telearbeitsplatz und einem zeitweiligen Arbeitsplatz im Unternehmen, den sich zuweilen mehrere nach Voranmeldung im Desk Sharing teilen *(Schmalzl/Malsbenden 2005, S. 6 ff.)*.

Telearbeiter sind je nach Arbeits- und Vertragsgestaltung meistens Arbeitnehmer, seltener Arbeitnehmerähnliche, Heimarbeiter oder Freelancer.

Unter Arbeitsplatzwechsel oder **Job Rotation** versteht man den regelmäßigen und systematischen, planmäßigen Wechsel von Arbeitsplätzen und Arbeitsaufgaben der Beschäftigten untereinander, in internationalen Unternehmen sogar in sogenannten Job Familes unabhängig vom Standort, von der Marke und der Abteilung (Kapitel Personalentwicklung, *Von der Ruhr/ Bosse 2008, S. 488 ff.*).

Dabei steht die Verringerung der Monotonie und der einseitigen Belastung im Vordergrund. Dadurch ändern sich der zeitliche und örtliche Personaleinsatz und die Aufteilung der Teilarbeiten *(Oechsler 2006, S. 310)*.

Fertigungsteams sind Gruppen von etwa zehn Beschäftigten, die jeweils mindestens drei Arbeitsstationen beherrschen.

Die Produktion erfolgt dabei am Fließband in jeweils kurzen Taktzeiten von um die zwei Minuten nach strikt vorgegebenen Standards. Die Beschäftigten tragen die Verantwortung für die Qualität ihrer Arbeit und sie sollen im Rahmen von Qualitätszirkeln (siehe unten) Vorschläge zur Verbesserung des Arbeitsablaufes unterbreiten. Die Aufgaben des Teamleiters sind die eines Vorarbeiters. Ein Meister ist als disziplinarischer Vorgesetzter für zwei Fertigungsteams zuständig.

Abb. 3.7

Formen der Telearbeit

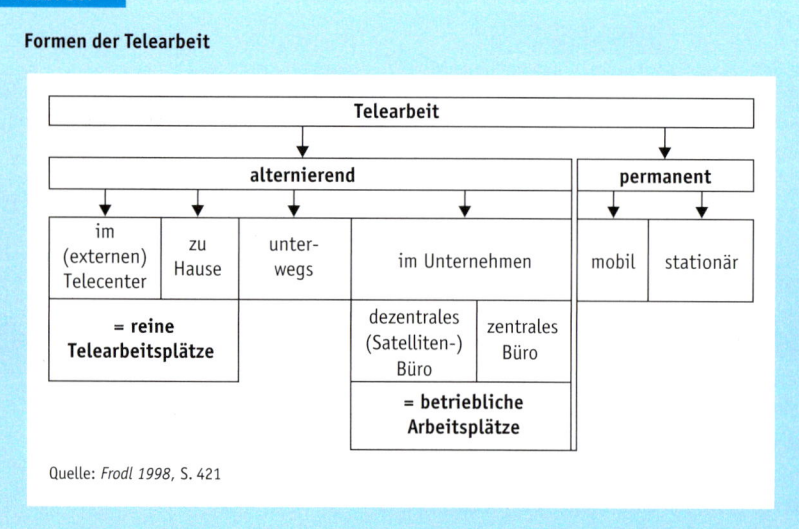

Quelle: *Frodl 1998*, S. 421

Bei der Aufgabenerweiterung, dem **Job Enlargement**, wird der Grad der Arbeitsteilung vermindert.

Man fasst mehrere strukturell gleichartige oder ähnliche Arbeitselemente verschiedener Arbeitsplätze an einem Arbeitsplatz zusammen. Dadurch wird der Arbeitsinhalt vergrößert und eine einseitige Belastung vermieden. Durch die Verlängerung der Arbeitszyklen wird der Sinnzusammenhang des gesamten Arbeitsablaufs eher erkennbar *(Oechsler 2006, S. 309)*.

Beim **Job Enrichment**, der Aufgabenbereicherung, geht es vorrangig um eine Erweiterung des Entscheidungs- und Kontrollspielraums.

Die Arbeitstätigkeit der Beschäftigten wird durch Hinzufügen verschieden schwieriger, aber dennoch zusammengehörender Arbeitselemente bereichert. Die Planung, Ausführung und Kontrolle werden zusammengelegt, womit die Eigenverantwortung wächst. Der Arbeitszyklus wird umfangreicher und die Anforderungen steigen *(Oechsler 2006, S. 310)*.

Eine **teilautonome Arbeitsgruppe** ist eine betriebliche Arbeitsgruppe von zirka drei bis zehn Personen, der eine Gesamtaufgabe übertragen wird, zum Beispiel die Erstellung einer Komponente oder eines Produkts.

Die Gruppe übernimmt nicht nur die Fertigung in Eigenverantwortung, sondern auch die Planung, Organisation und Kontrolle. Die Mitglieder schließen sich zwar auf Anregung der Führungskräfte, aber freiwillig zu einer Gruppe zusammen. Sie sollen möglichst alle Arbeiten der Gruppe beherrschen, um einen systematischen Arbeitsplatzwechsel, gegenseitiges Ablösen und gegenseitige Hilfe zu ermöglichen. Darüber hinaus erstellen sie Verbesserungsvorschläge und setzen sie um. Die Gruppe wählt ihren Gruppensprecher, der nach einer gewissen Zeit, etwa halbjährlich, abgelöst wird. Sie hat in der Regel einen Meister zum Vorgesetzten, der mehr als Coach tätig wird. Der Gruppensprecher verständigt sich mit dem Meister über die Zielvorgaben. Die Lebensdauer der Gruppe ist nicht begrenzt (Kapitel Personalentwicklung, *Oechsler 2006, S. 323 f.*).

Fertigungsinseln sind teilautonome Arbeitsgruppen auf technischer Ebene. Die Beschäftigten und die Betriebsmittel, die für die Durchführung einer Aufgabe notwendig sind, werden sowohl räumlich als auch organisatorisch zusammengefasst.

Die zur Verfügung gestellten Ausgangsmaterialien werden hier vollständig zu Endprodukten oder Baugruppen verarbeitet, wie beispielsweise zu einer Seitentür für einen Personenkraftwagen. Die produktorientierte Anordnung der Fertigungsmittel führt zu einer großen Fertigungsflexibilität.

Qualitätszirkel sind Gruppen von ungefähr sechs bis zwölf Beschäftigten, meist aus einer Abteilung, die sich freiwillig in regelmäßigen Abständen treffen, um Qualitätsprobleme in ihrer Arbeitsumgebung zu lösen *(Strasmann 2008 b, S. 529 ff.)*.

Die Teilnahme an einem Qualitätszirkel ist freiwillig und die Lebensdauer im Prinzip unbegrenzt. Die Gruppe trifft sich während der Arbeitszeit oder nach der Arbeitszeit gegen Überstundenvergütung, und zwar regelmäßig etwa alle zwei bis vier Wochen für etwa ein bis zwei Stunden. Der Schwerpunkt der Qualitätszirkel liegt vor allem auf der Beseitigung von Schwierigkeiten im Produktionsprozess sowie auf der Verbesserung der Produktqualität. Der Gruppe stehen ein oder zwei geschulten Moderatoren zur Verfügung, zum Beispiel der Vorarbeiter oder Meister. Dieser Moderator gewährleistet zudem die Protokollierung der Ergebnisse. Wenn es im Unternehmen mehrere Qualitätszirkel gibt, kommt unter Umständen ein Koordinator hinzu. Die Gruppe hat die Möglichkeit, betriebliche Experten einzuladen und deren Hilfe bei der Problemlösung in Anspruch zu nehmen. Die Themen werden von der Gruppe selbst bestimmt, beziehen sich aber auf den gemeinsamen Arbeitsbereich. Die Beteiligung der Gruppenmitglieder an der Umsetzung ihrer Vorschläge ist selbstverständlich.

Der Begriff **Lernstatt** steht für Lernen in der Werkstatt und entstand vor dem Hintergrund der Beschäftigung ausländischer Arbeitnehmer. Die Lernstatt diente zunächst dazu, ihr sprachliches und technisches Verständnis anhand konkreter betrieblicher Aufgaben und Abläufe zu verbessern. Im Laufe der Zeit wandelte sich das Modell zu einem Problemlösungsmodell, das sich kaum vom Qualitätszirkel unterscheidet *(Strasmann 2008 b, S. 530 f.)*.

Eine Lerngruppe von etwa acht bis zwölf Mitgliedern trifft sich meist über ein Quartal wäh-

Job Enlargement

Job Enrichment

Teilautonome Arbeitsgruppe

Fertigungsinsel

Qualitätszirkel

Lernstatt

Probleme bei der Einführung

Wenn man die zeitgenössischen Formen der Arbeitsstrukturierung erstmals einführt, muss man daran denken, dass sich damit auch die gewohnte Zusammenarbeit der Betroffenen ändert. Damit gewinnen die Sachverhalte, Problemfelder und Zusammenhänge an Gewicht, die im Kapitel Personalführung thematisiert werden.

rend der Arbeitszeit und zwar regelmäßig, etwa einmal pro Woche. Sie wird in der Regel von zwei erfahrenen Mitarbeitern geleitet. Die Gruppe legt die Themen, die sie bearbeiten möchte, selbst fest. Die Gruppenmitglieder stammen aus einem gemeinsamen Arbeitsbereich und nehmen freiwillig teil. Eine Beteiligung an der Umsetzung von Vorschlägen ist möglich aber nicht zwingend.

Werkstattzirkel

Zur Lösung betrieblicher Probleme oder zum Zweck der Innovation werden befristete Kleingruppen initiiert, sogenannte Task Force Groups, teilstrukturierte Problemlösungsgruppen oder **Werkstattzirkel** *(Erkelenz 2008, S. 545 f.)*.

Die Unternehmensleitung gibt die Themen vor. In der jeweiligen Gruppe finden sich auf der Basis der Freiwilligkeit fachkundige, erfahrene Beschäftigte unterschiedlicher Hierarchieebenen und Abteilungen zusammen. Die Gruppe wird vornehmlich von Meistern und Vorarbeitern moderiert. Sie tagt im Unternehmen und während der Arbeitszeit. In der Regel plant man etwa fünf Sitzungen. Danach wird die Gruppe, unabhängig vom Stand der Problemlösung, wieder aufgelöst.

Projektgruppe

Projektgruppen werden gebildet, um neuartige und komplexe Problemstellungen zu bearbeiten, die einen einmaligen Charakter aufweisen und mehrere Unternehmensbereiche berühren *(Diethelm 2001, S. 1 ff., Olfert 2004, S. 13 ff.)*.

Man benötigt diese Gruppen insbesondere für die bereichsübergreifende Koordination bei organisatorischen Veränderungen. Projektgruppen werden meist vom Management zusammengefügt. Ein Projektmanager gewährleistet die ordnungsgemäße Durchführung und trägt Verantwortung für den gesamten Lösungsprozess des zu bearbeitenden Problems sowie die praktische Umsetzung der Lösungen. Ihm werden für eine begrenzte Zeit die erforderlichen Ressourcen und Personen zur Verfügung ge-

stellt. Die Fachabteilungen stellen die benötigten Spezialisten ab, meist fünf bis acht Personen, die dem Projektmanager während der Projektdauer fachlich, aber nicht disziplinarisch, unterstellt sind. Die Teilnahme ist also nicht freiwillig. Wenn es sich um ein umfassendes Projekt handelt, werden die Spezialisten von ihren sonstigen Aufgaben freigestellt. Die Gruppenmitglieder tagen während der Arbeitszeit. Die Projektgruppe löst sich nach der Erledigung ihrer Aufgaben auf.

3.5.2 Arbeitsplatzgestaltung

Die Leistungsfähigkeit und -willigkeit und damit die Höhe der Arbeitsleistung wird von den Bedingungen am Arbeitsplatz maßgeblich beeinflusst. Der Personaleinsatz kann folglich optimiert werden, wenn man die Bedingungen am Arbeitsplatz verbessert *(Kahabka 2002, S. 109 f., Oechsler 2006, S. 305 ff.)*.

3.5.2.1 Anthropometrische Anpassung
Die Anpassung des Arbeitsplatzes an die Maße des menschlichen Körpers bezeichnet man als anthropometrische Anpassung *(Bartscher/Huber 2007, S. 128 f.)*.

Hier geht es um eine zweckmäßige **Gestaltung und Anordnung der Maschinen und Werkzeuge**, mit denen ein Arbeitsplatz ausgestattet ist, etwa

▸ Verminderung körperlicher Belastungen durch Sitzgelegenheiten,
▸ Arm- und Fußstützen,
▸ individuell angepasste Griffformen an Werkzeugen oder Bedienungselementen von Maschinen,
▸ Haltevorrichtungen für Werkzeuge und Arbeitsgegenstände sowie
▸ Umstellung der Bedienungselemente von Hand- auf Fußbedienung.

3.5.2.2 Physiologische Anpassung
Die Anpassung der Arbeitsmethode und Arbeitsbedingungen an den menschlichen Organismus und sein Leistungsvermögen, ist als physiologische Anpassung bekannt *(Jung 2006, S. 210 f.)*.

Mögliche Veränderungen betreffen die **Bewegungsfreiheit**, die **Lichtverhältnisse**, die **Tem-**

-peratur und **Luftfeuchtigkeit**, den **Lärm** und die **Sauberkeit** der Arbeitsräume, z. B.

- die Verminderung belastender Umgebungseinflüsse durch Staubmasken,
- Schutzschilde,
- Gehörschutzmittel,
- Absaugvorrichtungen,
- die Fernsteuerung von Maschinen und Aggregaten,
- Anpassung der Beleuchtung,
- Hebevorrichtungen zum Bewegen schwerer Werkstücke,
- die Verwendung pneumatischer Futter zum Spannen der Werkstücke,
- die Verwendung von Transportwagen mit drehbarer Plattform,
- Hubwagen zum Transportieren und Heben schwerer Lasten sowie
- von Rollbahnen.

3.5.2.3 Psychologische Anpassung

Die psychologische Anpassung betrifft ein positives Betriebsklima und eine angenehme Arbeitsumwelt *(Jung 2006, S. 407 f.)*.

Zu den wichtigsten Einflussfaktoren zählen neben persönlichen und familiären **Sorgen** auch die Schwierigkeiten im **Verhältnis zu Vorgesetzten und Kollegen** sowie die **Arbeitszufrieden- und -unzufriedenheit** (Kapitel Personalführung und -controlling). Man strebt eine Partnerschaft aller Beschäftigten und weitreichende Mitbestimmungsmöglichkeiten an. Daneben haben freiwillige Sozialleistungen und eine ansprechende Farbgebung der Räume und Maschinen eine zwar weitaus geringere, aber immerhin nennenswerte Bedeutung.

3.5.2.4 Informationstechnische Anpassung

Die informationstechnische Anpassung zielt auf eine Verbesserung der Informationsmöglichkeiten *(Bartscher/Huber 2007, S. 131 f., Rudow 2004, S. 310 ff.)*.

Das betrifft vor allem die **Computerunterstützung**. Daneben gilt es auch, **Anzeigegeräte und -signale** zu optimieren.

3.5.2.5 Sicherheitstechnische Anpassung

Die sicherheitstechnische Anpassung bezieht sich auf Unfallschutz und Arbeitssicherheit

> ### Ergonomie
>
> *Der Arbeitsplatzgestaltung widmet sich auf theoretischer Ebene die Ergonomie, die Wissenschaft von den Leistungsmöglichkeiten des arbeitenden Menschen und der wechselseitigen Anpassung zwischen dem Menschen und seinen Arbeitsbedingungen.*
>
> *In die betriebliche Praxis übersetzt ist also eine ergonomische Arbeitsplatzgestaltung gefordert.*

(Bartscher/Huber 2007, S. 132, Rudow 2004, S. 88 ff., 254 ff.).

Ein Thema der Arbeitssicherheit und des Unfallschutzes ist die Erforschung der Ursachen von **Arbeits- und Wegeunfällen** und die Entwicklung von Maßnahmen zu deren **Verhütung**, etwa die Anleitung und Überwachung der Sicherheitsvorschriften. Ein weiteres Thema sind die **Berufskrankheiten** und deren vorbeugende Bekämpfung mittels einer Analyse der Arbeitsbedingungen und der Berücksichtigung individueller Dispositionen durch medizinische Untersuchungen. Neben dem gesetzlich geforderten Arbeitsschutzausschuss, dem Betriebsärzte, Sicherheitsingenieure und Sicherheitsbeauftragte, der Arbeitgeber und die Belegschaftsvertretung angehören, können die Vorgesetzten durch regelmäßige Informationen der Beschäftigten einiges ausrichten. Die rechtlichen Grundlagen finden sich zum Beispiel im Sozialgesetzbuch, diversen Unfallverhütungsvorschriften, in der Betriebssicherheitsverordnung, im Arbeitszeit- und Maschinenschutzgesetz, in der Gewerbeordnung, im Arbeitssicherheits- und Arbeitsschutzgesetz, im Gesetz über technische Arbeitsmittel, in der Arbeitsstätten- und Bildschirmarbeitsverordnung. Bei der Gestaltung des Arbeitsplatzes gilt es,

- arbeitshygienische Normen,
- Licht,
- Beleuchtung,
- Lärm,
- klimatische Bedingungen,
- Strahleneinwirkungen,
- toxische Gase,
- Dämpfe und Stäube,
- Raumluftbedarf,
- sanitäre und
- soziale Einrichtungen zu berücksichtigen *(Bamberg/Fahlbruch 2007, S. 618 ff.)*.

Betriebsklima

Unfallschutz

3.6 Zeitwirtschaft

Arbeitszeitflexibilisierung

Ein letzter Ansatzpunkt, Stellen und Personen bestmöglich in Übereinstimmung zu bringen, ist die Beeinflussung der Arbeits-, Pausen- und Urlaubszeiten der Beschäftigten im Rahmen der Zeitwirtschaft *(Abb. 3.8, Adamski 2001, S. 11 ff., Bühner 2005, S. 185 ff.).*

3.6.1 Arbeitszeit

3.6.1.1 Arbeitszeitmanagement des Personaleinsatzes

Projektgruppe

Das Arbeitszeitmanagement des Personaleinsatzes ist die zeitwirtschaftliche Maßnahmenplanung, die alle Aspekte der bereits angesprochenen zeitlichen Personalplanung umfasst *(Abb. 3.8, Bröckermann 1998 a, S. 6, Bröckermann 1998 b, S. 17 f.).*

Mit diesem Arbeitszeitmanagement legt man

planerisch die Grundlagen für die Veränderung der Betriebs- und Arbeitszeiten. Die Vielzahl von Arbeitszeitmodellen dient der Arbeitszeitflexibilisierung.

▸ Man will in Zeiten starker Auslastung genügend Personal zur Verfügung haben, ohne teure Mehrarbeit ansetzen zu müssen, und

▸ die Betriebszeit ohne eine Erhöhung des Personalbestandes ausdehnen, damit sich der immer teurere Maschinenpark besser und schneller rentiert.

Für die Genese von Arbeitszeitmodellen empfiehlt sich die Bildung einer Projektgruppe, in der die betroffenen Beschäftigten, die Unternehmensleitung, die Belegschaftsvertretung, die Fachvorgesetzten und Fachleute für Organisation, EDV und Arbeitszeitfragen, Letztere etwa aus dem Personalwesen, sowie Arbeitsmediziner angemessen vertreten sein sollten *(ähnlich Adamski 2001, S. 31 ff.).*

Die Projektgruppe orientiert sich am gesetzlichen Arbeitszeitrahmen. Für das Gros der Arbeitnehmerinnen und Arbeitnehmer gibt das Arbeitszeitgesetz den Rahmen für etwaige Arbeitszeitmodelle vor. Zu den Ausnahmen zählen beispielsweise leitende Angestellte. Für diverse Beschäftigtengruppen gelten speziellere und dadurch vorrangige gesetzliche Regelungen, wie für Kinder und Jugendliche oder für Beschäftigte im Einzelhandel. Freelancer hingegen können über ihre eigene Arbeitszeit weitestgehend frei verfügen *(Lohbeck 2002, S. 25 ff., Oechsler 2006, S. 260 ff.).*

▸ Die **Dauer der Arbeitszeit** wird durch den einschlägigen Tarifvertrag, eine Betriebs- respektive Dienstvereinbarung oder den Arbeitsvertrag festlegt. Das Arbeitszeitgesetz begrenzt die werktägliche Arbeitszeit von Arbeitnehmern jedoch grundsätzlich auf acht Stunden. Sie kann auf bis zu zehn Stunden verlängert werden, wenn diese Verlängerung innerhalb eines Ausgleichszeitraums von sechs Monaten bzw. vierundzwanzig Wochen auf durchschnittlich acht Stunden ausgeglichen wird. Unternehmen, die Arbeitnehmer länger als zehn Stunden pro Werktag beschäftigen, begehen eine Ordnungswidrigkeit, die

Abb. 3.8

Modalitäten der Zeitwirtschaft

Arbeitszeit	Urlaub
Arbeitszeitmanagement	**Urlaubsplanung**
▸ Projektgruppe	
▸ Arbeitszeitrahmen	
▸ Marktanalyse	
▸ Kapazitätsanalyse	
▸ Zuordnung	
▸ Konzipierung	
▸ Vereinbarung	
▸ Zeiterfassung	
Arbeitszeitmodelle	**Urlaubsarten**
▸ feste Arbeitszeit	▸ Erholungsurlaub
▸ rollierendes System	▸ Mindesturlaub
▸ Schichtarbeit	▸ Sonderurlaub
▸ Bandbreiten-Modell	▸ Betriebsferien
▸ gestaffelte Arbeitszeit	
▸ Baukastensystem	
▸ Teilzeit	
▸ Gleitzeit	
▸ variable Arbeitszeit	
▸ Jahresarbeitszeit	
▸ Lebensarbeitszeit	
▸ Sabbatical	
▸ Cafeteria-System	

Quelle: eigene Darstellung

Aus der Praxis

»Zu wenig Pausen machen 60 Prozent der Arbeitnehmer in Deutschland. Fast jeder Zweite sitzt fast den ganzen Tag im Büro, meldet der Bundesverband der Betriebskrankenkassen. Komme mittags noch eine üppige Mahlzeit dazu, seien Leistungstiefs, Rückenschmerzen und Herz-Kreislauf-Erkrankungen häufig die Folge.«
Move Europe 2008: Move Europe (www.move-europe.de, Verfasser unbekannt), »Zu wenig Pausen«, in: Personalführung, Heft 07/2008, S. 16.

mit einer Geldbuße bis zu 15.000 Euro geahndet werden kann.

▸ Die werktägliche Arbeitszeit von Arbeitnehmern ist durch im Voraus feststehende **Ruhepausen** zu unterbrechen. Bei einer Arbeitszeit von mehr als sechs bis zu neun Stunden müssen diese Ruhepausen dreißig Minuten umfassen, bei einer Arbeitszeit von mehr als neun Stunden fünfundvierzig Minuten. Sie können in einzelne Zeitabschnitte mit einer Mindestdauer von fünfzehn Minuten aufgeteilt werden.

▸ Nach Beendigung der täglichen Arbeitszeit müssen die Arbeitnehmer eine ununterbrochene **Ruhezeit** von elf Stunden haben. In bestimmten Bereichen kann die Ruhezeit um bis zu einer Stunde verkürzt werden.

▸ Die Arbeitszeit von Arbeitnehmern in der **Nachtschicht** muss innerhalb eines Ausgleichszeitraums von vier Wochen auf durchschnittlich acht Stunden pro Nachtschicht begrenzt werden. Auch bei Nachtarbeit ist die Verlängerung der Arbeitszeit auf zehn Stunden möglich. Jeder Nachtarbeitnehmer hat das Recht, sich in regelmäßigen Abständen auf Kosten des Arbeitgebers arbeitsmedizinisch untersuchen zu lassen. Zudem hat er einen Anspruch auf eine angemessene Zahl bezahlter freier Tage bzw. angemessene Zuschläge, soweit tarifvertragliche Ausgleichsregelungen nicht bestehen.

▸ An **Sonn- und Feiertagen** dürfen Arbeitnehmerinnen und Arbeitnehmer grundsätzlich nicht in der Zeit von 0.00 bis 24.00 Uhr beschäftigt werden. In mehrschichtigen Betrieben kann Beginn oder Ende der betrieblichen Sonn- und Feiertagsruhe um bis zu sechs

Stunden vor- oder zurückverlegt werden. Sechzehn Ausnahmetatbestände gelten kraft Gesetzes, beispielsweise für Not- und Rettungsdienste, die Reinigung und Instandhaltung von Betriebseinrichtungen und die Vorbereitung der Wiederaufnahme des vollen werktägigen Betriebs. Die Aufsichtsbehörden der Länder sollen darüber hinaus Genehmigungen erteilen, beispielsweise wenn bei einer weitgehenden Ausnutzung der gesetzlich zulässigen wöchentlichen Betriebszeiten und bei längeren Betriebszeiten im Ausland die Konkurrenzfähigkeit unzumutbar beeinträchtigt ist. Für die Beschäftigung am Sonn- oder Feiertag ist ein Ersatzruhetag zu gewähren, für Sonntage innerhalb von zwei Wochen, für Feiertage innerhalb von acht Wochen. Mindestens 15 Sonntage im Jahr müssen beschäftigungsfrei bleiben.

Aufgrund von **tarifvertraglichen Regelungen** kann von diesen Vorgaben in einem begrenzten Umfang abgewichen werden.

Die eigentliche Entwicklungsarbeit der Projektgruppe beginnt regelmäßig mit einer umfassenden **Marktanalyse**. Hier gilt es zunächst, saisonale Zyklen und konjunkturelle Schwankungen zu ermitteln. Zudem kann die Nachfrage nach einzelnen Produkt- und Dienstleistungsgruppen recht stark differieren. Wenn man keine Wettbewerbsnachteile in Kauf nehmen will, muss man überdies die Erwartungen des Marktes berücksichtigen. Diese Eventualitäten sind nicht immer genau vorhersehbar und sie treten nicht immer regelmäßig auf. Deshalb sind sie manchmal planerisch kaum zu beherrschen.

Es folgt eine **Kapazitätsanalyse**. Zumeist verbietet sich eine globale Analyse, da die notwendigen wöchentlichen Betriebszeiten bei verschiedenen Produkt- und Dienstleistungsgruppen unterschiedlich sind. Deshalb führt man mithilfe von Marktprognosen für die einzelnen Monate des Jahres eine detaillierte Betrachtung der einzelnen Kapazitäten durch. Am Beginn dieser Analyse steht eine Untersuchung der einzelnen Arbeitsabläufe vom Auftragseingang bis zur endgültigen Erledigung. Wenn man überhöhte Kosten durch An- und Abfahren etwaiger Produktionsanlagen vermeiden will, muss man prüfen, ob die Anlagen kontinuierlich genutzt werden können oder bereits kontinuierlich genutzt

Marktanalyse

Kapazitätsanalyse

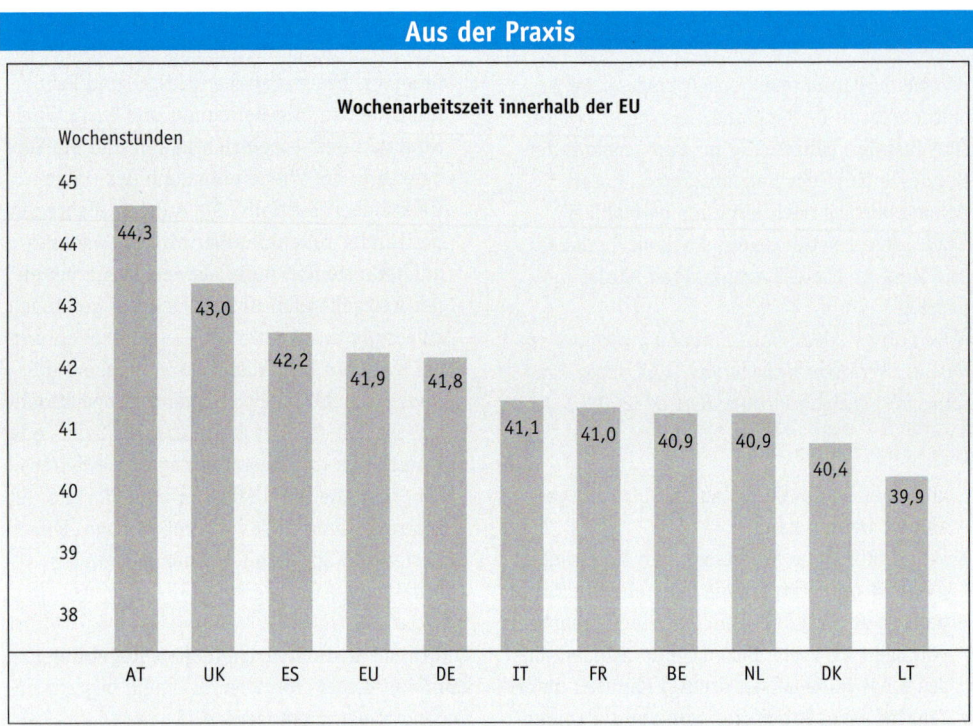

Aus der Praxis

Wochenarbeitszeit innerhalb der EU

Wochenstunden

AT	44,3
UK	43,0
ES	42,2
EU	41,9
DE	41,8
IT	41,1
FR	41,0
BE	40,9
NL	40,9
DK	40,4
LT	39,9

Hans Böckler Stiftung/Eurostat 2007: Hans Böckler Stiftung und Eurostat (www.boeckler.de, Verfasser unbekannt), »In Deutschland wird länger gearbeitet«, in: Personalmagazin, Heft 09/2007, S. 53.

Zuordnung der Beschäftigten

Konzipierung der Arbeitszeitmodelle

werden. Weiterhin sollten technische Störungen und Materialengpässe inklusive ihrer Art und Häufigkeit lokalisiert werden, um sie abfangen oder doch zumindest sogenannte Pufferarbeitsplätze einplanen zu können, die einen ergebnisorientierten Einsatz der betroffenen Beschäftigten ermöglichen.

Nun muss man den quantitativen und qualitativen Personaleinsatz, das heißt eine angemessene **Zuordnung der Beschäftigten** zu den Anlagen und Arbeitsabläufen, sicherstellen. Man muss also ermitteln, wie viele Beschäftigte mit welchen Qualifikationen und Kompetenzen für vorbereitende Aufgaben sowie pro Arbeitstag, pro Schicht oder pro Auftrag zur Verfügung stehen müssen. Ferner muss man erkunden, inwiefern ein personeller Austausch innerhalb der Produkt- oder Dienstleistungsgruppen möglich ist. Schließlich muss man mit dem vorgenannten Instrumentarium der qualitativen Personaleinsatzplanung die Neigungen der Beschäftigten für die diversen Aufgaben und ihre zeitlichen Präferenzen erheben.

Aus diesen Analysen ergeben sich nahezu zwangsläufig die Parameter für die nun folgende konkrete **Konzipierung der Arbeitszeitmodelle**. Zumeist müssen mehrere Arbeitszeitmodelle erstellt werden, um den Zielen gerecht werden zu können. Diese Modelle müssen entweder entwickelt werden, als Eigenentwicklung der Projektgruppe respektive als Auftragsentwicklung durch geeignete Fachleute, oder man übernimmt Verfahren, die bereits existieren und in der Literatur veröffentlicht sind respektive von anderen Unternehmen zur Verfügung gestellt werden. Dabei werden durchweg Eckdaten hinsichtlich der saisonalen, Jahres- und Wochenarbeitszeit, der Führung von persönlichen Zeitkonten, der Überstunden, der Sonn- und Feiertage, der Fehl- und der Urlaubszeiten sowie des Übertrags von Zeitguthaben und Zeitschulden festgelegt. Ferner sind Entgeltregelungen im Zusammenhang mit den Arbeitszeitmodellen von eminenter Bedeutung für die Akzeptanz und damit für die erfolgreiche Umsetzung. Schließlich ist eine umfassende, verständliche und frühzeitige Information aller Betroffenen unverzichtbar, wenn man wirklich alle Eventualitäten berücksichtigen will und auf Akzeptanz setzt.

Letzten Endes werden alle Details in einer **Betriebs- bzw. Dienstvereinbarung** geregelt, die häufig zunächst als eine Art Erprobungsphase befristet und später, nach einer Optimierung, angepasst und verlängert wird *(Adamski 2001, S. 231 ff.)*.

Allerdings ist die Konzipierung von Arbeitszeitmodellen niemals ganz abgeschlossen, da sich sowohl der Markt als auch die Technik und die Belegschaft ständig fortentwickeln. Es handelt sich folglich um eine Daueraufgabe. Aus diesem Grunde ist der Einsatz einer Software als Planungs- und Umsetzungswerkzeug empfehlenswert.

Für größere Beschäftigtenzahlen braucht man zudem eine informationstechnische Unterstützung auch im Tagesbetrieb. Gemeint ist eine computergestützte **Zeiterfassung**. In den meisten Unternehmen kommt nämlich schnell und kaum bemerkt eine Vielzahl unterschiedlicher Arbeitszeitmodelle zum Einsatz *(Adamski 2001, S. 9 ff., 90 ff., Mülder/Störmer 2002, S. 125 ff.)*.

▶ Bei der Auswahl eines derartigen Systems stehen neben den fachlichen vor allem technische Fragen nach dem Rechner und den Terminals sowie deren Vernetzung, nach der Auswahl der richtigen Ausweise als Erfassungsmedium und Kompatibilität mit den organisatorischen Regelungen im Vordergrund.

▶ Computergestützte Systeme stellen die Registrierung der An- und Abwesenheit an Zeiterfassungsgeräten sicher, neuerdings sogar via Handy. Sie ermöglichen aber auch die häufig notwendige Korrektur und Umbuchung von Zeitdaten am Bildschirm durch das Personalwesen, Zeitbeauftragte in den Fachabteilungen oder die Betreffenden selbst.

Daneben ist die Pflege von Personen- und Zeitstammdaten zum Aufbau von betrieblichen Zeitmodellen und Bewertungsvorschriften unumgänglich. Die Interpretation und Verarbeitung der registrierten Zeitdaten sollten anhand von Zeitregeln und Parametern durch das System vorgenommen werden. Üblich ist die Speicherung der Zeitdaten und Verarbeitungsergebnisse in einer Datenbank. Sie dient als Basis für flexible Abfrage- und Auswertungsmöglichkeiten und als Unterstützung für Planungen, etwa für Schichten und Urlaube. Über Schnittstellen wird der Datenaustausch mit anderen Systemen gewährleistet, beispielsweise mit der Entgeltabrechnung, der Betriebsdatenerfassung, der Zugangskontrolle und der Kantinenabrechnung.

3.6.1.2 Arbeitszeitmodelle
Die Arbeitszeiten können mannigfach gestaltet werden. Dabei sind vier Bestimmungsfaktoren maßgeblich:

▶ das **Volumen** der Arbeitszeit, also die Menge der vertraglich vereinbarten Arbeitszeit, ausgedrückt in Arbeitstunden pro Arbeitstag, -woche, -monat und -jahr,

▶ die **Verteilung** der Arbeitszeit auf Arbeitstage, -wochen, -monate und -jahre,

▶ die **Länge** der Arbeitszeit an den einzelnen Arbeitstagen bzw. in den einzelnen Arbeitswochen, -monaten und -jahren sowie

▶ die **Lage** der Arbeitszeit, das heißt ihr Beginn und Ende an den einzelnen Arbeitstagen bzw. in den einzelnen Arbeitswochen, -monaten und -jahren *(Danne/Heider-Knabe 2003, S. 90 f.)*.

Die unterschiedliche Kombination dieser und weiterer Parameter führt zu bekannten, aber

Betriebs- bzw. Dienstvereinbarung

Zeiterfassung

Arbeitszeit: Bestimmungsfaktoren

Leistungsrhythmus

Die Beschäftigten favorisieren zumeist eine Individualisierung der Arbeitszeit, um größere Freiräume zu gewinnen. Und sie haben selbstverständlich ein Anrecht darauf, dass ihre Arbeitszeiten den biologischen Leistungsrhythmus des Menschen berücksichtigen. Die Leistungsbereitschaft und -fähigkeit ist periodischen Schwankungen unterworfen. Morgens gegen 9.30 Uhr und nachmittags gegen 16 Uhr ist das Leistungspotenzial am *Maximum, gegen Mittag, am frühen Abend und ein bis zwei Stunden nach Mitternacht indessen verhältnismäßig gering. Im Wochenverlauf sind der Montag und der Freitag durch ein Leistungstief gekennzeichnet. Erst am Dienstag kommt man in ein Leistungshoch, das sich mit leichten Abschwächungen bis zum Donnerstag hält.*

Unter der Lupe

Vertrauensarbeitszeit

Freilich kann man auf die minutengenaue Zeiterfassung durchaus verzichten. Die sogenannte Vertrauensarbeitszeit sieht eine weitgehend selbstständige, eigenverantwortliche Aufgabenerledigung bei weitgehend freier Arbeitszeitgestaltung durch Arbeitnehmer, also eine variable Arbeitszeit, vor, wie sie bei freien Mitarbeitern ohnehin üblich ist. Allerdings ist – außer bei leitenden Angestellten – ein völliger Verzicht auf die Dokumentation von Arbeitszeiten nicht möglich. Das Arbeitzeitgesetz verlangt die Aufzeichnung jener Arbeitszeit, die werktäglich über acht Stunden hinaus geleistet wird (Mülder 2000, S. 40, Reschke 2001, S. 38 f.).

auch zu bisher noch nicht gebräuchlichen Arbeitszeitmodellen *(Abb. 3.8, Adamski 2001, S. 80 ff., Drumm 2005, S. 179 ff.).*

Feste Arbeitszeit

Bei der **festen Arbeitszeit** sind Arbeitsbeginn, Arbeitsende und Pausen grundsätzlich fixiert.

Abweichungen ergeben sich nur durch betriebliche Festlegungen.

Rollierendes System

Beim **rollierenden System** belegen mehrere Beschäftigte dieselben Arbeitsplätze an unterschiedlichen Wochentagen.

Das ist etwa der Fall, wenn fünf Beschäftigte vier Arbeitsplätze in einer Sechstagewoche besetzen. So ergibt sich für jeden Mitarbeiter eine Fünftagewoche *(Bartscher/Huber 2007, S. 120).*

Schichtarbeit

Als **Schichtarbeit** bezeichnet man eine Arbeit, die zu konstant ungewöhnlicher Arbeitszeit oder zu wechselnder Tageszeit an einem konstanten Betriebsmittelpotenzial vollzogen wird *(Hellert 2000, S. 72 ff.).*

Schichtarbeit bietet für den Personaleinsatz eher langfristige Alternativen. Man kann bei normaler Tagschichtarbeit eine zweite Schicht einführen, bei Zweischichtarbeit eine dritte Schicht bis hin zum kontinuierlichen Schichtbetrieb. Einführung wie Änderung und Abbau von Schichtarbeit unterliegen dem Mitbestimmungsrecht. Die arbeitszeitrechtlichen Rahmenbedingungen sind zu beachten.

Schichtmodelle werden hauptsächlich in der Produktion, der Qualitätssicherung und der Instandhaltung eingesetzt. Sie lassen sich durch folgende **Merkmale** beschreiben:

▸ Die Schichtkontinuität macht Aussagen über den durch das Schichtsystem abgedeckten Bereich. Diskontinuierliche Systeme schließen die Sonn- und Feiertagsarbeit aus. Bei kontinuierlichen Systemen wird auch an diesen Tagen gearbeitet.

▸ Die Schichtlänge ist die Dauer der Schicht in Zeiteinheiten.

▸ Die Schichtwechselzeitpunkte beziehen sich auf die Anfangs- und Endzeiten der Schichten.

▸ Die Schichtfolge gibt an, in welcher Reihenfolge Früh-, Spät- und Nachtschichtperioden aufeinander folgen. Bei einem Dreischichtbetrieb sind Vorwärts- und Rückwärtsrotation zu unterscheiden. Bei der Vorwärtsrotation erfolgt der Wechsel in der Reihenfolge Früh-, Spät-, Nachschicht, bei der Rückwärtsrotation in umgekehrter Reihenfolge.

▸ Die Schichtwechselpolitik beschreibt die Anzahl der gleichartigen nacheinander zu absolvierenden Schichten.

▸ Durch den Schichtwechselrhythmus wird das Gleichmaß der aufeinander folgenden Schichtwechselperioden bestimmt.

▸ Der Schichtzyklus ist die Dauer vom Beginn des Schichtplans bis zu dem Tag, an dem sich das Schichtsystem auf den Wochentag bezogen wiederholt.

▸ Hinzu kommt die Verteilung von Freizeit im Schichtsystem.

In der Praxis sind folgende **Varianten der Schichtsysteme** häufig anzutreffen:

▸ Permanente Schichtsysteme: Dauerfrühschicht, Dauerspätschicht oder Dauernachtschicht,

▸ Wechselschichtsysteme ohne Nachtarbeit: Zweischichtarbeit mit oder ohne Wochenendarbeit,

▸ Wechselschichtsysteme mit Nachtarbeit und ohne Wochenendarbeit: Zwei- oder Dreischichtsysteme,

»Komprimierte Arbeitswochen können zur Work-Life-Balance von Schichtarbeitern beitragen, ohne die Produktivität und die Wettbewerbsfähigkeit von Unternehmen zu beeinträchtigen. Zu diesem Ergebnis kommen Forscher des britischen Public Health Research Consortium, die insgesamt 40 vorliegende Studien zum Thema ausgewertet haben. Bei der ›komprimierten Arbeitswoche‹ erhöht sich die tägliche Arbeitszeit auf bis zu zwölf Stunden, dafür reduziert sich die Zahl der Arbeitstage auf etwa drei bis vier pro Woche. Durch die Erhöhung der Arbeitsstunden auf wenige Tage ließen sich die mit Schichtarbeit verbunden gesundheitlichen Probleme (Schlafstörungen, Depressionen, Verdauungsstörungen etc.) besser als auf andere Weise reduzieren.«

Public Health Research Consortium 2008: Public Health Research Consortium (www.york.ac.uk/ phrc, Verfasser unbekannt), »Komprimierte Arbeitswochen«, in: Personalführung, Heft 10/2008, S. 8.

▸ Kontinuierliche Schichtarbeit mit Wochenendarbeit: Dreischichtsysteme für alle Wochentage mit drei bis sechs Schichtbelegschaften.

Ist die wöchentliche Arbeitszeit von zum Beispiel 38 Stunden viertel- oder halbjährlich respektive jährlich in einer Bandbreite von 32 bis 48 Stunden wählbar, spricht man vom **Bandbreiten-Modell**.

Die Wahl trifft das Unternehmen nach der Auftragslage. Allerdings müssen die Wahlmöglichkeit und die Bandbreite zuvor in einem Tarifvertrag geregelt und in einer Betriebs- oder Dienstvereinbarung zwischen Betriebsrat und Arbeitgeber konkretisiert worden sein.

Auch die **gestaffelte Arbeitszeit** wird von den betrieblichen Instanzen festgelegt.

Die Wahlmöglichkeit der Beschäftigten beschränkt sich auf die Entscheidung für eine der angebotenen Zeiten.

Im **Baukasten-System**, das man auch modulare Arbeitszeit nennt, können einzelne Mitarbeiterinnen und Mitarbeiter oder auch Gruppen vom Arbeitgeber vorgegebene Zeitmodule individuell zusammenstellen.

Möglich sind tägliche, wöchentliche, monatliche oder jährliche Module.

Wenn die Arbeitszeit kürzer ist als die betriebliche oder tarifliche Arbeitszeit der Vollzeitkräfte, handelt es sich laut Definition des Teilzeit- und Befristungsgesetzes um **Teilzeitarbeit** *(Zwanziger/Winkelmann 2007, S. 21 ff.)*.

Die Teilzeit lässt viele Möglichkeiten der Einteilung der Arbeitszeit zu. Teilzeitarbeit kann als feste Arbeitszeit, aber auch als Gleitzeit ausgestaltet werden. Sie kann auch gleichmäßig oder ungleichmäßig, starr oder flexibel über die Woche, den Monat oder das Jahr verteilt werden. Selbst in der Schichtarbeit werden Teilzeitmodelle angewendet. In der Praxis sind die Formen der halben Arbeitszeit, der auf vier Tage

Bandbreiten-Modell

Gestaffelte Arbeitszeit

Baukasten-System

Teilzeitarbeit

Belastung durch die Schichtarbeit

Aufgrund der Belastung durch die Verschiebung von Arbeits- und Schlafzeiten treten bei Schichtarbeit als Beanspruchungsfolgen hauptsächlich Schlafstörungen, Appetitstörungen, Leistungsbeeinträchtigungen sowie soziale Probleme auf. Bei der Erstellung der Schichtpläne sind deshalb neben betrieblichen Anforderungen die Belange der Beschäftigten zu berücksichtigen. Auch das Arbeitszeitgesetz bestimmt, dass die Arbeitszeit der Beschäftigten im Schichtbetrieb nach den gesicherten arbeitswissenschaftlichen Erkenntnissen über die menschengerechte Gestaltung der Arbeit festgelegt werden soll. Die Arbeitswissenschaft empfiehlt

▸ *die Reduzierung der Nachtarbeit auf maximal drei hintereinanderliegende Nachtschichten,*
▸ *geblockte Wochenendfreizeiten von Samstag bis Sonntag, Freitag bis Samstag oder bis Sonntag und*
▸ *die Vermeidung ungünstiger Schichtfolgen, wie Nachtschicht, Freischicht, Frühschicht.*

komprimierten Arbeitswoche, sowie der Minijobs am gebräuchlichsten.

Hinsichtlich der **Minijobs** sei auf die Erläuterungen zur Abrechnung im Kapitel Entgelt verwiesen. Sie sind immer wieder in der politischen Diskussion. Je mehr sie genutzt werden, desto mehr Probleme bekommen sowohl die Sozialversicherungsträger, weil ihnen Beiträge verloren gehen als auch die betroffenen Beschäftigten, weil sie nur beschränkt in den Genuss von Sozialversicherungsleistungen kommen. Andererseits schaffen die Unternehmen mit diesen für sie kostengünstigen Beschäftigungsverhältnissen Arbeitsplätze, die ansonsten kaum entstehen würden.

Eine ebenfalls umstrittene Art der flexiblen Teilzeit ist die kapazitätsorientierte variable Arbeitszeit, auch **Arbeit auf Abruf** genannt. Hier werden nur die jährliche oder monatliche Arbeitszeit und das Entgelt festgelegt. Die Zeitsouveränität liegt beim Arbeitgeber. Er ruft die vereinbarte Arbeitszeit je nach Arbeitsanfall ab. Allerdings muss er dem Arbeitnehmer die Arbeitszeit gemäß § 12 des Teilzeit- und Befristungsgesetzes mindestens vier Tage im Voraus mitteilen. Welches Zeitdeputat vereinbart wird, bleibt den Vertragspartnern überlassen. Wenn keine Vereinbarung getroffen wird, gilt nach der besagten Vorschrift ein Mindesteinsatz von drei aufeinander folgenden Stunden und eine wöchentliche Arbeitszeit von zehn Stunden als vereinbart. Letztere muss der Arbeitgeber auch dann vergüten, wenn er keine Arbeitsleistung abruft *(Danne/Heider-Knabe 2003, S. 97).*

Eine Sonderform der Teilzeit ist das **Job Sharing**, die Aufteilung eines Vollzeitarbeitsplatzes auf zwei oder mehrere Beschäftigte. Beim US-amerikanischen Modell wird der Arbeitsvertrag nicht zwischen jedem Beschäftigten und dem Arbeitgeber geschlossen, sondern zwischen dem Job-Sharing-Team und dem Arbeitgeber. Das Team verpflichtet sich, die anfallenden Arbeiten auszuführen und den Arbeitsplatz zu besetzen. Die Entscheidung, wer wann welche Arbeiten erledigt, treffen nicht die Vorgesetzten, sondern die Job-Sharing-Partner. Beim deutschen Modell tritt jeder Job-Sharing-Partner in eine arbeitsvertragliche Beziehung zum Arbeitgeber. Die Partner verpflichten sich, eine bestimmte Stundenanzahl pro Woche zu arbeiten, unter Umständen an festgelegten Wochentagen und zu bestimmten Uhrzeiten oder im Rahmen einer Gleitzeitregelung respektive eines Schichtsystems *(Oechsler 2006, S. 255 f.).*

Die **gleitende Arbeitszeit** stellt es den Beschäftigten frei, den Beginn und das Ende der täglichen Arbeitszeit in einem vorgegebenen Rahmen selbst zu bestimmen. Die Gleitzeit kann nur mit Zustimmung des Betriebsrates eingeführt werden *(Mülder/Störmer 2002, S. 23 f.).*

Beim **Grundmodell** ist die Stundenanzahl der Arbeitszeit festgelegt. Der Arbeitsbeginn ist in einer variablen Spanne vorgegeben. Die einmal festgelegte Arbeitszeitlage muss beibehalten werden.

Die Arbeitszeit beinhaltet bei der **einfachen Gleitzeit** eine Kernzeit, während der Anwesenheitspflicht besteht, und eine Gleitzeit, über die

Gleitzeit

Unter der Lupe

Teilzeitanspruch

In Betrieben mit mehr als 15 Arbeitnehmern, wobei die Auszubildenden nicht mitgezählt werden, kann ein Arbeitnehmer ohne Begründung verlangen, dass seine tägliche Arbeitszeit verkürzt wird. Für die Verkürzung gibt es weder eine Höchst- noch eine Mindestgrenze. Voraussetzung ist lediglich, dass der Betreffende seit mindestens sechs Monaten im Betrieb beschäftigt ist und seine Teilzeit drei Monate im Voraus angekündigt hat. Der Arbeitgeber kann das Verlangen des Arbeitnehmers aus betrieblichen Gründen ablehnen, was er gegebenenfalls vor dem Ar-
beitsgericht im Einzelnen begründen muss, zum Beispiel mit unverhältnismäßig hohen Kosten, mit einer wesentlichen Beeinträchtigung des Arbeitsablaufs oder der Sicherheit. Spätestens einen Monat vor dem gewünschten Beginn muss der Arbeitgeber seine Entscheidung dem Arbeitnehmer schriftlich mitteilen. Ansonsten tritt die gewünschte Verringerung in Kraft. Zudem sind Teilzeitbeschäftigte bevorzugt zu behandeln, wenn sie auf eine Vollzeitstelle zurückkehren wollen.

der Mitarbeiter oder die Mitarbeiterin bestimmen kann. Unter Berücksichtigung der Pausenzeiten kann die Kernzeit in zwei Hälften geteilt werden. Innerhalb dieser Vorgaben kann die Arbeitszeitlage täglich geändert werden. Das Arbeitszeitende ergibt sich jeweils aus dem Arbeitsbeginn plus der vertraglich festgelegten täglichen Arbeitszeitdauer.

Bei der **qualifizierten Gleitzeit** kann die tägliche Arbeitszeitlänge auf bis zu zehn Stunden ausgeweitet werden. Wenn daraus entstehende Zeitguthaben in festgelegten Zeiträumen abgebaut werden müssen, spricht man von beschränkt qualifizierter Gleitzeit. Hier können Zeitschulden entstehen, die durch Nacharbeiten auszugleichen sind. Die Regelungen der unbeschränkt qualifizierten Gleitzeit lassen es zu, Zeitguthaben oder -schulden über ein Arbeitszeitkonto in die nächste Abrechnungsperiode zu übertragen.

Bei der **variablen Arbeitszeit** kann der Mitarbeiter über Dauer und Lage seiner Arbeitszeit innerhalb eines definierten Arbeitszeitrahmens selbst bestimmen. Kernzeiten existieren nicht *(Mülder/Störmer 2002, S. 24 ff.)*.

Das kann bei einer Außendiensttätigkeit, aber auch bei der Tele- oder der Heimarbeit der Fall sein. Wenn ganze Arbeitsgruppen selbst über die Dauer und Lage ihrer Arbeitszeit bestimmen, bezeichnet man sie als zeitautonome Gruppen.

Modelle der **Jahresarbeitszeit** beziehen die Regelarbeitszeit nicht auf einen Arbeitstag oder eine Woche, sondern auf ein Kalenderjahr *(Bartscher/Huber 2007, S. 123)*.

So wird zum Beispiel die jährliche Arbeitszeit bei Voll- oder Teilzeit für zweiundfünfzig Kalenderwochen abzüglich Feiertagen und sechs Wochen Urlaub berechnet. Die effektive Jahresarbeitszeit wird, meist vom Arbeitgeber je nach Arbeitsanfall, gleichmäßig oder ungleichmäßig auf das gesamte Jahr verteilt. Das ist bei Saisonbetrieben von Vorteil.

Für **Lebensarbeitszeit-Modelle** werden Wertkonten geführt. Etwaige Wertguthaben muss der Arbeitgeber nach dem sogenannten Flexi-Gesetz verzinsen und absichern. Im Rahmen des tariflichen oder betrieblichen Regelwerks können die

Beschäftigten ihre Lebensarbeitszeit flexibel ableisten.

Diese Modelle geben keinen **flexiblen Einstieg ins Berufsleben** her. Hier wird der Staat tätig durch berufsbildende Maßnahmen nach Abschluss der Sekundarstufe, ergänzende berufsvorbereitende Maßnahmen im Rahmen der Jugendhilfe, die Erhöhung der Quote der Einberufungen zur Bundeswehr bzw. zum zivilen Ersatzdienst und die Ausweitung des freiwilligen sozialen Jahres.

Lebensarbeitszeit-Modelle erlauben aber einen **gleitenden Einstieg ins Berufsleben**, denn man kann, etwa bei geringem Personalbedarf, trotzdem einen Ausbildungsjahrgang komplett übernehmen, und zwar zunächst in Teilzeit. Die ausgefallene Arbeitszeit kann dann in wirtschaftlich besseren Zeiten nachgeholt werden.

Zudem sind durch das Ansparen von Wertguthaben **Unterbrechungen**, beispielsweise in Form der weiter unten angesprochenen Sabbaticals, aber auch eine flexible oder gleitende Pensionierung realisierbar *(Frischmuth 2003, S. 36 ff.)*.

Variable Arbeitszeit

Unter **gleitender Pensionierung** versteht man das sukzessive Ausscheiden aus dem Erwerbsleben, also die Reduzierung der Arbeitszeit vor der Verrentung.

Diese Altersteilzeit setzt, wie alle Arbeitszeitmodelle, voraus, dass der Arbeitgeber zu-

Aus der Praxis

»Zeitwertkonten spielen für 94 Prozent der Unternehmen eine wichtige Rolle bei der Bewältigung des demografischen Wandels. Zu diesem Ergebnis kommt eine Studie von Towers Perrin unter rund 100 großen und mittleren Unternehmen. Für fast drei Viertel der Befragten ist dabei die Finanzierung des vorgezogenen Ruhestands das Hauptziel. Bei knapp einem Drittel der mittelständischen bis großen Betriebe sind Zeitwertkonten bereits im Unternehmen etabliert. Betriebe mit weniger als 5.000 Mitarbeitern zeigen sich deutlich zurückhaltender.«
Towers Perrin 2008: Towers Perrin (www.towersperrin.com, Verfasser unbekannt), »Zeitwertkonten«, in: Personalführung, Heft 03/2008, S. 10.

Jahresarbeitszeit

Lebensarbeitszeit

stimmt, respektive die Tarifparteien dies vereinbart haben. Der Tarifvertrag der Industriegewerkschaft Metall mit dem Arbeitgeberverband der Metall- und Elektroindustrie in Baden-Württemberg vom Herbst 2008 hat Vorbildcharakter für eine Alterteilzeit ohne das vorherige Ansparen von Wertguthaben. Er sieht vor, dass 2,5 Prozent der Arbeitnehmer ab dem 61. Geburtstag in den Jahren vor Rentenbeginn halbtags arbeiten können. In Betrieben, in denen die Arbeitnehmer besonderen Belastungen wie Schichtarbeit ausgesetzt sind, sind 57-Jährige für höchstens sechs Jahre begünstigt. Hier kann die Quote der Anspruchsberechtigten auf vier Prozent steigen. Die Arbeitnehmer bekommen 85 bis 89 Prozent des letzten Entgelts, müssen aber zur Finanzierung 0,4 Prozent einer zukünftigen tariflichen Entgelterhöhung einbringen.

Flexible Pensionierung bedeutet eine Flexibilisierung der Altersgrenze.

Bekannt ist vor allem die vorzeitige Pensionierung, der sogenannte Vorruhestand. Da die Altersgrenze für die Renten stufenweise auf die Vollendung des 67. Lebensjahres angehoben wird, gelten für die Jahrgänge bis 1964 unterschiedliche Regelungen. Wer vorzeitig Rente beziehen muss oder will, muss pro Monat vorgezogener Rente einen Abschlag von 0,3 Prozent auf den Rentenanspruch hinnehmen. Voraussetzung für den vorgezogenen Rentenbezug ist nach §§ 35 ff. und 235 ff. des Sechsten Buchs des Sozialgesetzbuches, dass die Betreffenden das 63. Lebensjahr vollendet haben und eine Wartezeit von 35 Jahren nachweisen können. Für schwerbehinderte Menschen und Bergleute gelten Sonderregelungen.

Die Altersteilzeitvereinbarungen bieten eine weitere Möglichkeit. Unter den genannten Voraussetzungen kann man nämlich nicht nur die regelmäßige wöchentliche Arbeitszeit reduzieren, sondern stattdessen im Blockmodell vorerst weiter in Vollzeit arbeiten, um dann später – als rechtlich vollwertiger Arbeitnehmer – die Arbeitszeit auf Null zu senken.

Wollen Beschäftigte nach dem Eintritt in den Ruhestand oder Vorruhestand mit voller oder reduzierter Arbeitszeit tätig bleiben, obwohl der einschlägige Arbeits- bzw. Tarifvertrag dies nicht vorsieht, müssen sie sich zunächst mit ihrem Arbeitgeber einigen. Soweit dieser zustimmt, kann die Tätigkeit fortgesetzt werden. Möglich wäre auch die Aufnahme einer Beschäftigung bei einem anderen Arbeitgeber. Nach § 42 des Sechsten Buchs des Sozialgesetzbuches kann jeder Versicherte entscheiden, ob er die ihm zustehende Altersrente als Vollrente erhalten will oder ob er zunächst nur eine **Teilrente** beansprucht und weiter arbeitet. Eine Teilrente kann in Höhe von entweder einem Drittel, der Hälfte oder von zwei Dritteln der zustehenden Vollrente bezogen werden. Wird eine Teilrente bereits vor Erreichen der maßgeblichen Altersgrenze in Anspruch genommen, wird, wie beim Bezug einer vorzeitigen Vollrente (siehe oben), ein versicherungsmathematischer Abschlag vorgenommen. Zudem sind dann Hinzuverdienstgrenzen zu beachten. Je geringer der gewählte Anteil an der Vollrente ist, desto größer sind die Möglichkeiten des Hinzuverdienstes.

Sabbaticals sind Perioden der Nichterwerbstätigkeit bei bestehendem Arbeitsverhältnis. Es handelt sich also um Langzeiturlaube, die zur freien Verfügung genutzt werden können. Diese Urlaube gehen weit über die übliche Urlaubsdauer hinaus und umfassen, wenn sie denn gewährt werden, nicht selten bis zu einem Jahr. Sie haben deshalb auch einen Einfluss auf die Lebensarbeitszeit *(Siemers 2001, S. 616 ff.)*.

Sabbaticals sind mit vollem Entgeltausgleich möglich, etwa durch das Ansparen von Urlaubswochen. Dazu besagt das Bundesurlaubsgesetz, dass der Urlaub grundsätzlich im laufenden Kalenderjahr genommen werden muss. Wenn dringende betriebliche oder in der Person liegende Gründe es rechtfertigen, kann der Urlaub bzw. Resturlaub innerhalb der ersten drei Monate des Folgejahres gewährt und genommen werden. Danach verfällt er im Prinzip. Natürlich kann der

Sabbatical

Unter der Lupe

Altersteilzeitgesetz

Seit 1996 begünstigte das Altersteilzeitgesetz einschlägige Vereinbarungen unter diffizilen Bedingungen und der Voraussetzung, dass die Stelle wieder besetzt wird, mit einem Zuschuss der Bundesagentur für Arbeit. Diese Förderung summierte sich auf mehr als eine Milliarde Euro pro Jahr und läuft am 31.12.2009 aus.

Aus der Praxis	
Regelaltersgrenze:	Anhebung auf 67 Jahre
Übergangsregelung:	Gleitend (ab Geburtsjahr 1947, abgeschlossen mit Geburtsjahr 1964)
Anhebungsschritte:	Ab 2012 pro Jahrgang um einen Monat, ab Geburtsjahr 1959 pro Jahrgang um zwei Monate Versicherte Geburtsjahr/Anhebung in Monaten: 1947/1; 1948/2; 1949/3; 1950/4; 1951/5; 1952/6; 1953/7; 1954/8; 1955/9; 1956/10; 1957/11; 1958/12; 1959/14; 1960/16; 1961/18; 1962/22
Rentenbezug mit 65:	Möglich für Jahrgänge 1947 bis 1964 mit Abschlägen von 0,3 % des vorzeitigen Rentenbezugs
Besonders langjährig Versicherte:	45 Pflichtbeitragsjahre = Anspruch auf abschlagsfreien Renteneintritt mit 65 Jahren
Langjährig Versicherte:	35 Pflichtversicherungsjahre = Rentenzugangsalter 67 Jahre; vorzeitiger Rentenbezug ab Alter 63 möglich mit Abschlägen von 0,3 % pro Mo. des vorzeitigen Rentenbezugs
Altersteilzeit:	Übergangsregelungen für Vereinbarungen bis 31.12.2006

Heissmann 2007: Heissmann, Dr., »Auszug der geplanten Änderungen im Überblick«, in: Lohn + Gehalt, Heft 02/2007, S. 66.

Arbeitgeber davon absehen, den Urlaub verfallen zu lassen.

Sabbaticals mit teilweisem Entgeltausgleich dienen als Anreiz oder Belohnung. Hier ist ein Teil des Sabbaticals ein bezahlter, der andere Teil ein unbezahlter Sonderurlaub. Sabbaticals ohne Entgeltzahlungen sind unbezahlte Sonderurlaube.

Das **Cafeteria-System** ist eigentlich ein Entgeltmodell (Kapitel Entgelt).

Es erlaubt den Mitarbeiterinnen und Mitarbeitern, innerhalb eines bestimmten Budgets zwischen verschiedenen Leistungsangeboten, wie Gewinnbeteiligung, höheren Ruhegeldzahlungen, zusätzlichen Versicherungen oder zusätzlicher Freizeit zu wählen.

3.6.2 Urlaub

Auch der Urlaub von Freelancern, das heißt jener Selbstständigen, die für das Unternehmen tätig werden, muss geplant werden. Dafür sind freilich keine gesetzlichen Beschränkungen zu beachten. Ausschlaggebend sind Absprachen oder vertragliche Vereinbarungen mit den Betreffenden.

Den oder die Termine des Urlaubs von Arbeitnehmern legt prinzipiell der Arbeitgeber bzw. die jeweilige Führungskraft fest. Man muss jedoch die Wünsche der Mitarbeiter berücksichtigen soweit dringende betriebliche Erfordernisse dies zulassen oder andere Beschäftigte wegen ihrer sozialen Situation nicht Vorrang beanspruchen *(Pulte 2006, S. 63)*.

Cafeteria-System

Die Rechtsgrundlage für den **Erholungsurlaub** der Arbeitnehmerinnen und Arbeitnehmer ist das Bundesurlaubsgesetz. Für bestimmte Beschäftigtengruppen, wie für Jugendliche und schwerbehinderte Menschen, sind speziellere Vorschriften maßgeblich. Nach § 3 des

Erholungsurlaub

> ### *Tarif- und Sonderurlaub*
>
> *Tarifverträge, Betriebs- oder Dienstvereinbarungen und einzelvertragliche Vereinbarungen gehen oft über den gesetzlichen Mindesturlaub hinaus. Auf die Gewährung von **Sonderurlaub** haben Arbeitnehmerinnen und Arbeitnehmer grundsätzlich keinen Anspruch, es sei denn, ein für Arbeitnehmer und Arbeitgeber verbindlicher Tarifvertrag sieht freie Tage für bestimmte Anlässe vor (Stelzer-Rothe/Hohmeister 2001, S. 22).*

Unter der Lupe

Abb. 3.9

Urlaubsplanung

Aktivität	Zuständigkeit
Erfassung der Urlaubswünsche der Beschäftigten spätestens am Jahresbeginn	Vorgesetzte/r
Prüfung der Urlaubsansprüche	Personalwesen
Abstimmung der Urlaubswünsche innerhalb der einzelnen Abteilungen unter Berücksichtigung der betrieblichen und persönlichen Erfordernisse	Vorgesetzte/r
Festlegung von eventuell notwendigen Vertretungen über den Stellenbesetzungsplan und einen Profilvergleich	Vorgesetzte/r und Personalwesen
Prüfung und Genehmigung der Urlaubs- und Vertretungsplanung	Vorgesetzte/r
Information des Betriebsrats und Einholen seiner Zustimmung	Personalwesen

Quelle: eigene Darstellung

Mindesturlaub

Mitbestimmung

Betriebsferien

Bundesurlaubsgesetzes beträgt der **Mindesturlaub** mindestens vierundzwanzig Werktage. Als Werktage gelten dabei alle Kalendertage, die nicht Sonn- oder gesetzliche Feiertage sind. Der Erholungsurlaub muss laut § 7 der besagten Vorschrift im laufenden Kalenderjahr gewährt und genommen werden. Eine Übertragung ins Folgejahr ist nur bei dringenden betrieblichen oder persönlichen Gründen statthaft. Dann muss der Erholungsurlaub aber innerhalb der ersten drei Monate gewährt und genommen werden.

In der Regel folgt man bei der Urlaubsplanung in den Unternehmen der Richtschnur aus *Abb. 3.9*.

Kommt es zu keiner einvernehmlichen Lösung zwischen Arbeitgeber und Arbeitnehmer, hat der Betriebs- oder Personalrat auch im Einzelfall ein **Mitbestimmungsrecht**. Kommt es hier ebenfalls zu keinem Einvernehmen, entscheidet eine für diesen Fall zu bildende Einigungsstelle. Der oder dem Betroffenen steht es aber frei, unabhängig davon gegen die Festlegung des Urlaubs im Klagewege vorzugehen.

Möglich ist auch die Festlegung von **Betriebsferien**. Im Interesse der Beschäftigten sollte jedoch nur in wirklich begründeten Fällen derart in die individuelle Dispositionsfreiheit eingegriffen werden. Unvermeidlich ist das bei der Fertigung von saisonabhängigen Produkten, etwa in der Bekleidungsindustrie. Der Betriebs- oder Personalrat hat bei der Festlegung von Betriebsferien ein erzwingbares Mitbestimmungsrecht, das er notfalls vor einer Einigungsstelle durchsetzen kann. Regelmäßig einigt man sich aber gütlich. Die Betriebsferien werden dann in Form einer Betriebs- bzw. Dienstvereinbarung dokumentiert.

Unter der Lupe

Gefahren und Möglichkeiten

Für die Unternehmen beinhaltet der Urlaubsanspruch in puncto Personaleinsatz zugleich Gefahren und Möglichkeiten. Wenn alle Beschäftigten zugleich in Urlaub gehen, liegt die Produktion brach. Dagegen bewirken Urlaubsverschiebungen eine bessere Bewältigung des Arbeitsvolumens ohne Neueinstellung. Zudem liegt die Erholung der Beschäftigten nicht nur in ihrem eigenen Interesse. Die Unternehmen haben im Hinblick auf den Personaleinsatz gleichfalls ein Interesse daran, dass die Belegschaft die Arbeit erholt antritt. Schließlich gewähren Unternehmen hie und da Sonderurlaub unter dem Gesichtspunkt des Personalservice, aber auch unter dem Gesichtspunkt des Personaleinsatzes oder -abbaus. Sabbaticals und das Cafeteria-System können ebenso wie andere Sonderurlaube geeignet sein, vorübergehend entstehende Personalüberhänge aufzufangen bzw. abzumildern. Beschäftigte werden so dem Produktionsprozess entzogen.

Ist der Urlaubswunsch eines Arbeitnehmers vom Arbeitgeber einmal ausdrücklich genehmigt worden oder hat der Arbeitgeber binnen angemessener Frist keine Einwände gegen die Eintragung in die Urlaubsliste erhoben, kann davon ausgegangen werden, dass der angegebene Termin gültig ist. Zum Widerruf eines einmal erteilten Urlaubs ist grundsätzlich eine Vereinbarung beider Parteien erforderlich. Einseitig kann der Arbeitgeber den bereits zugesagten Urlaub nur bei unvorhergesehenen Ereignissen widerrufen.

Aufgaben Kapitel 3

1. *Überstunden sind sehr kostenträchtig, denn viele Tarif- und Arbeitsverträge legen fest, dass Zuschläge zu zahlen sind. Aber kein Mitarbeiter kann in der neunten und zehnten Arbeitsstunde ebenso produktiv arbeiten wie zu Beginn der regelmäßigen Arbeitszeit. Warum setzen Arbeitgeber trotzdem gerne Überstunden an?*

2. *In der Praxis bezeichnet man zuweilen das als Heimarbeit, was eigentlich Telearbeit ist. Bitte erläutern Sie, wie man die Begriffe korrekt verwenden sollte.*

3. *Was ist Job Rotation, Job Enlargement und Job Enrichment?*

4. *Unter welchen Bedingungen ist es zulässig, Arbeitnehmer an Sonn- und Feiertagen zu beschäftigen?*

5. *Was ist Job Sharing? Was kennzeichnet das US-amerikanische und das deutsche Modell?*

6. *Die Vertrauensarbeitszeit ist eine variable Arbeitszeit, aber die variable Arbeitszeit nicht notwendigerweise eine Vertrauensarbeitszeit. Bitte erklären Sie das.*

7. *Was sind Sabbaticals und welche Regelungen kann man für das Entgelt treffen?*

8. *Jens ist seit dem 1. April des vergangen Jahres bei einen Arbeitgeber beschäftigt, der nicht an einen Tarifvertrag gebunden ist. Er arbeitet in einer Viertagewoche von Montag bis Donnerstag. Im vergangenen Jahr hat ihm der Arbeitgeber keinen Urlaub gewährt, weil Jens aufgrund von Produktionsproblemen dringend an seinem Arbeitsplatz gebraucht wurde. Im Januar und Februar hat Jens nicht an Urlaub gedacht. Am 1. März möchte er in Urlaub gehen. Hat er überhaupt noch einen Urlaubsanspruch für das letzte Jahr und, wenn das der Fall ist, wie viele Arbeitstage umfasst sein Urlaubsanspruch für das letzte Jahr?*

9. *Welche Gefahren und Möglichkeiten beinhaltet der Urlaubsanspruch in puncto Personaleinsatz für die Unternehmen?*

Lösungen zu den Aufgaben finden Sie im Anschluss an das letzte Kapitel.

4 Personalbeurteilung

Leitfragen

▸ **Warum wird das Personal beurteilt?**

▸ **Was ist bei der Planung von Personalbeurteilungen zu bedenken?**
Welche Vorschriften sind zu beachten und wann werden die Betroffenen informiert? Wer soll von wem, wann, wie und nach welchen Kriterien beurteilt werden?

▸ **Wie führt man Personalbeurteilungen durch?**
Wie entstehen Wahrnehmungsverzerrungen und was kann man dagegen tun? Wie beobachtet und beurteilt man, wie führt man ein Beurteilungsgespräch?

▸ **Welche Probleme entstehen durch Personalbeurteilungen und wie kann man mit diesen Problemen umgehen?**

4.1 Aufgabenstellung der Personalbeurteilung

4.1.1 Beurteilungsintention

Grundsätzlich ist eine Beurteilung ein Vergleich einer Soll-Vorstellung mit einem Ist-Zustand. Dabei werden nach Möglichkeit alle relevanten Tatbestände sorgsam abgewogen. Aus der so eventuell festgestellten Abweichung des Ist-Zustandes von der Soll-Vorstellung werden dann Schlussfolgerungen gezogen.

Im Kapitel Personaleinsatz wird unter anderem die traditionelle Arbeitsstrukturierung vorgestellt. Die dort im Rahmen der Arbeitsstudie durchgeführte Untersuchung der Arbeitsmethode und der Arbeitsabläufe ist eine Beurteilung im oben genannten Sinne. Allerdings wird bei der Arbeitsstudie die Arbeit unabhängig von der ausführenden Person beurteilt. Es handelt sich folglich um keine Personalbeurteilung.

Bei Personalbeurteilungen geht es um die Einschätzung von Personen. Man beurteilt
▸ die Beschäftigten, also jene Personen, die zur Zeit die Tätigkeiten im Unternehmen planen, durchführen und überwachen, oder
▸ Bewerberinnen und Bewerber, also Personen, die in Zukunft im Unternehmen tätig sein sollen,

vorrangig hinsichtlich zweier Aspekte, nämlich
▸ hinsichtlich der Leistung und
▸ hinsichtlich des Verhaltens beim Erstellen der Leistung, insbesondere des Verhaltens gegenüber etwaigen Mitarbeitern, Kollegen und Vorgesetzten.

Aspekte der Personalbeurteilung

Alle im Kapitel Personalbeschaffung aufgeführten Verfahren der Personalauswahl und auch das ebenfalls dort angesprochene Arbeitszeugnis sind Personalbeurteilungen. Da zum Beispiel
▸ weder Anerkennung oder Kritik noch eine leistungsgerechte Entgeltgestaltung,
▸ weder der Personaleinsatz oder die Personalentwicklung noch die Auswahl interner Bewerber im Rahmen der Personalbeschaffung

ohne eine abgeschlossene Meinungsbildung über Leistung und Arbeitsverhalten des Einzelnen möglich sind, werden in Unternehmen täglich Personalbeurteilungen vorgenommen. Dies ist nicht allen Beteiligten bewusst. Zudem werden nicht alle Personalbeurteilungen immer auch als solche bezeichnet. Mehr oder weniger gebräuchlich sind auch die Begriffe Mitarbeiterbeurteilung, Auswahlverfahren, persönliche Beurtei-

Einschätzung von Personen

lung, Persönlichkeitsbeurteilung, Leistungs- und Verhaltensbewertung sowie Leistungsüberprüfung.

4.1.2 Beurteilungsprinzipien und -verwendung

Mit Personalbeurteilungen will man eine Vielzahl von Zielen erreichen, hinter denen ebenso viele personalpolitische Prinzipien stehen. Insofern ergibt sich eine bunte Palette von Verwendungszwecken *(Becker 2005 a, S. 373 ff.,* Kapitel Grundlagen, *Mentzel 2005, S. 64).*

Qualitätsprinzip

Führungskräfte und ihre Mitarbeiter sehen sich aufgrund der Personalbeurteilung gezwungen, sich mit den **Führungsgegebenheiten** auseinander zu setzen. Hier steht das **Qualitätsprinzip** Pate. Um für die Zukunft etwaige Missverständnisse und Missstände zu vermeiden, um auch im Vergleich mit anderen Führungskräften oder Beschäftigten besser abzuschneiden, wird es als Folge einer Personalbeurteilung häufig in vielen Führungsbereichen zu Korrekturen der Verhaltensweisen beider Seiten kommen.

Leistungsprinzip

Viele Unternehmen setzen auf das **Leistungsprinzip**, also auf leistungsbezogene Lohn- und Gehaltsbestandteile zur Förderung einer größeren **Leistungsgerechtigkeit** und zur Schaffung monetärer Leistungsanreize. Die Ermittlung zuverlässiger Grundlagen für eine leistungsbezogene Entgeltfindung ist ohne Personalbeurteilungen unmöglich.

Potenzialprinzip

In den meisten Unternehmen hat sich die Einsicht durchgesetzt, dass die Belegschaft das wichtigste Potenzial darstellt, das bestmöglich zu nutzen und zu pflegen ist. Personalbeurteilungen leisten im Sinne des **Potenzialprinzips** gute Dienste.

▸ Die Beschäftigten werden durch Hinweise auf das Verhalten und konkrete Hinweise auf Stärken und Schwächen befähigt, ihre **Qualifikationen und Kompetenzen** besser einzusetzen. Personalbeurteilungen können ein Ansporn für die Beurteilten zu einem bewussten Leistungsverhalten sein. Die Bedeutung der Beurteilung für die Entgeltbemessung kann diese Motivation wesentlich verstärken, aber möglicherweise auch andere wichtige Ziele wie Zusammenarbeit und Arbeitsfreude gefährden.

▸ Personalbeurteilungen dienen der Ermittlung des **Entwicklungsbedarfs des Unternehmens** und der **Beschäftigten** sowie der **Erfolgskontrolle** durchgeführter Maßnahmen. Man stellt fest, wie gut die Beschäftigten ihre Aufgabenstellung auf ihrem derzeitigen Arbeitsplatz erfüllen, wer in der Lage ist, in absehbarer Zeit weitergehende Aufgabenstellungen zu übernehmen, welche Personalentwicklungsmaßnahmen gegebenenfalls erforderlich sind und welchen Erfolg die durchgeführten Maßnahmen hatten. Dadurch werden eignungsgerechte Verbesserungen möglich.

Realitätsprinzip

Regelmäßige Personalbeurteilungen eröffnen den Beschäftigten die Möglichkeit, ihre Leistung und Fähigkeiten, Motive und Einstellungen sowie ihre Verdienstaussichten selbst besser einzuschätzen und ihre **Laufbahnplanung** danach auszurichten. Man spricht in diesem Zusammenhang vom **Realitätsprinzip**. Im Rahmen

Unter der Lupe

Objektivitätsprinzip

*Bei der **internen und externen Personalbeschaffung** ermöglichen Personalbeurteilungen die notwendigen Auswahlentscheidungen. Mithilfe der Personalbeurteilungen wird die Eignung für die jeweiligen Positionen festgestellt. Und Personalbeurteilungen können zur Überprüfung der Zuverlässigkeit und Gültigkeit der angewendeten Auswahlmethoden genutzt werden.*

*Die Entscheidung über die **Beendigung** oder endgültige **Fortführung eines Arbeitsverhältnisses** vor Ablauf der Probezeit, die Entscheidung über die **Versetzung** oder **Entlassung** von Beschäftigten, die Formulierung von **Arbeitszeugnissen***

*und zahlreiche **Personaleinsatzentscheidungen**, etwa bei der Zusammenstellung neuer Arbeitsgruppen oder bei der Benennung von Stellvertretern, können nur dann zuverlässig getroffen werden, wenn fundierte Informationen über die bisherigen Leistungen der Beschäftigten vorliegen.*

*Über die Richtigkeit von Personalentscheidungen, zum Beispiel bei der Personalauswahl oder beim Personaleinsatz, kann vielfach erst eine Personalbeurteilung die notwendigen Aufschlüsse vermitteln. Personalbeurteilungen dienen folglich auch dem **Personalcontrolling**.*

einer individuellen Beratung und Förderung durch die Führungskräfte können sie ihre eigenen Ziele mit den Unternehmenszielen koordinieren.

Personalbeurteilungen werden in zunehmendem Maße in Tarifverträgen berücksichtigt. Die Tarifpartner wünschen eine weitgehende Objektivierung des gesamten Beurteilungsverfahrens, also die Beachtung des **Objektivitätsprinzips**. Man setzt auf Verfahren, die auf einheitlichen, objektiven Kriterien beruhen. Dieselbe Forderung ergibt sich aus dem Allgemeinen Gleichbehandlungsgesetz, wonach der Arbeitgeber Diskriminierungen aus Gründen der Rasse oder der ethnischen Herkunft, des Geschlechts, der Religion oder Weltanschauung, einer Behinderung, des Alters oder der sexuellen Identität verhindern oder beseitigen muss. Subjektive Einschätzungen sind demnach tabu. Diese Personalbeurteilungen sollen eine **objektive Vergleichs-**

grundlage für viele Aufgabenfelder der Personalwirtschaft liefern. Dieses Ziel ist allerdings sehr hoch gesteckt.

4.1.3 Organisatorische Beurteilungsfragen

Hinsichtlich der Organisation sind alle Spielarten anzutreffen, die im Kapitel Grundlagen angesprochen wurden. So findet sich die Personalbeurteilung als Aufgabe in der funktions- und objektorientierten Gliederung, als Bestandteil eines Center-Konzepts und als Objekt des Outsourcing, allerdings in der Hauptsache für die planerische Vorbereitung von Personalbeurteilungen, für deren Begleitung sowie für die Dokumentation und Umsetzung der Folgemaßnahmen. Ansonsten gibt das Beurteilungsverfahren die Zuständigkeit vor.

Objektivitätsprinzip

4.2 Personalbeurteilungsplanung

Hinsichtlich der Personalbestandsplanung sowie der quantitativen, qualitativen und zeitlichen Personalplanung gibt es keine Unterschiede zur Personalbeschaffungs- und Personaleinsatzplanung. Hier macht man sich ein Bild vom Personalbestand und -bedarf, von den Anforderungs- und Eignungsprofilen sowie von der Interessenlage der Beschäftigten.

Die Maßnahmenplanung der Personalbeurteilung hat hingegen – speziell für gebundene Personalbeurteilungen mit ihren spezifischen Beurteilungsverfahren – ihr eigenes Gepräge *(Abb. 4.1)*.

4.2.1 Tarifverträge und Mitbestimmung

Zunächst müssen die einschlägigen Tarifverträge sowie die Mitbestimmungsrechte des Personal- bzw. Betriebsrates beachtet werden.

Arbeitgeber sind grundsätzlich in ihrer Entscheidung frei, ob sie ein Personalbeurteilungsverfahren und damit Beurteilungsgrundsätze einführen wollen oder nicht. In Tarifverträgen können aber Regelungen über Personalbeurtei-

lungen enthalten sein, die beachtet werden müssen, soweit das Unternehmen selbst Tarifpartner ist oder einem Verband angehört, der den Tarifvertrag ausgehandelt hat.

Gemäß § 94 des Betriebsverfassungsgesetzes, §§ 75 und 76 des Bundespersonalvertretungsgesetzes und der entsprechenden Vorschriften der Personalvertretungsgesetze der Länder haben Betriebs- und Personalräte ein weitgehendes Mitbestimmungsrecht für die Aufstellung von Beurteilungsgrundsätzen. Deshalb ist eine frühzeitige Information und Absprache über die Verfahren vonnöten. Kommt keine Einigung zustande, so entscheidet die Einigungsstelle. Deshalb empfiehlt es sich, über die Einführung eines Personalbeurteilungsverfahrens und seine Durchführung eine **Betriebs- oder Dienstvereinbarung** abzuschließen.

4.2.2 Mitarbeiterinformation

Bereits im frühesten Planungsstadium sollten die Beschäftigten gründlich und umfassend über die Planung informiert werden.

Betriebs- und Dienstvereinbarung

Abb. 4.1

Personalbeurteilungsplanung

```
┌─────────────────────────────────────────────────────┐
│              Personalbestandsplanung                  │
│     aktuell und zukünftig relevanter Personenkreis    │
└─────────────────────────────────────────────────────┘
                          ↓
┌─────────────────────────────────────────────────────┐
│            Quantitative Personalplanung               │
│  für die Erledigung der Arbeitsaufgaben notwendiger   │
│                    Personenkreis                       │
└─────────────────────────────────────────────────────┘
                          ↓
┌─────────────────────────────────────────────────────┐
│            Qualitative Personalplanung                │
│                   Profilabgleich                       │
└─────────────────────────────────────────────────────┘
                          ↓
┌─────────────────────────────────────────────────────┐
│             Zeitliche Personalplanung                 │
│              Stichtag und Arbeitszeiten               │
└─────────────────────────────────────────────────────┘
                          ↓
┌─────────────────────────────────────────────────────┐
│      Maßnahmenplanung der Personalbeurteilung         │
│   ▸ Tarifverträge und Mitbestimmung                   │
│   ▸ Mitarbeiterinformation                            │
│   ▸ Systematik                                         │
│   ▸ Entwicklung oder Übernahme                        │
│   ▸ methodische Überprüfung                           │
│   ▸ Beurteilungsbogen                                 │
│   ▸ Beurteilerschulung                                │
│   ▸ Hilfsmittel und Einsatzterminierung               │
└─────────────────────────────────────────────────────┘
```

Quelle: eigene Darstellung

Später kann und muss diese Information hinsichtlich des vorgesehenen Personalbeurteilungsverfahrens und seiner Hintergründe aktualisiert werden. Falls diese Mitarbeiterinformation nicht stattfindet und mithin nicht um Akzeptanz geworben wird, verfehlt das Verfahren seinen Zweck. Es werden Ängste geweckt, die alles andere als motivierend sind.

Unter der Lupe

Nachteile freier Beurteilungen

Ein wesentlicher Nachteil der freien Personalbeurteilung liegt in der fehlenden Nachvollziehbarkeit und der mangelnden Vergleichbarkeit verschiedener Beurteilungen untereinander, die für zahlreiche Personalentscheidungen sehr ratsam ist. Die Güte einer freien Personalbeurteilung hängt zudem stark von der sprachlichen Ausdrucksfähigkeit des Beurteilers ab, der überdies recht subjektiv bewerten kann (Crisand/Kramer/Schöne 2003, S. 24 ff.).

4.2.3 Systematik

Für Personalbeurteilungen steht ein breit gefächertes Spektrum der Systematik zur Verfügung, aus dem es auszuwählen gilt *(Abb. 4.2, Kiefer/ Knebel 2004, S. 153 ff.)*.

Die diversen Ausprägungen kann man theoretisch nahezu beliebig verknüpfen, wenn sich auch in der Praxis einige Kombinationen eingebürgert haben, beispielsweise die gebundene, regelmäßige, quantitative, analytische Mitarbeiter-Gesamt-Leistungs-Beurteilung.

4.2.3.1 Form
Freie Personalbeurteilungen sind an keine Systematik geknüpft. Sie haben den Charakter eines Gutachtens, bei dem der Beurteiler frei entscheidet, was wichtig und erwähnenswert ist. Dadurch können sie gezielt auf den jeweiligen Anlass und die individuellen Stärken und Schwächen der Beurteilten abgestellt werden.

Die Tarifpartner, aber auch Personal- und Betriebsräte sowie die Arbeitgeber sind der Meinung, dass systematische Verfahren die Personalbeurteilung erleichtern und versachlichen. **Gebundene Personalbeurteilungen** verlangen vom Beurteiler, dass er sich an eine vorgegebene Systematik hält. Beurteilungsverfahren, Beurteilungskriterien, Gewichtung und Beurteilungsmaßstab sind festlegt.

4.2.3.2 Turnus
Regelmäßige Personalbeurteilungen werden kontinuierlich angewandt. Die Entscheidung über das Zeitintervall hängt von den konkreten Zielen der Beurteilung ab. Steht beispielsweise die Ermittlung von leistungsbezogenen Entgeltbestandteilen im Vordergrund, wird sich der Beurteilungszeitraum dem der Überprüfung des Arbeitsentgelts anpassen müssen. Die Mehrzahl der praktizierten Verfahren sieht Zeitspannen von einem bis zwei Jahren für die Beurteilung vor. Dabei kann es sinnvoll sein, für unterschiedliche Mitarbeitergruppen, etwa unterschiedliche Führungsebenen, abweichende Beurteilungszeiträume festzulegen.

Anlassbedingte Beurteilungen können aus verschiedenen Gründen erforderlich werden, beispielsweise beim Ablauf der Probezeit, bei Versetzungen und Beförderungen, bei Disziplinarmaßnahmen, bei der Bitte um Ausstellung eines Zwischenzeugnisses und als Arbeitszeugnisse bei Kündigungen und Entlassungen. Sie fallen immer nur für einzelne Personen an. Die angewandten Beurteilungsverfahren sind auf die jeweiligen Anlässe zugeschnitten.

4.2.3.3 Beurteilungskriterien

Bezugsbasis einer Personalbeurteilung sind die Anforderungen, die eine Stelle an die Arbeitnehmerin oder den Arbeitnehmer stellt *(Wichmann 2004, S. 19 ff.)*.

Unter Berücksichtigung des Beurteilungszwecks wandelt man alle oder doch zumindest die wichtigsten dieser Anforderungskriterien und -merkmale in **Beurteilungskriterien und -merkmalen** um.

Bei der **quantitativen Personalbeurteilung** werden ausschließlich quantitative Kriterien wie die Leistungsmenge, die Zahl der bearbeiteten Vorgänge oder der erreichte Umsatz verwendet. Man kommt auf diesem Wege zu einer quantitativen Leistungsbewertung mit Leistungsziffern, also Kennzahlen, die durch Zählen und Messen gewonnen werden und für leistungsbezogene Entgelte wie den Akkordlohn bedeutsam sind.

Die **qualitative Personalbeurteilung** stützt sich vorrangig auf qualitative Kriterien wie die Kenntnisse, Fertigkeiten sowie insbesondere das Leistungs-, Sozial- und Führungsverhalten. Da man derartige Untersuchungsmerkmale, etwa die Zuverlässigkeit oder Initiative, nicht direkt beobachten kann, muss man sie in Beobachtungskriterien und -merkmale übersetzen, so wie das bei den situativen Verfahren im Rahmen der Personalbeschaffung geschieht. Die daraus resultierende qualitative Leistungsbewertung wird in Kennzahlen übersetzt, die sogenannten Leis-

tungswerte, die beispielsweise für Leistungszulagen von Bedeutung sind.

4.2.3.4 Summarische und analytische Kriteriendifferenzierung

Bei der **summarischen Personalbeurteilung** wägt man ab, welcher Beurteilte bei welchem

Abb. 4.2

Systematik von Personalbeurteilungen

Form	freie Beurteilung	gebundene Beurteilung					
Turnus	regelmäßige Beurteilung	anlassbedingte Beurteilung					
Beurteilungskriterien	quantitative Beurteilung	qualitative Beurteilung					
Kriteriendifferenzierung	summarische Beurteilung	analytische Beurteilung					
Zuständigkeit	Personalauswahl	Selbstbeurteilung	Kollegenbeurteilung	Vorgesetztenbeurteilung	Mitarbeiterbeurteilung	Beurteilung durch Externe	360-Grad-Beurteilung
Personenkreis	Gesamtbeurteilung	Einzelbeurteilung					
Zeithorizont	Leistungsbeurteilung	Potenzialbeurteilung					

Quelle: eigene Darstellung

Anforderungen

Wie im Kapitel Personalbeschaffung dargestellt, ist für die Ermittlung der Anforderungen eine **Stellenbeschreibung** *von Vorteil, denn sie enthält Angaben über die Aufgaben, die der Stelleninhaber wahrzunehmen hat. Sodann ermittelt man durch eine Anforderungsanalyse, welche Verhaltensweisen bei der Aufgabenerfüllung mehr oder weniger Erfolg versprechend sind. Für die* **Anforderungsanalyse** *werden* **Anforderungskriterien** *definiert, die in der Regel konkretisiert werden, und zwar durch einen erläuternden Text oder durch eine Auflistung von Anforderungs-*

merkmalen. Ist das geschehen, muss man festlegen, in welcher Ausprägung das jeweilige Anforderungsmerkmal vorhanden sein sollte. Die **Ausprägung** *eines Merkmals sollte der durchschnittlichen Berufsgruppe in dieser Funktion entsprechen und mit den spezifischen Erfahrungswerten des Unternehmens abgeglichen werden. Außerdem kann man die Anforderungen noch in notwendige, die für die Aufgabenerfüllung unabdingbar sind, und wünschenswerte differenzieren.*

Abb. 4.3

Gewichtung der Beurteilungskriterien und -merkmale

Freie Gewichtung	Gewichtungsschlüssel	
	Gewichtungs-faktoren	Anteilsausweis

Quelle: eigene Darstellung

Abb. 4.4

Freie Gewichtung

Leistungsmenge ist der quantitative Umfang der Arbeit	Beurteilungsmerkmal hat **geringe mittlere große** Bedeutung*	min. → max.* 1 2 3 4 5
	*Zutreffendes einkreisen	*Punktzahl einkreisen

Quelle: nach *Mentzel 1997*, S. 97

Analytische Personalbeurteilung

Kriterium oder Merkmal am besten, an zweiter Stelle usw. abgeschnitten hat *(Becker 2005 a, S. 376)*. Man kann sogar summarisch zu einer Einschätzung kommen, wer generell am besten, an zweiter Stelle usw. abgeschnitten hat.

In der Praxis dominiert die **analytische Personalbeurteilung.** Ihr wird ein geringeres Fehlerrisiko bescheinigt. Die Beurteiler sind gezwungen, jedes Beurteilungskriterium und -merkmal für jeden Beurteilten einzeln zu durchdenken und mit einem konkreten Wert zu versehen. Das Gesamtergebnis für einen Beurteilten ergibt sich durch Ermittlung einer Wert-

summe über alle Beurteilungskriterien und -merkmale *(Becker 2005 a, S. 376)*.

4.2.3.5 Kriteriendifferenzierung und Gewichtung

Sobald man diverse Kriterien und Merkmale beurteilt, erhebt sich die Frage, welche Bedeutung die einzelnen Kriterien und die jeweils zugeordneten Merkmale für das Gesamturteil haben. Das Gewicht eines Kriteriums oder Merkmals ergibt sich daraus, in welchem Umfang es Leistung und Verhalten der Beschäftigten beeinflusst *(Abb. 4.3)*.

Die Festlegung der Gewichtung kann dem jeweiligen Beurteiler überlassen bleiben. Diese freie Wahl der Gewichtung hat den Vorteil, dass bei jedem Arbeitsplatz der tatsächliche Einfluss der verschiedenen Kriterien oder Merkmale berücksichtigt werden kann, stellt aber hohe Anforderungen an den Beurteiler *(Abb. 4.4)*.

Die meisten Unternehmen meiden das dadurch entstehende Risiko der Fehlbeurteilung und geben einheitliche Gewichtungsschlüssel vor, wie in *Abb. 4.5*.

In der Regel werden die diversen Beurteilungskriterien oder -merkmale unterschiedlich gewichtet. Das kann mit unterschiedlichen **Gewichtungsarten** erfolgen:

▸ durch **Gewichtungsfaktoren**, die jedem Beurteilungskriterium, wie in *Abb. 4.5*, als Multiplikationsfaktor zugeordnet werden,
▸ durch **einen Anteilsausweis**, bei dem durch die Benutzung von Prozentanteilen ebenfalls eine Gewichtung der Beurteilungskriterien erfolgen kann.

Unter der Lupe

Probleme bei der Gewichtung

Für die Gewichtung von Beurteilungskriterien und -merkmalen gibt es keine wissenschaftlich begründbare Regel. Man muss aufgrund der betrieblichen Situation und Zielsetzung entscheiden, ob und gegebenenfalls wie eine Gewichtung vorzunehmen ist (Kiefer/Knebel 2004, S. 78 f.). Mentzel (1997, S. 89) empfiehlt die Befolgung folgender Grundsätze:

▸ *Die leistungsorientierten oder die das Ergebnis unmittelbar beeinflussenden Kriterien und Merkmale sollten stärker gewichtet werden.*

▸ *Wenn zwischen zwei Kriterien oder Merkmalen eine starke wechselseitige Abhängigkeit, also eine Korrelation besteht, ist die Gefahr einer Doppelbewertung gegeben. In solchen Fällen sollte nur eines stark, das andere geringer gewichtet werden.*

▸ *Bei Führungskräften sollten die auf das Führungsverhalten abgestellten Kriterien und Merkmale besonders betont werden.*

4.2.3.6 Kriteriendifferenzierung in Beurteilungsverfahren

Durch die Festlegung der Gewichtung werden – abgesehen von der freien Gewichtung – zwar die Beurteilungsergebnisse vergleichbar. Aber erst ein einheitlicher Beurteilungsmaßstab, der durch ein Beurteilungsverfahren vorgegeben wird, beschränkt den persönlichen subjektiven Einfluss der Beurteiler auf das Beurteilungsergebnis auf ein Mindestmaß *(Kanning 2004, S. 133 ff.)*.

Generell kann man Personalbeurteilungsverfahren wie in *Abb. 4.6* klassifizieren.

Eine Sonderstellung nehmen die **Kennzeichnungsverfahren** ein. Hier sind die Beurteiler aufgefordert, Vorfälle oder Verhaltensweisen der Beurteilten zu markieren *(Becker 2005 a, S. 375 f.)*.

▸ Bei der recht selten angewandten **Methode der kritischen Vorfälle** werden zur Beurteilung einer Mitarbeiterin oder eines Mitarbeiters in einem festgelegten Zeitraum alle Vorfälle gesammelt und gezählt, die durch sie oder ihn verursacht oder beeinflusst wurden. Aus dem Überwiegen der einen oder anderen Vorfallart kann ein quantitatives Ergebnis gewonnen werden. Durch eine Gewichtung können die betrachteten Vorfälle gemäß ihrer Bedeutung berücksichtigt werden *(Abb. 4.7, Oechsler 2006, S. 422 ff.)*.

▸ Für das **Check-List-Verfahren** wird eine Liste von Eigenschaftswörtern oder kurzen Verhaltensbeschreibungen erstellt, die für eine spezifische Aufgabenerfüllung von Bedeutung sind. Der Beurteiler kreuzt in der Liste die zutreffenden oder die nicht zutreffenden Aussagen an. Aufwändig ist nicht nur die Auswertung, sondern auch die Konzeption und Zusammenstellung der Prüfliste *(Kanning 2004, S. 141 ff.)*.

Alle anderen Personalbeurteilungsverfahren definieren die Graduierungen, um dadurch die Möglichkeit zu schaffen, ein Gesamturteil einheitlich, wenn möglich rechnerisch, zu ermitteln.

Bei **Skalen- oder Einstufungsverfahren** wird für jedes Beurteilungskriterium und -merkmal eine Beurteilungsskala vorgegeben. Diese Skala definiert eine bestimmte Anzahl klar voneinander abgegrenzter Stufen, die auf jedes Beurtei-

Abb. 4.5

Gewichtungsschlüssel mit Gewichtungsfaktoren

Beurteilungs- merkmal	Arbeitsleistung, Arbeitstempo
Leistungsstufe	**Beschreibung**
5	**hervorragend:** arbeitet immer sehr schnell, Arbeitsleistungswert liegt immer über dem Durchschnitt
4	**sehr gut:** aus eigenem Antrieb liegen Arbeitstempo und Arbeitsleistung über dem Durchschnitt
3	**gut:** gutes Arbeitstempo, auch ohne ständige Aufsicht
2	**verbesserungsbedürftig:** unter Aufsicht zufriedenstellendes Arbeitstempo, entspricht nicht immer den Leistungsanforderungen
1	**unzureichend:** Arbeitsleistung liegt deutlich unter dem Durchschnitt, Arbeitstempo ist unzureichend

$$\textbf{Punktzahl} \quad = \textbf{Leistungsstufe} \ \times \ \textbf{Gewichtungsfaktor}$$
$$= \qquad\qquad\qquad \times \ \textbf{20}$$

Quelle: eigene Darstellung

Abb. 4.6

Personalbeurteilungsverfahren

Kennzeich- nungs- verfahren	Skalenverfahren		Rang- ordnungs- verfahren
	ordinale	**nominale**	
▸ Kritische Vorfälle ▸ Check-List- Verfahren	▸ Skalenwert- beschreibung ▸ Verbale Skala ▸ Numerische Skala ▸ Grafische Skala ▸ Polaritätsprofil ▸ Verhaltens- orientierte Beobachtungs- skalen	▸ Freie Beschreibung	▸ Paarvergleiche ▸ Vorgabe- vergleich ▸ Verteilungs- vorgabe

Quelle: eigene Darstellung

Personalauswahl

Viele Personalbeurteilungsverfahren sind den Leserinnen und Lesern dieses Buches als Auswahlverfahren im Rahmen der Personalbeschaffung bekannt. Dabei ist die Analyse der Bewerbung ein speziell auf die Personalbeschaffung abgestimmtes Verfahren. Alle anderen Auswahlverfahren werden aber in der Tat auch für andere Beurteilungszwecke eingesetzt (Abb. 2.33).

Unter der Lupe

Anzahl der Beurteilungsstufen

Viele tarifvertraglich vereinbarte Beurteilungssysteme enthalten jeweils fünf Beurteilungsstufen pro Beurteilungskriterium oder -merkmal. Bei einer geringeren Anzahl von Beurteilungsstufen geht die Trennschärfe ver-

loren. Neunstufige Skalen eröffnen recht differenzierte Beurteilungsmöglichkeiten. Bei mehr als neun Beurteilungsstufen wird das Beurteilungsverfahren sehr unübersichtlich.

lungskriterium und -merkmal anzuwenden ist. Es kann aber auch mit besonderen Skalen für jedes Kriterium und Merkmal gearbeitet werden *(Becker 2005 a, S. 377, Crisand/Kramer/Schöne 2003, S. 28 ff.)*

Der Beurteiler ist aufgefordert, einen der vorgegebenen Skalenwerte zu kennzeichnen und damit seine Beurteilung abzugeben. Grundsätz-

lich unterscheidet man Nominal-, Ordinal-, Intervall- und Ratioskalen.

▸ **Nominalskalen** ermöglichen die Unterscheidung von Ausprägungen von Kriterien oder Merkmalen durch eine Benennung der einzelnen Ausprägungen, etwa des Familienstandes als ledig, verheiratet, geschieden oder verwitwet. Ein Nullpunkt existiert nicht, die Abstände zwischen den Werten sind nicht feststellbar und die Werte können nicht nach ihrer Wertigkeit geordnet werden.

▸ Eine derartige Ordnung nach Wertigkeit ermöglichen **Ordinalskalen**. Auch sie sehen eine Benennung vor, wobei es sich sowohl um Worte wie auch um Zahlen handeln kann. Gerade bei Zahlen ist Vorsicht geboten, denn Ordinalskalen liefern ebenfalls keine Informationen über den Abstand der einzelnen Werte zueinander.

▸ Bei **Intervallskalen** ist dagegen der Abstand zwischen zwei aufeinander folgenden Werte immer gleich groß, wie beispielsweise auf dem Thermometer.

▸ **Ratioskalen** sind nur dann zulässig, wenn ein natürlicher Nullpunkt nachweisbar ist, wie bei der Temperaturmessung nach Kelvin.

Für Personalbeurteilungen werden regelmäßig Ordinalskalen in folgenden Formen eingesetzt:

▸ Bei der **Skalenwertbeschreibung** werden für jeden Skalenwert verbale Definitionen vorgegeben, die nach ihrer Wertigkeit geordnet sind *(Abb. 4.8)*.

▸ Bei einer **verbalen Skala** verzichtet man auf textliche Beschreibungen und gibt die Skalendefinition mit einzelnen Begriffen vor *(Abb. 4.9)*.

▸ Bei einer **numerischen Skala** werden unmittelbar zifferndefinierte Beurteilungswerte vorgegeben *(Abb. 4.10)*.

Skalenverfahren

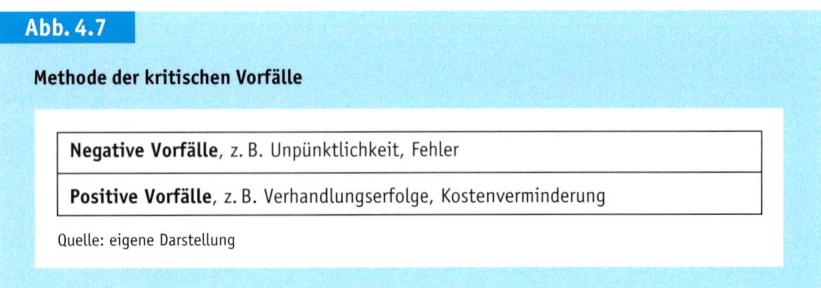

Abb. 4.7

Methode der kritischen Vorfälle

Negative Vorfälle, z. B. Unpünktlichkeit, Fehler

Positive Vorfälle, z. B. Verhandlungserfolge, Kostenverminderung

Quelle: eigene Darstellung

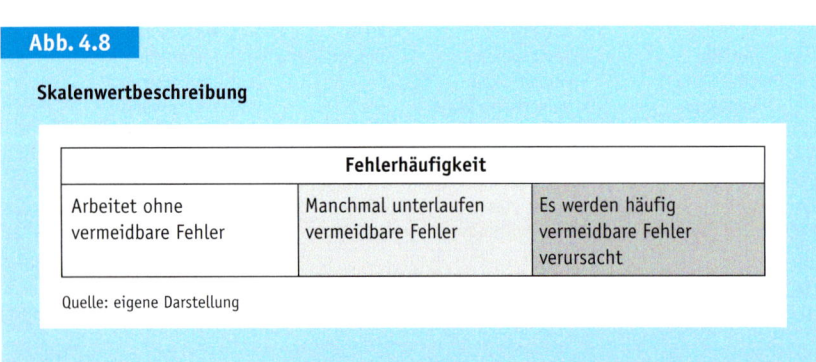

Abb. 4.8

Skalenwertbeschreibung

Fehlerhäufigkeit		
Arbeitet ohne vermeidbare Fehler	Manchmal unterlaufen vermeidbare Fehler	Es werden häufig vermeidbare Fehler verursacht

Quelle: eigene Darstellung

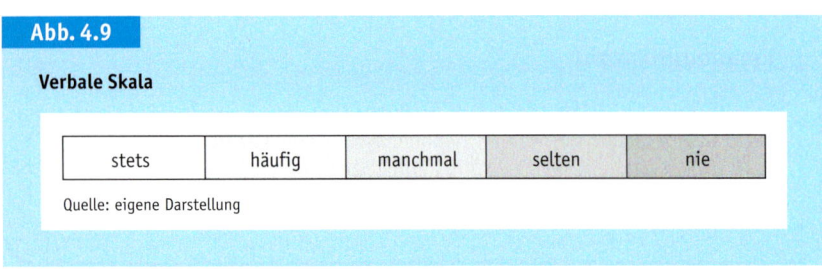

Abb. 4.9

Verbale Skala

stets	häufig	manchmal	selten	nie

Quelle: eigene Darstellung

▸ Bei einer **grafischen Skala** erfolgt eine bildhafte Darstellung, die in zwei Arten gestaltet werden kann,
  – durch einen Skalenstrahl *(Abb. 4.11)*
  – oder durch Symbole. *(Abb. 4.12)*
▸ Beim **Polaritätsprofil** hat der Beurteiler für ein Beurteilungskriterium oder -merkmal zwei gegensätzliche Eigenschaftsbeschreibungen vor sich, zwischen denen diverse graduelle Unterschiede etwa durch Zahlenwerte angegeben sind. Der zutreffende Grad wird nun durch Ankreuzen vermerkt. Werden die Kreuze mehrerer Kriterien oder Merkmale durch einen Linienzug verbunden, so ergibt sich das Polaritätsprofil. Eine sinnvolle Information ist dem Profil aber erst zu entnehmen, wenn ein Anforderungsprofil vorliegt. Der Vergleich zwischen dem Anforderungsprofil für die Position und dem in ein Eignungsprofil übersetzten Polaritätsprofil der oder des Beurteilten kann grafisch oder rechnerisch erfolgen *(Abb. 4.13)*.
▸ **Verhaltensorientierte Beobachtungsskalen** haben nicht Beurteilungskriterien oder -merkmale zum Gegenstand, sondern Verhaltensbeschreibungen. Diese Verhaltensbeschreibungen werden durch systematische Untersuchungen empirisch ermittelt. Sie geben ein konkretes Verhalten wieder, das im Zusammenhang mit einem Beurteilungskriterium oder -merkmal beobachtet werden kann. Die Erstellung derartiger Skalen ist sehr aufwändig *(Abb. 4.14, Lohaus 2009, S. 60 ff.)*.

Überlässt man es hingegen im Rahmen des Skalenverfahrens dem Beurteiler selbst, den Ausprägungsgrad jedes Kriteriums oder Merkmals in eigenen Worten situativ zu beschreiben, so verzichtet man auf jene Objektivität, die eigentlich Ziel der analytischen Personalbeurteilung ist. *Mentzel (1997, S. 92)* gibt ein Beispiel für ein solches Nominalskalenverfahren, das hohe Anforderungen an die Formulierfähigkeit der Beurteiler stellt *(Abb. 4.15)*.

Selbstverständlich können auch mehrere dieser Skalenarten kombiniert werden.

Bei **Rangordnungs- oder Rangreihenverfahren** werden für die einzelnen Beurteilungskriterien und -merkmale Rangordnungen der Mitarbeiter gebildet *(Becker 2005 a, S. 376)*.

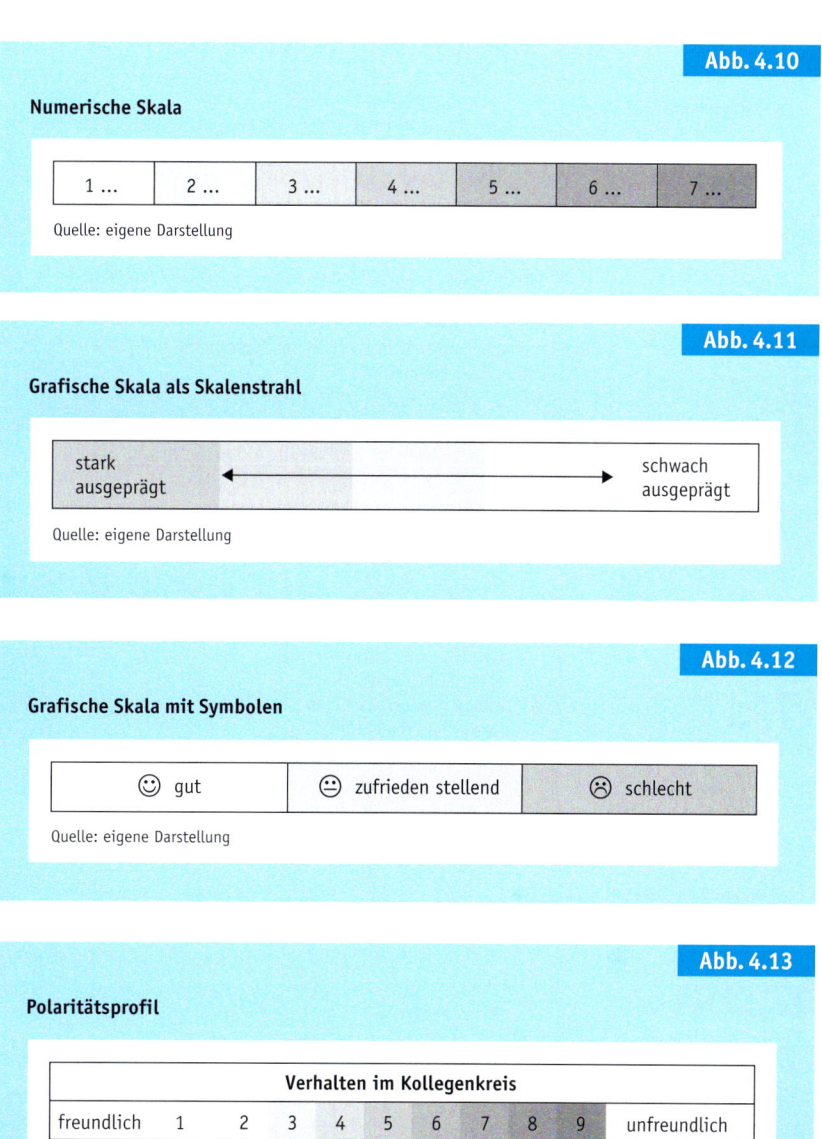

Abb. 4.10

Numerische Skala

1 ...	2 ...	3 ...	4 ...	5 ...	6 ...	7 ...

Quelle: eigene Darstellung

Abb. 4.11

Grafische Skala als Skalenstrahl

stark ausgeprägt ⟵————————⟶ schwach ausgeprägt

Quelle: eigene Darstellung

Abb. 4.12

Grafische Skala mit Symbolen

☺ gut	☺ zufrieden stellend	☹ schlecht

Quelle: eigene Darstellung

Abb. 4.13

Polaritätsprofil

Verhalten im Kollegenkreis									
freundlich	1	2	3	4	5	6	7	8	9	unfreundlich

Quelle: eigene Darstellung

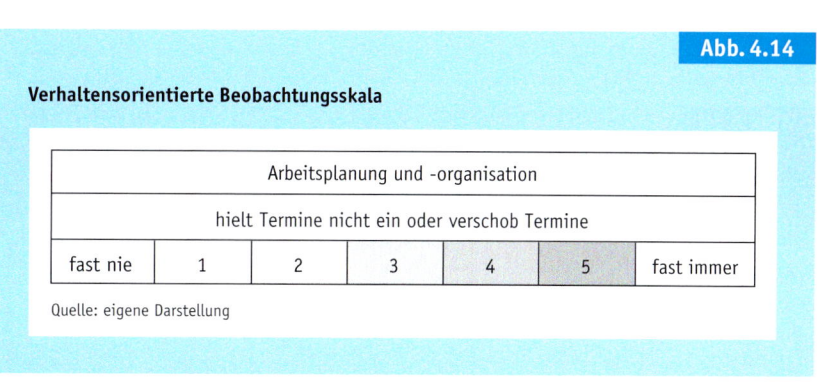

Abb. 4.14

Verhaltensorientierte Beobachtungsskala

Arbeitsplanung und -organisation					
hielt Termine nicht ein oder verschob Termine					
fast nie	1	2	3	4	5	fast immer

Quelle: eigene Darstellung

Nominalskalenverfahren

Beurteilungs-kriterium	Kontrollspalte
Arbeitsgüte	Geschicklichkeit je nach Arbeitsplatz (z.B. Handfertigkeit, Verhandlungsgeschick, Organisationsgeschick, Geschick im Umgang mit Kunden), Sicherheit im Urteil, geistige Wendigkeit, Einsetzbarkeit an verschiedenen Arbeitsplätzen
	Zuverlässigkeit, Sorgfalt, Beachtung der Sicherheits-vorschriften, Anweisungen u. a.

Quelle: nach *Mentzel 1997*, S. 92

Abb. 4.16

Paarvergleiche

Hinsichtlich der Initiative ist:
Schmitz besser als Meier
Schmitz besser als Müller
Meier besser als Müller
folglich:

1. Schmitz
2. Meier
3. Müller

Quelle: eigene Darstellung

Abb. 4.17

Vorgabevergleichsverfahren

< 100 % : Unterschreiten des vorgegebenen Ziels
= 100 % : das vorgegebene Ziel wurde vollständig erreicht
> 100 % : Übererfüllung des vorgegebenen Ziels

Quelle: eigene Darstellung

Abb. 4.18

Verteilungsvorgabe

sehr gut 7,5 %	gut 25 %	befriedigend 35 %	ausreichend 25 %	mangelhaft 7,5 %

Quelle: eigene Darstellung

▸ Das erfolgt zumeist durch **Paarvergleiche**. Das Gesamturteil wird gebildet, indem man die Rangplätze einer oder eines Beurteilten für die einzelnen Beurteilungskriterien und -merkmale zusammenzählt *(Abb. 4.16)*.

▸ Sind quantitative Ziele vorgegeben, kann die Personalbeurteilung anhand der Zielerreichung erfolgen. Die Beurteilungsstufen sind für dieses **Vorgabevergleichsverfahren** in der Regel Prozentangaben für diese Zielerreichung. Das Gesamturteil listet die erreichten Werte auf *(Abb. 4.17)*.

▸ Üblicherweise wird davon ausgegangen, dass sich bei der Beurteilung einer größeren Zahl von Beschäftigten die Beurteilungsergebnisse entsprechend einer Normalverteilung verhalten: Um eine breite Mittelgruppe schart sich eine geringere Zahl besser und schlechter beurteilter Mitarbeiter. Um sicherzustellen, dass die Beurteilungsergebnisse immer in dieser Art und Weise ausfallen, erfolgt eine **Verteilungsvorgabe**, etwa durch Tabellenwerte. Die Beurteiler sind gezwungen, diese Vorgaben mit ihren Beurteilungsergebnissen zu erfüllen *(Abb. 4.18)*.

4.2.3.7 Zuständigkeit

Wenn man ergründet, wer wen beurteilen kann, stößt man auf sieben mögliche Konstellationen *(Abb. 4.19, Wichmann 2004, S. 15 ff.)*.

Die **Bewerber- oder Personalauswahl** wird zwar in der Regel federführend vom Personalwesen, jedoch in enger Zusammenarbeit mit den betreffenden Fachvorgesetzten durchgeführt. Sie hat zum Ziel, die für eine Position am besten geeignete Person zu ermitteln. Dazu muss man die Eignung aller Bewerberinnen und Bewerber für die vakante Position feststellen. Wie man das bewerkstelligt, wird im Kapitel Personalbeschaffung geschildert.

Selbstbeurteilungen sind häufiger im Zusammenhang mit der Erteilung von Arbeitszeugnissen anzutreffen. Die Betroffenen werden von ihren Vorgesetzten oder vom Personalwesen aufgefordert, ihr Arbeitszeugnis vorzuformulieren. Ansonsten sind Selbstbeurteilungen in der Praxis kaum üblich. Wenn sie dennoch durchgeführt werden, dann zumeist in der Form freier Personalbeurteilungen, in die alle Beschäftigten einbezogen sind *(Jung 2006, S. 759)*.

Abb. 4.19

Zuständigkeiten bei Personalbeurteilungen

Form	Beurteiler	Beurteiler
Personalauswahl	Personalwesen, Vorgesetzte, Betriebs-/ Personalrat, Kolleg/inn/en	Bewerber/innen
Selbstbeurteilung	Mitarbeiter/in	Mitarbeiter/in
Kollegenbeurteilung	Kolleg/inn/en	Kollege/Kollegin
Vorgesetztenbeurteilung	Mitarbeiter/innen	Vorgesetzte/r
Mitarbeiterbeurteilung	Vorgesetzte/r	Mitarbeiter/innen
Beurteilung durch Externe	externe Fachleute	Beschäftigte, Bewerber/innen
360-Grad-Beurteilung	alle Kontaktpersonen plus Selbstbeurteilung	Beschäftigte

Quelle: eigene Darstellung

Selten praktiziert werden auch die **Kollegen- oder Gruppenbeurteilungen**. Man befürchtet, die Kolleginnen und Kollegen hätten zu wenig Einblick in die Aufgabenfelder und die Persönlichkeit der Beurteilten, und sie könnten sich durch persönliche Rivalitäten zu Fehlurteilen hinreißen lassen. Außerdem kann bei den Beurteilten ein Gefühl der ständigen Beobachtung aufkommen, das das Arbeitsklima belastet. Entschließt man sich trotzdem zur Kollegenbeurteilung, erfolgt die Beurteilung entweder in Beurteilungskonferenzen, oder jeder einzelne Beurteiler gibt seine Beurteilung beim Vorgesetzten respektive beim Personalwesen ab *(Olfert 2006, S. 250)*.

Vorgesetztenbeurteilungen können ein Element einer Mitarbeiterbefragung oder einer Personalentwicklungsmaßnahme für Führungskräfte bilden. In aller Regel handelt es sich jedoch um Personalbeurteilungen. Vorgesetztenbeurteilungen sind Verfahren, bei denen Mitarbeiterinnen und Mitarbeiter das Arbeits- und Führungsverhalten sowie die Fertigkeiten und Kenntnisse ihrer Vorgesetzten bewerten *(Bahners 2005, S. 7 ff., Ladwig/Domsch 2003, S. 502 ff.)*

▸ Vorgesetztenbeurteilungen zielen darauf ab, dem Beurteilten Informationen über sein Verhalten und dessen Wirkung auf Mitarbeiter zu liefern und konkrete Hinweise auf notwendige respektive aus der Sicht der Mitarbeiter wünschenswerte Änderungen des Führungsverhaltens zu geben. Die Mitarbeiter sollen so die Führungsbeziehungen entscheidend mitgestalten *(Oechsler 2006, S. 415)*.

▸ Als Beurteilungsobjekt kommt abgesehen vom direkten Vorgesetzten auch der nächsthöhere in Betracht, wenn sein Verhalten als Vorgesetzter des Vorgesetzten ebenfalls Auswirkungen auf die betroffenen Beschäftigten hat.

▸ Hinsichtlich der Teilnahme an der Vorgesetztenbeurteilung sind Pflicht und Freiwilligkeit für Mitarbeiter und Vorgesetzte möglich. Grundsätzlich geht man davon aus, dass die ungezwungene Teilnahme beider Gruppen Offenheit und Ehrlichkeit zur Folge hat. Als Argument für die Verbindlichkeit der Teilnahme spricht hingegen die daraus resultierende große Beteiligung, die eine Erfassung eines breiten Spektrums an Eindrücken ermöglicht und die Meinung extrem begeisterter oder verärgerter Mitarbeiter relativiert.

▸ Mit Vorgesetztenbeurteilungen sollen keinesfalls einzelne Vorgesetzte in die Enge getrieben werden. Deshalb sind Vorgesetztenbeurteilungen für gewöhnlich regelmäßige Beurteilungen aller Führungskräfte eines Unternehmens.

▸ Die – in der Regel qualitativen – Beurteilungskriterien beziehen sich hauptsächlich auf wahrnehmbare Verhaltensweisen *(Abb. 4.20)*.

▸ Die fachliche Qualifikation wird – wenn überhaupt – nur am Rande erfragt, da die Mitarbeiterinnen und Mitarbeiter die geforderte Qualifikation nicht unbedingt überblicken können.

Kollegenbeurteilung

Vorgesetztenbeurteilung

Abb. 4.20

Vorgesetztenbeurteilung

Beurteilungskriterien und -merkmale	nicht erfüllt	zum Teil erfüllt	über- wiegend erfüllt	voll erfüllt	über- erfüllt
Ziele vereinbaren					
Ziele werden – zusammen mit mir – klar formuliert, begründet und vereinbart					
Zielerreichung und Aufgabenerfüllung werden intensiv besprochen					
...					
Delegieren					
Aufgabenbereiche werden mit den entsprechenden Befugnissen übertragen und selbstständiges Arbeiten wird gefördert					
eine aktuelle Stellenbeschreibung liegt vor					
...					
Miteinander reden					
Information erfolgt rechtzeitig und umfassend					
es finden regelmäßige Mitarbeitergespräche und Besprechungen statt					
gegenseitiger Informationsaustausch ist jederzeit möglich					
Anerkennung und Kritik werden offen, ehrlich und konstruktiv ausgesprochen					
mein Vorgesetzter ist selbst auch offen für konstruktive Kritik	–				
durch seine Aufgeschlossenheit, positive Grundeinstellung und					
motivierendes Handeln fördert der Vorgesetzte Teamgeist und gegenseitiges Vertrauen					
...					
Mitarbeiter fördern und fordern					
Unterstützung in der persönlichen und beruflichen Weiterentwicklung					
Freiräume für Eigeninitiative werden gewährt					
...					

Quelle: nach *Kolb 2008, S. 408*

> ### Vorgesetztenbeurteilungen sind umstritten
>
> *Eine ganze Reihe von Unternehmen und Behörden hat positive Erfahrungen mit der Vorgesetztenbeurteilung gemacht. Trotzdem ist sie zur Zeit in der Praxis noch sehr umstritten. Einerseits verhilft sie den Vorgesetzten zur Selbsterkenntnis und den beurteilenden Beschäftigten zu einer aktiven Mitwirkungs-* *möglichkeit. Andererseits befürchtet man, die Mitarbeiter könnten aus Rache, Angst oder Unkenntnis unangemessen negative oder positive Urteile abgeben. Dabei können gerade negative Urteile das Arbeitsklima belasten, selbst wenn sie durchaus zutreffend sind.*

▶ Die mündliche Befragung wird eher selten praktiziert. Hier kann man zwar auftretende Fragen und Probleme direkt erörtern, aber keine Anonymität zusichern. Die ist aber häufig Garant für ungehemmte, offene Antworten. Auch eine Vergleichbarkeit der Ergebnisse ist nicht gewährleistet, da die Gesprächsführung jedes Interviews eine andere sein kann. Zudem spricht die Durchführung und Auswertung eher gegen diese sehr zeitintensive Befragungsmethode. So werden Vorgesetztenbeurteilungen in der Regel als schriftliche Erhebungen anhand von Fragebogen praktiziert. Im Anschluss an den Rücklauf der Fragebogen und deren Auswertung erhält der Vorgesetzte eine Rückmeldung und gegebenenfalls Anregungen für Verbesserungen. Wenn Vorgesetzte darüber hinaus eine Selbstbeurteilung durchführen, kann der Vergleich von Fremd- und Selbstbild zu wertvollen Einsichten führen.

▶ Die Anonymität ist nicht nur für die beurteilenden Mitarbeiter wichtig, die vor negativen Konsequenzen infolge ihrer Aussagen geschützt werden wollen. Die Vorgesetzten wollen ebenfalls anonym bleiben, um etwaige negative Ergebnisse für sich zu behalten. Dann sollte man aber überdenken, ob man nicht zumindest externen Beratern das Feedback der Mitarbeiter je Vorgesetzten offen legt. Auf diese Weise können mit kompetenten Fachleuten, unter Zusicherung strikter Vertraulichkeit, Einzelgespräche geführt werden *(Voltz 2001, S. 92)*.

Bei der **Mitarbeiterbeurteilung** wird die Beurteilung von Mitarbeiterinnen und Mitarbeitern durch den direkten Vorgesetzten vorgenommen. Haben Beschäftigte mehrere Vorgesetzte, ist eine gemeinsame Beurteilung durch alle Vorgesetzten üblich. Die Beurteilung durch die direkten Vorgesetzten wird im Allgemeinen wiederum deren Vorgesetzten zur Kenntnisnahme vorgelegt. Diese erhalten dadurch einen Überblick über alle Beurteilungen in ihrem Verantwortungsbereich und können bei Meinungsverschiedenheiten zwischen Beurteilern und Beurteilten vermitteln. Sie können zugleich überprüfen, ob das Beurteilungsverfahren richtig angewendet wurde *(Mentzel 2005, S. 66)*.

Beurteilungen durch Externe sind Mitarbeiter- oder Vorgesetztenbeurteilungen respektive Expertisen zur Personalauswahl, die von externen Fachleuten oder mit ihrer Unterstützung vorgenommen werden. Solche Fachleute stellen zumeist Personalberatungen. Von Vorteil ist dabei das spezifische Fachwissen und die Erfahrung der Experten. Nachteilig sind unter Umständen die Kosten, aber auch die Tatsache, dass Externe die betrieblichen Gegebenheiten nicht genügend berücksichtigen können.

Bei der **360-Grad-Beurteilung** werden Beschäftigte nicht nur von der Führungskraft und gegebenenfalls Mitarbeitern, sondern auch von Kollegen aus der eigenen Abteilung und anderen direkt beteiligten Bereichen sowie von Kunden und Lieferanten beurteilt. Um den Kreis zu schließen, darf auch eine Selbstbeurteilung nicht fehlen. Die Beurteilungen werden meist schriftlich in Form eines ausführlichen Fragebogens eingeholt und vom Personalwesen ausgewertet. Auf diesem Weg will man ein möglichst umfassendes Bild von der bzw. dem Betroffenen erhalten.

4.2.3.8 Personenkreis
Bei **Gesamtbeurteilungen** werden alle Mitarbeiterinnen und Mitarbeiter des Unternehmens

Mitarbeiterbeurteilung

Beurteilung durch Externe

360-Grad-Beurteilung

Gesamtbeurteilung

360-Grad-Beurteilung und -Feedback

Die 360-Grad-Beurteilung darf man aber nicht mit dem 360-Grad-Feedback verwechseln, das ausschließlich für Zwecke der Personalentwicklung dient. Das 360-Grad-Feedback wird von externen Fachleuten anonym ausgewertet, ausschließlich den Betroffenen rückgekoppelt und vermittelt ihnen, ohne dass Konsequenzen drohen, wie sie von jenen Menschen wahrgenommen werden, mit denen sie regelmäßig zu tun haben (Bahners 2005, S. 14 ff., Metz/Roth 2000, S. 36 ff., Scherm/Sarges 2002, S. 1 ff.).

oder einer Organisationseinheit einer Personalbeurteilung unterzogen. Für gewöhnlich finden Gesamtbeurteilungen regelmäßig statt.

Einzelbeurteilung

Einzelbeurteilungen beziehen sich auf einzelne Beschäftigte. In aller Regel sind Einzelbeurteilungen anlassbedingte Personalbeurteilungen, zum Beispiel wegen Versetzungen oder Beförderungen. Eine Einzelbeurteilung kann ausnahmsweise notwendig werden, wenn die oder der Betreffende zur Regelbeurteilung nicht greifbar war, etwa wegen eines Auslandseinsatzes oder einer Krankheit.

4.2.3.9 Zeithorizont

Leistungsbeurteilung

Die **Leistungsbeurteilung** blickt aus der Gegenwart auf die Vergangenheit, etwa das letzte Jahr. Mit der bereits erwähnten quantitativen Leistungsbewertung erfasst und beurteilt man quantitative Kriterien, nämlich das Arbeitsergebnis *(Mentzel 2005, S. 65, Wichmann 2004, S. 9)*, mit der qualitativen Leistungsbewertung qualitative Kriterien, etwa die Kenntnisse und Fertig-

Potenzialbeurteilung

keiten sowie das Leistungs- und Sozialverhalten *(Crisand/Kramer/Schöne 2003, S. 11 f.).*

Die Leistungsbeurteilung dient einer gerechten, differenzierten und leistungsbezogenen Lohn- und Gehaltsfindung (Kapitel Entgelt).

Sie gibt ferner Informationen über die Eignung der Beschäftigten für ihre derzeitige Aufgabenstellung oder gleichartige Positionen (Kapitel Personaleinsatz und -freisetzung).

Die **Potenzialbeurteilung** oder -analyse ist hingegen zukunftsorientiert. Ihr Ausgangspunkt ist jedoch stets eine vergangenheitsbezogene Leistungsbeurteilung. Man schätzt ein, ob die Beurteilten auf Basis ihrer gegenwärtigen Kenntnisse, Fertigkeiten und Verhaltensweisen auch künftigen Anforderungen gewachsen sein werden. Im Mittelpunkt steht also sowohl die Eignung für bestimmte Aufgaben als auch die Möglichkeit zur weiteren beruflichen Entwicklung *(Kahabka 2004, S. 84 ff., Mentzel 2005, S. 65, Rosenstiel 2000, S. 7 f.).*

Ein wichtiges Einsatzfeld der Potenzialbeurteilung ist die Personalentwicklung. Erkennt man ein Defizit zwischen der Eignung und den gegenwärtigen oder zukünftigen Anforderungen, muss man entscheiden, ob das vorhandene, aber ruhende Potenzial genügend entwicklungsfähig ist (Kapitel Personalentwicklung).

▸ Im Rahmen der **sequentiellen Potenzialbeurteilung** versucht man, das Potenzial eines Beurteilten für die nächsthöhere Hierarchieebene der Laufbahn zu bestimmen.

▸ Bei der **absoluten Potenzialbeurteilung** soll die realisierbare Breite der Entwicklungsmöglichkeiten des Beurteilten generell festgestellt werden.

Potenzialbeurteilungen

Auch die Auswahlverfahren im Kontext der externen Personalbeschaffung sind regelmäßig absolute Potenzialbeurteilungen. Alle Personalauswahlverfahren sind im Kern Potenzialbeurteilungen für Zwecke der Personalbeschaffung (Kapitel Personalbeschaffung).

Außerdem orientiert man viele Entscheidungen in Sachen Personaleinsatz und Personalabbau, für die oftmals die aus der Personalbeschaffung bekannten Verfahren Verwendung finden, an Potenzialbeurteilungen (Kapitel Personaleinsatz und -freisetzung).

Aus der Praxis

Eine Studie aus dem »Dezember 2006 ... zum Einsatz, zur Bekanntheit und zur Bewertung einzelner ... Verfahren«, an der »insgesamt ... 140 Mitarbeiter aus dem HR-Bereich ... teilgenommen« haben, galt unter anderem der Frage: »Durch den Einsatz welcher Verfahren stellen Sie Potenziale von Mitarbeitern fest? ... Die Mehrheit der Stichprobe setzt sich aus kleinen Unternehmen bis zu 500 Mitarbeitern und großen Unternehmen mit mehr als 10.000 Mitarbeitern zusammen.« Das Ergebnis ist in der folgenden Abbildung zusammengefasst.

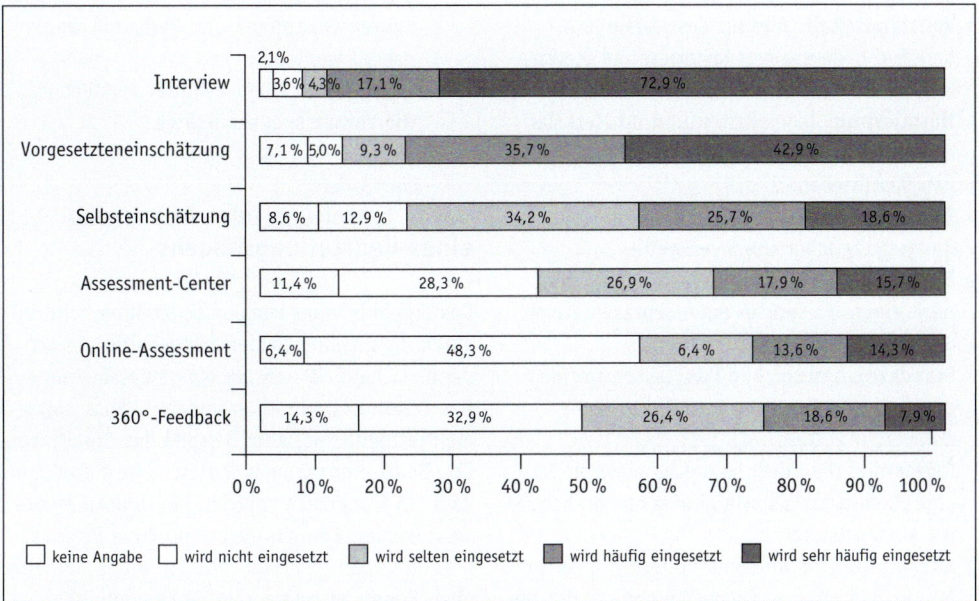

Hirn/Habich 2007: Hirn, S. u. Habich, T., »Zukunftsmusik oder bewährtes Verfahren«, in: Co- *Pers: Computer & Personal, Heft 05/2007, S. 38–40.*

4.2.4 Entwicklung oder Übernahme

Ein **einheitliches Personalbeurteilungsverfahren**
▸ muss entweder entwickelt werden,
 – als Eigenentwicklung des Personalwesens respektive
 – als Auftragsentwicklung durch geeignete Unternehmens- respektive Personalberatungen, oder
▸ man übernimmt Verfahren, die bereits existieren und
 – in der Literatur veröffentlicht sind respektive
 – von anderen Unternehmen zur Verfügung gestellt werden.

4.2.5 Methodische Überprüfung

In jedem Fall müssen die Personalbeurteilungsverfahren im Rahmen der Entwicklung oder vor der Übernahme einer methodischen Überprüfung unterzogen werden *(Kanning 2004, S. 163 ff., Wichmann 2004, S. 27 ff.)*.

Etwas zu bewerten oder zu beurteilen, erscheint auf den ersten Blick nicht schwierig. Dort, wo nur mengenmäßige Feststellungen getroffen werden, mag das vielleicht zutreffen. Wenn das Verhalten von Menschen und ihre Eignung beurteilt werden sollen, so ist dies aufgrund einer Vielzahl von situativen und subjektiven Einflussfaktoren weitaus schwieriger. Daher müssen Personalbeurteilungsverfahren Gütekriterien erfüllen.

▸ **Utilität**: Die Systematik ist zweckdienlich, verständlich und übersichtlich.

▸ **Relevanz**: Man braucht Kriterien und Merkmale, die für das jeweilige Arbeitsfeld praktisch bedeutsam sind.

▸ **Trennschärfe**: Die Kriterien und Merkmale sind eindeutig und voneinander unabhängig.

▸ **Verhaltensnähe**: Man arbeitet mit situationsbezogenen inhaltlichen Beschreibungen.

▸ **Vollständigkeit**: Alle für das jeweilige Arbeitsfeld bedeutsamen Kriterien und Merkmale werden erfasst.

▸ **Normierung**: Jedes Kriterium und Merkmal ist inhaltlich und in seiner Ausprägung genau beschrieben.

▸ **Differenzierung**: Die Ausprägungen erfassen die gesamte mögliche Streubreite.

▸ **Eichung**: Die individuelle Ausprägung wird nach einem Pretest an einer repräsentativen Stichprobe zugeordnet.

▸ **Standardisierung**: Alle Beurteilten treffen dieselben Bedingungen an *(Stelzer-Rothe/ Hohmeister 2001, S. 74)*.

▸ **Ökonomie**: Gefordert sind eine einfache, zügige Handhabung sowie eine schnelle, bequeme Auswertbarkeit.

▸ **Akzeptanz**: Eine ablehnende Haltung lässt einen aktiven oder passiven Widerstand der Beurteilten erwarten. Dies kann dazu führen, dass die Beurteilung nicht ihren Zweck erfüllt oder gar negative Auswirkungen hat *(Wichmann 2004, S. 27)*.

Von besonderer Wichtigkeit sind die folgenden Gütekriterien *(Becker 2005 a, S. 344, Schuler 2000, S. 49 ff.)*:

▸ **Objektivität**: Verschiedene Beurteiler kommen bei Verwendung desselben Verfahrens zu denselben Ergebnissen. Bei der Durchführung, Auswertung und Interpretation der Beurteilung ist subjektive Willkür ausgeschlossen.

▸ **Reliabilität**: Wiederholungen der Beurteilung unter denselben Bedingungen führen zu denselben Ergebnissen wie die erstmalige Durchführung. Abweichungen dürfen nicht auf Mängel des Beurteilungsverfahrens zurückzuführen, sondern nur in Veränderungen der Beurteilten oder der Situation begründet sein *(Lohaus 2009, S. 34 f.)*.

▸ **Validität**: Das Verfahren misst tatsächlich hinreichend genau das, was es zu messen vorgibt *(Stelzer-Rothe/Hohmeister 2001, S. 91)*.

– Konstuktvalidität ist gegeben, wenn die Annahmen richtig sind, die den Kriterien und Merkmalen zugrunde liegen.

– Die inhaltliche Validität ist erfüllt, wenn mit den Kriterien und Merkmalen die relevanten Leistungen und Verhaltensweisen erfasst werden.

– Unter prädikativer Validität versteht man die Vorhersagegenauigkeit.

4.2.6 Erstellung oder Anpassung eines Beurteilungsbogens

Das Ergebnis einer Personalbeurteilung wird in einem Beurteilungsbogen festgehalten, es sei denn, es handelt sich um eine anlassbedingte Beurteilung, die in einer anderen Weise dokumentiert wird, wie zum Beispiel das Arbeitszeugnis. Beurteilungsbogen sollten so gestaltet sein, dass sie problemlos von den Beurteilern eingesetzt werden können. Selbst für freie Personalbeurteilungen empfiehlt es sich, einen einheitlichen Bogen zu verwenden *(Wichmann 2004, S. 33 ff.)*.

Bei der Übernahme eines Beurteilungsverfahren muss der Bogen ebenfalls überprüft und gegebenenfalls angepasst werden. Die Bogen neu entwickelter Personalbeurteilungsverfahren sollten die folgenden Komponenten berücksichtigen.

▸ **Sachliche Angaben**:

– Personalnummer,
– Name und Vorname des Beurteilten,
– Geburtsdatum und -ort,
– Datum der Beurteilung,
– Zweck oder Anlass der Beurteilung,
– Beurteilungszeitraum,
– Name des Beurteilers bzw. der Beurteiler/innen
– Dienststellung des/der Beurteilten,
– Abteilung, Hauptabteilung, Unternehmensbereich,
– Aufgabenbereich,
– Dauer der Betriebszugehörigkeit,
– Dauer der Tätigkeit in der jetzigen Position,

– Aus- und Weiterbildung,
– Entgelt,
– Datum des Beurteilungsgesprächs.

Diese Angaben vermitteln die wichtigsten Personalien und erleichtern die Bearbeitung.

▶ **Kurzbeschreibung der Aufgaben**: Diese Aufgabenbeschreibung sollte so kurz wie möglich gehalten werden, also keinesfalls die Stellenbeschreibung vollständig wiedergeben. Sie macht die Beurteiler auf den Maßstab ihrer Beurteilung aufmerksam und hindert sie, auf eine Idealvorstellung Bezug zu nehmen.

▶ **Beurteilungskriterien und -merkmale sowie Gewichtung**: Um sicherzustellen, dass der Inhalt der Beurteilungskriterien und -merkmale durch die Beurteiler richtig interpretiert wird, können in den Beurteilungsbogen oder eine Begleitschrift Hinweise aufgenommen werden, wie die Ausprägung der einzelnen Kriterien und Merkmale im konkreten Fall festgestellt werden kann.

▶ **Beurteilung**: Der Bogen muss geeignet sein, eine eindeutige Beurteilung aller Kriterien und Merkmale etwa durch Beschreibungen oder Ankreuzen zu gewährleisten. Tunlichst sollten Überschneidungen zwischen quantitativen und qualitativen Beurteilungskriterien und -merkmalen sowie zwischen der vergangenheitsbezogenen Leistungsbeurteilung und der zukunftsorientierten Potenzialbeurteilung ausgeschlossen sein. Und der Bogen muss die Möglichkeit eröffnen, bestimmte Beurteilungskriterien und -merkmale nur bei den Mitarbeitergruppen zu berücksichtigen, für die sie bedeutsam sind, beispielsweise das Führungsverhalten für Führungskräfte. Neben der Einzelbeurteilung jedes Merkmals sollte der Beurteilungsbogen zusätzlich die Möglichkeit für eine zusammenfassende Gesamtbeurteilung vorsehen.

▶ **Empfehlungen zur Förderung der Beurteilten**: Die Frage nach der Eignung und Entwicklungsfähigkeit der Beurteilten ist die Kernfrage der Personalentwicklung. Die Beurteiler sollen sich Gedanken über geeignete Förderungsmaßnahmen machen. Die Empfehlungen können sich sowohl auf den jetzigen Arbeitsplatz als auch auf mögliche künftige Aufgabenstellungen beziehen.

▶ **Kenntnis- bzw. Stellungnahme der Beurteilten**: Die Beurteilungen sollten den Beurteilten grundsätzlich zur Kenntnis gebracht werden. Deshalb wird bei Mitarbeiter-, Kollegen- und Vorgesetztenbeurteilungen regelmäßig die Bestätigung der Kenntnisnahme durch die Betreffenden auf den Beurteilungsbogen ausgewiesen. Schließlich sollten Beurteilungsbogen auch Raum für eine Stellungnahme der oder des Beurteilten vorsehen, soweit es sich nicht um Bewerberinnen und Bewerber handelt. Zuvor muss Gelegenheit eingeräumt werden, die Beurteilung in einem Gespräch mit der Beurteilerin oder dem Beurteiler kennen zu lernen und die eigenen Wünsche und Vorstellungen darzulegen.

4.2.7 Beurteilerschulung

Ohne eine Schulung der Beurteilerinnen und Beurteiler steht jede Personalbeurteilung auf dünnem Eis.

Diese Einsicht hat sich leider in einigen Unternehmen noch nicht durchgesetzt. Zuweilen teilt man das Vorurteil, dass die Beurteilung von Beschäftigten eine besondere Begabung oder angeborene Menschenkenntnis voraussetzt. Deshalb sei eine Beurteilung gar nicht erlernbar, und deshalb könne man getrost auf ein Beurteilungstraining verzichten. Möglicherweise werden auch die Kosten und der Zeitaufwand gescheut, die mit einer intensiven Schulung verbunden sind. Sicherlich findet die Schulung, besonders wenn sie nur einmal veranstaltet wird, kaum einen sofort messbaren Niederschlag. Langfristig aber führt sie zu einer Verbesserung der **Beurteilungsqualität** und somit zu einer höheren **Akzeptanz**. Art und Umfang der Schulung sind von

Schulung für die Beurteilten

*Wünschenswert ist es, nicht nur die Beurteiler, sondern auch die **Beurteilten** in die Beurteilerschulungen einzubeziehen. Sie sollen den Sinn und Zweck der Beurteilung erkennen und mit dessen Stärken und Schwächen vertraut gemacht werden. Auf diesem Weg kann ein etwaiges Misstrauen durch sachliche Informationen abgebaut werden. Obwohl ein breites Verständnis für die Relevanz solcher Schulungsmaßnahmen anzutreffen ist, bleibt diese Art des Beurteilungstrainings leider noch die Ausnahme.*

Unter der Lupe

Fall zu Fall unterschiedlich, bedingt durch die differierenden Vorgaben für die Personalbeurteilungen der Unternehmen. In der Regel empfiehlt es sich, in geeigneten Räumlichkeiten ein mindestens eintägiges Seminar mit folgenden Inhalten durchzuführen *(ähnlich Lohaus 2009, S. 108)*:

Inhalte eines Beurteilerseminars

▸ **Zielsetzung** der Personalbeurteilung,
▸ **Darstellung** modellhafter Verfahren und **Erläuterung** der Beurteilungskriterien und -merkmale, ihrer Differenzierung und der Gründe für ihre Auswahl,
▸ **Ablauf** von Beobachtung, Beschreibung, Beurteilung und Beurteilungsgespräch,
▸ Rollenspiele zur **Demonstration** und zum **Einüben**.

4.2.8 Hilfsmittel und Einsatzterminierung

Zu guter Letzt müssen die Hilfsmittel bereitgestellt werden, die zur Beurteilungsdurchführung erforderlich sind, also die Beurteilungsbogen, Arbeitsanweisungen und Beurteilungsunterlagen.

Und schließlich wird der Einsatz terminiert, also der regelmäßige oder einmalige Beginn und das Ende der Personalbeurteilung.

4.3 Durchführung von Personalbeurteilungen

4.3.1 Wahrnehmungsverzerrungen

Wenn man Personalbeurteilungen durchführt, ist man immer auf die eigene Wahrnehmung angewiesen, und die kann gründlich in die Irre führen. So wurde bereits im Zusammenhang mit der Personalauswahl darauf hingewiesen, dass die Urteile dadurch verfälscht werden können.

Selektive Wahrnehmung

Man unterliegt einer Reihe von subjektiven Einflüssen, die dazu führen, dass man bestimmte Aspekte stärker oder verfremdet betrachtet und andere eher ausblendet. So entstehen Fehleinschätzungen, die man als Wahrnehmungsverzerrungen bezeichnen kann *(Abb. 4.21, Bronner/Schwaab 2001, S. 40 ff., Kiefer/Knebel 2004, S. 82 ff.)*.

4.3.1.1 Intrapersonelle Einflüsse
Intrapersonelle Einflüsse kann man auf die beteiligten Personen zurückführen.

Zu den intrapersonellen Einflüssen zählt zunächst die **selektive Wahrnehmung**. Aus der Vielzahl der Informationen wählt der Betreffende bewusst oder unbewusst aufgrund seiner persönlichen Situation, seiner Interessen, Einstellungen und Bedürfnisse nur einen begrenzten Ausschnitt heraus und macht diese wenigen Informationen zur Grundlage seines Urteils. Eine bewusst selektive Wahrnehmung praktiziert etwa ein Förderer einer Person, der deren Vorzüge und zugleich die Nachteile der Konkurrenten hervorhebt. Ein Beispiel für die unbewusste selektive Wahrnehmung gibt Orgon in der Komödie Tartuffe, der den Titelhelden, einen religiösen Heuchler, liebgewonnen hat und wider alle berechtigten Einwände als »armen Mann« bezeichnet.

Abb. 4.21

Wahrnehmungsverzerrungen

Intrapersonelle Einflüsse	Interpersonelle Einflüsse	Situative Faktoren	Vorbereitung und Durchführung
▸ selektive Wahrnehmung ▸ Vorurteile und Vermutungen ▸ Statusfehler ▸ Wertesystem und Projektion ▸ Beurteilertypen ▸ Egoismen	▸ Sympathie und Antipathie ▸ erster Eindruck ▸ Kontakt-Effekt ▸ Halo-Effekt ▸ Übertragungsfehler ▸ Reihenfolge-Effekt ▸ Andorra-Phänomen ▸ Dominanz	▸ gegenwärtige Situation ▸ augenblickliche Rolle	▸ Erfahrung unzureichend ▸ Kriterien unbestimmt

Quelle: eigene Darstellung

Da die Beurteiler kaum alle Fakten und Zusammenhänge kennen, sind sie auf Annahmen angewiesen. Wenn solche Annahmen jedoch die realen Fakten und Zusammenhänge überdecken, bezeichnet man sie als **Vorurteile und Vermutungen**. Sie beruhen auf eigenen Persönlichkeitstheorien, positiven oder negativen Erfahrungen mit anderen Personen, die man als ähnlich einschätzt, bereits vorliegenden Urteilen oder der kritiklosen Übernahme der Aussagen Dritter bzw. der herrschenden Meinung. Die Betroffenen versäumen es, eine tatsächliche Analyse vorzunehmen, wenn sie etwa vom Namen ihres Gegenübers, seiner Sprachgewandtheit oder seines Akzents auf seine Nationalität und darüber auf seine Intelligenz und Leistungsfähigkeit schließen.

Ein **Statusfehler** liegt vor, wenn Personen, die bereits zu Rang und Namen gekommen sind, allein aufgrund dieser Tatsache tendenziell besser angesehen werden. Ein Statusfehler ist ebenfalls zu verzeichnen, wenn jemand nur deshalb schlechter eingeschätzt wird, weil er seit längerer Zeit keine beruflichen oder persönlichen Fortschritte gemacht hat.

Beurteiler können ebenso durch ihr persönliches **Wertesystem**, das heißt eine **Projektion**, zu einer Fehleinschätzung der anderen kommen. In diesem Fall übertragen sie Eigenschaften, Vorstellungen und Erwartungen, die sie bei sich selbst wahrnehmen, ungeprüft auf andere. Dadurch wird jeder Ansatz verhindert, sich in die Lage des anderen zu versetzen und gezielt auf ihn einzugehen. Beispielsweise sollte maßgeblich für eine Beurteilung nicht die eigene, vielleicht besonders hervorragende Leistungsfähigkeit sein, sondern die Leistungsfähigkeit eines durchschnittlichen Beschäftigten.

Ganz ähnlich verhält es sich mit der Grundeinstellung in Bezug auf andere Menschen (Kapitel Personalführung). Man kennzeichnet diese Grundeinstellung anhand von **Beurteilertypen**. Der sogenannte **objektive** Beurteiler wägt ab und scheut sich nicht, wo es angebracht ist, die besten oder die schlechtesten Urteile abzugeben. Der **nachsichtige** Beurteiler setzt die Anforderungen zu niedrig, oder er hat nicht den Mut, Schwächere auch schlechter zu beurteilen. Der **scharfe** Beurteiler hält gute Leistungen für selbstverständlich, so dass bei ihm mittlere und schlechte Beurteilungen vorherrschen. Der **vor**-

sichtige Beurteiler legt sich nicht fest. Daher tendieren seine Urteile deutlich zur Mitte. Der **extreme** Beurteiler tendiert zu positiven und negativen Extremwerten. Er kennt nur wenige durchschnittliche Beurteilungen *(Lohaus 2009, S. 37 ff.)*.

Egoismen können die Einschätzung von Personen zur Farce machen. Die Ursachen liegen vornehmlich im intra-, aber auch im interpersonellen Bereich. Es handelt sich zum Beispiel um Begünstigungsabsichten, die sogenannte Protektion, Schädigungsabsichten, Rache und Vergeltungssucht sowie eigene Schwächen, die durch bewusstes Abwerten anderer Personen vertuscht werden sollen.

4.3.1.2 Interpersonelle Einflüsse
Die Beziehungen zwischen den Beteiligten, die interpersonellen Einflüsse, können ebenfalls die Wahrnehmung verzerren.

Interpersonelle Einflüsse machen sich häufig als **Sympathie und Antipathie** bemerkbar. Sie wirken aus dem Unbewussten auf das Urteil ein und lassen sich nie völlig ausschließen.

Bedeutsam ist auch der **erste Eindruck**. Wer einen fremden Menschen kennen lernt, begibt sich auf fremdes Gelände und sucht nach Ähnlichkeiten, um einen Überblick zu gewinnen und um sich Sicherheit in einer unsicheren Situation zu verschaffen. Menschen neigen also ganz allgemein dazu, sich von einem anderen in relativ kurzer Zeit, nach dem ersten Eindruck eben, eine positive oder negative Vorstellung zu bilden und an dieser Vorstellung, auch bei gegenteiliger Erfahrung, festzuhalten. Der erste Eindruck wird durch alle fünf Sinne, besonders aber durch das Aussehen, das gesprochene Wort, die Stimmlage, den Akzent, die Sprechgeschwindigkeit, die Haltung, die Gestik und die Mimik geprägt *(Lohaus 2009, S. 43)*.

Andererseits haben diverse Untersuchungen bewiesen, dass das Urteil über andere Menschen umso besser ausfällt, je öfter man Kontakt mit ihnen hatte. Dieser **Kontakt-Effekt** beruht wohl darauf, dass die zunächst Fremden durch häufigere Begegnungen vertrauter werden. Sie verlieren mithin ihre zunächst leicht beängstigende Fremdheit. Das kann zwar einen negativen ersten Eindruck abmildern, ihn aber nicht ins Gegenteil verkehren.

Vorurteile und Vermutungen

Statusfehler

Wertesystem und Projektion

Beurteilertypen

Egoismus

Sympathie und Antipathie

Erster Eindruck

Kontakt-Effekt

Halo-Effekt

Übertragungsfehler

Reihenfolge-Effekt

Andorra-Phänomen

Hinter dem **Halo-Effekt**, auch als Kategorisierung bekannt, steht gleichfalls die Tendenz, unbewusst aus wenigen anfänglichen Beobachtungen ein hypothetisches Gesamtbild zu konstruieren. Von einer einzelnen auffallend guten oder schlechten Verhaltensweise oder Äußerung schließt man auf den gesamten Menschen. Deshalb die Benennung dieses Effekts nach dem altgriechische Wort Halo, das den Hof um eine Lichtquelle bezeichnet: Ins Auge fällt nur die Lichtquelle *(Lohaus 2009, S. 42 f.)*.

Der **Übertragungsfehler** bzw. das Einfrieren resultiert aus früheren Erfahrungen und Erlebnissen. Die einmal eingeprägte Verhaltensweise kann nur sehr schwer revidiert werden. Wenn jemand zuvor Versprechen und Zusagen nicht ein-

gehalten hat, wird man ihm Misstrauen entgegenbringen. Nur eine Aussprache kann die Unvoreingenommenheit wiederherstellen.

Ein weiterer interpersoneller Einfluss macht sich als **Reihenfolge-Effekt** bemerkbar. Damit ist das Phänomen angesprochen, dass Urteile nicht in Bezug auf absolute Dimensionen getroffen werden, sondern in Bezug auf andere Personen. Im Ergebnis werden Kommunikationspartner besser beurteilt, wenn sie das Glück haben, an einen Tag vorzusprechen, an dem nur tendenziell weniger schätzenswerte Personen auftreten.

Passt sich eine Person unbewusst der Vorstellung an, die sich ihr Gegenüber von ihr macht, spricht man von einer gegenseitigen Beeinflussung oder prägnanter vom **Andorra-Phänomen**, benannt nach einem Schauspiel von Max Frisch. Der Betreffende schlüpft also in die Rolle, die sein Gegenüber von ihm erwartet. Spricht beispielsweise in Norddeutschland eine Rheinländerin vor, so erwartet man dort von ihr unter Umständen, sie möge eine fröhliche Karnevalistin sein. Diese Erwartungshaltung kann durch subtile Gesten und Bemerkungen ausgedrückt werden. Um gut anzukommen, geht sie möglicherweise auf die Erwartung ein und gibt sich fröhlicher, als sie in Wirklichkeit ist.

Interpersonelle Einflüsse greifen aber auch, wenn mehrere Personen mit der Beurteilung befasst sind. Da sie den Verlauf und das Ergebnis gemeinsam diskutieren, kann die bewusste oder unbewusste **Dominanz** einer dieser Personen zu einer Fehleinschätzung führen.

4.3.1.3 Situative Faktoren

Zu den intra- und interpersonellen gesellen sich auch situative Faktoren, die zu Fehleinschätzungen führen können.

Alle Beteiligten unterliegen den Einflüssen der **gegenwärtigen Situation**, die eine nachhaltige Wirkung haben. Ein Raum, der nur wenig Ruhe bietet oder zu heiß bzw. zu kalt ist, Kommunikationspartner, die nicht ganz bei der Sache zu sein scheinen und vieles andere mehr können beide Seiten aus der Ruhe bringen und das Urteil verfälschen.

Einflüsse außerhalb der gegenwärtigen Situation entziehen sich oft gänzlich der Kenntnis, sind aber möglicherweise entscheidend. Wenn die Beteiligten aus einer gespannten privaten

Abb. 4.22

Fragebogen zur Selbstdiagnose

▸ Habe ich die Beziehung zu meinem Gegenüber aufgebaut, die beabsichtigt war?
▸ Hat sich die Beziehung im Laufe der Kommunikation verändert?
▸ Wenn ja: Warum?
▸ Haben die Veränderungen dazu beigetragen, das gewünschte Ergebnis zu erreichen, oder haben sie das Ergebnis verhindert?

▸ Wann war mein Gegenüber auffallend zurückhaltend und wann zwanglos?
▸ Kenne ich die Lebens- und Arbeitsumstände des Gegenübers?
▸ Haben sie die Rolle meines Gegenübers während der Kommunikation beeinflusst?

▸ Haben meine Lebens- und Arbeitsumstände meine Rolle während der Kommunikation beeinflusst?
▸ Spielen bei meiner Einschätzung persönliche oder private Interessen eine Rolle?

▸ Ist mir mein Gegenüber sympathisch beziehungsweise unsympathisch gewesen?
▸ Warum?

▸ Wofür halte ich mein Gegenüber?

▸ Haben meine Vorurteile, Einstellungen und Werte die Beziehung im Laufe der Kommunikation verändert?

▸ Was bemerkte ich Auffälliges an meinem Gegenüber?
▸ Positiv:
▸ Negativ:

▸ Wie beurteile ich die äußere Erscheinung meines Gegenübers?

▸ Kann oder könnte ich mit meinem Gegenüber zusammenarbeiten oder nicht?
▸ Warum?

▸ Bei welchen Gelegenheiten kam bei mir Unbehagen auf?
▸ Warum?

▸ Sind mir besondere Bemerkungen oder Gesten aufgefallen?
▸ Positiv:
▸ Negativ:

Quelle: eigene Darstellung

respektive beruflichen Atmosphäre kommen oder etwa erkältet sind, kann das nicht ohne Folgen auf ihr Verhalten und ihr Urteil bleiben. Man nimmt das Gegenüber aber trotzdem nur in der **augenblicklichen Rolle** bzw. Kommunikations-situation wahr und nicht beispielsweise als Witwer, der um seine Frau trauert. So können Verhaltensweisen und Äußerungen oft völlig miss-verstanden werden.

4.3.1.4 Fehler in der Vorbereitung und Durchführung

Letztlich können sich Wahrnehmungsverzerrungen aufgrund der mangelhaften Vorbereitung und Durchführung einer Beurteilung einschleichen.

Hier kommen besonders eine unzureichende Erfahrung und unbestimmte Kriterien in Frage.

4.3.1.5 Verzerrungskorrektur

Lassen sich einige Einflüsse noch recht gut in Grenzen halten, beispielsweise durch die Bestimmung von Auswertungskriterien, Gesprächs- und Beurteilungserfahrung sowie eine angemessene Gesprächssituation, so sind andere wie etwa Vorurteile, Sympathie und der erste Eindruck nur schwer beherrschbar. Wahrnehmungsverzerrungen lassen sich deshalb niemals völlig vermeiden. Letztendlich muss jeder an sich arbeiten, um sich die unbewussten Einflüsse deutlich zu machen.

Helfen können hier externe Experten, soge-nannte Supervisoren. Helfen können aber auch Fragebogen zur Selbstdiagnose, die der Verdeutlichung möglicher Fehlerquellen dienen *(Abb. 4.22, Crisand/Kramer/Schöne 2003, S. 19)*.

Man sollte sich die Fragen so ehrlich wie möglich selbst beantworten. Die Antworten wer-

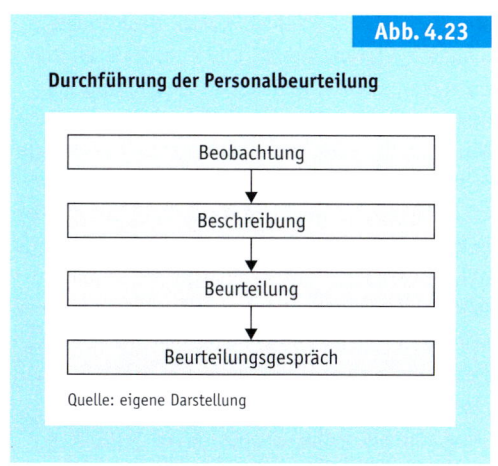

Abb. 4.23

Durchführung der Personalbeurteilung

Beobachtung

↓

Beschreibung

↓

Beurteilung

↓

Beurteilungsgespräch

Quelle: eigene Darstellung

den keinesfalls weitergereicht, denn dann könnte man wohl kaum ehrlich bleiben.

4.3.2 Beurteilungshergang

Um eine Personalbeurteilung angemessen und unparteiisch durchzuführen, sollten die Beurteiler darauf achten, diese Wahrnehmungsverzerrungen zu vermeiden. Generell empfiehlt sich die Vorgehensweise aus *Abb. 4.23 (Fisseni/Preusser 2007, S. 138 ff.)*.

Vorgehensweise

4.3.2.1 Beobachtung

Bei der Beobachtung tauschen sich Beobachter und Beobachtete keinesfalls wechselseitig aus. Vielmehr registriert der Beobachter die Aktivitäten der oder des Beobachteten *(Kiefer/Knebel 2004, S. 60 ff., Mentzel 2005, S. 74)*.

Unter Aktivitäten des oder der Beobachteten sind zum einen nonverbale Reaktionen zu ver-

Partizipation

Eine Beobachtung setzt trotz der Tatsache, dass kein wechselseitiger Austausch stattfindet, doch voraus, dass die Beobachteten Verständnis aufbringen und bereit sind, sich diesem Verfahren zu unterziehen. Wird die Beobachtung dagegen hintergangen, sind die Ergebnisse kaum verwendbar. Die meisten Missverständnisse basieren auf der Unkenntnis über die Ziele einer Beobachtung, sodass die Mitarbeiter dazu tendieren, sich selbst so ideal wie möglich darzustellen oder den Vorgang der Beobachtung zu sabotieren. Auch die Beobachtung durch abteilungsfremde Personen trägt häufig zu einer Ablehnung der Beobachtung bei.

Andererseits können sich auch die Beobachter in die zu beobachtende Situation einbringen, etwa bei der Kollegenbeurteilung. Man spricht dann von einer teilnehmenden Beobachtung mit einem hohen Partizipationsgrad. Trotzdem sollen die Beobachter möglichst wenig in das natürliche Geschehen eingreifen, also selber keine Reize setzen. Häufig ist jedoch nur eine geringe oder gar keine Partizipation vorgesehen. In diesem Fall bringen sich die Beobachter nicht ein, beispielsweise bei der Mitarbeiterbeurteilung.

stehen, wie zum Beispiel Gesten, Reaktionen, manuelle Verrichtungen, und zum anderen komplexe Vorgänge, etwa die Entstehung und Veränderungen von Meinungen bei Diskussionen. Nun sind für eine Personalbeurteilung nicht alle Aktivitäten von Interesse.

Arbeitsleistung und Arbeitsverhalten

Die Beobachtung richtet sich hier auf die regelmäßige **Arbeitsleistung** und das regelmäßige **Arbeitsverhalten** der Beschäftigten. Durch die Beobachtung darf es weder zu einem Versagen unter Stressbelastung kommen, noch dürfen die Betroffenen zu einer intensiveren Arbeitsleistung als üblich veranlasst werden. Anhaltspunkte,

▸ in welcher Form,
▸ in welchem Turnus,
▸ was,
▸ wie differenziert,
▸ durch wen,
▸ bei wem,
▸ mit welchem Zeithorizont

beobachtet werden soll, geben der Beurteilungsbogen oder andere Vorgaben, die das jeweils gewählte Beurteilungsverfahren macht. Diese Vorgaben zielen darauf ab, die oben erwähnten Wahrnehmungsverzerrungen nach Möglichkeit auszuschalten. Es handelt sich also um Spielregeln, die helfen sollen, ein höheres Maß an Objektivität zu erreichen. Aber auch bei Anwendung differenziertester Verfahren basieren sowohl die Beobachtung als auch der gesamte Beurteilungsvorgang letztlich auf subjektiven Wertungen.

Sinn der Beobachtung ist keineswegs eine systematische Fehlersuche. Positive und negative Erscheinungen sind gleichermaßen zu registrieren. Erst die spätere Gegenüberstellung einer Vielzahl von Einzelbeobachtungen erlaubt es, ein endgültiges Urteil zu fällen.

4.3.2.2 Beschreibung

Die Beschreibung darf nicht mit der Beurteilung verwechselt werden. Eine Beschreibung dient ausschließlich dazu, Ordnung in die Einzelbeobachtungen zu bringen *(Mentzel 1997, S. 85)*.

Beobachtungsprotokolle

Für die Beobachtung bzw. die Beobachtungszeiträume sollen nämlich **Beobachtungsprotokolle** angefertigt werden. Sie verhindern, dass der Beobachter später aus dem Gedächtnis die Beobachtungen reproduzieren muss. Bei diesem Abrufen aus dem Gedächtnis ist die Gefahr groß, dass man wichtige Beobachtungsdetails falsch einschätzt oder einfach etwas vergessen hat.

Gefordert sind eine möglichst wertungsfreie Wiedergabe der Beobachtungen und eine Systematisierung in Bezug auf die Beurteilungskriterien und -merkmale. Dadurch werden Tendenzen feststellbar, die eine Beurteilung ermöglichen.

4.3.2.3 Beurteilung

Bei der Beurteilung wird ein geeigneter Maßstab an die systematisch beschriebenen Beobachtungen angelegt *(Mentzel 2005, S. 77 f.)*.

Diesen Maßstab gibt bei gebundenen Personalbeurteilungen das verwendete Beurteilungsverfahren vor. Der Beurteilungsbogen leistet hier regelmäßig Formulierungshilfe.

Bei freien Personalbeurteilungen muss sich der Beurteiler generell auf die Eignung für eine ganz bestimmte Aufgabenstellung konzentrieren und einen Vergleich des beobachteten Verhaltens mit der Betriebsnorm ziehen.

4.3.2.4 Beurteilungsgespräch

Alle Beschäftigten, egal welcher Hierarchiestufe, sind verantwortungsbewusste, mündige Partner im Betrieb und wollen auch als solche behandelt werden. Das gilt auch und gerade im Personalbeurteilungsverfahren, dessen Eigenart es ja ist, dass sich andere Beschäftigte ein Urteil über die eigene Person erlauben. Ein Gespräch zwischen Beurteilern und Beurteilten sollte also eine Selbstverständlichkeit sein.

Überdies kann eine Personalbeurteilung, wie weiter oben angesprochen, nur dann Erfolg versprechen, wenn die Beurteilten Verständnis aufbringen und bereit sind, sich dem Verfahren zu unterziehen. Ansonsten besteht die Gefahr, dass die Beurteilung hintergangen wird.

> Offenheit und Transparenz der Beurteilung sind unabdingbare Voraussetzungen. Um das Beurteilungsverfahren einsichtig zu machen, müssen die Beurteiler also die Ergebnisse mit den Beurteilten einzeln durchsprechen.

Das gilt in erster Linie für **Mitarbeiterbeurteilungen** und **Beurteilungen durch Externe**. Bei Vorgesetzten-, Kollegen- und Selbstbeurteilungen sind besondere Regelungen notwendig:

▶ Die **Vorgesetztenbeurteilung** sollte grundsätzlich anonym erfolgen, um negative Sanktionen für die jeweiligen Mitarbeiterinnen und Mitarbeiter auszuschließen. Das Ergebnis kann den Vorgesetzten dann ebenso anonym zugeleitet werden oder es sollte den betroffenen Vorgesetzten von ihren jeweiligen Vorgesetzten präsentiert werden.

▶ Aus den gleichen Gründen sollte in der Regel so auch mit **Kollegenbeurteilungen** und

▶ **360-Grad-Beurteilungen** verfahren werden.

▶ Auch im Anschluss an **Selbstbeurteilungen** sollte ein Gespräch stattfinden, da das Urteil nicht der Weisheit letzter Schluss sein muss. Im Gespräch können Fehlurteile relativiert werden. Da hier Beurteiler und Beurteilter ein und dieselbe Person sind, könnte das Gespräch mit der oder dem jeweiligen Vorgesetzten, aber auch mit einer oder einem Kollegen respektive einem in Beurteilungen erfahrenen Personalverantwortlichen stattfinden.

Die Notwendigkeit und die Chancen eines Beurteilungsgesprächs hat auch der Gesetzgeber erkannt:

▶ § 81 des Betriebsverfassungsgesetzes legt die **Unterrichtungs- und Erörterungspflicht des Arbeitgebers** fest. Unter anderem besagt diese Vorschrift, dass der Arbeitgeber mit den Arbeitnehmern erörtern muss, wie ihre Kenntnisse und Fähigkeiten im Rahmen der betrieblichen Möglichkeiten den künftigen Anforderungen angepasst werden können. Zu diesem Gespräch können die Arbeitnehmer ein Betriebsratsmitglied hinzuziehen.

▶ Nach § 82 des Betriebsverfassungsgesetzes können einzelne Arbeitnehmer verlangen, dass mit ihnen die **Beurteilung** ihrer Leistung sowie die Möglichkeiten ihrer beruflichen Entwicklung im Betrieb erörtert werden. Auch zu diesem Gespräch können sie ein Mitglied des Betriebsrates hinzuziehen. Das Betriebsratsmitglied unterliegt absoluter Schweigepflicht über den Inhalt des Gesprächs, sofern ihn nicht der betroffene Arbeitnehmer oder die Arbeitnehmerin davon entbindet.

▶ Nach § 83 des Betriebsverfassungsgesetzes haben die Arbeitnehmer außerdem das Recht, in ihre **Personalakte** Einsicht zu nehmen. In

aller Regel beinhaltet die Personalakte auch die Personalbeurteilungen.

▶ In den §§ 84 bis 86 des Betriebsverfassungsgesetzes ist das **Beschwerderecht der Arbeitnehmer** geregelt. Sie haben das Recht, sich bei den zuständigen Stellen des Betriebes zu beschweren, wenn sie sich benachteiligt, ungerecht behandelt oder in sonstiger Weise beeinträchtigt fühlen. Sie können auch ein Mitglied des Betriebsrates zur Unterstützung oder Vermittlung hinzuziehen. Hieraus dürfen ihnen keine Nachteile entstehen. Können Betriebsrat und Arbeitgeber sich nicht einigen, so kann der Betriebsrat die Einigungsstelle anrufen. Ergänzende Vereinbarungen über Einzelheiten können durch Tarifvertrag oder Betriebsvereinbarungen geregelt werden.

Allein diese Rechtsvorschriften sind schon Grund genug für die Offenheit und Transparenz von Personalbeurteilungen, die folglich mit einem Beurteilungsgespräch ausklingen sollten *(Abb. 4.24, ähnlich Oechsler 2006, S. 430 ff., Wichmann 2004, S. 35 f.).*

Ein **Beurteilungsgespräch** will gut vorbereitet sein, und zwar sowohl vom Beurteiler wie auch vom Beurteilten.

Rechtsvorschriften

Vorbereitung des Beurteilungsgesprächs

Abb. 4.24

Anhaltspunkte für Beurteilungsgespräche

Vorbereitung	Durchführung	Aufbereitung

▶ Einladung
▶ Einschätzung seitens der Beurteilten anregen
▶ Gesprächstermin
▶ Zeitrahmen
▶ Raum
▶ Gesprächsatmosphäre
▶ Beurteilung vergegenwärtigen
	unter vier Augen
	indirektes, offenes Gespräch
	offen, aktiv, konzentriert, gezielt
	und verantwortlich kommunizieren,
	nicht immer sprechen, beruhigen und
	inspirieren, Willen zum Zuhören zeigen,
	Ablenkungen fernhalten, auf Gesprächspartner einstellen, Geduld und Selbstbeherrschung, Fragen
	in Abschnitte aufteilen:
	  ▶ Ermunterung
	  ▶ Zielorientierung
	  ▶ Befund
	  ▶ Rückäußerungen
	  ▶ Vereinbarungen
		▶ Ergebnisse festhalten
		▶ eigene Zusagen umsetzen
		▶ Kontrolle der Zusagen des Gesprächspartners

Quelle: eigene Darstellung

Der Beurteilte kann sich nur dann vernünftig vorbereiten, wenn er rechtzeitig, unter Umständen sogar schriftlich eingeladen wurde. Inhaltlich sollte sich der Beurteilte seine eigene Einschätzung seiner Leistungen und Verhaltensweisen sowie seine Erwartungen und Vorstellungen für die Zukunft vergegenwärtigen.

Dem **Beurteiler** fällt die Aufgabe zu, den Gesprächstermin festzulegen und die Einladung auszusprechen. Er muss genügend Zeit einplanen, das heißt in der Regel ungefähr eine halbe bis eine Stunde. Im Einzelfall kann auch wesentlich mehr Zeit notwendig sein. Schließlich ist ein geeigneter Raum auszuwählen, der es ermöglicht, das Gespräch frei von Störungen und unbeobachtet in einer angenehmen Atmosphäre zu führen. Vor allem muss sich der Beurteiler die Beurteilung selbst vor Augen führen und sich überlegen, welche Ergebnisse aus seiner Sicht besonders wichtig sind und auf welche Details es dem Beurteilten besonders ankommen könnte *(Kiefer/Knebel 2004, S. 108 ff.)*.

Durchführung des Beurteilungsgesprächs

Um Vertraulichkeit und Offenheit zu gewährleisten, sollte das Gespräch nach Möglichkeit unter vier Augen durchgeführt werden, es sei denn, der Beurteilte wünscht die Teilnahme eines Betriebsratsmitglieds. Bei Meinungsverschiedenheiten könnte der Vorgesetzte des Beurteilers hinzugezogen werden. Besser wäre es jedoch, auch die Meinungsverschiedenheiten unter vier Augen zu klären *(Abb. 4.24)*.

Das Beurteilungsgespräch wird am besten als indirektes, offenes Gespräch geführt. Trotzdem steuert der Beurteiler den Gesprächsablauf, da er die Beurteilung verantwortet. Wie bei allen Gesprächen sollte man offen, aktiv, konzentriert, gezielt und verantwortlich kommunizieren, nicht immer sprechen, den Gesprächspartner inspirieren, den Willen zum Zuhören zeigen, Ablenkungen fernhalten, sich auf den Gesprächspartner einstellen, Geduld haben, die Selbstbeherrschung behalten und schließlich Fragen stellen.

Gesprächsphasen

Um zu vermeiden, dass etwas vergessen wird, empfiehlt es sich, das Gespräch in Abschnitte aufzuteilen *(ähnlich Kiefer/Knebel 2004, S. 117 ff., Oechsler 2006, S. 430 ff.)*.

‣ Für die erste Phase, die **Ermunterung**, kann man voraussetzen, dass der Gesprächspartner einerseits gespannt, andererseits oft ange-

spannt oder gar verkrampft ist. Immerhin will sich ein anderer ein Urteil über die eigene Person erlauben, und nur selten wird das Bild, das der Beurteilte von sich selbst hat, mit dem des Gegenübers übereinstimmen. Der Betroffene steht dem zuweilen mit einer gewissen Hilflosigkeit und dem Gefühl des Ausgeliefertseins gegenüber. Eine Personalbeurteilung kann jedoch nur dann Erfolg versprechen, wenn der Beurteilte Verständnis aufbringt und bereit ist, sich dem Verfahren zu unterziehen. Dann und nur dann kann man ihn von der Notwendigkeit bestimmter Arbeitsaufgaben überzeugen und ihm Maßnahmen verständlich machen, von denen er persönlich betroffen ist. Beurteilungsgespräche müssen also die notwendige Offenheit und Transparenz gewährleisten. Deshalb ist es wichtig, den Gesprächspartner von Anfang an spüren zu lassen, dass es nicht um eine Verurteilung geht, sondern um die Vorbereitung auf die Zukunft. Der Beurteiler muss versuchen, eine Atmosphäre herzustellen, die vom Gegenüber als freundlich, sachlich und entkrampft erlebt werden kann. Deshalb ist es wichtig, gleich zu Beginn des Gesprächs einen möglichst positiven Kontakt aufzubauen und während des gesamten Ablaufs beizubehalten, selbst wenn die Beurteilung einen negativen Tenor hat. Dieses Ziel erreicht man, indem man dem Gesprächspartner mit Fairness, Rücksicht, Offenheit und Gerechtigkeit begegnet. Das ist leichter gesagt als getan. Es mag aber schon helfen, wenn der Beurteiler nicht auf seine zumeist höhergestellte Position pocht und wenn er einen angenehmen Gesprächseinstieg findet.

‣ In der zweiten Phase, der **Zielorientierung**, versuchen die Gesprächspartner als gemeinsame Ausgangsbasis einen Konsens über die letztmals festgesetzten Arbeitsinhalte und Ziele herzustellen. Dabei wird geklärt, welche Ziele erreicht wurden und welche leistungshemmenden oder leistungsfördernden Faktoren auftraten. Dem Beurteilten soll klar werden, dass die Beurteilung kein Selbstzweck, sondern die Basis für die zukünftige Arbeit ist. Wenn er dies erkannt und auch akzeptiert hat, wird er auch negative Einzelurteile eher akzeptieren können. Die beiden ersten Phasen werden regelmäßig nicht viel länger als fünf bis zehn Minuten dauern.

▸ Die dritte Phase, der **Befund**, beinhaltet die Information über die Beurteilungsergebnisse sowie die Erörterung der erbrachten Leistungen und der gezeigten Verhaltensweisen anhand der einzelnen Beurteilungskriterien. Hier geht es einerseits um Anerkennung und Bestätigung guter Leistungen und geschätzter Verhaltensweisen, andererseits um Kritik und Ursachenforschung angesichts ungenügender Leistungen und bemängelter Verhaltensweisen. Dabei ist der Beurteiler gehalten, nicht in einen Monolog zu verfallen, sondern Stärken und Schwächen zu diskutieren. Zur Orientierung sollte man das Gesamturteil vorab mitteilen und die Arbeitsschwerpunkte, Probleme und Ergebnisse im Beurteilungszeitraum hervorheben. Bei der Besprechung der Beurteilungskriterien und -merkmale ist es angeraten, alle für die Beurteilung relevanten Tatsachen als Begründung anzuführen. Dabei sollte jedes Beurteilungskriterium und -merkmal einzeln durchgesprochen werden, da ansonsten positive wie negative Einzelaspekte verloren gehen könnten. Eine wichtige Entscheidung des Beurteilers besteht darin, auf welche Beurteilungsinhalte er Akzente setzt, denn es gibt durchaus Fälle, wo der Ausbau der Stärken aufs Ganze gesehen wichtiger ist als das Insistieren auf den Schwächen. Je mehr jemand in einem Gespräch kritisiert wird, desto geringer wird sein Selbstwertgefühl, desto größer wird unter Umständen die Abwehrhaltung und desto schwächer kann die Leistung nach dem Gespräch werden. Deshalb sollte man nicht unbedingt der Reihenfolge im Beurteilungsbogen folgen, sondern vom Allgemeinen zum Speziellen, von den wichtigen zu den weniger wichtigen und von den gut beurteilten zu den schlecht beurteilten Kriterien und Merkmalen übergehen. Bei Letzteren kann man gegebenenfalls gleich auf Förderungs- und Entwicklungschancen oder andere Verbesserungsmöglichkeiten zu sprechen kommen. Verbesserungen gegenüber der letzten Beurteilung sollten stark hervorgehoben werden. Gegebenenfalls sind eine oder im Verlaufe des Gesprächs auch mehrere Zusammenfassungen in Form

von Soll-Ist-Vergleichen oder Stärken-Schwächen-Analysen angebracht. Bei alledem muss sich der Beurteiler vergegenwärtigen, dass er nicht die Person beurteilt, sondern ihre Leistungen und ihr Verhalten.

▸ Gewiss sollte ein Beurteilungsgespräch erst geführt werden, wenn man zu einem sicheren Urteil gekommen ist. Dennoch sollte der Beurteilte genügend Gelegenheit für Zwischenfragen, Ergänzungen und auch Korrekturen haben. Je weniger es dem Beurteiler bis dahin gelungen ist, den Beurteilten ins Gespräch einzubeziehen, umso wichtiger ist jetzt der Hinweis, dass er gebeten ist, sich zu Wort zu melden. Daran knüpft die vierte Phase an, die Phase der **Rückäußerungen**. Hier kann der Beurteiler wichtige Informationen über Ursachen, aber auch Motive (Kapitel Personalführung) und Möglichkeiten des Beurteilten erhalten, die neue oder ergänzende Einsichten verschaffen. Ist es jedoch zuvor gelungen, einen Dialog aufzubauen, dann wird das Gespräch ständig zwischen Befund und Rückäußerung hin und her schwingen. Gerade durch die Möglichkeit, bei einer unangemessenen Beurteilung gegebenenfalls direkt Widerspruch einlegen zu können, werden die Akzeptanz und Glaubwürdigkeit der Beurteilungsergebnisse erhöht. Deshalb sollte man das Urteil revidieren, falls es sich wider Erwarten im Verlauf der Rückäußerungen zeigt, dass etwas unzutreffend beurteilt wurde. Andererseits darf man kontroverse Beurteilungen nicht durch Kompromissversuche ausgleichen. In diesem Fall ist es eher angezeigt, das Angebot eines erneuten Gesprächs zu machen.

▸ Das Beurteilungsgespräch sollte, wenn eben möglich, nicht disharmonisch, sondern mit neuen Zielen und Perspektiven enden. So werden in der fünften und letzten Phase Schlussfolgerungen gezogen und Vereinbarungen getroffen. Dabei geht es um die Entfaltung auf dem bestehenden Arbeitsplatz, die Festlegung künftiger Aufgabenstellungen – deshalb auch **Zielvereinbarungsgespräch** – sowie Verbesserungs- und Förderungsmöglichkeiten, gegebenenfalls durch Maßnahmen der Personalentwicklung – deshalb auch Beratungs- und Fördergespräch. Selbst wenn die Beurteilung in vielen Punkten negativ ist,

Befund

Rückäußerungen

Zielvereinbarungsgespräch

Dokumentation der Ergebnisse

kann man den Beurteilten auf diesem Wege bei der Erfüllung seiner Arbeitsaufgaben unterstützen und ihm Hilfestellung bei der Überwindung von Arbeitsschwierigkeiten geben. Der Beurteiler sollte auf die Erwartungen und Vorschläge des Beurteilten eingehen und ihm seine Einschätzung der Realisierungsmöglichkeiten schildern. Er darf nichts versprechen, was er nicht halten kann. Eine Erhöhung des Arbeitsentgelts oder Maßnahmen der Personalentwicklung müssen beispielsweise in aller Regel zunächst mit dem Personalwesen abgesprochen werden. Die festgelegten Maßnahmen können in die Zielvereinbarungen aufgenommenen werden und sind so bei der nächsten Beurteilung leichter zu überprüfen. Abschließend sollte der Beurteiler seine Überzeugung äußern, dass bei der nächsten Beurteilung gleichermaßen er-

freuliche oder, falls notwendig, bessere Ergebnisse besprochen werden. Hegt man hingegen keine Hoffnung auf Besserung, muss man eine Trennung in Erwägung ziehen.

Im Sinne einer fundierten Aufbereitung müssen die im Beurteilungsgespräch erzielten Ergebnisse dokumentiert werden *(Abb. 4.24)*.

Dabei ist jeweils eine situationsadäquate, in dem betreffenden Unternehmen übliche Form zu wählen. Durchweg erhalten die Beteiligten je eine Ausfertigung des von ihnen nach Beendigung des Gesprächs unterschriebenen Beurteilungsbogens. Das Original wird der Personalakte des Beurteilten beigefügt.

Ferner muss man, wie bei jedem Gespräch, die eigenen **Zusagen** umgehend umsetzen und für die Kontrolle der Zusagen des Gesprächspartners sorgen.

4.4 Personalbeurteilungen in der Kritik

Personalbeurteilungen sind regelmäßig mit einigen Problemen behaftet *(Bröckermann 2000 b, S. 366 f., Ulmer 2000, S. 57 ff.)*.

Mit Beurteilungskriterien und Noten lässt sich die menschliche **Persönlichkeit** mit ihrer individuellen Werteskala nicht annähernd erfassen. Das gilt auch für die Arbeitsleistung, die der Mitarbeiter vor dem Hintergrund seines persönlichen Potenzials und seiner momentanen Lebenssituation erbringt.

Um nur ja keine Leistungsfacette zu übersehen, sind Beurteilungssysteme häufig mit einer Vielzahl von Beurteilungskriterien und -stufen überfrachtet. So kommt es zu Überschneidungen und damit zu Doppelbewertungen. Es hat sich außerdem gezeigt, dass zu viele Beurteilungsstufen den Beurteiler überfordern. Egal, ob neun, sieben oder fünf Stufen zur Verfügung stehen, konzentrieren sich Beurteilungen zu neunzig Prozent auf drei Stufen.

Mit der Zeit ergibt sich unaufhaltsam eine Konzentration um den **Mittelwert**, weil Beschäftigte mit dauerhaft schlechten Leistungen versetzt oder entlassen und solche mit dauerhaft guten Leistungen befördert werden, bis sie im Vergleich zu ihresgleichen ebenfalls zur Mitte

wandern. So unterscheiden sich die Beurteilungswerte aller Beschäftigten früher oder später nur noch durch Kommawerte, und die Beurteilungsgespräche verlieren ihren Bezugspunkt.

Obendrein schließen selbst die intensivsten Vorbereitungen und die ausgefeiltesten Beurteilungsverfahren Beurteilungsfehler, etwa aufgrund von Wahrnehmungsverzerrungen, nicht gänzlich aus. Bei allen Bemühungen um eine Versachlichung des Beurteilungsvorganges durch Hilfsmittel bleibt jede Personalbeurteilung ein subjektiver Akt. Fehlerhafte Personalbeurteilungen haben falsche, manchmal schwerwiegende Personalentscheidungen und Konflikte aufgrund dauerhaft gestörter Beziehungen zur Folge (Kapitel Personalführung).

Besondere Risiken entstehen, wenn mehrere der weiter oben genannten **Verwendungszwecke** gleichzeitig verfolgt werden. Wer zum Beispiel weiß, dass ein Eingeständnis diverser Mankos ihm nicht nur vorteilhafte Schulungsmaßnahmen sondern auch negative Konsequenzen für sein Arbeitsentgelt einbringen kann, der wird sich kaum noch offen äußern *(Mentzel 1997, S. 83)*.

Außerdem muss man für die Beschreibung der Beobachtungen und die Formulierung einer

Gespräche statt Beurteilungen

Gut vorbereitete und mit Bedacht geführte Mitarbeitergespräche und Besprechungen können jedes System mit Kriterien, Merkmalen, Gewichtungen, Faktoren, Punkten und Werten vollständig ersetzen. Empfehlenswert sind Besprechungen, die zum Einstieg von Externen, später vom Vorgesetzten moderiert werden. In der Folge müssen sie einerseits durch spontane, offene Gespräche und andererseits regelmäßige jährliche Gespräche ergänzt werden. Im Jahresgespräch sollten die Vorgesetzten den Beschäftigten etwa folgende Fragen stellen:

▸ Was gefällt Ihnen, was nicht, was ärgert Sie?
▸ Was möchten Sie geändert sehen?
▸ Welche Aufgaben würden Sie lieber abgeben und wohin?
▸ Welche Aufgaben möchten Sie übernehmen und von wem?
▸ Empfinden Sie Ihr Entgelt als angemessen?
▸ Wohin möchten Sie sich entwickeln?
▸ Welche Ihrer Begabungen werden hier nicht genutzt?
▸ Wo fühlen Sie sich überfordert?
▸ Welche Fortbildung würde Sie interessieren?
▸ Welche Fortbildung benötigen Sie dringend?
▸ Was erwarten Sie von mir?

Personalbeurteilung einen Zeitbedarf von durchschnittlich ein bis zwei Stunden rechnen. Dazu kommt noch das Beurteilungsgespräch, das mindestens eine halbe bis eine Stunde in Anspruch nimmt. Wenn Personalbeurteilungen regelmäßig durchgeführt werden, muss man folglich mit einer wesentlichen **Arbeitsbelastung** rechnen.

Zu guter Letzt lassen die **Telearbeit** und **Prozessorientierung**, die immer mehr an Boden gewinnen, eine verhaltensorientierte Personal-

beurteilung kaum zu. Hier kommt fast nur eine Kontrolle der Zielverwirklichung in Betracht (Kapitel Personaleinsatz).

Deshalb raten *Brandt* und *Schache-Keil (2000, S. 76)*, auf komplizierte Beurteilungssysteme zu verzichten. Sie setzen vielmehr auf das Management by Objectives und vor allem auf Gespräche und Besprechungen (Kapitel Personalführung).

Aufgaben Kapitel 4

1. Mit Personalbeurteilungen will man eine Vielzahl von Zielen erreichen, hinter denen ebenso viele personalpolitische Prinzipien stehen. Was versteht man in diesem Zusammenhang unter Realitätsprinzip?

2. Wann und warum sollten die Beschäftigten darüber informiert werden, dass geplant ist, eine Personalbeurteilung einzuführen?

3. Bitte erläutern Sie das Beurteilungsverfahren namens Verteilungsvorgabe.

4. Warum werden Kollegenbeurteilungen selten praktiziert?

5. Bei einer Beurteilung nehmen wir uns nur in unseren »augenblicklichen Rollen« als Beurteiler und Beurteilter wahr. Inwiefern kann das die Beurteilung verfälschen? Bitte belegen Sie Ihre Ausführungen mit einem Beispiel.

6. Wieso geben Experten für Personalbeurteilungen den Rat, man solle nach der Beobachtung zunächst die Beobachtung beschreiben, bevor man zu einer Beurteilung kommt?

7. Wieso soll ein Beurteilungsgespräch auch Aspekte sowohl eines Zielvereinbarungsgesprächs als auch eines Beratungs- und Fördergesprächs beinhalten?

8. Warum ergibt sich bei regelmäßigen Personalbeurteilungen für die gesamte Belegschaft mit der Zeit eine Konzentration um den Mittelwert?

Lösungen zu den Aufgaben finden Sie im Anschluss an das letzte Kapitel.

5 Entgelt

Leitfragen

▸ **Wie stellt man ein gerechtes Entgelt sicher?**
Wann ist ein Entgelt gerecht?
Welche rechtlichen Rahmenbedingen müssen eingehalten werden?

▸ **Wie kann man geleistete Arbeit vergüten?**
Welche Entgeltformen gibt es?
Wie bewertet man den Schwierigkeitsgrad der Arbeit und die Arbeitsleistung?

▸ **Wie kann man Willkür bei der Festlegung von Entgelten ausschließen?**

▸ **Wie sorgt man für die Sicherung des Arbeitsentgelts?**
Wann zahlt man ein Arbeitsentgelt, obwohl keine Arbeitsleistung erbracht wird?
Inwiefern ist das Arbeitsentgelt gegenüber Gläubigern geschützt?

▸ **Wie errechnet man das Bruttoentgelt, die Abzüge und das Nettoentgelt?**

5.1 Entgeltfibel

5.1.1 Entgeltformen und -praktiken

Für Unternehmen ist das Entgelt ein Kostenfaktor, während es für die Entgeltempfänger – für Arbeitnehmer häufig sogar das einzige – Einkommen bedeutet. Das Entgelt ist die materielle Gegenleistung eines Unternehmens für die Leistungen jener Personen, die sich dem Unternehmen vertraglich verpflichtet haben, diese Leistungen zu erbringen *(ähnlich Olfert 2008, S. 299 ff.)*.

Bei Entgelten kann es sich um

▸ **geldwerte Leistungen** handeln, also Sach- bzw. Naturallöhne, die regelmäßig nur einen Teil der in Geld geschuldeten Arbeitsvergütung darstellen, wie eine mietfreie Dienstwohnung, Arbeitskleidung, Verpflegung oder auch ein privat nutzbares Dienstfahrzeug, und um

▸ **Geldleistungen**, das heißt die in Geld ausgedrückte Leistung des Unternehmens an die Mitarbeiterinnen und Mitarbeiter. Diese Geld-

Geldwerte Leistungen und Geldleistungen

Unter der Lupe

Bruttoentgelt

Die Vereinbarung eines Bruttoentgelts ist meist rechtlich zwingend und auch üblich. Von ihr ist auszugehen, wenn nur ein bestimmtes Entgelt ohne nähere Kennzeichnung ausgemacht wurde. Die Arbeitnehmerinnen und Arbeitnehmer erhalten dann den in der Hauptsache um die Lohnsteuer und den Arbeitnehmeranteil zur Sozialversicherung gekürzten Betrag als Nettoentgelt ausgezahlt.

Nettoentgelt

Bei Einigung auf ein Nettoentgelt muss der Arbeitgeber den betreffenden Mitarbeiterinnen und Mitarbeitern das vereinbarte Entgelt in voller Höhe auszahlen und dazu gegebenenfalls noch die Lohnsteuer und den Arbeitnehmeranteil zur Sozialversicherung abführen (Stelzer-Rothe/Hohmeister 2001, S. 21 f.).

leistungen wiederum können prinzipiell als Brutto- oder Nettoentgelte vereinbart werden.

Entgeltformen

Man unterscheidet folgende **Entgeltformen**, die auch als Entgeltgrundsätze bezeichnet werden:

▸ **Arbeitsentgelte**, also
  – Zeitlöhne und
  – Akkordlöhne der Arbeiter,
  – Gehälter der Angestellten und
  – Ausbildungsvergütungen,
▸ **Honorare**, die Entgelte der Selbstständigen, die als freie Mitarbeiter tätig werden, sowie
▸ diverse Formen von Arbeitsentgelten und auch Honoraren, die zusätzliche **leistungsbezogene Komponenten** beinhalten, wie zum Beispiel der Prämienlohn.

Entgeltmethoden

Die Verfahren, nach denen diese Entgeltformen umgesetzt werden, nennt man **Entgeltmethoden**. So kann der Akkordlohn als Zeit- oder als Geldakkord realisiert werden.

Grundvergütung und zusätzliche Vergütung

Das Entgelt setzt sich regelmäßig zusammen aus
▸ einer **Grundvergütung**, etwa dem Tariflohn oder dem Tarifgehalt, und
▸ **zusätzlichen Vergütungen** in verschiedenster Form, etwa als Zulage, Prämie, leistungs- oder erfolgsabhängiger Entgeltbestandteil.

Einzel- oder Gruppenentgelt

Innerhalb der gewählten Entgeltform ist zu entscheiden,
▸ ob ein **Einzelentgelt** gezahlt werden soll, das heißt, ob für die Höhe des Entgelts die Leistung einer einzelnen Person zugrunde gelegt wird, oder
▸ ein **Gruppenentgelt** auf der Basis der Leistung einer Arbeitsgruppe.

Auszahlung

Schließlich muss geregelt werden,
▸ zu welchen **Zeitpunkten** das Entgelt auszuzahlen ist, beispielsweise an einem bestimmten Tag des Monats oder der Woche, wobei Arbeitnehmer gemäß § 614 des Bürgerlichen Gesetzbuches vorleistungspflichtig sind, und
▸ in welcher Form, **bar oder unbar**. Außer bei Tagelöhnern ist die Barauszahlung heutzutage absolut unüblich *(Stelzer-Rothe/Hohmeister 2001, S. 20)*.

5.1.2 Organisatorische Einbindung der Entgeltfragen

Die organisatorische Einbindung der Entgeltfragen ist in vielen Unternehmen ein leidiges Thema.

So machen viele Beschäftigte die Erfahrung, dass sie für ihren Wunsch nach einer Erhöhung des Entgelts keinen rechten Ansprechpartner finden. Ein Grund ist möglicherweise die Flucht der Vorgesetzten vor den unangenehmen Auseinandersetzungen mit den Betroffenen und den Budgetverantwortlichen. Die Lösung liegt auf der Hand: Ansprechpartner sollte immer der direkte Vorgesetzte sein. Der sollte zu im Voraus festgelegten Terminen mit den Personal- und Budgetverantwortlichen in einem festen Turnus eine Entgeltplanung bzw. -festlegung für alle Beschäftigten in seinem Verantwortungsbereich ansetzen. Dabei sollten sich alle Beteiligten an einem Entgeltsystem orientieren. Im Einzelfall muss dann immer noch eine außerordentliche Sitzung möglich sein. Analog sollte man im Vorfeld einer Personalbeschaffung vorgehen.

Weniger problematisch ist die organisatorische Regelung der Entgeltabrechnung. Mitarbeiterstarke Unternehmen werden sich zumeist eine Personalabteilung erlauben, die eine Abrechnung vornimmt, gleichgültig ob sie nun funktions- oder objektorientiert respektive in einem Center-Konzept gegliedert ist. Immer mehr mitarbeiterstarke Unternehmen kommen aber auch zu der Organisation, die bei Unternehmen mit kleiner Beschäftigtenzahl ohnehin üblich ist: Sie vergeben diese Aufgabe an einen externen Dienstleister, betreiben also ein Outsourcing der Abrechnung, dies umso mehr, als die Abrechnung auch in Form des Application Service Providing abgewickelt werden kann (Kapitel Grundlagen).

5.1.3 Entgeltgerechtigkeit

Allein schon um Arbeitsunzufriedenheit zu vermeiden, muss ein Entgelt gerecht sein (Kapitel Personalcontrolling).

Wie diese **Arbeitsunzufriedenheit** entsteht und wozu sie führt, belegen die Anreiz-Beitrags-Theorie von *March* und *Simon (1958, 1976)* sowie die Gleichheitstheorie von *Adams (1963)*. Die Beschäftigten setzen aus ihrer subjektiven Sicht die Anreize des Unternehmens zu ihren eigenen Beiträgen ins Verhältnis. Sie suchen ein aus ihrer Sicht gerechtes Verhältnis zwischen ihrem Aufwand und ihrem Ertrag. Bietet ihnen das Unternehmen nur wenige oder mangelhafte Anreize, so werden sie ihre Beiträge ebenso gering ansetzen. Ergibt der Vergleich mit anderen eine Benachteiligung entwickelt sich eine Arbeitsunzufriedenheit, die zu einer inneren oder gar tatsächlichen Kündigung führen kann *(Becker 2005 a, S. 43 f.)*.

5.1.4 Rechtliche Aspekte des Entgelts

In der Praxis geht man mit der Problematik, wie viel eine Arbeit gerechterweise wert ist und in welchem Verhältnis die Entgelte für verschiedene Tätigkeiten zueinander stehen müssen, eher pragmatisch um. Da es keinen objektiven Maßstab für ein gerechtes Entgelt gibt, akzeptiert man die Ergebnisse der Entgeltverhandlungen *(Keller/Kurth 1991, S. 5, Olfert 2008, S. 303 ff.)*.

Die Unternehmen können das Entgelt für die geleistete Arbeit mit den Beschäftigten jedoch nicht völlig frei aushandeln. Gerade beim Entgelt muss die – den Leserinnen und Lesern aus dem Arbeitsvertragsrecht bekannte – Normenhierarchie beachtet werden *(Abb. 5.1, ähnlich Pulte 2006, S. 2 ff. Oechsler 2006, S. 383 ff.)*.

Die Rangfolge der Rechtsquellen verdeutlicht, dass sich die jeweils nachrangige Rechtsquelle an den Forderungen der höherrangigen auszurichten hat.

5.1.4.1 Europäisches Recht, Grundgesetz, Länderverfassungen

Das Grundgesetz ist letztlich die Norm, an der sich alle anderen deutschen Rechtsvorschriften orientieren müssen. Wenn beispielsweise ein Gesetz den Gleichheitsgrundsatz nach Artikel 3 des **Grundgesetzes für die Bundesrepublik Deutschland** verletzt, so kann man gegen dieses Gesetz und die Entgeltregelungen vorgehen und sich auf das Grundgesetz berufen. Manche Regelungstatbestände unterliegen dagegen der Hoheit der Bundesländer. Insoweit sind die jeweiligen **Verfassungen der Länder** die oberste Norm. Allerdings dürfen sowohl das Landes- wie

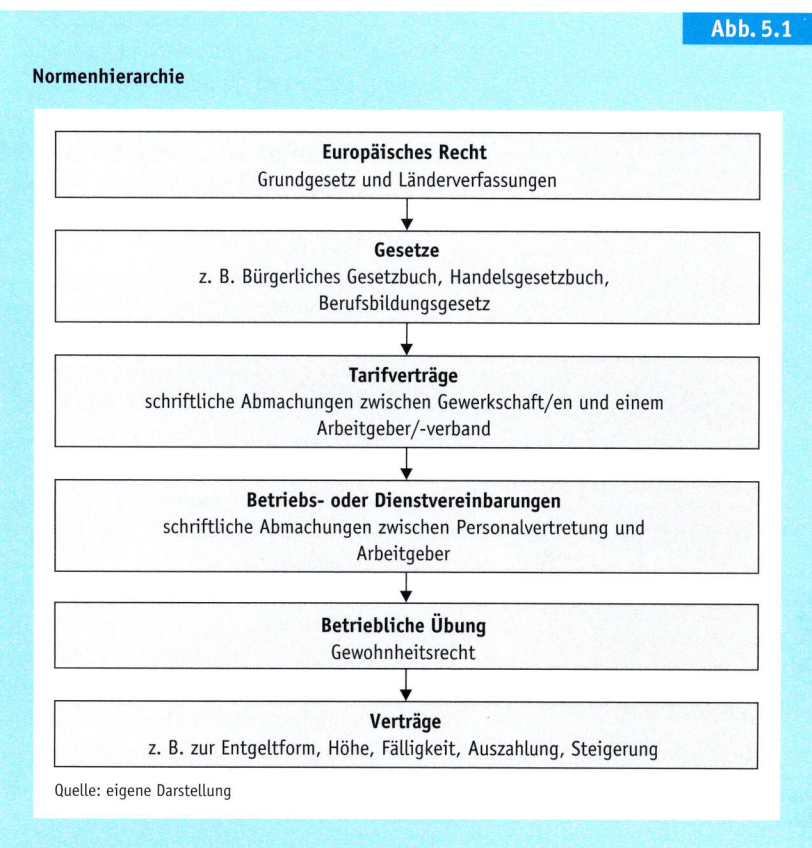

Abb. 5.1

Normenhierarchie

> **Europäisches Recht**
> Grundgesetz und Länderverfassungen

> **Gesetze**
> z. B. Bürgerliches Gesetzbuch, Handelsgesetzbuch, Berufsbildungsgesetz

> **Tarifverträge**
> schriftliche Abmachungen zwischen Gewerkschaft/en und einem Arbeitgeber/-verband

> **Betriebs- oder Dienstvereinbarungen**
> schriftliche Abmachungen zwischen Personalvertretung und Arbeitgeber

> **Betriebliche Übung**
> Gewohnheitsrecht

> **Verträge**
> z. B. zur Entgeltform, Höhe, Fälligkeit, Auszahlung, Steigerung

Quelle: eigene Darstellung

auch das Bundesrecht nicht gegen zwingendes **Europäisches Recht** verstoßen, das es für die Bundesrepublik Deutschland als Mitglied der Europäischen Union zu beachten gilt.

5.1.4.2 Gesetze

Das Entgelt ist Gegenstand einer kaum überschaubaren Vielzahl von Vorschriften, die über eine ebensolche Vielzahl von Gesetzen verstreut sind. So bestimmt beispielsweise

- § 611 des Bürgerlichen Gesetzbuches, dass die vereinbarte Vergütung zu zahlen ist,
- § 612 Absatz 2 des Bürgerlichen Gesetzbuches, dass, soweit die Höhe der Vergütung nicht bestimmt ist, die übliche Vergütung als vereinbart gilt,
- §§ 107 und 108 der Gewerbeordnung, wie das Arbeitsentgelt zu berechnen, zu zahlen und abzurechnen ist,
- § 59 des Handelsgesetzbuches, dass Handlungsgehilfen die dem Ortsgebrauch entsprechende Vergütung zusteht,

- § 17 des Berufsbildungsgesetzes, dass der Ausbildende den Auszubildenden eine angemessene Vergütung gewähren muss,
- § 87 Absatz 1 Ziffer 4 des Betriebsverfassungsgesetzes bzw. § 75 Absatz 3 Ziffer 3 des Bundespersonalvertretungsgesetzes und analoge Vorschriften der Länder, dass der Betriebs- oder Personalrat über Zeit, Ort und Art der Auszahlung der Arbeitsentgelte respektive Dienstbezüge mitzubestimmen hat.
- Das Entgeltfortzahlungsgesetz regelt die Entgeltansprüche an gesetzlichen Feiertagen sowie bei Krankheit und ähnlichen Arbeitsversäumnissen.

Diese Aufzählung ist keinesfalls abschließend. Sie gibt nur einen Einblick in die Vielfalt der gesetzlichen Vorschriften.

5.1.4.3 Tarifverträge

Mit den Tarifverträgen beschäftigt sich ein komplettes Gesetz, das Tarifvertragsgesetz. Tarifverträge dürfen im Übrigen selbstverständlich auch nicht im Widerspruch zu allen anderen einschlägigen Gesetzen, Verfassungen und dem Europäischen Recht stehen.

Tarifverträge sind schriftliche Abmachungen zwischen einer oder mehreren Gewerkschaften und einem Arbeitgeberverband bzw. einem einzelnen Arbeitgeber. Tarifverträge mit einem einzelnen Arbeitgeber nennt man **Firmen- oder Haustarifverträge**, solche mit einem Arbeitgeberverband als Vertragspartner der Gewerkschaft oder Gewerkschaften bezeichnet man als **Verbandstarifverträge**. Nach dem **Spezialitätsprinzip** hat der räumlich und fachlich nähere Tarifvertrag den Vorrang, beispielsweise der Haustarifvertrag vor dem Verbandstarifvertrag.

Tarifverträge regeln in einem **schuldrechtlichen Teil** die beiderseitigen Rechte und Pflichten, etwa die Friedenspflicht, das heißt ein Streikverbot während der Laufzeit. In ihrem **normativen Teil** werden arbeitsrechtliche Regelungen getroffen. Einer der wichtigsten Regelungstatbestände ist das Arbeitsentgelt.

Die konkreten Regelungen unterscheiden sich je nach Branche sehr. Neben recht vage formulierten Tarifverträgen gibt es solche mit detaillierten, umfassenden Regelungen, neben einheitlichen Vertragswerken zum Arbeitsentgelt

auch Sammelsurien von Detailregelungen. Zum Teil sind die Regelungen über das Arbeitsentgelt in **Rahmen- oder Manteltarifverträgen** festgelegt, die verschiedene Rechte und Pflichten der Tarifparteien sowie den räumlichen und fachlichen Geltungsbereich meist über mehrere Jahre hinweg festlegen, wie beispielsweise der Entgeltrahmen-Tarifvertrag (ERA-TV) der Metall- und Elektroindustrie. In diesen Tarifverträgen werden vielfach die Lohn- und Gehaltsgruppen aufgeführt und beschrieben. Zudem finden sich in Manteltarifverträgen häufig Bestimmungen über Arbeitsbewertungsverfahren und die Leistungsentlohnung. **Lohn- und Gehaltstarifverträge** werden regelmäßig jedes Jahr neu geschlossen. Sie beinhalten zumeist die konkreten Lohn- und Gehaltssätze sowie Leistungszulagen.

Die **Bestimmungen eines Tarifvertrages** gelten gemäß §§ 3 und 4 des Tarifvertragsgesetzes grundsätzlich nur für Arbeitsverträge mit beiderseits tarifgebundenen Vertragsparteien. Tarifgebundene Arbeitgeber differenzieren aber in aller Regel nicht zwischen Gewerkschaftsmitgliedern und anderen Beschäftigten. Einerseits wäre das im Einzelfall bedenklich, da ein Verstoß gegen den Gleichbehandlungsgrundsatz aus Artikel 3 des Grundgesetzes vorliegen könnte. Andererseits würden noch am gleichen Tage alle Beschäftigten der Gewerkschaft beitreten, um ein höheres Arbeitsentgelt zu erlangen. Das wäre den Arbeitgebern aber nicht gerade angenehm. Deshalb orientieren tarifgebundene Arbeitgeber das Arbeitsentgelt auch für jene Beschäftigte, die nicht Mitglieder von Gewerkschaften sind, meistens am Tarifvertrag. Das ist durchaus zulässig, denn tarifliche Regelungen können durch einzelvertragliche Absprachen oder aufgrund betrieblicher Übung, von der noch die Rede sein wird, auch auf **nicht tarifgebundene Arbeitsverträge** angewandt werden.

Sind sowohl der Arbeitgeber als auch die betroffenen Beschäftigten tarifgebunden, gelten die **Rechtsnormen eines Tarifvertrages** unmittelbar und zwingend. Sie sind unabdingbar. Die Arbeitnehmer können auf ihre Rechte aus tarifvertraglichen Vereinbarungen nicht wirksam verzichten. Nach dem **Günstigkeitsprinzip** gemäß § 4 Absatz 3 des Tarifvertragsgesetzes ist es aber

Spezialitätsprinzip

Günstigkeitsprinzip

Geltungsbereich

Allgemeinverbindlichkeit und Mindestlohn

§ 5 des Tarifvertragsgesetzes bestimmt, dass ein Tarifvertrag auf Antrag einer Tarifvertragspartei vom Bundesministerium für Arbeit und Soziales für allgemeinverbindlich erklärt werden kann, wenn

▸ *dies im Einvernehmen mit einem aus je drei Vertretern der Spitzenorganisationen der Arbeitgeber und der Arbeitnehmer bestehenden Ausschuss geschieht,*
▸ *die tarifgebundenen Arbeitgeber nicht weniger als 50 Prozent der unter den Geltungsbereich des Tarifvertrags fallenden Arbeitnehmer beschäftigen und*
▸ *das im öffentlichen Interesse geboten erscheint oder,*
▸ *davon abgesehen, ein sozialer Notstand behoben werden muss.*

Im Falle einer derartigen Allgemeinverbindlichkeit gilt der Tarifvertrag dann unmittelbar und zwingend für alle Arbeitgeber und Arbeitnehmer einer bestimmten Branche in der betreffenden Region.

In Branchen, in denen nicht weniger als 50 Prozent tariflich gebunden sind, kann das Bundesministerium für Arbeit und Soziales durch eine Rechtsverordnung auf der Grundlage

des § 1 Abs. 3 a des Arbeitnehmer-Entsendegesetzes alle in- und ausländischen Arbeitgeber und Arbeitnehmer, die in Deutschland tätig werden, an Mindestarbeitsbedingungen aus einem allgemeinverbindlichen Tarifvertrag binden.

Arbeitgeber und Gewerkschaften in Branchen, in denen weniger als 50 Prozent tarifvertraglich gebunden sind, können eine derartige Bindung auf der Basis des novellierten Gesetzes über die Festlegung von Mindestarbeitsbedingungen beim Bundesministerium für Arbeit und Soziales beantragen. Die Entscheidung treffen das Bundeskabinett und der zuständige Ausschuss.

Von diesen Möglichkeiten haben einige Branchen Gebrauch gemacht. So sind für das Baugewerbe, die Gebäudereinigung und Briefbeförderung, das Wach- und Sicherheitsgewerbe, Wäschereigroßbetriebe, die Entsorgungswirtschaft, die berufliche Weiterbildung in der Verwaltung und bei Pädagogen, Bergbauspezialfirmen sowie Pflegedienste unterschiedliche Mindestentgeltsätze für die neuen und alten Bundesländer, der sogenannte Mindestlohn, bindend. Als weitere Branche soll das Personalleasing, die sogenannte Zeitarbeit, hinzukommen, allerdings hier durch eine entsprechende Regelung im Arbeitnehmerüberlassungsgesetz.

grundsätzlich erlaubt, im einzelnen Arbeitsvertrag günstigere Arbeitsbedingungen zu vereinbaren, als sie der Tarifvertrag enthält.

5.1.4.4 Betriebs- oder Dienstvereinbarungen

Gemäß § 87 Absatz 1 Ziffern 6, 10 und 11 des Betriebsverfassungsgesetzes bzw. § 75 Absatz 2 Ziffern 4 und 17 des Bundespersonalvertretungsgesetzes und analoger Vorschriften der Länder hat der Betriebs- oder Personalrat ein Mitbestimmungsrecht

▸ bei der Einführung und Anwendung von technischen Einrichtungen, die dazu bestimmt sind, das Verhalten oder die Leistung der Arbeitnehmer zu überwachen,
▸ bei Fragen der betrieblichen Lohngestaltung, insbesondere bei der Aufstellung von Entgeltgrundsätzen und der Einführung und Anwendung neuer Entgeltmethoden sowie deren Änderung, und
▸ bei der Festsetzung der Akkord- und Prämiensätze sowie vergleichbarer leistungsbezogener Arbeitsentgelte.

Dieses Mitbestimmungsrecht wird gemeinhin durch **Betriebsvereinbarungen** wahrgenommen,

die im öffentlichen Dienst als **Dienstvereinbarungen** bezeichnet werden. Betriebs- oder Dienstvereinbarungen sind schriftliche Abmachungen zwischen dem Betriebs- respektive Personalrat und dem jeweiligen Arbeitgeber. Sie ergänzen in der Regel tarifliche Vereinbarungen durch ein Regelwerk, das auf die betrieblichen Gegebenheiten abgestellt ist *(Frey/Pulte 2005, S. 1 ff.)*.

In puncto Arbeitsentgelt werden zum Beispiel die im Tarifvertrag nicht festgeschriebenen Einzelheiten betriebsbezogen in **Vollzugsordnungen** geregelt. Dabei müssen aber auf jeden Fall die tariflich vorgegebenen Verfahrensvorschriften und die Bestimmungen über die Lohn- und Gehaltshöhe ebenso beachtet werden wie die einschlägigen Gesetze, Verfassungen und das Europäische Recht.

Die Zulässigkeit von Betriebs- oder Dienstvereinbarungen wird durch § 77 Absatz 3 des Betriebsverfassungsgesetzes respektive § 75 Absatz 5 des Bundespersonalvertretungsgesetzes eingeschränkt. Danach können Arbeitsentgelte und sonstige Arbeitsbedingungen, die durch Tarifvertrag geregelt sind oder üblicherweise geregelt werden, nicht Gegenstand von Betriebs- oder

Mitbestimmungsrecht des Betriebs- oder Personalrats

Dienstvereinbarungen sein, es sei denn, ein Tarifvertrag lässt durch eine sogenannte **Öffnungsklausel** den Abschluss ergänzender Betriebs- oder Dienstvereinbarungen ausdrücklich zu. Enthält der Tarifvertrag eine solche Klausel nicht, so sind Betriebs- oder Dienstvereinbarungen auch dann unstatthaft, wenn sie günstigere Arbeitsbedingungen enthalten. § 4 Absatz 3 des Tarifvertragsgesetzes unterstreicht diese Regelung *(Tillmanns 2001, S. 16 f.)*.

Werden den Beschäftigten durch eine Betriebs- oder Dienstvereinbarung Rechte eingeräumt, so ist ein **Verzicht** auf sie **nur mit Zustimmung des Betriebs- oder Personalrates zulässig.**

5.1.4.5 Betriebliche Übung
Die betriebliche Übung ist eine Art **Gewohnheitsrecht**. Die Rechtsprechung geht davon aus, dass zusätzliche finanzielle Leistungen eines Arbeitgebers an einzelne oder alle Beschäftigten nur bei der erstmaligen Gewährung wirklich freiwillig sind. Wird die betreffende Leistung indes mehrfach vorbehaltlos eingeräumt, entsteht den betreffenden Mitarbeiterinnen und Mitarbeitern ein **Rechtsanspruch** selbst dann, wenn ihre Verträge kein derartiges Entgelt vorsehen. Die Arbeitgeber können demnach die zusätzliche finanzielle Leistung nur schwerlich widerrufen, es sei denn,
- sie hätten die Leistungen jeweils in unterschiedlicher Höhe und
- jeweils mit einer anderen Begründung
- unter dem ausdrücklichen Vorbehalt der Einmaligkeit und Freiwilligkeit zugestanden *(Becker 2000, S. 2095 ff.)*.

5.1.4.6 Verträge
Das Entgelt kann schließlich insoweit Gegenstand von einzelnen Verträgen sein, als
- Tarifverträge und Betriebs- oder Dienstvereinbarungen nicht zur Anwendung kommen,
- Tarifverträge respektive Betriebs- oder Dienstvereinbarungen sachlich nicht entgegenstehen und lediglich zugunsten der Beschäftigten abgewichen wird sowie
- gesetzliche Vorschriften, das Grundgesetz und das Europäische Recht beachtet werden.

Die **Ausgestaltung des Vertrages** richtet sich nach dem zugrunde liegenden Rechtsverhältnis. So schließen Heimarbeiter einen Heimarbeitsvertrag und andere Arbeitnehmerähnliche sowie Selbstständige einen Dienst-, Werk- oder Werklieferungsvertrag ab.

Der **Arbeitsvertrag** wird im Kapitel Personalbeschaffung ausführlich thematisiert. Aus juristischer Sicht ist der Arbeitsvertrag ein **Dienstvertrag**, der die Grundlage für die Beziehung von Arbeitgeber und Arbeitnehmer bildet. Mit ihm wird ein Arbeitsverhältnis begründet, das den Arbeitgeber unter anderem zur **Zahlung des Arbeitsentgelts** verpflichtet.

In aller Regel nimmt der Arbeitsvertrag auch und vor allem zum Arbeitsentgelt Stellung. Hier werden die Art, Höhe, Fälligkeit und Auszahlungsweise, gegebenenfalls auch die Steigerung des Arbeitsentgelts und die Vergütung von Mehr-, Schicht-, Nacht-, Feiertags- und Sonntagsarbeit sowie die Modalitäten für eine Erfolgsbeteiligung geregelt. Wenn die Vertragsparteien an den einschlägigen Tarifvertrag gebunden sind, muss wenigstens die tarifliche Mindestvergütung gezahlt werden.

5.2 Prinzipien in der Entgeltplanung

Neben den Verhandlungen um Tarifverträge, Dienst- und Betriebsvereinbarungen sind nicht nur beim Abschluss eines Arbeitsvertrages im Spannungsfeld der Interessen laufend **Entscheidungen über die Höhe des Entgelts** zu treffen. Dabei ist man bemüht, ein anforderungs-, leistungs- und marktgerechtes Entgelt zu finden und allen Betroffenen die gleichen Chancen zu

sichern. Zudem will man auch soziale Gerechtigkeit sicherstellen.

Zu diesem Zweck kommen fünf Instrumente zum Einsatz. Zumeist ist neben den Führungskräften das Personalwesen und zuweilen zusätzlich noch eine Abteilung für die Arbeitszeitermittlung mit der Erhebung und Struktur der Daten befasst *(Abb. 5.2)*.

Die Personalbestandsplanung sowie die quantitative, qualitative und zeitliche Personalplanung sind notwendig, um abschätzen zu können, wer, in welchem Umfang, aus welchem Grund und wann zur Einschätzung seines Entgeltes ansteht. Diese Planungen laufen nach den gleichen Regeln wie die Personalbeschaffungs- und Personaleinsatzplanung ab. Bei der Maßnahmenplanung des Entgelts orientieren sich die Instrumente an fünf Zielvorgaben.

5.2.1 Anforderungsgerechtes Entgelt

Unterschiedliche Aufgaben sind regelmäßig auch durch einen unterschiedlichen Schwierigkeitsgrad, das heißt unterschiedliche Anforderungen, gekennzeichnet. Diese Anforderungen müssen sich im Entgelt niederschlagen. Um das zu gewährleisten, bedient man sich der Arbeitsbewertung *(Oechsler 2006, S. 403 ff.)*.

Die **Arbeitsbewertung** bietet die Möglichkeit, Wertrelationen zwischen verschiedenen Tätigkeiten zu definieren. Auf der Grundlage der ermittelten Werte muss dann über die Anzahl der Entgeltgruppen entschieden werden. Sie wird durch das niedrigste und höchste Entgelt sowie den Abstand zwischen den Entgeltgruppen bestimmt.

5.2.2 Leistungsgerechtes Entgelt

Jeder mittels der Arbeitsbewertung definierten Entgeltgruppe wird anschließend eine Entgeltbandbreite zugeordnet. Diese Bandbreite dient der Differenzierung der individuellen Entgelte nach Leistung oder genauer nach dem Leistungsergebnis. Das Ausmaß der Spanne zwischen Minimum und Maximum einer Entgeltbandbreite ist Ausdruck der Leistungsanreizpolitik eines Unternehmens. Innerhalb der jeweiligen Bandbreite sind exakte Regeln zu formulieren, etwa leistungsbezogene Stufen. In aller Regel sind diese Überlegungen bereits im jeweils einschlägigen Tarifvertrag umgesetzt *(Schmalen/Pechtl 2006, S. 127)*.

Arbeitsbewertung

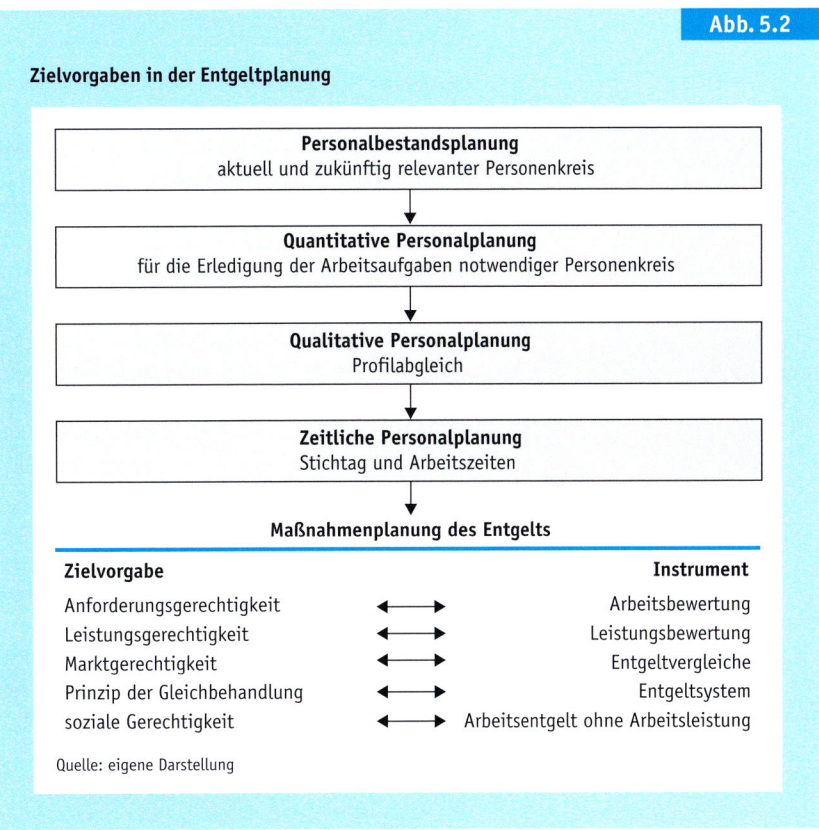

Abb. 5.2

Zielvorgaben in der Entgeltplanung

Personalbestandsplanung
aktuell und zukünftig relevanter Personenkreis

Quantitative Personalplanung
für die Erledigung der Arbeitsaufgaben notwendiger Personenkreis

Qualitative Personalplanung
Profilabgleich

Zeitliche Personalplanung
Stichtag und Arbeitszeiten

Maßnahmenplanung des Entgelts

Zielvorgabe		Instrument
Anforderungsgerechtigkeit	←→	Arbeitsbewertung
Leistungsgerechtigkeit	←→	Leistungsbewertung
Marktgerechtigkeit	←→	Entgeltvergleiche
Prinzip der Gleichbehandlung	←→	Entgeltsystem
soziale Gerechtigkeit	←→	Arbeitsentgelt ohne Arbeitsleistung

Quelle: eigene Darstellung

Eignungsgerechtigkeit?

Unter den Stichworten multiskill-based Pay-System, knowledge-based Pay-System und **Polyvalenzlohn** *wird eine eignungsgerechte Entgeltdifferenzierung in Abhängigkeit von der Qualifikation und Kompetenz diskutiert (Berthel/Becker 2007, S. 454 f., Bühner 2005, S. 149 ff.). Der Polyvalenzlohn soll vermeintlich Anreize zur Erhöhung der Qualifikation, Kompetenz und Flexibilität setzen. Angeblich entsprechend dem Prinzip, den gleichen Lohn für die gleiche Qualifikation und Kompetenz zu gewähren, sieht man eine Eingruppierung unabhängig davon vor, ob die Qualifikation und Kompetenz im Arbeitsprozess tatsächlich benötigt wird. Wäre das der Regelfall, so wäre der als Taxifahrer tätige, ansonsten arbeitslose Doktor der Chemie hochbezahlt. Wenn man trotzdem tendenziell derartige Entgeltdifferenzierungen vorsieht, ist das wohl eher in einer ganz speziellen Anforderung der betreffenden Stelle begründet, einer Stelle, die durch einen ständigen Wandel gekennzeichnet ist und es folglich erforderlich macht, dass sich Stelleninhaber ständig fortbilden.*

Unter der Lupe

Aus der Praxis

»Je größer der monetäre Anreiz für die Manager, desto besser die Unternehmensperformance. Diese schlichte Gleichung geht offenbar nicht mehr auf. Zwei Wissenschaftlerinnen von der Universität Zürich haben herausgefunden: Bonuszahlungen haben nur einen minimalen Einfluss auf den Unternehmensgewinn – und der ist auch noch negativ. Professor Margit Osterloh und Dr. Katja Rost durchleuchteten die Resultate von 76 Studien unter insgesamt über 123.000 Unternehmen und stellten fest: ›Die Höhe des variablen CEO-Einkommens erklärt die Unternehmensperformance nur zu 1,2 Prozent‹, konstatiert Rost. Auf der Suche nach einer Erklärung für den überraschend geringen Zusammenhang von ›Pay for Performance‹ und Unternehmensperformance blickten die beiden Wirtschaftswissenschaftlerinnen in der Historie zurück. ›Pay for Performance war nicht immer unwirksam‹, schildert Rost. ›Vielmehr nahm die Wirksamkeit im Laufe der Jahre dramatisch ab.‹

Während im Jahr 1950 ein CEO-Bonus laut Untersuchung noch eine deutliche Steigerung des Unternehmensgewinns bewirkte, führten im Jahr 2007 höhere Prämienzahlungen im Schnitt sogar zu einer leichten Absenkung der Rendite. Nach Meinung von Margit Osterloh hat dies vor allem drei Gründe: ›Erstens führt Pay for Performance zur Verdrängung der intrinsischen Motivation von Managern. Zweitens werden kontraproduktive Verhaltensansätze – zum Beispiel zur Verschleierung von Risiken – gesetzt. Und drittens kommt es zu negativen Selektionseffekten, weil sich insbesondere eigennützige Manager von Boni angezogen fühlen.‹ Vor dem Hintergrund ihrer Ergebnisse plädieren die Forscherinnen dafür, die Fixanteile von Managergehältern wieder zu erhöhen.«
ama/Osterloh/Rost 2008: ama, Osterloh, M. und Rost, K. (Verfasser unbekannt), »Bonuszahlungen senken die Performance«, in: Managerseminare, Heft 11/2008, S. 7.

Leistungsbewertung

Darüber hinaus soll die Leistungsbewertung ein leistungsgerechtes Entgelt und damit eine starke Leistungsmotivation der Beschäftigten sicherstellen. Die quantitativen Leistungsbewertung mit Leistungsziffern ermittelt Kennzahlen für das Leistungsergebnis, die durch Zählen und Messen gewonnen werden, die qualitative Leistungsbewertung hingegen Leistungswerte, also Kennzahlen für qualitative Kriterien wie Leistungs-, Sozial- und Führungsverhalten.

5.2.3 Marktgerechtes Entgelt

Die Beschäftigten erwarten ein marktgerechtes Entgelt. Für die Entscheidung, in eben diesem Unternehmen zu arbeiten oder zu verbleiben, ist neben anderen Überlegungen ein Entgeltvergleich entscheidend. Man vergleicht das Entgeltniveau des Beschäftigungsunternehmens mit dem anderer Unternehmen *(Schmalen/Pechtl 2006, S. 129 f.)*.

Es gilt heute als gesicherte Erkenntnis, dass für die Beschäftigten dabei die absolute Höhe ihres Entgelts von wesentlich geringerer Bedeu-

---

Unter der Lupe

Leistungsmotivation?

In der Literatur und Praxis gehen die Meinungen über die Wirkung des **Entgelts als motivierender Faktor** *recht weit auseinander. Einerseits wird behauptet, ein leistungsgerechtes Entgelt veranlasse die Beschäftigten, ihre Leistungen zu steigern, um so zu einem höheren Entgelt zu kommen. Auf diesem Wege passten sie sich in ihrem Leistungsverhalten den Zielsetzungen des Unternehmens an. Andererseits beweisen viele Forschungs-*

ergebnisse, dass monetäre Anreize zwar eine Rolle spielen, aber eben nur eine und vielleicht noch nicht einmal die entscheidende Rolle im Rahmen einer Vielzahl von Anreizen, die ein Unternehmen bieten kann. Es kommt vielmehr entscheidend auf die materielle, soziale und psychologische Befindlichkeit des Einzelnen an, inwieweit monetäre Anreize eine Leistungsmotivation wecken (Bröckermann 2000 b, S. 137 ff., Knebel 2006, S. 18 ff.).

tung ist als die für sie erkennbaren Relationen. Ein Unternehmen ist deshalb gut beraten, seinerseits **Entgeltvergleiche** anzustellen, um konkurrenzfähige Entgelte sicherzustellen. Gegebenenfalls sind Konjunktur- und Marktzuschläge angebracht.

5.2.4 Prinzip der Gleichbehandlung

Der angeführte Entgeltvergleich der Beschäftigten bezieht sich aber nicht nur auf das Entgeltniveau anderer Unternehmen. Das eigene Entgelt wird auch mit dem anderer Beschäftigter im Unternehmen verglichen. Dabei ist gleichfalls die absolute Höhe des Entgelts von wesentlich geringerer Bedeutung als die erkennbaren Relationen.

Gewährleisten kann man dieses Prinzip durch ein **Entgeltsystem**, das auch als Entgeltmatrix bezeichnet wird und die Arbeitsbewertung sowie gegebenenfalls eine Leistungsbewertung und Marktzuschläge zu einer Ganzheit verbindet. In einem solchen System sind für jede dieser Zielvorgaben einheitliche Grundsätze, Verfahren und Werte, also Entgeltmethoden definiert. Ein Entgeltsystem schließt Willkür weitestgehend aus. Zugleich stellt es vernünftige und einsichtige Relationen zwischen den Entgelten sicher.

5.2.5 Soziale Gerechtigkeit

Gesetze, Tarifverträge, Betriebs- und Dienstvereinbarungen sowie Arbeitsverträge sehen eine Vielzahl von Regelungen vor, die den Beschäf-

---

Aus der Praxis

»Weibliche Führungskräfte der ersten und zweiten Ebene werden um durchschnittlich 13 Prozent geringer vergütet als ihre männlichen Kollegen. Zudem sind nur fünf Prozent der deutschen Geschäftsführungen mit Frauen besetzt. Dies belegt eine Kienbaum-Studie.«
Kienbaum 2008: Kienbaum (www.kienbaum.de, Verfasser unbekannt), »Chancengleichheit erreichen«, in: Personalmagazin, Heft 07/2008, S. 24.

Entgeltvergleiche

Entgeltsystem

---

tigten aus Gründen der sozialen Gerechtigkeit auch dann ein Arbeitsentgelt zusichern, wenn sie gar keine Arbeitsleistung erbracht haben, etwa bei persönlicher Verhinderung, für den Urlaub, an gesetzlichen Feiertagen und im Krankheitsfall *(Olfert 2008, S. 348 ff.)*.

Zudem hat der Gesetzgeber in der Steuer- und Sozialgesetzgebung Regelungen vorgesehen, die der sozialen Gerechtigkeit dienen sollen. So beruht die **Besteuerung der Einkommen** auf einem Tarif, der eine Progression vorsieht. Für höhere Einkommen muss deshalb eine nicht nur der Summe nach, sondern sogar prozentual höhere Steuer abgeführt werden. Die Mitglieder der gesetzlichen **Sozialversicherungen** zahlen **Beiträge**, die sich nicht nach den Leistungen bestimmen, die sie abfordern, sondern auf ihr Einkommen bezogen sind. Die Einnahmen werden dann solidarisch auf alle Leistungsempfänger verteilt.

Gleichbehandlung

Unternehmen müssen allein schon aus Gründen der Fairness konsequent das Prinzip der Gleichbehandlung verwirklichen. Einen weiteren Grund liefert das Allgemeine Gleichbehandlungsgesetz, das jegliche Diskriminierungen aus Gründen der Rasse oder der ethnischen Herkunft, des Geschlechts, der Religion oder Weltanschauung, einer Behinderung, des Alters oder der sexuellen Identität untersagt. Der Grundsatz »Gleicher Lohn

für gleiche Arbeit« kommt in § 8 des Allgemeinen Gleichbehandlungsgesetz deutlich zum Ausdruck. Danach stehen beispielsweise gleichgeschlechtlichen Lebenspartnern dieselben Zuschläge wie verheirateten Beschäftigten zu. Eine Staffelung des Entgelts nach den Lebensalter ist unzulässig, eine Staffelung nach der Berufs- oder Beschäftigungsdauer hingegen zulässig (Wisskirchen 2006, S. 1491 ff., insbesondere S. 1495 und 1497).

Unter der Lupe

5.3 Grundvergütung

5.3.1 Profil der Grundvergütungen

Vielfach beinhaltet das Entgelt

▸ eine **Grundvergütung**, die unabhängig von allen Eventualitäten gezahlt wird, und
▸ eine **zusätzliche Vergütung** in verschiedenster Form, etwa als Zulage, Prämie, leistungs- oder erfolgsabhängigem Entgeltbestandteil.

Das Augenmerk soll zunächst der Grundvergütung gelten *(Abb. 5.3, Drumm 2005, S. 597 ff.)*.

5.3.2 Zeitlohn

5.3.2.1 Lohnsatz und Zeit

Beim Zeitlohn wird für eine bestimmte Zeiteinheit, also als Stunden-, Schicht-, Tage-, Wochen-, Dekaden-, Monats- oder Jahreslohn ein fest vereinbarter Lohnsatz gezahlt. Üblich ist vor allem der Stundenlohn, in neuerer Zeit aber auch der Monatslohn, der nahezu dem Gehalt entspricht *(Hentze/Graf 2005, S. 116 ff.)*.

Beim Zeitlohn wird nur die Anwesenheitszeit abzüglich der **unbezahlten Pausen** vergütet. So betritt etwa ein Arbeiter zum Beispiel um 7:15 Uhr das Werk und stempelt zur gleichen Zeit seine Stempelkarte ab. Um 15:45 Uhr verlässt er das Werk nach 8 Stunden und 30 Minuten wieder, nachdem er seine Stempelkarte abgestempelt hat. Aufgrund seines Arbeitsvertrages, einer einschlägigen Betriebsvereinbarung und des Tarifvertrages war er an diesem Tage in der Zeit von 7:00 Uhr bis 15:45 Uhr, also 8 Stunden und 45 Minuten, zur Anwesenheit verpflich-

Kein unmittelbarer Leistungsbezug

Abb. 5.3

Formen von Grundvergütungen

Grundvergütungen
▸ Zeitlohn
▸ Honorar
▸ Gehalt
▸ Akkordlohn

Quelle: eigene Darstellung

---

tet. Innerhalb dieser Zeit lagen 15 Minuten unbezahlter Frühstückspause und 30 Minuten unbezahlter Mittagspause. Zu vergüten wären demnach 8 Stunden, wenn der Arbeiter sich nicht morgens um 15 Minuten verspätet hätte. Demnach bekommt er 7 Stunden und 45 Minuten vergütet.

Die **Anwesenheitszeit** wird aber nur vergütet, soweit sie zur **regelmäßigen Arbeitszeit** zählt. Stempelt der Arbeiter aus dem obigen Beispiel um 6:55 Uhr ein und um 15:50 Uhr aus, und war Mehrarbeit, also jeweils 5 Minuten vor und nach dem offiziellen Arbeitsbeginn und -ende, weder angeordnet noch genehmigt, so werden ihm nur die 8 Stunden regelmäßiger Arbeitszeit vergütet.

Die **Ermittlung** des Zeitlohnes als Bruttolohn, das heißt ohne Berücksichtigung der Steuern, Sozialabgaben und sonstiger Be- und Abzüge, wird in folgender Weise vorgenommen:

Zeitlohn = Lohnsatz je Zeiteinheit ×
Anzahl der Zeiteinheiten

Aufgrund der Arbeitszeit von 8 Stunden stünden dem Arbeiter aus dem letzten Beispiel bei einem Stundenlohn von 10 Euro also 8 Stunden × 10 Euro/Stunde = 80 Euro brutto zu.

Diese 80 Euro brutto bekäme er, wenn er die allgemein erwartete Leistung von beispielsweise 30 Stück pro Stunde erbracht hätte, aber auch, wenn er nur 15 Stück pro Stunde gefertigt hätte. Die letzten Zahlen verdeutlichen, dass beim **Zeitlohn** kein unmittelbarer Zusammenhang zwischen Lohnhöhe und erbrachter Leistung besteht. Die Beschäftigten können folglich ohne einen besonderen Zeit- oder Sachzwang mit einem konstanten Lohn rechnen. Das bedeutet jedoch nicht, dass die bloße Anwesenheit am Arbeitsplatz vergütet werden soll. Vielmehr sind die Beschäftigten aufgrund ihres Arbeitsvertrages verpflichtet, eine allgemein erwartete Leistung zu erbringen. Der Arbeiter, der statt der allgemein erwarteten 30 Stück pro Stunde nur 15 Stück fertigt, muss also mit Konsequenzen rechnen, etwa einer Abmahnung oder bei fortgesetzter schlechter Leistung nach mehrfacher

Vor- und Nachteile des Zeitlohns

*Das Unternehmen trägt beim Zeitlohn allein das **Risiko geringer Arbeitsleistung**. Zur Vermeidung dieses Risikos wird die Leistung bisweilen überwacht, was neben zusätzlichen Kosten zu Missstimmungen in der Belegschaft führen kann. Die Tatsache, dass sich eine Mehrleistung beim Zeitlohn nicht in höherem Verdienst widerspiegelt, führt zudem bei Beschäftigten mit überdurchschnittlicher Leistung zu **Unzufriedenheit**. Dagegen bietet der Zeitlohn den Vorteil einer einfachen, gut verständlichen **Abrechnung**. Da Beschäftigte, die im Zeitlohn arbeiten, ohne besonderen Sach- und Zeitzwang arbeiten können, kann das Augenmerk auf die **Qualität** gelenkt werden. Zudem werden die **Betriebsmittel** geschont. Vor allem kommt es so nicht zu besonderen **Gesundheits-** und **Unfallgefahren**.*

Abmahnung mit einer Entlassung. Abgesehen von ganz krassen Fällen, steht ihm bis dahin jedoch der volle Lohn zu.

Wägt man Vor- und Nachteile gegeneinander ab, empfiehlt sich der **Zeitlohn** vor allem dort,
- wo die Lohnkosten im Verhältnis zu anderen Kosten gering sind,
- wo besondere Anforderungen an die Qualität der Arbeit gestellt werden, die unter besonderen Sach- und Zeitzwängen kaum zu erfüllen sind,
- wo erhebliche Unfallgefahren bestehen und
- wo die Beschäftigten den Arbeitsablauf nicht maßgeblich beeinflussen können, etwa bei Überwachungstätigkeiten an vollautomatisierten Maschinen und Anlagen, bei nicht vorherbestimmbarer, quantitativ nicht messbarer und schöpferisch-künstlerischer Arbeit *(Berthel/Becker 2007, S. 456 f.)*.

Bleibt die Frage zu klären, wie man zu dem besagten Lohnsatz je Zeiteinheit, in der Regel zum Stundenlohn, kommt. Dass man diesen Stundenlohn dem Tarifvertrag entnehmen kann, reicht als Antwort nicht aus.
- Erstens müsste man darüber nachdenken, wie denn die Tarifpartner den Stundenlohn bestimmt haben.
- Zweitens müsste man offen legen, warum man sich für welche Lohngruppe entschieden hat.
- Und drittens müsste ergründet werden, wie man vorgehen soll, wenn man einen höheren als den tarifvertraglich festgelegten Mindestlohn zahlen will oder muss.

5.3.2.2 Anforderungsabhängige Differenzierung

Die Grundlage zur Bestimmung eines Zeitlohnes bildet stets die anforderungsabhängige Entgelt-differenzierung, die **Arbeitsbewertung**. Die Arbeitsbewertung ist auch unter Begriffen wie Stellen-, Funktions- oder Positionsbewertung bekannt.

Die Arbeitsbewertung ist ein Verfahren zur Untersuchung und zum bewertenden Vergleich von Arbeiten oder Arbeitsbereichen innerhalb eines Unternehmens oder Industriezweiges. Als Maßstab dienen der Arbeitsinhalt und die Arbeitsanforderungen (Oechsler 2006, S. 403 ff.).

Arbeitsbewertung

Wie bei der Personalbeurteilung unterscheidet man bei der Arbeitsbewertung **summarische** und **analytische Verfahren**. Und wie bei der Personalbeurteilung kann man bei beiden Verfahren jeweils nach zwei Prinzipien vorgehen: Nach dem Prinzip der Skalierung, auch Einstufung oder **Stufung** genannt, oder nach dem Prinzip der Rangordnung, auch Rangfolge, Rangreihe oder **Reihung** genannt. Die Kombination der beiden Bewertungsverfahren mit den Prinzipien der Reihung und Stufung ergibt vier Methoden der Arbeitsbewertung *(Abb. 5.4)*.

Arbeitsbewertung

Die Arbeitsbewertung ist eine Beurteilung, allerdings keine Personalbeurteilung. Beurteilt wird lediglich die Arbeitsverrichtung als solche, ohne Berücksichtigung des jeweiligen Stelleninhabers und seiner Leistung. Es geht ausschließlich um die Anforderungen, die sich aus der Tätigkeit ergeben. Die ermittelten Kennzahlen, die in Lohngruppen, Arbeitswerten, Wertzahlsummen oder ähnlichen Daten ausgedrückt werden, beschreiben den Schwierigkeitsgrad der verschiedenen Tätigkeiten. Entsprechend diesem Schwierigkeitsgrad erfolgt schließlich die Zuordnung des Entgelts.

Abb. 5.4

Methoden der Arbeitsbewertung (ähnlich *Scholz 2000, S. 734*)

Methode	Methode der qualitativen Analyse:	
Methode der Quantifizierung:	summarisch	analytisch
Reihung	Rangfolgeverfahren	Rangreihenverfahren
Stufung	Katalogverfahren	Stufenwertzahlenverfahren

Quelle: ähnlich *Scholz 2000*, S. 734

Abb. 5.5

Rangfolgeverfahren

Arbeit A ist schwieriger als B

Arbeit A ist schwieriger als C

Arbeit B ist schwieriger als C

folglich:

1. Arbeit A

2. Arbeit B

3. Arbeit C

Quelle: eigene Darstellung

Rangfolgeverfahren

Katalogverfahren

5.3.2.3 Summarische Arbeitsbewertung

Unter der summarischen Arbeitsbewertung werden Verfahren verstanden, bei denen die Arbeitsanforderungen einer Tätigkeit in ihrer Gesamtheit erfasst werden. Man verzichtet hier auf die systematische Analyse der einzelnen Anforderungskriterien. Die Arbeitsschwierigkeit wird folglich global beurteilt. Das Ergebnis wird meist in Form der Eingruppierung in eine Lohn- oder Gehaltsgruppe ausgewiesen *(Scholz 2000, S. 741 f.)*.

Unter der Lupe

Rangfolgeverfahren

Das Rangfolgeverfahren ist vergleichsweise einfach in der Anwendung und deshalb recht kostengünstig. Zudem ist es allseits leicht verständlich. Allerdings ist die Beurteilung subjektiv. Zudem wird nicht deutlich, wie groß die Abstände der Gruppen voneinander sind. Und schließlich werden die Anforderungskriterien nicht gewichtet. Das kann zu Verzerrungen in der Entgeltstruktur führen, soweit größere Unternehmen betroffen sind. In kleineren Unternehmen fallen derartige Verzerrungen schnell ins Auge und können deshalb vermieden werden.

Beim **Rangfolgeverfahren** werden zunächst alle im Unternehmen vorkommenden Tätigkeiten aufgelistet. Dazu dienen Arbeitsbeschreibungen, also Zustandsbeschreibungen der Arbeitsaufgaben der jeweiligen Tätigkeiten, die man etwa den Stellenbeschreibungen entnehmen kann. Wie im Kapitel Personalbeschaffung beschrieben, definiert man auf dieser Grundlage Anforderungskriterien, etwa durch Beobachtungen oder Befragungen. Dann fasst man Arbeitsplätze mit gleichen Anforderungskriterien zu einer homogenen Gruppe zusammen. Die Gruppen werden nun nach Maßgabe der gesamten Arbeitsschwierigkeit verglichen und in eine Rangfolge gebracht. Das erfolgt zumeist durch Paarvergleiche *(Abb. 5.5)*.

Der Gruppe mit den geringsten Anforderungen, also dem geringsten Schwierigkeitsgrad, wird demnach eine niedrigere Lohngruppe, mithin ein geringeres Entgelt zugeordnet wie der nächsten Gruppe mit höheren Anforderungen.

Das **Katalogverfahren** wird auch als Lohngruppenverfahren bezeichnet. Hier definiert man aufgrund von Erfahrungswerten aus der Unternehmerschaft und den Belegschaften eine Anzahl von Entgeltgruppen, die unterschiedliche Schwierigkeitsgrade repräsentieren. Ein solcher Entgeltgruppenkatalog wird häufig durch eine Vielzahl von Richtbeispielen komplettiert. Das Katalogverfahren findet häufig in Tarifverträgen Anwendung. Die einzelnen Gruppen sind oftmals mit Prozentzahlen versehen, die Relationen der jeweiligen Gruppen zu einer ausgewählten Bezugsgruppe angeben. Diese Bezugsgruppe entspricht 100 Prozent und wird als Eckgruppe bezeichnet. Unter einer Ecklohngruppe wird regelmäßig die Lohngruppe verstanden, die erstmals Facharbeiten ausweist. *Olfert (2008, S. 309)* zitiert einen beispielhaften Lohngruppenkatalog aus einem Tarifvertrag *(Abb. 5.6)*.

Im Unternehmen kann man nun eine konkrete Arbeitstätigkeit mit den Lohngruppendefinitionen vergleichen und einer dieser Definitionen zuordnen. Sobald der Ecklohn festgelegt ist, hat man damit den Lohnsatz bestimmt.

5.3.2.4 Analytische Arbeitsbewertung

Bei der analytischen Arbeitsbewertung werden die Arbeitsanforderungen einer Tätigkeit in Anforderungskriterien, sogenannte Anforderungsarten, zerlegt. Jede dieser **Anforderungsarten**

Abb. 5.6

Katalogverfahren

Gruppe	Lohngruppen-Definitionen	Lohnschlüssel
1	Arbeiten einfacher Art, die ohne vorherige Arbeitskenntnisse nach kurzer Anweisung ausgeführt werden können und mit geringen körperlichen Belastungen verbunden sind	75 %
2	Arbeiten, die ein Anlernen von 4 Wochen erfordern und mit geringen körperlichen Belastungen verbunden sind	80 %
3	Arbeiten einfacher Art, die ohne vorherige Arbeitskenntnisse nach kurzer Einweisung ausgeführt werden können	85 %
4	Arbeiten, die ein Anlernen von 4 Wochen erfordern	90 %
5	Arbeiten, die ein Anlernen von 3 Monaten erfordern	95 %
6	Arbeiten, die eine abgeschlossene Anlernausbildung in einem anerkannten Anlernberuf oder eine gleichzuwertende Ausbildung erfordern	100 %
7	Arbeiten, deren Ausführung ein Können voraussetzt, das erreicht wird durch eine entsprechende ordnungsgemäße Berufslehre (Facharbeiten); Arbeiten, deren Ausführung Fertigkeiten und Kenntnisse erfordern, die Facharbeiten gleichzusetzen sind	108 %
8	Arbeiten schwieriger Art, deren Ausführung Fertigkeiten und Kenntnisse erfordern, die über jene der Gruppe 7 wegen der notwendigen mehrjährigen Erfahrung hinausgehen	118 %
9	Arbeiten hochwertiger Art, deren Ausführung an das Können, die Selbstständigkeit und die Verantwortung im Rahmen des gegebenen Arbeitsauftrages hohe Anforderungen stellen, die über die der Gruppe 8 hinausgehen	125 %
10	Arbeiten höchstwertiger Art, die hervorragendes Können mit zusätzlichen theoretischen Kenntnissen, selbstständige Arbeitsausführung und Dispositionsbefugnis im Rahmen des gegebenen Arbeitsauftrages bei besonders hoher Verantwortung erfordern	130 %

Quelle: *Olfert 2008, S. 309*

Katalogverfahren

Das Katalogverfahren ist, wie das Rangfolgeverfahren, vergleichsweise einfach in der Anwendung, deshalb recht kostengünstig und allseits leicht verständlich. Es birgt gleichwohl die Gefahr der Schematisierung in sich, das heißt, die speziellen Gegebenheiten des jeweiligen Unternehmens und der betroffenen Beschäftigten können nicht oder nicht ausreichend berücksichtigt werden. Das kann zu recht aufreibenden Diskussionen mit den Betroffenen über die richtige Zuordnung zu einer Gruppe führen. Diese Diskussion wird zudem dadurch angeheizt, dass die Tarifpartner die Entgeltgruppendefinitionen der technischen Entwicklung nur in recht großen Zeitabständen anpassen. Das hat seinen Grund darin, dass der Interessenausgleich in dieser gewichtigen Entgeltangelegenheit den Tarifpartnern gleichfalls große Mühe bereitet.

Da sich das Katalogverfahren in Tarifverträgen durchgesetzt hat, wird es von den Unternehmen im großen Stile angewendet.

Unter der Lupe

Abb. 5.7

Anforderungsarten nach dem Genfer Schema

Können	Belastung	
▶ Fachkenntnisse ▶ Berufserfahrung ▶ Befähigung, fachlich zu denken und urteilen	▶ Nachdenken ▶ Aufmerksamkeit ▶ angestrengtes Beobachten	**Geistige Anforderungen**
▶ Geschicklickeit ▶ Handfertigkeit	▶ dynamische Belastung der Muskeln ▶ statische Belastung der Muskeln	**Körperliche Anforderungen**
	▶ verantwortungsbewusstes Arbeiten, um persönliche und sachliche Schäden zu vermeiden	**Verantwortung**
	▶ Anforderungen, die den Organismus zusätzlich belasten und denen er passiv entspricht (Temperatur, Nässe, Lärm etc.)	**Arbeitsbedingungen**

Quelle: nach *Jung 2008, S. 574*, in Anlehnung an *Gehle 1950, S. 33*

Anforderungsarten nach dem Genfer Schema

Rangreihenverfahren

wird einzeln einer wertenden Betrachtung unterzogen. Die dadurch ermittelten Werte für jede Anforderungsart werden gewichtet, um zu verdeutlichen, welche Bedeutung die einzelnen Kriterien für das Gesamturteil haben. Die gewichteten Anforderungsarten werden dann aufsummiert. Aus ihrer Summe resultiert der **Arbeitswert** der gesamten Tätigkeit, der ein Symbol der Arbeitsschwierigkeit dieser Tätigkeit ist. Die ermittelten Arbeitswerte aller untersuchten Tätigkeiten werden schließlich durch Multiplikation mit einem Geldfaktor in Entgelte umgerechnet *(Scholz 2000, S. 736 ff.)*.

Es gibt eine schier unüberschaubare Vielfalt von Anforderungskriterien bzw. -arten. Deshalb muss man sich auf einige wenige typische Anforderungskriterien bzw. -arten beschränken. Die

meisten analytischen Arbeitsbewertungsverfahren greifen in unterschiedlichen Formulierungen und Varianten auf jene Anforderungsarten zurück, die bereits 1950 auf einer Konferenz für Arbeitsbewertung in Genf erarbeitet wurden *(Abb. 5.7)*.

Wie beim summarischen Rangfolgeverfahren werden auch beim **analytischen Rangreihenverfahren** zunächst auf der Grundlage einer Arbeitsbeschreibung die Anforderungskriterien einer Tätigkeit etwa durch Beobachtungen oder Befragungen definiert. Diese Anforderungskriterien reduziert man regelmäßig auf Anforderungsarten nach dem Genfer Schema. Danach nimmt man eine Einordnung von der einfachsten bis zur schwierigsten Verrichtung vor, allerdings für jede Anforderungsart einer Tätigkeit getrennt. Hierin unterscheidet sich das analytische Rangreihenverfahren vom summarischen Rangfolgeverfahren. Man ordnet jeder einzelnen Anforderungsart jeder untersuchten Tätigkeit einen Rangplatz zu. Die Stellung einer bestimmten Tätigkeit in der Rangreihe der konkreten Anforderungsart wird in Rangplatznummern, das sind die Rangplätze in umgekehrter Reihenfolge, ausgedrückt *(Abb. 5.8)*.

Ein Katalog mit Arbeitsbeispielen unterschiedlicher Schwierigkeitsgrade ermöglicht üblicherweise die nicht immer leichte Einordnung.

Unter der Lupe

Rangreihenverfahren

Das Rangreihenverfahren ist im Vergleich zu den Verfahren der summarischen Arbeitsbewertung genauer und im Ansatz weniger subjektiv. Allerdings lässt es den Beurteilerinnen und Beurteilern immer noch große Ermessensspielräume bei der Einschätzung des Schwierigkeitsgrades und damit der Zuteilung von Rangplätzen. Zudem fehlen für die Gewichtung der einzelnen Anforderungsarten objektive Kriterien.

Das Rangreihenverfahren eignet sich, wenn die zu beurteilenden Tätigkeiten vergleichbar und nicht zu umfangreich sind.

Beim **Rangreihenverfahren mit getrennter Gewichtung** werden die Einreihung der Anforderungsarten und ihre Gewichtung getrennt durchgeführt. Wäre beispielsweise der Verantwortung aus dem obigen Beispiel der Gewichtungsfaktor 10 zugedacht, so müsste man die Rangplatznummern jeweils mit 10 multiplizieren. Der Arbeitswert einer gesamten Tätigkeit ergibt sich dann, indem man die Ergebnisse der Multiplikationen aufsummiert.

Das **Rangreihenverfahren mit gebundener Gewichtung** wird nur selten praktiziert. Hier werden nicht Rangplatznummern, sondern Wertzahlen vergeben, die hierarchisch geordnet sind und die Gewichtungsfaktoren bereits beinhalten. Im obigen Beispiel könnte das für die Anforderungsart Verantwortung bei Arbeit A die Wertzahl 30, für B die 20 und für C die 10 sein, also ergibt sich im Ergebnis kein Unterschied zum Rangreihenverfahren mit getrennter Gewichtung.

Beim **Stufenwertzahlverfahren**, auch Stufen-, Stufenwert- oder Punktebewertungsverfahren genannt, wird für jede Anforderungsart eine mehr oder minder große Zahl von Anforderungsstufen festgelegt und definiert. Diesen Anforderungsstufen sind jeweils Wertzahlen, das heißt Punkte, kurze verbale Beschreibungen und häufig auch Arbeitsbeispiele zugeordnet. So entsteht für jede Anforderungsart eine Punktwertreihe, eine sogenannte Bewertungstafel *(Abb. 5.9)*.

Die unterschiedliche Belastung der Beschäftigten durch eine konkrete Anforderungsart wird durch die Zuweisung einer dieser Wertzahlen zum Ausdruck gebracht. Durch Addition der Wertzahlen der diversen Anforderungsarten einer Tätigkeit gewinnt man schließlich den Arbeitswert dieser Tätigkeit.

Das Stufenwertzahlverfahren kann, analog dem Rangreihenverfahren, mit getrennter oder mit gebundener Gewichtung durchgeführt werden.

5.3.3 Gehalt

Die Grundlage zur Bestimmung eines Gehalts bildet gleichfalls stets die anforderungsabhängige Entgeltdifferenzierung, also die **Arbeitsbewertung**. Die oben genannten Verfahren werden folglich gleichermaßen auf Gehälter angewandt.

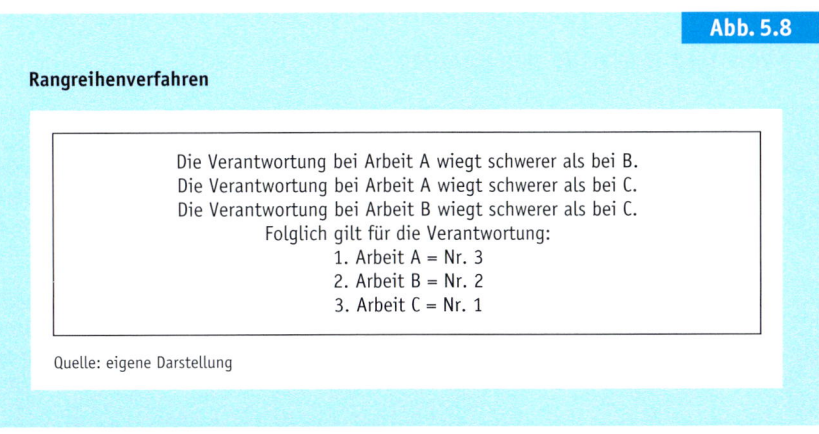

Abb. 5.8

Rangreihenverfahren

> Die Verantwortung bei Arbeit A wiegt schwerer als bei B.
> Die Verantwortung bei Arbeit A wiegt schwerer als bei C.
> Die Verantwortung bei Arbeit B wiegt schwerer als bei C.
> Folglich gilt für die Verantwortung:
> 1. Arbeit A = Nr. 3
> 2. Arbeit B = Nr. 2
> 3. Arbeit C = Nr. 1

Quelle: eigene Darstellung

Abb. 5.9

Stufenwertzahlverfahren

Anforderungsart Verantwortung		
Stufe	**Verbale Beschreibung**	**Wertzahl**
1	äußerst gering	0
2	gering	2
3	mittel	4
4	groß	6
5	sehr groß	8
6	extrem groß	10

Quelle: eigene Darstellung

Stufenwertzahlverfahren

Die Höhe des Gehalts wird zwar arbeitsvertraglich vereinbart. Diese arbeitsvertragliche Vereinbarung beruht aber auf einer Arbeitsbewertung, also auf den Anforderungen der Stelle, selbst wenn dem Arbeitgeber für diese Arbeitsbewertung nur ein Blick in den Tarifvertrag, bei außertariflichen Gehaltsempfängern ein Vergleich mit den Gehältern der Konkurrenz oder gar der dicke Daumen genügt. So wird ein promovierter Chemiker, der als

Stufenwertzahlverfahren

Das Stufenwertzahlverfahren hält im Vergleich zu den anderen genannten Verfahren subjektive Einflüsse in engen Grenzen. Nachteilig ist jedoch die Unübersichtlichkeit. Ohne eine gründliche Schulung ist es kaum anwendbar.
Trotz dieses Nachteils wird das Stufenwertzahlverfahren in der Praxis vielfach verwendet.

Unter der Lupe

Vor- und Nachteile des Gehalts

Früher, als Gleitzeitmodelle noch nicht in Mode waren, konnte man noch einen merklichen Unterschied zwischen dem Zeitlohn und dem Gehalt feststellen. Den Zeitlöhnern wurde nur die Arbeitszeit vergütet, die sie durch die Zeiterfassung per Stempelkarte nachweisen konnten. Die Gehaltsempfänger brauchten einen derartigen Beleg jedoch regelmäßig nicht beizubringen. Wenn ihnen nicht im Einzelfall Verspätungen nachgewiesen wurden, ging man davon aus, dass sie in der vereinbarten Arbeitszeit anwesend waren. Und selbst bei nachgewiesenen Verspätungen war ihnen oft ein Nacharbeiten möglich. Heutzutage werden auch die Anwesenheitszeiten der Gehaltsempfänger er-
fasst, so dass dieses Privileg relativiert wird. Zwar lassen moderne Arbeitszeitmodelle immer noch das Vor- und Nacharbeiten in gewissen Grenzen zu. Aber das gilt für Lohn- wie für Gehaltsempfänger. Sprengen die Fehlzeiten jedoch den gesetzten Rahmen, werden Abzüge vorgenommen. Mit Ausnahme des Monatslohnes gibt es aber, was die Vergütung der Arbeitszeit angeht, immer noch einen Unterschied zwischen dem Zeitlohn und dem Gehalt: Gehaltsempfänger bekommen für jeden Kalendermonat, auch den kurzen Februar, dasselbe Entgelt. Zeitlöhner hingegen beziehen für Monate, die über weniger Arbeitstage verfügen, logischerweise ein geringeres Arbeitsentgelt.

Arbeitsbewertung

Taxifahrer tätig ist, eben nicht wie ein promovierter Chemiker in einem Versuchslabor, sondern wie ein Taxifahrer bezahlt.

Überhaupt ist der Unterschied zwischen dem Zeitlohn und dem Gehalt faktisch kaum nennenswert. Wie beim Zeitlohn wird das Gehalt für eine bestimmte Zeiteinheit, in aller Regel einen Monat, gezahlt. Maßgeblich ist die vereinbarte, in der Regel tarifkonforme Arbeitszeit.

Auch beim Gehalt wird prinzipiell nur die Anwesenheitszeit abzüglich der unbezahlten Pausen vergütet, die Anwesenheitszeit aber nur, soweit sie zur regelmäßigen Arbeitszeit zählt. Sind Überstunden weder angesetzt noch genehmigt, besteht kein Anspruch auf Vergütung.

Abgesehen von Mehrarbeit und Fehlzeiten, ist die Ermittlung des Bruttogehalts, das heißt ohne Berücksichtigung der Steuern, Sozialabgaben und sonstiger Be- und Abzüge, folglich höchst einfach: Man entnimmt es dem Arbeitsvertrag.

Wie beim Zeitlohn besteht auch beim Gehalt kein unmittelbarer Zusammenhang zwischen der Höhe des Arbeitsentgelts und der erbrachten Leistung. Den Gehaltsempfängern ist mithin weder eine definitive Leistungsnorm vorgeschrieben, noch ist eine Ausgangsleistung vereinbart. Das Gehalt ist auf die absolvierte Arbeitszeit und die Stellenanforderungen bezogen. Naturgemäß wird auch beim Gehalt eine faire oder angemessene Arbeitsleistung erwartet. Solange ein Gehaltsempfänger aber nicht deutlich weniger als vergleichbare Beschäftigte leistet, ist er vor arbeitsrechtlichen Sanktionen, auch beim Arbeitsentgelt, sicher. Die beim Zeitlohn angesproche-

---

Bruttogehalt laut Arbeitsvertrag

Berufsbildungsgesetz

nen Vor- und Nachteile gelten daher ebenfalls für das Gehalt.

Obwohl sich Zeitlohn und Gehalt so ähnlich sind und obwohl arbeits- und sozialrechtlich kaum noch Unterschiede zwischen Lohn- und Gehaltsempfängern feststellbar sind, hat das Gehalt immer noch einen hohen Prestigewert.

Gehalt wird das Pendant der Arbeitsleistung bei Angestellten, Lohn jenes bei Arbeiterinnen und Arbeitern genannt.

Und Angestellte werden in unserer Gesellschaft immer noch höher geachtet als Arbeiterinnen und Arbeiter. So sind Arbeiterinnen und Arbeiter nicht selten sogar dazu bereit, Entgelteinbußen hinzunehmen, um den Angestelltenstatus zu erlangen.

5.3.4 Ausbildungsvergütung

§ 17 des Berufsbildungsgesetzes besagt, dass der Ausbildende, also das Unternehmen, den Auszubildenden eine angemessene Vergütung zu gewähren hat. Sie ist nach dem Lebensalter der oder des Auszubildenden so zu bemessen, dass sie mit fortschreitender Berufsausbildung, mindestens jährlich, ansteigt. § 18 dieses Gesetzes ergänzt die vorgenannte Bestimmung. Demnach bemisst sich die Ausbildungsvergütung nach Monaten und ist spätestens am letzten Arbeitstag des Monats zu zahlen.

Aus der Praxis

»Die Gehälter der wichtigsten Tätigkeitsfelder im Personalwesen stellt das Personalmagazin in Zusammenarbeit mit dem Gehaltsexperten PersonalMarkt Services GmbH ... vor ...

Das verdient ein Personalleiter«

Firmengröße (in Mitarbeiter)	Q3	Median	Q1
< 21	50.520 €	41.580 €	28.860 €
21–50	73.875 €	52.338 €	35.545 €
51–100	66.253 €	56.000 €	43.263 €
101–1.000	86.287 €	71.700 €	60.619 €
> 1.000	120.125 €	90.430 €	72.960 €

PersonalMarkt 2007: PersonalMarkt Services GmbH (Verfasser unbekannt), »Vergütungs-Check: Personalleitung«, in: Personalmagazin, Heft 03/2007, S. 74.

»Q3: oberes Quartil (25 % aller Personen mit dieser Funktion verdienen mehr)
Q1: unteres Quartil (25 % unterschritten diesen Betrag)

Das verdient ein Personalreferent«

Firmengröße (in Mitarbeiter)	Q3	Median	Q1
< 21	45.000 €	38.508 €	32.450 €
21–50	48.328 €	41.600 €	33.600 €
51–100	45.320 €	40.080 €	36.000 €
101–1.000	54.215 €	45.683 €	39.600 €
> 1.000	63.555 €	52.893 €	44.565 €

PersonalMarkt 2008: PersonalMarkt Services GmbH (Verfasser unbekannt), »Vergütungs-Check: Personalreferent«, in: Personalmagazin, Heft 04/2008, S. 81.

Damit wird deutlich, dass die Ausbildungsvergütung im kaufmännischen wie im gewerblichen Bereich als monatliches Bruttoentgelt der Form nach dem Gehalt entspricht.

Die Ausbildungsvergütung ist trotzdem kein Gehalt, da sie nicht auf einer Arbeitsbewertung beruht, sondern nach dem Lebensalter der Auszubildenden bemessen ist. Diese Bemessung nehmen in aller Regel die Tarifpartner vor, indem sie Ausbildungsvergütungen tarifvertraglich regeln.

Eine Arbeitsbewertung würde im Übrigen auch keinen Sinn machen, denn die Ausbildung ist keine Arbeitsleistung. Nach § 13 des Berufsbildungsgesetzes sind die Auszubildenden vielmehr verpflichtet, sich zu bemühen, die Fertigkeiten und Kenntnisse zu erwerben, die erforderlich sind, um das Ausbildungsziel zu erreichen. Aus demselben Grund verbietet sich für gewöhnlich auch eine **Leistungsbewertung**, es sei denn, sie nähme auf den Ausbildungserfolg Bezug.

5.3.5 Honorar

Das Honorar ist das vertraglich vereinbarte Entgelt für die Leistungen von Selbstständigen, den sogenannten Freelancern.

Die Arbeitsbewertung kann prinzipiell Grundlage für die Höhe eines Honorars sein. In der Regel sind hier jedoch andere betriebswirtschaftliche Größen maßgeblich, etwa Umsätze oder Deckungsbeiträge. Deshalb wird ein Honorar auch nicht unbedingt für eine Zeiteinheit, beispielsweise einen Monat, gezahlt. Da sich Freelancer überdies dadurch auszeichnen, dass sie organisatorisch nicht in das Unternehmen integriert sind, spielt für die Höhe des Honorars auch weder die Anwesenheits- noch die Arbeitszeit eine Rolle. Entscheidend ist die erbrachte Leistung, die den vertraglichen Vereinbarungen entsprechen muss.

Honorare werden durch die Bank als Bruttoentgelte ausgezahlt. Um steuer- und sozialversicherungsrechtliche Belange müssen sich die Empfänger ebenso selber kümmern wie um eine Absicherung für Krankheitsfälle.

Regelmäßig nach Leistung

5.3.6 Akkordlohn

5.3.6.1 Voraussetzungen

Grundsätzlich ist eine Entlohnung im Akkord nur unter gewissen Bedingungen möglich. Sie kann nur dann korrekt angewendet werden, wenn die folgenden Voraussetzungen in vollem Umfang erfüllt sind *(Bühner 2005, S. 156 ff., Hentze/Graf 2005, S. 126 ff.)*.

Der Arbeitsablauf muss im Voraus zeitlich und inhaltlich festgelegt sein. Trotzdem muss es den Beschäftigten möglich sein, den Arbeitsablauf zu beeinflussen. Folglich sind vollautomatisierte Fertigungsabläufe nicht akkordfähig. Das Arbeitsergebnis sollte leicht und genau messbar sein. Mit anderen Worten muss sich der Aufwand für die Ermittlung und Abrechnung der Arbeitsergebnisse im wirtschaftlichen Rahmen halten. Für die Ermittlung, Abrechnung und gegebenenfalls auch für Korrekturen ist ausreichend geschultes Fachpersonal notwendig. Und selbstverständlich muss die Arbeit nach gesicherten wissenschaftlichen Erkenntnissen menschengerecht gestaltet sein. Qualitätseinbußen, Unfälle und Gesundheitsschäden sollten ausgeschlossen werden.

Der Arbeitsablauf darf keine Mängel aufweisen. Er muss so geplant, gestaltet und gesteuert sein, dass Störungen nach Möglichkeit vermieden werden. Gefordert ist also die Vorherbestimmbarkeit des Arbeitsablaufes, der Arbeitsverfahren und der Arbeitsmethoden. Gefordert sind weiterhin einigermaßen konstante Arbeitsbedingungen. Erst dadurch wird es möglich, dass Beschäftigte die Arbeit nach entsprechender Übung und Einarbeitung ausreichend beherrschen und die Arbeitsergebnisse beeinflussen können.

5.3.6.2 Ermittlung des Akkordlohns

Beschäftigte, die einen Akkordlohn beziehen, werden nicht wie Zeitlöhner oder Gehaltsempfänger für die Dauer der Arbeitszeit, sondern für die geleistete Arbeitsmenge entlohnt.

Bei der üblichen Form des Akkordlohnes, dem Proportionalakkord, steigt der Lohn im gleichen Verhältnis wie die Zeiteinsparung bzw. der Leistungsanstieg. Der Akkordlohn weist also im Gegensatz zum Zeitlohn und zum Gehalt einen unmittelbaren Leistungsbezug auf. So ergibt beispielsweise eine um zehn Prozent höhere Mengenleistung je Stunde einen um zehn Prozent höheren Lohn je Stunde. Die höhere Entlohnung beruht auf der Annahme, dass die höhere Mengenleistung nicht von Veränderungen im Arbeitsverfahren, der Arbeitsmethode oder der Arbeitsbedingungen herrührt, sondern von der Leistung der oder des Beschäftigten bestimmt wird. Deshalb bezeichnet man den Akkordlohn als einen Leistungslohn. Die Basis des Akkordlohnes ist folglich eine leistungsabhängige Entgeltdifferenzierung, eine sogenannte **Leistungsbewertung**.

Trotzdem kommt man auch beim Akkordlohn nicht ohne eine anforderungsabhängige Entgeltdifferenzierung, eine **Arbeitsbewertung**, aus. Man muss nämlich die Mengenleistung einer Arbeiterin respektive eines Arbeiters in Beziehung zu einem Basiswert setzen, der Akkordrichtsatz genannt wird. Um diesen Basiswert bestimmen zu können, muss man die Arbeitsverrichtungen, genauer ihre Anforderungen, mit den oben genannten Verfahren entsprechend ihrem Schwierigkeitsgrad beurteilen. Es ist sicherlich einsichtig, dass nicht alle Arbeiten, die im Akkord verrichtet werden, den gleichen Schwierigkeitsgrad haben. Deswegen müssen bereits die Basiswerte, die Akkordrichtsätze, dieser Arbeitsverrichtungen unterschiedlich angesetzt werden.

5.3.6.3 Akkordrichtsatz

Der besagte Akkordrichtsatz besteht aus zwei Komponenten,

▸ dem **Grundlohn**, der meist dem Stundenlohn entspricht, den Zeitlöhner für die gleiche oder eine ähnliche Arbeitsverrichtung beziehen, und

▸ dem **Akkordzuschlag**, der üblicherweise zwischen fünf und meist fünfzehn, höchstens 25 Prozent des Grundlohnes beträgt. Durch diesen Akkordzuschlag, den die meisten Tarifverträge vorsehen, liegt das Arbeitsentgelt im Akkord von vornherein höher als der Zeitlohn für vergleichbare Arbeit, weil den Arbeiterinnen und Arbeitern im Akkord gegenüber den Zeitlöhnern im Allgemeinen eine größere Arbeitsintensität unterstellt wird. Dies wird oft schon durch die höhere Organisationsdichte an den Arbeitsplätzen begründet, die für Arbeiten im Akkord ausgerichtet sind.

Akkordvoraussetzungen

Basiswert laut Arbeitsbewertung

Akkordrichtsatz

Akkordrichtsatz =
Grundlohn + Akkordzuschlag

Beträgt etwa der Zeitlohn für eine bestimmte Arbeit 10 Euro pro Stunde und der Akkordzuschlag 20 Prozent, so ergäbe sich ein Akkordrichtsatz von 12 Euro pro Stunde.

Praktiker müssen auf die Errechnung des Akkordrichtsatzes kaum achten, da er, wie der Zeitlohn, unter der entsprechenden Lohngruppe in Euro und Cent im einschlägigen Tarifvertrag aufgeführt ist. Diese Tariflohngruppen können nach den jeweiligen betrieblichen Bedürfnissen weiter untergliedert werden. Eine Überlappung der Lohngruppen für verschiedene Rangstufen sollte nach Möglichkeit vermieden werden.

Der Akkordrichtsatz ist der Stundenverdienst einer oder eines Beschäftigten im Akkord, die oder der jene Leistung zeigt, die als normal vorausgesetzt wird.

Aber selbst wenn ein Akkordlöhner diese Normalleistung nicht aufbringt, ist ihm der Akkordrichtsatz sicher. Der Akkordrichtsatz ist folglich wie der Zeitlohn eine Art Garantielohn. Das bedeutet auch für Akkordlöhner nicht, dass die bloße Anwesenheit am Arbeitsplatz vergütet wird. Vielmehr sind auch und gerade sie aufgrund ihres Arbeitsvertrages verpflichtet, eine allgemein erwartete Leistung zu erbringen. Auch der Arbeiter im Akkord, der statt der allgemein erwarteten 30 Stück pro Stunde nur 15 Stück fertigt, muss mit Konsequenzen rechnen, etwa einer sogenannten **Minderleistungsvereinbarung** zwischen Arbeitgeber und Betriebsrat, nach der sein persönlicher Stundenverdienst geringer sein kann. Man könnte ebenfalls an Abmahnungen denken oder, bei fort-

gesetzter schlechter Leistung nach mehrfacher Abmahnung, an eine Entlassung. Abgesehen von ganz krassen Fällen, steht dem Arbeiter bis dahin jedoch der Akkordrichtsatz zu.

5.3.6.4 Akkordentlohnung

Will man vom Akkordrichtsatz, der anforderungsbezogenen Entgeltkomponente, zum Akkordlohn kommen, geht das, wie gesagt, nur über eine leistungsabhängige Entgeltdifferenzierung, die **Leistungsbewertung**.

Grundlage der Leistungsbewertung ist die Ermittlung geeigneter leistungsabhängiger Kennzahlen. Die Kennzahlen sind immer dann geeignet, wenn
▸ die Beschäftigten sie beeinflussen können und
▸ diese Beeinflussung zu einer Veränderung des Leistungsergebnisses führt.

Leistungsabhängige Kennzahlen

Beim Akkordlohn geht es vorrangig um Leistungsmengen, also mess- und zählbare Kennzahlen. Hier wird also eine quantitative Leistungsbewertung durchgeführt, das heißt man ermittelt **Leistungsziffern**.

Akkordrichtsatz als Garantielohn

Weniger gebräuchlich sind in diesem Zusammenhang die sogenannten Systeme vorbestimmter Zeiten, wie das **Work-Factor-Verfahren** und das **Methods-Time-Measurement-Verfahren**. Hier analysiert man zunächst die Bewegungsabläufe auf die einzelnen Bewegungselemente. Danach erfolgt eine Zuordnung von Zeiteinheiten zu den festgestellten Bewegungselementen unter Verwendung von Bewegungszeittabellen *(Hentze/Kammel 2001, S. 466 ff.)*.

Leistungsziffern und -werte

Für die Leistungsbewertung werden grundsätzlich zwei Formen von Kennzahlen verwendet: Leistungsziffern und Leistungswerte (Kapitel Personalbeurteilung).

▸ *Leistungsziffern sind Kennzahlen, die durch Messen oder Zählen gewonnen werden. Die individuelle Leistung wird mittels einer quantitativen Leistungsbewertung, das heißt mittels eines Vergleichs von Sollvorgaben für Zeiten, Mengen und Qualitäten und den aktuell ermittelten Zeiten, Mengen und Qualitäten eingeschätzt.*

▸ *Immer wenn der Beitrag des Menschen am Arbeitsergebnis nicht gemessen oder gezählt werden kann, bietet sich die qualitative Leistungsbewertung an. Man bewertet Kenntnisse, Fertigkeiten sowie insbesondere das Leistungs-, Sozial- und Führungsverhalten. Da man Untersuchungsmerkmale wie Zuverlässigkeit oder Initiative nicht direkt beobachten kann, muss man sie in Beobachtungskriterien und -merkmale übersetzen, so wie das bei den situativen Verfahren im Rahmen der Personalbeschaffung geschieht. Die Bewertung wird in Kennzahlen übersetzt, die sogenannten Leistungswerte.*

Unter der Lupe

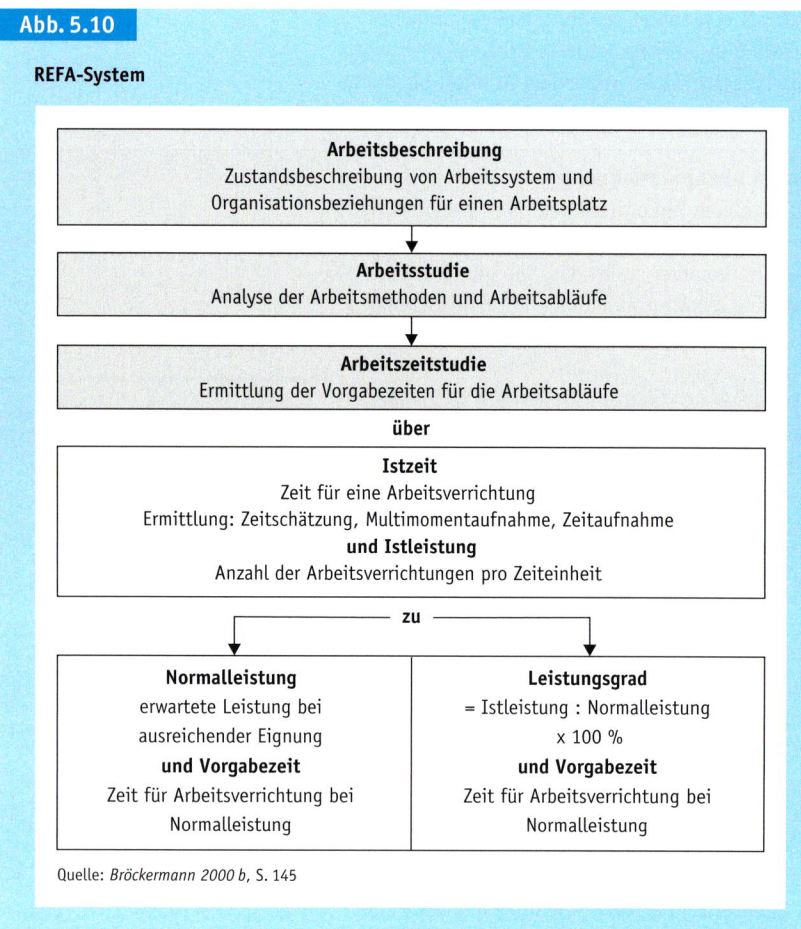

Abb. 5.10

REFA-System

Arbeitsbeschreibung
Zustandsbeschreibung von Arbeitssystem und
Organisationsbeziehungen für einen Arbeitsplatz

Arbeitsstudie
Analyse der Arbeitsmethoden und Arbeitsabläufe

Arbeitszeitstudie
Ermittlung der Vorgabezeiten für die Arbeitsabläufe

über

Istzeit
Zeit für eine Arbeitsverrichtung
Ermittlung: Zeitschätzung, Multimomentaufnahme, Zeitaufnahme
und Istleistung
Anzahl der Arbeitsverrichtungen pro Zeiteinheit

zu

Normalleistung	**Leistungsgrad**
erwartete Leistung bei	= Istleistung : Normalleistung
ausreichender Eignung	x 100 %
und Vorgabezeit	**und Vorgabezeit**
Zeit für Arbeitsverrichtung bei	Zeit für Arbeitsverrichtung bei
Normalleistung	Normalleistung

Quelle: *Bröckermann 2000 b*, S. 145

REFA-System

Arbeitsbeschreibung

Arbeitsstudie

Zumeist wird jedoch das **REFA-System** angewandt, das im Zusammenhang mit der Arbeitsstrukturierung im Kapitel Personaleinsatz angesprochen wird. Nach der Bestimmung des Akkordrichtsatzes durch eine Arbeitsbewertung, folgen die Arbeitsschritte aus *Abb. 5.10*. Dabei ist für gewöhnlich eine Abteilung für die Arbeitszeitermittlung federführend *(REFA 1984, 1991 a, 1991 b, 1992)*.

Die quantitative Leistungsbewertung beginnt, wie die Arbeitsbewertung, mit einer **Arbeitsbeschreibung**, einer Zustandsbeschreibung des Arbeitssystems und der Organisationsbeziehungen für einen Arbeitsplatz. Arbeitsbeschreibungen kann man, falls vorhanden, den Stellenbeschreibungen entnehmen. Ansonsten muss man sie nach einheitlichen Kriterien anfertigen.

Es folgt eine **Arbeitsstudie** nach dem Muster, das ebenfalls im Zusammenhang mit der Arbeits-

strukturierung im Kapitel Personaleinsatz vorgestellt wird. Im Ergebnis ermöglicht die Arbeitsstudie eine genaue Analyse der Arbeitsmethoden und Arbeitsabläufe, wie sie zum Untersuchungszeitpunkt vorgefunden werden. Zugleich liefert sie Anhaltspunkte und Vorschläge zur Optimierung dieser Arbeitsmethoden und Arbeitsabläufe.

Mittels der nun folgenden **Arbeitszeitstudie** ermittelt man Vorgabezeiten für diese Arbeitsabläufe. Dabei orientiert man sich am Schema der sogenannten **Auftragszeiten** *(Abb. 5.11)*.

Rüstzeiten sind die Zeiten für die Vorbereitung der Ausführung. In der Rüstgrundzeit wird ein Betriebsmittel vorbereitet, in der Rüsterholungszeit die Ermüdung infolge des Rüstens abgebaut, und die Rüstverteilzeit beinhaltet einen prozentualen Zuschlag für unregelmäßig und weniger häufig anfallende Verrichtungen beim Rüsten.

Die **Grundzeit** umfasst alle Zeiten für die Ausführung der Arbeitsverrichtung, also die Haupt- und Nebentätigkeitszeit, sowie die **Wartezeit** durch ablaufbedingte Unterbrechungen. Die **Erholungszeit** berücksichtigt das erholungsbedingte Unterbrechen, und die **Verteilzeit** wiederum einen prozentualen Zuschlag für unregelmäßig und weniger häufig anfallende Verrichtungen bei der Ausführung, etwa das störungs- und persönlich bedingte Unterbrechen. Die Grund-, Erholungs- und Verteilzeit beziehen sich dabei jeweils auf eine Mengeneinheit.

▸ Der erste Schritt der Arbeitszeitstudie ist die Ermittlung der Istzeit, also der Zeit, die die Beschäftigten für eine Arbeitsverrichtung benötigen.

Das einfachste, aber auch ungenaueste REFA-Verfahren der Istzeitermittlung ist die Zeitschätzung. Genauer ist ein Stichprobenverfahren, die Multimomentaufnahme. Man ermittelt Zeiten oder prozentuale Häufigkeiten von Arbeitsvorgängen zu mehreren zufällig gewählten Zeitpunkten über eine gewisse Dauer. Bei der REFA-Zeitaufnahme werden die aufgewendeten Zeiten genauestens mit Zeitaufnahmegeräten dokumentiert. Dabei müssen die untersuchten Abläufe relativ gleichförmig sein, was das Arbeitsverfahren, die Arbeitsmethode und die Arbeitsbedingungen anbelangt.

So ermittelt man zum Beispiel eine Istzeit von einer Minute pro Stück.

▶ Aus der Istzeit, ausgedrückt in Zeiteinheiten pro Arbeitsverrichtung, lässt sich die Istleistung errechnen, die Anzahl der Arbeitsverrichtungen pro Zeiteinheit. Die Istleistung ist mithin der Kehrwert der Istzeit.

Istleistung = 1 : Istzeit

Bei einer Istzeit von einer Minute pro Stück oder 60 Minuten für 60 Stück ergibt sich eine Istleistung von 60 Stück in 60 Minuten, das heißt 60 Stück pro Stunde.

▶ In einem weiteren Schritt wird die Normalleistung bestimmt. Das REFA-System definiert die Normalleistung als jene menschliche Leistung, die bei ausreichender Eignung erreicht und erwartet wird. Dabei wird vorausgesetzt, dass die Beschäftigten eingearbeitet wurden und die Arbeitsverrichtung voll eingeübt haben. Normalleistung ist aber – auch dann – nur diejenige Leistung, die bei normalem wirksamen Kräfteeinsatz ohne Gesundheitsschädigung im Mittelwert der natürlichen Leistungsschwankungen entsteht. Selbstverständlich zählt zur Normalleistung nur die Leistung, die während der beeinflussbaren Arbeitszeit aufgebracht wird. Trotz dieser recht umfangreichen Definition kann man in der Praxis nie exakt bestimmen, welche Leistung als normal anzusehen ist. Man bezieht sich zumeist auf betriebliche Erfahrungswerte.

Im obigen Beispiel mag die Normalleistung beispielsweise 30 Stück pro Stunde sein.

▶ Die Normalleistung rechnet man schließlich in eine Normal- oder Vorgabezeit um, das heißt die Zeit, die man für eine Arbeitsverrichtung bei Einsatz der Normalleistung benötigt. Die Vorgabezeit ist folglich der Kehrwert der Normalleistung.

Vorgabezeit = 1 : Normalleistung

Bezogen auf die erwähnte beispielhafte Normalleistung von 30 Stück pro Stunde oder 30 Stück in 60 Minuten, errechnet sich die Vorgabezeit also als 60 Minuten für 30 Stück, das heißt 2 Minuten pro Stück.

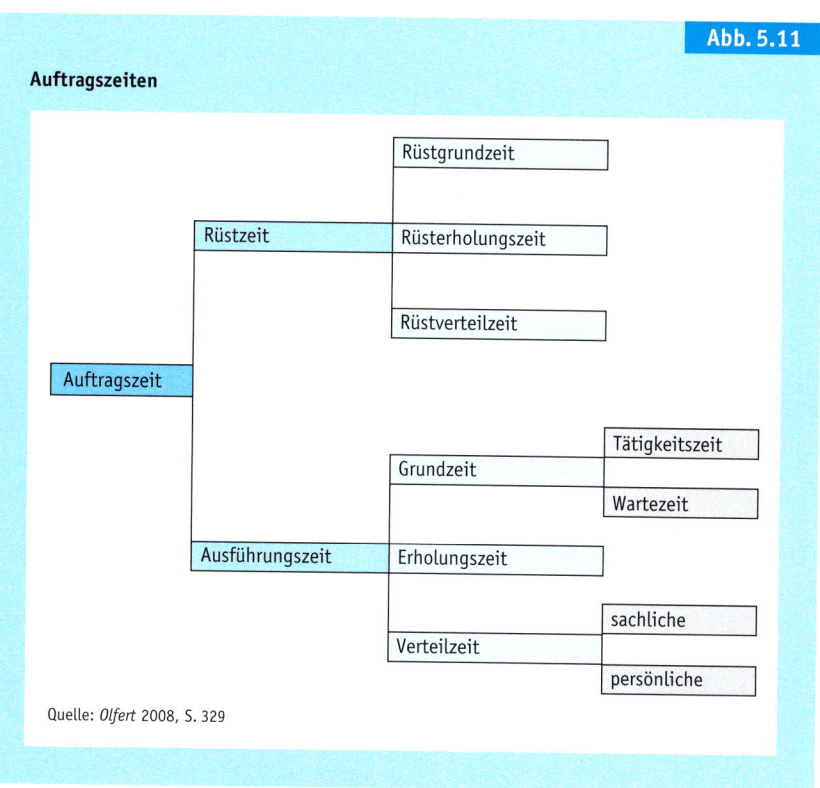

Abb. 5.11

Auftragszeiten

Auftragszeit
- Rüstzeit
  - Rüstgrundzeit
  - Rüsterholungszeit
  - Rüstverteilzeit
- Ausführungszeit
  - Grundzeit
    - Tätigkeitszeit
    - Wartezeit
  - Erholungszeit
  - Verteilzeit
    - sachliche
    - persönliche

Quelle: *Olfert* 2008, S. 329

▶ Sobald diese Werte festgelegt sind, kann man den Leistungsgrad und den gleichbedeutenden Leistungsfaktor der Mitarbeiterin oder des Mitarbeiters bestimmen, für die oder den die Istzeit und die Istleistung ermittelt wurden.

Leistungsfaktor =
Istleistung : Normalleistung   Leistungsfaktor

Da die Istleistung der Kehrwert der Istzeit und die Vorgabezeit der Kehrwert der Normalleistung ist, gilt:

Leistungsfaktor =
(1 : Istzeit) : (1 : Vorgabezeit)

Das heißt:

Leistungsfaktor = Vorgabezeit : Istzeit

Der Leistungsgrad ist wie folgt definiert: Leistungsgrad

Leistungsgrad =
(Istleistung : Normalleistung) × 100 %

Da wiederum die Istleistung der Kehrwert der Istzeit und die Vorgabezeit der Kehrwert der Normalleistung ist, gilt:

Leistungsgrad =
[(1 : Istzeit) : (1 : Vorgabezeit)] × 100 %

Das heißt:

> Leistungsgrad =
> (Vorgabezeit : Istzeit) × 100 %

Im Beispiel wurden als Istleistung 60 Stück pro Stunde festgestellt, als Normalleistung 30 Stück pro Stunde. Das ergibt nach den obigen Formeln einen Leistungsfaktor von 2 und einen Leistungsgrad von 200 Prozent.
Der Leistungsgrad ist gleich einhundert Prozent bei Normalleistung. Er liegt über einhundert Prozent bei überdurchschnittlicher und unter einhundert Prozent bei unterdurchschnittlicher Leistung. Leistungsfaktor und Leistungsgrad repräsentieren also eine quantitative Leistungsbewertung der betreffenden Beschäftigten.
Andererseits kann man über diese Werte auch die Vorgabezeit ermitteln. Kennt man etwa den Leistungsfaktor oder den Leistungsgrad einer Beschäftigten über geraume Zeit, und kennt man weiterhin ihre Istleistung oder ihre Istzeit bei einer möglicherweise neuen Arbeitsverrichtung, so ergibt sich die Vorgabezeit nach folgender Berechnungsformel:

> Vorgabezeit = Istzeit × Leistungsfaktor

Da wiederum die Istleistung der Kehrwert der Istzeit ist, gilt:

> Vorgabezeit =
> (1 : Istleistung) × Leistungsfaktor.

Das heißt:

> Vorgabezeit =
> Leistungsfaktor : Istleistung

Bezieht man statt des Leistungsfaktors den Leistungsgrad ein, ergibt sich:

> Vorgabezeit =
> (Istzeit × Leistungsgrad) : 100 %

Und erneut ist die Istleistung der Kehrwert der Istzeit:

Vorgabezeit =
[(1 : Istleistung) × Leistungsgrad] : 100 %

Also:

> Vorgabezeit =
> (Leistungsgrad : Istleistung) : 100 %

Bei einer Istzeit von einer Minute pro Stück bzw. einer Istleistung von 60 Stück pro Stunde, das heißt 60 Stück in 60 Minuten, und einem Leistungsfaktor von 2 bzw. einem Leistungsgrad von 200 Prozent ergibt sich eine Vorgabezeit von 2 Minuten pro Stück.

Die Festlegung der Vorgabezeiten hat Konsequenzen für die Entlohnung. Einen hohen Lohn kann nur erreichen, wer die gesetzten Vorgabezeiten einhält oder übertrifft. Das ist aber nur möglich, wenn man sich bei den einzelnen Handhabungen und Abläufen an dem Verfahren und den optimalen Werten orientiert, die der Ermittlung der Vorgabezeit zugrunde liegen. Also wird durch die Vorgabezeiten Druck auf die Betroffenen ausgeübt, ihre Arbeitsmethoden und Arbeitsabläufe gemäß den Vorschlägen der Arbeitsstudie zu optimieren.

Unter der Lupe

Neue Vorgabezeiten

Jegliche Veränderung im Produktionsprozess gibt Anlass zu ermitteln, ob die Vorgabezeiten gesenkt werden können. Niedrigere Vorgabezeiten kommen immer dann in Frage, wenn die Beschäftigten ihre Aufgaben schneller ausüben oder ausüben könnten. Und niedrigere Vorgabezeiten fordern den Beschäftigten verstärkte Anstrengungen ab, um zumindest den bisherigen Lohn zu erreichen.

5.3.6.5 Formen der Akkordentlohnung

Grundsätzlich sind zwei Formen der Akkordentlohnung denkbar: der Zeitakkord und der Geldakkord, auch Stückakkord genannt. Dabei ist sowohl der Zeitakkordlohn wie der Geldakkordlohn ein Bruttolohn. Sie lassen Steuern, Sozialabgaben und sonstige Be- und Abzüge zunächst unberücksichtigt *(Schmalen/Pechtl 2006, S. 132)*.

Der Geldakkord wird seltener angewandt. Er ist teilweise im Handwerk, in der Bauindustrie, in Gießereien und in der Heimarbeit üblich. Hier wird den Beschäftigten ein Geldbetrag für die Erbringung einer bestimmten Arbeitsleistung vorgegeben. Diesen Geldbetrag bezeichnet man als **Geldfaktor**, manchmal auch als Akkordsatz.

Geldakkord

Geldfaktor =
Akkordrichtsatz : Normalleistung

Wiederum ist die Vorgabezeit der Kehrwert der Normalleistung. Daher gilt:

Geldfaktor = Akkordrichtsatz : (1 : Vorgabezeit)

Das heißt:

Geldfaktor = Akkordrichtsatz × Vorgabezeit

In den vorhergehenden Beispielen wurden ein Akkordrichtsatz von 12 Euro pro Stunde und eine Normalleistung von 30 Stück pro Stunde bzw. eine Vorgabezeit von 2 Minuten pro Stück errechnet. Daraus ergibt sich ein Geldfaktor von 0,40 Euro pro Stück.

Der **Geldakkordlohn** ergibt sich nach folgender Formel:

Geldakkordlohn =
Leistungsmenge × Geldfaktor

Weiter oben wurde angegeben, dass beispielsweise in einer Stunde 60 Stück gefertigt werden. Multipliziert man diese mit dem Geldfaktor von 0,40 Euro pro Stück, ergibt sich für diese Stunde ein Lohn von 24 Euro.

Obwohl die Beschäftigten, die einen Geldakkordlohn beziehen, den Geldwert einer Arbeitsverrichtung kennen, fehlt ihnen eine wichtige Information. Die Vorgabezeit ist nämlich aus dem Geldfaktor nicht unmittelbar erkennbar.

Und die Vorgabezeit ist gerade der Wert, an dem man sich im Laufe des Tages orientieren möchte. Ist man schneller, so weiß man, dass man gut verdient. Ist man langsamer, so weiß man, dass man schneller werden sollte. Den Unternehmen ist der Geldakkord aus einem anderen Grunde unangenehm. Die regelmäßigen Tariferhöhungen verändern den Akkordrichtsatz. Ein veränderter Akkordrichtsatz bedeutet aber beim Geldakkord eine Neuberechnung aller Geldfaktoren für alle Arbeitsverrichtungen und damit einen hohen Aufwand.

Diese Nachteile vermeidet der **Zeitakkord**, der deshalb die häufigste Verbreitungsform des Akkordlohnes ist. Hier wird den Beschäftigten für jede Arbeitsverrichtung respektive jedes gefertigte Stück eine im Voraus festgelegte Zeiteinheit, die Vorgabezeit, gutgeschrieben. Diese Vorgabezeit ist unabhängig von Tarifänderungen. Darüber hinaus ist der Zeitakkord im Rahmen des betrieblichen Auftrags- und Terminwesens für die Planung des Personal-, Maschinen- und Werkstoffeinsatzes von Bedeutung.

Zeitakkord

Zeitakkordlohn =
Leistungsmenge × Vorgabezeit × Minutenfaktor

Dabei entspricht der Minutenfaktor dem Akkordrichtsatz. Er hat lediglich eine andere Benennung. Der Akkordrichtsatz wird in Euro pro Stunde ausgedrückt, der Minutenfaktor in Euro pro Minute.

Setzt man die Werte aus den Beispielen, also in einer Stunde eine Leistung von 60 Stück bei einer Vorgabezeit von 2 Minuten pro Stück und einem Minutenfaktor von 12 Euro pro Stunde, also 0,20 Euro pro Minute, in diese Formel ein, ergibt sich für diese Stunde der gleiche Lohn wie bei der Berechnung als Geldakkord, nämlich 24 Euro.

Der in den Beispielen errechnete Akkordlohn von 24 Euro für eine Stunde ist sicherlich unrealistisch, weil er das Doppelte des Akkordrichtsatzes und 240 Prozent des entsprechenden Stundenlohnes ausmacht. Hier wäre also entweder die Vorgabezeit falsch angesetzt worden, oder man müsste zu einer Maßnahme greifen, die auch in der Praxis nicht ungebräuchlich ist. Um die Qualität der Arbeitsergebnisse und die Gesundheit der Beschäftigten nicht zu gefährden, sieht man

Verdienstgrenzen

Vor- und Nachteile des Akkordlohnes

*Insgesamt bietet der Akkord, gleichgültig ob in Form des Geld- oder Zeit-, Einzel- oder Gruppenakkords, einen **Anreiz** zu erhöhter Arbeitsleistung. Für die Unternehmen mindert der Akkord das **Risiko der Minderleistung** erheblich. Abgesehen von der Tatsache, dass der Akkordrichtsatz regelmäßig auch bei Leistungen unter der Normalleistung gezahlt werden muss, tragen die Beschäftigten die finanziellen Folgen der Minderleistung selbst. Und abgesehen von den besagten Minderleistungen erweist sich der Akkord auch für die **Kostenrechnung** als vorteilhaft. Die Lohnkosten pro gefertigtem Stück sind konstant. Allerdings bringt es die erhöhte Arbeitsleistung auch mit*

*sich, dass die Beschäftigten schneller ermüden und ihre Kräfte schneller verschleißen. Das kann bis zur **Gesundheitsgefährdung** fortschreiten. Geistige Fähigkeiten können verkümmern, **Sinnzusammenhänge** und die Anpassungsfähigkeit an Neuerungen verloren gehen. Außerdem kann es zu einem erhöhten **Betriebsmittelverschleiß** und einer Minderung der **Qualität** kommen, die wiederum nur durch kostenträchtige **Kontrollmaßnahmen** in Grenzen gehalten werden können. Schließlich verursacht auch die Ermittlung und Überprüfung der Vorgabezeiten erhebliche Kosten (Schmalen/Pechtl 2006, S. 132 f.).*

hie und da eine Höchstgrenze der Bezahlung oder einen unterproportionalen Akkord vor.

Man kann den Akkord nicht nur als Geld- oder Zeitakkord, sondern auch als Einzel- oder Gruppenakkord abwickeln.

Einzelakkord

▸ Der **Einzelakkord** wurde in den obigen Beispielen angesprochen. Hier wird die Arbeitsleistung einzelner Beschäftigter erfasst und entlohnt.

Gruppenakkord

▸ Der **Gruppenakkord** ist in der Praxis deutlich seltener anzutreffen, aber zweckmäßig, wenn
  – die Arbeitsgruppe überschaubar und stabil ist,
  – die Mitglieder ähnliche Arbeiten verrichten sowie
  – keine großen Leistungsunterschiede zeigen, ferner wenn
  – die Entlohnung transparent und für jedes Mitglied nachkontrollierbar ist.

Beim Gruppenakkord kontrollieren sich die Gruppenmitglieder gegenseitig. Alle Gruppenmitglieder werden zu kooperativem Verhalten und schwächere zu größerer Leistung angeregt. Innerhalb der Arbeitsgruppe kann die Arbeitsteilung optimal gestaltet werden. Freilich werden leistungsstarke Mitglieder nicht selten unzufrieden.

Für den Gruppenakkord erfasst man die Arbeitsleistung einer Gruppe von Beschäftigten. Um zum Lohn der einzelnen Arbeitskraft zu gelangen, muss man zunächst den Lohn der gesamten Gruppe errechnen. Dabei werden dieselben Berechnungsformeln wie beim Einzelakkord angewandt. Danach wird dieser Lohn auf die Beschäftigten aufgeteilt. Dazu verwendet man Äquivalenzziffern, beispielsweise in Form der unterschiedlichen Tariflöhne der Gruppenmitglieder oder ihrer unterschiedlichen Arbeitszeit.

5.4 Zusätzliche Vergütung

5.4.1 Aufriss der zusätzlichen Vergütungen

Eine zusätzliche Vergütung ist einerseits oft zwingend, da Gesetze, Tarifverträge und Betriebs- oder Dienstvereinbarungen sie zum Teil vorschreiben, andererseits freiwillig als Ausgleich für Härten, Leistungsanreiz oder als Wettbewerbsfaktor am Arbeitsmarkt *(Olfert 2008, S. 335 ff.)*.

Grundsätzlich dienen zusätzliche Vergütungen dazu, die Grundvergütungen um eine der eingangs genannten Zielvorgaben zu ergänzen, über die sie von Hause aus nicht verfügen *(Abb. 5.2)*.

▸ So werden insbesondere die grundsätzlich anforderungsbezogenen Grundvergütungen Zeitlohn und Gehalt häufig um **marktgerechte**, sogenannte außertarifliche Zulagen erweitert.

Vorsicht beim Leistungsbezug

Bei leistungsbezogenen zusätzlichen Vergütungen ist generell Vorsicht angebracht. »Wer Führungskräfte nur nach Leistung bezahlt, öffnet die Tür für krumme Geschäfte«, stellt Ben W. Heineman Jr. (2008, S. 8), ehemaliger Senior Vice President von General Electric, heute Senior Fellow an der Harvard Law School in Cambridge, Massachusetts, fest. Zudem ist die motivatorische Wirkung ohnehin fragwürdig. Die Beschäftigten gewöhnen sich recht schnell an derartige Vergütungen und verstehen sie dann als Bestandteil ihrer Grundvergütung. Damit geht der Leistungsbezug verloren. Wenn einmal die Zahlung ausbleibt, weil die erforderliche Leistung nicht vorliegt, führt das bei den Beschäftigten zu so großer Verärgerung, als sei ihnen ihre Grundvergütung mutwillig gekürzt worden (ähnlich Sprenger 1995, S. 65).

▸ Bei Gehältern außerhalb des tarifvertraglichen Rahmens, sogenannten außertariflichen Gehältern, orientiert sich die Grundvergütung ohnehin an den Gegebenheiten des Arbeitsmarktes. Ein gehöriger Anteil dieser Arbeitsentgelte ist jedoch rein **leistungs- oder erfolgsabhängig**.

▸ Auch dem Zeitlohn wird oft ein **Leistungsbezug** hinzugefügt, beispielsweise durch Prämien.

▸ Dasselbe gilt für Honorare, falls sie nicht sowieso bereits leistungsbezogen sind.

▸ Rein leistungsbezogene Gehälter für Tarifangestellte sind selten. Wenn überhaupt, so betreffen sie fast nur Tätigkeiten, die mess- und zählbar sind, wie zum Beispiel die zentralen Schreibdienste. Ab und zu werden aber leistungsorientierte zusätzliche Vergütungen auf das Arbeitswertgehalt aufgeschlagen. Damit kann wohl methodisch eine direkt proportionale Beziehung zwischen Leistung und Entgelt erreicht werden. Man lehnt diese direkt proportionale Beziehung jedoch weitgehend ab, da sie vielfach zu **ungerechten Ergebnissen** führt. Die meist umfangreichen Ausbildungsvoraussetzungen der Angestellten werden so nicht ausreichend berücksichtigt, und im Einzelfall kommt man zu unvertretbar hohen oder niedrigen Arbeitsentgelten.

Die üblichen Formen von zusätzlichen Vergütungen finden sich in *Abb. 5.12*.

Grundsätzlich können zusätzliche Vergütungen mit allen Grundvergütungen kombiniert werden. Freilich beschränken manche Unternehmen die zusätzlichen Vergütungen auf das per Gesetz, Tarifvertrag, Betriebs- oder Dienstvereinbarung unumgängliche Maß. Zudem haben sich einige Kombinationen eingebürgert, zum Beispiel der Zeitlohn mit Leistungsbewertung oder Gehälter mit zusätzlicher Erfolgsbeteiligung. Andere Kombinationen sind eher die Ausnahme, etwa Akkordlöhne mit zusätzlichen Prämien.

Kombinationsmöglichkeiten

Abb. 5.12

Formen von zusätzlichen Vergütungen

Zusätzliche Vergütungen

▸ Lohn- und Gehaltszuschlag
▸ Sonderzahlung und Gratifikation
▸ Prämie, Pensumentgelt und Provision
▸ Leistungszulage
▸ Erfolgsbeteiligung

Quelle: eigene Darstellung

Cafeteria-System

Das im Zusammenhang mit Arbeitszeitmodellen angesprochene Cafeteria-System bezieht sich zumeist auf diese zusätzlichen Vergütungen. Es handelt sich um ein Entgeltmodell, das es Mitarbeiterinnen und Mitarbeitern erlaubt, innerhalb eines bestimmten Budgets zwischen verschiedenen Leistungsangeboten zu wählen. Zuweilen wird auch der Rahmen der zusätzlichen Vergütungen gesprengt. Dann bezieht sich das Cafeteria-System sogar auf Anteile der Grundvergütung und Urlaubsansprüche. Interessant ist das System vor allem für höhere Einkommensgruppen. Die Sozialabgaben und vor allem die Steuern machen hier für jeden zusätzlichen Euro an Bruttoentgelt einen derart hohen Anteil aus, dass ein zusätzlicher Urlaub, ein privat nutzbarer Dienstwagen oder eine betriebliche Altersversorgung eine attraktive Alternative mit regelmäßig geringerer Abgabenlast darstellen (Bröckermann 1999 b, S. 36 ff., Wagner 2005, S. 139 ff.).

5.4.2 Lohn- und Gehaltszuschlag

Lohn- und Gehaltszuschläge sind zusätzliche Vergütungen, die gesetzlich vorgeschrieben sind, auf die Beschäftigte laut Tarifvertrag, Betriebs- oder Dienstvereinbarung einen Anspruch haben oder die vertraglich festgelegt wurden. Sobald diese Vereinbarungen gültig sind, haben die Unternehmen auf die Art und Höhe dieser Zuschläge keinen Einfluss mehr. Sie können aber die besagten Zuschläge freiwillig erhöhen oder freiwillig weitere Zuschläge zahlen.

Je nach Entgeltform, Position, Branche und Unternehmensgröße sind folgende Zuschläge üblich, die manchmal auch als Zulagen bezeichnet werden:

Arten von Zuschlägen

‣ **Überstundenzuschläge** fallen an, wenn die geleistete Arbeitszeit über die in erster Linie tarifvertraglich oder, falls der Tarifvertrag Arbeitgeber und Arbeitnehmer nicht bindet, arbeitsvertraglich festgelegte regelmäßige Arbeitszeit hinausgeht. Eine Teilzeitbeschäftigte mit einer arbeitsvertraglichen Arbeitszeit von 20 Stunden pro Woche hat beispielsweise erst dann einen Anspruch auf Überstundenzuschläge, wenn sie mehr als 38 Stunden pro Woche arbeitet, vorausgesetzt diese 38 Stunden sind die tarifvertragliche Wochenarbeitszeit. Eine Arbeitsbereitschaft, wie etwa bei der kapazitätsorientierten variablen Arbeitszeit, gilt dabei nicht als Arbeitszeit. Im Rahmen von Gleitzeitmodellen werden Überstundenzuschläge nicht für die zulässigen Ausgleichszeiten entrichtet. Wie auch immer, zuschlagspflichtige Überstunden müssen angeordnet und genehmigt sein. Im Einzelfall ist davon auch dann auszugehen, wenn eine Arbeit zugewiesen wird, die nur unter Einsatz von Überstunden bewältigt werden kann. Der Überstundenzuschlag beträgt in der Regel 25 Prozent der Grundvergütung, mitunter auch mehr.

‣ **Außertarifliche Zuschläge** werden nicht selten unter der Maßgabe gewährt, dass durch sie der Anspruch auf Zahlung von regelmäßig anfallenden Überstunden einschließlich möglicher Zuschläge abgegolten ist. Für gewöhnlich dienen außertarifliche Zuschläge auf den Grundlohn oder das Grundgehalt jedoch dazu, ein nicht konkurrenzfähiges Entgelt den Forderungen des Arbeitsmarktes anzupassen.

‣ Mit **Nacht-, Sonn- und Feiertagszuschlägen** erkennt man die Unannehmlichkeiten an, die durch Arbeiten zu diesen Zeiten entstehen. Sie belaufen sich in der Regel auf 25 bis 200 Prozent soweit ein Ausgleich nicht in Form freier Tage stattfindet.

‣ Nacht-, Sonn- und Feiertagsarbeit ist häufig in Schichtmodelle integriert. Häufig wird Schichtarbeiterinnen und -arbeitern generell zusätzlich ein **Schichtzuschlag** gezahlt.

‣ **Erschwernis-, Gefahren- und Schmutzzuschläge** sind ein finanzieller, marktgerechter Ausgleich für besondere Belastungen. In diesem Zusammenhang sind auch die Springerzuschläge zu nennen. Springer bilden einen Pool für den quantitativen Reservebedarf. Sie können auf mehreren Stellen eingesetzt werden, aber mangels Übung beispielsweise im Akkord kaum die gleiche Mengenleistung erarbeiten wie die Arbeitskräfte, die ständig dort tätig sind. Um Springern zumindest das gleiche Entgelt zu sichern, werden ihnen Zuschläge gezahlt.

‣ **Orts- und Kinderzuschläge** sind kaum üblich. Prinzipiell könnte man Ortszuschläge an den unterschiedlichen Lebenshaltungskosten an verschiedenen Wohnorten orientieren. Mit Kinderzuschlägen fördert der Arbeitgeber die Familie, wie dies auf der anderen Seite der Staat mit dem Kindergeld tut.

5.4.3 Sonderzahlung und Gratifikation

5.4.3.1 Sonderzahlung

Sonderzahlungen werden aufgrund gesetzlicher und tarifvertraglicher Vorschriften, aufgrund einer Betriebs- oder Dienstvereinbarung oder laut Vertrag gezahlt. An Sonderzahlungen können folglich keine besonderen Voraussetzungen geknüpft werden. Bei einer Kündigung des Beschäftigungsverhältnisses haben die Betroffenen einen Anspruch nach dem Umfang der von ihnen abgeleisteten Dienstzeit, soweit der Tarifvertrag nichts anderes bestimmt. Von der Grundvergütung unterscheidet sie lediglich der Auszahlungszeitpunkt, der im Sinne der jeweiligen Sonderzahlung begründet ist.

So wird das tarifliche **Weihnachtsgeld** oder 13. Monatsgehalt für gewöhnlich Ende November ausgezahlt.

Während das Urlaubsentgelt, die Zahlung des Arbeitsentgelts während des Erholungsurlaubs, selbstverständlich für jeden Urlaubstag zu leisten ist, wird das **zusätzliche Urlaubsgeld**, eine Sonderzahlung zum Anlass des Erholungsurlaubs, entweder mit dem Haupturlaub oder gleichmäßig für alle Beschäftigten am Monatsende eines der Haupturlaubsmonate fällig.

Trennungsentschädigungen sollen Beschäftigten die Trennung von der Familie versüßen. Sie werden Beschäftigten gezahlt, die ihre Arbeiten des öfteren in einiger räumlicher Entfernung vom Wohnort erledigen müssen. Zeitlich befristet zahlt man sie auch neuen Beschäftigten, die man aus anderen Regionen angeworben hat und die ihren Wohnort erst noch verlegen müssen.

5.4.3.2 Gratifikation

Gratifikationen sind zusätzliche Vergütungen, die vom Arbeitgeber aus besonderen Anlässen freiwillig geleistet werden. Sie gehen also über jenes Entgelt gleich welcher Form hinaus, das

aufgrund gesetzlicher und tarifvertraglicher Vorschriften, aufgrund einer Betriebs- oder Dienstvereinbarung oder laut Vertrag gezahlt werden muss. Oftmals handelt es sich um Personalserviceleistungen wie

▸ Naturalleistungen zum Beispiel für Betriebsausflüge,
▸ Zuwendungen anlässlich von Geschäftsjubiläen und
▸ Dienstjubiläen.

Im Gegensatz zur Sonderzahlung kann der Arbeitgeber die Gewährung der Gratifikation davon abhängig machen, dass die Bedachten das Beschäftigungsverhältnis zum Auszahlungszeitpunkt nicht gekündigt haben. Speziell für die Weihnachtsgratifikation hat das Bundesarbeitsgericht entschieden, dass eine Rückzahlungsverpflichtung zulässig ist.

▸ Jede zeitliche Bindungsfrist setzt eine vertragliche Vereinbarung voraus.
▸ Trotzdem ist keine zeitliche Bindung für Gratifikationen unter rund 100 Euro zulässig,
▸ aber sehr wohl eine zeitlich Bindung bis zum 31. März des Folgejahres für Gratifikationen bis zu einem Monatsentgelt und

Weihnachtsgeld

Zusätzliches Urlaubsgeld

Trennungsentschädigung

Aus der Praxis

»Die Höhe des Urlaubsgeldes hängt stark von der Branche ab. Beschäftigte in der mittleren Lohn- und Gehaltsgruppe erhalten in diesem Jahr zwischen 155 und 1944 Euro als tarifliches Urlaubsgeld. Das teilt die Hans-Böckler-Stiftung in Düsseldorf mit. Am wenigsten Geld für die Reisekasse bekommen Beschäftigte in der Landwirtschaft (155 bis 184 Euro) und im Steinkohlebergbau (156 Euro). Die höchsten Zahlungen erhalten Arbeitnehmer in der Holz- und Kunststoffverarbeitung (1184 bis 1944 Euro), in der Druckindustrie (1634 Euro) sowie in der Metallindustrie (1375 Euro) ... Im öffentlichen Dienst und in der Stahlindustrie gibt es den Angaben zufolge kein gesondertes Urlaubsgeld.«
Hans Böckler Stiftung/dpa 2008: Hans Böckler Stiftung und dpa (Verfasser unbekannt), »Urlaubsgeld: Landwirtschaft zahlt am wenigsten«, in: Lohn + Gehalt, Heft 06/2008, S. 14.

»Zu den ... Festtagen werden zwar viele Arbeitnehmer auf eine relativ hohe Weihnachtsgratifikation in der Novemberabrechnung zurückblicken können. Jedoch sind die Unterschiede groß und nicht wenige gehen auch gänzlich leer aus ... Fast 70 % der abhängig Beschäftigten in Deutschland erhalten am Ende des Jahres eine Sonderzahlung, meist Weihnachtsgeld (57 %), eine Gewinnbeteiligung (13 %) oder einen anderen Zuschlag (16 %). Einige Arbeitnehmer bekommen mehr als nur eine Sonderzahlung, 14 % werden sogar aus allen drei Töpfen bedient. Die Höhe der Zahlung kann sehr unterschiedlich sein: In einigen Branchen ist ein volles Monatsgehalt üblich, zum Beispiel bei Banken, andere Arbeitgeber zahlen deutlich weniger.«
WSI 2007: WSI (Verfasser unbekannt), »Weihnachtsgratifikation«, in: Der Betrieb, Heft 49/2007, S. XXII.

▸ eine zeitliche Bindung bis zum nächstzulässigen Kündigungstermin nach dem 31. März des Folgejahrs bis spätestens zum 30. Juni für Gratifikationen über einem Monatsentgelt *(Muschiol 2008, S. 80)*.

5.4.3.3 Betriebliche Altersversorgung

Gleichfalls eine Zuwendung ist die arbeitgeberfinanzierte Altersversorgung, mit der eine zusätzliche Ruhestands-, Invaliditäts- und Hinterbliebenenversorgung zugesichert wird. Die einschlägigen gesetzlichen Regelungen finden sich im Gesetz zur Verbesserung der betrieblichen Altersversorgung (Betriebsrentengesetz) und im Altersvermögensgesetz. Letzteres sieht die freiwillige sogenannte Riester-Rente vor, das heißt einkommensabhängige staatliche Zulagen oder einen Sonderausgabenabzug bei der Versteuerung. Um einen Anspruch zu begründen, bedarf es einer besonderen einzel- oder kollektivrechtlichen Vereinbarung.

Eine gesetzliche Verpflichtung zu einer arbeitgeberfinanzierten Altersversorgung besteht nicht. Allerdings kann jeder in der gesetzlichen Rentenversicherung pflichtversicherte Arbeitnehmer von seinem Arbeitgeber verlangen, einen Teil seines Entgelts, nämlich bis zu vier Prozent der Beitragsbemessungsgrenze zur Rentenversicherung, nicht bar auszuzahlen, sondern in Ansprüche auf eine Altersversorgung umzuwandeln und damit als Entgeltumwandlung privat zu finanzieren. Die Anlageform bestimmt der Arbeitgeber.

In der Praxis haben sich verschiedene **Formen** herausgebildet *(Bouabba 2004, S. 32 ff., Grawert 2005, S. 181 ff., Rosen 2004, S. 18 ff.)*.

▸ Der Arbeitgeber räumt eine unmittelbare Versorgungszusage ein, die sogenannte **Direkt-** **zusage**, und ist damit selbst zur Zahlung einer Rente an den Arbeitnehmer oder an Hinterbliebene verpflichtet.

Die spätere Rente ist steuer- und, unter Berücksichtigung der Freibeträge, renten- sowie pflegeversicherungspflichtig.

Die Beiträge sind nicht lohnsteuerpflichtig. Wenn die Beiträge vom Arbeitgeber finanziert werden, unterliegen sie außerdem nicht der Sozialversicherungspflicht. Wenn die Beiträge allerdings aus einer Entgeltumwandlung gezahlt werden, sind sie nur in einer Höhe von jährlich bis zu vier Prozent der Beitragsbemessungsgrenze zur Rentenversicherung sozialversicherungsfrei. Eine Förderung nach dem Altersvermögensgesetz ist nicht möglich.

▸ Der Arbeitgeber schafft eine **Unterstützungskasse** in der Rechtsform eines eingetragenen Vereins, einer Stiftung oder einer Gesellschaft mit beschränkter Haftung. Die Höhe der späteren Rente muss nicht genau beziffert werden, da der Arbeitgeber die Höhe der Einzahlungen von der wirtschaftlichen Lage abhängig machen kann.

Hier gelten dieselben steuer- und sozialversicherungsrechtlichen Regelungen wie bei der Direktzusage.

▸ Der Arbeitgeber schließt mit einer Versicherungsgesellschaft eine Lebensversicherung zu Gunsten des Arbeitnehmers und seiner Hinterbliebenen ab, eine sogenannte **Direktversicherung**.

Bei alten Verträgen können Beiträge von maximal 1.752 Euro pro Jahr mit dem günstigen pauschalen Lohnsteuersatz von 20 Prozent versteuert werden. Bei der späteren Auszahlung der Rente ist lediglich der Ertragsanteil zu versteuern, also der angesammelte Zins.

Riester-Rente

Entgeltumwandlung

Formen der betrieblichen Altersversorgung

Abgrenzung nur im Einzelfall

*Falls Gratifikationen mehrfach in derselben Höhe mit derselben Begründung und ohne den ausdrücklichen Vorbehalt der Einmaligkeit und Freiwilligkeit zugestanden werden, entsteht die zu Beginn dieses Kapitels zitierte **betriebliche Übung**. Den betreffenden Mitarbeiterinnen und Mitarbeitern erwächst in diesem Fall ein Rechtsanspruch auf die Gratifikation selbst dann, wenn ihre Verträge kein derartiges Entgelt vorsehen. Damit wird die Gratifikation also zur Sonderzahlung.*

Überhaupt kann man Zuwendungen nicht generell in Gratifikationen auf der einen und Sonderzahlungen auf der anderen Seite unterteilen. Was für den einen laut Arbeits- oder Tarifvertrag, Betriebs- oder Dienstvereinbarung eine Sonderzahlung ist, kann für den anderen eine Gratifikation sein.

Für Verträge ab dem Jahr 2005 ist die spätere Rente steuer- und, unter Berücksichtigung der Freibeträge, renten- sowie pflegeversicherungspflichtig.

Für diese Verträge ab dem Jahr 2005 ohne die Förderung nach dem Altersvermögensgesetz sind pro Jahr Beiträge bis maximal vier Prozent der Beitragsbemessungsgrenze zur Rentenversicherung zuzüglich 1.800 Euro steuerfrei. Zudem sind pro Jahr Beiträge bis maximal vier Prozent der Beitragsbemessungsgrenze zur Rentenversicherung sozialversicherungsfrei. Die etwaigen zusätzlichen 1.800 Euro sind jedoch sozialversicherungspflichtig.

Mit einer Förderung nach dem Altersvermögensgesetz sind die Beiträge aber voll steuer- und sozialversicherungspflichtig.

▶ Der Arbeitgeber gewährt dem Arbeitnehmer einen Rechtsanspruch auf Versorgungsleistungen, also eine Kapital- oder Rentenzahlung, gegen eine Betriebs-, Konzern- oder Gruppen-**Pensionskasse.**

Hier gelten dieselben steuer- und sozialversicherungsrechtlichen Regelungen wie bei der Direktversicherung in Verträgen ab 2005.

▶ **Pensionsfonds** werden von einzelnen oder mehreren Arbeitgebern getragen, können aber auch von einem externen Träger, etwa einem Finanzdienstleister, angeboten werden. Der Unterschied zu den Direktversicherungen und Pensionskassen liegt in den liberaleren Anlagevorschriften. Pensionsfonds haben erweiterte Möglichkeiten zur Anlage in Aktien. Hier gelten ebenfalls die vorgenannten steuer- und sozialversicherungsrechtlichen Regelungen.

Da der Arbeitgeber bei der Sozialversicherungsfreiheit von Beiträgen ebenfalls Sozialabgaben spart, kann er diesen Vorteil als Zuzahlung an die Arbeitnehmer weiterreichen und deren Betriebsrente damit, quasi zum Nulltarif, aufstocken.

Spätestens nach fünfjähriger Betriebszugehörigkeit bzw. Zusagedauer und ab dem 25. Lebensjahr werden diese Altersversorgungsansprüche unverfallbar. Sie bleiben also erhalten, selbst wenn der Arbeitnehmer das Unternehmen verlässt. Zudem sind sie auch im Falle der Insolvenz des Arbeitgebers gesichert *(Grawert 2007, S. 12 f.)*.

5.4.3.4 Weitere Zuwendungen

Die folgenden Zuwendungen zählen ebenfalls, je nach den Besonderheiten des Einzelfalls, zu den Sonderzahlungen oder den Gratifikationen:

▶ der Ersatz der **Umzugskosten**,

▶ ein Zuschuss zu den **vermögenswirksamen Leistungen**, das heißt bestimmten Vermögensanlagen, die nach dem Vermögensbildungsgesetz für die Bezieher geringer Einkommen zudem durch gesetzliche Sparzulagen gefördert werden,

▶ **Verpflegungszuschüsse**,

▶ der Ersatz der dienstlichen **Reisekosten**, also der Fahrtkosten, der Mehraufwendungen für die Verpflegung und der Übernachtungskosten bei Dienstreisen ins In- und Ausland,

▶ sogenannte **Länderzulagen** für Mitarbeiterinnen und Mitarbeiter im Auslandseinsatz,

▶ **Abfindungen** im Zusammenhang mit einer Auflösung des Arbeitsverhältnisses, etwa durch einen Aufhebungsvertrag,

▶ verbilligte **Arbeitgeberdarlehen**,

▶ die private Nutzung eines **Dienstwagens** und **Jobtickets**,

▶ **Beihilfen** zu besonderen Anlässen wie Todesfällen in der Familie,

▶ **Mietzuschüsse** oder die Stellung von **Werkswohnungen** und

▶ **Zuschüsse** zu steuerlich begünstigten Aufwendungen.

Zum Teil bringen auch diese Sonderzahlungen und Gratifikationen den Empfängern und dem Unternehmen Steuervorteile und Einsparungen bei den Sozialversicherungsbeiträgen ein.

Zudem gelten viele Sonderzahlungen und Gratifikationen neben Sachleistungen, wie etwa Reisen, als sogenannte **Incentives**, mit denen man Leistungsanreize setzen und gezeigte Leistungen belohnen will (*Bröckermann 2002 b, S. 488 ff.*, Kapitel Personalführung und -service).

Incentives

5.4.4 **Prämie, Pensumentgelt und Provision**

Prämien und Provisionen sind leistungsbezogene zusätzliche Vergütungen, die eine Grundvergütung, in der Regel einen anforderungsbezogenen Zeitlohn oder ein anforderungsbezogenes

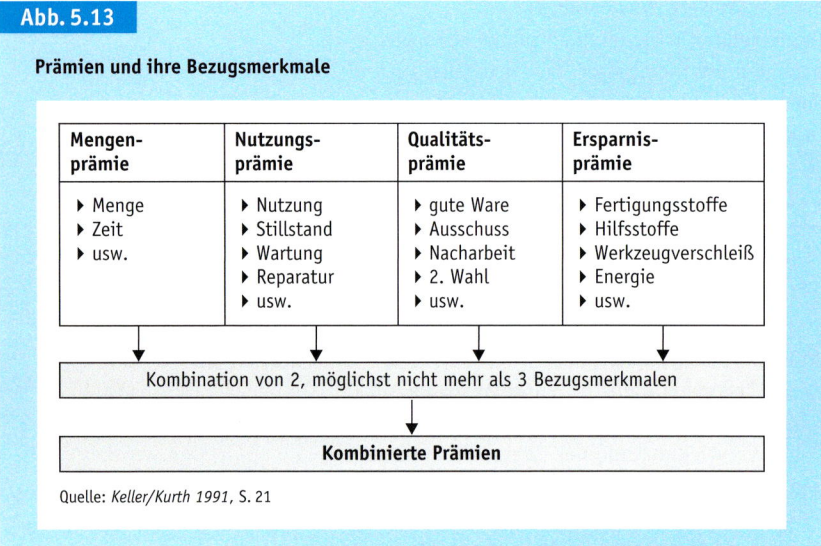

Abb. 5.13

Prämien und ihre Bezugsmerkmale

Mengen-prämie	Nutzungs-prämie	Qualitäts-prämie	Ersparnis-prämie
▸ Menge ▸ Zeit ▸ usw.	▸ Nutzung ▸ Stillstand ▸ Wartung ▸ Reparatur ▸ usw.	▸ gute Ware ▸ Ausschuss ▸ Nacharbeit ▸ 2. Wahl ▸ usw.	▸ Fertigungsstoffe ▸ Hilfsstoffe ▸ Werkzeugverschleiß ▸ Energie ▸ usw.

Kombination von 2, möglichst nicht mehr als 3 Bezugsmerkmalen

Kombinierte Prämien

Quelle: *Keller/Kurth 1991*, S. 21

▸ mit wirtschaftlich vertretbarem Aufwand erfassen lassen,
▸ sie müssen vom Menschen beeinflussbar sein,
▸ ihre Steigerung muss wirtschaftlich und organisatorisch zweckmäßig sein und
▸ die Leistungssteigerung muss für die Beschäftigten zumutbar sein.

Keller und *Kurth (1991, S. 19 ff.)* führen Prämien an, die einzeln oder in Kombination ausgelobt werden können, wenn die besagten Voraussetzungen gegeben sind *(Abb. 5.13)*.

Dabei sind sowohl Einzel- wie auch Gruppenprämien möglich. Analog zum Akkord wird
▸ mit **Einzelprämien** die Arbeitsleistung einzelner Beschäftigter erfasst und entlohnt,
▸ mit **Gruppenprämien** die Arbeitsleistung einer Arbeitsgruppe entlohnt. Um zur Prämie für die einzelne Arbeitskraft zu gelangen, muss man zunächst die Gruppenprämie errechnen. Danach wird sie auf die Beschäftigten aufgeteilt. Dazu verwendet man Äquivalenzziffern, beispielsweise in Form der unterschiedlichen Tariflöhne der Gruppenmitglieder oder ihrer unterschiedlichen Arbeitszeit. Gruppenprämien sind nur zweckmäßig, wenn die Arbeitsgruppe überschaubar und stabil ist, die Mitglieder ähnliche Arbeiten verrichten und keine großen Leistungsunterschiede zeigen, ferner wenn die Ermittlung der Prämien transparent und für jedes Mitglied nachkontrollierbar ist. Wie beim Gruppenakkord kontrollieren sich die Gruppenmitglieder gegenseitig.

Prämien können in ein betriebliches Vorschlagswesen integriert sein. In diesem Fall werden sie für Verbesserungsvorschläge fällig, die von einer Expertenkommission beurteilt werden *(Brandt 2007, S. 41 ff.)*.

Gehalt, ergänzen. Ihre Höhe wird durch eine quantitative Leistungsbewertung anhand von Leistungsziffern ermittelt. Auch der Pensumlohn beinhaltet eine leistungsbezogene Komponente, die auf Leistungsziffern beruht.

Der Begriff **Leistungsziffer** verdeutlicht, dass die Kennzahlen durch Messen oder Zählen gewonnen werden. Die individuelle Leistung wird mittels eines Vergleichs von Sollvorgaben für Zeiten, Mengen und Arbeitsgüte und den aktuell ermittelten Zeiten, Mengen und der Arbeitsgüte eingeschätzt.

Leistungsziffern

5.4.4.1 Prämie
Durch die Gewährung von Prämien will man die Beschäftigten dazu anhalten, ihre Leistung zu steigern. Man zielt jedoch, neben der Mengenleistung, auf bestimmte Arbeitsergebnisse ab, an deren Verbesserung dem Unternehmen aus wirtschaftlichen und sonstigen Gründen besonders gelegen ist. Anders als beim Akkordlohn, der ausschließlich auf die Mengenleistung ausgelegt ist, fasst man mit Prämien eine optimale Leistung im Schnittpunkt von Mensch, Maschine und Material ins Auge *(Berthel/Becker 2007, S. 459 ff., Olfert 2008, S. 335 ff.)*.

Wie bei der Akkordentlohnung sind auch für eine Prämienentlohnung einige Voraussetzungen unabdingbar. Die Leistungsziffern müssen
▸ sich nach sachlichen Maßstäben und

Voraussetzungen für Prämienentlohnung

5.4.4.2 Pensumentgelt
Leistungsziffern liegen auch dem Pensumlohn zugrunde. Der Pensumlohn ist auch unter den Bezeichnungen Measured Day Work (MDW), Fair Days Work, Festlohn mit geplanter Tagesleistung, überwachter Zeitlohn, Kontraktlohn, Vertragslohn und Programmlohn bekannt *(Olfert 2008, S. 338 ff.)*.

Vor- und Nachteile von Prämien

Gewichtige Argumente sprechen für die Einführung von Prämien:

▸ *Prämien bieten die Möglichkeit, unter **verschiedenen Kriterien jene einzeln oder kombiniert** auszuwählen, die für das Erreichen der angestrebten wirtschaftlichen Ziele des Unternehmens am vorteilhaftesten erscheinen.*

▸ *Die Beziehungen zwischen Leistung und Prämie kann in unterschiedlicher Weise, das heißt linear, degressiv oder progressiv bzw. auch stufenweise oder in Kombination dieser Kurvenverläufe gestaltet werden. Mit dieser **Variationsbreite** können Prämien den wirtschaftlichen Zielen des Unternehmens in unterschiedlichster Form gerecht werden.*

▸ *Durch die Kombination der einzelnen Einflussgrößen und die Variationsmöglichkeiten kann beispielsweise die Mengenleistung so begrenzt werden, dass weder die Qualität noch Menschen und Anlagen überbeansprucht werden. Ungünstige Folgen auf die Wirtschaftlichkeit und die Gesundheit werden so gemindert.*

Neben den eingangs angesprochenen Risiken und Zweifeln, die eine freiwillige, leistungsbezogene zusätzliche Vergütung immer begleiten, ist bei Prämien vor allem der hohe Aufwand für die Bestimmung der Leistungsziffern nachteilig.

Der **Pensumlohn** ist dem Akkord- und dem Prämienlohn sehr ähnlich. Er besteht, wie der Prämienlohn, aus zwei Bestandteilen, dem **Grundlohn** und dem **Pensumentgelt**. Das Pensumentgelt wird für ein festgelegtes Arbeitsvolumen gewährt, also eine Mengenleistung wie beim Akkordlohn.

Der Pensumlohn stellt aber ein Manko des Akkord- und des Prämienlohns ab: Da die Leistungen der Beschäftigten einem gewissen Auf und Ab unterliegen, schwanken auch die leistungsabhängigen Lohnanteile ihres Akkord- oder Prämienlohns. Denn die tatsächlich erbrachte Leistung und die davon abhängige Höhe des leistungsabhängigen Lohnanteils wird beim Akkord- und Prämienlohn erst nach Beendigung eines Arbeitsauftrages oder am Ende einer Abrechnungsperiode festgestellt.

Der Pensumlohn bezieht sich dagegen auf eine **erwartete Leistung**. Von den einzelnen Beschäftigten wird auch hier ein definiertes Leistungsergebnis erwartet. Das leistungsabhängige Pensumentgelt wird entsprechend dem vereinbarten Arbeitsergebnis mithilfe von Leistungsziffern für die künftige Abrechnungsperiode festgelegt. Wird nun im Rahmen der periodischen Überwachung eine Abweichung festgestellt, hat das rückwirkend keine Auswirkungen auf das leistungsabhängige Pensumentgelt, wohl aber auf die Festsetzung des Pensumentgelts für die nachfolgende Abrechnungsperiode. Der Pensumlohn wird also in der Erwartung gezahlt, dass das vorher festgelegte Leistungsergebnis, das Leistungsziel oder Leistungspensum, erreicht wird. Er ist somit zwar von dem erbrachten Arbeitsergebnis abhängig, hat gleichzeitig jedoch Festlohncharakter.

Neben einer periodischen Gegenüberstellung von vorgegebener Soll-Mengenleistung zur tatsächlich erbrachten Ist-Mengenleistung bestimmt man die Ursachen für Abweichungen über das übliche Maß hinaus. Schließlich werden Maßnahmen zur Beseitigung der Ursachen getroffen.

Pensumlohn

Erwartete Leistung

Vor- und Nachteile des Pensumlohns

Durch die im Ablauf einer Abrechnungsperiode konstanten Entgelte entschärft der Pensumlohn die Streitigkeiten über die Leistungsvorgaben, die beim Akkord- und Prämienlohn häufig vorkommen. Auch werden die Beschäftigten nicht zu steter Ergebnissteigerung motiviert, wenn dies unzweckmäßig ist oder das Erfüllen fester Pensen den Geschäftsverlauf besser unterstützt. Die festen

Lohnpensen vereinfachen zudem die Abrechnung. Allerdings fehlt ein direkter finanzieller Leistungsanreiz. Die Führungsaufgaben nehmen die Vorgesetzten deshalb stärker als bei anderen Leistungslohnsystemen in Anspruch. Außerdem empfiehlt es sich, zur Lenkung des Pensumentgelts ein computergestütztes Fertigungssteuerungssystem zu installieren.

5.4.4.3 Provision

In den Genuss von Provisionen kommen vielfach Reisende und Handelsvertreter. Provisionen sind gleichfalls zusätzliche Vergütungen, die für gewöhnlich neben einer festen Grundvergütung, in der Regel einem Gehalt, gezahlt werden. Das **Grundgehalt** wird auch als **Fixum** bezeichnet. Häufig macht das Fixum im Vergleich zu den Provisionen nur einen geringen Betrag aus.

Fixum

> Die Provisionen werden auf der Grundlage von Leistungsziffern errechnet, oft einem bestimmten Prozentsatz der erwirtschafteten Umsätze, der Deckungsbeiträge oder ähnlicher betriebswirtschaftlicher Kennzahlen.

Provisionen sind ebenso durch die eingangs angesprochenen Risiken und Zweifel gekennzeichnet, die eine freiwillige, leistungsbezogene zusätzliche Vergütung immer begleiten. Wie bei der Prämie und dem Pensumentgelt ist vor allem ein hoher Aufwand für die Bestimmung der Leistungsziffern zu beklagen.

Bestimmung der Leistungsziffern aufwändig

5.4.5 Leistungszulage

Man verwendet **Leistungswerte** immer dann, wenn der Beitrag der Beschäftigten am Arbeitsergebnis zwar nicht in Leistungsziffern gemessen oder gezählt, wohl aber qualitativ beurteilt werden kann (Kapitel Personalbeurteilung). Leistungswerte lassen die Leistungsziffern immer mehr in den Hintergrund treten. Infolge der technologischen Entwicklung im produktiven Bereich sinkt nämlich der Anteil der vom Menschen beeinflussbaren Abläufe auch in Zukunft noch weiter.

Leistungswert

> Die Leistungswerte bilden die Grundlage für die Bestimmung von Leistungszulagen. Mit diesen Leistungszulagen erkennt man den Fleiß, die Sorgfalt, die Aufmerksamkeit, die Zuverlässigkeit, flexible Einsatzmöglichkeiten und dergleichen mehr an. Man geht davon aus, dass die Zulagenempfänger die bewertete Leistung auch künftig erbringen.

Das Musterbeispiel für die Verwendung von Leistungswerten ist der **Zeitlohn mit Leistungsbewertung**. Hier wird die Grundvergütung, ein Zeitlohn, durch eine oder mehrere Zulagen, etwa für hohe Qualität und Flexibilität, ergänzt. Diese Zulagen bleiben über einen gewissen Zeitraum konstant. Sie werden nach der folgenden Personalbeurteilung neu festgesetzt.

5.4.6 Erfolgsbeteiligung

Alle bislang angesprochenen leistungsbezogenen Grundvergütungen und leistungsbezogenen zusätzlichen Vergütungen beteiligen die Beschäftigten, die jene Leistungen erwirtschaften, am Erfolg ihres Leistungseinsatzes. Mit dem Begriff Erfolgsbeteiligung oder **Tantieme** meint man jedoch nicht ein auf die eigene Leistung bezogenes Entgelt, sondern eine Beteiligung am Erfolg des Beschäftigungsunternehmens. Dieser Unternehmenserfolg ist nicht nur in der eigenen Leistung begründet, sondern in der Leistung aller Personen und Institutionen, die die Geschicke des Unternehmens bestimmen *(Drumm 2005, S. 633 ff., Hentze/Graf 2005, S. 174 ff.)*.

Streng genommen sind Erfolgsbeteiligungen keine Entgelte. Die Arbeitsentgelte, das heißt Löhne, Gehälter, Ausbildungsvergütungen, Zuschläge, Sonderzahlungen, Gratifikationen, Prä-

---

Unter der Lupe

Vor- und Nachteile von Leistungszulagen

*Die Zulagen nach Leistungswerten zeichnen sich durch ihre **große Anwendungsbreite** aus. Für sie gelten jedoch ebenfalls die erwähnten Zweifel und Risiken, die im Zusammenhang mit Leistungszulagen generell bedacht werden müssen. Der **Leistungsbezug*** *geht wegen der größeren Abstände zwischen den einzelnen Zeitpunkten der Leistungsbewertung oft verloren. Die qualitative Leistungsbewertung ist ferner ein **aufwändiges Verfahren**, das verdeckte **Konflikte** und **Unzufriedenheiten** wecken kann.*

mien, Pensumentgelte, Provisionen und Zulagen sind ebenso wie die Honorare Kostenbestandteile und beeinflussen die Gewinnerzielung. Erfolgsbeteiligungen sind dagegen Ertragsbestandteile, stellen also Gewinnverwendung dar.

5.4.6.1 Begründung für Erfolgsbeteiligungen

Der Erfolgsbeteiligung liegt die Überlegung zugrunde, dass jeder Produktionsfaktor theoretisch nach seinem produktiven Beitrag zu entlohnen ist. Der von allen Produktionsfaktoren gemeinsam erzielte Ertrag müsste folglich so aufgeteilt werden, dass jeder Faktor den Anteil am Ertrag erhält, der auf seine Mitwirkung zurückzuführen ist.

In der Praxis ist das aber nicht durchführbar. Erstens gibt es keine objektiven Kriterien für die Feststellung des Anteils der Beschäftigten am Gesamtertrag, also des produktiven Beitrages des Produktionsfaktors Arbeit. Zweitens wäre eine Aufteilung erst möglich, wenn das Betriebsergebnis bekannt ist. Das ist am Ende eines Geschäftsjahres. So lange können die Beschäftigten aber nicht warten. Deshalb erhält der **Produktionsfaktor Arbeit**, aus ähnlichen Gründen auch das Fremdkapital, ein **vertraglich vereinbartes Entgelt**. Der übrige Teil des nach Abzug der Kosten der sonstigen eingesetzten Produktionsfaktoren verbleibenden Ertrages fällt dem Eigenkapital zu. Das Eigenkapital trägt somit einerseits das Risiko, hat aber andererseits die Chance auf Gewinne. Daraus folgt, dass vertraglich vereinbarte Entgelte nur zufällig gleich dem produktiven Beitrag sein können. In der Regel sind sie höher oder niedriger als das theoretisch richtige Entgelt. Die Erfolgsbeteiligung schafft hier einen Ausgleich. Da vertraglich vereinbarte Entgelte aber auch zu hoch sein können, ist die logische Konsequenz einer Gewinnbeteiligung eine Verlustbeteiligung. Eine Verlustbeteiligung steht jedoch in Widerspruch zu diversen Rechtsvorschriften. Davon abgesehen kann es den Beschäftigten nicht zugemutet werden, Verluste aus ihrer regelmäßig einzigen Einkommensquelle, dem Entgelt, auszugleichen. Und schließlich tragen die Arbeitnehmerinnen und Arbeitnehmer das Risiko des Arbeitsplatzverlustes. Allerdings sollte das Unternehmen aus den Gewinnanteilen der Beschäftigten zunächst eine Rücklage bilden, aus der Verluste in der

Höhe gedeckt werden können, in der sie von den Beschäftigten zu tragen sind.

Neben dieser theoretischen Argumentation sprechen einige praktische Gründe für eine Erfolgsbeteiligung. Man geht davon aus, dass eine Erfolgsbeteiligung

- ▸ eine erhöhte **Verantwortlichkeit** und **Arbeitsproduktivität** der Beschäftigten,
- ▸ eine **Verminderung der Fluktuation** sowie
- ▸ ein **partnerschaftliches Verhältnis** zwischen Arbeitnehmerschaft und Management im Sinne eines gemeinsamen Einsatzes für eine möglichst gewinnbringende Unternehmensführung bewirkt.
- ▸ Außerdem können zum Teil **Vorteile** für die **Rechnungslegung** und die **Besteuerung** erreicht werden. *(Schneider/Fritz/Zander 2007, S. 17 ff.)*

Folgt man der theoretischen und praktischen Argumentationslinie, so müsste man, wenn überhaupt, allen Beschäftigten eine Erfolgsbeteiligung einräumen. So wird es auch von einer nennenswerten Zahl von Unternehmen praktiziert. Viele Beschäftigte und Gewerkschaften haben sich die Vorteile der Erfolgsbeteiligung aber noch nicht zu eigen gemacht. Deshalb werden oft nur Vorstands- und Aufsichtsratsmitglieder von Kapitalgesellschaften sowie leitende Angestellte begünstigt.

5.4.6.2 Bemessungsgrundlagen

In Anlehnung an die verschiedenen betrieblichen Erfolgsgrößen unterscheidet man folgende **Formen der Erfolgsbeteiligung** *(Abb. 5.14, Büh-*

Theoretische Begründung

Praktische Gründe

Begünstigte

Ausgleich

Abb. 5.14

Formen der Erfolgsbeteiligung

Leistungsbeteiligung	Ertragsbeteiligung	Gewinnbeteiligung
▸ Produktionsbeteiligung ▸ Produktivitätsbeteiligung ▸ Kostenersparnisbeteiligung	▸ Umsatzbeteiligung ▸ Rohertragsbeteiligung ▸ Wertschöpfungsbeteiligung ▸ Nettoertragsbeteiligung	▸ Unternehmensgewinnbeteiligung ▸ Betriebsgewinnbeteiligung ▸ Ausschüttungsgewinnbeteiligung ▸ Substanzgewinnbeteiligung

Quelle: *Wöhe/Döring* 2008, S. 160

ner 2005, S. 164 f., Jung 2008, S. 610 f., Schneider/Fritz/Zander 2007, S. 67 ff.).

Leistungsbeteiligung

Die **Leistungsbeteiligung** sichert der Belegschaft, einer Abteilung oder Gruppe die Teilhabe an der Überschreitung einer vorab definierten Normalleistung zu. Ausschlaggebend sind bei der Produktionsbeteiligung die Produktionsmenge, bei der Produktivitätsbeteiligung das Verhältnis von produzierter Menge und Faktoreinsatz, bei der Kosteneinsparungsbeteiligung die erzielten Kosteneinsparungen. Allerdings bleiben dabei die möglicherweise entscheidenden Gegebenheiten des Absatzmarktes völlig außer Betracht.

Ertragsbeteiligung

Die **Ertragsbeteiligung** bezieht sich hingegen auf die am Markt abgesetzten Leistungen. Die Beschäftigten sind bei der Umsatzbeteiligung an den erwirtschafteten Erlösen beteiligt. Bei der Rohertragsbeteiligung werden außerordentliche Erträge nicht berücksichtigt, bei der Nettoertragsbeteiligung zudem kalkulatorische Kosten wie Unternehmerlohn und Eigenkapitalverzinsung abgezogen. Für die Wertschöpfungsbeteiligung ist die Differenz zwischen dem Umsatz oder Nettoertrag und dem betrieblichen Aufwand zur Leistungserstellung maßgeblich.

Gewinnbeteiligung

Trotz hoher Absatzzahlen und trotz hervorragender Leistungsergebnisse kann es geschehen, dass ein Unternehmen Verluste erwirtschaftet. Diese Tatsache bleibt sowohl bei der Leistungsals auch bei der Ertragsbeteiligung unberücksichtigt. Deshalb setzen die meisten Unternehmen, die eine Erfolgsbeteiligung praktizieren, auf den Gewinn als Bemessungsgrundlage.

▸ Der **Unternehmensgewinn** ergibt sich in der Bilanz als Differenz zwischen dem Vermögen des Unternehmens am Ende und am Anfang einer Abrechnungsperiode abzüglich der Kapitaleinlagen und zuzüglich der Entnahmen. Da die Vermögensteile des Unternehmens einer Bewertung unterliegen, besteht trotz gesetzlicher Rechnungslegungsvorschriften die Möglichkeit, durch eine niedrige Bewertung bestimmter Vermögensteile stille Rücklagen zu bilden. Dadurch wird der Gewinn einer Abrechnungsperiode und folglich auch die Gewinnbeteiligung gesenkt. Die Bewertungsvorschriften der **Handelsbilanz** verhindern derartige Unterbewertungen und damit Gewinnmanipulationen nur in begrenztem Umfange. In der **Steuerbilanz** dagegen wird

die Bildung stiller Rücklagen weitgehend eingeengt. Deshalb eignet sich der Steuerbilanzgewinn besser als Grundlage für eine Erfolgsbeteiligung. Hier werden jedoch die Eigenkapitalgeber ihr Veto einlegen. Auch in der Steuerbilanz gilt die Verzinsung des Eigenkapitals als Kostenart. Die Eigenkapitalverzinsung darf also nicht als Betriebsausgabe angesetzt werden. Sie ist vielmehr im Gewinn enthalten. Um den Eigenkapitalgebern diese Verzinsung zu sichern, muss folglich vor einer Gewinnbeteiligung der Beschäftigten zunächst eine angemessene Verzinsung des Eigenkapitals vom Gewinn abgesetzt werden.

▸ Gewinne und Verluste sind nicht immer nur das Ergebnis der betrieblichen Tätigkeit. Sogenannte neutrale Gewinne oder Verluste erwachsen etwa aus Wertpapiergeschäften, Beteiligungen und Spekulationen, an deren Zustandekommen die Beschäftigten für gewöhnlich keinen Anteil haben. Demgemäß sollte vor einer Erfolgsbeteiligung eine Trennung zwischen Betriebsergebnis und neutralem Ergebnis erfolgen, es sei denn, Beteiligungen oder Wertpapiere sind aus Mitteln finanziert worden, die aus nicht entnommenen Gewinnanteilen der Beschäftigten stammen. Ansonsten wären die Beschäftigten nur am **Betriebsgewinn** zu beteiligen. Ebenso hätten sie nur anteilmäßig für Betriebsverluste einzustehen.

▸ Die Beteiligung am **Ausschüttungsgewinn** ist an die Dividende geknüpft, also an den Gewinn, der an die Kapitaleigner ausgeschüttet wird. Bemessungsgrundlage ist entweder die Dividendensumme oder der Dividendensatz.

▸ Die steuerliche Einheitswertberechnung ermöglicht es, Änderungen des Substanzwertes eines Unternehmens festzustellen. Bei der **Substanzgewinnbeteiligung** partizipieren die Beschäftigten anteilig an den Substanzwertmehrungen oder -minderungen.

5.4.6.3 Verteilung

Wenn der Kreis der Begünstigten und die Bemessungsgrundlage einer Erfolgsbeteiligung bestimmt sind, muss über die Verteilung der Erfolgsanteile entschieden werden.

Wie eingangs dargelegt, kann aber der produktive Beitrag der einzelnen Produktionsfaktoren nicht genau ermittelt werden. Deshalb kann die Basis der Aufteilung des Gewinns zwischen Arbeit und Kapital nur eine Schätzung sein. In der Praxis verwendet man meistenteils die sogenannte **Lohnkonstante**, eine Verhältniszahl aus

▸ der Lohn- und Gehaltssumme und
▸ dem Gesamtumsatz oder
▸ dem um die Eigenkapitalverzinsung gekürzten handelsrechtlichen Ergebnis oder
▸ dem betriebsnotwendigen Kapital.

Der auf die Arbeit insgesamt entfallende Anteil kann entweder als **Kollektivbeteiligung** für soziale Maßnahmen des Unternehmens verwendet werden oder als **Individualbeteiligung** auf die einzelnen Mitarbeiterinnen und Mitarbeiter verteilt werden.

Im Falle der Individualbeteiligung muss eine Aufteilung auf die einzelnen Beschäftigten vorgesehen werden. Zu diesem Zweck bildet man **Äquivalenzziffern**, die neben dem Jahresentgelt auch die Dauer der Betriebszugehörigkeit und soziale Gesichtspunkte berücksichtigen können.

5.4.6.4 Verwendung

Zu guter Letzt steht die Frage nach der Verwendung der Erfolgsanteile an.

Dabei ist die Barauszahlung nicht die günstigste Alternative. Die Begünstigten erlangen so keinen Einfluss auf das Unternehmen. Sie müssen für die Barauszahlung, die aus versteuerten Gewinnen stammt, Einkommensteuer zahlen. Vorteile nach dem Vermögensbildungsgesetz entfallen vollständig. Außerdem geht das Geld, das einer Finanzierungs- und Liquiditätsverbesserung dienen könnte, dem Unternehmen verloren. Schließlich ermöglicht die Barausschüttung keine engere Bindung der Arbeitnehmer an das Unternehmen.

Aus diesen Gründen bietet es sich an, die Erfolgsbeteiligung als sogenannte **Long Term Incentives** in eine **Kapitalbeteiligung** umzuwandeln. Die Erfolgsanteile der oder des einzelnen Beschäftigten werden hier als Investivlohn teilweise oder ganz der Finanzierung des Unternehmens zugeführt. Zudem werden Beteiligungs-

fonds staatlich gefördert, und eine direkte Beteiligung von bis zu 360 Euro ist steuer- und sozialversicherungsfrei *(Geiling 2008, S. 16 ff., Schneider/Fritz/Zander 2007, S. 149 ff.)*.

▸ Im Rahmen der **indirekten Kapitalbeteiligung** wird zwischen das Unternehmen und die Beschäftigten eine Institution mit eigener Rechtspersönlichkeit, etwa eine Vermögensverwaltungsgesellschaft, geschaltet. Über diesen Belegschaftsfonds läuft die kapitalmäßige Bindung zwischen dem Unternehmen und den Beschäftigten. Dadurch werden kurzfristige Schwankungen der Zahl und der Höhe der Beteiligungen aufgefangen.

▸ Bei der **direkten Kapitalbeteiligung** besteht ein unmittelbares Beteiligungsverhältnis zwischen Beschäftigtem und Unternehmen, das neben das bestehende Vertragsverhältnis tritt.

Bekannt sind die in *Abb. 5.15* gezeigten Formen der direkten und indirekten Kapitalbeteiligung *(Bühner 2005, S. 165 ff., Jung 2008, S. 612 ff., Schneider/Fritz/Zander 2007, S. 145 ff.)*.

Bei einer **Fremdkapitalbeteiligung** werden die Beschäftigten zu Gläubigern des Unternehmens. Mit einem Mitarbeiterdarlehen stellen sie dem Unternehmen für einen vereinbarten Zeitraum einen Geldbetrag zur Verfügung, der ihnen zu einem bestimmten Zeitpunkt zurückgezahlt wird. Für die Kapitalüberlassung erhalten die Beschäftigten ein Entgelt. Mitarbeiterschuldverschreibungen sind festverzinsliche Wertpapiere,

Kollektivbeteiligung

Individualbeteiligung

Fremdkapitalbeteiligung

Abb. 5.15

Formen der Kapitalbeteiligung

Fremdkapitalbeteiligung	Eigenkapitalähnliche Beteiligung	Eigenkapitalbeteiligung
▸ Mitarbeiterdarlehen ▸ Mitarbeiterschuldverschreibungen	▸ Stiller Gesellschafter ▸ Genussrechtsinhaber	▸ Gesellschafter einer GmbH, GmbH & Co. KG oder OHG ▸ Kommanditist einer KG oder GmbH & Co. KG ▸ (Kommandit-)Aktionär einer AG oder KGaA ▸ Genosse einer Genossenschaft

Quelle: nach *Bühner 2005*, S. 166

Eigenkapitalbeteiligung

die von den Beschäftigten zum Kurswert erworben werden.

Der **stille Gesellschafter** leistet eine eigenkapitalähnliche Beteiligung, nämlich eine Einlage, die in das Vermögen des Geschäftsinhabers übergeht. Dafür wird er am Gewinn beteiligt. Eine Verlustbeteiligung kann vertraglich ausgeschlossen werden. Er tritt nach außen hin nicht in Erscheinung und hat keinen Einfluss auf die Geschäftsführung. Letzteres gilt auch für den **Genussrechtsinhaber**, der auf den Abschluss eines Vertrages als Gläubiger Vermögensrechte an der Gesellschaft erhält.

Mit einer **Eigenkapitalbeteiligung** entsteht ein gesellschaftsrechtliches Verhältnis. Die Beschäftigten werden Miteigentümer des Unternehmens. Sie haben keine Garantie auf die Rückzahlung ihrer Kapitaleinlage und sind sowohl am Gewinn wie auch am Verlust beteiligt. Die Beteiligung und jede Änderung der Einlagenhöhe bei einer Gesellschaft mit beschränkter Haftung werden ins Handelsregister eingetragen. Das macht diese Form der Kapitalbeteiligung trotz der Möglichkeit der Haftungsbeschränkung unpraktikabel. Selten ist auch die Beteiligung an einer offenen Handelsgesellschaft, denn hier erstreckt sich die Haftung der Gesellschafter für die Verbindlichkeiten der Gesellschaft auf das Privatvermögen. Kommanditisten einer Kommanditgesellschaft oder einer GmbH & Co. KG haften zwar nur in Höhe ihrer Einlage. Sie werden jedoch steuerlich als Mitunternehmer behandelt, was dazu führt, das für das Entgelt zusätzlich Gewerbesteuer erhoben wird. Als geeignete Formen der Eigenkapitalbeteiligung der Arbeitnehmer haben sich folglich die Ausgabe von Belegschaftsaktien bei Aktiengesellschaften und Kommanditgesellschaften auf Aktien sowie der Erwerb von Genossenschaftsanteilen erwiesen.

5.5 Entgeltsystem

Da Beschäftigte eingedenk des eingangs erwähnten Prinzips der Gleichbehandlung das eigene Entgelt mit dem anderer Beschäftigter im Unternehmen vergleichen, sollten die Unternehmen ihre Arbeits- und Leistungsbewertung sowie die Marktzuschläge zu einem Entgeltsystem verbinden.

Entgeltmethoden

In einem solchen Entgeltsystem müssen für die genannten Zielvorgaben einheitliche Grundsätze, Verfahren und Werte, also **Entgeltmetho-**

Aus der Praxis

»US-amerikanische Unternehmen reduzieren den Anteil aktienbasierter Vergütung (Longterm Incentives, LTI) an der Gesamtvergütung ihrer Führungskräfte inner- und außerhalb der USA. Laut einer Analyse der Beratungsgesellschaft Towers Perrin hat mehr als ein Viertel der befragten Unternehmen in den letzten Jahren den Kreis der Berechtigten für den Bezug von Aktienoptionen verkleinert, ein Drittel plant, die Berechtigtenzahlen zukünftig weiter zu reduzieren. An die Stelle von Aktienoptionen treten zunehmend leistungs- und erfolgsorientierte Vergütungselemente wie Performance Shares: Ein Grund für diese Entwicklung sind Manipulationen von Aktienoptionen in der jüngsten Vergangenheit.«

Towers Perrin 2007: Towers Perrin (Verfasser unbekannt), »Umdenken«, in: Personalführung, Heft 10/2007, S. 12.

den definiert werden. Dadurch schließt man Willkür weitestgehend aus. Zugleich stellt man so vernünftige und einsichtige **Relationen** zwischen den Entgelten sicher. Dabei sind die Unternehmen laut *Herzberg (1966)* angehalten, ihre Entgeltsysteme unkompliziert zu gestalten, um nicht neue Ursachen für Arbeitsunzufriedenheit zu schaffen.

Zander (1994, S. 185 ff.) führt ein norddeutsches Unternehmen als **Beispiel** dafür an, wie Grundvergütungen und zusätzliche Vergütungen über eine Arbeits- und Leistungsbewertung bestimmt und in einem Entgeltsystem kombiniert werden können, das ein gerechtes Entgelt sicherstellt *(Abb. 5.16)*.

1. Der einschlägige Gehaltstarifvertrag sieht insgesamt 17 Tarifgruppen (TG) mit Tarifgruppenanfangsgehältern (TAG) vor.
2. Die Tarifpartner haben sich auf ein analytisches Arbeitsbewertungssystem mit einer Gesamtspannweite der Punktsumme von 10 bis 145 Punkte geeinigt, die jeweils in 9-er Sprünge unterteilt ist. So ergibt sich eine direkte Zuordnung der einzelnen Punktspannen zu den 17 Tarifgruppen.
3. Der Basiswert und der Arbeitspunktwert wurden ebenfalls im Rahmen der Gehaltstarifverhandlungen festgelegt. Sie betragen 1.054,90 Euro und 9,88 Euro.
4. Der Basiswert (1.054,90 Euro) und das Produkt aus oberem Wert der Spanne der Punktebewertung (hier 73, also ohnehin identisch mit der abgestimmten Punktebewertung) und Arbeitspunktwert (9,88 Euro) ergeben das Tarifgruppenanfangsgehalt (TAG, hier 1.776,14

Euro). Zudem ist eine Steigerung dieses Tarifgruppenanfangsgehaltes durch Dienstalterszulagen möglich, die jeweils pro Tarifgruppe in einer separaten Tabelle tarifvertraglich festgelegt sind.

5. Die besagte Punktebewertung kommt wie folgt zustande: Das Personalwesen des Unternehmens ermittelt und bewertet die Anforderungen (hier 68). Dasselbe macht die oder der jeweilige Vorgesetzte (hier 79). Der Arbeitskreis für Arbeitsbewertung, der Bewertungsausschuss, wägt die beiden Bewertungen ab (hier 73).
6. Zusätzlich zum Tarifgruppengehalt wird eine persönliche Leistungszulage gezahlt. Basis dafür ist das Ergebnis der einmal jährlich vom direkten Vorgesetzten durchzuführenden Leistungsbewertung. Sie kann zu Ergebnissen zwischen 6 und 15 Leistungspunkten führen. Diesen Leistungspunkten sind 10 Stufen zugeordnet. So entsprechen etwa 6 Punkte der Leistungsstufe 1, 15 Punkte der Leistungsstufe 10. Jeder Leistungsstufe entspricht ein Prozentsatz des jeweiligen Tarifgruppenanfangsgehaltes (TAG) ohne Dienstalterszulage. Beispielsweise 11 Punkte machen 10 Prozent, im Beispielsfall von 1.776,14 Euro aus, also gerundet 177,61 Euro. Insgesamt errechnet sich so ein Bruttogehalt von 1.953,75 Euro.

Beispiel Entgeltsystem

In dem Beispielsunternehmen können alle Beschäftigten Einblick in die Ergebnisse der Arbeitsbewertung nehmen, die sowohl im Personalwesen als auch beim Betriebsrat und für die betreffende Abteilung bei der jeweiligen Abteilungsleitung gesammelt vorliegen. Zudem

Transparenz

Abb. 5.16

Beispiel für ein Entgeltsystem

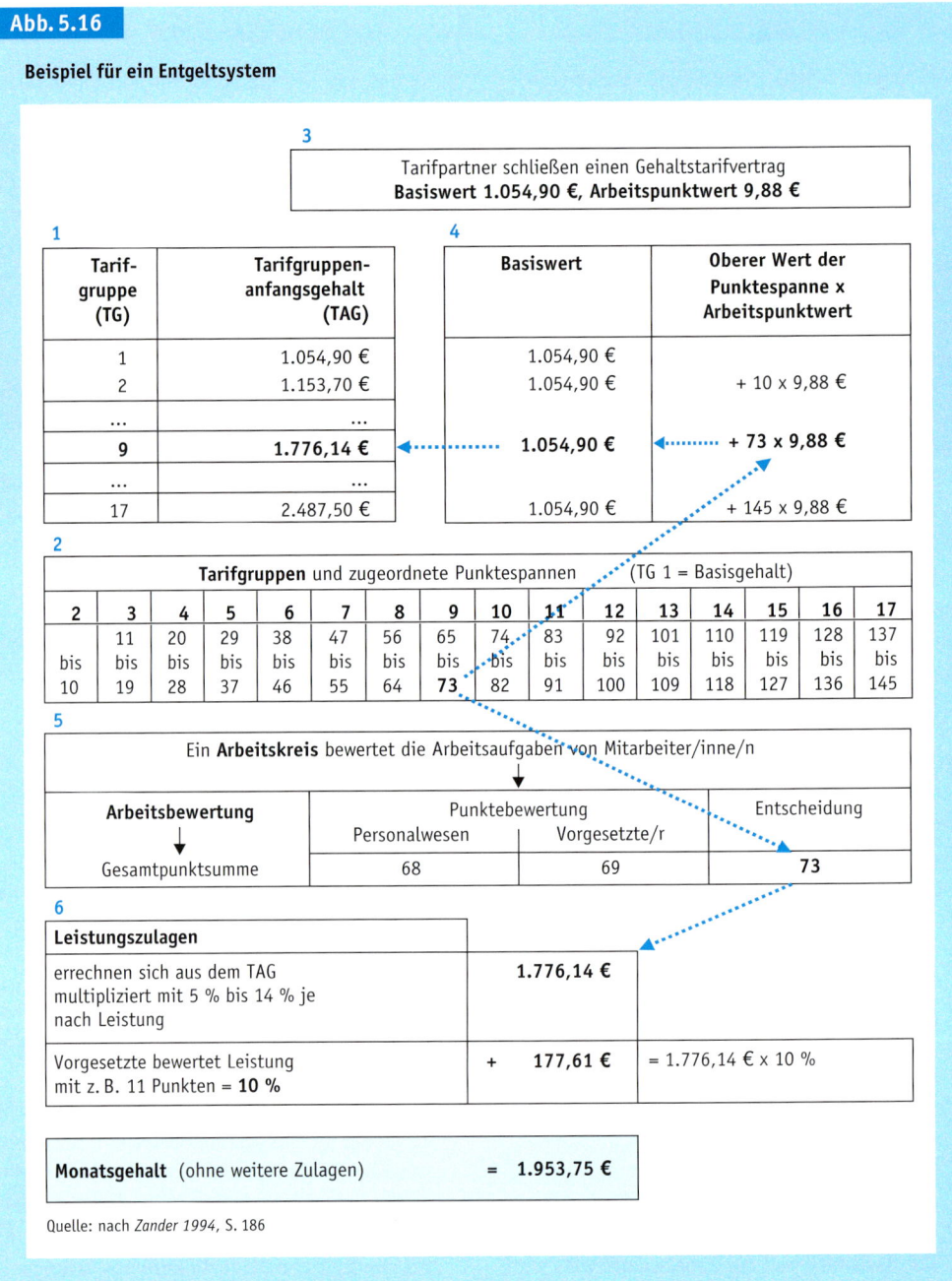

3

Tarifpartner schließen einen Gehaltstarifvertrag
Basiswert 1.054,90 €, Arbeitspunktwert 9,88 €

1

Tarif-gruppe (TG)	Tarifgruppen-anfangsgehalt (TAG)
1	1.054,90 €
2	1.153,70 €
...	...
9	**1.776,14 €**
...	...
17	2.487,50 €

4

Basiswert	Oberer Wert der Punktespanne x Arbeitspunktwert
1.054,90 €	
1.054,90 €	+ 10 x 9,88 €
1.054,90 €	**+ 73 x 9,88 €**
1.054,90 €	+ 145 x 9,88 €

2

Tarifgruppen und zugeordnete Punktespannen (TG 1 = Basisgehalt)

2	3	4	5	6	7	8	9	10	11	12	13	14	15	16	17
	11	20	29	38	47	56	65	74	83	92	101	110	119	128	137
bis	bis	bis	bis	bis	bis	bis	bis	bis	bis	bis	bis	bis	bis	bis	bis
10	19	28	37	46	55	64	**73**	82	91	100	109	118	127	136	145

5

Ein **Arbeitskreis** bewertet die Arbeitsaufgaben von Mitarbeiter/inne/n

Arbeitsbewertung	Punktebewertung		Entscheidung
	Personalwesen	Vorgesetzte/r	
Gesamtpunktsumme	68	69	**73**

6

Leistungszulagen	
errechnen sich aus dem TAG multipliziert mit 5 % bis 14 % je nach Leistung	**1.776,14 €**
Vorgesetzte bewertet Leistung mit z. B. 11 Punkten = **10 %**	+ **177,61 €** = 1.776,14 € x 10 %

Monatsgehalt (ohne weitere Zulagen)	= **1.953,75 €**

Quelle: nach *Zander 1994*, S. 186

kennen alle das obige Entgeltsystem. Deshalb können dort alle Beschäftigten ihr eigenes Tarifgehalt und die Tarifgehälter aller anderen Beschäftigten leicht nachvollziehen. Die individuellen Leistungszulagen sind weniger transparent. Trotzdem spricht es sich in der Praxis – zumindest innerhalb der Abteilung und Arbeitsgrup-

pen – schnell herum, wessen Leistung mit wie vielen Punkten bewertet worden ist.

Zander (1994, S. 188) lobt zu Recht die **offene Gehaltspolitik** dieses Unternehmens. Er hält es mit Fug und Recht für einen Fehler, wenn Geheimniskrämerei um die Gehälter dazu führt, dass selbst die direkten Vorgesetzten nicht ein-

»Viele Unternehmen in Deutschland sehen offenbar keinen Grund, an ihrem Vergütungssystem zu rütteln. Nach einer Studie der Nord Soft, die Provisionsabrechnungsmodelle entwickelt, geben in rund 400 Groß- und Mittelstandsunternehmen zwar 54 Prozent an, den Verdienst insgesamt stärker erfolgsorientiert ausrichten zu wollen. Doch haben sie wohl noch keine konkrete Vorstellung, wie sie das umsetzen

möchten: 69 Prozent wollen ihre bisherigen erfolgsorientierten Sonderzahlungen beibehalten. Die Frage, ob zukünftig bei einer größeren Zahl Mitarbeiter variable Gehälter mit Provisions- oder Bonusanteilen eingeführt werden sollen, verneinen sogar 81 Prozent.«
Nord Soft 2008: Nord Soft (www.nord-soft.de, Verfasser unbekannt), »Erfolgsorientiert vergüten«, in: Personal, Heft 07–08/2008, S. 57.

mal wissen, welche Gehälter das Management für ihre Mitarbeiterinnen und Mitarbeiter festgelegt hat. Vorgesetzte können sich nur dann für ein gerechtes und differenziertes Entgelt ihrer Mitarbeiterinnen und Mitarbeiter einsetzen, wenn sie deren Bezüge und die vergleichbarer Beschäftigter auch kennen.

Das beschriebene Entgeltsystem schließt mithin in der Tat Willkür weitestgehend aus, da es auf einheitlichen, weitestgehend transparenten

Grundsätzen, Verfahren sowie Werten beruht und vernünftige, einsichtige Relationen zwischen den Entgelten sicherstellt. Selbst wenn das beschriebene System auf den ersten Blick nicht gerade leicht verständlich ist, so wird es doch im täglichen Gebrauch eingängig. Deshalb wird im Ansatz auch *Herzbergs (1966)* Forderung beherzigt, das Entgeltsystem unkompliziert zu gestalten.

5.6 Sicherung des Arbeitsentgelts

5.6.1 Arbeitsentgelt ohne Arbeitsleistung

Gesetze, Tarifverträge, Betriebs- und Dienstvereinbarungen sowie Arbeitsverträge sehen eine Vielzahl von Regelungen vor, die den Beschäftigten im Sinne sozialer Gerechtigkeit für verschiedene Anlässe auch dann ein Arbeitsentgelt zusichern, wenn sie gar keine Arbeitsleistung erbracht haben.

5.6.1.1 Entgelt ohne Arbeit
Weist ein Arbeitgeber seinen Mitarbeiterinnen und Mitarbeitern keine Arbeit zu, so muss er ihnen laut § 615 des Bürgerlichen Gesetzbuches grundsätzlich weiterhin das Arbeitsentgelt zahlen *(Luke 2004, S. 244 ff.)*.

Nun sind viele Gründe vorstellbar, warum ein Arbeitgeber keine Arbeit zuweist: Er bekommt keine Waren zur Weiterverarbeitung, es ist ein Stromausfall zu verzeichnen oder das Wetter spielt böse Streiche. Hier gilt es zu prüfen, in

wessen **Gefahrensphäre** die Ursache liegt, in der des Arbeitgebers oder in der Sphäre der Arbeitnehmer, wenn zum Beispiel die Zulieferer bestreikt werden. Der Arbeitgeber ist immer in der Pflicht, wenn die Ursachen in seiner Sphäre liegen. Um unnötige Streitigkeiten zu verhindern, nehmen sich die Tarifpartner dieser Problematik häufig an. Die tarifvertraglichen Normen sehen zum Teil vor, dass die Beschäftigten für eine bestimmte Zeit andere Arbeiten akzeptieren oder die ausgefallene Arbeit später nachholen müssen.

Gefahrensphäre

5.6.1.2 Persönliche Verhinderung
§ 616 des Bürgerlichen Gesetzbuches besagt im Wortlaut: »Der zur Dienstleistung Verpflichtete wird des Anspruchs auf die Vergütung nicht dadurch verlustig, dass er für eine verhältnismäßig nicht erhebliche Zeit durch einen in seiner Person liegenden Grund ohne sein Verschulden an der Dienstleistung verhindert wird. Er muss sich jedoch den Betrag anrechnen lassen, welcher ihm für die Zeit der Verhinderung aus einer auf

BGB

Winterausfallgeld

Die §§ 209 ff. des Dritten Buchs des Sozialgesetzbuches sehen Regelungen für das Baugewerbe vor, genauer für den witterungsbedingtem Arbeitsausfall in der Schlechtwetterzeit vom 1. November bis 31. März (Pulte 2006, S. 45).

▶ Für die 1. bis 30. Ausfallstunde verwenden die Arbeitnehmer ihr angespartes Arbeitszeitguthaben.
▶ Für die 31. bis 100. Ausfallstunde zahlt die Agentur für Arbeit Winterausfallgeld in Höhe des Arbeitslosengelds, also 60 Prozent des letzten vollen Nettoentgelts, 67 Prozent bei Verheirateten mit Kind, aus der von den Bauarbeitgebern finanzierten Winterbauumlage. Der Arbeitgeber zahlt auf 80 Prozent des ausgefallenen Entgelts Beiträge zur Sozialversicherung, die ihm allerdings in voller Höhe von der Agentur für Arbeit aus den Mitteln der Winterbauumlage erstattet werden.

▶ Ab der 101. Ausfallstunde zahlt die Agentur für Arbeit Winterausfallgeld in Höhe des Arbeitslosengeldes, freilich aus Mitteln der Arbeitslosenversicherung. Der Arbeitgeber zahlt auf 80 Prozent des ausgefallenen Entgelts Beiträge zur Sozialversicherung, die ihm nicht erstattet werden.

Grund gesetzlicher Verpflichtung bestehenden Kranken- und Unfallversicherung zukommt.«

Dieser Paragraph regelt also die Zahlung des Arbeitsentgelts bei persönlicher Verhinderung der Beschäftigten.

Einige weitere gesetzliche Vorschriften konkretisieren diesen Grundsatz für spezielle Arbeitsversäumnisse, wie zum Beispiel § 629 des Bürgerlichen Gesetzbuches für die Stellensuche und § 2 Absatz 2 des Dritten Buchs des Sozialgesetzbuches für die Meldung bei der Agentur für Arbeit. Im Einzelfall kommt es immer wieder zu Kontroversen darüber, ob sich Beschäftigte für ihre konkrete Arbeitsverhinderung auf diese Vorschriften berufen können. Deshalb beinhalten viele Tarifverträge oder Betriebs- und Dienstvereinbarungen gleichfalls genauere Regelungen, unter welchen Voraussetzungen und in welchem Umfang ein Anspruch auf Zahlung der Vergütung bei persönlicher Verhinderung besteht, etwa

▶ bei der silbernen oder goldenen Hochzeit der Eltern,
▶ der eigenen Hochzeit,
▶ Geburten in der Familie,
▶ Arztbesuchen, die außerhalb der Arbeitszeit nicht möglich sind,
▶ bei schwerwiegenden Erkrankungen naher Angehöriger,
▶ Sterbefällen in der Familie,
▶ bei gerichtlichen Ladungen als Zeuge oder Beisitzer,
▶ für die Musterung,
▶ bei Prüfungen im Rahmen der Aus- und Weiterbildung,
▶ für die Arbeitsfreistellung zur Stellensuche,

▶ die Ausübung öffentlicher Ehrenämter und
▶ Behördengänge sowie
▶ bei Betriebsversammlungen.

5.6.1.3 Urlaubsentgelt

§ 3 des Bundesurlaubsgesetzes bestimmt, dass der Urlaub der Arbeitnehmerinnen und Arbeitnehmer jährlich mindestens 24 Werktage beträgt, wobei unter Werktagen alle Kalendertage verstanden werden, die nicht Sonn- oder gesetzliche Feiertage sind. Mit anderen Worten beträgt der Mindesturlaub vier Wochen, das heißt für Beschäftigte mit einer Sechstagewoche 24 Arbeitstage, für Beschäftigte mit einer Fünftagewoche 20 Arbeitstage (Stelzer-Rothe/Hohmeister 2001, S. 22).

Für diese Tage des Erholungsurlaubs wird das Arbeitsentgelt weiter gezahlt. Nach § 11 des Bundesurlaubsgesetzes bemisst sich das Urlaubsentgelt nach dem durchschnittlichen Arbeitsverdienst, den der Arbeitnehmer in den letzten 13 Wochen vor dem Beginn des Urlaubs erhalten hat. Dazu zählen neben der Grundvergütung auch zusätzliche Vergütungen, aber nicht Überstundenentgelte.

5.6.1.4 Entgeltfortzahlung

Das Entgeltfortzahlungsgesetz regelt die Zahlung des Arbeitsentgelts

▶ an gesetzlichen Feiertagen und
▶ im Krankheitsfall sowie
▶ bei einer Arbeitsverhinderung infolge einer Maßnahme der medizinischen Vorsorge, das heißt einer Kur, oder
▶ der Rehabilitation,

Aus der Praxis

»Auch wenn die Bahn morgens nicht fährt, müssen Arbeitnehmer pünktlich im Büro oder in der Werkhalle erscheinen. Wer auf Grund eines Streiks oder witterungsbedingt schlechter Straßenverhältnisse zu spät oder gar nicht am Arbeitsplatz erscheint, müsse mit Lohnkürzungen rechnen oder nacharbeiten. Darauf weist das Bayerische Staatsministerium für Arbeit und Sozialordnung; Familie und Frauen in München hin.

Der Arbeitnehmer könne sich in diesen Fällen nicht auf höhere Gewalt berufen, heißt es weiter. In diesen Fällen gelte das sogenannte allgemeine Wegerisiko, das vom Arbeitnehmer zu tragen ist. Arbeitnehmer sollten sich deshalb rechtzeitig informieren, ob zum Beispiel ihre Bahnen fahren.«

dpa 2007: dpa (Verfasser unbekannt), »Pünktlichkeit ist Pflicht«, in: Lohn + Gehalt, Heft 07/2007, S. 9.

und zwar an

▸ Arbeiter,
▸ Angestellte, auch Arbeiter und Angestellte in Teilzeit,
▸ Auszubildende sowie
▸ Heimarbeiter.

Bei Krankheit, stationären Kuren und Rehabilitationsmaßnahmen zahlt der Arbeitgeber für die Dauer von bis zu sechs Wochen das Arbeitsentgelt weiter.

Unter dem Arbeitsentgelt, das fortgezahlt wird, ist das Entgelt zu verstehen, das der oder dem Beschäftigten bei der für sie oder ihn maßgebenden regelmäßigen Arbeitszeit zugestanden hätte, jedoch keine Überstundenentgelte *(Schaub 1999, S. 177 ff.)*.

Ein Anspruch auf Entgeltfortzahlung besteht nur, wenn die Mitarbeiterin oder der Mitarbeiter ohne eigenes Verschulden an der Arbeitsleistung gehindert wird. Von einem Verschulden der Beschäftigten muss man ausgehen, wenn sie sich besonders leichtfertig verhalten haben, beispielsweise auch bei Alkoholmissbrauch und

durch das Nichtanlegen des Sicherheitsgurtes beim Autofahren.

Nach § 3 Absatz 3 des Entgeltfortzahlungsgesetzes beginnt der Anspruch auf Entgeltfortzahlung erst vier Wochen nach Beschäftigungsbeginn. Zuvor zahlt die Krankenversicherung das Krankengeld.

Im Krankheitsfall wird allerdings nur gezahlt, wenn eine Arbeitsunfähigkeit vorliegt. Darunter versteht man die krankheitsbedingte Unfähigkeit, die bisher ausgeübte Tätigkeit auch künftig auszuüben *(Stelzer-Rothe/Hohmeister 2001, S. 23 f.)*. Eine normale Schwangerschaft und Entbindung ist in diesem Sinne keine Krankheit. Liegt jedoch ein Beschäftigungsverbot im Sinne des § 3 Absatz 1 des Mutterschutzgesetzes vor, weil Leben und Gesundheit von Mutter und Kind bei Fortdauer der Beschäftigung gefährdet sind, so besteht Arbeitsunfähigkeit.

Der **Anspruch auf Arbeitsentgelt** besteht für die Dauer der Arbeitsunfähigkeit, der Kur oder der Rehabilitationsmaßnahme, maximal aber für sechs Wochen. Wird man infolge derselben Krankheit erneut arbeitsunfähig, ist erneut eine Entgeltfortzahlung von maximal sechs Wochen fällig, falls der Betreffende

Anspruch

Umlage 1

Private Arbeitgeber, die in der Regel nicht mehr als 30 Arbeitnehmer beschäftigten, können an einem Umlageverfahren der zuständigen Krankenversicherung teilnehmen. Durch die sogenannte Umlage 1 werden die Aufwendungen ersetzt, die der Arbeitgeber durch die Entgeltfortzahlung im Krankheitsfall hat. Der Arbeitgeber kann für einen von der zuständigen Kranken-versicherung festgelegten Beitrag, der sich auf die rentenver-sicherungspflichtigen Bruttoentgelte aller Arbeitnehmer bezieht, 80, 70, 60 oder 50 Prozent Erstattung bekommen, freilich jeweils ohne die Arbeitgeberanteile zu den Sozialversicherungen. Der Beitrag macht dann beispielsweise 3,3 Prozent, 1,8 Prozent, 1,5 Prozent bzw. 1,1 Prozent aus.

Unter der Lupe

▸ vor der erneuten Arbeitsunfähigkeit mindestens sechs Monate nicht infolge derselben Krankheit arbeitsunfähig war oder

▸ seit Beginn der ersten Arbeitsunfähigkeit infolge derselben Krankheit eine Frist von zwölf Monaten abgelaufen ist. Dieselbe Krankheit liegt vor, wenn sie durch das gleiche Grundleiden hervorgerufen wird.

Krankengeld

Bei Erkrankungen über die sechste bzw. zwölfte Woche hinaus zahlt die Krankenversicherung nach §§ 44 ff. des Fünften Buchs des Sozialgesetzbuches grundsätzlich für längstens 78 Wochen innerhalb von drei Jahren, gerechnet vom Beginn der Arbeitsunfähigkeit, ein sogenanntes **Krankengeld**, das 70 Prozent des vorherigen Bruttoverdienstes ausmacht, maximal jedoch 90 Prozent vom Nettoverdienst. Das Krankengeld wird zudem bei Erkrankungen in den ersten vier Wochen der Beschäftigung geleistet. Unter Umständen ist der Arbeitgeber verpflichtet, Zuschüsse zum Krankengeld zu leisten.

Die Beschäftigten sind verpflichtet, dem Arbeitgeber die Arbeitsunfähigkeit und deren Dauer unverzüglich mitzuteilen. Grundsätzlich müssen sie dem Arbeitgeber aber erst dann eine ärztliche Bescheinigung über das Bestehen der Arbeitsunfähigkeit und deren voraussichtliche Dauer vorlegen, wenn die Arbeitsunfähigkeit länger als drei Kalendertage dauert. Der Arbeitgeber ist jedoch per Arbeitsvertrag, Betriebs- respektive Dienstvereinbarung oder im Einzelfall berechtigt, die Vorlage der ärztlichen Bescheinigung früher zu verlangen. Dasselbe gilt für Folgebescheinigungen. Kommen die Beschäftigten diesen Pflichten nicht nach, kann der Arbeitgeber die Entgeltfortzahlung verweigern.

In § 6 regelt das Entgeltfortzahlungsgesetz den Übergang der Forderungen der Beschäftigten an etwaige Schädiger auf den Arbeitgeber.

Bei Zweifeln des Arbeitgebers an der Arbeitsunfähigkeit kann er die Einbestellung von Beschäftigten zum medizinischen Dienst der Krankenversicherung verlangen.

Praktiziert das Unternehmen ein Modell der Jahresarbeitszeit, so sind besondere Regelungen zur Entgeltfortzahlung notwendig.

Arbeitnehmer, die am letzten Tag vor oder am ersten Tag nach gesetzlichen Feiertagen unent-

schuldigt der Arbeit fernbleiben, haben keinen Anspruch auf Bezahlung für diese Feiertage.

Wird ein Kind krank und steht sonst kein Familienmitglied für die Betreuung zur Verfügung, kann ein Elternteil zu Hause bleiben.

Der Leistungskatalog der gesetzlichen Krankenversicherungen sieht nach § 45 des Fünften Buchs des Sozialgesetzbuches für Erkrankungen von Kindern unter 12 Jahren die Zahlung von **Kinderpflegekrankengeld** vor, und zwar 70 Prozent des vorherigen Bruttoverdienstes, maximal jedoch 90 Prozent vom Nettoverdienst. Dieses Geld gibt es

▸ pro Kind bis zu 10, aber für alle Kinder insgesamt maximal 25 Arbeitstage pro Jahr,

▸ für Alleinerziehende pro Kind bis zu 20, aber für alle Kinder insgesamt maximal 50 Arbeitstage pro Jahr.

Für die genannten Zeiträume besteht gegenüber dem Arbeitgeber zugleich ein Anspruch auf unbezahlte Freistellung.

Kinderpflegekrankengeld

Pflegezeit

Nach § 2 des Pflegezeitgesetzes können Arbeitnehmer, Auszubildende und Arbeitnehmerähnliche bis zu zehn Tagen der Arbeit fernbleiben, wenn nahe Angehörige, gemeint sind Großeltern, Eltern, Schwiegereltern, Ehegatten, Lebenspartner, Geschwister, Kinder und Enkel, akut pflegebedürftig sind, und in dieser Zeit die Pflege organisieren. Der Arbeitgeber muss unverzüglich über die Dauer dieser kurzzeitigen Arbeitsverhinderung informiert werden. Er kann nicht widersprechen, aber eine ärztliche Bescheinigung als Nachweis verlangen. Oft werden Arbeits- oder Tarifverträge die Entgeltfortzahlung für diese Zeit regeln. Wenn das nicht der Fall ist, kann eine persönliche Verhinderung im Sinne des vorgenannten § 616 des Bürgerlichen Gesetzbuches vorliegen.

Die §§ 3 und 4 des Gesetzes sehen für den genannten Personenkreis eine **Pflegezeit** von bis zu sechs Monaten vor, in der die Pflege des nahen Angehörigen in der häuslichen Umgebung selbst übernommen wird, auf Wunsch als Teilzeitregelung, allerdings nur in Unternehmen mit mehr als 15 Beschäftigten. Der Arbeitgeber muss mindestens zehn Tage vor dem Beginn schriftlich über den Anfang und die Dauer informiert werden. Er kann auch in diesem Fall nicht widersprechen. Die Pflegebedürftigkeit des nahen Angehörigen ist durch eine Bescheinigung der Pflegekasse oder des medizinischen Dienstes der Krankenversicherung nachzuweisen. Eine Entgeltfortzahlung ist nicht vorgesehen. Arbeitnehmer, die nicht über einen gesetzlich krankenversicherten Ehepartner in den Genuss einer kostenlosen Familienversicherung kommen, müssen sich in der Pflegezeit freiwillig kranken- und pflegeversichern, können aber einen Zuschuss von der Pflegeversicherung des Pflegebedürftigen beantragen, die zudem die Arbeitslosen- sowie Rentenversicherungsbeiträge übernimmt, Letztere aber nur, wenn die wöchentliche Pflegezeit mindestens 14 Stunden ausmacht und die Pflegeperson nicht mehr als 30 Stunden pro Woche erwerbstätig ist *(Freihube/Sasse 2008, S. 1320 ff.)*.

5.6.1.5 Entgelt bei Schwangerschaft

Nach § 3 Absatz 2 des **Mutterschutzgesetzes** können werdende Mütter in den letzten sechs Wochen vor der Entbindung nicht beschäftigt werden, es sei denn, dass sie sich zur Arbeitsleistung ausdrücklich bereit erklären. § 6 des Mutterschutzgesetzes besagt, dass Frauen acht Wochen nach der Geburt nicht beschäftigt werden dürfen, bei Mehrlings- und Frühgeburten sogar zwölf Wochen.

Frauen, die Mitglied einer Krankenversicherung sind, erhalten vom Arbeitgeber für diesen Zeitraum das Mutterschaftsgeld, das dem regelmäßigen Nettoarbeitsentgelt der letzten drei Kalendermonate vor dem Beginn der Mutterschutzfrist entspricht. Einen Teil davon übernimmt die zuständige Krankenversicherung, den großen Rest im Prinzip der Arbeitgeber.

Tätigkeiten, die mit einer Gefährdung für Mutter und Kind verbunden sind, unterliegen

nach dem Mutterschutzgesetz einem Beschäftigungsverbot. Der Arbeitgeber muss mindestens den Durchschnittsverdienst der letzten 13 Wochen oder der letzten drei Monate vor Beginn des Monats, in dem die Schwangerschaft eingetreten ist, weiter gewähren. Über die Umlage 2 werden ihm die Aufwendungen von der zuständigen Krankenversicherung erstattet, hier sogar vollständig, denn die Versicherungen sehen wegen der Arbeitgeberanteile zu den Sozialversicherungen einen Erstattungssatz von 120 Prozent vor.

Laut § 7 des Mutterschutzgesetzes ist **stillenden Müttern** auf ihr Verlangen für die zum Stillen erforderliche Zeit, mindestens aber zweimal täglich eine halbe Stunde oder einmal täglich eine Stunde, in besonderen Fällen bis zu 90 Minuten, freizugeben. Durch die Gewährung der Stillzeit darf kein Verdienstausfall eintreten.

5.6.1.6 Entgelt für Betriebs- und Personalräte

Wenn an dieser Stelle Betriebs- bzw. Personalräte erwähnt werden, soll das nicht heißen, sie würden nichts leisten. Das Gegenteil ist der Fall, denn Betriebs- und Personalräte müssen sich tagaus, tagein den Interessengegensätzen von Belegschaft und Unternehmensleitung stellen. Zudem gehören sie noch zu den wenigen Beschäftigten, die sich regelmäßig einer Wahl stellen müssen.

Um ihre Aufgaben ordnungsgemäß wahrnehmen zu können, werden sie gemäß § 37 des Betriebsverfassungsgesetzes respektive § 46 des Bundespersonalvertretungsgesetzes zeitweise von ihrer beruflichen Tätigkeit ohne Minderung des Arbeitsentgelts befreit, soweit dies erforderlich ist.

§ 38 des **Betriebsverfassungsgesetzes** und § 46 des **Bundespersonalvertretungsgesetzes** legen fest, wie viele Betriebs- bzw. Personalratsmitglieder bei welcher Beschäftigtenzahl voll-

Mutterschutzgesetz

Betriebsverfassungs- und Bundespersonalvertretungsgesetz

Umlage 2

Für das Mutterschaftsgeld bekommt der Arbeitgeber von der Krankenversicherung eine Erstattung von 100 Prozent ohne die Arbeitgeberanteile zu den Sozialversicherungen. Der Grund dafür ist ein weiteres, in diesem Fall für alle Arbeitgeber, auch die, die nur Männer beschäftigen, zwingendes Umlageverfah-

ren. Der Arbeitgeber leistet für die sogenannte Umlage 2 einen von der zuständigen Krankenversicherung festgelegten Beitrag, der sich auf die rentenversicherungspflichtigen Bruttoentgelte aller weiblichen wie männlichen Arbeitnehmer bezieht, beispielsweise in Höhe von 0,27 Prozent.

ständig von ihrer beruflichen Tätigkeit freigestellt werden (Kapitel Grundlagen).

5.6.1.7 Weitere Zahlungen

Die obige Aufzählung ist nicht abschließend. Sie beinhaltet aber die wesentlichen Tatbestände, aufgrund derer der Arbeitgeber ein Arbeitsentgelt zahlen muss, obwohl die oder der Beschäftigte nicht der Arbeit nachgeht. Darüber hinaus gibt es Tatbestände, aufgrund derer andere, zumeist öffentliche Stellen Zahlungen an Beschäftigte leisten.

Elternzeit

Eltern (oder anderen Sorgeberechtigten, das heißt auch den Großeltern in entsprechender Wohn- und Betreuungssituation) zahlen die zuständigen Landesbehörden in der maximal dreijährigen **Elternzeit** ein Elterngeld. Das gilt grundsätzlich auch dann, wenn sich der freigestellte Elternteil entschließt, bis zu 30 Wochenstunden zu arbeiten, was nach § 15 des Bundeselterngeld- und Elternzeitgesetzes möglich ist. Das Elterngeld wird ohne Einkommensgrenze an alle Eltern in der Elternzeit gezahlt, und zwar in Höhe von 67 Prozent des bisherigen Nettoentgelts, mindestens jedoch 300 Euro, maximal 1.800 Euro monatlich, für 12 Monate, egal welcher Elternteil die Elternzeit in Anspruch nimmt, und für weitere zwei Monate, wenn der andere Elternteil mindestens für diese Zeit pausiert.

5.6.2 Schutz gegenüber Gläubigern

Das Arbeitsentgelt soll grundsätzlich den Beschäftigten zufließen, die einen entsprechenden Anspruch gegenüber dem Arbeitgeber haben. Zur Sicherung des Arbeitsentgelts hat der Gesetzgeber mehrere Regelungen getroffen.

Grundsätzlich können Gläubiger auch die Entgeltforderung pfänden, die eine Mitarbeiterin oder ein Mitarbeiter gegenüber dem Arbeitgeber hat. Voraussetzung ist allerdings, dass die Mitarbeiterin oder der Mitarbeiter den Gläubigern etwas schuldet und dass die Gläubiger einen vollstreckbaren Titel gegen sie haben. Für die **Pfändung** gibt es aber zwei Beschränkungen.

Pfändungsschutz

▶ Da das Arbeitsentgelt im Regelfall die einzige Einnahmequelle und somit die Existenzgrundlage der Beschäftigten und gegebenenfalls ihrer Familien ist, wird ein bestimmter Teil des Nettoentgelts als Existenzminimum gegenüber pfändenden Gläubigern abgesichert. Der jeweils pfändungsfreie Betrag ist in sogenannten Pfändungstabellen vermerkt. Demnach sind zum Beispiel für Ledige zurzeit monatlich etwa 1.000 Euro Nettoentgelt pfändungsfrei.
▶ Außerdem dürfen Erstattungen der Umzugskosten und Kontoführungsgebühren, Reisespesen, Gefahren-, Schmutz- und Erschwerniszuschläge sowie das zusätzliche Urlaubsgeld überhaupt nicht gepfändet werden, die Mehrarbeitsvergütung und das Weihnachtsgeld nur zur Hälfte.

Die vorgenannte Regelung gilt auch für den Arbeitgeber, der im Einzelfall als pfändender Gläubiger, beispielsweise einer Schadensersatzforderung, auftritt. Die Entgeltsicherung gegenüber

---

Aus der Praxis

»Elterngeld erhielten in den ersten sechs Monaten nach Einführung des Gesetzes 200.224 Väter oder Mütter, mit zunehmender Tendenz im zweiten Quartal. Dabei steigen inzwischen mehr Väter befristet aus dem Job aus ...: Ihr Anteil liegt im ersten Halbjahr 2007 bundesweit bei 8,5 Prozent, im ersten Quartal waren es noch sieben Prozent.«
BMFSFJ 2007: BMFSFJ (www.bmfsfj.de, Verfasser unbekannt), »Elterngeld«, in: Personalführung, Heft 10/2007, S. 8.

»Immerhin 12,4 Prozent aller berechtigten Väter nahmen nach der Einführung des Elterngelds tatsächlich eine Auszeit. Entscheidend dafür ist aber offensichtlich die Möglichkeit, zwei bezahlte ›Partnermonate‹ zu nehmen.«
Verfasser unbekannt 2008: Verfasser unbekannt, »Auswirkungen des Elterngelds«, in: Personalmagazin, Heft 10/2008, S. 72.

dem Arbeitgeber umfasst auch die **Aufrechnung** der Entgeltforderung. Sie ist dem Arbeitgeber
- nur bis zur Pfändungsfreigrenze und
- nur dann gestattet, wenn die Forderung fällig und eine Geldforderung ist.

Selbst das ist aber in vielen Fällen nicht möglich, da die Aufrechnung häufig durch den einschlägigen Tarifvertrag, eine Betriebs- respektive Dienstvereinbarung oder den Arbeitsvertrag ausgeschlossen wird.

Logische Folge der Pfändungsfreigrenzen ist das **Abtretungsverbot**. Es erklärt eine Abtretung des nicht pfändbaren Teiles des Arbeitsentgelts für nichtig.

Und schließlich hat der Gesetzgeber eine Sicherung des Arbeitsentgelts im Falle der Insolvenz des Arbeitgebers vorgesehen.

- Entgeltforderungen der Arbeitnehmerinnen und Arbeitnehmer werden aus der Insolvenzmasse vorrangig befriedigt. Sie sind also im Falle der Insolvenz besser gestellt als die Forderungen anderer Gläubiger.
- Bei fehlender Insolvenzmasse übernimmt die Agentur für Arbeit nach §§ 183 ff. des Dritten Buchs des Sozialgesetzbuches die rückständigen Arbeitsentgeltforderungen für die letzten drei Monate vor der Eröffnung des Insolvenzverfahrens als Insolvenzgeld. Das gilt auch für den Fall, dass der Insolvenzantrag mangels Masse abgelehnt wurde. Die betroffenen Beschäftigten müssen allerdings einen Antrag bei der Agentur für Arbeit stellen.

Die Mittel dafür bringen die Arbeitgeber mit der **Insolvenzgeldumlage** in Höhe von 0,1 Prozent der rentenversicherungspflichtigen Bruttoentgelte ihrer Arbeitnehmer auf.

Schutz vor Aufrechnung

Abtretungsverbot

Insolvenzgeldumlage

5.7 Kassensturz

5.7.1 Hintergründe

Die Errechnung und Abrechnung der Entgelte ist ein recht kompliziertes Unterfangen.
- Zunächst muss eine Vielzahl von Grundvergütungen und zusätzlichen Vergütungen, aber auch von Entgelten für arbeitsfreie Tage, jeweils individuell für jede Mitarbeiterin und für jeden Mitarbeiter berücksichtigt werden. Die Abrechnung ist also eine typische **Massendatenverarbeitung** mit jeweils individueller Datenbasis.
- Außerdem verlangen diese Entgelte eine ebenso detaillierte wie zügige Berechnung. **Verarbeitungsfehler** oder eine verzögerte Auszahlung kann man sich nicht erlauben. Eine fehlerhafte oder verspätete Entgeltabrechnung gefährdet alle anderen personalwirtschaftlichen Bemühungen nachhaltig. Können sich die Beschäftigten schon nicht darauf verlassen, dass ihre Arbeitsentgelte korrekt berechnet sind, wie sollen sie dann Vertrauen in eine Personalbeurteilung oder in die Personalführung setzen?
- Hinzu kommen die vielfältigen **Vorschriften** aus Gesetzen, Tarifverträgen, Betriebs- oder

Dienstvereinbarungen und den einzelnen Arbeitsverträgen, die beachtet werden müssen.
- Und nicht zuletzt neigen alle Beteiligten zu häufigen, manchmal überraschenden substanziellen **Änderungen**. So novelliert der Gesetzgeber arbeits- und steuerrechtliche Vorschriften, die Tarifpartner handeln neue Tarifverträge aus, Betriebs- und Personalräte neue Betriebs- und Dienstvereinbarungen und die Beschäftigten neue arbeitsvertragliche Konditionen.

Aus diesen Gründen werden die Abrechnung der Entgelte und die nachfolgende Auswertung des Datenmaterials überwiegend mittels elektronischer Datenverarbeitung durchgeführt, und zwar entweder auf eigenen Rechnern oder man greift auf die Angebote von externen Dienstleistern zurück.

Die **Hard- und Software** für die Entgeltabrechnung will sorgfältig ausgewählt sein. Hat man sich einmal entschieden, ist eine Bindung über mehrere Jahre gegeben. Die Kosten für die Einführung und Anpassung machen oftmals ein Mehrfaches der Systemkosten aus. Folgende

Mittels EDV

Hard- und Software

Unter der Lupe

Computergestützte Zeiterfassung

Die computergestützte Entgeltabrechnung basiert auf einer fundierten, das heißt, außer bei der Vertrauensarbeitszeit, möglichst gleichfalls computergestützten Zeiterfassung. Computergestützte Zeiterfassungssysteme ermöglichen

- *die Registrierung der An- und Abwesenheit an Zeiterfassungsgeräten,*
- *die häufig notwendige Korrektur und Umbuchung von Zeitdaten am Bildschirm*

durch das Personalwesen oder Zeitbeauftragte in den Fachabteilungen,
- *die Pflege von Personen- und Zeitstammdaten zum Aufbau von betrieblichen Arbeitszeitmodellen und Bewertungsvorschriften sowie*
- *über Schnittstellen den Datenaustausch mit der Entgeltabrechnung (Mülder/Störmer 2002, S. 125 ff.).*

Aspekte sollten bedacht werden *(Schmitzer 2003, S. 57 ff.)*:

- Hard- und Software sollen auf die speziellen Erfordernisse des Unternehmens zugeschnitten sein.
- Grundvoraussetzung für eine Lohn- und Gehaltssoftware ist, dass die gesetzlichen und sozialversicherungsrechtlichen Anforderungen voll abgedeckt sind. Ein wichtiges Kriterium ist die Zulassung nach der Datenerfassungs- und -übermittlungsverordnung (DEÜV) durch die Bundesverbände der Krankenversicherungen. Diese Zulassung ermöglicht die papierlose Übermittlung der geforderten Daten und ist zugleich ein Beleg für die Verfahrenssicherheit und Anwenderfreundlichkeit der Software.
- Um eine hohe Anpassung zu gewährleisten und Flexibilität zu garantieren, erlauben es diverse Abrechnungssysteme, individuelle Dialoge zu erstellen. Für diese Dialogprogramme stehen sämtliche Daten des Personalstamms und des Lohnkontos zur Verfügung.
- Der Softwarehersteller sollte eine Programmpflege garantieren. Er sollte die gesetzlichen Änderungen nachvollziehen und die Möglichkeit schaffen, tarifvertragliche Änderungen vor Ort selbst einzuarbeiten.
- Ein besonderes Augenmerk ist außerdem auf das Sicherungskonzept zu legen, das den Schutz der sensiblen Personaldaten sowie die Richtigkeit der relevanten Daten gewährleisten muss.
- Für Großunternehmen ist die sogenannte Mehrmandantenfähigkeit unverzichtbar. Damit meint man, dass Rechengrößen für die

Entgeltabrechnung nicht für jede rechtlich selbstständige Firma gesondert definiert werden müssen, sondern zentral angelegt und verwaltet werden können.
- Das Bundesstatistikgesetz fordert den Unternehmen ein umfangreiches Datenwerk ab, welches das Statistische Bundesamt benötigt. Die eingesetzte Software sollte die geforderten Daten liefern, um das ansonsten notwendige umfassende Berichtswesen zu erleichtern.
- Der Hersteller der Software sollte zuverlässig sein. Hinweise dafür geben Marktbeobachtungen sowie Angebote von Workshops, Seminaren und einer Hotline seitens des Herstellers.
- Beim Datenfluss steht die Informationsgewinnung und -auswertung an oberster Stelle. Zusätzliche Funktionen für das Personalcontrolling, Einzelverarbeitungen und die Rückrechnungsfähigkeit auf das Vorjahr bzw. Vormonate erhöhen die Verfahrenssicherheit.

Hat man sich für eine Software und Hardware entschieden, sind folgende Schritte notwendig:
- Stammdaten, Zeitdaten, Leistungsdaten sowie sonstige Be- und Abzüge müssen erfasst werden,
- die Lohn- und Gehaltskarteien, Lohn- bzw. Gehaltskonten und -listen, die Pfändungskartei, Akkordzettel, Arbeitszeitkarten sowie sonstige Unterlagen und Aufzeichnungen müssen erstmals eingegeben und gespeichert werden.

5.7.2 Entgeltabrechnung

Die Entgeltabrechnung ist ein Teilgebiet des personalwirtschaftlichen Rechnungswesens, dessen weitere Aufgaben im Kapitel Personalcontrolling zur Sprache kommen.

Grundsätzlich folgt die Entgeltabrechnung dem Schema, das in *Abb. 5.17* wiedergegeben ist *(Schmeisser 2008, S. 19 ff.)*.

Dabei ist die Abrechnung zu einem Teil **personenbezogen**. Es handelt sich um

- ▸ die Berechnung des Bruttoentgelts,
- ▸ die Ermittlung und Abführung der gesetzlichen und freiwilligen Abgaben für Arbeitnehmer,
- ▸ die Durchführung individueller Inkassoverpflichtungen der Mitarbeiter,
- ▸ die Sicherstellung einer rechtzeitigen Auszahlung oder Überweisung der Entgelte und
- ▸ den Nachweis der Entgeltberechnung gegenüber Mitarbeitern.

Nicht personen-, sondern **sachbezogen** sind

- ▸ die Ermittlung und Abführung der Steuern, Umlagen und Beiträge für alle Beschäftigten,
- ▸ die buchhalterische Erfassung, Verbuchung und Aufbewahrung der Ergebnisse des Abrechnungsverfahrens,
- ▸ die Erfüllung gesetzlicher Meldepflichten und
- ▸ die Aufbereitung.

5.7.2.1 Bruttorechnung

Mit der Bruttorechnung wird das Bruttoentgelt für eine Periode, in der Regel den Monat oder die Woche, ermittelt.

Maßgeblich sind die im Rahmen der angesprochenen Grundvergütungen und zusätzlichen Vergütungen aufgezeigten Verfahren, aber auch die Vorschriften für Entgelte an arbeitsfreien Tagen, etwa aus Gründen eines Urlaubs oder einer Arbeitsunfähigkeit *(Jenak 2008, ABL 1.1 ff., Schmeisser 2008, S. 19 ff.)*.

5.7.2.2 Nettorechnung

Die Nettorechnung dient dazu, für Arbeitnehmer die vorgeschriebenen Abzüge zu ermitteln und vom Bruttoentgelt abzusetzen, soweit nicht ein Bruttoentgelt vereinbart ist.

Die **Lohnsteuer und der Solidaritätszuschlag** für Arbeitnehmer werden nach dem

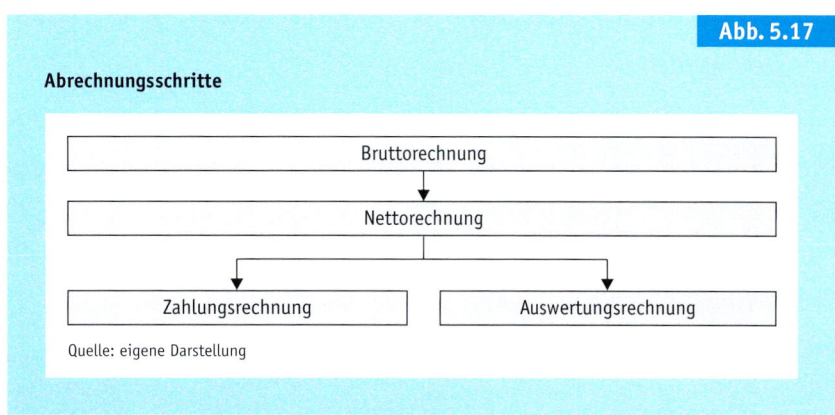

Abrechnungsschritte

Bruttorechnung → Nettorechnung → Zahlungsrechnung / Auswertungsrechnung

Quelle: eigene Darstellung

Abb. 5.17

Einkommensteuergesetz laut Tabelle bzw. Steuerformel bestimmt. Ausschlaggebend für die Höhe ist vor allem das Bruttoentgelt. Die Rentenversicherungsbeiträge der Arbeitnehmer unterliegen aber nur eingeschränkt der Steuerpflicht. In Zukunft sind sie steuerfrei. Steuer- (und sozialversicherungs)frei sind ferner Zuschläge für Nachtarbeit von 20:00 bis 24:00 und 4:00 bis 6:00 Uhr bis zu 25 Prozent, Zuschläge für Nachtarbeit von 0:00 bis 4:00 Uhr bis zu 40 Prozent, Zuschläge für Sonntagsarbeit bis zu 50 Prozent, Zuschläge für Feiertagsarbeit bis zu 125 Prozent und Zuschläge für die Arbeit am 24.12. ab 14:00 Uhr sowie am 25.12., 26.12. und 1.5. bis zu 150 Prozent, und zwar jeweils nur bis zu einem »Stundengrundlohn« von maximal 50 (für die Sozialversicherung 25) Euro. Ansonsten wird die Besteuerung durch die Steuerklasse, den Familienstand, die Anzahl der Kinder und etwaige Steuerfreibeträge bestimmt. Diese Daten beinhaltet die (in Zukunft digitale, über die steuerliche Identifikationsnummer abrufbare) Lohnsteuerkarte *(Jenak 2008, ABL 2.1 ff., Jenak/Rick/Braun 2008, S. 43)*.

Gegebenenfalls muss **Kirchensteuer** gezahlt werden. Sie macht in den meisten Bundesländern 9 Prozent, in Baden-Württemberg und Bayern jedoch nur 8 Prozent von der Lohnsteuer aus. Die Konfession oder auch Konfessionsfreiheit geht ebenfalls aus der Lohnsteuerkarte des Arbeitnehmers hervor.

Der **Krankenversicherungsbeitrag** wird einerseits bundeseinheitlich erhoben, und zwar in Höhe von 14,9 Prozent vom Bruttoentgelt bis zur Beitragsbemessungsgrenze von 3.675 Euro pro Monat seit 1.7.2009. Wer mehr als 3.675

Abrechnungsschritte

Lohnsteuer und Solidaritätszuschlag

Kirchensteuer

Krankenversicherung

Steuerpflicht

In bestimmten Fällen lässt sich der Steuerabzug umgehen, verschieben oder reduzieren.

▸ *So gelten für Beschäftigungen im Ausland diverse **Doppelbesteuerungsabkommen**. Regelmäßig besagen diese Abkommen, dass die Beschäftigten der deutschen Besteuerung nicht unterliegen, wenn sie mehr als die Hälfte der Kalendertage eines Kalenderjahres in jenem Staat beruflich tätig waren, auf dessen Doppelbesteuerungsabkommen mit der Bundesrepublik Deutschland sich der oder die Beschäftigte beruft.*

▸ *Bei dem in Deutschland noch wenig verbreiteten Modell der **Deferred Compensation** wird die Auszahlung eines Teils des*

Arbeitsentgelts aufgeschoben und damit nicht der sofortigen Besteuerung unterworfen. Der angesammelte Betrag wird erst besteuert, wenn das zugesagte Arbeitsentgelt tatsächlich gezahlt wird, beispielsweise nach dem Eintritt in den Ruhestand. Die Deferred Compensation führt zu einem höheren Nettoentgelt der Betroffenen bei gleichem Aufwand des Unternehmens. Die damit verbundene Bildung von Pensionsrückstellungen verhilft dem Unternehmen zu zusätzlicher Innenliquidität. Unternehmen, die daran denken, ein Cafeteria-System einzuführen oder aufzuwerten, können die Deferred Compensation als besonderen Anreiz verwenden (Engelstädter/Kraft 2000, S. 47 ff.).

Euro brutto pro Monat verdient, muss vom Entgelt über 3.675 Euro hinaus keinen Krankenversicherungsbeitrag zahlen. Andererseits können Krankenversicherungen, die mit diesen Einnahmen nicht auskommen, einen Zusatzbeitrag von ihren Mitgliedern einfordern, bis 8 Euro pro Monat ohne Einkommensprüfung, bei höheren Pauschalsätzen beschränkt auf ein Prozent des beitragspflichtigen Einkommens.

Pflegeversicherung

▸ Der Beitrag wird annähernd hälftig vom Arbeitnehmer und Arbeitgeber getragen, annähernd, weil die Arbeitnehmer einen Solidarbeitrag von 0,9 Prozent des Bruttoentgelts alleine tragen. Folglich zahlen die Arbeitgeber 7 Prozent und die Arbeitnehmer 7,9 Prozent plus gegebenenfalls den Zusatzbeitrag.

▸ Wer in drei aufeinander folgenden Jahren die sogenannte Jahresarbeitsentgeltgrenze überschritten hat, im Jahr 2009 beträgt sie 48.600 Euro, kann von der gesetzlichen in eine private Krankenversicherung wechseln, deren Tarife auf das individuelle Krankheitsrisiko ausgelegt sind.

Rentenversicherung

Die Krankenversicherung leitet die vereinnahmten Beiträge umgehend an den staatlichen Gesundheitsfonds weiter, der sie und die staatlichen Zuwendungen über einen Risikostrukturausgleich unter den Versicherungen verteilt. An die für den Arbeitnehmer zuständige Krankenversicherung werden im Übrigen auch die Sozialversicherungsbeiträge für die Pflege-, Renten- und Arbeitslosenversicherung überwiesen. Die Krankenversicherung sorgt dann für die Weiter-

leitung der Beiträge an die jeweiligen Versicherungsträger. Daher müssen die Arbeitgeber zunächst die zuständige Krankenversicherung ermitteln und ihr dann neben dem Bruttoentgelt die Sozialversicherungsnummer nennen. Ab 2011 erhalten sie die Möglichkeit, ihre Beiträge, Beitragsnachweise und Meldungen gebündelt an eine Weiterleitungsstelle zu übermitteln.

Der **Pflegeversicherungsbeitrag** macht grundsätzlich 1,95 Prozent des Bruttoentgelts aus, allerdings wiederum nur bis zur bundeseinheitlichen Beitragsbemessungsgrenze von 3.675 Euro pro Monat im Jahr 2009. Auch dieser Beitrag wird prinzipiell hälftig vom Arbeitgeber und Arbeitnehmer übernommen, mit zwei Besonderheiten: Im Bundesland Sachsen, wo man den Buß- und Bettag nicht gestrichen hat, tragen die Arbeitgeber nur 0,35 Prozent. Zudem zahlen kinderlose Arbeitnehmer ab Vollendung des 23. Lebensjahres bis zu ihrer Verrentung bundesweit zusätzlich 0,25 Prozent, an denen sich der Arbeitgeber nicht beteiligt.

Der **Rentenversicherungsbeitrag** wird ebenfalls je zur Hälfte vom Arbeitnehmer und Arbeitgeber getragen. 2009 liegt der Beitragssatz in der gesamten Bundesrepublik bei 19,9 Prozent, die Beitragsbemessungsgrenze in den alten Bundesländern bei 5.400 Euro pro Monat und die in den neuen Bundesländern bei 4.550 Euro.

Arbeitslosenversicherung

Der Beitrag zur **Arbeitslosenversicherung** fällt grundsätzlich erst für Tätigkeiten von Arbeitnehmern mit mindestens 18 Wochenstunden an. Der Beitragssatz beträgt 2,8 Prozent im Jahr 2009 und wird gleichfalls bis zur Beitragsbemessungsgrenze von in den alten Bundesländern 5.400 Euro pro Monat, in den neuen Bundesländern 4.550 Euro pro Monat, je zur Hälfte vom Arbeitnehmer und Arbeitgeber getragen. Berufstätige Rentner sind beitragsfrei, obwohl ihr Arbeitgeber seinen Anteil zahlen muss.

Für das Arbeitsentgelt aus einem geringfügigen Beschäftigungsverhältnis, einem sogenannten **Minijob**, gelten besondere Regelungen, unter anderem die, dass die Arbeitnehmer in der Regel keine Sozialabgaben zahlen müssen. Ein geringfügiges Beschäftigungsverhältnis liegt gemäß § 8 des Vierten Buchs des Sozialgesetzbuches bei Entgeltgeringfügigkeit, geringfügiger Beschäftigung in Privathaushalten oder Zeitgeringfügigkeit vor *(Schönfeld/Reimers/Hofmann 2007, S. 5 ff.)*.

▸ **Entgeltgeringfügigkeit** ist gegeben, wenn das Arbeitsentgelt regelmäßig 400 Euro brutto monatlich nicht übersteigt.

Hier muss der Arbeitgeber eine Pauschale von 2 Prozent für Lohn- und Kirchensteuer sowie Solidaritätsbeitrag abführen. Diese Pauschale kann er auf den Arbeitnehmer abwälzen, das heißt vom Entgelt abziehen. Für den Fall, dass der Arbeitgeber für das Arbeitsentgelt keinen pauschalen Rentenversicherungsbeitrag entrichten kann, etwa wegen der Zusammenrechnung von mehreren Minijobs, entfällt diese Pauschalisierungsmöglichkeit. Der Arbeitgeber kann dann eine pauschale Lohnsteuer von 20 Prozent plus Solidaritätszuschlag und gegebenenfalls Kirchensteuer übernehmen oder lediglich an das zuständige Finanzamt abführen und auf den Arbeitnehmer abwälzen. Wenn der Arbeitgeber auch von dieser Pauschalierung keinen Gebrauch macht, muss er Lohn- und Kirchensteuer sowie den Solidaritätszuschlag nach der Steuerformel einbehalten. Ferner muss der Arbeitgeber gemäß § 249 b des Fünften Buchs des Sozialgesetzbuches einen pauschalen Krankenversicherungsbeitrag von 13 Prozent zahlen, wenn der Arbeitnehmer aus anderen Gründen bereits Mitglied der gesetzlichen Krankenversicherung ist. Ansonsten entfällt diese Pauschalabgabe. Für die Arbeitnehmer entstehen alleine durch die genannte Pauschale noch keine Krankenversicherungsansprüche.

Dazu kommt laut § 172 des Sechsten Buchs des Sozialgesetzbuches ein pauschaler Rentenversicherungsbeitrag von 15 Prozent. Mit einem zusätzlichen eigenen Beitrag können die Arbeitnehmer, die nicht schon eine Altersrente beziehen, den Arbeitgeberbeitrag auf den vollen Beitragssatz aufstocken. Wenn sie ihrem Arbeitgeber gegenüber zugleich schriftlich und bindend den Verzicht auf die Versicherungsfreiheit erklären, erwerben sie damit die ihnen ansonsten verwehrten Ansprüche auf Rehabilitation sowie Erwerbs- und Berufsunfähigkeitsrente.

▸ Die geringfügige Beschäftigung in **Privathaushalten** setzt voraus, dass dort Tätigkeiten verrichtet werden, die ansonsten die Haushaltsmitglieder erledigen. Hier darf das Bruttoarbeitsentgelt gleichfalls 400 Euro monatlich nicht übersteigen.

Wenn es sich nicht um eine kurzfristige Beschäftigung handelt (siehe unten), kann wiederum die besagte zweiprozentige Pauschale für Lohn- und Kirchensteuer sowie Solidaritätsbeitrag abgeführt werden. Alternativ bestehen die genannten Steuerpauschalisierungsmöglichkeiten. Die pauschalen Kranken- und Rentenversicherungsbeiträge machen hier, unter den genannten Konditionen, jeweils 5 Prozent aus.

▸ Von einer kurzfristigen Beschäftigung, also **Zeitgeringfügigkeit**, geht man aus, wenn eine gelegentliche, nicht regelmäßig wiederkehrende Beschäftigung ausgeübt wird. Das ist der Fall, wenn die Beschäftigung maximal 50 Tage umfasst oder für maximal zwei Monate in einer Fünftagewoche gearbeitet wird. Hier wird kein Kranken- und Rentenversicherungsbeitrag fällig.

Im Prinzip werden die Lohn- und Kirchensteuer sowie der Solidaritätszuschlag nach der Steuerformel einbehalten. Wenn die kurzfristige Beschäftigung aber zugleich als Aushilfstätigkeit in Sinne des § 40 a des Einkommensteuergesetzes einzustufen ist, das heißt wenn sie an maximal 18 zusammenhängenden Arbeitstagen ausgeübt wird und das Bruttoarbeitsentgelt durchschnittlich nicht mehr als 62 Euro am Tag und 12 Euro pro Stunde beträgt, bietet sich eine andere Möglichkeit. Dann kann der Arbeitgeber eine pauschale Lohnsteuer von 25 Prozent zuzüglich Solidaritätszuschlag und gegebenenfalls Kirchen-

Minijob

steuer übernehmen oder lediglich an das zuständige Finanzamt abführen und auf den Arbeitnehmer abwälzen.

Für alle Minijobs entsteht zudem keine Beitragspflicht zur Pflege- und Arbeitslosenversicherung.

Schließlich werden für Minijobs die weiter oben erläuterten Umlagen erhoben, also die Insolvenzgeldumlage (allerdings nicht in Privathaushalten) in Höhe von 0,1 Prozent, die Umlage 1 in Höhe von 0,6 Prozent und die Umlage 2 in Höhe von 0,07 Prozent.

Alle Sozialversicherungsbeiträge und Steuern (mit Ausnahme der pauschalen Lohnsteuer von 20 und 25 Prozent) werden an die Minijob-Zentrale der Deutschen Rentenversicherung Knappschaft-Bahn-See als Einzugstelle überwiesen.

Mehrere Minijobs werden für die Steuern und Sozialabgaben, mit Ausnahme der Arbeitslosenversicherung, zusammengerechnet. Andererseits gelten die steuer- und sozialversicherungsrechtlichen Sonderregelungen selbst dann, wenn ein Minijob neben eine Hauptbeschäftigung tritt. Für monatliche Bruttoentgelte zwischen 400 und 800 Euro wurde ein gleitender Übergang von der geringen zur normalen Belastung mit Steuern und Sozialabgaben geschaffen.

Mitarbeiterrechnung

5.7.2.3 Unfallversicherung

Die Unfallversicherung nimmt in diesem Zusammenhang eine Sonderstellung ein. Sie ist keine Sozialversicherung im angesprochenen Sinne und steht in keinem direkten Zusammenhang mit der Entgeltabrechnung.

Der Arbeitgeber trägt die Beiträge allein, auch für Minijobs. Diese Beiträge sind nach Gefahrenklassen für die Beschäftigten gestaffelt und steigen mit erhöhtem Unfallaufkommen, mit einer Ausnahme: Für Minijobs in Privathaushalten werden pauschal 1,6 Prozent an die Minijob-Zentrale abgeführt.

5.7.2.4 Zahlungsrechnung

Die mit der Nettorechnung ermittelten Nettoverdienste müssen nun in Form einer Zahlungsrechnung zur Zahlung aufbereitet werden *(Jenak 2008, ABL 6.4 ff.)*.

Die personenbezogene **Mitarbeiterabrechnung** vollzieht die eben angesprochene Brutto- und, für Arbeitnehmer, Nettorechnung nach. Mit dem Nettoentgelt ist aber noch nicht der Auszahlungsbetrag bestimmt.

Hinzu kommen nämlich noch die steuer- und abgabenfreien **zusätzlichen Bezüge** wie

▸ das Kurzarbeitergeld und
▸ Reisekostenvergütungen.

Unter der Lupe

Studierende

Studierende, die als Mitglieder der studentischen Krankenversicherung oder einer Familienkrankenversicherung ein Vollzeitstudium absolvieren, werden bei der Nettorechnung unter bestimmten Bedingungen entlastet, wenn nicht ohnehin die Regelungen für Minijobs anwendbar sind.

▸ *Wenn sie ein vorgeschriebenes **Praktikum** während des Studiums ausüben, unterliegen sie generell nicht der Beitragspflicht für die Krankenversicherung der Arbeitnehmer, die Pflege-, Arbeitslosen- und Rentenversicherung. Das gilt auch für vorgeschriebene Vor- und Nachpraktika ohne Entgelt. Allerdings werden hier reduzierte Arbeitgeberbeiträge zur Arbeitslosen- und Rentenversicherung fällig. Vorgeschriebene Vor- und Nachpraktika gegen ein Entgelt bis maximal 325 Euro brutto im Monat sind wie eine Berufsausbildung sozialversicherungspflichtig, das heißt der Arbeitgeber zahlt. Liegt das Entgelt höher, sind gegebenenfalls die Regelungen für Minijobs anwendbar (Stein/Schulze/Fleschütz 2006, S. 94 f.).*
▸ *Soweit sich aus den Regelungen für Minijobs nichts anderes ergibt, sind während der **Vorlesungszeit** Beschäftigungsver-*

hältnisse mit bis zu 20 Stunden pro Woche nicht beitragspflichtig für die Krankenversicherung der Arbeitnehmer, die Pflege- und Arbeitslosenversicherung, aber für die Rentenversicherung. Unter der Voraussetzung, dass die Arbeit gegenüber dem Studium Nebensache bleibt, gilt diese Begünstigung für zwei weitere Fälle: 1. Beschäftigungsverhältnisse mit mehr als 20 Stunden pro Woche, wenn die Arbeitszeit überwiegend in den Abend- und Nachtstunden oder am Wochenende liegt, und 2. Beschäftigungsverhältnisse mit mehr als 20 Stunden pro Woche, aber befristet auf zwei Monate.
▸ *Vorausgesetzt Studierende sind innerhalb eines Jahres insgesamt nicht mehr als 182 Kalendertage tätig, ist sowohl eine Beschäftigung während der **vorlesungsfreien Zeit** als auch eine Beschäftigung mit einer wöchentlichen Arbeitszeit von mehr als 20 Stunden während der Vorlesungszeit ebenfalls nicht beitragspflichtig für die Krankenversicherung der Arbeitnehmer, die Pflege- und Arbeitslosenversicherung, aber für die Rentenversicherung, soweit sich aus den Regelungen für Minijobs nichts anderes ergibt.*

Abzuhalten sind die **zusätzlichen Abzüge**, beispielsweise

▸ aufgrund von Pfändungen oder Hinterlegungen nach der Zivilprozessordnung,

▸ infolge von Lohn- und Gehaltsabtretungen,

▸ zum Zwecke einer etwaigen tariflichen Vermögensbildung bzw. entsprechender Eigenleistungen,

▸ wegen betrieblicher Forderungen aus einem Mietverhältnis, aus Darlehen oder aufgrund von gewährten Vorschüssen,

▸ infolge eines vereinbarten Sammelinkassos, etwa der Gewerkschaftsbeiträge, und

▸ für Beiträge zu zusätzlichen Versorgungskassen.

Der Mitarbeiterabrechnung von Arbeitnehmern liegt also das Schema aus *Abb. 5.18* zugrunde.

Zusätzlich kann der Arbeitgeber für jeden Arbeitnehmer, der seine Beschäftigung nicht erst im Laufe des Jahres bei ihm aufgenommen hat, einen **Lohnsteuerjahresausgleich** permanent, also mit jeder Entgeltabrechnung, oder zum Jahresende durchführen. Hier werden die aufgelaufenen Steuerzahlungen mit der Steuerschuld abgeglichen, die auf die aufgelaufenen Entgelte zu entrichten ist. Etwaige Differenzen werden dann zugunsten oder zuungunsten der oder des Beschäftigten ausgeglichen.

Für jede Beschäftigte und jeden Beschäftigten wird eine **Entgeltabrechnung** erstellt. Sie beinhaltet

▸ neben den Angaben zur Person wie Namen und Personalnummer und

▸ neben den Besteuerungsmerkmalen wie Steuerklasse, Familienstand, Kinderzahl,

▸ alle Abrechnungsdaten der Brutto-, Netto- und Zahlungsrechnung, also auch

▸ die Zusammensetzung des Bruttoentgelts,

▸ den Ausweis der steuer- und sozialversicherungspflichtigen Bestandteile des Entgelts,

▸ den Einzelnachweis aller Abzugsarten und

▸ gegebenenfalls Abrechnungskorrekturen.

▸ Für gewöhnlich werden auch die aufgelaufenen Summen des Kalenderjahres ausgewiesen.

Die **Zahlung** selbst wird in aller Regel unbar über Geldinstitute abgewickelt. Dafür müssen Zahlungsbelege erstellt werden, das heißt Überweisungen, Verrechnungsschecks oder Datenträ-

Abb. 5.18

Schema der Mitarbeiterabrechnung

Bruttoentgelt
– Lohnsteuer und Solidaritätszuschlag
– gegebenenfalls Kirchensteuer
– Krankenversicherungsbeitrag
– Pflegeversicherungsbeitrag
– Rentenversicherungsbeitrag
– Arbeitslosenversicherungsbeitrag
= Nettoentgelt
+ zusätzliche Bezüge
– zusätzliche Abzüge

= Auszahlungsbetrag

Quelle: eigene Darstellung

ger für Speichermedien der elektronischen Datenverarbeitung.

Für Auswertungszwecke des Unternehmens und die Lohnsteuerprüfung des zuständigen Finanzamtes ist für jede Entgeltabrechnung, gegebenenfalls auch nur am Jahresende oder zum Ende eines Arbeitsverhältnisses, ein **Lohnkonto** zu erstellen. In ihm sind nach der Lohnsteuerdurchführungsverordnung je Abrechnungszeitraum die geleisteten Stunden, das Bruttoentgelt, die Lohnsteuer, Kirchensteuer- und Sozialversicherungsdaten, die Abzugswerte und Zuzahlungen, der Nettoverdienst und der Auszahlungsbetrag auszuweisen.

Für Zwecke der **Steuerabrechnung** muss jeder Arbeitgeber auf einem für alle Bundesländer einheitlichen Formular oder auf elektronischem Weg für Arbeitnehmer eine Lohnsteueranmeldung vornehmen, grundsätzlich monatlich, bei geringeren Summen vierteljährlich oder jährlich. In der Lohnsteueranmeldung ist neben der Lohnsteuer und dem Solidaritätszuschlag auch die Kirchensteuer auszuweisen. Die Kirchensteuer muss nach den verschiedenen Konfessionen aufgegliedert werden.

Für die **Zahlung** der Lohn- und Kirchensteuer müssen ebenfalls Zahlungsbelege erstellt werden, das heißt Überweisungen, Verrechnungsschecks oder Datenträger für Speichermedien der elektronischen Datenverarbeitung.

Steuerabrechnung

Nach dem Jahresabschluss müssen die Arbeitgeber die Lohnsteuerdaten als elektronische **Lohnsteuerbescheinigung** unter den steuerlichen Identifikationsnummern (zurzeit noch der electronic Taxpayer Identification Number – eTIN) der Arbeitnehmer verschlüsselt an eine Clearingstelle übermitteln, die sie an die Finanzbehörden weiterleitet. Die Arbeitnehmer erhalten einen Datenauszug. Zugleich wird das Lohnkonto abgeschlossen, nachdem man Progressionsvorbehalte, Altersentlastungsbeträge, die teilweise oder komplette Befreiung von der Steuerpflicht durch Pauschalversteuerung und Doppelbesteuerungsabkommen sowie die Besteuerung der privaten Nutzung von Dienstwagen (von einem Prozent des Listenpreises bei der Erstzulassung) überprüft hat.

Sozialversicherungsabrechnung

Für die **Sozialversicherungsabrechnung** sind vor allem die Beiträge zur Kranken-, Pflege-, Renten- und Arbeitslosenversicherung von Interesse. Sie werden, von einigen Besonderheiten und Minijobs abgesehen, je zur Hälfte von Arbeitnehmer und Arbeitgeber getragen. Die Beiträge zur Unfallversicherung bringt alleine der Arbeitgeber auf. Deshalb kann die Sozialversicherungsabrechnung nicht nur eine Addition der Beiträge je Beschäftigtem und Versicherungsträger sein. Hier sind, anders als bei der Steuerabrechnung, auch die Arbeitgeberbeiträge zu ermitteln.

Buchhaltung

Außerdem müssen **Beitragsnachweise** für jede Krankenversicherung und Zahlungsbelege angefertigt werden. Beim Jahresabschluss wird eine Jahresmeldung, das heißt ein Entgeltnachweis in puncto Sozialversicherungen für jeden Arbeitnehmer, erstellt. Anhand dieses Nachweises wird die Jahresarbeitsentgeltgrenze für die Sozialversicherung gegengeprüft. Überdies müssen zum Jahresabschluss Nachweise über den arbeitslosenversicherungsfreien Personenkreis, die Beschäftigten mit Minijobs sowie Lohnnachweise für die Unfallversicherungsträger geführt werden. Bis zum März des Folgejahres sind rückwirkende Korrekturen möglich.

Wenn ein Unternehmen über eine Software verfügt, die nach der Datenerfassungs- und -übermittlungsverordnung (DEÜV) durch die Bundesverbände der Krankenversicherungen zugelassen ist, können die Ergebnisse der Sozialversicherungsabrechnung papierlos, das heißt durch Speichermedien der elektronischen Datenverarbeitung, an die Versicherungsträger übermittelt werden.

5.7.2.5 Auswertungsrechnung

Während mit der Zahlungsrechnung Unterlagen für den Fiskus, die Träger der Sozialversicherungen und die Beschäftigten angefertigt werden, ist es Aufgabe der Auswertungsrechnung, Ergebnisse und Belege für Zwecke des Unternehmens zu erarbeiten.

Die **Buchhaltung** verarbeitet die Ergebnisse der Entgeltabrechnung, denn die Entgeltabrechnung ist eine Nebenbuchhaltung. Ihre Ergebnisse müssen von der Finanz- oder Hauptbuchhaltung gebucht werden. Dazu ist es erforderlich, dass die Endsummen der Entgeltabrechnung in einem Buchungsbeleg ausgedruckt werden oder, mittels der elektronischen Datenverarbeitung, über Schnittstellen in einer Transferdatei direkt der Buchhaltung zugänglich gemacht werden. Außerdem wird ein sogenanntes Entgeltjournal erstellt, das die Abrechnungsergebnisse übersichtlich zusammenfasst.

Unter der Lupe

Personalzusatzkosten

Vergegenwärtigt man sich die verschiedenen Komponenten des Arbeitsentgelts, wird deutlich, dass neben die Grundvergütung eine Vielzahl von weiteren Entgeltbestandteilen tritt. Dazu gesellen sich noch die für die Entgeltrechnung wichtigen Steuern und Sozialabgaben. Das wird allseits als problematisch empfunden. Diese Problematik wird unter dem Schlagwort Personalzusatzkosten, Personalzusatzaufwand oder auch Lohn- und Gehaltsnebenkosten diskutiert.

Das Institut der Deutschen Wirtschaft, das Statistische Bundesamt und ähnliche Organisationen geben mit ihren Statistiken das gesamte Spektrum des Arbeitsentgelts wieder, zumeist mit Ausnahme der in der Tat eigentlich nicht zum Arbeitsentgelt zählenden Erfolgsbeteiligung. Diese Statistiken verdeutlichen also, welchen Umfang die zusätzlichen Vergütungen und die Entgeltsicherung im Vergleich zur Grundvergütung angenommen haben. Die Personalzusatzkosten betragen demnach zur Zeit etwa 70 Prozent der Grundvergütung (Schröder 2008, S. 20 ff.).

Für den Jahresabschluss verarbeitet die Buchhaltung diese Daten bei der Bilanzerstellung. Unter Umständen müssen Rückstellungen gebildet werden. Die Ergebnisse der Entgeltabrechnung dienen zudem der Ermittlung der Zerlegungsgrundlage der Gewerbesteuer, der Basiswerte für die Betriebshaftpflicht und der Ausgleichsabgabe für unbesetzte Pflichtarbeitsplätze schwerbehinderter Menschen nach dem Neunten Buch des Sozialgesetzbuches.

Die **Kostenrechnung** benötigt die Personalkosten. Dazu ist es notwendig, die Entgelte in Kostenarten umzusetzen. Für die Kostenstellenrechnung werden diese Personalkostenarten auf die Kostenstellen aufgegliedert.

Weitere Auswertungen nimmt man im Rahmen des **Personalcontrolling** vor, von dem im gleichnamigen Kapitel dieses Buches die Rede ist. Hier geht es unter anderem um die anderen Teilbereiche des personalwirtschaftlichen Rechnungswesens, also die Personal- und Sozialkostenplanung und -budgetierung, die gesellschaftsbezogene Unternehmensrechnung und das Human Capital Management.

5.7.3 Meldung und Nachweis

Arbeitgeber sind für diverse Angaben meldepflichtig, damit sozialversicherungspflichtige Arbeitnehmer ihre Leistungsansprüche bei den Versicherungsträgern geltend machen können *(Hentschel/ Jaspers 2003, S. 80 ff.)*.

Laut Sozialgesetzbuch sowie der Datenerfassungs- und -übermittlungsverordnung (DEÜV) meldet der Arbeitgeber

- den Beginn der Beschäftigung nach spätestens zwei Wochen und das Ende der Beschäftigung nach spätestens sechs Wochen,
- die Änderung in der Beitragspflicht,
- den Wechsel der Krankenversicherung,
- Unterbrechungen von mindestens einem Kalendermonat,
- die Änderung des Vor- respektive Familiennamens oder der Staatsangehörigkeit.
- Der Arbeitgeber erstellt außerdem für jeden Arbeitnehmer eine Jahresmeldung, sofern er am 31. 12. des Vorjahres im Unternehmen beschäftigt war.

Der Arbeitgeber hat ferner die **Verpflichtung zum Nachweis** bestimmter Daten für spätere Prüfungs- und Kontrollzwecke *(Hentschel/Jaspers 2003, S. 80 ff.)*.

Das Einkommensteuergesetz und das Sozialgesetzbuch verpflichten den Arbeitgeber zur Führung von Entgeltunterlagen für jeden Beschäftigten und jedes Kalenderjahr, insbesondere

- die individuellen Abrechnungsdaten des Arbeitnehmers,
- die Zusammensetzung des monatlichen Arbeitsentgelts,
- die ordnungsgemäße Erstattung der Meldungen,
- die Versicherungspflicht bzw. -freiheit und
- die Kassenzugehörigkeit des Arbeitnehmers

für eine Mindestfrist von 6 Jahren. Die Frist beginnt mit Ablauf des Kalenderjahres, für das die Aufzeichnungen gelten. Die Aufbewahrung ist wahlweise im Original, auf Bildträgern oder auf anderen Datenträgern möglich.

Die **Beitragsüberwachungsverordnung** und das **Sozialgesetzbuch** fordern vom Arbeitgeber,

- alle für die Beitragsabrechnung erforderlichen Angaben aller Beschäftigten in einer Liste zu erfassen, und zwar getrennt nach Einzugsstellen,
- die Sozialversicherungsbeiträge getrennt nach den Beitragsgruppen zu summieren und
- eine Gesamtsumme aller Beiträge zu bilden.
- Eine gesonderte Liste wird für geringfügig entlohnte und kurzfristige Beschäftigte (mit Minijobs) erstellt.
- Darüber hinaus erhält die Krankenversicherung für jeden Abrechnungszeitraum einen Beitragsnachweis, der die einbehaltenen und die vom Arbeitgeber zu zahlenden Beiträge als Gesamtbetrag enthält, unterteilt nach Kranken-, Pflege-, Renten- und Arbeitslosenversicherung.

Zudem fertigen die meisten Unternehmen betriebliche Nachweise zu internen Prüfungs-, Abstimmungs- und Korrekturzwecken.

Und schließlich kennt kann man Nachweisvereinbarungen mit Dritten, also vertragliche Vereinbarungen, beispielsweise für das Sammelinkassoverfahren von Gewerkschaftsbeiträgen.

Kostenrechnung

Personalcontrolling

Nachweis- und Meldepflichten

Aufgaben Kapitel 5

1. Bitte nennen Sie einige gesetzliche Vorschriften zum Entgelt. Bitte geben Sie den Inhalt dieser Vorschriften in Stichworten wieder.

2. Was ist betriebliche Übung, welche Rolle spielt sie beim Entgelt und wie kann man verhindern, dass sie entsteht?

3. Die Ausbildungsvergütung entspricht sowohl im kaufmännischen wie im gewerblichen Bereich als monatliches Bruttoentgelt der Form nach dem Gehalt. Warum ist die Ausbildungsvergütung trotzdem kein Gehalt?

4. Inwiefern ist der Akkordrichtsatz eine Art Garantielohn, und welche Rolle spielt in diesem Zusammenhang eine Minderleistungsvereinbarung?

5. Bitte schildern Sie die Vor- und Nachteile des Akkordlohns.

6. Was ist das Cafeteria-System und warum ist es vor allem für höhere Einkommensgruppen interessant?

7. Bitte erläutern Sie, was man unter Sonderzahlung und Gratifikation versteht, und bitte nennen Sie einige Zuwendungen, die entweder als Sonderzahlung oder als Gratifikation gezahlt werden.

8. Was ist eine Fremdkapitalbeteiligung, und welche Formen der Fremdkapitalbeteiligung gibt es?

9. Einer Ihrer Bekannten ist zum nächsten Quartalsende entlassen worden. Er will sich bei der Agentur für Arbeit melden und zu einem Vorstellungsgespräch fahren, zu dem er aufgrund einer Bewerbung eingeladen wurde. Er fragt Sie, ob sein derzeitiger Arbeitgeber ihn dafür unter Fortzahlung des Arbeitsentgelts von der Arbeit freistellen muss. Bitte geben Sie ihm einen fundierten Rat.

10. Ihr Freund Peter hatte auf dem Weg zum Supermarkt einen Autounfall. Peter war ausnahmsweise nicht angeschnallt und hat sich so verletzt, dass sein Arzt ihn für zwei Wochen arbeitsunfähig schreibt. Peters Arbeitgeber verweigert die Entgeltfortzahlung. Bitte erläutern Sie Peter, ob und warum der Arbeitgeber das darf oder nicht darf.

11. Sie haben erfreulicherweise einen hervorragenden Arbeitsplatz gefunden und nehmen die Arbeit auf. Nach zwei Tagen erkranken Sie an einer Virusgrippe. Sie fallen für eine Woche arbeitsunfähig aus. Können Sie für die Woche mit einer Entgeltfortzahlung rechnen? Bitte begründen Sie Ihre Antwort.

12. Sie sind mit Verena und Stefan befreundet. Die beiden haben drei Kinder im Alter von sechs, zehn und vierzehn Jahren. Der Sechsjährige bringt aus der Schule die Röteln mit. Alle drei Kinder und Verena erkranken. Verena muss sogar ins Krankenhaus. Die Kinder sind für sieben Tage ans Bett gefesselt. Stefan möchte nun von Ihnen wissen, ob er die Kinder betreuen und aus diesem Grund der Arbeit fernbleiben darf. Ferner fragt er, ob und gegebenenfalls von wem er wie viel Geld für die ausgefallenen Arbeitstage bekommt.

13. Ihr Freund Peter hat ein weiteres Problem. Sein Großvater ist erkrankt und deshalb rund um die Uhr akut pflegebedürftig. Peter hängt sehr an seinem Großvater. Er ist ausgebildeter Krankenpfleger und möchte die Pflege zu Hause selbst übernehmen. Er fragt Sie, ob und gegebenenfalls wie lange er aus diesem Grund seiner Arbeit im größten Krankenhaus vor Ort fernbleiben darf sowie ob und gegebenenfalls von wem er wie viel Geld für die ausgefallenen Arbeitstage bekommt.

14. Was ist Deferred Compensation? Welche Vorteile entstehen durch dieses Modell für Arbeitgeber und Arbeitnehmer?

15. Was versteht man unter Beitragsbemessungsgrenze?

Lösungen zu den Aufgaben finden Sie im Anschluss an das letzte Kapitel.

6 Personalführung

Leitfragen

▸ Was unterscheidet Personalführung und Manipulation?

▸ Wie entwickelt und vereinbart man Ziele?

▸ Was muss man als Führungskraft wie delegieren?

▸ Wie arrangiert man die Zusammenarbeit von Menschen in Gruppen?
In welchen Gruppen sind welche Führungsstile zweckmäßig?
Wie entstehen Konflikte und wie legt man sie bei?

▸ Wie nehmen Führungskräfte Einfluss auf Beschäftigte?

▸ Wie kommunizieren Führungskräfte und Beschäftigte miteinander?
Wie kann man die konkreten Inhalte der Kommunikation verständlich machen?
Wie geht man mit den Beziehungen um, die sich im Dialog entwickeln?

▸ Wie kann man dafür sorgen, dass die Beschäftigten motiviert arbeiten?
Welche Faktoren motivieren Menschen und wie kann man sie beeinflussen?
Wie geht man mit motivationsbedingten Fehlzeiten um?

6.1 Führungsakteure und Führungsaktivitäten

6.1.1 Führungsorganisation und -prinzipien

Als Management oder besser **Führungskräfte** und Vorgesetzte bezeichnet man jene Beschäftigten, deren Stellen- oder Funktionsbeschreibung nicht nur pro forma den Begriff Führung beinhaltet, also beispielsweise Vorarbeiter/innen, Meister/innen, Betriebsleiter/innen, Abteilungsleiter/innen und Hauptabteilungsleiter/innen. Ihre Hauptaufgabe ist die Personalführung.

Da Personalführung in erster Linie eine Sache der Führungskräfte ist, muss man sich fragen, was denn das Personalwesen überhaupt damit zu schaffen hat.

▸ Eine Antwort führt in die falsche Richtung. Als Personalführung bezeichnet man bisweilen die Personen an der Spitze der Hierarchie des Personalwesens, also die Personalleiterinnen oder den Personalleiter. Sie sind hingegen keinesfalls die Vorgesetzten des gesamten Personals des Unternehmens, sondern nur die Vorgesetzten des Personalwesens.

▸ Eine andere Antwort ist ebenso einleuchtend wie belanglos. Wenn im Personalwesen mehrere Personen tätig sind, hat die dort eingesetzte Führungskraft, die Personalleiterin bzw. der Personalleiter, **Führungsaufgaben** für ihre respektive seine Mitarbeiterinnen und Mitarbeiter.

▸ Viel wichtiger ist in diesem Zusammenhang die Zuständigkeit des Personalwesens für die Personalpolitik (Kapitel Grundlagen). Insofern hat das Personalwesen die Aufgabe, auch und gerade in Führungsfragen auf die Formulierung und Einhaltung der personalpolitischen Prinzipien zu dringen. Das schlägt sich vor allem im weiter unten erläuterten Gestaltungsfeld Zielsetzung nieder.

▸ Vor allem hat das Personalwesen die Aufgabe, alle Betroffenen, insbesondere die Führungskräfte in Sachen Personalführung zu beraten und zu unterstützen. Dies ist immer dann ge-

Führungskräfte

Führungsaufgaben des Personalwesens

fragt, wenn Vorgesetzte ihre Führungsaufgabe nicht oder nicht korrekt wahrnehmen, wenn ein Problem nicht alleine durch die Vorgesetzten gelöst werden kann und wenn Streitigkeiten zwischen Vorgesetzten und ihren Mitarbeitern geschlichtet werden müssen.

6.1.2 Führung in Unternehmen

Sobald sich zwei und mehr Menschen in einer Gruppe organisieren, um arbeitsteilig tätig zu werden, entstehen Koordinationsprobleme, deren Lösung der Führung bedarf. Seit dem Aufkommen der Unternehmen heutigen Zuschnitts wird der Führung noch mehr Gewicht beigemessen. In Unternehmen kombiniert man die **Produktionsfaktoren**. Das heute in der Betriebswirtschaftslehre gebräuchliche System der Produktionsfaktoren geht auf *Gutenberg* zurück *(1980, 1983, 1984, Abb. 1.3)*.

Jenen Kombinationsprozess bezeichnet man als **Managementkreis der Unternehmensführung** oder schlicht als Managementkreis. In *Abb. 6.1* wird er in einer modifizierten Form wiedergeben, um die von *Gutenberg (1980, 1983, 1984)* verwendeten Begriffe aufzunehmen.

Die **Unternehmensführung** darf nicht mit der Personalführung verwechselt werden. Die Personalführung ist ein Teilbereich der Unternehmensführung. Wie die Personalwirtschaft, zu

deren Gestaltungsfeldern sie zählt, verwaltet die Personalführung Arbeitsleistungen nicht nur abstrakt als betriebliche Produktionsfaktoren, sondern sie bezieht sich konkret auf das Personal (Kapitel Grundlagen). Mit der Analyse der Personalführung setzen sich die verschiedensten Einzeldisziplinen auseinander. Deshalb kommen *Wunderer* und *Grunwald (1980 a, S. 62)* zu dem Ergebnis, dass eine alle Aspekte und Situationen umgreifende Definition nicht vorgelegt werden kann. Da eine umfassende und allgemein akzeptierte Theorie der Führung noch nicht existiere, seien die bislang aufgeführten Definitionen als Abgrenzung des Problembereichs zu verstehen.

> In diesem Sinne definieren *Wunderer* und *Grunwald (1980 a, S. 62)* (Personal-)Führung als zielorientierte soziale, das heißt interpersonelle Einflussnahme zur Erfüllung gemeinsamer Aufgaben in einer strukturierten Arbeitssituation. Diesem pragmatischen, überzeugenden Ansatz soll hier gefolgt werden.

Mit dem Wort »interpersonell« wird darauf hingewiesen, dass Personalführung eine wechselseitige Beeinflussung ist. Es sind nicht nur die Führungskräfte, die Einfluss auf ihre Mitarbeiterinnen und Mitarbeiter ausüben. Involviert sind auch die Mitarbeiterinnen und Mitarbeiter, die ihre Führungskräfte gleichfalls beeinflussen, die sich – nicht immer erwartungsgemäß – verhalten und Verhalten provozieren. Insofern sind in der Tat alle Beschäftigten in die Personalführung eingebunden.

Die Ziele, die im Rahmen der Personalführung gesetzt werden, sind folglich keinesfalls solche, die nur der jeweiligen Führungskraft zum Vorteil dienen, und sie werden auf keinen Fall geheimgehalten. Andernfalls würde die Personalführung in **Manipulation** umschlagen.

> Manipulation ist das Unterfangen, andere bewusst und zum eigenen Vorteil zu beeinflussen, ohne dass ihnen die Art und Weise dieses Einflusses bewusst wird. Es handelt sich also um ein egoistisches Verhalten, das die eigenen Absichten kaschiert *(ähnlich Sprenger 1995, S. 20 f.)*.

Managementkreis der Unternehmensführung

Personalführung

Manipulation

Abb. 6.1

Managementkreis der Unternehmensführung

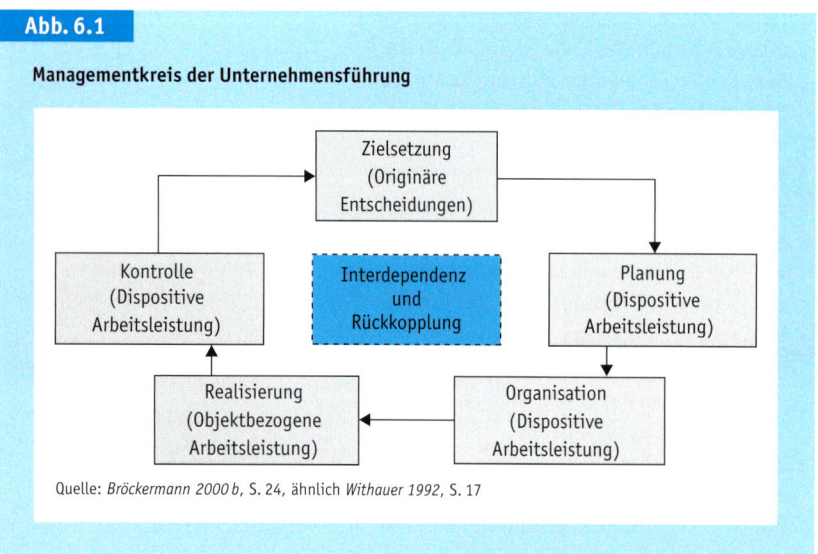

Quelle: *Bröckermann 2000 b*, S. 24, ähnlich *Withauer 1992*, S. 17

Fatalerweise ist Manipulation des Öfteren erfolgreich. Sobald eine Manipulation jedoch offenbar wird, sind die Betroffenen verletzt. Deshalb zerstört jede Manipulation auf längere Sicht das Vertrauensverhältnis und damit die Basis jener Zusammenarbeit, ohne die Personalführung nicht möglich ist *(Drumm 2005, S. 478, McClelland 1978, S. 199 ff.)*.

6.1.3 Gestaltungsrahmen der Personalführung

Personalführung ist eine Einflussnahme, die nur fruchten kann, wenn die Beteiligten in der Lage sind, motiviert zu Werke zu gehen. Die Personalführung beruht, vergleichbar mit der Unternehmensführung, auf Interdependenzen und Rückkopplungen, sprich der Kommunikation aller Betroffenen. Daneben beinhaltet die Personalführung, analog zur Unternehmensführung, die Prozessfolge von Zielsetzung, Planung, Organisation, Realisierung und Kontrolle *(Abb. 6.2, Bröckermann 2000 b, S. 31 f.)*.

▸ Personalführung dient der **Festlegung von Zielen**, und zwar nicht nur rein sach-, prozess- und strukturbezogen, sondern auch und gerade personen-, will heißen mitarbeiterbezogen.

▸ Personalführung umfasst die Planung der maßgeblichen Strategien zur Erreichung dieser Ziele, also mit Bezug auf das Personal vor allem die **Personalplanung**.

▸ Personalführung hat eine spezifische Festlegung und Koordination von Aufgabenbereichen zum Inhalt, die **Delegation** von Aufträgen, Befugnissen und Verantwortung.

▸ Personalführung soll eine gedeihliche **Zusammenarbeit** gewährleisten. Damit wäre die Realisierung der Arbeitsaufgabe durch die Verknüpfung der elementaren Produktionsfaktoren sichergestellt.

▸ Der für die Unternehmensführung grob mit Kontrolle umschriebene Soll-Ist-Vergleich gilt im Rahmen der Personalführung, als Personalbeurteilung, den eingesetzten Beschäftigten sowie, mittels einiger Instrumente des

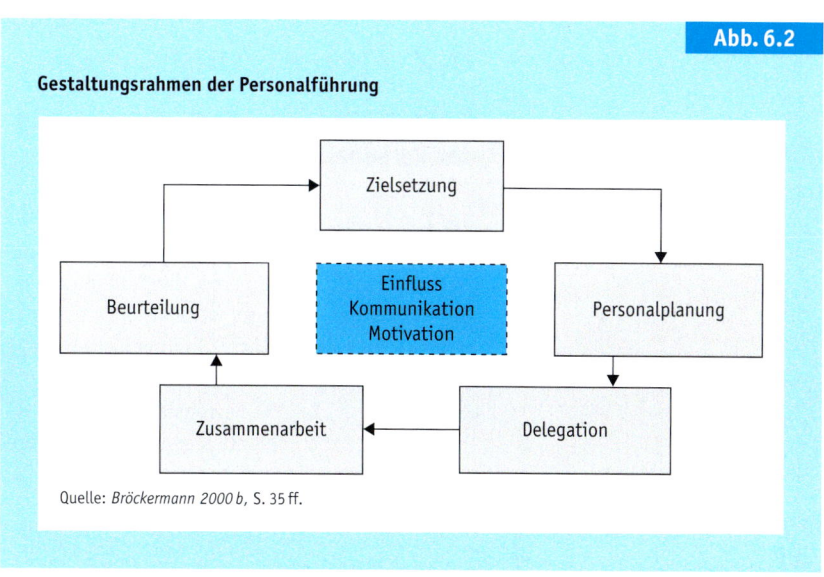

Abb. 6.2

Gestaltungsrahmen der Personalführung

Zielsetzung

Beurteilung

Einfluss
Kommunikation
Motivation

Personalplanung

Zusammenarbeit

Delegation

Quelle: *Bröckermann 2000 b*, S. 35 ff.

Personalcontrolling, den personalwirtschaftlichen Strukturen und Prozessen. Da damit in jedem Fall, vor allem jedoch bei der Personalbeurteilung, ein Befund über Personen verbunden ist, fasst man die genannten zwei Teilbereiche besser unter dem Begriff **Beurteilung** als unter Kontrolle zusammen.

▸ An die Beurteilung kann sich eine erneute Zielsetzung anschließen.

Angesichts dieses umfangreichen Gestaltungsrahmens stellt sich auf Anhieb die Frage, wann Personalführung erfolgreich ist. Eine einfache, universelle Antwort ist wohl kaum möglich. So überrascht es denn auch nicht, dass von Unternehmen zu Unternehmen bzw. von Situation zu Situation andere Kriterien benannt werden.

Da sowohl sach-, prozess- und strukturbezogene als auch personenbezogene Ziele berücksichtigt werden müssen, kristallisieren sich jedoch zwei Erfolgskriterien heraus:

▸ die Leistungen der Mitarbeiterinnen und Mitarbeiter, die sogenannte **Leistungsdimension**, und

▸ ihre Arbeitszufriedenheit, die sogenannte **Humandimension** (Kapitel Personalcontrolling, *Neuberger 2002, S. 42 ff., Steinle 1978, S. 39 ff.)*.

Erfolgskriterien

6.2 Zielsetzung

6.2.1 Zielsetzung als Gestaltungsfeld der Personalführung

Das Ziel ist ein erstrebenswerter Zustand, der in der Zukunft liegt und dessen Eintritt nicht automatisch erfolgt, sondern von Handlungen oder Unterlassungen abhängig ist. Man unterscheidet grundsätzlich die in *Abb. 6.3* aufgeführten Zielarten *(Bröckermann 2000 b, S. 186 ff., Ehrmann 2002, S. 108 ff.*, Kapitel Personalcontrolling).

Dabei wird die obere Zielebene durch die personalpolitischen Prinzipien geprägt (Kapitel Grundlagen).

Die untere Zielebene wird durch die Prinzipien der einzelnen Aufgabenfelder der Personalwirtschaft maßgeblich definiert.

Wie in *Abb. 6.3* ersichtlich wird, nehmen

▶ die Vorgesetzten im Verhältnis zu den Beschäftigten in ihrem Verantwortungsbereich und

▶ im Einzelfall sowie bei Konflikten auch die Personalverantwortlichen im Verhältnis zu diesen Vorgesetzten

in ihrer Führungsaufgabe eine Vermittlerposition zwischen den Zielen der unteren und oberen Ebene ein. In aller Regel verfolgt man zugleich mehrere Ziele, und das unter Beachtung jener Rahmenbedingungen, auf die in den anderen Kapiteln dieses Buches verwiesen wird. Das kann zu Zielkonflikten führen.

> Mittels Personalführung ist man bemüht, Zielkonflikte zu begrenzen oder gar nicht erst aufkommen zu lassen (Kapitel Personalcontrolling, *Olfert 2008, S. 221 ff.*).

6.2.2 Zielbildungsprozess

In der Personalführung kennt man einen mehrstufigen Zielbildungsprozess (*Abb. 6.4, Bröckermann 2000 b, S. 191 ff.*).

Die Zielsuche gilt den sogenannten Zielideen. Um Zielideen entwickeln zu können, benötigt man aussagekräftige Informationen von möglichst vielen Beschäftigten aus allen Unternehmensbereichen. Die Zielsuche kann dann, meist in Gruppen, durch verschiedene Methoden der Ideenfindung betrieben werden (*Jung 2008, S. 443, Olfert 2008, S. 223*).

▶ Die **Kommunikation** wird naturgemäß recht häufig für die Ideenfindung eingesetzt. In Mitarbeiterbesprechungen und -gesprächen kann man Gedanken austauschen. Mit der Moderation, einer Form des Lehrgesprächs, schafft man ein gemeinsames Problembewusstsein. Die Metaplanmethode ist eine spezielle Form der Moderation, die vor allem auf der Visualisierung beruht. Diese Visualisie-

Abb. 6.3

Zielarten und Personalführung

Fristig-keit, Reich-weite	Inhalt	Bedeu-tung	Hierar-chische Bezie-hung	Formali-sierungs-grad	Zielebene
lang-fristige, stra-tegische oder mittel-fristige, taktische oder kurz-fristige, operative	monetäre oder nicht-monetäre	Hauptziele große Bedeutung	Oberziele global auf der oberen Hierarchie-ebene for-muliert	Formal-ziele Art und Weise des Handelns, dienen der Ableitung von Verhaltensma-ximen	obere
			Personalführung		
		Nebenziele geringere Bedeutung	Unterziele aus Ober-zielen ab-geleitete Hand-lungsan-weisung	Sachziele Realisie-rung der Formal-ziele, beziehen sich un-mittelbar auf die Leistungs-erstellung	untere

Quelle: *Bröckermann 2000 b*, S. 187

rung kann zur Sammlung von Beiträgen, zu ihrer Strukturierung, zur Gewichtung alternativer Lösungen und zur Präsentation von Ergebnissen herangezogen werden (Kapitel Personalenwicklung). Und das betriebliche Vorschlagswesen dient dazu, Beschäftigte aktiv an der Gestaltung der Arbeitsinhalte und Arbeitsabläufe zu beteiligen.

▶ Für die Ideenfindung empfehlen sich vor allem die sogenannten **Kreativitätstechniken**. Insgesamt sind mehr als 50 Kreativitätstechniken bekannt, die jedoch teilweise nur Variationen grundlegender Methoden darstellen. Mit dem Brainstorming sollen Gruppen durch das Sammeln spontaner Ideen zu tauglichen Konzepten gelangen. Die Methoden des Brainwritings sind durch das schriftliche Erzeugen und Festhalten von Ideen gekennzeichnet. Die morphologischen Methoden beruhen auf dem Grundsatz der rationalen Problemzerlegung und Variation, synektische Methoden auf der Verknüpfung von an sich nicht zusammengehörenden Elementen. Mit systematischen Fragetechniken will man Probleme systematisch zergliedern *(Bröckermann 2000 b, S. 194 ff., Blumenschein/Ehlers 2002, S. 94 ff.)*.

▶ Nicht alle Verfahren der Ideenfindung sind eigenständige Kreativitätstechniken. Man verwendet durchaus auch **verwandte Prinzipien**. Bionik ist ein Sammelbegriff für analoge Übertragungsmöglichkeiten von Phänomenen in der Natur auf menschlich-technische Problemstellungen. Das laterale Denken umfasst eine Reihe von Ansätzen, das Denken nach eingefahrenen Gewohnheiten zu umgehen. Ein Portfolio ist ein zweidimensionaler Beurteilungsraum in Form einer vier bis sechs Felder umfassenden Matrix. Bei der Szenariotechnik formuliert eine Gruppe von Experten Prognosen. Die Delphi-Methode ist gleichfalls eine Art der Konsultation von Experten (Kapitel Personalbeschaffung).

Mit der Zielabstimmung will man die Zielideen verschiedener Betroffener, Abteilungen oder Unternehmensbereiche zusammenführen *(Abb. 6.5, Jung 2008, S. 443, Olfert 2008, S. 223)*.

▶ Die Unternehmensleitung gibt den Vorgesetzten und die geben wiederum den ihnen zuge-

Visionen

Haupt- und Oberziele im weiteren Sinne sind die Visionen, die Zukunftsvorstellungen. Sie drücken die Zielrichtung eines Unternehmens aus und vermitteln ein plastisches Bild von der Zukunft (Jung 2008, S. 920 ff., Scholz 2000, S. 957 ff.).

ordneten Beschäftigten nach dem sogenannten **Top-down-Prinzip** Zielideen vor. Die Beschäftigten haben die Möglichkeit der Stellungnahme.

▶ Nach dem **Bottom-up-Prinzip** entwerfen die Mitarbeiterinnen und Mitarbeiter Zielideen, legen sie ihren Vorgesetzten vor und die wiederum der Unternehmensleitung, die sie zusammenfasst.

▶ Beim **Gegenstromprinzip** laufen die beiden skizzierten Prozesse parallel. Dabei stellen die Führungskräfte der oberen Ebenen vorläufige Zielideen auf, sogenannte Rahmenziele, aus denen Teilziele abgeleitet werden. Ausgehend von der unteren Ebene wird dann bis zur oberen Ebene hin eine Überprüfung der Zielideen vorgenommen.

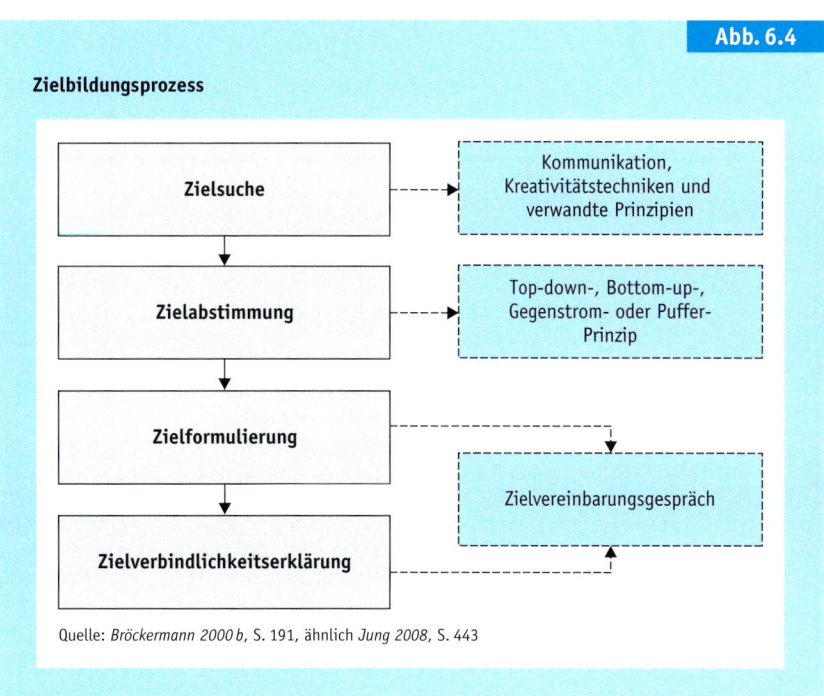

Abb. 6.4

Zielbildungsprozess

Quelle: *Bröckermann 2000 b*, S. 191, ähnlich *Jung 2008*, S. 443

Abb. 6.5

Zielabstimmung

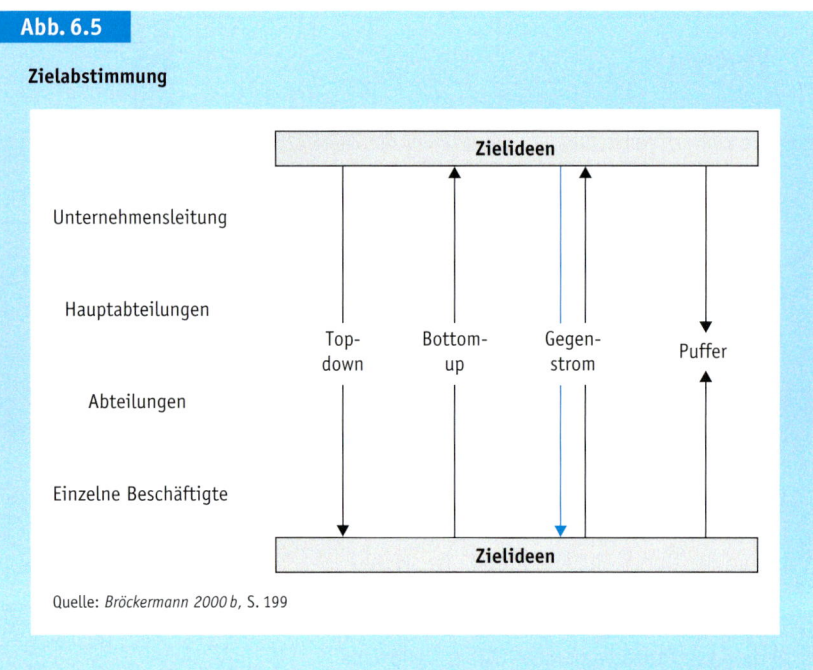

Quelle: *Bröckermann 2000 b, S. 199*

ernst genug genommen werden. Dann können aus Zielideen Ziele werden, die entweder nicht oder mit Leichtigkeit erreichbar sind. Die Beschäftigten identifizieren sich eher mit Zielen, wenn sie ihre Zielideen, etwa im Bottom-up-, Gegenstrom- oder Pufferprinzip, einbringen können.

Mit der Zielformulierung erreicht man, dass jene Sachziele, auf die man sich verständigt hat, eindeutig, anschaulich und verständlich abgefasst werden. Man formuliert

- **was** erreicht werden soll, den Zielinhalt,
- **wie viel** erreicht werden soll, das Zielausmaß,
- **bis wann** es erreicht werden soll, den Zeitpunkt,
- **wo** das Ziel Gültigkeit hat, den räumlichen Geltungsbereich, und
- **wer** für das so umrissene Ziel zuständig ist, das heißt man bezeichnet die Verantwortliche oder den Verantwortlichen *(Jung 2008, S. 443, Olfert 2008, S. 223)*.

Der Zielbildungsprozess wird mit einer Zielverbindlichkeitserklärung abgeschlossen. Die Beteiligten verständigen sich vertraglich und schriftlich oder mündlich darauf, dass die abgestimmten Ziele in der formulierten Form maßgeblich und gültig sind *(Jung 2008, S. 443, Olfert 2008, S. 223)*.

Zielverbindlichkeit

Beim **Puffer-** oder **Komiteeprinzip** geht man zugleich nach dem Top-down- und dem Bottom-up-Prinzip vor. Eine Abstimmung der gegenläufigen Prozesse erfolgt auf einer Abteilungs- oder Hauptabteilungsebene oder in zwischengeschalteten Gremien.

Beim Top-down-Prinzip besteht die Gefahr, dass die Stellungnahmen der Beschäftigten nicht

---

Unter der Lupe

Zielvereinbarungsgespräch

Beim Zielvereinbarungsgespräch sollten die Anhaltspunkte für Gespräche beachtet werden, die in Abb. 6.21 zum Ausdruck kommen. Folgende Besonderheiten sind zu beachten:

- *Bei der **Vorbereitung** ist der Vorgesetzte gehalten, sich die Ziele und deren Verwirklichung zu vergegenwärtigen, die er zuvor mit dem Mitarbeiter abgestimmt hatte. Er sollte auf dieser Basis neue Zielideen, ihre Prioritäten und die notwendige Unterstützung planen. Und schließlich ist er gut beraten, sich Gedanken über die möglichen Erwartungen des Mitarbeiters zu machen, den er rechtzeitig einladen und dabei auf die anzusprechenden Themen hinweisen wird. Der Mitarbeiter kann dann im Vorfeld seine Zielvorstellungen erarbeiten und die notwendigen Begleitmaßnahmen erkennen.*
- *Bei der **Durchführung** des Gesprächs stehen zunächst die zuletzt vereinbarten Ziele und Zwischenziele im Vordergrund.*

Sie bilden den Maßstab für die Beurteilung der bisherigen Erfolge. Der Mitarbeiter erläutert danach seine aktuellen Zielvorstellungen, die der Vorgesetzte mit seinen eigenen und der Erfolgsbilanz des Mitarbeiters abgleicht. So kommt es zu einer Zielabstimmung und schließlich zur Zielvereinbarung, die maximal fünf realistische Sachziele, beispielsweise Produktionsmengen, und Formalziele, also Verfahren, Methoden oder Kosten, beinhalten wird sowie das gewünschte Ergebnis, einen zeitlichen Rahmen, Prioritäten und die wichtigsten Voraussetzungen beschreibt.

- *Bei der **Aufbereitung** des Zielvereinbarungsgesprächs geht es darum, die Fortschritte bei der Zielverwirklichung zeitnah nachzuhalten, und das nicht nur auf Seiten des Vorgesetzten. Der Mitarbeiter sollte sich ein System der Selbstkontrolle erarbeiten und den Vorgesetzten auf dem Laufenden halten.*

6.2.3 Management by Objectives

Viele Unternehmen haben für die Zielsetzung und den darin integrierten Zielbildungsprozess bindende Verfahrensweisen entwickelt. Die Wissenschaft wiederum hat sich bemüht, aus der Vielzahl jener für einzelne Unternehmen verbindlichen Verfahrensweisen einen Idealtyp einer sogenannten Führungstechnik zu entwerfen, das Management by Objectives. In Deutschland ist diese weit verbreitete Führungstechnik auch als Führung durch Zielvereinbarung oder -vorgabe bekannt *(Drucker 1954, Hentze/Graf/ Kammel/Lindert 2005, S. 583 ff., Odiorne 1965)*.

Anstatt bestimmte Aufgaben vorzugeben, die nach festgelegten Regeln zu erledigen sind, werden im Rahmen des Management by Objectives Ziele vorgegeben oder, was eher Erfolg versprechend scheint, gemeinsam von Führungskräften und den ihnen zugeordneten Beschäftigten Ziele gebildet, die es zu erreichen gilt.

> An die Stelle der herkömmlichen Aufgabenorientierung tritt also eine Zielorientierung. Die Auswahl der zur Zielerreichung notwendigen Mittel und Maßnahmen bleibt weitgehend dem Einzelnen überlassen. Die Personalführung beschränkt sich im Wesentlichen auf den gemeinsamen Zielbildungsprozess und die Kontrolle der Zielerreichung *(Abb. 6.6, Bröckermann 2000 b, S. 201 ff.)*.

Das Management by Objectives ist ein permanenter Prozess, der sich auch auf die

▸ Personalplanung,
▸ Delegation und
▸ Zusammenarbeit bezieht, was sich in der Bezeichnung »Anpassung der Organisationsstruktur« verbirgt, *(Abb. 6.6, Ziffer 2)* sowie auf

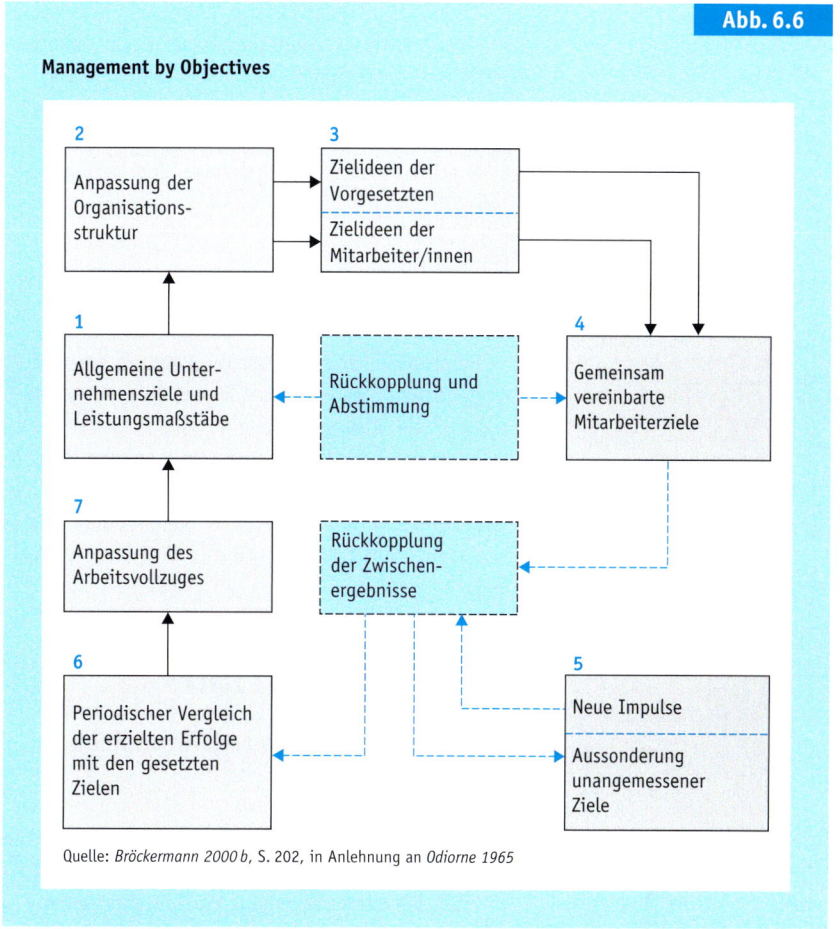

Abb. 6.6

Management by Objectives

Quelle: *Bröckermann 2000 b*, S. 202, in Anlehnung an *Odiorne 1965*

▸ die Beurteilung *(Abb. 6.6, Ziffern 5, 6, 7* und *»Rückkopplung durch Zwischenergebnisse«)*.

Freilich steht die Zielsetzung im Zentrum. Die Unternehmensleitung formuliert Haupt-, Ober- und Formalziele *(Abb. 6.6, Ziffer 1)*. Die Aufgabe der Vorgesetzten besteht darin, aus diesen Zielen der ersten Ebene Neben-, Unter- und Sachziele abzuleiten, wenn möglich gemeinsam mit

Zielsetzung

Vor- und Nachteile des Management by Objectives

Wenn man die Kerngedanken des Management by Objectives angemessen umsetzt, werden die Vorgesetzten entlastet. Zugleich können sich die Beschäftigten besser mit ihrer eigenen Arbeit und dem Unternehmen identifizieren. Außerdem schaffen die vereinbarten Ziele eine einvernehmliche Beurteilungsgrundlage, die zur Bestimmung eines leistungsgerechten Ent-

gelts genutzt werden kann. Nachteilig wirkt sich jedoch der hohe Leistungsdruck aus, dem die Beschäftigten durch die regelmäßig recht anspruchsvollen Ziele und die Beurteilungen ausgesetzt sind (Jung 2008, S. 502, Olfert 2008, S. 227 f., Wunderer/Grunwald 1980 a, S. 309 f.).

Unter der Lupe

den Beschäftigten *(Abb. 6.6, Ziffer 3)*. Die besagten Ziele müssen sodann mit der Unternehmensleitung abgestimmt *(Abb. 6.6, »Rückkopplung und Abstimmung«)*, formuliert und für verbindlich erklärt werden *(Abb. 6.6, Ziffer 4)*. Meist handelt es sich um sogenannte Schlüsselergeb-

nisse für einzelne Beschäftigte. Letzten Endes können neue Impulse dazu führen, dass unangemessene Schlüsselergebnisse bzw. Ziele gemeinsam mit den Mitarbeiterinnen und Mitarbeitern oder auf ihre Anregung hin ausgesondert werden *(Abb. 6.6, Ziffer 5)*.

6.3 Personalplanung

Personalführung umfasst die Planung der maßgeblichen Strategien zur Erreichung der gesetzten Ziele, also mit Bezug auf das Personal vor allem die Personalplanung *(Bröckermann 2000 b, S. 207 ff.)*.

Dieses Gestaltungsfeld der Personalführung, das sich mit dem planerischen Aspekt jedes Auf-

gabenfeldes der Personalwirtschaft deckt, ist den Leserinnen und Lesern also aus den anderen Kapiteln diese Buches bekannt.

Die grundlegenden Planungsprinzipien und -abläufe kommen zudem im Kapitel Personalcontrolling zur Sprache.

6.4 Delegation

6.4.1 Organisation als Grundlage der Delegation

Es ist nicht die Aufgabe der Führungskräfte, alle zur Verwirklichung der Sachaufgaben erforderlichen Tätigkeiten aus eigener Befugnis selbst auszuführen und zu verantworten, sondern es geht vielmehr darum, generelle Regelungen der Verteilungs- und Arbeitsbeziehungen zu treffen.

Generelle Regeln der Verteilungs- und Arbeitsbeziehungen

Diese generellen Regelungen und den Prozess ihrer Formulierung bezeichnet man als Organisation *(Jung 2008, S. 447)*.

Die Organisation, das heißt die Festlegung und Koordination von Aufgaben, Befugnissen und Verantwortung, ist folglich nicht nur ein Element der Unternehmensführung, sondern zugleich ein Gestaltungsfeld der Personalführung. Im Rahmen des Management by Objectives wird dieses Gestaltungsfeld als Anpassung der Organisationsstruktur bezeichnet. Die Organisation ist die Grundlage für die Delegation *(Bröckermann 2000 b, S. 226 ff.)*.

6.4.2 Delegation von Aufgaben, Befugnissen und Verantwortung

Generelle Regelungen wie die Aufbau- und Ablauforganisation kanalisieren aber keineswegs alle auftretenden Situationen. Einerseits unterliegt das Unternehmensgeschehen einer **Dynamik**. Andererseits verfügen die Menschen, die das Geschehen in Unternehmen gestalten, über viele **Facetten** und ein großes **Potenzial** an Veränderungsmöglichkeiten.

Unter der Lupe

Aufbau- und Ablauforganisation

Führungskräfte wirken – neben der Geschäftsleitung, einer gleichnamigen Stabsstelle und gegebenenfalls einer Unternehmensberatung – an der Schaffung der Organisation mit.

▸ *Einzelnen Beschäftigten kann man nur dann Aufgaben, Befugnisse und Verantwortung übertragen, wenn man die Aufgaben, Befugnisse und Verantwortung aller anderen Beschäftigten zuvor festgelegt hat oder doch zumindest kennt. Man benötigt also eine Struktur. Diese Struktur, das heißt die Untergliederung von Unternehmen, ist Thema der Aufbauorganisation (Schmalen/Pechtl 2006, S. 108 ff.).*

▸ *Aufgaben, Befugnisse und Verantwortung können nur dann delegiert werden, wenn man das räumliche und zeitliche Zusammenwirken der betroffenen Personen, Betriebsmittel und Arbeitsgegenstände geregelt hat. Das ist Aufgabe der Ablauf- oder Prozessorganisation. Ihr Ziel ist die Maximierung der Kapazitätsausnutzung und Minimierung der Durchlaufzeiten bei der Bearbeitung (Steinbuch 2001, S. 227 ff.).*

Deshalb ist immer wieder im Einzelfall eine Delegation von Aufgaben, Befugnissen und Verantwortung vonnöten *(Bröckermann 2000 b, S. 235 ff.)*.

6.4.2.1 Aufgaben

Die Beschäftigten müssen wissen, wer welche Aufgabe zu erfüllen hat und wer die möglichen Ansprechpartner bei auftauchenden Fragen sind. Ferner müssen sie über freie Kapazitäten verfügen, um eine Aufgabe übernehmen zu können. Um das zu gewährleisten, ist eine konsequente Aufgabenteilung erforderlich.

Führungskräfte sind deshalb gehalten, Einzelnen die im Wege der Aufbau- und Ablauforganisation festgelegten und koordinierten Aufgabenbereiche zuzuweisen.

Mit den Aufgaben gehen die Ziele einher, die im Wege der Zielsuche, -abstimmung, -formulierung und -verbindlichkeitserklärung gebildet wurden.

6.4.2.2 Befugnisse

Eine Aufgabe kann nur dann erwartungsgemäß abgewickelt werden, wenn den Beschäftigten zugleich die – den Aufgaben im Wege der Aufbau- und Ablauforganisation zugeordneten – Befugnisse eingeräumt werden, die für die Lösung der übertragenen Aufgaben erforderlich sind.

Sie werden gemeinhin als **Kompetenzen** bezeichnet. Das lässt an Fähigkeiten denken (Kapitel Personalbeschaffung), ist aber keineswegs gemeint. Deshalb soll es hier beim deutschen Begriff Befugnis bleiben. Zur Delegation von Aufgaben muss sich folglich die Delegation von Befugnissen gesellen *(Abb. 6.7)*.

6.4.2.3 Verantwortung

Wenn die Aufgabenzuordnung auf einzelne Beschäftigte und die Ausstattung mit den erforderlichen Befugnissen sachgerecht vorgenommen worden sind, hat man die Voraussetzungen dafür geschaffen, den Beschäftigten auch die Verantwortung zu übertragen *(Olfert 2008, S. 243)*.

Das ist zunächst die Verpflichtung zu besonderer Umsicht und Sorgfalt, darüber hinaus aber auch die Berichtspflicht. Schließlich müssen die Beschäftigten für die Ergebnisse einstehen, die sie mit den ihnen übertragenen Aufgaben erzielen. Sie tragen daher die Verantwortung für die

Abb. 6.7

Befugnis

Sachbezogene Befugnis	Personenbezogene Befugnis
fachliche Zuständigkeit	persönliche Zuständigkeit
Befugnis, Maßnahmen zu ergreifen	Befugnis in Hinsicht auf das Personal

Entscheidungsbefugnis
Befugnis, Entscheidungen zu treffen

Weisungsbefugnis
Befugnis der Bestimmung des Verhaltens von Personen

Verpflichtungsbefugnis
Befugnis gegenüber der Umwelt des Unternehmens

Verfügungsbefugnis
Befugnis der Verfügung über Sachen und Rechte

Informationsbefugnis
Befugnis, Daten beziehen zu können

Auftragsbefugnis
Befugnis, Handlungen zu initiieren

Vertretungsbefugnis
Befugnis, Personen oder das Unternehmen zu vertreten

Quelle: *Bröckermann 2000b*, S. 236, nach *Olfert 2008*, S. 242 f.

Durchführung der übertragenen Aufgaben, die sogenannte **Handlungsverantwortung**.

Von dieser Verantwortung werden die Vorgesetzten mithin entlastet, es sei denn, Beschäftigte seien ihrer Aufgabe nicht gewachsen. Mit anderen Worten ist die **Führungsverantwortung** nicht delegierbar.

Kompetenzen

Handlungs- versus Führungsverantwortung

6.4.3 Delegation durch Weisungen

Man delegiert, indem man Weisungen gibt. Weisungen werden in Gesprächen und Besprechungen weitergegeben *(Bröckermann 2000 b, S. 237 f., Olfert 2008, S. 217 ff.)*.

Aber nicht jede Weisung ist zulässig. Weisungen müssen sich laut § 106 der Gewerbeordnung an Arbeitsverträgen, Betriebsvereinbarungen, Tarifverträgen sowie Gesetzen orientieren und außerdem billigem Ermessen entsprechen. Sie dürfen nicht willkürlich erfolgen und müssen die Interessen der Betroffenen angemessen berücksichtigen. Bei manchen Weisungen hat der Betriebs- oder Personalrat ein Mitbestimmungs-

Zulässige Weisung

recht. Details finden sich in allen Kapiteln dieses Buches.

6.4.3.1 Aufträge

Eine Form der Weisung ist der Auftrag, der in einer Besprechung oder in einem indirekten, offenen Gespräch übermittelt wird.

Die Kommunikation ist dadurch gekennzeichnet, dass der Gesprächspartner die Möglichkeit erhält, sich so lange gleichberechtigt einzubringen, bis er meint, dass alle seine Probleme behandelt wurden. Ein Auftrag wird folglich immer persönlich, mit Anrede sowie höflich erteilt und beinhaltet

Inhalt eines Auftrags

▸ die Problemstellung,
▸ das Ziel des Auftrags,
▸ eine Erläuterung mit allen erforderlichen Informationen,
▸ die gewünschte Erledigung und
▸ das erwartete Ergebnis,
▸ gegebenenfalls Termine für Zwischenberichte und
▸ den geplanten Termin für die Erledigung,
▸ jeweils mit einer ausführlichen Begründung.
▸ Außerdem sind Vorschläge der jeweiligen Auftragnehmer ebenso erwünscht wie ihre Initiative.

Nun mag man einwenden, verantwortungsbewusste, gut qualifizierte, kompetente Beschäftigte wüssten selbst, welche Arbeit zu erledigen ist. Selbst wenn das so ist, muss man ihnen immer noch die Kundenaufträge aushändigen. Aufträge sind zweifellos die empfehlenswerteste Form von Weisungen.

6.4.3.2 Anweisungen

Eine andere Form der Weisung ist die sogenannte Anweisung, die in einem direkten, offenen Gespräch oder einer Besprechung übermittelt wird.

Harzburger Modell

Hier ist die Kommunikation dadurch gekennzeichnet, dass die Führungskraft praktisch das gesamte Gespräch allein steuert und dem Weisungsnehmer so gut wie kein Mitspracherecht einräumt. Allerdings kann der Weisungsnehmer das Gespräch so lange fortsetzen, bis er Klarheit über alle Aspekte erlangt hat. Die Anweisung erfolgt mithin gleichfalls persönlich, mit Anrede und höflich. Hier wird jedoch auf eine Begründung verzichtet.

Anweisungen sind zielgerichtet und zeitsparend, aber auch ein wenig schroff. Sie empfehlen sich nur dann, wenn es auf schnelles Handeln ankommt und die Schroffheit im Vorfeld und in der Folge wieder aufgefangen werden kann.

6.4.3.3 Befehle

Befehle sind unpersönliche Weisungen ohne Namensnennung und ohne Begründung. Sie lassen Einwendungen oder Widerspruch nicht zu.

Die Übermittlung von Befehlen geschieht ebenfalls in Besprechungen oder Gesprächen, die freilich kaum noch als solche zu erkennen sind. Man bezeichnet sie als direkt und geschlossen. Die Führungskraft steuert das gesamte Geschehen allein und beendet es, wenn das Ziel erreicht ist. Der Befehlsempfänger kommt dabei nicht zu Wort, abgesehen von einem »Verstanden« oder einer Inhaltsangabe des Befehls.

Wenn man Beschäftigte zu teilnahmslosen Erfüllungsgehilfen macht, darf man sich nicht wundern, wenn sie genau so reagieren. Auf Befehle sollten Führungskräfte demzufolge so weit wie möglich verzichten. Außer in **Notfällen** ist das auch sicherlich machbar.

6.4.4 Delegation als Leitgedanke

Wenn man von Delegation spricht, kommt immer wieder der Begriff Management by Delegation ins Spiel.

Wie das Management by Motivation ist auch das **Management by Delegation** keine einheitliche Denkhaltung, keine einheitliche Theorie und kein einheitlicher Leitfaden für die Praxis, sondern lediglich ein Begriff, mit dem man alle Ansätze belegt, die die Delegation als einen der zentralen Faktoren im Arbeitsleben thematisieren *(Wunderer/Grunwald 1980 a, S. 288)*.

Mit dem **Harzburger Modell** wird das Management by Delegation durch detaillierte Vorgaben – insbesondere zur Delegation von Verantwortung und zur Organisationsstruktur – präzisiert *(Höhn 1986, S. 13 ff., 27 ff., 323 ff.)*.

▸ Die große Masse der Sachaufgaben wird den Beschäftigten übertragen. Die Vorgesetzten delegieren keine Einzelaufträge, sondern einen festen Aufgabenbereich, der sich in der

Kritik am Harzburger Modell

Ein wissenschaftlicher Beweis für Produktivitätssteigerungen durch das Harzburger Modell konnte bislang nicht erbracht werden. Hentze, Graf, Kammel und Lindert (2005, S. 582) kritisieren ferner, das Harzburger Modell sei weder demokratisch noch kooperativ. Obendrein fördere es Formalismus und bürokratisches Vorgehen. Schließlich lasse das Modell die Motivation und Ziele der Beschäftigten unbeachtet.

Stellenbeschreibung des Betreffenden findet. Innerhalb ihres Aufgabenbereichs handeln die Beschäftigten selbstständig.

▸ Außerdem delegiert man die entsprechenden Befugnisse, so dass die Beschäftigten innerhalb ihres eigenen Aufgabenbereichs auch selbstständig entscheiden.

▸ Mit den Aufgabenbereichen und Befugnissen wird zugleich die Verantwortung delegiert, und zwar die Handlungsverantwortung. Die Führungsverantwortung bleibt beim Vorgesetzten.

▸ Die Vorgesetzten übernehmen von vornherein nur die Aufgaben, die von den Mitarbeitern nicht angegangen werden können. Dabei handelt es sich, neben einigen wenigen Sachaufgaben, vor allem um die Aufgaben der Personalführung.

▸ Die Führungsanweisung legt die Grundsätze der Personalführung für das Unternehmen verbindlich fest.

Wie das Harzburger Modell sieht das **Management by Exception** vor, dass die Mitarbeiterinnen und Mitarbeiter innerhalb eines vorgegebenen Rahmens selbstständig entscheiden dürfen. Anders als beim Harzburger Modell übernehmen die Vorgesetzten hier neben den Aufgaben der Personalführung in größerem Umfang Sachaufgaben, und zwar nicht nur die Aufgaben, die von den Mitarbeitern nicht angegangen werden können *(Abb. 6.8, Bröckermann 2000 b, S. 240 f., Olfert 2008, S. 243 f.)*.

Auf diesem Wege werden die Vorgesetzten von Routinearbeiten entlastet. Ihre Mitarbeiterinnen und Mitarbeiter genießen dafür die Selbstständigkeit innerhalb ihrer Ermessensspielräume. Gleichwohl macht das Management by Exception einen Missstand, der im Rahmen der Delegation immer wieder auftreten kann, zum

Prinzip: Manche Vorgesetzte delegieren nur die wenig reizvollen Routineaufgaben und langweilen damit die Beschäftigten. Außerdem kann sich die Festlegung der Toleranzbereiche schwierig gestalten.

Überhaupt ist die Delegation nicht frei von Risiken. Zuweilen entstehen Koordinationsprobleme, sogenannte Sickerverluste. Mitunter vergisst man, dass die jeweiligen Beschäftigten den anstehenden Aufgaben gewachsen sein müssen. Manchmal sind Aufgaben, Befugnisse und Verantwortung nicht gleich dimensioniert *(Abb. 6.9)*.

Risiken der Delegation

6.4.5 Delegation im Tagesgeschäft

Auch wenn die Organisation eines Unternehmens nicht von Grund auf neu geschaffen wird, stehen Vorgesetzte tagtäglich vor der Aufgabe, im Rahmen ihrer Zuständigkeit Personal
▸ in der erforderlichen Anzahl,
▸ mit der erforderlichen Qualifikation und Kompetenz,

Management by Exception

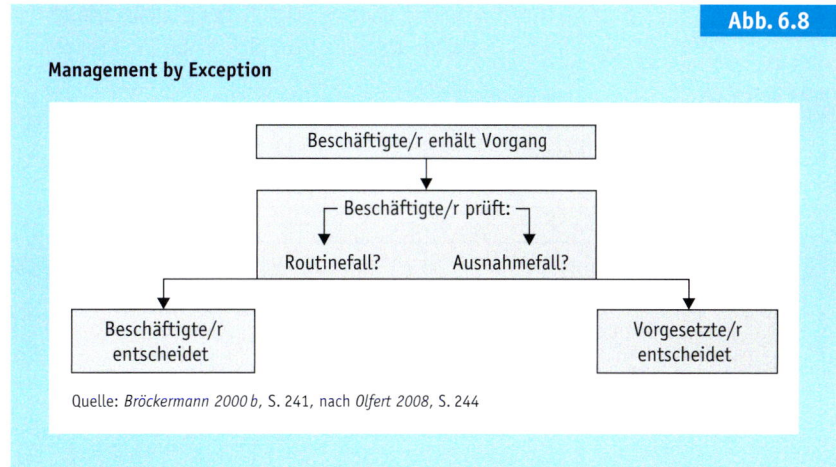

Abb. 6.8

Management by Exception

Quelle: *Bröckermann 2000 b*, S. 241, nach *Olfert 2008*, S. 244

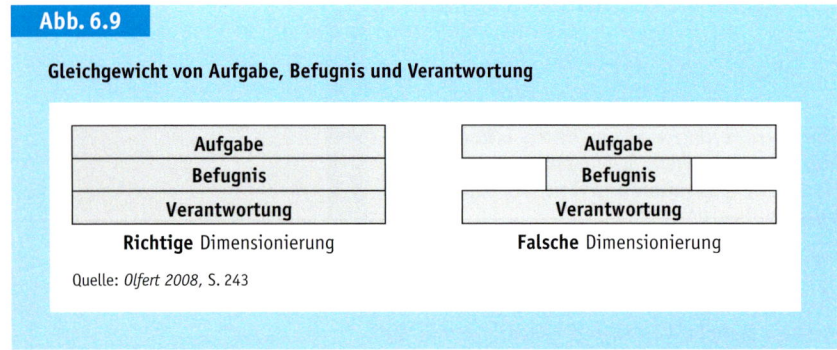

Abb. 6.9

Gleichgewicht von Aufgabe, Befugnis und Verantwortung

| Aufgabe |
| Befugnis |
| Verantwortung |

Richtige Dimensionierung

| Aufgabe |
| Befugnis |
| Verantwortung |

Falsche Dimensionierung

Quelle: *Olfert 2008*, S. 243

▸ zu dem für die Leistungserstellung notwendigen Zeitpunkt und

▸ an dem jeweiligen Einsatzort

verfügbar zu halten, um die Interessen und Aktivitäten des eigenen Arbeitsbereiches, aber auch die der Beschäftigten und des gesamten Unternehmens wirksam zu koordinieren.

Diese Aufgabe geht man mit den Mitteln der Personalbeschaffung, des Personaleinsatzes, im weitesten Sinne sogar auch mit der Personalfreisetzung an.

6.5 Zusammenarbeit

6.5.1 Gruppen und Rollen

Personalführung ist eine zielorientierte soziale, das heißt interpersonelle Einflussnahme zur Erfüllung gemeinsamer Aufgaben.

Angesichts dieser Definition ist Personalführung nur denkbar, wenn eine Person zumindest zeitweise eine andere Person beeinflusst. Personalführung ist also ein Prozess der Zusammenarbeit in Gruppen, in dem die Beteiligten unterschiedliche, vielleicht sogar wechselnde Rollen wahrnehmen *(Wunderer 2003, S. 26 ff.)*.

6.5.1.1 Gruppe

Gruppe und Team

Unter einer Gruppe versteht man eine Reihe von Personen, die in einer bestimmten Zeitspanne häufig miteinander Umgang haben, die also unmittelbar miteinander in Verbindung treten können. Der moderne Begriff **Team** meint grundsätzlich dasselbe, wird aber kaum für Gruppen

verwendet, die sich aus sozialen Gründen zusammenfinden, sondern eher für aufgabenorientierte Gruppen *(Bröckermann 2000 b, S. 291 ff., Hentze/Graf/Kammel/Lindert 2005, S. 338 ff., Homans 1960, S. 29)*.

Diese Definition ist zwar weitestgehend akzeptiert, aber doch sehr allgemein gehalten. Eine genauere Begriffsbestimmung, wie sie in *Abb. 6.10* wiedergegeben wird, erschließt sich jedoch erst nach einer Erläuterung der dort aufgeführten Fachausdrücke.

Als **Arbeitsgruppen** oder **formelle Gruppen** bezeichnet man solche, die in Unternehmen durch die Aufbau- und Ablauforganisation dauerhaft oder zeitlich begrenzt gebildet werden, beispielsweise Abteilungen, teilautonome Gruppen, Qualitätszirkel, Lerngruppen, Werkstattzirkel und Projektgruppen. In Unternehmen bestehen solche formellen Gruppen meist aus einer Führungskraft sowie einer begrenzten Anzahl von Mitarbeiterinnen und Mitarbeitern (Kapitel Personaleinsatz).

Die Mitglieder von Arbeitsgruppen halten sich nicht immer an die formellen Vorgaben. Es kommt zu gegenseitigen Hilfeleistungen, Arbeitsaustausch, Konflikten und Gesprächen. Innerhalb der Arbeitsgruppe und darüber hinaus bilden sich **informelle Gruppen**. *Mayo (1933)*, *Roethlisberger* und *Dickson (1939)* entdeckten in den sogenannten **Hawthorne-Experimenten**, dass die Leistung einer Arbeitsgruppe relativ unabhängig von den Arbeitsbedingungen ist. Entscheidend ist vielmehr die Tatsache, dass der

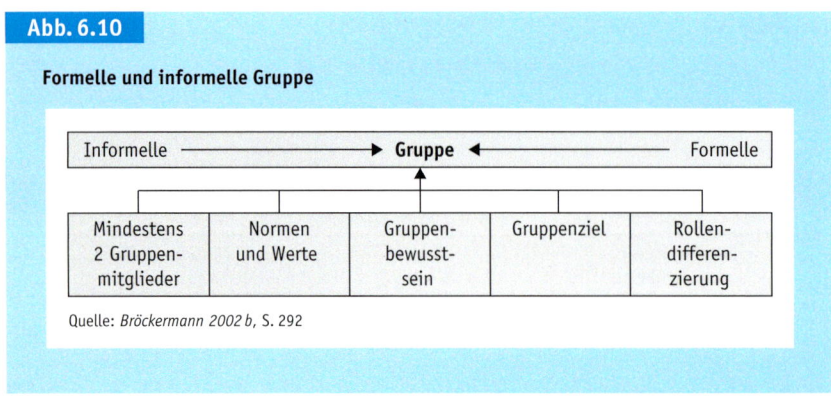

Abb. 6.10

Formelle und informelle Gruppe

| Informelle | ──────▸ | **Gruppe** | ◂────── | Formelle |

| Mindestens 2 Gruppenmitglieder | Normen und Werte | Gruppenbewusstsein | Gruppenziel | Rollendifferenzierung |

Quelle: *Bröckermann 2002 b*, S. 292

»Gemischte Teams aus fest angestellten und externen Spezialisten sind produktiver als rein intern besetzte Projektteams. Das ist das Kernergebnis der repräsentativen Studie ›Mixed Teams – Treiber des Projekterfolgs?‹ des Instituts für Beschäftigung und Employability (IBE) an der Fachhochschule Ludwigshafen. Mehr als zwei Drittel der befragten Unternehmen ... halten gemischte Teams für produktiver. Vor allem der Transfer von Methodenwissen (69 Prozent), die schnelle Problemerkennung (68,7 Prozent), die Wissensentwicklung im Projektverlauf (67,4 Prozent) und die Entwicklung tragfähiger Lösungsalternativen (66,5 Prozent) sprechen für gemischte Teams.«

Institut für Beschäftigung und Employability 2007: Institut für Beschäftigung und Employability (www.fh-ludwigshafen.de/ibe, Verfasser unbekannt), »Die Mischung macht's«, in: Personal, Heft 12/2007, S. 33.

Mensch nicht nur als isoliertes Individuum denkt, fühlt und handelt, sondern auch als Mitglied von formellen und informellen Gruppen. Vorgesetzte sind deshalb gut beraten, positive wie auch negative Entwicklungen daraufhin zu hinterfragen, ob sie auf die Zusammenarbeit in Gruppen zurückzuführen sind *(Schmalen/Pechtl 2006, S. 156 f., Ulich 2005, S. 39 ff.)*.

Mit der obigen Definition der Gruppe als einer Reihe von Personen wird deutlich, dass eine Gruppe **zumindest zwei Personen** umfassen muss. Davon abgesehen stellt sich die Frage, welche Personenzahl sich für eine Gruppe empfiehlt. *Miller (1956, S. 81 ff.)* kommt zu dem Ergebnis, dass die optimale Gruppengröße fünf bis neun Personen umfasst. Gruppen mit mehr als neun Mitgliedern tendieren zur Instabilität durch Aufspaltung in Untergruppen oder Cliquen. Zudem empfiehlt sich eine ungerade Personenzahl, um Patt-Situationen bei Abstimmungen zu vermeiden, obwohl *Glueck (1976, S. 86)* darauf hinweist, dass Gruppen mit gerader Mitgliederzahl sorgfältiger entscheiden als Gruppen mit ungerader Mitgliederzahl.

Gruppenmitglieder unterschieden sich jedoch nicht selten durch ihre Herkunft, ihr Alter und ähnliche Merkmale, wodurch sich auch unterschiedliche **Normen und Werte** ergeben. Eine Voraussetzung für die Existenz einer Gruppe ist aber ein gewisser Vorrat von gemeinsamen Normen und Werten. Mit Normen meint man die formellen, geschriebenen und informellen, ungeschriebenen Regeln, die Gruppen sich selbst geben und die ihnen vorgegeben werden. Ein Wert ist ein gemeinsames Interesse, ein Ordnungs- und Orientierungskonzept, also eine Vorstellung von dem, was eine oder mehrere Personen schätzen *(Wilpert 2007, S. 645)*.

Eine Gruppe muss sich selbst als Gruppe definieren. Notwendig ist also ein **Gruppenbewusstsein**. Wenn man zusammen im Aufzug fährt ist das sicher nicht so. Wenn der Aufzug aber stecken bleibt, sich alle umschauen und realisieren, wer das Schicksal mit ihnen teilt, entsteht ein Gruppenbewusstsein.

Jede Gruppe muss ein **Ziel** haben. Grundsätzlich sind für Gruppen alle weiter oben genannten Zielarten denkbar. Das Gruppenziel muss nicht unbedingt konkret sein. Ein Freundeskreis kann beispielsweise das Ziel haben, etwas gemeinsam zu unternehmen.

6.5.1.2 Rolle

Schließlich bedarf eine Gruppe für ihre Existenz einer **Rollendifferenzierung**. Die Gruppenmitglieder müssen unterschiedliche Rollen bei ihren Bemühungen ausüben, das Ziel zu erreichen. Diese Rollen werden ihnen einerseits im Hinblick auf die Aufbau- und Ablauforganisation zugeteilt. Andererseits entwickeln sich diese Rollen je nach Aufgabe, Situation, Kenntnissen, Fertigkeiten und Verhaltensweisen der Gruppenmitglieder.

> Unter einer Rolle wird die Summe der Erwartungen an den Inhaber einer bestimmten Position verstanden *(Bröckermann 2000 b, S. 300 ff., Wunderer/Grunwald 1980 a, S. 129)*.

Mitarbeiterrollen finden sich in der Professional Role-Motivation Theory von *Miner (1978, 1988, 1993)*: Anreicherung von Wissen, selbstständiges

Mindestens zwei Personen

Normen und Werte

Gruppenbewusstsein

Ziel

Rollendifferenzierung

Rolle

Definitionsmerkmale einer Rolle

Die Position ist ein Ort in einem Gefüge sozialer Beziehungen. Sie ließe sich in formellen Gruppen im Unternehmen anhand des Stellenbesetzungsplans ermitteln.

Erwartungen sind die Rechte und Pflichten, die der Inhaber einer sozialen Position, beispielsweise die Führungskraft, im Verhältnis zu anderen Personen hat, etwa im Verhältnis zu Mitarbeitern.

Die Beschäftigten üben auf ihre Vorgesetzten Druck aus, die besagten Erwartungen zu erfüllen, und umgekehrt. Diesen Druck bezeichnet man als Sanktion.

Können oder wollen die Führungskräfte oder Mitarbeiter die Erwartungen nicht erfüllen, entstehen Konflikte, von denen noch die Rede sein wird.

Lokomotion

Handeln, Status und Akzeptanz, Hilfe anbieten sowie Einsatz und Verpflichtung. *Birkenbihl (1993, S. 5 ff.)* weist noch auf weitere Rollen hin, die freilich nicht immer und in jedem Fall in Gruppen, aber doch immerhin vereinzelt auftreten können: Rangniedrigste, Nesthäkchen, Jasager und Gefolgsleute sowie Außenseiter.

Mit der Rollentheorie der Führung unternimmt man den Versuch, die Führungsrollen zu präzisieren. Unter Führungsrollen versteht man hier die Rollen der Vorgesetzten in der Personalführung *(Lukasczyk 1960, S. 179 ff.)*.

Kohäsion

▸ Aufgabenorientierte Führungskräfte, die Tüchtigen, verschreiben sich der sogenannten **Lokomotionsfunktion**. Sie widmen sich der Lösung der jeweiligen Aufgabe. Dafür sind sie formell als Vorgesetzte durch das Unternehmen autorisiert. Deshalb spricht man in die-

sem Zusammenhang auch von formeller (Personal-)Führung.

▸ Daneben findet man eine informelle (Personal-)Führung. Beschäftigte, die in keiner Weise vom Unternehmen autorisiert sind und eher unbewusst, neben ihrer Arbeitsaufgabe, daran arbeiten, die **Kohäsion**, den Zusammenhalt der Gruppe, zu gewährleisten. Man bezeichnet sie als sozio-emotionale Führungskräfte oder einfach als die Beliebten.

Dem Divergenzansatz zufolge ergänzen sich diese beiden Rollen zur Personalführung. Häufig sind diese beiden Rollen auf zwei Personen verteilt. Zuweilen kann eine Person beide Rollen auf sich vereinen. Demnach haben formell autorisierte Führungskräfte die Chance, auch informell bestätigt zu werden.

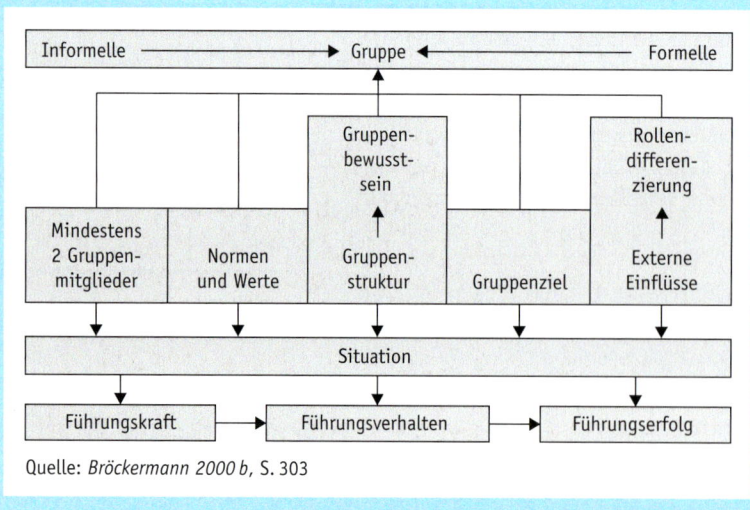

Abb. 6.11

Situationstheorien der Führung

Quelle: *Bröckermann 2000 b*, S. 303

6.5.2 Führungsverhalten und Führungsstile in Führungssituationen

6.5.2.1 Führungssituationen

Wie die Führungsrolle wahrgenommen wird, ist zweifelsohne von der jeweiligen Situation abhängig. Genau an diesem Punkt setzen die **Situationstheorien der Führung** an *(Abb. 6.11)*.

Sie besagen, dass eine Führungskraft je nach Situation ein anderes Führungsverhalten zeigt und dass dieses Führungsverhalten wiederum je nach Situation einen mehr oder weniger überzeugenden Führungserfolg oder gar einen Misserfolg nach sich zieht *(Bröckermann 2000 b, S. 303 ff., Wunderer/Grunwald 1980 a, S. 134 f.)*.

Die Besonderheiten der jeweiligen Situation sollen also Aufschluss darüber geben, welchen Anforderungen eine Führungskraft genügen muss.

Ausschlaggebend wäre demnach die **Situation**, die, in Anlehnung an die Definition der Gruppe, durch fünf Faktoren beschrieben wird *(Aschauer 1970, S. 78 f., Wunderer/Grunwald 1980 a, S. 135)*.

1. Die Situation wird demnach durch die **Gruppenmitglieder** geprägt, vor allem durch ihre Motive, Ziele, Kenntnisse, Fertigkeiten und Verhaltensweisen. Dafür ist es entscheidend, ob die Führungskraft über jene Kenntnisse, Fertigkeiten und Verhaltensweisen verfügt, die die Mitarbeiterinnen und Mitarbeiter von ihr erwarten.

2. Als richtungweisend erachtet man ferner die **Normen und Werte** einer Gruppe. Führungskräfte sollten nämlich die formellen und informellen Normen und Werte vorleben.

3. Ebenso gewichtig soll die **Gruppenstruktur** sein. Damit weist man darauf hin, dass Gruppen in unterschiedlichem Maße über ein **Gruppenbewusstsein**, eine **Rollendifferenzierung** und über Kohäsion verfügen.

4. Nach situationstheoretischem Verständnis werden Situationen in zweifacher Hinsicht vom **Gruppenziel** gekennzeichnet. Ein Ziel sei für Gruppen existenznotwendig und eine Führungskraft müsse dafür sorgen, dass dieses Ziel erreichbar wird.

5. Schließlich werde die Situation durch **externe Einflüsse** geprägt. Dabei handelt es sich um die Gegebenheiten, die durch die Einbindung in das Umfeld entstehen.

Die so umschriebene Situation fordere ein bestimmtes Führungsverhalten, das wiederum in Abhängigkeit von der Situation zum erwünschten Erfolg führen kann. Letztlich bestimme die Situation, im Kern also die Gruppe, die Führungskraft. Ein bestimmtes, permanent gültiges Führungsverhalten könne es demnach gar nicht geben.

6.5.2.2 Führungsverhalten und -stil

In diesem Zusammenhang muss man recht feinsinnig zwischen **Führungsverhalten** und **Führungsstil** unterscheiden *(Bröckermann 2000 b, S. 305 ff.)*.

> Unter Führungsverhalten wird das aktuelle Verhalten einer Führungskraft in einer konkreten Führungssituation verstanden.

Wie alle Menschen verhalten sich Führungskräfte dauernd in irgendeiner Weise, mal so, wie sie es häufig tun, mal aber auch völlig untypisch, mal angemessen und mal unangemessen. Was sie im Privatleben tun, interessiert hier nicht, sondern nur das, was in Ausübung ihrer Führungsaufgabe geschieht.

Beobachtet man eine Führungskraft über einen längeren Zeitraum, wird man in ihrem Führungsverhalten gewisse Gemeinsamkeiten erkennen. Diese Gemeinsamkeiten machen ihren Führungsstil aus. Führungsstile sind demnach nicht von einer konkreten Situation abhängig.

> Ein Führungsstil ist ein Verhaltensmuster für Führungssituationen, das an einer einheitlichen Grundeinstellung einer Führungskraft orientiert ist. In kurzen Worten ist der Führungsstil die Art und Weise, in der eine Führungskraft ihre Mitarbeiterinnen und Mitarbeiter führt.

Nimmt man es ganz genau, so gibt es mindestens ebenso viele Führungsstile wie Führungskräfte, vielleicht sogar ein Vielfaches davon, wenn Führungskräfte ihren Führungsstil in der Tat situationsbezogen ändern können. Die Wissenschaft hat aus dieser Vielzahl **Typologien** entwickelt.

▸ Eindimensionale Typologien normieren Führungsstile ausschließlich nach einem Kriterium, dem Entscheidungsspielraum der Beteiligten, etwa der *1973* von *Vroom* und *Yetton* vorgestellte Entscheidungsbaum. Noch bekannter ist die Typisierung von *Tannenbaum* und *Schmidt (1958, S. 96)*, die die Extremwerte als autoritären und kooperativen Führungsstil bezeichnen. Die Grauzone zwischen den beiden Extremwerten ist breit gefächert *(Abb. 6.12)*.

▸ Zweidimensionale Typologien basieren auf den Ergebnissen der empirischen Forschungen von *Halpin, Winer (1957)*, *Fleishman (1973)* und weiterer der sogenannten Ohio-State-Studien. Eine andere Quelle sind die Michigan-Studien von *Likert (1961, 1967)*, *Katz* und *Kahn (1966, 1978)*. Die beiden Forschergruppen stellen die einseitige Orientierung der Führungsstiltypologien am Entscheidungsspielraum in Frage. Mit ihren Untersuchungen weisen sie nach, dass

5 Faktoren

Führungsverhalten

Führungsstil

Eindimensional

Zweidimensional

Abb. 6.12

Eindimensionaler Verhaltensansatz der Führung

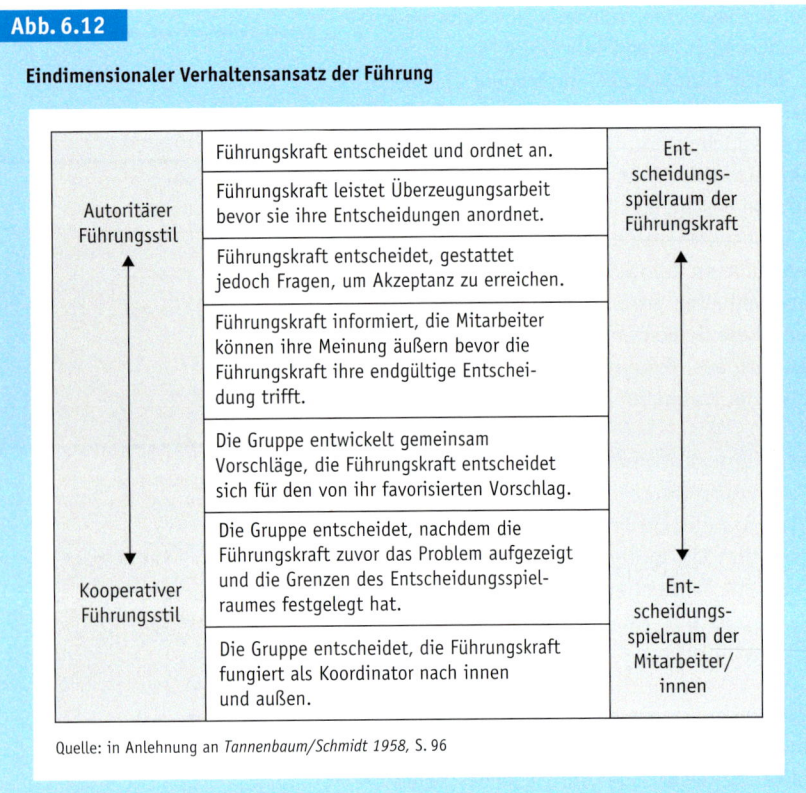

Autoritärer Führungsstil	Führungskraft entscheidet und ordnet an.	**Entscheidungsspielraum der Führungskraft**
	Führungskraft leistet Überzeugungsarbeit bevor sie ihre Entscheidungen anordnet.	
	Führungskraft entscheidet, gestattet jedoch Fragen, um Akzeptanz zu erreichen.	
	Führungskraft informiert, die Mitarbeiter können ihre Meinung äußern bevor die Führungskraft ihre endgültige Entscheidung trifft.	
Kooperativer Führungsstil	Die Gruppe entwickelt gemeinsam Vorschläge, die Führungskraft entscheidet sich für den von ihr favorisierten Vorschlag.	
	Die Gruppe entscheidet, nachdem die Führungskraft zuvor das Problem aufgezeigt und die Grenzen des Entscheidungsspielraumes festgelegt hat.	**Entscheidungsspielraum der Mitarbeiter/innen**
	Die Gruppe entscheidet, die Führungskraft fungiert als Koordinator nach innen und außen.	

Quelle: in Anlehnung an *Tannenbaum/Schmidt 1958*, S. 96

Abb. 6.13

3-D-Programm

Quelle: in Anlehnung an *Reddin 1977*, S. 28

Gruppendynamik

Führungsstile sich eher und eindeutiger anhand ihrer Ausprägung der Beziehungs- und Aufgabenorientierung beschreiben lassen (*Hentze/Graf/Kammel/Lindert 2005*, S. 208 ff., *Wunderer/Grunwald 1980 a*, S. 239 ff.).

▶ Mehrdimensionale Typologien verwenden mehr als zwei Kriterien zur Beschreibung von Führungsstilen, wie beispielsweise die situative Führungstheorie von *Hersey* und *Blanchard* (1977). Diese Ansätze werden dadurch präziser, unterliegen aber zugleich auch der Gefahr der Unübersichtlichkeit. Eine der anschaulichen mehrdimensionalen Typologien ist das 3-D-Programm von *Reddin (1977)*. Er unterscheidet drei Dimensionen: die Aufgabenorientierung, die Beziehungsorientierung und die Effektivität. Seiner Ansicht nach gibt es vier Grundstile, die durch den Grad ihrer Aufgabenorientierung und Beziehungsorientierung gekennzeichnet sind. Alle vier können effektiv sein, und zwar in Abhängigkeit von der spezifischen Situation, in der sie angewandt werden (*Abb. 6.13, Reddin 1977*, S. 25 ff., 58 ff., 94 ff., *Wunderer/Grunwald 1980 a*, S. 231 f.).

6.5.2.3 Wechselseitige Beeinflussung

Gemeinsam ist allen Typologien die Annahme, Führungskräfte könnten und müssten ihren Führungsstil ändern. Das muss jedoch in Zweifel gezogen werden. Diesen Zweifel artikuliert *Fiedler (1967)* unüberhörbar mit seinem **Kontingenzmodell effektiver Führung**.

Zweifel an der Veränderbarkeit eines Führungsstils bleiben aber auch ohne eine Berufung auf *Fiedler (1967)*. Wenn die Mitarbeiterinnen und Mitarbeiter die Situation mit formen, wenn sie, wie von der Situationstheorie behauptet, den Führungskräften eine Verhaltensweise auferlegen, dann kann sich eine Führungskraft nur so verhalten, wie sie es nun einmal tut. Praktikerinnen und Praktiker bestätigen in der Tat aus ihrer Erfahrung, dass Personalführung keine einseitige Einflussnahme der Vorgesetzten ist, sondern auch umgekehrt die Mitarbeiterinnen und Mitarbeiter ihre Vorgesetzten beeinflussen, wenn auch regelmäßig sicherlich nicht im gleichen Maße und mit den gleichen Mitteln. Personalführung ist folglich ein wechselseitiger sozialer Prozess.

Damit ist die **Gruppendynamik** angesprochen, der Prozess der wechselseitigen Beeinflussung, der sich die Mitglieder einer Gruppe unterziehen.

Den Führungsstil kann man kaum ändern

Fiedler (1967, S. 36) belegt durch seine Untersuchungen, dass einer Führungskraft ein Führungsstil auf längere Zeit und nahezu unwiderruflich zu eigen ist. Deshalb hält er nicht viel von kurzfristigen Seminaren, in denen Führungsstile eingeübt werden sollen. Er setzt vielmehr darauf,

▸ *entweder die Situation den Führungskräften anzupassen, also unter anderem auch die Mitarbeiterinnen und Mitarbeiter austauschen, oder, wenn das nicht machbar ist,*

▸ *die Führungskräfte je nach Situation auszutauschen, um immer die Führungskraft vor Ort zu haben, deren Führungsstil der Situation entspricht (Wunderer/Grunwald 1980 a, S. 270).*

Die zweite Alternative erinnert sehr an das Trainergeschäft in der deutschen Fußballbundesliga, das sich dort nicht immer bewährt hat. Trotzdem zeigt Fiedler (1967) deutlich auf: Man kann keineswegs selbstverständlich davon ausgehen, dass Führungskräfte ihren Führungsstil ändern können.

Genau diese Wechselwirkungen betonen die **Interaktionstheorien** der Führung, die *Gibb (1969, S. 205 ff.)* nachhaltig prägte. Hier versteht man Personalführung als eine soziale Interaktion, als wechselseitig aufeinander bezogenes Handeln von Führungskräften und Mitarbeitern: Sobald Menschen aufeinander treffen, wirken sich die Aktionen der einen auf die der anderen aus und umgekehrt *(Abb. 6.14)*.

So einsichtig das ist, so schwierig wird es, diesen Ansatz zu konkretisieren. Im Allgemeinen kennen die Interaktionstheorien der Führung die in *Abb. 6.14* genannten Faktoren, die grundsätzlich ähnlich definiert werden, wie die Variablen der Situationstheorien *(Abb. 6.11)*. Dabei sollen es die Wechselwirkungen dieser vier Faktorenbündel sein, die Personalführung kennzeichnen *(Lukasczyk 1960, S. 186)*.

Immerhin veranschaulichen die Interaktionstheorien, dass Personalführung eine wechselseitige Beeinflussung ist. Gemeinsamkeiten im Führungsverhalten, das heißt Führungsstile, sind folglich nur zufällige Ergebnisse einer über längere Zeit unveränderten Situation und Struktur der Gruppe sowie von über längere Zeit unveränderten Motiven, Zielen, Kenntnissen, Fertigkeiten, Verhaltensweisen und Erwartungen der Beteiligten. Eine **Führungsstiländerung** kann demnach nicht willentlich vollzogen werden. Da erscheint es schon einsichtiger, dass sich sowohl die Geführten als auch die Führungskräfte aus den unterschiedlichsten Anlässen selbst hinterfragen, das heißt etwa ihre Ziele, Motive oder ihre Grundeinstellung zur Personalführung in der konkreten Gruppe, überdenken und revidieren. Schon alleine damit ändern sie einige der wechselseitig verketteten Faktoren, die ihrerseits nun

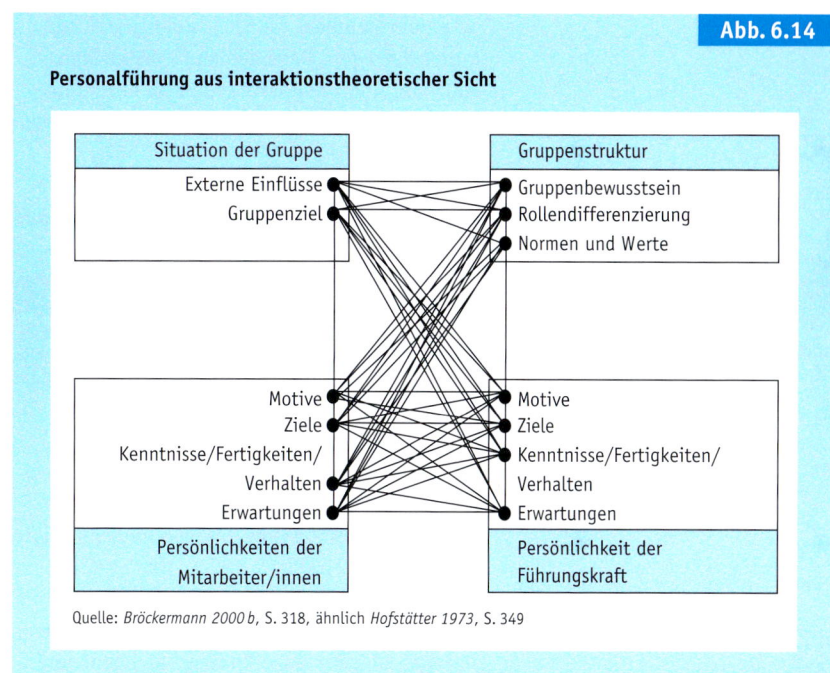

Abb. 6.14

Personalführung aus interaktionstheoretischer Sicht

Situation der Gruppe	Gruppenstruktur
Externe Einflüsse Gruppenziel	Gruppenbewusstsein Rollendifferenzierung Normen und Werte
Motive Ziele Kenntnisse/Fertigkeiten/ Verhalten Erwartungen	Motive Ziele Kenntnisse/Fertigkeiten/ Verhalten Erwartungen
Persönlichkeiten der Mitarbeiter/innen	Persönlichkeit der Führungskraft

Quelle: *Bröckermann 2000 b*, S. 318, ähnlich *Hofstätter 1973*, S. 349

Änderungen hervorrufen. In der Folge wird den Beteiligten, also auch der Führungskraft, ein anderes Verhalten abgefordert und ein anderer Führungsstil kann entstehen. Damit ist der Führungsstil aber nicht das Instrument, sondern die Folge einer Veränderung.

Führungsstil:
Folge der Veränderung

6.5.3 Konflikte

Die Vielschichtigkeit der Beziehungen darf keineswegs dazu führen, dass Führungskräfte sich resignierend zurückziehen. Sie sind vielmehr immer wieder aufgefordert, sich auf die Gegeben-

Unter der Lupe

Interaktionstheorie

Die Abb. 6.14 wirkt zweifellos etwas verwirrend. Die Interaktionstheorie ist aber noch diffiziler als diese Abbildung, denn eigentlich müsste jedes Gruppenmitglied aufgeführt werden und eigentlich sind die einzelnen Faktoren in sich noch recht vielgestaltig. Alle Details stehen in einer Wechselwirkung zueinander. Ferner sind die besagten Erwartungen subjektive Einschätzungen der Faktoren.

Diese Erwartungen und die Gegebenheiten selbst sind zudem keine statischen Größen. Sie unterliegen einem dynamischen, das heißt kraftvollen, bewegten Entwicklungsprozess. Im Ergebnis ergibt sich so ein Geflecht von Abhängigkeiten und Beziehungen, das man in der praktischen Führungsarbeit nicht mehr nachvollziehen kann.

Konfliktverlauf

heiten einzustellen, die sich in der jeweiligen Gruppe zutragen. Dazu zählen in erster Linie Konflikte, denn Konflikte liegen in der Natur des Menschen. Ein konfliktfreies Zusammenleben kann es nicht geben *(Thiel 2003, S. 50)*.

Konflikte sind Spannungssituationen, in denen mehrere Parteien, die voneinander abhängig sind, mit Nachdruck versuchen, unvereinbare Handlungspläne zu verwirklichen und sich dabei ihrer Gegnerschaft bewusst sind *(Berkel 2003, S. 398 ff., Glasl 2004, S. 14 ff., Regnet 2001, S. 26 ff.)*.

6.5.3.1 Mehrpersonenkonflikte
Die Konflikte, die durch die Interaktionen mehrerer Personen zutage treten, bezeichnet man als soziale Konflikte oder Mehrpersonenkonflikte *(Bröckermann 2000 b, S. 320 ff., Hentze/Graf/ Kammel/Lindert 2005, S. 393 ff.)*.

Bei Mehrpersonenkonflikten spielen die Betroffenen, die Art ihres Zusammenwirkens und

die Rahmenbedingungen eine entscheidende Rolle. Jede dieser drei Einflussgrößen kann sowohl der Entstehungsbereich eines Konfliktes als auch sein Wirkungsfeld sein.

Für den **Verlauf von Mehrpersonenkonflikten**, das heißt die Art und Weise, in der die Beteiligten mit ihren Konflikten umgehen, sind die erlebte Konfliktstärke und die Konfliktsituation entscheidend *(Abb. 6.16, ähnlich Glasl 2004, S. 207 ff.)*.

Konstruktive Konfliktverläufe sind in der Regel das Produkt eines gegenseitigen Verhandelns und Aushandelns. Dabei gibt jeder einen Teil seiner Handlungsfreiheit im Interesse einer Lösung auf. Im Kompromiss, durch den man neue Lösungsmöglichkeiten findet, werden die ursprünglich vorhandenen Konfrontationspositionen aufgehoben.

Konfliktregulierung

Für gewöhnlich macht man Führungskräften nicht nur die Konfliktanalyse, sondern auch die **Konfliktregulierung** zur Aufgabe. Selbst die Konfliktparteien suchen ja verschiedentlich die Entscheidung von Vorgesetzten *(Wunderer 2003, S. 493 ff.)*.

▸ Die Verhinderung von Konflikten fordert **vorbeugende Maßnahmen.** Das kann nur ein strukturelles Konfliktmanagement über eine Veränderung des institutionellen Rahmens leisten. In der Tat kann man vielen Konflikten dadurch beikommen, dass man Ratschlägen zur Einflussnahme, Kommunikation, Motivation, Zielsetzung, Personalplanung, Delegation, Zusammenarbeit und Beurteilung folgt. Empfehlenswert ist insbesondere die Institutionalisierung der Konfliktregulierung, wie sie ohnehin in Form der Einigungsstellen

Abb. 6.15

Mehrpersonenkonflikte

Entstehungs-bereich	Beeinflusster Bereich		
	Individuum	Zusammenwirken	Institutioneller Rahmen
Individuum	Rivalität	Vorurteile	Anpassungsprobleme
Zusammenwirken	Rollenkonflikte	Spannungen	Spannungen
Institutioneller Rahmen	Autoritätsprobleme	Koordinationsprobleme	Streitigkeiten

Quelle: nach *Fürstenberg 1964*

bei betriebsverfassungsrechtlichen Konflikten existiert.

Eine spezielle Form der Institutionalisierung bezeichnet man als **Mediation**. Der Mediator hat selbst keine Entscheidungsmacht und schlägt, anders als bei einer Schlichtung, keine Lösung vor. Er begleitet die Verhandlungen der Konfliktparteien als neutraler Dritter und hilft ihnen durch seine Gesprächsführung und die Moderation der Gesprächsbeiträge, selbst eine Lösung zu finden *(Kerntke 2004, S. 15 ff., Pöpping 2008, S. 10 ff.)*.

▸ **Reaktive Maßnahmen** sind auf eine Steuerung des Verlaufs von Konflikten ausgerichtet, die bereits ausgebrochen sind. Dabei ist vor allem ein verhaltensorientiertes Konfliktmanagements gefragt. Voraussetzungen für den Erfolg des verhaltensorientierten Konfliktmanagements sind überzeugende Argumente, die auf einer gründlichen Analyse des Konflikts beruhen, und eine gute Verhandlungsposition, die Vorgesetzte gegebenenfalls durch ihre Autorität aufbauen können. So gewappnet können sie versuchen, die Konflikte möglichst vor einer Eskalation auf dem Verhandlungsweg, also mit den Mitteln der Kommunikation beizulegen. Mit den Gesprächen und Besprechungen sollten Führungskräfte nicht warten, bis Konflikte eskalieren. Vielmehr sollten sie regelmäßig stattfinden, um über Vorlieben und Abneigungen, private und berufliche Probleme und nicht zuletzt über den Werdegang der Beschäftigten im Unternehmen zu sprechen. Deshalb wird verschiedentlich empfohlen, Führungskräfte sollten das Coaching zu diesem Zweck nutzen (Kapitel Personalentwicklung).

Abb. 6.16

Verlauf von Mehrpersonenkonflikten

Konfliktstärke	Konfliktsituation		
	Konflikt nicht umgehbar, Ausgleich unmöglich	Konflikt umgehbar, Ausgleich unmöglich	Konflikt (nicht) umgehbar, Ausgleich möglich
sehr hoch	Machtprobe	Rückzug	Kompromisslösung
mittel	Vorgesetzten-entscheid	Isolation	Kompromisslösung
sehr gering	Zufallsentscheidung	Verdrängung	Ausklammern

Quelle: nach *Blake/Shepard/Mouton 1964*

6.5.3.2 Mobbing

Mobbing ist ein Mehrpersonenkonflikt, der wegen seines spezifischen Verlaufs besonderer Erwähnung bedarf *(Bröckermann 2000 b, S. 326 ff., Zuschlag 2001, S. 21 ff.)*.

Leymann (1993 b, S. 273), einer der maßgeblichen Mobbingforscher, führte Interviews mit Gemobbten durch, um Handlungen zu isolieren, mit denen der Begriff Mobbing beschrieben werden kann. Ergebnis dieser Befragungen war das »Leymann Inventory of Psychological Terrorization«, das 45 Mobbinghandlungen fünf Kategorien zuordnet:

▸ Angriffe auf die Möglichkeiten, sich mitzuteilen,

▸ Angriffe auf die sozialen Beziehungen,

▸ Auswirkungen auf das soziale Ansehen,

▸ Angriffe auf die Qualität der Berufs- und Lebenssituation sowie

▸ Angriffe auf die Gesundheit.

Mediation

Mobbinghandlungen

Gleichbehandlung

Der Gesetzgeber untersagt mit dem Allgemeinen Gleichbehandlungsgesetz Benachteiligungen aus Gründen der Rasse oder der ethnischen Herkunft, des Geschlechts, der Religion oder Weltanschauung, einer Behinderung, des Alters oder der sexuellen Identität. Führungskräfte müssen Konflikte gerade dann beilegen oder verhindern, wenn sie in Diskriminierungen, also eindeutige Zurück-

setzungen aus den genannten Gründen, oder Belästigungen jeder, auch sexueller Natur, ausarten, das heißt unerwünschte Verhaltensweisen, die auf die genannten Diskriminierungsmerkmale Bezug nehmen, die Würde der Betroffenen verletzten sollen und ein feindliches Umfeld schaffen (Rühl/Hoffmann 2008, 19 ff., Wisskirchen 2006, S. 1491).

Unter der Lupe

Aufgrund dieser Einsichten definiert *Leymann, (1993 b, S. 272)* dass Mobbing am Arbeitsplatz vorliegt, wenn eine Person von einer oder mehreren der genannten 45 Handlungen belästigt wird, und zwar mindestens einmal in der Woche während mindestens eines zusammenhängenden halben Jahres. Zudem müssen hinter den Handlungen negative Absichten stecken, so dass sie als negativ empfunden werden. Dabei sollte man die Mobbinghandlungen eher als Regelbeispiele und den **Zeitrahmen** als Orientierungsgröße verstehen.

Mobbingverlauf

Leymann (1993 a, S. 58 ff.) fand bei seinen empirischen Untersuchungen eine Gleichartigkeit des **Mobbingverlaufs** *(Abb. 6.17)*.

Für die Entstehung und Entwicklung von Mobbing gibt es mehrere Ursachen. *Leymann (1993 a, S. 133)* sieht in der Über- oder Unterforderung am Arbeitsplatz eine der Ursachen für das Mobbing. Bürokratie und steile Hierarchien stehen ebenfalls in Verdacht. *Neuberger (1999, S. 67)* behauptet, nicht die Befolgung und Durchsetzung von strikten Normen sei verantwortlich, sondern ihre Einseitigkeit, Unfairness, Undurchschaubarkeit oder Auslegungsbreite. *Leymann (1993 a, S. 140)* vertritt die Auffassung, dass es in Gruppen immer einen Sündenbock gibt, der für Fehler verantwortlich gemacht wird. Für die anderen Gruppenmitglie-

Mobbingregulierung

der ergibt sich daraus ein Gefühl der Erleichterung. Sie können sich abreagieren und für alle Fehler einen Schuldigen präsentieren. An einem Sündenbock hält man fest, um sich nicht selbst eines Tages in dieser Rolle wiederzufinden. Gerade neue Beschäftigte laufen Gefahr, gemobbt zu werden. Sie befinden sich notgedrungen in einer sozial herausragenden Stellung. Eine Andersartigkeit, eine bessere Qualifikation und Kompetenz oder besonderer Fleiß, kann dann leicht das Mobbing anfachen. *Leymann (1993 b, S. 278)* stellte fest, dass ein frühes Eingreifen von Vorgesetzten das Mobbing in nahezu jedem Fall verhindert hätte. Deshalb sieht er in der Untätigkeit der Führungskräfte den wichtigsten Grund für die Entstehung von Mobbing *(Leymann 1993 a, S. 61)*.

Bei der **Regulierung des Mobbing** sollte man in erster Linie auf die Vorbeugung setzen, also ein strukturelles Konfliktmanagement.

▸ Die **Vorbeugung** ist gemäß § 12 des Allgemeinen Gleichbehandlungsgesetzes eine Verpflichtung. Man sollte Unter- und Überforderung vermeiden, die Gesundheit der Beschäftigten fördern, den zeitlichen Spielraum für zu erledigende Arbeiten erhöhen, Kommunikationsmöglichkeiten in Form von Pausenräumen oder Betriebsfesten schaffen und überhaupt öfter und regelmäßig miteinander reden. Dem Mobbing von neuen Beschäftigten kann man konkret mit einer fundierten Einarbeitung Paroli bieten. Den irrigen Annahmen, wer gemobbt würde, sei selbst Schuld, und Mobbing würde im eigenen Unternehmen nie vorkommen, kann man durch Information und Aufklärung begegnen. Man kann etwa eine Betriebs- bzw. Dienstvereinbarung zum Umgang mit Mobbing, Mobbern und Gemobbten initiieren *(Menke/Stührenberg 2003, S. 62 ff.)*.

▸ Wenn es zum Mobbing kommt, weil in Gruppen Konflikte verschoben werden, muss man im Sinne **reaktiver Maßnahmen** dafür sorgen, dass Konflikte ausgetragen werden können. Vorgesetzte sollten sich bemühen, einen Konflikt möglichst schon in einem sehr frühen Stadium zu erkennen. Sichere Anzeichen sind erhöhte Fluktuation und Fehlzeiten. Gerade in puncto Mobbing ist es not-

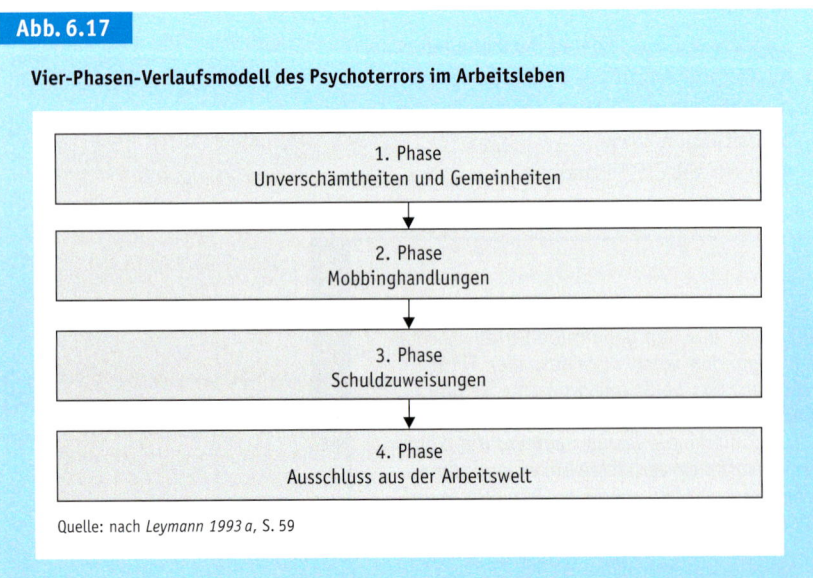

Abb. 6.17

Vier-Phasen-Verlaufsmodell des Psychoterrors im Arbeitsleben

> 1. Phase
> Unverschämtheiten und Gemeinheiten

> 2. Phase
> Mobbinghandlungen

> 3. Phase
> Schuldzuweisungen

> 4. Phase
> Ausschluss aus der Arbeitswelt

Quelle: nach *Leymann 1993 a*, S. 59

wendig, dass es Beschäftigten möglich ist, den Vorgesetzten anzusprechen. Die Konfliktparteien müssen ermutigt werden, ihren Konflikt gemeinsam zu bearbeiten. Dabei sollen emotionale Hintergründe erörtert und für alle Beteiligten transparent gemacht werden. Den Gemobbten empfiehlt man, den Mobbern zu verdeutlichen, dass man ihre Handlungen nur bis zu einem gewissen Punkt duldet, aber andererseits auch für eine Versöhnung zu haben ist. Scheitert dieser Ansatz, muss die Führungskraft einerseits die Kolleginnen und Kollegen zur Unterstützung des Gemobbten auffordern. Andererseits muss man den Mobbern deutlich zu verstehen geben, dass das Unternehmen diese Art der Konfliktaustragung nicht dulden wird. Tritt auch dann keine Besserung ein, kann man eine Versetzung des Mobbers in Betracht ziehen oder man spricht Abmahnungen und schließlich eine Entlassung aus. Für Abmahnungen und Entlassungen ist es jedoch erforderlich, dass man dem Mobber rechtswidrige Handlungen nachweisen kann (*Neuberger 1999, S. 113 ff.*).

▶ Manchmal ist eine Lösung des Problems auf Unternehmensebene leider nicht zu erreichen. Beschäftigte, die am Arbeitsplatz belästigt werden, haben gemäß § 14 des Allgemeinen Gleichbehandlungsgesetzes dann das Recht, ihre Tätigkeit ohne Verlust des Arbeitsentgelts einzustellen, weil der Arbeitgeber keine oder offensichtlich ungeeignete Maßnahmen zur Unterbindung getroffen hat (*Wisskirchen 2006, S. 1499*). Das hilft den Betroffenen, Hilfe von anderer Seite in An-

spruch zu nehmen. Die **Rehabilitation** kann ambulant, stationär oder über eine Selbsthilfegruppe erfolgen. Die Führungskraft kann Hilfe bei der Ermittlung der richtigen Ansprechpartner leisten (*Zuschlag 2001, S. 177 ff.*).

6.5.3.3 Intrapersonelle Konflikte

Konflikte, die innerhalb einer Person entstehen, nennt man intrapersonelle Konflikte (*Bröckermann 2000 b, S. 332 ff.*).

Sie kommen dadurch zustande, dass

▶ zwischen Erwartungen und persönlichen Werten unvereinbare Widersprüche bestehen,

▶ mehrere Anforderungen sich gegenseitig ausschließen,

▶ an jemanden Aufgaben herangetragen werden, die er nicht alle auf einmal lösen kann, oder

▶ man nicht über alle notwendigen Informationen verfügt.

Die Persönlichkeit ist keine Mobbingursache

Anders als der Laie vermutet, kann jeder zum Gemobbten werden. Es kann keinesfalls nur psychisch anfällige oder schwierige Personen treffen. Persönlichkeitsveränderungen sind in der Regel eher Folgen und nicht Ursachen des Mobbing. Die Mobber zeichnen sich gleichfalls nicht durch besondere Persönlichkeitsmerkmale aus. Es handelt sich vielmehr um Menschen, die im Verlaufe des Mobbing zu passiven Mitläufern werden oder aktiv ihre schlechtesten Seiten hervorkehren.

Mobbing und Organisationsentwicklung

Konflikte werden aber nicht nur von Führungskräften reguliert. Konflikte können auch von Führungskräften – wie von allen anderen Mitgliedern einer Arbeitsgruppe oder Abteilung – hervorgerufen werden. Selbst wenn das nicht so ist, sind die Führungskräfte doch vielfach in die Konflikte einbezogen und verfolgen dann notgedrungen ihre eigenen Motive und Ziele. Ab und an sprengen Konflikte auch den Rahmen des Verantwor-

tungsbereichs einer Führungskraft. Und schließlich müssen sich die Probleme in der Zusammenarbeit nicht immer zu Konflikten verdichten. Auch dann muss es eine Möglichkeit der Regulierung geben.

Hier empfiehlt sich ein Ansatz, der unter dem Namen Organisationsentwicklung firmiert und im gleichnamigen Kapitel vorgestellt wird (Wunderer/Grunwald 1980 b, S. 508 f.).

Konfliktverlauf

Den Verlauf intrapersoneller Konflikte kennen sogar die Betroffenen nicht genau. Mithin würde man Führungskräften sicherlich zuviel abverlangen, wenn man ihnen die Analyse des Verlaufs dieser Konflikte auferlegen würde.

Konfliktregulierung

Einerseits können nur die Betroffenen selbst diese Konflikte lösen, sei es durch Anpassung, Einstellungsänderung oder durch das Verlassen des Konfliktfeldes, das heißt Kündigung, Wechsel der beruflichen Aufgabe oder Tätigkeit. Andererseits muss man mögliche Konsequenzen wie die innere Kündigung bedenken, die ein Eingreifen von Vorgesetzten nahe legen. Hier stehen den Führungskräften keine anderen Instrumente zur Verfügung als bei den Mehrpersonenkonflikten. Es bleibt aber mehr als zweifelhaft, ob ein Mensch seine intrapersonellen Konflikte allein deshalb überwindet, weil die Führungskraft über gute Argumente verfügt. Zuweilen mag auch hier das strukturelle Konfliktmanagement Wirkung zu zeigen.

6.5.4 Angst

6.5.4.1 Emotion und Angst

Emotionen

Zuweilen tendiert man dazu, über all den Problemfeldern die positiven Aspekte zu vergessen. Zu diesen positiven Aspekten zählen einige Emotionen, also Gefühle, die die Beschäf-

tigten in ihrer Arbeitswelt bewegen. Zum Glück sind sie oft angenehm. Sie sind aber auch so vielfältig, dass man sie kaum aufzählen kann *(Kiefer 2002, S. 49 ff.)*.

Es sind aber nicht nur angenehme Gefühle, die die Beschäftigten in ihrer Arbeitswelt bewegen. Die unangenehmen Gefühle sind ebenso vielfältig wie die angenehmen. Das sicherlich angesichts seiner Folgen bedeutsamste unangenehme Gefühl ist die Angst. *(Kittner 2003, S. 5 ff.)*.

Angst ist eine Emotion, ein subjektives, häufig unbewusstes Gefühl der Bedrohung, das eine Situation signalisiert, die der Einzelne als gefährlich einstuft. Viele Menschen geben zu erkennen, Angst sei etwas Krankhaftes. Hier handelt es sich um ein grundlegendes Missverständnis. Eine seelische Erkrankung ist nur die sogenannte Angstneurose, die krankhaft übersteigerte Angst. Sie hat nur wenig mit der Angst gemeinsam, die jedem Menschen tagtäglich begegnet *(Bröckermann 1989, S. 82 ff., Fröhlich 1982, S. 15 ff.)*.

6.5.4.2 Führungsängste

Ängste sind keine Phänomene am Rande. Ängste sind auch nicht nur eine Angelegenheit der jeweils anderen, sondern seltsam vertraute, doch äußerst unliebsame Erscheinungen auch im Führungsprozess. Sowohl Führungskräfte als auch Mitarbeiterinnen und Mitarbeiter bekommen es zuweilen mit der Angst zu tun *(Abb. 6.18, Bröckermann 1989, S. 22 ff., ähnlich Orthmann 1999, S. 69 ff., Panse/Stegmann 1998, S. 43 ff.)*.

Zu den Ängsten, die mal Führungskräfte, mal Mitarbeiterinnen und Mitarbeiter befallen, zählen **Versagensängste** *(Bröckermann 1989, S. 93 ff., Kittner 2003, S. 26 ff.)*.

▸ Wer **Verantwortung** übernimmt, den beschleicht öfters die Angst, die ihm zugefallene Aufgabe nicht bewältigen zu können.

▸ Führungssituationen sind regelmäßig schwerlich kontrollierbar und daher beängstigend. Zudem wecken **Kontrollen** und die Beziehungsvielfalt Ängste.

▸ Nicht selten schöpfen Kollegen **Verdacht** gegeneinander, trauen Vorgesetzte ihren Mit-

Abb. 6.18

Führungsängste

Versagensängste	Angst vor Verantwortung
	Angst vor Kontrollen
	Angst vor Vertrauen
	Angst vor Männern/Frauen
	Leistungsangst
	Angst vor Vereinsamung
Existenzängste	Angst ums berufliche Überleben
	Angst vor dem Tod

Quelle: *Bröckermann 2000 b*, S. 341

»39 Prozent der deutschen Arbeitnehmer empfinden ihre Arbeit als zu anstrengend. Damit
liegt Deutschland im EU-Schnitt. Am häufigsten klagen die Litauer (71 Prozent) über zu
große Belastung am Arbeitsplatz. Dagegen fühlen sich gerade einmal 24 Prozent der Nieder-
länder im Job überlastet. Das Meinungsfor-
schungsinstitut TNS Opinion hatte Ende 2006
rund 27.000 EU-Bürger befragt.«
*ama/TNS Opinion 2007: ama und TNS Opinion
(Verfasser unbekannt), »39 Prozent der deutschen Arbeitnehmer«, in: Managerseminare,
Heft 07/2007, S. 8.*

arbeitern nicht und beargwöhnen Mitarbeiter
ihre Vorgesetzten.
- **Männer** empfinden **Frauen** gelegentlich als
  Bedrohung. Frauen fürchten von Zeit zu Zeit
  sexuelle Nachstellungen, übergangen, gefoppt
  und drangsaliert zu werden.
- Die Einsicht, dass man Leistungsreserven
  schwerlich wecken kann, und der permanente
  Leistungswettbewerb zeitigen eine **Leistungs-
  angst.**
- Von Zeit zu Zeit beschleicht Beschäftigte die
  Angst vor der **Vereinsamung**, das heißt
  durch ihre Arbeitsleistung in eine Isolation
  zu geraten.

Ebenso bedeutsam sind die **Existenzängste** *(Bröckermann 1989, S. 137 ff., Kittner 2003, S. 23 ff.).*

- Ruhestand, Schließung, Insolvenz und Entlassung, dies sind beängstigende Fragen des
  beruflichen Überlebens.
- Alle Beschäftigten stehen vor dem Problem,
  sich im täglichen Geschäft zu behaupten.
  Sie haben bisweilen Angst, die Arbeit bringe
  sie um.

6.5.4.3 Angstabwehr

Diese Ängste werden in aller Regel nicht aufgearbeitet, sondern abgewehrt. Wenn man diese
Angstabwehr verstehen will, kommt man
zwangsläufig auf psychoanalytische Ansätze
*(Abb. 6.19, Bröckermann 1989, S. 78 f., 151 ff.,
ähnlich Panse/Stegmann 1998, S. 111 ff.).*

Unangenehme Umstände wie die Angst werden oft durch vorgeschobene rationale Erklärun-
gen bemäntelt. Mit diesen **Rationalisierungen**
kann man ihnen positive Seiten abgewinnen.

Außerdem **verdrängt** man häufig das Wissen,
die Erfahrungen und die Gefühle aus dem Be-
wusstsein, die auf die eigene Angst oder Schuld
hinauslaufen.

Identifikation ist ein psychischer Vorgang,
durch den sich ein Mensch einen Aspekt eines
anderen einverleibt und sich nach dem Vorbild
des anderen umwandelt. So entstehen manchmal
Beziehungen wie die zwischen einem Elternteil
und einem Kind. Aus diesen Beziehungen können
aber auch Feindschaft, Rivalität und Aggression
erwachsen. So neigen Führungskräfte dazu, sich
ihre Ängste als Anreiz dienstbar zu machen. Sie
setzen ihre eigenen Vorstellungen geradlinig, ent-
scheidungskräftig und rücksichtslos durch.

Rationalisierung

Verdrängung

Identifikation

Abb. 6.19

Angstabwehr	
Rationalisierung	»Ich habe Stress«
Verdrängung	»Ich habe keine Angst«
Identifikation	»Ich setze mich durch«
Identifikation mit dem Aggressor	»Ich passe mich an«
Übertragung	»Du hast Angst«
Grundannahmen	»Wir brauchen den Chef« »Petra und Peter schaffen das« »Die anderen haben Schuld«

Quelle: *Bröckermann 2000 b, S. 342*

**Identifikation
mit dem Aggressor**

Eine **Identifikation mit dem Aggressor**, die bekannte Radfahrermentalität, kann sich einstellen, wenn Vorgesetzte Beschäftigte einseitig ihrem Willen unterwerfen. Statt mit der Angst zu leben, die durch diese Aggression ausgelöst wird, heißen die Betroffenen das Verhalten der Vorgesetzten gut. Sie verwandeln sich damit unbewusst von der bedrohten in die bedrohende Person. Gelegentlich passt man sich an, denn wer sich anpasst, der ist von Feinden oder denen, die er für Feinde hält, nur schwer auszumachen.

Übertragung

Eine **Übertragung** ist dadurch gekennzeichnet, dass Wünsche, Hoffnungen und Ängste, die vergangenen Situationen entsprechen, auf die Gegenwart bezogen werden. Eine Gruppe von Kollegen kann zum Beispiel auf eine Weise reagieren, die an Geschwisterrivalität erinnert. So ähnlich verhält es sich beim Angsttransfer, wenn man sich vorgaukelt, man selbst sei nicht betroffen, sondern die anderen.

Grundannahmen

Bion (1971) erachtet eine Gruppe als ein eigenständiges Wesen, dessen Organe die einzelnen Mitglieder sind. Er stellt fest, dass sich Gruppen oft so verhalten, als ob allen Mitgliedern eine von drei denkbaren **Grundannahmen** gemeinsam wäre *(Bion 1971, S. 106 ff.)*:

1. Bisweilen teilen die Gruppenmitglieder die Grundannahme der Abhängigkeit. Sie benehmen sich dann, als sei es Sinn und Zweck ihrer Zusammenkunft, durch eine Führungskraft gestützt zu werden.
2. Wenn eine Gruppe in der Grundannahme der Paarbildung arbeitet, verhalten sich ihre Mitglieder, als bestünde die Triebfeder ihrer Zusammenkunft darin, dass sich zwei Gruppenmitglieder zusammentun. Dabei teilt man die Erwartung, diese beiden könnten einen Geniestreich vollbringen.
3. Wenn Gruppenmitglieder die Empfindung in die Tat umsetzen, sie müssten gemeinsam gegen etwas kämpfen oder vor etwas Reißaus nehmen, so teilen sie die Grundannahme, die *Bion (1971, S. 111 f.)* Kampf/Flucht nennt.

Regression

Damit hat es noch nicht sein Bewenden. Die genannten Strategien der Angstabwehr wecken ihrerseits Ängste. Die Betroffenen fallen dann vielfach in Verhaltensformen früherer Entwicklungsstufen zurück. Das nennt man **Regression** *(Bröckermann 1989, S. 243 ff.)*.

6.5.4.4 Aufarbeitung der Ängste

Solchen Verstrickungen kann man sich nicht entziehen. Man kann sie aber in Gesprächen und Besprechungen thematisieren und ihnen damit auf den Grund gehen. Wenn allen Beteiligten klar wird, wen welche Ängste bewegen und wie diese Ängste die aktuelle Situation beeinflussen, kann man eben diese Führungsängste und Angstabwehrmechanismen ergründen und aufarbeiten *(Bröckermann 1989, S. 307 ff., Kittner 2003, S. 54 ff.)*.

Nun wäre es fatal, wenn man seine Gegenüber ohne weiteres mit Äußerungen wie »Ich habe Angst« konfrontieren würde. Derartige Äußerungen würden angesichts der vorherrschenden Praxis der Angstabwehr auf Unverständnis und Ablehnung stoßen. Zunächst muss man ein Verständnis für die Existenz von Führungsängsten schaffen und der Aufarbeitung die Wege ebnen. So hat etwa der Betriebsrat eines großen Konzerns angesichts einer Reorganisation ein Papier in Umlauf gebracht, das unter den Überschriften »Was geschieht mit mir?« und »Was kann ich tun?« eben diese Aufarbeitung angeregt. Initiator eines solchen Vorstoßes kann jede Person oder Personengruppe sein.

Im Anschluss daran kann man durchaus Maßnahmen der Personalentwicklung angehen, die auf die Aufarbeitung von Führungsängsten abzielen. Es empfiehlt sich, dies in Organisationsentwicklungsprojekte einzubinden (Kapitel Personal- und Organisationsentwicklung).

Ist das Verständnis vorhanden, kann man gelegentlich innehalten, wenn man den Verdacht hat, dass Ängste und Angstabwehr im Spiel sind. In diesem Fall ist die Arbeit an und mit Führungsängsten vorrangig. Man muss ergründen wie man miteinander umgeht und was der Anstoß dafür ist. Erst nach der Aufarbeitung der emotionalen Verstrickungen kann die Arbeit an den anstehenden Aufgaben wieder aufgenommen werden, dann aber ohne verfälschende Abwehrbemühungen und sicherlich viel effektiver als zuvor.

6.6 Beurteilung

Das Management by Objectives beinhaltet einen Vergleich von Erfolgen und Zwischenergebnissen mit den gesetzten Zielen. Dieser Vergleich dient
- der Ermittlung und Analyse von Abweichungen hinsichtlich der Termine und Inhalte sowie
- der Korrektur unrealistischer Zielvereinbarungen und ineffektiver Arbeitsabläufe.
- Der Vergleich ist außerdem Grundlage für die Personalbeurteilung und leistungsbezogene Entgelte.

Einen derartigen Vergleich bezeichnet man im Allgemeinen als Kontrolle oder – soweit Personen betroffen sind – als Beurteilung.

Im Rahmen der Personalführung sind zwei unterschiedliche Arten von Verfahrens- oder Erfolgskontrollen gefordert.
- Bei **Personalbeurteilungen** geht es ausschließlich um die Einschätzung von Personen. Man beurteilt die Beschäftigten oder Bewerberinnen und Bewerber in Form einer sogenannten organisationalen Potenzialkontrolle vorrangig hinsichtlich ihrer Leistung

> ### Soll-Ist-Vergleich
>
> *Grundsätzlich ist sowohl die Kontrolle als auch die Beurteilung ein Vergleich einer Soll-Vorstellung oder eines Plans mit einem Ist-Zustand. Dabei werden nach Möglichkeit alle relevanten Gegebenheiten sorgsam abgewogen. Aus der so eventuell festgestellten Abweichung werden dann Schlussfolgerungen gezogen (Bröckermann 2000 b, S. 348).*

und ihres Verhaltens beim Erstellen der Leistung. Dieser Form der Beurteilung gilt das Kapitel Personalbeurteilung.
- Die Vorgesetzten sind auf ein personalwirtschaftliches Zahlenwerk, das sogenannte **Personalcontrolling**, angewiesen, um ihre Personalführung einschätzen zu können. Dieses Zahlenwerk wird vor allem mithilfe der Personalplanung und -statistik, der Balanced Scorecard und des Benchmarking sowie anhand des personalwirtschaftlichen Rechnungswesens erhoben (Kapitel Personalcontrolling).

6.7 Einfluss

6.7.1 Einfluss durch Persönlichkeit

6.7.1.1 Eigenschaften

Wenn Personalführung eine zielorientierte Einflussnahme ist, dann, so scheint es, kommt es vorrangig auf die Führungskraft an. So schreibt nahezu jedes Unternehmen, jede Organisation, ja sogar nahezu jeder Staat Erfolge oder Misserfolge vor allem den jeweiligen Führungskräften zu.

Folglich machen sich Wirtschaft, Verwaltung und gesellschaftliche Institutionen auf die Suche nach Personen, von denen man erwartet, dass sie erfolgreiche Führungskräfte sind oder werden. Und sie sind oder werden erfolgreich, weil, so die nahe liegende Überlegung, der Führungserfolg von Vorgesetzten durch persönliche Merkmale eben dieser Vorgesetzten bestimmt ist. Deshalb komme es bei personellen Entscheidungen darauf an, Führungspositionen mit Füh-

rungspersönlichkeiten zu besetzen *(Bröckermann 2000 b, S. 36 ff.)*.

Man folgt dabei, vielfach ohne sich dessen bewusst zu sein, den Pfaden der **Eigenschaftstheorien** der Führung, deren Spuren in diversen Varianten von der Antike bis zum heutigen Tage nachvollziehbar sind. Ihre Ausgangshypothese lautet, dass sich Führungskräfte von anderen Menschen grundsätzlich unterscheiden. In den im Detail recht unterschiedlichen Eigenschaftstheorien wird übereinstimmend der Standpunkt vertreten, Führungskräfte zeichneten sich durch besonders herausragende Persönlichkeitseigenschaften aus, die allerdings ungenau beschrieben werden. Die Antwort auf die Frage, was eine Persönlichkeitseigenschaft an sich und was Persönlichkeit ist, wird nicht eindeutig geklärt. Jedenfalls sollen sich die Persönlichkeitseigenschaften in einem einzigen Charakterzug verdichten. Jede

Persönlichkeit

Kompetenzen

Person, der dieser Charakterzug zu eigen ist, soll unabwendbar Führungsaufgaben übernehmen. Bis heute sind nicht weniger als 17.953 adjektivische Eigenschaftsbegriffe allein im englischen Sprachraum bekannt und weit mehr als 1.000 solcher Persönlichkeitseigenschaften in wissenschaftliche Analysen einbezogen worden. Einige Wissenschaftlerinnen und Wissenschaftler haben sich, wie etwa *Stogdill (1972, 1974)*, der Mühe unterzogen, zu untersuchen, inwiefern die einzelnen genannten Persönlichkeitseigenschaften in der Tat zum Führungserfolg führen.

Das Ergebnis ist kläglich. Menschen mit einer bestimmten Persönlichkeitsstruktur sind im einen Fall zum Führen geeignet, im anderen nicht. Demnach sind sehr wohl spezifische Führungssituationen denkbar, in denen ganz bestimmte Persönlichkeitsmerkmale wesentlich zum Führungserfolg beitragen. Es gibt aber keine Persönlichkeitseigenschaften, die in allen Führungssituationen den Erfolg begünstigen.

Lernbereitschaft

6.7.1.2 Personale Kompetenzen

Trotzdem sollte man aus dieser Kritik nicht schließen, die Persönlichkeit von Menschen sei völlig belanglos für die Personalführung. Lediglich der Denkansatz, dass erfolgreiche Personalführung einzig und allein auf die Persönlichkeitseigenschaften der jeweiligen Führungskraft zurückzuführen sei, ist abwegig *(Wiendieck 1994, S. 221)*. Gerade von Vorgesetzten erwartet man, dass sie nicht nur über

Selbstwahrnehmung

Empathie

▶ **Qualifikationen** verfügen, das heißt fremdorganisierte, objekt- und tätigkeitsbezogene, auf die Erfüllung vorgegebener Zwecke und konkreter Anforderungen gerichtete Fähigkeiten, sondern darüber hinaus über

▶ **Kompetenzen**, also Fähigkeiten, die sie in die Lage versetzen, sich in offenen und unüberschaubaren, komplexen und dynamischen Situationen selbstorganisiert zurechtzufinden, um dadurch anderen helfen zu können.

Das im Kapitel Personalbeschaffung aufgezeigte Kompetenzkonzept von *Heyse* und *Erpenbeck (2004, S. XIII ff.)* beinhaltet neben anderen gerade auch die **personalen Kompetenzen**.

Wenn man aus den personalen Kompetenzen jene herausfiltert, die nicht schon in anderen Zusammenhängen im Rahmen der Personalführung Geltung erlangen, kristallisiert sich Folgendes heraus.

▶ Manche Menschen tun sich aufgrund ihrer Veranlagungen und ihrer Erfahrungen leichter damit, etwas in Sachen Personalführung zu lernen, als andere. Manche scheitern schon früh an mangelnder **Lernbereitschaft** *(Sarges 2000, S. 116 ff.)*.

▶ Unter den personalen Kompetenzen findet sich das Selbstmanagement. Demnach müssen Führungskräfte um **Selbstwahrnehmung** bemüht sein. Sie müssen also bestrebt sein, sich der Stärken und Schwächen eigener Denkweisen und Verhaltensmuster bewusst zu werden.

▶ Integrationsfähigkeit, Dialogfähigkeit und Kundenorientierung sind weitere Begriffe zur Umschreibung der personalen Kompetenz, die *Goleman (1999, S. 29, 33 f.)* als **Empathie** oder Einfühlungsvermögen bezeichnet. Führungskräfte müssen sich vergegenwärtigen, wie ihr eigenes Verhalten das Verhalten der Mitarbeiterinnen und Mitarbeiter beeinflusst

---

Unter der Lupe

Personale Kompetenzen

In ihrem Kompetenzatlas konkretisieren Heyse und Erpenbeck (2004, S. XXI, Abb.2.13) die personalen Kompetenzen mit den Begriffen Loyalität, Glaubwürdigkeit, normativethische Einstellung, Eigenverantwortung, Humor, Mitarbeiterförderung, Hilfsbereitschaft, Delegieren, Einsatzbereitschaft, schöpferische Fähigkeit, Selbstmanagement, Offenheit für Veränderungen, Lernbereit-

schaft, Disziplin, ganzheitliches Denken, Zuverlässigkeit, Konfliktlösungsfähigkeit, Teamfähigkeit, Integrationsfähigkeit, Dialogfähigkeit und Kundenorientierung, Entscheidungsfähigkeit, Innovationsfähigkeit, Gestaltungswille, Belastbarkeit, Wissensorientierung, Sachlichkeit, analytische Fähigkeiten sowie Beurteilungsvermögen.

und umgekehrt. Sie sollten sich in andere Menschen hineinversetzen können *(Ernst 2001, S. 20 f.)*.

▸ Ferner benötigen Führungskräfte einen unbedingten **Gestaltungswillen**, also die Bereitschaft, sich Aufgaben, Verantwortung und Befugnisse anzueignen und Vorgaben einzuhalten. Ein Mensch, der um alles in der Welt keine Führungsaufgaben übernehmen will, wird kaum lernen, wie man führt *(Stelzer-Rothe/Hohmeister 2001, S. 126, Hentze/ Graf/Kammel/Lindert 1997, S. 14, 202 ff.)*.

6.7.2 Einfluss im Verhältnis zu anderen

6.7.2.1 Macht

Neben der Persönlichkeit einer Führungskraft spielt aber auch der Einfluss auf andere eine Rolle für die Personalführung, also unter anderem auch die Macht über andere.

> Macht ist eine Handhabe oder Chance, innerhalb einer sozialen Beziehung den eigenen Willen auch gegen Widerstand durchzusetzen. Dabei ist es noch nicht einmal notwendig, dass die Macht in der Tat ausgeübt wird. Es reicht bereits das Vorhandensein der Möglichkeit, anderen Menschen ein bestimmtes Verhalten aufzuzwingen *(Bröckermann 2000 b, S. 43 ff., Klutmann 2003, S. 94 ff., Weber 1972, S. 28)*.

Wenn Führungskräfte über ein spezielles Wissen verfügen, werden sie als Experten angesehen. Das gibt ihnen eine **Expertenmacht**. Dieses Wissen ist jedoch nichts anderes als ein Informationsvorteil. Ohne Frage bringt es jedoch die fortschreitende Spezialisierung mit sich, dass viele Beschäftigte Informationsvorsprünge gegenüber ihren Vorgesetzten erlangen. Damit sind es die Beschäftigten, die sich auf die Expertenmacht stützen können.

Führungskräfte haben es – im Rahmen der arbeitsrechtlichen Möglichkeiten – in der Hand, ihre Mitarbeiter zu kritisieren oder zu tadeln, sie zu versetzen, ihre Arbeitsentgelte zu kürzen oder sie zu entlassen. Durch den Einsatz oder die Androhung von Bestrafungen können sie die

Handlungsspielräume der Beschäftigten begrenzen. Nun hat das Kritikgespräch sicherlich seine Berechtigung, wenn es darum geht, Perspektiven für die Zukunft zu setzen. **Bestrafungen** und Drohungen sind aber in der Regel nicht wirksam. Es erscheint wahrscheinlicher, dass Mitarbeiter unter Zwang ein Verhalten an den Tag legen, welches gerade noch eine weitere Bestrafung vermeidet.

Es empfiehlt sich aus diesem Grunde, eher auf Anerkennungsgespräche zu setzen. Führungskräfte haben ferner maßgeblichen Einfluss auf die Arbeitsentgelte, Beförderungen und die berufliche Aus- und Weiterbildung. Sie können ihren Mitarbeiterinnen und Mitarbeitern mithin Belohnungen zukommen lassen. Dabei ist es aber sehr die Frage, ob denn das, was den Beschäftigten ohnehin als Gegenleistung für ihre Arbeit zusteht, eine **Belohnung** ist.

Je weniger sich Menschen ihrer eigenen Stärken aber auch Schwächen bewusst sind, desto mehr suchen sie nach einer speziellen emotionalen Bindung. Sie wählen unbewusst einzelne Personen, Gruppen, Organisationen oder gesellschaftliche Normen und Ziele aus, die für sie jene Stärken verkörpern, die sie bei sich selbst vermissen. Zuweilen sind Führungskräfte derartige Identifikationsobjekte. Sie versuchen, das zu provozieren, indem sie mit gutem Beispiel vorangehen. Sie geben ein vermeintlich gutes Vorbild in der Hoffnung, ihre Überzeugung und ihr Arbeitsverhalten werde übernommen. Ganz sicher können sie sich dabei aber nicht sein, denn die **Identifikation** geht vom Gegenüber aus, das ein Identifikationsobjekt erstens unbewusst und zweitens nach seinem speziellen emotionalen Verlangen auswählt.

6.7.2.2 Autorität

Autorität entsteht dort, wo Menschen das Wertesystem einer Person, einer Gruppe oder einer Institution akzeptieren. Folglich fehlt der Autorität das aggressive Moment des Brechens eines Widerstandes. Unter Autorität versteht man das Ansehen, das Menschen zuweilen bei anderen genießen, ein Ansehen, das ihnen Einfluss auf andere gibt *(Bröckermann 2000 b, S. 46 ff., Lemper-Pychlau 2001, S. 16 f.)*.

Wenn Beschäftigte davon überzeugt sind, dass sie den Weisungen ihrer Vorgesetzten Folge

Gestaltungswille

Expertenmacht

Bestrafungsmacht

Belohnungsmacht

Identifikationsmacht

leisten müssen, dann billigen sie ihnen **formale Autorität** zu. Sie beruht darauf, dass Beschäftigte Normen und Werte verinnerlicht haben. Diese Autorität wird nur innerhalb enger Grenzen akzeptiert. Vorgesetzte, die sich allein auf ihre Position stützen, diese aber nicht ausfüllen, bekommen das schnell zu spüren.

Personale Autorität ist das Ansehen, das ein Mensch aufgrund seiner Persönlichkeit genießt. Was die Persönlichkeit von Führungskräften angeht, kann dieses Ansehen auf ihrer personalen Kompetenz fußen. In diesem Sinne sollten Führungskräfte ihre personale Autorität in die Personalführung einbringen. Dadurch können sie die Loyalität der ihnen zugeordneten Beschäftigten erlangen.

Die **funktionale Autorität** resultiert aus der Fachkompetenz. Man kann sie mithin als eine Art Expertenmacht verstehen, die die Umsetzung des Expertenwissens beinhaltet und von den Mitarbeitern akzeptiert wird. Angesichts dieser Akzeptanz verspricht die funktionale Autorität, in Ergänzung zu den erwähnten Autoritätsformen, mehr Gewinn als die Expertenmacht.

6.7.3 Einfluss durch Vertrauen

Das Gelingen von Führungsbeziehungen hängt entscheidend davon ab, inwieweit eine Vertrauensbasis zwischen den Beteiligten geschaffen wird, denn Vertrauen schafft jene Sicherheit, in der Einfluss erst möglich wird *(Steinle/Ahlers/Gradtke 2000, S. 208 ff., Weibler 2001, S. 191)*.

Wie Vertrauen entsteht, zeigt *Weibler (2001, S. 193 ff.)* mithilfe der *Abb. 6.20* auf.

Eine konkrete **Situation** wirkt auf insgesamt vier vertrauensschaffende Faktoren ein.

▸ Die **Vertrauensbereitschaft** der vertrauenden Person ist eine Veranlagung, die sich schon im frühen Kindesalter ausbildet und danach vergleichsweise stabil bleibt.
▸ Die **Vertrauenswürdigkeit** der Zielperson hängt ab von
  – der Ähnlichkeit etwa in Bezug auf Alter, Geschlecht, Beruf, soziale Stellung und ähnlichen Faktoren,
  – der Kompetenz,
  – der Integrität und Loyalität,
  – einer offenen Kommunikation und schließlich
  – der Gutwilligkeit im Sinne des Fehlens destruktiver Absichten.
▸ Zusammenarbeit und Vertrauen sind zwar eng miteinander verknüpft. Eine gedeihliche Zusammenarbeit kann aber auch ohne Vertrauen funktionieren, beispielsweise wenn es um eine rationale Entscheidung geht. Vertrauen ist eher das Ergebnis erfolgreicher **bisheriger Zusammenarbeit** zwischen vertrauender Person und Zielperson.
▸ Der gute Ruf einer Institution, anerkannte Zertifikate, vorgeschriebene Prozeduren, Sicherheitsgarantien wie ein festgelegter Beschwerdegang und Haftungsregelungen, können **Systemvertrauen** bei der vertrauenden Person schaffen.

Weibler (2001, S. 200 ff.) weist ferner auf die unterschiedlichen Qualitäten des Vertrauens hin.

▸ **Kalkülbasiertes Vertrauen** spielt beim erstmaligen Aufeinandertreffen zweier sich bislang Unbekannter eine Rolle. Beide Parteien werden Überlegungen anstellen, ob der andere tatsächlich das tun wird, was er im Vorfeld verspricht.
▸ **Wissensbasiertes Vertrauen** setzt eine gemeinsame Vorgeschichte voraus, die Informationen bietet, aufgrund derer man das Verhalten des anderen besser vorhersehen kann.
▸ **Identifikationsbasiertes Vertrauen**, die höchste Stufe des Vertrauens, setzt eine gemeinsame Entwicklungsgeschichte voraus, die die beiden genannten Qualitäten beinhaltet. Man respektiert und unterstützt sich gegenseitig. Insbesondere weiß jede Partei, wel-

Formale Autorität

Personale Autorität

Funktionale Autorität

Vertrauensentstehung

Abb. 6.20

Vertrauen

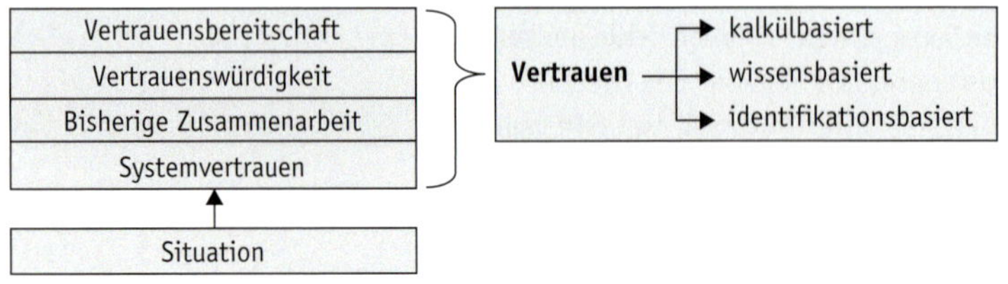

Quelle: nach *Weibler 2001*, S. 196

ches Verhalten beim anderen Vertrauen fördert.

Allerdings kann man weder Vertrauen generell noch eine bestimmte Qualität des Vertrauens sicher herbeiführen. Man kann jedoch an der Vertrauenswürdigkeit für andere arbeiten, indem man auf Integrität, Reputation und Kommunikationsfähigkeit großen Wert legt. Zudem empfeh-

len sich Vertrauensangebote, in der Hoffnung, dass sie auf Dauer erwidert werden. Damit wäre man zumindest auf dem Wege zum kalkülbasierten Vertrauen, das auf lange Sicht durch eine gemeinsame Vorgeschichte die Qualität des wissensbasierten und durch eine gemeinsame Entwicklungsgeschichte sogar die Qualität eines identifikationsbasierten Vertrauens gewinnen kann.

6.8 Kommunikation

6.8.1 Das Wesen der Kommunikation

Im Unterschied zur privaten Kommunikation können es sich die Beschäftigten eines Unternehmens nicht ständig aussuchen, mit wem sie sich verständigen. Sie müssen selbst Personen, die ihnen gleichgültig oder zuwider sind, als Kommunikationspartner akzeptieren, wenn es sich beispielsweise um ihre Vorgesetzten oder Mitarbeiter handelt. Kommunikation ist eine Hauptaufgabe für jede Führungskraft, aber auch für deren Mitarbeiterinnen und Mitarbeiter *(Bröckermann 2000 b, S. 50 ff., Regnet 2003, S. 244 ff.).*

Das gilt in besonderem Maße für die sogenannte **Face-to-Face-Kommunikation**, also Gespräche und Besprechungen. Freilich bieten die Kommunikationsmedien vielfältige Alternativen an, die Gesprächen und Besprechungen zum Teil nicht nur nahe kommen, sondern sie sogar mehr oder weniger gut ersetzen und im Rahmen der Telearbeit in der Tat ersetzen müssen.

> Als Kommunikation bezeichnet man den Prozess, durch den Informationen von einem Sender zu einem Empfänger über ein Medium, einen Kanal, übermittelt werden *(Faßler 1997, S. 50).*

▸ Dabei versteht man unter einer **Information** eine Nachricht, die von einem Sender an einen oder mehrere Empfänger übermittelt wird. Die Information ist folglich eine von einer Seite ausgehende und auf eine Seite beschränkte Übermittlung von Nachrichten.

▸ Von **wechselseitiger Kommunikation** spricht man, wenn alle Teilnehmerinnen und Teilnehmer zugleich Sender und Empfänger sind, und

▸ von **sozialer Kommunikation**, wenn Sender und Empfänger Personen oder Gruppen sind.

▸ **Informelle Kommunikation** ist an keine Regelung gebunden. Sie soll einer eventuellen sozialen Isolation entgegenwirken. Die informelle Kommunikation dient aber auch als Lückenbüßer für Mankos der formellen Kommunikation in Form der sogenannten Gerüchteküche. Deshalb ist die Abgrenzung zur formellen Kommunikation zumeist kaum möglich.

▸ **Formelle Kommunikation** dient dem Informations- und Gedankenaustausch hinsichtlich der Aufgabenerfüllung. Sie ist an Regelungen gebunden, die jedoch oftmals nicht schriftlich festgelegt sind.

Wir nehmen die Informationen, die in der sozialen Kommunikation ausgetauscht werden, mit allen fünf Sinnen wahr *(Franken 2007, S. 37 ff.).*

5 Sinne

▸ Von besonderer Bedeutung sind dabei das gesprochene und geschriebene **Wort**. Alle Erscheinungen beim Sprechen, die nichts mit dem Inhalt zu tun haben, wie Tonfall, Sprachmelodie, Sprechpausen, Lautstärke, Sprachrhythmus und sonstige Lautäußerungen senden zusätzliche Nachrichten.

▸ Eine Fülle von wissenschaftlichen Untersuchungen belegt, dass wir uns aber auch maßgeblich über die **Körpersprache**, also Gestik, Mimik, Körperhaltung, Bewegungen,

▸ im weiteren Sinne sogar über unser **Aussehen** und unsere **Kleidung**,

Distanzzonen

Wie manche Gerüche und Geschmäcker sind uns die Berührungen auch nicht immer willkommen. Menschen verfügen offenbar über Distanzzonen,

▸ *die intime Distanzzone bis ungefähr 0,5 m,*
▸ *die persönliche Distanzzone von zirka 0,5 bis 1,2 m,*
▸ *die soziale oder gesellschaftliche Distanzzone von etwa 1,2 bis 4,0 m sowie*
▸ *die öffentliche Zone von über 4,0 m.*

▸ über **Berührungen** und
▸ **Gerüche** austauschen und wahrnehmen,
▸ ja sogar über den **Geschmackssinn**.

Körpersprache

Gerade die **Körpersprache** kann wichtige Hinweise auf die Gedanken und Befindlichkeit des Gegenübers geben. Sie ist nämlich viel älter und damit viel ursprünglicher und ehrlicher als die Sprache. Wenn man aber schon beim sprachlichen Verständnis immer wieder unterschiedlicher Auffassung sein kann, so gilt das erst recht bei der Körpersprache. Eine eindeutige Auslegung ist nicht möglich. Damit wird zugleich deutlich, dass es keine Nicht-Kommunikation gibt. Auch Personen, die schweigen, bringen zumindest körpersprachlich, aber auch durch das Schweigen an sich etwas zum Ausdruck, beispielsweise ihre Verzweiflung, ihr Desinteresse oder ihre Unter- bzw. Überlegenheit *(Watzlawick/Beavin/Jackson 1980, S. 51)*.

6.8.2 Kommunikationsinhalte und -formen

Wer Informationen gibt, vermittelt Nachrichten, um damit Ergebnisse zu erzielen *(Bröckermann 2000 b, S. 52 ff.)*.

Richtlinien

Ergebnisse kann man nur erzielen, wenn die Informationen verständlich sind, wenn man sich also an folgenden Richtlinien für die Informationsinhalte ausrichtet *(ähnlich Klöfer 2002, S. 184 f.)*:

▸ Einfachheit statt Kompliziertheit,
▸ Gliederung und Ordnung statt Zusammenhanglosigkeit,

▸ Kürze und Prägnanz statt Weitschweifigkeit,
▸ Stimulanz und Anregung statt Langweile.

Konkret kann es sich zum Beispiel um folgende Inhalte handeln:

▸ die gesetzlich vorgeschriebenen Auskünfte,
▸ Hinweise zu Fehlzeiten, zur Fluktuation und zu Suchtfragen,
▸ Bescheide in Form von Beurteilungen, Kritik und Anerkennung,
▸ Fragen und Antworten in Fragebogen und Erhebungen,
▸ Angaben im Rahmen der Personalauswahl und Kündigung oder
▸ generell Mitteilungen zu Problemen der täglichen Arbeit.

Informationen können in **schriftlicher Form** weitergegeben werden

▸ in Geschäfts-, Personal- und Sozialberichten,
▸ Arbeitsunterlagen mit technischen und geschäftlichen Daten,
▸ Betriebshandbüchern,
▸ über sogenannte schwarze Bretter, also Informationstafeln oder Schaukästen,
▸ in Rundschreiben oder Merkblättern,
▸ einer Werks- oder Mitarbeiterzeitschrift,
▸ Einführungsschriften für neue Beschäftigte,
▸ Fragebogen und Erhebungen sowie
▸ über elektronische Kommunikationsmedien,

aber auch in **mündlicher Form**,

▸ wiederum über elektronische Kommunikationsmedien,
▸ im Rahmen von Betriebsbesichtigungen,
▸ Betriebsversammlungen und
▸ Seminaren sowie insbesondere
▸ durch Gespräche und Besprechungen zwischen Vorgesetzten und Mitarbeitern *(Klöfer 2002, S. 185 f.)*.

6.8.3 Schriftliche Kommunikation

Unter schriftlicher Kommunikation versteht man den Informationsprozess, der auf geschriebenen oder gedruckten Worten bzw. Zeichen beruht, die in Papierform oder über elektronische Kommunikationsmedien ausgetauscht werden *(Bröckermann 2000 b, S. 55 f.)*.

Fragen

Die Formulierung von Fragen muss einfach und verständlich, kurz, präzise und eindeutig sein. Fragen zu vertraulichen oder unbekannten Sachverhalten soll ein erklärendes Beispiel vorangehen. Allgemeine Fragen sind zu vermeiden, da man sie nicht mit konkreten Erfahrungen verbinden kann. Bei offenen Fragen ist eine freie Antwortformulierung, also auch die Möglichkeit eines persönlichen Urteils und der Äußerung individueller Wünsche vorgesehen. Sie werden aber regelmäßig weniger beantwortet, da die Befragten sich hier entweder erinnern oder gut informiert sein müssen. Geschlossene Fragen beinhalten alle relevanten Antwortkategorien, dadurch allerdings auch die Gefahr der Suggestion. Diese Gefahr ist insbesondere dann gegeben, wenn Fragen zu Sachverhalten gestellt werden, über die der Befragte noch nicht nachgedacht hat. Der Vorteil der geschlossenen Fragen liegt in der einfachen Auswertbarkeit durch die Einheitlichkeit der Antworten. Vor der Anwendung sollte man Fragebogen einem sogenannten Pretest unterziehen, das heißt von einer kleinen Personengruppe testweise beantworten lassen, um Mängel im Vorfeld auszuschalten.

So kann man über nahezu alle Beratungsgegenstände eine **Mitteilung** formulieren und als Information in Umlauf setzen. Für die Beschäftigten sind aber auch solche Informationen von Interesse, die keine Beratungsgegenstände berühren: Unternehmensaktivitäten und -planungen, neue Mitarbeiterinnen und Mitarbeiter, Versetzungen, Beförderungen, interne Stellenausschreibungen usw. Viele Unternehmen pflegen ihr Informationswesen vorbildlich, zum Beispiel durch Anschläge am schwarzen Brett, Mitarbeiteranschreiben, Mitarbeiterbesprechungen oder eine regelmäßige Mitarbeiterzeitschrift. Ferner können die Beschäftigten untereinander Mitteilungen austauschen. In den letzten Jahren kommt besondere Freude beim Austausch von E-Mails und beim Chat auf.

Beispielsweise für Zwecke der Personalplanung, -entwicklung und -beurteilung kommen nicht selten schriftliche Fragebogen und **Erhebungen** zum Einsatz. Schriftliche Mitarbeiterbefragungen sind weniger zeitaufwändig und deshalb kostengünstiger als Einzelgespräche. Zudem kann man so, zumindest theoretisch, alle Ansprechpartner erreichen. Durch die Anonymität, die in gewissem Grade erreicht wird, entfällt der Zeitdruck für die Antworten und damit auch die Gefahr unüberlegter Antworten. Auch die Gefahr einer Verzerrung durch die oder den Fragenden ist durch den indirekten Kontakt nicht so groß wie bei einem Gespräch. Eine Verzerrung kann allerdings immer noch durch den Aufbau und die Auswertung des Fragebogens entstehen. Nachteilig ist die allgemein geringe Rücklaufquote, die dazu führen kann, dass man keine aussagekräftigen Rückschlüsse auf die Grundgesamtheit mehr ziehen kann. Ein Identifikationsproblem entsteht dadurch, dass der Fragebogen häufig nicht vom Ansprechpartner alleine ausgefüllt wird. Bei Verständnisproblemen hat man keine Möglichkeit der Rückfrage. Eine Stichtagsbefragung verbietet sich, da sich schriftliche Befragungen über einen längeren Zeitraum erstrecken. Und schließlich ist der Aufwand für die Auswertung, aber auch schon für die Erstellung eines Fragebogens nicht unbeträchtlich *(Borg 2003, S. 23 ff.)*.

Mitteilung

Erhebung

Aus der Praxis

»Persönliche Treffen mit Chefs, Kollegen und Geschäftspartnern haben auch im Zeitalter der elektronischen Kommunikation einen hohen Stellenwert im Geschäftsleben. Das ist das Ergebnis einer Umfrage der Online-Jobbörse stellenanzeigen.de. Für eine Mehrheit von 49,5 Prozent der Befragten ersetzen E-Mails kein Vier-Augen-Gespräch. Für 41 Prozent sind E-Mail- und Telefonkontakte zwar die Regel, dennoch finden bei ihnen gelegentliche Treffen statt. Ausschließlich per E-Mail und Telefon kommunizieren im Job lediglich 9,5 Prozent der Befragten mehr als 500 Fach- und Führungskräfte.«
stellenanzeigen.de 2008 b: stellenanzeigen.de (www.stellenanzeigen.de/umfrage, Verfasser unbekannt), »Treffen bevorzugt«, in: Personal, Heft 10/2008, S. 32.

Mitarbeiterbesprechung

In Mitarbeiterbesprechungen kann man die eigenen Vorstellungen einbringen, man kann dort Missverständnisse ausräumen und Fragen klären. Dazu eignen sie sich besonders, wenn sie nicht nur auf Anregung der Vorgesetzten, sondern auch auf Anregung der Mitarbeiter ohne großen formellen Aufwand zustande kommen können. Man spricht dann vom Prinzip der offenen Tür. Besonders bewährt haben sich turnusmäßige Mitarbeiterbesprechungen an einem bestimmten Wochentag zu einer festen Stunde innerhalb der Arbeitszeit.

6.8.4 Gespräche und Besprechungen

6.8.4.1 Besprechungen

Dienstbesprechung

Eine Besprechung ist eine wechselseitige soziale Kommunikation mit in der Regel deutlich mehr als zwei Beteiligten *(Bröckermann 2000 b, S. 56 f.)*.

Besprechungen, die vornehmlich der Information dienen, bezeichnet man zuweilen als **Dienstbesprechungen**. An diesen Aussprachen nehmen neben der Führungskraft mehrere oder alle Mitarbeiterinnen und Mitarbeiter teil. Zumeist leitet die Führungskraft die Besprechung.

Mitarbeiterbesprechung

Besprechungen, die vornehmlich der wechselseitigen, sozialen Kommunikation dienen, bezeichnet man als **Mitarbeiterbesprechungen**. An einem derartigen Gedankenaustausch nehmen mehrere oder alle Mitarbeiterinnen und Mitarbeiter als gleichberechtigte Partner teil.

Wenn kein Vorgesetzter teilnimmt, gehören Mitarbeiterbesprechungen zur informellen Kommunikation. Sie sind dann an keine Regeln gebunden, obwohl sich auch in diesem Zusammenhang ein Blick auf die weiter unten angeführten Anhaltspunkte empfiehlt.

6.8.4.2 Gespräche

Dienstgespräch

Ein Gespräch ist eine wechselseitige soziale Kommunikation mit in der Regel zwei oder kaum mehr Beteiligten *(Bröckermann 2000 b, S. 61)*.

Gespräche, die vornehmlich der Information dienen, bezeichnet man zumeist als **Dienstgespräche**. Sie finden in der Regel unter vier Augen statt. Hier sind die Gesprächspartner allerdings nicht gleichberechtigt. Vielmehr informieren Vorgesetzte die betreffenden Beschäftigten einzeln über eine getroffene Entscheidung, sie erteilen Weisungen, sie fordern Auskünfte ein, loben oder kritisieren.

Mitarbeitergespräch

Gespräche, die vornehmlich der wechselseitigen, sozialen Kommunikation dienen, bezeichnet man als **Mitarbeitergespräche**. Mitarbeitergespräche sind Unterhaltungen, die in der Regel unter vier Augen zwischen gleichberechtigten Gesprächspartnern erfolgen.

Wenn kein Vorgesetzter teilnimmt, gehören Mitarbeitergespräche zur informellen Kommunikation. Sie sind dann, wie Mitarbeiterbesprechungen ohne Beteiligung von Vorgesetzten, an keine Regeln gebunden, obwohl sich auch in diesem Zusammenhang ein Blick auf die weiter unten angeführten Anhaltspunkte empfiehlt.

Mitarbeitergespräch

Mitarbeitergespräche dienen vornehmlich der Erörterung von speziellen Themen, zum Beispiel als

‣ *Rückkehrgespräche nach Erkrankungen,*
‣ *Beurteilungsgespräche, die eine Personalbeurteilung abschließen,*
‣ *strukturierte Mitarbeitergespräche in puncto Personalentwicklung,*

‣ *Kritikgespräche,*
‣ *Anerkennungs- oder Belobigungsgespräche,*
‣ *Gespräche im Rahmen der Suchtbekämpfung,*
‣ *Vorstellungsgespräche,*
‣ *Entlassungsgespräche und Austritts- bzw. Abgangsinterviews, die in den einschlägigen Kapiteln dieses Buches zur Sprache kommen.*

6.8.4.3 Anhaltspunkte für Gespräche und Besprechungen

Es gibt zwar keine mustergültige Gesprächs- und Besprechungsführung, da jede derartige Kommunikation anders ablaufen kann. Besprechungen, auch Meetings oder Sitzungen genannt, und Gespräche haben aber generell mehr Erfolg, wenn man sich an einige Anhaltspunkte hält *(Abb. 6.21, Bröckermann 2000 b, S. 57 ff., 61 ff., Linde/Heyde 2003, S. 27 ff.)*.

Bei der **Vorbereitung** gilt es zunächst, einen Ablauf und einen Termin festzulegen. Man sollte sich innerhalb der Arbeitszeit, außerhalb der Pausen treffen und das rechtzeitig ankündigen. Der Zeitrahmen wird nach Maßgabe der Anliegen geplant. Zudem muss ein geräumiger, ruhiger Raum ausgewählt werden. Im Regelfall werden Gespräche im Büro des Vorgesetzten geführt, vorausgesetzt es ist ein Einzelzimmer, das weitgehend ohne Unterbrechungen genutzt werden kann. Andernfalls sollte ein störungsfreier Raum gewählt werden. Die Sitzordnung sollte keine hierarchische Struktur widerspiegeln. Man sollte frühzeitig einladen, für eine angenehme Atmosphäre und ungestörte Bedingungen sorgen *(Nicolai 2006, S. 223)*.

Die **Durchführung** beginnt mit einer Begrüßung, einer Information über die gesetzten Ziele und einem positiven Einstieg, der den Teilnehmerkreis in den Bann der anstehenden Thematik zieht. Im Fortgang werden die Tagesordnung, die Zeitplanung und etwaige Regelungen im Umfeld vorgestellt. Danach werden die Schwerpunkte in einer sinnvollen Abfolge abgearbeitet. Dabei ist die Bereitschaft zum Zuhören und zum gemeinsamen Lösen von Problemen gefordert. *Gordon (1994)* empfiehlt nicht nur das passive Zuhören, sondern auch Aufmerksamkeitsreaktionen und Rückmeldungen. So kann man zum Kernproblem vordringen. Hilfreich sind eine verständliche, eindeutige Sprache sowie ein offener, ruhiger Diskurs. Zuweilen muss man die Teilnehmerinnen und Teilnehmer aktivieren. Bei Diskussionsrunden ist ein Hinweis auf die Diskussionsregeln angebracht. Bei komplexen Themen kann man Arbeitsgruppen bilden. Bei Vorträgen muss man die Vortragenden kurz vorstellen, die Vortragszeit begrenzen, Vertiefungsfragen für eine Diskussionsrunde vorsehen, Verständnisfragen zulassen und den Vortrag in Thesenform kurz zusammenfassen. Gespräche und Besprechungen sollten möglichst versöhnlich ausklingen. Man beendet sie, indem die Ergebnisse zusammengefasst und eventuell Entscheidungen gefällt werden. Dazu gehört die Beantwortung der Frage: »Wer macht was (wie, wo, womit und bis) wann?« Gegebenenfalls wird ein neuer Termin für die nächste Besprechung vereinbart. Schließlich verabschiedet man sich *(Nicolai 2006, S. 224, Stracke 2007, S. 188 ff.)*.

Die **Aufbereitung** konzentriert sich auf das Anfertigen und Weiterleiten eines Ergebnisprotokolls, das die Inhalte schriftlich festhält. Eigene Zusagen sind umgehend umzusetzen. Schließlich sollte man die Kontrolle der Zusagen des Gesprächspartners einplanen.

Abb. 6.21

Anhaltspunkte für Gespräche und Besprechungen

Vorbereitung	Durchführung	Aufbereitung
▸ Ablaufplan ▸ Termin ▸ Zeitrahmen ▸ Raum ▸ Sitzordnung ▸ Einladung ▸ Atmosphäre	▸ Begrüßung ▸ Information ▸ Positiver Einstieg ▸ Tagesordnung ▸ Zeitplanung ▸ Regelungen im Umfeld treffen ▸ Schwerpunkte setzen ▸ Regeln: aktivieren, aktiv und passiv zuhören, Aufmerksamkeit zeigen, Probleme lösen, offen, ruhig und verständlich sprechen ▸ Diskussionsrunden, Arbeitsgruppen oder Vorträge vorsehen ▸ Versöhnlicher Ausklang ▸ Ergebnisse zusammenfassen ▸ Entscheidungen treffen ▸ Ggf. neuen Termin vereinbaren Verabschiedung	▸ Inhalte schriftlich festhalten ▸ Eigene Zusagen umsetzen ▸ Kontrolle der Zusagen des Gesprächspartners

Quelle: *Bröckermann 2000 b*, S. 57, 61

Vorbereitung

Durchführung

Aufbereitung

6.8.5 Im Verborgenen

Bei Gesprächen und Besprechungen geht es um mehr als den sachlichen Austausch von Informationen, der bislang thematisiert wurde. Es gibt eine Vielzahl von Aspekten, die neben der Sachebene liegen.

Abb. 6.22

Die vier Seiten der Information

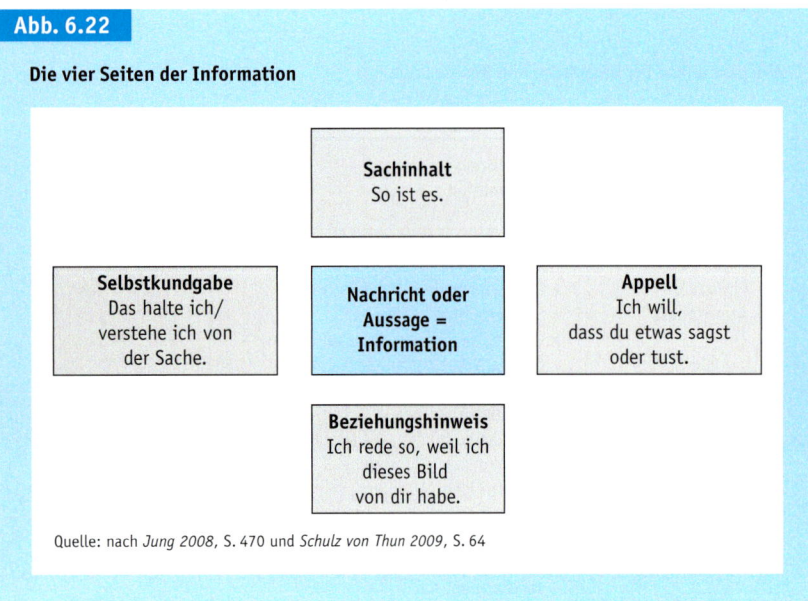

Sachinhalt
So ist es.

Selbstkundgabe
Das halte ich/
verstehe ich von
der Sache.

**Nachricht oder
Aussage =
Information**

Appell
Ich will,
dass du etwas sagst
oder tust.

Beziehungshinweis
Ich rede so, weil ich
dieses Bild
von dir habe.

Quelle: nach *Jung 2008*, S. 470 und *Schulz von Thun 2009*, S. 64

Wahrnehmungsverzerrungen

Wenn man auch jene Aspekte aufnehmen will, kann man auf einige tragfähige Konzepte vertrauen. Dabei ist man aber immer auf die eigene Wahrnehmung angewiesen, und die kann – wie im Kapitel Personalbeurteilung unter dem Stichwort **Wahrnehmungsverzerrungen** gezeigt – gründlich in die Irre führen.

6.8.5.1 Sach- und Beziehungsebene

Soziale Kommunikation hat eine Sachebene und – wie *Watzlawick, Beavin* und *Jackson (1980, S. 53 ff.)* es ausdrücken – eine Beziehungsebene. *Schulz von Thun (2009, S. 64)* wird diesbezüglich noch genauer. Er stellt fest, jede Nachricht oder Aussage – gemeint ist jede Information – habe stets vier Seiten *(Abb. 6.22, Schulz von Thun/ Ruppel/Stratmann 2001, S. 33 ff.)*.

Vier Seiten jeder Information

Die Sachebene oder kognitive Ebene ist bislang bei der Darstellung von Gesprächen und Be-

sprechungen vorrangig zur Sprache gekommen. Hier geht es um den Austausch der Sachinhalte, also jener Informationen, die zum Verständnis notwendig sind.

Mit der Selbstkundgabe übermittelt man – durch die Art der Kommunikation – Informationen über die eigene Person. Es kommt sowohl zu einer unfreiwilligen Selbstenthüllung als auch zu einer gewollten Selbstdarstellung, einer bewussten und gezielten Darstellung der eigenen Person.

Mit dem Beziehungshinweis werden die Gefühle behandelt, die man hat oder füreinander hegt. Anders als bei der Selbstkundgabe werden hier aber keine Ich-, sondern Du- und Wir-Informationen, und zwar in der Hauptsache durch die Formulierung, den Tonfall, die Mimik und Gestik übermittelt. Man drückt aus, was man vom Gegenüber hält und wie man die Beziehung zwischen sich und dem Gegenüber sieht.

Die Appellseite der Information dient dazu, wirkungsvoll Einfluss zu nehmen. Man will sein Gegenüber dazu veranlassen, Dinge zu tun oder zu unterlassen, zu denken oder zu fühlen.

Die Kommunikationspartner agieren auf allen vier Seiten der Information, und sie registrieren sie auch. *Schulz von Thun* ordnet dem Sender folglich vier Schnäbel zu und dem Empfänger vier Ohren *(Schulz von Thun/Ruppel/Stratmann 2001, S. 33 ff.)*. In aller Regel ist den Kommunikationspartnern nicht bewusst, dass sie die vier Seiten nicht auseinander halten, was auch schwerlich möglich ist. Wenn die Kommunikationspartner auf der Beziehungsebene nicht übereinstimmen, ist eine Einigung auf der Sachebene nur schwerlich möglich. Ein wesentlicher Ansatzpunkt zur Verbesserung der Kommunikation besteht daher darin, die vier Seiten der Informa-

Unter der Lupe

Interaktion

Wenn die Beziehungsebene ins Spiel kommt, wird der Begriff Kommunikation häufig durch den definitorisch weiter gefassten Begriff Interaktion ersetzt. Mit Interaktionen meint man nicht nur die offensichtlichen In- *halte des Informationsaustausches, sondern auch all jene Elemente, die für die wechselseitige Wahrnehmung und damit für die Beziehungen zwischen den Akteuren bedeutsam sind (Brodbeck 2007, S. 416 f.).*

tion bei der Kommunikation stets im Auge zu behalten.

6.8.5.2 Feedback

Wenn man öfter miteinander umgegangen ist und einander besser kennen gelernt hat, kann man besser miteinander kommunizieren. Dann treten Veränderungen der Selbst- und Fremdwahrnehmung auf, die man mithilfe des sogenannten **Johari-Fensters**, benannt nach den Vornamen der Urheber *Joeseph Luft (1971, S. 22 ff.)* und *Harry Ingham,* nachverfolgen kann *(Abb. 6.23, Bröckermann 2000 b, S. 86 f., Stracke 2007, S. 33 ff.).*

Die **vier Quadranten** bilden die unterschiedlichen Bewusstseinsbereiche eines Beteiligten ab:

1. Mit der **öffentlichen Person** meint man den Bereich der freien Aktivität, der öffentlichen Sachverhalte und Tatsachen. Das Verhalten und die Motive sind dem Betreffenden selbst bewusst und für andere wahrnehmbar.

2. Das Verhalten und die Motive der **Privatperson** sind dem Betreffenden ebenfalls selbst bewusst, werden aber anderen nicht bekannt gemacht.

3. Der **blinde Fleck** befindet sich in dem Bereich, in dem das Verhalten für andere sichtbar und erkennbar, dem Betreffenden selbst jedoch nicht bewusst ist. Es handelt sich also um Verdrängtes und unbewusste Gewohnheiten.

4. Mit dem **Unbewussten** meint man das Unterbewusstsein, das weder die Betroffen selbst noch andere kennen.

Bei Menschen, die sich kaum kennen, ist der Bereich der öffentlichen Person naturgemäß sehr klein. Erst nach und nach wächst die Bereitschaft zu mehr Offenheit und Rückmeldung. Dadurch wird der Bereich der Privatperson kleiner. Zudem wird durch mehr Zuhören und aufmerksames Wahrnehmen der blinde Fleck kleiner. Das ist die beste Voraussetzung dafür, zu einem produktiven Informationsaustausch zu kommen. Daraus muss man schließen, dass Rückmeldungen, sogenannte **Feedbacks**, eine Vertrautheit schaffen, die uns hilft, uns selbst und unsere Kommunikationspartner besser zu verstehen.

6.8.5.3 Ausbalancierte Rückmeldung

Cohn (1975, S. 113 ff.) weist darauf hin, dass die Rückmeldungen auch aus dem Ruder laufen können. Mit ihrer themenzentrierten Interaktion schlägt sie einen Weg vor, das zu vermeiden *(Abb. 6.24, Bröckermann 2000 b, S. 88 f., Comelli 2003, S. 436 ff., Jung 2008, S. 541 f.).*

Drei Elemente*Cohn (1975, S. 113 ff.)* fordert eine Balance der drei Strukturelemente
▸ Ich: das einzelne Gruppenmitglied,
▸ Wir: die Gruppe, und
▸ Es: das Thema der Gruppe,

Johari-Fenster

Themenzentrierte Interaktion

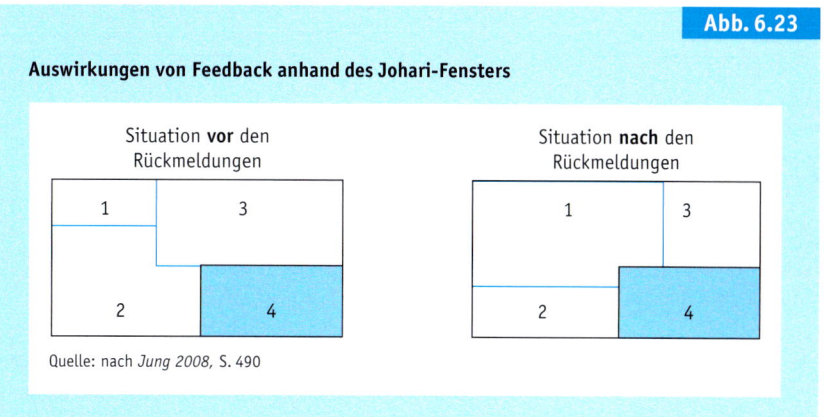

Abb. 6.23

Auswirkungen von Feedback anhand des Johari-Fensters

Situation **vor** den Rückmeldungen

Situation **nach** den Rückmeldungen

Quelle: nach *Jung 2008,* S. 490

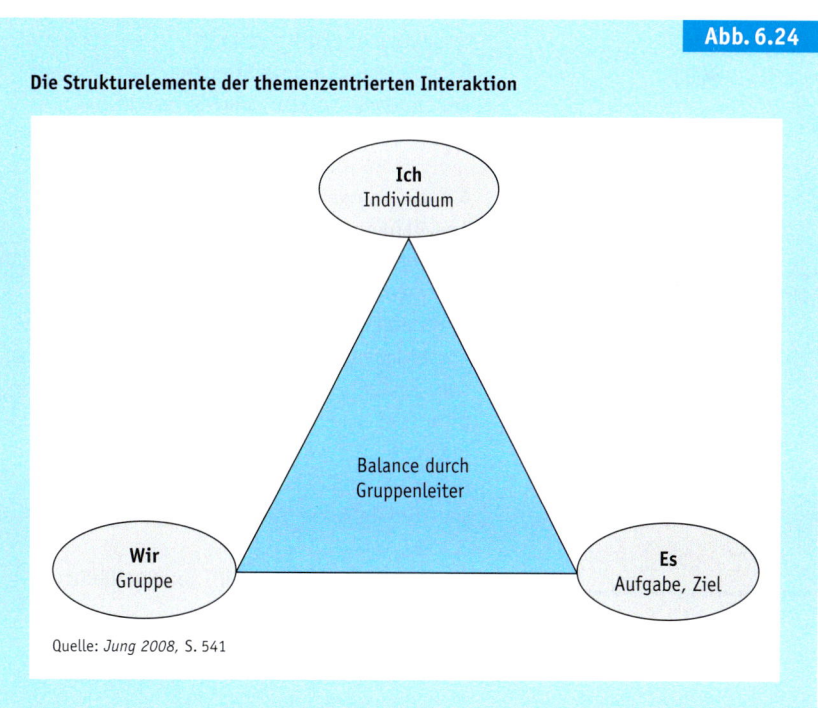

Abb. 6.24

Die Strukturelemente der themenzentrierten Interaktion

Ich Individuum

Balance durch Gruppenleiter

Wir Gruppe

Es Aufgabe, Ziel

Quelle: *Jung 2008,* S. 541

Abb. 6.25

Parallele Transaktion aus dem Erwachsenen-Ich

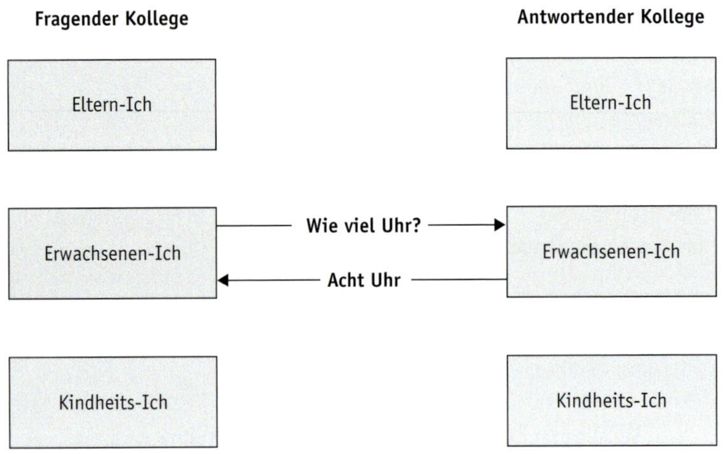

Fragender Kollege		Antwortender Kollege
Eltern-Ich		Eltern-Ich
Erwachsenen-Ich	→ Wie viel Uhr? → ← Acht Uhr ←	Erwachsenen-Ich
Kindheits-Ich		Kindheits-Ich

Quelle: *Bröckermann 2000 b*, S. 93

Sie unterstellen, dass Menschen ihre bevorzugte Wahrnehmung in ihrem Sprachstil zum Ausdruck bringen. Ebenso wie der Sprachstil sei die Körpersprache ein erprobtes Mittel, Signale zu setzen, um eine gemeinsame Ebene mit anderen aufzubauen. Durch das Training der Techniken

▸ **Rapport**, der Typ-Erkennung des Gegenübers,
▸ **Pacing**, der diskreten Imitation des Typs des Gegenübers,
▸ **Leading**, des Wechsels auf den Typ, der der eigenen Sache angemessen ist, und
▸ **Ankern**, des Auslösens bestimmter Erinnerungen, Denk- und Verhaltensmuster,

wird versucht, die Gesprächspartner durch Körpersprache und Sprachstil einander näher zu bringen.

6.8.5.5 Transaktionsanalyse

Die Transaktionsanalyse nach *Berne (1967)* kann eine andere Hilfestellung geben. Es handelt sich um eine Methode der Psychologie, die dazu anregt, sich mit dem eigenen Verhalten und dem des Kommunikationspartners auseinanderzusetzen *(Bröckermann 2000 b, S. 90 ff., Stührenberg 2003, S. 18 ff.)*.

Berne (1967) macht auf die Normen, Erfahrungen und Gefühle aufmerksam, die den Interaktionen, die *Berne (1967)* als **Transaktionen** bezeichnet, die also dem Austausch von verbalen und nonverbalen Informationen zugrunde liegen. Er benennt auf der Basis einer Vielzahl von Verhaltensbeobachtungen drei sogenannte **Ich-Zustände** des Menschen, die wir alle in unserer Kindheit entwickelt haben sollen, die aber trotzdem unser gegenwärtiges Denken, Fühlen und Handeln beeinflussen *(Stührenberg 2008, S. 17 ff.)*.

▸ Das **Eltern-Ich** beinhaltet alle Eindrücke, die uns in den ersten Lebensjahren durch unsere Eltern oder andere Autoritätspersonen vermittelt wurden. In dieser frühen Entwicklungsphase konnten wir die besagten Eindrücke zumeist nicht hinterfragen. Deshalb haben wir viele dieser positiven wie negativen Eindrücke verinnerlicht. *Berne (1967)* meint, dass sie in vielen Situationen wieder zutage treten, obwohl die Regeln, nach denen unsere Eltern gelebt haben, heute nicht mehr der Norm entsprechen müssen.

die in die Umwelt eingebettet sind. Wenn eines oder mehrere dieser Strukturelemente die Oberhand gewinnen, wenn sich in Gesprächen und Besprechungen z. B. eine Person zu sehr in den Vordergrund drängt, muss der Gruppenleiter – respektive die Führungskraft – die notwendige Balance dadurch gewährleisten, dass er eines der anderen Strukturelemente stärkt.

6.8.5.4 Feingefühl für Körper, Sprache und Denken

NLP

Bandler und *Grinder (1982)* beschäftigen sich in ihrem Konzept der **neurolinguistischen Programmierung** mit den Zusammenhängen von körperlichen, also neurophysiologischen Zuständen, Sprache, der Linguistik, und inneren Denkprozessen, das heißt im weiteren Sinne der Programmierung, wobei sie davon ausgehen, dass sich diese drei Faktoren gegenseitig beeinflussen *(Bröckermann 2000 b, S. 89 f., Jung 2008, S. 530 f.)*.

Bandler und *Grinder (1982)* unterscheiden

Typen

▸ den Augen-Typ,
▸ den Ohren-Typ und
▸ den kinästhetischen Typ, der hauptsächlich Gefühltem den Vorrang gibt.

▶ Als Kinder sind wir eine Zeit lang nur begrenzt in der Lage, uns sprachlich zu äußern. In dieser Zeit reagieren wir vorwiegend mit Gefühlen. *Berne (1967)* ist der Meinung, dass Erwachsene zu jeder Zeit in diesen Zustand zurückfallen können. Man wird dann von den Gefühlen beherrscht, die man in einer verwandten Situation während der Kindheit empfunden hat. Von derartigen Gefühlen, vom sogenannten **Kindheits-Ich**, wird man etwa regiert, wenn die Wut größer als die Vernunft ist.

▶ Die Entwicklung des **Erwachsenen-Ich** beginnt etwa ab dem 5. Lebensjahr und entfaltet sich bis zum Lebensende. Als Erwachsenen-Ich beschreibt *Berne (1967)* einen Ich-Zustand, mit dessen Hilfe der Mensch sein Verhalten an der Realität ausrichtet.

Um realitätsgerecht kommunizieren zu können, müssen die Kommunikationspartner oder neutrale Dritte die Ich-Zustände anhand der oben genannten Beschreibungen analysieren und aufeinander abstimmen. Grundsätzlich sind folgende **Konstellationen** möglich:

▶ »Wie viel Uhr ist es bitte?« fragt man einen Kollegen. Gibt der auf diese logische Frage eine eindeutige und logische Antwort, nennt er also die Uhrzeit, so liegen **parallele Transaktionen** vor *(Abb. 6.25)*.
Parallele Transaktionen sind zwischen sämtlichen Ich-Zuständen möglich. Die Beteiligten akzeptieren die jeweiligen Beziehungsangebote und reagieren gemäß der gegenseitigen Erwartung.

▶ Wenn ein Kollege auf die Frage »Wie viel Uhr ist es bitte?« antwortet: »Kaufen Sie sich eine Uhr!«, haben wir es mit **gekreuzten Transaktionen** zu tun *(Abb. 6.26)*.
Bei gekreuzten Transaktionen kommt es zu unstimmigen Botschaften. Dadurch kommt es gewöhnlich zu einer Störung der Beziehung bzw. zu einer Unterbrechung der Kommunikation.

▶ Ein Vorgesetzter stellt seinem Mitarbeiter die nun hinlänglich bekannte Frage nach der Uhrzeit: »Wie viel Uhr ist es?«, der antwortet: »Ich bin sofort mit der Kalkulation fertig.« Die Antwort passt nicht zur Frage. Sie würde jedoch einem Vorwurf entsprechen. Der Mitarbeiter weiß, dass vieles, was gesagt wird, häufig ganz anders gemeint ist und reagiert deshalb auf etwas, das er zwar nicht hört, jedoch vermuten kann. Hier liegen demnach **verdeckte Transaktionen** vor, die bei der Kommunikation tonangebend sind.

Erkennt man den jeweiligen eigenen Ich-Zustand und den des Kommunikationspartners, kann man einerseits vermeiden, selbst unangemessen zu reagieren. Andererseits kann man das Sachproblem im Auge behalten und ansetzen, das Beziehungsproblem zu bearbeiten.

Ich-Zustände

Formen von Transaktionen

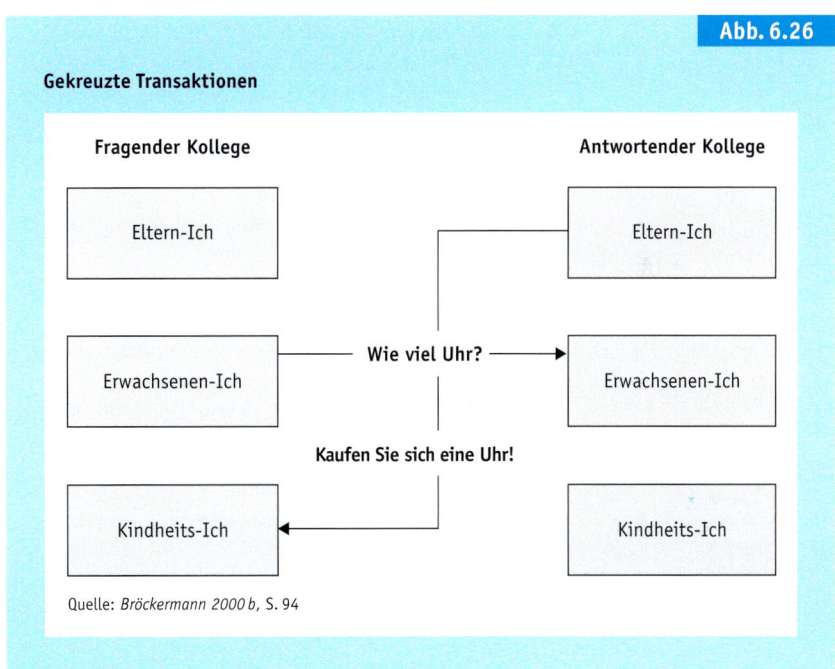

Abb. 6.26

Gekreuzte Transaktionen

Fragender Kollege   Antwortender Kollege

Eltern-Ich   Eltern-Ich

Erwachsenen-Ich — **Wie viel Uhr?** → Erwachsenen-Ich

Kaufen Sie sich eine Uhr!

Kindheits-Ich ←   Kindheits-Ich

Quelle: *Bröckermann 2000 b*, S. 94

6.9 Motivation

6.9.1 Motivation als Prozess

Unter Motivation versteht man all jene Prozesse, die ein Verhalten auslösen, in Gang halten, steuern, beenden und dabei organische Reaktionen hervorrufen *(Rosenstiel 2001, S. 6 f., Wunderer/ Grunwald 1980 a, S. 169)*.

Die Motivationsforschung untersucht folglich, was Menschen ausmacht, was und wie sie etwas tun, in welcher Situation das geschieht, mit welchen Mitteln und mit welchem Ziel. Die Forschungsergebnisse sind enorm vielgestaltig. Ein wenig Klarheit kann man sich verschaffen, wenn man dem Hinweis folgt, den *Wunderer* und *Grunwald (1980 a, S. 170)* geben. Ein vereinfachtes Modell des Motivationsprozesses beinhaltet demnach folgende grundlegende **Komponenten** *(Bröckermann 2000 b, S. 107 ff.)*:

▸ Bedürfnisse oder, besser gesagt, **Motive**, tief in uns schlummernde Verhaltens- oder Handlungsbereitschaften,
▸ **Anreize**, alle nur erdenklichen Gegebenheiten,
▸ **Ziele**, denn die Anreize beziehen sich auf etwas, sie sind zielgerichtet,
▸ Verhalten oder **Handlungen**, der zielgerichtete Anreiz weckt nämlich ein oder mehrere Motive und stößt eine Handlung an, die geeignet ist, das Ziel zu verwirklichen,
▸ Feedbacks, also Rückkopplungen und **Anpassungen**. Nicht jeder dieser Prozesse führt dazu, dass das Ziel tatsächlich erreicht wird.

Aus Erfolgen und Misserfolgen, den sogenannten Frustrationen, ziehen wir Erfahrungen, die wir in eine Anpassung ummünzen. Die Anpassung formt Motive oder sie verändert Motive. Sie sagt uns aber auch, welche Ziele für uns erstrebenswert und erreichbar sind.

Demnach kann man, wie *Hentze* und *Brose (1990, S. 40 ff.)* Motivation als Prozess charakterisieren, der eine Abfolge von Anreizen, Motiven, Handlungen, Zielen und Anpassung beinhaltet *(Abb. 6.27)*.

Sie schlendern an einem schwülen Sommertag durch die Stadt und sehen vor einem Geschäft die Werbung für ein kühles Erfrischungsgetränk. Das ist der **Anreiz**, der einerseits das **Motiv** weckt, Ihren Durst zu löschen, der Ihnen bis dahin nicht so bewusst war. Andererseits ist dieser Anreiz auf das **Ziel** gerichtet, das Erfrischungsgetränk in dem besagten Geschäft zu kaufen. Ihr Durst-Motiv veranlasst Sie nun dazu, eine **Handlung** zu vollziehen, mit der Sie das Ziel erreichen können. Sie gehen in das Geschäft und kaufen das Getränk, es sei denn, Sie haben kein Geld bei sich. In dem Fall ist eine **Anpassung** angezeigt. Entweder Sie passen Ihr Motiv an, indem Sie feststellen, dass Ihr Durst durchaus noch den Heimweg zulässt, oder Sie ändern das Ziel, indem Sie nun nach einer kostenfreien Erfrischung Ausschau halten, etwa einem Wasserspender.

Zwar werden Anreize von außen gesetzt. **Menschen** können sich aber nur selbst motivieren. Man muss jedem einzelnen Menschen seine eigenen Ansätze und Versuche zugestehen, sich selbst und seine Welt zu definieren. Andere könnten diese Selbstmotivation durch das Management von Aufgaben, Grenzen und Ressourcen in einem indirekten und eher beschränkten Maße beeinflussen *(Sievers 1987, S. 269 ff., 1994)*.

6.9.2 Motive

Die von *Maslow* erstmals *1954* formulierte Motivationstheorie hat sich als eine der einflussreichsten herausgestellt und verdient allein

Komponenten

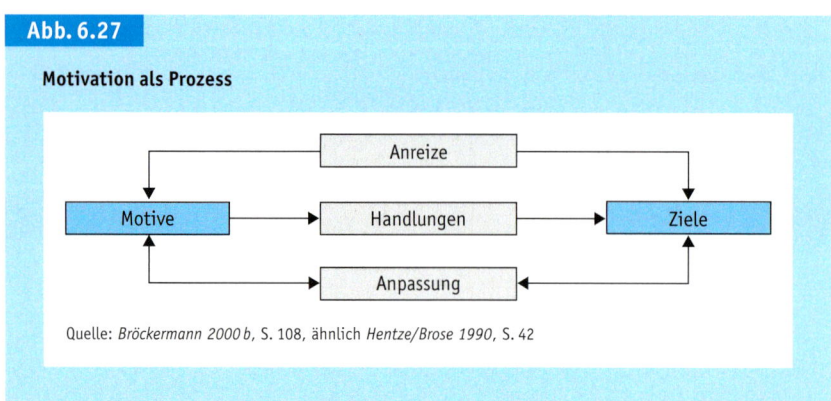

Abb. 6.27

Motivation als Prozess

Quelle: *Bröckermann 2000 b*, S. 108, ähnlich *Hentze/Brose 1990*, S. 42

schon deshalb Beachtung. Für die Personalführung ist nur ein kleiner Ausschnitt aus seiner weit umfangreicheren Lehrmeinung von Interesse, die Analyse der Bedürfnisse *(Bröckermann 2000 b, S. 112 ff., Drumm 2005, S. 472 f., Hentze/ Graf/Kammel/Lindert 2005, S. 112 ff.).*

Akut unbefriedigte Bedürfnisse werden verhaltenswirksam, das heißt Motive *(Franken 2007, S. 89).*

Menschen haben demnach Defizitbedürfnisse, die erfüllt werden müssen, um Mangelzustände und Störungen zu vermeiden oder zu beenden *(Maslow 1954, S. 80 ff.).*

Physiologische Grundbedürfnisse, etwa nach Sauerstoff, Nahrung und Getränken, sind auf die Selbsterhaltung ausgerichtet. Sie ergeben sich aus der physischen Natur des Menschen. Auf die Arbeitswelt übertragen wäre die existenzielle Versorgung angesprochen.

Sicherheitsbedürfnisse konzentrieren sich auf den Schutz vor Gefahren. Sie richten sich auf Geborgenheit, Ordnung und Gefahrlosigkeit. Im Berufsalltag ist damit beispielsweise ein sicherer Arbeitsplatz ohne Verletzungsrisiko gemeint.

Soziale Bedürfnisse kennzeichnen, gerade im Arbeitsleben, den Wunsch nach Zuwendung, Geselligkeit, Gemeinschaft, Zugehörigkeit, Freundschaft, Zuneigung und, eher im privaten Bereich, nach Liebe.

Selbstachtungs-, Ich- oder **Wertschätzungsbedürfnisse** beinhalten das Streben nach Selbstgefühl, Unabhängigkeit und Anerkennung.

Im Berufsleben ist vor allem die Bestätigung eigener Leistungen und Erfolge gemeint.

Maslow (1954, S. 80 ff.) bezeichnet diese Bedürfnisse als **Defizitbedürfnisse**, weil sie für einen gewissen Zeitraum weitgehend befriedigt werden könnten und dann nicht mehr wirksam seien. Ferner könne der Wunsch nach der Befriedigung höherer Defizitbedürfnisse erst aufkommen, wenn das jeweils niedrigere Defizitbedürfnis im Ansatz befriedigt sei. Deshalb würden die einzelnen Klassen von Defizitbedürfnissen in der oben genannten Reihenfolge nacheinander verhaltenswirksam, also zu Motiven.

Die **Wachstumsbedürfnisse** seien hingegen auf die Entfaltung der im Menschen liegenden Möglichkeiten ausgelegt. Als Wachstumsbedürfnisse bezeichnet *Maslow (1954, S. 91 f.)* die Bedürfnisse nach **Selbstverwirklichung**, also nach der Realisierung der eigenen Pläne und Vorstellungen, der Entfaltung der eigenen Anlagen und Kreativität. Im Arbeitsleben verdeutlichen sich diese Bedürfnisse als Streben nach dem Einbringen eigener Vorstellungen und Verbesserungen des Arbeitsumfeldes.

Maslow (1954, S. 91 f.) ist der Meinung, dass diese **Wachstumsbedürfnisse** erst dann das Verhalten bestimmten, das heißt erst dann zu Motiven würden, wenn alle **Defizitbedürfnisse** als ausreichend befriedigt empfunden werden. Die Befriedigung von Wachstumsbedürfnissen führe auch nicht dazu, dass sie verhaltensunwirksam werden. Im Gegenteil, die Befriedigung von

Bedürfnisse nach Maslow

Kritik an Maslows Theorie

Die große Verbreitung von Maslows Theorie beruht im Grunde genommen auf ihrer Verständlichkeit, die auch eine Folge der eingängigen, aber missverständlichen Darstellung als Pyramide ist. Ein eindeutiger empirischer Beleg ist jedoch nicht geglückt. Maslow (1954, S. 91 f.) kann nur sehr vage beschreiben, was Selbstverwirklichung ist. Auch die anderen Bedürfnisklassen werden kaum gegeneinander abgegrenzt. Maslow (1954, S. 80 ff.) nennt keinerlei Bedingungen, wann ein Bedürfnis vorliegt. Die Auflistung ist wahrscheinlich nicht vollständig. Vor allem ist es auffällig, dass negative Aspekte kaum auszumachen sind, obwohl sich beispielsweise die Wertschätzungsbedürfnisse zweifellos in Neid ausdrücken können. Die Theorie bietet zwar einen Orientierungsrahmen für Motive, aber keinen Ansatz für eine Verhaltensprognose. Es wäre für alle Beteiligten schon problematisch genug, sich die eigenen Motive zu vergegenwärtigen. Selbst wenn das gelänge, wüsste man immer noch nicht, wie Menschen aus ihren Motiven heraus handeln. Schließlich ist die Aussage, dass zunächst physiologische Grundbedürfnisse erfüllt sein müssen, trivial und die Abfolge der Bedürfnisse keineswegs allgemeingültig. Man denke nur an das Beispiel des hungernden Künstlers. Letzteres gesteht Maslow (1965, S. 55 f.) selbst ein, der überhaupt den Großteil der Kritik nicht annehmen muss. Er war von Hause aus klinischer Psychologe. Genau in diesem Arbeitsfeld und für dieses Arbeitsfeld hat er seine Theorie entwickelt. Er hat immer daran gezweifelt, dass man seine Theorie aus dem klinischen Bereich in die Arbeitswelt übertragen kann (Berthel/Becker 2003, S. 22 ff., Wunderer/Grundwald 1980 a, S. 176, 178 ff.).

Unter der Lupe

Wachstumsbedürfnissen bringe gerade eine verstärkte Wirksamkeit mit sich.

Darstellung als Pyramide

Bedauerlicherweise hat sich eine unglückliche Darstellung dieser Theorie durchgesetzt. Man gibt die Abfolge der Bedürfnisse als Pyramide mit den Wachstumsbedürfnissen an der Spitze und den physiologischen Grundbedürfnissen an der Basis wieder. *Sprenger (1995, S. 43)* spricht in diesem Zusammenhang sogar vom »zur Karikatur verkürzten ... Maslow«. Mit der Pyramide erweckt man den falschen Eindruck, man könne ein Bedürfnis komplett und für alle Zeit befriedigen, und die jeweils höher angesiedelten Bedürfnisse seien höherwertig, aber weniger umfangreich als die darunter stehenden. *Maslow (1954, S. 80 ff.)* ist im Gegensatz dazu davon überzeugt, dass das Verhalten regelmäßig durch mehrere Bedürfnisse bestimmt werde, die sich überlappen. Allerdings sei dabei aktuell immer eine Bedürfnisklasse vorherrschend. Das kommt in der leider seltener zitierten *Abb. 6.28* weitaus besser zum Ausdruck.

Trotz aller Kritik gibt *Maslow (1954)* mit seiner Theorie eine wichtige Orientierungshilfe für die Frage, welche Motive die Menschen bewegen. Die Praxis zieht daraus den Schluss, dass sich Führungskräfte der Motive ihrer Mitarbeiter bewusst werden müssen, und dass sie auf diese Motive eingehen sollten. Das alleine genügt aber nicht. *Maslow (1954)* thematisiert allgemein menschliche Bedürfnisse. Die Führungskräfte sind zudem aufgefordert, sich ihrer eigenen Motive bewusst zu werden und die Mitarbeiter sollten sich ihre Motive, die ihrer Führungskräfte sowie ihres Kollegenkreises vergegenwärtigen (ähnlich *Rosenstiel 2001, S. 72 f.*).

Alderfer (1969, 1972), *Berne (1975)*, *Harris (1975)* und *Mc Gregor (1960)*, *McClelland* mit seinen Mitarbeitern *Atkinson*, *Clark* und *Lowell (1953)* sowie *Atkinson* in seinem eigenen Ansatz *(1964, 1975)* und viele andere haben dem weitere bedenkenswerte Aspekte beigefügt. Allerdings haben diese Lehrmeinungen weder den Verbreitungsgrad noch die Überzeugungskraft derer von *Maslow (1954)* erreicht. Trotzdem haben sie ihren Anteil an jener Einteilung der Motive, die man vielfach zur allgemeinen Veranschaulichung der Motive nutzt *(Jung 2008, S. 369 f.)*.

▶ Zu den **physischen Motiven** zählen biologische Bedürfnisse, wie Hunger und Durst. **Psychische Motive** können Unabhängigkeit, Selbstverwirklichung und -entfaltung sein. **Soziale Motive** sind auf die Anerkennung durch andere Menschen ausgerichtet. Hier können Freundschaft und Zugehörigkeit zu bestimmten Gruppen genannt werden.

▶ **Primäre Motive** wie z. B. Hunger und Durst sind Motive, die jeder Mensch von Geburt an instinktiv in sich trägt. Die **sekundären Motive** sind Mittel zur Befriedigung anderer Motive. Zum Beispiel das Geldmotiv ist ein sekundäres Motiv, da sich mit Geld viele primäre Motive befriedigen lassen.

▶ Die **intrinsischen Motive** liegen in der Person. Sie finden ihre Befriedigung in der Tätigkeit selbst. Je mehr einer Person eine Verrichtung Spaß macht, desto produktiver ist sie. Die **extrinsischen Motive** entstehen aus äußeren Anreizen. Sie können kaum durch die Tätigkeit, sondern durch deren Folgen oder Begleitumstände befriedigt werden. Die Tätigkeit ist somit nur Mittel zur Verfolgung ande-

---

Abb. 6.28

Maslows Theorie

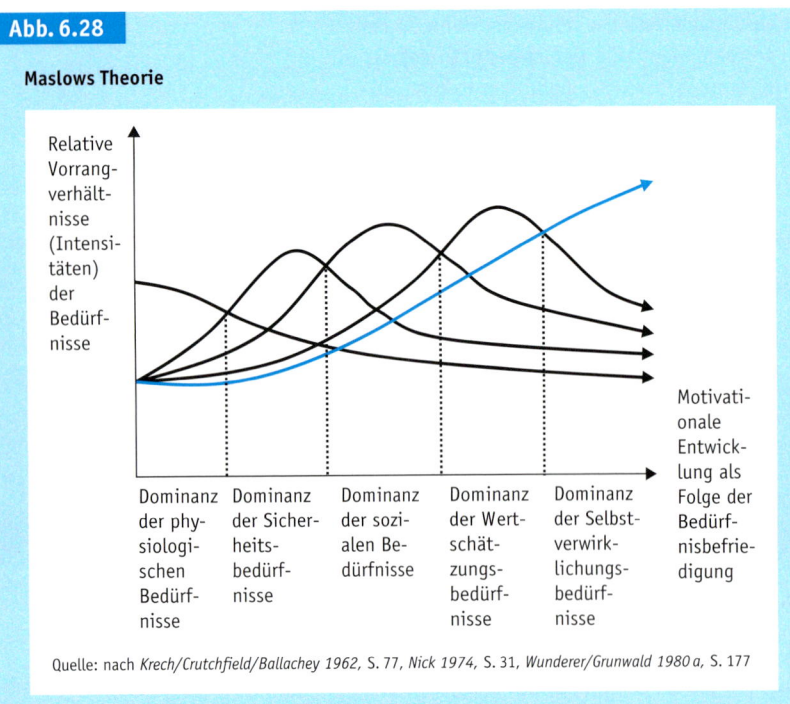

Relative Vorrangverhältnisse (Intensitäten) der Bedürfnisse

Dominanz der physiologischen Bedürfnisse

Dominanz der Sicherheitsbedürfnisse

Dominanz der sozialen Bedürfnisse

Dominanz der Wertschätzungsbedürfnisse

Dominanz der Selbstverwirklichungsbedürfnisse

Motivationale Entwicklung als Folge der Bedürfnisbefriedigung

Quelle: nach *Krech/Crutchfield/Ballachey 1962, S. 77, Nick 1974, S. 31, Wunderer/Grunwald 1980 a, S. 177* rer Motive. Als extrinsische Motive können das Geld-, Sicherheits- und Prestigemotiv genannt werden.

▸ Die genannten Motive können zudem bewusst oder unbewusst, stark oder schwach und bedeutend oder unwichtig sein, das Gesamte oder Teilbereiche des Erlebens ausfüllen und periodisch oder aperiodisch auftreten.

6.9.3 Handlungen

Viele Motivationstheorien thematisieren zumindest am Rande, wie Motive zu Handlungen führen. Erklärungsansätze findet man auch in den Lerntheorien, die jedoch nicht erklären können, warum Menschen durchaus unterschiedlich auf dieselben Anreize reagieren und erst recht verschiedene Personen unterschiedliche Reaktionen auf dieselben Anreize zeigen.

Die Urheber der **Attributionstheorien** *Heider (1958), Kelley (1973), Martinko, Gardner (1987)* und *Weiner (1988)* gehen davon aus, dass Handlungen keine notwendigen, unabwendbaren Resultate von Anreizen und Motiven sind. Anreize würden den Organismus keinesfalls selbsttätig anregen und auch keine automatischen Gedankenketten in Gang setzen. Es sei vielmehr so, dass Menschen einem Anreiz eine Bedeutung, ein Attribut, zuschreiben. Ein Anreiz wäre demnach eine Quelle von Informationen *(Bröckermann 2000 b, S. 123 f., Hentze/Graf/Kammel/Lindert 2005, S. 140 ff.)*.

Deshalb kommen die Attributionstheoretiker zu der Feststellung, dass eine **Handlung** von der **Bedeutungszuschreibung** für jene vielfältigen **Faktoren** abhängig ist, für die die **Umwelt** verantwortlich ist. Zudem sei jede Handlung von der Bedeutungszuschreibung für die **Faktoren** abhängig, die von **Person** zu Person unterschiedlich sind. Zu Letzteren zählt man die Eignung, die Motive, die Anstrengung, die Situation sowie den Zufall. Die Bedeutungszuschreibung wiederum beziehe sich auf den Anreiz, den Vergleich mit anderen Personen und den Vergleich zu unterschiedlichen Zeitpunkten *(Abb. 6.29)*.

In den diversen attributionstheoretischen Ansätzen werden nun die möglichen Kombinationen dieser vielfältigen, subjektiven Bedeutungs-

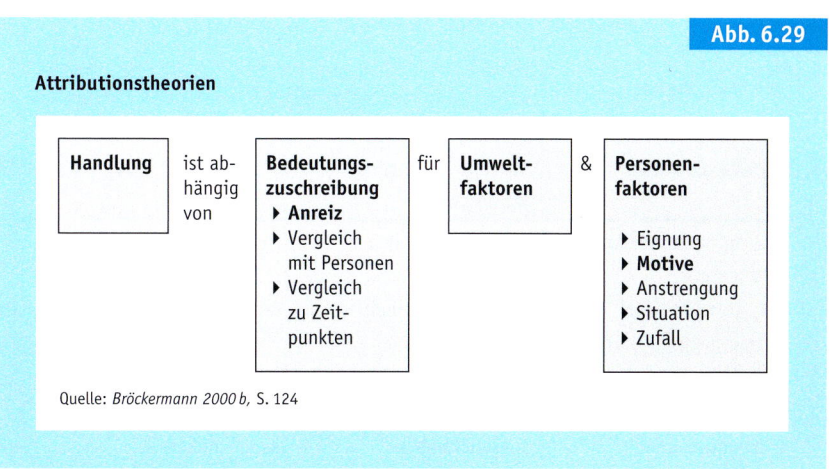

Abb. 6.29

Attributionstheorien

| Handlung | ist abhängig von | Bedeutungszuschreibung
▸ **Anreiz**
▸ Vergleich mit Personen
▸ Vergleich zu Zeitpunkten | für | Umweltfaktoren | & | Personenfaktoren
▸ Eignung
▸ **Motive**
▸ Anstrengung
▸ Situation
▸ Zufall |

Quelle: *Bröckermann 2000 b*, S. 124

zuschreibungen mit möglichen Handlungen verglichen. Auf diesem Wege kommt man immerhin zur Erklärung, aber kaum zur Vorhersage von Handlungen. Trotzdem ist die Idee überzeugend, dass Handlungen keine notwendigen, unabwendbaren Resultate von Anreizen und Motiven sind, und dass Menschen allem, was sie bewegt und umgibt, eine Bedeutung zuschreiben.

Attributionstheorien

Beispiel für Bedeutungszuschreibungen

Wenn man im Winter den Schnee vor der Türe geräumt hat und danach einen Raum mit einer Temperatur von 20 Grad Celsius betritt, erscheint er einem recht warm. Wenn man sich jedoch in diesem Raum länger aufhält und still ein Buch liest, erscheint er einem zu kalt. Man schreibt dem Temperaturanreiz folglich unterschiedliche Bedeutungen zu.

6.9.4 Anpassung

In seiner **Gleichheits-, Equity- oder Balancetheorie** beschreibt *Adams (1963, S. 422 ff.)* im Kern den Prozess der Anpassung von Zielen und Motiven.

Er geht von der Annahme aus, dass Beschäftigte stets ein aus ihrer Sicht gerechtes Verhältnis zwischen ihrem Einsatz oder Aufwand, das sind z. B. Leistungen, und dem dafür erhaltenen Ergebnis oder Ertrag, also etwa dem Arbeitsentgelt, anstreben. Sie versuchen, ein aus ihrer Sicht gerechtes Verhältnis von Aufwand und Er-

Gleichheitstheorie

Unter der Lupe

Abb. 6.30

Gleichheitstheorie

Urteilende Person	Vergleichsperson			
	(1) Aufwand niedrig Ertrag hoch	(2) Aufwand hoch Ertrag niedrig	(3) Aufwand niedrig Ertrag niedrig	(4) Aufwand hoch Ertrag hoch
(A) Aufwand niedrig Ertrag hoch	keine Ungleichheit	hohe Ungleichheit	Ungleichheit	Ungleichheit
(B) Aufwand hoch Ertrag niedrig	**hohe Ungleichheit**	keine Ungleichheit	**Ungleichheit**	**Ungleichheit**
(C) Aufwand niedrig Ertrag niedrig	**Ungleichheit**	Ungleichheit	keine Ungleichheit	keine Ungleichheit
(D) Aufwand hoch Ertrag hoch	**Ungleichheit**	Ungleichheit	keine Ungleichheit	keine Ungleichheit

Quelle: *Bröckermann 2000 b*, S. 125, *Hentze/Graf/Kammel/Lindert 2005*, S. 129 ff.

trag zu erreichen. Zu diesem Zweck vergleiche jede Arbeitskraft ihr Verhältnis von Aufwand und Ertrag mit dem anderer. Dabei werde die Ungleichheit geprüft *(Abb. 6.30, Bröckermann 2000 b, S. 124 ff., Hentze/Graf/Kammel/Lindert 2005, S. 129 ff.)*.

Diese Prüfung endet wiederum mit einer subjektiven Beurteilung der **Gerechtigkeit**. Die urteilende Person könne sich gegenüber der Vergleichsperson bevorteilt (A:2, A:3, A:4, C:2, D:2), gleichwertig (A:1, B:2, C:3, C:4, D:3, D:4) oder **benachteiligt** (B:1, B:3, B:4, C:1, D:1) fühlen. Im letzteren Fall (B:1, B:3, B:4, C:1, D:1) versuche sie, das Ungerechtigkeitsgefühl zu beseitigen. Dazu gebe es grundsätzlich **sechs Strategien der Handlung oder Anpassung**:

1. die Verzerrung des Wertes der Aufwände und Erträge, wenn man sich zum Beispiel sagt, die ständigen Überstunden würden dem Privatleben kaum schaden,
2. die Beeinflussung der Vergleichsperson, z.B. Diskussionen mit Kolleginnen und Kollegen um deren Arbeitseinsatz im Vergleich zum Arbeitsentgelt,
3. die Wahl einer anderen Vergleichsperson, zum Beispiel mit dem Argument, der Kollege sei ja verrückt,
4. die aktive Veränderung des eigenen Ertrages, z.B. der Verzicht auf Leistungszulagen, die subjektiv im Vergleich zum geforderten Einsatz zu gering erscheinen,

5. die aktive Veränderung des eigenen Aufwands, etwa eine Verringerung des Arbeitseinsatzes,
6. das Verlassen des Feldes, also etwa die Kündigung.

Damit ist im Kern der Weg in die tatsächliche oder die sogenannte **innere Kündigung** beschrieben.

Bei der Verhinderung von Anpassungsstrategien, die in innere Kündigungen münden, ist der direkte Vorgesetzte gefragt. Er muss zunächst auf die grundlegende Bewertung der Arbeitssituation eingehen.

▶ Der Mitarbeiter mag mit seiner negativen Bewertung völlig im Recht sein. Dann ist es notwendig, die Arbeitssituation zu ändern.
▶ Wenn der Mitarbeiter seine subjektive Bewertung jedoch auf falsche Erwartungen oder unrealistische Ansprüche gründet, ist die Kommunikationsfähigkeit des Vorgesetzten gefordert. Durch umfassende und korrekte Informationen kann er dafür sorgen, dass der Mitarbeiter ein realistischeres Bild gewinnt.

Ferner ist es Aufgabe des Vorgesetzten, auf die Bewertung der Beeinflussungsmöglichkeiten einzugehen.

▶ Hier mag der Mitarbeiter mit seiner negativen Bewertung ebenfalls wieder völlig im Recht sein. Der Vorgesetzte ist in diesem Fall auf-

Gerechtigkeit

Bewertung der Arbeitssituation

Sechs Strategien der Handlung

Innere Kündigung

Innere Kündigung

Jemand bewertet seine Arbeitssituation aufgrund seiner subjektiven Erwartungen, Erfahrungen und Standards negativ, denn er nimmt ein ungerechtes Verhältnis zwischen Arbeitsaufwand und Arbeitsertrag wahr. Nun unterzieht er die Arbeitssituation umgehend einer zweiten, gleichfalls subjektiven Bewertung, indem er prüft, ob und welche Beeinflussungsmöglichkeiten er zur Veränderung hat.

▸ *Als Ergebnis dieses zweiten Prüfprozesses kann sich ergeben, dass er **resignativ** keine Chancen sieht.*
▸ *Wenn er die Situation hingegen **konstruktiv** für veränderbar hält, trägt er seine Erwartungen und Bedürfnisse dem direkten Vorgesetzten vor. Spätestens nach zwei oder drei vergeblichen Versuchen muss er erkennen, dass er die aus seiner Sicht unbefriedigende Arbeitssituation doch nicht beeinflussen kann. Seine konstruktive Unzufriedenheit schlägt in **resignative Unzufriedenheit** um. Er ergreift die Flucht.*

– *Mit einer **physischen Flucht** kann er sich objektiv der Arbeitssituation entziehen. Er wird sich beispielsweise zeitweilig krank melden, in Besprechungen, Gremien und auf Dienstreisen zurückziehen. Dieser zeitweilige Rückzug hat Grenzen. Die endgültige physische Flucht ist die Kündigung.*
– *Will oder kann jemand den endgültigen Schritt nicht tun, bietet sich die **psychische Flucht** durch resignative Anpassung an. Der Mitarbeiter senkt sein Anspruchsniveau und unterzieht die für ihn unausweichliche Arbeitssituation einer erneuten Bewertung. Im Ergebnis kommt er so zu der Einsicht, dass die Arbeitssituation positive Aspekte hat, er sich aber nicht über Gebühr einsetzen sollte. Damit hat er die innere Kündigung ausgesprochen (Comelli/Rosenstiel 2003, S. 124 ff.).*

gefordert, ein Klima der Veränderung aufzubauen.

▸ Wenn sich der Mitarbeiter irrt, wenn er nur glaubt, er könne nichts verändern, muss der Vorgesetzte ihm das verdeutlichen. Er sollte auf erfolgte Veränderungen hinweisen, und er sollte den Mitarbeiter auffordern, Veränderungswünsche weiterhin zu artikulieren.

6.9.5 Ziele

Zwar geben die Begriffe **Valenz**, **Instrumentalität** und **Erwartung** der VIE-Theorie von *Vroom (1964)* ihren Namen. Entscheidend ist aber *Vrooms (1964, S. 266 f.)* Annahme, dass die Leistungsmotivation der Beschäftigten davon abhängt, inwieweit sie eine hohe Arbeitsleistung oder eine gute Arbeitsqualität als Mittel zur Erreichung ihrer persönlichen Ziele ansehen *(Bröckermann 2000 b, S. 126 ff.)*.

Vroom (1964, S. 14 ff.) unterscheidet zunächst zwischen **Handlungen** und **Handlungsergebnissen**. Die Handlungsergebnisse wiederum seien nicht Selbstzweck, sondern sie dienten der **Erreichung von persönlichen Zielen**.

Handlungen sind demnach auf die Handlungsergebnisse gerichtet, die jemand in und für das Unternehmen zu erreichen sucht, in dem er

tätig ist. Diese Handlungsergebnisse sind keineswegs identisch mit den persönlichen Zielen. Wenn ein Fußballer zum Elfmeter antritt, ist diese Handlung einerseits auf das Handlungsergebnis gerichtet, für den Verein ein Tor zu schießen. Andererseits hat der Fußballer das persönliche Ziel, zum Helden des Spieles zu werden. Dieses persönliche Ziel kann er wahrscheinlich mit dem Handlungsergebnis, dem Tor, erreichen.

Die **Motivation**, *Vroom (1964, S. 18 ff.)* bezeichnet sie als Stärke der Handlungstendenz, errechnet er mithilfe mathematischer Gleichungen, indem er Valenz, Instrumentalität und Erwartung in jedem Einzelfall mit konkreten Werten versieht *(Abb. 6.31)*.

VIE-Theorie

Zunächst muss man die **Valenz des jeweiligen Handlungsergebnisses** errechnen, etwa des Handlungsergebnisses, per Elfmeter ein Tor zu schießen. Unter dieser Valenz versteht *Vroom (1964, S. 15 ff.)* die Wertigkeit, die das Handlungsergebnis hat, also die subjektive Einschätzung, inwieweit es sich lohnt, dieses Handlungsergebnis zu erreichen. Diese Valenz des Handlungsergebnisses errechnet sich aus einer Multiplikation.

▸ Der erste Multiplikationsfaktor ist die **Valenz des persönlichen Zieles**, z. B. die Wertigkeit, als Held des Spieles zu gelten. Sie kann Werte von − 1 bis + 1 annehmen.

Valenz

Unter der Lupe

Weitere Theorien

Evans (1970, 1995) und House (1971, 1977), Heckhausen (1989), Porter und Lawler (1968) beschreiben die Wechselbeziehungen von Valenzen, Instrumentalitäten und Erwartungen detaillierter. Dadurch wird die ursprüngliche Lehrmeinung Vrooms (1964) zwar weiter präzisiert, aber ungemein kompliziert. Heckhausen (1989) selbst bezeichnet seinen Ansatz deshalb als Ordnungs- und Suchmodell. Zudem hat sich an diesen Theorien viel Kritik entzündet.

Instrumentalität

▸ Der zweite Multiplikationsfaktor ist die **Instrumentalität**. Sie gibt an, inwiefern der Betreffende das Handlungsergebnis für geeignet erachtet, das gewünschte persönliche Ziel zu erreichen. Glaubt der Fußballer, er könne zum Helden des Spiels werden, wenn er den Elfmeter verwandelt? Das ist sicher so, wenn der Elfmeter beim Spielstand 0 : 0 in der 89. Spielminute angesetzt wird. Ganz anders ist die Einschätzung, wenn es in der 89. Spielminute bereits 0 : 3 gegen die eigene Mannschaft steht. Die Instrumentalität kann deshalb Werte von –1 bis +1 annehmen.

Motivation

Die **Motivation** ergibt sich nun aus der Multiplikation (Abb. 6.31)
▸ der gerade ermittelten **Valenz des Handlungsergebnisses** und
▸ der **Erwartung**. Die Erwartung ist eine subjektive Einschätzung der Wahrscheinlichkeit, dass eine bestimmte Handlung zum gewünschten Handlungsergebnis führt, dass, um im Beispiel zu bleiben, der Ball wirklich ins Tor geht. Für diese Erwartung sind Werte zwischen 0 und 1 vorgesehen (Vroom 1964, S. 17 ff.).

Die Berechnung wird noch komplexer, da man unterschiedliche Handlungsergebnisse und persönliche Ziele in die Betrachtung einbeziehen muss, die jeweils unterschiedliche Valenzen haben. Der Schütze des Elfmeters könnte auch das Tor verfehlen. Damit würde er unter Umständen zum Buhmann des Spieles. Und das ist vielleicht sein größter Albtraum, gewichtiger als die Chance, zum Helden des Spiels zu werden. Und schließlich steht Vroom (1964, S. 20 ff.) vor dem Problem der Bestimmung der genannten Größen. Er wägt alle nur denkbaren Möglichkeiten ab, listet jedoch auch detailliert alle Einwände gegen diese Messmethoden auf. Demnach gibt es wohl keinen Königsweg der Messung.

Trotzdem kann man die besagten Gedanken nicht nur Elfmeterschützen unterstellen, sondern allen Beschäftigten. Sie würden demnach zwischen den Ergebnissen, die sie in und für Unternehmen erreichen sollen, und Zielen persönlicher Natur unterscheiden. Wenn daran auch nur ein Körnchen Wahrheit ist, dann sollten Führungskräfte mit den Mitarbeiterinnen und Mitarbeitern **realistische Sachziele** erarbeiten, die nicht im Widerspruch zu Mitarbeiterzielen stehen. Damit würde nicht nur die Instrumentalität, sondern auch die Erwartung positiv beeinflusst. Die Mitarbeiterinnen und Mitarbeitern hätten also die Möglichkeit, sich in der Arbeit zu verwirklichen und persönliche Herausforderungen zu bewältigen.

6.9.6 Anreize

Aussagen zu Anreizen im Arbeitsprozess finden sich in der **Anreiz-Beitrags-Theorie** von March und Simon (1958, 1976), aber auch in der **Theorie der gelernten Bedürfnisse** nach McClelland

Abb. 6.31

Motivation nach der VIE-Theorie

Motivation	=	Valenz des Handlungsergebnisses das heißt		x	Erwartung
		Valenz des persönlichen Zieles	x Instrumentalität		

Quelle: Bröckermann 2000 b, S. 127

(1975, 1978, 1987), *Atkinson, Clark* und *Lowell* (1953). Sie machen allerdings nicht recht deutlich, welche Anreize in welchen Situationen wie wirken.

Antworten auf diese Fragen suchten *Herzberg*, *Mausner* und *Snyderman* schon *1959*. Sie baten Beschäftigte in strukturierten Interviews, sich an Situationen in ihrem Arbeitsleben zu erinnern, die sie positiv erlebt hatten, in denen sie mithin zufrieden waren, und an Situationen, die sie negativ erlebt hatten, in denen sie also unzufrieden waren. Ferner sollten sie angeben, welche Anreize ausschlaggebend für ihre Motivation waren *(Bröckermann 2000 b, S. 131 ff.)*.

Es stellte sich heraus, dass die Interviewten **Arbeitszufriedenheit** nicht als das Gegenteil von **Arbeitsunzufriedenheit** ansahen, sondern Arbeitszufriedenheit und -unzufriedenheit als vollkommen verschiedenartige Erscheinungen wahrnahmen. So kamen die Forscher zu dem Ergebnis, dass Arbeitszufriedenheit und -unzufriedenheit zwei **unterschiedliche, unabhängige Dimensionen** sind. Die eine Dimension werde durch die Extremwerte Unzufriedenheit und Nicht-Unzufriedenheit, die andere durch Zufriedenheit und Nicht-Zufriedenheit begrenzt. Theoretisch könnten Beschäftigte also zum selben Zeitpunkt mit ihrer Arbeit sowohl sehr zufrieden sein, zum Beispiel aufgrund mustergültiger Anerkennung, als auch sehr unzufrieden, etwa wegen schlechter Arbeitsbedingungen *(Herzberg 2003, S. 54 ff.)*.

Ferner ergab die Auswertung, dass die Befragten gänzlich andere Ursachen für Arbeitszufriedenheit als für Arbeitsunzufriedenheit nannten. Die Forscher fassten die unterschiedlichen Ursachen zu zwei Faktoren zusammen. Deshalb sind ihre Thesen als **Zwei-Faktoren-Theorie** bekannt geworden *(Abb. 6.32, Hentze/ Graf/Kammel/Lindert 2005, S. 114 ff., Herzberg 1966)*.

(Dissatisfiers, Maintenance-, Hygiene- oder) **Kontextfaktoren** hängen nicht unmittelbar mit der Arbeit selbst zusammen, sondern stellen positive oder negative Anreize des Arbeitsvollzugs dar. Von diesen Kontext- oder Hygienefaktoren geht zwar keine Motivationswirkung aus, denn in ihrer positiven Ausprägung werden sie als Selbstverständlichkeit angesehen.

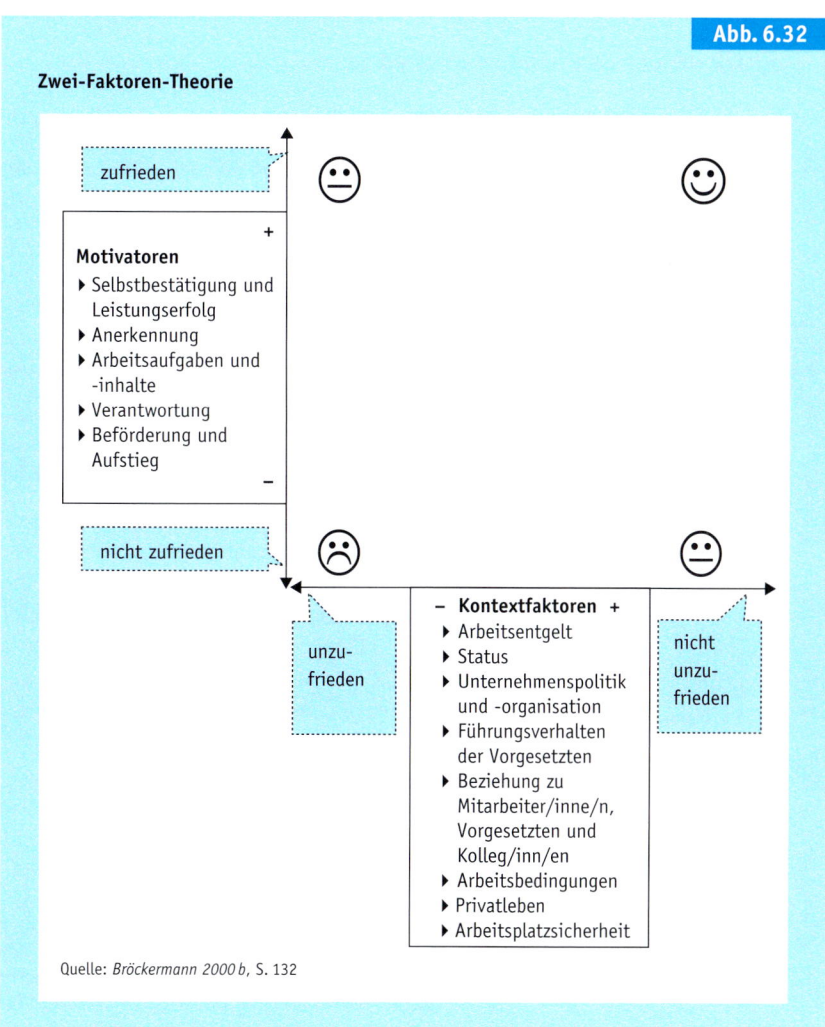

Zwei-Faktoren-Theorie

Quelle: *Bröckermann 2000 b*, S. 132

Liegen sie jedoch in ihrer negativen Ausprägung vor, ergibt sich Arbeitsunzufriedenheit, so wie sich bei mangelhafter Hygiene Krankheiten einstellen.

(Satisfiers, Kontentfaktoren oder) **Motivatoren** sind Anreize, die sich unmittelbar aus dem Arbeitsvollzug ergeben. Durch sie kann eine positive Wirkung, nämlich Arbeitszufriedenheit, erreicht werden. Ihre negative Ausprägung führt jedoch nicht zur Arbeitsunzufriedenheit, sondern lediglich zur Nicht-Zufriedenheit. Soll keine starke Arbeitsunzufriedenheit aufkommen, müssen die Kontextfaktoren für die Mitarbeiter im üblichen Maße gegeben sein, während Motivatoren als Anreize dienen, die die Arbeitszufriedenheit erhöhen.

Zwei-Faktoren-Theorie

Kontextfaktoren

Motivatoren

Unter der Lupe

Kritik an der Zwei-Faktoren-Theorie

Untersuchungen haben gezeigt, dass Kontextfaktoren und Motivatoren zuweilen miteinander verknüpft sind. Beförderung und Aufstieg sind Motivatoren, aber in aller Regel mit einem höheren Arbeitsentgelt, einem Kontextfaktor, verbunden. Nicht nur deshalb wird die Zwei-Faktoren-Theorie massiv kritisiert. Der Teil der Kritik, der an der ersten Erhebung ansetzt, muss als überholt gelten. Freilich konnten mehr als 120 Folgeuntersuchungen die Theorie teils bestätigen, teils aber auch nicht. Wunderer und Grunewald (1980 a, S. 191) schlagen deshalb

wie Neuberger (1974, S. 133) vor, man sollte die Zwei-Faktoren-Theorie in der Weise relativieren, dass Motivatoren hauptsächlich und in der Regel die Arbeitszufriedenheit bestimmen, Kontextfaktoren hauptsächlich und in der Regel die Arbeitsunzufriedenheit. Zudem sollte man Arbeitszufriedenheit als jenes positive Gefühl präzisieren, das sich bei einer Entsprechung zwischen den Erwartungen eines Beschäftigten und ihrer Erfüllung am Arbeitsplatz einstellt.

Aus der Praxis

»Fast zwei Drittel der Deutschen würden wegen Problemen mit dem Vorgesetzten den Arbeitsplatz wechseln. Auch Mobbing (52 Prozent) und zu wenig Lob (41 Prozent) wären für viele ein Grund zur Kündigung. Ein zu geringes Gehalt folgt als Kündigungsgrund erst an vierter Stelle (39 Prozent), gefolgt von ›nervigen Kollegen‹ (37 Prozent). Zu diesen Ergebnissen kam eine Umfrage der Berufsgenossenschaft für Gesundheitsdienst und Wohlfahrtspflege unter knapp 3.000 Arbeitnehmern.«
Berufsgenossenschaft für Gesundheitsdienst und Wohlfahrtspflege 2008: Berufsgenossenschaft für

Gesundheitsdienst und Wohlfahrtspflege (www.bgw-online.de, Verfasser unbekannt), »Kündigung: Oft wegen Ärger mit dem Chef«, in: Personalmagazin, Heft 07/2008, S. 24.

»Wer von seinen Mitarbeitern gute Leistungen erwartet, sollte ihnen in erster Linie Respekt entgegenbringen. Wie die Untersuchung der Managementberatung Mercer weiter zeigt, spielt das Gehalt keine so wichtige Rolle.«
Mercer 2008: Mercer (Verfasser unbekannt), »Arbeitnehmer wollen vor allem Respekt«, in: Lohn + Gehalt, Heft 03/2008, S. 13.

Was Mitarbeiter motiviert	Weltweit*	Deutschland
Respekt	125	129
Art der Arbeit	112	113
Ausgewogenheit von Arbeits- und Privatleben	112	106
Gute Kundenbetreuung	108	108
Grundgehalt	108	105
Kollegen	107	131
Betriebliche Nebenleistungen	94	110
Langfristiges Karrierepotential	92	77
Weiterbildung und Entwicklung	91	80
Flexible Arbeitsmöglichkeiten	87	92
Aufstiegschancen	85	83
Variable Vergütung/Bonuszahlungen	80	86

* Werte über 100 weisen auf eine höhere, Werte unter 100 auf eine geringere Bedeutung hin.

So zeigt es sich, dass Motivationsanreize vom Privatleben über die Arbeitsbedingungen bis zur Unternehmensorganisation reichen. Ferner belegt die Zwei-Faktoren-Theorie, dass die **Mittel der Führungskräfte** beschränkt sind. Die Beschäftigten können nur dann motiviert arbeiten, wenn auch jene Kontextfaktoren keine Schwachstellen aufweisen, auf die Vorgesetzte nur beschränkten Einfluss haben, zum Beispiel die Arbeitsplatzsicherheit. Stimmt das Umfeld nicht, kann sich eine Führungskraft noch so sehr anstrengen, sie wird den erwarteten Erfolg nicht erzielen. Selbst wenn Führungskräfte das ihre dazu tun, dass die Kontextfaktoren vorhanden sind, können sie noch nicht davon ausgehen, dass ihre Mitarbeiterinnen und Mitarbeiter motiviert sind. Dazu bedarf es mehr, etwa der Chance auf Selbstbestätigung, Leistungserfolg, Anerkennung, Verantwortung, Beförderung und Aufstieg.

jemand verhungern, in Unsicherheit respektive sozialer Isolation leben oder missachtet, wenn es keinen Personalservice gäbe. So muss man die Anreize, die der Personalservice setzt, zu den Kontextfaktoren zählen.

Oft betrachtet man die **Personalentwicklung** eher unter dem Blickwinkel der betrieblichen Notwendigkeit und weniger unter dem der Motivation, obwohl sicherlich beide Aspekte ihre Berechtigung haben (Kapitel Personalentwicklung, *Mudra 2008, S. 35 ff.*).

Man kann die Personalentwicklung mit Fug und Recht zu den Motivatoren nach *Herzberg (1966)* zählen. Die Personalentwicklung verspricht den Beschäftigten, die an ihr teilhaben, Selbstbestätigung, Anerkennung, ansprechende Arbeitsaufgaben und -inhalte, Verantwortung, Beförderung und Aufstieg.

Gerechntigkeit

Kontextfaktoren

Motivatoren

6.9.7 Motivation durch Entgelte, Personalentwicklung und -service

Allein schon um Arbeitsunzufriedenheit zu vermeiden, muss ein **Entgelt** gerecht sein (Kapitel Entgelt, *Knoblauch 2004, S. 111 f., Sauermann 2002, S. 122*).

Wie diese Arbeitsunzufriedenheit entsteht und wozu sie führt, belegen die **Anreiz-Beitrags-Theorie** von *March* und *Simon (1958, 1976)* sowie die **Gleichheitstheorie** von *Adams (1963)*. Die Beschäftigten setzen aus ihrer subjektiven Sicht die Anreize des Unternehmens zu ihren eigenen Beiträgen ins Verhältnis. Sie suchen ein aus ihrer Sicht gerechtes Verhältnis zwischen ihrem Aufwand und ihrem Ertrag. Bietet ihnen das Unternehmen nur wenige oder mangelhafte Anreize, so werden sie ihre Beiträge ebenso gering ansetzen. Ergibt der Vergleich mit anderen eine Benachteiligung entwickelt sich eine Arbeitsunzufriedenheit, die zu einer inneren oder gar tatsächlichen Kündigung führen kann *(Becker 2005 a, S. 43 f.)*.

Der **Personalservice** kann gleichfalls motivierend sein (Kapitel Personalservice, *Sauermann 2002, S. 122 f.*).

Die einzelnen Personalserviceleistungen zielen auf jene Motive, die *Maslow (1954)* als Defizitbedürfnisse bezeichnet. Trotzdem würde kaum

6.9.8 Fehlzeiten und Motivation

Einen nicht unwesentlichen Teil der Fehlzeiten schreibt man gemeinhin einem Ursachenbündel zu, das man mit dem Schlagwort Motivation belegt. In der Tat kann man einen Teil der Fehlzeiten als ausweichendes Verhalten verstehen *(Abb. 6.33, Brandenburg/Nieder 2003, S. 20 ff., Bröckermann 2000 b, S. 176 ff., Weinreich/Weigl 2002, S. 26 ff.)*.

Fehlzeiten sind Perioden der **unplanmäßigen Abwesenheit** der Beschäftigten vom Unternehmen, ihrem Arbeitsplatz oder ihrer Arbeitsaufgabe während ihrer Sollarbeitszeit. Urlaubs- und Feiertage zählen nicht zu den Fehlzeiten.

In der Grauzone zwischen Gesundheit und Krankheit fällt jeder Mensch eine Entscheidung:

Fehlzeitenquote

Das Ausmaß von Fehlzeiten lässt sich durch die in Prozent dargestellte Fehlzeitenquote ermitteln. Die Fehlzeitenquote ist die Relation von Fehltagen zu Solltagen bzw. Fehlstunden zu Sollstunden in einer bestimmten Periode. Damit wird der durchschnittliche Anteil - der Prozentsatz - der Fehlzeiten an der Sollarbeitszeit ausgedrückt. Man geht von einer durchschnittlichen Fehlzeitenquote von insgesamt ungefähr neun Prozent pro Jahr aus. Die krankheitsbedingten Fehlzeiten stellen dabei, je nach Unternehmen und Branche, einen Anteil von mehr als der Hälfte (Brandenberg/Nieder 2003, S. 15 ff.).

Unter der Lupe

Abb. 6.33

Fehlzeiten

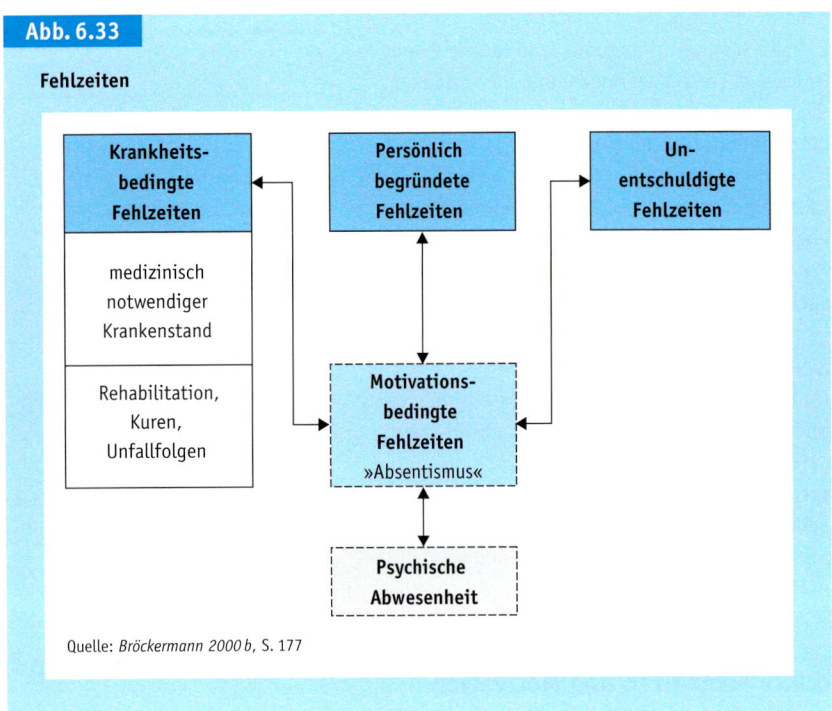

Quelle: *Bröckermann 2000 b*, S. 177

Er definiert sich selbst als schon krank oder noch gesund. Sobald die Entscheidung auf ein Fernbleiben von der Arbeit hinausläuft, spricht man von motivationsbedingten Fehlzeiten, auf die rund ein Drittel der Fehlzeiten entfallen soll.

Fehlzeitensenkung

Man schätzt, dass etwa zwei Drittel der Fehlzeiten nicht beeinflusst werden können. Das gilt für den größten Teil des medizinisch notwendigen Krankenstandes, der Rehabilitationsmaßnahmen und Kuren, der privaten Unfälle, aber auch für die Fehlzeiten wegen persönlicher oder familiärer Ereignisse. Zu den beeinflussbaren Fehlzeiten gehört ein Teil des Krankenstandes und der motivationsbedingten Fehlzeiten. Es handelt sich vor allem um die in der Arbeitszeit getätigten Arztbesuche und Rehabilitationsmaßnahmen, das Zuspätkommen und das frühe Verlassen des Arbeitsplatzes.

Maßnahmen

Sicherlich kann die **Fehlzeitensenkung** kaum dauerhaft mit sanktionierenden Maßnahmen und nicht allein mit den klassischen Maßnahmen betrieben werden.
▸ Bekannt sind **sanktionierende Maßnahmen** wie materielle Anreize, Kontrollanrufe und

-besuche, in Ausnahmefällen sogar die krankheitsbedingte Entlassung. Dahinter verbirgt sich ein mehr oder weniger unterschwelliger Druckmechanismus, der nach möglichen Anfangserfolgen in der Folge zu einer kontraproduktiven Eskalation aufgrund von Gegendruckbestrebungen der Betroffenen führen kann *(Bröckermann/Hesse 2000, S. 43)*.
▸ Zu den **klassischen Maßnahmen** zählt man zum Beispiel die Personalauswahl, den Personaleinsatz und -service sowie die Personalbindung und -information. Hier kann einerseits auf eine Einstellungsänderung der Beteiligten abgezielt werden. Andererseits lassen sich durch Verpflegung, Arbeitshygiene, Betriebsarzt und Sozialstation, Unfallschutz und Arbeitssicherheit, Suchtbekämpfung, Freizeit und Erholung sowie Betriebssport Verbesserungen erreichen. Diese klassischen Maßnahmen müssen aber durch Rückkehrgespräche, die bei Erkrankungen über sechs Wochen laut § 84 des neunten Buchs des Sozialgesetzbuches ohnehin vorgeschrieben sind, und Änderungen in der Aufbau- und Ablauforganisation ergänzt werden. Zusammengenommen entsteht so ein brauchbarer Ansatz, der, wenn er auf Dauer und sensibel eingesetzt wird, eine Senkung der Fehlzeitenquote erwarten lässt. Werden diese Maßnahmen nach einer einsamen Entscheidung der Unternehmensleitung den Betroffenen quasi per Dekret aufgebürdet, sind die langfristigen Erfolgsaussichten gering. Positive Anfangserfolge werden häufig durch Anpassungshandlungen und veränderte Rahmenbedingungen konterkariert (Kapitel Personalservice).
▸ Im Idealfall sollten Maßnahmen zur Fehlzeitensenkung das partizipativ erarbeitete Ergebnis eines **Organisationsentwicklungsprozesses** sein. Dahinter steht eine grundsätzlich neue Philosophie des betrieblichen Miteinanders. Diese Philosophie spiegelt sich in dem gleichsam zum Motto der Organisationsentwicklung gewordenen Gedanken wider, nach welchem Betroffene zu Beteiligten gemacht werden müssen *(Bröckermann/Hesse 2000, S. 43 ff.*, Kapitel Personal- und Organisationsentwicklung, *Nieder 2005, S. 36 ff.)*.

Aufgaben Kapitel 6

1. Der Vater eines Kleinkindes ist überzeugt, dass Spinat für das Kind sehr gesund ist, weiß aber, dass viele Kinder im Bekanntenkreis Spinat nicht mögen. Er präsentiert seinem Kind erstmalig ein Gericht mit Spinat. Er nimmt einen Löffel voll Spinat und sagt: »Schau mal, was der Papa da hat. Das schmeckt gut!« Manipuliert der Vater sein Kind? Bitte begründen Sie Ihre Antwort.

2. Welche Vor- und Nachteile haben das Top-down- und das Bottom-up-Prinzip im Rahmen des mehrstufigen Zielbildungsprozesses?

3. Acht Personen stehen an einer Bushaltestelle und warten auf den nächsten Bus. Handelt es sich bei diesen Personen um eine Gruppe?

4. Laut Leymann liegt Mobbing am Arbeitsplatz vor, wenn eine Person Angriffen auf
- die Möglichkeiten, sich mitzuteilen,
- die sozialen Beziehungen,
- das soziale Ansehen,
- die Qualität der Berufs- und Lebenssituation oder
- die Gesundheit

ausgesetzt ist, und zwar mindestens einmal in der Woche während mindestens eines zusammenhängenden halben Jahres. Zudem müssen hinter den Handlungen negative Absichten stecken. Was ist an dieser Definition kritikwürdig?

5. Bitte bilden Sie je ein Beispiel für eine geschlossene und eine offene Frage.

6. Welche Anhaltspunkte sollte man für die Durchführung von Gesprächen und Besprechungen beachten?

7. Sie melden sich in einer Vorlesung zu einem komplexen Thema mit der Bemerkung zu Wort: »Ich habe das nicht verstanden.« Der Dozent erwidert: »Dann passen Sie besser auf.« Wie kann diese Missstimmung zustande gekommen sein? Bitte erläutern Sie das auf der Grundlage der Theorie von Schulz von Thun.

8. Was verstehen Luft und Ingham unter dem blinden Fleck? Bitte beschreiben Sie kurz einen blinden Fleck eines Ihrer Dozenten.

9. Sie kennen sicherlich die Transaktionsanalyse nach Berne. Bitte bilden Sie je ein Beispiel für parallele Transaktionen, gekreuzte Transaktionen und gekreuzte Transaktionen, die in parallele Transaktionen umschlagen, und zwar zwischen Fabian und Melanie, die seit einem Jahr eine »feste Beziehung« eingegangen sind.

10. Warum und in welchen Aspekten ist die gängige Darstellung der Motivationstheorie von Abraham Maslow in Form einer Pyramide missverständlich?

11. Bitte erläutern Sie, wie sich die sogenannte innere Kündigung entwickelt.

12. Bitte erläutern Sie die Begriffe Valenz, Instrumentalität und Erwartung im Grundmodell von Vrooms VIE-Theorie an einem Beispiel.

13. Warum interpretiert man Herzbergs Zwei-Faktoren-Theorie nicht richtig, wenn man behauptet, das Arbeitsentgelt sei »nur« ein Hygienefaktor?

14. Warum zählen viele Experten Urlaubs- und Feiertage nicht zu den Fehlzeiten?

Lösungen zu den Aufgaben finden Sie im Anschluss an das letzte Kapitel.

7 Personalservice

Leitfragen

▶ **Welche Begleitumstände der Arbeit machen Serviceleistungen erforderlich?**
Welche Bescheinigungen, Ratschläge und Informationen sind angebracht?
Wie verfährt man mit Beschwerden, Statussymbolen und Titeln?

▶ **Wie kann man sicherstellen, dass die Beschäftigten gesund bleiben?**
Was kann man für die Verpflegung, Heilbehandlung und Arbeitssicherheit tun?

Wie kann man die Freizeitgestaltung, die Erholung und den Sport fördern?

▶ **Welche Vergünstigungen für Beschäftigte sind möglich?**
Warum organisiert man einen Belegschaftsverkauf, Beihilfen und Feste?
Warum fördert man Vereine, die Kinderbetreuung und die Altenpflege?

7.1 Serviceprolog

7.1.1 Planung und Aufgaben des Personalservice

Der Personalservice ist eine Aufgabe des Personalwesens und der Vorgesetzten. Sie erbringen oder organisieren im Rahmen des Personalservice Leistungen, die über das vereinbarte Entgelt hinaus gewährt werden *(Abb. 7.1, Olfert 2008, S. 363)*.

Die Auswahl der für das Unternehmen geeigneten Maßnahmen aus dem Aufgabenspektrum des Personalservice, orientiert sich am Personalbestand sowie an der quantitativen, qualitativen und zeitlichen Personalplanung. Ein kleines Unternehmen wird für seine hoch qualifizierten Mitarbeiterinnen andere Maßnahmen vorsehen wie ein mitarbeiterstarkes Unternehmen für die ungelernten Transportarbeiter (Kapitel Personalbeschaffung und -einsatz).

Früher war für dieses Aufgabenfeld eher der Begriff Personalbetreuung gebräuchlich. Die er-

Service oder Betreuung

Unter der Lupe

Was ist Personalservice?

Den Personalservice sollte man nicht mit den zusätzlichen Vergütungen verwechseln. Lohn- und Gehaltszuschläge, Sonderzahlungen, Prämien, Pensumentgelte und Provisionen, Zulagen und Erfolgsbeteiligungen sind ja gerade vereinbarte Entgelte und deshalb keine Personalserviceleistungen. Allerdings gilt das für eine Spezies zusätzlicher Vergütung nicht: Gratifikationen, das heißt freiwillige zusätzliche Vergütungen des Arbeitgebers aus besonderen Anlässen, sind häufig als sogenannte Incentives eine Form des Personalservice (Olfert 2008, S. 363).
Auch die Personalentwicklung zählt keineswegs zum Personalservice. Zwar hat der Gesetzgeber für beide Aufgabenfelder der Personalwirtschaft umfassende Regelungen geschaffen. So-

wohl beim Personalservice als auch bei der Personalentwicklung sehen sich viele Unternehmen in der Pflicht, mehr zu tun, als nur die Vorschriften zu beachten. Anders als der Personalservice gehorcht die Personalentwicklung vorrangig Sachzwängen. Sie dient unter anderem der Vermittlung von unverzichtbaren Qualifikationen und Kompetenzen, ohne die ein Unternehmen nicht am Markt bestehen kann. Beim Personalservice steht hingegen das Motiv im Mittelpunkt, den Beschäftigten beizustehen. Auch dieses Motiv ist sicherlich nicht ausschließlich selbstlos, denn dahinter steht die Absicht, das Leistungsniveau zu stabilisieren und die Beschäftigten zu binden.

Abb. 7.1

Aufgaben und Planung des Personalservice

Personalbestandsplanung
aktuell und zukünftig relevanter Personenkreis

↓

Quantitative Personalplanung
für die Erledigung der Arbeitsaufgaben notwendiger Personenkreis

↓

Qualitative Personalplanung
Profilabgleich

↓

Zeitliche Personalplanung
Stichtag und Arbeitszeit

Maßnahmenplanung des Personalservice

Rund um das Arbeitsverhältnis	Gesundheitswesen	Vergünstigungen
▸ Bescheinigungen ▸ Beschwerden ▸ Beratung und Information ▸ Statussymbole und Titel ▸ Werkschutz	▸ Verpflegung ▸ Arbeitshygiene ▸ Betriebsarzt und Sozialstation ▸ Unfallschutz und Arbeitssicherheit ▸ Suchtbekämpfung ▸ Freizeit und Erholung ▸ Betriebssport ▸ Betriebskrankenkasse	▸ Betriebsfeste und -ausflüge ▸ Belegschaftsverkauf und Deputate ▸ Beihilfen ▸ Wohnungswesen, Relocation und Concierge ▸ Darlehen ▸ Interessengemeinschaften ▸ Kinderbetreuung und Elder Care ▸ Ausleihe

Quelle: eigene Darstellung

7.1.2 Formen des Personalservice

Demnach kann man Personalserviceleistungen als zusätzliche, oft freiwillige Leistungen definieren,
- die ein Unternehmen seinen derzeitigen und im Einzelfall ehemaligen Mitarbeiterinnen und Mitarbeitern sowie deren Angehörigen einräumt,
- Leistungen, die mehrheitlich weder gesetzlich noch tarifvertraglich vorgeschrieben sind und
- auch nicht Arbeitsentgelt, Erfolgsbeteiligung oder Personalentwicklung darstellen.

Diese Leistungen können in unterschiedlichen Formen gewährt werden. *(Abb. 7.2)*
- **Geldleistungen** werden bar oder unbar ausgezahlt, z. B. Darlehen.
- Als **Sachmittelversorgung** bezeichnet man die unentgeltliche Übertragung von Gegenständen wie Arbeitsschutzkleidung, Deputate oder Geschenke.
- Die **Sachmittelbewilligung** bietet der Belegschaft etwa Einkaufsmöglichkeiten zu verbilligten Preisen.
- Können die Beschäftigten betriebliches Eigentum unentgeltlich oder gegen Entgelt in Gebrauch nehmen, spricht man von **Sachmittelnutzung**. Beispiele sind Werkswohnungen, Sporteinrichtungen, die Werksbücherei und eine Werkzeugausleihe, aber auch Statussymbole, etwa eine aufwändige Ausstattung des Arbeitsplatzes.
- **Dienstleistungen** im Rahmen des Personalservice sind zum Beispiel Beratungen aller Art und der betriebsärztliche Dienst.
- Auch und gerade **Informationen** haben einen großen Wert für die Belegschaft, und zwar als Anschläge am schwarzen Brett, Mitarbeiteranschreiben oder in einer Mitarbeiterzeitschrift.
- Dagegen sei der Wert von **immateriellen Leistungen** wie Urkunden und betrieblichen Titeln, beispielsweise Direktor, dahingestellt.

7.1.3 Organisation des Personalservice

Wenn das Personalwesen funktionsorientiert nach Zielkategorien gegliedert ist, nimmt man regelmäßig eine Zweiteilung in ein Sozialwesen

brachten Leistungen wurden auch als Sozial-, Wohlfahrts- oder Zusatzleistungen bezeichnet.

Der Personalservice ist eine Aufgabe, die sich auf alle Belegschaftsmitglieder bezieht.
- Dabei wendet sich der **individuelle Personalservice** an einzelne Belegschaftsmitglieder, die aus unterschiedlichen Gründen Leistungen in Anspruch nehmen, etwa Beihilfen.
- Der **kollektive Personalservice** wendet sich an alle Beschäftigten, wie z. B. eine Kantine.

Oftmals kommen sogar Personen, die der Belegschaft nicht oder nicht mehr angehören, in den Genuss von Personalserviceleistungen, zum Beispiel Pensionäre oder Familienangehörige der Mitarbeiterinnen und Mitarbeiter im Rahmen einer Weihnachtsfeier.

Abnehmer

und ein Personalressort vor. Die Organisation des Personalservice als Sozialwesen folgt der Unterscheidung in individuellen und kollektiven Personalservice *(Abb. 7.3, Kapitel Grundlagen, Olfert 2008, S. 363)*.

▸ Der individuelle Personalservice mündet in **Sozialmaßnahmen**, einer direkten Übertragung von Leistungen an Beschäftigte.
▸ Der kollektive Personalservice wird in **Sozialeinrichtungen** abgewickelt. In ihnen oder durch sie werden die Leistungen generell zur Verfügung gestellt. Die Beschäftigten können selbst entscheiden, ob sie sie in Anspruch nehmen. Die **selbstverwalteten Sozialeinrichtungen**, z. B. Betriebskrankenkassen, verfügen über eigenes Personal, sind aber dem Personalwesen verantwortlich. **Betreute Sozialeinrichtungen** werden vom Personalwesen direkt verwaltet, z. B. die Sozialstation.

Auch in der funktionsorientierten Gliederung des Personalwesens nach Schwerpunkten und nach Prozessphasen findet man den Personalservice als gesonderte, dem Personalwesen zugeordnete Organisationseinheit. Ist das Personalwesen aber in anderer Form gegliedert, so sind die Serviceaufgaben ein wichtiger Bestandteil eines breiteren Tätigkeitsfeldes. In vielen Unternehmen werden aber weite Bereiche des Personalservice, etwa die Aufgaben der Arbeitssicherheit und Arbeitsmedizin, die Verpflegung und der Werkschutz, via Outsourcing ausgegliedert (Kapitel Grundlagen).

7.1.4 Stellenwert und Prinzipien des Personalservice

Vor geraumer Zeit war der Personalservice schon einmal in aller Munde. Zum Beispiel *Goossens (1981, S. 895 ff.)* beschäftigte sich eingehend und umfassend mit diesem Gebiet der Personalwirtschaft. Danach galt das Thema als uninteressant. Man erwähnte den Personalservice entweder nur am Rande, oder man ging fast ausschließlich auf die Organisation und die Kosten ein, unter Stichworten wie Sozialbilanzen, -einrichtungen, -leistungen, -maßnahmen und -wesen. In den letzten Jahren ist eine Renaissance

Formen des Personalservice

Geld-leistungen	Sachmittel-versorgung	Sachmittel-bewilligung
Personalservice		
Sachmittel-nutzung	Dienstleistungen	Informationen	Immaterielle Leistungen

Quelle: eigene Darstellung

des Personalservice zu beobachten, denn immer mehr und gerade junge Menschen gestehen dem Privatleben eine sehr hohe Priorität zu. Unter dem Stichwort **Work-Life-Balance** ist man bemüht, ein ausgewogenes Gleichgewicht zwischen Berufs- und Privatleben, zwischen Arbeit und Freizeit zu ermöglichen. Die eingesetzten Maßnahmen sind größtenteils solche des tradierten Personalservice.

Folglich ist der Stellenwert des Personalservice in der betrieblichen Praxis wieder recht hoch, wenn auch nur die wenigen Großunternehmen ihre Aktivitäten publik machen. Aber auch die Kleineren, Stillen im Lande kennen die Bedeutung des Personalservice von jeher.

Praxis

▸ Maßgeblich sind zunächst **betriebliche Motive**, also das ökonomische Prinzip. Die Mitarbeiterinnen und Mitarbeiter schätzen es sehr, wenn ihr Beschäftigungsunternehmen ihnen in Freud und Leid beisteht. In Sachen Corporate Identity, Senkung der Fluktuation und Fehlzeiten sowie Identifikation mit dem Unternehmen lässt sich deshalb durch Personalservice mehr erreichen als durch großflächige Werbeaktionen.

Organisation des Personalservice als Sozialwesen

Personalwesen			
Personalressort	**Sozialwesen**		
mit der üblichen Abteilungsgliederung	Sozialmaßnahmen = individuelle Betreuung	Sozialeinrichtungen	
		Selbstverwaltung	Betreute Einrichtung

Quelle: eigene Darstellung

Betriebsklima

Der Begriff Betriebsklima bezeichnet die vorherrschende Stimmung oder Atmosphäre (Jung 2008, S. 406 ff.). Das Betriebsklima ist das Ergebnis der sozialen Dynamik im Zusammenwirken der Beschäftigten und nicht an eine Person gebunden. Diese Grundstimmung ist vom Zusammenspiel einer Vielzahl von Faktoren abhängig, zu denen z. B. die Mitbestimmung, die Arbeitsstrukturierung, der praktizierte Führungsstil und nicht zuletzt auch der Personalservice zählen.

– Für den **Leistungswillen der Beschäftigten**, für ihre Bereitschaft, die volle Leistungsfähigkeit einzusetzen, und für die **Erhaltung ihrer Leistungsfähigkeit** ist ein gutes Betriebsklima mindestens ebenso wichtig wie die äußeren Arbeitsbedingungen.

– Der Personalservice zielt daneben auf die **Steigerung der Leistungsbereitschaft**. Die Leistungsbereitschaft wird im Wesentlichen von den Erwartungen bestimmt, die die Beschäftigten an ihre betriebliche Umwelt knüpfen. Sie ist also von ihrer Motivstruktur abhängig, die wiederum durch die Berücksichtigung persönlicher Interessen, Sorgen und Nöte, positiv beeinflusst werden kann.

▸ Daneben sind **humane Motive** ausschlaggebend, hinter denen das soziale Prinzip der Personalpolitik steht (Kapitel Grundlagen). Der Personalservice gilt der Erhöhung der sozialen Sicherheit der Beschäftigten und ihrer Integration in das Unternehmen. Damit ist vor allem die Personalbindung angesprochen.

▸ Die Unternehmen bezwecken mit ihrem Personalservice zudem eine Erhöhung der **At-**traktivität auf dem Arbeitsmarkt** und eine Hebung des Ansehens in der Öffentlichkeit.

– Freilich ist ein Großteil des traditionellen Personalservice zur Selbstverständlichkeit geworden, wie etwa Sozialräume und Kantinen. Andere wurden zwischenzeitlich gesetzlich vorgeschrieben, wie Unfallschutz und betriebsärztlicher Dienst. Wieder andere haben im Zuge der Entwicklung wesentlich an Bedeutung verloren, z. B. Betriebsfeste.

– Trotzdem werden die Personalserviceleistungen in zunehmendem Umfang in **Sozialbilanzen und Sozialberichten** dokumentiert (Kapitel Personalcontrolling). Diese Sozialdokumentationen weisen nach, welche Kosten für beispielsweise das betriebliche Wohnungswesen, die Gesundheitsfürsorge, die Mitarbeiterverpflegung, die Betriebskrankenkasse und den Unfallschutz angefallen sind. Die Kosten werden zudem ins Verhältnis zur Zahl der Beschäftigten und zur Struktur der Belegschaft gesetzt. Die Sozialdokumentationen werden als Nachweis für einen angemessenen Einsatz der finanziellen Mittel und für soziales Handeln, vor allem jedoch als Instrument der Öffentlichkeitsarbeit eingesetzt. Sie ergänzen den Geschäftsbericht, werden an die Belegschaft verteilt und der Presse für Veröffentlichungen ausgehändigt.

Die Beurteilung des Personalservice durch die Beschäftigten ist unterschiedlich. Diejenigen, die in den Genuss der Leistungen kommen, schätzen sie zumeist. Manch anderer, vor allem manche jüngeren Mitarbeiterinnen und Mitarbeiter empfinden den Personalservice, wenn sie auch den guten Willen anerkennen, eher als ein unzulässiges Bevormundungsinstrument, das echte Partnerschaft nicht aufkommen lässt.

Ähnlich zwiespältig ist die Einschätzung der Gewerkschaften wie auch der Betriebs- und Personalräte. Letztere haben nach § 87 des Betriebsverfassungsgesetzes respektive § 75 des Bundespersonalvertretungsgesetzes und der analogen Vorschriften der Länder ein Mitbestimmungsrecht bei bestimmten Formen des Personalservice, nämlich

Personalbindung und Gleichbehandlung

Strategien der Personalbindung zielen darauf ab, die in einem mühevollen, zeit- und kostenaufwändigen Prozess gewonnenen Belegschaftsmitglieder zu halten und in die soziale Struktur der Belegschaft einzubinden. Das verspricht nur dann Erfolg, wenn die Gleichbehandlung aller Beschäftigten gewährleistet ist, das heißt Diskriminierungen aus Gründen der Rasse oder der ethnischen Herkunft, des Geschlechts, der Religion oder Weltanschauung, einer Behinderung, des Alters oder der sexuellen Identität verhindert oder beseitigt werden.

▸ bei Regelungen über die Verhütung von Arbeitsunfällen und Berufskrankheiten sowie über den Gesundheitsschutz und

▸ bei der Zuweisung und Kündigung von Wohnräumen, die den Arbeitnehmern mit Rücksicht auf das Bestehen eines Arbeitsverhältnisses vermietet werden.

▸ Die Errichtung von Sozialeinrichtungen kann durch Betriebs- bzw. Dienstvereinbarungen geregelt werden. Das ist jedoch nicht zwingend, wohl aber die Mitbestimmung hinsichtlich der Form, Ausgestaltung und Verwaltung von Sozialeinrichtungen.

▸ Zu guter Letzt sei daran erinnert, dass das Betriebsverfassungsgesetz und die Personalvertretungsgesetze des Bundes und der Länder die Forderung der Gleichbehandlung aller Beschäftigten sowie die Verpflichtung zur Förderung der freien Entfaltung der Persönlichkeit und zur Einhaltung der Arbeitsschutzbestimmungen beinhalten.

7.2 Rund um das Arbeitsverhältnis

Einige Personalserviceleistungen sind Begleitumstände der täglichen Arbeit.

7.2.1 Bescheinigungen

Die Leserinnen und Leser wissen sicherlich aus eigener leidvoller Erfahrung, dass diverse Institutionen immer wieder die unterschiedlichsten Bescheinigungen verlangen, wenn man ihre Dienste in Anspruch nehmen will oder muss. Arbeitnehmerinnen und Arbeitnehmern geht es da nicht anders.

Wenn die Bescheinigungen das Arbeitsverhältnis berühren, ist das Personalwesen aufgerufen, diese Bescheinigungen zu erstellen oder auszufüllen. Das ist im Detail recht aufwändig, da die notwendigen Zahlen und Werte erst ermittelt werden müssen *(Hentschel/Jaspers 2003, S. 21 ff.)*.

7.2.2 Beschwerden

Oftmals wenden sich Arbeitnehmerinnen und Arbeitnehmer an Vorgesetzte oder das Personalwesen, um sich über **Missstände**, Kolleginnen und Kollegen, andere Vorgesetzte oder gar Mitarbeiterinnen und Mitarbeiter zu beschweren.

Soweit sich Vorgesetzte beim Personalwesen über Mitarbeiterinnen und Mitarbeiter beklagen, sollte man ihnen nahe legen, ihre **Führungsaufgaben** selbst zu lösen, oder ihnen dabei Hilfe leisten. Der Personalservice ist hier kaum tangiert. Und in vielen Fällen täte das Personalwesen besser daran, die Beschwerdeführer an ihre Vorgesetzten oder deren Vorgesetzte zu verweisen, zu deren Führungsaufgaben gerade die Konfliktbereinigung zählt. Mitunter handelt es sich auch um Beschwerden zum Entgelt, die mit den Mitteln des Personalservice nicht zu lösen sind (Kapitel Entgelt und Personalführung).

In allen anderen Fällen werden die Personalverantwortlichen in ihrer Personalserviceaufgabe in die Pflicht genommen. Sie müssen allen derartigen Beschwerden sachgerecht und so objektiv wie möglich nachgehen, um sowohl bei den Mitarbeiterinnen und Mitarbeitern als auch bei Vorgesetzten als neutrale Instanz akzeptiert zu werden. Deshalb sind sie zunächst gehalten, zu ermitteln, ob es sich um berechtigte Beschwerden oder um unberechtigte Vorwürfe, Übertreibungen oder Denunziationen handelt.

7.2.3 Beratung und Information

Beratung darf nicht mit Bevormundung gleichgesetzt werden. Beratung ist lediglich eine Hilfe zur Selbsthilfe.

Sie sollte vor allem dann angeboten werden, wenn sie angefragt wird, jedoch keineswegs aufgezwungen werden. Die Beratungsgegenstände sind vielfältig. Sie reichen von Renten-, Versicherungs- und Steuerfragen bis hin zu Do-it-yourself-Aktivitäten.

Beratung

Wer berät, gibt auch zugleich **Informationen**. Ebenso kann man über jeden Beratungsgegenstand ein Mitteilungsblatt formulieren und in Umlauf setzen. Für die Beschäftigten sind aber auch solche Informationen von Interesse, die keine Beratungsgegenstände berühren: Unternehmensaktivitäten und -planungen, neue Mitarbeiterinnen und Mitarbeiter, Versetzungen, Beförderungen, interne Stellenausschreibungen usw.

▶ Beratungs- und Informationsbedarf haben insbesondere jene Beschäftigten, die in eine **wirtschaftliche oder private Krise** geraten sind. Meist hat das Personalwesen nicht das erforderliche Know-how und die erforderlichen Kontakte, diese Probleme Erfolg versprechend anzugehen. Oft hilft aber schon die Vermittlung an eine Schuldner-, Partner- oder Erziehungsberatung vor Ort.

▶ Beratung ist auch bei **psychischen Problemen** vonnöten. Mitarbeiterstarke Unternehmen haben vereinzelt Fachleute vor Ort. Es gibt aber auch spezialisierte Dienstleister, die eine anonyme und vertrauliche psychologische Telefonberatung gewährleisten, bei der Psychologen, Psychotherapeuten und Sozialpädagogen den Betroffenen an jedem Tag des Jahres rund um die Uhr zur Verfügung stehen *(Orths 2003, S. 32 ff.)*.

▶ Beratungs- und Informationsbedarf besteht ebenfalls bei den **Gruppen von Beschäftigten**, auf die beim Personaleinsatz besonderes Augenmerk gerichtet wird.

– **Personen mit gewandelter oder eingeschränkter Leistungsfähigkeit**, z. B. schwerbehinderte Menschen, brauchen manchmal Rat im Umgang mit den Behörden, aber auch im Umgang mit anderen

Beschäftigten. Letztere wiederum wissen häufig auch nicht recht, wie sie sich verhalten sollen. Unter Umständen müssen auch betriebliche Einrichtungen bedarfsgerecht gestaltet werden. Eine erste Anlaufstelle ist oft die Schwerbehindertenvertretung, die nach § 94 des Neunten Buchs des Sozialgesetzbuches in Betrieben und Dienststellen gewählt wird, in denen wenigstens fünf schwerbehinderte Menschen beschäftigt sind.

– Aufgrund von Sprach- und Anpassungsproblemen benötigen **ausländische Mitarbeiterinnen und Mitarbeiter** insbesondere der ersten Zuwanderergeneration Hilfe in allen Bereichen des täglichen Lebens und des Arbeitslebens. An dieser Stelle sei erneut auf die Empfehlung hingewiesen, diesen Beschäftigten einen Paten mit der gleichen Abstammung zuzuordnen, der schon länger im Unternehmen tätig ist.

– Auch **ältere Arbeitnehmer** nehmen gerne eine Beratung in Anspruch, vor allem zu Rentenfragen sowie zu den Möglichkeiten der flexiblen und gleitenden Pensionierung.

– Abgesehen von der speziellen Einarbeitung und den Maßnahmen der Reintegration sind für Mitarbeiterinnen und Mitarbeiter im **Auslandseinsatz** besondere Beratungs- und Informationsleistungen vonnöten, zum Beispiel zur Karriereplanung, Altersversorgung und den schulischen Möglichkeiten für die Kinder. Hier empfiehlt sich gleichfalls der Einsatz eines Paten oder Mentors *(Scholz 2000, S. 663 ff.)*.

– **Jugendlichen und Auszubildenden** sind die Lebensumstände und die Gegebenheiten des Berufslebens neu. Soweit die Eltern nicht helfen sollen, wollen oder können, sind deshalb die Ausbilderinnen und Ausbilder wie auch die Beschäftigten des Personalwesens Ansprechpartner für Fragen und Probleme.

– Der spezielle Beratungs- und Informationsbedarf von **Frauen** dreht sich einerseits um die Arbeit während und nach einer Schwangerschaft, andererseits um den bedauerlichen Umstand, dass sie vereinzelt sexuellen Nachstellungen ausgesetzt sind.

Informationswesen

Viele Unternehmen pflegen ihr Informationswesen sehr intensiv, zum Beispiel durch Anschläge am schwarzen Brett, Mitarbeiteranschreiben, Mitarbeiterbesprechungen oder sogar eine regelmäßige Mitarbeiterzeitschrift. Grundsätzlich kommen alle Kommunikationsmedien in Betracht, nicht nur die im Rahmen der Personalbeschaffung genannten, sondern sogar das Business-TV, ein unternehmenseigener Fernsehsender (Hinterberger 2000, S. 25 ff.).

7.2.4 Statussymbole und Titel

Statussymbole und Titel sind wahrnehmbare Zeichen der sozialen Stellung, beispielsweise
- die Arbeitsplatzgestaltung als Einzelzimmer, mit Vorzimmer oder Ruheraum,
- die Arbeitsplatzausstattung mit Möbeln, Teppichen oder mit einer festgelegten Fensterzahl,
- ein Dienstwagen oder eine Dienstvilla,
- Benutzungsrechte des Casinos oder Direktionsfahrstuhls und
- immaterielle Symbole wie Mitgliedschaften im Führungskreis oder die Dienstbezeichnungen Direktor, Oberingenieur und Obermeister.

Diese Statussymbole und Titel werden zumeist sehr geschätzt. Trotzdem darf man über den Sinn oder Unsinn derartiger Leistungen fraglos geteilter Meinung sein.

7.2.5 Werkschutz

Wenn man den Begriff Personalservice nicht ganz so eng auslegt, zählt auch der Werkschutz dazu.

Der Werkschutz sorgt nicht nur dafür, dass nichts entwendet wird. Er verhindert auch, dass Unbefugte eindringen und dadurch Mitarbeitern Schaden zugefügt wird.

7.3 Gesundheitswesen

Die Gesundheit der Mitarbeiterinnen und Mitarbeiter hat nicht nur eine große Bedeutung in ökonomischer, sondern auch in psychologischer und sozialer Hinsicht. Deshalb ist das Gesundheitswesen, das auch als Gesundheitsmanagement oder Health Care Management bezeichnet wird, ein unverzichtbarer Bestandteil des Personalservice *(DGFP 2004 b, S. 13 ff., Rudow 2004, S. 4 ff., Stock-Homburg 2008, S. 678 ff.)*

Grundsätzlich kann der Arbeitgeber jedem Beschäftigtem Leistungen zur Verbesserung des allgemeinen Gesundheitszustands und der betrieblichen Gesundheitsförderung im Wert von bis zu 500 Euro pro Jahr steuerfrei zur Verfügung stellen. Aber jeder Cent darüber macht aus der Steuerfreiheit eine Steuerpflicht für den gesamten Betrag. Außerdem gelten für einige Leistungen wie die Verpflegung spezielle steuerliche Vorschriften *(Schmitt 2008, S. 54 f.)*.

7.3.1 Verpflegung

Die Verpflegung der Belegschaft während der Arbeitszeit erfolgt generell auf zwei Arten.

In der Regel besteht die Möglichkeit, das Frühstück und das Mittagessen im Unternehmen einzunehmen. Häufig besitzen die Unternehmen eine eigene Kantine samt Personal, die sie selbst bewirtschaften. In größeren Unternehmen gehört dazu eine eigene **Küche**, wiederum samt eigenem Personal. Wird auf die Küche verzichtet, beziehen die Unternehmen die Verpflegung über eine Großküche. In diesem Fall, spätestens jedoch, wenn die gesamte Kantine verpachtet wird, spricht man vom **Catering**. Der Vorteil des Catering liegt in der Reduzierung des Verwaltungs- und Personalaufwandes.

Kantine und Küche haben wesentliche Bedeutung für das Betriebsklima und die Gesundheit der Beschäftigten. Deswegen wird versucht, die Verpflegung im Unternehmen populär zu machen oder zu erhalten. Maßnahmen dazu sind zum Beispiel die Bildung eines Küchen- oder Kantinenausschusses zur laufenden Mitbestimmung, Zuschüsse zu den Küchen- und Kantinenkosten, Abwechslung und Auswahlmöglichkeiten bei den Speisen und eine Reduzierung der Wartezeiten bei der Essensausgabe.

Catering

Steuerpflicht

Wenn die Arbeitnehmer Mahlzeiten unentgeltlich oder verbilligt bekommen, entsteht ihnen dadurch ein geldwerter Vorteil, der als Sachbezug steuerpflichtig ist. Die dafür anzusetzenden Beträge, die amtlichen Sachbezugswerte, werden durch eine Rechtsverordnung laufend aktuell festgelegt.

Unter der Lupe

Aus der Praxis

»58 Prozent der Arbeitnehmerinnen in Deutschland glauben, ihrer Arbeit auch mit 67 Jahren noch gewachsen sein zu können, 42 Prozent sehen dabei Schwierigkeiten – das ist das Ergebnis einer repräsentativen Studie des Instituts für Gerontologie an der Technischen Universität Dortmund im Auftrag der Initiative INQA, die für eine neue Qualität der Arbeit eintritt. Befragt wurden insgesamt 1.800 weibliche Arbeitskräfte der Jahrgänge 1947 bis 1964. Als besondere Hindernisse bei der Rente mit 67 sehen die Befragten ihre gesundheitlichen Voraussetzungen, vorherrschende Arbeitsbedingungen, die persönliche und familiäre Situation sowie die Qualifikation. Auch wenn sich die Beschäftigten selbst in der Pflicht sehen, aktiv zu werden: Von den Unternehmen erwarten sie vor allem eine bessere Gesundheitsförderung und Qualifizierung.«

Inqa 2008: Inqa (www.inqa.de, Verfasser unbekannt), »Gesundheit größtes Hindernis«, in: Personal, Heft 07-08/2008, S. 57.

Besitzt ein Unternehmen keine eigene Kantine, können **Essensgutscheine** für nahe gelegene Gaststätten ausgegeben werden, mit denen Details und Preisvorteile vertraglich ausgehandelt werden. Möglich ist auch die Einrichtung einer **Gemeinschaftskantine** mit benachbarten Unternehmen.

Daneben ist es üblich, den Beschäftigten Gelegenheit zu bieten, Getränke und Imbisse an **Verkaufsstellen, Kiosken und Automaten** zu kaufen. Sie können wiederum entweder vom Unternehmen selbst oder von Pächtern, Automatengesellschaften oder ähnlichen Firmen bewirtschaftet werden. Hie und da werden zudem Kaffeeküchen eingerichtet *(Wetzel 2004, S. 130 ff.)*.

7.3.2 Arbeitshygiene

Mit dem Begriff Arbeitshygiene meint man die Einhaltung gewisser Standards hinsichtlich

▶ der Lüftung,
▶ der Raumtemperaturen,
▶ der Beleuchtung,
▶ der Fußböden,
▶ der Fenster,
▶ des Schutzes gegen Lärm und andere unzuträgliche Einwirkungen,
▶ der Verkehrswege,
▶ der Raumabmessungen,
▶ des Luftraums,
▶ der Bewegungsfläche am Arbeitsplatz,
▶ der Pausenräume,
▶ der Liegeräume,
▶ des Nichtraucherschutzes,
▶ der Umkleideräume,
▶ der Kleiderablagen,
▶ der Wasch-,
▶ Toiletten- und
▶ Sanitätsräume,

die weitestgehend in § 618 des Bürgerlichen Gesetzbuches, im Arbeitsschutz-, Arbeitssicherheits-, Bundesimmissionsschutz-, Chemikalien-, Gerätesicherheits-, Jugendarbeitschutz- und Mutterschutzgesetz sowie in der Arbeitsstätten-, Bildschirmarbeits- und Biostoffverordnung, in der Gewerbeordnung und in diversen Unfallverhütungsvorschriften festgelegt sind. Damit sollten unzumutbare und gesundheitsgefährdende Zustände am Arbeitsplatz und in seinem Umfeld der Vergangenheit angehören.

7.3.3 Betriebsarzt und Sozialstation

Das Gesetz über Betriebsärzte, Sicherheitsingenieure und andere Fachkräfte für Arbeitssicherheit macht es Arbeitgebern zur Pflicht, fachkundige Betriebsärztinnen oder -ärzte schriftlich zu bestellen.

Allerdings sind die Beschäftigten nicht gezwungen, die Betriebsärztin respektive den Betriebsarzt zu konsultieren oder sich Reihenuntersuchungen zu unterziehen.

Betriebsärzten wird ein umfangreicher Katalog von Aufgaben übertragen:

- Durchführung von Einstellungsuntersuchungen,
- Erste-Hilfe-Leistungen,
- regelmäßige Vorbeugungsuntersuchungen der Beschäftigten,
- arbeitsmedizinische Beratung der Beschäftigten,
- Feststellung von Berufskrankheiten,
- Therapie,
- Mitwirkung bei Rehabilitationsmaßnahmen,
- Beratung und Unterstützung des Arbeitgebers bei Fragen des Arbeits-, Unfall- und Gesundheitsschutzes,
- Überwachung der Arbeitsstätten hinsichtlich der Einhaltung der Arbeitsschutz- und Unfallverhütungsvorschriften durch eine Arbeitsplatzkartei und
- Werkshygieneuntersuchungen.

Die dazu notwendige Fortbildung muss der Arbeitgeber, unter Weiterzahlung des Entgeltes, ermöglichen. Auch das erforderliche Personal, die Räume, die Einrichtungen, die Geräte und Mittel stellt der Arbeitgeber.

Diese personelle und sachliche Ausstattung hat auch losgelöst vom betriebsärztlichen Dienst Bestand. Sie wird von einigen größeren Unternehmen als **Sozialstation** geführt.

Die Bezeichnungen für diese Institution sind unterschiedlich. Sie ist auch als Industriefürsorge, Sozialpflege, Sozialassistenz, Werksschwester oder Sozialbetreuerin respektive -betreuer bekannt. Hier soll, teilweise in enger Zusammenarbeit mit dem Betriebs- oder Personalrat, vorbeugend und helfend eingegriffen werden, wo die Leistungen öffentlicher oder privater Stellen nicht ausreichen. Die Sozialstation wird

Haupt- oder nebenberufliche Ärzte

Ärzte können, wie es sich für mitarbeiterstarke Unternehmen empfiehlt, hauptberuflich für das Unternehmen tätig werden. Möglich ist es auch, eine Ärztin oder einen Arzt nebenberuflich zu verpflichten. Zuweilen bilden mehrere Unternehmen gemeinsam einen betriebsärztlichen Dienst, den sie je nach Bedarf in Anspruch nehmen.

- in der Gesundheitsvorsorge eingesetzt, auch bei der Suchtberatung, bei Essstörungen und starker Esslust,
- beim Besuch von Erkrankten,
- für die Therapie leichter Erkrankungen wie eines Schnupfens,
- bei der Organisation von Erholungsaufenthalten,
- sie vermittelt eine Krankenpflege,
- sie kümmert sich um rechtzeitige technische Verbesserungen am Arbeitsplatz und ihre Umsetzung.

Zurück zu den Betriebsärzten: Sie unterliegen der ärztlichen Schweigepflicht, sind bei der Anwendung ihrer Fachkunde weisungsfrei und in keinerlei betriebliche Hierarchien eingebunden. Sie können sich deshalb bei Bedarf unmittelbar mit dem Arbeitgeber, gleich in welcher Rechtsform, in Verbindung setzen.

Betriebsärzte

Sozialstation

7.3.4 Unfallschutz und Arbeitssicherheit

Unfallschutz und Arbeitssicherheit sind vorrangig Themen des Personaleinsatzes. Im Rahmen der Arbeitsplatzgestaltung gilt es, die Ursachen von Arbeits- und Wegeunfällen zu erforschen und Maßnahmen zu deren Verhütung zu treffen sowie Berufskrankheiten zu erkennen und

Wirtschaftliche Aspekte

Die gesetzlich verbrieften Rechte und Pflichten sollten indes nicht losgelöst von einer Wirtschaftlichkeitsuntersuchung gesehen werden. Arbeitsunfälle und Erkrankungen führen zu Fehlzeiten. Die Aufwendungen für den be-

*triebsärztlichen Dienst können und sollen sich in der Weise auszahlen, dass sie zu einer **Senkung der Fehlzeiten** führen und damit zu künftigen Minderausgaben der Unternehmen.*

vorbeugend zu bekämpfen. Im Rahmen der Zeitwirtschaft ist man gehalten, die arbeitsmedizinischen Erkenntnisse über die Leistungskurven, den Tagesrhythmus sowie den Erholungswert von Pausen und Urlaub in Rechnung zu stellen.

Die Aufgabe des Personalservice in diesem Bereich ist es, durch Aufklärung, die verstärkte Anleitung zur Einhaltung und Überwachung der Sicherheitsvorschriften sowie die Einführung eines vorbeugenden Gesundheitsdienstes die Vorkehrungen des Personaleinsatzes zu unterstützen. Dafür gibt es mehrere Ansatzpunkte.

▸ Zunächst muss das Augenmerk auf die **innerbetriebliche Sicherheitstechnik** gelenkt werden. Missstände wie fehlende Schutzvorrichtungen und Sanitätsräume, der Einsatz ungeeigneter Werkzeuge und Geräte, mangelhafte oder fehlende vorbeugende Instandhaltung, unzweckmäßige, beschädigte und unsichere Anlagen, Geräte und Hilfsmittel sind unverzüglich abzustellen.

▸ **Pflichtverletzungen** wie mangelhafte Aufsicht, ungenügende Aufklärung über Sicherheitsvorschriften sowie unzureichende Schulung und Unterweisung müssen gleichfalls unterbunden werden. Dazu genügt es nicht allein, die Unfallverhütungsvorschriften an geeigneter Stelle im Betrieb auszulegen und Warnschilder anzubringen, wie es der Gesetzgeber verlangt. Es genügt auch nicht, sich auf die Überwachung der Arbeitsschutzvorschriften durch die Ämter und die Berufs-

genossenschaften zu verlassen, obwohl der vorgeschriebene Bericht über jeden Arbeitsunfall im Sinne einer Unfallanalyse lehrreich ist.

▸ Für Unfallschutz und Arbeitssicherheit ist überdies die **Arbeitsbeanspruchung** ausschlaggebend. Die Arbeitsbeanspruchung ist eine Folge der Arbeitsbelastungen.

Die psychischen und sozialen Einflussfaktoren der Arbeitsbelastungen sind Thema des Personalservice. Gemeint sind die Informationsüberflutung, der Konformitätsdruck, ein mangelnder Bezug zur Arbeit, unerfüllte Ambitionen, Konflikte zwischen Karriere und Familie, persönliche und familiäre Sorgen, die Angst vor Konkurrenz und Arbeitsplatzverlust. Diese Faktoren bewirken Trägheit, Bequemlichkeit, Nachlässigkeit und Leichtsinn, aber auch Stress und damit Unfälle, die man auf das sogenannte menschliche Versagen schiebt.

Erfolg versprechende Ansätze, die genannten Einflüsse zu begrenzen und damit die Arbeitsbelastung und -beanspruchung zu senken, erfordern einen langen Atem. Dasselbe gilt für das Unterfangen, die innerbetriebliche Sicherheitstechnik, die Aufsicht, die Aufklärung, die Schulung und Unterweisung zu forcieren. Am meisten können hier die Träger der Sicherheitsorganisation bewirken. Das sind neben den Betriebsärzten die Sicherheitsingenieure und Sicherheitsbeauftragten, die der Arbeitgeber aufgrund gesetzlicher Vorschriften bestellen muss. Sie sind bei der Anwendung ihrer arbeitsmedizinischen und sicherheitstechnischen Fachkunde weisungsfrei. In einem **Arbeitsschutzausschuss** arbeiten sie mit dem Arbeitgeber und zwei Mitgliedern der Arbeitnehmervertretung zusammen. Dieser Ausschuss kann einerseits durch seine Fachkunde, andererseits durch die Weisungsfreiheit der Fachkräfte und durch die Einbindung des Arbeitgebers und der Arbeitnehmervertretung Erfolg versprechende Maßnahmen nicht nur anregen, sondern auch in die Tat umsetzen und kontrollieren. Oft ist es schon hilfreich, wenn der Arbeitgeber die Arbeitsschutzbekleidung stellt. Mindestens ebenso wichtig sind regelmäßige Informationen der Beschäftigten, die zur Arbeitssicherheit motivieren sollen, und Vorsorgeuntersuchungen.

Unter der Lupe

Arbeitsbelastung und -beanspruchung

Dieselbe Arbeitsbelastung kann bei den Beschäftigten zu unterschiedlichen Arbeitsbeanspruchungen führen. Ausschlaggebend dafür sind unterschiedliche Kenntnisse, Fertigkeiten und Verhaltensweisen. Die Arbeitsbelastungen wiederum werden unter anderem durch die Arbeitsaufgabe, den Arbeitsinhalt und die Arbeitsumgebung verursacht, also Faktoren, denen sich der Personaleinsatz widmet.

7.3.5 Suchtbekämpfung

7.3.5.1 Drogen und Sucht

Ein nennenswerter Prozentsatz der Bevölkerung und damit auch jeder Belegschaft kommt in Konflikt mit Rauschmitteln.

Einige dieser Rauschmittel gelten als **legale Drogen**. Sie sind in die Gesellschaft integriert. Ihr Gebrauch ist nicht strafbar. Sie werden aber auch missbraucht und können abhängig machen. Alle anderen Rauschmittel zählen zu den **illegalen Drogen**, die von der Gesellschaft grundsätzlich nicht akzeptiert werden. Ihr Besitz, Gebrauch und der Handel mit ihnen ist strafbar. Einige werden unter gesetzlichen Auflagen als Arzneimittel eingesetzt, bei anderen sieht man von einer Strafverfolgung ab, soweit nur geringe Mengen betroffen sind *(Abb. 7.4, Strack 2006, S. 64 ff.)*.

Die Aufzählung in Abb. 7.4 ist sicherlich nicht vollständig, da die Rauschmittelszene sehr erfindungsreich ist. Die doppelten und dreifachen Nennungen verdeutlichen, dass ein Rauschmittel zu mehreren Kategorien gerechnet werden kann.

Zudem fehlt die **Spielsucht**, die Abhängigkeit vom Kitzel des Gewinnens und Verlierens an Spielautomaten und in Spielkasinos. Und die Aufzählung vergisst – wie auch die Gesellschaft generell – die **Workaholics**, das heißt jene Beschäftigten, die unter dem Zwang stehen, ununterbrochen arbeiten zu müssen *(Rudow 2004, S. 187 ff.)*.

Von den Drogen gehen unterschiedliche Gefahren aus. Fraglos gefährden die illegalen Drogen den Einzelnen am intensivsten. Die Abhängigkeit von ihnen ist nach medizinischem und arbeitsrechtlichem Verständnis eine Krankheit. Nicht nur aus diesem Grunde, sondern auch unter dem Fürsorgegesichtspunkt sind die Unternehmen aufgefordert, Hilfe zu leisten. Entlassungen können nur die letzte Konsequenz sein. Überdies sind derartige Entlassungen nur unter besonderen Umständen möglich. Hier sei auf das Kapitel Personalfreisetzung verwiesen.

Ähnliches gilt für die Spielsucht, die weniger körperliche als finanzielle Folgen zeitigt, aber ebenso behandlungsbedürftig ist. Zu denken

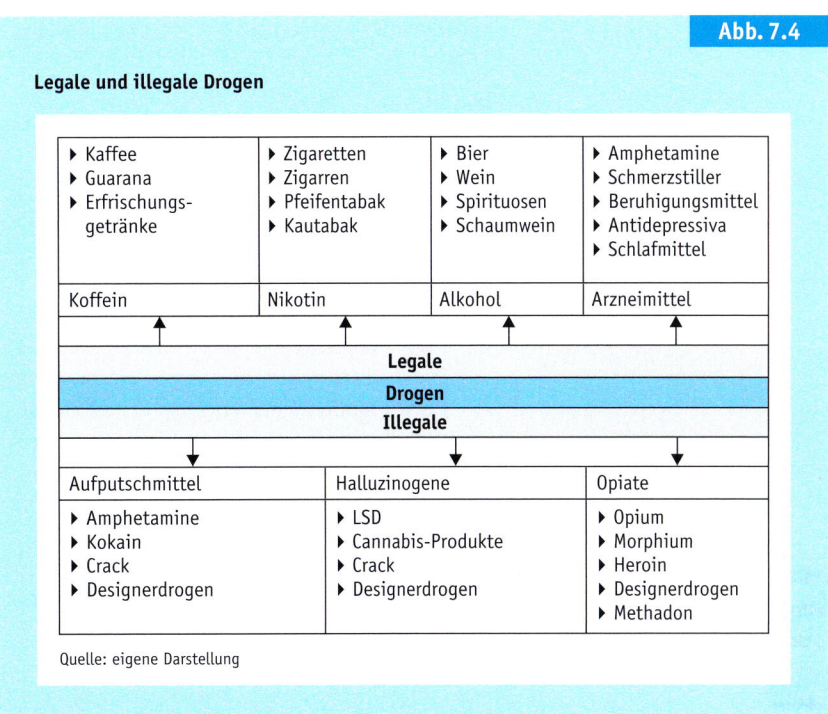

Abb. 7.4

Legale und illegale Drogen

▸ Kaffee ▸ Guarana ▸ Erfrischungs- getränke	▸ Zigaretten ▸ Zigarren ▸ Pfeifentabak ▸ Kautabak	▸ Bier ▸ Wein ▸ Spirituosen ▸ Schaumwein	▸ Amphetamine ▸ Schmerzstiller ▸ Beruhigungsmittel ▸ Antidepressiva ▸ Schlafmittel
Koffein	Nikotin	Alkohol	Arzneimittel

Legale
Drogen
Illegale

Aufputschmittel	Halluzinogene	Opiate
▸ Amphetamine ▸ Kokain ▸ Crack ▸ Designerdrogen	▸ LSD ▸ Cannabis-Produkte ▸ Crack ▸ Designerdrogen	▸ Opium ▸ Morphium ▸ Heroin ▸ Designerdrogen ▸ Methadon

Quelle: eigene Darstellung

wäre auch an eine finanzielle Beratung und Beihilfen für finanzielle Notfälle.

Workaholics sollten eigentlich in ihrem krankhaften Arbeitseifer gebremst werden, denn der physische und psychische Verschleiß ist zu hoch. Trotzdem lässt man sie meist gewähren.

Bei den legalen Drogen ist das Koffein relativ harmlos. Vor übermäßigem Genuss von Kaffee und anderen koffeinhaltigen Getränken warnen regelmäßig nur die Hausärzte.

Das Nikotin ist allerdings heftig ins Gerede gekommen, und zwar weniger aufgrund der Krebsgefahr, in die sich die Raucher selbst begeben, als vielmehr wegen der Gefahren des Passivrauchens, denen die Menschen im Umfeld der Raucher ausgesetzt sind. In diesem Punkt ist die Rechtslage jedoch eindeutig: Nichtraucher haben nach § 3 a der Arbeitsstättenverordnung einen Rechtsanspruch auf Schutz vor diesen Gefahren. Den Rauchern bietet man häufig Hilfe zur Selbsthilfe in Form von Entwöhnungsseminaren und -kuren an *(Buchner 2002, S. 2382 ff.)*.

7.3.5.2 Alkoholismus

Die größte Gefahr geht vom Alkohol aus. Alkoholismus ist ebenfalls als Krankheit anerkannt. Zwar scheint sich die Abhängigkeit nicht im

Spielsucht und Workaholics

Gefahren des Passivrauchens

gleichen Maße zwingend wie bei den illegalen Drogen einzustellen. Doch sind die physischen und psychischen Folgen vergleichbar. Vor allem ist das mengenmäßige Gefährdungspotenzial beachtlich *(Lepke 2001, S. 270 f.)*.

Die **Gründe** für den Alkoholgenuss und den Alkoholmissbrauch am Arbeitsplatz sind vielschichtig:

▸ die Arbeitsbedingungen, also körperlich anstrengende Arbeit, hoher Wasserverlust, Staub, Hitze, Kälte, einseitige Belastung, gestörter Biorhythmus, etwa bei Schichtarbeit, Monotonie, Über- und Unterforderung, Termin- und Zeitdruck, Rationalisierungsmaßnahmen,

▸ der psychische Druck am Arbeitsplatz, das heißt Leistungs- und Konkurrenzdenken,

▸ die vielfältigen Trinkanlässe während der Arbeitszeit, Geburtstage, Jubiläen usw. und

▸ das private Umfeld.

Stadien der Alkoholkrankheit

Die **Alkoholkrankheit** verläuft in folgenden **Stadien**:

▸ In der Vorphase herrscht das gelegentliche Erleichterungstrinken vor. Die Betroffenen suchen nach Trinkgelegenheiten, sind aber ansonsten unauffällig.

▸ Die Anfangsphase ist durch Trinkgewohnheiten, heimlichen, steigenden Alkoholkonsum, häufige Rauschzustände, das Anlegen eines Vorrates und Selbstheilungsversuche gekennzeichnet. Die Arbeitsqualität sinkt, und Kurzerkrankungen häufen sich. Die Betroffenen fallen durch Stimmungsschwankungen, Verkrampfungen, Gereiztheit, Niedergeschlagenheit und Überreaktionen auf. Dadurch geraten sie in eine zunehmende Isolation.

▸ In der kritischen Phase kommt es zum Kontrollverlust. Kennzeichen sind Unpünktlichkeit und verpasste Termine, mangelnder,

Strategie des Helfens und Handelns

schwankender Arbeitseinsatz, Schwierigkeiten mit Vorgesetzten und Kollegen sowie ein ungepflegtes Äußeres.

▸ Die chronische Phase beherrscht das Verlangen nach der Droge.

Die **Folgen** sind fatal. Obgleich Alkohol das subjektive Gefühl weckt, mehr leisten zu können, lässt das Leistungsvermögen nach dem Alkoholkonsum nach. Leichtsinn, Fehler und Qualitätsmängel häufen sich. Weiterhin sind Alkoholkranke von Fehlzeiten stärker betroffen als andere Mitarbeiter. Sie steigern sich hierbei kontinuierlich. Besonders gravierend sind die Auswirkungen auf die Sicherheit am Arbeitsplatz und auf dem Arbeitsweg. Man nimmt an, dass 10 bis 15 Prozent aller tödlichen Arbeitsunfälle auf Alkoholeinfluss zurückzuführen sind. Auf die Dauer werden die Kolleginnen und Kollegen demotiviert. Es kommt zu Schädigungen des Betriebsklimas. Sobald die Alkoholkranken nach außen für das Unternehmen auftreten, treten merkliche Imageschädigungen auf.

Experten empfehlen eine **Strategie des Helfens und Handelns**, die ähnlich für alle Suchterkrankungen angewandt werden sollte. Ihr oberstes Ziel ist die Wiederherstellung der Gesundheit der oder des Süchtigen *(Graefe 2001, S. 1251 ff., Markowsky/Markowsky 2004, S. 27)*.

▸ Zunächst muss die Abhängigkeit erkannt werden. Das erscheint nur auf den ersten Blick problematisch. In der Praxis wissen Vorgesetzte und der Kollegenkreis sehr wohl um die Trunksucht *(Rummel/Rainer/Fuchs 2004, S. 50 ff.)*.

▸ Der oder die Vorgesetzte muss sodann ein Mitarbeitergespräch anberaumen. Dieses Gespräch darf nicht den Charakter eines Verhörs annehmen. Deshalb setzt es eine gründliche, möglichst schriftliche Vorbereitung voraus, die konkrete, nachweisbare Vorfälle jeweils mit Ort, Datum und Uhrzeit beinhaltet. Der Betroffene wird mit den dokumentierten Fakten konfrontiert. Dabei spielen ausschließlich betriebliche Aspekte eine Rolle, also Arbeitsleistung und Arbeitsverhalten sowie Fehl- und Ausfallzeiten. Da das Gespräch eine Vertrauensbasis schaffen soll, darf der Hinweis nicht fehlen, was man an dem Betroffenen als Mensch und als Kollege schätzt. Gleichzei-

Unter der Lupe

Zahlen zum Alkoholismus

Bundesweit sind etwa 5 Prozent der Menschen abstinent, 80 Prozent Normalkonsumenten, aber 10 Prozent alkoholgefährdet und 5 Prozent alkoholkrank. Demnach wird es in jedem Unternehmen eine entsprechende Anzahl alkoholgefährdeter und alkoholkranker Mitarbeiter geben.

Co-Abhängigkeit

*Kolleginnen, Kollegen und Vorgesetzte wer-
den regelmäßig zu sogenannten Co-Abhängi-
gen. Sie unterstützen die Abhängigkeit ungewollt durch eine gestufte Abfolge von Verhaltensweisen, die nach Meinung aller Experten
in keiner Weise hilfreich sind:*

▸ *das Ignorieren der bekannten Abhängig-
keit,*
▸ *falsch verstandene Solidarität,*
▸ *Scheinhilfen,*
▸ *Erklärungs- und Beschützungsversuche,*
▸ *Kontrollen,*
▸ *Anklagen und schließlich*
▸ *die Minderung des Leistungsdrucks
(Markowsky/Markowsky 2004, S. 26).*

tig muss ihm jedoch verdeutlicht werden,
dass Trunkenheit während der Arbeit nicht
toleriert wird. Eine Ursachenforschung und
eine Diskussion über Trinkmengen ist nicht
angebracht. Eine höfliche, konstruktive und
konsequente Gesprächsführung ist Bedin-
gung, verbunden mit aufmerksamem Zuhören
und menschlicher Wärme. Entschuldigungen
und Besserungsgelöbnisse dürfen nicht akzeptiert werden. Gefordert sind eindeutige
Vereinbarungen über realisierbare Maßnahmen für einen Arbeitsalltag ohne Alkohol,
z. B. über die Nüchternheit, eine Krankmel-
dung am ersten Tag, Pünktlichkeit, keinen
nachträglich gewährten Urlaub, die Aufgabenerfüllung sowie die Inanspruchnahme
fachlicher Hilfe. Dem Betroffenen wird verdeutlicht, dass die Einhaltung der Vereinbarungen überprüft wird und welche Konsequenzen ihre Nichteinhaltung hat. Dieses
Gespräch und alle weiteren werden einschließlich der Vereinbarungen dokumentiert. Unter Umständen sind auch mehrere
Gespräche notwendig, um zu diesem Punkt
zu gelangen.

▸ Der Weg aus einer Abhängigkeit ist langwierig. Rückfälle sind an der Tagesordnung,
müssen aber nicht das Ende des Genesungs-
prozesses sein. Werden die Vereinbarungen
nicht eingehalten, findet ein weiteres Gespräch statt, in dem Personalverantwortliche,
die oder der Vorgesetzte und nach Möglichkeit auch der Betriebsrat sowie der betriebsärztliche Dienst zugegen sind. Hier wird
deutlich auf die Verletzung der Vereinbarung
durch das neuerliche Fehlverhalten und die
unausweichlichen disziplinarischen Kon-

sequenzen hingewiesen. Trotzdem steht das
Hilfsangebot im Vordergrund. Man bietet die
Einbeziehung einer Suchtberatungsstelle, einer Selbsthilfegruppe, des Gesundheitsamtes
und, falls vorhanden, der betrieblichen
Suchthilfe an. Dort muss festgestellt werden,
ob eine Therapie erforderlich ist und, wenn
ja, welche. Die Hilfsmaßnahmen müssen so
schnell wie möglich eingeleitet werden.

▸ Stellt sich weiterhin keine Besserung ein,
und wird das Angebot der Therapie nicht angenommen, ist ein **weiteres Gespräch** unumgänglich. Bei diesem Gespräch sind nur noch
Verantwortliche des Personalwesens und der
Betriebsrat zugegen. **Arbeitsrechtliche Konsequenzen** werden gezogen, etwa eine Abmahnung wegen diverser Verstöße. Man weist
letztmalig auf das beim vorigen Gespräch erarbeitete Behandlungsprogramm hin und
stellt ansonsten weitere arbeitsrechtliche Folgen in Aussicht.

▸ Zum Schluss bieten sich zwei Alternativen:
  – Geht der Betroffene auch dann nicht auf
    die Hilfsangebote ein oder ist die **Thera-
    pie** nicht erfolgreich, kann die letzte Kon-
    sequenz nur eine ordentliche oder außer-
    ordentliche **Entlassung** wegen Trunken-
    heit oder Trunksucht sein. Soweit sich die
    Verantwortlichen an den aufgezeigten Ab-
    lauf halten, ist eine derartige Entlassung
    auch arbeitsrechtlich zulässig. Für den Fall
    einer späteren erfolgreichen Suchttherapie
    kann man eine Wiedereinstellungszusage
    machen *(Lepke 2001, S. 269 ff.).*
  – Im Anschluss an eine **erfolgreiche**, bis zu
    sechsmonatige **Therapie** muss dafür ge-
    sorgt werden, dass der alte oder ein

Arbeitsrechtliche
Konsequenz

Entlassung/Therapie

gleichwertiger Arbeitsplatz zur Verfügung steht. Die **Reintegration** setzt voraus, dass die Vorgesetzten den Kollegenkreis vorbereiten.

Die Gefahr des Rückfalls ist bei den trockenen Alkoholikern groß. In ihrem Sinne, aber auch im Sinne der **Prävention** ist ein Alkoholverbot angeraten *(Dietze 2002, S. 56 ff., Rummel/Rainer/Fuchs 2004, S. 24 ff.)*.

▸ Dazu ist eine **Betriebs- oder Dienstvereinbarung** mit klaren, überschaubaren Handlungsanweisungen notwendig, das heißt eine schriftliche Vereinbarung mit dem Betriebs- oder Personalrat.

▸ Für Unternehmen mit einer größeren Beschäftigtenzahl wäre auch der Einsatz eines betrieblichen **Suchtberaters** empfehlenswert.

▸ In jedem Fall sollten **Selbsthilfegruppen** gefördert werden.

▸ Die Vorgesetzten, das Personalwesen, der Betriebsrat und der betriebsärztliche Dienst benötigen **Unterstützung und Rat** für den Umgang mit dem Alkoholproblem. Wohlfahrts- und Arbeitgeberverbände, Gewerkschaften, Berufsgenossenschaften, Kranken- und Rentenversicherungen können hier helfen. Zu denken wäre auch an Schulungen.

▸ Möglicherweise entschärft eine Neugestaltung der Arbeitsbedingungen das Alkoholproblem. Einige Unternehmen haben **Gesundheitszirkel** geschaffen, das heißt einen institutionalisierten Erfahrungsaustausch der Beschäftigten *(Brendt/Hühnerbein-Sollmann 2008, S. 25 ff.)*.

▸ Ein Übriges tun **eindeutige betriebliche Stellungnahmen** zum Alkoholproblem, die betriebsinterne Aufklärung, Informationsveranstaltungen, Faltprospekte, Plakatserien und Artikel in der Mitarbeiterzeitschrift.

7.3.6 Freizeit und Erholung

Früher war es bei einigen größeren Unternehmen üblich, eigene Urlaubsunterkünfte in Erholungsgebieten zu unterhalten und verdienten Mitarbeitern samt Familien zur Verfügung zu stellen. Diese Erholungsfürsorge ist jedoch nicht mehr zeitgemäß. Die Beschäftigten planen ihren Urlaub individuell. Überdies ermöglichen das Urlaubsentgelt und das zusätzliche Urlaubsgeld der großen Mehrheit aller Arbeitnehmerinnen und Arbeitnehmer Urlaubsreisen.

Allerdings zählen zu den im Kapitel Entgelt erwähnten **Incentives**, den besonderen Zuwendungen, mit denen man Leistungsanreize setzen und gezeigte Leistungen belohnen will, die vom Arbeitgeber organisierten Reisen. Sie verfügen über einen Erlebniswert und einen Erinnerungswert, der auf anderen Wegen kaum zu erreichen ist. Das gilt umso mehr, wenn die Lebenspartner der Beschäftigen an der jeweiligen Reise teilnehmen können. Reisen bieten zudem die Chance, sich menschlich näher zu kommen und Barrieren zwischen Vorgesetzten und Mitarbeitern abzubauen, ohne dass ein Nivellierungseffekt eintritt. Umgekehrt bieten Reisen die Möglichkeit, Mitarbeiter besser kennen zu lernen *(Bröckermann 2002 b, S. 488 f.)*.

Erholungsfürsorge im weiteren Sinne ist die Hilfe bei der Terminierung des **Urlaubs**, der ja eigentlich im Rahmen des Personaleinsatzes thematisiert wird.

Aber selbst wenn die gebotene Abwägung der betrieblichen und persönlichen Interessen oder ein vereinbarter Betriebsurlaub ein anderes Ergebnis bringt: Es ist angebracht, dass Eltern schulpflichtiger Kinder grundsätzlich in den Schulferien, als sogenannte Term Time, Urlaub bekommen und dass Beschäftigte ihren Urlaub mit dem Urlaub ihrer Ehepartner oder Lebensgefährten abstimmen können. Ähnliches gilt für Beschäftigte im Auslandseinsatz und Beschäftigte aus anderen Herkunftsländern, denen die Möglichkeit gegeben werden sollte, durch die Terminierung des Urlaubs ihren Freundeskreis weiter zu pflegen. Ein derartiges Entgegenkommen zahlt sich für das Unternehmen langfristig aus, etwa durch geringere Fehlzeiten.

Dasselbe gilt für die Gewährung von unbezahltem oder im Ausnahmefall auch bezahltem Sonderurlaub. Gerade Beschäftigte aus anderen Herkunftsländern nehmen zum Besuch der Heimat oft weite, zeitaufwändige Reisen in Kauf und möchten einige Zeit dort verbringen. Ein Sonderurlaub kann in diesem Fall Erkrankungen während des Urlaubs in Grenzen halten. Auch die bereits im Zusammenhang mit dem Personaleinsatz erwähnten Sabbaticals, also Perioden der Nichterwerbstätigkeit bei bestehendem Arbeitsverhältnis, können Freiräume schaffen, innerhalb derer neue Arbeitsmotivation entstehen kann.

Der geistigen und seelischen Erholung dienen überdies die Begünstigung des Besuchs außerbetrieblicher Fitness- und Wellness-Angebote sowie Seminare in Sachen Stressmanagement, Gesundheitsförderung und Prävention mit Rücken- und Nackenschulung.

7.3.7 Betriebssport

Betriebssportgemeinschaften gehören zur betrieblich geförderten Freizeitgestaltung. Ihre Bedeutung hat durch die Arbeitszeitverkürzung stetig zugenommen *(Lümkemann 2001, S. 20 ff., Maucher 2006, S. 44 ff.)*.

Selbstverständlich ist die Teilnahme am Betriebssport **freiwillig**. Die Beschäftigten können weder über Weisungen des Arbeitgebers noch über Betriebs- oder Dienstvereinbarungen gezwungen werden, an solchen Veranstaltungen teilzunehmen.

Für den Betriebssport sprechen mehrere **Argumente**:

▸ Wo **Arbeitszeitregelungen** bestehen, die dazu führen, dass sich die Freizeit der Beschäftigten nicht auf die Wochenenden und die Abendstunden konzentriert, bietet der Betriebssport oft die einzige Möglichkeit, sich sportlich zu betätigen. Dasselbe gilt dort, wo wenig Sportvereine bestehen oder die Finanzkraft der Gemeinden fehlt, um Sportanlagen zu betreiben.

▸ Sport ist ein Mittel zur Verringerung der Defizite, die durch mangelnde oder einseitige **Bewegung** bei der Arbeit entstehen. Er dient der körperlichen Entspannung und Kräftigung zum Ausgleich der beruflichen Beanspruchung. Sport hilft so, krankheitsbedingte Fehlzeiten einzudämmen.

▸ Der Betriebssport **führt die Beschäftigten zusammen**. Sie lernen einander kennen und entdecken oftmals bislang unbekannte Seiten der Persönlichkeit. Im sportlichen Wettstreit

mit anderen Sportgemeinschaften entsteht überdies ein Zusammengehörigkeitsgefühl. Dadurch führt der Betriebssport zu einem guten Betriebsklima und einer Identifikation mit dem Unternehmen.

Betriebssport muss nicht teuer sein. Sicherlich lassen sich die mitarbeiter- und umsatzstarken Unternehmen ihren Betriebssport einiges kosten. Sie verfügen über vorbildliche Sportanlagen und sogar über Vereine, die in den höchsten Spielklassen des Profisports vertreten sind. Andererseits können auch weniger begüterte Unternehmen Betriebssport betreiben, indem sie die sportliche Betätigung ihrer Belegschaft finanziell oder ideell fördern. Eine Sporthalle oder ein Sportplatz kann in der Regel gegen geringes Entgelt gemietet oder sogar kostenfrei besorgt werden, und eine Laufgruppe benötigt noch nicht einmal das.

Kosten

Für die Teilnahme am Betriebssport wird man **Richtlinien** aufstellen, zu deren Einhaltung sich alle Mitglieder der einzelnen Sportgruppen verpflichten. Soweit verschiedene Sportgruppen gebildet werden, wählen sie regelmäßig Sprecherinnen oder Sprecher, die dem Unternehmen für die Verwendung der betrieblichen Mittel und den ordnungsgemäßen Ablauf des Sports verantwortlich sind. Soweit für einzelne Sportarten Sportanlagen vorhanden sind, unterliegt ihre

Aus der Praxis

»Gesundheitsprävention haben sich US-amerikanische Unternehmen auf die Fahnen geschrieben, meldet das Institute for Corporate Productivity. Während 60 Prozent der Unternehmen keine betriebsinterne medizinische Versorgung haben, bieten 81 Prozent präventionsorientierte Wellness-Programme vor Ort an, weitere acht Prozent planen, entsprechende Angebote im nächsten Jahr einzuführen. Diese Maßnahmen sollen dazu beitragen, die explodierenden Gesundheitskosten einzudämmen.« *Institute for Corporate Productivity 2008: Institute for Corporate Productivity (Verfasser unbekannt), »Gesundheitsprävention«, in: Personalführung, Heft 01/2008, S. 13.*

Sportunfälle

Wenn Beschäftigte bei einer Betriebssportveranstaltung verletzt und dadurch arbeitsunfähig werden, gelten für die Entgeltfortzahlung dieselben Regeln wie bei sonstigen Sportunfällen, mit einer Ausnahme. Bei Sportunfällen außerhalb des Betriebssports kann sich der Arbeitgeber bisweilen darauf berufen, die oder der Beschäftigte habe die Arbeitsunfähigkeit selbst verschuldet, weil es sich um eine sogenannte gefährliche Sportart,

etwa Fallschirmspringen, handle oder weil die Regeln eines ordnungsgemäßen Sportbetriebs nicht beachtet worden seien. Wenn aber, wie beim Betriebssport, der Arbeitgeber selbst oder seine Vertreter für die Sportveranstaltung und ihre Durchführung verantwortlich sind, ist diesem Argument der Boden entzogen, es sei denn, eine Betriebsmannschaft hat an einem Wettbewerb teilgenommen. (tm 2002, S. 16 ff.)

Kostenvorteile

Verwaltung der gleichberechtigten Mitbestimmung des Betriebs- bzw. Personalrates.

7.3.8 Betriebskrankenkasse

Unter den Voraussetzungen, die das Fünfte Buch des Sozialgesetzbuches nennt, kann jedes Unternehmen mit Genehmigung der Aufsichtsbehörde eine Betriebskrankenkasse errichten.

Manche Betriebskrankenkassen können die Leistungen erbringen, ohne einen Zusatzbeitrag zu erheben. Sie verfügen im Allgemeinen über einen besseren, das heißt gesünderen Versichertenbestand als etwa die Allgemeinen Ortskrankenkassen. Außerdem sind die Verwaltungskosten infolge der unmittelbaren Verbindung von Versicherten und Geschäftsführung geringer. Die niedrigeren Beiträge kommen den Beschäftigten entgegen.

7.4 Vergünstigungen

Schließlich zählen zum Personalservice von Fall zu Fall diverse Sonderrechte *(Goossens 1981, S. 953 ff., Olfert 2008, S. 367 f.).*

7.4.1 Betriebsfeste und -ausflüge

Zum Personalservice gehören auch Betriebsfeste und -ausflüge, die angesetzt werden, um das Betriebsklima und das Zusammengehörigkeitsgefühl zu stärken, hierarchische Schranken abzubauen und Anerkennung zum Ausdruck zu bringen. Außerdem ist manches Fest auch in die Öffentlichkeitsarbeit eingebunden.

Anlässe

Die Anlässe sind vielgestaltig. Üblich sind

- ▸ **betriebliche Gegebenheiten**: Grundsteinlegungs-, Richtfest-, Einweihungs-, Eröffnungs- und Unternehmensjubiläumsfeiern sowie ein Tag der offenen Tür,
- ▸ **Jubiläen und Ehrungen**: Jubilarfeiern zur Ehrung von Beschäftigten mit Betriebszugehörigkeiten von 10, 15, 20, 25, 30, 35, 40, 45 und 50 Jahren, Pensionärfeiern, Ehrungen und Gedächtnisfeiern für besonders verdiente

Mitarbeiterinnen und Mitarbeiter sowie die Freisprechungen der Auszubildenden nach bestandener Abschlussprüfung,
- ▸ **Feiertage und Jahreszeiten**: Karnevals-, Mai-, Sommer-, Nikolaus-, Weihnachts- oder Jahresabschlussfeiern, und letztlich
- ▸ **persönliche Beweggründe**: Einstands-, Geburtstags- und Abschiedsfeiern.

Die letztgenannten Feiern werden regelmäßig von den Betreffenden selbst ausgerichtet. Das Unternehmen spricht zur Feierstunde Glückwünsche aus und überreicht unter Umständen Geschenke.

Zu diesen und teilweise auch zu den anderen Feierlichkeiten sind häufig nicht nur Beschäftigte, sondern auch deren Angehörige, Geschäftsfreunde, die Presse und Vertreter der Öffentlichkeit eingeladen. Soweit die Feste in einem größeren Rahmen stattfinden, empfiehlt sich die Bildung einer Arbeitsgruppe, die die Planung und Ausrichtung in die Hand nimmt.

Da die Kosten von Betriebsfesten und -ausflügen erheblich sind, verzichten immer mehr Unternehmen ganz oder teilweise auf diesen Bereich des Personalservice, wenn auch die Sachzuwendungen bis 110 Euro pro Teilnehmer steuer- und sozialversicherungsfrei sind.

7.4.2 Belegschaftsverkauf und Deputate

Insbesondere Handelsunternehmen und Unternehmen, die Konsumartikel produzieren, kennen den Belegschaftsverkauf. Hier werden die Waren zu Vorzugspreisen an die Beschäftigten veräußert, so dass Diebstähle kaum von Interesse sind.

Bekannt ist vor allem der Belegschaftsverkauf der Automobilproduzenten. Hier macht der Preisvorteil einen so beachtlichen Betrag aus, dass er den Charakter einer zusätzlichen Vergütung annimmt. Überhaupt sind die Grenzen zum Entgelt fließend, denn die Beschäftigten müssen den Preisvorteil, der über eine Einsparung von 4 Prozent auf den normalen Endpreis für Letztverbraucher hinausgeht, prinzipiell als Sachbezug bzw. geldwerten Vorteil versteuern. Allerdings gewährt der Fiskus einen Freibetrag von zurzeit 1.080 Euro pro Person und Jahr. Zudem bleiben für alle etwaigen geldwerten Vorteile, für die keine amtlichen Sachbezugswerte gelten, zusammen bis zu 44 Euro monatlich steuer- und sozialversicherungsfrei *(Jenak 2008, ABL 2.9)*.

Deputate sind **Sachgeschenke** des Arbeitgebers. Zum Teil handelt es sich dabei um eher antiquierte, entbehrliche Kleinigkeiten wie einen Haustrunk, Freibrot oder eine Zigarettenabgabe. Zum Teil sind die Deputate aber durchaus attraktiv, z. B. Flugreisen.

Der Fiskus sieht bis zu einem Wert von 10.000 Euro pro Sachgeschenk und Empfänger je Wirtschaftsjahr eine pauschale Einkommensteuer von 30 Prozent vor. Sachgeschenke bis zu einem Wert von 40 Euro pro Jahr sind steuer- und sozialversicherungsfrei.

7.4.3 Beihilfen

Beihilfen sind Unterstützungszahlungen ohne Rückzahlungspflicht. Meist handelt es sich um eine einmalige, freiwillige Sozialleistung. Seltener sind laufende Beihilfen in Härtefällen.

Manche Unternehmen haben eine eigene Unterstützungskasse mit eigener Rechtspersönlichkeit, regelmäßig der eines Vereins, geschaffen. Ausschließlich diese Unterstützungskassen unterliegen dem Mitbestimmungsrecht des Betriebs- oder Personalrates.

Durchweg werden Beihilfen nur in bestimmten **Notfällen** gewährt, wie Krankheit und Tod von Beschäftigten oder ihren engsten Familienangehörigen. Begünstigt werden also nicht nur Belegschaftsmitglieder, sondern im Einzelfall auch ihre Angehörigen. Andere Unternehmen zahlen mit oder ohne besonderen Antrag auch Unterstützungen bei der Geburt, zur Konfirmation bzw. Kommunion sowie zu sonstigen familiären Ereignissen.

Steuer- und sozialversicherungsfrei sind Beihilfen nur für begünstigte Arbeitnehmerinnen und Arbeitnehmer und nur bis zu 600 Euro im Kalenderjahr.

Notfälle

7.4.4 Wohnungswesen, Relocation und Concierge

Der Beistand bei der Befriedigung der Wohnbedürfnisse ist eine häufig geübte Art des Personalservice.

Neben der genannten Hilfe für Neueintritte kennt man die Bereitstellung von **Unterkünften und Internaten** für Beschäftigte bei Montagearbeiten und am Bau, für ausländische Mitarbeiterinnen und Mitarbeiter sowie Auszubildende. Wenn sie dadurch einen geldwerten Vorteil haben, ist der als Sachbezug steuerpflichtig. Die anzusetzenden Beträge, die amtlichen Sachbezugswerte, werden durch eine Rechtsverordnung laufend aktuell festgelegt. Hie und da werden auch – wiederum steuerpflichtige – **Mietzuschüsse** gewährt.

Soweit sich Unternehmen derzeit überhaupt noch im Wohnungsbau engagieren, geschieht das zumeist in Form der Vergabe oder Vermittlung von Darlehen für den Erwerb und den Bau von Häusern und Wohnungen.

Sachgeschenk

Werkswohnungen

In früheren Zeiten verfügten viele umsatz- und mitarbeiterstarke Unternehmen über einen großen Wohnungsbestand für ihre Beschäftigten. Man unterscheidet

- ▸ **Werksdienstwohnungen**, *das heißt Wohnungen im Eigentum der Arbeitgeber, die den Beschäftigten im Rahmen ihres Arbeitsverhältnisses als ein Teil des Arbeitsentgelts überlassen werden, und*
- ▸ **Werksmietwohnungen**, *gleichfalls Wohnungen im Eigentum der Arbeitgeber, die jedoch, mit Rücksicht auf das Bestehen eines Arbeitsverhältnisses, an die Beschäftigten vermietet werden.*

*Ein etwaiger steuerpflichtiger geldwerter Vorteil wird anhand der ortsüblichen Miete errechnet. Die meisten Unternehmen haben ihren Wohnungsbestand aber inzwischen abgebaut. Die Gründe dafür sind mannigfaltig: Der Verwaltungsaufwand ist hoch und die Kosten der Werterhaltung steigen überproportional. Zudem gehört die Wohnraumnot der Nachkriegszeit, jedenfalls in jener Schärfe, der Vergangenheit an. Erhalten blieben vor allem die **Betriebswohnungen**, also z. B. Hausmeisterwohnungen, deren Zweckbestimmung darin besteht, von Beschäftigten bewohnt zu werden.*

Wohnungsvermittlung

Wenn die neuen Beschäftigten nicht im Umfeld des Unternehmens wohnen, ist das Personalwesen aufgefordert, für die ersten Tage oder gar Wochen ein Hotelzimmer zu buchen und Hilfe bei der Wohnungssuche zu leisten, etwa durch den Ersatz der Maklergebühren, Suchanzeigen und eine betriebliche Wohnungsvermittlung.

Relocation

Mit dem **Relocation-Service** für betriebsbedingte Versetzungen ins Ausland oder in eine andere Stadt geht man noch einen Schritt weiter. Die Servicepalette beinhaltet nicht nur die Wohnungssuche. Sie reicht von der Organisation des Umzugs über die Hilfe bei der Stellensuche für den Partner bis hin zur Auswahl der Schule für die Kinder und die Erledigung diverser Formalitäten. In den meisten Fällen wird dafür ein entsprechend qualifizierter externer Dienstleister engagiert.

Concierge

Gerade Singles und Außendienstmitarbeiter mit einem vollen Terminplan haben wenig Zeit für ihre privaten Angelegenheiten. Für diese Beschäftigtengruppen ist ein Service besonderer Art entstanden, **Concierge-Dienste**, etwa Besorgungen, Behördengänge, Autopflege, Kartenreservierungen, Einkaufs- und Wäscheservice. Solche Serviceleistungen werden entweder durch eigene Beschäftigte oder durch Agenturen geleistet.

7.4.5 Darlehen

Manche Unternehmen vergeben Darlehen zur Unterstützung

- ▸ des Kraftfahrzeug- und
- ▸ des Einrichtungskaufs sowie
- ▸ des Haus- und Wohnungserwerbs in Form von Finanzierungsdarlehen, Baukostenzuschüssen oder der Finanzierung von Abstandszahlungen und Genossenschaftsanteilen.

Der Vorteil für die Unternehmen besteht vor allem in der Personalbindung. Der Vorteil für die Darlehensnehmer liegt zum einen in der Tatsache der Darlehensgewährung, falls die Banken ein Darlehen verweigern, und dem teilweise praktizierten Verzicht des Arbeitgebers auf eine grundrechtliche Eintragung. Im letzteren Fall fungiert das Darlehen so gut wie Eigenkapital. Zum anderen ist ein niedriger Zins oder gar Zinsfreiheit von Interesse. Wenn der Effektivzins des Darlehens den Marktzins unter- und die Darlehenssumme 2.600 Euro überschreitet, muss dieser geldwerte Vorteil freilich nach denselben Regeln wie der Belegschaftsverkauf versteuert werden.

Soweit ein Unternehmen Darlehen vergibt, sollte es sich ein **Regelwerk** schaffen, das eine möglichst gleichmäßige Behandlung aller Arbeitnehmer mit gleichen Bedürfnissen sicherstellt. Die Anträge werden zumeist vom Personalwesen bearbeitet. Im Zweifelsfall wird man sich bei den zuständigen Vorgesetzten erkundigen, ob die Antragsteller voraussichtlich wenigstens bis zur vollständigen Rückzahlung im Unternehmen beschäftigt bleiben. Ferner empfiehlt sich eine Abstimmung mit dem Gehalts- oder Lohnkonto. Nach der Genehmigung werden mit den Darlehensnehmern entsprechende **Verträge** geschlossen. Sie beinhalten neben der Höhe des Darlehens und dem Auszahlungstermin die Verzinsung sowie Rückzahlungsraten und -termine.

Wollen die Unternehmen nicht selbst als Darlehensgeber auftreten, können sie Darlehen bei Banken vermitteln und auch Bürgschaften übernehmen.

7.4.6 Interessengemeinschaften

Die Unternehmen können Gemeinschaften unterstützen, die Beschäftigte mit gleichen oder ähnlichen Interessen bilden, etwa einen Werkschor oder ein Werksorchester.

Zuweilen werden diese Interessengemeinschaften auch in Vereinsform geführt, beispielsweise ein Modellbauverein. Die Unterstützung reicht von ideellen Leistungen, zum Beispiel der Möglichkeit, Bekanntmachungen am schwarzen Brett auszuhängen, bis zu finanziellen Beiträgen wie Mietzuschüssen für die notwendigen Räumlichkeiten.

7.4.7 Kinderbetreuung und Elder Care

Obwohl der Staat sich verpflichtet hat, für jedes Kind einen Kindergartenplatz zur Verfügung zu stellen, ist die **Kinderbetreuung** für die Eltern immer noch problematisch *(Beiten 2006, S. 73 ff.)*.

▸ Kindergartenplätze sind teuer, immer noch nicht leicht zu bekommen, und die Öffnungszeiten sind kaum mit den Arbeitszeiten zu vereinbaren. Deshalb ist es besonders für Unternehmen, die Halbtagskräfte suchen, von Interesse, einen Betriebskindergarten einzurichten. Möglich ist das in eigener Regie oder in Kooperation mit anderen Unternehmen. In diesem Fall stellt man die erforderlichen Räumlichkeiten. Zudem müssen Fachkräfte eingestellt werden.

▸ Manche Unternehmen scheuen davor zurück, sich in dieser Weise relativ langfristig zu binden. Diesen Unternehmen sei empfohlen, eine Elterninitiative unter den Beschäftigten anzuregen. Diese Initiative kann, etwa in Vereinsform, die Verpflichtungen und Verwaltung übernehmen. Dem Unternehmen steht es dann frei, unentgeltlich oder gegen eine geringe Miete die Räumlichkeiten zu stellen und auch finanzielle sowie ideelle Unterstützung zu leisten.

▸ Praktikabel ist zudem der Erwerb von Belegplätzen in Kindergärten durch finanzielle Leistungen wie Spenden oder die Übernahme

Aus der Praxis

»Erst 3,5 Prozent der bundesdeutschen Unternehmen unterhalten eigene Kindertagesstätten. Machbarkeitsstudien des Kasseler Beratungsunternehmens ›Impuls Soziales Management‹ zeigen, dass solche Einrichtungen wirtschaftlich sinnvoll und Kosten sparend sein können. Die Väter und Impuls-Geschäftsführer Alfons Scheitz und Oliver Strube hatten Anfang der 90er-Jahre in Ermangelung von Betreuungsplätzen für ihre eigenen Kinder kurzerhand eine Kita eröffnet. Inzwischen betreiben sie unter dem Dach der Gesellschaft zur Förderung von Kinderbetreuung (GFK) zwölf öffentliche und sieben betriebliche Kitas. Als Berater entwickeln sie Konzepte zur Umsetzung von Kindertagesstätten und begleiten den Entwicklungsprozess bis zum Betriebsbeginn. 64 Prozent der beratenen Betriebe gaben bisher grünes Licht für eine eigene Kita. Laut Studien rechneten sich Betriebskitas in der Regel für Unternehmen mit mehr als 500 Mitarbeitern, in denen höher qualifizierte Mitarbeiter gebraucht werden oder Fachkräftemangel herrscht. Aber auch für hoch spezialisierte Firmen im High-Tech-Bereich mit 60 bis 100 Beschäftigten könne sich eine Betriebskita lohnen, so die Berater.«
Impuls Soziales Management 2007: Impuls Soziales Management (www.e-impuls.de, Verfasser unbekannt), »Kinderbetreuung im Unternehmen rechnet sich«, in: Personalwirtschaft, Heft 07/2007, S. 60.

Kinderbetreuung

von Kosten und die Bereitstellung von Räumen.

▸ Im Ausnahmefall kann man die Probleme der Eltern durch die Mitnahme von Kindern in den Betrieb entschärfen, z. B. bei plötzlichem Unterrichtsausfall oder der Erkrankung von Betreuungspersonen. Hier hat sich die Einrichtung eines Eltern-Kind-Zimmers bewährt, das ähnlich wie der Arbeitsplatz ausgestattet ist und zusätzlich dem Kind Beschäftigungsmöglichkeiten bietet. Außerdem entfällt so ein Teil der freilich seitens des Arbeitgebers unbezahlten, aber die Arbeitsaufgaben lähmenden Freistellung von Eltern, wenn ein Kind krank wird (Kapitel Entgelt).

▸ Schließlich kann man die Eltern bei der Suche nach Tagesmüttern oder ähnlichem Betreuungspersonal, – zum Beispiel für die Hausaufgaben – unterstützen.

Elder Care

Personalservice im Bereich **Elder Care**, der Pflege oder Betreuung von älteren Familienangehörigen, wird zunehmend nachgefragt, denn gerade Beschäftigte mittleren Alters werden mit dem Problem der Pflegebedürftigkeit von Eltern und nahen Angehörigen konfrontiert. Die dabei entstehenden physischen und psychischen Belastungen lassen sich nur schwer mit der Berufstätigkeit verbinden.

▸ Arbeitnehmer, Auszubildende und Arbeitnehmerähnliche dürfen allerdings nach § 2 des Pflegezeitgesetzes bis zu zehn Tagen der Arbeit fernbleiben, wenn nahe Angehörige akut pflegebedürftig sind, und in dieser Zeit die Pflege organisieren (Kapitel Entgelt).

▸ Sachkundige interne oder externe Berater können die Rahmenbedingungen erläutern und die diversen Pflege- oder Betreuungsmöglichkeiten aufzeigen, unter anderem Kurzzeitpflegeplätze bei ortsansässigen Pflege- und Altenheimen für die Urlaubszeit, Dienstreisen und ähnliche Phasen starker beruflicher Einbindung. Wenn die Berater öfter in Diensten eines Arbeitgebers tätig werden, können sie, weit besser als einzelne Betroffene, verlässliche und kostengünstige Angebote auch für die Dauerpflege aushandeln *(Beiten 2006, S. 79)*.

Aus der Praxis

»In den kommenden Jahren werden immer mehr Arbeitnehmer vor der Herausforderung stehen, ihre Berufstätigkeit mit der Pflege von Angehörigen vereinbaren zu müssen. Demzufolge rückt die Angehörigenpflege auch zunehmend in den Fokus betrieblicher Personalpolitik. Doch kaum ein deutsches Unternehmen ist auf diese Thematik vorbereitet. Nach einer Untersuchung der Berufundfamilie gGmbH bieten nur sieben Prozent aller Befragten heute schon Maßnahmen zur Vereinbarkeit von Pflege und Beruf ihrer Mitarbeiter an. Noch weniger haben sich bereits systematisch mit der Fragestellung beschäftigt und über Pilotprojekte hinaus reagiert.«
Prognos 2007: Prognos (www.prognos.de, Verfasser unbekannt), »Die Pflege Angehöriger wird Personalthema«, in: Personalmagazin, Heft 07/2007, S. 45.

▸ Dadurch ergeben sich Alternativen für die Pflegezeit von bis zu sechs Monaten nach den §§ 3 und 4 des Pflegezeitgesetzes, in der die Pflege des nahen Angehörigen in der häuslichen Umgebung selbst übernommen wird (Kapitel Entgelt).

7.4.8 Ausleihe

Die bekannteste, aber in Sachen Personalservice nicht unbedingt die wichtigste Ausleihe ist die **Werksbücherei.**

Sie dient wohl in erster Linie dem Zweck, den unternehmenseigenen Bestand an Sachbüchern und Fachzeitschriften zusammenzufassen und allen Beschäftigten als Arbeitsunterlage und zur Weiterbildung zugänglich zu machen. Schöngeistige Literatur ist hier heutzutage selten zu finden, da die Bevölkerung diesbezüglich ausreichend über öffentliche Büchereien versorgt wird.

Falls Unternehmen eine **Werkzeug- und Fahrzeugausleihe** organisieren, ist diese für die Beschäftigten in der Regel von größerem Interesse.

Aufgaben Kapitel 7

1. Inwiefern sind Personalservice und Work-Life-Balance miteinander verwoben?

2. »Der Krankenstand sinkt weiter, aber immer häufiger erkrankt die Psyche.« So oder so ähnlich lautet die Überschrift von Artikeln über Fehlzeiten in personalwirtschaftlichen Fachzeitschriften. Zu welchen Maßnahmen raten Sie angesichts zunehmender psychischer Erkrankungen?

3. Als Personalreferent/in eines mittelständischen Unternehmens mit 500 Beschäftigten haben Sie sich schon mehrfach mit den Alkoholproblemen von Beschäftigten befassen müssen. Was können Sie veranlassen, um die Alkoholprobleme in der Belegschaft generell besser in Grenzen zu halten?

4. Sie spielen in Ihrer Freizeit als Stürmer/in in der Betriebsfußballmannschaft Ihrer Abteilung. Bei einem betriebsinternen Fußballturnier geraten Sie in die »Blutgrätsche« eines Verteidigers der Betriebsfußballmannschaft einer anderen Abteilung. Dadurch werden Sie für vier Wochen arbeitsunfähig. Ihr Arbeitgeber will mit dem Argument, Sie hätten Ihre Arbeitsunfähigkeit grob fahrlässig durch die Teilnahme an einer Risikosportart selbst verschuldet, keine Entgeltfortzahlung leisten. Hat dieses Argument Bestand? Bitte begründen Sie Ihre Antwort.

5. Ihr Arbeitgeber gewährt Ihnen ein Darlehen von Höhe von 10.000 Euro für den Erwerb einer Immobilie. Was mag ihn dazu bewegen, und welchen Vorteil haben Sie?

6. Welche wirtschaftliche Argumente können einen Arbeitgeber angesichts von Kinderpflegekrankengeld und Pflegezeit von den Personalserviceleistungen Kinderbetreuung und Elder Care überzeugen?

Lösungen zu den Aufgaben finden Sie im Anschluss an das letzte Kapitel.

8 Personal- und Organisationsentwicklung

Leitfragen

▸ **Wie plant man die Bildung und Förderung der Beschäftigten, wie plant man die Arbeitsinhalte?**
Welche Interessen müssen berücksichtigt werden?
Welche Methoden empfehlen sich?

▸ **Welche Maßnahmen empfehlen sich aus welchem Anlass?**
Durch welche Maßnahmen werden die Beschäftigten gefördert?
Welche Maßnahmen liegen in erster Linie im Interesse des Arbeitgebers?

Wann empfehlen sich multimediale Maßnahmen?

▸ **Wie sind die Kosten, die Erfolge und die Rentabilität der Maßnahmen zu beurteilen?**

▸ **Wieso hapert es oft bei der Umsetzung des Gelernten?**
Unter welchen Voraussetzungen verändern Menschen ihre Einstellungen?
Wie kann man Betroffene zu Beteiligten machen?

8.1 Perspektiven der Personalentwicklung

8.1.1 Aktionsradius der Personalentwicklung

Personalentwicklung dient der Vermittlung jener Qualifikationen und Kompetenzen, die zur optimalen Verrichtung der derzeitigen und der zukünftigen Aufgaben erforderlich und beruflich, persönlich sowie sozial förderlich sind *(ähnlich Mentzel 2005, S. 2 ff.)*.

Becker (2005 a, S. 2 ff.) kommt nach einer eingehenden Erörterung einer Vielzahl ähnlicher Begriffsbestimmungen zu folgendem Ergebnis:

▸ Die **Personalbildung**, also Aus-, Fort- und Weiterbildung, kann man als Personalentwicklung im engen Sinn verstehen.

▸ Wenn man die **Personalförderung** in beruflichen, persönlichen und sozialen Fragen einbezieht, kann man von einer Personalentwicklung im erweiterten Sinn sprechen.

▸ Personalbildung und –förderung ergänzt um die **Organisationsentwicklung**, mit der man, kurz gesagt, die Betroffenen zu Beteiligten macht, kann man als Personalentwicklung im weiten Sinn verstehen.

Das bedarf der Präzisierung.

▸ Im Sinne der **Organisationsentwicklung** müssen erfolgreiche organisatorische Innovationen zwar mit einem aktiven Lernprozess aller Beschäftigten einhergehen. Organisationsentwicklung beinhaltet aber weit mehr. Eine interne oder externe Beratung erforscht gemeinsam mit den Betroffenen – also den Führungskräften und den ihnen zugeordneten Beschäftigten – die Ursachen vorhandener Probleme. Gemeinsam werden dann neue, wirksamere Formen der Zusammenarbeit entwickelt. Deshalb wird die Organisationsentwicklung im Folgenden getrennt von der Personalentwicklung am Ende dieses Kapitels erörtert.

▸ *Becker (2005 a, S. 4)* und *Herzig (2004, Spalte 1516 ff.)* zeigen einige Ansätze auf, die in der Hauptsache der **Arbeitsstrukturierung** zuzurechnen sind, einem Gestaltungsfeld, das in diesem Buch im Kapitel Personaleinsatz erläutert wird. Mit der Gestaltung der Arbeitsinhalte und des Ausmaßes der Arbeitsteilung werden in der Tat Qualifikationen und Kom-

Aus der Praxis

Zur Entwicklung der Teilnahme an beruflicher Weiterbildung ergab sich in einer Erhebung zum Weiterbildungsverhalten des Bundesministeriums für Bildung und Forschung folgendes Bild:

Rosenbladt/Bilger 2008: Rosenbladt, B. von und Bilger, F., Weiterbildungsbeteiligung in Deutschland: Eckdaten zum BSW-AES 2007, München 2008.

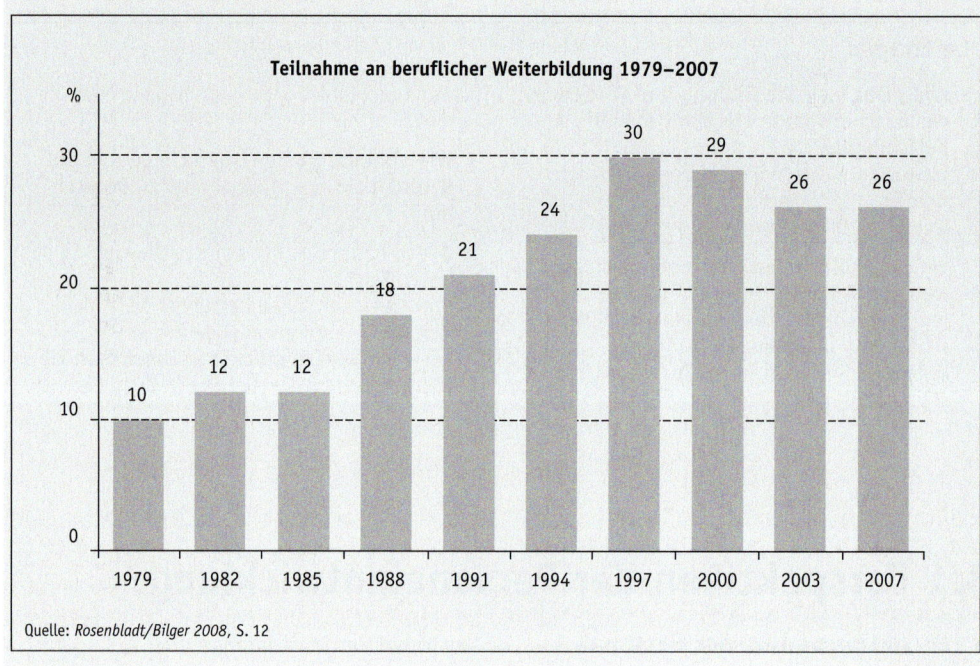

Teilnahme an beruflicher Weiterbildung 1979–2007

Quelle: *Rosenbladt/Bilger 2008*, S. 12

petenzen vermittelt, die zur optimalen Verrichtung der derzeitigen und der zukünftigen Aufgaben erforderlich und förderlich sind.

Das wird beispielsweise an der Lernstatt deutlich, die anfangs dazu diente, das sprachliche und technische Verständnis der Beschäftigten anhand konkreter betrieblicher Aufgaben und Abläufe zu verbessern. Deshalb sollte sich die Arbeitsstrukturierung in einem quasi umfassenden Verständnis der Personalentwicklung wiederfinden.

Aus diesen Gründen wird Personalentwicklung im Folgenden als Gestaltungsfeld der Personalwirtschaft verstanden, das die Personalbildung, Personalförderung und Arbeitsstrukturierung umfasst, Organisationsentwicklung als ein eigenständiges Gestaltungsfeld, das Elemente der Personalentwicklung aufnimmt *(Abb. 8.1)*.

Abb. 8.1

Personal- und Organisationsentwicklung

Personalentwicklung			Organisationsentwicklung
Personalbildung das heißt Ausbildung, Fortbildung und Weiterbildung	**Personalförderung** in beruflichen, persönlichen und sozialen Fragen	**Arbeitsstrukturierung** Gestaltung der Arbeitsinhalte und des Ausmaßes der Arbeitsteilung	Betroffene zu Beteiligten machen

Quelle: eigene Darstellung

8.1.2 Ablauf und Organisation der Personalentwicklung

Die Personalentwicklung kennt grundsätzlich drei Phasen: Planung, Umsetzung und Controlling *(Abb. 8.2)*.

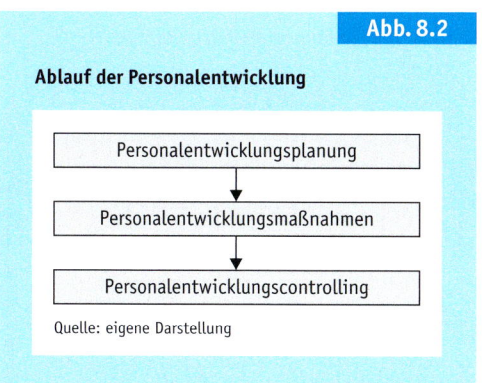

Abb. 8.2

Ablauf der Personalentwicklung

Personalentwicklungsplanung

Personalentwicklungsmaßnahmen

Personalentwicklungscontrolling

Quelle: eigene Darstellung

Personalentwicklung kann man nur betreiben, wenn man den **Personalentwicklungsbedarf** aus Unternehmens- und Mitarbeitersicht kennt, der sich aus einem Vergleich von Anforderungs- und Eignungsprofilen und den Interessen der Beschäftigten ergibt. Die Ergebnisse der quantitativen, qualitativen und zeitlichen Planung werden dokumentiert und visualisiert, um die Maßnahmen fundiert planen zu können.

Die konkrete Umsetzung geschieht durch **Personalentwicklungsmaßnahmen**, die man der Personalbildung, der Personalförderung und der Arbeitsstrukturierung zuordnen kann.

Im Anschluss an die Vermittlung von Qualifikationen und Kompetenzen dient das **Personalentwicklungscontrolling** der Klärung, ob bzw. inwieweit die angestrebten Ziele erreicht wurden.

In der Praxis hat die Personalentwicklung doch recht oft einen hohen Stellenwert, der die **Organisation der Personalentwicklung** prägt. So findet sich gerade bei Dienstleistern und in Unternehmen, die Produkte veräußern, die ohne Schulung nicht verwendet werden können, eine zentrale Personalentwicklungsabteilung mit einem ähnlichen Stellenwert wie das Personalwesen. Diese zentrale Abteilung verfügt dann über Organisationseinheiten wie Ausbildung, Personalentwicklungsprojekte, Weiterbildung, Bildungszentrum und Organisation der Personal-

Personalentwicklung nur für Arbeitnehmer?

Mit recht vielen Aufgabenfeldern der Personalwirtschaft spricht man nicht nur die Arbeitnehmerinnen und Arbeitnehmer, sondern auch die anderen Beschäftigtengruppen an. Das gilt für die Personalentwicklung nur sehr eingeschränkt. Die allermeisten Unternehmen denken gar nicht daran, für ihre freien Mitarbeiter, Arbeitnehmerähnlichen, Heimarbeiter oder Leiharbeitnehmer eine Personalentwicklung vorzusehen, wenn sie nicht gerade im Außendienst eingesetzt sind.

entwicklungsmaßnahmen. Möglich ist auch eine dezentral organisierte Personalentwicklung für einzelne Unternehmensbereiche. Und schließlich kann die Personalentwicklung als integraler Bestandteil des Personalwesens organisiert werden *(Becker 2005 a, S. 536 ff.,* Kapitel Grundlagen).

Alle genannten Alternativen kann man funktionsorientiert, aber auch objektorientiert gliedern und sogar Center-Konzepte umsetzen. Zu guter Letzt wird die Fremdvergabe von Personalentwicklungsleistungen, das heißt das Outsourcing, praktiziert. *Becker (2005 a, S. 553 f.)* warnt jedoch vor der Fremdvergabe der Personalentwicklungskonzeption, der Bedarfsanalyse und jener Maßnahmen, die unverwechselbares Knowhow beinhalten, da eine Nachahmung zur Schwächung der Wettbewerbsfähigkeit führen muss.

Organisation

8.1.3 Personalentwicklungsinteressen und -prinzipien

8.1.3.1 Unternehmensinteressen

Unternehmen wollen mittels Personalentwicklung Qualifikationen und Kompetenzen vermitteln, um den personellen Bedarf zu decken und den bestmöglichen Einsatz der Beschäftigten sicherzustellen. Dafür ist das ökonomischen Prinzip maßgeblich *(Mentzel 2005, S. 10 f., Mudra 2004, S. 132 f.)*.

Selbst bei hohen Arbeitslosenzahlen gibt es bei bestimmtenQualifikationen und Kompetenzen immer noch und immer wieder **Engpässe**. Die Unternehmen sind deshalb auf den internen Personalbeschaffungsmarkt angewiesen. Die Personalentwicklung greift dort ein, wo die Beschäftigten nicht über die notwendigen Qualifikationen und Kompetenzen verfügen.

Arbeitsmarkt

Aus der Praxis

»An der ... branchenübergreifenden HR-Studie der Twist Consulting Group nahmen 46 Mitarbeiter und Leiter der Personal- und Führungskräfteentwicklung sowie Personalleiter teil. 45,6 Prozent der Befragten vertreten mittlere Unternehmen (die 1.000 bis 10.000 Mitarbeiter beschäftigen), 32,6 Prozent der befragten Experten entstammen großen (über 10.000 Mit-

arbeiter) und 21,7 Prozent arbeiten in kleinen Unternehmen, die unter 1.000 Mitarbeiter beschäftigen.«
Wabel/Nitsch/Machl 2008: Wabel, C., Nitsch, S. und Machl, B., »Die Sorge um qualifiziertes Personal«, in: Personalwirtschaft, Heft 01/2008, S. 34–36.

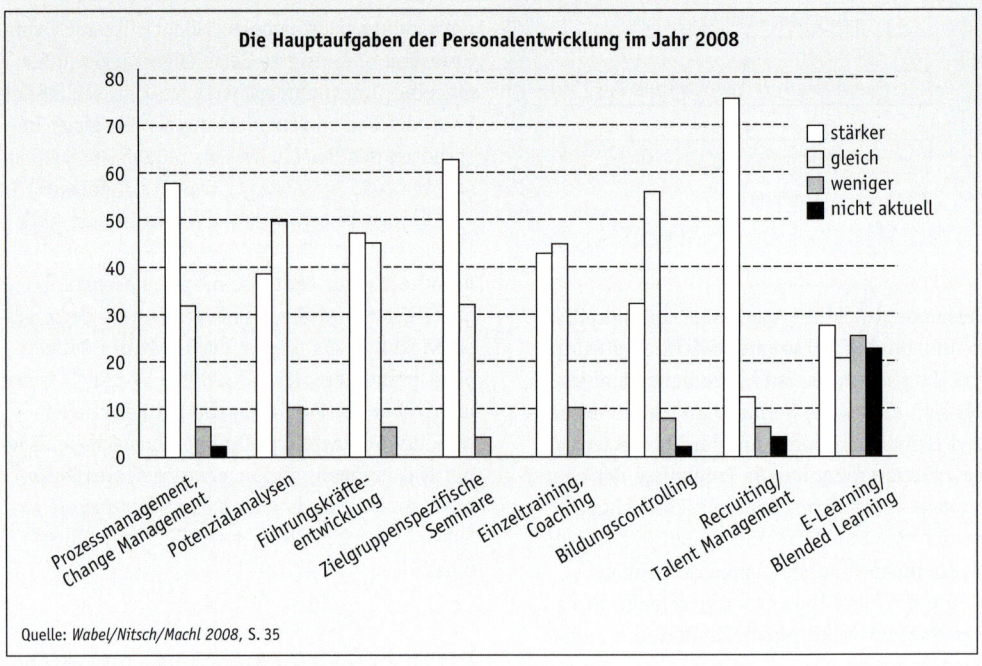

Die Hauptaufgaben der Personalentwicklung im Jahr 2008

Legende: stärker, gleich, weniger, nicht aktuell

Quelle: *Wabel/Nitsch/Machl 2008*, S. 35

Unternehmen, die Personalentwicklung betreiben, sind aber auch in der Lage, solche Bewerberinnen und Bewerber einzustellen, die die erforderlichen Qualifikationen und Kompetenzen noch nicht besitzen, deren **Potenzial** aber ausreicht. Sie können durch entsprechende Personalentwicklungsmaßnahmen die notwendigen Qualifikationen und Kompetenzen erlangen. Überhaupt haben im Wettbewerb um Fachkräfte jene Unternehmen die Nase vorn, die Bewerberinnen und Bewerbern ein ansprechendes Personalentwicklungsangebot bieten. Zur Personalentwicklung zählt auch die Berufsausbildung. Wenn sich Unternehmen für eine Erstausbildung in jenen Berufen entschließen, für die ein großer Bedarf besteht, stehen ihnen bald die dringend benötigten Fachkräfte zur Verfügung.

Im Rahmen der intensiven Ermittlung der Eignungsprofile kann nebenbei die eine oder andere Fehlbesetzung aufgedeckt werden.

Mit einer anforderungs- und eignungsgerechten Stellenbesetzung ist bei weitem nicht alles Notwendige veranlasst. Jedes Unternehmen muss in der Lage sein, die Aktivitäten auf alle, auch zukünftige Marktgegebenheiten abzustellen. Das lässt sich bewältigen, wenn sich, dem **Diversity-Prinzip** und der Idee des Gender Mainstreaming folgend, in der Belegschaft recht viele Bevölkerungsgruppen und beide Geschlechter verwirklichen können (*Hansen 2008 b, S. 99 ff.,* Kapitel Personalbeschaffung).

Das gesamte Unternehmen und die einzelnen Arbeitsplätze sind einer Vielzahl von Veränderungen unterworfen, die zu modifizierten Anforde-

Flexibilität

rungen führen. Man denke nur an die Einführung der elektronischen Datenverarbeitung. Wenn ein Unternehmen weiterhin der Konkurrenz anderer Anbieter standhalten und die Wünsche der Kunden befriedigen will, müssen die Qualifikationen und Kompetenzen der Beschäftigten an die veränderten Gegebenheiten der Arbeitsplätze angepasst werden. Das bedingt eine Vertiefung von fach- und bereichsspezifischen Kenntnissen und Fertigkeiten. Auch die Personalentwicklung im Hinblick auf Qualifikationen und Kompetenzen, die nicht unbedingt für die Bewältigung der aktuellen Aufgaben benötigt werden, kann von hohem Nutzen sein. Durch derartige Qualifikationen und Kompetenzen wird die Grundlage für eine größere Flexibilität und Anpassungsfähigkeit beim Personaleinsatz geschaffen. Zudem führt die damit verbundene Erweiterung des Bildungshorizontes zur Schaffung, Erhaltung und Verbesserung von Innovationspotenzialen.

Werden darüber hinaus Qualifikationen und Kompetenzen für andere Bereiche der Unternehmung vermittelt, so schafft man einen Nährboden für die innerbetriebliche **Kooperation** und Kommunikation sowie die Bereitschaft, Änderungen zu verstehen und herbeizuführen.

Die Unternehmen müssen feststellen, dass sich das Aufgabenfeld der Führungskräfte immer mehr von den Sachaufgaben hin zu den Führungsaufgaben verlagert. Die dafür notwendigen Qualifikationen und Kompetenzen sind aber nicht immer vorhanden. Deshalb ist eine spezifische Personalentwicklung für **Führungskräfte** unabdingbar.

Die Personalentwicklung kann deshalb in der Summe zu einer **Identifikation** der Beschäftigten mit dem Unternehmen sowie einer Verbesserung ihres Arbeits- und Sozialverhaltens führen. Sie verhilft somit zu einer geringen Fluktuation und vergleichsweise niedrigen Fehlzeiten. Damit schließt sich der Kreis, denn eine geringe Fluktuation und niedrige Fehlzeiten machen manche Personalbeschaffung entbehrlich.

8.1.3.2 Mitarbeiterinteressen

Es zahlt sich aus, auf die berechtigten Interessen und Neigungen der Beschäftigten, auf ihre Motivation, einzugehen. Hier sind das ökonomische, das soziale und das Arbeitsmarktprinzip ausschlaggebend *(Mudra 2004, S. 133)*.

Personalentwicklung ist nur dann gerechtfertigt, wenn sichergestellt ist, dass die vermittelten Qualifikationen und Kompetenzen nicht nur vom Unternehmen, sondern auch von den Betroffenen gefragt sind. Ansonsten verkommt die Personalentwicklung zum lästigen Übel oder bestenfalls zur angenehmen Unterbrechung der täglichen Routine.

Der rasche technologische und wirtschaftliche Wandel stellt große Anforderungen an die Mobilität der Beschäftigten sowie ihre Employability, das heißt ihre Fähigkeit und Bereitschaft, ihre Kenntnisse, ihre Fertigkeiten und ihr Verhalten den sich ständig ändernden Arbeitsbedingungen anzupassen. Die Beschäftigten erwarten deshalb von ihren Beschäftigungsunternehmen nicht nur ein entsprechendes Bildungsangebot. Sie erwarten darüber hinaus als eine Art Gegenleistung für die größeren Anforderungen, eine Förderung, die ein berufliches Fortkommen ermöglicht. Es geht ihnen um die Chance, sich für anspruchsvollere Aufgaben zu spezialisieren. Und es geht ihnen um Aufstiegsmöglichkeiten. Sie akzeptieren die Notwendigkeit des lebenslangen Lernens, um die persönlichen Risiken des Wandels, etwa den Verlust des Arbeitsplatzes und Arbeitsentgelts, zu mindern. Viele Unternehmen haben eingesehen, dass sie ins Hintertreffen geraten, wenn sie diesen Erwartungen nicht nachkommen *(Burkart/Schwaab 2004, S. 403)*.

An den Arbeitsplatz ist zugleich auch die Stellung in der Gesellschaft gekoppelt, die es zu sichern gilt. Die Stellung in der Gesellschaft wird nämlich weitgehend durch die Berufstätigkeit bestimmt. Man kann es den Beschäftigten deshalb nicht verübeln, wenn sie bei dieser Risikoabwägung auch einen Blick über den Werks-

Führungskräfte

Identifikation

Lebenslanges Lernen

Aus der Praxis

»Lebenslanges Lernen ist ein wichtiges Einstellungskriterium für ältere Bewerber. Für jeden zweiten HR-Manager wird ein Bewerber über 45 durch den Nachweis aktueller Fortbildungen interessant. Erstqualifikationen spielen demgegenüber nur eine untergeordnete Rolle.« *Ils 2007: Ils (www.ils.de, Verfasser unbekannt), »Lebenslanges Lernen«, in: Personalführung, Heft 12/2007, S. 18.*

Persönliche Entfaltung

zaun werfen. Personalentwicklung wird auch deshalb begrüßt, weil sie ihnen sicherlich zu besseren Chancen am Arbeitsmarkt verhilft.

Die Beschäftigten legen mehr als in vergangenen Zeiten Wert auf ihre persönliche Entfaltung. Sie wollen mehr Mitspracherechte, mehr Verantwortung und sich in den beruflichen Aufgaben selbst verwirklichen. Sie streben danach, ihre bisher ungenutzten Kenntnisse und Fertigkeiten zu erschließen und zu vervollkommnen. Unternehmen, die das zulassen, verstehen Personalentwicklung, wie *Sievers (1991, S. 272 ff.)*, als eine Einladung und Aufforderung an die Beschäftigten, die Beziehung zwischen der eigenen Person und dem Unternehmen so zu gestalten, dass beide Seiten davon profitieren.

8.1.3.3 Interessenausgleich

Eine Personalentwicklung in dem oben erwähnten Sinne können sich die Unternehmen nur insoweit erlauben, als sie Interessen und Neigungen der Beschäftigten betrifft, die mit den Interessen des Unternehmens korrespondieren.

Unternehmensleitung

Die Personalentwicklung steht folglich vor der schwierigen Aufgabe, die Interessen und Neigungen der Beschäftigten, also ihre Motivation, zu erkennen, sie mit den Interessen des Unternehmens abzugleichen und nach Möglichkeit einen Ausgleich herbeizuführen.

Im Rahmen der weiter unten diskutierten Personalentwicklungsplanung muss also untersucht werden,

▸ bei welchen Beschäftigten,

▸ welche Interessen und Neigungen,

▸ im Hinblick auf welche aktuellen sowie künftigen Veränderungen, der Arbeitsplätze und Tätigkeitsinhalte und

▸ in welchem Umfang entwickelt und gefördert werden sollten.

8.1.4 Beteiligte und Mitbestimmung

Nur durch die Einbindung und Kooperation aller Betroffenen kann man auf allen Seiten das unbedingt notwendige Verständnis und die unverzichtbare Unterstützung für die Personalentwicklung erreichen.

Einbindung aller soll aber nicht heißen, dass sich alle sämtliche Aufgaben und Entscheidungen anmaßen können. Um Überschneidungen bei den Befugnissen und Verantwortlichkeiten zu vermeiden und eine sinnvolle Koordination sicherzustellen, muss Klarheit darüber bestehen, wer für welche Aufgaben und Entscheidungen zuständig ist *(Mentzel 2005, S. 13 ff., Nicolai 2006, S. 235 ff.)*.

Die Frage, ob in einem Unternehmen überhaupt Personalentwicklung betrieben werden soll, muss von der **Unternehmensleitung** entschieden werden. Dasselbe gilt für die Frage, welche generellen Ziele mit der Personalentwicklung verfolgt werden sollen. Diese Grundsatzentscheidungen werden damit zum Bestandteil der Unternehmens- und Personalpolitik. Die Unternehmensleitung genehmigt ferner das Personalentwicklungsbudget.

Unter der Lupe

Gleichbehandlung

Ein Interessenausgleich ist nur auf der Grundlage der Gleichbehandlung möglich. Die Beschäftigten dürfen, wie es das Allgemeine Gleichbehandlungsgesetz fordert, keinen Benachteiligungen aus Gründen ihrer Rasse oder der ethnischen Herkunft, ihres Geschlechts, ihrer Religion oder Weltanschauung, einer etwaigen Behinderung, ihres Alters oder ihrer sexuellen Identität ausgesetzt sein. Andernfalls drohen Schadensersatz- und Entschädigungsansprüche, die innerhalb von zwei Monaten geltend gemacht und innerhalb drei weiterer Monate eingeklagt werden können. Deshalb ist nicht nur eine genaue Dokumentation aller Entscheidungen und Entscheidungsgrundlagen, sondern auch eine entsprechende Schulung der Führungskräfte oder gar der gesamten Belegschaft unbedingt notwendig. Unzulässig sind sowohl unmittelbare als auch mittelbare Diskriminierungen, beginnend bei der Personalentwicklungsplanung über die Maßnahmen bis hin zum Controlling. Folglich darf etwa das Lebensalter der Beschäftigten nur in Ausnahmen für die Personalentwicklung entscheidend sein, z. B. ein Höchstalter für die Aufnahme einer Ausbildung. Für eine Beförderung kann eine ununterbrochene Beschäftigung kein Auswahlkriterium sein, denn dadurch würden Eltern benachteiligt, die eine Elternzeit in Anspruch nehmen (Kapitel Grundlagen, Rühl/Hoffmann 2008, S. 118 ff., Wisskirchen 2006, S. 1491 ff.).

Aus der Praxis

Die bereits angeführte Erhebung des Bundesministeriums für Bildung und Forschung zum Weiterbildungsverhalten ermittelte folgende berufliche Gründe für eine Weiterbildung:
Rosenbladt/Bilger 2008: Rosenbladt, B. von und Bilger, F., Weiterbildungsbeteiligung in Deutschland: Eckdaten zum BSW-AES 2007, München 2008.

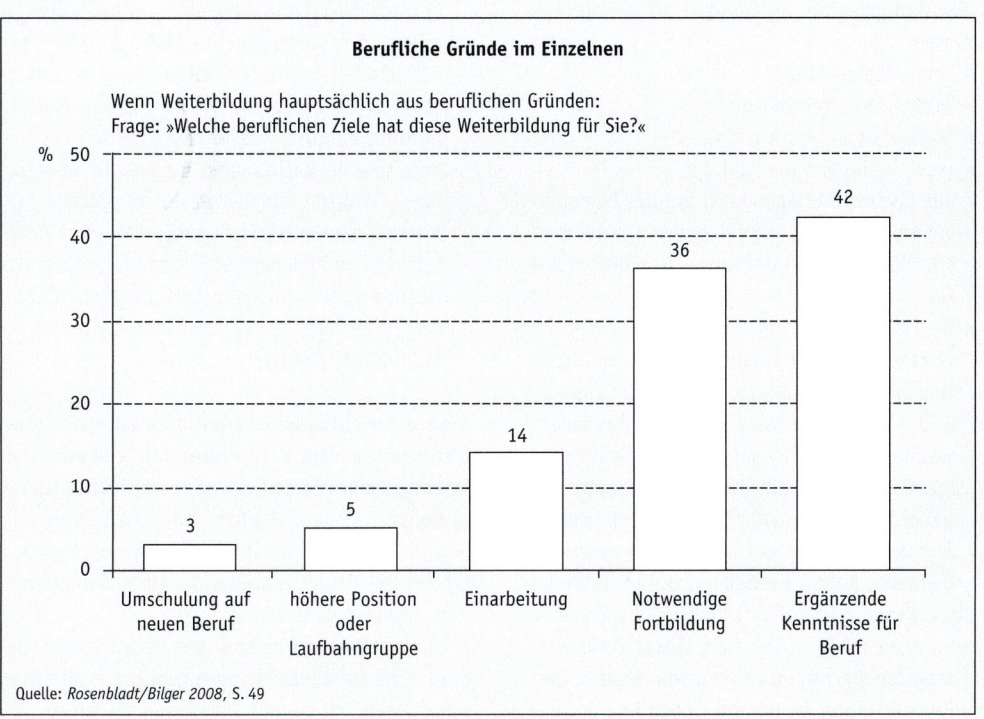

Berufliche Gründe im Einzelnen

Wenn Weiterbildung hauptsächlich aus beruflichen Gründen:
Frage: »Welche beruflichen Ziele hat diese Weiterbildung für Sie?«

Quelle: *Rosenbladt/Bilger 2008*, S. 49

Die Personalentwicklung zählt zu den Aufgabenfeldern der Personalwirtschaft. Deshalb fällt sie in den Zuständigkeitsbereich des **Personalwesens**. In größeren Unternehmen übernehmen Spezialisten, sogenannte Personalentwicklungsbeauftragte, oder gar eine Personalentwicklungsabteilung die Detailaufgaben.

Die **Vorgesetzten** sind in alle Phasen der Personalentwicklung maßgeblich eingebunden. Ohne sie ist eine Ermittlung des Personalentwicklungsbedarfs nicht möglich, sei es nun, dass sie Daten für aktuelle und zukünftige Anforderungsprofile liefern oder dass sie die Eignungsprofile von Beschäftigten erkunden. Sie sind zugleich wichtige Partner bei der Maßnahmenplanung, nicht nur in Fragen der Terminierung, sondern auch bei der Bestimmung der konkreten Entwicklungsziele, der Festlegung der Inhalte sowie der geeigneten Maßnahmen und

Methoden. Beim Training on the Job sind die Vorgesetzten häufig diejenigen, die Qualifikationen und Kompetenzen vermitteln. Im Einzelfall gestalten sie auch das Training off the Job. Schließlich beruht ein Teil der Erfolgskontrolle auf ihren Recherchen. Deshalb wird der Erfolg von Vorgesetzten oft vordringlich daran gemessen, wie sie sich in Fragen der Personalentwicklung engagieren.

Die **Betriebs- oder Personalräte** haben, insbesondere was die meisten Arbeitnehmer anbelangt, umfangreiche Mitbestimmungs- und Mitwirkungsrechte. Diese Rechte sind in einer Vielzahl von Vorschriften verbrieft, angefangen beim Grundgesetz über Bundes- und Ländergesetze, Tarifverträge und Betriebsvereinbarungen bis zum einzelnen Arbeitsvertrag. Die wichtigsten Bestimmungen für Industrie, Handel und Handwerk beinhaltet das Betriebsver-

Personalwesen

Vorgesetzte

Belegschaftsvertretung

fassungsgesetz. Für den öffentlichen Dienst sind es die Personalvertretungsgesetze des Bundes und der Länder. Aufgrund der engen Verknüpfung der Personalentwicklung mit anderen personalwirtschaftlichen Aufgabenfeldern wirken sich die Mitbestimmungs- und Mitwirkungsrechte der Belegschaftsvertretung bei der

▸ Personalplanung,
▸ Personalbeurteilung und
▸ Stellenausschreibung sowie bei
▸ Personalfragebogen und der
▸ personellen Auswahl auch auf die Personalentwicklung aus. Diesbezüglich sei auf die einschlägigen Kapitel dieses Buches verwiesen.

▸ Den Kernbereich der Personalentwicklung bezeichnet der Gesetzgeber als Berufsbildung. Hier gelten § 75 Absatz 3 mit den Ziffern 6 und 7 und § 76 Absatz 2 Ziffer 1 des Bundespersonalvertretungsgesetzes respektive die §§ 96 bis 98 des Betriebsverfassungsgesetzes. Dabei sind die Vorschriften des Betriebsverfassungsgesetzes weitaus genauer gefasst. Demnach haben Betriebsrat und Arbeitgeber die gemeinsame Verpflichtung, die Berufsbildung zu fördern. Der Betriebsrat kann vom Arbeitgeber verlangen, mit ihm Fragen der Berufsbildung zu beraten, nachdem er anhand von Unterlagen rechtzeitig und umfassend unterrichtet wurde. Ein Beratungsrecht hat der Betriebsrat vor allem bei der Errichtung und Ausstattung betrieblicher Einrichtungen sowie bei der Einführung und Teilnahme an außerbetrieblichen Maßnahmen. Hinsichtlich der Durchführung der betrieblichen Berufsbildung hat der Betriebsrat sogar

ein Mitbestimmungsrecht. Er kann insbesondere der Bestellung von Ausbilderinnen und Ausbildern widersprechen oder ihre Abberufung verlangen, wenn diese die persönliche, fachliche, berufs- und arbeitspädagogische Eignung nicht besitzen oder ihre Aufgaben vernachlässigen. Schließlich kann der Betriebsrat dem Arbeitgeber Vorschläge für den Teilnehmerkreis unterbreiten, wenn es sich um betriebliche Maßnahmen der Berufsausbildung handelt, Beschäftigte für außerbetriebliche Maßnahmen freigestellt werden bzw. die durch die Teilnahme an solchen Maßnahmen entstehenden Kosten ganz oder teilweise vom Arbeitgeber getragen werden. Kommt es zu keiner Einigung, entscheidet die Einigungsstelle *(Becker 2005 a, S. 139 ff., Pulte 2008, S. 68 ff.)*.

Die **unternehmensinternen** oder **externen Referentinnen und Referenten** bzw. die externen Bildungsträger setzen Personalentwicklungspläne in konkrete Personalentwicklungsmaßnahmen um. Sie tragen damit große Verantwortung dafür, ob die Vermittlung der Qualifikationen und Kompetenzen gelingt.

Die wichtigsten Partner der Personalentwicklung sind die **Beschäftigten**, und zwar alle Beschäftigten, ob sie nun an Personalentwicklungsmaßnahmen teilnehmen oder nicht. Ihre Auskünfte offenbaren einen Personalentwicklungsbedarf. Ihre Mitwirkung ermöglicht Maßnahmenpläne, die umsetzbar sind. Ihr Engagement ermöglicht eine erfolgreiche Vermittlung der Qualifikationen und Kompetenzen. Von ihrem Engagement hängt auch der Erfolg der Bemühungen ab.

Referenten

Beschäftigte

8.2 Personalentwicklungsplanung

8.2.1 Planungsablauf für die Personalentwicklung

Der Planungsablauf der Personalentwicklung läuft zunächst parallel zum Planungsablauf des Personaleinsatzes. Bei den Informationsquellen für qualitative Personalplanung zeigen sich indes die ersten Abweichungen und weitere solide

Unterschiede im Rahmen der Maßnahmenplanung *(Abb. 8.3, Bröckermann 2008, S. 611 ff., Mentzel 2005, S. 18 ff.)*.

8.2.2 Eigenarten der Personalentwicklungsplanung

Für die Personalbestandsplanung, die quantitative Personalplanung und die Definition der Anforderungsprofile aus der qualitativen Personalplanung gelten im Rahmen der Personalentwicklungsplanung keine Besonderheiten, wohl aber für die Ermittlung der Eignungsprofile und der Motivation der Betroffenen. Der dann folgende Profilabgleich und die zeitliche Personalplanung weisen hingegen wiederum keine Eigentümlichkeiten auf (Kapitel Personalbeschaffung und Personaleinsatz).

8.2.2.1 Eignungsprofil

Auf die Eignungsprofile muss man in diesem Zusammenhang besonderen Wert legen. Personalentwicklung will ja gerade Eignungsdefizite tilgen und Potenziale, das heißt Entwicklungsmöglichkeiten, ausbauen. Deshalb sollten die Informationen über die Eignungsprofile so zuverlässig und umfassend wie eben möglich sein und Angaben über die Potenziale beinhalten. Folglich greift man auf alle zur Verfügung stehenden Informationsquellen zurück *(Abb. 8.4, Kapitel Personaleinsatz, Mentzel 2005, S. 59 ff., Mudra 2004, S. 155 ff., Rosenstiel 2000, S. 4 f.).*

Ohne allzu großen Aufwand ermöglicht die Datenrecherche, also die **Analyse von personalwirtschaftlichen Unterlagen**, Rückschlüsse auf die Eignungsprofile der Beschäftigten.

▶ In der Personalakte werden sämtliche Unterlagen gesammelt, geordnet und aufbewahrt. Sie ist deshalb geradezu eine Fundgrube für die Ermittlung des Eignungsprofils, soweit sie ordentlich geführt wurde und wird. Die Bewerbungsunterlagen informieren über die schulische und berufliche Aus- und Weiterbildung, besondere Qualifikationen und Kompetenzen, die berufliche Entwicklung vor dem Eintritt in das Unternehmen und spezielle Interessengebiete. Weitere Informationen enthalten Mitteilungen über die Änderung der Bezüge oder Arbeitsbedingungen, Versetzungen oder Beförderungen sowie die Ergebnisse von Personalbeurteilungen.

▶ Wenn die Personalarbeit mithilfe der elektronischen Datenverarbeitung geleistet wird, kann man Personaldateien auswerten, und

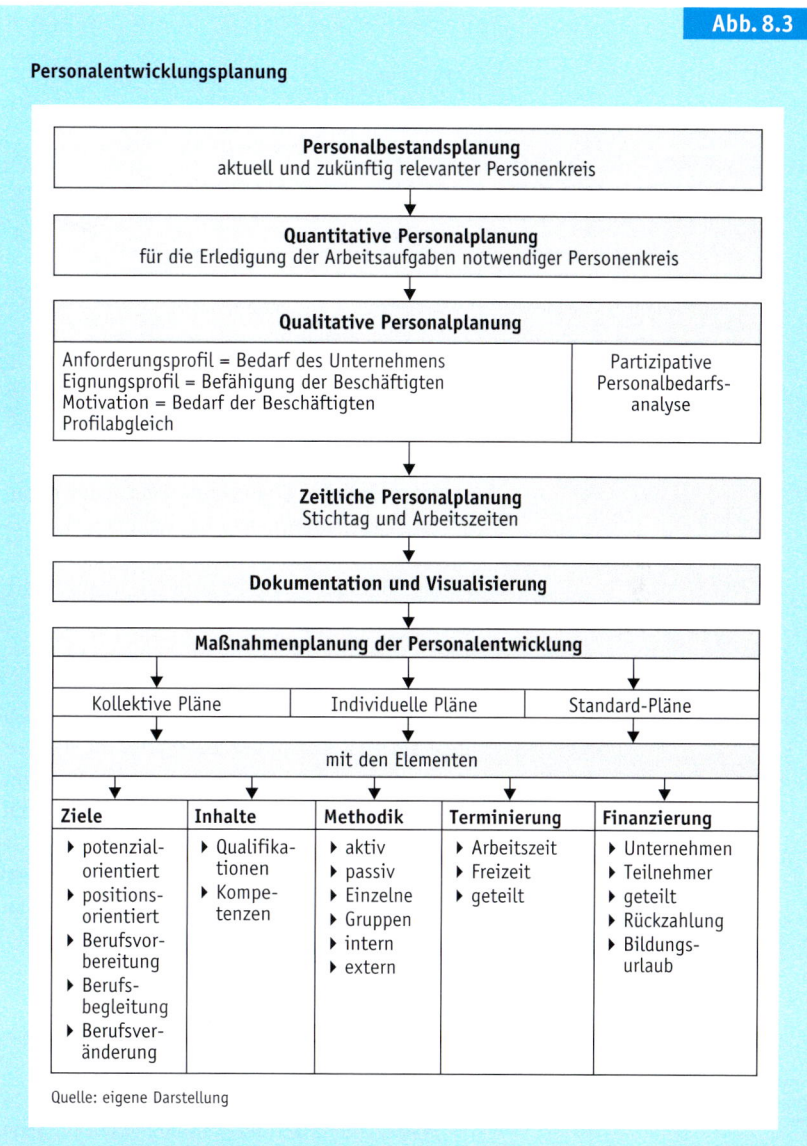

Abb. 8.3

Personalentwicklungsplanung

| **Personalbestandsplanung** |
| aktuell und zukünftig relevanter Personenkreis |

↓

| **Quantitative Personalplanung** |
| für die Erledigung der Arbeitsaufgaben notwendiger Personenkreis |

↓

Qualitative Personalplanung

| Anforderungsprofil = Bedarf des Unternehmens
Eignungsprofil = Befähigung der Beschäftigten
Motivation = Bedarf der Beschäftigten
Profilabgleich | Partizipative Personalbedarfs-analyse |

↓

| **Zeitliche Personalplanung** |
| Stichtag und Arbeitszeiten |

↓

Dokumentation und Visualisierung

Maßnahmenplanung der Personalentwicklung

| Kollektive Pläne | Individuelle Pläne | Standard-Pläne |

mit den Elementen

Ziele	Inhalte	Methodik	Terminierung	Finanzierung
▶ potenzial-orientiert ▶ positions-orientiert ▶ Berufsvor-bereitung ▶ Berufs-begleitung ▶ Berufsver-änderung	▶ Qualifika-tionen ▶ Kompe-tenzen	▶ aktiv ▶ passiv ▶ Einzelne ▶ Gruppen ▶ intern ▶ extern	▶ Arbeitszeit ▶ Freizeit ▶ geteilt	▶ Unternehmen ▶ Teilnehmer ▶ geteilt ▶ Rückzahlung ▶ Bildungs-urlaub

Quelle: eigene Darstellung

das im Rahmen der Dialogverarbeitung recht unkompliziert und schnell. Solche Personaldateien werden ständig aktualisiert. Sie sind auf einen bestimmten Zweck zugeschnitten. Als Personalstammdateien nehmen sie Daten aus den Personalakten und als Spezialdateien auch variable, sogenannte Bewegungsdaten auf. Eine umfassende Personalstammdatei ist eine verdichtete Wiedergabe des wesentlichen Inhalts der Personalakte. Falls eine Beurteilungsdatei existiert, beinhaltet sie in übersichtlicher Form die Ergebnisse der Personal-

Datenrecherche

Abb. 8.4

Instrumente zur Ermittlung der Eignungsprofile

Daten-recherche	Personal-beurteilung	Mitarbeiter-gespräch	Entwick-lungs-gespräch	Vor-gesetzten-befragung
		Ermittlung der Eignungsprofile		
Mitarbeiter-befragung	Test-verfahren	Situative Verfahren	Assessment Center	Eignungs-unter-suchung

Quelle: eigene Darstellung

und welche Personalentwicklungsmaßnahmen gegebenenfalls erforderlich sind (Kiefer/Knebel 2004, S. 177 ff.).

Das der Beurteilung folgende Beurteilungsgespräch kann, wie jedes in puncto Personalentwicklung strukturierte **Mitarbeitergespräch**, ebenfalls interessante Informationen liefern. Allerdings ist der Zeitaufwand größer als der für eine Datenrecherche (Becker 2005 a, S. 379 ff., Kapitel Personalführung).

Möglich sind aber nicht nur Gespräche mit den Betroffenen, sondern auch Gespräche über die Betroffenen. So können sich Vorgesetzte, etwa Hauptabteilungsleiter, viertel- oder halbjährlich zu **Entwicklungsgesprächen** treffen und dort die Eignung ihrer Mitarbeiterinnen und Mitarbeiter diskutieren. Sicherlich sind ihre Eindrücke subjektiv. Diese Subjektivität kann aber im Gespräch relativiert werden.

Zur Vorbereitung dieser Entwicklungsgespräche empfehlen sich **schriftliche Befragungen der Vorgesetzten**. Mit der Einladung zum Entwicklungsgespräch erhalten sie Listen mit kurzgefassten Daten aus der Personalakte, versehen mit Fragen zur Eignung. Derartige Befragungen sind natürlich auch losgelöst von Entwicklungsgesprächen denkbar. Sie können in Form von Potenzialerhebungen vorgenommen werden. Die Vorgesetzten werden aufgefordert, diejenigen Beschäftigten zu nennen, die sie zum Zeitpunkt der Befragung für besonders leistungsfähig und talentiert halten (Mentzel 2005, S. 96 f.).

Die **Beschäftigten** können gleichfalls schriftlich zur Eignung für ihre aktuellen Aufgaben befragt werden (Kapitel Personalführung). Ehrliche Antworten sind dabei jedoch nur zu erwarten, wenn ihnen keine Nachteile drohen, falls sie über Eignungsdefizite verfügen.

beurteilungen. Sogenannte Personalinventarlisten enthalten neben persönlichen Merkmalen Informationen über die Dauer und Art der Vorbildung, die Berufserfahrung und die berufliche Spezialisierung.

Personalbeurteilung

Gelegentlich wird die Beobachtung als ein Instrument der Eignungsermittlung genannt. Dem liegt ein Missverständnis zugrunde. Die Beobachtung an sich ist nämlich keiner Auswertung zugänglich. Sie kann erst dann von Interesse sein, wenn ihr eine Beschreibung und Beurteilung folgen. Damit ist man aber schon bei der **Personalbeurteilung** angelangt, wie sie im gleichnamigen Kapitel dieses Buches angesprochen wird.

Entwicklungsgespräch

▸ Anhand von Leistungsbeurteilungen kann man sicherlich feststellen, wie gut die Beschäftigten ihre Aufgabenstellung auf ihrem derzeitigen Arbeitsplatz erfüllen (Kiefer/Knebel 2004, S. 153 ff.).
▸ Potenzialbeurteilungen ermöglichen hingegen Aussagen darüber, ob Beschäftigte dazu in der Lage sind, in absehbarer Zeit weitergehende Aufgabenstellungen zu übernehmen

Vorgesetztenbefragung

▸ Das betriebliche Vorschlagswesen und
▸ innerbetriebliche Stellenausschreibungen kommen solchen Befragungen im Ergebnis recht nahe. Zwar bleibt es dem Zufall überlassen, ob und welche Mitarbeiterinnen und Mitarbeiter vom Vorschlagswesen und internen Ausschreibungen überhaupt Notiz nehmen. Doch vermitteln zumindest die Interes-

Mitarbeiterbefragung

Unter der Lupe

Personalentwicklungsdatei

Die Personalentwicklungsdatei ist kein Instrument, sondern das Ergebnis der Ermittlung von Eignungsprofilen. Sie erfasst sämtliche Beschäftigte mit ihrem Personalentwicklungsbedarf und den über sie vorhandenen aussagekräftigen Informationen. Eine etwaige Nachwuchsdatei beinhaltet dieselben Informationen, allerdings nur für die Nachwuchskräfte.

senten Hinweise auf ihre bisher nicht genutzten Qualifikationen und Kompetenzen (*Becker 2005 b, S. 55 f.*, Kapitel Personalbeschaffung).

▶ Schließlich können Mitarbeiterbefragungen zur Arbeitszufriedenheit wichtige Einsichten vermitteln. Man ergründet, ob und inwieweit die Konsequenzen des Arbeitsverhaltens den gehegten Erwartungen und dem Anspruchsniveau entsprechen oder sie übertreffen. Dabei zeigen sich unter Umständen Defizite und Fehlentewicklungen, denen man mit den Mitteln der Personalentwicklung begegnen kann (Kapitel Personalcontrolling, *Fischer/ Stams/Titzkus 2008, S. 310 ff.*).

Testverfahren, situative Verfahren und Assessment Center können ebenfalls für die Ermittlung des Eignungsprofils herhalten. Gerade Assessment Center gehören in vielen Unternehmen zum Standard, wenn die Eignung von Beschäftigten für eine Führungslaufbahn festgestellt wird. In der Durchführung unterscheiden sie sich nicht von den Verfahren, wie sie für die Personalbeschaffung verwendet werden (*Fisseni/Preusser 2007, S. 30, Paschen 2003, S. 25 ff.*).

Dasselbe gilt für die **ärztliche Eignungsuntersuchung**. Je nach Tätigkeitsfeld macht es durchaus Sinn zu überprüfen, ob und inwieweit die Beschäftigten den Belastungen ihrer Aufgaben noch gewachsen sind. Man denke etwa an die laufenden Untersuchungen von Piloten. Wenn der Arzt die Anforderungen gut kennt, kann er die gesundheitliche Eignung recht verlässlich beurteilen. Ärztliche Eignungsuntersuchungen sind außerdem angebracht, wenn höhere Anforderungen auf Beschäftigte zukommen. Das ist in der Praxis nur in Ausnahmefällen gebräuchlich, beispielsweise bei einem geplanten Auslandseinsatz.

8.2.2.2 Personalentwicklungsbedarf der Beschäftigten

Personalentwicklung kann man nur betreiben, wenn man neben dem Personalentwicklungsbedarf aus Unternehmenssicht, der sich aus einem Vergleich von Anforderungs- und Eignungsprofilen ergibt, auch den Personalentwicklungsbedarf der Beschäftigten kennt, also ihre

Interessen und Neigungen, kurz gesagt ihre Motivation.

Entspricht das Angebot nicht den Interessen und Neigungen der Beschäftigten, ist keine freiwillige Teilnahme zu erwarten. Eine mehr oder weniger erzwungene Teilnahme bewirkt eher eine schwindende Einsatzbereitschaft (*Bröckermann 2008, S. 616, Rosenstiel 2000, S. 6 f.*).

Für die Erkundung der Motivation eignen sich mit wenigen Ausnahmen alle **Instrumente**, die zur Ermittlung der Eignungsprofile eingesetzt werden. (*Abb. 8.4*)

Selbst die Datenrecherche kann Erkenntnisse vermitteln. In Personalakten und -dateien findet sich mancher Fingerzeig auf Hobbys und Aktivitäten, der Interessen offen legt.

Natürlich ist es in diesem Zusammenhang weitaus besser, sich mit den Betroffenen als über die Betroffenen zu unterhalten, denn Gespräche bieten Mitarbeiterinnen und Mitarbeitern die Möglichkeit, ihre Interessen und Neigungen, ihre individuelle Motivation, zu verdeutlichen.

▶ Von allen möglichen Gesprächen bietet das Beurteilungsgespräch noch die geringsten Möglichkeiten, da die Beurteilten hier in erster Linie ihre Stellungnahme zur Beurteilung abgeben sollen (Kapitel Personalbeurteilung).

▶ Besser geeignet sind alle Formen des vertraulichen Gesprächs zwischen Vorgesetzten und Beschäftigten. Sie thematisieren jedoch häufig völlig andere Bereiche. Deshalb müssen sich die Beschäftigten in diesem Rahmen ein Herz fassen, um auf ihre Interessen und Neigungen zu sprechen zu kommen, was oft misslingt (Kapitel Personalführung).

▶ Eigens zum Zweck der Ermittlung des Personalentwicklungsbedarfs der Beschäftigten dient das **Beratungs- und Fördergespräch**. Für die Vorbereitung und Durchführung von Fördergesprächen gelten grundsätzlich die gleichen Regeln wie sie für das Beurteilungsgespräch im Kapitel Personalbeurteilung dargestellt werden. Da es den Beschäftigten in der Regel schwer fällt, ihren Personalentwicklungsbedarf zu artikulieren, sollten sie so rechtzeitig eingeladen werden, dass ihnen noch genügend Zeit für die Vorbereitung bleibt. *Mentzel (1997, S. 127 f.)* zitiert in die-

Tests, situative Verfahren und Assessment Center

Eignungsuntersuchung

Instrumente zur Ermittlung der Motivation

Beratungs- und Fördergespräch

Abb. 8.5

Einladung und Vorbereitung zum Beratungs- und Fördergespräch

Einladung zum Beratungs- und Fördergespräch

Liebe Mitarbeiterin, lieber Mitarbeiter,
unser Beratungs- und Fördergespräch soll – wie bereits zwischen uns vereinbart –
zum oben angegebenen Termin stattfinden. In diesem Gespräch wollen wir
▶ uns ungestört und offen über alles unterhalten, was für Ihre Zufriedenheit
 und den Erfolg Ihrer Tätigkeit wichtig ist,
▶ gemeinsam nach Möglichkeiten für Ihre Schulung und Fortbildung suchen
 und Maßnahmen zur Verwirklichung dieser Pläne besprechen,
▶ ausgehend von Ihren Arbeitszielen und Leistungen im vergangenen
 Zeitraum gemeinsam die Ziele planen und festlegen, die wir in den nächsten
 Monaten erreichen wollen,
▶ Ihre Erwartungen und unsere gegenseitigen Vorstellungen hinsichtlich Ihrer
 Laufbahnentwicklung diskutieren.
Der Erfolg unseres Gesprächs hängt auch wesentlich von Ihrem Beitrag ab.
Zur Vorbereitung kann Ihnen die Rückseite dieser Einladung dienen.
Unterschrift

Vorbereitungsblatt zum Beratungs- und Fördergespräch

Sie haben sicherlich eigene Vorstellungen über das, was Sie von sich aus be-
sprechen wollen. Betrachten Sie die folgenden Fragen daher lediglich als Leitfaden.
▶ Waren Ihnen in der Vergangenheit Ihre Arbeitsziele genügend bekannt?
▶ Was hat Sie bei Ihrer Arbeit behindert?
▶ Welche Umstände waren für den Erfolg Ihrer Tätigkeit förderlich?
▶ Konnten Sie Ihre Fähigkeiten voll einsetzen?
▶ Welche Tätigkeit, die Sie kennen, wäre aufgrund Ihrer Fähigkeiten
 für Sie geeignet?
▶ Welche zukünftigen Arbeitsziele halten Sie für besonders wichtig?
▶ Was kann ich für Ihre berufliche Weiterbildung tun oder verlangen?
▶ Welche Erwartungen und Vorstellungen haben Sie hinsichtlich Ihrer
 Laufbahnentwicklung bei der IBM?
Bitte bringen sie darüber hinaus alles zur Sprache, was für Sie wichtig ist.

Quelle: Mentzel 1997, S. 127 f.

Mitarbeiterbefragung

sem Zusammenhang die vorbildliche Einladung der IBM Deutschland GmbH, die überdies ein Vorbereitungsblatt beinhaltet (Abb. 8.5).
Das Beratungs- und Fördergespräch kann mit dem Beurteilungsgespräch zusammenfallen. In diesem Fall sind die unmittelbaren Vorgesetzten die Gesprächspartner der Beschäftigten. Regelmäßig sitzen aber höhere Vorgesetzte oder Verantwortliche für die Personalentwicklung an der anderen Seite des Tisches. Das hat Vorteile. Höhere Vorgesetzte und Personalentwicklungsbeauftragte verfügen über bessere Informationen über die Entwicklungsalternativen, die das Unterneh-

men bietet. Und sie können bereits im Gespräch Entwicklungsalternativen und Personalentwicklungsmaßnahmen festgelegen.

Schriftliche oder internetbasierte Mitarbeiterbefragungen zum Personalentwicklungsbedarf sind den Beratungs- und Fördergesprächen nahezu ebenbürtig.
▶ Wiederum ist es *Mentzel (1997, S. 110 ff.)*, der auf ein in der Praxis bewährtes Verfahren verweisen kann, die »Eigene Meinung zur Laufbahn« bei der ehemaligen Enka-Glanzstoff AG. Die Befragungsunterlagen bestehen aus einführenden Hinweisen, einem Instruktionsblatt und einem vierseitigen Fragebogen. Zur Illustration der Inhalte mag hier eine Wiedergabe der Überschriften genügen (*Abb. 8.6*). Die Befragung richtet sich leider nur an Führungskräfte. Nachahmenswert sind dagegen folgende Vorgaben:
– Um falsche Hoffnungen und spätere Enttäuschungen zu vermeiden, wird bei der Zusendung der Unterlagen darauf hingewiesen, dass die Interessen und Neigungen nicht in jedem Fall und nicht immer in vollem Umfang gefördert werden können.
– Die Befragten werden in keiner Weise zur Teilnahme genötigt. Auf Wunsch können sie auch nur einen Teil der gestellten Fragen zu beantworten.
– Es besteht die Möglichkeit, die schriftlichen Ausführungen um eine mündliche Erläuterung zu ergänzen.
– Alle Daten werden vertraulich behandelt und mit Dritten erst dann besprochen, wenn sich das im Zusammenhang mit einer vorgesehenen Versetzung oder Beförderungen bzw. Personalentwicklungsmaßnahmen als notwendig erweist.
▶ Das betriebliche Vorschlagswesen und
▶ innerbetriebliche Stellenausschreibungen vermitteln nicht nur Hinweise auf Potenziale der Beschäftigten. Die Interessentinnen und Interessenten machen durch ihre Vorschläge und durch ihre Bewerbungen auch auf ihre Interessen und Neigungen aufmerksam. Auf diese Informationen sollte man selbst dann Acht geben, wenn Vorschläge und Bewerbungen abgelehnt werden.

Die ärztliche Eignungsuntersuchung zielt jedoch vornehmlich auf den Gesundheitszustand und nicht auf die Motive.

Und schließlich sollte die Motivation dem unmittelbaren, für die Arbeitseinteilung zuständigen Vorgesetzten aufgrund der Zusammenarbeit und des persönlichen Kontaktes ohnehin bekannt sein.

8.2.2.3 Partizipative Personalbedarfsanalyse

Personalentwicklung ohne eine Beteiligung der Betroffenen ist sicherlich nicht möglich, denn was nutzen Personalbildung, Personalförderung und Arbeitsstrukturierung, wenn keiner daran teilnimmt. Deshalb ist es schlicht überflüssig, von partizipativer Personalentwicklung zu sprechen.

Für einen Teilbereich der Personalentwicklung gilt dies allerdings nicht, nämlich die Ermittlung des Personalentwicklungsbedarfs. In der Tat vernachlässigen einige Unternehmen die Ermittlung des Personalentwicklungsbedarfs der Beschäftigten. Wird er jedoch erhoben, kann man schon von einer partizipativen Personalbedarfsanalyse sprechen. Der Begriff ist in Theorie und Praxis freilich regelmäßig enger gefasst *(Abb. 8.7)*.

Im Allgemeinen versteht man unter einer partizipativen Personalbedarfsanalyse das **Zusammenwirken**

- des Unternehmers, des Vorstands oder der Geschäftsführung bzw. -leitung
- mit den Vorgesetzten und
- den Beauftragten für die Personalentwicklung sowie
- den betroffenen Beschäftigten und
- der Belegschaftsvertretung
- bei der Ermittlung des Personalentwicklungsbedarfs
- in Befragungen,
- Gruppeninterviews und
- Diagnose-Workshops.

Die partizipative Personalbedarfsanalyse beginnt in der Regel mit Befragungen der Beschäftigten zu ihrem Personalentwicklungsbedarf und Befragungen der Entscheidungsträger zum Personalentwicklungsbedarf durch technische und organisatorische Änderungen sowie Investitionen.

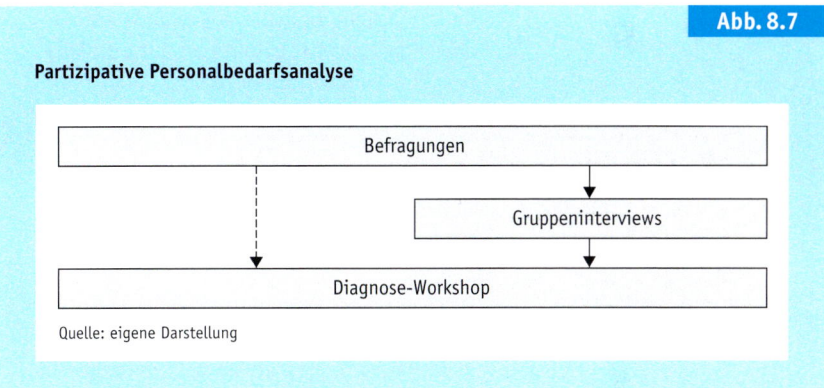

Abb. 8.6

Mitarbeiterbefragung »Eigene Meinung zur Laufbahn«

Eigene Meinung zur Laufbahn

- Freie Beschreibung Ihrer Interessen
- Bevorzugung bestimmter Funktionsrichtungen
- Interessen für konkrete Funktionen
- Zufriedenheit in jetziger Funktion
- Überlegungen zur weiteren Laufbahnentwicklung
- Bevorzugte Wohnorte (Standorte) in Deutschland
- Interesse an Auslandsbeschäftigung
- Fortbildungsbedarf im Hinblick auf jetzige Funktion
- Fortbildungsbedarf im Hinblick auf gewünschte Funktion
- Ansichten über eigene Qualitäten

Quelle: nach *Mentzel 1997*, S. 110 ff.

Abb. 8.7

Partizipative Personalbedarfsanalyse

Befragungen → Gruppeninterviews → Diagnose-Workshop

Quelle: eigene Darstellung

Die Befragungsergebnisse werden in einem weiteren Schritt strukturiert.

Danach werden die strukturierten Befragungsergebnisse als Untersuchungsgegenstand für mehrere **Gruppeninterviews** vorgegeben. Die Gruppen setzen sich aus Beschäftigten aller Hierarchieebenen zusammen. Dabei hat ein Interviewer die Aufgabe, Erkenntnisse darüber zu sammeln, was die Interviewten im Zusammenhang mit den Befragungsergebnissen gemeinsam bewegt. So werden die Meinungen, Ideen und Reaktionen der Betroffenen deutlich.

Die Befragungsergebnisse und die Ergebnisse der Gruppeninterviews sind die Grundlagen für den abschließenden **Diagnose-Workshop**, der wiederum mit Beschäftigten aller Hierarchieebenen besetzt ist. Hier erstellen die Beteiligten sogenannte Problemkataloge. Sie benennen

Gruppeninterviews

Diagnose-Workshop

Partizipative Personalbedarfsanalyse in der Kritik

*Bei partizipativen Personalbedarfsanalysen ist die Gefahr eines informellen **Konformitätsdruckes** nicht von der Hand zu weisen. Zudem können sich **Interessenkoalitionen** bilden. Damit ist die Gefahr der **Manipulation** gegeben. Die partizipative Personalbedarfsanalyse ist auch mit einem **hohen Zeitaufwand** verbunden. Häufig treten **Konflikte** auf, die geregelt werden müssen. Allerdings zahlt sich die eingesetzte Zeit und die Konfliktregelung wieder aus. Durch die Einbindung der Betroffenen können nämlich **Vorbehalte** gegen die geplanten Veränderungen, **Unsicherheiten und Ängste** gegenüber Neuem und das Festhalten an alten und bewährten Methoden **abgebaut** werden.*

Schwierigkeiten, die ihnen in der täglichen Arbeit begegnen, aber auch solche, die durch künftige Entwicklungen, durch technische und organisatorische Änderungen, entstehen können. In einer Zieldiskussion wird ein gemeinsames Zielverständnis erarbeitet. Ein Moderator hat die Aufgabe, die Gruppe ausgleichend zusammenzuhalten und auf dem Weg zum Ziel weiterzuführen *(Mudra 2004, S. 170 ff.)*.

8.2.3 Dokumentation und Visualisierung

Personalentwicklungsdatei

Für Zwecke der Personalentwicklung werden die Ergebnisse der Personalbedarfsplanung sowie der quantitativen, qualitativen und zeitlichen Personalplanung in eine Personalentwicklungsdatei übertragen. Dafür ist in der Regel das Personalwesen zuständig. Diese Personalentwicklungsdatei erfasst

▸ alle **Stellen** mit
  – den Stellenbeschreibungen und
  – Anforderungsprofilen,

– der aktuellen Stellenbesetzung und
– absehbaren Veränderungen,
▸ sämtliche Beschäftigte, für die ein Personalentwicklungsbedarf festgestellt wurde, aber auch die Beschäftigten, die selbst einen Personalentwicklungsbedarf angemeldet haben, mit Angaben zur **Person**, also
  – Name,
  – Personalnummer und
  – Eintrittsdatum sowie
▸ mit der ermittelten **Eignung** und **Motivation**. Dazu listet man Daten
  – zur Schulbildung und zum Studium,
  – zur Berufsausbildung,
  – zur beruflichen Entwicklung,
  – zum Werdegang nach dem Eintritt in das Unternehmen,
  – zur aktuellen Stelle und geplanten Aufgabenfeldern,
  – zur Teilnahme an der Bildungsarbeit und Förderung,
  – zum Eignungsprofil,
  – zu Interessen und Neigungen,
  – zu vorgesehenen Personalentwicklungsmaßnahmen sowie
  – zu geplanten Aufgabenfeldern *(Mentzel 2005, S. 60 f.)* auf.

Eine etwaige Nachwuchsdatei beinhaltet dieselben Informationen, allerdings nur für die Nachwuchskräfte.

Alle Daten werden regelmäßig erfasst, ergänzt und aktualisiert. Bei ihrer Erfassung, Speicherung und Analyse sind die Bestimmungen des Bundesdatenschutzgesetzes zu beachten.

Ein Dokumentations- und Visualisierungsinstrument mit dem gleichen Zweck ist das Human Resource- oder, prägnanter, **Personal-Portfolio**.

Personalentwicklungsdatei als Grundlage

Die Personalentwicklungsdatei ist die Grundlage für alle Personalentwicklungsmaßnahmen. Sie vermittelt einen umfassenden Überblick über den Personalentwicklungsbedarf. Damit bildet sie die Entscheidungsgrundlage für die Festlegung der Instrumente. Aufgrund der Daten kann man erkennen, ob eine Zusammenfassung ähnlicher Vorhaben möglich ist. Sie dient folglich der Koordination der Maßnahmen. Über die jeweils aktuellen Eintragungen kann sowohl ein Controlling der Durchführung als auch der Lern- und Anwendungserfolge erfolgen. Und die detaillierten, aktuellen Daten dienen als Hilfsmittel bei Auswahlentscheidungen im Rahmen der internen Personalbeschaffung, des Personaleinsatzes und des Personalabbaus.

Die bekannteste Form stellte *Odiorne 1985 (S. 65 ff.)* vor. Mithilfe dieses Instruments will man sowohl die Eignungsprofile der Beschäftigten als auch ihre strategische Bedeutung für das Unternehmen verdeutlichen *(Abb. 8.8).*

Um zu veranschaulichen, bei welchen Beschäftigten sich Personalentwicklungsmaßnahmen empfehlen, wird das gegenwärtige Leistungsverhalten der Betreffenden, die sogenannte Performance, mit dem ermittelten Potenzial in eine Vier-Felder-Matrix zusammengeführt.

▸ **Dead Wood**, auch Dogs genannt, sind Niedrigleister ohne Potenzial und somit die Problemfälle. Man könnte sie auf eine anspruchslose Position versetzen oder sich von ihnen trennen.

▸ **Work Horses** oder Cash Cows sind Mitarbeiter mit hoher Leistung, aber geringem Potenzial. Sie werden gleichfalls kaum in die Personalentwicklung einbezogen. Bei ihnen besteht die Gefahr eines Absinkens auf das Stadium des Dead Wood. Deshalb sollte man sie durch abwechslungsreiche Aufgaben zumindest auf ihrem Eignungsniveau halten.

▸ Question Marks, zu deutsch Fragezeichen, oder auch Problem Employees bzw. **Wild Cats** bringen zwar genügend Potenzial mit, zeigen aber eher bescheidene Leistungen. Für sie sind alle Personalentwicklungsmaßnahmen geeignet, die zu einer Verbesserung des Leistungsverhaltens führen.

▸ **Stars** sind aufgrund ihrer herausragenden Leistung und Potenziale die Garanten für den Unternehmenserfolg und gelten deswegen als höchst entwicklungs- und förderungswürdig.

Freilich ist eine korrekte Zuordnung der Beschäftigten zu den Feldern kaum möglich, da es dafür bislang keine ausgereiften Ansätze gibt. Zudem sind die Bezeichnungen für die Betroffenen, vorsichtig ausgedrückt, problematisch, wenn nicht sogar menschenverachtend *(Oechsler 2006, S. 124, 501).*

Unter **Forced Ranking** versteht man den Ansatz, die Beschäftigten nach der Ermittlung der Eignungsprofile einem vergleichenden Ranking zu unterziehen, das eine Einstufung in eine Best-to-worst-Reihenfolge erlaubt, etwa

▸ Gruppe A: exzellente Mitunternehmer,

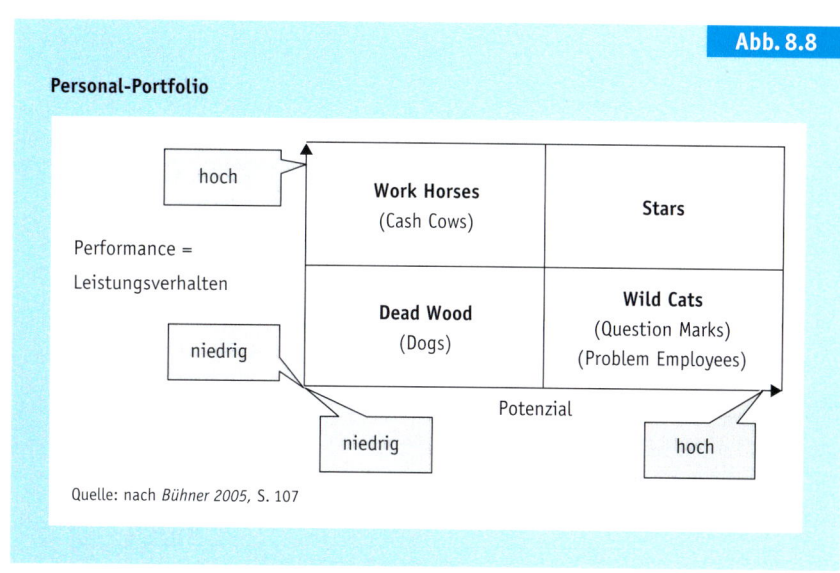

Personal-Portfolio

Performance = Leistungsverhalten

hoch — niedrig

Work Horses (Cash Cows) | Stars

Dead Wood (Dogs) | Wild Cats (Question Marks) (Problem Employees)

Potenzial — niedrig — hoch

Quelle: nach *Bühner 2005,* S. 107

Abb. 8.8

▸ Gruppe B: entwicklungsfähige Mitunternehmer,
▸ Gruppe C: kritische Mitunternehmer.

Danach ist eine Entscheidung möglich, welche Stelle und welcher Verantwortungsbereich wem zuzutrauen ist. Durch das Verwenden identischer Beurteilungsgrundlagen für alle Beschäftigten wird ein solches System transparent und leistungsfähig *(Kahabka 2004, S. 97 f.).*

Mit dem **Management Audit** oder Appraisal werden zunächst die Eignungsprofile der Manager ermittelt, und zwar durch Selbsteinschätzungen, Persönlichkeitsfragebogen, 360-Grad-Beurteilungen, standardisierte Interviews, Leistungsbeurteilungen und Beobachtungen in situativen Übungen. Danach werden diese Eignungsprofile vorgestellt und verglichen.

Dadurch soll das Management für die eigenen Stärken und Schwächen sensibilisiert und für anstehende Veränderungen mobilisiert werden *(Jochmann 2003, S. 30 ff., Krell 2003, S. 175 ff.).*

Die **Personalwertanalyse** ist ein Baustein des Human Capital Management, das das Potenzial der Beschäftigten als Aktivum darstellt und Personalaufwendungen als zukunftsbezogene Investitionen ausweist *(Kahabka 2004, S. 98,* Kapitel Personalcontrolling).

Dabei baut die Personalwertanalyse auf einer Ermittlung der Eignungsprofile auf. Momentan

Forced Ranking

Management Audit

Personalwertanalyse

Nachfolgeplanung

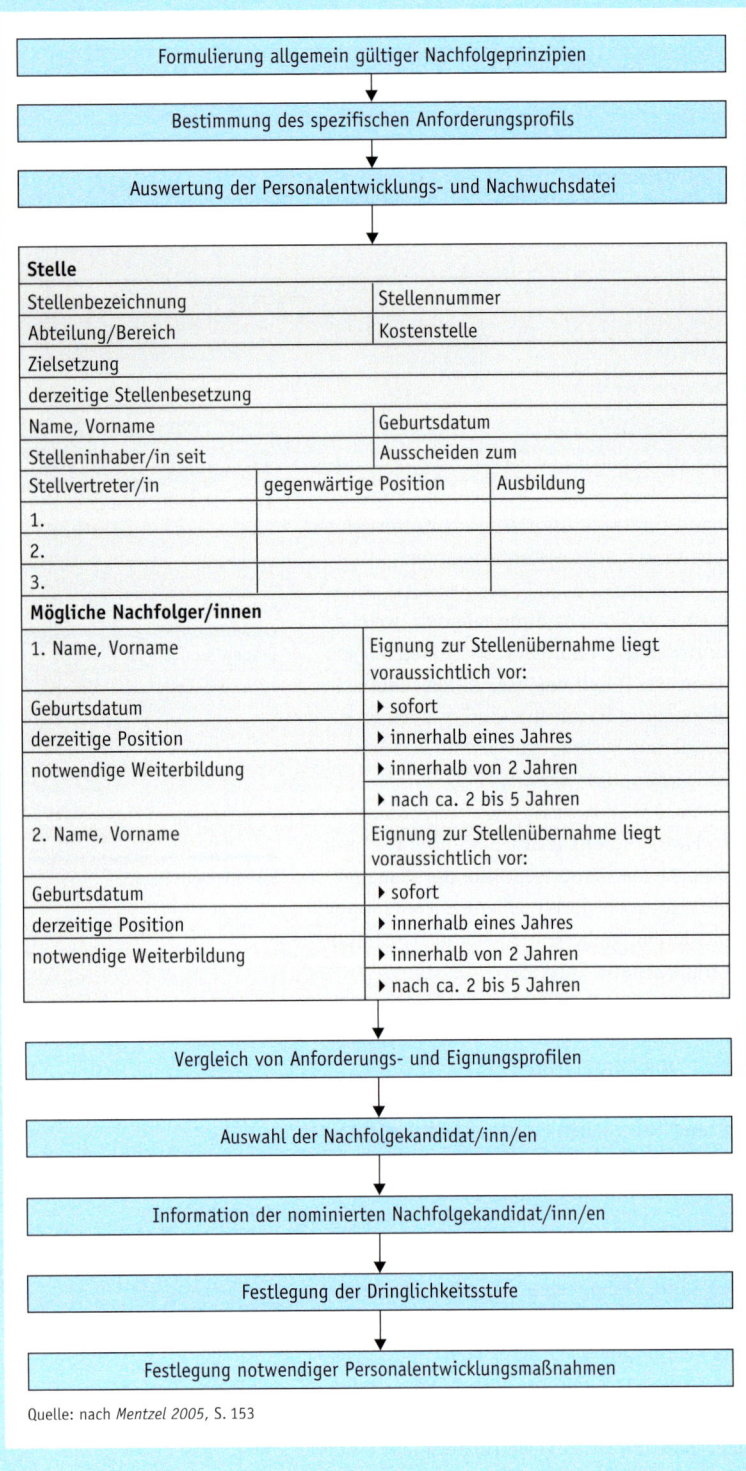

| Formulierung allgemein gültiger Nachfolgeprinzipien |
| Bestimmung des spezifischen Anforderungsprofils |
| Auswertung der Personalentwicklungs- und Nachwuchsdatei |

Stelle

Stellenbezeichnung		Stellennummer	
Abteilung/Bereich		Kostenstelle	
Zielsetzung			
derzeitige Stellenbesetzung			
Name, Vorname		Geburtsdatum	
Stelleninhaber/in seit		Ausscheiden zum	
Stellvertreter/in	gegenwärtige Position	Ausbildung	
1.			
2.			
3.			

Mögliche Nachfolger/innen

1. Name, Vorname	Eignung zur Stellenübernahme liegt voraussichtlich vor:
Geburtsdatum	▸ sofort
derzeitige Position	▸ innerhalb eines Jahres
notwendige Weiterbildung	▸ innerhalb von 2 Jahren
	▸ nach ca. 2 bis 5 Jahren
2. Name, Vorname	Eignung zur Stellenübernahme liegt voraussichtlich vor:
Geburtsdatum	▸ sofort
derzeitige Position	▸ innerhalb eines Jahres
notwendige Weiterbildung	▸ innerhalb von 2 Jahren
	▸ nach ca. 2 bis 5 Jahren

| Vergleich von Anforderungs- und Eignungsprofilen |
| Auswahl der Nachfolgekandidat/inn/en |
| Information der nominierten Nachfolgekandidat/inn/en |
| Festlegung der Dringlichkeitsstufe |
| Festlegung notwendiger Personalentwicklungsmaßnahmen |

Quelle: nach *Mentzel 2005*, S. 153

kaum lösbare Probleme entstehen allerdings, wenn man den ermittelten Eignungsprofilen konkrete Werte zuordnen will.

Die **Data Envelopment Analysis (DEA)** ist ein Verfahren, das auf die Ermittlung der Eignungsprofile verzichtet und auf Kennwerte für Input- und Outputgrößen setzt, die je nach Stelle und Verantwortungsbereich ausgewählt werden.

Die DEA wird vereinzelt eingesetzt, um das Führungspotenzial greifbar zu machen. Das Führungspotenzial wird dabei durch die sogenannte Führungseffizienz ausgedrückt, die sich als Quotient aus dem erzielten Output und dem benötigten Input errechnet. Optimal wäre logischerweise ein Wert von 100 Prozent, also größtmögliche Führungseffizienz *(Kahabka 2004, S. 98 f.)*.

8.2.4 Maßnahmenplanung der Personalentwicklung

8.2.4.1 Kollektive, individuelle und Standard-Pläne

Die kollektive Maßnahmenplanung hat sowohl generelle wie spezielle, auf einen bestimmten Zweck bezogene Entwicklungsziele des Unternehmens zum Inhalt, aber auch die Auswahlkriterien für Teilnehmerinnen und Teilnehmer sowie für Instrumente. Darüber hinaus legt sie Leitlinien für die inhaltliche Gestaltung, die Terminierung und Finanzierung von Maßnahmen fest.

Eine spezielle kollektive Personalentwicklungsplanung ist die **Nachfolgeplanung**. Sie dient der Vorsorge. Den geeigneten und interessierten Beschäftigten, die im Rahmen der Personalplanung ausfindig gemacht werden, wird die Möglichkeit geboten, sich gezielt für die Übernahme einer bestimmten Stelle zu qualifizieren. Dann kann bei Vakanzen sofort auf Kandidaten zurückgegriffen werden. Denen wird mit der Chance eines planmäßigen, nach allgemein gültigen Kriterien vollzogenen Aufstiegs ein Anreiz zum Verbleib und zum Engagement im Unternehmen geboten. Wenn aus Sicherheitsgründen mehrere potenzielle Nachfolgerinnen und Nachfolger in die Planung einbezogen werden, relativiert sich dieser Anreiz jedoch zumindest für diejenigen, die letztlich nicht berücksichtigt werden *(Abb. 8.9, Mentzel 2005, S. 148 ff.)*.

Falls sich für eine Position keine potenziellen Nachfolger finden, muss man andere Maßnahmen einleiten, im Allgemeinen eine Personalbeschaffung, und zwar sofort oder zu einem späteren Zeitpunkt, der zu fixieren ist.

Auf der Grundlage der kollektiven Maßnahmenplanung wird bei Bedarf und Interesse jeweils aktuell für die jeweiligen Mitarbeiterinnen und Mitarbeiter eine individuelle Maßnahmenplanung erstellt. Dabei sollten die Betreffenden selbstverständlich aktiv beteiligt werden.

Das Pendant zur kollektiven Nachfolgeplanung ist die individuelle **Laufbahnplanung**. Anders als bei der Nachfolgeplanung geht es bei der Laufbahnplanung nicht unmittelbar um eine Stellenbesetzung, sondern um die berufliche Entwicklung einzelner Beschäftigter im Unternehmen. Damit sind natürlich indirekt auch wieder Stellen angesprochen, die die Betreffenden im Laufe ihrer Entwicklung einnehmen können, wenn sie sich entsprechend qualifizieren *(Mentzel 2005, S. 139 ff.)*.

Wenn einige Beschäftigte ähnliche Voraussetzungen und Interessen haben und für ähnliche Maßnahmen vorgesehen sind, ist es rationeller, statt jeweils individueller Maßnahmenpläne **Standard-Maßnahmenpläne** auszuarbeiten.

8.2.4.2 Ziele der Personalentwicklung
Vorweg müssen die Ziele definiert werden, die mit der Personalentwicklung realisiert werden sollen.

Die **potenzialorientierte Personalentwicklung** hat die Pflege und den Ausbau vorhandener Eignungen und Potenziale sowie der Neigungen und Interessen der Beschäftigten zum Ziel, ohne dass über die Verwendung der erweiterten Qualifikationen und Kompetenzen definitiv entschieden ist.

Die **positionsorientierte Personalentwicklung** bezweckt eine gezielte Vermittlung von Qualifikationen und Kompetenzen für eine bestimmte Stelle oder eine Abfolge von Stellen. Sie knüpft nicht selten an die potenzialorientierte Personalentwicklung an.

Die **berufsvorbereitende Personalentwicklung** ist auf den erstmaligen Einsatz in einer beruflichen Tätigkeit ausgerichtet, wie beispielsweise die Erstausbildung.

Die **berufsbegleitende Personalentwicklung** spricht Beschäftigte an, die bereits im Berufsleben stehen und über ein gewisses Maß an Berufserfahrung verfügen. Sie sollen die beruflichen Qualifikationen und Kompetenzen erhalten, erweitern, der technischen Entwicklung anpassen oder einen Aufstieg ermöglichen. In diesem Sinne äußert sich auch der Gesetzgeber im Berufsbildungsgesetz, der den Unternehmen jedoch größtenteils freie Hand lässt *(Oechsler 2006, S. 520 ff.)*.

Auch die **berufsverändernde Personalentwicklung** spricht solche Beschäftigte an, die bereits im Berufsleben stehen oder gestanden haben und über ein gewisses Maß an Berufserfahrung verfügen. Sie setzt hingegen dort an, wo Beschäftigte ihre bisherige Tätigkeit oder gar

Laufbahnplanung

Standard-Maßnahmenpläne

Anpassung, Aufstieg und Ergänzung

Bei berufsbegleitender Personalentwicklung geht es in erster Linie um die **Anpassung**. *Das vorhandene Wissen und Können der Beschäftigten sowie ihr Arbeits- und Sozialverhalten wird an die veränderten Gegebenheiten ihrer Arbeitsplätze angeglichen. Derartige Anpassungsprozesse sind wegen des fortlaufenden technologischen und organisatorischen Wandels erforderlich. Zudem muss die Berufserfahrung aus anderen Unternehmen mit den spezifischen betrieblichen Gegebenheiten in Übereinstimmung gebracht werden. Das gilt in besonderem Maße für Beschäftigte, die bereits aus dem Erwerbsleben ausgeschieden waren. Bei einer solchen beruflichen Reaktivierung werden Wissen und Fertigkeiten wieder aufgefrischt, erweitert und mit den veränderten Erfordernissen in Einklang gebracht.*

Berufsbegleitend ist auch der **Aufstieg**. *Das Potenzial von Beschäftigten wird so entwickelt, dass sie zur Übernahme qualifizierterer Funktionen oder höherwertiger Positionen in der Lage sind. Über das notwendige Potenzial verfügen bei weitem nicht alle Beschäftigten. Dennoch sollten grundsätzlich allen Beschäftigten die gleichen Chancen geboten werden, ihre Qualifikationen und Kompetenzen zur Diskussion zu stellen.*

Die Anpassung und der Aufstieg können zudem eine **Ergänzung** *erfahren, die die Anforderungen derzeitiger oder künftiger Arbeitsplätze außer Betracht lässt. Hier geht es um politische und wirtschaftliche Themen, Sprachen, Ernährungsfragen, kreative Sujets oder Erste Hilfe bei Unfällen und Erkrankungen.*

Unter der Lupe

Aus der Praxis

»Die Zeiten, in denen Weiterbildung vor allem nach dem Gießkannenprinzip betrieben wurde, scheinen endgültig vorbei. Diesen Schluss legt eine Umfrage des E-Learning-Anbieters Skill-Soft, Düsseldorf, unter Beschäftigten aus acht europäischen Ländern nahe. Von den insgesamt 2.400 Befragten gaben 87 Prozent an, dass Weiterbildung in der eigenen Firma in die Unternehmensstrategie eingebettet ist. Von den 300 deutschen Befragten sagten das immerhin 74 Prozent ... Den größten Weiterbildungsbedarf sehen die Befragten über die Landesgrenzen hinweg in den Bereichen IT/Technik (48 Prozent), Projektmanagement (26), Mitarbeiterführung (24) und Problemlösung (20).«

ama/Skillsoft 2008: ama und Skillsoft (Verfasser unbekannt), »Geschult wird strategisch: Studie zur Weiterbildung«, in: Managerseminare, Heft 01/2008, S. 7.

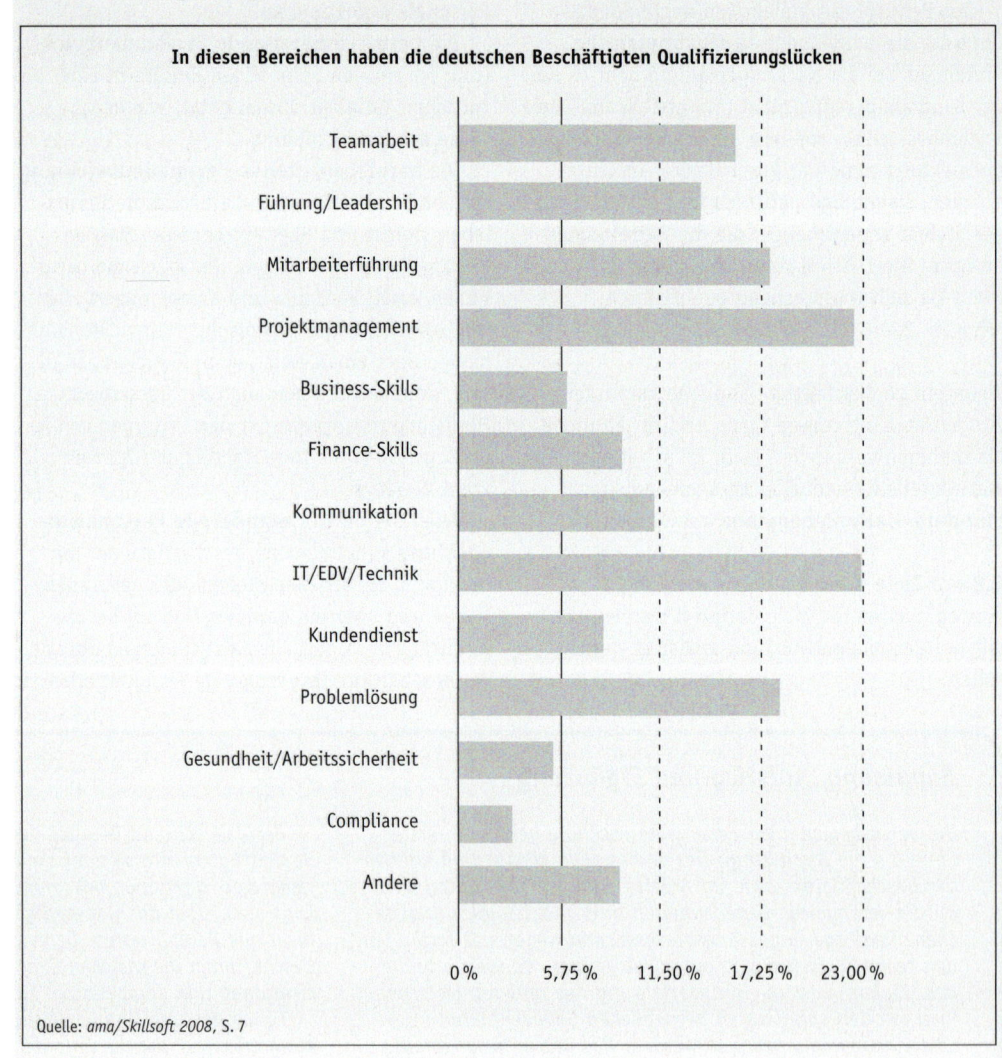

In diesen Bereichen haben die deutschen Beschäftigten Qualifizierungslücken

Quelle: *ama/Skillsoft 2008*, S. 7

ihren bisherigen Beruf nicht mehr ausüben können *(Oechsler 2006, S. 522)*.

8.2.4.3 Inhalte der Personalentwicklung

Personalentwicklung dient der Vermittlung von anforderungs- und neigungsgerechten Qualifikationen und Kompetenzen. Es geht also um jene Inhalte, die auch im Kapitel Personalbeschaffung angesprochen werden.

▸ Die **Qualifikation** eines Menschen ist die Gesamtheit der Fähigkeiten, genauer gesagt der Kenntnisse, der Fertigkeiten und des Verhaltens, über die er, als Voraussetzung für die Ausübung einer beruflichen Tätigkeit, verfügt oder verfügen muss. Mit der Vermittlung von Qualifikationen werden Beschäftigte »für den betrieblichen Alltag fit« gemacht *(Heyse/Erpenbeck 2004, S. XVI)*.

▸ Eine erlangte Qualifikation sagt noch nichts über die Fähigkeiten, in offenen und unüberschaubaren, komplexen und dynamischen Situationen selbstorganisiert zu handeln. Deshalb darf man nicht bei der Vermittlung von Qualifikationen stehen bleiben. Man muss vielmehr auch **Kompetenzen** vermitteln, das heißt Fähigkeiten, die Menschen in die Lage versetzen, sich in derartigen Situationen eigenständig zurechtzufinden. Kompetenzen sind nicht direkt überprüfbar, sondern nur aus der Handlungsausführung erschließbar und bewertbar *(Heyse/Erpenbeck 2004, S. XIII ff.)* .

Qualifikationen und Kompetenzen sind durchweg so eng miteinander verflochten, dass sie bei vielen Personalentwicklungsmaßnahmen gemeinsam angeschnitten werden *(Abb. 8.12, Kapitel Personalbeschaffung, Mentzel 2005, S. 175 ff.)*.

8.2.4.4 Methodik der Personalentwicklung

Die Methodik wird je nach dem konkreten Entwicklungsziel, den Inhalten und dem möglichen Teilnehmerkreis ausgewählt. Entscheidend sind darüber hinaus die vorhandenen fachlichen, personellen und finanziellen Voraussetzungen *(Berthel/Becker 2007, S. 387 ff., Mentzel 2005, S. 179 ff., 221 ff.)*.

Man unterscheidet **aktive und passive Methoden**. Bei passiven Methoden sind die Teilnehmerinnen und Teilnehmer ausschließlich Zuhörer, wie z. B. beim Lehrvortrag. Sie eignen sich für eine komprimierte, zeitsparende Vermittlung von

Wissen, wirken aber schnell ermüdend. Bei aktiven Methoden werden die Teilnehmer dagegen, etwa in einem Lehrgespräch, in die Vermittlung der Inhalte einbezogen. Ebenfalls zu den aktiven Methoden zählt man Ansätze, bei denen die notwendigen Erfahrungen durch eine Konfrontation mit praktischen Problemen vermittelt werden, zum Beispiel durch Job Rotation oder in einem der Praxis nachempfundenen Planspiel. Diese Methoden sind zeitaufwändiger, jedoch auch fesselnder. Sie eignen sich vor allem für den Ausbau von Fertigkeiten.

Aktiv oder passiv

Einzelmaßnahmen haben den Vorteil, dass die Inhalte und das Lerntempo an die Qualifikationen, Kompetenzen und Interessen einer einzelnen Person angepasst werden können. Freilich fehlt hier der Ansporn durch den Vergleich mit anderen, den **Gruppenmaßnahmen** bieten, die obendrein in der Regel kostengünstiger sind. Außerdem fördert das gemeinsame Lernen die Kooperation. Deshalb sind Gruppenmaßnahmen unverzichtbar, wenn man Verhaltensänderungen bezweckt.

Einzel- oder Gruppenmaßnahmen

Externe Personalentwicklungsmaßnahmen sind solche, auf deren Zielsetzung und Gestaltung das Unternehmen und der Teilnehmerkreis keinen unmittelbaren Einfluss nehmen können. Die Verantwortung für die Zielsetzung, Planung und Durchführung liegt beim Anbieter, einem externen Träger, der damit die ansonsten zuständigen Abteilungen des nachfragenden Unternehmens entlastet.

Extern

Die Auswahl externer Träger fällt den meisten Unternehmen schwer, da es bis heute an der notwendigen Markttransparenz fehlt. So muss

---

Vor- und Nachteile externer Maßnahmen

Bei kleinen Teilnehmerzahlen ist es für Unternehmen kostengünstig, auf externe Angebote einzugehen. Die Anbieter verstehen sich obendrein vielfach besser darauf, unternehmens- oder branchenunabhängiges Funktions- oder Spezialwissen zu vermitteln als interne Referentinnen und Referenten. Sie verfügen über die notwendige fachliche und didaktische Erfahrung und über ein zeitgemäßes methodisches und medientechnisches Wissen. Die Teilnehmerinnen und Teilnehmer können sich frei von betrieblichen Zwängen und Hierarchien bewegen. Und sie nehmen vom Veranstalter, aber auch von den anderen Teilnehmern neue Ideen und Anregungen auf, die helfen können, die eigene Betriebsblindheit zu überwinden. Freilich müssen sie sich notwendigerweise an einen heterogenen Teilnehmerkreis mit unterschiedlichen Vorkenntnissen und Interessen anpassen.

Unter der Lupe

Abb. 8.10

Fragenkatalog zur Auswahl externer Träger

Wer ist Anbieter der externen Personalentwicklungsmaßnahme, die ins Auge gefasst wird?
▸ Welche Erfahrungen gibt es mit dem Anbieter?
▸ Über welche Räumlichkeiten und Einrichtungen verfügt er?
▸ Welche Kapazitäten hat er?
▸ Welche Referenzen kann er vorweisen?

Welche Lernziele werden mit den angebotenen Personalentwicklungsmaßnahmen verfolgt?
▸ Existieren eindeutige Lernziele?
▸ Ermöglichen die vermittelten Qualifikationen und Kompetenzen eine Lösung der anstehenden Probleme?

Welche Zielgruppe wird angesprochen, mit welchem Teilnehmerkreis muss man rechnen?
▸ Welche Vorbildung und Berufserfahrung wird vorausgesetzt?
▸ Wie setzt sich der Teilnehmerkreis zusammen?
▸ Welche Teilnehmerzahl ist geplant?

Kommt der Anbieter zu einem Kontaktbesuch, um sich Betriebskenntnisse zu verschaffen?

Wann findet die Veranstaltung statt und wie lange dauert sie?
▸ Ist der Termin vertretbar?
▸ Ist die Dauer stimmig?

Was kann von den eingesetzten Referentinnen oder Referenten erwartet werden?
▸ Wer sind die Referentinnen oder Referenten?
▸ Verfügen sie über praktische Berufserfahrung?
▸ Verfügen sie über Branchenkenntnisse?
▸ Verfügen sie über genügend Einfühlungsvermögen?
▸ Verfügen sie über ausreichende pädagogische Erfahrung?

Welche Lehrmethoden und Medien werden eingesetzt?

Welche Kontrollmaßnahmen sind vorgesehen?
▸ Wird überprüft, ob die Teilnehmer/innen die Lernziele erreichen?
▸ Ist eine Dozentenbeurteilung vorgesehen?

Kann ein Repräsentant des Unternehmens probeweise teilnehmen?

Welche Kosten entstehen, das heißt
▸ welche Gebühren und Honorare?
▸ Werden die wichtigsten Modalitäten schriftlich festgelegt?
▸ Welche Kosten entstehen über die Gebühren und Honorare hinaus?
▸ Wie verhalten sich die Kosten zum erwarteten Nutzen?
▸ Gibt es Alternativen?

Welche zusätzlichen betrieblichen Leistungen sind über die Kosten hinaus erforderlich:
▸ Informationen aus dem Betrieb,
▸ betriebliche Betreuer oder Hilfsreferent/inn/en,
▸ Organisationsaufwand,
▸ Sachleistungen?

Welche Möglichkeiten zu einer Fortsetzung bestehen?
▸ Gibt es Folgeveranstaltungen?
▸ Ist ein Erfahrungsaustausch vorgesehen?

Quelle: nach *Mentzel 2005*, S. 246 f.

man sich mehr oder weniger auf die Mundpropaganda und die eigenen Erfahrungen verlassen. Für einen ersten Kontakt mag das reichen. Darüber hinaus sollte man so vorgehen, wie es grundsätzlich für jede Personalbeschaffung angebracht ist, also Anforderungs- und Eignungsprofile erstellen. Eine Hilfestellung können **Fragenkataloge** wie der in *Abb. 8.10* geben *(ähnlich Bergel 2005, S. 52 ff.)*. Einen solchen Fragenkatalog kann man, einem Vorschlag *Schwaabs (2004, S. 64 ff.)* folgend, in einem multimodalen Trainerauswahlgespräch verwenden, das sich methodisch an das multimodale Interview bei der Personalauswahl anlehnt.

Als **intern** werden alle Personalentwicklungsmaßnahmen bezeichnet, bei denen die Verantwortung für die Zielsetzung, Planung und Durchführung beim Unternehmen selbst liegt. Interne Maßnahmen sind aber auch Veranstaltungen in Räumen außerhalb des Unternehmens sowie Veranstaltungen, für die Referentinnen oder Referenten verpflichtet werden, die nicht der Belegschaft angehören.

Die **Planung interner Personalentwicklungsmaßnahmen** erfolgt in den Schritten, die in *Abb. 8.11* dargestellt werden.

8.2.4.5 Terminierung der Personalentwicklung

Viele Maßnahmen konzentrieren sich auf die Arbeitszeit, zum Beispiel unternehmensinterne Schulungen. Andere finden zum Leidwesen der Beteiligten ausschließlich in der Freizeit statt, etwa ein Fernstudium. Manche Personalentwicklungsmaßnahmen beinhalten Arbeits- und Freizeit, beispielsweise Wochenseminare, die das Wochenende einschließen.

Die Terminierung der Maßnahmen, die während der Arbeitszeit stattfinden, ist in der Praxis immer wieder ein großes Problem. Vorgesetzte pochen häufig darauf, dass die Beschäftigten nahezu unabkömmlich sind. Deshalb muss man die Terminierung einerseits recht frühzeitig mit den Betroffenen und ihren Vorgesetzten abstimmen. Andererseits muss man die Maßnahmen auch danach auswählen, ob sie zu vertretbaren Terminen stattfinden und sich in einem ebenso vertretbaren Zeitrahmen bewegen.

8.2.4.6 Finanzierung der Personalentwicklung

Schließlich muss die Finanzierung der Personalentwicklungsmaßnahmen festgelegt werden.

Auch wenn die Initiative ausschließlich von einer oder einem Beschäftigten ausgeht und sich keine oder nur eine geringe Übereinstimmung mit den Interessen des Unternehmens finden lässt, unterstützen einige Unternehmen solche Initiativen soweit wie eben möglich. Manche Unternehmen machen die finanzielle Förderung jedoch davon abhängig, ob die gewünschte Maßnahme der beruflichen Fortbildung dient oder ob die erworbenen Qualifikationen und Kompetenzen am Arbeitsplatz auch tatsächlich eingesetzt werden können.

Bei einer vollständigen oder überwiegenden Finanzierung durch das Unternehmen kommt häufig der Gedanke an **Rückzahlungsklauseln** auf, mit denen die Betroffenen sich vertraglich verpflichten, die für die Maßnahme aufgewandten Kosten zu erstatten, falls sie aus einem in ihrer Person liegenden Grund vor Ablauf einer bestimmten Frist aus dem Unternehmen ausscheiden. Sie sind zulässig, wenn eine Maßnahme überwiegend im Interesse der Beschäftigten liegt und das Verhältnis von Bindungsdauer und Höhe der entstandenen Fortbildungskosten angemessen ist. Rückzahlungsklauseln sind fraglos nicht möglich, wenn das Unternehmen gesetzlich zur Finanzierung verpflichtet ist, wie beispielsweise beim **Bildungsurlaub** *(Rischar 2002, S. 2550 ff.)*.

Soweit den Beschäftigten ein Anspruch auf Bildungsurlaub zusteht, auf bezahlte Freistellung und Kostenübernahme für Personalentwicklungsmaßnahmen, sollte indes geprüft werden, inwieweit dieser in die Personalentwicklung einbezogen werden kann. Gesetzliche Regelungen über den Bildungsurlaub bestehen in nahezu allen Bundesländern. Der Freistellungsanspruch beträgt nach den meisten Ländergesetzen zehn Arbeitstage innerhalb von zwei Kalenderjahren und setzt voraus, dass die beantragte Maßnahme der beruflichen oder staatsbürgerlichen und politischen Bildung dient.

Ebenfalls verwertbar für die Personalentwicklung sind die staatlichen **Qualifizierungsoffensiven**. Die Offensive der Bundesregierung sieht für Bürger mit einem zu versteuernden Jahreseinkommen von maximal 17.900 Euro, unabhängig vom Arbeitsverhältnis, eine Bildungsprämie von maximal 154 Euro vor, wenn die Begünstigten noch einmal mindestens dieselbe Summe in eine Weiterbildungsmaßnahme investieren. Die

---

Abb. 8.11

Planungsschritte für interne Personalentwicklungsmaßnahmen

Formulierung der Lernziele	
über Bestimmung des **Endverhaltens**, seiner **Bedingungen** und seines **Beurteilungsmaßstabs**, z. B. Schreibmaschine mit 200 Anschlägen/Minute bei 15 Minuten Einsatz mit einer Fehlerquote von 1 %	
Inhalt Kognitive Lernziele: Wissen psychomotorische Lernziele: motorische Fertigkeiten affektive Lernziele: Interesse, Einstellung, Verhalten Kompetenzlernziele: sich selbst organisieren	**Genauigkeit** Richtlernziele: allgemeine Bildungsziele Groblernziele: Inhalte Feinlernziele: präzise Einzelheiten

Abgrenzung der Lerngruppen
Teilnehmerzahl und **Homogenität**

Programm- und Zeitplanung
Zeitpunkt/Zeitvolumen mit **zeitlicher Untergliederung/Stoffprogramm**

Bestimmung der Lehrmethoden	
Planmäßige Unterweisung: etwa die Vierstufenmethode mit Vorbereiten, Vorführen, Nachmachen, Üben	**Fallmethode:** Simulation der Wirklichkeit anhand eines Falls aus der Praxis, wobei ein Problem im Team gelöst wird
Programmierte Unterweisung: der Lernprozess ist als Regelkreis strukturiert, die in Lerneinheiten zerlegten Inhalte werden im Selbststudium in programmierter Folge von Information, Frage, Antwort, Kontrolle aufgearbeitet	**Rollenspiel:** Teilnehmer/innen übernehmen aufgrund einer vorher geschilderten Situation die anfallenden Rollen **Planspiel:** Simulation komplexer, realer Unternehmensprozesse innerhalb derer die Teilnehmer/inne/n in verantwortlichen Rollen Lösungen erarbeiten
Lehrvortrag: die Teilnehmer/innen sind ausschließlich Zuhörer	**Gruppendynamisches Training:** eine Gruppe wird durch Trainer mit der Bewältigung einer unstrukturierten Situation konfrontiert, in der keine bestimmten Themenkreise und Verfahrensregeln vorgegeben sind
Lehrgespräch: Teilnehmer/innen werden nach der Einleitung und Schaffung einer Gesprächsgrundlage in einer Diskussion aktiv in die Erarbeitung der Inhalte einbezogen	

Auswahl der Medien und Raumwahl
Visuelle Medien: Tafel, Pinwand, Flip Chart, Lehrbuch, Arbeitsblatt, Modell, Karte, Projektor **Akustische Medien:** CD, Kassette, Tonband, Mikrofon, Radio **Audio-visuelle Medien:** Tonbildschau, Film, Video, Fernsehen betrieblicher/externer **Raum**

Nominierung der Referent/inn/en oder Betreuer/innen
Analoge Anwendung des **Fragenkatalogs** zur Auswahl externer Bildungsträger

Quelle: nach *Becker 2005 b*, S. 95 ff. und *Mentzel 2005*, S. 226 ff.

Aus der Praxis

Die weiter oben erwähnte Erhebung zum Weiterbildungsverhalten des Bundesministeriums für Bildung und Forschung stellte Folgendes zur Dauer und Terminierung von Weiterbildungsmaßnahmen fest:

Rosenbladt/Bilger 2008: Rosenbladt, B. von und Bilger, F., Weiterbildungsbeteiligung in Deutschland: Eckdaten zum BSW-AES 2007, München 2008.

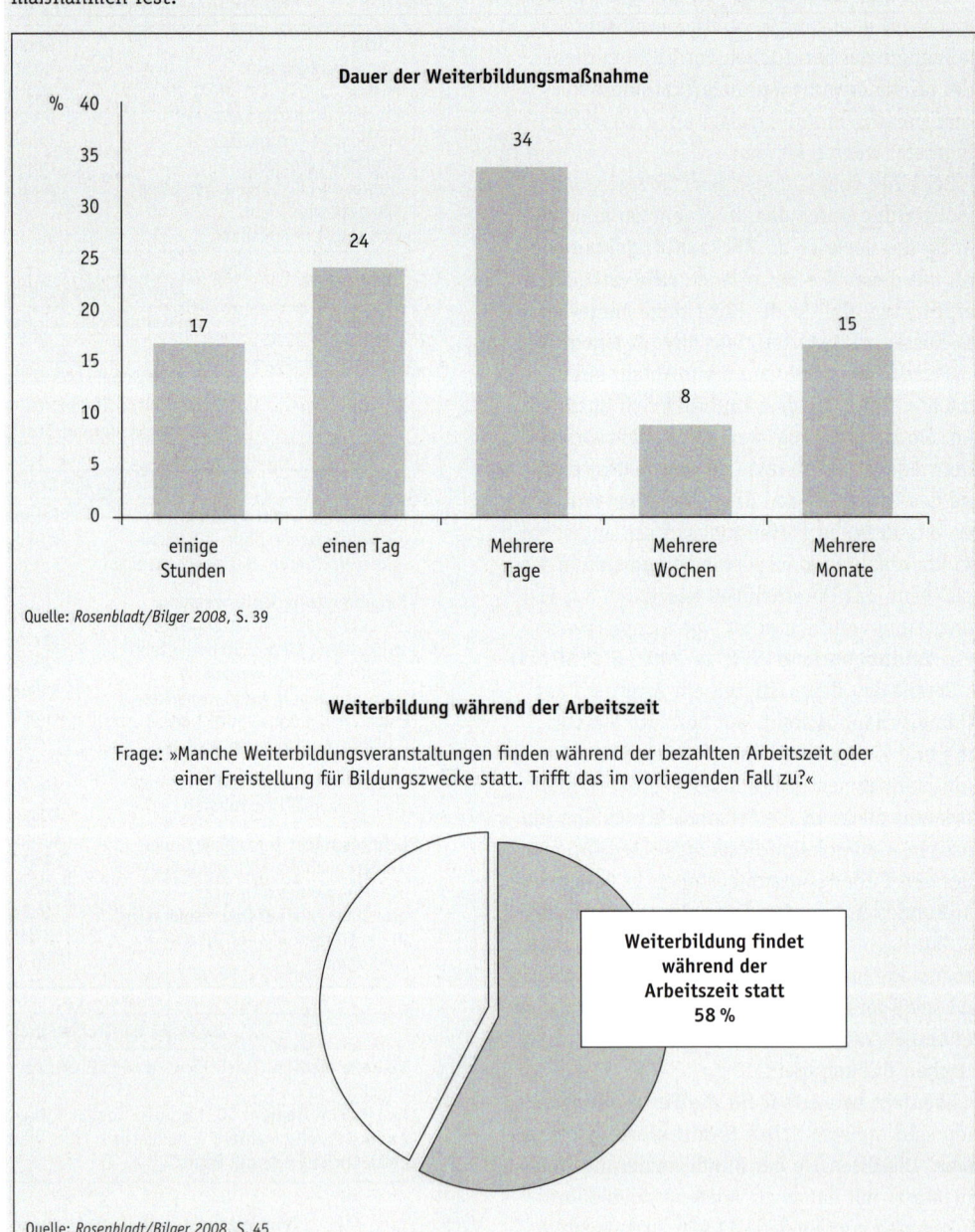

Dauer der Weiterbildungsmaßnahme

Quelle: *Rosenbladt/Bilger 2008*, S. 39

Weiterbildung während der Arbeitszeit

Frage: »Manche Weiterbildungsveranstaltungen finden während der bezahlten Arbeitszeit oder einer Freistellung für Bildungszwecke statt. Trifft das im vorliegenden Fall zu?«

Weiterbildung findet
während der
Arbeitszeit statt
58 %

Quelle: *Rosenbladt/Bilger 2008*, S. 45

Vor- und Nachteile interner Maßnahmen

Für den Transfer der Qualifikationen und Kompetenzen in die Arbeit ist es von Vorteil, wenn der Teilnehmerkreis homogen ist und bereits in die Zielsetzung und Planung der Maßnahmen eingebunden wird. Das ist in der Regel nur bei internen Veranstaltungen möglich. Externen Trägern fehlen häufig die vertraulichen Einblicke in die konkreten Probleme. Bisweilen stehen entsprechende Informationen auch nicht zur Verfügung, oder sie werden aus Geheimhaltungsgründen nicht freigegeben. Und manchmal entsteht ein Personalentwicklungsbedarf spontan. Immer dann sind interne Maßnahmen unumgänglich. So wahrt man zwar die Unabhängigkeit. Man verzichtet aber auf aufschlussreiche Einsichten, Erfahrungen und Problemlösungsansätze Dritter, abgesehen von denen der Referentinnen und Referenten. Überdies müssen für interne Maßnahmen alle vorgesehenen Teilnehmerinnen und Teilnehmer gleichzeitig oder in größeren Gruppen abkömmlich sein. Das ist oft kaum vertretbar. Sollte es im Einzelfall doch möglich sein, ergeben sich indes Kostenvorteile, da beispielsweise das Honorar für externe Referenten unabhängig von der Teilnehmerzahl anfällt.

KfW-Förderbank gewährt Zuschüsse und zinsgünstige Weiterbildungsdarlehen ohne Bonitätsprüfung. Einige Bundesländer haben eigene Programme. In Nordrhein-Westfalen können Arbeitnehmer von Unternehmen mit maximal 250 Beschäftigten einen Bildungsscheck beantragen, wenn sie seit mindestens zwei Jahren keine Weiterbildung besucht haben. Das Land übernimmt über Beratungsstellen die Hälfte der entstehenden Kosten, jedoch höchstens 500 Euro.

Darüber hinaus bestehen aufgrund diverser Gesetze und Tarifverträge analoge Regelungen für den öffentlichen Dienst und für bestimmte Beschäftigte, etwa Betriebs- oder Personalräte, Jugendvertretungen, Betriebsärztinnen und -ärzte, Fachkräfte für Arbeitssicherheit sowie Vertrauenspersonen für schwerbehinderte Menschen. Diese Maßnahmen können gegebenenfalls auch in die Personalentwicklung integriert werden.

8.3 Personalentwicklungsmaßnahmen

Auf der Grundlage der Personalentwicklungsplanung werden die konkreten Personalentwicklungsmaßnahmen in Gang gesetzt. Die einzelnen Instrumente kann man in Personalbildung, Personalförderung und Arbeitsstrukturierung kategorisieren (Abb. 8.12, Müller-Vorbrüggen 2008 b, S. 7 ff.).

8.3.1 Personalbildung

Personalbildung ist die Aus-, Fort- und Weiterbildung von Beschäftigten. Unter Ausbildung versteht man in der Hauptsache die Berufsausbildung, unter Fortbildung die Vertiefung und Erweiterung der Qualifikationen und Kompetenzen und unter Weiterbildung die Veränderung und Neuorientierung (Becker 2005 a, S. 185).

Mit der **Berufsausbildung** machen Unternehmen den ersten Schritt, den Zukunftsbedarf an quali-
fizierten, kompetenten Fachkräften zu sichern. Zugleich erfüllen sie einen gesellschaftlichen Auftrag, nämlich die Ausbildung des Nachwuchses zu Arbeitskräften für die gesamte Wirtschaft (Becker 2005 a, S. 163 ff., Klotz 2008, S. 118 ff.).

Beim **dualen Studium** tritt neben die beiden Lernorte Unternehmen und Berufsschule noch ein dritter, eine Hochschule, in der parallel zur Berufsausbildung eine akademische Ausbildung stattfindet (Stock-Homburg 2008, S. 161 ff.).

Anders als die Berufsausbildung ist das **Anlernen** an keine staatlichen Vorgaben gebunden. Es bleibt den Unternehmen überlassen, wie sie dabei vorgehen. Das Anlernen ist eine Form der fachlichen Einweisung von Beschäftigten, die im Rahmen der Einarbeitung im Kapitel Personaleinsatz angesprochen wird. Es handelt sich um eine Maßnahme, durch die man jene Qualifikationen und Kompetenzen vermitteln will, die für die Ausübung einer praktischen Tätigkeit im Unternehmen notwendig sind. Aber nicht jede

Berufsausbildung

Anlernen

Abb. 8.12

Personalentwicklungsmaßnahmen im Überblick

Personalbildung	Personalförderung	Arbeitsstrukturierung
▸ Berufsausbildung	▸ Praktikum	▸ Telearbeit
▸ Anlernen	▸ Traineeprogramm	▸ Job Rotation
▸ Einarbeitung	▸ Fachberatung	▸ Fertigungsteam
▸ Training into the Job	▸ Moderation	▸ Job Enlargement
▸ Reaktivierung	▸ Coaching	▸ Job Enrichment
▸ Umschulung	▸ Mentoring	▸ teilautonome Gruppe
▸ berufliche Neuorientierung	▸ Supervision	▸ Fertigungsinsel
▸ Training on the Job	▸ 360-Grad-Feedback	▸ Qualitätszirkel
▸ Training off the Job	▸ Assessment Center	▸ Lernstatt
▸ Training near the Job	▸ Förderkreis	▸ Werkstattzirkel
▸ E-Learning	▸ Juniorfirma	▸ Projektgruppe
▸ Web Based Training	▸ Outdoor Training	▸ Stellvertretung
▸ Wissensmanagement	▸ Training out of the Job	▸ Sonderaufgaben
▸ Telelearning		▸ Versetzung
▸ Blended Learning		▸ Beförderung
▸ Fernunterricht		▸ Auslandseinsatz
▸ selbstgesteuertes Lernen		
▸ Corporate University		

Quelle: eigene Darstellung

fachliche Einweisung ist ein Anlernen. Das Anlernen gilt in aller Regel relativ anspruchslosen Aufgabengebieten, für die eine Berufsausbildung nicht existiert oder zumindest nicht erforderlich ist. Deshalb ist das Anlernen häufig auf einen recht kurzen Zeitraum beschränkt. Die zurzeit rund 360 anerkannten Ausbildungsberufe decken nicht alle Tätigkeitsbereiche ab. Deshalb kann das Anlernen sich auch auf anspruchsvolle Aufgabengebiete beziehen und recht zeitaufwändig sein. Das ist zum Teil im Rahmen der Produktion von Speichermedien der Fall *(Becker 2002, S. 174 ff., Verfürth 2008, S. 136 ff.)*.

Die **Einarbeitung** geht weit über das Anlernen hinaus. Mit dieser Maßnahme stellt man sicher, dass jene Beschäftigten, die die Arbeit erstmals aufnehmen, nicht nur ihre Aufgaben kennen, akzeptieren und erlernen, sondern zudem in die soziale Struktur der Belegschaft integriert werden (Kapitel Personaleinsatz).

Die Einarbeitung von Beschäftigten, die nach einem anderweitigen Einsatz an ihren vormaligen oder einen anderen Arbeitplatz kommen, nennt man **Training into the Job** oder **Reintegration** *(Kolleker/Wolzendorff 2008, S. 154 f., 167 f.)*.

Unter der Lupe

Berufsausbildung

*In Deutschland erfolgt die Berufsausbildung im sogenannten **dualen System**, das heißt an zwei Lernorten: im Unternehmen und in der Berufsschule. Für die Berufsschulen sind im Rahmen ihrer Kulturhoheit die Länder zuständig, für die Berufsausbildung im Unternehmen ist es dagegen der Bund, der Regelungen vor allem im Berufsbildungsgesetz und in Ausbildungsordnungen getroffen hat. Die Berufsausbildung ist eine Erstausbildung, schafft also den Übergang vom Bildungs- in das Beschäftigungssystem. Sie beinhaltet zunächst eine breit angelegte berufliche Grundbildung. In der darauf aufbauenden Stufe der allgemeinen beruflichen Fachbildung soll die Berufsausbildung möglichst für mehrere Fachrichtungen gemeinsam fortgeführt werden. In der besonderen beruflichen Fachbildung sollen schließlich die zur Ausübung einer qualifizierten Berufstätigkeit erforderlichen praktischen und theoretischen Qualifikationen und Kompetenzen vermittelt werden.*

*Zurzeit sind rund 360 Ausbildungsberufe staatlich anerkannt. Ein geordneter Ausbildungsgang wird durch **Ausbildungsordnungen** sichergestellt, die jeweils die Bezeichnung des Ausbildungsberufs, die Dauer der Berufsausbildung, das Berufsbild, die Prüfungsordnung und den Ausbildungsrahmenplan enthalten. Die Inhalte der Ausbildungsrahmenpläne sind für die Unternehmen verbindlich. Methodisch und organisato-risch lassen sie ihnen jedoch weitgehend freie Hand für betriebliche **Ausbildungspläne**. Betriebliche Ausbildungspläne werden für jeden Beruf aufgestellt, für den im Unternehmen ausgebildet wird. Sie orientieren sich am Ausbildungsrahmenplan und berücksichtigen zugleich die betrieblichen Bedingungen. Sie helfen bei der Steuerung der Ausbildung und zeigen auf, wo die Auszubildenden was zu lernen haben, wann das zu geschehen hat und wie lange sie jeweils an einem Ausbildungsort verweilen sollen. Die Ausbildung für einen Beruf in einem Unternehmen muss aber nicht nur als Ganzes, sondern auch individuell für jede Auszubildende und jeden Auszubildenden geplant werden. Der individuelle Ausbildungsplan muss in Form einer sachlichen und zeitlichen Gliederung dem Berufsausbildungsvertrag beigelegt werden, der die individuelle Rechtsgrundlage für ein Berufsausbildungsverhältnis ist.*

Der Gesetzgeber hat die Kontrolle der Berufsausbildung sogenannten zuständigen Stellen übertragen, die paritätisch von der Arbeitgeber- und der Arbeitnehmerseite besetzt sind. Es handelt sich vor allem um Handwerks-, Industrie- und Handels-, Landwirtschafts- und Berufskammern sowie Behörden des öffentlichen Dienstes. In Prüfungsfragen wirken Lehrerinnen und Lehrer an berufsbildenden Schulen mit.

»Die weit verbreitete Einschätzung, dass die Kosten betrieblicher Ausbildung den Nutzen der Auszubildenden für die Unternehmen deutlich übersteigen, trifft nicht pauschal zu. Das ist das Ergebnis einer Untersuchung des Zentrums für Europäische Wirtschaftsforschung (ZEW) in Mannheim und der Universität Zürich. Dabei wurde nicht die genaue Höhe der Kosten und des Nutzens von Ausbildung betrachtet, sondern wie sich eine Erhöhung des Anteils der Auszubildenden an den Beschäftigten auf den Betriebsgewinn und die betriebliche Produktivität auswirkt im Vergleich zu einer Erhöhung des Anteils an Un- und Angelernten um die gleiche Größenordnung. Demnach sind vor allem Auszubildende in kaufmännischen Berufen, Handwerks- sowie Bauberufen für die Betriebe rentabler als Un- und Angelernte. Anders stellt sich die Situation bei den industriellen Fertigungsberufen dar. Bei ihnen ist die Kosten-Nutzen-Relation der Auszubildenden schlechter als die der Un- und Angelernten.«

Zentrum für Europäische Wirtschaftsforschung 2008: Zentrum für Europäische Wirtschaftsforschung (www.zew.de/publikation4283, Verfasser unbekannt), »Wo Ausbildung sich rechnet«, in: Personal, Heft 07-08/2008, S. 57.

Mit der **Reaktivierung** aktualisiert man die Qualifikationen und Kompetenzen solcher Beschäftigter, die ihren Beruf längere Zeit nicht ausgeübt haben. Das betrifft etwa Frauen, die nach der Erziehung der Kinder wieder in den erlernten Beruf eintreten möchten. Betroffen sind auch Arbeitslose, bei denen man zudem die möglicherweise lädierte Lern- und Arbeitsfähigkeit regenerieren muss *(Kolleker/Wolzendorff 2008, S. 160 ff.)*.

Eine **Rehabilitation** ist angebracht, wenn Beschäftigte gesundheitliche Probleme haben. Rehabilitation ist die Wiedereingliederung eines kranken, körperlich oder geistig behinderten Menschen in das berufliche und gesellschaftliche Leben. Maßnahmen der Rehabilitation finden zumeist in speziellen Rehabilitationszentren unter ärztlicher Aufsicht statt. Sie werden in der Regel nach Maßgabe diverser Vorschriften des Sozialgesetzbuches finanziert. Wenn die Rehabilitation gelungen ist, muss oft noch eine Umschulung folgen. Die berufliche Umschulung soll nach dem Berufsbildungsgesetz zu einer anderen beruflichen Tätigkeit befähigen. So kann etwa durch eine Rehabilitation das Rückenleiden eines Kraftfahrzeugschlossers gemildert werden. Trotzdem kann er unter Umständen seinen Beruf nicht mehr ausüben. Zudem kommt eine **Umschulung** in Frage, wenn Berufe aus technischen oder ökonomischen Gründen nicht mehr gefragt sind. Hier übernimmt die Personalentwicklung die gesellschaftspolitische Aufgabe, Beschäftigte in einem neuen Beruf auszubilden.

Umgeschult werden schließlich zuweilen auch die Beschäftigten, die ihre Stelle verlieren. In diesem Zusammenhang spricht man von **beruflicher Neuorientierung**, einer Alternative zur herkömmlichen Praxis des Personalabbaus. Derartige Maßnahmen sind oft in ein Gruppenoutplacement eingebunden, dass durch die Arbeitsverwaltung oder das Unternehmen gefördert werden kann. Unter anderem entwickelt man mit den Betroffenen eine individuelle Vermarktungsstrategie, man vermittelt Kontakte sowie vor allem Qualifikationen und Kompetenzen, die am Arbeitsmarkt oder für eine Exstenzgründung gefragt sind. Immer öfter werden für diesen Zweck sogenannte Auffang-, Beschäftigungs- oder Transfergesellschaften gegründet (Kapitel Personalfreisetzung, *Rundstedt 2008, S. 179 ff.*).

Als **Training on the Job** bezeichnet man Personalentwicklungsmaßnahmen am Arbeitsplatz. Es handelt sich um eine aktive Auseinandersetzung mit der jeweiligen Arbeitsaufgabe. Oft ist der direkte Vorgesetzte der Trainer. Er unterstützt den Aufbau eines gesunden Selbstbewusstseins, indem er Stärken anerkennt und entwickelt, aber auch auf Fehler und Schwächen aufmerksam macht. Besonders erfolgreich ist diese Maßnahme, wenn die Beschäftigten für das Training motiviert sind und das Training auf ihr Qualifikations- und Kompetenzniveau Bezug nimmt. Das Training on the Job kann kurzfristig angesetzt werden. Die Beschäftigten bringen neben der Lernleistung auch noch eine Arbeitsleistung auf. Durch diese Verknüpfung ist die Umsetzung in die tägliche Arbeit, der Transfer, gewährleistet. Das schätzen auch die Teilnehmer

Reaktivierung und Rehabilitation

Umschulung

Berufliche Neuorientierung

Training on the Job

und Teilnehmerinnen *(Mentzel 2005, S. 183 ff., Schier 2008, S. 192 ff.).*

Das **Training off the Job**, die Vermittlung von Qualifikationen und Kompetenzen außerhalb des Arbeitsplatzes, löst sich von der eigentlichen Arbeitsaufgabe, obwohl auch hier der Anwendungsbezug durch eine Simulation der Arbeitsanforderungen hergestellt werden kann. Das Training off the Job eignet sich für die Vermittlung von neuen Zusammenhängen besser als das Training on the Job, denn ein formelles, strukturiertes Programm kann komplizierte Sachverhalte vorteilhafter darlegen *(Mentzel 2005, S. 201 ff., Schellschmidt 2008, S. 205 ff.).*

Mit dem **Training near the Job** versucht man, die Vorteile des Training on und off the Job zu verbinden, indem man ein Trainingsprogramm parallel zur Arbeitsaufgabe anbietet, so dass etwa vormittags neue Inhalte vermittelt werden, die dann nachmittags direkt am Arbeitsplatz erprobt werden können *(Hantke 2002, S. 160 ff.).*

Das Computer Based Training oder **E-Learning** setzt auf Software, die individuelle Lernmöglichkeiten und multimediale Anreize eröffnet. Das Lerntempo ist individuell bestimmbar und das Lernen unabhängig von Zeit und Ort. Zudem können die Ausgaben alleine schon durch die deutliche Reduzierung der Abwesenheitszeiten und Reisekosten gesenkt werden. Und schließlich können die Personalentwicklungsmaßnahmen weit schneller als auf herkömmlichem Wege abgewickelt werden *(Grotlüschen 2008, S. 223 ff., Wortmann 2007, S. 21 ff.).*

Eine Verknüpfung mit den Möglichkeiten der EDV-Netzwerke ermöglicht zum Beispiel eine Ergänzung des Lernens durch zeitlich unabhängige Kommunikation mit Fachleuten per E-Mail, einen zeitgleichen Chat oder durch den Einsatz anderer elektronischer Endgeräte wie des Handys. Das internationale Unternehmen IBM ist dabei sogar so weit gegangen, neben einigen Besprechungen, Brainstormings und Produktvorstellungen auch einzelne Personalentwicklungsmaßnahmen in die virtuelle 3D-Welt Second Life zu verlagern. Wenn, wie in diesem Fall, das verwendete Netzwerk das Internet ist, spricht man vom **Online Learning** oder **Web Based Training**, wenn andere Netzwerke wie etwa das Intranet zum Einsatz kommen, vom Distance Learning *(Kerres 2001, S. 64 ff., Scherm/Kuszpa 2006, S. 40 ff., Scholz 2001, S. 611 ff.).*

Auf diesem Wege strebt man zudem ein Knowledge- oder **Wissensmanagement** an. Alle Beschäftigten stellen ihr Wissen, soweit es sich in Dateien fassen lässt, in ein geeignetes EDV-Netzwerk ein, von dem es bei Vorliegen einer entsprechenden Berechtigung abgerufen werden kann. Zudem werden alle Beschäftigten, die über Wissen verfügen, Auge in Auge zusammengebracht, um Wissen zu identifizieren, voneinander zu erwerben, gemeinsam zu entwickeln, zu verteilen und zu nutzen *(Gehle/Mülder 2001, S. 17 ff., Müller-Vorbrüggen/Falk 2006, S. 16 ff., Rump 2008, S. 259 ff.).*

Aber nicht nur EDV-Netzwerke werden verwendet, sondern, unter dem Slogan **Telelearning**, sogar unternehmenseigene Fernsehsender, das sogenannte Business TV *(Hinterberger 2000, S. 25 ff.).*

Blended Learning ist eine Kombination von Präsenzveranstaltungen und dem Lernen auf Distanz im Web Based Training, E- oder Tele-

Training off the Job

Training near the Job

E-Learning

Web Based Learning

Wissensmanagement

Telelearning

Blended Learning

Unter der Lupe

Web 2.0

Die Anwendungen, mit denen die Beschäftigten ihr Wissen teilen, um voneinander zu lernen, mit denen also die Trennung zwischen Autor und Konsument vollends verschwimmt, werden unter dem Schlagwort Web 2.0 zusammengefasst. Populär sind Weblogs oder kurz Blogs, Tagebücher im Internet, die neben privaten auch themen- und unternehmensspezifische Inhalte enthalten und von den Lesern kommentiert werden können. Man muss auch nicht lange suchen, denn über spezielle Abonnements, die RSS Feeds, werden ausgewählte Inhalte aus allen möglichen Internetanwendungen zugestellt. Es entstehen Wikis,

Ansammlungen miteinander verknüpfter Websites mit Informationen, die von jedem Leser erweiter- und veränderbar sind. Audio- und Videoaufnahmen, sogenannte Podcasts, die sich über internetfähige Geräte herunterladen lassen, werden gleichfalls zur Informationsweitergabe genutzt. Mit Social Software, das heißt Programmen zum Aufbau von Netzwerken, beispielsweise xing, myspace oder linkedin, kann man Kollegen identifizieren, die über spezielle Kompetenzen, Arbeitsschwerpunkte oder Interessen verfügen, diese Information online verwalten und für andere Kollegen freischalten (Schäffer-Külz 2008, S. 92 f.).

»42 Prozent der kleinen und mittelständischen Unternehmen qualifizieren ihre Mitarbeiter über computergestützte Weiterbildungsprogramme oder halten diese zumindest für interessant. Dies ergab das ›Trendbarometer für kleine und mittelständische Unternehmen‹, das TechConsult regelmäßig im Auftrag von Microsoft durchführt. Gleichzeitig nutzen aber 58 Prozent der befragten Unternehmen keine elektronischen Schulungsangebote. Denn rund 60 Prozent schreckt die geringe Individualisierung der oft standardisierten Lernprogramme ab.« *TechConsult 2008: TechConsult (www.kleine-Unternehmen.de/trendbarometer, Verfasser unbekannt), »E-Learning ist umstritten«, in: Personalmagazin, Heft 07/2008, S. 24.*

learning *(Gödel 2004, S. 33 f., Kopp/Mandl 2009, S. 139 ff.)*.

Auch ohne EDV-Netzwerke kann man sicherstellen, dass eine Vermittlung von Qualifikationen und Kompetenzen auf Distanz möglich ist. Im **Fernunterricht** stellt man Lehrmaterialien zu. An zuvor festgelegten Terminen finden sich die Teilnehmerinnen und Teilnehmer zusammen, um den Lehrstoff zu vertiefen und zu prüfen *(Mentzel 2005, S. 219)*.

Beim **selbstgesteuerten Lernen** greifen die Betroffenen auf ein Angebot zu, dass ihnen über das E-Learning, das Web Based Training, das Telelearning, den Fernunterricht oder das Wissensmanagement zur Verfügung gestellt wird. Außerdem können sie Angebote anderer Bildungsinstitutionen wahrnehmen. Sie richten ihr Lernen also an Zielen aus, die sie selbst für richtig und wichtig erachten. Zudem lernen sie in dem Zeitrahmen, den sie für das Lernen erübrigen können und wollen *(Gessler 2008 b, S. 248 ff.)*.

Unter dem Schlagwort **Corporate University** fassen immer mehr mitarbeiterstarke Unternehmen ihre Personalentwicklungsmaßnahmen zusammen, insbesondere dann, wenn die Beschäftigten, unter Umständen nach Rücksprache mit ihrem Vorgesetzten, einzelne Maßnahmen aus einem breiten Katalog auswählen können. Hier werden nicht immer akademische Abschlüsse verliehen *(Seufert 2008, S. 279 ff.)*.

8.3.2 Personalförderung

Personalentwicklung beinhaltet mehr als die Personalbildung. Inhalt der Personalentwicklung ist auch die Personalförderung in beruflichen Fragen, etwa des Aufstiegs, aber auch in Bereichen, die weit darüber hinausgehen, z. B. in persönlichen und sozialen Fragen. Während die Personalbildung ganz auf die Erfordernisse der Unternehmen ausgerichtet ist, berücksichtigt die Personalförderung maßgeblich die persönlichen Interessen und Neigungen der Beschäftigten, ihre Motivation *(Mentzel 2005, S. 11 f.)*.

In den letzten Klassen der schulischen Ausbildung sind häufig **Praktika** vorgesehen. Auch die Studienordnungen diverser Studiengänge sehen Praktika eingangs und während des Studiums vor. Und manche Unternehmen, insbesondere im Verlags- und Pressewesen, legen großen Wert darauf, dass Bewerber um Ausbildungsplätze, aber auch auf Vakanzen ein branchen- oder berufsbezogenes Praktikum absolviert haben. Ein- bis zweijährige Praktika im Bereich des Journalismus werden Volontariate genannt. Durch ein Praktikum sollen praktische Erfahrungen zur Vorbereitung auf einen späteren Beruf gesammelt werden. Die Effizienz der Praktika hängt ausschließlich von der Initiative des betreffenden Unternehmens ab. Die Praktikanten müssen indes darauf achten, dass die Gestaltung den Vorgaben entspricht, die ihnen von der Schule oder durch die Studienordnung vorgegeben werden *(Oechsler 2006, S. 520)*.

Traineeprogrammen wird von vielen Unternehmen traditionell besondere Bedeutung beigemessen, da sich aus den Trainees, also **Hochschulabsolventinnen und -absolventen**, viele künftige Führungskräfte rekrutieren. Deshalb dauert ein Traineeprogramm durchschnittlich zwischen sechs Monaten und zwei Jahren. Die Trainees werden, angesichts der hohen Kosten dieser Maßnahme, sehr sorgfältig ausgewählt. Sie gehen aber regelmäßig befristete Arbeitsverhältnisse ein. Während und am Ende eines Traineeprogramms finden Personalbeurteilungen statt, aufgrund derer entschieden wird, wem ein unbefristetes Arbeitsverhältnis für welche Position angeboten wird. Mit Traineeprogrammen will man Hochschulabsolventen einen vertieften Einblick in die Ar-

Fernunterricht

Selbstgesteuertes Lernen

Corporate University

Praktikum

Traineeprogramm

beitstechniken der betrieblichen Praxis, in die funktionsbezogenen Zusammenhänge und die Organisationsstrukturen vermitteln. Dieses Ziel soll durch überbetrieblichen und betrieblichen Einsatz on the Job und durch Job Rotation, die aktive Mitarbeit der Trainees, eine weiterführende Ausbildung in internen und gegebenenfalls auch externen Seminaren off und near the Job sowie durch Mentoring erreicht werden. Der Ablauf wird jeweils auf die Trainees individuell abgestimmt. Dadurch finden die aus persönlichen Neigungen gesetzten Studienschwerpunkte Berücksichtigung. Häufig bieten Unternehmen mehrere Traineeprogramme mit der gleichen zeitlichen Aufteilung an, die sich thematisch unterscheiden *(Becker 2008 b, S. 295 ff., Thom/Friedli 2004, S. 15 ff.).*

Vorgesetzte und Spezialisten können eine **Fachberatung** anbieten. Mehr als ein Angebot sollte es aber nicht sein, denn Beratung darf keineswegs aufgezwungen werden. Beschäftigte, die einen fundierten fachlichen Rat annehmen, vermeiden Fehler und sammeln Erfahrungen *(Hartmann 2008, S. 353 ff.).*

Der Schwerpunkt der **Moderation** liegt auf der Schaffung eines gemeinsamen Problembewusstseins und auf einer gemeinsamen Problemlösung. Diese Aufgaben werden einem Moderator übertragen. Zur Vorbereitung führt der Moderator oft Einzelinterviews mit Teilnehmern und ein Vorgespräch mit der Gruppe, um die Gruppe kennen zu lernen und die örtlichen wie auch die zeitlichen Rahmenbedingungen zu verdeutlichen. Zu Beginn muss der Moderator mit den

Teilnehmern die Aufgabenstellung erarbeiten und die Problemstruktur offenlegen. Im Mittelpunkt steht das Erarbeiten von Lösungsansätzen und Sammeln aller Ideen. Der Moderator sollte die Teilnehmer zu einem kooperativen, kreativen Willensbildungs- und Entscheidungsprozess anregen, ohne selbst in den Mittelpunkt zu rücken und ohne inhaltlich einzugreifen oder zu steuern. Der Moderator hat die Aufgabe, Fragen zu stellen statt Antworten und Lösungen vorzugeben. Durch eine geschickte Fragestellung werden die Teilnehmer stimuliert, es werden Denkanstöße vermittelt, so dass sowohl das vorhandene Wissen und die bestehenden Erfahrungen als auch Stimmungen und Meinungen geäußert werden. Besonders geeignet sind offene und weiterführende Fragen, durch die möglichst alle Teilnehmer angesprochen werden. Ungeeignet sind dagegen geschlossene Fragen, Suggestivfragen, rhetorische Fragen sowie komplizierte und unklare Formulierungen. Auch angstauslösende Fragen sollten vermieden werden, wogegen provokatorische Fragen, wenn sie nicht zu weit gehen, durchaus möglich sind. Auf diese Weise bietet der Moderator jedem Teilnehmer Gelegenheit, sich zu äußern. So kommen differenzierte Standpunkte klar zum Ausdruck. Schließlich muss der Moderator die Ideen beziehungsweise Entscheidungen dokumentieren und die Folgeaktivitäten abstimmen *(Hartmann 2008, S. 353 ff., Mentzel 2005, S. 205 ff.).*

Die **Metaplanmethode** ist eine spezielle Form der Moderation, die neben der besagten Frage-

---

Unter der Lupe

Traineeprogramm

*Die Trainees absolvieren mehrere **Phasen**, die nicht unbedingt aufeinander folgen müssen, sondern sich auch abwechseln oder parallel durchlaufen werden können. In einer Orientierungsphase lernen sie die zentralen Bereiche des Unternehmens kennen. Sie nehmen an sogenannten Netzwerk-Veranstaltungen teil und sie erledigen bestimmte Aufgaben eigenverantwortlich unter Anleitung ihres jeweiligen Zeitvorgesetzten. In einer Vertiefungsphase widmen sich die Trainees den diversen Tätigkeitsfeldern, für die sie in ihrem Studium Qualifikationen und Kompetenzen erworben haben. Dabei lernen sie ihre Kern-*

einsatzbereiche kennen, in denen sie zukünftig vielleicht tätig werden, aber auch die damit verbunden Nebeneinsatzbereiche. Zu diesem Zweck erhalten sie komplexe Aufgaben, die sie in Projektarbeit möglichst selbstständig bearbeiten. Dabei können sie auf das Wissen aus angebotenen Seminaren zurückgreifen. Unter Umständen steht ihnen ein Mentor zur Verfügung. Nach einer Beurteilung wird dann definiert, in welchem Bereich die oder der Betreffende zukünftig tätig wird. Entsprechend wird sie oder er in einer Einsatzphase auf diese Aufgabe spezifisch vorbereitet (Becker 2008 b, S. 297 ff.).

technik vor allem auf der Visualisierung beruht. Die Visualisierung kann zur Sammlung von Beiträgen, zu ihrer Strukturierung, zur Gewichtung alternativer Lösungen und zur Präsentation von Ergebnissen herangezogen werden. Alle wesentlichen Gesprächsbeiträge werden dabei für alle sichtbar auf Karten notiert. Diese Karten werden gesammelt, vorgelesen und gemeinsam nach ähnlichen Inhalten in Sparten sortiert. Schließlich werden sie in der erarbeiteten Sortierung an Stecktafeln, sogenannten Pinnwänden, angebracht. Durch die stets präsente Visualisierung wird das Erkennen von Zusammenhängen erleichtert. Zuletzt findet eine gemeinsame Gewichtung der Sparten statt. Alle Teilnehmer verteilen Markierungspunkte entsprechend ihrer individuellen Wertung. So entsteht eine Rangfolge *(Mentzel 2005, S. 206 f.)*.

Coaching ist ein Gesprächs-, Betreuungs-, Beratungs- und Entwicklungsangebot in beruflichen und auch persönlichen Fragen für Beschäftigte auf allen Ebenen in Form einer Prozessberatung. Mittels Coaching will man Beschäftigten helfen, sich selbst besser zu organisieren, ihre individuellen Potenziale zu entwickeln und neue Kraft zu schöpfen. Das empfiehlt sich zum Beispiel als Laufbahnplanung und bei veränderten Arbeitsinhalten und -bedingungen oder Versetzungen, aber auch bei Leistungsdefiziten, gesundheitlichen Beeinträchtigungen und privaten Problemen *(Backhausen/Thommen 2006, S. 20 ff., Rauen 2000 a, S. 171 ff., Rauen 2000 b, S. 41 ff.)*.

Das **externe Coaching** beginnt mit der Kontaktaufnahme des sogenannten Coachee zum Coach, einem Externen mit entsprechenden Referenzen. Es folgt die Formulierung eines Kontrakts, das heißt der Termine, der eventuellen Abbruchkriterien und der Kosten. Die diagnostische Analyse erfolgt in Einzelsitzungen. In der folgenden Planungsphase werden in der Diskussion mit dem Coach mögliche Lösungsansätze, Etappenziele und Handlungsstrategien entwickelt. Bei der Durchführung erhält man durch den Coach ein Feedback, eine Rückmeldung der erreichten Veränderungen, als Kritik oder als Signal für neues Handeln *(Abb. 8.13, Vogelauer 2003, S. 187 ff.)*.

Das **interne Coaching** verläuft wie das externe. Hier fungiert ein Mitarbeiter einer für diesen Zweck geschaffenen Stabstelle als Coach, dessen Loyalität aber nicht nur dem Coachee, sondern auch dem Unternehmen gilt.

Das **Employee Coaching**, also das Coaching durch die Führungskraft, ist ein in der Regel mehrmonatiger Beratungsprozess, durch den Stärken und Schwächen ausgewählter Beschäftigter identifiziert und Korrekturen angeregt werden. Die Führungskraft leistet hier als Coach Hilfe zur Selbsthilfe, damit der Coachee seine Arbeitsanforderungen in Zukunft zielwirksamer und unabhängiger bewältigen kann. Der Ablauf ist ähnlich wie beim externen Coaching, nur empfiehlt man den Vorgesetzten zuweilen, mit dem Coachee eine strukturierte Beobachtung des Coachee am Arbeitsplatz oder in einem Assessment Center zu vereinbaren und durchzuführen. Zwischen der Führungsrolle und der Rolle des Coach als Berater und Förderer bestehen erhebliche Unterschiede. Deshalb werden sich die Führungskräfte auf diese Rolle in der Regel durch eine Personalentwicklungsmaßnahme vorbereiten müssen. Da das Coaching den als Coach tätigen Vorgesetzten zeitlich stark binden kann, kommen als Coachee zumeist nur Beschäftigte in Betracht, die ihrerseits Führungsverantwortung tragen oder künftig tragen werden *(Hentze/Graf/Kammel/Lindert 2005, S. 259 ff., Kapitel Personalführung)*.

Mentoring ist eine Beziehung zwischen einer erfahrenen, auf dem Karriereweg weit vorangeschrittenen Führungskraft, dem Mentor, und einer oder einem am Anfang des Berufslebens

Coaching

Mentoring

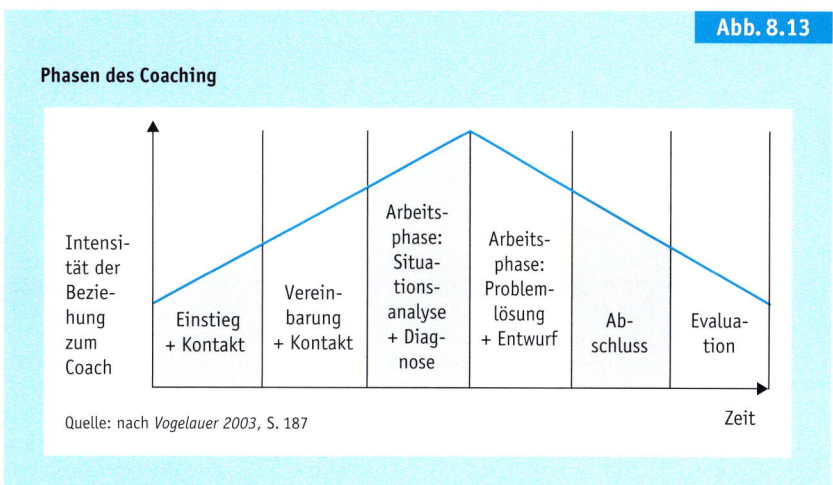

Abb. 8.13

Phasen des Coaching

Quelle: nach *Vogelauer 2003, S. 187*

stehenden Beschäftigten, dem Protegé, Mentee oder Eleven. Im Vordergrund steht einerseits die Integration in die soziale Struktur der Belegschaft und andererseits die Vermittlung von Qualifikationen und Kompetenzen *(Reichelt 2008, S. 393 ff.).*

Supervision

Supervision kommt bei Problemen zum Einsatz, die eine distanzierte Selbstreflexion des beruflichen Alltags erfordern, etwa bei Neustrukturierungen und beim Vorgesetztenwechsel. Ein Berater, der Supervisor, führt regelmäßig Gespräche mit dem sogenannten Supervisanden über die Konflikte, den möglichen Eigenanteil an diesen Konflikten, die Arbeitsbeziehungen sowie die Erwartungen des Betroffenen und an den Betroffenen. Bei der Team- oder Gruppensupervision geht es um die Rollen innerhalb der Gruppe *(Kapitel Personalführung, Stenzel 2006, S. 308 ff.).*

360-Grad-Feedback

Sowohl für die 360-Grad-Beurteilung als auch für das **360-Grad-Feedback** werden Beschäftigte nicht nur von der Führungskraft und gegebenenfalls Mitarbeitern, sondern auch von Kollegen aus der eigenen Abteilung und anderen direkt beteiligten Bereichen sowie von Kunden und Lieferanten beurteilt. Um den Kreis zu schließen, darf auch eine Selbstbeurteilung nicht fehlen *(Kapitel Personalbeurteilung).* Die beiden eng verwandten Verfahren unterscheiden sich trotzdem deutlich. Die 360-Grad-Beurteilung liegt ganz in den Händen des Personalwesens und ihr Ergebnis wird nicht nur für Zwecke der Personalentwicklung, sondern auch für die Festlegung des Entgelts verwendet. Das 360-Grad-Feedback zielt hingegen darauf ab,

Assessment Center

den betroffenen Beschäftigten ein möglichst umfassendes Bild zu vermitteln, wie sie von jenen Menschen wahrgenommen werden, mit denen sie regelmäßig zu tun haben, und daraus zu lernen. Dieses Feedback wird meist schriftlich in Form eines ausführlichen Fragebogens eingeholt, von externen Fachleuten anonym ausgewertet und ausschließlich den Betroffenen rückgekoppelt. An das 360-Grad-Feedback sind also keinerlei Konsequenzen durch das Unternehmen gekoppelt. Dadurch wird das Feedback zum persönlichen Entwicklungsinstrument *(Brisach 2008, S. 325 ff.).*

Assessment Center sind ein- bis dreitägige Seminare mit in der Regel acht bis zwölf Teilnehmerinnen und Teilnehmern, die von Führungskräften und Personalfachleuten, gegebenenfalls auf der Grundlage von Fragebogen, in Interviews, unter Umständen auch in Testverfahren, in der Hauptsache aber in Einzel-, Rollen- und Gruppenübungen beobachtet und beurteilt werden. Im Rahmen der Personalauswahl sind sie gehöriger Kritik ausgesetzt *(Kapitel Personalbeschaffung).* Andererseits gehören sie in vielen Unternehmen zum Standard, wenn die Eignung von Beschäftigten mit einiger Berufserfahrung und der Wille, Karriere zu machen, für eine Führungslaufbahn festgestellt werden. Man kann aber noch einen Schritt weitergehen und Assessment Center als Instrument der Personalentwicklung einsetzen, denn immerhin erhalten die Teilnehmerinnen und Teilnehmer am Ende eines gut durchdachten Assessment Center durch die Assessoren eine fundierte Rückmeldung über ihre Stärken und Schwächen *(Rand-*

Unter der Lupe

Mentoring

Neben dem informellen Mentoring, einer informellen Beziehung, werden **formelle Programme** *geschaffen, manchmal sogar – als Cross-Mentoring – unternehmensübergreifend. Bei den formellen Programmen wird zunächst die Zielsetzung geklärt, also die Frage, welchen Nutzen die Beteiligten erwarten können. Es folgt die Initiierung (Initiation), bei der zunächst ein Mentor nach den Kriterien Förderungsbedarf, Erfahrung, Qualifikation und Kompetenz ausgewählt wird. Mentor und Protegé lernen sich, zumeist im Rahmen der Einarbeitung, als Partner kennen (Kapitel Personaleinsatz). Die zentrale Phase ist die Entwicklung (Cultivation). Der Mentor sucht geeignete Personalentwicklungsmaßnahmen, führt Beratungsgespräche und be-*

treibt eine Art Marketing für den Protegé. Dabei darf er allerdings nicht auf freundschaftliche Gefälligkeiten und Cliquenwirtschaft verfallen. In dieser Phase wird die Beziehung zwischen Mentor und Protegé ausgebaut, allerdings seitens des Mentors auch viel Zeit investiert. Der Protegé wird zunehmend unabhängiger, wenn der Mentor ihn nicht zur Übernahme seiner Ideen und Erfahrungen drängt. Danach setzt die Trennung (Separation) ein. Der Mentor gibt nun lediglich Unterstützung bei der Umsetzung von Entscheidungen. In der Neubestimmung (Redefinition) lösen Mentor und Protegé ihre offizielle Beziehung auf. Unter Umständen schließt sich nun eine rein freundschaftliche Beziehung an (Blickle 2002, S. 66 ff.).

hofer 2008, S. 340 f., 348, Stracke 2007, S. 202 ff.).

In betrieblichen oder überbetrieblichen **Förderkreisen** und Erfahrungsaustauschgruppen gibt man den Teilnehmerinnen und Teilnehmern in zeitlichen Abständen Gelegenheit, sich untereinander und mit Führungskräften über bestimmte Probleme, Erfahrungen und Meinungen auszutauschen. Die Ausgestaltung ist sehr unterschiedlich. Manche Unternehmen sehen Seminare oder Fördertage vor, andere laden zu Referaten ein, über die dann diskutiert wird. So oder so kann man im vertrauten Kreis Verhaltensweisen einüben, die dann später im betrieblichen Umfeld angewendet werden sollen *(Mentzel 2005, S. 213, Nickut 2008, S. 446 ff.).*

Von einer **Juniorfirma** spricht man einerseits, wenn Auszubildende temporär alle für den Ablauf und die Funktion einer Unternehmenseinheit wichtigen Funktionen und die Verantwortung im Tagesgeschehen übernehmen, jedoch in aller Regel nicht die unternehmerische Verantwortung *(Leyhausen 2008, S. 455 ff.).*

Andererseits ist eine Juniorfirma im Sinne einer mehrgleisigen Unternehmensführung ein Junior Executive Board, das heißt ein Junior Vorstand bzw. eine Junior Geschäftsführung, besetzt mit Beschäftigten der unteren und mittleren Führungsebene. Das Junior Executive Board wird parallel zum realen Management als eine Art Schattenkabinett tätig *(Mentzel 2005, S. 199 f.).*

Im **Outdoor Training** erleben die Teilnehmerinnen und Teilnehmer sich und andere in einem völlig ungewohnten Umfeld, in der freien Natur, bei ebenso ungewohnten Aufgaben, zum Beispiel als Mitglied einer Seilschaft, und kommen so zu neuen Einsichten über die eigene Person, eigene Verhaltensweisen und die Zusammenarbeit *(Strasmann 2008 a, S. 411 ff.).* In Wilderness Experiences lebt eine Gruppe für eine bestimmte Zeit eigenständig in der Natur, Parcours sind Freiluftübungen einer Gruppe, die von leichter sportlicher Betätigung bis zu Extremsportarten reichen, Wildcours sind eine Verbindung von Wilderness Experiences mit Parcours *(Regnet/ Winkler 2000, S. 46 ff.).*

Das **Training out of the Job** dient dem Übergang von der Arbeit in den Ruhestand. Man fördert Beschäftigte, indem man ihnen die Mög-

lichkeit gibt, sich frühzeitig auf diese neue Lebensphase einzustimmen *(Hantke 2002, S. 160 ff.).*

8.3.3 Arbeitsstrukturierung als Personalentwicklung

Die Arbeitsstrukturierung ist im Grunde ein Verfahren des Personaleinsatzes. Man gestaltet die Arbeitsinhalte und das Ausmaß der Arbeitsteilung, um die Stellen zu optimieren und damit die Arbeit produktiver zu machen. Traditionell steht dabei das Interesse im Vordergrund, den Fertigungsprozess in einfache Teilaufgaben zu zerlegen, die routiniert und folglich ebenso schnell wie kostengünstig erledigt werden können. Dabei verkümmern die Anpassungsfähigkeit der Beschäftigten und ihre Einsicht in die Sinnzusammenhänge. Gerade diese Fähigkeiten sind aber notwendig, wenn man den Gesetzen des Marktes gehorcht und hohe Produktivität bei gleichzeitiger hoher Qualität sicherstellen will.

Eine Beschleunigung der Entwicklungszeiten und präventive Maßnahmen der Fehlervermeidung sind nur möglich, wenn die Beschäftigten über ein höheres Qualifikations- und Kompetenzniveau verfügen. Insofern muss die Vermittlung von Qualifikationen und Kompetenzen in die Arbeitsstrukturierung integriert werden, wie das bei den zeitgenössischen Formen der Arbeitsstrukturierung geschieht, die im Kapitel Personaleinsatz erläutert werden.

Für die **Telearbeit**, die dauerhaft oder temporär entfernt von der Betriebsstätte mithilfe von Kommunikationsmedien ausgeführt wird, müssen die Betroffenen ohne Zweifel über die einschlägigen fachlichen und methodischen Qualifikationen verfügen, und zwar nicht nur zum Einstieg in die Telearbeit, sondern permanent. Sie sind geradezu genötigt, eigenverantwortlich ihre Qualifikationen auszubauen, unabhängig vom Standort voneinander zu lernen oder auf eine Hilfestellung durch das Unternehmen zu drängen. Es muss ihnen aber noch mehr am Auf- oder Ausbau ihrer Kompetenzen gelegen

Förderkreis

Juniorfirma

Outdoor Training

Training out of the Job

Telearbeit

sein, da sie sich in offenen und unüberschaubaren, komplexen und dynamischen Situationen selbstorganisiert zurechtfinden müssen *(Seebass/Wallenstein 2008, S. 465 ff.)*.

Job Rotation ist durch den regelmäßigen und systematischen, planmäßigen Wechsel von Arbeitsplätzen und Arbeitsaufgaben der Beschäftigten untereinander gekennzeichnet. Die Betroffenen erwerben mithin Qualifikationen und Kompetenzen, die sie zur Übernahme anderer Aufgaben befähigen *(Fricke 2008, S. 479 ff.)*.

Das kann man intensivieren. In internationalen Unternehmen mit verschiedenen Marken und Produktionsstätten an diversen Standorten existieren unterschiedliche Abteilungen, die inhaltlich Identisches oder Ähnliches tun. Die dortigen Beschäftigten benötigen für die Aufgabenerfüllung ähnliche Kompetenzen. Diese Beschäftigtengruppen kann man zu Kompetenzgemeinschaften, sogenannten **Job Families**, zusammenfassen, die sich in lockerer Folge in Workshops treffen. Für die Job Families werden Karrierepfade definiert. Sie zeigen unabhängig vom Standort, von der Marke und der Abteilung Schlüsselpositionen auf, die auf dem Weg zu einer bestimmten Endposition durchlaufen werden sollten, weil sie unverzichtbare Kompetenzen vermitteln. Ferner liefern sie Anhaltspunkte für Ausweich- oder Alternativpositionen, die ähnliche Zwecke erfüllen *(Von der Ruhr/Bosse 2008, S. 488 ff.)*.

Auch die Mitglieder von **Fertigungsteams**, das heißt Gruppen von etwa zehn Beschäftigten, die jeweils mindestens drei Arbeitsstationen beherrschen, erwerben Qualifikationen und Kompetenzen, die sie zur Übernahme anderer Aufgaben befähigen.

Beim **Job Enlargement**, der Zusammenfassung mehrerer strukturell gleichartiger oder ähnlicher Arbeitselemente verschiedener Arbeitsplätze, sind gleichfalls zusätzliche Qualifikationen und Kompetenzen unumgänglich *(Wilms 2008, S. 507 ff.)*.

Beim **Job Enrichment** wird die Arbeit durch Hinzufügen verschieden schwieriger, aber dennoch zusammengehörender Arbeitselemente der Planung, Ausführung und Kontrolle angereichert, was ohne den Erwerb qualitativ höherwertiger Qualifikationen und Kompetenzen nicht möglich ist *(Wilms 2008, S. 507 ff.)*.

Eine **teilautonome Arbeitsgruppe** fordert den drei bis zehn Mitgliedern vielfältige Qualifikationen und Kompetenzen ab. Sie bewältigen nicht nur die Fertigung in Eigenverantwortung, sondern auch die Planung, Organisation und Kontrolle. Zudem sollen sie möglichst alle Arbeiten der Gruppe beherrschen, Verbesserungsvorschläge erstellen und umsetzen. Um die tägliche Arbeit, aber auch das tägliche Lernen zu koordinieren, wählt die Gruppe einen Gruppensprecher. Der Vorgesetzte ist in der Hauptsache als Coach tätig *(Antoni 2008, S. 516 ff.)*.

Fertigungsinseln unterscheiden sich in Bezug auf den Auf- und Ausbau von Qualifikationen und Kompetenzen nicht von den teilautonomen Arbeitsgruppen, denn es handelt sich um teilautonome Arbeitsgruppen auf technischer Ebene. Die Beschäftigten und die Betriebsmittel, die für die Durchführung einer Aufgabe notwendig sind, werden sowohl räumlich als auch organisatorisch zusammengefasst *(Antoni 2008, S. 518 f.)*.

Qualitätszirkel sind Gruppen von ungefähr sechs bis zwölf Beschäftigten, die Schwierigkeiten im Produktionsprozess beseitigen und die Produktqualität verbessern. Der Gruppe stehen Moderatoren zur Verfügung, zum Beispiel der Vorarbeiter oder Meister. Die Gruppe hat die Möglichkeit, Experten einzuladen und deren Hilfe bei der Problemlösung in Anspruch zu nehmen, auch und gerade um die Qualifikationen und Kompetenzen der Gruppenmitglieder zu verbessern *(Strasmann 2008 b, S. 540 f.)*.

Noch deutlicher wird dies, wenn der Begriff **Lernstatt** ins Spiel kommt, der sich als Abkürzung für das Lernen in der Werkstatt erklärt und vor dem Hintergrund der Beschäftigung ausländischer Arbeitnehmer entstand. Die Lernstatt diente zunächst dazu, ihr sprachliches und technisches Verständnis anhand konkreter betrieblicher Aufgaben und Abläufe zu verbessern. Heute fungiert die Lernstatt als Qualitätszirkel *(Strasmann 2008 b, S. 530 f.)*.

Werkstattzirkel sind befristete Kleingruppen, in denen sich fachkundige, erfahrene Beschäftigte unterschiedlicher Hierarchieebenen und Abteilungen zusammenfinden, um betriebliche Probleme zu lösen oder Innovationen zu entwickeln. Eine solche Gruppe wird von Meistern und Vorarbeitern moderiert. Hier werden keine weiteren Experten eingeladen. Andererseits erwerben die Mitglieder durch die Problemlösung und Zusammenarbeit neue Qualifikationen und Kompetenzen *(Erkelenz 2008, S. 546 ff.)*.

Ähnlich verhält es sich mit **Projektgruppen**, die neuartige und komplexe, bereichsübergreifende Problemstellungen bearbeiten. Fachabteilungen stellen die benötigten Spezialisten ab, die einem Projektmanager während der Projektdauer unterstellt sind. Der Lösungsprozess bedingt ein Lernen aller Beteiligten *(Erkelenz 2008, S. 546 ff.)*.

Die Personalentwicklung findet sich in weiteren Verfahren des Personensatzes wieder, die nicht zur Arbeitsstrukturierung im engeren Sinn zählen. Man bezeichnet Sie zusammengefasst als Training along the Job *(ähnlich Holtbrügge 2005, S. 108, Kapitel Personaleinsatz)*.

Wenn man über die Nachfolgeplanung etwaige Kandidatinnen und Kandidaten ausmacht, ist es ratsam, diese mit den Aufgaben der **Stellvertretung** zu betrauen. Sie könnten entweder das gesamte Aufgabenfeld über die Urlaubszeit bzw. andere Abwesenheitsperioden des Stelleninhabers übernehmen oder dauerhaft einige Teilaufgaben. Damit erwerben sie die erforderlichen Qualifikationen und Kompetenzen im Tagesgeschäft *(Mentzel 2005, S. 195 f., Stelzer-Rothe 2008, S. 559 ff.)*.

Dasselbe gilt für **Sonderaufgaben**, die Gelegenheit bieten, sich in neuen, über die Routinetätigkeit hinausgehenden Aufgabenstellungen zu versuchen. Als Aufgabenstellung kommen einmalig oder unregelmäßig anfallende Untersuchungen, Planungs- oder Kontrollvorhaben in Frage *(Mentzel 2005, S. 196)*.

Auslandseinsatz

Bei der Auswahl der sogenannten Expatriates, also der Mitarbeiter im Auslandseinsatz, sind Anpassungsfähigkeit, Loyalität, physische Konstitution und eine offene Einstellung zu fremden Kulturen ausschlaggebend. Die Einarbeitung muss eine interkulturelle Sensibilisierung beinhalten, also ein Grundwissen über die Gepflogenheiten im Zielland, die kulturelle Andersartigkeit und die Wirkungen des eigenen Verhaltens vermitteln. Während des Auslandseinsatzes muss ein regelmäßiger Kontakt und die wechselseitige Übermittlung von Informationen gewährleistet sein. Nach der Rückkehr ist eine erneute Einarbeitung unverzichtbar, bei der das Augenmerk auf der Reintegration, der Wiedereingliederung, liegt (Mauer 2003. S. 12 ff., Wegerich 2008, S. 598 ff.).

Eine **Versetzung** ist eine Änderung des Aufgabenbereichs eines Beschäftigten nach Art, Ort und Umfang der Tätigkeit. Bei einem knappen Personalbestand stopft man mit einer langfristigen Versetzung ein Loch, um ein anderes aufzureißen, denn es kommt ja niemand hinzu. Bei einer kurzfristigen Versetzung mag das nicht so ins Gewicht fallen. Auf jeden Fall erwerben die Betroffenen entweder als vorbereitende Maßnahme oder spätestens am anderen Arbeitsplatz neue Qualifikationen und Kompetenzen.

Wenn Beschäftigten im Rahmen einer **Beförderung** höherwertige, anspruchsvollere Positionen übertragen werden, ist das das Ergebnis erfolgreicher Personalentwicklung.

Auch der **Auslandseinsatz** kann ein Ergebnis erfolgreicher Personalentwicklung sein. Andererseits bietet man Beschäftigten die Möglichkeit, sich in einem fremden Umfeld zu beweisen. Dann muss jedoch sichergestellt sein, dass der Auslandseinsatz ein Bestandteil der Karriereplanung ist, der die Entwicklungsmöglichkeiten nicht beschneidet, sondern erweitert.

Projektgruppe

Stellvertretung und Sonderaufgaben

Versetzung

Beförderung

Auslandseinsatz

8.4 Personalentwicklungscontrolling

An die Planung der Personalentwicklung und ihre Umsetzung sollte sich ein Controlling anschließen. Nur durch eine regelmäßige Überprüfung kann festgestellt werden, ob bzw. inwieweit die angestrebten Ziele erreicht wurden.

Wer diesen Nachweis nicht führt, gerät hinsichtlich der Rechtfertigung der Personalentwicklung leicht ins Hintertreffen. Zudem ermöglicht das Controlling Korrekturen von Unzulänglichkeiten *(Abb. 8.14, Kapitel Personalcontrolling, Mentzel 2005, S. 261 ff., Thierau-Brunner/Stangel-Meseke/Wottawa 2006, S. 329 ff.)*.

Trotzdem wird das Controlling in der Praxis vielfach vernachlässigt, da tragfähige, praxisgerechte Konzepte bislang kaum existieren.

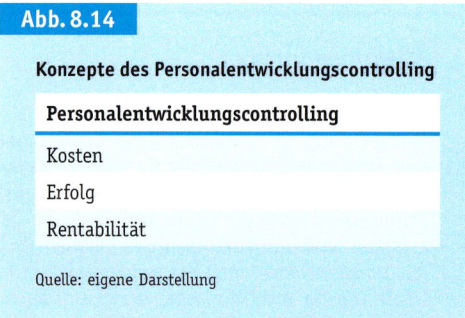

Abb. 8.14

Konzepte des Personalentwicklungscontrolling

Personalentwicklungscontrolling

Kosten

Erfolg

Rentabilität

Quelle: eigene Darstellung

8.4.1 Personalentwicklungskosten

Sicherlich sind nicht alle Entscheidungen in der Personalentwicklung kostenorientiert. Fraglos berücksichtigt die Personalentwicklung auch eine Vielzahl von qualitativen Aspekten.

Kostenvergleichsrechnung

Dennoch muss sich die Ermittlung des Personalentwicklungsbedarfs, die Planung und erst recht die Umsetzung an der Maxime einer Optimierung der Kosten und Leistungen ausrichten, also an der Wirtschaftlichkeit *(Becker 2005 b, S. 126 ff., Grüner 2000, S. 106 ff., Mentzel 2005, S. 262 ff.).*

Demnach ist zunächst eine vollständige **Kostenerfassung** vonnöten. Sie vermittelt den notwendigen Überblick über die Art und Höhe sämtlicher in einer Abrechnungsperiode angefallenen Kosten der Personalentwicklung. Dabei handelt es sich in der Hauptsache um

Budgetierung

▸ das Arbeitsentgelt für die ausgefallene Arbeitszeit der Teilnehmerinnen und Teilnehmer, soweit Personalentwicklungsmaßnahme und Arbeitsleistung nicht Hand in Hand gehen,
▸ die Ausbildungsvergütungen bei der Berufsausbildung,
▸ gegebenenfalls ein Arbeitsentgelt für Überstunden eingesetzter Ersatzkräfte,
▸ Kosten für An- und Abreise, Räume, Verpflegung, Arbeitsunterlagen, Lizenzen für Planspiele oder Tests und Ähnliches,
▸ Honorare bzw. anteiliges Entgelt für Referenten oder
▸ Teilnahmegebühren für externe Veranstaltungen,
▸ kalkulatorische Abschreibungen für Einrichtungen des Bildungswesens sowie

▸ die Kosten, die im Personalwesen und den Fachabteilungen für die Ermittlung des Personalentwicklungsbedarfs, die Planung und die Umsetzung anfallen. Diese Kosten kann man anhand der Zeit errechnen, die die Betroffenen für diese Aufgaben aufgewendet haben.

Infolge der vollständigen Kostenerfassung ist es möglich, die Abteilungen, deren Beschäftigte sich qualifizieren, mit den für sie angefallenen Kosten der Personalentwicklung zu belasten. Die jeweiligen Personalentwicklungskosten werden in diesem Fall den verursachenden **Kostenstellen** zugerechnet.

Erfasste oder planbare Kosten sind zugleich die Planungsgrundlage für künftige Personalentwicklungsmaßnahmen.

Bei der Entscheidung zwischen alternativen Maßnahmen und zwischen einer internen oder externen Durchführung werden nicht nur, aber auch ökonomische Gesichtspunkte in Form von **Kostenvergleichsrechnungen** maßgebend sein. Die Basis für Kostenvergleichsrechnungen legen erfasste oder doch zumindest planbare Kosten der Personalentwicklung. So fallen bei einer internen Maßnahme beispielsweise Honorare für Referenten an. Diese Honorare sind aber in aller Regel deutlich geringer als die Teilnahmegebühren für mehrere Beschäftigte, die ein Seminar besuchen. Für die interne Durchführung fallen zudem kaum Reisekosten an, wohl aber für die externe Durchführung. Deshalb sind interne Maßnahmen kostengünstiger, selbst wenn man Räume anmietet und Arbeitsunterlagen ankauft.

Manche Unternehmen genehmigen Personalentwicklungsmaßnahmen nur im Einzelnachweis. Ansonsten bestimmen die laufenden Personalentwicklungskosten als Erfahrungswerte häufig das Personalentwicklungsbudget der Folgeperiode. Dieses **Budget** wird dann beispielsweise als Prozentsatz vom Umsatz, Gewinn oder der Lohn- und Gehaltssumme bewilligt. Zum Teil wird es, ebenfalls auf der Basis von Erfahrungswerten, als Durchschnittsbetrag pro Belegschaftsmitglied oder Prozentsatz vom jeweiligen Jahresentgelt genehmigt. Eine systematische Budgetierung liegt hingegen in den Händen der Personalentwicklungsbeauftragten oder -abteilung. Sie orientiert sich als Vorauskalkulation aller entstehenden Kosten am ermittelten Personalentwicklungsbedarf für die Folgeperiode. Die Genehmigung oder Korrektur des ermittelten Budgets obliegt der Unternehmensleitung.

Eine **Nachkalkulation**, das heißt eine Überprüfung der Zweckmäßigkeit der Mittelverwendung sowie etwaiger Abweichungen nach Ablauf der Budgetperiode, macht das Personalentwicklungsbudget zum Instrument der Wirtschaftlichkeitskontrolle.

Unter der Lupe

Rechtfertigung

Der durchweg günstige Vergleich der Kosten der Personalentwicklung mit den Kosten der Beschaffung gleichwertig qualifizierter und kompetenter Beschäftigter am Arbeitsmarkt dient manchen Verantwortlichen zur Rechtfertigung der gesamten Personalentwicklung.

Und letztlich werden die Kosten der Personalentwicklung auch als stichhaltiges Argument für das Engagement der Unternehmen im Dialog mit den Gewerkschaften angeführt.

8.4.2 Personalentwicklungserfolg

Die Überprüfung des Erfolgs richtet sich aus Unternehmenssicht auf die Lern- und vor allem auf die Anwendungserfolge. Man will feststellen, ob es gelungen ist, den Beschäftigten die erstrebten Qualifikationen und Kompetenzen zu vermitteln. Von einem Erfolg der Personalentwicklung kann aber nur dann gesprochen werden, wenn auch die Erwartungen der Beschäftigten erfüllt wurden, wenn die Vermittlung von Qualifikationen und Kompetenzen gelungen ist und ihren Neigungen und Interessen, ihrer Motivation, entspricht *(Becker 2005 b, S. 207 ff., Mentzel 2005, S. 279 ff.)*.

Ohne eine Überprüfung des Erfolgs der Personalentwicklung fällt es nicht nur schwer, die Investitionen zu rechtfertigen. Man kann auch bei der Planung zukünftiger Personalentwicklungsmaßnahmen Erfolg versprechende nicht von missratenen unterscheiden.

Gleichwohl verzichten viele Unternehmen auf eine derartige Kontrolle, weil sie in der Tat von vielen Schwierigkeiten beeinträchtigt wird. Selbst wenn die Entwicklungsziele klar definiert sind, unterscheidet sich schon der **Lernerfolg** verschiedener Teilnehmer an derselben Personalentwicklungsmaßnahme deutlich. Das gilt erst recht für die Umsetzung und die daraus folgenden Anwendungserfolge. Außerdem ist die Umsetzung oft erst zeitversetzt möglich. Dann kann man die Anwendungserfolge aber kaum noch einer Personalentwicklungsmaßnahme zugute halten.

Selbst wenn man diese Schwierigkeiten in Kauf nimmt, kann man den Erfolg nicht durch einen einzigen Indikator ausdrücken. Guter Lernerfolg sagt nämlich noch nichts über die Umsetzung aus, und ein guter Lernerfolg, der gut umgesetzt wird, muss noch nicht den Erwartungen der Teilnehmerinnen und Teilnehmer entsprechen. Um eine einigermaßen zuverlässige Aussage treffen zu können, muss zwischen dem Lernerfolg, dem Anwendungs- oder Transfererfolg und dem **Erfolg aus Teilnehmersicht**, der Zufriedenheit, unterschieden werden *(ähnlich Regnet 2008, S. 679 ff.)*.

▸ Bei manchen Personalentwicklungsmaßnahmen liegt der Lernerfolg auf der Hand, etwa bei der planmäßigen Unterweisung. Der Trainer kann den Lernerfolg beobachten, wenn die Beschäftigten das Vorgeführte nachmachen. Praktische Übungen und Rollenspiele sind recht zeitraubend, wenn alle Teilnehmer eingebunden werden sollen. Ansonsten ist man entweder auf eine im Ergebnis oft unzuverlässige Befragung der Trainer oder auf Prüfungen und Tests angewiesen. Letztere sind beim Teilnehmerkreis meistens unbeliebt, es sei denn, sie verhelfen zu einem allgemein anerkannten Zertifikat.

Lernerfolg

▸ Für die Überprüfung sowohl des Lernerfolgs als auch des Erfolgs aus Teilnehmersicht eignen sich Teilnehmerbefragungen. Sie können in mündlicher oder besser in schriftlicher Form durchgeführt werden und konzentrieren sich auf Inhalte und Methode, Trainer und Referenten, die Organisation sowie die Lernerfolge und die Umsetzungsmöglichkeiten aus eigener Sicht.

Erfolg aus Teilnehmersicht

▸ Personalentwicklung kann sich für ein Unternehmen nur dann auszahlen, wenn sie sich als **Anwendungserfolg** niederschlägt. Einen Hinweis darauf kann der Vergleich einer Per-

Anwendungserfolg

Abb. 8.15

Berechnung der Rentabilität von Personalentwicklungsmaßnahmen

$$\text{Rentabilität der Maßnahme} = \frac{(\text{Wert der Maßnahme} - \text{entstandene Kosten}) \times 100}{\text{entstandene Kosten}}$$

Quelle: nach *Mentzel 1997*, S. 254

sonalbeurteilung vor und nach einer Maßnahme geben, aber auch eine mündliche oder schriftliche Befragung der jeweiligen Vorgesetzten. Besser geeignet sind Mitarbeiter-

Unter der Lupe

Problematik der Rentabilitätsrechnung

Die Problematik einer Rentabilitätsrechnung ist offensichtlich. Nicht nur, dass es im Einzelfall schwer fällt, die Personalentwicklungskosten genau nachzuhalten, und nicht nur, dass eine eindeutige Kausalitätsbeziehung zwischen einer Personalentwicklungsmaßnahme und einem Erfolg kaum herzustellen ist. Es ist gewöhnlich nahezu unmöglich, den Wert einer Maßnahme exakt zu bestimmen. Wer will z. B. behaupten, allein das Verkaufstraining im Januar habe dazu geführt, dass die Umsätze bis zum Dezember das Vorjahresniveau trotz eines Konjunkturrückganges erreicht haben? Und wer will dann den Wert des Verkaufstrainings beziffern?

gespräche und Kennzahlenvergleiche, wie sie im Kapitel Personalcontrolling zur Sprache kommen. Wenn geeignete Kennzahlen zu Ausbringungsmengen, Umsätzen oder Ähnlichem aber noch nicht zur Verfügung stehen, ist der Aufwand alleine für die Überprüfung des Anwendungserfolgs von Personalentwicklungsmaßnahmen meistens zu hoch.

8.4.3 Rentabilität der Personalentwicklung

Rentabilität ist das Verhältnis des Periodenerfolges als Differenz von Ertrag und Aufwand zu anderen Größen. Mit der Überprüfung der Rentabilität der Personalentwicklung versucht man, den Erfolg der Investition Personalentwicklung zu messen (*Becker 2005 b, S. 219 ff., Mentzel 2005, S. 292 ff.*).

Regelmäßig errechnet man aber nicht die Rentabilität der gesamten Personalentwicklung, sondern die **einzelner Maßnahmen**. Dazu wird zumeist die Formel aus *Abb. 8.15* verwendet.

Da der Personalaufwand im Allgemeinen den Personalkosten entspricht, verwendet man als Grundlage der Rentabilitätsrechnung die Personalentwicklungskosten, wie sie bereits für die Überprüfung der Kosten ermittelt werden. Und statt des Ertrags verwendet man den Wert der Maßnahme, der entweder dem erzielten Ertrag oder den vermiedenen Verlusten entspricht. Entspricht der Wert der Maßnahme zum Beispiel 10.000 Euro und machen die Personalentwicklungskosten 8.000 Euro aus, so errechnet sich eine Rentabilität von 25 Prozent.

8.5 Organisationsentwicklung

8.5.1 Grundlagen der Organisationsentwicklung

Problemlösungsansätze, die alleine mit den Mitteln der **Organisation** arbeiten, werden nicht selten von der Belegschaft unterlaufen. Den Beschäftigten wird der Sinn und Zweck nicht klar. Deshalb fehlt es an der Bereitschaft, die Ände-

rungen zu akzeptieren und ihnen zum Erfolg zu verhelfen.

Die **Personalentwicklung** hat hingegen mit der Transferproblematik zu kämpfen. Die Umsetzung macht zuweilen Mühe, denn möglicherweise lassen die neuen Qualifikationen und Kompetenzen eine Lösung der Probleme im Unternehmen gar nicht zu und unter Umständen können die Kollegen die neuen Kenntnisse, Fertigkeiten und Verhaltensweisen nicht nachverfolgen *(Becker 2005 b, S. 240 ff.)*.

Hier setzt die Organisationsentwicklung an. Dieser Ansatz, der auch als Change Management bezeichnet wird, sieht vor, dass eine interne oder externe Beratung gemeinsam mit den Betroffenen – also den Führungskräften und den ihnen zugeordneten Beschäftigten – die Ursachen vorhandener Probleme erforscht und neue, wirksamere Formen der Zusammenarbeit entwickelt. Man will die Betroffenen zu Beteiligten machen *(Doppler/Lauterburg 1999, S. 158 f.)*. Dann und nur dann, so die Arbeitshypothese der Organisationsentwicklung, vermag sich die Einsicht in die Notwendigkeit und die Bereitschaft zum persönlichen Engagement entwickeln *(Abb. 8.16, French/Bell 1994, S. 47 ff., Sievers 1980, S. 6 ff., Weiber/Meyer 2006, S. 200 ff.)*.

Die *Gesellschaft für Organisationsentwicklung (GOE)* definierte Organisationsentwicklung bereits *1980* als einen längerfristig angelegten organisationsumfassenden Entwicklungs- und Veränderungsprozess von Organisationen und den in ihnen tätigen Menschen. Der Begriff Organisation wird in diesem Zusammenhang anstelle von Unternehmen oder Unternehmung verwendet, da Organisationsentwicklung beispielsweise auch in Schulen, Verwaltungen, Vereinen und Parteien stattfinden kann *(Baumgartner/Häfele/ Schwarz/Sohm 2004, S. 19)*.

Mittels Organisationsentwicklung will man die sozialen und organisatorischen Voraussetzungen schaffen, unter denen Menschen nicht nur ihr Wissen und ihre Fertigkeiten, sondern auch ihre Emotionen, Motive, Ziele und Einstellungen, ihre sozialen Verhaltensweisen, Werte und Normen verändern und entwickeln können. Was das Unternehmen anbelangt, beschränkt man sich nicht nur auf die Untersuchung und Veränderung der technischen und organisatorischen Strukturen und Abläufe. Von Interesse sind auch und besonders Kommunikations- und Verhaltensmuster sowie Normen, Werte und Machtkonstellationen. Außerdem werden die Probleme einzelner Personen, Gruppen oder Unternehmen nicht isoliert, sondern immer in ihren Wechselwirkungen mit den Einflüssen der organisatorischen, ökonomischen und gesellschaftlichen Umwelt untersucht und bearbeitet. Und schließlich erfolgt die Planung von Veränderungen in der Gegenwart unter Berücksichtigung sowohl der besonderen historischen Entwicklung des Unternehmens in der Vergangenheit als auch

Change Management

Gesellschaft für Organisationsentwicklung

Abb. 8.16

Personalentwicklung, Organisationsplanung und Organisationsentwicklung im Vergleich

	Personalentwicklung	Organisationsplanung	Organisationsentwicklung
Wer?	homogene Teilnehmergruppen im Unternehmen oder heterogene Gruppen extern	Geschäftsleitung, Stabsstelle oder Unternehmensberatung	organisatorische Einheiten, etwa Gruppen, Abteilungen oder Betriebe
Was?	Wissen, Können und Verhalten	organisatorische Strukturen und Abläufe	konkrete Probleme der täglichen Zusammenarbeit und der gemeinsamen Zukunft
Wie?	Personalbildung, Personalförderung oder Arbeitsstrukturierung	Eingriffe aufgrund von Planungen	offene Information und aktive Beteiligung der Betroffenen
Wann?	befristete Lernprozesse	Einzelmaßnahmen	kontinuierliche Prozesse aufgrund rollender Planung
Wo?	am Arbeitsplatz, in internen und externen Schulungsräumlichkeiten	in Planungsbüros	am Arbeitsplatz, in den Unternehmen als integrierter Bestandteil der täglichen Arbeit
Warum?	Beseitigen von Qualifikations- und Kompetenzdefiziten bei einzelnen Beschäftigten	Steigerung der Leistungsfähigkeit der Organisation	Steigerung der Leistungsfähigkeit der Organisation und der Qualität des Arbeitslebens

Quelle: nach *Lauterburg 1980, S. 3*

Organization Development

*Der Begriff Organisationsentwicklung ist abgeleitet vom
englischen Organization Development und bedeutet soviel
wie geplanter organisatorischer Wandel. Organisationsentwicklung vereint die Organisationsplanung und die Personalentwicklung in sich (Oechsler 2006, S. 479 ff.).*

einer Vorausschau in deren mögliche Zukunft
*(GOE 1980, ähnlich Wimmer 2004, S. 28 ff., Wun-
derer/Arx 2002, S. 63)*.

8.5.2 Ablaufschritte der Organisationsentwicklung

Im Sinne der Organisationsentwicklung müssen
erfolgreiche organisatorische Innovationen mit
einem aktiven Lernprozess aller Beschäftigten
einhergehen. Sie können daher nur schrittweise
und langfristig entwickelt werden. Um Organisationsentwicklung wirksam und erfolgreich
durchzuführen, ist folglich stets ein längerer
Zeitraum erforderlich, der kaum unter zwei bis
drei Jahren liegen wird.

Zeitraum

8.5.2.1 Phasenmodelle der Organisationsentwicklung

Diverse Autoren empfehlen für die Umsetzung
der Organisationsentwicklung ein jeweils eigenständiges Phasenmodell. Diese Modelle schaffen
eine Orientierung für die Beteiligten, die angesichts des immer wieder einzigartigen und im
Einzelnen nicht vorhersehbaren Verlaufs von Organisationsentwicklungsprojekten hilfreich ist
*(Abb. 8.17, Baumgartner/Häfele/Schwarz/Sohm
2004, S. 88 ff., Comelli 1985, S. 62 ff.)*.

Die Phasenmodelle setzen zwar unterschiedliche Schwerpunkte. Die Auflistung in *Abb 8.17*
offenbart jedoch, dass sich die Vorstellungen
der Autoren gut miteinander vereinbaren lassen.

Im Folgenden sollen die zwei vielleicht bekanntesten Phasenmodelle kurz vorgestellt
werden.

Drei-Phasen-Modell

Modell mit 8 Phasen

8.5.2.2 Unfreezing, Moving, Refreezing

Das **Drei-Phasen-Modell** entwirft einen stimmigen, aber recht groben Rahmen für die Umset-

zung der Organisationsentwicklung *(Becker 2005
a, S. 455 ff., Wunderer/Arx 2002, S. 64 ff.)*.

Die Betroffenen werden in der ersten Phase,
dem **Unfreezing**, über die bevorstehenden organisatorischen Veränderungen intensiv informiert. Damit alte Denkmuster durch neue Werte
und Normen abgelöst werden, bindet man sie in
alle Aktivitäten ein. Dadurch werden Ängste und
Widerstände gegen den Wandel abgebaut.

Die Phase des **Moving** gilt der Realisierung
eines neuen Konzepts durch geeignete Instrumente. Sie baut auf den Aktivitäten des Unfreezing und der durch die Einbindung der Betroffenen erzeugten Identifikation auf.

Mit dem **Refreezing** werden die Neuerungen
stabilisiert und gleichzeitig Erfahrungen mit
dem neuen Konzept ausgewertet. Die Auswertung führt zu ersten Verbesserungen und Anpassungen.

8.5.2.3 Vom Kontakt bis zur Erfolgskontrolle

Sievers (1980, S. 6 ff.) verweist auf ein praxis-
erprobtes, detailliertes **Modell mit acht Phasen**
der Organisationsentwicklung *(ähnlich Doppler/
Lauterburg 1999, S. 101 ff.)*

In den einzelnen Phasen kann man jene Interventionen einsetzen, also jene Instrumente,
Methoden und Techniken, die *French* und *Bell
(1994, S. 124 ff.)* für die Praxis der Organisationsentwicklung vorschlagen.

Wie bereits die Benennung der ersten drei
Phasen als Kontakt, Vorgespräche und Vereinbarung verdeutlicht, muss man grundsätzlich
davon ausgehen, dass regelmäßig weder die Vorgesetzten noch die Mitarbeiter des Personalwesens die Organisationsentwicklung steuern und
umsetzen. Man greift vielmehr auf Beraterinnen
und Berater mit spezifischem Fachwissen zurück, die sich dieser Aufgabe unbelastet von
den vielfältigen Verwicklungen des Alltagslebens
widmen können. Dabei kann es sich sowohl um
externe Berater als auch um interne handeln,
also Beschäftigte meist größerer Unternehmen,
deren Aufgabe das Initiieren und die Durchführung von Organisationsentwicklungsprojekten ist
*(Hentze/Graf/Kammel/Lindert 2005, S. 410 f.,
Wiendieck 2003, S. 637)*.

In diesem Fall beginnen Organisationsentwicklungsprojekte jeweils mit einem ersten **Kontakt** zwischen Klient und Berater.

Der Klient ist beispielsweise eine Abteilung oder ein gesamtes Unternehmen.

Bei erfolgreicher Kontaktaufnahme folgen **Vorgespräche**.

In diesen Vorgesprächen klärt man gemeinsam, ob ein langfristiger Veränderungsprozess in Angriff genommen werden soll, wie dieser ungefähr aussehen könnte, welche Methoden zur Anwendung kommen könnten, welches die ersten Schritte sein würden und welche Rolle der Berater dabei übernimmt.

Wenn Einigkeit herrscht, dass und wie ein Organisationsentwicklungsprojekt in Angriff genommen werden soll, muss nun eine **Vereinbarung** zwischen Klient und Berater getroffen werden.

Sie beinhaltet unter anderem eine Erklärung, wer seitens des Unternehmens die Trägerschaft übernimmt. Externe Beraterinnen oder Berater fixieren hier die Honorarabsprache. Außerdem werden die gegenseitigen Erwartungen und die Modalitäten der Zusammenarbeit präzisiert. Soll das auslösende Problem in der Tat in Form der Organisationsentwicklung angegangen werden, muss sich der Klient darauf einlassen, dass eine Problemlösung nur auf dem Wege einer Datensammlung, eines Datenfeedbacks, einer Diagnose sowie einer anschließenden Maßnahmenplanung, Durchführung und Erfolgskontrolle unter Einbeziehung der Betroffenen erfolgen kann. Das ist gleichbedeutend mit dem Eingeständnis der Möglichkeit, dass die eigentlichen Probleme zu Beginn nicht in ihrem vollen Umfang bekannt sind. Vereinbart wird zudem, dass alle Schritte in gemeinsamer Abstimmung geplant werden. Die Zusammenarbeit erfolgt von der Intention her langfristig. Ein etwaiger Abbruch darf deshalb nicht ohne ein klärendes Gespräch stattfinden.

Mit der **Datensammlung** erlangt man genaue Informationen über die umrissenen Problembereiche, ihre Hintergründe und die unterschiedlichen Sichtweisen der Betroffenen und weiterer relevanter Personen.

Die Betroffenen sollten nach Möglichkeit aktiv beteiligt werden. Als Instrumente kommen Einzel- und Gruppengespräche, eine beobachtende Teilnahme, gezielte Befragungen und Besprechungen zum Einsatz. Hie und da werden projektive Techniken angewendet wie beispielsweise Collagen.

Abb. 8.17

Phasenmodelle der Organisationsentwicklung

Lewin	Lippitt	Gebert	Glasl und de la Houssaye	Sievers
Unfreezing		Orientierung am Ist-Zustand	Orientierungsphase	
	Entwicklung eines Bedürfnisses nach Veränderung			
	Herstellung einer Beziehung			Kontakt
				Vorgespräche
				Vereinbarung
	Arbeiten für den Wandel	Integration der Organisationsmitglieder		Datensammlung
		Konkretisierung und Differenzierung der Maßnahmen		
		Unterstützung durch höhere Führungsebene		
			Zukunftskonzeption und Situationsdiagnose	Datenfeedback
			operationelle Ziele und operationelle Analysen	Diagnose
Moving	Alternativen werden geprüft		Planen von experimentellen Projekten und Vorbereiten von experimentellen Situationen	Maßnahmenplanung und -durchführung
		Extensität und Intensität der Maßnahmen		
	Wandlungsbemühungen erproben	Wahl des Zeitpunkts	Verwirklichung und Auswertung der Erfahrungen	
Refreezing	Wandel stabilisieren und generalisieren Beziehung beenden und neue Beziehung formulieren	Stabilisierung der Maßnahmen		Erfolgskontrolle

Quelle: eigene Darstellung

Maßnahmenplanung und -durchführung

Erfolgskontrolle

Phasenverschiebung

Die erhobenen Daten werden im Anschluss gesichtet, geordnet und ebenso übersichtlich wie verständlich aufbereitet.

Das sogenannte **Datenfeedback** oder Survey-Feedback ist eine Rückkopplung der Informationen an die Befragten durch diejenigen, die die Erhebung durchgeführt haben.

Danach werden die Daten gemeinsam mit den Betroffenen ausgewertet und interpretiert.

Dadurch erreicht man nicht nur stimmige Ergebnisse. Vielmehr können sich so alle Betroffenen mit diesen Ergebnissen und Lösungsansätzen weitgehend identifizieren. Das Ziel der **Diagnose** ist eine klare Definition des Problems und eine systematische Problemanalyse. Dabei kann es sich zeigen, dass der Bereich oder die Abteilung, die aufgrund scheinbar interner Schwierigkeiten zunächst den Anstoß zur Organisationsentwicklung gegeben hat, diese Probleme gar nicht verursacht. Oft haben Probleme, die einem einzelnen Bereich zugeschoben werden, ihre eigentliche Ursache in gestörten Beziehungen zwischen Abteilungen oder zwischen hierarchischen Ebenen.

Die **Maßnahmenplanung und -durchführung** beruht auf der Diagnose.

Falls notwendig, arbeitet die Beraterin oder der Berater mit den Betroffenen im Vorfeld an Problemlösungsmodellen und Musterbeispielen.

Das Ziel dieser Interventionen ist es, die Planungsqualifikation und -kompetenz zu verbessern.

Insbesondere die Durchführung erfordert die umfangreichste Arbeit. Sie nimmt auch die längste Zeit in Anspruch. Verschiedene Planungen und Umsetzungsprozesse laufen nun teils parallel, teils phasenverschoben nebeneinander.

Dabei übernehmen einzelne Beschäftigte oder Gruppen die Initiative und Verantwortung für die Durchführung einzelner Teilaufgaben sowie für deren Koordination, Steuerung und Auswertung.

Die Rolle des Beraters besteht hauptsächlich in der Moderation der ablaufenden Prozesse. Berater verhelfen den Betroffenen durch eine Prozessberatung zu Einsichten in die sozialen Gegebenheiten im Unternehmen.

Eine abschließende gemeinsame **Erfolgskontrolle** dient der Auswertung des gesamten Organisationsentwicklungsprojektes.

Sie gibt Aufschluss darüber, ob die ursprünglich gesteckten Ziele erreicht worden sind oder ob sich aufgrund von erheblichen Abweichungen in Einzelbereichen eine erneute Datensammlung empfiehlt. Man kann deshalb durchaus von **Organisationsentwicklungscontrolling** sprechen.

Sievers (1980, S. 8) weist ausdrücklich darauf hin, dass ein Organisationsentwicklungsprojekt in der Praxis kaum je exakt in der Form abläuft,

---

Aktivitäten der OE-Berater

Sind Änderungen der Technologie und der Organisationsstruktur notwendig, wirken Organisationsentwicklungsberater mit Interventionen darauf ein, dass jene Auswirkungen auf die Beziehungsstruktur bearbeitet werden, die aus der neuen Technologie und Struktur resultieren.

Soll die Leistungsfähigkeit voneinander abhängiger Gruppen gesteigert werden, kommen sogenannte Intergruppen-Techniken zum Einsatz. Hierdurch stellt man ihre gemeinsamen Aktivitäten und Ergebnisse heraus.

Wenn die Leistungsfähigkeit von Gruppen innerhalb des Systems verbessert werden soll, setzen Berater Interventionen ein, die auf eine Teamentwicklung abzielen. Sie können ebenso auf zwischenmenschliche Beziehungen Bezug nehmen wie auf aufgabenbezogene Fragen, etwa Arbeitsmethoden oder die Zuteilung von Arbeitsmitteln oder Qualifikationen.

Wenn zwischen zwei Mitgliedern eines Unternehmens zwischenmenschliche Konflikte zu bearbeiten sind, agieren Berater als neutrale Dritte, als Mediatoren (Kapitel Personalführung).

Was French und Bell (1994, S. 132) als edukative und Trainings-Aktivitäten bezeichnen, ist nichts anderes als Personalentwicklung, die dort greift, wo Qualifikations- und Kompetenzdefizite bestehen.

Die Berater befassen sich nämlich auch mit Einzelnen, wo das notwendig erscheint.

So können sie ein vorurteilsfreies Feedback anregen. Dadurch wird es den Betreffenden möglich zu erkennen, wie andere das eigene Verhalten sehen.

Im Einzelfall helfen Berater einzelnen Beschäftigten, sich auf ihre Lebens- und Laufbahnziele zu konzentrieren. Über eine Darstellung des bisherigen Lebens- und Karriereverlaufs, eine Zielfindung in der Diskussion und eine Beurteilung der Qualifikationen und Kompetenzen kommt man zur Einsicht in Stärken und Schwächen.

die das Modell vorgibt. Die Projekte sind so unterschiedlich wie die Unternehmen, von denen sie durchgeführt werden.

Möglich ist nicht nur ein Abbruch im Rahmen der Verhandlungen zur Vereinbarung. Ein Datenfeedback kann zuweilen auch das Ergebnis haben, dass ein Problem nicht mehr existiert.

Und die Diagnose legt unter Umständen offen, dass man die relevanten Daten gar nicht erfasst hat. In diesem Fall muss man erneut, und zwar andere Daten erheben. Dieser Prozess kann sich sogar mehrfach wiederholen.

Ähnliches gilt erst recht für die Maßnahmenplanung und -durchführung, bei denen man immer wieder auf neue Schwierigkeiten stößt. Entwicklungsprozesse in Teilbereichen, die anfangs entweder vielversprechend oder aber nur sehr schleppend anlaufen, können sich unversehens verzögern, wider Erwarten beschleunigen oder müssen abgebrochen werden. Zum Teil muss man erneut eine Datensammlung, ein Datenfeedback und eine Diagnose angehen, um diesen Schwierigkeiten zu begegnen. Überdies können sich die Probleme ändern, die zu der Entscheidung geführt haben, eine Organisationsentwicklung in Angriff zu nehmen.

Aufgaben Kapitel 8

1. Bitte wägen Sie die Vor- und Nachteile externer und interner Personalentwicklungsmaßnahmen gegeneinander ab.

2. Was ist Bildungsurlaub?

3. Im Intranet Ihres Arbeitgebers lesen Sie unter »Neuigkeiten«, dass Ihr Arbeitgeber nun selbstgesteuertes Lernen von Ihnen erwartet. Was ist das? Was können Sie dabei von Ihrem Arbeitgeber erwarten?

4. Sie sind als Vorgesetzte/r tätig. Nun bittet man Sie, Ihre Mitarbeiter/innen zu coachen. Was kommt auf Sie zu?

5. Bitte erläutern Sie den Unterschied zwischen 360-Grad-Beurteilung und 360-Grad-Feedback.

6. Inwiefern kann man Assessment Center in der Personalentwicklung einsetzen?

7. Beschäftigte werden zuweilen als Stellvertreter/innen für Kollegen oder Vorgesetzte tätig. Inwiefern kann das Personalentwicklung im Sinne eines Training along the Job sein?

8. Welche Kostenarten fallen für die Personalentwicklung an?

9. Bitte wägen Sie die Zweckmäßigkeit von Verfahren zur Ermittlung des Lernerfolgs einer Personalentwicklungsmaßnahme ab.

10. Die 10 Mitarbeiterinnen und Mitarbeiter des Verkaufsinnendienstes nehmen an einem Seminar zur Verbesserung der Gesprächsführung am Telefon teil. Für das Seminar fallen Kosten von insgesamt 10.000 Euro an. Im Jahr nach dem Seminar erwirtschaften die Teilnehmerinnen und Teilnehmer 20.000 Euro mehr als im Jahr zuvor. Bitte errechnen Sie die Rentabilität der Personalentwicklungsmaßnahme.

11. Bitte beschreiben Sie die Transferproblematik der Personalentwicklung.

Lösungen zu den Aufgaben finden Sie im Anschluss an das letzte Kapitel.

9 Personalfreisetzung

Leitfragen

▶ **Warum und wie werden Beschäftigungsver-hältnisse aufgelöst?**
Welche Sachverhalte geben dazu Anlass, den Personalbestand gezielt zu senken?
Auf welche Personalabgänge hat der Arbeit-geber keinen Einfluss?

▶ **Welche Personalabgänge sind nicht plan-bar?**
Warum und von wem können Arbeitsverhält-nisse gekündigt werden?
Wie können sich Arbeitgeber und Arbeitneh-mer ansonsten trennen?

Von wem können Arbeitgeber und Arbeitneh-mer dabei Hilfe in Anspruch nehmen?

▶ **Wie beendet man Beschäftigungsverhält-nisse in Krisensituationen?**
Welche Besonderheiten sind bei der Planung zu berücksichtigen?
Wie kann man Personal abbauen und trotz-dem den Personalstamm erhalten?
Mit welchen Maßnahmen kann man den Per-sonalbestand deutlich reduzieren?

9.1 Beendigung und Umgestaltung von Beschäftigungsverhältnissen

Arbeitsverhältnisse sind relativ zählebig. Sie en-den nicht

▶ durch Insolvenz, da der Insolvenzverwalter gemäß § 108 der Insolvenzordnung auf Ver-tragserfüllung bestehen kann, soweit er keine Entlassung gemäß § 113 der Insolvenzord-nung in Betracht zieht,

▶ durch den Tod des Arbeitgebers, denn gemäß § 1922 des Bürgerlichen Gesetzbuches geht mit dem Tode einer Person deren Erbschaft als Ganzes auf den oder die Erben über *(Pulte 2006, S. 50)*, oder

▶ durch einen Betriebsübergang, da der neue Inhaber laut § 613 a des Bürgerlichen Gesetz-buches in die Rechte und Pflichten bestehen-der Arbeitsverhältnisse eintritt. Außerdem kann sich der Betroffene, der zuvor schrift-lich informiert werden muss, innerhalb eines Monats schriftlich gegen den Übergang sei-nes Arbeitsverhältnisses verwahren *(Brede-horn 2004, S. 32 ff.)*.

Trotzdem können nicht nur Arbeits-, sondern alle Beschäftigungsverhältnisse natürlich auf-gelöst werden. Geschieht das im Rahmen des täglichen Betriebsablaufs, spricht man von Trennung. Die Beendigung von Beschäfti-gungsverhältnissen in Krisensituationen oder aufgrund von betrieblichen Strukturverände-rungen bezeichnet man hingegen als Perso-nalabbau. Der Personalabbau ist aber nicht nur auf das letzte Mittel, die Beendigung von Be-schäftigungsverhältnissen, beschränkt. Mög-lich sind auch inhaltliche Umgestaltungen.

Arbeitsverhältnisse sind zählebig

Unter der Lupe

Personalfreisetzung betrifft nicht nur Arbeitnehmer

Wenn hier Beschäftigungsverhältnisse thematisiert werden, ist das ein Hin-weis darauf, dass man sich nicht nur von Arbeitnehmern trennen und nicht nur Personalabbau hinsichtlich der Arbeitnehmer vollführen kann, sondern oftmals auch andere Beschäftigtengruppen in den Blick geraten, die im Ka-pitel Grundlagen vorgestellt werden.

9.2 Trennung

9.2.1 Fluktuation

Personalabgänge

Alle Unternehmen müssen mit der Fluktuation leben, das heißt mit Veränderungen im Personalbestand *(Abb. 9.1, Kapitel Personalbeschaffung)*.

▸ Einerseits sind **autonome Personalveränderungen** zu verzeichnen, auf die die Unternehmensseite keinen oder nur bedingten Einfluss hat.

▸ Andererseits stehen **initiierte Personalveränderungen** ins Haus, von der Unternehmensseite ausgelöste oder zumindest beeinflusste Personalveränderungen.

Die Fluktuation macht sich in Personalzugängen und Personalabgängen bemerkbar. Für die Trennung sind nur **Personalabgänge**, also Beendigungen von Beschäftigungsverhältnissen, von Belang, aber nicht alle.

▸ Da eine Arbeitsleistung in Person zu erbringen ist, endet ein Arbeitsverhältnis spätestens mit dem Tod des Beschäftigten. Selbstverständlich findet in diesem Fall keine vom Unternehmen initiierte Trennung statt *(Etzel/Griebeling/Liebscher 2002, S. 159)*.

▸ Auch die Verpflichtung als Berufssoldatin oder -soldat beendet ein Arbeitsverhältnis. Eine von Unternehmensseite initiierte Trennung ist das aber gleichfalls nicht.

Die Formen der Trennung aus *Abb. 9.1* sind zum Teil ausschließlich auf Arbeitnehmerschaft ausgelegt, zum Teil jedoch auch auf andere Beschäftigtengruppen.

Eine Trennung von Beschäftigten kann man, je nach dem Anlass und der Situation, recht unterschiedlich vollziehen, aber nur unter Beachtung sehr enger rechtlicher und zeitlicher Restriktionen vorausschauend arrangieren. Die autonomen Personalabgänge sind per Definition schon kaum planbar. Da aber auch die initiierten Personalabgänge, mit Ausnahmen des Vertragsauslaufs und der Ruhestandsvereinbarung, im täglichen Betriebsablauf oftmals unvermittelt auftreten, kann hier ebenfalls schwerlich von einer Personalplanung die Rede sein. Freilich kann man infolge einer Trennung sicherlich Maßnahmen planen, etwa eine Personalbeschaffung, die die entstandene Lücke füllen soll.

Abb. 9.1

Fluktuation, Personalzugänge und -abgänge sowie Formen der Trennung

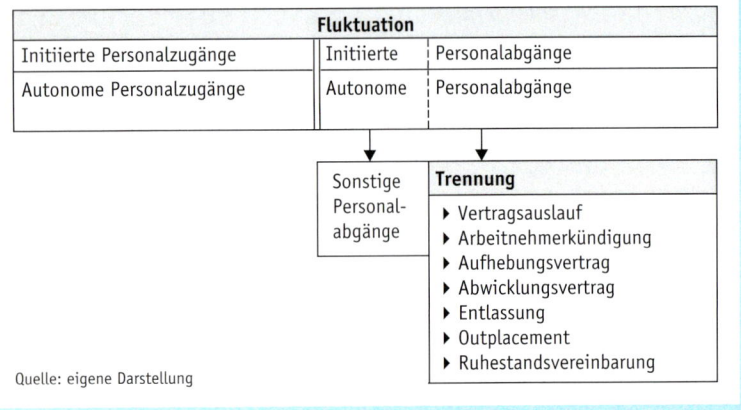

Fluktuation		
Initiierte Personalzugänge	Initiierte	Personalabgänge
Autonome Personalzugänge	Autonome	Personalabgänge

Sonstige Personal-abgänge	**Trennung** ▸ Vertragsauslauf ▸ Arbeitnehmerkündigung ▸ Aufhebungsvertrag ▸ Abwicklungsvertrag ▸ Entlassung ▸ Outplacement ▸ Ruhestandsvereinbarung

Quelle: eigene Darstellung

Unter der Lupe

Fluktuation und Personalabbau

Die Fluktuation wird vielleicht durch Strukturveränderungen und Krisensituationen in der einen oder anderen Weise beeinflusst. Sie ist jedoch kein Instrument der Strukturveränderung und der Krisenbewältigung, das heißt des Personalabbaus. Zu einem solchen kann sie nur werden, wenn ein Einstellungsstopp (siehe weiter unten) hinzutritt.

9.2.2 Vertragsauslauf als Trennung

Zunächst bietet sich der Vertragsauslauf an *(Etzel/Griebeling/Liebscher 2002, S. 159)*.

Ist der betreffende Vertrag nur für eine bestimmte Zeit oder nur zur Erreichung eines bestimmten Zwecks abgeschlossen worden, etwa eine Montage oder Berufsausbildung, endet das Vertragsverhältnis laut § 620 des Bürgerlichen

Gesetzbuches automatisch. Deshalb kann man sich von Beschäftigten trennen, indem man Arbeitsverhältnisse mit Fristablauf oder Zweckerreichung auslaufen lässt und auf die Übernahme von Auszubildenden verzichtet.

9.2.3 Arbeitnehmerkündigung

Eine Trennung liegt ebenfalls vor, wenn ein Arbeitsverhältnis durch eine – laut § 623 des Bürgerlichen Gesetzbuches zwingend schriftliche – Kündigung seitens des Arbeitnehmers beendet wird *(Schaub 2000, S. 347 f.)*.

Üblich sind **ordentliche fristgemäße Arbeitnehmerkündigungen** im Sinne der §§ 620 ff. des Bürgerlichen Gesetzbuches, beispielsweise um eine aussichtsreichere Position bei einem anderen Arbeitgeber zu übernehmen.

Die große Ausnahme bilden die **außerordentlichen Arbeitnehmerkündigungen**. Sie sind nach § 626 des Bürgerlichen Gesetzbuches nur zulässig, wenn es für die Betroffenen unzumutbar ist, die Kündigungsfrist einzuhalten. Das ist etwa der Fall, wenn das Arbeitsentgelt wiederholt unpünktlich oder gar nicht gezahlt wird. Selbst dann werden Beschäftigte zögern, auf die Kündigungsfrist zu verzichten und lieber von anderen rechtlichen Möglichkeiten Gebrauch machen, es sei denn, sie hätten bereits einen neuen Arbeitsplatz.

Abgesehen von Ausnahmefällen, in denen die Kündigung tatsächlich die unternehmerische Existenz bedroht, sollte man davon absehen, die Beschäftigten umzustimmen. Das Beispiel könnte Schule machen. Dadurch würde das Unternehmen erpressbar.

9.2.4 Aufhebungs- und Abwicklungsvertrag als Trennung

Nach dem Grundsatz der Vertragsfreiheit des § 305 des Bürgerlichen Gesetzbuches ist es möglich, einen Vertrag im gegenseitigen Einvernehmen aufzulösen, und zwar durch einen sogenannten **Aufhebungsvertrag** *(Kronisch 2004, S. 50 ff., Schaub 2000, S. 347 f.)*.

Die **Verantwortung** für die Unterzeichnung eines Aufhebungsvertrages liegt bei den Vertragspartnern. Das gilt auch, wenn der Vertrag im Rahmen der erstinstanzlichen Güteverhandlung vor dem Arbeitsgericht zustande kommt. Freilich ist ein Aufhebungsvertrag, der unter Druck oder Zwang entsteht, im Nachhinein anfechtbar. Die Rechtsprechung erachtet aber die bloße Ankündigung der Entlassung bei Nichtzustandekommen des Aufhebungsvertrages nicht als Druck oder Zwang. Unwirksam sind Aufhebungsverträge, die lediglich die Basis für den Abschluss von Arbeitsverträgen mit schlechteren Konditionen legen.

Der Aufhebungsvertrag bedarf gemäß § 623 des Bürgerlichen Gesetzbuches der **Schriftform**. Gefordert ist ferner das beiderseitige Verständnis des Vertragsinhalts. Für ausländische Arbeitnehmer ist also unter Umständen eine Übersetzung vonnöten. Minderjährige benötigen die Einwilligung ihres gesetzlichen Vertreters, sofern sie nicht ermächtigt sind, selbstständig ein Arbeits- oder Ausbildungsverhältnis einzugehen.

Für beide Vertragspartner ergeben sich einige **Vorteile**.

▸ Der **Arbeitgeber** ist nicht an gesetzlich, tarifvertraglich oder einzelvertraglich festgelegte Kündigungsfristen gebunden, kann sich also

Aufhebungsvertrag

Vorteile

Abwicklung und Abgangsinterview

*Zumeist wird das Personalwesen nach dem Eingang der Arbeitnehmerkündigung die **Abwicklung** in die Hand nehmen: die Prüfung des Kündigungstermins und der Kündigungsfrist, die Eingangsbestätigung sowie, falls die Kündigung bei der Personalabteilung eingegangen ist, die Information des Vorgesetzten. Ein **Austritts- bzw. Abgangsinterview** wird jedoch eben dieser Vorgesetzte führen, es sei denn, er selbst ist der Anlass für die Kündigung. Dieses Interview dient*

▸ *der Ermittlung der tatsächlichen Kündigungsgründe,*
▸ *dem Erarbeiten eines unternehmensspezifischen Kataloges von Kündigungsgründen,*
▸ *dadurch dem Erkennen von betrieblichen Schwachstellen, die zu Kündigungen führen und behoben werden sollten,*
▸ *dem Versuch des Abbaus von etwaigen Aversionen gegenüber dem Unternehmen und*
▸ *der Verabschiedung (Becker 2005 a, S. 426 f.).*

Unter der Lupe

Aus der Praxis

»Das Austrittsinterview bietet die Gelegenheit, über die Erfahrungen, die der Mitarbeiter im Unternehmen gesammelt hat, offen zu sprechen. Das Ziel bei Otto ist es, die Informationen herauszufiltern, die für das Unternehmen im Rahmen eines kontinuierlichen Verbesserungsprozesses interessant und hilfreich sind. In der Praxis beginnt dieser Prozess mit der Kündigung des Mitarbeiters. Bei Otto ist man dazu übergegangen, dass jede freiwillige Kündigung automatisch ein Austrittsinterview auslöst ...« *Stavenhagen 2008: Stavenhagen, I., »Wer geht, redet Klartext«, in: Personalmagazin, Heft 04/2008, S. 50–52.*

Fragen aus dem Austrittsinterview

Für meine Entscheidung auszutreten beziehungsweise den Bereich zu wechseln, waren folgende Aspekte von Bedeutung

Hauptgrund Ergänzende Gründe

1. Die Führungskraft ☐ ☐
2. Die Aufgaben in der Position ☐ ☐
3. Karriere-/Entwicklungsmöglichkeiten ☐ ☐
4. Finanzielle Rahmenbedingungen Abfindungsangebot ☐ ☐
5. Die äußeren Arbeitsbedingungen ☐ ☐
6. Sonstige Gründe ☐ ☐

Die äußeren Arbeitsbedingungen

Zu lange Arbeitszeiten ☐
Fehlende Flexibilität der Arbeitszeitregelung ☐
Arbeitsatmosphäre (Kollegen, Klima) ☐
Allgemeine Bürokratie ☐
Arbeitsumfeld (Lärm, Belüftung, Klima, Licht) ☐
Großraumbüro ☐
Unzureichende Arbeitsmittel (Computer, Technik) ☐
Sonstiges:
Bemerkungen:

Quelle: *Stavenhagen 2008*, S. 52

kurzfristig von einem Arbeitnehmer trennen. Der allgemeine Kündigungsschutz muss nicht beachtet werden, das heißt es besteht keine Nachweispflicht von personen-, verhaltens- oder betriebsbedingten Entlassungsgründen. Auch der besondere Kündigungsschutz entfällt. Ein Zustimmungserfordernis des Betriebs- oder Personalrates und behördlicher Genehmigungsstellen für Aufhebungsverträge mit besonders schutzbedürftigen Personen, wie schwerbehinderten Menschen oder Schwangeren, gibt es nicht. Mit einem Aufhebungsvertrag kann eine Kündigungsschutzklage ausgeschlossen werden.

▸ Aufhebungsverträge geben den **Arbeitnehmern** die Möglichkeit, andere berufliche Chancen umgehend zu nutzen. Sie vermeiden die Dokumentation von verhaltens- und personenbedingten Entlassungsgründen und können deshalb auf ein in Ansätzen besseres Arbeitszeugnis hoffen. Falls der Aufhebungsvertrag keine allgemeine Ausschlussklausel beinhaltet, bleiben alle bereits entstandenen Ansprüche aus dem Arbeitsverhältnis bestehen, wie beispielsweise Urlaubs- und Urlaubsabgeltungsansprüche. Aufhebungsverträge schließen etwa in einem Drittel der Fälle Abfindungszahlungen ein. Die Höhe dieser Abfindungen orientiert sich einerseits am Beweggrund der Trennung und am Arbeitsentgelt, andererseits am Prozessrisiko für die Entlassung, die ansonsten ausgesprochen würde. Als Richtschnur gilt maximal ein halbes monatliches Bruttoarbeitsentgelt pro Jahr der Betriebszugehörigkeit. Wenn der Aufhebungsvertrag vom Arbeitgeber veranlasst wurde, sind Abfindungen sozialversicherungsfrei, und sie werden nach dem Einkommensteuergesetz nur unter diffizilen Voraussetzungen zu einem ermäßigten Satz besteuert.

Dagegen sind einige **Nachteile** abzuwägen, die sich in der Hauptsache aus dem Dritten Buch des Sozialgesetzbuches ergeben.

▶ Für die **Arbeitnehmer** bewirkt der Aufhebungsvertrag nach § 144 dieses Gesetzes eine in der Regel zwölfwöchige Sperrzeit für den Bezug von Arbeitslosengeld, das ohnehin nur (gestaffelt nach dem Alter) 12 bis 24 Monate gezahlt wird und 60 bzw. 67 Prozent (für Arbeitslose mit Kind) des Nettoarbeitsentgelts ausmacht. Die Sperrzeit setzt jedoch voraus, dass durch die Zustimmung zur Auflösung des Arbeitsvertrages die Arbeitslosigkeit vor dem eigentlichen Kündigungstermin vorsätzlich oder grob fahrlässig herbeigeführt wurde. Folglich greift die Sperrzeit nicht, wenn Arbeitnehmern ansonsten eine betriebs- oder personenbedingte Entlassung ins Haus gestanden hätte oder wenn sie wichtige persönliche Gründe hatten, wie das Angebot einer anderen Stelle, Heirat oder Wohnungswechsel. Abfindungen werden nach § 143 a des Dritten Buchs des Sozialgesetzbuches überdies, abhängig von den Details des Falles und abhängig vom Lebensalter des Betroffenen, nach Abzug eines prozentualen Freibetrages zu einem nennenswerten Anteil auf das Arbeitslosengeld angerechnet.

▶ Für den **Arbeitgeber** können aus der Anrechnung und der Sperrzeit ebenso Nachteile erwachsen. Er hat nämlich diesbezüglich eine Hinweispflicht. Von möglichen Schadensersatzforderungen wird er nur frei, wenn er nachweislich seiner Hinweispflicht nachgekommen ist und dem Arbeitnehmer eine Bedenkzeit eingeräumt hat. Diese Hinweispflicht erstreckt sich auch auf eventuelle weitere Nachteile, z. B. bei der betrieblichen Altersversorgung. Ist die Arbeitsunfähigkeit der Anlass für einen Aufhebungsvertrag, wird der Arbeitgeber für die Zahlung des Krankengeldes in Regress genommen. Regress wird ebenfalls fällig bei Aufhebungsverträgen mit Arbeitnehmern, die das 55. Lebensjahr vollendet haben, und zwar für das Arbeitslosengeld nach Vollendung des 57. Lebensjahres, längstens für 32 Monate, zuzüglich der Beiträge zur Sozialversicherung, wenn die Arbeitnehmer mindestens 24

Monate in den letzten vier Jahren bei ihm versicherungspflichtig beschäftigt waren. § 147 a des Dritten Buchs des Sozialgesetzbuches spezifiziert die Voraussetzungen noch weiter. Außerdem führt diese Vorschrift eine Anzahl von Bedingungen an, unter denen die Erstattungspflicht ganz oder teilweise entfällt.

Ein **Abwicklungsvertrag** liegt vor, wenn nach Ausspruch einer Kündigung respektive Entlassung die Rechtsfragen der Abwicklung des Arbeitsverhältnisses geregelt werden *(Schaub 2000, S. 347)*.

Für die Entlassung, an die sich der Abwicklungsvertrag anschließt, gibt es sehr wohl Formvorschriften, für den Abwicklungsvertrag selbst aber grundsätzlich nicht. Aus Beweisgründen ist die Schriftform aber ratsam. **Mündliche Vereinbarungen** sind denkbar, es sei denn, der Abwicklungsvertrag beinhaltet eine Klageverzichtserklärung, die in jeden Fall schriftlich festgelegt werden muss, oder im Arbeitsvertrag, einer Betriebs- bzw. Dienstvereinbarung respektive einem einschlägigen Tarifvertrag ist die Schriftform vorgeschrieben. Wie beim Aufhebungsvertrag ist das beiderseitige Verständnis des Vertragsinhalts gefordert. Die Vor- und Nachteile sind identisch mit denen des Aufhebungsvertrages. Es gelten nur folgende Besonderheiten:

▶ Die Rechtsschutzversicherungen gewähren für die anwaltliche Vertretung bei Verhandlungen über Abwicklungsverträge häufig den Deckungsschutz, den sie für Aufhebungsverträge verweigern *(Werner 2002, S. 262 f.)*.

▶ Andererseits bleibt der mit Entlassungen generell verbundene Aufwand beispielsweise

Nachteile des Aufhebungsvertrags

Abwicklungsvertrag

Goldener Fallschirm

Aufhebungsverträge mit hochrangigen Managern werden zuweilen mit der provokativen Bezeichnung goldener Fallschirm belegt, da sie im Einzelfall durchaus beträchtliche Abfindungen beinhalten. So wird einerseits die vorzeitige Beendigung des Vertragsverhältnisses abgegolten. Andererseits dienen diese Vereinbarungen einer gewissen Immunisierung der Betroffenen gegen die Abwerbung (Kapitel Personalbeschaffung) und das Ansinnen der Publikationsmedien, Interna zu offenbaren (Bröckermann 2005, S. 6 f.).

Unter der Lupe

durch die Anhörung des Betriebsrats oder gegebenenfalls des Integrationsamtes erhalten, der beim Aufhebungsvertrag entfällt *(Hümmerich 2001, S. 1280 ff.)*.

9.2.5 Entlassung

Der Präzedenzfall der Trennung ist und bleibt die Entlassung, also die Beendigungskündigung seitens des Arbeitgebers oder der Vorgesetzten gegenüber einer Arbeitnehmerin oder einem Arbeitnehmer.

9.2.5.1 Ablaufschema für Entlassungen

Bei der Trennung durch eine Entlassung sollte man sich am Ablaufschema aus *Abb. 9.2* orientieren, um keine der vielen einschlägigen Normen zu übergehen und damit einen negativen Ausgang der etwaigen Kündigungsschutzklage des betroffenen Arbeitnehmers zu riskieren.

Abb. 9.2

Ablauf der Entlassung

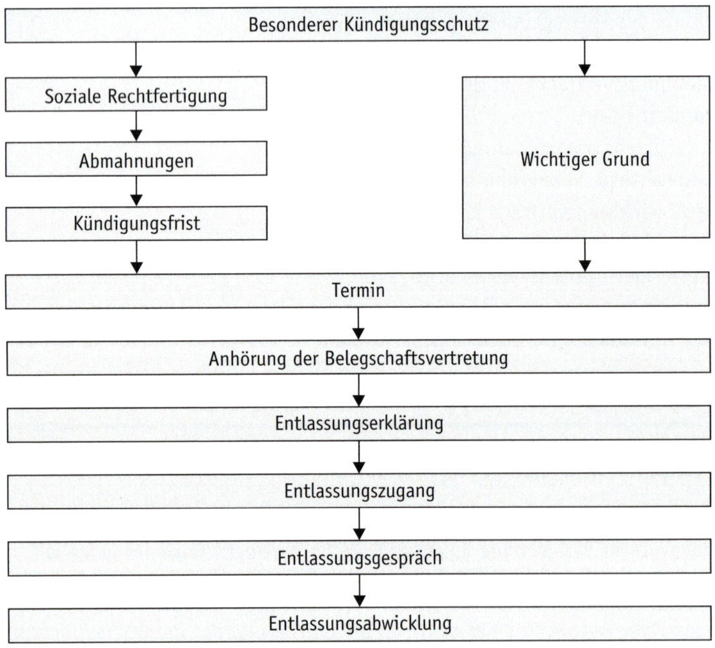

Quelle: eigene Darstellung

9.2.5.2 Besonderer Kündigungsschutz

Bereits im Vorfeld von Entlassungen sollten die Vorgesetzten bedenken, dass für einige Arbeitnehmergruppen ein besonderer Kündigungsschutz gilt *(Abb. 9.3, Etzel/Griebeling/Liebscher 2002, S. 170 ff.)*.

Laut § 15 des Kündigungsschutzgesetzes ist die ordentliche Entlassung von Einladern zu Betriebs- und Wahlversammlungen bis zur Bekanntgabe des Wahlergebnisses oder für drei Monate unzulässig. Die Vorschrift bestimmt weiter, dass **Wahlbewerber** für die Betriebs- oder Personalratswahl vom Zeitpunkt der Aufstellung des Wahlvorschlages bis zum Ablauf von 6 Monaten nach Bekanntgabe des Wahlergebnisses nicht ordentlich entlassen werden dürfen. Die außerordentliche Entlassung bei Vorliegen eines wichtigen Grundes ist hingegen zulässig, allerdings nur mit Zustimmung des Betriebs- oder Personalrats oder entsprechender Ersetzung durch das Arbeitsgericht.

Dieselbe Vorschrift bestimmt, dass die Entlassung von **Betriebs- und Personalräten** sowie **Jugend- und Auszubildendenvertretern** während der Amtszeit und bis zum Ablauf eines Jahres nach Beendigung der Amtszeit, auch nach freiwilligem Rücktritt, unzulässig ist. Die außerordentliche Entlassung bei Vorliegen eines wichtigen Grundes ist gemäß § 103 des Betriebsverfassungsgesetzes respektive § 47 des Bundespersonalvertretungsgesetzes und der analogen Gesetze der Länder während der Amtszeit gleichfalls nur mit Zustimmung des Betriebs- bzw. Personalrats möglich. Eine fehlende Zustimmung kann durch eine Entscheidung des Arbeitsgerichts ersetzt werden. Auch Ersatzmitglieder genießen diesen Kündigungsschutz während der Dauer ihrer Vertretung und ein Jahr nach Beendigung ihrer letzten Vertretungstätigkeit *(Zumkeller 2001, S. 823 ff.)*.

Jede Entlassung von **schwerbehinderten Menschen** mit einem Schwerbehindertengrad von wenigstens 50 Prozent und Gleichgestellten, für deren Anerkennung die Agentur für Arbeit zuständig ist, bedarf gemäß § 85 des Neunten Buchs des Sozialgesetzbuches der vorherigen Zustimmung des Integrationsamtes. Wird die Zustimmung erteilt, so hat der Arbeitgeber die Entlassung laut § 88 dieses Gesetzes binnen

Abb. 9.3

Besonderer Kündigungsschutz

Rechtsquelle	Geschützter Personenkreis
Kündigungsschutzgesetz	Mitglieder von Betriebsverfassungsorganen
Betriebsverfassungsgesetz	Mitglieder von Betriebsverfassungsorganen
Personalvertretungsgesetze	Mitglieder von Personalvertretungen
Sozialgesetzbuch	schwerbehinderte Menschen und ihre Vertrauensleute
Mutterschutzgesetz	Schwangere und Wöchnerinnen
Bundeselterngeld- und Elternzeitgesetz	Beschäftigte bei Inanspruchnahme der Elternzeit
Pflegezeitgesetz	Beschäftigte bei Inanspruchnahme der Pflegezeit
Heimkehrergesetz	Heimkehrer und Heimkehrerinnen
Arbeitsplatzschutzgesetz, Zivildienstgesetz	zum Wehrdienst Einberufene und Zivildienstleistende
Eignungsübungsgesetz	zu einer Übung für freiwillige Soldaten Einberufene
Gesetz über den Zivilschutz/Katastrophenschutz	entsprechend Dienstverpflichtete
Berufsbildungsgesetz	Auszubildende

Quelle: eigene Darstellung

Monatsfrist zu erklären. Außerordentliche Entlassungen müssen regelmäßig unverzüglich nach Erteilung der Zustimmung ausgesprochen werden. Die Zustimmung ist dagegen nicht erforderlich, wenn schwerbehinderte Menschen oder Gleichgestellte ausdrücklich nur zur vorübergehenden Aushilfe, auf Probe oder für einen vorübergehenden Zweck eingestellt wurden und das Arbeitsverhältnis nicht über 6 Monate hinaus fortbesteht.

Nach den genannten Vorschriften ist die ordentliche Entlassung von Vertrauenspersonen der schwerbehinderten Menschen während der Amtszeit und bis zum Ablauf eines Jahres nach Beendigung der Amtszeit ausgeschlossen. Die außerordentliche Entlassung ist zulässig, während der Amtszeit allerdings nur mit Zustimmung des Betriebs- oder Personalrats oder entsprechender Ersetzung durch das Arbeitsgericht. Gegenüber Wahlbewerbern ist die ordentliche Entlassung vom Zeitpunkt der Aufstellung des Wahlvorschlages bis zum Ablauf von sechs Monaten nach Bekanntgabe des Wahlergebnisses unzulässig. Die außerordentliche Entlassung ist zulässig, bis zur Bekanntgabe des Wahlergebnisses jedoch nur mit Zustimmung des Betriebs- oder Personalrats oder entsprechender Ersetzung durch das Arbeitsgericht.

Das **Mutterschutzgesetz** besagt in § 9, dass während der Schwangerschaft und bis zum Ablauf von vier Monaten nach der Entbindung jede Entlassung unzulässig ist, vorausgesetzt, dass dem Arbeitgeber die Schwangerschaft oder Entbindung bekannt war oder innerhalb von zwei Wochen nach Zugang der Entlassung mitgeteilt wird. Mit vorheriger Zustimmung der für den Arbeitsschutz zuständigen obersten Landesbehörde ist die Entlassung ausnahmsweise möglich.

Gemäß § 18 des Bundeselterngeld- und Elternzeitgesetzes darf der Arbeitgeber Eltern oder Sorgeberechtigte (nach § 15) während der **Elternzeit** nicht entlassen. Unter Elternzeit versteht man die maximal dreijährige Betreuung des Neugeborenen, die von jedem Elternteil allein oder von beiden gemeinsam in Anspruch genommen werden kann. Die zuständige Landesbehörde kann die Entlassung in besonderen Fällen ausnahmsweise für zulässig erklären. Die Betroffenen selbst können ihr Arbeitsverhältnis laut § 19 des Gesetzes nur unter Einhaltung einer Kündigungsfrist von drei Monaten zum Ende der Elternzeit kündigen.

Derselbe uneingeschränkte Kündigungsschutz gilt nach § 5 des Pflegezeitgesetzes für Beschäftigte, die eine bis zu zehntägige Auszeit oder

Eltern

Pflegezeit

eine bis zu sechsmonatige **Pflegezeit** in Anspruch nehmen, weil nahe Angehörige akut pflegebedürftig sind.

Wehr-/Zivildienst

§ 2 des Arbeitsplatzschutzgesetzes sieht vor, dass der Arbeitgeber **Wehrpflichtige** von der Zustellung des Einberufungsbescheides bis zur Beendigung des Grundwehrdienstes sowie während einer Wehrübung nicht ordentlich entlassen darf. Auch vor und nach dem Wehrdienst darf der Arbeitgeber keine ordentliche Entlassung aus Anlass des Wehrdienstes aussprechen. Denselben Schutz genießen **Zivildienstleistende** gemäß § 78 des Zivildienstgesetzes.

Auszubildende

Das **Berufsausbildungsverhältnis** kann während der mindestens ein-, höchstens viermonatigen Probezeit jederzeit ohne Einhaltung einer Frist gekündigt werden, wie man den §§ 20 und 22 des Berufsbildungsgesetzes entnehmen kann. Nach der Probezeit kann der Arbeitgeber nur noch außerordentlich entlassen. Allerdings werden die Anforderungen für das Vorliegen eines wichtigen Grundes immer größer, je weiter das Ausbildungsverhältnis fortgeschritten ist. Die Kündigungserklärung muss schriftlich und unter detaillierter Angabe der Gründe innerhalb einer Erklärungsfrist von zwei Wochen erfolgen. Die Auszubildenden selbst können unter Einhaltung einer Frist von vier Wochen jederzeit kündigen, wenn sie die Ausbildung aufgeben oder sich für eine andere Berufstätigkeit ausbilden lassen wollen.

Allgemeiner Kündigungsschutz

Diverse andere **Gesetze** enthalten weitere **Kündigungsschutzbestimmungen**, etwa für Immissions- und Datenschutzbeauftragte, Abgeordnete, Bergleute und politisch Verfolgte. Andererseits beinhalten die oben genannten Vorschriften aber auch Ausnahmen vom Sonderkündigungsschutz, etwa für Stilllegungen von Abteilungen oder ganzer Unternehmen.

Unter der Lupe

Entlassung im Kleinbetrieb

Für Entlassungen außerhalb des Regelungsbereichs des Kündigungsschutzgesetzes, das sind im Allgemeinen die Kleinbetriebe mit zehn oder weniger Beschäftigten, spielt die soziale Rechtfertigung hingegen keine Rolle. Unzulässig sind aber auch hier sitten- oder treuewidrige Entlassungen, etwa aus Gründen der Antipathie, der Nationalität oder des Geschlechts (Stein 2005, S. 1218 ff.).

9.2.5.3 Soziale Rechtfertigung, Abmahnungen und Kündigungsfrist

Bei Entlassungen, die dem Regelungsbereich des Kündigungsschutzgesetzes unterliegen, fordert der Gesetzgeber eine soziale Rechtfertigung *(Etzel/Griebeling/Liebscher 2002, S. 162 ff.)*.

Das **Kündigungsschutzgesetz** gilt grundsätzlich für alle Arbeitnehmerinnen und Arbeitnehmer. In diesem Gesetz versteht man unter Arbeitnehmern die Personen, die aufgrund eines privatrechtlichen Vertrages im Dienste eines anderen zur Arbeit verpflichtet sind, also auch Teilzeitbeschäftigte und Auszubildende. Geschäftsführerinnen und Geschäftsführer, Betriebsleiterinnen und Betriebsleiter oder sonstige leitende Angestellte gehören ebenfalls dazu, allerdings mit gewissen Einschränkungen, die in § 14 des Kündigungsschutzgesetzes aufgeführt sind.

Nach § 1 des Kündigungsschutzgesetzes gilt der allgemeine Kündigungsschutz jedoch nur für Arbeitsverhältnisse, die länger als **sechs Monate** bestanden haben, und nach § 23 dieses Gesetzes nur in Betrieben und Verwaltungen mit mehr als **zehn Arbeitnehmern**, deren Arbeitsverhältnis nach dem 31. 12. 2003 begonnen hat. Für ältere Arbeitsverhältnisse ist der Schwellenwert fünf Arbeitnehmer. Gezählt werden alle Arbeitnehmer – mit Ausnahme der Auszubildenden –, Teilzeitbeschäftigte jedoch nur anteilmäßig.

Unter den genannten Voraussetzungen ist die Entlassung von Arbeitnehmern unwirksam, wenn sie sozial ungerechtfertigt ist. Gemäß § 1 des Kündigungsschutzgesetzes ist das der Fall,

▸ wenn die Entlassung gegen eine Richtlinie über die personelle Auswahl bei Entlassungen verstößt und der Betriebs- oder Personalrat entsprechend widerspricht, respektive

▸ wenn der Arbeitnehmer an einem anderen Arbeitsplatz in demselben Betrieb oder derselben Dienststelle bzw. in einem anderen Betrieb des Unternehmens oder einer anderen Dienststelle weiterbeschäftigt werden kann,

▸ wenn keine betriebsbedingten Gründe vorliegen respektive die erforderliche Sozialauswahl fehlt,

▸ wenn keine Gründe in der Person des Arbeitnehmers oder

▸ keine Gründe in seinem Verhalten vorliegen.

Unter der Lupe

Sind diese Voraussetzungen erfüllt, so ist die Entlassung sozial gerechtfertigt und damit wirksam.

Die ordentlichen betriebsbedingten Entlassungen sind Maßnahmen des Personalabbaus. Alle anderen Beendigungskündigungen kommen für die Trennung in Betracht.

Ordentliche verhaltensbedingte Entlassungen sind bei Verstößen gegen arbeitsvertragliche Verpflichtungen gerechtfertigt *(Tschöpe 2002, S. 780 ff.)*.

Entlassungsgrund kann jede schuldhafte oder fahrlässige Vertragsverletzung von Arbeitnehmern sein, also jedes schädigende dienstliche aber auch außerdienstliche Verhalten, wenn Letzteres für das Arbeitsverhältnis von Bedeutung ist.

Die Gründe für ordentliche personenbedingte Entlassungen liegen in der Konstitution, den Kenntnissen und Fertigkeiten der Betroffenen *(Pulte 2006, S. 61 f.)*.

In Betracht kommen alle persönlichen Hinderungsgründe, die einen Menschen für die vorgesehene Arbeit ungeeignet erscheinen lassen, sofern der Arbeitgeber diese Hinderungsgründe nicht schon bei der Einstellung kannte. Falls die Gründe eine Folge langjähriger Beschäftigung oder des fortgeschrittenen Alters sind, legen die Arbeitsgerichte hohe Maßstäbe an. Und da eine Entlassung immer das letzte Mittel, die ultima ratio, zur Lösung eines arbeitsrechtlichen Konfliktes sein muss, sind die Interessen des Arbeitnehmers und die des Unternehmens sorgfältig abzuwägen. Deshalb muss der Arbeitgeber die

Kein Kündigungsschutz

Keine Arbeitnehmer im Sinne des Kündigungsschutzgesetzes sind dagegen alle nur wirtschaftlich abhängigen Personen, zum Beispiel Heimarbeiter, Handelsvertreter oder Freelancer. Gesetzliche Vertreter juristischer Personen und Personen, die aufgrund eines Gesetzes, einer Satzung oder eines Gesellschaftsvertrags eine Personengesamtheit repräsentieren, sind gleichfalls keine Arbeitnehmer.

Gleichbehandlung

Beschäftigte dürfen durch eine Entlassung aus Gründen der Rasse oder der ethnischen Herkunft, des Geschlechts, der Religion oder Weltanschauung, einer Behinderung, des Alters oder der sexuellen Identität nicht diskriminiert werden, obwohl §2 Absatz 4 des Allgemeinen Gleichbehandlungsgesetzes festlegt, dass für Kündigungen ausschließlich die Bestimmungen des Kündigungsschutzgesetzes Anwendung finden sollen. Die für das Allgemeine Gleichbehandlungsgesetz maßgeblichen EU-Richtlinien sehen nämlich keine derartige Regelung vor (Rühl/Hoffmann 2008, S. 121 ff., Wisskirchen 2006, S. 1495).

Möglichkeit einer Fortbildung, Umschulung, Versetzung und Änderungskündigung vor dem Ausspruch einer personenbedingten Entlassung mit besonderem Nachdruck prüfen.

Auch und gerade eine **Krankheit** kann eine personenbedingte Entlassung rechtfertigen. Die Arbeitsgerichte verlangen jedoch eine dreistufige Prüfung *(Brose 2005, S. 390 ff., Lepke 2003, S. 149 ff., Tschöpe 2001, S. 2110)*.

Krankheitsbedingte Entlassung

▸ **Negative Prognose**
Es sind erhebliche krankheitsbedingte Fehlzeiten zu verzeichnen, das heißt lang andauernde Krankheiten oder häufige Kurzerkran-

Gründe für verhaltensbedingte Entlassungen

Die folgenden Schlagworte geben nur einen Eindruck von verhaltensbedingten Entlassungsgründen. In der Praxis wird in jedem Fall eine genaue Prüfung vonnöten sein:

▸ *Unpünktlichkeit,*
▸ *unentschuldigtes Fehlen,*
▸ *unbefugtes Verlassen des Arbeitsplatzes,*
▸ *eigenmächtiger Urlaubsantritt,*
▸ *eigenmächtige, unentschuldigte Urlaubsüberschreitung,*
▸ *Arbeitsverweigerung,*
▸ *Minder-, Schlecht- und Fehlleistung,*

▸ *fehlerhafte Arbeitsergebnisse,*
▸ *Störungen des Betriebsfriedens oder des Betriebsablaufes,*
▸ *Verstoß gegen ein betriebliches Rauch- oder Alkoholverbot,*
▸ *Verletzung vertraglicher Treue- und Verschwiegenheitspflichten,*
▸ *Verletzung eines vertraglichen Wettbewerbsverbots.*

Angesichts dieser Auflistung wird verständlich, dass die meisten Entlassungen ordentliche, verhaltensbedingte Entlassungen sind.

Unter der Lupe

Gründe für personenbedingte Entlassungen

Wenn hier Beispiele personenbedingter Entlassungsgründe angegeben werden, handelt es sich wiederum lediglich um Schlagworte, die die Details des konkreten Falls stark verkürzen:

▸ *körperliche Schwäche,*
▸ *Ungeschicklichkeit,*

▸ *beschränkte Auffassungsgabe,*
▸ *mangelnde Fähigkeit zum Erwerb der erforderlichen Kenntnisse,*
▸ *Verlust der Arbeits- oder Fahrerlaubnis bzw., für Piloten, der Fluglizenz,*
▸ *eine längere Haftstrafe,*
▸ *Allergien.*

kungen, die in der Regel mehr als 12 bis 15 Prozent der Jahresarbeitzeit ausmachen, keine Folgen von Arbeitsunfällen und in den letzten zwei bis vier Jahren aufgetreten sind. Laut Auskunft des behandelnden Arztes der oder des Beschäftigten respektive durch Rückschluss aus sonstigen Umständen ist mit weiteren erheblichen Krankheitszeiten in der Zukunft zu rechnen. Für die nächste Zukunft besteht keine Hoffnung auf völlige oder weitgehende Genesung, etwa aufgrund geplanter Operationen, Kuren oder Ähnlichem.

▸ Erhebliche **Beeinträchtigung betrieblicher Interessen**

Die krankheitsbedingten Fehlzeiten haben auf die Dauer unzumutbare betriebliche Auswirkungen, da sie mit einer Personalreserve nicht aufgefangen werden können, Mehrarbeit in diesem Umfang unzumutbar ist, Beschwerden der Kollegen zu verzeichnen sind, der Einsatz von Aushilfskräften wegen der langen Einarbeitungszeit und aus Kostengründen unmöglich ist, Verzögerungen im Betriebsablauf auftreten, die Planung nachhaltig behindert wird, Arbeit kostenträchtig an andere Unternehmen vergeben werden muss und vor allem die Entgeltfortzahlungskosten in der aufgetretenen Höhe nicht mehr tragbar sind.

▸ **Interessenabwägung**

Da die Betroffenen länger als sechs Wochen im Jahr arbeitsunfähig waren, ist nach § 84 des neunten Buchs des Sozialgesetzbuches ein betriebliches Eingliederungsmanagement gefordert. Das umfasst Rückkehrgespräche mit dem Erkrankten und Erörterungen mit dem Betriebs- oder Personalrat sowie gegebenenfalls der Schwerbehindertenvertretung, dem Integrationsamt und dem Betriebsarzt,

wie und mit welchen Leistungen oder Hilfen die Arbeitsfähigkeit wieder hergestellt und eine erneute Arbeitsunfähigkeit verhindert werden kann. Eine krankheitsbedingte Entlassung ist in der Regel nur möglich, wenn diese Gespräche und Erörterungen zu dem Ergebnis führen, dass keine Beschäftigungsmöglichkeiten auf einem anderem Arbeitsplatz bestehen, an dem mit weniger hohen Fehlzeiten gerechnet werden könnte, da kein anderer Arbeitsplatz frei ist, die Belastung an anderen Arbeitsplätzen auch bei Einsatz aller Hilfsmittel genauso hoch oder höher ist bzw. die Ausfallzeit nicht auf den Arbeitsplatz zurückzuführen ist *(Muschiol 2007, S. 98 f.)*.

Eine Abwägung zwischen dem Interesse der oder des Betroffenen an der Erhaltung des Arbeitsplatzes und dem Interesse des Unternehmens an der Beendigung des Arbeitsverhältnisses erbringt die Notwendigkeit der Entlassung.

Arbeitnehmer können aber nicht aus geringfügigen Gründen, beispielsweise einer einmaligen Unpünktlichkeit, entlassen werden. Das verbietet der Grundsatz der Verhältnismäßigkeit im Arbeitsrecht. Deshalb muss ihnen laut § 314 des Bürgerlichen Gesetzbuches in aller Regel durch Abmahnungen Gelegenheit zur Besserung geboten werden, bevor eine ordentliche Entlassung ausgesprochen werden kann *(Kleinebrink 2003, S. 17 ff., Tschöpe 2002, S. 779 f.)*.

Die Rechtsprechung des Bundesarbeitsgerichts besagt, dass eine Abmahnung immer dann notwendig ist,

Wann Abmahnung?

▸ wenn ein **steuerbares Verhalten** des Arbeitnehmers in der Kritik steht, also keineswegs physische, persönlichkeitsbezogene oder sonstige Umstände, die von ihm nicht beeinflusst werden können und

▸ eine **Wiederherstellung des Vertrauens**, das heißt eine positive Entwicklung zu erwarten ist.

Wenn beide Kriterien gegeben sind, ist eine Abmahnung wegen ihrer Rüge- und Warnfunktion absolut unverzichtbar. Das ist typischerweise im Vorfeld von ordentlichen verhaltensbedingten Entlassungen und eher selten, aber im Einzelfall auch im Vorfeld von ordentlichen personenbedingten Entlassungen der Fall *(Etzel/Griebeling/ Liebscher 2002, S. 55 ff.)*.

Der Gesetzgeber hat die Form von Abmahnungen nicht geregelt. Die **Arbeitsgerichte** erwarten trotzdem Folgendes:

▸ Es muss deutlich werden, dass es sich um eine Abmahnung und nicht etwa um eine – regelmäßig mitbestimmungspflichtige – Betriebsbuße, eine Verwarnung oder einen Verweis handelt. Bei Abmahnungen ist eine Anhörung der Belegschaftsvertretung hingegen nicht vorgesehen. Deshalb empfiehlt sich die Überschrift Abmahnung.

▸ Abmahnungen müssen den jeweiligen Tatbestand mit Zeit- und Ortsangaben präzise beschreiben. Nach Möglichkeit sollten schriftliche Zeugenaussagen beigefügt werden.

▸ Die Abmahnung muss so bald wie möglich nach dem jeweiligen Vorfall erteilt werden. Im Allgemeinen reicht die Beachtung einer Frist von 14 Tagen aus.

▸ Durch Abmahnungen werden die Beschäftigten nachdrücklich darauf hingewiesen, dass ihr Verhalten als Verletzung arbeitsvertraglicher Pflichten angesehen wird. Ferner werden sie zu vertragsgemäßem Verhalten angehalten und ermahnt.

▸ Abmahnungen müssen mögliche Folgen des vertragswidrigen Verhaltens androhen und vor diesen nachteiligen Folgen warnen.

▸ Die Abmahnung ist zweckmäßigerweise schriftlich zu formulieren. Sie sollte dem Arbeitnehmer nachweisbar ausgehändigt und erläutert werden. Durch eine Kopie der Abmahnung und der Zeugenaussagen in der Personalakte wird das vertragswidrige Verhalten dokumentiert und eine spätere Entlassung wegen gleichartiger Verstöße erleichtert. Eine weitere Kopie sollte der Betriebs- oder Personalrat erhalten.

▸ Grundsätzlich können Vorgesetzte eine Abmahnung vornehmen. Wegen der vielen zu beachtenden Details empfiehlt es sich jedoch, dass sachkundige Mitarbeiter des Personalwesens Formulierungshilfe leisten oder die Abmahnung nach Rücksprache mit den Vorgesetzten selbst abfassen.

▸ Da zur Wirksamkeit einer Abmahnung grundsätzlich die Kenntnis des Empfängers von ihrem konkreten Inhalt erforderlich ist, fordern die Arbeitsgerichte für Abmahnungen gegenüber ausländischen Beschäftigten im Zweifel eine schriftliche Übersetzung in deren Muttersprache.

Fasst man diese Anforderungen zusammen, ergibt sich eine **modellhafte Abmahnung** wie in *Abb. 9.4*.

In aller Regel verlangen die Arbeitsgerichte für die Zulässigkeit einer ordentlichen Entlassung mindestens **zwei bis drei Abmahnungen, die gleichartige Pflichtverletzungen** ahnden. Überdies muss man der Person, die abgemahnt

Anforderungen der Arbeitsgerichte an Abmahnungen

Abb. 9.4

Abmahnung

ABC GmbH
Frau/Herrn, Adresse
Abmahnung
Wir müssen Sie zur Einhaltung ihrer arbeitsvertraglichen Pflichten ermahnen.
Nachfolgender Sachverhalt

----

bedeutet ein vertragswidriges Verhalten Ihrerseits, das von uns nicht hingenommen wird. Wir fordern Sie nachdrücklich auf, sich an Ihre arbeitsvertraglichen Verpflichtungen zu halten.
Wir weisen Sie entschieden darauf hin, dass wir uns andernfalls vorbehalten, Sie zu entlassen.
Eine Kopie dieser Abmahnung wurde in Ihre Personalakte genommen, eine weitere dem Betriebsrat zur Kenntnisnahme zugeleitet.
Datum
Unterschrift

Quelle: eigene Darstellung

Gegendarstellung und Klage bei Abmahnungen

Gemäß § 83 des Betriebsverfassungsgesetzes können Arbeitnehmer eine schriftliche Gegendarstellung zur Aufnahme in die Personalakte abgeben, wenn sie mit einer Abmahnung nicht einverstanden sind. Sie können auch gegen die Abmahnung klagen. Die Fak- *ten der Abmahnung müssen aber in einem eventuellen Kündigungsschutzprozess ohnehin vom Arbeitgeber bewiesen werden. Arbeitnehmer im öffentlichen Dienst müssen zudem bereits vor Ausspruch der Abmahnung angehört werden (Tschöpe 2002, S. 779 f.).*

wurde, hinreichend Zeit und Gelegenheit geben, die missbilligten Verhaltensweisen zu verbessern oder etwaige Minderleistungen abzustellen. Folglich dürfen zwei Abmahnungen oder eine Abmahnung und die Entlassung nicht kurz aufeinander folgen. Letztlich muss man davon ausgehen, dass die Arbeitsgerichte Abmahnungen, die länger als zwei Jahre zurückliegen, nicht mehr als relevant einstufen, wenn sich zwischenzeitlich keine neuen schriftlich abgemahnten Beanstandungen ergeben haben.

Entlassungen ohne Abmahnung

In einigen Fällen kann eine künftige Besserung die Störung oder Zerrüttung des Arbeitsverhältnisses nicht mehr beseitigen, zum Beispiel bei einer eigenmächtigen Urlaubsüberschreitung. Hier kann die Entlassung ohne Weiteres angegangen werden.

Kündigungsfristen

Nicht nur bei Arbeitnehmerkündigungen, sondern auch bei Entlassungen muss man die gesetzlichen Mindestkündigungsfristen oder die möglicherweise längeren vertraglichen Kündigungsfristen beachten *(Abb. 9.5, Etzel/Griebeling/Liebscher 2002, S. 160 f.).*

Nach § 622 des Bürgerlichen Gesetzbuches kann das Arbeitsverhältnis von beiden Vertragsteilen, Arbeitgeber wie Arbeitnehmern, grundsätzlich mit einer Kündigungsfrist von vier Wochen zum 15. oder zum Ende eines Kalendermonats gekündigt werden. Damit ergeben sich 24 Kündigungsmöglichkeiten im Jahr.

Außerordentliche Entlassung

Mit zunehmender Dauer des Arbeitsverhältnisses verlängern sich diese gesetzlichen Kündigungsfristen bei einer Entlassung, also einer Kündigung durch den Arbeitgeber. Für die Berechnung der Dauer des Arbeitsverhältnisses werden allerdings Zeiten, die vor Vollendung des 25. Lebensjahres liegen, nicht berücksichtigt.

Für Aushilfsarbeitsverhältnisse bis zu drei Monaten Dauer existiert keine Kündigungsfrist, für die Probezeit, längstens für sechs Monate, eine von nur zwei Wochen.

Die gesetzliche Mindestkündigungsfrist bei einer Kündigung seitens des Arbeitnehmers beträgt, unabhängig von der Beschäftigungsdauer und dem Lebensalter, immer vier Wochen zum 15. oder zum Ende eines Kalendermonats.

Im Übrigen können im Arbeitsvertrag auch immer längere als die gesetzlichen Kündigungsfristen vereinbart werden. Im Ergebnis darf die Kündigungsfrist für die Arbeitnehmer jedoch nicht länger sein als die für den Arbeitgeber.

Letztlich können Tarifverträge beliebige abweichende Regelungen beinhalten.

9.2.5.4 Wichtiger Grund

Außerordentliche Entlassungen können laut § 626 des Bürgerlichen Gesetzbuches ohne Einhaltung einer Kündigungsfrist vollzogen werden. Trotzdem ist nicht jede außerordentliche Entlassung zugleich eine fristlose Entlassung. Ausnahmsweise, etwa aus sozialen Gründen, kann eine außerordentliche Entlassung mit einer Auslauffrist ausgesprochen werden.

Eine außerordentliche Entlassung ist aber nur aus einem wichtigen Grund möglich *(Etzel/Griebeling/Liebscher 2002, S. 176 ff., Kramer 2002, S. 32 ff.).*

Demnach müssen Tatsachen vorliegen, aufgrund derer dem Kündigenden unter Berücksichtigung aller Umstände des Einzelfalles und unter Abwä-

Abb. 9.5

Gesetzliche Mindestkündigungsfristen für Entlassungen

Dauer des Arbeitsverhältnisses	Kündigungsfrist	Unter der Voraussetzung eines **Lebensalters** von
Aushilfsarbeitsverhältnisse bis zu 3 Monaten Dauer	keine	–
Dauerarbeitsverhältnisse während der Probezeit, längstens 6 Monate	2 Wochen	–
Dauerarbeitsverhältnisse bis zu 2 Jahren	4 Wochen zum 15. oder zum Ende eines Kalendermonats	–
Dauerarbeitsverhältnisse ab 2 Jahre	ein Monat zum Ende eines Kalendermonats	27 Jahren
Dauerarbeitsverhältnisse ab 5 Jahre	2 Monate zum Ende eines Kalendermonats	30 Jahren
Dauerarbeitsverhältnisse ab 8 Jahre	3 Monate zum Ende eines Kalendermonats	33 Jahren
Dauerarbeitsverhältnisse ab 10 Jahre	4 Monate zum Ende eines Kalendermonats	35 Jahren
Dauerarbeitsverhältnisse ab 12 Jahre	5 Monate zum Ende eines Kalendermonats	37 Jahren
Dauerarbeitsverhältnisse ab 15 Jahre	6 Monate zum Ende eines Kalendermonats	40 Jahren
Dauerarbeitsverhältnisse ab 20 Jahre	7 Monate zum Ende eines Kalendermonats	45 Jahren

Quelle: eigene Darstellung

...gung der Interessen beider Vertragsteile die **Fortsetzung des Arbeitsverhältnisses** bis zum Ablauf der Kündigungsfrist oder der vereinbarten Vertragsdauer nicht zugemutet werden kann. Das wäre in der Regel etwa bei aggressiven Tätlichkeiten gegenüber Vorgesetzten, Kollegen oder Mitarbeitern, betrügerischen Angaben, Diebstählen, die über Bagatellfälle hinausgehen, und Unehrlichkeit in Vertrauensstellungen der Fall.

9.2.5.5 Termin

Wird die Kündigungsfrist bei ordentlichen Entlassungen nicht eingehalten, so wird das Arbeitsverhältnis zum nächstmöglichen Fristende beendet, da das Einhalten der Kündigungsfrist keine Wirksamkeitsvoraussetzung ist. Das führt jedoch zu weiteren Zahlungen von Arbeitsentgelt. Deshalb sollte man für eine Entlassung immer den nächstmöglichen Termin bestimmen und einhalten (Etzel/Griebeling/Liebscher 2002, S. 160).

Für die Bestimmung des Termins der Entlassung ist zunächst die Berechnung des **nächstmöglichen Endes der Kündigungsfrist**, und damit auch des Beginns dieser Frist, maßgebend. Diese Berechnung richtet sich mit wenigen Ausnahmen nach den §§ 186 bis 193 des Bürgerlichen Gesetzbuches. Der Beginn einer Kündigungsfrist ist nicht der Tag des Zugangs,

Abweichende Mindestkündigungsfristen

Für spezielle Beschäftigtengruppen gelten abweichende gesetzliche Mindestkündigungsfristen, etwa

▸ *für Auszubildende laut § 22 des Berufsbildungsgesetzes,*
▸ *für Heimarbeiterinnen und -arbeiter laut § 29 des Heimarbeitsgesetzes und*
▸ *für schwerbehinderte Menschen laut § 86 des Neunten Buchs des Sozialgesetzbuches.*

Auch im Insolvenzverfahren gelten nach § 113 der Insolvenzordnung besondere Fristen. Wenn der Arbeitgeber in der Regel nicht mehr als 20 Personen beschäftigt, darf im Arbeitsvertrag ohnehin eine kürzere Kündigungsfrist vereinbart werden, die jedoch bei Dauerarbeitsverhältnissen außerhalb der Probezeit mindestens vier Wochen betragen muss. Für die Berechnung der regelmäßigen Anzahl von Arbeitnehmern werden Auszubildende nicht mitgerechnet, Teilzeitbeschäftigte nur anteilmäßig.

Unter der Lupe

sondern der nachfolgende Tag, selbst wenn es sich dabei um einen arbeitsfreien Samstag, Sonn- oder Feiertag handelt. Das Ende einer nach Wochen, Monaten oder noch längeren Zeiträumen bestimmten Kündigungsfrist ist der Ausklang jenes Tages der letzten Woche oder des letzten Monats, der durch seine Benennung oder Zahl dem Tag des Fristbeginns entspricht. Soll beispielsweise mit Monatsfrist zum 31.8. gekündigt werden, muss die Entlassung spätestens am 31.7. zugehen.

Erklärungsfrist

Anhörungsfrist

Für den Termin der Entlassung spielt ferner die **Erklärungsfrist** eine Rolle. Nach § 626 des Bürgerlichen Gesetzbuches kann eine außerordentliche Arbeitnehmerkündigung oder Entlassung nur innerhalb einer Frist von zwei Wochen erklärt werden. Die Frist beginnt mit dem Zeitpunkt, zu dem man von den für die Entlassung maßgeblichen Tatsachen Kenntnis erlangt. Liegt der wichtige Grund in einem andauernden Verhalten, dann beginnt die Frist mit Abschluss dieses Verhaltens zu laufen. Die Frist wird durch die notwendige Anhörung des Betriebs- oder Personalrats nicht verlängert. Bei ordentlichen Entlassungen existiert keine gesetzliche Kündigungserklärungsfrist. Eine ordentliche Entlas-

sung muss aber trotzdem in einem unmittelbaren Zusammenhang mit dem jeweiligen Anlass stehen *(Tschöpe 2002, S. 778 f.)*.

Für den Termin der Entlassung muss man außerdem die **Anhörungsfrist** einkalkulieren, also die Zeit, die die Belegschaftsvertretung für ihre Abwägung benötigen darf.

9.2.5.6 Anhörung der Belegschaftsvertretung

Nach § 102 des Betriebsverfassungsgesetzes, § 79 des Bundespersonalvertretungsgesetzes und den analogen Vorschriften der Landesgesetze sind Entlassungen unwirksam, wenn der Betriebs- oder Personalrat nicht beteiligt worden ist *(Kramer 2002, S. 60 f.)*.

Die Belegschaftsvertretung muss also vor jeder Entlassung über die Gründe informiert werden, und nicht nur das. Der Betriebs- oder Personalrat kann auf Wunsch Bedenken äußern, ja, im Fall der ordentlichen Entlassung sogar Widerspruch einlegen. Entbehrlich ist die Anhörung lediglich

- in Betrieben oder Dienststellen, in denen kein Betriebs- oder Personalrat besteht und
- in Betrieben mit weniger als fünf Arbeitnehmerinnen und Arbeitnehmern, die nicht betriebsratspflichtig sind.

Bei der Entlassung von leitenden Angestellten im Sinne des § 5 des Betriebsverfassungsgesetzes muss der Sprecherausschuss nach dem gleichnamigen Gesetz angehört werden, soweit ein Sprecherausschuss existiert. Ansonsten muss der Betriebs- oder Personalrat informiert werden *(Vogel 2002, S. 317)*.

Deshalb wird der Arbeitgeber die Belegschaftsvertretung bei jeder Entlassung informieren, etwa in der Form, die in *Abb. 9.6* vorgeschlagen wird.

Um den Eindruck der Beliebigkeit gar nicht erst aufkommen zu lassen, sollte die Anhörung, wie das Entlassungsschreiben, selbstverständlich nur den jeweils einschlägigen Entlassungstyp beinhalten. Und aus Beweisgründen sollte man sich den Empfang der Anhörung bestätigen lassen.

Hat der Betriebs- oder Personalrat gegen eine **ordentliche Entlassung** Bedenken, oder will er gegen die ordentliche Entlassung **Widerspruch**

Abb. 9.6

Anhörung zur Entlassung

An den Betriebsrat über die Vorsitzende/den Vorsitzenden im Hause
Anhörung zur Entlassung
Sehr geehrte Damen und Herren,
Wir beabsichtigen,

Frau/Herrn,	geboren am,	wohnhaft in
Familienstand,	Kinderzahl,	bei uns beschäftigt seit
zuletzt in der Abteilung,		tätig als

- eine außerordentliche, fristlose Entlassung
- eine außerordentliche Entlassung mit Auslauffrist zum
- eine ordentliche, fristgemäße Entlassung zum

auszusprechen. Sie ist aus folgenden Gründen erforderlich:

- -

- -

Mit freundlichen Grüßen
Datum
Unterschrift des bevollmächtigten Vertreters des Arbeitgebers

Quelle: eigene Darstellung

einlegen, muss er dies dem Arbeitgeber mitteilen, und zwar schriftlich, unter Angabe der Gründe und innerhalb einer Woche. Äußert er sich nicht, so gilt seine Zustimmung als erteilt. Der Sprecherausschuss kann nur Bedenken geltend machen.

Bei der Formulierung etwaiger Bedenken schränkt der Gesetzgeber die Belegschaftsvertretungen nicht ein. Die möglichen **Widerspruchsgründe** sind hingegen in den eingangs angeführten Vorschriften abschließend aufgezählt:

▸ Der Arbeitgeber hat bei der Auswahl der zu entlassenden Arbeitnehmer soziale Gesichtspunkte nicht oder nicht ausreichend berücksichtigt.

▸ Der Arbeitgeber hat gegen Richtlinien über die personelle Auswahl bei Entlassungen verstoßen.

▸ Der zu entlassende Arbeitnehmer kann an einem anderen Arbeitsplatz weiterbeschäftigt werden.

▸ Die Weiterbeschäftigung ist nach zumutbaren Umschulungs- und Fortbildungsmaßnahmen möglich.

▸ Die Weiterbeschäftigung ist unter geänderten Vertragsbedingungen möglich, und der Arbeitnehmer hat dazu sein Einverständnis erklärt.

Der Arbeitgeber kann nach Anhörung der Belegschaftsvertretung trotz deren Bedenken oder Widerspruchs rechtswirksam eine ordentliche Entlassung aussprechen. Macht der Betriebs- oder Personalrat nicht nur Bedenken, sondern einen Widerspruch geltend, muss der Arbeitgeber dem betroffenen Arbeitnehmer mit der Entlassung eine Abschrift der Stellungnahme der Belegschaftsvertretung zuleiten.

Hat die Belegschaftsvertretung Bedenken gegen eine **außerordentliche Entlassung**, muss sie diese ebenfalls dem Arbeitgeber mitteilen, wiederum schriftlich unter Angabe der Gründe, diesmal jedoch innerhalb von 3 Tagen. Äußert sie sich nicht innerhalb dieser Frist, so gilt auch hier ihre Zustimmung zur Entlassung als erteilt. Gegen eine außerordentliche Entlassung kann die Belegschaftsvertretung allerdings keinen Widerspruch einlegen. Auch die außerordentliche Entlassung ist gegen die Bedenken der Belegschaftsvertretung möglich.

9.2.5.7 Entlassungserklärung, -zugang und -gespräch

Erst nach der Anhörung der Belegschaftsvertretung, nach deren Reaktion bzw. nach Ablauf der Anhörungsfrist kann die Entlassung ausgesprochen werden. Dabei müssen oft Formvorschriften beachtet werden.

Die sogenannte **Entlassungserklärung** kann nur vom Arbeitgeber persönlich oder von einem bevollmächtigten Vertreter wirksam abgegeben werden. In der Regel sind dies Prokuristen, Personalleiterinnen und -leiter oder auch Rechtsanwälte, aber keineswegs Personalsachbearbeiter oder unmittelbare Vorgesetzte. Der Vertreter muss im Zweifelsfall, spätestens vor Gericht, seine Vertretungsmacht durch Vorlage der schriftlichen Vertretungsurkunde nachweisen, da der Arbeitnehmer sonst die Entlassung gemäß § 174 des Bürgerlichen Gesetzbuches zurückweisen kann. Diese Regelung gilt nicht für Prokuristen, da die Belegschaft vom Handlungsumfang der Prokura unterrichtet ist *(Kramer 2002, S. 16 f.)*.

Laut § 623 des Bürgerlichen Gesetzbuches muss die **Entlassung schriftlich** und die Unterschrift in jedem Fall handschriftlich erfolgen, *(Gerner 2001, S. 42 ff.)* etwa in der Form in *Abb. 9.7*.

Widerspruchsgründe

Entlassungserklärung

Abb. 9.7

Entlassung

ABC GmbH
Frau/Herrn, Adresse
Entlassung
Hiermit kündigen wir das mit Ihnen bestehende Arbeitsverhältnis durch
▸ außerordentliche, fristlose Entlassung
▸ außerordentliche Entlassung mit einer Auslauffrist zum
▸ ordentliche, fristgemäße Entlassung zum
Der Betriebsrat ist zuvor angehört worden.
▸ Er hat der Entlassung zugestimmt.
▸ Er hat innerhalb der gesetzlichen Frist keinen Widerspruch gegen die ordentliche Entlassung erhoben.
▸ Er hat der ordentlichen Entlassung widersprochen. Eine Abschrift der Stellungnahme des Betriebsrates finden Sie als Anlage beigefügt.
Soweit Ihnen noch Urlaub zusteht, ordnen wir vorsorglich an, dass dieser in der Kündigungsfrist abzuwickeln ist. Falls Sie noch im Besitz von Firmeneigentum sind, mögen Sie dies am letzten Arbeitstag bei Ihrem Vorgesetzten abgeben. Nach erfolgter Endabrechnung werden wir Ihnen unaufgefordert Ihre Arbeitspapiere und ein Arbeitszeugnis aushändigen.
Datum
Unterschrift des bevollmächtigten Vertreters des Arbeitgebers

Quelle: eigene Darstellung

Natürlich sollte das Entlassungsschreiben, wie die Anhörung, nur den jeweils einschlägigen Entlassungstyp und die jeweilige Reaktion des Betriebs- oder Personalrates beinhalten. Ansonsten entstände der Eindruck der Beliebigkeit.

Bei Entlassungen von Auszubildenden, Schwangeren und Wöchnerinnen muss die Kündigungserklärung nach § 22 des Berufsbildungsgesetzes bzw. § 9 des Mutterschutzgesetzes immer schriftlich und immer unter detaillierter Angabe der Gründe erfolgen. Bei allen außerordentlichen Arbeitnehmerkündigungen und Entlassungen muss der Kündigende laut § 626 des Bürgerlichen Gesetzbuches dem Vertragspartner den Kündigungsgrund auf Verlangen unverzüglich schriftlich mitteilen *(Kramer 2002, S. 12 f.)*.

Für ordentliche Arbeitnehmerkündigungen und Entlassungen ist Derartiges nicht vorgeschrieben.

Entlassungszugang

Eine Entlassung muss dem Betroffenen zugegangen sein, damit sie rechtswirksam wird *(Kramer 2002, S. 16 ff.)*.

Grundsätzlich empfiehlt sich die persönliche **Übergabe** der schriftlichen Entlassung am Arbeitsplatz, im Büro der oder des Vorgesetzen respektive in der Personalabteilung. Da die Betroffenen oft nicht bereit sind, eine Empfangsbestätigung zu unterschreiben, sollte die Übergabe unter Zeugen stattfinden. Das kann dann durch eine Aktennotiz belegt werden.

Ist eine persönliche Übergabe nicht möglich, muss darauf geachtet werden, dass eine schriftliche Entlassung dem Arbeitnehmer rechtzeitig zugeht.

Die **Zustellung** selbst birgt auch einige Probleme. Auf den üblichen Postwegen kann es zu Verzögerungen kommen. Überdies kann der Zugang keineswegs durch ein Übergabe-Einschreiben sichergestellt werden, auch nicht mit Rückschein, da der Empfänger die Annahme verweigern und die Abholung unterlassen kann. Selbst ein sogenannter Zustellungsauftrag stellt den Zugang nur sicher, wenn die Zustellung durch den Gerichtsvollzieher nach den Vorschriften der Zivilprozessordnung vollzogen wird. Das ist häufig zu langwierig. Durchaus möglich ist die Verwendung eines Einwurf-Einschreibens, bei dem der Postzusteller den Einwurf in den Briefkasten oder das Postfach des Empfängers dokumentiert. Einen Einlieferungsbeleg erhält man mit der Aufgabe des Schreibens und einen Auslieferungsbeleg auf Anfrage gegen Gebühr. Der sicherste und schnellste Weg ist die Zustellung durch einen Beschäftigten des Unternehmens, der das Entlassungsschreiben als Bote in den Briefkasten des Empfängers einwirft. Zum Beweis sollte der Bote eine Erklärung unterzeichnen, die Zeit und Ort der Zustellung belegt. Sowohl beim Einwurf-Einschreiben als auch bei der Zustellung durch einen Boten benötigt man außerdem eine möglichst schriftliche Aussage eines Zeugen, die belegt, dass es sich beim zugestellten Schriftstück tatsächlich um das Entlassungsschreiben gehandelt hat.

Gegenüber ausländischen Arbeitnehmern gilt die Kündigungserklärung erst als zugegangen, wenn sie deren Inhalt und die daraus folgenden Konsequenzen verstehen können. Bei sprachlichen Schwierigkeiten ist also eine **Übersetzung** nötig.

Unter der Lupe

Wann, wie und wo geht eine Entlassung zu?

Ist aus Fristgründen der Zugang einer Entlassung spätestens an einem Sonn- oder Feiertag vonnöten, an dem niemand in seinen Briefkasten schauen muss, empfiehlt es sich, den Zugang für einen früheren Tag sicherzustellen. Die Juristen verstehen unter dem **Zugang** *den Sachverhalt, dass das Entlassungsschreiben in verkehrsüblicher Weise in die tatsächliche Verfügungsgewalt des Empfängers gelangt. Regelmäßig ist das der Briefkasten. Empfangsberechtigt sind aber auch Personen der Wohnungs- oder Hausgemeinschaft. Außerdem muss der Arbeitnehmer die Möglichkeit der Kenntnisnahme des Entlassungsschreibens erhalten. Im Urlaub gilt ein Entlassungsschreiben des Arbeitgebers als zugegangen, wenn es in der Wohnung zugestellt wird, auch wenn ein Nachsendeantrag nicht vorliegt. Kennt der Arbeitgeber jedoch die Urlaubsanschrift, so muss die Entlassung dorthin versandt werden.*

Wenn man eine Arbeitnehmerin oder einen Arbeitnehmer entlassen muss und will, wird ein **Entlassungsgespräch** notwendig, soweit der Betreffende überhaupt erreichbar ist *(Bröckermann 2000 b, S. 80 ff.)*. Diese unangenehmen Gespräche führen direkte Vorgesetzte oder auch Verantwortliche aus dem Personalwesen, manchmal beide gemeinsam.

Unangenehm ist den Führungskräften das Entlassungsgespräch, wie *Andrzejewski (2002, S. 77 ff.)* bei einer Befragung von 600 Linienvorgesetzte ermittelt hat, weil man zu wenig Erfahrungen damit hat, eigene Betroffenheit verspürt, in Argumentationsnotstand gerät, Existenzen zerstört, die eigene Glaubwürdigkeit verlieren kann und schließlich Angst vor Imageschäden und Emotionen hat. Deshalb sollte man einige Eigentümlichkeiten beachten *(Abb. 9.8, List 2003 b, S. 28 ff., Wenzler 2001, S. 42 f.)*.

In der **Vorbereitung** gilt es, sich alle Fakten zu vergegenwärtigen, die die beabsichtigte Entlassung rechtfertigen. Damit soll einer Emotionalisierung des Gespräches vorgebeugt werden. Daneben sind die Einzelheiten der Trennung festzulegen. Für die Wahl des Zeitpunktes sind vor allem die Kündigungsfristen und -termine ausschlaggebend. In aller Regel ist der Betroffene nicht überrascht, weil ihn der Betriebs- oder Personalrat um eine Stellungnahme gebeten hat, um angemessen auf die Anhörung reagieren zu können. Ist das nicht der Fall, sollte eine Einladung zumindest mit einigen Stunden Vorlauf ausgesprochen werden. Als Grund mag man das Problemfeld anführen, das zur Entlassung geführt hat. Das Gespräch sollte möglichst ungestört im Büro des Vorgesetzten und möglichst nicht am Freitagnachmittag und kurz vor Feierabend stattfinden, da die unmittelbar anschließende Freizeit dem Betroffenen Raum gibt, Gefühle wie Selbstmitleid, Hass oder gar Rachegedanken zu entwickeln.

Das Entlassungsgespräch wird als direktes, geschlossenes Gespräch **durchgeführt** (Kapitel Personalführung). Der Gesprächsverlauf muss so angelegt sein, dass die Entlassung in den ersten fünf Minuten deutlich und unmissverständlich ausgesprochen wird. Es muss klar werden, dass man die Entscheidung für eine Entlassung wohlüberlegt getroffen hat und dass diese Entscheidung unwiderruflich feststeht. Ein Austausch

Unter der Lupe

Öffentliche Zustellung

Wenn der Aufenthaltsort des Mitarbeiters, der entlassen werden soll, unbekannt ist oder im Ausland liegt, erfolgt auf Antrag die öffentliche Zustellung durch das Amtsgericht. Dies geschieht durch Anheften des Entlassungsschreibens an die Gerichtstafel. Das Entlassungsschreiben gilt dann als zugestellt, wenn seit dem Aushang zwei Wochen verstrichen sind.

von Argumenten ist fehl am Platz. Die Entlassungsgründe sollten sachlich erläutert werden. Ansonsten hätte die oder der Entlassene die Möglichkeit, sich in eine Opfer- und sein Gegenüber in eine Täterrolle zu reden *(Andrzejewski 2002, S. 80 ff.)*.

Abb. 9.8

Anhaltspunkte für Entlassungsgespräche

Vorbereitung	Durchführung	Aufbereitung

▸ Fakten
▸ Einzelheiten der Trennung
▸ Zeitpunkt
▸ Einladung
▸ Vorgesetztenbüro
	direkt, geschlossen
	nicht länger als 15 Minuten
	Entlassung zu Beginn
	kein Argumentieren
	Entlassungsgründe
	Reaktionen:
	  ▸ Euphorie
	  ▸ Erleichterung
	  ▸ Schweigen
	  ▸ Werben um Mitgefühl
	  ▸ Flucht
	  ▸ Wut, Drohungen
	Wege für die Zukunft aufzeigen
		▸ Dokumentation
		▸ eigene Zusagen umzusetzen

Quelle: nach *Bröckermann 2000 b*, S. 80

Das gesamte Entlassungsgespräch sollte regelmäßig nicht länger als 15 Minuten dauern. Am Ende des Gesprächs sind die Vorgesetzten oder Personalverantwortlichen je nach Situation aufgefordert, Wege für eine berufliche Zukunft außerhalb des Unternehmens aufzuzeigen. Außerdem muss die Abwicklung des Arbeitsverhältnisses angesprochen werden. Bisweilen ist es angebracht, das Angebot eines weiteren Gesprächs zu unterbreiten, das allerdings ausschließlich jene Aspekte der beruflichen Zukunft außerhalb des Unternehmens thematisieren kann.

Reaktionen im Entlassungsgespräch

*Einige Personen zeigen **euphorische Reaktionen** auf die Entlassungsnachricht. Sie erwecken den Eindruck, bestens mit der Situation umgehen zu können und akzeptieren bereitwillig alle Aspekte der Trennung. Tatsächlich versuchen sie aber häufig, durch dieses Verhalten ihre Orientierungslosigkeit zu verdecken. Die Gesprächspartner dürfen sich nicht beirren lassen. Sie sollten die Betroffenen dazu bringen, den Blick auf die Zukunft zu richten.*

*Arbeitnehmer, die die Gefahr der Entlassung z. B. aufgrund vorheriger Personalbeurteilungen, Abmahnungen oder interner Informationen über die wirtschaftliche Situation des Unternehmens bereits kannten, reagieren oft **wenig überrascht**, manchmal sogar erleichtert. Trotzdem sollte die schockierende Wirkung der Entlassung nicht unterschätzt werden. Die bislang verdrängten persönlichen Probleme, die die Entlassung aufwirft, gewinnen nämlich spätestens zu diesem Zeitpunkt die Oberhand. Die Gesprächspartner müssen dies erkennen und sich bemühen, diese Probleme zu besprechen.*

*Andere nehmen die Entlassung **schweigend** und in einer Art Schockzustand hin. Sie können die Situation nicht akzeptieren. In diesen Fällen sollte man sich bemühen, mit ihnen in Kontakt zu treten. Das kann auch dadurch geschehen, dass man eine Weile ebenfalls schweigt, weil dadurch ein Spannungsbogen aufgebaut wird, der nur durch eine, wenn auch möglicherweise*

negative Reaktion der oder des Entlassenen abgebaut werden kann.

*Manchmal ist der Schock so intensiv, dass die Betroffenen in Tränen ausbrechen oder um **Mitgefühl** werben, indem sie auf die negativen Konsequenzen für sich und ihre Familie hinweisen. Je nach Anlass für die Entlassung ist Mitgefühl auch durchaus angebracht. Völlig unangemessen wäre es jedoch, wenn der Gesprächspartner sich dadurch zu einer Relativierung oder gar Rücknahme der Entlassung hinreißen ließe.*

*Manche Betroffenen denken auch an **Flucht**. Sie haben den dringenden Wunsch, das Büro sofort zu verlassen. Hier ist es wichtig, die Mitarbeiterin oder den Mitarbeiter dazu zu bewegen, sich weiterhin der Situation zu stellen und das Gespräch fortzusetzen.*

*Schließlich sind als Antwort auf die Entlassungsnachricht auch **heftige Reaktionen** möglich. Die Betreffenden lassen ihrer Wut freien Lauf und kündigen gerichtliche Schritte an, mit denen ohnehin zu rechnen ist. Ja, sie bedrohen unter Umständen sogar ihren Gesprächspartner. In dem Fall darf man sich nicht aus der Ruhe bringen lassen, denn nahezu immer bleibt es bei den Drohungen. Körperliche Attacken kommen kaum vor. Hört man ruhig zu, verraucht die Wut recht bald. Danach kann man über die Zukunft sprechen.*

Für die **Aufbereitung** ist vor allem die schriftliche Dokumentation der Übermittlung der Entlassung von Belang. Außerdem sind etwaige eigene Zusagen umgehend umzusetzen.

9.2.5.8 Entlassungsabwicklung

Vieles an der Abwicklung von Kündigungen, im Übrigen an nahezu jeder Form der Beendigung eines Arbeitsverhältnisses, ist die Kehrseite jener Vorgänge, die im Rahmen der Personalbeschaffung und der Einarbeitung angesprochen werden (Mitterer 2005, S. 60 ff.).

So besagt § 2 Absatz 2 des Dritten Buchs des Sozialgesetzbuches, dass der Arbeitgeber den Arbeitnehmer vor Beendigung des Arbeitsverhältnisses frühzeitig über die Notwendigkeit eigener Aktivitäten bei der Stellensuche und über die Verpflichtung unverzüglicher Meldung bei der Agentur für Arbeit informieren muss, ihn hierzu freizustellen und die Teilnahme an erforderlichen Personalentwicklungsmaßnahmen zu ermöglichen hat. Und laut § 629 des Bürgerlichen Gesetzbuches muss Arbeitnehmern, die gekündigt haben oder entlassen wurden, bis zum Ende

Freistellung

Arbeitspapiere

des Arbeitsverhältnisses auf Verlangen und in angemessenem Umfang Freizeit für die Stellensuche gewährt werden. Andererseits haben diese Arbeitnehmer in aller Regel bis zum Ende ihres Arbeitsverhältnisses einen Anspruch auf Beschäftigung zu den bisherigen Bedingungen. Eine **Freistellung** von der Arbeit ohne Anspruch auf das Arbeitsentgelt ist unzulässig. Selbst eine Freistellung bei Fortzahlung des Arbeitsentgelts kommt nur dann in Frage, wenn die Betroffenen damit einverstanden sind oder wenn das Interesse des Arbeitgebers an der Nichtbeschäftigung überwiegt. Allerdings kann der Arbeitgeber darauf bestehen, dass der Resturlaub während der Kündigungsfristen abgewickelt wird, es sei denn, dem stünden berechtigte Interessen der Arbeitnehmer entgegen. Das wäre der Fall, wenn bereits eine Pauschalreise für einen anderen Termin gebucht worden ist.

Die **Arbeitspapiere** müssen erstellt werden, z. B. eine Urlaubsbescheinigung und, nach der letzten Entgeltabrechnung, die Abrechnungsunterlagen sowie die Lohnsteuerbescheinigung und Sozialversicherungsnachweise.

Überdies hat der Mitarbeiter einen Anspruch auf eine Arbeitsbescheinigung oder auf Wunsch ein qualifiziertes **Arbeitszeugnis**, das der nächste Arbeitgeber nach den Regeln auslegen wird, die im Kapitel Personalbeschaffung beschrieben werden. Soweit keine Personalbeurteilungen vorliegen oder falls diese älteren Datums sind, müssen die für die Formulierung notwendigen Informationen vor allem bei den direkten Vorgesetzten eingeholt werden.

Bevor die Unternehmen diese Unterlagen aus der Hand geben können, muss sichergestellt sein, dass etwaiges **Firmeneigentum** ordnungsgemäß zurückgegeben wurde. Dazu wird üblicherweise ein Laufzettel benutzt. Auf ihm bestätigen alle Stellen des Unternehmens, die Firmeneigentum ausgehändigt haben könnten, durch Unterschrift, dass keine Forderungen mehr gegen die Betroffenen bestehen. Das geschieht nach Möglichkeit am letzten Arbeitstag.

Die Übergabe der Unterlagen wird häufig mit einer **Ausgleichsquittung** verbunden. In einer Ausgleichsquittung lässt sich der Arbeitgeber von den Betroffenen versichern, dass

▸ sie keine Forderungen gegenüber dem Arbeitgeber haben,
▸ keine Einwendungen gegen die Entlassung vor Gericht erhoben werden und
▸ keine Ansprüche aus dem Arbeitsverhältnis mehr bestehen.

Der Arbeitnehmer muss eine solche Ausgleichsquittung nicht unterschreiben. Der Arbeitgeber muss ihm die Unterlagen trotzdem aushändigen. Zudem erklären viele Tarifverträge Ausgleichsquittungen für unzulässig.

9.2.5.9 Kündigungsschutzklage bei Entlassungen

Sowohl gegen übertretene Kündigungsverbote als auch gegen Mankos bei der sozialen Rechtfertigung einer ordentlichen Entlassung kann sich der Arbeitnehmer innerhalb von drei Wochen nach Zugang der schriftlichen Entlassung mit einer Kündigungsschutzklage zur Wehr setzen.

Das machen, wie die Hans Böckler Stiftung berichtet, durchschnittlich 16 Prozent der Entlas-

senen. Gemäß § 4 des Kündigungsschutzgesetzes klagt man auf Feststellung, dass das Arbeitsverhältnis nicht aufgelöst worden ist *(Richardi 2004, S. 488 ff.)*. Versäumt man die **Dreiwochenfrist**, so wird auch eine sozial ungerechtfertigte bzw. unwirksame Entlassung wirksam.

Die Parteien können einen Rechtsstreit um die Entlassung vor den Arbeitsgerichten in der ersten Instanz selbst führen oder sich von einem Rechtsanwalt bzw. von einem Vertreter der Gewerkschaften bzw. der Arbeitgeberverbände vertreten lassen.

Üblich sind schnelle Verfahren. Knapp die Hälfte ist in drei Monaten erledigt. Für die Dauer des Verfahrens offeriert der Gesetzgeber den Entlassenen in § 102 des Betriebsverfassungsgesetzes und in § 79 des Bundespersonalvertretungsgesetzes einen Vorteil. Sie werden bei unveränderten Arbeitsbedingungen weiterbeschäftigt bis der Rechtsstreit zu einem rechtskräftigen Abschluss gekommen ist, falls

▸ die Belegschaftsvertretung gegen die ordentliche Entlassung frist- und ordnungsgemäß widersprochen hat und
▸ die Betroffenen Klage auf Feststellung erheben, dass das Arbeitsverhältnis durch die Entlassung nicht aufgelöst ist.

Das Arbeitsgericht kann den Arbeitgeber von der **Weiterbeschäftigungspflicht** auf Antrag entbinden, wenn

▸ die Klage des Arbeitnehmers keine hinreichende Aussicht auf Erfolg bietet,
▸ die Weiterbeschäftigung zu einer unzumutbaren wirtschaftlichen Belastung führt oder
▸ der Widerspruch der Belegschaftsvertretung offensichtlich unbegründet ist.

Das erstinstanzliche Verfahren vor dem Arbeitsgericht sieht laut § 54 des Arbeitsgerichtsgesetzes zwingend eine Güteverhandlung vor. In zwei Dritteln der Fälle kommt es zu einem Vergleich. Nach einer fruchtlosen Güteverhandlung und einem **Urteil** durch das Arbeitsgericht können folgende Konstellationen entstehen:

▸ Die Entlassung ist gerechtfertigt. Die Klage wird abgewiesen.
▸ Die Entlassung ist nicht gerechtfertigt. Das Arbeitsverhältnis wird laut § 11 des Kündigungsschutzgesetzes bei Nachzahlung des

Arbeitszeugnis

Firmeneigentum

Ausgleichsquittung

Mögliche Konstellationen bei einer Klage

Stufen des Outplacement

entgangenen Arbeitsentgelts fortgesetzt. Der Arbeitnehmer kann jedoch ein zwischenzeitlich eingegangenes neues Arbeitsverhältnis fortführen und das entgangene Arbeitsentgelt gemäß § 12 des Kündigungsschutzgesetzes verlangen.

▸ Die Entlassung ist zwar nicht gerechtfertigt, aber ein konstruktives Arbeitsverhältnis ist nicht zu erwarten. In diesem Fall kann das Arbeitsgericht das Arbeitsverhältnis nach § 9 des Kündigungsschutzgesetzes auf Antrag auflösen und gegebenenfalls gemäß § 10 des Gesetzes eine Abfindung ansetzen.

Hinsichtlich der Fristen und des Ablaufs gilt gemäß § 13 des Kündigungsschutzgesetzes das Gleiche für eine Klage gegen die **außerordentliche Entlassung**. Diese Klage lautet darauf, dass die außerordentliche Entlassung unberechtigt ist. Die genannte Vorschrift beinhaltet weitere Detailregelungen.

9.2.6 Outplacement

Outplacement ist ein Prozess, durch den Personen unterstützt und beraten werden, die dazu gezwungen sind, ihr Arbeitsverhältnis aufzugeben. Zudem werden aber auch Hilfen für die Vorgesetzten, Kollegen und Mitarbeiter der Betroffenen und sogar für die Familie sowie das soziale Umfeld angeboten. Ziel von Outplacement ist es, eine Trennung, also neben Entlassungen auch Aufhebungsverträge, so zu gestalten, dass negative Effekte sowohl für die Beschäftigungs-

unternehmen als auch für die Betroffenen reduziert werden. Das Outplacement verläuft in **fünf Stufen** (Abb. 9.9, ähnlich Heizmann 2003, S. 51 ff., Rundstedt 2008, S. 173 ff.).

Im Idealfall sollte Outplacement damit beginnen, dass die Outplacementberatung ab dem Zeitpunkt eingeschaltet wird, zu dem die **Entscheidung** über die Trennung oder den Personalabbau gefällt ist. Beim Personalabbau können die Beraterinnen und Berater eruieren, welche Kenntnisse und Fertigkeiten das Unternehmen in Zukunft benötigt. Dem sollte eine Beurteilung der Kenntnisse und Fertigkeiten folgen, die die einzelnen Beschäftigten haben sollten. Damit wird eine anforderungs- und eignungsgerechte Stellenbesetzung möglich. Geht es um eine einzelne Trennung, sind die persönlichen und wirtschaftlichen Hintergründe der oder des Betroffenen von Interesse.

Es folgen eine **Beratung** und ein **Training** zum **Entlassungsgespräch**, die jene Aspekte beinhalten, die weiter oben angesprochen wurden. Viele Führungskräfte sind auf diese Gespräche schlecht vorbereitet. Sie könnten ohne Vorbereitung auf eine unangemessene Art und Weise reagieren. Im Rahmen des Outplacement wird das Gespräch mit dem Hinweis beendet, dass man Betroffenheit und Besorgnisse erwartet hat und sich deshalb der Unterstützung einer Beratung bedient, die in allen Fragen der Suche nach einem neuen Arbeitsplatz sehr erfahren ist. Der Mitarbeiter wird mit seiner Beraterin oder seinem Berater bekannt gemacht.

Nach dem Entlassungsgespräch rücken vor allem die Betroffenen, aber auch deren Kollegen-

---

Unter der Lupe

Dienstleistung externer Spezialisten

Eine unterstützende Form der Abwicklung von Entlassungen ist das Outplacement, in aller Regel eine Dienstleistung externer Spezialisten. Outplacement wird sowohl bei einzelnen Trennungen, hier meist von Führungskräften, als auch bei umfangreicheren Personalabbaumaßnahmen eingesetzt. Gerade wenn die Unternehmen ohnehin bereit sind, den Betroffenen durch Abfindungen zu helfen, kommt Outplacement zum Zuge. Die emotionalen und sozialen Aspekte, einen Arbeitsplatz zu verlieren, sind nämlich häufig

mindestens ebenso wichtig wie die finanziellen. Außerdem werden die Kosten des Outplacement, üblicherweise rund 20 bis 35 Prozent des Jahresbruttoarbeitsentgelts der Betroffenen, oft auf die Abfindungen angerechnet. Überdies kann eine Trennung, mit der nicht angemessen umgegangen wird, zu einem schlechten Image bei Lieferanten, Kunden und potenziellen Bewerbern für wichtige, in Zukunft frei werdende Stellen führen (List 2003 a, S. 9 ff.).

und Mitarbeiterkreis in den Mittelpunkt des Interesses. Hier lernen sich der Berater und der Betroffene kennen, soweit er überhaupt auf das Hilfsangebot eingeht. Die erste Aufgabe besteht darin, mit jeglicher Art von negativen **Emotionen** umzugehen, die zweite Aufgabe darin, Strategien zu entwickeln, wie man dem Partner oder der Ehegattin die schlechte Nachricht vermittelt. Die Kollegen und Mitarbeiter müssen mit dem Schock und unter Umständen auch der Trauer zu Rande kommen. Sie durchlaufen dabei einen emotionalen Prozess von Leugnung, Angst, Auseinandersetzung und schließlich Akzeptanz der neuen Situation. Bisweilen fühlen sie sich schuldig, weil man sie ausgespart hat. Vielfach wird eine Art von Organisationsentwicklung benötigt, um die Moral der Beschäftigten wiederzubeleben.

Danach kommt ein systematisches Programm zur **beruflichen Neuorientierung** (wie weiter unten im Personalabbau) in Gang, das bis zur Übernahme einer neuen Tätigkeit andauert. Es beginnt mit einer persönlichen Bestandsaufnahme der eigenen Stärken und Schwächen, gestützt auf Testverfahren und Gespräche. Die Ergebnisse bilden die Grundlage für die Entwicklung neuer Karriereperspektiven. Ein gutes Ergebnisbild kann außerdem dazu dienen, das Selbstwertgefühl wieder zu verbessern. Ein Feedbackgespräch vermittelt einen klaren Eindruck von den Interessen und Neigungen. Die Betroffenen erhalten ein Paket von Informationsmaterialien. Sie können nun Karriereziele formulieren, die zu den jeweiligen Stärken passen. Anschließend werden Strategien ausgearbeitet, wie die Stärken zukünftigen Arbeitgebern nahe gebracht werden können. Die Bemühungen werden durch emotionalen Beistand und technische Mittel unterstützt, großzügige Büroausstattungen mit Arbeitsplätzen, Telefon und Postdiensten. Hinzu kommen Nachschlagewerke und Verzeichnisse, aktuelle Presse und Börsenberichte, Informationsdienstleistungen und computerunterstützte Informationssysteme, so dass man auch schon den Begriff **ePlacement** verwendet *(Triller 2002, S. 38 f.)*.

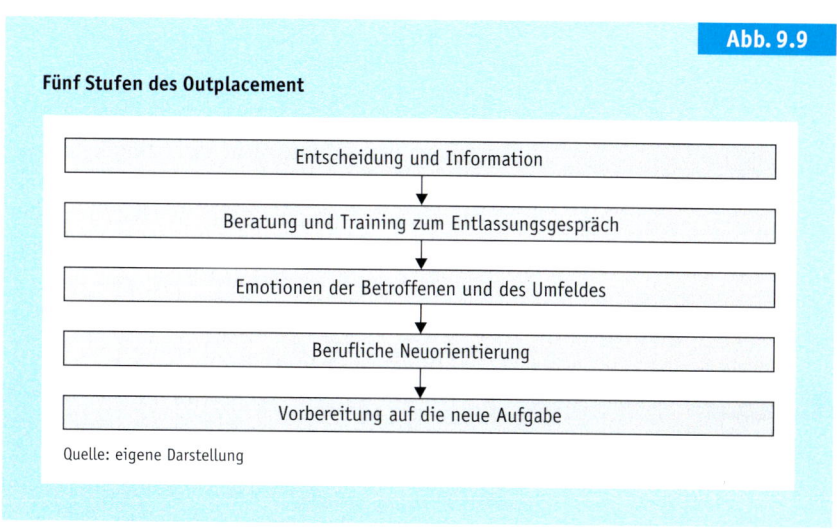

Abb. 9.9

Fünf Stufen des Outplacement

> Entscheidung und Information
>
> Beratung und Training zum Entlassungsgespräch
>
> Emotionen der Betroffen und des Umfeldes
>
> Berufliche Neuorientierung
>
> Vorbereitung auf die neue Aufgabe

Quelle: eigene Darstellung

Nach einer erfolgreichen beruflichen Neuorientierung endet das Outplacement mit der **Vorbereitung auf die neue Aufgabe** und der Betreuung während der Probezeit. Statistiken der Outplacementberatungen besagen, dass die Suchzeit von durchschnittlich zwölf Monaten auf vier Monate reduziert wird und 80 Prozent der Betroffenen angeben, dass ihnen das Outplacement geholfen hat.

Vorteile

9.2.7 Ruhestandsvereinbarung

Arbeitsverträge, Betriebs- oder Dienstvereinbarungen und Tarifverträge beinhalten häufig sogenannte Ruhestandsvereinbarungen.

Dabei handelt es sich um eine spezielle Form des vorgenannten Vertragsauslaufs, nämlich eine Vereinbarung, die eine Beendigung des Arbeitsverhältnisses zu dem Zeitpunkt vorsieht, ab dem der Arbeitnehmer eine reguläre Altersrente beziehen kann. Der Gesetzgeber hat Ruhestandsvereinbarungen ausdrücklich in § 41 des Sechsten Buchs des Sozialgesetzbuches für zulässig erklärt. Soweit die Vereinbarung jedoch eine Beendigung des Arbeitsverhältnisses für eine vorgezogene Verrentung, den sogenannten Vorruhestand, vorsieht, muss sie drei Jahre zuvor abgeschlossen worden sein.

9.3 Personalabbau

Wenn es sich herausstellt, dass einzelne oder mehrere Beschäftigte nicht mehr eingesetzt werden können, steht die absichtsvolle, planmäßig koordinierte Beendigung von Beschäftigungsverhältnissen oder deren inhaltliche Umgestaltung an, der sogenannte Personalabbau *(Abb. 9.10, Bühner 2005, S. 82 ff.)*.

Abb. 9.10

Verfahren des Personalabbaus

Personalfreisetzungsplanung		
Vorbeugung	**Erhalt des Personalstamms**	**Abbau des Personalstamms**
▸ Besonnene Personalbeschaffung ▸ Flexibilität ▸ Personal als Wettbewerbsfaktor	▸ Abbau von Mehrarbeit ▸ Versetzung und Personalleasing ▸ Personalentwicklung ▸ Einstellungsstopp ▸ Insourcing ▸ Vertragsauslauf ▸ Wartungsarbeiten ▸ Lagerhaltung ▸ Arbeitsintensität ▸ Urlaubsveränderung ▸ Arbeitzeit/Kurzarbeit	▸ Berufliche Neuorientierung ▸ Initiierte Kündigung ▸ Aufhebungs-/Abwicklungsvertrag ▸ Betriebsbedingte Entlassung ▸ Massenentlassung ▸ Betriebsänderung ▸ Vorruhestand

Quelle: eigene Darstellung

9.3.1 Prinzipien und Rahmenbedingungen des Personalabbaus

Eine Vielzahl von Sachverhalten gibt Unternehmen immer wieder Anlass, Überlegungen anzustellen, wie das in Zukunft zu erwartende Auftragsvolumen kostengünstig oder kostengünstiger als bisher bewältigt werden kann *(Berthel/Becker 2007, S. 288 ff., Hentze/Graf 2005, S. 356 ff.)*.

Mit dem Personalabbau will man die Weichen für die Zukunft des Unternehmens stellen. Deshalb müssen die Folgen für das Unternehmen und die Beschäftigten bedacht werden. Dabei sind die Prinzipien zu beachten, die auch dem Personaleinsatz zugrunde liegen, das Rentabilitäts-, das Stabilitäts-, das Flexibilitäts-, das Planungs- sowie das Transparenz-, Akzeptanz- und Integrationsprinzip (Kapitel Personaleinsatz).

▸ In puncto Rentabilität kommt hinzu, dass gerade der Personalabbau durch die Vereinbarung hoher Abfindungsbeträge oder durch langfristige Sozialpläne mit sehr hohen **Kosten** verbunden sein kann. Aber nicht alle Maßnahmen des Personalabbaus sind derart kostenintensiv.

▸ Das Leistungsergebnis soll über einen längeren Zeitraum relativ verlässlich und stabil sein. Personalabbau bedeutet für das Unter-

Anlässe für den Personalabbau

Angesichts periodischer bzw. saisonbedingter **Schwankungen des Personalbedarfs** stellt sich die Frage, wie viel Personal tatsächlich über Dauerarbeitsverhältnisse gebunden werden muss. Viele Unternehmen ziehen das Personalleasing und Outsourcing in Betracht, die Vergabe von bisher im Unternehmen selbst erbrachten Dienstleistungen und Fertigungsleistungen an Dritte.

Dieselbe Frage stellt sich, wenn technische **Innovationen** eine arbeitssparende Rationalisierung, Mechanisierung und Automatisierung ermöglichen.

Die starke **Konkurrenz** der Anbieter von Produkten und Dienstleistungen auf den Absatzmärkten, aber auch die ebenso starke Konkurrenz der Arbeitskräfte auf den internationalen Arbeitsmärkten führt zu Konzentrationsvorgängen sowie zu Stilllegungen von Betrieben oder Betriebsteilen im Inland. Dadurch wird Personal entbehrlich.

Das gilt erst recht in **Rezessionsphasen** eines Unternehmens, einer Branche oder der Volkswirtschaft, also bei einer Verminderung der wirtschaftlichen Wachstumsgeschwindigkeit, und beim wirtschaftlichen Niedergang, der Depression. In diesen Phasen werden die Unternehmen verstärkt mit Absatzproblemen konfrontiert, die häufig zu einem intensiven Preiswettbewerb oder gar zum Preisverfall führen. Im Ergebnis muss ein verminderter Umsatz auch die Kosten der nicht mehr auszulastenden Kapazitäten decken. Dadurch entsteht ein zunehmender Kostendruck auch und gerade auf das Personal. Aus tariflichen und rechtlichen Gründen fallen die Arbeitsentgelte nämlich weitgehend unabhängig vom Auslastungsgrad an. Zudem ist in der Rezession ein Rückgang der Fluktuation zu verzeichnen, wodurch die Situation noch verschärft wird.

nehmen aber immer einen nicht zu unterschätzenden **Verlust von Know-how**. Deshalb muss über eine Intensivierung der Personalentwicklung nachgedacht werden.

▶ Hinzu kommen persönliche **Probleme der einzelnen Beschäftigten**, eine nachhaltige Störung der Lebensplanung, möglicherweise eine Identitätskrise sowie eine eventuell eingeschränkte Mobilität und Flexibilität im Hinblick auf eine Einsatzmöglichkeit in einem anderen Unternehmen. Hier kann z. B. das Outplacement helfen.

▶ Ein Personalabbau darf nicht im Widerspruch zum Allgemeinen Gleichbehandlungsgesetz stehen, also **keine Diskriminierung** aus Gründen der Rasse oder der ethnischen Herkunft, des Geschlechts, der Religion oder Weltanschauung, einer Behinderung, des Alters oder der sexuellen Identität verursachen. Andererseits sind Benachteiligungen nach den §§ 8 bis 10 des Gesetzes gerechtfertigt, wenn sie aufgrund der beruflichen Anforderungen unvermeidbar oder durch ein rechtmäßiges Ziel angemessen und erforderlich sind, beispielsweise die Berücksichtigung des Alters bei der Sozialauswahl (Kapitel Grundlagen, *Rühl/Hoffmann 2008, S. 121 ff., Wisskirchen 2006, S. 1491 ff., insbesondere S. 1495 f.*).

▶ Von besonderer Bedeutung sind offene **Informationen**, das heißt eine umfassende und faire Aufklärung. Nur so kann den Irritationen und der Kritik begegnet werden, die bei allen Maßnahmen, vor allem aber beim Personalabbau auftreten. Gerade gegenüber dem Betriebs- oder Personalrat sind regelmäßige, verlässliche Informationen unverzichtbar, um für die notwendigen Maßnahmen Akzeptanz zu schaffen. Und nicht zuletzt ist eine Reihe von Maßnahmen mit negativen Folgen für das Unternehmensimage, und zwar nicht nur auf dem Arbeitsmarkt, sondern auch in der Öffentlichkeit verbunden. Deswegen gibt es zu ehrlichen Informationen keine Alternative, denn das Verhalten des Unternehmens in guten Zeiten wird verständlicherweise als Maßstab für ein späteres Verhalten in der Krise herangezogen und umgekehrt.

Zu beachten sind ferner die im Rahmen der Personaleinsatzplanung genannten Mitwirkungs-rechte des Personal- bzw. Betriebsrates, das Recht der Beschäftigten auf Unterrichtung über ihren Arbeitsplatz, das Kündigungsschutzgesetz, diverse weitere spezielle Schutzgesetze, das Urlaubsrecht und der gesetzliche Arbeitszeitrahmen.

Rechtlicher Rahmen

9.3.2 Organisatorische Personalabbaufragen

In Sachen Personalabbau ist aus organisatorischer Sicht die Schaffung einer gesonderten Stelle im Rahmen einer funktionsorientierten Gliederung nur sehr selten anzutreffen. Eigentlich würde das notwenige Fachwissen es angeraten erscheinen lassen, eine derartige Stelle zu bilden. Andererseits macht der Personalabbau als Haupt- und Daueraufgabe schlichtweg einsam und keinen Spaß.

Auch innerhalb einer objektorientierten Gliederung und in Center-Konzepten sind die Sachbearbeiter respektive Referentinnen oft nicht oder nicht alleine für den Personalabbau zuständig. Zumeist sind Vorgesetzte und die Personal- oder gar Unternehmensleitung einbezogen oder hauptverantwortlich.

Man bedient sich aber gerne der Hilfe Dritter, betreibt also ein Outsourcing von Personalabbauaufgaben. Hier finden Outplacement- und Personalberatungen ihr Tätigkeitsfeld in Rezessionsphasen.

9.3.3 Personalfreisetzungsplanung

Mit der Personalbeschaffungsplanung und der Personaleinsatzplanung wird, mit jeweils unterschiedlichen Zielen, bestimmt, wer wann und wo eingesetzt werden soll. Für die Personalfreisetzungsplanung wird dasselbe Instrumentarium eingesetzt. Nur hier ist das Ziel die Ermittlung, wer ab wann wo nicht mehr eingesetzt werden soll *(Abb. 9.11, Drumm 2005, S. 295 ff.)*.

In weiten Bereichen ist die Personalfreisetzungsplanung deckungsgleich mit den in den anderen Kapiteln dieses Buches angesprochenen Personalplanungsfeldern.

Man bestimmt zunächst den aktuellen und daraus abgeleitet den zukünftigen **Personal-**

Planungsschritte

Abb. 9.11

Personalfreisetzungsverfahren

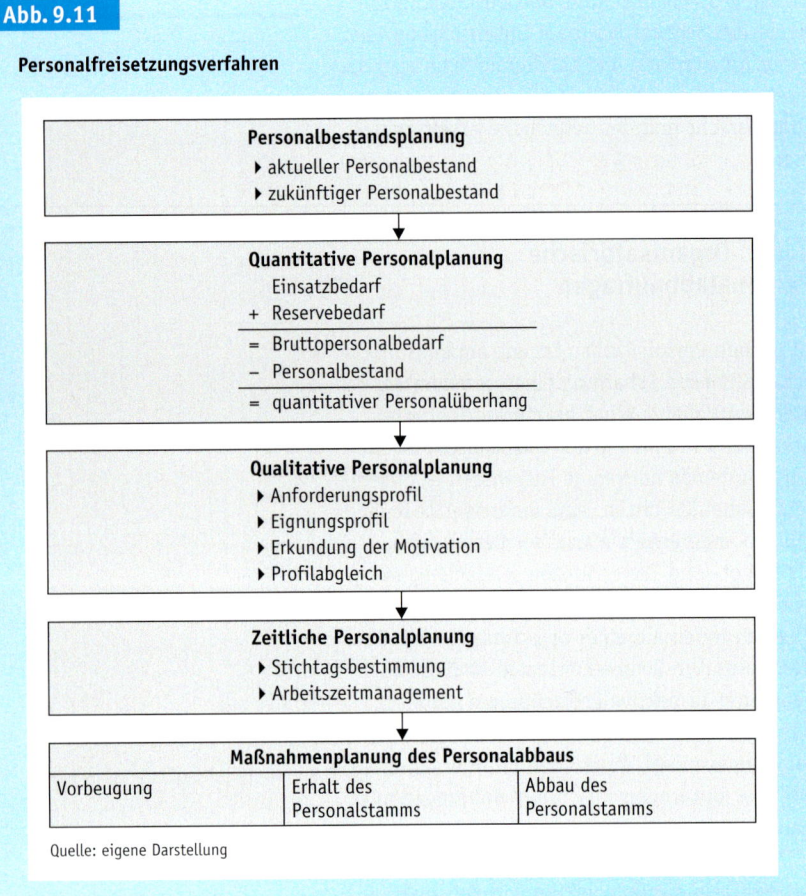

Personalbestandsplanung
- ▸ aktueller Personalbestand
- ▸ zukünftiger Personalbestand

Quantitative Personalplanung

Einsatzbedarf
+ Reservebedarf
_____
= Bruttopersonalbedarf
– Personalbestand
_____
= quantitativer Personalüberhang

Qualitative Personalplanung
- ▸ Anforderungsprofil
- ▸ Eignungsprofil
- ▸ Erkundung der Motivation
- ▸ Profilabgleich

Zeitliche Personalplanung
- ▸ Stichtagsbestimmung
- ▸ Arbeitszeitmanagement

Maßnahmenplanung des Personalabbaus		
Vorbeugung	Erhalt des Personalstamms	Abbau des Personalstamms

Quelle: eigene Darstellung

bestand sowie den quantitativen **Personalbedarf.** Die besonders kritischen Größen für die Personalfreisetzungsplanung sind dabei in den letzten Jahren die autonomen Personalzugänge, die durch Mergers and Acquisitions, das heißt infolge von Fusionen und Übernahmen, zu verzeichnen sind. Insbesondere aufgrund des § 613 a des Bürgerlichen Gesetzbuches, wonach der neue Inhaber in die Rechte und Pflichten bestehender Arbeitsverhältnisse eintritt, ergibt sich nicht selten ein quantitativer **Personalüberhang**, der nur schwerlich abgebaut werden kann *(Schmalen/Pechtl 2006, S. 59 ff.)*.

In aller Regel sind die Qualifikationen und Kompetenzen dafür ausschlaggebend, wer welche Position ausfüllen kann und wird. Deshalb ist regelmäßig die eine **qualitative Planung** vonnöten. Den Maßstab dafür liefert ein Vergleich der Anforderungen der Arbeitsplätze mit den Eignungen und Motivationen der Beschäftigten, ein sogenannter Profilabgleich. Allerdings lässt der Gesetzgeber eine Auswahl nach diesem Maßstab bei einigen Maßnahmen des Personalabbaus nicht alleine gelten. Er fordert etwa bei betriebsbedingten Entlassungen und Betriebsänderungen die Berücksichtigung des Lebensalters, der Dauer der Betriebszugehörigkeit und der Unterhaltspflichten der Betroffenen.

Mit der **zeitlichen Personalplanung** ist sowohl das Arbeitszeitmanagement als auch die Bestimmung der Stichtage angesprochen.

▸ Die zeitliche Personalplanung setzt mit der Frage ein, für welches konkrete Datum man den quantitativen Personalminderbedarf bestimmt. Überdies muss man kalkulieren, zu welchem Termin Beschäftigungsverhältnisse disponibel werden. Das gestaltet sich einfach, wenn man lediglich den Termin des Ablaufs einer Vertragsbefristung identifizieren muss. Relativ unproblematisch ist die Stichtagsbestimmung im Zusammenhang mit Aufhebungsverträgen. Schwierig bis aussichtslos wird es, wenn man die Wirksamkeit eines Einstellungsstopps abschätzen will.

▸ Das Ziel des Arbeitszeitmanagements ist es, die Flexibilität des Arbeitszeitvolumens einzuschätzen und Ansätze aufzuzeigen, wie man eine derartige Flexibilität verwirklichen kann. Man taxiert, inwiefern und welche Stellen komplett oder in einem gewissen zeitlichen Umfang – saisonal bzw. im Umfang von mehreren Wochenstunden – zur Disposition stehen.

Häufig ergibt sich aus diesen Planungsdaten ein mannigfaltiger Handlungsbedarf, der von der Trennung über die Personalentwicklung bis hin zu vereinzelten Personalbeschaffungsaktivitäten reicht.

Die einzelnen **Maßnahmen** des Personalabbaus, beispielsweise Versetzungen, müssen in der Folge noch individuell geplant werden. Währenddessen kann es sich herausstellen, dass die tatsächliche Entwicklung von den Plandaten abweicht und Korrekturen notwendig werden.

9.3.4 Vorbeugung

Angesichts der recht nachteiligen Konsequenzen des Personalabbaus stellt sich vorneweg die Frage, ob es möglich ist, vorbeugend zu handeln *(Abb. 9.10, Ahlers 2002, S. 193)*.

Das ist leider nur schwerlich machbar, da der Personalbestand zu jeder Zeit die Wettbewerbsfähigkeit des Unternehmens sichern muss. Daher muss der Personalbestand flexibel an veränderte Rahmenbedingungen angepasst werden. Trotzdem gibt es Mittel und Wege, die in Grenzen der Vorbeugung dienen.

9.3.4.1 Besonnene Personalbeschaffung

So sollte man auf eine besonnene Personalbeschaffung setzen, das heißt Personal jederzeit nur zurückhaltend einstellen. Dadurch lässt sich einiges an späterem Personalabbau vermeiden.

Einige wenige Unternehmen arbeiten mit **Erfahrungswerten**, die sie in Kennzahlen umsetzen. Eine 35 Prozent-Klausel besagt etwa, dass der Zuwachs des Personalbestands maximal 35 Prozent der geplanten Umsatzsteigerung betragen soll. Bei einer geplanten Umsatzsteigerung von 20 Prozent gegenüber dem Vorjahr dürfte also der Personalbestand maximal um 7 Prozent gegenüber dem Vorjahr ansteigen. Bei einer rückläufigen Umsatzentwicklung gilt diese Relation entsprechend.

9.3.4.2 Flexibilität

Die Erstellung der Produkte oder Dienstleistungen sollte so flexibel sein, dass sie konjunkturelle oder technische Probleme durchaus abfangen kann.

Gefordert ist mithin die **Flexibilisierung des Personaleinsatzes** und eine Arbeitszeitflexibilisierung, wie sie im gleichnamigen Kapitel angesprochen werden. *Ahlers (2003, S. 13 ff.)* empfiehlt insbesondere die Arbeit auf Abruf und Modelle der Jahresarbeitszeit.

9.3.4.3 Personal als Wettbewerbsfaktor

Eine gezielte, verlässliche Personalbeschaffung sorgt dafür, dass man über Personal verfügt, das seinerseits als Wettbewerbsfaktor fungiert. Die Beschäftigten tragen entscheidend dazu bei, die **Leistungsfähigkeit des Unternehmens** ständig zu verbessern.

Die auf diesem Wege erreichbare starke Wettbewerbsposition schafft die besten Voraussetzungen dafür, dass ein Unternehmen von Krisen nicht so hart getroffen wird wie seine Konkurrenten. Gelingt dies, lassen sich insoweit kostenintensive Sozialpläne oder Abfindungen, aber auch Beschaffungs- und Einarbeitungskosten für Neueintritte einsparen.

9.3.5 Erhalt des Personalstamms

Ist der Personalabbau trotzdem unausweichlich, sollte man abwägen, ob die Stammbelegschaft erhalten werden kann und soll *(Abb. 9.10, Ahlers 2003, S. 16 ff.)*.

Gerade die Führungskräfte drängen in weniger brisanten Situationen zumeist darauf, sanftere Wege des Personalabbaus zu wählen, bei denen ein Abbau der Stammbelegschaft mit seinen negativen Folgen vermieden wird. Allerdings tragen dann gerade diese Führungskräfte die Hauptlast des Personalabbaus. Abgesehen von der Einleitung der Kurzarbeit sind sie es nämlich, die die Maßnahmen durchführen.

9.3.5.1 Abbau von Mehrarbeit

Schon bei den geringsten Anzeichen von wirtschaftlichen Schwierigkeiten ist häufig der Abbau von Mehrarbeit die erste Maßnahme (Kapitel Personaleinsatz).

Man kann in einzelnen Abteilungen oder im gesamten Unternehmen Überstunden und Sonderschichten zurückfahren, muss aber den Betriebs- oder Personalrat in diese mitbestimmungspflichtige Maßnahme einbinden. Die Beschäftigten müssen mit einem geringeren Arbeitsentgelt auskommen. Das führt zu einiger Unruhe und einer erhöhten Fluktuation.

9.3.5.2 Versetzung und Personalleasing zwecks Personalabbau

Versetzungen innerhalb des Unternehmens ermöglichen gegebenenfalls einen Beschäftigungsausgleich zwischen unterschiedlich ausgelasteten Unternehmensbereichen.

Sie machen andere Personalbeschaffungsmaßnahmen entbehrlich und senken so den Personalbestand. Unter Umständen muss man aber zuvor im Rahmen der Personalentwicklung aktiv

Überstunden zurückfahren

Versetzung

werden, um die notwendige Eignung zu gewähr-leisten (*Bertrand 2002, S. 181 ff.*, Kapitel Personalbeschaffung und -einsatz).

> Wenn eine Versetzung im Unternehmen nicht möglich ist, wohl aber im Verbund mehrerer Unternehmen, ist ein Personalpool hilfreich.

Personalpool

Der Personalpool firmiert dann als lizenzierter Verleiher des Personalleasing, der Arbeitskräfte gegen eine Leihgebühr anderen Pool-Mitgliedern zeitweise überlässt (*Frank 2004, S. 68 ff.*, Kapitel Personalbeschaffung, *Ullmann 2004, S. 66 f.*).

9.3.5.3 Personalentwicklung zwecks Personalabbau

Personalabgänge nicht ersetzen

Die Personalentwicklung verhilft den Beschäftig-ten zu einer aktuelleren und eventuell auch höheren oder ganz anderen Qualifikation und Kompetenz (Kapitel Personalentwicklung).

Das wiederum führt dazu, dass ihre Employa-bility, ihre Beschäftigungsfähigkeit, und damit ihre Vermittlungschance am Arbeitsmarkt steigt. Entscheiden sie sich für eine Vakanz in einem an-deren Unternehmen, vermindert das den Personal-überhang ihres derzeitigen Arbeitgebers. Einige Unternehmen forcieren diese Fluktuation durch rechtzeitige Informationen, Unterstützung bei der Stellensuche und eine gezielte Personalentwick-lungsplanung (*Habermann/Lohaus 2003, S. 58 ff.*).

Leistungen im eigenen Betrieb erbringen

9.3.5.4 Einstellungsstopp

Werden fluktuationsbedingte **Personalabgänge** nicht mehr ersetzt, spricht man vom Einstel-lungsstopp (*Berthel/Becker 2007, S. 299 f.*).

▸ Der **modifizierte** Einstellungsstopp sieht eine restriktive Prüfung des Personalbedarfs vor.

▸ Der **qualifizierte** Einstellungsstopp ist auf bestimmte Berufe, Betriebe oder Betriebsteile begrenzt.

▸ Ein **gezielter** Einstellungsstopp betrifft nur bestimmte Beschäftigtengruppen.

▸ Beim **eingeschränkten** Einstellungsstopp bleiben Schlüsselpositionen erhalten.

▸ Beim **generellen** Einstellungsstopp wird aus-nahmslos weder der Personalzusatzbedarf noch der Personalersatzbedarf gedeckt.

Warten und lagern

Durch Personalabgänge stellt sich so eine all-mähliche Senkung des Personalbestands ein. In den meisten Unternehmen ist die Fluktuation aber nicht sehr hoch. Deshalb zeigen Einstel-lungsstopps nur auf lange Sicht Wirkung. Wird die Maßnahme allerdings zu lange ausgedehnt, besteht die Gefahr einer nachteiligen qualitati-ven Veränderung der Belegschaftsstruktur. Ein längerer Einstellungsstopp hält den Nachwuchs und generell viele qualifiziertere Kräfte vom Un-ternehmen fern, was den Ruf des Unternehmens schädigt. Umso kritischer wird die Situation bei einer Besserung der wirtschaftlichen Lage. Für die Stammbelegschaft bleibt der Einstellungs-stopp ohne negative Folgen, bis auf die mögli-che Arbeitsverdichtung.

9.3.5.5 Insourcing

Das Insourcing ist die Kehrseite des Outsourcing (Kapitel Personaleinsatz).

Wenn **Leistungen**, die bisher von Dritten, also Fremdfirmen, Personalleasing-Unternehmen oder Lieferanten, durchgeführt wurden, statt dessen **im eigenen Betrieb** durch eigene Mit-arbeiter erbracht werden, bindet man Personal-überhänge. Die Grenzen liegen in den Kosten, den technischen Möglichkeiten und den Auswir-kungen auf den Zulieferbetrieb, der unter Um-ständen bei einer Wiederbelebung der Nachfrage nicht mehr zur Verfügung steht.

9.3.5.6 Vertragsauslauf zwecks Personalabbau

Eine weitere Maßnahme des Personalabbaus ist die Aufgabe auslaufender Verträge.

Gemeint ist die weiter oben angesprochene Maßnahme der Trennung.

9.3.5.7 Wartung, Lagerhaltung und Arbeitsintensität

Das Vorziehen von **Reparatur-, Wartungs- und Erneuerungsarbeiten** bringt nur in Ausnahmefäl-len einen größeren Effekt (*Nicolai 2006, S. 281*).

Das betriebswirtschaftliche Risiko wird um Ei-niges gesteigert. Überdies werden diese Arbeiten bei unsicheren Absatzerwartungen und stagnie-rendem Auftragseingang erfahrungsgemäß nur sehr zögernd in Angriff genommen.

Sind die Produkte zeitlich befristet nicht ab-setzbar, könnte man eine Erweiterung der Lager-haltung in Betracht ziehen.

Jedoch ist neben dem erhöhten Finanzie-rungsbedarf und den Lagerkosten die Entwertung durch die Lagerung zu beachten. Zudem ist diese Maßnahme nur bei lagerfähigen Produkten denkbar, die keinem modischen oder technischen Wandel unterliegen.

Eine Verringerung der **Arbeitsintensität** mit dem Ziel, das geringer gewordene Arbeitsvolumen auf eine größere Anzahl von Stunden zu verteilen, wird zwar vereinzelt vorgeschlagen, aber kaum ernsthaft diskutiert.

Diese Lösung ist weder wirtschaftlich realisierbar noch kann sie von Seiten der Arbeitnehmer und Arbeitgeber als vernünftig beurteilt werden.

9.3.5.8 Urlaubs- und Arbeitszeitveränderung

Zur Lösung vorübergehender Auslastungsprobleme kommen Veränderungen bei der **Urlaubsplanung und -abwicklung** in Frage, die das Arbeitszeitvolumen zeitlich verlagern *(Nicolai 2006, S. 283)*.

Bei Auslastungsproblemen kann es sinnvoll sein, Urlaubsansprüche zeitlich zu verschieben und so zu disponieren, dass sie in auslastungsarmen Zeiten abgewickelt werden. Ein Vorgriff auf Urlaubsansprüche des nächsten Kalenderjahres ist jedoch, was den gesetzlichen Mindesturlaub und den an das Kalenderjahr gebundenen Tarifurlaub anbelangt, rechtlich nicht zulässig. Die Arbeitnehmer könnten in diesem Fall den im Vorgriff gewährten Urlaub im neuen Urlaubsjahr noch einmal fordern. Davon abgesehen kann man

- den Urlaub einzelner Beschäftigter oder
- der gesamten Belegschaft verlegen oder
- vorziehen,
- geschlossene Betriebsferien anordnen oder
- vorziehen,
- darauf dringen, dass rückständiger Urlaub genommen wird, sowie
- bezahlten oder
- unbezahlten Sonderurlaub, auch als Sabbatical, gewähren.

Dadurch wird die angebotene Arbeitsleistung temporär reduziert. Wird nicht gerade bezahlter Sonderurlaub gewährt, sind die Maßnahmen einerseits kostenneutral, andererseits aber für die Betroffenen und ihre Familien nicht motivierend.

Allerdings hat der Betriebs- oder Personalrat bei der Festlegung von Betriebsferien ein erzwingbares Mitbestimmungsrecht, das er notfalls vor einer Einigungsstelle durchsetzen kann. Ein Mitbestimmungsrecht hat er auch, wenn es im Einzelfall zu keiner einvernehmlichen Lösung zwischen Arbeitgeber und Arbeitnehmer kommt.

Die **Veränderung der Arbeitszeit** kann man sich nicht nur für den Personaleinsatz, sondern auch für den Personalabbau nutzbar machen,

- indem man von der allgemein üblichen Dauer einer Vollzeitbeschäftigung abweicht,
- die Möglichkeit einräumt, die Standardarbeitszeit zu über- oder unterschreiten,
- die Arbeitszeit variabel auf einen Tag, einen Monat, ein Quartal, ein Jahr oder das gesamte Erwerbsleben verteilt,
- die Länge und Lage der Arbeitszeit neu ordnet und
- diese wie auch andere Variationsmöglichkeiten kombiniert.

Für die Unternehmen von besonderem Interesse sind dabei alle Ansätze, die das Arbeitszeitvolumen reduzieren, was nur Sinn macht, wenn für die ausgefallene Arbeitszeit kein Entgelt gezahlt wird.

Der **Abbau von Schichten** und Schichtarbeit sowie die Einführung von Freischichten führen zu einer Einschränkung der Ausnutzung der Betriebsanlagen und gleichzeitig zu Kostenreduzierungen durch den Wegfall von Schichtzuschlägen. Erfahrungsgemäß entsteht aber zugleich ein Personalüberhang in dem betroffenen Bereich.

Werden einzelne Beschäftigte aus der Wechselschicht in die Normalschicht umgesetzt, ist das grundsätzlich durch eine Weisung des Arbeitgebers möglich, soweit die Belegschaftsvertre-

Arbeitsintensität

Urlaub

Arbeitszeitveränderung

Unter der Lupe

Urlaubsplanung

Wie im Kapitel Personaleinsatz erwähnt, werden die Urlaubstermine zwar grundsätzlich vom Arbeitgeber festgelegt. Er muss jedoch die Wünsche der Mitarbeiterinnen und Mitarbeiter berücksichtigen soweit andere Beschäftigte wegen ihrer sozialen Situation nicht Vorrang beanspruchen oder dringende betriebliche Erfordernisse dies zulassen. Wenn bei unausgelasteten Kapazitäten Arbeitsplätze durch die Urlaubsplanung erhalten werden können, liegen dringende betriebliche Erfordernisse in der Regel vor.

tung zustimmt. Diese Veränderung der Lage der Arbeitszeit stellt nämlich keine Versetzung dar, es sei denn, damit wäre zusätzlich die Zuweisung eines anderen Tätigkeitsbereiches verbunden. Für die Änderung der Arbeitszeit von Schicht- auf Normalarbeitszeit ist jedoch eine einvernehmliche Vereinbarung, andernfalls eine Änderungskündigung notwendig, wenn Beschäftigte per Arbeitsvertrag als Schichtarbeiterinnen und -arbeiter im Früh-, Spät- und Nachtdienst tätig sind. Dasselbe gilt, wenn jemand über mehrere Jahre im Schichtdienst beschäftigt wird, ohne dass der Arbeitsvertrag hierüber ausdrücklich etwas aussagt. In diesem Fall hat sich das Arbeitsverhältnis auf die Schichtarbeit konkretisiert.

Der Übergang vom Mehrschichtsystem zum Einschichtsystem ist keine Betriebsänderung, soweit damit keine erhebliche Personalreduzierung verbunden ist. Trotzdem unterliegt der Abbau von Schichten und Schichtarbeit ebenso wie ihre Einführung gemäß § 87 des Betriebsverfassungsgesetzes bzw. § 75 des Bundespersonalvertretungsgesetzes der Mitbestimmung des Betriebs- oder Personalrates. Das Mitbestimmungsrecht erstreckt sich auf die Abgrenzung des Personenkreises, der von der Schicht ausgenommen wird. Die Verhandlungen mit der Belegschaftsvertretung gestalten sich häufig deshalb schwierig, weil sie einer Verschlechterung des Besitzstandes der Betroffenen durch den Wegfall von Schichtzuschlägen nur ungern zustimmen.

Überdies wird als Alternative die Einführung der **Viertagewoche** diskutiert. Setzt man sie ohne Lohnausgleich um, handelt es sich um nichts anderes als die **Einführung von Teilzeit**, wenn auch kollektivs für alle und nicht individuell für Einzelne.

Eine spezielle Form der Veränderung der Arbeitszeit ist die **Kurzarbeit**. Hier wird die betriebs-

übliche, regelmäßige Arbeitszeit für den ganzen Betrieb, für einzelne Betriebsabteilungen oder für bestimmte Arbeitnehmergruppen reduziert. Für die **Einführung** fordert der Gesetzgeber in den §§ 169 ff. des Dritten Buchs des Sozialgesetzbuches und weiterer Vorschriften Folgendes:

▶ Zunächst muss eine Prüfung der wirtschaftlichen und rechtlichen Voraussetzungen erfolgen. Kurzarbeit ist möglich, wenn ein unvermeidbarer Ausfall der Arbeitszeit vorliegt, der nicht auf betriebsorganisatorischen, sondern auf wirtschaftlichen Ursachen beruht, etwa auf einem Auftragsmangel oder einem unabwendbaren Ereignis. Der Arbeitsausfall genügt der Vorschrift nur, wenn er in einem zusammenhängenden Zeitraum von mindestens vier Wochen für mindestens ein Drittel der im Betrieb tatsächlich Beschäftigten eintritt, die dadurch mehr als 10 Prozent ihres Bruttoarbeitsentgelts einbüßen.

▶ Eine Information der Führungskräfte und des Wirtschaftsausschusses über die Absicht der Einführung ist unverzichtbar.

▶ Der Arbeitgeber muss mit der Arbeitsverwaltung vorab klären, ob die Zahlung eines Kurzarbeitergeldes zu erwarten ist. Die kurzarbeitenden Arbeitnehmer erhalten unter den genannten Voraussetzungen von der Bundesagentur für Arbeit bis zu 24 Monate lang ein Kurzarbeitergeld, das je nach Familienstand 60 bis 67 Prozent des um die gesetzlichen Abzüge verminderten Bruttoarbeitsentgelts beträgt.

▶ Die Einführung der Kurzarbeit bedarf nach § 87 des Betriebsverfassungsgesetzes der Zustimmung des Betriebsrates, bevor sie bei der zuständigen Arbeitsverwaltung beantragt werden kann. Zweckmäßig ist der Abschluss einer Betriebsvereinbarung. Dabei wird der Betriebsrat jedoch sicherlich darauf drängen, das Kurzarbeitergeld bis zum Nettoentgelt aufzustocken.

▶ Nun kann die Anzeige der Kurzarbeit bei der Agentur für Arbeit erfolgen. Sie muss die dem Betriebsrat mitgeteilten Fakten und seine Stellungnahme enthalten. Die Agentur nimmt eine Prüfung der Voraussetzungen vor.

▶ Nach einem positiven Bescheid wird die Einführung der Kurzarbeit bekannt gegeben (ähnlich Schaub/Schindele 2005, S. 1 ff.).

Kurzarbeit

Unter der Lupe

Vor- und Nachteile der Kurzarbeit

*Kurzarbeit bietet sich an, wenn die Dauer der Unterbeschäftigung absehbar ist. Sie gestaltet sich sicherlich recht **kostengünstig**. Dadurch, dass die Stammbelegschaft erhalten bleibt, kann das Unternehmen bei einer Besserung der wirtschaftlichen Lage wieder durchstarten. Freilich wird das **Image** durch Kurzarbeit stark in Mitleidenschaft gezogen.*

9.3.6 Abbau des Personalstamms

Wenn die Situation brisant ist, bleibt dem Arbeitgeber nur der Weg, die Stammbelegschaft zu reduzieren. Das hat zweifellos negative Folgen für die Betroffenen, das betriebliche Know-how und die Arbeitszufriedenheit *(Abb. 9.10,* Kapitel Personalcontrolling).

Mit wenigen Ausnahmen steuert das Personalwesen diese Maßnahmen des Personalabbaus, freilich mit Unterstützung der jeweiligen Führungskräfte.

9.3.6.1 Berufliche Neuorientierung

Der Personalabbau hat eine bedrückende Wirkung auf das gesamte Personal, nicht nur auf die Betroffenen. Aus diesem Grund und um die Kosten für den Personalabbau niedrig zu halten, empfiehlt sich eine berufliche Neuorientierung als Alternative zur herkömmlichen Praxis des Personalabbaus *(Weidl 2003, S. 795 ff.)*.

Dazu zählt zunächst das **Gruppenoutplacement**, auch Neuplatzierung oder Newplacement genannt. Diese Maßnahme kann folgende Komponenten haben *(Bröckermann 2000 a, S. 290 f., Heizmann 2003, S. 41 ff., Nicolai 2000, S. 56 ff.)*:

▶ die Analyse der eigenen Kompetenzen und Vorlieben sowie die darauf basierende Entwicklung einer individuelle Vermarktungsstrategie, also die **Arbeitsmarktorientierung**,

▶ die Beratung in einem **Beratungszentrum**, wo die Berater Kontaktgespräche mit einschlägigen Unternehmen führen, also Job Hunting betreiben, und die erlebten Erfahrungen der Betroffenen reflektieren,

▶ die Beratung in einer ergänzenden Einrichtung, dem **Existenzgründerzentrum**, und

▶ die Vermittlung von Qualifikationen und Kompetenzen durch **Personalentwicklungsmaßnahmen** (Kapitel Personalentwicklung).

▶ Durch einen **Workshop** »Führen unter erschwerten Bedingungen« kann zudem auf die weiter oben diskutierten Fragen der Personalführung eingegangen werden.

Zuweilen nur im Falle der Bereitschaft, ein eigenes Investment in ihre Zukunft zu tätigen, steuert das Unternehmen pro Teilnehmer einen Beitrag zu den Honorarkosten bei. Den Eigenanteil

Gruppenoutplacement

trägt der Teilnehmer im Falle einer Trennung z. B. aus seiner Abfindung. Möglich ist auch eine Förderung durch die Arbeitsverwaltung *(Nicolai 2001, S. 72 f.)*.

Das Unternehmen, das Personal abbauen muss, kann mit Unterstützung der Arbeitsverwaltung und anderer öffentlicher Stellen eine sogenannte **Auffang-, Beschäftigungs- oder Transfergesellschaft** gründen, die jenes Personal übernimmt, das ansonsten arbeitslos würde. Daneben haben sich am Markt dauerhafte, eigenständige Auffanggesellschaften als professionelle Abwickler für den Personalabbau gebildet *(Ahlers 2003, S. 41 ff.)*.

Die Beschäftigten der Auffanggesellschaft verpflichten sich, an Personalentwicklungsmaßnahmen teilzunehmen, erhalten aber auch das Recht, das Arbeitsverhältnis mit der Auffanggesellschaft ruhen zu lassen, um ein Probearbeitsverhältnis mit einem anderen Arbeitgeber einzugehen oder kurzfristig zu kündigen. Zeitlich ist das Arbeitsverhältnis mit der Auffanggesellschaft regelmäßig auf zwei Jahre befristet und wahrt somit die zeitlichen Zulässigkeitsgrenzen des Teilzeit- und Befristungsgesetzes. Während der Zugehörigkeit zur Auffanggesellschaft erhalten die Betroffenen häufig ein sogenanntes Transferkurzarbeitergeld sowie einen Zuschuss, den der bisherige Arbeitgeber trägt *(Gaul/Bonanni/Otto 2003, S. 2387 ff.)*.

Schließlich kann die **Existenzgründung** gefördert werden. In den meisten Fällen wird hier ein Aufhebungsvertrag zur Beendigung des Arbeitsverhältnisses führen. Anstatt Leistungen weiter

Auffanggesellschaft

Existenzgründung

Gründungszuschuss

Auch wenn der ehemalige Arbeitgeber nicht zum Kunden wird, macht die Existenzgründung unter Umständen Sinn. Wenn die Selbstständigkeit von einem Expertenausschuss befürwortet und die Eignung nachgewiesen wird, gewährt die Arbeitsverwaltung Arbeitslosen, die noch mindestens drei Monate Anspruch auf Arbeitslosengeld haben, für neun Monate einen Gründungszuschuss in Höhe ihres Arbeitslosengeldes sowie eine Pauschale von 300 Euro, damit sie sich freiwillig sozialversichern können. Die Pauschale kann noch weitere sechs Monate gezahlt werden (Olfert 2008, S. 114 f.)

Unter der Lupe

im eigenen Unternehmen zu erbringen, werden diese Leistungen von außen, von den ehemaligen Beschäftigten, eingekauft. Aus Unternehmenssicht werden ehemals eigene Leistungen des Unternehmens künftig extern vergeben. Der Unterschied zum klassischen Outsourcing liegt darin, dass die Leistungserbringung durch ehemalige Beschäftigte erfolgt, die nun ihrerseits Unternehmer sind. Das wirtschaftliche Auskommen für den Existenzgründer wird durch Abnahme- oder sonstige Vertragszusagen zumindest für eine gewisse Zeit lang gesichert.

9.3.6.2 Initiierte Kündigung

Zur Kündigung auffordern

Der Arbeitgeber kann einzelnen Arbeitnehmern nahe legen, sich angesichts der betrieblichen Situation um einen neuen Arbeitsplatz oder andere Alternativen zu bemühen. **Kündigen** die Betroffenen, weil ihre Bemühungen erfolgreich waren, nennt man diese Maßnahme des Personalabbaus eine initiierte Kündigung.

Spätestens vor dem Arbeitsgericht wird geklärt, ob sich der Sachverhalt wirklich so entwickelt hat oder ob der Arbeitgeber unzulässigen Druck ausgeübt hat. Durch Letzteres entsteht ein Wiedereinstellungs- und ein Schadensersatzanspruch der oder des Betroffenen.

9.3.6.3 Aufhebungs- und Abwicklungsvertrag zwecks Personalabbau

Auch die bereits im Rahmen der Trennung erwähnten Aufhebungs- und Abwicklungsverträge bieten sich als Mittel zum Personalabbau an.

Abfindung

Hier werden sie zumeist mit einer **Abfindung** versehen, da die Betroffenen ansonsten wohl kaum bereit sind, auf ihre Arbeitsplätze zu verzichten.

9.3.6.4 Betriebsbedingte Entlassung

Entlassung mit Sozialauswahl

Die einschneidendste Maßnahme des Personalabbaus ist die ordentliche betriebsbedingte Entlassung, die also weder auf verhaltens- noch auf personenbedingten Gründen beruht *(Thum 2002, S. 27 ff.)*.

Der Gesetzgeber erklärt derartige Entlassungen in § 1 des Kündigungsschutzgesetzes grundsätzlich für zulässig, wenn dringende **betriebliche Erfordernisse** einer Weiterbeschäftigung des Arbeitnehmers entgegenstehen. Diese Erfordernisse können in äußeren Umständen liegen, die nicht nur von vorübergehender Natur sind, zum Beispiel

- Rohstoffmangel oder
- Absatzschwierigkeiten und Auftragsmangel.

Die Erfordernisse können aber auch auf Maßnahmen des Arbeitgebers beruhen, die zur Personalreduzierung führen, etwa

- die Einschränkung, Umstellung oder Stilllegung eines Betriebes,
- eine Einstellung oder Umstellung der Produktion,
- eine Änderung der Arbeits- oder Produktionsmethoden oder
- Rationalisierungsmaßnahmen durch die Einführung neuer Maschinen.

Der Arbeitgeber muss die betrieblichen Erfordernisse spätestens vor dem Arbeitsgericht genauestens belegen.

Nach dem Grundsatz der Verhältnismäßigkeit lässt die Rechtsprechung solche betrieblichen Erfordernisse aber nur als **dringend** gelten, wenn es unmöglich ist, die Situation durch andere Maßnahmen als die Entlassung zu bereinigen. Deshalb muss der Arbeitgeber nachweisen, dass keine Weiterbeschäftigung möglich ist, weder nach einer Umschulung noch zu anderen Bedingungen, weder auf einem anderen, gleichwertigen Arbeitsplatz im gleichen Betrieb noch in einer anderen Betriebsabteilung. Allerdings besteht keine Verpflichtung, Arbeitnehmer auf höherwertigen freien Arbeitsplätzen zu besseren Konditionen weiterzubeschäftigen *(Tschöpe 2000, S. 2630 ff.)*.

Allein das Vorliegen dringender betrieblicher Erfordernisse rechtfertigt aber noch nicht die betriebsbedingte Entlassung. § 1 Absatz 3 des Kündigungsschutzgesetzes fordert dem Arbeitgeber darüber hinaus eine **Sozialauswahl** ab. Er muss nachweisen, dass er bei der Auswahl der Personen, die er entlässt, soziale Gesichtspunkte ausreichend berücksichtigt hat. In Betrieben mit mehr als 500 Arbeitnehmern kann der Betriebsrat laut § 95 des Betriebsverfassungsgesetzes die Aufstellung von Auswahlrichtlinien verlangen. Einigen sich Arbeitgeber und Betriebsrat

Abfindung

Bei betriebsbedingten Entlassungen im Geltungsbereich des Kündigungsschutzgesetzes gibt § 1a der besagten Vorschrift dem Arbeitnehmer einen Abfindungsanspruch, wenn er innerhalb der dreiwöchigen Klagefrist keine Kündigungsschutzklage erhoben hat. Der Arbeitgeber muss ihn in seiner Entlassungserklärung davon in Kenntnis setzen, dass er genau dann eine Abfindung beanspruchen kann, die ein halbes monatliches

Bruttoarbeitsentgelt pro Jahr der Betriebszugehörigkeit ausmacht. Sie ist sozialversicherungsfrei und unterliegt der eingeschränkten Steuerpflicht, auf die im Rahmen des Aufhebungsvertrages hingewiesen wurde. Eine Sperrfrist für das Arbeitslosengeld wird wohl nur dann verhängt, wenn eine Klage Erfolg versprochen hätte (Däubler 2004, S. 177 ff.).

nicht über diese Kriterien, entscheidet die Einigungsstelle. So oder so, üblich ist eine **Auswahl in drei Stufen**, die in größeren Unternehmen in angemessener Zeit vielfach nur mithilfe schematischer Punktetabellen erfolgen kann.

- ▸ **Bestimmung des relevanten Personenkreises**: In die soziale Auswahl ist die gesamte Belegschaft, nicht nur die einer Abteilung, einzubeziehen. Arbeitnehmer, die aus den verschiedensten Gründen besonderen Kündigungsschutz genießen, bleiben zunächst ebenso außen vor wie Arbeitnehmer mit befristeten Arbeitsverhältnissen, die ohnehin auslaufen. Von den übrigen Arbeitnehmern sind die relevant, die mit jenen vergleichbar sind, deren Stellen gestrichen werden sollen. Unter ihnen nimmt man sowohl einen horizontalen Vergleich innerhalb derselben hierarchischen Ebene vor als auch einen vertikalen Vergleich quer durch alle Hierarchieebenen nach Tätigkeiten, Qualifikationen und Kompetenzen.

- ▸ **Feststellung der Sozialdaten und deren Gewichtigkeit**: Bei den vergleichbaren Arbeitnehmern sind nach § 1 Absatz 3 des Kündigungsschutzgesetzes zumindest die Dauer der Betriebszugehörigkeit, die Unterhaltspflichten, das Lebensalter und eine etwaige Schwerbehinderung zu berücksichtigen.

- ▸ **Entscheidung, welche Arbeitnehmer für den Betrieb notwendig sind**: Vom strengen Erfordernis der sozialen Auswahl kann nach der besagten Vorschrift nur dann abgewichen werden, wenn die Weiterbeschäftigung bestimmter Arbeitnehmer wegen ihrer Kenntnisse, Fertigkeiten und Leistungen oder zur Sicherung einer ausgewogenen Personalstruktur im berechtigten betrieblichen Interesse liegt *(Däubler 2004, S. 181 f.)*.

Selbstverständlich hat der Betriebs- oder Personalrat auch bei betriebsbedingten Entlassungen die bekannten Mitbestimmungsrechte. Freilich liegt es in der Natur der Sache, dass Abmahnungen bei diesen Entlassungen entbehrlich sind.

Sozialauswahl in drei Stufen

9.3.6.5 Massenentlassung

Massenentlassungen sind in aller Regel Bündelungen von ordentlichen betriebsbedingten Entlassungen in der Form von Beendigungskündigungen *(Schaub/Schindele 2005, S. 52 ff., Welslau 2000 a, S. 58 ff.)*.

Prinzipiell ist für die Tatsache, ob es sich um eine Massenentlassung handelt, nur die Zahl der innerhalb von 30 Kalendertagen **beendigten Arbeitsverhältnisse** entscheidend. So können auch alle ordentlichen personen- oder verhaltensbedingten Entlassungen als Beendigungskündigungen, ja sogar alle ordentlichen Änderungskündigungen dazu führen, dass eine Massenentlassung vorliegt. Der Gesetzgeber fasst den Rahmen noch weiter. Gemäß § 17 des Kündigungsschutzgesetzes, der einschlägigen Vorschrift, stehen den Entlassungen andere Formen der Beendigung des Arbeitsverhältnisses gleich, die vom Arbeitgeber veranlasst sind. Hierher gehört vor allem das Ausscheiden aufgrund eines Aufhebungsvertrages und die vom Arbeitgeber veranlasste Eigenkündigung der Arbeitnehmer. Lediglich **außerordentliche Entlassungen** werden nicht erfasst.

Von einer Massenentlassung spricht man, wenn die in *Abb. 9.12* aufgeführten **Bedingungen** erfüllt sind.

Zu den regelmäßig Beschäftigten zählen neben den Arbeitnehmern auch Auszubildende und Volontäre, nicht dagegen Heimarbeiter, gesetzliche Vertreter von Gesellschaften und lei-

Abb. 9.12

Massenentlassung

Anzahl der regelmäßig Beschäftigten	Anzahl der beendigten Arbeitsverhältnisse innerhalb von 30 Kalendertagen
21–59	mehr als 5
60–499	10 % oder aber mehr als 25
über 499	mindestens 30

Quelle: eigene Darstellung

tende Angestellte, die zu selbstständiger Einstellung und Entlassung berechtigt sind.

Pflichten des Arbeitgebers bei einer Massenentlassung

Beabsichtigt der Arbeitgeber, Massenentlassungen vorzunehmen, muss er Folgendes beachten:

▸ Man beginnt mit einer Prüfung der genannten Voraussetzungen.
▸ Unverzichtbar ist die Information der Führungskräfte und des Wirtschaftsausschusses.
▸ § 92 des Betriebsverfassungsgesetzes fordert, dass der Arbeitgeber den Betriebsrat über alle Aspekte der Personalplanung und die sich daraus ergebenden Maßnahmen, etwa eine Massenentlassung, umfassend unterrichtet.
▸ Gemäß § 17 des Kündigungsschutzgesetzes ist der Arbeitgeber im Vorfeld von Massenentlassungen gehalten, dem Betriebsrat alle zweckdienlichen Informationen zu geben, das heißt die Gründe für die geplanten Maßnahmen, die Zahl und Berufsgruppen sowohl der betroffenen als auch der regelmäßig beschäftigten Arbeitnehmer, den geplanten Zeitraum der Beendigung von Arbeitsverhältnissen, die Auswahlkriterien und die Kriterien für die Berechnung etwaiger Abfindungen. Vorgeschrieben sind Beratungen über die Möglichkeiten, die Vertragsbeendigungen zu vermeiden oder einzuschränken und ihre Folgen zu mildern. Der Betriebsrat soll eine Stellungnahme abgeben. Mit der Verweigerung einer solchen Stellungnahme kann der Betriebsrat das Verfahren allerdings nicht verzögern. In diesem Fall reicht der Nachweis, dass der Betriebsrat fristgerecht unterrichtet wurde, und eine Information über den Stand der Beratungen.
▸ Die nachfolgende Anzeige an die Agentur für Arbeit soll gemäß § 17 des Kündigungsschutzgesetzes zwei Wochen nach der Mitteilung an den Betriebsrat erfolgen und muss außer den bereits dem Betriebsrat mitzuteilenden Fakten und seiner Stellungnahme den Namen des Arbeitgebers, seinen Sitz und die Art des Betriebes sowie, bei Einverständnis des Betriebsrates, persönliche Daten der Betroffenen enthalten. Eine Abschrift der Anzeige ist dem Betriebsrat zuzuleiten. Der Betriebsrat kann gegenüber der Agentur eine ergänzende Stellungnahme abgeben.

▸ Arbeitgeber und Betriebsrat werden nun nach § 20 des Kündigungsschutzgesetzes von der Geschäftsführung der Agentur für Arbeit, soweit bis zu 50 Beschäftigte betroffen sind, ansonsten vom Massenentlassungsausschuss der Agentur angehört. Die Geschäftsführung bzw. der Ausschuss wägt die Interessen der Beteiligten und der Öffentlichkeit ab.
▸ Die Maßnahmen der Massenentlassung können prinzipiell erst nach der Zustimmung der Agentur für Arbeit eingeleitet werden, gemäß § 18 des Kündigungsschutzgesetzes jedoch auch schon vor Ablauf eines Monats nach Eingang der Anzeige bei der Agentur für Arbeit, Letzteres aber nur, wenn die Agentur dem ausdrücklich zustimmt. Die Agentur kann hingegen bestimmen, dass dies nicht vor Ablauf von längstens zwei Monaten nach Eingang der Anzeige möglich ist. Wenn die Maßnahmen früher eingeleitet werden sollen, muss ein erneuter Antrag gestellt werden, was ebenfalls notwendig wird, wenn die Arbeitsverhältnisse der Betroffenen nicht innerhalb von 90 Tagen enden, nachdem sie nach den geschilderten Regeln zulässig sind, etwa weil die Kündigungsfristen der Betroffenen länger sind.
▸ Soweit der Arbeitgeber nicht in der Lage ist, die Betroffenen in den genannten Sperrzeiten zu beschäftigen, kann die Bundesagentur für Arbeit gemäß § 19 des Kündigungsschutzgesetzes für die Zwischenzeit Kurzarbeit genehmigen.

9.3.6.6 Betriebsänderung

Die §§ 111 ff. des Betriebsverfassungsgesetzes beinhalten Regelungen für sogenannte Betriebsänderungen, den Interessenausgleich, den Nachteilsausgleich und den Sozialplan (*Bachner/Köstler/Matthießen/Trittin 2008, S. 204 ff., Gillen 2005, S. 1385 ff.*).

In Betrieben mit in der Regel mehr als 20 wahlberechtigten Arbeitnehmerinnen und Arbeitnehmern muss der Arbeitgeber den Betriebsrat über geplante Betriebsänderungen, die wesentliche Nachteile für die Belegschaft zur Folge haben können, rechtzeitig und umfassend unterrichten. Unter Betriebsänderungen versteht der Gesetzgeber vor allem die Einschränkung oder Stilllegung des ganzen Betriebes oder von wesentlichen Betriebsteilen. Eine derartige Betriebsänderung ist aber nach der Rechtsprechung auch ein Personalabbau unter Beibehaltung der sächlichen Betriebsmittel, wenn es sich, hinsichtlich der Zahl der Betroffenen, um eine Massenentlassung handelt und mindestens fünf Prozent der Belegschaft betroffen sind. Anders als bei Massenentlassungen zählen jene Arbeitnehmer nicht mit, die aus personen- oder verhaltensbedingten Gründen entlassen werden oder deren Arbeitsverhältnis infolge Fristablaufs endet. Anders als bei Massenentlassungen ist es dabei unerheblich, ob die Entlassungen innerhalb eines Zeitraums von vier Wochen durchgeführt werden.

Arbeitgeber und Betriebsrat sind, auch im Falle einer Insolvenz, gehalten, sich über die geplante Betriebsänderung zu beraten. Das Ziel ist ein **Interessenausgleich** über das Ob, Wie und Wann der vorgesehenen Maßnahmen. Kommt keine Einigung zustande, kann sowohl der Arbeitgeber als auch der Betriebsrat den Vorstand der Bundesagentur für Arbeit und notfalls eine Einigungsstelle zur Vermittlung einschalten. Weder der Vorstand der Bundesagentur für Arbeit noch die Einigungsstelle ist aber befugt, einen verbindlichen Spruch über den Interessenausgleich zu fällen. Scheitert der Interessenausgleich, ist der Arbeitgeber gleichwohl berechtigt, die geplanten Maßnahmen zu realisieren.

Führt allerdings ein Arbeitgeber eine Betriebsänderung durch, ohne einen Interessenausgleich mit dem Betriebsrat zu versuchen, oder weicht er ohne zwingenden Grund von einem vereinbarten Interessenausgleich ab, so ist er gesetzlich zum **Nachteilsausgleich** gezwungen. Er muss die wirtschaftlichen Nachteile der von der Betriebsänderung Betroffenen ausgleichen, insbesondere muss er bei Entlassungen Abfindungen zahlen.

Unabhängig vom Zustandekommen eines Interessenausgleiches, hat der Betriebsrat bei Betriebsänderungen grundsätzlich ein erzwingbares Mitbestimmungsrecht zur Aufstellung eines Sozialplanes. Besteht die geplante Betriebsänderung ausschließlich in einem Personalabbau, ist ein Sozialplan nicht schon bei Massenentlassungen aufzustellen. Sozialplanpflichtig wird der Personalabbau nur

▸ bei ordentlichen betriebsbedingten Entlassungen,
▸ bei vom Arbeitgeber initiierten Eigenkündigungen von Arbeitnehmern sowie
▸ ebenfalls vom Arbeitgeber initiierten Aufhebungsverträgen und
▸ nur unter den Bedingungen aus *Abb. 9.13*.

Neugegründete Unternehmen müssen in den ersten vier Jahren nach ihrer Gründung bei allen Betriebsänderungen keinen Sozialplan aufstellen.

Der **Sozialplan** hat die sozialen Belange der Betroffenen und die für das Unternehmen wirtschaftlich vertretbaren Belastungen zu berücksichtigen. Er enthält Regelungen über den Ausgleich oder die Milderung der wirtschaftlichen Nachteile, etwa

▸ Freistellung zur Suche eines neuen Arbeitsplatzes,
▸ Übernahme von Kosten der Arbeitsplatzsuche,
▸ Umschulungsmaßnahmen,
▸ Verlängerung von Mietverträgen für werkseigene Wohnungen,
▸ Weitergewährung von betrieblichen Darlehen,
▸ Erhaltung von Anwartschaften auf eine betriebliche Altersversorgung,
▸ Verlängerung der Kündigungsfrist,

Interessenausgleich

Nachteilsausgleich

Sozialplan

Abb. 9.13

Sozialplanpflichtiger Personalabbau

Anzahl der regelmäßig Beschäftigten	Anzahl der Entlassungen u. Ä.
21–59	20 %, aber mindestens 6
60–249	20 % oder mindestens 37
250–499	15 % oder mindestens 60
über 499	10 %, aber mindestens 60

Quelle: eigene Darstellung

Unter der Lupe

Sozialplan bei Insolvenz

Nach §§ 121 ff. der Insolvenzordnung kann ein Sozialplan, der nach Eröffnung des Insolvenzverfahrens aufgestellt wird, für Ausgleichszahlungen höchstens einen Gesamtbetrag von bis zu 2,5 Bruttomonatsverdiensten der von einer Entlassung Betroffenen und höchstens ein Drittel der Insolvenzmasse vorsehen, wenn diese Ausgleichszahlungen bevorrechtigte Insolvenzforderungen sein sollen.

‣ Wiedereinstellungszusage für eine bestimmte Zeitspanne,
‣ Gewährung oder Abgeltung von Urlaubsansprüchen,
‣ Zahlung von Übergangsgeldern,
‣ Zahlung der Umzugskosten,
‣ Zahlung einer einmaligen Abfindung,
‣ vorzeitige Pensionierung älterer Mitarbeiter.

Wenn der Sozialplan vor allem ein Regelungspaket beinhaltet, dass weiter oben als berufliche Neuorientierung vorgestellt wurde, spricht man vom **Transfer-Sozialplan** *(Blatt/Kriegesmann/Kottmann 2002, S. 62 ff.)*.

Kommt eine Einigung über einen Sozialplan nicht zustande, so entscheidet auf Antrag des Arbeitgebers oder des Betriebsrates die Einigungsstelle nach billigem Ermessen.

9.3.6.7 Vorruhestand

Letzten Endes kann man ältere Arbeitnehmerinnen und Arbeitnehmer auffordern, ihre Arbeitsverhältnisse vor Erreichen der Altersgrenze aufzugeben (Kapitel Personaleinsatz).

Altersteilzeitregelungen sehen in den Jahren vor Rentenbeginn zwei Alternativen vor: Die Betroffenen reduzieren ihre Arbeitszeit auf die Hälfte oder sie arbeiten vorerst weiter in Vollzeit, um ihre Arbeitszeit dann später – als rechtlich vollwertiger Arbeitnehmer – auf Null zu senken.

Voraussetzung für den **vorgezogenen Rentenbezug** ist nach §§ 35 ff. und 235 ff. des Sechsten Buchs des Sozialgesetzbuches, dass die Betreffenden das 63. Lebensjahr vollendet haben und eine Wartezeit von 35 Jahren nachweisen können. Für schwerbehinderte Menschen und Bergleute gelten Sonderregelungen.

Für alle anderen denkbaren rechtlichen Ausgestaltungen, etwa über Aufhebungsverträge mit Arbeitnehmern, die das 55. Lebensjahr vollendet haben, oder deren Entlassung, ist Vorsicht geboten. Der Arbeitgeber muss dabei bedenken, ob er die Bedingungen erfüllt, unter denen die im Rahmen der Aufhebungsverträge erwähnte **Erstattungspflicht** des Arbeitslosengeldes und der Sozialversicherungsbeiträge ganz oder teilweise entfällt. Ansonsten wird er nach § 147 a des Dritten Buchs des Sozialgesetzbuches in Regress genommen.

Und letztlich müssen die Betroffenen oft durch das Angebot eines teilweisen **Ausgleichs der Einkommensnachteile**, die z. B. durch ein reduziertes Nettoentgelt, eine reduzierte vorgezogene Rente oder das Arbeitslosengeld entstehen, vom Vorruhestand überzeugt werden.

Frühzeitige Rente

Aufgaben Kapitel 9

1. Endet ein Arbeitsverhältnis mit dem Tod des Arbeitgebers? Endet es mit dem Tod des Arbeitnehmers? Bitte begründen Sie Ihre Antwort.

2. Unter welchen Bedingungen ist es für einen Arbeitnehmer möglich und sinnvoll, sein Arbeitsverhältnis fristlos zu kündigen?

3. Welchen Sinn hat es, mit einem Arbeitnehmer, der gekündigt hat, ein sogenanntes Abgangsinterview zu führen?

4. Ihr Vorgesetzter möchte sich trotz Ihrer dauernden, immer wieder abgemahnten Verspätungen »im Guten« von Ihnen trennen. Er legt Ihnen eine schriftliche Entlassung vor, in der steht, dass Ihr Arbeitsverhältnis gemäß der im Arbeitsvertrag vereinbarten Kündigungsfrist zum nächsten Monatsende gekündigt ist. Mündlich möchte er sich mit Ihnen darauf einigen, dass Sie auf eine Klage gegen die Kündigung verzichten. Da Sie verärgert sind und den Mann nie mehr sehen wollen, stimmen Sie zu. Am nächsten Morgen kommen Ihnen Bedenken. Können Sie trotz der Vereinbarung eine Kündigungsschutzklage erheben?

5. Als Personalleiter/in möchten Sie einem Mitarbeiter eine verhaltensbedingte, fristgemäße Entlassung wegen dauernder Minder-, Schlecht- und Fehlleistung auf unterschiedlichen Arbeitsplätzen aussprechen, die Sie zuvor mehrfach abgemahnt hatten. Sie informieren den Betriebsrat umgehend und schriftlich nach dem letzten dokumentierten Vorfall. Der Betriebsrat antwortet ebenfalls umgehend und schriftlich, der Mitarbeiter sei »ein eigentlich ganz freundlicher Mensch, der kaum eine Chance auf einen Job bei einer anderen Firma hat« und legt mit dieser Begründung Widerspruch gegen die geplante Entlassung ein. Welche Konsequenzen hat dieser Widerspruch?

6. Sie haben einem furchtbaren Streit mit Ihrem Vorgesetzten sagen ihm letztlich: »Mit mir nicht, ich kündige!« Nachdem Sie eine Nacht darüber geschlafen haben, tut Ihnen Ihre Äußerung leid. Haben Sie Ihr Arbeitsverhältnis wirksam gekündigt?

7. Die Deutsche Post AG kennt zwei Formen des Einschreibens:

▶ Übergabe-Einschreiben: Der Postbote übergibt dem Empfänger die für ihn bestimmte Sendung gegen Unterschriftsleistung, soweit der Empfänger anwesend ist und die Sendung annimmt. Ansonsten bekommt der Empfänger eine Benachrichtigung in den Briefkasten und kann die Sendung innerhalb einer Frist beim Postamt abholen.

▶ Einwurf-Einschreiben: Der Postbote wirft die Sendung entweder in den Briefkasten oder das Postfach des Empfängers ein. Den Einwurf bestätigt der Postbote auf dem Auslieferungsbeleg.

Bitte argumentieren Sie, ob man den Zugang einer Entlassung mit einem Einwurf-Einschreiben oder einem Übergabe-Einschreiben sicherstellen kann.

8. Der Bekleidungshersteller »Nino Lira« hat Absatzprobleme. Die Geschäftsführung denkt über einen Personalabbau nach, möchte aber den Personalstamm halten. Der Berater Rudi Ratlos empfiehlt das Vorziehen von Reparatur-, Wartungs- und Erneuerungsarbeiten sowie die Erweiterung der Lagerhaltung. Bitte erläutern Sie, ob das ein guter Rat ist.

9. Für das Autohaus »Pipapo« sind 55 Beschäftigte tätig. Der Verkauf läuft schleppend, und die Werkstatt ist nicht ausgelastet. Der Geschäftsführer legt allen Beschäftigten nahe, sich nach Möglichkeit nach einer anderen Stelle umzusehen. Zwei Beschäftigten gelingt das und sie kündigen zum Monatsende. Ebenfalls zum Monatsende entlässt der Geschäftführer zwei Verkäufer und zwei Hilfskräfte aus betrieblichen Gründen. Was hat er falsch gemacht?

10. Die vor drei Jahren gegründete XYZ-Bank steht plötzlich und unerwartet vor dem Aus. Der Betriebsrat der Bank wurde am Freitag per E-Mail informiert, also umgehend nachdem die Situation bekannt wurde. Am Montag danach erhalten 90 der 100 Arbeitnehmer eine Entlassung. Die Betriebsratsvorsitzende bittet Sie um Rat, welche Ansprüche nun durchsetzbar sind.

Lösungen zu den Aufgaben finden Sie im Anschluss an das letzte Kapitel.

10 Personalcontrolling

Leitfragen

▸ **Wozu benötigt man in der Personalwirtschaft Statistiken und Auswertungen?**
Welches Instrumentarium steht dafür zur Verfügung?
Wer sollte für das Personalcontrolling zuständig sein?

▸ **Welche personalwirtschaftlichen Daten werden erhoben?**
Welche Vorgänge und Risiken sind von Interesse?
Inwiefern ist die Zusammensetzung der Belegschaft aufschlussreich?
Werden die personalwirtschaftlichen Ressourcen wirtschaftlich eingesetzt?

▸ **Wie wertet man die personalwirtschaftlichen Daten aus?**
Welche Informationen gewinnt man aus der zeitlichen Entwicklung der Daten?
Stehen Soll und Ist in einem angemessenen Verhältnis?
Welche Einsichten vermittelt ein inner- oder überbetrieblicher Datenabgleich?

▸ **Welche personalwirtschaftlichen Informationen benötigen die Manager?**

10.1 Planung, Kontrolle und Steuerung

10.1.1 Controlling

Das englische Verb to control erlaubt verschiedene Übersetzungsmöglichkeiten in die deutsche Sprache: kontrollieren, steuern, lenken und beherrschen. Wegen der Verwandtschaft des Wortes Controlling zum deutschen Wort Kontrolle ist man jedoch zunächst geneigt, mit Controlling lediglich die eher vergangenheitsorientierten statistischen Tätigkeiten des Prüfens und Überwachens zu assoziieren, vielleicht sogar die Anklage und Bestrafung von Schuldigen. Die dynamischen Begriffsinhalte Steuern und Lenken werden dann übersehen (*Weber 2004 b, S. 619 ff., Wunderer/Jaritz 2007, S. 9*).

Richtig verstanden ist Controlling der zukunftsorientierte Regelkreis aus Zielsetzung, Planung und Statistik, Datenauswertung, Information und Steuerung.

10.1.2 Personalwirtschaftliche Anwendung und Prinzipien

Ohne Zielsetzung, Planung und Statistik, Datenauswertung, Information und Steuerung kommt man auch in der Personalwirtschaft nicht aus. Es geht dabei aber keineswegs darum, jemanden auf frischer Tat zu ertappen und seine Fehler anzuprangern. Man will vielmehr Lernhilfen und Entlastung schaffen.

Unter Personalcontrolling wird die Anwendung der Controlling-Idee auf alle personalwirtschaftlichen Strukturen und Prozesse verstanden (*Bröckermann 2002 c, S. 48, Drumm 2005, S. 738 ff., Wunderer/Jaritz 2007, S. 12 ff.*).

Das Personalcontrolling beschränkt sich also nicht auf die Planung und die Erhebung vergangenheitsbezogener Daten. Viel wichtiger ist die vorwärts orientierte Betrachtung durch das Aufzeigen von Trends und die Ursachenermittlung. Durch den Vergleich von Ist-Zuständen, Plandaten und Soll-Vorstellungen gewinnt man Informationen. Diese wiederum ermöglichen die Steuerung personalwirtschaftlicher Strukturen und Prozesse mit dem Ziel der Sicherung oder gar Verbesserung der Wirtschaftlichkeit *(Oechsler 2006, S. 178 ff.)*.

Mithin ist das Personalcontrolling der Sachverwalter der personalpolitischen Ziele. Wie im Kapitel Grundlagen erläutert, werden die personalpolitischen Ziele für die praktische Umsetzung in **personalpolitische Prinzipien** übersetzt, also

▶ das ökonomische und
▶ das soziale Prinzip,
▶ das Rechtsstaatsprinzip,
▶ das Organisationsprinzip und
▶ das Arbeitsmarktprinzip,

Umsetzung personalpolitischer Ziele

die in jedem Unternehmen ihre eigene Ausprägung haben.

Eine erste Konkretisierung erfahren die personalpolitischen Ziele durch die spezifischen Prinzipien der einzelnen Aufgabenfelder der Personalwirtschaft, für die jeweils **Rahmenbedingungen** zu beachten sind. Eine weitere Konkretisierung findet für die Datenerhebung statt (siehe im Folgenden).

Aus der Praxis

»Mit einer Befragung unter ihren Mitgliedsunternehmen ist die DGFP der Frage nachgegangen, wie das Personalcontrolling in der betrieblichen Praxis aktuell gestaltet wird, welche Trends sich abzeichnen und wie sich die Entwicklungsstufen des Personalcontrollings charakterisieren lassen. An der Untersuchung haben 135 Unternehmen teilgenommen.

Lediglich jedes zehnte Unternehmen betrachte sich im Hinblick auf das Personalcontrolling als ›Professional‹, 52 Prozent sehen sich als ›Fortgeschrittene‹ und 38 Prozent als ›Anfänger‹. Ein professionelles Personalcontrolling zeichnet sich in den Augen der befragten Personalmanager dadurch aus, dass es institutionalisiert ist und strategieorientierte Instrumente einsetzt und für die Analysen viele Datenquellen genutzt werden. Zudem muss eine einheitliche EDV-Basis existieren, und Kennzahlen müssen automatisiert ermittelt werden.

Vorrangige Aufgabe des Personalcontrollings ist die Vorbereitung strategischer Entscheidungen – drei Viertel der befragten Personalmanager sehen hier einen Aufgabenschwerpunkt. Zu den Hauptaufgaben gehört außerdem das Transparentmachen der Personalkosten, 63 Prozent der Befragten halten diese Aufgabe für zentral.

Die Personalcontrollingaufgaben lassen sich Personalmanager nicht von Finanzcontrollern aus der Hand nehmen. In 44 Prozent der untersuchten Unternehmen wird das Gros der Aufgaben von institutionellen Personalcontrollers wahrgenommen, in 22 Prozent der Unternehmen von der Personalleitung und in 20 Prozent der Unternehmen von anderen Personalmanagern; Finanzcontroller sind nur in neun Prozent der Unternehmen die Hauptakteure des Personalcontrollings.

Dass das Personalcontrolling eine Domäne der Personalmanager ist, mag mit den Anforderungen zusammenhängen – 81 Prozent der Befragungsteilnehmer erwarten von Personen, die in ihrem Unternehmen Aufgaben des Personalcontrollings wahrnehmen sollen, personalwirtschaftliche Fachkenntnisse. Ferner legen 83 Prozent Wert auf analytisches Denken, und 74 Prozent fordern EDV-Anwendungskenntnisse.

Zweiundachtzig Prozent der befragten Personalmanager berichten, dass das Personalcontrolling in ihrem Unternehmen in den vergangenen drei Jahren an Bedeutung gewonnen hat. Und 87 Prozent gehen davon aus, dass sich dieser Trend in den kommenden drei Jahren fortsetzen wird.«

Geighardt 2007: Geighardt, C., »DGFP-Studie zum Personalcontrolling: Personalcontrolling gewinnt an Bedeutung«, in: Personalführung, Heft 11/2007, S. 86.

10.1.3 Organisation des Personalcontrolling

Hinter der Frage, wer für das Personalcontrolling zuständig ist, stehen die Aufbau- und Ablauforganisation sowie die Delegation (Kapitel Grundlagen und Personalführung).

Hinsichtlich der organisatorischen Einbindung des Personalcontrolling sind mehrere Alternativen denkbar *(DGFP 2001, S. 38 ff., Jansen 2008, S. 24 ff., Zdrowomyslaw 2007, S. 63 ff.)*.

▸ Das Personalcontrolling kann durch externe Fachleute im Wege des Outsourcing erledigt werden. Die spezifischen Kompetenzen des Dienstleisters und die Tatsache, dass er nicht in etwaige Konflikte eingebunden ist, sprechen für diese Lösung. Allerdings verliert das Unternehmen so eine Kernkompetenz. Zudem werden Abstimmungsprozesse an der externen Schnittstelle notwendig. Schließlich ist es aufwändiger, den Datenschutz zu gewährleisten.

▸ Das Personalcontrolling kann als ein Funktionsbereich des Controlling der gleichnamigen Organisationseinheit zugeschlagen werden. Damit wird der Zugriff auf das Controlling-Know-how sichergestellt. Freilich wird die Kommunikation mit dem Personalwesen nicht einfach sein, das sich sicherlich nicht gerne in die Karten schauen lässt.

▸ Möglich ist auch die Schaffung einer Stabsstelle Personalcontrolling, die der Unternehmensleitung zugeordnet ist. Von Vorteil ist dabei die Nähe zu den Entscheidungsträgern. Nachteilig sind die fehlende Entscheidungskompetenz der Stabsstelle und mögliche Probleme bei der Informationsbeschaffung.

▸ In einem Mehrliniensystem kann das Personalcontrolling sowohl dem Controlling als auch dem Personalwesen unterstellt sein. Dadurch wird eine direkte Schnittstelle zwischen Personalwesen und Controlling geschaffen. Andererseits bringt die zweifache Unterstellung Unklarheiten, Unsicherheiten und Konflikte mit sich.

▸ Man kann das Personalcontrolling als eine personalwirtschaftliche Aufgabe verstehen und dem Personalwesen zuordnen. Das wird den Personalverantwortlichen sympathisch sein, da sie damit auch das Personalcontrol-

Probleme bei der Einführung

Bei der Einführung des Personalcontrolling treten häufig einige Probleme auf:

▸ *Manchmal zu Recht kann das Personalwesen eine Bürokratisierung und übermäßige Instrumentalisierung der Personalarbeit befürchten.*

▸ *Man muss mit Widerständen der Belegschaftsvertretung rechnen, der die intensive Datenerhebung und -auswertung suspekt ist, aber auch mit den besagten Widerständen des Personalwesens, soweit es nicht selbst ein Personalcontrolling initiiert.*

▸ *Manche Führungskräfte unterliegen der Versuchung, ihr ökonomisches und soziales Gewissen auf die Institution Personalcontrolling zu verlagern.*

▸ *Das Personalcontrolling birgt die Gefahr einer einseitigen, kurzfristigen ökonomischen Orientierung in sich, insbesondere, wenn es sich ausschließlich an das Erfolgscontrolling anlehnt oder von diesem durchgeführt wird.*

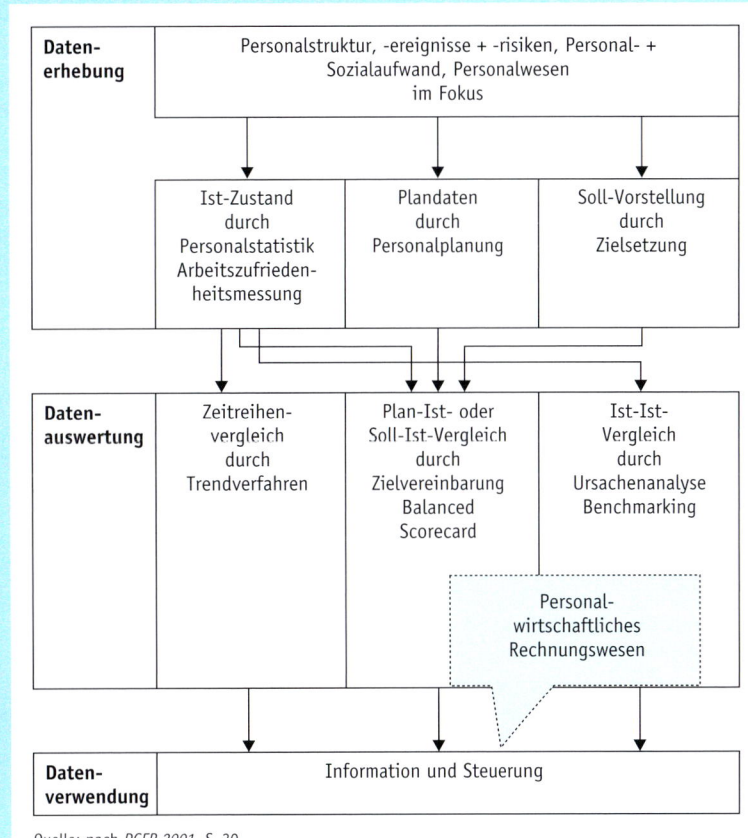

Abb. 10.1

Instrumente des Personalcontrolling

Datenerhebung	Personalstruktur, -ereignisse + -risiken, Personal- + Sozialaufwand, Personalwesen im Fokus		
	Ist-Zustand durch Personalstatistik Arbeitszufriedenheitsmessung	Plandaten durch Personalplanung	Soll-Vorstellung durch Zielsetzung
Datenauswertung	Zeitreihenvergleich durch Trendverfahren	Plan-Ist- oder Soll-Ist-Vergleich durch Zielvereinbarung Balanced Scorecard	Ist-Ist-Vergleich durch Ursachenanalyse Benchmarking
			Personalwirtschaftliches Rechnungswesen
Datenverwendung	Information und Steuerung		

Quelle: nach *DGFP 2001*, S. 30

ling verantworten. Davon abgesehen bleiben die personenbezogenen Daten im dafür speziell gesicherten Personalwesen.

10.1.4 Instrumentarium des Personalcontrolling

Die wirtschaftswissenschaftliche Forschung und Praxis hat eine Vielzahl von Instrumenten ersonnen, die im Personalcontrolling in Summe, aber auch einzeln zum Einsatz kommen können. Zum Teil stammen sie aus anderen wirtschaftswissenschaftlichen Teildisziplinen. Einige Instrumente stammen originär aus dem Controlling. Andere Instrumente wurden aber bereits seit geraumer Zeit in der Personalwirtschaft eingesetzt *(Abb. 10.1, DGFP 2001, S. 29)*.

10.2 Datenerhebung

10.2.1 Fokus des Personalcontrolling

Da mit dem Personalcontrolling die Steuerung personalwirtschaftlicher Strukturen und Prozesse mit dem Ziel der Sicherung oder Verbesserung der Wirtschaftlichkeit bezweckt ist, stehen die in *Abb. 10.2* genannten Themen im Fokus *(Peemöller 2005, S. 429 ff., Ziegenbein 2002, S. 381 ff.)*.

Faktor- und prozessbezogenes Personalcontrolling

Generell unterscheidet man **faktor- und prozessbezogenes Controlling** *(DGFP 2001 a, S. 23)*.
- Beim faktororientierten Personalcontrolling plant, steuert und überwacht man den Produktionsfaktor Personal. Hier geht es beispielsweise um Personalkosten, Beschäftigtenzahlen, Arbeitszeiten, Mengenleistungen, Alters- und Qualifikationsstrukturen, Zu- und Abgänge.
- Das prozessbezogene Personalcontrolling bezieht sich auf die personalwirtschaftlichen Prozesse wie Personalbeschaffung und Personaleinsatz. Hier geht es um die Bedürfnisse und Wünsche der Abnehmer personalwirt-

schaftlicher Leistungen, also der Beschäftigten und Führungskräfte, aber auch Externer.

Für die Praxis des Personalcontrolling ist diese Differenzierung nicht von Bedeutung, weil sich Informationen aus den beiden Ansätzen aufeinander beziehen und kaum voneinander getrennt werden können *(Jansen 2008, S. 75 f.)*.

In der Praxis interessieren neben
- globalen Aussagen für beispielsweise das sogenannte Diversity Controlling (zuweilen HR-Audit genannt), eine statistische Erfassung der unterschiedlichen Beschäftigtengruppen und ihrer Entwicklung im Sinne einer Equal Opportunity Policy, also der Gleichbehandlung und der Verhinderung von Diskriminierungen (Kapitel Grundlagen und Personalbeschaffung, *Ohmann-Sauer 2006, S. 22 f.*),
- Aussagen über einzelne Unternehmensbereiche, Abteilungen, Arbeitsgruppen oder gar Beschäftigte *(Lisges/Schübbe 2005, S. 32 ff.)*.

10.2.1.1 Personalstruktur
Für das Personalcontrolling ist es von großem Interesse, über die Personalstruktur, also die Zusammensetzung der Belegschaft, möglichst viele und unterschiedliche Informationen zu besitzen *(Olfert 2008, S. 482 ff.)*.

Dabei sind diverse Merkmale aus unterschiedlichen, hier beispielhaft genannten Gründen von Bedeutung:
- **Alter:** Bei einer sehr jungen Belegschaft ist mit einer höheren, kostenträchtigen Fluktuation, aber auch mit aktuellen Qualifikationen

Abb. 10.2

Themen des Personalcontrolling

Personalstruktur	Personalereignisse	Personalrisiken
Personalcontrolling		
Personalaufwand	Sozialaufwand	Wirtschaftlichkeit des Personalwesens

Quelle: eigene Darstellung

»Fast die Hälfte der DAX-30-Unternehmen (14) beschäftigt inzwischen einen Diversity-Manager, zwei weitere Unternehmen wollen nachziehen. Laut einer Studie der ›Ungleich Besser Diversity Consulting‹ kommt den Diversity-Managern die Aufgabe zu, ein produktives Arbeitsumfeld zu gestalten, Prozesse im Hinblick auf das AGG zu prüfen und diversity-gerechte Führungsansätze zu vermitteln.«
Ungleich Besser Diversity Consulting 2007: Ungleich Besser Diversity Consulting (Verfasser unbekannt), »Diversity«, in: Personalführung, Heft 11/2007, S. 8.

und Kompetenzen zu rechnen. Eine Überalterung der Belegschaft kann die Personalbeschaffung in Zukunft zum ebenfalls kostenträchtigen Engpass machen, sichert aber den Erfahrungsschatz des Unternehmens. Und § 147a des Dritten Buchs des Sozialgesetzbuches sieht eine Erstattungspflicht des Arbeitslosengeldes sowie der Kranken-, Pflege- und Rentenversicherungsbeiträge bei einer Trennung von Arbeitnehmern vor, die das 55. Lebensjahr vollendet haben. Die Vorschrift kennt aber auch Befreiungstatbestände.

▶ **Geschlecht:** Unternehmen scheuen sich immer wieder, verstärkt Frauen zu beschäftigen, da bei ihnen, je nach Alter, mit Ausfallzeiten infolge von Mutterschaft zu rechnen ist. Andererseits verfügen viele Frauen über rare Qualifikationen und Kompetenzen.

▶ **Familienstand:** Ledige sind mobiler, aber auch eher geneigt, das Unternehmen zu wechseln.

▶ **Staatsangehörigkeit:** Bei ausländischen Beschäftigten, die nicht aus den Staaten der Europäischen Union stammen, muss man auf die Aufenthalts- und Arbeitserlaubnis achten.

▶ **Befristung:** Wenn Personal abgebaut werden muss, ist es ein Leichtes, befristete Verträge auslaufen zu lassen. Andererseits bereitet die Terminkontrolle Probleme.

▶ Zugehörigkeit zu einer **Beschäftigtengruppe:** Die Zugehörigkeit zur Arbeitnehmerschaft als Arbeiter, Angestellte, leitende Angestellte, Auszubildende oder Praktikantin, zu den Organmitgliedern, Selbstständigen, Arbeitnehmer-

ähnlichen, Heimarbeitern oder Leiharbeitnehmern hat Auswirkungen auf die Entgeltform, vor allem aber auf die Höhe der Entgelte und ihre Abhängigkeit von Tarifverhandlungen.

▶ **Qualifikation** und **Potenziale:** Ungelernte und angelernte Beschäftigte haben nicht nur eine geringere Qualifikation als Angehörige diverser Berufskategorien. Sie verfügen regelmäßig auch über geringere Potenziale für Zwecke der Personalentwicklung und schränken damit die Flexibilität des Unternehmens ein.

▶ Position und **Abteilungszuordnung:** Beschäftigte sind beispielsweise als Sachbearbeiter, Gruppenführer oder Abteilungsleiter in unterschiedlichen Abteilungen tätig. Das Wissen um ihren Einsatz kann etwa neue Stellenzuweisungen vereinfachen.

▶ **Führungsspanne:** Berichten recht viele Mitarbeiter an eine Führungskraft, an eine andere jedoch entsprechend weniger, kann das entweder auf die Überlastung der einen oder ungenutzte Potenziale der anderen Führungskraft hindeuten.

▶ **Arbeitszeitmodell:** Zu viele Arbeitszeitmodelle sind ebenso unproduktiv wie zu wenige. Außerdem gibt die Auslastung verschiedener Modelle wie z. B. Gleitzeit, Teilzeit oder Job Sharing, Hinweise auf Möglichkeiten des Personaleinsatzes *(DGFP 2001, S. 57 ff.).*

▶ **Dauer der Betriebszugehörigkeit:** Mit der Dauer der Betriebszugehörigkeit wächst die betriebliche Erfahrung, aber auch die Betriebsblindheit.

10.2.1.2 Personalereignisse

Neben der Personalstruktur sind für das Personalcontrolling die laufenden Ereignisse im Personalbereich, die Personalereignisse, von Interesse *(Olfert 2008, S. 484 f.).*

Zu den bedeutsamen Personalereignissen zählen, wiederum versehen mit einigen beispielhaften Gründen:

▶ **Einstellungen:** Jede Einstellung von Beschäftigten ist mit hohen Kosten, aber auch einem Qualifikationszuwachs verbunden. Zudem kann die Einstellungsursache im wirtschaftlichen Erfolg des Unternehmens liegen oder aber in vermehrten Kündigungen der oder von Stammbeschäftigten *(DGFP 2001, S. 77 ff., Kerkow/Kipker 2000, S. 74 ff.).*

▶ **Personalbewegungen:** Zu- und Abgänge des Personals sind beispielsweise aufgrund von Todesfällen, Pensionierungen, Invalidität, Entlassungen durch den Arbeitgeber und Kündigungen durch Arbeitnehmer zu verzeichnen. Andere Personalbewegungen entstehen im Rahmen des Personaleinsatzes, etwa Versetzungen und der wechselnde Einsatz der Personalreserve. Die Personalbewegungen sind teils erwünscht. Teils sind sie aber unerwünscht und erfordern eine Ursachenforschung, auch um Kosten der Trennung sowie der Beschaffung zu reduzieren *(DGFP 2001, S. 94 ff.)*.

▶ **Arbeitszeiten:** Hier gilt es zum Beispiel, die geleistete Normalarbeitszeit, das Gleitzeitverhalten, Überstunden, die Urlaubszeiten und die Inanspruchnahme des Urlaubs festzustellen *(DGFP 2001, S. 57 ff.)*.

▶ **Ausfallzeiten:** Ausfallzeiten verursachen regelmäßig Kosten und Probleme beim Personaleinsatz. Um sie zu reduzieren, müssen sie nach ihren Ursachen getrennt erhoben werden, zum Beispiel als Ausfallzeiten durch Aus- und Fortbildung, Urlaub, Krankheit, Betriebsunfälle, Betriebsstörungen, Streik und Aussperrung *(DGFP 2001, S. 98 ff.)*.

▶ **Arbeitssicherheit:** Das Controlling der Arbeitssicherheit dient vor allem der Reduzierung der Unfallquoten und -kosten *(DGFP 2001, S. 67 ff. Kapitel Personaleinsatz und -service)*.

▶ **Produktivität:** Das Personalcontrolling dient auch der Ermittlung und Auswertung der Arbeitsproduktivität und Wertschöpfung.

▶ **Arbeitszufriedenheit:** Man kann unterstellen, dass zufriedene Beschäftigte keinen oder weniger Anlass zu einem Stellenwechsel verspüren, dass sie eher motiviert und engagiert zu Werke gehen als unzufriedene. Eine aussichtsreiche Personalbindung, ein wirksamer Personaleinsatz, eine gedeihliche Personalführung und ansprechende Entgelte sind also ohne Arbeitszufriedenheit kaum denkbar. Folglich kann man im Kontext des Personalcontrolling nicht auf eine Messung der Arbeitszufriedenheit verzichten.

▶ **Personalentwicklung:** Im Rahmen des Personalcontrolling werden Wirkungsanalysen von Personalentwicklungssystemen und Lerntransferanalysen erstellt. Gegenstand der Controllingaktivitäten können alle Maßnahmen der Ermittlung von Eignungsprofilen und der Auswahl von Potenzialträgern, der positions- und potenzialorientierten Personalentwicklung sowie der Personalbindung durch die Laufbahnplanung sein. Das schon im Kapitel Personalentwicklung thematisierte Personalentwicklungscontrolling ist eines der bekanntesten und beliebtesten Felder des Personalcontrolling *(DGFP 2001, S. 105)*.

10.2.1.3 Personalrisiken

1998 wurde das Gesetz zur Kontrolle und Transparenz im Unternehmensbereich verabschiedet,

Personelle Prüfbereiche im Rating

Die Wahrscheinlichkeit, mit der ein Finanzinstitut z. B. seinen Kredit von einem Unternehmen zurückerhält, wird ausgedrückt durch die Bonität des Unternehmens, das heißt seine Zahlungsfähigkeit. Je höher die Bonität des Unternehmens ist, desto höher ist die Sicherheit für das Finanzinstitut. Das Verfahren, mit dem die Bonität ermittelt wird, bezeichnet man als Rating. Mittlerweile haben sich personelle Prüfbereiche im Rating herausgebildet:

▶ *Unternehmensumfeld: Beziehungen zu Kooperationspartnern,*
▶ *Unternehmensstruktur: Verteilung der Verantwortungen, Rechte und Vollmachten,*
▶ *Personalstruktur: Altersstruktur und Schlüsselkompetenzen,*

▶ *Schlüsselkräfte: Qualifikationen, Kompetenzen, Kommunikation und Zusammenarbeit des Top-Managements,*
▶ *Führung: Führungsgrundsätze und deren konsequente Anwendung,*
▶ *Teamprozesse: Entscheidungsprozesse in Arbeitsgruppen,*
▶ *Personalmanagement: Nachfolgeplanung, Entgeltmatrix, Personalbeschaffung, -entwicklung und -bindung,*
▶ *arbeitsrechtliche Regelungen: Entgelte,*
▶ *Personalkosten: Personalkostenrechnung, absolute Höhe des Personalaufwands und seine Aufteilung sowie*
▶ *Unternehmenskultur: Unternehmenspolitik, Abgrenzung der Verantwortungen, Arbeitszufriedenheit und Motivation der Beschäftigten (Wucknitz 2005, S. 4, 6, 23 ff.).*

das die »Baseler Eigenkapitalübereinkunft (Basel I)« umsetzt, die 2004 als »Basel II« erweitert wurde. Diese Regelungen erlauben den Finanzinstituten eine Risikobewertung ihrer Unternehmenskunden.

Dadurch sind nicht nur börsennotierte Aktiengesellschaften, sondern Unternehmen aller Rechtsformen zu einem **Personalrisikomanagement** gezwungen *(Kirchner 2002, S. 15 ff., Schmeisser 2000, S. 38 ff.)*. Dabei konzentriert man sich auf

- das **Engpassrisiko**, also fehlende Leistungsträger,
- das **Austrittsrisiko**, gemeint sind gefährdete Leistungsträger,
- das **Anpassungsrisiko**, das heißt falsch oder gar nicht qualifizierte Beschäftigte, und
- das **Motivationsrisiko**, also die von Beschäftigten zurückgehaltene Leistung *(Kobi 2000, S. 31 ff., Kobi 2002 a, S. 35 ff.)*.

Sich mit Personalrisiken zu befassen heißt mithin, die Bonität dadurch zu steigern, dass man die Fragen beantwortet, welche Beschäftigten man in Zukunft braucht, wie man sie gewinnt, im Unternehmen hält und entwickelt und wie man dafür sorgt, dass sie motiviert ihrer Arbeit nachgehen können.

Das Personalrisikomanagement folgt der generellen Richtschnur des Personalcontrolling. Auf die Risikoidentifikation folgt die -messung, eine problematische Aufgabe bei qualitativen Risiken, und schließlich die Risikoüberwachung und -steuerung, etwa mithilfe der Balanced Scorecard *(Kobi 2002 b, S. 42 ff., Kropp 2004, S. 132 f.)*.

10.2.1.4 Personalaufwand

Wirtschaftlichkeitsbetrachtungen haben ihren Ansatzpunkt insbesondere im Personalaufwand *(Hentze/Graf 2005, S. 414 ff.)*.

Sowohl der Aufwand wie die Kosten werden in Geld ausgedrückt. Aufwand und Kosten beziehen sich jeweils auf einen Zeitabschnitt, eine sogenannte Periode, z. B. ein Jahr. Als Aufwand wird der gesamte Werteverbrauch bezeichnet, soweit er zu einer Verringerung des Reinvermögens führt. Unter Reinvermögen versteht man das Vermögen nach Abzug der Schulden. Kosten nennt man den auf das Sachziel des Unternehmens bezogenen Werteverbrauch im Rahmen der ordentlichen Geschäftstätigkeit. Aufwand und Kosten sind demnach nicht unbedingt deckungsgleich:

- Es gibt einen neutralen Aufwand, der nichts mit dem Sachziel des Unternehmens zu tun hat. Das gilt z. B. für Spenden.
- Es gibt aber auch Kosten, z. B. kalkulatorische, die kein Aufwand sind. Das ist der Fall, wenn die Kosten zwar einen Werteverbrauch darstellen, aber nicht zu einer Verringerung des Reinvermögens führen. Ein Beispiel ist die kalkulatorische Miete für eigene Räume.

In der Personalwirtschaft hat diese feine Unterscheidung kaum Folgen. Streng genommen ist der kalkulatorische Unternehmerlohn ausschließlich ein Kostenbestandteil. Ansonsten gibt es nur wenige kalkulatorische Personalkosten bzw. neutrale Personalaufwendungen, so dass der **Personalaufwand** häufig den **Personalkosten** entspricht. Deshalb bezeichnet man diesen Aspekt des Personalcontrolling auch als Personalkostenplanung.

Aussagekräftiger als die generelle Höhe des Personalaufwandes ist eine detaillierte **Aufgliederung**:

- nach den Entgeltformen, also Zeitlöhnen, Akkordlöhnen, Gehältern, Ausbildungsvergütungen, Honoraren und sonstigen Entgelten mit leistungsbezogenen Komponenten,
- nach den sogenannten Grundvergütungen und zusätzlichen Vergütungen, also Zuschlägen, Sonderzahlungen, Gratifikationen, Prämien, Pensumentgelten, Provisionen, Leistungszulagen und Erfolgsbeteiligungen,
- nach freiwilligen und per Gesetz, Tarifvertrag, Betriebs- oder Dienstvereinbarung und betrieblicher Übung bindenden Entgelten,
- nach zeitlichen Kriterien, also Stunden, Schichten, Tagen, Wochen, Dekaden, Monaten, Quartalen und Jahren,
- nach dem Verwendungszweck bzw. Kostenarten, etwa in Personalanwerbe-, Personalbeschaffungs-, Personaleinsatz-, Personalbeurteilungs-, Personalservice-, Personalentwicklungs-, Personalfreisetzungsaufwendun-

Personalrisikomanagement

Aufgliederung des Personalaufwands

gen oder -kosten und Aufwendungen oder Kosten für das betriebliche Vorschlagswesen,

‣ in Einzelkostenentgelte, die einem Produkt direkt zurechenbar sind, und Gemeinkostenentgelte, die einem Produkt nur über eine Schlüsselung zurechenbar sind, da sie im Zuge der Fertigung verschiedenartiger Produkte gemeinsam anfallen,

‣ in Entgelte für geleistete Arbeit, die sogenannten direkten Personalkosten, und Personalzusatzaufwendungen oder indirekte Personalkosten,

‣ bei den Letzteren nochmals genauer, z. B. in Urlaubsentgelte und Entgeltfortzahlung, Arbeitgeberbeiträge zur Sozialversicherung und die Unfallversicherung,

‣ in Entgelte für die Normalarbeitszeit und Überstundenentgelte,

‣ nach Belegschaftsgruppen, etwa Arbeitern, Angestellten und leitenden Angestellten,

‣ nach Lohn- und Gehaltsgruppen,

‣ nach organisatorischen Einheiten bzw. Kostenstellen, also Werken, Betrieben oder Abteilungen und

‣ nach Regionen.

Gerade die letztgenannten Daten ermöglichen eine Wirkungsanalyse von Entgeltsystemen. Zudem kann man die Arbeitsproduktivität und Wertschöpfung zunächst ermitteln und auswerten und schließlich in Beziehung zum Personalaufwand setzten *(DGFP 2001, S. 53 ff., Kapitel Entgelt)*.

Während die Daten zur Personalstruktur und den Personalereignissen in der Regel vom Personalwesen ermittelt werden, wird in Sachen Personalaufwand häufig das Rechnungswesen tätig.

10.2.1.5 Sozialaufwand

Auch der Sozialaufwand wird häufig statt vom Personal- vom Rechnungswesen ermittelt. Daten zum Sozialaufwand

‣ sind einerseits für externe Empfänger bestimmt, nach dem Motto: Tu Gutes und sprich darüber!

‣ Andererseits dienen sie betriebsinternen Zwecken, nämlich der Beobachtung der Nutzung und Entwicklung der Sozialeinrichtungen und

Sozialmaßnahmen sowie der Überprüfung der Effizienz und Angemessenheit des Sozialaufwandes *(Olfert 2008, S. 487)*.

Auch beim Sozialaufwand interessieren neben der allgemeinen Höhe aufgeschlüsselte Angaben nach verschiedenartigen Kriterien, zum Beispiel nach

‣ den **Arten des betrieblichen Sozialaufwandes**, also etwa den Aufwendungen für die Verpflegung, den Betriebsarzt, die Sozialstation, das Wohnungswesen und andere, im Kapitel Personalservice angesprochene Sozialmaßnahmen und -einrichtungen, sowie

‣ den **Nutzern der Sozialeinrichtungen** oder **Empfängern der Sozialleistungen**. Das kann nach unterschiedlichen Merkmalen oder Belegschaftsgruppen erfolgen.

10.2.1.6 Wirtschaftlichkeit des Personalwesens

Das Personalwesen ist die Sektion eines Unternehmens, die sich den personalwirtschaftlichen Aufgaben widmet. Gerade dieser Unternehmensbereich, diese Hauptabteilung oder Abteilung, gerät ins Blickfeld, wenn das Augenmerk der Wirtschaftlichkeit der Personalwirtschaft gilt *(DGFP 2001, S. 48 ff.)*.

‣ Hier gilt es zunächst zu prüfen, **welche Aufgabenfelder** das Personalwesen bearbeitet. Das Spektrum kann von der reinen Entgeltabrechnung bis hin zu der gesamten Bandbreite reichen, die in diesem Buch angesprochen wird. Unter Umständen kann es wirtschaftlich sein, Aufgabenfelder an andere Unternehmenssektionen oder Dritte zu vergeben oder auch weitere Aufgabenfelder zu bearbeiten.

‣ Weiterhin ist zu untersuchen, **in welchem Ausmaß** und wie produktiv die Aufgaben erledigt werden, ob etwa im Rahmen der Personalentwicklung externe Trainer tätig werden oder Beschäftigte aus dem Personalwesen des Unternehmens. Was wirtschaftlicher ist, kann nur im Einzelfall bestimmt werden.

‣ Danach stellt sich die Frage, **wie das Personalwesen ausgestattet ist**, das heißt vor allem, inwieweit Computerunterstützung gegeben ist.

Aufschlüsselung Sozialaufwand

Analyse des Personalwesens

10.2.2 Personalstatistik, Arbeitszufriedenheit und Ist-Zustand

Der Ist-Zustand wird anhand aktueller Daten beschrieben, zuweilen mit ihrem Vergangenheitsbezug.

Diese Daten dienen einerseits der aktenkundigen Aufzeichnung wichtiger unternehmensinterner Vorgänge, zum Teil in Erfüllung gesetzlicher Vorschriften. Sie haben damit eine Dokumentationsfunktion. Andererseits sollen sie mit anderen Daten verglichen, also ausgewertet werden.

> Der Erhebung des Ist-Zustands dient die Personalstatistik. Ihre Aufgabe besteht darin, alle Beziehungen zwischen dem Unternehmen und den Beschäftigten, die in einem Zahlenwerk ausgedrückt werden können, zu erfassen und für eine Auswertung vorzubereiten, und zwar für einzelne Beschäftigte, Gruppen von Beschäftigten und die gesamte Belegschaft.

So sind beispielsweise genaue und vollständige Informationen über den Personalbestand und die Personalstruktur vonnöten, wenn man Erfolg versprechend Personalentwicklung betreiben will.

Es ist entscheidend, dass die personalstatistischen Daten eindeutig definiert werden. Die Definition sollte in einem **Handbuch** genau beschrieben werden mit einer Nummerierung, der Bezeichnung und dem Erhebungszweck. Besonders wichtig ist eine exakte Darstellung, in der Regel eine Rechenformel.

Letzteres gilt insbesondere für die – zuweilen auch Kennziffern genannten – **Kennzahlen**. Sie ermöglichen wegen ihres Abstraktionsgrades nicht nur einen unternehmensinternen, sondern insbesondere einen unternehmensübergreifenden Vergleich. Ferner können durch Kennzahlen einzelne Befunde untereinander in Beziehung gesetzt werden *(Abb. 10.3, DGFP 2001, S. 33 ff., Klingler 2005, S. 19 ff.)*.

Weiterhin sind die zuständige Stelle, der Anwendungsbereich und die Häufigkeit der **Ermittlung** zu nennen. Nicht in jedem Fall muss man personalstatistische Daten umfassend und fortlaufend erheben. Man kann sich auch auf an-

lassbedingte Stichproben beschränken, z. B. bei gleichartigen Vorgängen. Stichproben sollten jedoch, wenn eben möglich, nach Vorankündigung erhoben werden, da sie ansonsten unvorhersehbar und daher bedrohlich über die Betroffenen hereinbrechen.

Zudem sollte man eine **Systematik** schaffen und beschreiben, die die Gliederungsmöglichkeiten und die wechselseitigen Beziehungen verschiedener personalstatistischer Daten verdeutlicht. Man kann aber auch einzelne, voneinander unabhängige Daten erheben. Ferner können die Daten verdichtet, das heißt für beliebige Zeiträume oder Organisationseinheiten zusammengefasst werden. Möglich ist auch die Einordnung in ein übergeordnetes Schema. Hier werden zusammengehörende Werte und ihre Abhängigkeiten untereinander beschrieben *(Jansen 2008, S. 137 ff.)*.

Personalstatistik

Ebenso wichtig ist die Angabe der **Quellen**. Dabei kommen sämtliche Datenbestände des Unternehmens in Betracht, gleichgültig in welchem Kontext sie entstanden sind, also Stellenbeschreibungen, Anforderungs- und Eignungsprofile, Arbeitsbeschreibungen und -studien, Arbeitszeitmodelle, Personalbeurteilungen, Abrechnungs- und Personalservicedaten, Führungsinformationen, Daten der Personalentwicklung, Mitarbeiterbefragungen, Aufzeichnun-

Datenquellen

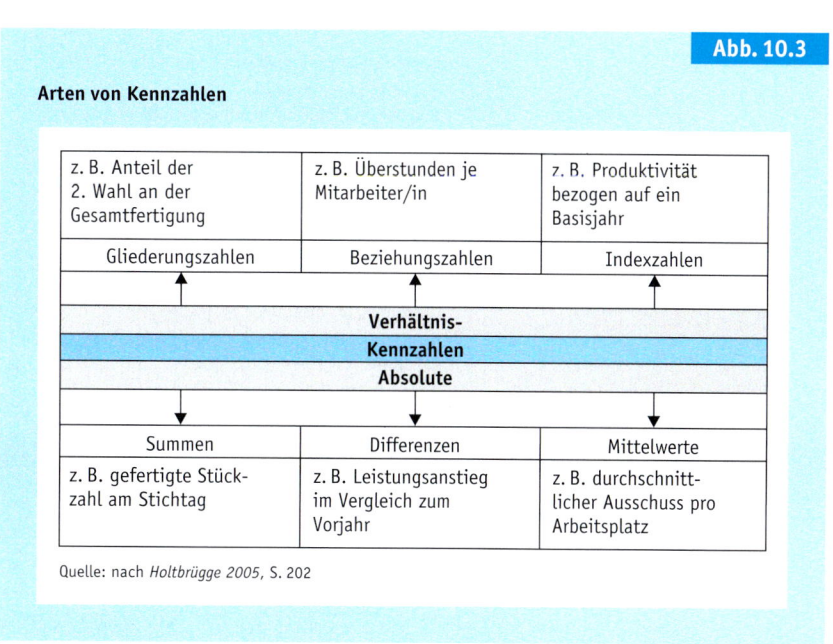

Abb. 10.3

Arten von Kennzahlen

z. B. Anteil der 2. Wahl an der Gesamtfertigung	z. B. Überstunden je Mitarbeiter/in	z. B. Produktivität bezogen auf ein Basisjahr
Gliederungszahlen	Beziehungszahlen	Indexzahlen

Verhältnis-Kennzahlen

Absolute

Summen	Differenzen	Mittelwerte
z. B. gefertigte Stückzahl am Stichtag	z. B. Leistungsanstieg im Vergleich zum Vorjahr	z. B. durchschnittlicher Ausschuss pro Arbeitsplatz

Quelle: nach *Holtbrügge 2005*, S. 202

gen über Fluktuationsmotive und zur Sozialauswahl.

Es kann sich sowohl um schriftliche Aufzeichnungen als auch um Datenbestände aus der elektronischen Datenverarbeitung handeln.

▶ **Schriftliche Aufzeichnungen** sind etwa Personaltagesmeldungen, Personalakten, Personalkarteien und Personalinventarlisten.

▶ Von besonderem Interesse sind jene umfangreichen Datenbestände, die ohnehin infolge der **Computerunterstützung** bei anderen Aufgabenbereichen der Personalwirtschaft gespeichert und gepflegt werden (*DGFP 2001, S. 131 ff.*).

Abrechnungsdaten beinhalten Angaben über bezahlte Überstunden, Prämien oder sonstige Einmalzahlungen. Sie bieten zudem die Möglichkeit, weitere Angaben zu errechnen, etwa das Alter aus dem Geburtsdatum, die Betriebszugehörigkeit und Kündigungsfristen aus dem Eintrittsdatum nach den Bestimmungen des jeweiligen Tarifvertrages, den prozentualen Anteil von freiwilligen Zulagen am Tarifgehalt, Punkte in einem Punkteschema zur Sozialauswahl im Falle betriebsbedingter Entlassungen aus Alter, Betriebszugehörigkeit, Steuerklasse und Anzahl der Kinder laut Steuerkarte.

Ebenfalls aufschlussreich sind die Personalstammdaten, also der Name, die Anschrift, das Geburts- und Eintrittsdatum, das Geschlecht, eventuell das Austrittsdatum und der Austrittsgrund, die Tarifgruppe, das Entgelt und seine Bestandteile, die vertragliche Arbeitszeit pro Woche und Monat sowie ihr prozentualer Anteil an der zur tarifvertraglichen Vollarbeitszeit, die Steuermerkmale sowie die Tätigkeit und Kostenstelle.

Für Personalstatistiken ist aber nur ein kleiner Teil dieser Datenbestände relevant. *Mülder (1994, S. 140)* empfiehlt deshalb, einen selbstständigen Grunddatenbestand durch Selektion originärer Personal- und Abrechnungsdaten zu bilden. Diesen Grunddatenbestand kann man durch Daten aus angrenzenden Arbeitsgebieten ergänzen, zum Beispiel durch Daten der Kostenrechnung. Als besonderes Problem stellt sich die nachträgliche Veränderung der originären Daten heraus. Für den personalstatistischen Grund-

---

Aus der Praxis

Beispiele für Kennzahlen im Personalmarketing

Quantitative Kennzahlen

▶ Anzahl Bewerbungen
▶ Anzahl Angebote/Einstellungen/Bewerberzusagen
▶ Kosten
▶ Anzahl Zugriffe, Registrierungen für Newsletter auf Web-Karriereseiten des Unternehmens
▶ »Time to Fill«: Dauer Stellenbesetzung
▶ »Cost per Hire«: Kosten pro Stellenbesetzung (pro Kanal)
▶ Übernahmequoten (zum Beispiel aus Nachwuchs-/Bindungsprogrammen)
▶ Anzahl von Kontakten, Gesprächen, eingestellten Praktikanten nach Case Studies, Karriere-Messen, Events etc.
▶ Anzahl Einstellungen aus dem Praktikantenprogramm
▶ Wirtschaftlichkeitsbetrachtung der eingesetzten Tools
▶ Medienmonitoring
▶ Dauer der Unternehmenszugehörigkeit von High Performern

Qualititative Kennzahlen

▶ Wahrnehmung als Arbeitgeber
▶ Feedback in den Zielgruppen
▶ Internes Personalmarketing (Mitarbeiterbefragung etc.)
▶ Vergleich der Teilnehmer von Nachwuchsprogrammen mit Direkteinsteigern (zum Beispiel Karrierestufen)
▶ Interesse an Diplomarbeiten/Praktika
▶ Qualität der Bewerbungen nach eingesetztem Medium
▶ Arbeitgeber-Ranking, zum Beispiel »Great Place to Work«/Deutschlands beste Arbeitgeber
▶ Bewerber-Feedback: Zufriedenheit mit den Auswahlverfahren/dem Bewerbungsprozess
▶ Wurden bei Personalmarketing-Maßnahmen, wie zum Beispiel Jobmessen, die gewünschten Zielgruppen erreicht?

Quelle: *Faltin, T., »Zwischen Strategie und Pragmatismus«, in Personal, Heft 10/2007 2007, S. 32.*

datenbestand sollten deswegen dieselben Rückrechnungsmöglichkeiten zur Korrektur der Ausgangswerte vorgesehen werden wie für die originären Daten. Ansonsten könnte man die statistische Grundgesamtheit in beiden Systemen nicht mehr identisch halten. Man kann auf einzelne Datensätze des personalstatistischen Grunddatenbestandes, aber auch auf verdichtete Daten zugreifen, zum Beispiel auf Kostenstellen- oder Abteilungsebene. Werden lediglich aggregierte Daten für weitergehende Analysen genutzt, so sind die individuellen Daten nicht mehr greifbar. Allerdings tun sich die Betriebs- und Personalräte mit dieser Form des Zugriffs leichter.

Die Personal-, Mitarbeiter oder Arbeitszufriedenheit ist ein emotionaler Zustand, der eintritt, wenn die Konsequenzen eines bestimmten, motivierten Arbeitsverhaltens den gehegten Erwartungen und dem Anspruchsniveau entsprechen oder sie übertreffen (Bruggemann/Groskurth/Ulich 1975, Comelli/Rosenstiel 2003, S. 34 ff.). Die Feststellung der Erreichung von Arbeitszufriedenheit setzt immer Möglichkeiten zu deren Messung voraus, die jedoch auf vielfältige Probleme stößt (Pepels 2004, S. 52 ff.).

Objektive Zufriedenheitskennzahlen sind jedenfalls nicht in der Lage, die Arbeitszufriedenheit plausibel abzubilden. Es handelt sich um

▸ die Fluktuationsquote: Anzahl der innerhalb einer Periode das Unternehmen verlassenden Mitarbeiter dividiert durch Anzahl der während dieser Periode im Unternehmen insgesamt beschäftigten Mitarbeiter multipliziert mit 100,

▸ die Arbeitsproduktivitätsquote: mengenmäßiger Output im Unternehmen dividiert durch mengenmäßiger Input des Produktionsfaktors Arbeit multipliziert mit 100,

▸ die Fehlzeitenquote: Anzahl der nicht betriebsbedingt ausfallenden Arbeitsstunden dividiert durch Anzahl der insgesamt im Betrieb zu leistenden Arbeitsstunden multipliziert mit 100,

▸ die Beschwerdequote: Anzahl der dem Management gegenüber geäußerten Mitarbeiterbeschwerden dividiert durch Anzahl der insgesamt beschwerdebegründenden Vorkommnisse im Unternehmen multipliziert mit 100,

▸ die Ergebnisse von Leistungsbeurteilungen und

▸ Informationen aus Austritts- bzw. Abgangsinterviews.

Mit diesen Größen wird weitgehend vernachlässigt, dass ausschließlich subjektive Wahrnehmungen für die Ausprägung der Arbeitszufriedenheit ausschlaggebend sind.

Es ist also erforderlich, die **subjektive Zufriedenheitswahrnehmung** zu erfassen. Da Arbeitszufriedenheit an sich nicht fassbar ist, muss man messbare Indikatoren verwenden. **Explorative Messansätze** basieren auf Befragungen von Beschäftigten.

Arbeitszufriedenheit

▸ Beim Tell-a-Story-Verfahren werden sie gebeten, ihre Arbeitserlebnisse spontan in einer Geschichte zu erzählen. Es wird unterstellt, dass die geschilderten Episoden als herausgehoben wahrgenommen werden.

▸ Bei der Fokusgruppen-Diskussion werden leistungsstarke, vertrauenswürdige Beschäftigte in einem Gruppengespräch um ihre Meinung zur Arbeitszufriedenheit gebeten.

▸ Die Globalbeurteilung erfasst die erlebte Arbeitszufriedenheit undifferenziert über Fragen.

▸ Bei Detailbefragungen handelt es sich um Fragebatterien, die vielfältige Aspekte des Arbeitsumfelds anonym und schriftlich erheben.

Aus der demoskopischen Marktforschung ist aber hinlänglich bekannt, dass direkte Auskunftsersuchen unter erheblichen Verzerrungen leiden.

Merkmalsorientierte Messansätze setzen die Bestimmung eines Sets zu bewertender Merkmale voraus.

▸ Beim Divergenz-Ansatz bittet man repräsentativ ausgewählte Beschäftigte diese Merkmale auf einer Doppelskala mit abgestuften Gut-Schlecht-Punkten zu beurteilen.

▸ Mit der Vignetten-Methode werden Schlüsselgrößen für die Arbeitszufriedenheit erfragt. Problematisch ist allerdings die Identifizierung solcher Vignetten, denn dabei kommt es allein auf die subjektive Wahrnehmung an.

▸ Vermeintlich zufriedenheitskritische Merkmale sind entweder Routinekomponenten, deren Erfüllung als selbstverständlich erachtet wird, oder Ausnahmekomponenten, die man nicht unbedingt erwartet. Durch die Ermittlung der subjektiven Sicht der Betroffenen versucht man, diese Komponenten und ihren Einfluss auf die Arbeitszufriedenheit zu bestimmen.

Die Merkmale werden durch das Management vorgegeben, sodass deren tatsächliche Relevanz und Vollständigkeit fraglich bleibt. Da sie häufig abstrakt formuliert sind, um eine möglichst große Bandbreite abzudecken, werden die Auskunftspersonen schnell überfordert.

Ereignisorientierte Messansätze unterstellen, dass den Beschäftigten aus allen Situationen nur einzelne Schlüsselerlebnisse als besonders relevant für ihre Arbeitszufriedenheit erscheinen.

▸ Für die Methode der kritischen Vorfälle wird von allen sichtbaren nur die Teilmenge der subjektiv vom Personal als besonders zufrieden stellend oder unbefriedigend erachteten Ereignisse beurteilt.

▸ Bei der sequenziellen Ereignismessung wird davon ausgegangen, dass die Beschäftigten aus der Vielzahl der Arbeitssituationen nur eine sehr begrenzte Anzahl wahrnehmen können. Folglich gilt es, diese Ereignisse als Momente der Wahrheit zu optimieren.

Es kann aber gerade eine Vielzahl von einzeln an sich unbedeutenden Vorkommnissen sein, die in der Summe zur positiven oder negativen Einstellungsbildung führt.

Problemorientierte Messansätze kranken daran, dass sie ausschließlich auf negative Vorkommnisse abheben, also auch nur Anzeichen dafür liefern, wie Schwächen behoben werden können.

▸ Bei der Problemdeckungsmethode werden Aussagen über die Dringlichkeit einer Problembehebung ermittelt. Dazu werden problembehaftete betriebliche Situationen nach ihrer Häufigkeit ausgewertet und nach ihrer subjektiven Bedeutsamkeit gewichtet.

▸ Die Frequenz-Relevanz-Analyse beschäftigt sich mit den Fragen, ob das jeweilige Problem

überhaupt aufgetreten ist, wie groß das Ausmaß der Verärgerung der Betroffenen ist und wie sie darauf reagieren.

▸ Der Importance-Performance-Ansatz erhebt zwei Dimensionen, die Bedeutung eines betrieblichen Problems und seine Beurteilung, jeweils aus der Sicht der Beschäftigten.

Betriebswirtschaftliche Erfahrung zeigt allerdings, dass die Hebelwirkung des Ausbaus von Stärken weitaus größer sein kann als der mühsame Ausgleich von Schwächen.

Mit Hilfe des **Beobachtungsansatzes** versucht man, die verzerrende Wirkung der subjektiven Wahrnehmung durch objektivierende Faktoren zu vermindern. Demzufolge registrieren und analysieren geschulte Experten typische Arbeitssituationen. Freilich können sich atypische Beobachtungseffekte einstellen, und die Anzahl der beobachteten Fälle ist begrenzt. Zudem ist zweifelhaft, wer als Experte anzusehen ist. Weiterhin kann nur das Verhalten beobachtet werden, verborgen bleiben hingegen die Einstellungen. Außerdem ist dieses Verfahren ethisch problematisch, da die Beschäftigten sich der Erhebung kaum entziehen können.

Keines der vorgeschlagenen Messverfahren ist wirklich überzeugend. Angesichts der Bedeutsamkeit der Arbeitszufriedenheit kann man deshalb aber nicht auf eine Messung verzichten. Man muss sich wohl mit einem oder mehreren Verfahren arrangieren.

10.2.3 Personalplanung und Plandaten

Die Datenauswertung kann sich auf Plandaten beziehen.

Das Personalcontrolling ist folglich unter anderem auf eine fundierte Personalplanung angewiesen.

Die Personalplanung ist die Grundlage für alle Aufgabenfelder der Personalwirtschaft. Mit der Personalplanung werden alle zukünftigen personalwirtschaftlichen Erfordernisse eines Unternehmens ermittelt und daraus resultierende

Personalplanung

Maßnahmen für die Zukunft festgelegt *(Drumm 2005, S. 232 ff.)*.

Eine möglichst frühzeitige, fehlerfreie, umfassende Personalplanung ist unumgänglich,

- da ausreichend qualifiziertes, kompetentes Personal selbst in Phasen hoher Arbeitslosigkeit knapp ist,
- da personalwirtschaftliche Aktivitäten oft nur langfristig Wirkung zeigen, etwa wegen der Kündigungsfristen der Beschäftigten, und
- da es um Menschen geht, deren Interessen frühzeitig berücksichtigt werden müssen, wenn Maßnahmen möglichst ohne große Konflikte umgesetzt werden sollen.

Man weiß nie, was die Zukunft bringt. Deshalb sind alle Planungen, selbst kurzfristige, mit einer gewissen Unsicherheit behaftet. Um diese Unsicherheit in Grenzen zu halten, empfiehlt es sich, einige **Prinzipien** zu beachten *(Bröckermann 2000 b, S. 207 ff., Ehrmann 2002, S. 28 ff.)*.

Das **Prinzip der Kontinuität** besagt, dass man nicht nur sporadisch planen darf, sondern in möglichst fortlaufenden inhaltlich und zeitlich aufeinander abgestimmten Perioden.

- Jede Planung sollte regelmäßig über drei zeitliche Planungshorizonte verfügen. Als langfristige Planung bezieht sie sich auf einen Zeitraum von drei bis zwanzig Jahren, als mittelfristige Planung auf ein Jahr bis fünf Jahre und als kurzfristige Planung auf einen Monat bis ein Jahr *(Horsch 2000, S. 11 f.)*.
- Die Personalplanung im engeren Sinne hat vier inhaltliche Aspekte. Die Personalbestandsplanung dient der Ermittlung des Fundus an Beschäftigten. Die quantitative Personalplanung gibt sich mit zählbaren Größen wie der Belegschaftsstärke oder Stellen ab. Die qualitative Personalplanung beschäftigt sich mit Aspekten der Qualifikation und Kompetenz, die zeitliche mit der Bestimmung des Zeitpunktes, an dem gehandelt werden muss oder soll.
- Die Personalplanung im weiteren Sinne, die sogenannte Maßnahmenplanung, baut auf der Personalplanung im engeren Sinne auf. Als kollektive Maßnahmenplanung bezieht sie

sich auf die gesamte Belegschaft oder Gruppen, wie zum Beispiel der Personalbedarfs-, Personaleinsatz-, Personalfreisetzungs- und Personalentwicklungsplan. Bei der individuellen Maßnahmenplanung stehen einzelne Mitarbeiter des Unternehmens im Mittelpunkt, beispielsweise im Laufbahn- und Einarbeitungsplan.

Die Planung sollte nach dem **Prinzip der Flexibilität** gestaltet sein, also Änderungen der Umweltbedingungen laufend einbeziehen. Einige Ereignisse lassen nur schwerlich eine Planung zu. Eine möglichst frühzeitige, fehlerfreie, umfassende Personalplanung ist folglich immer empfehlenswert und meist unumgänglich *(Hentze/ Kammel 2001, S. 92 ff.)*.

- Als strategische Planung ist sie langfristig ausgerichtet und hat weitreichende Konsequenzen. Sie stellt Zusammenhänge nur in großen Zügen dar.
- Als taktische Planung ist sie mittelfristig angelegt und vermittelt zwischen strategischer und operativer Planung.
- Als operative Planung ist sie eher kurzfristig. Zumeist hat sie überschaubare Folgen und ist stark differenziert.

Das **Prinzip der Vollständigkeit** fordert dazu auf, alle erreichbaren Informationen aufzubereiten, zu bewerten und zu verarbeiten.

- Deshalb muss die Personalplanung die zuvor festgelegten Ziele aufnehmen. Die Personalplanung ist eine Erfassung und Weiterverarbeitung von Informationen und daher in hohem Maße auf informative Inputs angewiesen. Umgekehrt liefert die Personalplanung eine Vielzahl von Ansatzpunkten für die übrigen Vorhaben des Unternehmens *(Bartscher/ Huber 2007, S. 52 ff.)*.
- Folglich ist die Personalplanung im Idealfall eine integrierte, abgestimmte, gleichberechtigte Planung, die alle Beteiligten und alle anderen Aspekte des Unternehmens einbezieht. Die Personalplanung richtet sich an den Vorgaben der Unternehmensplanung aus. Außerdem macht eine Personalplanung, die an den realisierbaren Personalkosten, an den Interessen der Beschäftigten und an den Gegebenheiten der Produktion, des Absatzes,

Kontinuität

Flexibilität

Vollständigkeit

der Investition und der Organisationsstruktur, aber auch am Arbeitsmarkt, an Tarifverträgen, an Gesetzen und den Mitbestimmungsrechten der Belegschaftsvertretungen vorbeigeht, keinen Sinn.

▸ Der Gesetzgeber hat in den einschlägigen Vorschriften bestimmt, dass der Betriebs- bzw. Personalrat, gleichfalls der Sprecherausschuss der leitenden Angestellten, über die Personalplanung und die daraus folgenden Maßnahmen rechtzeitig und umfassend zu unterrichten ist. Gegebenenfalls sollen Vorschläge von dieser Seite einfließen und Beratungen stattfinden. Außerdem ist der Wirtschaftsausschuss in Unternehmen mit mehr als einhundert ständigen Arbeitnehmern über die Auswirkungen wirtschaftlicher Angelegenheiten auf die Personalplanung zu unterrichten *(Horsch 2000, S. 14 ff.)*.

Genauigkeit

Nach dem **Prinzip der Genauigkeit** gilt es, alle Informationen auf ihre Richtigkeit und Zuverlässigkeit zu überprüfen.

▸ Das gilt auch für eine gedankliche Planung, die ausschließlich im Kopf der Planerinnen und Planer stattfindet.
▸ Eine schriftliche Planung ist dringend notwendig, wenn die Planungsprozesse arbeitsteilig organisiert sind. Sie liefert eine verlässliche gemeinsame Verständigungsgrundlage.
▸ Aufwändigere Methoden und große Datenmengen fordern eine computergestützte Planung.

Wirtschaftlichkeit

Die Planung muss nach dem **Prinzip der Wirtschaftlichkeit** durchgeführt werden, das heißt der Aufwand für die Planerstellung muss immer in einem vertretbaren Verhältnis zur Aussagefähigkeit und Anwendbarkeit des Plans stehen.

▸ Wenn die Planungsprozesse eines Unternehmens sich recht umfangreich und aufwändig gestalten, ist eine Metaplanung vonnöten. Sie beschäftigt sich damit, die arbeitsteiligen Planungsprozesse im Sinne eines einheitlichen Planungssystems zu strukturieren, zu gestalten und aufeinander auszurichten. Es geht um Entscheidungen, welche Teilplanungen notwendig sind, ob Planungen lediglich operativ oder auch strategisch durchgeführt werden, mit welchen Planungshorizonten und mit oder ohne Computerunterstützung.
▸ Das Planungsmanagement derart umfangreicher Planungen unterstützt und kontrolliert dann die Durchführung, setzt und überwacht Termine und legt Zusammenkünfte planender Stellen fest.

Die besagten Prinzipien der Planung legen den **Ablauf der Personalplanung** nahe, der in *Abb. 10.4* ersichtlich und aus den anderen Kapiteln dieses Buches bekannt ist.

10.2.4 Zielsetzung und Soll-Vorstellung

Die Soll-Vorstellung wird anhand von Zielen beschrieben *(Jansen 2008, S. 99 ff.)*.

Diese Ziele basieren allerdings zumeist auf Erfahrungen, also Ist- und Plandaten. Ziele sind Richtmaße, die eindeutig beschreiben, was erreicht werden soll.

Als Ergebnis eines Zielbildungsprozesses können die konkreten Ziele des Personalcontrolling strategisch, taktisch oder operativ bestimmt, kostenorientiert oder qualitativ sein.

Das **taktische Personalcontrolling** betrifft ebenso wie das **operative Personalcontrolling** die Effizienz, allerdings mit einem unterschiedlichen Zeithorizont: Das operative Personalcontrolling ist kurzfristig, das taktische mittelfristig ausgerichtet. Im Rahmen der Effizienz wird betrachtet, ob die personalwirtschaftlichen Instrumente richtig

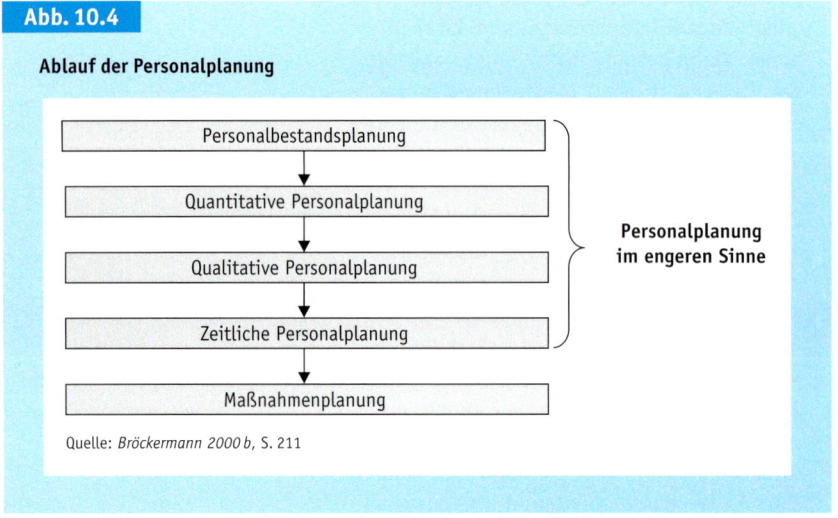

Abb. 10.4

Ablauf der Personalplanung

Personalbestandsplanung

Quantitative Personalplanung

Qualitative Personalplanung

Zeitliche Personalplanung

Personalplanung im engeren Sinne

Maßnahmenplanung

Quelle: *Bröckermann 2000 b*, S. 211

Zielbildungsprozess

Wie eingangs dieses Kapitels geschildert, ist das Personalcontrolling der Sachverwalter der generellen personalpolitischen Ziele. Eine erste Konkretisierung erfahren diese generellen personalpolitischen Ziele durch die spezifischen Prinzipien der einzelnen Aufgabenfelder der Personalwirtschaft. Ferner werden sie durch einige **Rahmenbedingungen** *eingeschränkt, auf die in den vorhergehenden Kapiteln dieses Buches eingegangen wird, zum Beispiel durch*

▸ *die Mitwirkungsrechte des Personal- bzw. Betriebsrates,*

▸ *den gesetzlichen Unfallschutz, die Vorschriften zur Arbeitssicherheit und das Kündigungsschutzgesetz sowie diverse weitere spezielle Schutzgesetze,*
▸ *die Rechte und Interessen der Beschäftigten auf Unterrichtung und Gleichbehandlung.*

Die maßgebliche Konkretisierung der personalpolitischen Ziele für das Personalcontrolling erfolgt in einem komplexen Zielbildungsprozess, auf den im Kapitel Personalführung eingegangen wird (Bröckermann 2000 b, S. 186 ff.).

---

eingesetzt werden. Beispielsweise muss im Rahmen der Steuerung der Personalbeschaffung sichergestellt werden, dass die Neueinstellungen nicht den Rahmen des zuvor ermittelten Nettopersonalbedarfs sprengen *(DGFP 2001, S. 22)*.

Das **strategische Personalcontrolling** befasst sich mit der Effektivität, also der Frage, ob die richtigen personalwirtschaftlichen Instrumente zum Einsatz gelangen. Für die Personalbeschaffung heißt das etwa, die gewählten Beschaffungswege kritisch zu hinterfragen *(DGFP 2001, S. 20 f.)*.

Das Personalcontrolling ist sicherlich **quantitativ und kostenorientiert**. Alle personalwirtschaftlichen Aktivitäten werden auf die Optimierung von Kosten und Leistungen ausgerichtet, etwa durch Kosten- und Wirtschaftlichkeitsvergleiche hinsichtlich der Personalbeschaffung und -entwicklung mit und ohne externe Hilfe, durch die Kalkulation interner und externer Leistungsverrechnungen oder die Empfehlung kostensenkender Anpassungsmaßnahmen an veränderte personalwirtschaftliche Gegebenheiten *(DGFP 2001, S. 22)*.

Widmet sich bereits das unternehmensweite Erfolgscontrolling nicht nur dem Kostenaspekt, muss das erst recht für das Personalcontrolling gelten. Ein rein kostenorientierter Ansatz würde der Personalwirtschaft auch nicht gerecht werden, denn es sind auch **soziale und qualitative Zielsetzungen** zu berücksichtigen *(DGFP 2001, S. 22, Wunderer/Jaritz 2007, S. 17)*.

Die konkreten einzelnen Ziele, mit denen sich das Personalcontrolling eines Unternehmens beschäftigt, müssen durch Datensätze verdeutlicht werden. Diese Daten müssen ebenso aktuell und aussagekräftig sein wie die personalstatistischen Daten und die Plandaten, mit denen sie später verglichen werden sollen. Das kann man nur gewährleisten, wenn man jeden Datensatz eindeutig dokumentiert und in einem **Handbuch** genau beschreibt. Wie bei personalstatistischen Daten, sind Nummerierung und Bezeichnung sowie Angabe des Erhebungszwecks und Anwendungsbereichs, Häufigkeit der Ermittlung und zuständige Stelle unverzichtbar. Abschließend sollte Raum für Bemerkungen, Einschränkungen sowie Interpretationshilfen gegeben werden *(Mülder 1994, S. 120 ff.)*.

Besonderes Augenmerk sollte der Darstellung gelten, das heißt man muss eine etwaige Rechenformel und die Vergleichsdaten aus der Personalstatistik oder der Personalplanung angeben. Eine Datenauswertung kann nur dann zu stimmigen Ergebnissen führen, wenn alle Daten in derselben Weise ermittelt werden, was bei unternehmensinternen Daten leicht zu gewährleisten ist. Bei den wenigen anerkannten unternehmensübergreifenden Daten werden häufig je nach Unternehmen unterschiedliche Berechnungsgrundlagen verwendet. Deshalb ist hier Vorsicht geboten.

Hinsichtlich der Dokumentation der **Systematik** gilt dasselbe wie für die personalstatistischen Daten: Sie sollte die Gliederungsmöglichkeiten und etwaige wechselseitige Beziehungen verdeutlichen.

Als **Quellen** kommen hier ebenfalls schriftliche Aufzeichnungen und Datenbestände aus der elektronischen Datenverarbeitung in Betracht. Zudem sind externe Daten von Bedeutung.

Konkrete Ziele

10.3 Datenauswertung

10.3.1 Vergleich

Der vorletzte Schritt ist die Datenauswertung. Hier werden Abhängigkeiten und Entwicklungen durch einen Vergleich von Datensätzen verdeutlicht und analysiert *(DGFP 2001, S. 29 f.)*.

▸ **Zeitreihenvergleiche** ergeben sich aus der zeitlichen Entwicklung der vorliegenden Daten.

▸ Zudem kann man eine Soll-Vorstellung und Plandaten in eine Beziehung zum Ist-Zustand setzen. Möglich ist also sowohl der **Soll-Ist-Vergleich** als auch der **Plan-Ist-Vergleich**.

▸ Beim **Ist-Ist-Vergleich** setzt man Daten zum selben aktuellen Zeitpunkt in eine Beziehung zueinander, und zwar entweder inner- oder überbetrieblich.

Für diese Vergleiche verwendet man jene Instrumente, die in *Abb. 10.1* erwähnt werden.

10.3.2 Trendverfahren

Trendverfahren finden beispielsweise bei der Bestimmung des Personalbedarfs Anwendung (Kapitel Personalbeschaffung).

Trendverfahren gewährleisten einen Zeitreihenvergleich, mit dem man den Anstieg, die Stagnation oder den Rückgang von Daten in einem bestimmten Zeitraum belegen kann *(Ehrmann 2002, S. 81 ff.)*.

Eine typische Aussage wäre beispielsweise, dass im Mai des laufenden Jahres erheblich mehr Überstunden angefallen sind als in den anderen Monaten.

Für Trendverfahren werden zunächst Zusammenhänge, Abhängigkeiten oder auch Kennzahlen ermittelt, die Einflüsse auf die betrachteten personalstatistischen Daten dokumentieren. Dann verfolgt man die Entwicklung dieser Daten von der Vergangenheit in die Gegenwart. Den Trend dieser Entwicklung schreibt man schließlich für die Zukunft fort. Dazu bedient man sich mathematischer Verfahren.

Die Voraussetzung für stimmige Ergebnisse ist die Gültigkeit der vergangenen und derzeitigen Verhältnisse für die Zukunft.

10.3.3 Zielvereinbarung

Die Zielvereinbarung, mit der ein Plan-Ist-Vergleich vollzogen wird, ist ein Element der Personalbeurteilung und -führung.

Wenn Ziele für einzelne Beschäftigte bindend und für ihr Entgelt ausschlaggebend sind, werden fortlaufend **Zielvereinbarungsgespräche** angesetzt. Dabei geht es um die Entfaltung auf dem derzeitigen Arbeitsplatz, die Festlegung künftiger Aufgabenstellungen sowie um Verbesserungs- und Förderungsmöglichkeiten durch Maßnahmen der Personalentwicklung. Regelmäßig sind sie in die Personalbeurteilung eingebunden (Kapitel Personalbeurteilung).

Und schließlich ist die Zielvereinbarung als sogenannte Zielverbindlichkeitserklärung ohnehin das nach Zielsuche, -abstimmung und -formulierung abschließende Element im **Zielbildungsprozess**. Die Beteiligten, also Führungskräfte und Mitarbeiter, verständigen sich darauf, dass die abgestimmten Ziele in der formulierten Form maßgeblich und gültig sind (Kapitel Personalführung).

Zielvereinbarungsgespräche

Unter der Lupe

Management by Objectives

Beim Einsatz des sogenannten Management by Objectives wird der Rahmen der Personalbeurteilung gesprengt. Anstatt bestimmte Aufgaben vorzugeben, die nach festgelegten Regeln zu erledigen sind, definieren die Führungskräfte gemeinsam mit den ihnen zugeordneten Beschäftigten Ziele, die es zu erreichen gilt. An die Stelle der herkömmlichen Aufgabenorientierung tritt also eine Zielorientierung. Die Auswahl der zur Zielerreichung notwendigen Mittel und Maßnahmen bleibt weitgehend dem Einzelnen überlassen. Die Personalführung beschränkt sich im Wesentlichen auf den gemeinsamen Zielbildungsprozess und die Kontrolle der Zielerreichung. Zudem sind die Beschäftigten aufgefordert, stets den aktuellen Grad der Zielerreichung nachzuhalten (Kapitel Personalführung).

10.3.4 Balanced Scorecard

Die Balanced Scorecard, zu deutsch das ausgewogenen Zielsystem, ist ein Instrument des Personalcontrolling, das helfen soll, Geschäftsbereiche wie das Personalwesen mithilfe eines Soll-Ist-Vergleichs zukunftsgerichtet zu optimieren.

Die Kernidee der Urheber Kaplan und Norton (1997) ist die Berücksichtigung von vier maßgeblichen Perspektiven, die auf wenige, möglichst aussagekräftige, quantitative und qualitative, strategische und operative Daten – zumeist Kennzahlen – reduziert werden (Abb. 10.5, Weber 2004 a, S. 297 ff.).

Man hat also alle Ziele, Messgrößen, Zielgrößen und Aktionen übersichtlich im Blick. Dadurch ergibt sich die Möglichkeit, die Aktionen zu verknüpfen und die wechselseitigen Einflüsse zu beobachten und zu beeinflussen.

Ausgangspunkt für die Formulierung einer personalwirtschaftlichen Balanced Scorecard ist die Unternehmensstrategie. Zudem muss eine Befragung der Beschäftigten erfolgen, und zwar zur Tätigkeit, Arbeitsbelastung, Personalführung und Kommunikation, Personalentwicklung, Kundenorientierung und Unternehmensstrategie, aber auch eine Befragung der »Kunden« zu ihren Erwartungen an das Personalwesen, zur Zusammenarbeit mit dem Personalwesen, zur Nutzung der personalwirtschaftlichen Leistungen und zu den eigenen Zielen. Aus den Ergebnissen wird ein Leitbild des Personalwesens entwickelt, das die Kernelemente der Balanced Scorecard enthält *(Binder 2002 a, S. 13 ff.)*.

Ackermann (2000 a, S. 47 ff. und 2000 b, S. 27 ff.) und Binder (2002 b, S. 28 ff.) geben einige **Beispiele** für den Einsatz der Balanced Scorecard in der **Personalwirtschaft**. Ein weiteres, anschauliches Beispiel, das in *Abb. 10.6* ausschnittsweise wiedergeben wird, führt *Becker (2008 a, S. 330 f.)* an.

Im nächsten Schritt kann man Ideen zu möglichen Aktionen entwickeln sowie eine sogenannte Strategy-Map, aber auch individuelle Mitarbeiter-Balanced Scorecards erstellen und mit

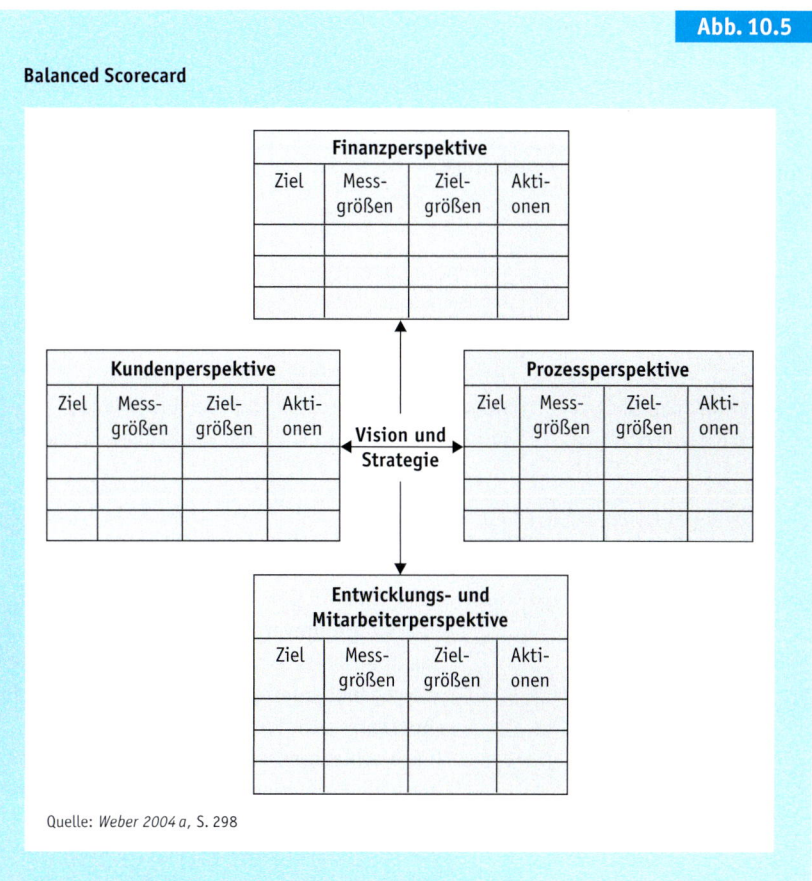

Abb. 10.5

Balanced Scorecard

Quelle: *Weber 2004 a*, S. 298

den jeweiligen Entgelten verknüpfen. Dabei darf man freilich nicht vergessen, die Personalverantwortlichen so zu qualifizieren, dass sie die neuen Aufgaben bewältigen können *(Binder 2002 a, S. 13, Bischof/Speckbacher 2001, S. 48 ff., Gogoll 2001, S. 72 ff.)*.

10.3.5 Ursachenanalyse

Diverse mathematische Ansätze erlauben es, im Vergleich von personalstatistischen Daten Informationen über Ursache-Wirkungs-Beziehungen zwischen verschiedenen Sachverhalten zu gewinnen *(DGFP 2001, S. 32)*.

▸ **Strukturvergleiche** stellen den Anteil einzelner Elemente an einer Gesamtheit dar. Der Erkenntnis, dass die Hälfte der Fehlzeiten in zwei von sieben Abteilungen anfällt, liegt zum Beispiel ein derartiger Strukturvergleich zugrunde.

Methoden der Ursachenanalyse

Abb. 10.6

Beispiel einer Balanced Scorecard in der Personalwirtschaft

	Ziele	Messgrößen	Zielgrößen	Aktionen
Finanzperspektive	Senkung der Personalkosten	Gesamte Personalkosten	Senkung der Kosten um 10 %	Kostentreiber identifizieren + Vergleich mit zugekauften Leistungen
Kundenperspektive	Stärkung der internen Aufstiegsmöglichkeiten	Zahl der übernommenen Auszubildenden	mindestens 90 %	Auswahl verbessern + frühzeitige Bindung
Prozessperspektive	Schneller Zugang zu Bildung und Förderung	Dauer vom Antrag zur Genehmigung	Verkürzung um 20 %	Standardisierung der Anfragen
Entwicklungs- und Mitarbeiterperspektive	Steigerung des selbst organisierten Lernens	Zahl der Ausleihungen von Selbstlernprogrammen	Erhöhung um 15 %	Aktualisierung der Programme + Mehrfachanschaffungen

Quelle: nach *Becker 2008 a, S. 330 f.*

▸ Bei **Rangfolgevergleichen** werden die Untersuchungsobjekte bewertend in einer Rangreihe gegenübergestellt. Im Mittelpunkt stehen Aussagen nach kleiner, gleich oder größer, nach schlechter, gleich gut oder besser, etwa, dass die Produktivität am Arbeitsplatz A größer als an den Arbeitsplätzen B und C ist.

▸ **Häufigkeitsvergleiche** teilen Sachverhalte in mehrere Größenklassen ein und vergleichen sie miteinander. Mit einem Häufigkeitsvergleich kommt man etwa zu dem Ergebnis, dass die meisten Überstunden im November anfallen.

▸ Die **multivariablen Methoden** des Ist-Ist-Vergleichs sind komplexe statistische Prognoseverfahren. Sie werden, wie die Trendverfahren, ebenfalls zur Bestimmung des Personalbedarfs verwendet. Im Prinzip ist dieser Ansatz eine Erweiterung des Verfahrens zur Ermittlung der Trendfunktion, wobei nun anstelle der Zeit mehrere Einflussgrößen berücksichtigt werden.

10.3.6 Benchmarking

Es ist seit langer Zeit üblich, dass sich Fachleute aus Unternehmen in diversen überbetrieblichen, fachbezogenen Gesprächskreisen informell austauschen, um Anregungen für die Verbesserung ihrer Arbeit zu bekommen. Das Benchmarking greift diesen Ansatz auf.

Ziel des Benchmarking ist es, auf der Basis von Vergleichswerten anderer Unternehmen oder Organisationseinheiten, den sogenannten Benchmarks, Ziele zu identifizieren, die man erreichen muss, um wettbewerbsfähig zu bleiben oder zu werden *(Bröckermann 1998 c, S. 19 ff., Töpfer/Mann 1997, S. 34 ff.).*

Der **Benchmarking-Prozess** umfasst fünf Phasen:
1. Zunächst fragt man sich, wo man besser werden könnte, welches die kritischen Erfolgsfaktoren für notwendige Verbesserungen sind und schließlich, wo man über Erfolgspotenziale verfügen könnte. Auf diesem Weg wer-

Multivariable Methoden

Bei der Korrelationsrechnung wird untersucht, ob zwischen zwei Variablen ein Zusammenhang besteht. Eine funktionale Beziehung besteht mit umso größerer Wahrscheinlichkeit, je näher der Korrelationsfaktor bei 1 liegt. Korrelationsvergleiche belegen zum Beispiel, dass mit zunehmendem Lebensalter die Zahl der eingereichten Verbesserungsvorschläge steigt.

Bei der Regressionsrechnung, einer anderen multivariablen Methode, muss die Regressionsfunktion angesetzt und untersucht werden.

Ökonometrische Modelle bauen meist auf Korrelations- und Regressionsanalysen auf. Hier werden zahlreiche Variablen aufgrund empirischer Ergebnisse oder theoretischer Einsichten miteinander verknüpft. In der Folge werden die Entwicklungsverläufe einzelner Variablen in Abhängigkeit von äußeren Einflussgrößen simuliert.

den die **Benchmarking-Objekte** festgelegt, also die Bereiche, die Gegenstand des Benchmarking sein sollen *(Abb. 10.7)*.

– Das Produkt-Benchmarking dient der Gegenüberstellung der eigenen Produkte mit denen anderer.

– Im Rahmen des Struktur-Benchmarking geht es um den Vergleich von aufbauorganisatorischen Aspekten anderer Unternehmen.

– Beim Strategie-Benchmarking wird die Positionierung eines Unternehmens am Markt analysiert.

– Das Prozess-Benchmarking untersucht die internen Betriebsabläufe.

2. Für das Benchmarking-Objekt sind dann adäquate **Benchmarking-Partner** zu ermitteln, die über eine bessere bzw. die beste Leistung verfügen. Sie müssen bereit sein, Zugang zu den erreichten Leistungsniveaus zu gewähren *(Abb. 10.8)*.

– Innerhalb des Unternehmens oder Konzerns lassen sich aussagefähige Benchmarking-Partner des sogenannten Inhouse Benchmarking identifizieren. Möglicherweise finden sich sogar Partner innerhalb eines Joint-Venture, die Maßstäbe setzen. Der Vorteil eines internen Benchmarking liegt in der guten Vergleichbarkeit. Zudem ist die Datenbeschaffung meistens einfacher und genauer möglich.

– Das externe Benchmarking beschränkt sich nicht nur auf direkte Wettbewerber oder Unternehmen der gleichen Branche (Competitive Benchmarking). Vielmehr werden ausdrücklich auch führende Unternehmen aus anderen Branchen analysiert (Functional Benchmarking). Das branchenübergreifende Benchmarking ist die weiteste, aber auch effektivste Form.

3. In einem systematischen Prozess werden **Benchmarks**, also Daten in Bezug auf das Benchmarking-Objekt, sowohl im eigenen Unternehmen als auch bei den Benchmarking-Partnern erhoben und analysiert. Durch einen wertenden Vergleich ermittelt man nun die sogenannte **Best Practice**, den optimalen Befund hinsichtlich der erhobenen Daten. Man fragt zudem, wie der klassenbeste Benchmarking-Partner seine Benchmark oder gar die Best Practice erreicht hat.

Abb. 10.7

Benchmarking-Objekte

Benchmarking-Objekt			
Produkt-Benchmarking	Struktur-Benchmarking	Strategie-Benchmarking	Prozess-Benchmarking

Quelle: *Bröckermann 1998 c*, S. 19

Abb. 10.8

Benchmarking-Partner

Internes Benchmarking	Externes Benchmarking
Inhouse Benchmarking ▸ Unternehmen ▸ Konzern	Competitiv Benchmarking ▸ Wettbewerber ▸ gleiche Branche
Joint-Venture Benchmarking	Functional Benchmarking ▸ andere Branche(n)

Quelle: *Bröckermann 1998 c*, S. 19

Die Phasen 1 bis 3 des Prozesses stellen den Analysebereich des Benchmarking dar. Diese drei Teilschritte können auch als Benchmarking im engeren Sinne bezeichnet werden.

4. In der **Strategiephase** werden nun aus den Analyseergebnissen effektive Verbesserungsmaßnahmen erarbeitet. Dazu werden die Tätigkeiten, Funktionen oder Vorgänge mit der Best Practice verglichen. Dieser Vergleich dient der Einschätzung der relativen Position im Wettbewerb. Hier werden sowohl die eigenen Stärken und Wettbewerbsvorteile als auch die eigenen Schwachstellen und Leistungslücken aufgedeckt.

5. In der **Realisierungsphase** werden die Verbesserungsmaßnahmen umgesetzt und bezüglich ihrer Wirkung kontrolliert.

Das Benchmarking erfreut sich in der **Personalwirtschaft** steigender Beliebtheit. Dabei steht zumeist die Wirtschaftlichkeit der Personalwirtschaft im Vordergrund. Der Anwendungsbereich geht indes weit darüber hinaus. Die Beratungsgesellschaft Baumgartner & Partner hat gemein-

Best Practice

sam mit einer Gruppe deutscher Großunternehmen ein permanentes Benchmarking aufgebaut, das in ein sogenanntes HR-Cockpit mündet. Und in einigen Benchmarking-Projekten untersuchten die Beratungsgesellschaften Watson-Wyatt sowie PricewaterhouseCoopers Unternehmensgrundsätze und Führungsleitlinien, Funktions- und Stellenbewertungen, Vergütungs- und Anreizsysteme, Personalbeurteilungen, Zielvereinbarungen sowie die Personalentwicklung, -beschaffung und -freisetzung bei einer Vielzahl von Unternehmen. Freilich fehlen hier die Strategie- und Umsetzungsphase des Benchmarking-Prozesses *(Bejan/Franke 2000, S. 430 ff., Watson Wyatt o. J., S. 2, Wild 2008, S. 22 ff.).*

Personal- und Sozialkostenplanung

10.3.7 Personalwirtschaftliches Rechnungswesen

Das Rechnungswesen ist ein System,
- ▸ in dem alle internen und externen, zählbaren und mengenmäßigen Vorgänge eines Unternehmens erfasst werden,
- ▸ in dem ein Plan-Ist- und ein Soll-Ist-Vergleich vollzogen wird und schließlich
- ▸ die erzeugten Informationen für interne und externe Adressaten offengelegt werden.

Das personalwirtschaftliche Rechnungswesen konzentriert sich auf jene Vorgänge, die personalwirtschaftlicher Natur sind, in erster Linie auf den Personal- und Sozialaufwand *(Abb. 10.9, Hentze/Graf 2005, S. 413 ff.).*

Manchmal wird auch die Personalstatistik zum personalwirtschaftlichen Rechnungswesen gezählt. Das ist aber nur dann stimmig, wenn ausschließlich Personal- und Sozialaufwand statistisch ausgewertet werden.

Die Entgeltabrechnung mit der Brutto-, Netto-, Zahlungs- und Auswertungsrechnung wird im Kapitel Entgelt thematisiert. Dabei kann die Auswertungsrechnung als eine Form des Ist-Ist-Vergleichs im Rahmen des Personalcontrolling gelten.

10.3.7.1 Von der Planung zur Budgetierung
Im Rahmen der **Personal- und Sozialkostenplanung** werden die voraussichtlichen personalwirtschaftlichen Kosten errechnet und in Form eines Personalbudgets vorgegeben bzw. vereinbart *(Hentze/Graf 2005, S. 413 ff.).*

Die Personal- und Sozialkosten sind ein bedeutender Teil der Gesamtkosten des Unternehmens. Diese Kosten müssen genauso geplant werden wie die Anzahl der Beschäftigten, die erforderliche Qualifikation und Kompetenz, der Zeitraum des Einsatzes und der Einsatzort.

- ▸ Allerdings basiert die Personal- und Sozialkostenplanung auf dem geplanten zukünftigen Personalbestand mit seinen erwarteten strukturellen und qualifikatorischen Gegebenheiten. Insofern sind sowohl die Personalstruktur als auch die Personalereignisse von Interesse. Hier nehmen die Unternehmen Veränderungen vor, sei es nun freiwillig und vorausschauend oder dem Druck des Marktes folgend. Alle derartigen Veränderungen, etwa des Personalbestandes, der Arbeitszeiten, des

Benchmarking wird verwässert

Wie viele erfolgreiche Konzepte unterliegt das Benchmarking auch der Gefahr, verwässert oder gar fehlinterpretiert zu werden.

- ▸ *Zunehmend werden Mitarbeiterbefragungen für das interne und externe Benchmarking genutzt. Meist will man den ermittelten Zustand in einer Teilorganisation an dem im Gesamtunternehmen messen, verschiedene Organisationseinheiten vergleichen, von einer Befragung zur nächsten den Fortschritt in einer Abteilung messen und schließlich diagnostizierte Missstände beseitigen. Doch Vorsicht: Eine Mitarbeiterbefragung ist kein Benchmarking! Sie kann jedoch*

ein Instrument der Analysephase des Benchmarking-Prozesses sein.
- ▸ *Als Form des Benchmarking wird zuweilen auch die vieldiskutierte sogenannte 360-Grad-Beurteilung bezeichnet. Es handelt sich um eine Rundum-Personalbeurteilung durch alle denkbaren Ansprechpartner eines Beschäftigten. Nun ist das Benchmarking sicherlich ebenfalls eine Beurteilung. Wenn man aber auch das Personal zu den Benchmarking-Objekten zählen will, verliert der Begriff Benchmarking völlig an Kontur. Damit wäre dann jede Personalbeurteilung ein Benchmarking.*

Betriebsablaufs, der Fertigungsverfahren, der Arbeitsstrukturierung oder der Entgeltformen, können die Personal- und Sozialkosten beeinflussen.

▸ Vor allem wird die Personal- und Sozialkostenplanung durch die erwartete Entwicklung der Entgelte bestimmt. Die wiederum ist einerseits von den Tarifverträgen abhängig, die die Tarifpartner aushandeln. Soweit ein Unternehmen dem jeweiligen Arbeitgeberverband angehört, kann es in diesem Rahmen seinen Einfluss geltend machen. Die sogenannten freiwilligen zusätzlichen Vergütungen sind vorrangig ein Ergebnis der Arbeitsmarktsituation. Im Gegensatz dazu wird die Höhe der sonstigen Personalzusatzkosten überwiegend durch gesetzliche Auflagen bestimmt. Sie unterliegen nur zu einem geringen Anteil der freien Disposition des Unternehmens.

▸ Der Personal- und Sozialkostenplan sollte möglichst aussagekräftig und transparent, also möglichst detailliert sein. Der Aufbau orientiert sich deshalb an jenen Merkmalen, die eingangs unter den Themen des Personalcontrolling, genauer unter den Stichworten Personal- und Sozialaufwand, aufgeführt werden, in erster Linie an der organisatorischen Gliederung des Unternehmens, an der Personalkostenstruktur und den Personalkostenarten.

Die Personal- und Sozialkostenplanung mündet in die **Personalbudgetierung**. Die Personal- und Sozialkosten werden nach einem Plan-Ist-Vergleich in Form eines Gesamtbudgets oder mehrerer Teilbudgets vorgegeben oder vereinbart. Wie andere Budgets, hat auch das Personalbudget eine Koordinations-, Motivations- und Kontrollfunktion. Beispielsweise werden für jeden Monat des Geschäftsjahres

▸ die effektiven Arbeitsentgelte,

▸ einschließlich der Arbeitgeberbeiträge zur Sozialversicherung,

▸ je Arbeitnehmer und Arbeitnehmerin,

▸ die zu erwartende Tarifsteigerung ab dem Stichtag,

▸ die jeweiligen Sonderzahlungen im Fälligkeitsmonat sowie

▸ die Jahressumme je Arbeitnehmer oder Arbeitnehmerin und

▸ die Jahressumme je Kostenstelle errechnet.

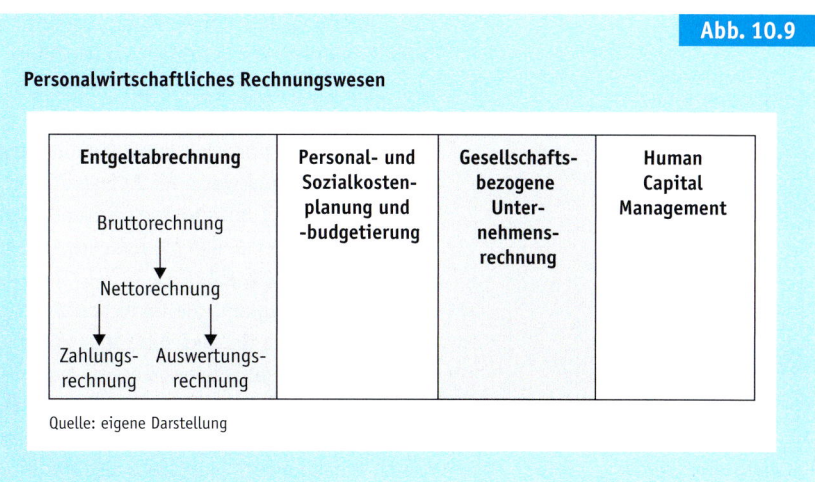

Abb. 10.9

Personalwirtschaftliches Rechnungswesen

Entgeltabrechnung	**Personal- und Sozialkostenplanung und -budgetierung**	**Gesellschaftsbezogene Unternehmensrechnung**	**Human Capital Management**
Bruttorechnung ↓ Nettorechnung ↓ Zahlungs-rechnung Auswertungs-rechnung			

Quelle: eigene Darstellung

10.3.7.2 Gesellschaftsbezogene Unternehmensrechnung

Daten zum Sozialaufwand dienen nicht nur der Beobachtung der Nutzung und Entwicklung von Sozialreinrichtungen und -maßnahmen. Von manchen Unternehmen werden diese Informationen außerdem in sogenannten **Sozialbilanzen**, Sozialberichten oder Sozialreports für externe Empfänger aufbereitet. Man spricht in diesem Fall von gesellschaftsbezogener Unternehmensrechnung. Solche Reports beinhalten häufig auch noch Angaben über den Umwelt- und Verbraucherschutz.

Die gesellschaftsbezogene Unternehmensrechnung ist eine Darstellung aller Aufwendungen mit gesellschaftlichem Nutzen. Damit soll der Öffentlichkeit deutlich gemacht werden, dass sich unternehmerisches Handeln nicht auf rein betriebswirtschaftliche Aufgabenstellungen beschränkt.

10.3.7.3 Human Capital Management

Um den Einfluss der Personalwirtschaft auf die Entwicklung des Unternehmenswertes zu beschreiben und zu messen, wurde die Idee eines wertorientierten Human Resource Management entwickelt *(Bröckermann 2007, S. 31 f.)*.

▸ Man versteht die Personalaufwendungen als zukunftsbezogene Investitionen und weist sie als solche aus. Erfolgsfaktoren wie die Qualität und Verfügbarkeit des Personals, Arbeitgeberattraktivität und Führungsqualität werden durch Erfolgsprozesse wie Personalbeschaf-

Personalbudgetierung

Sozialbilanzen

fung, -bindung und -entwicklung, beeinflusst. Diese Erfolgsprozesse bedingen Aufwendungen, und sie können quantitativ abgebildet werden. Folglich werden eine periodengerechte Abschreibung und eine Rücklagenbildung notwendig, beispielsweise für Aufwendungen in Zusammenhang mit der Personalfreisetzung *(Hentze/Graf 2005, S. 449 ff., Hollender-Matatko/Brauweiler 2005, S. 168 f.)*.

▸ Die Leistungsfähigkeit, die Qualifikationen und Kompetenzen der Beschäftigten wertet man als zukünftige Leistungsreserve und stellt sie folglich als Aktiva dar, die die Ertragskraft des Unternehmens – genauso wie das Sachvermögen – bestimmen. Man stellt also der bislang angesprochenen Personalaufwandsrechnung eine Personalertragsrechnung gegenüber *(Scholz/Stein/Bechtel 2003, S. 50 ff.)*.

Diese Idee existiert in vielen Spielarten, die man als Personalvermögensrechnung, Human Resource Accounting oder Humanvermögensrechnung bezeichnet.

Bekannt geworden ist insbesondere der mit **Human Capital Management** benannte Ansatz, mit dem vor allem *Scholz*, *Stein* und *Bechtel (2004, S. 15 ff.)* die Frage beantworten wollen, was die Belegschaft eines Unternehmen insgesamt wert ist. Es geht ihnen keinesfalls darum, einzelne Beschäftigte zu bewerten und jene, die zu wenig Leistung bringen, abzustempeln. Vielmehr soll Unternehmen, die entscheiden, wie viel Geld sie in ihre Belegschaft investieren, und Beschäftigten, die entscheiden, ob und wie sie ihren eigenen Wert im

Human Capital Management

gegenwärtigen Unternehmen steigern, ein sinnvolles Kriterium geboten werden.

10.3.8 Fehlerquellen

Allerdings kann man bei der Datenauswertung diversen Irrtümern unterliegen.

Nicht nur fehlende oder ungenaue **Definitionen der Daten** können zu fehlerhaften Analysen und in letzter Konsequenz zu Fehlentscheidungen führen.

Dasselbe gilt auch für saldierte Ergebnisse. *Mülder (1994, S. 152, Abb. 10.10)* macht das am Beispiel einer Entwicklung des Verhältnisses von Krankenstunden zu den Gesamtstunden gegenüber der Vorperiode deutlich. In diesem Beispiel weisen die Kennzahlen auf der Abteilungs- und Hauptabteilungsebene noch deutliche Unterschiede auf, während sich auf der Bereichsebene die positive und negative Entwicklung gegenseitig aufheben. **Saldierungen** sollten folglich nur in Ausnahmefällen zugelassen werden.

Irreleitende Analysen und Fehlinterpretationen entstehen gleichfalls, wenn **organisatorische Einheiten** miteinander verglichen werden, die an sich nicht vergleichbar sind. *Mülder (1994, S. 152 f.)* berichtet etwa, dass sich beim Vergleich von acht Brauereien im gleichen Marktsegment völlig unterschiedliche Kennzahlen für die Arbeitsproduktivität pro Mitarbeiter und Jahr ergaben. Ohne die Zusatzinformation, dass es sich bei zwei Brauereien um amerikanische Unternehmen mit völlig anderen Brauverfahren als in deutschen Brauereien handelt,

Grundgedanke des Human Capital Management

Scholz, Stein und Bechtel (2004, S. 20) orientieren das »Human Capital« unter anderem an dem Leitgedanken, mit dem der Biochemiker Vester für den Club of Rome den Wert von Blaukehlchen berechnet hat: Einem absoluten Wert von etwa 1,5 Cent als Einkaufspreis für Blaukehlchen, dem Wert von Vogelskelett, Fleisch, Blut und Federkleid, hat er einen relativen Wert in Höhe von 154,09 Euro entgegengestellt, den Wert als Schädlingsbekämpfer, Freudespender und Symbiosepartner. In diesem Sinne bestimmen sie den relativen Wert der Belegschaft für das Unternehmen.

Stein (2008, S. 25) vergleicht das »Human Capital« mit einem Eimer voller aufgeblasener Luftballons. Tendenziell wird im Zeitverlauf das Volumen im Eimer geringer, denn die Ballons schrumpfen langsam durch Wissenserosion. Außerdem verlieren manche Ballons ihre Luft, wenn man mit einer Nadel hineinsticht, das heißt Beschäftigte demotiviert werden. Das Volumen im Eimer steigt hingegen, wenn Ballons hinzukommen, also wenn Personal beschafft wird, wenn die vorhandene Ballons weiter aufgeblasen werden, das heißt Personalentwicklung zum Zuge kommt, aber auch wenn man die Löcher in den Ballons flickt und sie neu mit Luft befüllt, wenn mithin die Beschäftigten neue Motivation schöpfen können.

bestand hier die Gefahr der Fehlinterpretation dieser Kennzahlen.

10.3.9 Computergestütztes Personalcontrolling

Ohne die Unterstützung durch die elektronische Datenverarbeitung kommt man weder bei der Datenerhebung noch bei der Datenauswertung aus *(Lisges/Schübbe 2005, S. 49 ff.).*

Obwohl das Sortiment an **Standardsoftware** recht ansprechend ist, findet man unter Umständen im Einzelfall kein Angebot, das den eigenen Ansprüchen genügt *(DGFP 2001, S. 131 ff.).*

Deshalb setzt man häufig **Tabellenkalkulationsprogramme** ein, die es ermöglichen, individuelle Berechnungen einschließlich erklärender Texte und Grafiken innerhalb eines elektronischen Arbeitsblattes zu formulieren.

Personalinformationssysteme sind Softwarepakete, das heißt computergestützte Verfahren, zur Erfassung, Speicherung, Verarbeitung, Weitergabe und Aufbereitung von Informationen für personalwirtschaftliche Entscheidungen. Sie beinhalten regelmäßig sogenannte Berichtsgenera-

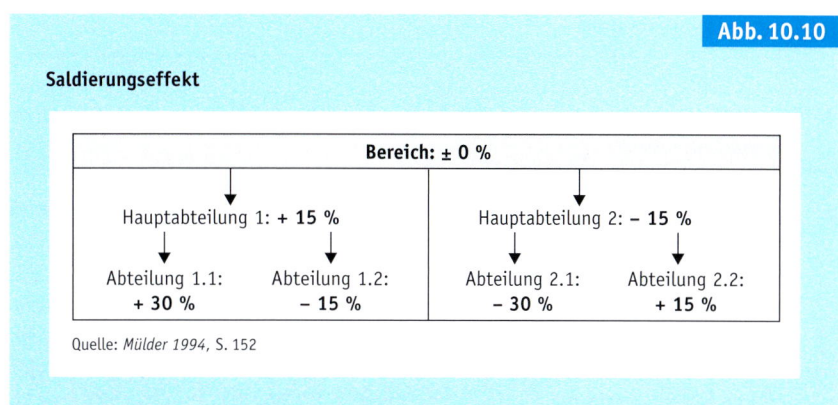

Abb. 10.10

Saldierungseffekt

Bereich: ± 0 %			
Hauptabteilung 1: + 15 %		Hauptabteilung 2: – 15 %	
Abteilung 1.1: + 30 %	Abteilung 1.2: – 15 %	Abteilung 2.1: – 30 %	Abteilung 2.2: + 15 %

Quelle: *Mülder 1994*, S. 152

toren, das heißt Auswertungswerkzeuge zur Erstellung von Statistiken und Kennzahlen. Soweit also ohnehin ein Personalinformationssystem eingesetzt wird, kann man beim Vergleich mit Berichtsgeneratoren arbeiten *(Mülder 2004, S. 1534 f., Oechsler 2006, S. 193 ff.).*

Auch **Führungsinformationssysteme**, bekannt als Executive Information Systems, könnten zum Einsatz kommen. Sie verschaffen einen direkten Zugang zu erfolgskritischen Daten aus internen und externen Quellen, die zudem benutzergerecht aufgearbeitet werden.

10.4 Datenverwendung

Das Personalcontrolling unterstützt die Unternehmensführung, das Personalwesen und die Linienverantwortlichen durch gezielte Informationen. Deshalb wird das im Ergebnis mehr oder weniger umfangreiche Zahlenwerk regelmäßig aufgearbeitet und je nach Problemstellung für einzelne Adressaten zusammengestellt *(Wunderer/Jaritz 2007, S. 71 ff.).*

Berichtsinformationen werden meist erstellt, wenn ein bestimmter Zeitraum verstrichen ist. Im Regelfall stellen sie einen Tatbestand vollständig dar. Berichte können generiert werden, wenn und soweit aktuelle Daten vorhanden sind.
Steuerungsinformationen beziehen sich ebenfalls auf aktuelle Daten, zusätzlich aber auch auf Plandaten oder Sollwerte. Steuerungsinformationen betreffen nämlich ausschließlich

kritische Abweichungen. Eine gute Steuerungsinformation ist möglichst knapp.

Das Ausmaß, in dem Berichts- durch Steuerungsinformationen verdrängt werden, ist ein Indikator für die Reife des Personalcontrolling *(Wunderer 2000, S. 298 ff.).*

Berichts- und Steuerungsinformationen

Viele Informationen werden grafisch dargestellt. So eignen sich

- Kreisdiagramme für Strukturvergleiche,
- Balkendiagramme für Rangfolge- und Korrelationsvergleiche,
- Säulendiagramme für Zeitreihen- und Häufigkeitsvergleiche,
- Kurvendiagramme ebenfalls für Zeitreihen- und Häufigkeitsvergleiche,
- Punktediagramme für Korrelationsvergleiche *(Becker 2008 a, S. 195 ff.).*

Grafische Darstellung

Aufgaben Kapitel 10

1. Inwiefern ist das Alter der Beschäftigten für das Personalcontrolling von Interesse?

2. Aufgrund vieler Vorruhestandregelungen sind bei Ihrem Arbeitgeber keine Beschäftigten tätig, die das 60. Lebensjahr vollendet haben, und nur wenige, die älter als 55 sind. Ihr Arbeitgeber war wirtschaftlich in Schwierigkeiten und hat über Jahre nicht ausgebildet. Fast alle Beschäftigten sind in den mittleren Jahren und schon lange dabei. Nun hat sich die Auftragslage radikal und mit besten Aussichten für die Zukunft verbessert. Welche Probleme ergeben sich aus der Altersstruktur?

3. Mit welchen Argumenten könnten Sie die Geschäftsführung eines Unternehmens davon überzeugen, dass es lohnt, die Arbeitszufriedenheit der Belegschaft zu untersuchen?

4. In der Fertigung Ihres Unternehmens arbeiten recht viele Beschäftigte, die entweder gar keine oder eine fachfremde Ausbildung haben. Momentan ist das kein Problem, da im Rahmen Ihrer Fertigung viele Hilfsarbeiten notwendig sind, die keinerlei Ausbildung fordern. Was erwartet Sie in der Zukunft?

5. Die Analyse der Entgelte ergibt, dass Ihr Arbeitgeber in den letzten Jahren trotz konstanter Beschäftigtenzahl nicht nur steigende Personalkosten zu verzeichnen hat. Er liegt dabei sogar deutlich über den Branchendurchschnitt. Woran kann das liegen und was könnte man dagegen tun?

6. Als neue/r Manager/in eines Unternehmens zweifeln Sie an der Wirtschaftlichkeit Ihrer Personalabteilung, weil dort weit mehr Beschäftigte tätig sind als Sie es aus dem Unternehmen kennen, bei dem Sie zuvor tätig waren. Welche einsichtigen Gründe könnten trotzdem für eine vergleichsweise große Personalabteilung sprechen?

7. Bitte verdeutlichen Sie an einem Beispiel, dass saldierte Ergebnisse im Rahmen des Personalcontrolling zu fehlerhaften Analysen und in letzter Konsequenz zu Fehlentscheidungen führen können.

Lösungen zu den Aufgaben finden Sie im Anschluss an das letzte Kapitel.

11 Lösungen der Aufgaben

1 Grundlagen

1. Leiharbeitnehmer sind zweifellos Arbeitnehmer, aber nicht des Entleihers, also des Unternehmens, in dem sie tätig werden, sondern Arbeitnehmer eines gewerbsmäßigen Verleihers von Personal. Folglich zählen sie zur Belegschaft des Verleihers. Trotzdem zählen sie zugleich zur Belegschaft des Entleihers, also des Unternehmens, in dem sie tätig werden, denn sie stellen diesem Unternehmen ihre Arbeitskraft zur Verfügung.

2. Arbeitgeber sind alle natürlichen oder juristischen Personen und Körperschaften des öffentlichen Rechts, die mindestens eine Person beschäftigen, der sie für ihre Tätigkeit eine Gegenleistung versprochen haben.

Folglich ist auch der Staat ein Arbeitgeber. Er ist aber nur dann ein Unternehmer, wenn er wirtschaftlich tätig wird.

Außerdem sind nur die sogenannten Eigentümerunternehmer zugleich Arbeitgeber, denn sie sind einerseits die Vertragspartner der Beschäftigten und sie übernehmen andererseits als Allein- oder Miteigentümer das Risiko für das haftende Kapital. Manager sind hingegen »nur« sogenannte Auftragsunternehmer, denn sie sind als leitende Angestellte zwar mit unternehmerischen Funktionen betraut, aber keineswegs die Eigentümer des Unternehmens.

3. Das Personalwesen ist die Sektion, die sich federführend den personalwirtschaftlichen Aufgabenfeldern widmet. Insofern verfügt jeder Arbeitgeber über ein Personalwesen.

Wenn nur wenige Beschäftigte für einen Arbeitgeber arbeiten, macht eine eigenständige Personalabteilung keinen Sinn. In der Praxis hält man es bei bis zu 100 Beschäftigten so, dass einige personalwirtschaftliche Aufgaben vom Eigentümer oder Führungskräften mit Personalkompetenz mit übernommen werden und man den Rest spezialisierten Anbietern überträgt.

Wird die Schwelle von 100 Beschäftigten überschritten, zeigen sich zuweilen Probleme bei der Koordination und der Abwicklung der personalwirtschaftlichen Aufgaben. Diese Probleme kann man bewältigen, wenn ein Beschäftigter sich ausschließlich der Personalwirtschaft widmet. Eine Abteilung entsteht dadurch aber noch nicht.

Erst ab 200 bis 400 Beschäftigten ist das Personalwesen in der Regel eine Personalabteilung oder gar Hauptabteilung Personal mit mehreren Fachgebieten oder Fachgruppen. Zumeist arbeitet ca. ein Prozent der Belegschaft in der Personalabteilung.

4. Bei der Organisation des Personalwesens orientiert man sich unter anderem an den Strukturen des Unternehmens und natürlich an den Bedürfnissen der Belegschaft. Das sogenannte divisionale Referentensystem sieht vor, dass die Beschäftigten einer Produktlinie, einer Sparte, eines Standortes oder einer Funktion von Personalreferenten vor Ort betreut werden. Die Beschäftigten haben dadurch, im Sinne eines »One Face to the Customer«, einen einzigen Ansprechpartner für alle personalwirtschaftlichen Belange, der zudem über mitarbeiter- und bereichsspezifische Kenntnisse verfügt.

Selbstverständlich soll das Personalwesen wirtschaftlich arbeiten. Das kann man dadurch sicherstellen, dass die Personalabteilung ihre Leistungen als Service Center den anderen Abteilungen zu internen Verrechnungspreisen anbietet. Die Personalabteilung hat dann das Ziel, ihre eigenen Kosten zu decken. Die nachfragenden Abteilungen werden als Kunden betrachtet. In mitarbeiterstarken Unternehmen mit mehreren Standorten entstehen Shared Service Center, wenn die in diesem Fall vermeintlich standardisierbaren, ortunabhängigen personalwirtschaftlichen Aufgaben von einem Standort aus erledigt werden.

5. Das Allgemeine Gleichbehandlungsgesetz verpflichtet den Arbeitgeber, Benachteiligungen aus Gründen der Rasse oder der ethnischen Herkunft, des Geschlechts, der Religion oder Weltanschauung, einer Behinderung, des Alters oder der sexuellen Identität zu verhindern oder zu beseitigen. Das betrifft jegliche Diskriminierung, von der planerischen Vorbereitung der Maßnahmen über die Personalbeschaffung bis hin zur Personalfreisetzung, in jeder betrieblich veranlassten Situation und für jede Beschäftigtengruppe.

Unmittelbare Benachteiligungen sind eindeutige Zurücksetzungen. Mittelbare Benachteiligungen liegen vor, wenn dem Anschein nach neutrale Vorschriften, Kriterien oder Verfahren Personen gegenüber anderen diskriminieren. Belästigungen sind unerwünschte, diskriminierende Verhaltensweisen, die die Würde der Betroffenen verletzen und ein feindliches Umfeld schaffen. Um Anweisungen zur Benachteiligung handelt es sich, wenn Personen zu Verhaltensweisen bestimmt werden, die andere diskriminieren oder diskriminieren könnten.

6. Die Personalwirtschaft ist die Gesamtheit der mitarbeiterbezogenen Gestaltungs- und Verwaltungsaufgaben im Unternehmen.

▶ Die Verwaltungsaufgaben bezeichnet man als Personalarbeit. Diese Aufgaben sind einerseits ordnender Natur. So müssen beispielsweise Formulare, Unterlagen und Dateien für die Personalplanung erstellt werden. Andererseits ist eine Reihe von Vorgängen kontinuierlich zu überwachen, beispielsweise

Fluktuation, Krankenstand und Mehrarbeit. Schließlich stehen Meldeaufgaben für innerbetriebliche und externe Zwecke an.

▸ *Zu den Gestaltungsaufgaben zählen Personalbeschaffung, Personaleinsatz, Personalbeurteilungen, Entgeltfindung und -abrechnung, Personalführung, Personalservice, Personal- und Organisationsentwicklung, Personalfreisetzung sowie Personalcontrolling.*

Seit Mitte der 1980er-Jahre verwendet man im deutschsprachigen Raum den Begriff Personalmanagement. Zunächst wurde damit vorrangig die Steuerung des Personals als rechenbare Größe umschrieben, mithin ein Aufgabenfeld der Personalwirtschaft, für das sich nunmehr eher die Bezeichnung Personalcontrolling eingebürgert hat. Im Laufe dieser Entwicklung ist der Begriff Personalmanagement mehr und mehr in den täglichen Sprachgebrauch der Verantwortlichen übergegangen, sodass er mittlerweile als Synonym für Personalwirtschaft gilt. Außerdem hebt man mit der Bezeichnung Personalmanagement hervor, dass die mitarbeiterbezogenen Aufgaben einen unverzichtbaren Bestandteil des Managementprozesses bilden.

In der zeitgenössischen, vor allem US-amerikanischen Praxis und Literatur spricht man, unter Berufung auf US-Business Schools, vom Human Resource Management und meint damit jene Begriffsinhalte, die im deutsprachigen Raum als Personalmanagement bezeichnet werden.

Die Argumente für die Verwendung der Begriffe Personalmanagement und Human Resource Management sind durchaus ehrenwert und überzeugend. Andererseits macht der Begriff Personalwirtschaft eher deutlich, dass es sich um eine betriebswirtschaftliche Funktion und mithin um ein Teilgebiet der Wirtschaftswissenschaften handelt.

7. *Der Begriff Personalmarketing steht dafür, dass man sich das Marketing als Orientierungsrahmen, Leitbild oder Denkweise für alle Aufgabenfelder der Personalwirtschaft zunutze macht. Man zieht also die Wirkungen von Unternehmensaktivitäten auf potenzielle und aktuelle Beschäftigte ins Kalkül und macht sie zum Maßstab dieser Aktivitäten.*

Personalbindung ist eine Daueraufgabe, die darauf abzielt, die in einem mühevollen, zeit- und kostenaufwändigen Prozess gewonnenen Belegschaftsmitglieder nicht wieder zu verlieren.

Mit dem Begriff Talentmanagement fasst man die Aktivitäten des Personalmarketing und der Personalbindung zusammen. Das Begriffsverständnis ist eher schwammig. Gemeinsam ist allen Definitionen das Gewinnen, Identifizieren, Halten und Entwickeln von talentierten Mitarbeitern.

Work-Life-Balance ist das erstrebenswerte ausgewogene Gleichgewicht zwischen Berufs- und Privatleben, zwischen Arbeit und Freizeit.

8. *Wenn in einem Unternehmen in der Regel mindestens fünf ständige und zugleich wahlberechtigte Arbeitnehmer tätig sind, von denen drei wählbar sind, kann dort ein Betriebsrat gewählt wer-*

den. Dieses je nach Beschäftigtenzahl unterschiedlich personenstarke Gremium hat diverse Mitbestimmungsrechte.

Zur Mitbestimmung im eigentlichen Sinne zählen Initiativrechte in sozialen Angelegenheiten, Vetorechte in personellen Angelegenheiten sowie die vielfältigen Mitbestimmungsrechte im Rahmen der sogenannten Betriebsänderung.

Die Mitwirkungsrechte sind diverse Beratungsrechte, Anhörungsrechte bei Entlassungen und schließlich Informationsrechte vor allem in Sachen Personalplanung und -beurteilung sowie das Recht auf Einsicht in Lohn- und Gehaltslisten.

2 Personalbeschaffung

1. *Die Personalbeschaffung ist darauf ausgerichtet, freie Stellen, sogenannte Vakanzen, zeitlich unbefristet oder doch zumindest für einige Zeit neu zu besetzen. Wer Personal beschaffen will, muss zunächst planerisch ermitteln, was die erforderliche Anzahl, Qualifikation und Kompetenz, der notwendige Zeitpunkt und der jeweilige Einsatzort sind, wie man vorgehen kann und was der Arbeitsmarkt hergibt. Danach geht man mit der Wahl eines Beschaffungsweges zur Personalakquisition über. Es folgt der häufig sehr aufwändige Auswahlprozess, der in eine Entscheidung für eine Bewerberin oder einen Bewerber und die Unterzeichnung eines Vertrages mündet.*

Man bezeichnet die Personalbeschaffung auch als Recruitment. Der Begriff Personalwerbung wird im Zusammenhang mit den externen Personalbeschaffungswegen erwähnt. Es ist allerdings umstritten, was genau Personalwerbung ist. Sicherlich zählen die Stellenangebote in Printmedien, im Internet und in Non-Printmedien dazu, selbst wenn man dazu eine Personalberatung einschaltet, zudem die Personalimagewerbung und die spezifische Planung der Personalwerbung, wenn man will auch noch die Analyse der Bewerbungen, die durch die Personalwerbung auslöst werden.

2. *Das Diversity-Prinzip besagt, dass in der Belegschaft recht viele Bevölkerungsgruppen und beide Geschlechter in einem angemessenen Verhältnis vertreten sein sollten. Dadurch gewährleistet man nicht nur soziale Gerechtigkeit. Man sorgt zudem für die notwendige Reaktionsfähigkeit bei etwaigen zukünftigen Marktgegebenheiten, über die man nur verfügt, wenn man die Vielgestaltigkeit der Bevölkerung in den eigenen Reihen abbildet. Wer beispielsweise keine Migranten beschäftigt, hat Probleme, Migranten etwas zu verkaufen, weil er nicht weiß, was Migranten bewegt.*

Mit dem Allgemeinen Gleichbehandlungsgesetz erhebt der Gesetzgeber das Diversity-Prinzip zur Verpflichtung, die alle Beschäftigten und Bewerber betrifft. Der Arbeitgeber muss Benachteiligungen aus Gründen der Rasse oder der ethnischen Herkunft, des Geschlechts, der Religion oder Weltanschauung, einer Behin-

derung, des Alters oder der sexuellen Identität verhindern oder beseitigen, auch und gerade bei der Personalbeschaffung. Der Gesetzgeber fordert also mit dem Allgemeinen Gleichbehandlungsgesetz allen Arbeitgebern zwingend etwas ab, was in Anbetracht des Diversity-Prinzips ohnehin angeraten ist.

3. Als Kompetenzen bezeichnet man die Fähigkeiten, die Menschen in die Lage versetzen, sich in offenen und unüberschaubaren, komplexen und dynamischen Situationen selbstorganisiert zurechtzufinden. Kompetenzen lassen sich damit als Selbstorganisationsdispositionen, als Fähigkeiten, sich selbst zu organisieren, beschreiben.
Fachliche Kompetenz ist die Fähigkeit, bei der Lösung von gegenständlichen Problemen selbstorganisiert zu handeln.
Methodische Kompetenz ist die Fähigkeit, Tätigkeiten, Aufgaben und Lösungen selbstorganisiert zu gestalten.
Soziale Kompetenz ist die Fähigkeit, sich mit anderen kreativ, gruppen- und beziehungsorientiert auseinanderzusetzen.
Personale Kompetenz ist die Fähigkeit, sich selbst einzuschätzen, produktiv zu entfalten, zu entwickeln und zu lernen.

4. Die einschlägigen gesetzlichen Regelungen finden sich im § 93 des Betriebsverfassungsgesetzes und den analogen Vorschriften der Personalvertretungsgesetze des Bundes und der Länder. Danach kann der Betriebs- bzw. Personalrat verlangen, dass entweder alle oder im Einzelfall spezifizierte Arbeitsplätze, die besetzt werden sollen, vor ihrer Besetzung zunächst innerhalb des Unternehmens ausgeschrieben werden. Ausgenommen hiervon sind die Positionen leitender Angestellter.
Kommt das Unternehmen dem Verlangen des Betriebs- oder Personalrates nicht nach, so kann dieser die notwendige Zustimmung zur Einstellung verweigern.

5. Der Sperrvermerk ist die Aufschrift »Bitte nicht an … weiterleiten«, die man auf dem Umschlag vermerkt, in den man die Bewerbung steckt. Diesen Umschlag legt man in einen zweiten Umschlag, auf dem man Absender und Empfänger vermerkt. Sinnvoll ist der Sperrvermerk bei Stellenangeboten über Personalberater und Chiffreanzeigen, die ja nicht offenbaren, welches Unternehmen die Stelle ausschreibt. Mit dem Sperrvermerk verhindert man die Peinlichkeit der Bewerbung beim eigenen Arbeitgeber.

6. Für die Stellenanbieter ist die Präsentation einer Vakanz in einer Jobbörse kostenpflichtig. Das führt dazu, dass die Angebote zumeist aktuell sind. Gute Jobbörsen sind so gestaltet, dass Stellensuchende über einen eigenen datenbankgesteuerten Auswahlprozess, ein sogenanntes Matching, etwa nach Region, Firma, Stellenbezeichnung und Anforderungsprofil, eine Position aussuchen und über einen Link direkt mit der entsprechenden Internetseite des Arbeitgebers verbunden werden.
Dieses Matching über alle Unternehmen hinweg können die Unternehmen selbst natürlich nicht gewährleisten. Ferner ergibt sich bei einer Suche über die Websites der Unternehmen das Problem, dass die Adressangaben, die Uniform Resource Locators (URL), nicht immer mit der Firma, dem Namen des Unternehmens, übereinstimmen. Zudem hat nicht jeder Arbeitgeber auch tatsächlich eine Stelle zu besetzen. Manche präsentieren sich allein aus Imagegründen. Schließlich bleibt die Frage, ob das Angebot aktuell und die Stelle noch frei ist. Nicht alle Unternehmen lassen ihre Websites regelmäßig aktualisieren.

7. Nachteilig ist die Tatsache, dass zwar recht viele Menschen das Internet nutzen, aber bei weitem nicht alle für die Stellensuche. Trotzdem sind bei einer Ausschreibung über das Internet weit mehr Bewerbungen zu erwarten als über die Printmedien. Den schnell erzeugten Internetbewerbungen fehlt es indes oft an Ernsthaftigkeit, sodass den Personalverantwortlichen eine Vorselektion nicht erspart bleibt. Aber etliche Personalabteilungen wollen ohnehin die klassische Bewerbungsmappe. Allein schon deshalb kann man nicht immer auf das Internet setzen, und selbst wenn, dann kommt auf diesem Weg zuweilen nur der Erstkontakt zustande. Ferner ist das Internet mit Informationen überfrachtet. Selbst Suchdienste ertrinken im Datenwust. Schließlich entstehen erhebliche Sicherheitsprobleme. Die übertragenen Daten können von Unbefugten mitgelesen werden, Informationen können verfälscht werden oder ganz verschwinden, ohne dass ein Übertragungsfehler gemeldet wird.
Vorteilhaft sind die zeitliche Flexibilität, die lange Wirkungsdauer und das progressive Image des Internets, an dem das suchende Unternehmen partizipieren kann. Obendrein unterliegt die Menge der vermittelten Informationen kaum einer Beschränkung. Stellenangebote über kommerzielle Dienstleister im Internet, die bis zu vier Wochen eingesehen werden können, sind zudem recht preisgünstig. Sie kosten zwischen rund 250 und 1.000 Euro. Auch der Vorteil der weltweiten Vernetzung liegt auf der Hand: Analog zum globalisierten Beschaffungs- und Absatzmarkt etabliert sich ein globaler Arbeitsmarkt.

8. Wenn man die Beschäftigten auffordert, geeignete Kandidaten für eine freie Stelle direkt anzusprechen, fordert man Mitarbeiterempfehlungen ein. Dieser Aufforderung werden Beschäftigte, die von ihrem Arbeitgeber überzeugt sind, gerne nachkommen. Manche Unternehmen zahlen sogar Anwerbeprämien, angeblich bis zu 3.000 Euro.
Derartige Anwerbeprämien zahlen manche Unternehmen sogar an Betriebsfremde, die als »Talent Scouts« tätig werden und sich über eine speziell zu diesem Zweck gegründete Internet-Plattform kundig gemacht haben.
Wird das Unternehmen etwa mit seiner Personalabteilung selbst in Sachen Abwerbung aktiv, kommt die sogenannte Competitive Intelligence zum Zuge. Man kennt die Beschäftigten der Konkurrenz und nutzt dieses Wissen zur Erstellung von Listen mit Wunschkandidaten und deren Präferenzen, die man anspricht und letztlich für sich gewinnen will.

9. Das DIN-Institut in Berlin hat in Zusammenarbeit mit Fachleuten die Norm 33430 geschaffen.

Sie legt fest, dass Personalauswahlverfahren nur dann eingesetzt werden dürfen, wenn alle Informationen ebenso wahrheitsgetreu wie belegbar sind und die einschlägigen Unterlagen sowie Ergebnisse strengster Geheimhaltung unterliegen.

Bei abgelehnten Bewerbern sollen alle Dokumentationen nach Abschluss des Verfahrens vernichtet werden.

Die DIN-Norm sieht schließlich eine Zertifizierung der Verfahren und ihres Einsatzes vor. Dabei orientieren sich die Anforderungen an die Verfahrensanwender am Profil eines Diplom-Psychologen.

10. Gerade in Stellenangeboten im Internet wird man bei Interesse öfters um eine sogenannte Online- oder Internetbewerbung gebeten.

Zuweilen muss man eine Hürde bewältigen, bevor man zur Bewerbung zugelassen wird, ein Online-Assessment mit internetbasierten Testverfahren und Übungen, teils sogar mit Interviews via Videokonferenz. Einige dieser Online-Assessments sind als Online-Spiele ausgelegt, die eine launige Rahmenhandlung und einen »Spaßfaktor« bieten.

Bei manchen Stellenangeboten im Internet wird man zwingend auf ein Formular zu Erfassung des Eignungsprofils und eventueller Restriktionen, also eine Art Fragebogen verwiesen. Die Angaben überprüfen entweder Personalverantwortliche oder eine entsprechend programmierte Software auf Übereinstimmung mit dem Anforderungsprofil. Bei fehlender Übereinstimmung wird eine Bewerbung gar nicht erst zugelassen.

Ansonsten kann man das Anschreiben oder ein Bewerbungsformular als E-Mail, als elektronische Post, an das suchende Unternehmen senden. Selbst die für schriftliche Bewerbungen üblichen Bewerbungsunterlagen können eingescannt, also über ein geeignetes Gerät elektronisch eingelesen, in Dateien umgewandelt und als E-Mail versandt werden.

Schließlich kann man eine ansprechend gestaltete Website erstellen, eine sogenannte Bewerbungshomepage, auf die man in einer E-Mail oder in der konventionellen schriftlichen Bewerbung hinweist. Freilich sollte man diese Website nicht allgemein zugänglich machen, sondern mit einem Passwort verschlüsseln, das man nur dem kontaktierten Unternehmen nennt.

11. Am Anfang investiert man in jede Bewerbung nur ein paar Minuten, um festzustellen, ob die Mindestanforderungen, beispielsweise die Qualifikationen, gegeben sind. Dabei konzentriert man sich auf das Anschreiben und den Lebenslauf.

Auf A-Bewerbungen, die die Anforderungen weitestgehend erfüllen, konzentriert man sich im weiteren Verlauf.

B-Bewerbungen erfüllen nur teilweise die Anforderungen und werden für eine mögliche spätere Berücksichtigung zurückgelegt.

Für C-Bewerbungen, die nicht stringent aufgebaut oder formal nicht akzeptabel sind, erstellt man zeitnah eine Absage.

12. Die einfachen Zeugnisse oder Arbeitsbescheinigungen haben eine Dokumentationsfunktion. Sie beinhalten den Ausstellungsort und das Ausstellungsdatum sowie die Unterschrift des Arbeitgebers bzw. der Personalleitung oder eines Vorgesetzten. Besonders wichtig sind Angaben über die Person sowie die Art und Dauer der Beschäftigung.

Hinter der Dokumentationsfunktion der Arbeitsbescheinigung verbirgt sich eine weitere Aussage. Der Arbeitnehmer hat nicht auf einem qualifizierten Zeugnis bestanden. Arbeitnehmer haben nämlich nach § 109 der Gewerbeordnung einen Rechtsanspruch auf die Ausstellung eines Arbeitszeugnisses, der mit dem Ausspruch der Kündigung gleich von welcher Seite entsteht. Die Vorschrift besagt zwar, dass eine Arbeitsbescheinigung ausgestellt werden muss, falls die Betreffenden nicht ein qualifiziertes Zeugnis mit weitergehenden Angaben verlangen. In der Praxis stellt man jedoch regelmäßig ein qualifiziertes Zeugnis aus, wenn die Betreffenden nicht ausdrücklich nur ein einfaches Zeugnis wünschen.

Angesichts dieser Fakten müssen Sie sich logischerweise fragen, wieso nur Arbeitsbescheinigungen vorgelegt werden. Da liegt die Vermutung nahe, dass weitergehende Angaben etwas Negatives offenbart hätten.

13. Herr Meier hatte Verständnis für seine Arbeit: Seine Leistungsbereitschaft war völlig ungenügend.

Er bevorzugte eine gleichbleibende Tätigkeit: Er war nicht ausdauernd und nicht belastbar.

Er hatte Gelegenheit, sich Wissen anzueignen: Er hat die Gelegenheit nicht genutzt, sich also in keiner Weise in Sachen Personalentwicklung engagiert.

Herr Meier war bemüht, den Anforderungen gerecht zu werden: Die Bemühungen führten nicht zum Erfolg, das heißt er ist den Anforderungen nicht gerecht geworden.

Er hat im Großen und Ganzen zu unserer Zufriedenheit gearbeitet: Das Gesamturteil zur Beschäftigung von Herrn Meier ist, in Schulnoten ausgedrückt, mangelhaft.

14. Mit der Bitte um ein Bewerbungsfoto setzt man sich dem Vorwurf aus, Menschen mit dem Blick auf das Foto aus Gründen der Rasse oder der ethnischen Herkunft, des Geschlechts, einer Behinderung, des Alters oder vielleicht sogar wegen ihrer Religion, Weltanschauung oder sexuellen Identität diskriminiert zu haben. Verständlich, aber nicht unbedingt ratsam, ist die Bitte nur dort, wo der künftige Stelleninhaber das Unternehmen in der Öffentlichkeit repräsentiert, etwa im Kundenkontakt.

15. Die Personalverantwortlichen dürfen nur erfragen, was für die ausgeschriebene Position von Bedeutung ist. Die Fragen dürfen zudem nicht zur Diskriminierung im Sinne des Allgemeinen Gleichbehandlungsgesetzes Anlass geben.

Zulässig sind demnach Fragen zu Krankheiten, wenn eine Krankheit eine Gefährdung der Patienten mit sich bringt. Das wäre durchaus der Fall, wenn Peter HIV-positiv wäre, denn dann könnte er die Patienten möglicherweise anstecken. Peter wird durch die Frage auch nicht diskriminiert.

Die Frage im Vorstellungsgespräch war also zulässig. Wenn man Peter den Grund für die Frage erläutert hätte, wäre er sicher auch nicht so aufgebracht gewesen.

16. Zu den Vorstellungskosten zählen insbesondere die Fahrt-, Übernachtungs- und Verpflegungskosten. Eine Rechtspflicht zum Ersatz dieser Vorstellungskosten besteht, wenn ausdrücklich zum Gespräch eingeladen wurde und in der Einladung nicht darauf hingewiesen wurde, dass eine Erstattung ausgeschlossen sei. Dabei ist es völlig unerheblich, ob das Gespräch zum Abschluss eines Arbeitsvertrages führt.

Freilich sagt die Rechtsprechung lediglich etwas über den Ersatz angemessener Vorstellungskosten. Die Höhe der Erstattung ist demnach nicht genau bestimmt. Die Bewerberinnen und Bewerber sind gehalten, den Vorstellungstermin auf die kostengünstigste Weise wahrzunehmen. Man mutet aber niemandem zu, über Nacht anzureisen. Bei einem frühen Vorstellungstermin ist eine Übernachtung vor Ort statthaft.

Nicole kann also davon ausgehen, dass das Unternehmen ihr zumindest Beträge in Höhe der Kosten einer Bahnfahrkarte zweiter Klasse und der steuerlichen Übernachtungspauschale ersetzt.

17. Testverfahren sind bei der Personalauswahl rechtlich nur dann zulässig, wenn

  ▸ die Kandidatinnen und Kandidaten über Inhalt und Reichweite unterrichtet wurden,

  ▸ sie ihr Einverständnis gegeben haben und

  ▸ sich der Test ausschließlich auf Anforderungen des betreffenden Arbeitsplatzes bezieht.

18. Ein Postkorb simuliert die Bearbeitung von Schriftstücken, mit denen es die Bewerberinnen und Bewerber tatsächlich zu tun haben könnten, wenn sie die betreffende Stelle bekämen. Angeboten werden auch standardisierte Postkörbe als Software für den Personalcomputer. Um die Schriftstücke wird zudem ein Szenario aufgebaut, das es notwendig macht, die Bearbeitung in einer vorgegebenen Zeit abzuschließen. Die Bearbeitung wird auf den Schriftstücken bzw. im Softwareprogramm fixiert oder den Beobachtern geschildert.

19. Ein Assessment Center ist ein ein- bis dreitägiges Seminar mit acht bis zwölf Teilnehmerinnen und Teilnehmern, die von Führungskräften und Personalfachleuten, gegebenenfalls auf der Grundlage von Fragebogen, in Interviews, unter Umständen auch in Testverfahren, in der Hauptsache aber in Einzel-, Rollen- und Gruppenübungen beobachtet und beurteilt werden.

Ein Assessment Center ist für das Unternehmen sehr aufwändig. Deshalb kann man davon ausgehen, dass die Elemente exakt auf die ausgeschriebene Stelle zugeschnitten sind.

Wenn das so ist, haben Sie keine Chance auf die Stelle, es sei denn, Sie wären ein/e Schauspieler/in der Spitzenklasse und könnten auch bei ständig wechselnden Herausforderungen eine Rolle spielen, die nicht dem eigenen Charakter entspricht. Selbst derart talentierten Schauspieler/innen muss man jedoch von der Teilnahme abraten. Im Berufsalltag kann man nicht ständig schauspielern und wird folglich kaum die Probezeit überstehen.

Sie können das Assessment Center im Prinzip als eine Art Training nutzen, um später bei einem Assessment Center für eine geeignete Stelle Routine zu haben. Selbst das ist aber nicht unbedingt anzuraten, weil Sie im aktuellen Assessment Center doch stark frustriert würden.

Ähnliches gilt auch für den Fall, dass die Elemente wieder Erwarten nicht exakt auf die ausgeschriebene Stelle zugeschnitten sind. Man stellt Sie dann vielleicht in der Erwartung ein, einen kommunikativen, teamfähigen Menschen gewonnen zu haben. Diese Erwartung können Sie aber nicht erfüllen.

Eine positive Überraschung könnten Sie höchstens dann erleben, wenn Ihre Selbsteinschätzung eine Selbsttäuschung wäre, wenn Sie also gar kein/e verschlossene/r Einzelkämpfer/in wären sondern ein kommunikativer, teamfähiger Mensch. Nur wenn Sie darauf spekulieren, macht eine Teilnahme wirklich Sinn.

20. Laut § 99 des Betriebsverfassungsgesetzes muss der Betriebsrat in Betrieben mit in der Regel mehr als zwanzig wahlberechtigten Arbeitnehmern grundsätzlich vor jeder Einstellung laufend und umfassend über die Bewerbungen, die Personalauswahl, die Auswirkungen der Einstellung sowie den Arbeitsplatz und die vorgesehene Eingruppierung informiert werden. Das ist hier geschehen.

Grundsätzlich muss er um seine Zustimmung gebeten werden. Unter Berufung auf die besagte Vorschrift kann der Betriebsrat seine Zustimmung verweigern, wenn die begründete Besorgnis besteht, dass bereits beschäftigten Arbeitnehmern wegen der Neueinstellung gekündigt wird oder sonstige Nachteile entstehen, ohne dass dies aus betrieblichen oder persönlichen Gründen gerechtfertigt ist. Vielleicht ist diese Sorge hier tatsächlich begründet.

Eines hat der Betriebsrat aber übersehen: § 105 des Betriebsverfassungsgesetzes besagt, dass für leitende Angestellte nur die rechtzeitige Information des Betriebsrates, aber keine Zustimmung vonnöten ist. Und gemäß § 5 Absatz 3 des Betriebsverfassungsgesetzes ist eine Prokuristin, deren Prokura, wie hier, im Verhältnis zum Arbeitgeber nicht unbedeutend ist, eine leitende Angestellte. Die Verweigerung der Zustimmung ist mithin rechtlich unbeachtlich.

21. Wenn man Personen mit besonders raren und begehrten Qualifikationen und Kompetenzen beziehungsweise mit speziellem Insiderwissen als neue Beschäftigte gewinnen will, bietet man ihnen bisweilen eine zusätzliche Vergütung an, die bei Vertragsschluss oder zu einem vereinbarten Termin nach der Arbeitsaufnahme fällig wird. Diese zusätzliche Vergütung, die man Abschlussgratifikation oder »golden handshake« nennt, ist in jeder nur denkbaren Form möglich, etwa als Prämie in Geld, als Dienstwagen mit unbeschränkter privater Nutzung oder als Aktienoption.

22. Verursacht ein Arbeitnehmer dem Arbeitgeber bei Erfüllung des Arbeitsvertrages schuldhaft einen Schaden, so haftet er grundsätzlich auf Schadensersatz, aber nicht bei jedem Grad des Verschuldens in voller Höhe: Bei leichtester Fahrlässigkeit haftet er gar nicht. Bei mittlerer Fahrlässigkeit wird der Schaden zwischen Arbeitnehmer und Arbeitgeber nach den Umständen des Falles prozentual aufgeteilt. Bei grober Fahrlässigkeit ist eine Haftungserleichterung möglich, wenn der Schaden ungewöhnlich groß ist. Bei gröbster Fahrlässigkeit oder Vorsatz haftet der Arbeitnehmer voll.

Hier muss man wohl von gröbster Fahrlässigkeit ausgehen, denn Rolf war erstens betrunken und zweitens viel zu schnell. Zudem ist ein Wettrennen ohnehin inakzeptabel. Rolf haftet in vollem Umfang für den Schaden.

23. Verträge, auch Arbeitsverträge, sind grundsätzlich formfrei, können also prinzipiell auch mündlich geschlossen werden.

Zwar können Tarifverträge und Betriebsvereinbarungen zwingend die Schriftform fordern. Das gilt aber nicht für Ihren Arbeitgeber, da er an keinen Tarifvertrag gebunden ist und bei ihm kein Betriebsrat gewählt wurde.

Es ist auch nicht erkennbar, dass hier ein Gesetz wie das Berufsbildungsgesetz oder das Teilzeit- und Befristungsgesetz anwendbar wären, das für spezielle Regelungen die Schriftform vorschreibt.

Folglich sind die mündlichen Vereinbarungen rechtsgültig. Freilich würde Ihnen ein schriftlicher Vertrag mehr Rechtssicherheit geben.

Nach dem Nachweisgesetz können Sie aber doch noch mit einem Dokument rechnen. Der Arbeitgeber muss die wesentlichen Vertragsbedingungen etwa zur Tätigkeit, dem Entgelt usw. schriftlich niederlegen, unterschreiben und Ihnen aushändigen. Dafür kann er sich jedoch bis spätestens einen Monat nach dem vereinbarten Beginn des Arbeitsverhältnisses Zeit lassen.

24. In der Regel vereinbart man im Arbeitsvertrag eine Probezeit, mit der das Arbeitsverhältnis beginnt. Viele Tarifverträge befristen die Probezeit. Sie beträgt für gewerbliche Arbeitnehmer gewöhnlich vier Wochen und für Angestellte drei bis sechs Monate. Gemäß § 622 Absatz 3 des Bürgerlichen Gesetzbuches beträgt die Kündigungsfrist während der Probezeit, längstens für sechs Monate, nur zwei Wochen. Da Entlassungen während dieser ersten sechs Monate laut § 1 des Kündigungsschutzgesetzes nicht sozial gerechtfertigt sein müssen, könnte sich der neue Arbeitgeber in einer vereinbarten Probezeit leicht und schnell wieder von Nicole trennen.

Vorsichtige Arbeitgeber vereinbaren keine Probezeit, sondern ein Probearbeitsverhältnis, also ein befristetes Arbeitsverhältnis. Dieses wird entweder zum vereinbarten Termin in ein befristetes oder unbefristetes Dauerarbeitsverhältnis umgewandelt oder es endet zum vereinbarten Termin, ohne dass es einer Entlassung bedarf.

Wenn der Arbeitgeber nicht mit Nicole zufrieden sein sollte oder unversehens in eine wirtschaftliche Schieflage geraten würde, liegt der Unterschied in der Hauptsache darin, dass der Arbeitgeber Nicole dann noch nicht einmal entlassen müsste, sondern einfach nur die vereinbarte Zeit abwarten könnte. Andererseits wäre dann eine Entlassung auch kein Problem. Folglich ist der Unterschied in der Praxis nicht bedeutsam.

Allerdings bringt der Arbeitgeber mit dem angebotenen Probearbeitsverhältnis zumindest große Vorsicht wenn nicht gar Misstrauen zum Ausdruck.

25. Unter einem Wettbewerbsverbot versteht man gemäß § 74 des Handelsgesetzbuches eine Vereinbarung zwischen einem Unternehmen bzw. Arbeitgeber und einem Beschäftigten, die den Beschäftigten für die Zeit nach Beendigung des Dienst- bzw. Arbeitsverhältnisses in seiner gewerblichen Tätigkeit beschränkt. Man verpflichtet sich beispielsweise, nicht in derselben Branche tätig zu werden.

Das Wettbewerbsverbot bedarf der Schriftform. Die §§ 74 und 74 a des Handelsgesetzbuches begrenzen es auf maximal zwei Jahre. Zudem muss für die Dauer des Wettbewerbsverbotes eine Entschädigung von mindestens der Hälfte der zuletzt bezogenen vertragsmäßigen Leistungen vorgesehen werden.

3 Personaleinsatz

1. Überstunden bieten sich gerade für die kurzzeitige Überbrückung eines personellen Engpasses an, denn der Arbeitgeber kann ohne großen Zeitverzug und äußerst flexibel reagieren. Die Arbeitskräfte beherrschen ihre Tätigkeit. Eine zeit- und kostenaufwändige Einarbeitung ist daher entbehrlich.

Außerdem ist eine Neueinstellung trotz der Regelungen des Teilzeit- und Befristungsgesetzes, die eine Befristung auch ohne Angabe von sogenannten sachlichen Gründen ermöglichen, ein recht sperriges Instrument.

2. Bei der Heimarbeit werden Beschäftigte im Auftrag von Gewerbetreibenden selbst gewerblich tätig. Der Auftraggeber überlässt den Heimarbeitern Roh- und Hilfsstoffe, aus denen sie in ihrer Arbeitsstätte Erzeugnisse fertigen. Diese Erzeugnisse liefern sie an den Auftraggeber aus. Die Heimarbeiter sind folglich nicht in den Betrieb des Auftraggebers eingegliedert. Überdies unterliegen sie keineswegs dem Weisungsrecht dieses Auftraggebers. Regelmäßig stehen sie jedoch in einer wirtschaftlichen Abhängigkeit zum Auftraggeber. Deshalb legt das Heimarbeitsgesetz zu ihrem Schutz unabdingbare Mindestbedingungen fest.

Telearbeit ist eine Arbeit, die entfernt von der Betriebsstätte mithilfe von Kommunikationsmedien ausgeführt wird. Telearbeit kann

▸ dauerhaft oder temporär

▸ an einem außerhalb des Unternehmens liegenden Arbeitsplatz, etwa in speziell eingerichteten Räumlichkeiten eines
Dienstleisters, dem sogenannten Telecenter, in der Privatwohnung,

▸ unterwegs per Datenübertragung,

▸ aber auch in vom Unternehmen eingerichteten Satellitenbüros in Wohnortnähe oder an zentralen Standorten,

▸ mobil oder stationär bei Kunden, Lieferanten bzw. Partnern
verrichtet werden. Der Arbeitsplatz ist aber immer mit dem Unter-
nehmen durch elektronische Kommunikationsmittel verbunden.
Häufig sind Mischformen anzutreffen, die sogenannte alternieren-
de Telearbeit, mit einem Telearbeitsplatz und einem zeitweiligen
Arbeitsplatz im Unternehmen, den sich zuweilen mehrere nach
Voranmeldung im Desk Sharing teilen. Telearbeiter sind je nach
Arbeits- und Vertragsgestaltung meistens Arbeitnehmer, seltener
Arbeitnehmerähnliche, Heimarbeiter oder Freelancer.

3. Unter Job Rotation versteht man den regelmäßigen und systematischen, planmäßigen Wechsel von Arbeitsplätzen und Arbeitsaufgaben der Beschäftigten untereinander.
Beim Job Enlargement wird der Grad der Arbeitsteilung vermindert. Man fasst mehrere strukturell gleichartige oder ähnliche Arbeitselemente verschiedener Arbeitsplätze an einem Arbeitsplatz
zusammen.
Beim Job Enrichment wird die Arbeitstätigkeit der Beschäftigten
durch Hinzufügen verschieden schwieriger, aber dennoch zusammengehörender Arbeitselemente bereichert. Die Planung, Ausführung und Kontrolle werden zusammengelegt.

4. Die einschlägigen Regelungen treffen die §§ 9 ff. des Arbeitszeitgesetzes.
An Sonn- und Feiertagen dürfen Arbeitnehmerinnen und Arbeitnehmer grundsätzlich nicht in der Zeit von 0.00 bis 24.00 Uhr
beschäftigt werden. In mehrschichtigen Betrieben kann Beginn
oder Ende der betrieblichen Sonn- und Feiertagsruhe um bis zu
sechs Stunden vor- oder zurückverlegt werden.
Sechzehn Ausnahmetatbestände gelten kraft Gesetzes, beispielsweise für Not- und Rettungsdienste, die Reinigung und Instandhaltung von Betriebseinrichtungen und die Vorbereitung der Wiederaufnahme des vollen werktägigen Betriebs. Die Aufsichtsbehörden der Länder sollen darüber hinaus Genehmigungen
erteilen, beispielsweise wenn bei einer weitgehenden Ausnutzung
der gesetzlich zulässigen wöchentlichen Betriebszeiten und bei
längeren Betriebszeiten im Ausland die Konkurrenzfähigkeit unzumutbar beeinträchtigt ist.
Für die Beschäftigung am Sonn- oder Feiertag ist ein Ersatzruhetag zu gewähren, für Sonntage innerhalb von zwei Wochen, für
Feiertage innerhalb von acht Wochen. Mindestens 15 Sonntage
im Jahr müssen beschäftigungsfrei bleiben.

5. Das Job Sharing ist eine Sonderform der Teilzeit. Es handelt sich
um die Aufteilung eines Vollzeitarbeitsplatzes auf zwei oder
mehrere Beschäftigte.

Beim US-amerikanischen Modell wird der Arbeitsvertrag nicht
zwischen jedem Beschäftigten und dem Arbeitgeber geschlossen,
sondern zwischen dem Job-Sharing-Team und dem Arbeitgeber.
Das Team verpflichtet sich, die anfallenden Arbeiten auszuführen
und den Arbeitsplatz zu besetzen. Die Entscheidung, wer wann
welche Arbeiten erledigt, treffen nicht die Vorgesetzten, sondern
die Job-Sharing-Partner.
Beim deutschen Modell tritt jeder Job-Sharing-Partner in eine arbeitsvertragliche Beziehung zum Arbeitgeber. Die Partner verpflichten sich, eine bestimmte Stundenanzahl pro Woche zu arbeiten, unter Umständen an festgelegten Wochentagen und zu
bestimmten Uhrzeiten oder im Rahmen einer Gleitzeitregelung
respektive eines Schichtsystems.

6. Bei der variablen Arbeitszeit kann der Mitarbeiter über Dauer
und Lage seiner Arbeitszeit innerhalb eines definierten Arbeitszeitrahmens selbst bestimmen. Kernzeiten existieren nicht. Das
kann bei einer Außendiensttätigkeit, aber auch bei der Tele- oder
der Heimarbeit der Fall sein.
Die Vertrauensarbeitszeit sieht erstens eine weitgehend selbstständige, eigenverantwortliche Aufgabenerledigung bei weitgehend freier Arbeitszeitgestaltung durch Arbeitnehmer vor, also
eine variable Arbeitszeit, wie sie bei freien Mitarbeitern ohnehin
üblich ist. Zweitens kennzeichnet die Vertrauensarbeitszeit der
Verzicht auf jegliche Zeiterfassung.
Die Vertrauensarbeitszeit ist folglich der Definition nach eine variable Arbeitszeit.
Die variable Arbeitszeit ist aber der Definition nach nicht automatisch eine Vertrauensarbeitszeit. Die variable Arbeitszeit wird
zwar regelmäßig als Vertrauensarbeitszeit praktiziert. Das muss
aber nicht unbedingt so sein. Man kann durchaus eine variable
Arbeitszeit vereinbaren, aber zugleich eine minutengenaue Zeiterfassung fordern.

7. Sabbaticals sind Perioden der Nichterwerbstätigkeit bei bestehendem Arbeitsverhältnis. Es handelt sich also um Langzeiturlaube,
die zur freien Verfügung genutzt werden können. Diese Urlaube
gehen weit über die übliche Urlaubsdauer hinaus und umfassen,
wenn sie denn gewährt werden, nicht selten bis zu einem Jahr.
Sie haben deshalb auch einen Einfluss auf die Lebensarbeitszeit.
Sabbaticals sind mit vollem Entgeltausgleich möglich, etwa durch
das Ansparen von Urlaubswochen. Dazu besagt das Bundesurlaubsgesetz, dass der Urlaub grundsätzlich im laufenden Kalenderjahr genommen werden muss. Wenn dringende betriebliche
oder in der Person liegende Gründe es rechtfertigen, kann der
Urlaub bzw. Resturlaub innerhalb der ersten drei Monate des Folgejahres gewährt und genommen werden. Danach verfällt er im
Prinzip. Natürlich kann der Arbeitgeber davon absehen, den Urlaub verfallen zu lassen.
Sabbaticals mit teilweisem Entgeltausgleich dienen als Anreiz
oder Belohnung. Hier ist ein Teil des Sabbaticals ein bezahlter,
der andere Teil ein unbezahlter Sonderurlaub.

Sabbaticals ohne Entgeltzahlungen sind unbezahlte Sonderurlaube.

8. *Der Erholungsurlaub muss laut § 7 des Bundesurlaubsgesetzes grundsätzlich im laufenden Kalenderjahr gewährt und genommen werden. Eine Übertragung ins Folgejahr ist jedoch bei dringenden betrieblichen oder persönlichen Gründen statthaft. Dann muss der Erholungsurlaub aber innerhalb der ersten drei Monate gewährt und genommen werden. Bei Jens waren dringende betriebliche Gründe ausschlaggebend. Am 1. März steht ihm also noch der Urlaub aus dem Vorjahr zu.*

   Da der Arbeitgeber nicht tarifgebunden ist, steht Jens der Mindesturlaub nach § 3 des Bundesurlaubsgesetzes zu. Das sind 24 Werktage. Als Werktage gelten dabei alle Kalendertage, die nicht Sonn- oder gesetzliche Feiertage sind. § 3 des Bundesurlaubsgesetzes meint also vier Wochen Jahresurlaub. Das sind bei Jens 16 Arbeitstage, weil er ja in einer Viertagewoche arbeitet. Er war aber nur 9 der 12 Monate des letzten Jahres für den Arbeitgeber tätig. Folglich stehen ihm (9 : 12) â 16 = 12 Arbeitstage Urlaub für das Vorjahr zu.

9. *Wenn alle Beschäftigten zugleich in Urlaub gehen, liegt die Produktion brach.*

   Dagegen bewirken Urlaubsverschiebungen eine bessere Bewältigung des Arbeitsvolumens ohne Neueinstellung.

   Zudem liegt die Erholung der Beschäftigten nicht nur in ihrem eigenen Interesse. Die Unternehmen haben im Hinblick auf den Personaleinsatz gleichfalls ein Interesse daran, dass die Belegschaft die Arbeit erholt antritt.

   Schließlich gewähren Unternehmen zuweilen Sonderurlaub unter dem Gesichtspunkt des Personalservice, aber auch unter dem Gesichtspunkt des Personaleinsatzes oder -abbaus. Sabbaticals und das Cafeteria-System können ebenso wie andere Sonderurlaube geeignet sein, vorübergehend entstehende Personalüberhänge aufzufangen bzw. abzumildern. Beschäftigte werden so dem Produktionsprozess entzogen.

4 Personalbeurteilung

1. *Regelmäßige Personalbeurteilungen eröffnen den Beschäftigten die Möglichkeit, ihre Leistung und Fähigkeiten, Motive und Einstellungen sowie ihre Verdienstaussichten selbst besser einzuschätzen und ihre Laufbahnplanung danach auszurichten. Im Rahmen einer individuellen Beratung und Förderung durch die Führungskräfte können sie ihre eigenen Ziele mit den Unternehmenszielen koordinieren.*

2. *Das sollte bereits im frühesten Planungsstadium gründlich und umfassend geschehen.*

   Falls diese Mitarbeiterinformation nicht frühzeitig stattfindet und mithin nicht um Akzeptanz geworben wird, verfehlt das Verfahren seinen Zweck. Es werden Ängste geweckt, die alles

andere als motivierend sind, etwa die Angst, es gehe nur darum, jene Beschäftigten auszumachen, die als nächste entlassen werden.

3. *Üblicherweise wird davon ausgegangen, dass sich die Beurteilungsergebnisse bei der Beurteilung einer größeren Personenzahl entsprechend einer Normalverteilung verhalten: Um eine breite Mittelgruppe schart sich eine geringere Zahl besser und schlechter beurteilter Mitarbeiter.*

   Um sicherzustellen, dass die Beurteilungsergebnisse immer in dieser Art und Weise ausfallen, wird durch eine Verteilungsvorgabe festgelegt, wie sich die Ergebnisse über die Spanne von der besten bis zur schlechtesten Beurteilung aufschlüsseln sollen.

   Das kann durch Tabellenwerte wie sehr gut 7,5, gut 25, befriedigend 35, ausreichend 25 und mangelhaft 7,5 Prozent erfolgen. Die Beurteiler sind gezwungen, diese Vorgaben mit ihren Beurteilungsergebnissen zu erfüllen.

4. *Bei der Kollegenbeurteilung beurteilen sich die Beschäftigten einer Abteilung wechselseitig.*

   Man befürchtet, die Kolleginnen und Kollegen hätten zu wenig Einblick in die Aufgabenfelder und die Persönlichkeit der Beurteilten, und sie könnten sich durch persönliche Rivalitäten zu Fehlurteilen hinreißen lassen.

   Außerdem kann bei den Beurteilten ein Gefühl der ständigen Beobachtung aufkommen, das das Arbeitsklima belastet.

5. *Einflüsse außerhalb der Beurteilungssituation entziehen sich oft gänzlich unserer Kenntnis, sind aber möglicherweise entscheidend.*

   Wenn die Beteiligten aus einer gespannten privaten respektive beruflichen Atmosphäre kommen oder etwa erkältet sind, kann das nicht ohne Folgen auf ihr Verhalten und ihr Urteil bleiben. Man nimmt das Gegenüber aber trotzdem nur in der augenblicklichen Rolle bzw. Kommunikationssituation wahr und nicht beispielsweise als Witwer, der um seine Frau trauert. So können Verhaltensweisen und Äußerungen oft völlig missverstanden werden.

6. *Eine Beschreibung, also ein Beobachtungsprotokoll, dient dazu, Ordnung in die Einzelbeobachtungen zu bringen. Ein derartiges Protokoll verhindert, dass der Beobachter später aus dem Gedächtnis die Beobachtungen reproduzieren muss. Bei diesem Abrufen aus dem Gedächtnis ist die Gefahr groß, dass man wichtige Beobachtungsdetails falsch einschätzt oder einfach etwas vergessen hat.*

   Gefordert sind eine möglichst wertungsfreie Wiedergabe der Beobachtungen und eine Systematisierung in Bezug auf die Beurteilungskriterien und -merkmale. Dadurch werden Tendenzen feststellbar, die eine Beurteilung ermöglichen.

7. *Das Beurteilungsgespräch sollte mit neuen Perspektiven enden. Deshalb werden am Ende des Gesprächs Schlussfolgerungen gezogen und Vereinbarungen getroffen. Dabei geht es um die Entfaltung auf dem bestehenden Arbeitsplatz und die Festlegung*

künftiger Aufgabenstellungen. Dieser Teil des Beurteilungsgesprächs ist folglich ein Zielvereinbarungsgespräch.

Ferner geht es um Verbesserungs- und Förderungsmöglichkeiten,
gegebenenfalls durch Maßnahmen der Personalentwicklung.
Selbst wenn die Beurteilung in vielen Punkten negativ sein sollte, kann man den Beurteilten auf diesem Wege bei der Erfüllung
seiner Arbeitsaufgaben unterstützen und ihm Hilfestellung bei
der Überwindung von Arbeitsschwierigkeiten geben. Dieser
Aspekt macht das Beurteilungsgespräch zum Beratungs- und Fördergespräch.

8. Personalbeurteilungen schaffen grundsätzlich Transparenz.
Dadurch fällt es den Verantwortlichen leichter, Beschäftigte mit
dauerhaft schlechten Leistungen zu versetzen oder zu entlassen.
Beschäftigte mit dauerhaft guten Leistungen werden befördert.
In der Arbeitsgruppe verbleiben also die mit mittelmäßigen Leis-
tungen.

Außerdem führt die Beförderung der Leistungsträger dazu, dass
sie sich schließlich in einer Arbeitgruppe mit gleich starken Kolleginnen und Kollegen einfinden. Im Vergleich zu ihresgleichen
wandern sie in der Beurteilung ebenfalls zur Mitte.

So unterscheiden sich die Beurteilungswerte aller Beschäftigten
früher oder später nur noch durch Kommawerte, und die Beurteilungsgespräche verlieren ihren Bezugspunkt.

5 Entgelt

1. § 611 des Bürgerlichen Gesetzbuches: Man muss die vereinbarte
Vergütung zahlen.

§ 612 Absatz 2 des Bürgerlichen Gesetzbuches: Soweit die Höhe
der Vergütung nicht bestimmt ist, gilt die übliche Vergütung als
vereinbart.

§§ 107 und 108 der Gewerbeordnung: Hier finden sich Regelungen über die Berechnung, Zahlung und Abrechnung des Arbeitsentgelts.

§ 59 des Handelsgesetzbuches: Handlungsgehilfen steht die dem
Ortsgebrauch entsprechende Vergütung zu.

§ 17 des Berufsbildungsgesetzes: Der Ausbildende muss den Auszubildenden eine angemessene Vergütung gewähren.

§ 87 Absatz 1 Ziffer 4 des Betriebsverfassungsgesetzes: Der Betriebsrat hat über Zeit, Ort und Art der Auszahlung der Arbeitsentgelte mitzubestimmen.

Das Entgeltfortzahlungsgesetz regelt die Entgeltansprüche an gesetzlichen Feiertagen sowie bei Krankheit und ähnlichen Arbeitsversäumnissen.

2. Die betriebliche Übung ist eine Art Gewohnheitsrecht.

Die Rechtsprechung geht davon aus, dass zusätzliche finanzielle
Leistungen eines Arbeitgebers an einzelne oder alle Beschäftig-
ten nur bei der erstmaligen Gewährung wirklich freiwillig sind.
Wird die betreffende Leistung indes mehrfach vorbehaltlos einge-

räumt, entsteht den betreffenden Mitarbeiterinnen und Mitarbeitern ein Rechtsanspruch selbst dann, wenn ihre Verträge kein
derartiges Entgelt vorsehen.

Eine betriebliche Übung entsteht nicht, wenn der Arbeitgeber
eine Leistung

▸ jeweils in unterschiedlicher Höhe und
▸ jeweils mit einer anderen Begründung
▸ unter dem ausdrücklichen Vorbehalt der Einmaligkeit und
  Freiwilligkeit

zugestanden hat.

3. Die Leistung der Auszubildenden ist keine Arbeitsleistung. Nach
§ 13 des Berufsbildungsgesetzes sind die Auszubildenden verpflichtet, sich zu bemühen, die Fertigkeiten und Kenntnisse zu
erwerben, die erforderlich sind, um das Ausbildungsziel zu erreichen.

Deshalb kann man die Höhe der Ausbildungsvergütung, anders
als die Höhe des Gehalts, nicht mit einer Arbeitsbewertung begründen. Laut § 17 des Berufsbildungsgesetzes ist die Ausbildungsvergütung vielmehr nach dem Lebensalter der oder des
Auszubildenden so bemessen, dass sie mit fortschreitender Berufsausbildung, mindestens jährlich, ansteigt.

4. Der Akkordrichtsatz ist der Stundenverdienst eines Beschäftigten
im Akkord, der jene Leistung zeigt, die als normal vorausgesetzt
wird. Aber selbst wenn ein Akkordlöhner diese Normalleistung
nicht aufbringt, ist ihm der Akkordrichtsatz sicher. Der Akkordrichtsatz ist folglich, wie der Zeitlohn, eine Art Garantielohn.

Das bedeutet nicht, dass die bloße Anwesenheit am Arbeitsplatz
vergütet wird. Alle Arbeitnehmer und Arbeitnehmerinnen sind
aufgrund ihres Arbeitsvertrages verpflichtet, eine allgemein erwartete Leistung zu erbringen. Der Arbeiter im Akkord, der beispielsweise statt der allgemein erwarteten 30 Stück pro Stunde
nur 15 Stück fertigt, muss mit Konsequenzen rechnen. Man
könnte Abmahnungen in Betracht ziehen oder, bei fortgesetzter
schlechter Leistung nach mehrfacher Abmahnung, eine Entlassung. Möglich ist auch eine sogenannte Minderleistungsvereinbarung zwischen Arbeitgeber und Betriebsrat, nach der der persönliche Stundenverdienst des Betreffenden geringer als der Akkordrichtsatz angesetzt wird.

5. Der Akkordlohn bietet einen Anreiz zu erhöhter Arbeitsleistung.
Für die Unternehmen mindert der Akkordlohn das Risiko der
Minderleistung erheblich. Abgesehen von der Tatsache, dass der
Akkordrichtsatz regelmäßig auch bei Leistungen unter der Normalleistung gezahlt werden muss, tragen die Beschäftigten die
finanziellen Folgen der Minderleistung selbst. Und abgesehen
von den Fällen, in denen der Akkordrichtsatz als Garantielohn
fungiert, erweist sich der Akkordlohn auch für die Kostenrechnung als vorteilhaft. Die Lohnkosten pro gefertigtem Stück sind
konstant.

Allerdings bringt es die erhöhte Arbeitsleistung auch mit sich,
dass die Beschäftigten schneller ermüden und ihre Kräfte schnel-

ler verschleißen. Das kann bis zur Gesundheitsgefährdung fortschreiten. Geistige Fähigkeiten können verkümmern, Sinnzusammenhänge und die Anpassungsfähigkeit an Neuerungen verloren gehen. Außerdem kann es zu einem erhöhten Betriebsmittelverschleiß und einer Minderung der Qualität kommen, die wiederum nur durch kostenträchtige Kontrollmaßnahmen in Grenzen gehalten werden können. Schließlich verursacht auch die Ermittlung und Überprüfung der Vorgabezeiten erhebliche Kosten.

6. Das Cafeteria-System ist ein Entgeltmodell, das es Mitarbeiterinnen und Mitarbeitern erlaubt, innerhalb eines bestimmten Budgets zwischen verschiedenen Leistungsangeboten zu wählen. Zuweilen wird auch der Rahmen der Vergütungen gesprengt. Dann bezieht sich das Cafeteria-System sogar auf Urlaubsansprüche. Interessant ist das System vor allem für höhere Einkommensgruppen. Die Sozialabgaben und vor allem die Steuern machen hier für jeden zusätzlichen Euro an Bruttoentgelt einen derart hohen Anteil aus, dass ein zusätzlicher Urlaub, ein privat nutzbarer Dienstwagen oder eine betriebliche Altersversorgung eine attraktive Alternative mit regelmäßig geringerer Abgabenlast darstellen.

7. Sonderzahlungen werden aufgrund gesetzlicher und tarifvertraglicher Vorschriften, aufgrund einer Betriebs- oder Dienstvereinbarung oder laut Vertrag gezahlt. Von der Grundvergütung unterscheidet sie lediglich der Auszahlungszeitpunkt, der im Sinne der jeweiligen Sonderzahlung begründet ist.

Gratifikationen sind zusätzliche Vergütungen, die vom Arbeitgeber aus besonderen Anlässen freiwillig geleistet werden. Sie gehen also über jenes Entgelt gleich welcher Form hinaus, das aufgrund gesetzlicher und tarifvertraglicher Vorschriften, aufgrund einer Betriebs- oder Dienstvereinbarung oder laut Vertrag gezahlt werden muss.

Die folgenden Zuwendungen sind, je nach den Besonderheiten des Einzelfalls, Sonderzahlungen oder Gratifikationen:

▸ die betriebliche Altersversorgung,
▸ der Ersatz der Umzugskosten,
▸ ein Zuschuss zu den vermögenswirksamen Leistungen,
▸ Verpflegungszuschüsse,
▸ der Ersatz der dienstlichen Reisekosten,
▸ sogenannte Länderzulagen für Mitarbeiterinnen und Mitarbeiter im Auslandseinsatz,
▸ Abfindungen im Zusammenhang mit einer Auflösung des Arbeitsverhältnisses,
▸ verbilligte Arbeitgeberdarlehen,
▸ die private Nutzung eines Dienstwagens und Jobtickets,
▸ Beihilfen zu besonderen Anlässen wie Todesfällen in der Familie und
▸ Mietzuschüsse oder die Stellung von Werkswohnungen.

8. Bei einer Fremdkapitalbeteiligung werden die Beschäftigten zu Gläubigern des Unternehmens.
▸ Mit einem Mitarbeiterdarlehen stellen sie dem Unternehmen für einen vereinbarten Zeitraum einen Geldbetrag zur Ver-

fügung, der ihnen zu einem bestimmten Zeitpunkt zurückgezahlt wird. Für die Kapitalüberlassung erhalten die Beschäftigten ein Entgelt.
▸ Mitarbeiterschuldverschreibungen sind festverzinsliche Wertpapiere, die von den Beschäftigten zum Kurswert erworben werden.

9. § 2 Absatz 2 des Dritten Buchs des Sozialgesetzbuches besagt unter anderem: »Die Arbeitgeber ... sollen ... Arbeitnehmer vor der Beendigung des Arbeitsverhältnisses frühzeitig über die Notwendigkeit eigener Aktivitäten bei der Suche nach einer anderen Beschäftigung sowie über die Verpflichtung zur Meldung ... bei der Agentur für Arbeit informieren, sie hierfür freistellen ...«
§ 629 des Bürgerlichen Gesetzbuches regelt: »Nach der Kündigung eines dauernden Dienstverhältnisses hat der Dienstberechtigte dem Verpflichteten auf Verlangen angemessene Zeit zum Aufsuchen eines anderen Dienstverhältnisses zu gewähren.«
Folglich muss der derzeitige Arbeitgeber Ihres Bekannten ihn für beide Aktivitäten bezahlt von der Arbeit freistellen.

10. Ein Anspruch auf Entgeltfortzahlung besteht gemäß § 3 Absatz 1 des Entgeltfortzahlungsgesetzes nur, wenn man ohne eigenes Verschulden an der Arbeitsleistung gehindert wird. Von einem Verschulden muss man ausgehen, wenn man sich besonders leichtfertig verhalten hat, beispielsweise durch das Nichtanlegen des Sicherheitsgurtes beim Autofahren. Peters Arbeitgeber darf also durchaus die Entgeltfortzahlung verweigern.

11. § 3 Absatz 3 des Entgeltfortzahlungsgesetzes besagt: »Der Anspruch nach Absatz 1« – das ist der Anspruch auf Entgeltfortzahlung im Krankheitsfall – »entsteht nach vierwöchiger ununterbrochener Dauer des Arbeitsverhältnisses.«
Folglich haben Sie keinen Anspruch auf Entgeltfortzahlung, denn Sie sind ja noch keine vier Wochen für den Arbeitgeber tätig.
Ihre Krankenversicherung wird Ihnen aber ein Krankengeld zahlen, das 70 Prozent des vorherigen Bruttoverdienstes ausmacht, maximal jedoch 90 Prozent vom Nettoverdienst.

12. Wenn, wie in diesem Fall, Kinder unter 12 Jahren erkranken und kein Familienmitglied für die Betreuung zur Verfügung steht – Verena ist ja selbst krank –, kann ein Elternteil zu Hause bleiben. Stefan hat gegenüber seinem Arbeitgeber einen Anspruch auf unbezahlte Freistellung, und zwar pro Kind unter 12 Jahren bis zu 10, aber für alle Kinder insgesamt maximal 25 Arbeitstage pro Jahr. Da hier alle Kinder auf einmal erkranken und zwei der Kinder unter 12 Jahren sind, kann Stefan sie für die erforderlichen sieben Tage betreuen.
Der Leistungskatalog der gesetzlichen Krankenversicherungen sieht für diese Fälle laut § 45 des Fünften Buchs des Sozialgesetzbuches die Zahlung von Kinderpflegekrankengeld vor, und zwar 70 Prozent des vorherigen Bruttoverdienstes, maximal jedoch 90 Prozent vom Nettoverdienst.

13. Die §§ 3 und 4 des Pflegezeitgesetzes sehen für Peter eine Pflegezeit von bis zu sechs Monaten vor, in der er die Pflege seines

Großvaters in der häuslichen Umgebung selbst übernehmen kann, allerdings nur in Unternehmen mit mehr als 15 Beschäftigten.

Peter muss seinen Arbeitgeber mindestens zehn Tage vor dem Beginn schriftlich über den Anfang und die Dauer informieren. Der Arbeitgeber kann nicht widersprechen. Die Pflegebedürftigkeit seines Großvaters muss Peter durch eine Bescheinigung der Pflegekasse oder des medizinischen Dienstes der Krankenversicherung nachweisen.

Eine Entgeltfortzahlung für Peter ist nicht vorgesehen. Wenn er nicht über einen gesetzlich krankenversicherten Ehepartner in den Genuss einer kostenlosen Familienversicherung kommt, muss er sich in der Pflegezeit freiwillig kranken- und pflegeversichern. Er kann aber einen Zuschuss von der Pflegeversicherung des Großvaters beantragen, die zudem die Arbeitslosen- und Rentenversicherungsbeiträge übernimmt.

14. *Bei dem Modell der Deferred Compensation wird die Auszahlung eines Teils des Arbeitsentgelts aufgeschoben.*

Der Arbeitnehmer hat den Vorteil, dass er den nicht ausgezahlten Teil des Arbeitsentgelts nicht sofort versteuern muss. Der angesammelte Betrag wird erst versteuert, wenn das zugesagte Arbeitsentgelt tatsächlich gezahlt wird, beispielsweise nach dem Eintritt in den Ruhestand. Die Deferred Compensation führt so zu einem höheren Nettoentgelt.

Der Aufwand für den Arbeitgeber ändert sich nicht. Allerdings verhilft die notwendige Bildung von Pensionsrückstellungen zu zusätzlicher Innenliquidität.

15. *Die Beitragsbemessungsgrenze definiert das maximale Bruttoentgelt, für das Sozialversicherungsbeiträge erhoben werden.*

Zurzeit gilt für die Kranken- und Pflegeversicherung eine andere Beitragsbemessungsgrenze als für die Renten- und Arbeitslosenversicherung.

Wenn das Bruttoentgelt über der Beitragsbemessungsgrenze einer Sozialversicherung liegt, ist nur das Bruttoentgelt bis zur Beitragsbemessungsgrenze für diese Sozialversicherung beitragspflichtig. Für den Betrag, der die Beitragsbemessungsgrenze übersteigt, werden keine Beiträge für die betreffende Sozialversicherung erhoben.

6 Personalführung

1. *Manipulation ist das Unterfangen, andere bewusst und zum eigenen Vorteil zu beeinflussen, ohne dass ihnen die Art und Weise dieses Einflusses bewusst wird. Es handelt sich also um ein egoistisches Verhalten, das die eigenen Absichten kaschiert.*

Ohne Zweifel soll dem Kind die Art und Weise des Einflusses nicht bewusst werden. Der Vater kaschiert seine Absichten. Andererseits ist zumindest auf den ersten Blick kein egoistisches Verhalten erkennbar. Wo sollte der Vater hier zum eigenen Vorteil

handeln? Er will ja, dass das Kind gesunde Nahrungsmittel zu sich nimmt.

Auf den zweiten Blick kommen dann doch Zweifel auf. Vielleicht scheut er die anstrengende Überzeugungsarbeit, die notwendig werden könnte, damit sich das Kind dem ungewohnten Geschmack stellt. Unterstellt man das, liegt in der Tat eine Manipulation vor.

2. *Nach dem sogenannten Top-down-Prinzip gibt die Unternehmensleitung den Vorgesetzten Zielideen vor. Die Vorgesetzten geben wiederum den ihnen zugeordneten Beschäftigten auf dieser Grundlage Zielideen vor. Die Beschäftigten haben die Möglichkeit der Stellungnahme.*

Hier besteht die Gefahr, dass die Stellungnahmen der Beschäftigten nicht ernst genug genommen werden. Dann können sich die Beschäftigten kaum mit den Zielen identifizieren. Außerdem werden so unter Umständen aus Zielideen der Unternehmensleitung verbindliche Ziele, die entweder nicht oder mit Leichtigkeit erreichbar sind. Andererseits stellt die Zielvorgabe der Unternehmensleitung sicher, dass das Unternehmen sich als Ganzes mit hinreichend wettbewerbsfähigen Zielen der Konkurrenz stellen kann.

Nach dem Bottom-up-Prinzip entwerfen die Mitarbeiterinnen und Mitarbeiter Zielideen, legen sie ihren Vorgesetzten vor und die wiederum der Unternehmensleitung, die sie zusammenfasst. Vorteilhaft ist dabei, dass die Beschäftigten sich eher mit den letztlich verbindlichen Zielen identifizieren, weil sie ihre Zielideen einbringen könnten. Nachteilig wird diese Zielabstimmung, wenn die Beschäftigten Zielideen einbringen, mit denen sie taktisch ihre Leistungspotenziale verbergen, um einen etwaigen Leistungsdruck zu vermindern. Dann arbeitet das Unternehmen an Zielen, die möglicherweise nicht konkurrenzfähig sind.

3. *Eine Gruppe muss zumindest zwei Personen umfassen. Das ist hier gewährleistet.*

Eine weitere Voraussetzung für die Existenz einer Gruppe ist ein gewisser Vorrat von gemeinsamen Normen und Werten. Mit Normen meint man die formellen und informellen Regeln, die Gruppen sich selbst geben und die ihnen vorgegeben werden. Ein Wert ist ein gemeinsames Interesse, ein Ordnungs- und Orientierungskonzept, also eine Vorstellung von dem, was eine oder mehrere Personen schätzen. Man kann unterstellen, dass die acht Personen an der Bushaltestelle gemeinsame Normen und Werte haben. Sie unterscheiden sich vielleicht durch ihre Herkunft und ihr Alter. Sie beugen sich aber alle der Norm, dass man einen Fahrschein haben muss oder, falls das nicht so ist und man erwischt wird, eine Strafe fällig wird. Ein gemeinsamer Wert könnte darin bestehen, dass sie den Bus als kostengünstiges und umweltbewusstes Beförderungsmittel schätzen.

Jede Gruppe muss ein Ziel haben. Das Gruppenziel muss nicht unbedingt konkret sein. Das gemeinsame Ziel wird das Einsteigen in den erwarteten Bus sein.

Eine Gruppe bedarf für ihre Existenz einer Rollendifferenzierung. Die Gruppenmitglieder müssen unterschiedliche Rollen bei ihren Bemühungen ausüben, das Ziel zu erreichen. Das ist hier nicht erkennbar. Nur wenn sich der Bus verspäten würde und sich die Wartenden darauf verständigten, dass einer mit dem Handy Kontakt zum Busbetreiber aufnehmen soll, wäre das anders.

Eine Gruppe muss sich selbst als Gruppe definieren. Notwendig ist also ein Gruppenbewusstsein. Auch daran wird es bei den acht Wartenden mangeln, es sei denn, sie hätten sich schon öfter in dieser Konstellation an der Haltestelle getroffen und so gut kennengelernt, dass sie das Fehlen einer Person bemerken würden.

4. Viele Vorkommnisse, von denen die Betroffenen berichten, lassen sich keinem der von Leymann aufgezählten Angriffe zuordnen. Deshalb kann die Liste nicht vollständig sein.

Eigentlich ist fast jeder Angriff für sich genommen nicht von großer Bedeutung. Die einzelnen Angriffe sind überall anzutreffen und deshalb nicht spezifisch für das Mobbing. Sie können sich lediglich im Laufe der Zeit zu einem Mobbingprozess verdichten. Fraglich ist auch, ob Mobbing tatsächlich von den objektiv feststellbaren Angriffen abhängt oder vielmehr von der subjektiven Bewertung der Betroffenen.

Schließlich sind die Dauer und Häufigkeit eher willkürlich gewählt.

Deshalb sollte man die Angriffe eher als Regelbeispiele und den Zeitrahmen als Orientierungsgröße verstehen.

5. Geschlossene Frage: Sind Sie für oder gegen Kopfsteinpflaster in Fußgängerzonen?

Offene Frage: Was halten Sie von Kopfsteinpflaster in Fußgängerzonen?

6. Man beginnt mit einer Begrüßung, einer Information über die gesetzten Ziele und einem positiven Einstieg, der den Teilnehmerkreis in den Bann der anstehenden Thematik zieht. Im Fortgang werden die Tagesordnung, die Zeitplanung und etwaige Regelungen im Umfeld vorgestellt.

Danach werden die Schwerpunkte in einer sinnvollen Abfolge abgearbeitet. Dabei ist die Bereitschaft zum Zuhören und zum gemeinsamen Lösen von Problemen gefordert. Man sollte nicht nur passiv zuhören, sondern auch Aufmerksamkeitsreaktionen zeigen und Rückmeldungen geben. So kann man zum Kernproblem vordringen. Hilfreich sind eine verständliche, eindeutige Sprache sowie ein offener, ruhiger Diskurs. Zuweilen muss man die Teilnehmerinnen und Teilnehmer aktivieren.

Bei Diskussionsrunden ist ein Hinweis auf die Diskussionsregeln angebracht. Bei komplexen Themen kann man Arbeitsgruppen bilden. Bei Vorträgen muss man die Vortragenden kurz vorstellen, die Vortragszeit begrenzen, Vertiefungsfragen für eine Diskussionsrunde vorsehen, Verständnisfragen zulassen und den Vortrag in Thesenform kurz zusammenfassen.

Gespräche und Besprechungen sollten möglichst versöhnlich ausklingen. Man beendet sie, indem die Ergebnisse zusammengefasst und eventuell Entscheidungen gefällt werden. Dazu gehört die Beantwortung der Frage: »Wer macht was (wie, wo, womit und bis) wann?« Gegebenenfalls wird ein neuer Termin für die nächste Besprechung vereinbart. Schließlich verabschiedet man sich.

7. Auf der Sachebene ist Ihre Nachricht wahrscheinlich durchaus richtig angekommen. Ihr Dozent hat Ihren Satz verstanden, aber interpretiert. Das machen alle Menschen andauernd. Kommunikation hat nämlich noch drei weitere Ebenen. Auf diesen drei Ebenen wird die Missstimmung entstanden sein.

Ihr Dozent wird meinen, Sie hätten auf der Ebene der Selbstkundgabe zum Ausdruck gebracht, dass Sie anderen Vorlesungen bei anderen Dozenten gut folgen können. Sie hatten aber sagen wollen: »Ich bin hilflos.« Auf der Appellseite der Information war Ihre Aussage: »Bitte erklären Sie das noch einmal.« Ihr Dozent hat hier möglicherweise verstanden: »Geben Sie zu, dass Sie das nicht verständlich erklärt haben.«

Auf der Beziehungsebene, auf der die Gefühle behandelt werden, die man füreinander hegt, wollten Sie Ihrem Dozenten signalisieren, dass er für Sie der Fachmann ist, dem Sie auch in diesem Fall vertrauen. Er hat jedoch Geringschätzung verstanden und reagiert entsprechend.

8. Als blinden Fleck bezeichnen Luft und Ingham das Verhalten, das für andere sichtbar und erkennbar, dem Betreffenden selbst jedoch nicht bewusst ist. Es handelt sich also um Verdrängtes und unbewusste Gewohnheiten.

Die blinden Flecken von Dozenten und Dozentinnen werden vielen Menschen offenbar. Dozenten und Dozentinnen verbringen viel Zeit damit, anderen Menschen etwas zu präsentieren. Die Konzentration auf die Themen bringt es mit sich, dass sie die eigenen Verhaltensweisen nicht ständig und umfassend reflektieren können.

Vielleicht füllt Ihr Dozent seine Sätze mit einem »Äh«, eventuell schaut er dauernd auf die Uhr, möglichenfalls kratzt er sich oft am Kopf, unter Umständen verbirgt er seine Hände ständig in den Hosentaschen.

9. Parallele Transaktionen

Fabian sagt zu Melanie: »Ich habe schlimme Kopfschmerzen, bitte hilf mir.« Melanie antwortet: »Ich puste dir auf die Stirn, das hilft bestimmt.«

Gekreuzte Transaktionen

Fabian fragt Melanie: »Für welche Uhrzeit haben wir uns mit Verena und Stefan verabredet?« Melanie antwortet: »Du bis ja so unselbstständig.«

Gekreuzte Transaktionen, die in parallele Transaktionen umschlagen

Fabian fragt Melanie: »Für welche Uhrzeit haben wir uns mit Verena und Stefan verabredet?« Melanie antwortet: »Du bis ja so unselbstständig.« Fabian erwidert: »Du bist doof.« Darauf sagt Melanie: »Junge, komm mir nicht so.«

10. Mit der Pyramide erweckt man den falschen Eindruck, man könne ein Bedürfnis komplett und für alle Zeit befriedigen, und die jeweils höher angesiedelten Bedürfnisse seien höherwertig, aber weniger umfangreich als die darunter stehenden.

Maslow war im Gegensatz dazu davon überzeugt, dass das Verhalten regelmäßig durch mehrere Bedürfnisse bestimmt werde, die sich überlappen. Allerdings sei dabei aktuell immer eine Bedürfnisklasse vorherrschend. Ferner erachtete er die Bedürfnisse als gleichwertig und gleichgewichtig.

11. Man bewertet die Arbeitssituation aufgrund eigener Erwartungen, Erfahrungen und Standards negativ.

Nun unterzieht man die Arbeitssituation umgehend einer zweiten, gleichfalls subjektiven Bewertung, indem man prüft, ob und welche Beeinflussungsmöglichkeiten man zur Veränderung hat. Als Ergebnis dieses zweiten Prüfprozesses kann sich ergeben, dass man resignativ keine Chancen sieht. Man überspringt die nächste Entwicklungsstufe.

Wenn man die Situation hingegen konstruktiv für veränderbar hält, trägt man seine Erwartungen und Bedürfnisse dem direkten Vorgesetzten vor. Spätestens nach zwei oder drei vergeblichen Versuchen muss man erkennen, dass man die aus eigener Sicht unbefriedigende Arbeitssituation doch nicht beeinflussen kann. Die konstruktive Unzufriedenheit schlägt in resignative Unzufriedenheit um. Man ergreift die Flucht.

Mit einer physischen Flucht kann man sich objektiv der Arbeitssituation entziehen. Man wird sich beispielsweise zeitweilig krank melden, in Besprechungen, Gremien und auf Dienstreisen zurückziehen. Dieser zeitweilige Rückzug hat Grenzen. Die endgültige physische Flucht ist die Kündigung.

Will oder kann man den endgültigen Schritt nicht tun, bietet sich die psychische Flucht durch resignative Anpassung an. Man senkt sein Anspruchsniveau und unterzieht die unausweichliche Arbeitssituation einer erneuten Bewertung. Im Ergebnis kommt man so zu der Einsicht, dass die Arbeitssituation positive Aspekte hat, man sich aber nicht über Gebühr einsetzen sollte. Damit hat man die innere Kündigung ausgesprochen.

12. Vroom erklärt, dass Handlungen auf jene Handlungsergebnisse gerichtet sind, die jemand in und für das Unternehmen zu erreichen sucht, in dem er tätig ist. Diese Handlungsergebnisse seien keineswegs identisch mit den persönlichen Zielen, sondern sie dienten der Erreichung von persönlichen Zielen.

Wenn ein Fußballer zum Elfmeter antritt, ist diese Handlung einerseits auf das Handlungsergebnis gerichtet, für den Verein ein Tor zu schießen. Andererseits hat der Fußballer das persönliche Ziel, zum Helden des Spieles zu werden. Dieses persönliche Ziel kann er wahrscheinlich mit dem Handlungsergebnis, dem Tor, erreichen.

Die Motivation bezeichnet Vroom als Stärke der Handlungstendenz. Er errechnet sie mithilfe mathematischer Gleichungen, indem er Valenz, Instrumentalität und Erwartung in jedem Einzelfall mit konkreten Werten versieht.

Zunächst muss man die Valenz des jeweiligen Handlungsergebnisses errechnen, etwa des Handlungsergebnisses, per Elfmeter ein Tor zu schießen. Unter dieser Valenz versteht Vroom die Wertigkeit, die das Handlungsergebnis hat, also die subjektive Einschätzung, inwieweit es sich lohnt, dieses Handlungsergebnis zu erreichen. Diese Valenz des Handlungsergebnisses errechnet sich aus einer Multiplikation.

Der erste Multiplikationsfaktor ist die Valenz des persönlichen Zieles, z. B. die Wertigkeit, als Held des Spieles zu gelten. Sie kann Werte von -1 bis $+1$ annehmen.

Der zweite Multiplikationsfaktor ist die Instrumentalität. Sie gibt an, inwiefern der Betreffende das Handlungsergebnis für geeignet erachtet, das gewünschte persönliche Ziel zu erreichen. Glaubt der Fußballer, er könne zum Helden des Spiels werden, wenn er den Elfmeter verwandelt? Das ist sicher so, wenn der Elfmeter beim Spielstand 0:0 in der 89. Spielminute angesetzt wird. Ganz anders ist die Einschätzung, wenn es in der 89. Spielminute bereits 0:3 gegen die eigene Mannschaft steht. Die Instrumentalität kann deshalb Werte von -1 bis $+1$ annehmen.

Die Motivation ergibt sich nun aus der Multiplikation der gerade ermittelten Valenz des Handlungsergebnisses und der Erwartung. Die Erwartung ist eine subjektive Einschätzung der Wahrscheinlichkeit, dass eine bestimmte Handlung zum gewünschten Handlungsergebnis führt, dass, um im Beispiel zu bleiben, der Ball wirklich ins Tor geht. Für diese Erwartung sind Werte zwischen 0 und 1 vorgesehen.

13. Herzberg, Mausner und Snyderman kamen zu dem Ergebnis, dass Arbeitszufriedenheit nicht das Gegenteil von Arbeitsunzufriedenheit ist. Vielmehr seien Arbeitszufriedenheit und -unzufriedenheit vollkommen verschiedenartige Dimensionen. Die eine Dimension werde durch die Extremwerte Unzufriedenheit und Nicht-Unzufriedenheit, die andere durch Zufriedenheit und Nicht-Zufriedenheit begrenzt. Ferner seien für diese beiden Dimensionen gänzlich andere Ursachen verantwortlich. Die Forscher fassten die unterschiedlichen Ursachen zu zwei Faktoren zusammen. Dissatisfiers, Maintenance-, Hygiene- oder Kontextfaktoren sind Arbeitsentgelt, Status, Unternehmenspolitik und -organisation, Führungsverhalten der Vorgesetzten, Beziehung zu Mitarbeitern, Vorgesetzten und Kollegen, Arbeitsbedingungen, Privatleben und Arbeitsplatzsicherheit. Sie hängen nicht unmittelbar mit der Arbeit selbst zusammen, sondern stellen positive oder negative Anreize des Arbeitsvollzugs dar. Von diesen Faktoren geht zwar keine Motivationswirkung aus, denn in ihrer positiven Ausprägung werden sie als Selbstverständlichkeit angesehen. Liegen sie jedoch in ihrer negativen Ausprägung vor, ergibt sich Arbeitsunzufriedenheit, so wie sich bei mangelhafter Hygiene Krankheiten einstellen.

Satisfiers, Kontentfaktoren oder Motivatoren sind Selbstbestätigung und Leistungserfolg, Anerkennung, Arbeitsaufgaben und -inhalte, Verantwortung, Beförderung und Aufstieg. Es handelt sich um Anreize, die sich unmittelbar aus dem Arbeitsvollzug ergeben. Durch sie kann eine positive Wirkung, nämlich Arbeitszufriedenheit, erreicht werden. Ihre negative Ausprägung führt jedoch nicht zur Arbeitsunzufriedenheit, sondern lediglich zur Nicht-Zufriedenheit. Soll keine starke Arbeitsunzufriedenheit aufkommen, müssen die Kontextfaktoren für die Mitarbeiter im üblichen Maße gegeben sein, während Motivatoren als Anreize dienen, die die Arbeitszufriedenheit erhöhen.

Folglich geht vom Arbeitsentgelt als Hygienefaktoren zwar keine Motivationswirkung aus, denn ein gerechtes, angemessenes Arbeitsentgelt wird als Selbstverständlichkeit angesehen. Ein ungerechtes Arbeitsentgelt erzeugt hingegen Arbeitsunzufriedenheit, so wie sich bei mangelhafter Hygiene Krankheiten einstellen. Als Hygienefaktor ist das Arbeitsentgelt also nicht weniger bedeutsam als einer der Motivatoren.

Außerdem hat es sich gezeigt, dass Hygienefaktoren und Motivatoren zuweilen miteinander verknüpft sind. Beförderung und Aufstieg sind Motivatoren, aber in aller Regel mit einem höheren Arbeitsentgelt, einem Hygienefaktor, verbunden. Das unterstreicht die Brisanz des Arbeitsentgelts.

14. Fehlzeiten sind Perioden der unplanmäßigen Abwesenheit der Beschäftigten vom Unternehmen, ihrem Arbeitsplatz oder ihrer Arbeitsaufgabe während ihrer Sollarbeitszeit.

Bei Urlaubs- und Feiertagen handelt es sich keineswegs um eine unplanmäßige Abwesenheit.

▸ Der Urlaub wird ja angemeldet und genehmigt.

▸ § 2 des Entgeltfortzahlungsgesetzes besagt, dass der Arbeitgeber dem Arbeitnehmer für die Arbeitszeit, die infolge eines gesetzlichen Feiertags ausfällt, das Arbeitsentgelt zu zahlen hat, das er ohne den Arbeitsausfall erhalten hätte. Insofern geht ein Feiertag zwar mit einem Arbeitsausfall einher, außer ein Schichtplan bezieht den Feiertag als Arbeitstag ein. Der Arbeitsausfall ist aber ebenso wenig unplanmäßig wie ein arbeitsfreier Sonntag, weil man die gesetzlichen Feiertage dem Kalender entnehmen kann.

7 Personalservice

1. Work-Life-Balance ist das erstrebenswerte ausgewogene Gleichgewicht zwischen Berufs- und Privatleben, zwischen Arbeit und Freizeit. Dieses Gleichgewicht hat für immer mehr, gerade jüngere Menschen Vorrang.

Mit dem Personalservice räumt der Arbeitgeber in erster Linie seinen derzeitigen Beschäftigten zusätzliche, oft freiwillige Leistungen ein. Der Personalservice gilt der Erhöhung der sozialen Sicherheit der Beschäftigten und ihrer Integration in das Unternehmen. Ferner bezweckt man eine Hebung des Ansehens in der Öffentlichkeit und eine Erhöhung der Attraktivität auf dem externen und internen Arbeitsmarkt.

Und attraktiv ist es eben, wenn man die Beschäftigten dabei unterstützt, ein ausgewogenes Gleichgewicht zwischen Berufs- und Privatleben herzustellen. Dafür eignen sich klassische Personalserviceleistungen wie Beratung, Verpflegung, Betriebssport, Relocation-Service, Concierge-Dienste, Darlehen, Kinderbetreuung und Elder Care. Deshalb ist in den letzten Jahren eine Renaissance des Personalservice zu beobachten.

2. Wenn die Ursachen im Arbeitsumfeld liegen, muss genau da angesetzt werden. Die Schaffung eines Gesundheitszirkels, das heißt eines institutionalisierten Erfahrungsaustauschs der Beschäftigten, kann helfen, derartigen Ursachen beizukommen. Ferner benötigen Beschäftigte mit psychischen Problemen professionelle Hilfe von Psycholog/inn/en, Psychotherapeut/inn/en, Sozialpädagogen oder anderen, darauf spezialisierten Fachleuten. Mitarbeiterstarke Unternehmen haben vereinzelt derartige Fachleute vor Ort, die wissen, was sie unternehmen müssen, damit die Betroffenen den Weg zu ihnen finden. Es gibt aber auch spezialisierte Dienstleister, die an jedem Tag des Jahres rund um die Uhr eine anonyme und vertrauliche Telefonberatung gewährleisten.

3. Wenn Sie sich die Arbeitsbedingungen verdeutlichen, kommen Sie möglicherweise auf einige Ursachen, an denen man ansetzen kann. Beispielsweise verleitet die Arbeit in großer Hitze nicht nur, und vernünftigerweise, zum Trinken von alkoholfreien Erfrischungsgetränken. Unter Umständen können Sie die Arbeitsbedingungen entschärfen oder Hilfestellung leisten.

Alleine kommen Sie wahrscheinlich nicht auf alle relevanten Einflüsse. Hilfreich wäre die Schaffung eines sogenannten Gesundheitszirkels, das heißt eines institutionalisierten Erfahrungsaustauschs der Beschäftigten.

Sie werden sicherlich den Kontakt zu Wohlfahrts- und Arbeitgeberverbänden, Gewerkschaften, Berufsgenossenschaften, Kranken- und Rentenversicherungen sowie Selbsthilfegruppen aufnehmen, die Sie, die Vorgesetzten, den Betriebsrat und den betriebsärztlichen Dienst beim Umgang mit dem Alkoholproblem unterstützen und beraten können, unter anderem durch Informationsveranstaltungen, Faltprospekte, Plakatserien und Experten.

Schließlich könnten Sie versuchen, sich mit dem Betriebsrat in einer Betriebsvereinbarung auf ein Alkoholverbot zu einigen. Selbst wenn sich nicht alle daran halten, wird der Alkoholkonsum dadurch zumindest während der Arbeitszeit stark eingeschränkt.

4. Grundsätzlich muss der Arbeitgeber auch für die Arbeitsunfähigkeit infolge von Sportunfällen Entgeltfortzahlung leisten. Das gilt allerdings nicht für Risikosportarten, wie etwa das Fallschirm-

springen. Fußball gehört aber nach Auffassung der meisten Arbeitsgerichte nicht zu diesen Risikosportarten.

Selbst wenn man da anderer Meinung ist, hat das Argument Ihres Arbeitgebers keinen Bestand, denn beim Betriebssport ist der Arbeitgeber selbst für die Sportveranstaltung und ihre Durchführung verantwortlich, gerade bei internen Turnieren. Lediglich bei externen Turnieren könnte man daran zweifeln.

5. *Wie mit allen Personalserviceleistungen, bezweckt der Arbeitgeber mit diesem Darlehen sicherlich eine Hebung des Ansehens in der Öffentlichkeit und eine Erhöhung der Attraktivität auf dem externen und internen Arbeitsmarkt. Er wird aber wahrscheinlich auch Ihre soziale Sicherheit und Ihre Integration in das Unternehmen im Blick haben. Gerade bei der Integration wird er langfristig denken und auf Personalbindung setzten: Er möchte Sie bewegen, für die Zeit der Rückzahlung und darüber hinaus nicht zu kündigen.*

Der Vorteil für Sie als Darlehensnehmer liegt zum einen in der Tatsache der Darlehensgewährung, falls die Banken ein Darlehen verweigern, und dem teilweise praktizierten Verzicht des Arbeitgebers auf eine grundrechtliche Eintragung. Im letzteren Fall fungiert das Darlehen so gut wie Eigenkapital. Zum anderen ist ein niedriger Zins oder gar Zinsfreiheit von Interesse. Wenn der Effektivzins des Darlehens den Marktzins unterschreitet, müssen Sie diesen geldwerten Vorteil freilich als Sachbezug versteuern. Allerdings gewährt der Fiskus einen Freibetrag von zurzeit 1.080 Euro pro Person und Jahr. Zudem bleiben für alle etwaigen geldwerten Vorteile zusammen bis zu 44 Euro monatlich steuerfrei.

6. *Wird ein Kind unter 12 Jahren krank und steht sonst kein Familienmitglied für die Betreuung zur Verfügung, kann ein Elternteil zu Hause bleiben, und zwar pro Kind bis zu 10, aber für alle Kinder insgesamt maximal 25 Arbeitstage pro Jahr, für Alleinerziehende pro Kind bis zu 20, aber für alle Kinder insgesamt maximal 50 Arbeitstage pro Jahr. Die Krankenversicherung zahlt ein Kinderpflegekrankengeld in Höhe von 70 Prozent des vorherigen Bruttoverdienstes, maximal jedoch 90 Prozent vom Nettoverdienst. Der Arbeitgeber muss das Entgelt nicht weiterzahlen, aber die Arbeitsaufgaben werden nicht oder von anderen Beschäftigten, beispielsweise mit teuren Überstunden, erledigt. Alleine schon um die dadurch entstehenden Kosten zu vermeiden, empfiehlt es sich, den Eltern bei der Suche nach Tagesmüttern behilflich zu sein oder ein Eltern-Kind-Zimmer einzurichten, das ähnlich wie der Arbeitsplatz ausgestattet ist und zusätzlich eine Betreuung des Kindes ermöglicht.*

Arbeitnehmer, Auszubildende und Arbeitnehmerähnliche dürfen nach § 2 des Pflegezeitgesetzes bis zu zehn Tagen der Arbeit fernbleiben, wenn nahe Angehörige akut pflegebedürftig sind, und in dieser Zeit die Pflege organisieren. Wenn sie die Pflege des nahen Angehörigen in der häuslichen Umgebung selbst übernehmen, haben sie nach den §§ 3 und 4 des Pflegezeitgesetzes sogar Anspruch auf eine unbezahlte Pflegezeit von bis zu sechs

Monaten. Hier steht der Arbeitgeber vor einem noch größeren Problem. Er muss für Ersatz sorgen, damit die Arbeitsaufgaben erledigt werden. Auch ohne eine Entgeltfortzahlungspflicht kommt ihn das teuer zu stehen. Sachkundige interne oder externe Berater können den Betroffenen die diversen Pflege- oder Betreuungsmöglichkeiten aufzeigen, unter anderem Kurzzeitpflegeplätze bei ortsansässigen Pflege- und Altenheimen für die Urlaubszeit, Dienstreisen und ähnliche Phasen starker beruflicher Einbindung. Wenn die Berater öfter in Diensten eines Arbeitgebers tätig werden, können sie, weit besser als einzelne Betroffene, verlässliche und kostengünstige Angebote auch für die Dauerpflege aushandeln. Dadurch ergeben sich Alternativen für die Pflegezeit.

8 Personal- und Organisationsentwicklung

1. *Externe Personalentwicklungsmaßnahmen sind solche, auf deren Zielsetzung und Gestaltung weder die für die Personalentwicklung Verantwortlichen des nachfragenden Unternehmens noch der Teilnehmerkreis einen unmittelbaren Einfluss nehmen können. Die Verantwortung für die Zielsetzung, Planung und Durchführung liegt beim Anbieter, einem externen Träger.*

Der Anbieter entlastet damit die ansonsten zuständigen Abteilungen des nachfragenden Unternehmens. Deshalb ist es bei kleinen Teilnehmerzahlen kostengünstig, auf derartige Angebote einzugehen. Die Anbieter verstehen sich obendrein vielfach besser darauf, unternehmens- oder branchenunabhängiges Funktions- oder Spezialwissen zu vermitteln als interne Referentinnen und Referenten. Sie verfügen über die notwendige fachliche und didaktische Erfahrung und über ein zeitgemäßes methodisches und medientechnisches Wissen. Die Teilnehmerinnen und Teilnehmer können sich frei von betrieblichen Zwängen und Hierarchien bewegen. Und sie nehmen vom Veranstalter, aber auch von den anderen Teilnehmern neue Ideen und Anregungen auf, die helfen können, die eigene Betriebsblindheit zu überwinden. Freilich müssen sie sich notwendigerweise an einen heterogenen Teilnehmerkreis mit unterschiedlichen Vorkenntnissen und Interessen anpassen.

Als intern werden alle Personalentwicklungsmaßnahmen bezeichnet, bei denen die Verantwortung für die Zielsetzung, Planung und Durchführung beim Unternehmen selbst liegt. Interne Maßnahmen sind aber auch Veranstaltungen in Räumen außerhalb des Unternehmens sowie Veranstaltungen, für die Referentinnen oder Referenten verpflichtet werden, die nicht der Belegschaft angehören.

Für den Transfer der Qualifikationen und Kompetenzen in die Arbeit ist es von Vorteil, wenn der Teilnehmerkreis homogen ist und bereits in die Zielsetzung und Planung der Maßnahmen eingebunden wird. Das ist in der Regel nur bei internen Veranstal-

tungen möglich. Externen Trägern fehlen häufig die vertraulichen Einblicke in die konkreten Probleme. Bisweilen stehen entsprechende Informationen auch nicht zur Verfügung, oder sie werden aus Geheimhaltungsgründen nicht freigegeben. Und manchmal entsteht ein Personalentwicklungsbedarf spontan. Immer dann sind interne Maßnahmen unumgänglich. So wahrt man zwar die Unabhängigkeit. Schließlich fällt das Honorar für externe Referenten unabhängig von der Teilnehmerzahl an, was bei größeren Gruppen kostengünstig ist.

Allerdings kommt dieser Vorteil nur selten zum Zuge, denn größere Gruppen von Beschäftigten kann man kaum gleichzeitig von der Arbeitsaufgabe freistellen, es sei denn, man terminiert das Wochenende. Bei internen Maßnahmen verzichtet man außerdem auf aufschlussreiche Einsichten, Erfahrungen und Problemlösungsansätze Dritter, abgesehen von denen der Referentinnen und Referenten.

2. Beim Bildungsurlaub handelt es sich um eine bezahlte Freistellung und Kostenübernahme für Personalentwicklungsmaßnahmen. Gesetzliche Regelungen über den Bildungsurlaub bestehen in nahezu allen Bundesländern. Der Freistellungsanspruch beträgt nach den meisten Ländergesetzen zehn Arbeitstage innerhalb von zwei Kalenderjahren und setzt voraus, dass die beantragte Maßnahme der beruflichen oder staatsbürgerlichen und politischen Bildung dient.

3. Beim selbstgesteuerten Lernen richten Sie Ihr Lernen an Zielen aus, die Sie selbst für richtig und wichtig erachten. Zudem lernen Sie in dem Zeitrahmen, den Sie für das Lernen erübrigen können und wollen.

Sie erwarten vielleicht, dass Ihnen Ihr Arbeitgeber die für das Lernen aufgewendete Zeit bezahlt oder Ihnen einen Zeitrahmen innerhalb Ihrer Arbeitszeit dafür reserviert. Diese Erwartung kann enttäuscht werden, denn Ihr Arbeitgeber wird seinerseits erwarten, dass Sie an Ihrer Employability arbeiten.

Zu Recht erwarten Sie aber ein Lernangebot, dass Ihnen über das E-Learning, das Web Based Training, das Telelearning, den Fernunterricht oder das Wissensmanagement zur Verfügung gestellt wird.

Möglicherweise können Sie Angebote anderer Bildungsinstitutionen wahrnehmen. Ob der Arbeitgeber die Kosten trägt, ist wiederum nicht sicher und muss im Einzelfall geklärt werden.

4. Coaching ist ein Gesprächs-, Betreuungs-, Beratungs- und Entwicklungsangebot in beruflichen und auch persönlichen Fragen für Beschäftigte auf allen Ebenen in Form einer Prozessberatung. Mittels Coaching will man Beschäftigten helfen, sich selbst besser zu organisieren, ihre individuellen Potenziale zu entwickeln und neue Kraft zu schöpfen.

Das Coaching durch die Führungskraft wird als Employee Coaching bezeichnet. Es handelt sich um einen in der Regel mehrmonatigen Beratungsprozess, durch den Stärken und Schwächen einzelner Beschäftigter identifiziert und Korrekturen

angeregt werden. Genau das erwartet man von Ihnen. Sie sollen als Coach Hilfe zur Selbsthilfe leisten, damit die Beschäftigten, die Sie coachen – man nennt sie Coachees – ihre Arbeitsanforderungen in Zukunft zielwirksamer und unabhängiger bewältigen können. Da das Coaching Sie zeitlich stark binden wird, kommen als Coachees zumeist nur Beschäftigte in Betracht, die ihrerseits Führungsverantwortung tragen oder künftig tragen werden.

Das Coaching beginnt mit der Kontaktaufnahme in den Rollen als Coach und Coachee. Es folgt die Absprache der Termine und eventuellen Abbruchkriterien. Die diagnostische Analyse erfolgt in Einzelsitzungen. Vielleicht sollten Sie auch der Empfehlung folgen, den Coachee nach Absprache am Arbeitsplatz zu beobachten. Bei manchen Arbeitgebern können Coachees an einem Assessment Center teilnehmen, das der Analyse dient. In der folgenden Planungsphase wird der Coachee in der Diskussion mit Ihnen mögliche Lösungsansätze, Etappenziele und Handlungsstrategien entwickeln. Bei der Durchführung geben Sie dem Coachee ein Feedback, eine Rückmeldung der erreichten Veränderungen, als Kritik oder als Signal für neues Handeln.

Zwischen der Führungsrolle und der Rolle des Coach als Berater und Förderer bestehen erhebliche Unterschiede. Deshalb werden Sie sich auf diese Rolle in der Regel durch eine Personalentwicklungsmaßnahme vorbereiten müssen.

5. Sowohl für die 360-Grad-Beurteilung als auch für das 360-Grad-Feedback werden Beschäftigte nicht nur von der Führungskraft und gegebenenfalls Mitarbeitern, sondern auch von Kollegen aus der eigenen Abteilung und anderen direkt beteiligten Bereichen sowie von Kunden und Lieferanten beurteilt. Um den Kreis zu schließen, darf auch eine Selbstbeurteilung nicht fehlen. Die beiden eng verwandten Verfahren unterscheiden sich trotzdem deutlich.

  ‣ Die 360-Grad-Beurteilung liegt ganz in den Händen des Personalwesens und ihr Ergebnis wird nicht nur für Zwecke der Personalentwicklung, sondern auch für die Festlegung des Entgelts verwendet.

  ‣ Das 360-Grad-Feedback zielt hingegen darauf ab, den betroffenen Beschäftigten ein möglichst umfassendes Bild zu vermitteln, wie sie von jenen Menschen wahrgenommen werden, mit denen sie regelmäßig zu tun haben, und daraus zu lernen. Dieses Feedback wird meist schriftlich in Form eines ausführlichen Fragebogens eingeholt, von externen Fachleuten anonym ausgewertet und ausschließlich den Betroffenen rückgekoppelt. An das 360-Grad-Feedback sind also keinerlei Konsequenzen durch das Unternehmen gekoppelt. Dadurch wird das Feedback zum persönlichen Entwicklungsinstrument.

6. Assessment Center sind ein- bis dreitägige Seminare mit in der Regel acht bis zwölf Teilnehmerinnen und Teilnehmern, die von Führungskräften und Personalfachleuten, gegebenenfalls auf der Grundlage von Fragebogen, in Interviews, unter Umständen

auch in Testverfahren, in der Hauptsache aber in Einzel-, Rollen- und Gruppenübungen beobachtet und beurteilt werden.

Assessment Center dienen der Ermittlung von Eignungsprofilen der Beschäftigten. Sie gehören in vielen Unternehmen zum Standard, wenn die Eignung für eine Führungslaufbahn festgestellt wird. In der Durchführung unterscheiden sie sich nicht von den Verfahren, wie sie für die Personalbeschaffung verwendet werden.

Man kann aber noch einen Schritt weitergehen und Assessment Center als Instrument der Personalentwicklung einsetzen, denn immerhin erhalten die Teilnehmerinnen und Teilnehmer am Ende eines gut durchdachten Assessment Center durch die Assessoren eine fundierte Rückmeldung über ihre Stärken und Schwächen.

7. *Wenn man über die Nachfolgeplanung etwaige Kandidatinnen und Kandidaten ausmacht, ist es ratsam, diese mit den Aufgaben der Stellvertretung zu betrauen. Sie könnten entweder das gesamte Aufgabenfeld über die Urlaubszeit bzw. andere Abwesenheitsperioden des Stelleninhabers übernehmen oder dauerhaft einige Teilaufgaben. Damit erwerben sie die erforderlichen Qualifikationen und Kompetenzen im Tagesgeschäft.*

8. *Bei den Kostenarten für die Personalentwicklung handelt es sich in der Hauptsache um*

▸ *das Arbeitsentgelt für die ausgefallene Arbeitszeit der Teilnehmerinnen und Teilnehmer, soweit Personalentwicklungsmaßnahme und Arbeitsleistung nicht Hand in Hand gehen,*

▸ *die Ausbildungsvergütungen bei der Berufsausbildung,*

▸ *gegebenenfalls ein Arbeitsentgelt für Überstunden eingesetzter Ersatzkräfte,*

▸ *Kosten für An- und Abreise, Räume, Verpflegung, Arbeitsunterlagen, Lizenzen für Planspiele oder Tests und Ähnliches,*

▸ *Honorare bzw. anteiliges Entgelt für Referenten oder*

▸ *Teilnahmegebühren für externe Veranstaltungen,*

▸ *kalkulatorische Abschreibungen für Einrichtungen des Bildungswesens sowie*

▸ *die Kosten, die im Personalwesen und den Fachabteilungen für die Ermittlung des Personalentwicklungsbedarfs, die Planung und die Umsetzung anfallen. Diese Kosten kann man anhand der Zeit errechnen, die die Betroffenen für diese Aufgaben aufgewendet haben.*

9. *Bei manchen Personalentwicklungsmaßnahmen liegt der Lernerfolg auf der Hand, etwa bei der planmäßigen Unterweisung. Der Trainer kann den Lernerfolg beobachten, wenn die Beschäftigten das Vorgeführte nachmachen.*

Praktische Übungen und Rollenspiele belegen den Lernerfolg ebenso gut. Sie sind jedoch recht zeitraubend, wenn alle Teilnehmer eingebunden werden sollen.

Ansonsten ist man entweder auf eine im Ergebnis oft unzuverlässige Befragung der Trainer oder auf Prüfungen und Tests angewiesen. Letztere sind beim Teilnehmerkreis meistens unbeliebt, es sei denn, sie verhelfen zu einem allgemein anerkannten Zertifikat.

10. *Für die Rentabilität von Personalentwicklungsmaßnahmen verwendet man die Formel*
Rentabilität = (Wert der Maßnahme – Kosten) × 100 : Kosten.
Als Wert der Maßnahme sind die 20.000 Euro anzusetzen, die mehr erwirtschaftet werden. Die entstanden Kosten beziffern sich auf 10.000 Euro. Damit ergibt sich
Rentabilität = (20.000 Euro – 10.000 Euro) × 100 : 10.000 Euro = 100 Prozent.

11. *Die Personalentwicklung hat mit der Transferproblematik zu kämpfen. Die Umsetzung macht zuweilen Mühe, denn möglicherweise lassen die neuen Qualifikationen und Kompetenzen eine Lösung der Probleme im Unternehmen gar nicht zu und unter Umständen können die Kollegen die neuen Kenntnisse, Fertigkeiten und Verhaltensweisen nicht nachverfolgen.*

9 Personalfreisetzung

1. *Ein Arbeitsverhältnis endet nicht durch den Tod des Arbeitgebers, denn gemäß § 1922 des Bürgerlichen Gesetzbuches geht mit dem Tode einer Person deren Erbschaft als Ganzes auf den oder die Erben über.*
Gemäß § 622 des Bürgerlichen Gesetzbuchs muss man die Arbeitsleistung selbst erbringen. Deshalb endet ein Arbeitsverhältnis spätestens mit dem Tod des Beschäftigten.

2. *Nach § 626 des Bürgerlichen Gesetzbuches ist eine außerordentliche, fristlose Kündigung sowohl für den Arbeitgeber als auch für den Arbeitgeber zulässig, aber nur, wenn es für den Betroffenen unzumutbar ist, die Kündigungsfrist einzuhalten. Der Arbeitnehmer kann also fristlos kündigen, wenn er beispielsweise vom Arbeitgeber geschlagen wird oder wenn der Arbeitgeber das Arbeitsentgelt nicht zahlt. Selbst dann wird der Arbeitnehmer zögern.*
Wenn er nicht kündigt, kann er seine Entgelt- und Schadensersatzansprüche notfalls vor Gericht durchsetzen.
Selbst bei einer ordentlichen Kündigung verbleiben ihm diese Ansprüche, hinsichtlich des Entgelts bis zum Ende der Kündigungsfrist.
Bei einer außerordentlichen, fristlosen Kündigung verliert er aber mit dem Zeitpunkt der Kündigung jeden weiteren Entgeltanspruch. Das kann sinnvoll sein, wenn man sich der nervenaufreibenden Auseinadersetzung nicht mehr aussetzen will und bereits einen neuen Arbeitsplatz sicher hat.

3. *Mit dem Abgangsinterview kann man die Kündigungsgründe ermitteln, und zwar, wenn das Gespräch offen und ehrlich geführt wird, statt der vorgeschobenen die tatsächlichen Gründe.*
Nach mehreren ordentlich dokumentierten Abgangsinterviews ergibt sich ein für das Unternehmen typischer Katalog von Kündigungsgründen, der hilft, jene Schwachstellen zu erkennen, die zu Kündigungen führen. Nun wird nicht jede Kündigung auf

Schwachstellen beruhen. Arbeitnehmer kündigen auch aus privaten Gründen. Andererseits gilt es, etwaige betriebliche Mankos zu bereinigen.

Zu guter Letzt dient das Abgangsinterview dem Abbau von etwaigen Aversionen gegenüber dem Unternehmen und der Verabschiedung.

4. Grundsätzlich kann man sich gegen eine Entlassung innerhalb von drei Wochen nach Zugang mit einer Kündigungsschutzklage zur Wehr setzen.

Sie haben aber einen mündlichen Abwicklungsvertrag zugestimmt, das heißt nach Ausspruch der Entlassung Rechtsfragen der Abwicklung des Arbeitsverhältnisses vereinbart. Für Abwicklungsverträge gibt es keine Formvorschriften. Mündliche Vereinbarungen sind folglich prinzipiell zulässig. Sie können sich trotzdem entspannen, denn eine Klageverzichtserklärung muss in jedem Fall schriftlich festgelegt werden.

Es bleibt also trotz der anderslautenden mündlichen Vereinbarung dabei, dass Sie innerhalb von drei Wochen eine Kündigungsschutzklage erheben können.

5. Die rechtlich zu beachtenden Widerspruchsgründe des Betriebsrates gegen eine ordentliche Entlassung sind im § 102 des Betriebsverfassungsgesetzes abschließend aufgezählt:

▸ Der Arbeitgeber hat bei der Auswahl der zu entlassenden Arbeitnehmer soziale Gesichtspunkte nicht oder nicht ausreichend berücksichtigt.

▸ Der Arbeitgeber hat gegen Richtlinien über die personelle Auswahl bei Entlassungen verstoßen.

▸ Der zu entlassende Arbeitnehmer kann an einem anderen Arbeitsplatz weiterbeschäftigt werden.

▸ Die Weiterbeschäftigung ist nach zumutbaren Umschulungs- und Fortbildungsmaßnahmen möglich.

▸ Die Weiterbeschäftigung ist unter geänderten Vertragsbedingungen möglich, und der Arbeitnehmer hat dazu sein Einverständnis erklärt.

Die Stellungnahme, der Mitarbeiter sei »ein eigentlich ganz freundlicher Mensch, der kaum eine Chance auf einen Job bei einer anderen Firma hat« hat keinen Bezug zu einem dieser akzeptablen Widerspruchsgründe.

Aber Sie können ohnehin nach der Anhörung des Betriebsrats trotz dessen Widerspruchs rechtswirksam eine ordentliche Entlassung aussprechen. Sie müssen dem betroffenen Arbeitnehmer lediglich mit der Entlassung eine Abschrift der Stellungnahme des Betriebsrats zuleiten.

Für die Dauer eines etwaigen Kündigungsschutzprozesses offeriert der Gesetzgeber den Entlassenen in § 102 des Betriebsverfassungsgesetzes einen Vorteil. Sie werden bei unveränderten Arbeitsbedingungen weiterbeschäftigt bis der Rechtsstreit zu einem rechtskräftigen Abschluss gekommen ist, falls der Betriebsrat, wie in diesem Fall, gegen die ordentliche Entlassung frist- und ordnungsgemäß widersprochen hat und die Betroffenen Klage

auf Feststellung erheben, dass das Arbeitsverhältnis durch die Entlassung nicht aufgelöst ist.

Das Arbeitsgericht würde Sie aber zweifellos auf Antrag von der Weiterbeschäftigungspflicht entbinden, weil der Widerspruch der Belegschaftsvertretung offensichtlich unbegründet ist.

6. Laut § 623 des Bürgerlichen Gesetzbuches bedarf jede Kündigung zu ihrer Wirksamkeit der Schriftform.

Sie haben sich durch Ihre Äußerung also zwar neuen Ärger eingehandelt, aber keineswegs Ihr Arbeitsverhältnis gekündigt. Genau das ist der Sinn der Vorschrift. Man soll sich nicht im ersten Ärger zu einer Kündigung hinreißen lassen können, die rechtlich Bestand hat.

7. Eine schriftliche Entlassung muss dem Arbeitnehmer rechtzeitig zugehen. Die Juristen verstehen unter dem Zugang den Sachverhalt, dass das Entlassungsschreiben in verkehrsüblicher Weise in die tatsächliche Verfügungsgewalt des Empfängers gelangt. Regelmäßig ist das der Briefkasten. Empfangsberechtigt sind auch Personen der Wohnungs- oder Hausgemeinschaft.

Durch ein Übergabe-Einschreiben kann der Zugang keineswegs sichergestellt werden, auch nicht mit Rückschein, da der Empfänger die Annahme verweigern und die Abholung unterlassen kann. Durchaus möglich ist die Verwendung eines Einwurf-Einschreibens, bei dem der Postzusteller den Einwurf in den Briefkasten oder das Postfach des Empfängers dokumentiert. Einen Einlieferungsbeleg erhält man mit der Aufgabe des Schreibens und einen Auslieferungsbeleg auf Anfrage gegen Gebühr.

8. Das Vorziehen von Reparatur-, Wartungs- und Erneuerungsarbeiten bringt nur in Ausnahmefällen einen größeren Effekt, aber das betriebswirtschaftliche Risiko wird bei unsicheren Absatzerwartungen und stagnierendem Auftragseingang um Einiges gesteigert.

Eine Erweiterung der Lagerhaltung ist nur bei lagerfähigen Produkten denkbar, die keinem modischen oder technischen Wandel unterliegen. Bekleidung vom letzten Jahr oder aus der letzten Saison will kaum jemand kaufen, und wenn, dann zu geringen Preisen.

Folglich empfiehlt es sich, den Rat von Rudi Ratlos nicht zu befolgen.

9. Hier liegt eine Massenentlassung gemäß § 17 des Kündigungsschutzgesetzes vor. In Unternehmen mit 21 bis 59 regelmäßig Beschäftigten gilt es nämlich als Massenentlassung, wenn mehr als fünf Arbeitsverhältnisse innerhalb von 30 Kalendertagen beendet werden, und zwar nicht nur durch ordentliche, fristgemäße Entlassungen, hier handelt es sich um vier, sondern auch durch vom Arbeitgeber veranlasste Eigenkündigung der Arbeitnehmer, hier zwei. Damit ist die Schwelle von fünf überschritten.

Für Massenentlassungen schreibt § 17 des Kündigungsschutzgesetzes einige Maßnahmen im Vorfeld vor, unter anderem eine Anzeige an die Agentur für Arbeit, die hier offenbar unterblieben sind.

10. In Betrieben mit in der Regel mehr als 20 wahlberechtigten Arbeitnehmerinnen und Arbeitnehmern muss der Arbeitgeber den Betriebsrat über geplante Betriebsänderungen, die wesentliche Nachteile für die Belegschaft zur Folge haben können, rechtzeitig und umfassend unterrichten. Eine Betriebsänderung ist nach der Rechtsprechung auch ein Personalabbau unter Beibehaltung der sächlichen Betriebsmittel, wenn mindestens fünf Prozent der Belegschaft betroffen sind. Da hier 90 der 100 Beschäftigten betroffen sind, handelt es sich eindeutig um eine Betriebsänderung.

Neugegründete Unternehmen wie die XYZ-Bank müssen in den ersten vier Jahren nach ihrer Gründung bei allen Betriebsänderungen keinen Sozialplan aufstellen. Sie können dem Betriebsrat also keine Hoffnung auf einen Sozialplan machen, der Regelungen über den Ausgleich oder die Milderung der wirtschaftlichen Nachteile treffen würde.

Allerdings sind Arbeitgeber und Betriebsrat gehalten, sich über die geplante Betriebsänderung zu beraten. Das Ziel ist ein Interessenausgleich über das Ob, Wie und Wann der vorgesehenen Maßnahmen. Die E-Mail vom Freitag ist aber keine derartige Beratung.

Wenn ein Arbeitgeber, wie im vorliegenden Fall, eine Betriebsänderung durchführt, ohne einen Interessenausgleich mit dem Betriebsrat zu versuchen, so ist er gemäß § 113 Absatz 3 des Betriebsverfassungsgesetzes zum Nachteilsausgleich gezwungen. Er muss die wirtschaftlichen Nachteile der von der Betriebsänderung Betroffenen ausgleichen, insbesondere muss er bei Entlassungen Abfindungen zahlen.

10 Personalcontrolling

1. Bei einer sehr jungen Belegschaft ist mit einer höheren, kostenträchtigen Fluktuation, aber auch mit aktuellen Qualifikationen und Kompetenzen zu rechnen.

Eine Überalterung der Belegschaft kann die Personalbeschaffung in Zukunft zum ebenfalls kostenträchtigen Engpass machen, sichert aber den Erfahrungsschatz des Unternehmens.

§ 147 a des Dritten Buchs des Sozialgesetzbuches sieht eine Erstattungspflicht des Arbeitslosengeldes sowie der Kranken-, Pflege- und Rentenversicherungsbeiträge bei einer Trennung von Arbeitnehmern vor, die das 55. Lebensjahr vollendet haben. Die Vorschrift kennt Befreiungstatbestände, deren Voraussetzungen mit den Mitteln des Personalcontrolling belegt werden können.

2. Ein erstes Problem bezeichnet man mit dem Begriff Betriebsblindheit. Wer lange in einem Unternehmen bleibt, hat keine Vergleichsmöglichkeiten und kann deshalb nicht erkennen, was in der täglichen Arbeit gut und sinnvoll und was unnötig kompliziert, bürokratisch und überholt ist. Er kann dem Unternehmen keine neuen Impulse, die aus der Kenntnis der Andersartigkeit

entstehen, vermitteln. In dem besagten Unternehmen gilt das für alle Beschäftigten, und das wird zumindest auf die Dauer sicherlich zum Wettbewerbsnachteil.

Ein weiteres Problem ist durch die Abgänge der älteren Beschäftigten entstanden. Wenn man lange im Unternehmen tätig ist, zeigt sich nämlich nicht nur Betriebsblindheit. Die andere Seite der Medaille ist der Erfahrungsschatz, den man auf die Dauer gewinnt. Dieser Erfahrungsschatz ist hier verlorengegangen.

Das dritte Problem wird im Laufe der kommenden Jahre immer brisanter. Die Beschäftigten in mittleren Jahren gehen dann gehäuft in Rente. Das Unternehmen wird über einen eher kurzen Zeitraum hinweg die gesamte Belegschaft verlieren, wenn nicht umgehend Auszubildende und jüngere Beschäftigte eingestellt werden. Das kann nur gelingen, wenn man die Konkurrenz bei den Bemühungen übertrumpft, die geburtenschwachen Jahrgänge der Zukunft für sich zu gewinnen.

3. Man kann unterstellen, dass zufriedene Beschäftigte keinen oder weniger Anlass zu einem Stellenwechsel verspüren, dass sie eher motiviert und engagiert zu Werke gehen als unzufriedene. Eine aussichtsreiche Personalbindung, ein wirksamer Personaleinsatz, eine gedeihliche Personalführung und ansprechende Entgelte sind also ohne Arbeitszufriedenheit kaum denkbar. Folglich kann man im Kontext des Personalcontrolling nicht auf eine Messung der Arbeitszufriedenheit verzichten.

4. Der Standort Deutschland ist so strukturiert, dass Hilfsarbeiten Jahr um Jahr immer weiter reduziert werden. Personalintensive Fertigung wird angesichts der im internationalen Vergleich hohen Personalkosten ins Ausland verlagert.

Mit einiger Sicherheit wird sich dieser Trend in Zukunft auch im besagten Unternehmen bemerkbar machen. Dann wird man die fachfremd qualifizierten Beschäftigten nur mit Mühe und die gar nicht qualifizierten Beschäftigten zum Teil überhaupt nicht so qualifizieren können, dass sie anspruchsvollere Aufgaben wahrnehmen können.

Man wird sich also von vielen Beschäftigten trennen und neues Personal suchen müssen, was, wenn es überhaupt gelingt, hohe Kosten verursachen wird.

5. Generell sind steigende Personalkosten überwiegend durch gesetzliche Auflagen bestimmt. Diese Kosten müssten sich aber innerhalb einer Branche ähnlich auswirken. Wenn das nicht so ist, wenn also etwa die Entgeltfortzahlungskosten bei Ihrem Arbeitgeber deutlich höher als im Branchendurchschnitt sind, ist das ein Hinweis auf Missstände, etwa schlechte Arbeitsbedingungen, an denen man arbeiten muss.

Hinzu kommen die Einflüsse durch die Tarifverträge, denen jedoch nur die Arbeitgeber unterliegen, die entweder selbst mit Gewerkschaften Tarifverträge vereinbaren, wie das bei einigen Unternehmen mit großen Belegschaften üblich ist, oder einem Arbeitgeberverband angehören. Abhilfe verspricht der Austritt aus dem Arbeitgeberverband oder eine Mitgliedschaft ohne Tarifbindung, allerdings nur auf lange Sicht, denn die Tarifbindung hat eine Nachwirkung. Außerdem entsteht durch den Verbandsaustritt die Notwendigkeit, die vielen, in Tarifverträgen geregelten Details selbst zu regeln, was zu Konflikten führen kann und fast sicher wird.

Schließlich kann eine Ursache in den sogenannten freiwilligen zusätzlichen Vergütungen zu finden sein. Wenn sie vertraglich zugesichert oder schon für längere Zeit üblich sind, kann man sie nur durch individuelle Vereinbarungen mit den Betroffenen senken. Dazu werden die Betroffenen aber nur bereit sein, wenn das für die Sicherung ihres Arbeitsplatzes unbedingt notwendig ist.

Die nur auf den ersten Blick »einfachste« Lösung sei hier am Ende aufgeführt. Vielleicht können die Arbeitsaufgaben auch mit weniger Beschäftigten erledigt werden, beispielsweise wenn man die Arbeitsabläufe und den Maschinenpark rationalisiert. Dann wird ein Personalabbau notwendig, der sich möglicherweise bei Kunden und Lieferanten, aber sicher bei den Beschäftigten negativ auswirkt.

6. Wenn die Personalabteilung des gesamte Spektrum der Personalwirtschaft von der Personalbeschaffung bis zum Personalcontrolling bearbeitet, sind dort logischerweise mehr Fachleute im Einsatz als in Unternehmen, bei denen das nicht so ist.

Zwar kann man personalwirtschaftlichen Aufgaben an Dritte vergeben, etwa im Rahmen der Personalentwicklung externe Trainer einsetzen. Es ist aber zuweilen durchaus wirtschaftlicher, die Aufgaben mit eigenem Personal zu erledigen, also mit Fachleuten, die der Personalabteilung zugeordnet sind.

Außerdem ist der Arbeitsumfang zum Teil typisch für eine Branche. In Dienstleistungsunternehmen muss zum Beispiel grundsätzlich viel Personalentwicklung betrieben werden, und in der Baubranche ist die Entgeltabrechnung sehr arbeitsaufwändig.

7. Auf Unternehmensebene ist eine Fehlzeitenquote, das heißt eine Relation von Fehltagen zu Solltagen, von 7,5 Prozent zu verzeichnen. Das ist beachtlich wenig und gibt Anlass zur Freude.

Auf der Hierarchieebene darunter wird für die eine der beiden Abteilungen eine noch erfreulichere Fehlzeitenquote von 5 Prozent, für die andere, in der exakt genauso viele Beschäftigte arbeiten, jedoch eine weit weniger erfreuliche Fehlzeitenquote von 10 Prozent ermittelt.

Die saldierte Quote auf Unternehmensebene gaukelt vor, alles sei zum Besten. Sie verschleiert die vergleichsweise schlechte Quote in der einen Abteilung und die sehr erfreuliche Quote in der anderen. Die Kenntnis dieser beiden Quoten wirft die Frage auf, wie es zu diesem Unterschied kommt und wie man die »schlechte« Abteilung an die Quote der »guten« Abteilung heranführen kann.

Quellenverzeichnis

Ackermann 2000 a: Ackermann, K.-F., »Anwendungsmöglichkeiten der Balanced Scorecard im Personalbereich«, in: Ackermann, K.-F., Balanced Scorecard für Personalmanagement und Personalführung: Praxisansätze und Diskussion, Wiesbaden 2000, S. 47–75.

Ackermann 2000 b: Ackermann, K.-F., »Das Balanced Scorecard-Konzept – Grundlagen und Bedeutung für die Unternehmenspraxis«, in: Ackermann, K.-F., Balanced Scorecard für Personalmanagement und Personalführung: Praxisansätze und Diskussion, Wiesbaden 2000, S. 11–45.

Ackermann 2005: Ackermann, K.-F., »Shared-Service-Center HR in Deutschland – Erfahrungen und Erwartungen«, in: Personalwirtschaft, Heft 05/2005, S. 10–11.

Adams 1963: Adams, J. S., »Towards an Understanding of Inequity«, in: Journal of Abnormal and Social Psychology, Volume 67/1963, S. 422–436.

Adamski 2001: Adamski, B., Project-Guide Arbeitszeitwirtschaft und -management: Grundlagen und Einführungsstrategien, Frechen 2001.

Ahlers 2002: Ahlers, H., »Personalfreistellung«, in: Bröckermann, R. und Pepels, W. (Herausgeber), Personalmarketing: Akquisition – Bindung – Freistellung, Stuttgart 2002, S. 191–204.

Ahlers 2003: Ahlers, H., »Methoden des Personalabbaus«, in: Dekan des Fachbereichs Wirtschaftswissenschaften der Hochschule Niederrhein (Herausgeber), Mönchengladbacher Schriften zur wirtschaftswissenschaftlichen Praxis, Band 14: Jahresband 2001/2002, Aachen 2003, S. 11–48.

Alderfer 1969: Alderfer, C. P., »An Empirical Test of a New Theory of Human Needs«, in: Organizational Behavior and Human Performance, Volume 04/1969, S. 142–175.

Alderfer 1972: Alderfer, C. P., Existence, Relatedness, and Growth: Human Needs in Organizational Settings, New York 1972.

Alex 2000: Alex K., »Outsourcing der HR-Funktionen«, in: Personalwirtschaft, Heft 08/2000, S. 38–40.

ama/Osterloh/Rost 2008: ama, Osterloh, M. und Rost, K. (Verfasser unbekannt), »Bonuszahlungen senken die Performance«, in: Managerseminare, Heft 11/2008, S. 7.

ama/Skillsoft 2008: ama und Skillsoft (Verfasser unbekannt), »Geschult wird strategisch: Studie zur Weiterbildung«, in: Managerseminare, Heft 01/2008, S. 7.

ama/TNS Opinion 2007: ama und TNS Opinion (Verfasser unbekannt), »39 Prozent der deutschen Arbeitnehmer«, in: Managerseminare, Heft 07/2007, S. 8.

Andrzejewski 2002: Andrzejewski, L., »Die Angst des Vorgesetzten vor dem Trennungsgespräch«, in: Personalführung, Heft 06/2002, S. 76–84.

Antoni 2008: Antoni, C. H., »Teilautonome Arbeitsgruppe und Fertigungsinsel«, in: Bröckermann, R. und Müller-Vorbrüggen, M. (Herausgeber), Handbuch Personalentwicklung: Praxis der Personalbildung, Personalförderung und Arbeitsstrukturierung, 2. Auflage, Stuttgart 2008, S. 513–525.

Armutat et al. 2007: Armutat, S. unter Mitwirkung von Büchsenschütz, J., Carl, A., Döring, H., Gerfen, C., Henze, S., Kleffmann, E., Klein, C., Ruppel, C., Scharfenkamp, N., Tabellion, R. und Wolf, B., Organisation des Personalmanagements: Expertise-Center, Service-Center, Key-Account-Personalmanagement, Bielefeld, 2007.

Aschauer 1970: Aschauer, E., Führung, Stuttgart 1970.

Atkinson 1964: Atkinson, J. W., An Introduction to Motivation, New York 1964.

Atkinson 1975: Atkinson, J. W., Einführung in die Motivationsforschung, Stuttgart 1975.

Bachner/Köstler/Matthießen/Trittin 2008: Bachner, M., Köstler, R., Matthießen, V. und Trittin, W., Arbeitsrecht bei Unternehmensumwandlung und Betriebsübergang, 3. Auflage, Baden-Baden 2008.

Backes-Gellner/Lezear/Wolff 2001: Backes-Gellner, U., Lezear, E. P. und Wolff, B., Personalökonomik: Fortgeschrittene Anwendungen für das Management, Stuttgart 2001.

Backhausen/Thommen 2006: Backhausen, W. und Thommen, J.-P., Coaching: Durch systemischen Denken zu innovativer Personalentwicklung, 3. Auflage, Wiesbaden 2006.

Bahners 2005: Bahners, C., Vorgesetztenbeurteilung mittels 360°-Feedback, 2. Auflage, München, Mering 2005.

Bamberg/Fahlbruch 2007: Bamberg, E. und Fahlbruch, B., »Gesundheit und Sicherheit«, in: Schuler, H. (Herausgeber), Lehrbuch Organisationspsychologie, 4. Auflage, Bern 2007, S. 617–639.

Bandler/Grinder 1982: Bandler, R. and Grinder, J., Reframing: Neuro-Linguistic Programming and the Transformation of Meaning, Moab (Utah) 1982.

Bartscher/Huber 2007: Bartscher, T. und Huber, A., Praktische Personalwirtschaft: Eine praxisorientierte Einführung, 2. Auflage, Wiesbaden 2007.

Baumgartner/Häfele/Schwarz/Sohm 2004: Baumgartner, I., Häfele, W., Schwarz, M. und Sohm, K., OE-Prozesse: Die Prinzipien systemischer Organisationsentwicklung, 7. Auflage, Bern, Stuttgart, Wien 2004.

Beck 2002: Beck, C., Professionelle E-Recruitment: Strategien – Instrumente – Beispiele, Neuwied, Kriftel 2002.

Becker 2000: Becker, R., »Änderung einer betrieblichen Übung«, in: Betriebs-Berater, Heft 41/2000, S. 2095–2098.

Becker 2002: Becker, M., Personalentwicklung: Bildung, Förderung und Organisationsentwicklung in Theorie und Praxis, 3. Auflage, Stuttgart 2002.

Becker 2005 a: Becker, M., Personalentwicklung: Bildung, Förderung und Organisationsentwicklung in Theorie und Praxis, 4. Auflage, Stuttgart 2005.

Becker 2005 b: Becker, M., Systematische Personalentwicklung: Planung, Steuerung und Kontrolle im Funktionszyklus, Stuttgart 2005.

Becker 2006: Becker, M., »Wissenschaftstheoretische Grundlagen des Diversity Management«, in: Becker, M. und Seidel, A. (Herausgeber), Diversity Management: Unternehmens- und Personalpolitik der Vielfalt, Stuttgart 2006, S. 3–48.

Becker 2008 a: Becker, M., Messung und Bewertung von Humanressourcen: Konzepte und Instrumente für die betrieblich Praxis, Stuttgart 2008.

Becker 2008 b: Becker, C., »Traineeprogramm«, in: Bröckermann, R. und Müller-Vorbrüggen, M. (Herausgeber), Handbuch Personalentwicklung: Praxis der Personalbildung, Personalförderung und Arbeitsstrukturierung, 2. Auflage, Stuttgart 2008, S. 293–304.

Beiten 2005: Beiten, M., Familienfreundliche Maßnahmen in Unternehmen, 2. Auflage, München, Mering 2006.

Bejan/Franke 2000: Bejan, A. und Franke, M., »HR-Benchmarking – von der Datenanalyse zur Prozessoptimierung«, in: Personal, Heft 08/2000, S. 430–432.

Bergel 2005: Bergel, S., »Wer ist der Richtige? Trainerauswahl«, in: Managerseminare, Heft 06/2005, S. 52–58.

Berger/Schwalbe 2003: Berger, A. und Schwalbe, S., »Die Rolle des eHRM in der Personalwelt«, in: Personal, Heft 08/2003, S. 10–13.

Berkel 2003: Berkel, K., »Konflikte in und zwischen Gruppen«, in: Rosenstiel, L. von, Regnet, E. und Domsch, M. E. (Herausgeber), Führung von Mitarbeitern: Handbuch für erfolgreiches Personalmanagement, 5. Auflage, Stuttgart 2003, S. 397–414.

Berne 1967: Berne, E., Games People play, New York 1967.

Berne 1975: Berne, E., Was sagen Sie, nachdem Sie guten Tag gesagt haben?, München 1975.

Bertelsmann 2002: Bertelsmann, G., »Forschungsbericht: Interne Personalbeschaffungswege«, in: Bröckermann, R. und Pepels, W. (Herausgeber), Handbuch Recruitment, Berlin 2002, S. 143–172.

Berthel/Becker 2007: Berthel, J. und Becker, F. G., Personal-Management: Grundzüge für Konzeptionen betrieblicher Personalarbeit, 8. Auflage, Stuttgart 2007.

Betrand 2002: Bertrand, M., »Praxisbericht: Interne Personalbeschaffungswege«, in: Bröckermann, R. und Pepels, W. (Herausgeber), Handbuch Recruitment, Berlin 2002, S. 173–191.

Bertrand 2004: Bertrand, M. H., »Best-Practise-Personalbindungsstrategien in Großunternehmen«, in: Bröckermann, R. und Pepels, W. (Herausgeber), Personalbindung: Wettbewerbsvorteile durch strategisches Human Resource Management, Berlin 2004, S. 265–286.

Berufsgenossenschaft für Gesundheitsdienst und Wohlfahrtspflege 2008: Berufsgenossenschaft für Gesundheitsdienst und Wohlfahrtspflege (www.bgw-online.de, Verfasser unbekannt), »Kündigung: Oft wegen Ärger mit dem Chef«, in: Personalmagazin, Heft 07/2008, S. 24.

Binder 2002 a: Binder, W., »Die HR Balanced Scorecard als integraler Bestandteil der Personalstrategie«, in: Lohn + Gehalt, Heft 02/2002, S. 13–19.

Binder 2002 b: Binder, W., »Gewinnen und Halten qualifizierter Mitarbeiter«, in: CoPers: Computer & Personal, e-HR Personalarbeit, Heft 04/2002, S. 28–30, 39–42.

Bion 1971: Bion, W. R., Erfahrungen in Gruppen und andere Schriften, Stuttgart 1971.

Birkenbihl 1993: Birkenbihl, V. F., Das erfolgreiche Meeting, Landsberg am Lech 1993.

Birker 2002: Birker, K., »Personalmarktforschung«, in: Bröckermann, R. und Pepels, W. (Herausgeber), Personalmarketing: Akquisition – Bindung – Freistellung, Stuttgart 2002, S. 16–30.

Bischof/Speckbacher 2001: Bischof, J. und Speckbacher, G., »Führung mit der Balanced Scorecard«, in: Personalwirtschaft, Heft 04/2001, S. 48–54.

Blatt/Kriegesmann/Kottmann 2002: Blatt, H.-J., Kriegesmann, B. und Kottmann, M., »Der Transfer-Sozialplan als Alternative zur Abfindung«, in: Personalführung, Heft 01/2002, S. 60–65.

Blake/Shepard/Mouton 1964: Blake, R. R., Shepard, H. A. and Mouton, J. S., Managing Intergroup Conflict in Industry, Houston 1964.

Bleicher/Meyer 1976: Bleicher, K. und Meyer, E., Führung in der Unternehmung, Reinbek bei Hamburg, 1976.

Blickle 2002: Blickle, G., »Mentoring als Karrierechance und Konzept der Personalentwicklung?«, in: Personalführung, Heft 09/2002, S. 66–72.

Blumenschein/Ehlers 2002: Blumenschein, A. und Ehlers, I. U., Ideen-Management: Wege zur strukturierten Kreativität, München 2002.

BMFSFJ 2007: BMFSFJ (www.bmfsfj.de, Verfasser unbekannt), »Elterngeld«, in: Personalführung, Heft 10/2007, S. 8.

Böck 2002: Böck, R., »Forschungsbericht: Alternative Akquisition«, in: Bröckermann, R. und Pepels, W. (Herausgeber), Handbuch Recruitment, Berlin 2002, S. 328–345.

Boemke 2000: Boemke, B., »Das Telearbeitsverhältnis«, in: Betriebs-Berater, Heft 03/2000, S. 147–154.

Bohlen/Lotze 2000: Bohlen, F. N. und Lotze, M., »Bewerbertricks«, in HR Services, Heft 02/2000, S. 18–21.

Bohlken 2002: Bohlken, J., »Praxisbericht: Akquisition von Senior Managern«, in: Bröckermann, R. und Pepels, W. (Herausgeber), Handbuch Recruitment, Berlin 2002, S. 368–384.

Böhm/Hennig/Popp 2008: Böhm, W., Hennig, J. und Popp, C., Zeitarbeit: Leitfaden für die Praxis, Köln 2008.

Bontrup 2000: Bontrup, H.-J., »Methoden der Personalbedarfsermittlung«, in: WISU: das Wirtschaftsstudium, Heft 04/2000, S. 500–510.

Borg 2003: Borg, I., Führungsinstrument Mitarbeiterbefragung: Theorien, Tools und Praxiserfahrungen, 3. Auflage, Göttingen, Bern, Toronto, Seattle 2003.

Bouabba 2004: Bouabba, R., »Durchführungswege der betrieblichen Altersversorgung im Vergleich«, in: Personalführung, Heft 02/2004, S. 18–40.

Brandenburg/Nieder 2003: Brandenburg, U. und Nieder, P., Betriebliches Fehlzeiten-Management: Anwesenheit der Mitarbeiter erhöhen – Instrumente und Praxisbeispiele, Wiesbaden 2003.

Brandt 2007: Brandt, O., Das betriebliche Vorschlagswesen: Grenzen und Gestaltungspotenzial, München, Mering 2007.

Brandt/Schache-Keil 2000: Brandt, T. und Schache-Keil, F., »Zielvereinbarung kontra Beurteilung?«, in: Personalführung, Heft 12/2000, S. 76–80.

Brauner 2000: Brauner, C., »Internet Recruiting – 5 Thesen für die Zukunft«, in: CoPers – e-HR Personalarbeit und computergestütztes Personalmanagement, Heft 03/2000, S. 14–17.

Bredehorn 2003: Bredehorn, D., »Vertragsklauseln unter verschärfter Kontrolle«, in: Personalwirtschaft, Heft 09/2003, S. 62–64.

Bredehorn 2004: Bredehorn, D., »Unterrichtung und Widerspruchsrecht beim Betriebsübergang«, in: Personalwirtschaft, Heft 04/2004, S. 32–52.

Bredow 2004: Bredow, F. Frhr. V., »Wettbewerbsverbot: Treue gegen Bares«, in: Personal, Heft 02/2004, S. 58–60.

Brendt/Hühnerbein-Sollmann 2008: Brendt, D. und Hühnerbein-Sollmann, C., Gesundheitsmanagement als Führungsaufgabe: Effektive Mittel und effiziente Wege zur betrieblichen Gesundheitsförderung, Renningen 2008.

Brisach 2008: Brisach, S., »360°-Feedback«, in: Bröckermann, R. und Müller-Vorbrüggen, M. (Herausgeber), Handbuch Personalentwicklung: Praxis der Personalbildung, Personalförderung und Arbeitsstrukturierung, 2. Auflage, Stuttgart 2008, S. 323–336.

Bröckermann 1989: Bröckermann, R., Führung und Angst, Frankfurt am Main, Bern, New York, Paris 1989.

Bröckermann 1998 a: Bröckermann, R., »Richtige Personalplanung in der Apotheke«, in: Offizin, Heft 03/1998, S. 4–6.

Bröckermann 1998 b: Bröckermann, R., »Stiefkind Personaleinsatzplanung: Dynamische Arbeitszeitorganisation«, in: CoPers – Computergestützte und operative Personalarbeit, Heft 05/1998, S. 14–19.

Bröckermann 1998 c: Bröckermann, R., »Benchmarking: Wettbewerbsfähige Personalwirtschaft ist kein Zufall«, in: CoPers – Computergestützte und operative Personalarbeit, Heft 07/1998, S. 19–21.

Bröckermann 1999 a: Bröckermann, R., »Personal und Organisation«, in: Pepels, W. (Herausgeber), Betriebswirtschaftslehre im Nebenfach, Stuttgart 1999, S. 301–336, 526–529.

Bröckermann 1999 b: Bröckermann, R., »Leistungsanreize durch Cafeteria-Systeme«, in: CoPers – e-HR Personalarbeit und computergestütztes Personalmanagement, Heft 01/1999, S. 36–39.

Bröckermann 2000 a: Bröckermann, R., »Engpass Personal«, in: Birker, K. und Pepels, W. (Herausgeber), Handbuch Krisenbewusstes Management: Krisenvorbeugung und Unternehmenssanierung, Düsseldorf 2000, S. 267–292.

Bröckermann 2000 b: Bröckermann, R., Personalführung: Arbeitsbuch für Studium und Praxis, Köln 2000.

Bröckermann 2001: Bröckermann, R., »Planung der Personalwerbung«, in: Pepels, W. (Herausgeber), Erfolgreiche Personalwerbung in Medien, München, Wien 2001, S. 19–46.

Bröckermann 2002 a: Bröckermann, R., »Auswertung und Erkenntnisse«, in: Bröckermann, R. und Pepels, W. (Herausgeber), Handbuch Recruitment, Berlin 2002, S. 385–399.

Bröckermann 2002 b: Bröckermann, R., »Motivation der Vertriebsmitarbeiter«, in: Pepels, W. (Herausgeber), Handbuch Vertrieb, München, Wien 2002, S. 475–492.

Bröckermann 2002 c: Bröckermann, R., »Personalplanung und -kontrolle«, in: Bröckermann, R. und Pepels, W. (Herausgeber), Personalmarketing: Akquisition – Bindung – Freistellung, Stuttgart 2002, S. 31–55.

Bröckermann 2004: Bröckermann, R., »Fesselnde Unternehmen – gefesselte Beschäftigte«, in: Bröckermann, R. und Pepels, W. (Herausgeber), Personalbindung: Wettbewerbsvorteile durch strategisches Human Resource Management, Berlin 2004, S. 15–31.

Bröckermann 2005: Bröckermann, R., »Die Personalfreisetzung als betriebswirtschaftliches, gesellschaftspolitisches und menschliches Problem«, in: Bröckermann, R. und Pepels, W. (Herausgeber), Die Personalfreisetzung: betriebswirtschaftlich – gesellschaftspolitisch – menschlich, Renningen 2005, S. 1–11.

Bröckermann 2007: Bröckermann, R., »Rahmenbedingungen für die Qualität im Personalmanagement«, in: Bröckermann, R., Müller-Vorbrüggen, M. und Witten, E. (Herausgeber), Qualitätskonzepte im Personalmanagement: Grundlagen und Fallbeispiele, Stuttgart 2007, S. 13–35.

Bröckermann 2008: Bröckermann, R., »Kollektiv- und Individualplanung der Personalentwicklung«, in: Bröckermann, R. und Müller-Vorbrüggen, M. (Herausgeber), Handbuch Personalentwicklung: Praxis der Personalbildung, Personalförderung und Arbeitsstrukturierung, 2. Auflage, Stuttgart 2008, S. 609–627.

Bröckermann/Hesse 2000: Bröckermann, R. und Hesse, M., »Wirkungsweisen des Organisationsentwicklungs-Ansatzes zur Fehlzeitenreduktion«, in: Dekan des Fachbereichs Wirtschaft der Fachhochschule Niederrhein (Herausgeber). Mönchengladbacher Schriften zur wirtschaftswissenschaftlichen Praxis Band 5: Jahresband 1999. Aachen 2000, S. 41–49.

Bröckermann/Pepels 2002: Bröckermann, R. und Pepels, W., »Personalmarketing an der Schnittstelle zwischen Absatz- und Personalwirtschaft«, in: Bröckermann, R. und Pepels, W. (Herausgeber), Personalmarketing: Akquisition – Bindung – Freistellung, Stuttgart 2002, S. 1–15.

Brodbeck 2007: Brodbeck, F. C., »Analyse von Gruppenprozessen und Gruppenleistung«, in: Schuler, H. (Herausgeber), Lehrbuch Organisationspsychologie, 4. Auflage, Bern 2007, S. 415–438.

Bronner/Schwaab 2001: Bronner, R. und Schwaab, C., »Verzerrungen bei der Mitarbeiter-Beurteilung«, in: Personal, Heft 01/2001, S. 40–45.

Brose 2005: Brose, W., »Das betriebliche Eingliederungsmanagement nach § 84 Abs. 2 SGB IX als eine neue Wirksamkeitsvoraussetzung für die krankheitsbedingte Kündigung?«, in: Der Betrieb, Heft 07/2005, S. 390–394.

Bruggemann/Groskurth/Ulich 1975: Bruggemann, A., Groskurth, P. und Ulich, E., Arbeitszufriedenheit, Bern 1975.

Buchner 2002: Buchner, B., »Nichtraucherschutz am Arbeitsplatz«, in: Betriebs-Berater, Heft 46/2002, S. 2382–2385.

Büdenbender/Will 2008: Büdenbender, U. und Will, C., Arbeitsrecht: Crash-Kurs, Konstanz 2008.

Bühler 2003: Bühler, J., R., »Top-Praktikanten finden und binden«, in: Personal, Heft 12/2003, S. 34–37.

Bühner 2005: Bühner, R., Personalmanagement, 3. Auflage, München, Wien 2005.

Burkart/Schwaab 2004: Burkart, B. und Schwaab, M.-O., »Best-Practise-Personalbindungsstrategien in Dienstleistungsunternehmen«, in: Bröckermann, R. und Pepels, W. (Herausgeber), Personalbindung: Wettbewerbsvorteile durch strategisches Human Resource Management, Berlin 2004, S. 399–415.

Cisek 2000: Cisek, G., »Computergestützte Personalwirtschaft – eine systemische Herausforderung«, in: Personal, Heft 02/2000, S. 66–70.

Cohn 1975: Cohn, R. C., Von der Psychoanalyse zur themenzentrierten Interaktion, Stuttgart 1975.

Comelli 1985: Comelli, G., Training als Beitrag zur Organisationsentwicklung, München, Wien 1985.

Comelli 2003: Comelli, G., »Qualifikation für Gruppenarbeit: Teamentwicklungstraining«, in: Rosenstiel, L. von, Regnet, E. und Domsch, M. E. (Herausgeber), Führung von Mitarbeitern: Handbuch für erfolgreiches Personalmanagement, 5. Auflage, Stuttgart 2003, S. 415–445.

Comelli/Rosenstiel 2003: Comelli, G. und von Rosenstiel, L., Führung durch Motivation, 3. Auflage, München 2003.

Compensation-Online 2008: Compensation-Online (www.compensation-online.de, Verfasser unbekannt), »Mehrarbeit oft unbezahlt«, in: Personal, Heft 10/2008, S. 32.

Conein-Eikelmann 2003: Conein-Eikelmann, K.., »Erste Rechtsprechung zur Wirksamkeit von Vertragsstrafenabreden nach der Schuldrechtsreform«, in: Der Betrieb, Heft 47/2003, S. 2546–2548.

Corporate Executive Board 2007: Corporate Executive Board (www.executiveboard.com, Verfasser unbekannt), »Employer Branding spart Personalkosten«, in: Personalmagazin, Heft 06/2007, S. 32.

Crisand/Kramer/Schöne 2003: Crisand, E., Kramer, S. und Schöne, M., Personalbeurteilungssysteme: Ziele – Instrumente – Gestaltung, Heidelberg 2003.

Danne/Heider-Knabe 2003: Danne, H. und Heider-Knabe, E., Personalwirtschaft: Handlungsfelder und Gestaltungselemente, Berlin 2003.

Däubler 2004: Däubler, W., »Neues zur betriebsbedingten Kündigung«, in: Neue Zeitschrift für Arbeitsrecht, Heft 04/2004, S. 177–184.

Detmers 2002: Detmers, U., »Forschungsbereich externe Personalbeschaffungswege: Klassisches Posting«, in: Bröckermann, R. und Pepels, W. (Herausgeber), Handbuch Recruitment, Berlin 2002, S. 69–78.

DGFP 2001: Deutsche Gesellschaft für Personalführung (Autorenkollektiv/Herausgeber), Personalcontrolling in der Praxis, 2. Auflage, Stuttgart 2001.

DGFP 2004 a: Deutsche Gesellschaft für Personalführung (Autorenkollektiv/Herausgeber), Retentionmanagement: Die richtigen Mitarbeiter binden, Bielefeld 2004.

DGFP 2004 b: Deutsche Gesellschaft für Personalführung (Autorenkollektiv/Herausgeber), Unternehmenserfolg durch Gesundheitsmanagement: Grundlagen, Handlungshilfen, Praxisbeispiele, Bielefeld 2004.

DGFP 2006: Deutsche Gesellschaft für Personalführung (Autorenkollektiv/Herausgeber), Erfolgsorientiertes Personalmarketing in der Praxis: Konzept, Instrumente, Praxisbeispiele, Bielefeld 2006.

Diefenbach/Ring 2000: Diefenbach, K. und Ring, R., »Konzeption eines Auslandseinsatzes«, in: Personalwirtschaft, Heft 05/2000, S. 36–42.

Diethelm 2000: Diethelm, G., Projektmanagement Band 1: Grundlagen, Herne, Berlin 2001.

Dietze 2002: Dietze, K., »Ein Paradigmenwechsel in der Suchtprävention?«, in: Personalführung, Heft 07/2002, S. 56–59.

DIS 2008: DIS AG (www.dis-ag.com, Verfasser unbekannt), »Bewerber«, in: Personalführung, Heft 04/2008, S. 6.

DIS/stepstone.de 2007: DIS AG und stepstone.de (www.dis-ag.com/www.stepstone.de, Verfasser unbekannt), »AGG-konform«, in: Personalführung, Heft 10/2007, S. 8.

Doppler/Lauterburg 1999: Doppler, K. und Lauterburg, C., Change Management: Den Unternehmenswandel gestalten, 8. Auflage, Frankfurt am Main, New York 1999.

dpa 2007: dpa (Verfasser unbekannt), »Pünktlichkeit ist Pflicht«, in: Lohn + Gehalt, Heft 07/2007, S. 9.

Dralle 2004: Dralle, I., Bewerberauswahl anhand biographischer Daten: Stand der Forschung und Untersuchung am Beispiel einer deutschen Fluggesellschaft, Manheim 2004.

Dressler 2007: Dressler, S., Shared Services, Business Process Outsourcing und Offshoring: Die moderne Ausgestaltung des Back Office – Wege zu Kostensenkung und mehr Effizienz im Unternehmen, Wiesbaden 2007.

Drucker 1954: Drucker, P., The Practice of Management, New York 1954.

Drumm 2005: Drumm, H. J., Personalwirtschaftslehre, 5. Auflage, Berlin, Heidelberg, New York, Tokyo 2005.

Eck/Jöri/Vogt 2007: Eck, C. D., Jöri, H. und Vogt, M., Assessment-Center, Heidelberg 2007.

Eggert 2001: Eggert, T., »Outsourcing des Personalmanagements«, in: Lohn + Gehalt, Heft 05/2001, S. 58–59.

Eggert/Nitzsche 2001: Eggert, F. und Nitzsche, A., »Erfolgreiche Personalwerbung durch E-Cruiting«, in: Pepels, W. (Herausgeber), Erfolgreiche Personalwerbung in Medien, München, Wien 2001, S. 93–11.

Ehrmann 2002: Ehrmann, H., Unternehmensplanung, 4. Auflage, Ludwigshafen 2002.

Engelstädter/Kraft 2000: Engelstädter, H. und Kraft, H., »Deferred Compensation«, in: Lohn + Gehalt, Heft 03/2000, S. 47–50.

Erkelenz 2008: Erkelenz, B., »Projektgruppe und Task Force Group«, in: Bröckermann, R. und Müller-Vorbrüggen, M. (Herausgeber), Handbuch Personalentwicklung: Praxis der Personalbildung, Personalförderung und Arbeitsstrukturierung, 2. Auflage, Stuttgart 2008, S. 543–556.

Ernst 2001: Ernst, H., »Empathie: die Kunst, sich einzufühlen – ›Ich verstehe dich!‹«, in: Psychologie heute, Heft 05/2001, S. 20–26.

Erpenbeck/Rosenstiel 2003: Erpenbeck, J. und Rosenstiel, L. von, »Einführung«, in: Erpenbeck, J. und Rosenstiel, L. von (Herausgeber), Handbuch Kompetenzmessung, Stuttgart 2003, S. IX–XL.

Etzel/Griebeling/Liebscher 2002: Etzel, G., Griebeling, J. und Liebscher, B., Arbeitsrecht: Darstellung, Kontrollfragen, Aufgaben und Lösungen, 8. Auflage, Herne, Berlin 2002.

Etzel/Küppers 2002: Etzel, S. und Küppers, A., Innovative Managementdiagnostik, Göttingen, Bern, Toronto, Seattle 2002.

Evans 1970: Evans, M. G., »The Effects of Supervisory Behavior on the Path-Goal Relationship«, in: Organizational Behavior and Human Performance, 1970, S. 277–298.

Evans 1995: Evans, M. G., »Führungstheorien: Weg-Ziel-Theorie«, in: Kieser, A., Reber, G. und Wunderer, R. (Herausgeber), Handwörterbuch der Führung, 2. Auflage, Stuttgart 1995, Spalte 1075–1092.

Faltin 2007: Faltin, T., »Zwischen Strategie und Pragmatismus«, in: Personal, Heft 10/2007, S. 30–32.

Faßler 1997: Faßler, M., Was ist Kommunikation?, München 1997.

Fiedler 1967: Fiedler, F. E., A Theory of Leadership Effectiveness, New York, St. Louis, San Francisco, Toronto, London, Sydney 1967.

Finke 2006: Finke, M., Diversity Management: Förderung und Nutzung personeller Vielfalt in Unternehmen, 2. Auflage, München, Mering 2006.

Fischer/Stams/Titzkus 2008: Fischer, J., Stams, A. und Titzkus, T., »Mitarbeiterzufriedenheitsanalyse«, in: Bröckermann, R. und Müller-Vorbrüggen, M. (Herausgeber), Handbuch Personalentwicklung: Praxis der Personalbildung, Personalförderung und Arbeitsstrukturierung, 2. Auflage, Stuttgart 2008, S. 305–321.

Fisseni/Preusser 2007: Fisseni, H.-J. und Preusser, I., Assessment-Center: Eine Einführung in Theorie und Praxis, Göttingen, Bern, Wien, Toronto, Seattle Oxford, Prag 2007.

Fleishman 1973: Fleishman, E. A., »Twenty Years of Consideration and Structure«, in: Fleishman, E. A. and Hunt, J. G. (Herausgeber), Current Developments in the Study of Leadership, Carbondale 1973, S. 1–37.

Frank 2004: Frank, S., »Flexible Belegschaft dank Personalpool«, in: Personalmagazin, Heft 04/2001, S. 68–70.

Franke 2002: Franke, M., »Unternehmensprotale – gestalterische Chance für das Personalwesen«, in: Personal, Heft 03/2002, S. 14–18.

Franken 2007: Franken, S., Verhaltensorientierte Führung: Handeln, Lernen und Ethik in Unternehmen, 2. Auflage, Wiesbaden 2007.

Freihube/Sasse 2008: Freihube, D. und Sasse, S., »Was bringt das neue Pflegezeitgesetz!?«, in: Der Betrieb, Heft 24/2008, S. 1320–1323.

French/Bell 1994: French, W. L. und Bell, C. H. jr., Organisationsentwicklung, 4. Auflage, Bern, Stuttgart, Wien 1994.

Frey/Pulte 2005: Frey, H. und Pulte, P., Betriebsvereinbarungen in der Praxis: Eine Sammlung der wichtigsten Betriebsvereinbarungen mit praxisbezogenen Hinweisen, 3. Auflage, München 2005.

Fricke 2008: Fricke, Y., »Job Rotation«, in: Bröckermann, R. und Müller-Vorbrüggen, M. (Herausgeber), Handbuch Personalentwicklung: Praxis der Personalbildung, Personalförderung und Arbeitsstrukturierung, 2. Auflage, Stuttgart 2008, S. 477–484.

Friedrich/Warwersig 2000: Friedrich, C. und Warwersig, T., »Steuer- und sozialversicherungsrechtliche Fragestellungen bei Entsendung ins Ausland«, in: Lohn + Gehalt, Heft 03/2000, S. 51–56.

Frischmuth 2003: Frischmuth, R., »Führen und Absichern von Lebensarbeitszeitkonten«, in: Personal, Heft 09/2003, S. 36–39.

Frodl 1998: Frodl, A., »Durch Telearbeit zum virtuellen Unternehmen«, in: Personal, Heft 09/1999, S. 420–426.

Fröhlich 1982: Fröhlich, W. D., Angst: Gefahrensignale und ihre psychologische Bedeutung, München 1982.

Fürstenberg 1964: Fürstenberg, F., Grundlagen der Betriebssoziologie, Köln, Opladen 1964.

Gaul/Bonanni/Otto 2003: Gaul, B., Bonanni, A. und Otto, B., »Hartz III: Veränderte Rahmenbedingungen für Kurzarbeit, Sozialplanzuschüsse und Transfermaßnahmen«, in: Der Betrieb, Heft 44/2003, S. 2386–2390.

Gaul/Otto 2002: Gaul, B. und Otto, B., »Gesetz für moderne Dienstleistungen am Arbeitsmarkt«, in: Der Betrieb, Heft 47/2002, S. 2486–2491.

Gehle 1950: Gehle, F., »Internationale Tagung über Arbeitsbewertung in Genf«, in: REFA-Nachrichten, Heft 03/1950, S. 32–34.

Gehle/Mülder 2001: Gehle, M. und Mülder, W., Wissensmanagement in der Praxis, Frechen 2001.

Geighardt 2007: Geighardt, C., »DGFP-Studie zum Personalcontrolling: Personalcontrolling gewinnt an Bedeutung«, in: Personalführung, Heft 11/2007, S. 86.

Geiling 2008: Geiling, R. E., »Fairer Anteil am Unternehmenserfolg«, in: Personalwirtschaft, Heft 11/2008, S. 16–18.

Gerner 2001: Gerner, S., »Kündigen per E-Mail?«, in: Personalmagazin, Heft 04/2001, S. 42–46.

Gessler 2008 a: Gessler, M., »Das Kompetenzmodell«, in: Bröckermann, R. und Müller-Vorbrüggen, M. (Herausgeber), Handbuch Personalentwicklung: Praxis der Personalbildung, Personalförderung und Arbeitsstrukturierung, 2. Auflage, Stuttgart 2006, S. 43–62.

Gessler 2008 b: Gessler, M., »Selbstorganisiertes Lernen und lernende Organisation«, in: Bröckermann, R. und Müller-Vorbrüggen, M. (Herausgeber), Handbuch Personalentwicklung: Praxis

der Personalbildung, Personalförderung und Arbeitsstrukturierung, 2. Auflage, Stuttgart 2008, S. 237–256.

Gibb 1969: Gibb, C. A., »Leadership«, in: Lindzey, G. and Aronson, E., Handbook of Social Psychology, Volume 4: Group Psychology and Phenomena of Interaction, Reading u. a. 1969, S. 205–282.

Gillen 2005: Gillen, C. »Personalabbau und Betriebsänderung«, in: Neue Zeitschrift für Arbeitsrecht, Heft 24/2005, S. 1385–1392.

Glahn 2002: Glahn, R., Bewerbung Vorstellungsgespräch Karriere: Ein Wegbegleiter für den beruflichen Einstieg und Aufstieg, 3. Auflage, Frankfurt am Main 2002.

Glasl 2004: Glasl, F., Konfliktmanagement: Ein Handbuch für Führungskräfte, Beraterinnen und Berater, 8. Auflage, Bern, Stuttgart, Wien 2004.

Glueck 1976: Glueck, W. F., Business Policy: Strategy Formation and Management Action, New York 1976.

Gödel 2004: Gödel, C., Trends und Bedarfe in der Qualifizierung von Führungskräften, München, Mering 2004.

GOE 1980: Gesellschaft für Organisationsentwicklung (GOE) e. V., Leitbild und Grundsätze der Gesellschaft für Organisationsentwicklung (GOE) e. V., Langenfeld 1980 (Broschüre ohne Seitenzahlen).

Gogoll 2001: Gogoll, W.-D., »Organisation mit der Balanced Scorecard strategisch ausrichten«, in: Personalführung, Heft 03/2001, S. 72–78.

Goleman 1999: Goleman, D., »Emotionale Intelligenz – zum Führen unerlässlich«, in: Harvard Business Manager, Heft 03/1999, S. 27–36.

Goossens 1981: Goossens, F., Personalleiter-Handbuch, 7. Auflage, Landsberg am Lech 1981.

Gordon 1994: Gordon, T., Managerkonferenz: Effektives Führungstraining, 11. Auflage, München 1994.

Graefe 2001: Graefe, B., »Arbeitsrechtliche Gestaltungsmöglichkeiten in Zusammenhang mit Alkoholerkrankungen«, in: Betriebs-Berater, Heft 24/2001, S. 1251–1254.

Grawert 2005: Grawert, A., »Das System der betrieblichen Altersversorgung in Deutschland«, in: Zander, E. und Wagner, D. (Herausgeber), Handbuch des Entgeltmanagements, München 2005, S. 181–205.

Grawert 2007: Grawert, A., »Beitragsfreiheit bleibt«, in: Personal, Heft 12/2007, S. 12–13.

Grotlüschen 2008: Grotlüschen, A., »E-Learning, Web Based Learning, Telelearning, Fernunterricht und Blended Learning«, in: Bröckermann, R. und Müller-Vorbrüggen, M. (Herausgeber), Handbuch Personalentwicklung: Praxis der Personalbildung, Personalförderung und Arbeitsstrukturierung, 2. Auflage, Stuttgart 2008, S. 221–235.

Grüner 2000: Grüner, H., Bildungsmanagement im mittelständischen Unternehmen, Herne, Berlin 2000.

Günther 2008: Günther, V., »Mitarbeitersuche im Großformat«, in: Personalwirtschaft, Heft 10/2008, S. 50–51.

Gutenberg 1980: Gutenberg, E., Grundlagen der Betriebswirtschaftslehre, Band III, 8. Auflage, Berlin u. a. 1980.

Gutenberg 1983: Gutenberg, E., Grundlagen der Betriebswirtschaftslehre, Band I, 24. Auflage, Berlin u. a. 1983.

Gutenberg 1984: Gutenberg, E., Grundlagen der Betriebswirtschaftslehre, Band II, 17. Auflage, Berlin u. a. 1984.

Habermann/Lohaus 2003: Habermann, W. und Lohaus, D., »Employability statt Outplacement«, in: Personal, Heft 07/2003, S. 56–59.

Halpin/Winer 1957: Halpin, W. and Winer, B. J., »A factorial Study of the Leader Behavior Descriptions«, in: Stogdill, R. M. and Coons, A. E. (Herausgeber), Leader Behavior: Its Descriptons and Measurements, Ohio State University 1957, S. 39–51.

Hanau/Adomeit 2000: Hanau, P. und Adomeit, K., Arbeitsrecht, 12. Auflage, Neuwied, Kriftel 2000.

Hans Böckler Stiftung/dpa 2008: Hans Böckler Stiftung und dpa (Verfasser unbekannt), »Urlaubsgeld: Landwirtschaft zahlt am wenigsten«, in: Lohn + Gehalt, Heft 06/2008, S. 14.

Hans Böckler Stiftung/Eurostat 2007: Hans Böckler Stiftung und Eurostat (www.boeckler.de, Verfasser unbekannt), »In Deutschland wird länger gearbeitet«, in: Personalmagazin, Heft 09/2007, S. 53.

Hansen 2001: Hansen, K., »Einsatz von Personalberatungen bei der Personalwerbung«, in: Pepels, W. (Herausgeber), Erfolgreiche Personalwerbung in Medien, München, Wien 2001, S. 153–172.

Hansen 2008: Hansen, K., »Diversity Management, Cross Cultural Management und Unternehmenskultur als Aufgaben der Personalentwicklung«, in: Bröckermann, R. und Müller-Vorbrüggen, M. (Herausgeber), Handbuch Personalentwicklung: Praxis der Personalbildung, Personalförderung und Arbeitsstrukturierung, 2. Auflage, Stuttgart 2008, S. 97–111.

Hantke 2002: Hantke, B., »Personalentwicklung«, in: Bröckermann, R. und Pepels, W. (Herausgeber), Personalmarketing: Akquisition – Bindung – Freistellung, Stuttgart 2002, S. 144–179.

Harris 1975: Harris, T. A., Ich bin o.k., du bist o.k., Reinbek bei Hamburg 1975.

Harry/Schroeder 2000: Harry, M. und Schroeder, R., Six Sigma, übersetzt von Hohmann, B. J., Frankfurt, New York 2000.

Hartmann 2002: Hartmann, G., »Forschungsbericht: Personalbedarfsanalyse«, in: Bröckermann, R. und Pepels, W. (Herausgeber), Handbuch Recruitment, Berlin 2002, S. 30–54.

Hartmann 2008: Hartmann, K., »Moderation und Fachberatung«, in: Bröckermann, R. und Müller-Vorbrüggen, M. (Herausgeber), Handbuch Personalentwicklung: Praxis der Personalbildung, Personalförderung und Arbeitsstrukturierung, 2. Auflage, Stuttgart 2008, S. 351–365.

Heckhausen 1989: Heckhausen, H., Motivation und Handeln, 2. Auflage, Berlin 1989.

Heider 1958: Heider, F., The Psychology of Interpersonal Relations, New York 1958.

Heineman 2008: Heineman, B. W., »Warum integre Manager mehr verdienen sollten«, in: Harvard Business Manager, Heft 10/2008, S. 8–10.

Heissmann 2007: Heissmann, Dr., »Auszug der geplanten Änderungen im Überblick«, in: Lohn + Gehalt, Heft 02/2007, S. 66.

Heizmann 2003: Heizmann, S., Outplacement: Die Praxis der integrierten Beratung, Bern, Göttingen, Toronto, Seattle 2003.

Hellert 2000: Hellert, U., »Menschengerechte Gestaltung der Nacht- und Schichtarbeit«, in: Personalführung, Heft 03/2000, S. 72–74.

Hentschel 2003: Hentschel, B., »Application Service Providing (ASP)« in: Scholz, C. und Gutmann, J, (Herausgeber), Webbasierte Personalwertschöpfung: Theorie – Konzeption – Praxis, Wiesbaden 2003, S. 195–205.

Hentschel/Jaspers 2003: Hentschel, B. und Jaspers, A., Auskunfts-, Bescheinigungs- und Meldevorschriften im Personalwesen, 6. Auflage, Frechen 2003.

Hentze/Brose 1990: Hentze, J. und Brose, P., Personalführungslehre, 2. Auflage, Bern, Stuttgart, Wien 1990.

Hentze/Graf 2005: Hentze, J. und Graf, A., Personalwirtschaftslehre 2, 7. Auflage, Bern 2005.

Hentze/Graf/Kammel/Lindert 2005: Hentze, J., Graf, A., Kammel, A. und Lindert, K., Personalführungslehre, 4. Auflage, Bern, Stuttgart, Wien 2005.

Hentze/Kammel 2001: Hentze, J. und Kammel, A., Personalwirtschaftslehre 1, 7. Auflage, Bern, Stuttgart, Wien 2001.

Hersey/Blanchard 1977: Hersey, P. and Blanchard, K. H., Management of Organizational Behavior: Utilizing Human Resources, Englewood Cliffs 1977.

Herzberg/Mausner/Snyderman 1959: Herzberg, F., Mausner, B. M. and Snyderman, B. B., The Motivation to Work, New York 1959.

Herzberg 1966: Herzberg, F., Work and the Nature of Men, Cleveland 1966.

Herzberg 2003: Herzberg, F., »Was Mitarbeiter in Schwung bringt«, in: Harvard Business Manager, Heft 04/2003, S. 50–62.

Herzig 2004: Herzig, V., »Personalentwicklungsplanung«, in: Gaugler, E., Oechsler, W. und Weber, W. (Herausgeber), Handwörterbuch des Personalwesens, 3. Auflage, Stuttgart 2004, Spalte 1512–1520.

Hesse 2002: Hesse, M., »Praxisbericht: Alternative Akquisition«, in: Bröckermann, R. und Pepels, W. (Herausgeber), Handbuch Recruitment, Berlin 2002, S. 346–359.

Heyse 2003: Heyse, V., »KODE®X-Kompetenz-Explorer«, in: Erpenbeck, J. und Rosenstiel, L. von (Herausgeber), Handbuch Kompetenzmessung, Stuttgart 2003, S. 376–385.

Heyse/Erpenbeck 2004: Heyse, V. und Erpeneck, J., Kompetenz-training: 64 Informations- und Trainingssysteme, Stuttgart 2004.

Hild 2002: Hild, B., »Die Reintegration als Herausforderung«, in: Personalmagazin, Heft 04/2002, S. 64–67.

Hinterberger 2000: Hinterberger, G., »Personalabteilung auf Sendung«, in: CoPers – e-HR Personalarbeit und computergestütz-tes Personalmanagement, Heft 01/2000, S. 25–32.

Hirn/Habich 2007: Hirn, S. u. Habich, T., »Zukunftsmusik oder bewährtes Verfahren«, in: CoPers: Computer & Personal, Heft 05/2007, S. 38–40.

Hoffjan/Bramann 2007: Hoffjan, A. und Bramann, A., »Teurer Papiertiger mit zweifelhafter Wirkung«, in: Personalwirtschaft, Heft 10/2007, S. 37–39.

Hofmann 2008: Hofmann, E., Einstellungsgespräche erfolgreich führen: Ein Praxisleitfaden für die Auswahl der besten Bewer-ber, Wiesbaden 2008.

Hofstätter 1973: Hofstätter, P., Einführung in die Sozialpsycholo-gie, 5. Auflage, Stuttgart 1973.

Höhn 1986: Höhn, R., Führungsbrevier der Wirtschaft, 12. Auflage, Bad Harzburg 1986.

Hollender-Matatko/Brauweiler 2005: Hollender-Matatko, H. und Brauweiler, J., »Wertorientiertes Personalmanagement – Voraus-setzungen und Beispiele der Umsetzung«, in: Wald, P. M. (He-rausgeber): Neue Herausforderungen im Personalmanagement – Best Practices – Reorganisation – Outsourcing, Wiesbaden 2005, S. 165–185.

Holtbrügge 2005: Holtbrügge, D., Personalmanagement, 2. Auf-lage, Berlin, Heidelberg, New York 2005.

Homans 1960: Homans, G. C., Theorie der sozialen Gruppe, Köln u. a. 1960.

Horsch 2000: Horsch, J., Personalplanung: Grundlagen, Gestal-tungsempfehlungen, Praxisbeispiele, Herne, Berlin 2000.

House 1971: House, R. J., »A Path-Goal Theory of Leader Effective-ness«, in: Administrative Science Quarterly, Volume 16/3/1971, S. 321–338.

House 1977: House, R. J., »A 1976 Theory of Charismatic Lead-ership«, in: Hunt, J. G. and Larson, L. L. (Herausgeber), Lead-ership: The Cutting Edge, Carbondale 1977, S. 189–207.

Hoyningen-Huene 1997: Hoyningen-Huene, G. v., Der psychologi-sche Test im Betrieb: Rechtsfragen für die Praxis, Heidelberg 1997.

Hromadka 2002: Hromadka, W., »Die Änderungskündigung – eine Skizze«, in: Der Betrieb, Heft 25/2002, S. 1322–1326.

Hubmann 1993: Hubmann, H., Lexikon der Graphologie, München 1993.

Huf 2003: Huf, S., »Voraussetzungen einer gelingenden Kommuni-kation im Bewerbergespräch«, in Personalführung, Heft 06/2003, S. 58–64.

Hufnagl 2002: Hufnagl, H., Multimodale Personalauswahl: Die er-folgreiche Alternative zum Assessment Center, Würzburg 2002.

Hummel 2002: Hummel, T. R., »Forschungsbericht: Akquisition von Senior Managern«, in: Bröckermann, R. und Pepels, W. (Herausgeber), Handbuch Recruitment, Berlin 2002, S. 360–367.

Hümmerich 2001: Hümmerich, K., »Neues zum Abwicklungsver-trag«, in: Neue Zeitschrift für Arbeitsrecht, Heft 23/2001, S. 1280–1285.

Hümmerich/Holthausen 2003: Hümmerich, K. und Holthausen, J., »Arbeitsrechtliches im Ersten Gesetz für moderne Dienstleistun-gen am Arbeitsmarkt«, in: Neue Zeitschrift für Arbeitsrecht, Heft 01/2003, S. 7–14.

IAB 2007: IAB (www.iab.de, Verfasser unbekannt), »Mitarbeiterbe-teiligung«, in: Personalführung, Heft 10/2007, S. 12.

Ils 2007: Ils (www.ils.de, Verfasser unbekannt), »Lebenslanges Ler-nen«, in: Personalführung, Heft 12/2007, S. 18.

Impuls Soziales Management 2007: Impuls Soziales Management (www.e-impuls.de, Verfasser unbekannt), »Kinderbetreuung im Unternehmen rechnet sich«, in: Personalwirtschaft, Heft 07/2007, S. 60.

Inqa 2008: Inqa (www.inqa.de, Verfasser unbekannt), »Gesundheit größtes Hindernis«, in: Personal, Heft 07–08/2008, S. 57.

Institut für Beschäftigung und Employability 2007: Institut für Be-schäftigung und Employability (www.fh-ludwigshafen.de/ibe, Verfasser unbekannt), »Die Mischung macht's«, in: Personal, Heft 12/2007, S. 33.

Institut für Gegenwartsforschung 2007: Institut für Gegenwartsfor-schung (www.gegenwartsforschung.de, Verfasser unbekannt), »Nur befriedigend«, in: Personalführung, Heft 12/2007, S. 18.

Institute for Corporate Productivity 2008: Institute for Corporate Productivity (Verfasser unbekannt), »Gesundheitsprävention«, in: Personalführung, Heft 01/2008, S. 13.

Jansen 2008: Jansen, T., Kompakt-Training Personalcontrolling, Ludwigshafen 2008.

Jenak 2008: Jenak, K., Lehrgang der Lohn- und Gehaltsabrech-nung, 24. Auflage, Stuttgart 2008.

Jenak/Rick/Braun 2008: Jenak, K., Rick, E. und Braun, W., Klei-nes Tabellenbuch für steuerliche Berater 2008, Stuttgart 2008.

Jetter 2003: Jetter, W., Effiziente Personalauswahl: Durch struktu-rierte Einstellungsgespräche die richtigen Mitarbeiter finden, 2. Auflage, Stuttgart 2003.

Jochmann 2003: Jochmann, W., »Leistungsbilanz des Management Audits«, in Personalmagazin, Heft 05/2003, S. 30–34.

Jung 2008: Jung, H., Personalwirtschaft, 8. Auflage, München 2008.

Kabst/Thost/Isidor/Boyden Interim Management 2008: Kabst, R., Thost, W., Isidor, R. und Boyden Interim Management (www.boydeninterim.de), »Interim Manager: In manchen Gebieten festen Führungskräften überlegen«, in: Personalmagazin, Heft 04/2008, S. 38.

Kador/Kador 2001: Kador, F.-J. und Kador, T., Arbeitszeugnisse richtig lesen – richtig formulieren, 6. Auflage, Bergisch Gladbach 2001.

Kaehler 2006: Kaehler, B., »Individualrechtliche Zulässigkeit des Einsatzes psychologischer Testverfahren zu Zwecken der betrieblichen Bewerberauswahl«, in: Der Betrieb, Heft 05/2006, S. 277–282.

Kahabka 2002: Kahabka, G., »Personaleinsatz«, in: Bröckermann, R. und Pepels, W. (Herausgeber), Personalmarketing: Akquisition – Bindung – Freistellung, Stuttgart 2002, S. 100–115.

Kahabka 2004: Kahabka, G., »Potenzialbewertung und Potenzialentwicklung der Mitarbeiter«, in: Bröckermann, R. und Pepels, W. (Herausgeber), Personalbindung: Wettbewerbsvorteile durch strategisches Human Resource Management, Berlin 2004, S. 83–100.

Kahlke/Schmidt 2004: Kahlke, E. und Schmidt, V., Handbuch Personalauswahl, Heidelberg 2004.

Kanning 2004: Kanning, U. P., Standards der Personaldiagnostik, Göttingen, Bern, Toronto, Seattle, Oxford, Prag 2004.

Kanning/Pöttker/Klinge 2008: Kanning, U. P., Pöttker, J. und Klinge, K., Personalauswahl: Leitfaden für die Praxis, Stuttgart 2008.

Kaplan/Norton 1997: Kaplan, R. S. und Norton, D. P., Balanced Scorecard: Strategien erfolgreich umsetzen, Stuttgart 1997.

Katz/Kahn 1966: Katz, D. and Kahn, R. L., The Social Psychology of Organizations, 1st Edition, New York 1966.

Katz/Kahn 1978: Katz, D. and Kahn, R. L., The Social Psychology of Organizations, 2nd Edition, New York 1978.

Keller/Kurth 1991: Keller, K. und Kurth, G., »Grundlagen der Entlohnung«, in: Bundesvereinigung der Deutschen Arbeitgeberverbände (Herausgeber). Leistung und Lohn, Nr. 235/236/237, Bergisch Gladbach 1991, S. 1–30.

Kelley 1973: Kelley, H. H., »The Process of Causal Attribution«, in: American Psychologist, Volume 28/1973, S. 107–128.

Kellner 2001: Kellner, H., »Bearbeitung der Bewerbungseingänge«, in: Pepels, W. (Herausgeber), Erfolgreiche Personalwerbung in Medien, München, Wien 2001, S. 201–215.

Kempfer/Kolakovic 2004: Kempfer, U. und Kolakovic, M., »Kaufen? Oder doch selber machen?«, in: Personalmagazin, Heft 04/2001, S. 22–24.

Kerntke 2004: Kerntke, W., Mediation als Organisationsentwicklung: Mit Konflikten arbeiten, ein Leitfaden für Führungskräfte, Bern 2004.

Kerres 2001: Kerres, M., »Wege zur Implementierung von mediengestützten Lernwelten«, in: Personalführung, Heft 02/2001, S. 64–67.

Kerkow/Kipker 2000: Kerkow, H. und Kipker, I., »Prozess- und Erfolgscontrolling in der Mitarbeiterrekrutierung«, in: Personalführung 5/2000, S. 74–79.

Kiefer 2002: Kiefer, T., »Die Macht positiver und negativer Gefühle in der Arbeitswelt: Emotionen aus der Perspektive der Organisationspsychologie«, in: Personalführung, Heft 12/2002, S. 49–55.

Kiefer/Knebel 2004: Kiefer, B.-U. und Knebel, H., Taschenbuch Personalbeurteilung: Feedback in Organisationen, 11. Auflage, Heidelberg 2004.

Kienbaum 2007: Kienbaum Consultants International (www.kienbaum.de, Verfasser unbekannt), »Frauen dominieren im HR-Bereich«, in: Personalmagazin, Heft 06/2007, S. 32.

Kienbaum 2008: Kienbaum (www.kienbaum.de, Verfasser unbekannt), »Chancengleichheit erreichen«, in: Personalmagazin, Heft 07/2008, S. 24.

Kirchner 2002: Kirchner, M., »Einführung eines Risikomanagementsystems«, in: Der Betriebswirt, Heft 01/2002, S. 15–26.

Kittner 2003: Kittner, C., Angst im Job, München, Mering 2003.

Kleinebrink 2003: Kleinebrink, W., Abmahnung: Bedeutung – Verfahren – Muster, Neuwied, Kriftel 2003.

Klimecki/Gmür 2005: Klimecki, R. G. und Gmür, M., Personalmanagement: Strategien, Erfolgsbeiträge, Entwicklungsperspektiven, 3. Auflage, Stuttgart 2005.

Klimpel/Schütte 2006: Klimpel, M. und Schütte, T., Work-Life-Balance: Eine empirische Erhebung, München, Mering 2006.

Klingler 2005: Klingler, U., 100 Personalkennzahlen, Wiesbaden 2005.

Klöfer 2002: Klöfer, F., »Mitarbeiterkommunikation«, in: Bröckermann, R. und Pepels, W. (Herausgeber), Personalmarketing: Akquisition – Bindung – Freistellung, Stuttgart 2002, S. 180–190.

Klotz 2008: Klotz, A., »Berufsausbildung«, in: Bröckermann, R. und Müller-Vorbrüggen, M. (Herausgeber), Handbuch Personalentwicklung: Praxis der Personalbildung, Personalförderung und Arbeitsstrukturierung, 2. Auflage, Stuttgart 2008, S. 115–129.

Klutmann 2003: Klutmann, B., »Führen ohne Disziplinarfunktion«, in: zfo – Zeitschrift Führung + Organisation, Heft 02/2003, S. 94–101.

Knebel 2006: Knebel, H., »Mythos Leistungslohn«, in: Personal, Heft 12/2006, S. 18–20.

Knobbe/Leis/Umnuß 2003: Knobbe, T., Leis, M. und Umnuß, K., Arbeitszeugnisse erstellen und bewerten: Schnell zum rechtssicheren Zeugnis, Planegg bei München 2003.

Knoblauch 2001: Knoblauch, R., »Personal-Imageanzeigen«, in: Pepels, W. (Herausgeber), Erfolgreiche Personalwerbung in Medien, München, Wien 2001, S. 131–151.

Knoblauch 2002: Knoblauch, R., »Personalakquisition«, in: Bröckermann, R. und Pepels, W. (Herausgeber), Personalmarketing: Akquisition – Bindung – Freistellung, Stuttgart 2002, S. 56–70.

Knoblauch 2004: Knoblauch, R., »Motivation und Honorierung der Mitarbeiter als Personalbindungsinstrumente«, in: Bröckermann, R. und Pepels, W. (Herausgeber), Personalbindung: Wettbewerbsvorteile durch strategisches Human Resource Management, Berlin 2004, S. 101–130.

Knöfel 2003: Knöfel, S., »HR-Portale: Datendrehscheibe für Mitarbeiter«, in: Personal, Heft 08/2003, S. 14–16.

Knoll 2005: Knoll, L., »Stock Options in Deutschland: Gestaltungsperspektiven im Lichte historischer Fehlentwicklungen«, in: Zander, E. und Wagner, D. (Herausgeber), Handbuch des Entgeltmanagements, München 2005, S. 251–267.

Kobi 2000: Kobi, J.-M., »Management des Personalrisikos«, in Personalwirtschaft, Heft 06/2000, S. 31–37.

Kobi 2002 a: Kobi, J.-M., Personalrisikomanagement: Strategien zur Steigerung des People Value, 2. Auflage, Wiesbaden 2002.

Kobi 2002 b: Kobi, J.-M., »Trends im Personalcontrolling«, in Personal, Heft 06/2002, S. 42–44.

Köhler 2000: Köhler, K., »Bewerberansprache in der Virtual Community«, in: Personalwirtschaft, Sonderheft 05/2000, S. 20–25.

Kokemoor 2003: Kokemoor, A., »Neuregelung der Arbeitnehmerüberlassung durch die Harz-Umsetzungsgesetze«, in: Neue Zeitschrift für Arbeitsrecht, Heft 05/2003, S. 238–244.

Kolb 2008: Kolb, M., unter Mitarbeit von Burkart, B. u. Zundel, F., Personalmanagement: Grundlagen – Konzepte – Praxis, Wiesbaden 2008.

Kolleker/Wolzendorff 2008: Kolleker, A. und Wolzendorff, D., »Training into the Job und Reintegration«, in: Bröckermann, R. und Müller-Vorbrüggen, M. (Herausgeber), Handbuch Personalentwicklung: Praxis der Personalbildung, Personalförderung und Arbeitsstrukturierung, 2. Auflage, Stuttgart 2008, S. 151–169.

Konradt/Hertel 2004: Konradt, U. und Hertel, G., »Personalauswahl, Platzierung und Potenzialanalyse mit internetbasierten Verfahren«, in: Hertel, G. und Konradt, U. (Herausgeber), Human Resource Management im Inter- und Intranet, Göttingen, Bern, Toronto, Seattle, Oxford, Prag 2004, S. 55–71.

Kopp/Mandl 2009: Kopp, B. und Mandl, H., »Blended Learning: Forschungsfragen und Perspektiven«, in: Issing, L. J. und Klimsa, P. (Herausgeber), Online-Lernen: Handbuch für Wissenschaft und Praxis, München 2009, S. 139–150.

Kosiol 1962: Kosiol, E., »Unternehmung«, in: Seischab, H. und Schwantag, K., Handwörterbuch der Betriebswirtschaft, Band 4, 3. Auflage, Stuttgart 1962, Spalte 5540–5545.

Kötter/Ruppel 2008: Kötter, P. und Ruppel, D., »Arbeitgeberattraktivität gewinnt an Bedeutung«, in: Personalwirtschaft, Heft 04/2008, S. 42–43.

Kramer 2002: Kramer, K., Die Kündigung im Arbeitsrecht, 9. Auflage, Stuttgart, München, Hannover, Berlin, Weimar, Dresden 2002.

Krech/Crutchfield/Ballachey 1962: Krech, D., Crutchfield, R. S. and Ballachey, E., Individual in Society, New York 1962.

Krell 2003: Krell, G., »Kompetenz und Potenziale kennen: Management Audit – ein neuer Ansatz«, in: Vereinigung Deutscher Executive-Search-Berater (Herausgeber), Führungspositionen optimal besetzen: Handbuch des Executive Search, Frankfurt am Main, Wien 2003, S. 175–186.

Krieg 2001: Krieg, H.-J., »Grundlagen der Textaufbereitung der Personalwerbung«, in: Pepels, W. (Herausgeber), Erfolgreiche Personalwerbung in Medien, München, Wien 2001, S. 67–79.

Kronisch 2004: Kronisch, G., »Der Aufhebungsvertrag: Die konfliktfreie Kündigung«, in: Personal, Heft 01/2004, S. 50–52.

Kropp 2001: Kropp, W., Systemische Personalwirtschaft: Wege zu vernetzt-kooperativen Problemlösungen, 2. Auflage, München, Wien 2001.

Kropp 2004: Kropp, W., »Entscheidungsorientiertes Personalrisikomanagement«, in: Bröckermann, R. und Pepels, W. (Herausgeber), Personalbindung: Wettbewerbsvorteile durch strategisches Human Resource Management, Berlin 2004, S. 131–166.

Krüger 2002: Krüger, K.-H., »Forschungsbericht: Personalauswahl – Angebotssichtung«, in: Bröckermann, R. und Pepels, W. (Herausgeber), Handbuch Recruitment, Berlin 2002, S. 192–227.

Krüger/Werder/Grundel 2007: Krüger, W., Werder, A. v. und Grundel, J., »Center-Konzepte: Strategieorientierte Organisation von Unternehmensfunktionen«, in: zfo – Zeitschrift Führung + Organisation, Heft 01/2007, S. 4–11.

Kühl 2003: Kühl, S., »Teures Alibi«, in: management & training, Heft 08/2003, S. 11.

Lachner Aden Beyer & Company 2008: Lachner Aden Beyer & Company (Verfasser unbekannt), »Wechselwillige Führungskräfte«, in: Personalmagazin, Heft 07/2008, S. 24.

Ladwig/Domsch 2003: Ladwig, D. H. und Domsch, M., »Vorgesetztenbeurteilung«, in: Rosenstiel, L. von, Regnet, E. und Domsch, M. E. (Herausgeber), Führung von Mitarbeitern: Handbuch für erfolgreiches Personalmanagement, 5. Auflage, Stuttgart 2003, S. 501–512.

LAG Baden-Württemberg 2007: LAG Baden-Württemberg (Verfasser unbekannt), »Erste Erfahrungen mit dem AGG vor Gericht«, in: Lohn + Gehalt, Heft 05/2007, S. 11.

Lauterburg 1980: Lauterburg, C., »Organisationsentwicklung – Strategie der Evolution«, in: Management-Zeitschrift io, Heft 01/1980, S. 1–4.

Lemper-Pychlau 2001: Lemper-Pychlau, M., »Führung braucht natürliche Autorität«, in: Personalführung, Heft 07/2001, S. 16–17.

Lepke 2001: Lepke, A., »Trunksucht als Kündigungsgrund«, in: Der Betrieb, Heft 05/2001, S. 269–279.

Lepke 2003: Lepke, A., Kündigung bei Krankheit: Handbuch für die betriebliche, anwaltliche und gerichtliche Praxis, Berlin 2003.

Leyhausen 2008: Leyhausen, N., »Juniorfirma«, in: Bröckermann, R. und Müller-Vorbrüggen, M. (Herausgeber), Handbuch Personalentwicklung: Praxis der Personalbildung, Personalförderung und Arbeitsstrukturierung, 2. Auflage, Stuttgart 2008, S. 453–460.

Leymann 1993 a: Leymann, H., Mobbing: Psychoterror am Arbeitsplatz und wie man sich dagegen wehren kann, Hamburg 1993.

Leymann 1993 b: Leymann, H., »Ätiologie und Häufigkeit von Mobbing am Arbeitsplatz: Eine Übersicht über die bisherige Forschung«, in: Zeitschrift für Personalforschung, Heft 02/1993, S. 271–284.

Likert 1961: Likert, R., New Patterns of Management, New York 1961.

Likert 1967: Likert, R. The Human Organization, New York 1967.

Linde/Heyde 2003: Linde, B. von der und Heyde, A. von der, Gesprächstechniken für Führungskräfte: Methoden und Übungen zur erfolgreichen Gesprächsführung, Freiburg, Berlin, München, Zürich 2003.

Lisges/Schübbe 2005: Lisges, G. und Schübbe, F., Personalcontrolling: Personalbedarf planen, Fehlzeiten reduzieren, Kosten steuern, Freiburg, Berlin, München Würzburg, Zürich 2005.

List 2002: List, K.-H., »Praxisbericht: Personalauswahl – Angebotssichtung«, in: Bröckermann, R. und Pepels, W. (Herausgeber), Handbuch Recruitment, Berlin 2002, S. 228–239.

List 2003 a: List, K.-H., Outplacement: Vom Kündigungsgespräch zur Karriereberatung, Nürnberg 2003.

List 2003 b: List, K.-H., »Trennungsgespräche führen: Ein Albtraum?«, in: Personal, Heft 01/2003, S. 28–30.

List 2005: List, K.-H., Zeugnisse ergebnis- und stärkenorientiert schreiben, Stuttgart 2005.

Lohaus 2009: Lohaus, D., Leistungsbeurteilung, Göttingen, Bern, Wien, Paris, Oxford, Prag, Toronto, Cambridge (MA), Amsterdam, Kopenhagen 2009.

Lohbeck 2002: Lohbeck, A., »Arbeitszeitrechtliche Rahmenbedingungen bei der Gestaltung betrieblicher Arbeitszeitmodelle«, in: Lohn + Gehalt, Heft 10/2002, S. 25–34.

Lohse/Morczinek 2004: Lohse, M. und Morczinek, M., »Vom Employee-Self-Service zum Enterprise-Self-Service – Teil 1: Begriffsbestimmung und wissenschaftliche Einordnung«, in: WiSt: Wirtschaftswissenschaftliches Studium, Heft 03/2004, S. 186–190.

Lorenz/Rohrschneider 2007: Lorenz, M. und Rohrschneider, U., Praxishandbuch für Personalreferenten, Frankfurt am Main, New York 2007.

Lucas 2005: Lucas, M., Effiziente Personalauswahl durch professionelle Interviewführung, 2. Auflage, Renningen 2005.

Luft 1971: Luft, J., Einführung in die Gruppendynamik (Group Processes: An Introduction to Group Dynamics), Stuttgart 1971 (Palo Alto, California 1963).

Lukasczyk 1960: Lukasczyk, K., »Zur Theorie der Führer-Rolle«, in: Psychologische Rundschau, Heft 11/1960, S. 179–188.

Luke 2004: Luke, J., »§ 615 Abs. 3 BGB – Neuregelung des Betriebsrisikos?«, in: Neue Zeitschrift für Arbeitsrecht, Heft 05/2004, S. 244–247.

Lümkemann 2001: Lümkemann, D., »Bewegungsförderung und Gesundheitsmanagement in Unternehmen«, in: Personalführung, Heft 09/2001, S. 20–28.

Lurse 2005: Lurse, K.: »Die zukünftige Rolle des Personalmanagements aus Sicht des Beraters – Manager des Aufbaus einer flexiblen Organisation von Arbeit und Lernen im Unternehmen«, in: Wald, P. M. (Herausgeber): Neue Herausforderungen im Personalmanagement – Best Practices – Reorganisation – Outsourcing, Wiesbaden 2005, S. 33–50.

Lützeler/Bissels 2008: Lützeler, M. und Bissels, A., »Grenzen der Abwerbung«, in: HR Performance: Computer + Personal, Heft 03/2008, S. 36–37.

Mag 2003 a: Mag, W., »Personalplanung und Mitbestimmung – Teil 1«, in: WiSt: Wirtschaftswissenschaftliches Studium, Heft 02/2003, S. 83–87.

Mag 2003 b: Mag, W., »Personalplanung und Mitbestimmung – Teil 2«, in: WiSt: Wirtschaftswissenschaftliches Studium, Heft 03/2003, S. 148–153.

Manke 2006: Manke, T., »Adé AC!«, in Managerseminare, Heft 02/2006, S. 56–63.

March/Simon 1958: March, J. G. and Simon, H. A., Organizations, New York 1958.

March/Simon 1976: March, J. G. and Simon, H. A., Organisation und Individuum, Wiesbaden 1976.

Markowsky/Markowsky 2004: Markowsky, R. und Markowsky, C., »Suchtkranke im Betrieb als wichtige Aufgabe aller Mitarbeiter«, in: Betriebswirtschaftliche Blätter, Heft 01/2004, S. 26–27.

Martens 2007: Martens, A., »Attraktiv als Arbeitgeber: Employer Branding!«, in Managerseminare, Heft 08/2007, S. 62–67.

Martinko/Gardner 1987: Martinko, M. J. and Gardner, W. L., »The Leader-Member Attribution Process«, in: Academy of Management Review, Volume 12/1987, S. 235–249.

Maslow 1954: Maslow, A. H., Motivation and Personality, New York 1954.

Maslow 1965: Maslow, A. H., Eupsychian Management: A Journal, Homewood 1965.

Maucher 2006: Maucher, D., »Bewegung zahlt sich aus«, in: Personal, Heft 02/2006, S. 44–46.

Mauer 2003: Mauer, R., Personaleinsatz im Ausland: Personalmanagement, Arbeitsrecht, Sozialversicherungsrecht, Steuerrecht, München 2003.

Mayo 1933: Mayo, E., Human Problems of an Industrial Civilization, New York 1933.

McClelland 1975: McClelland, D. C., Power: The Inner Experience, New York 1975.

McClelland 1978: McClelland, D. C., Macht als Motiv: Entwicklungswandel und Ausdrucksformen, Stuttgart 1978.

McClelland 1987: McClelland, D. C., Human Motivation, Cambridge 1987.

McClelland/Atkinson/Clark/Lowell 1953: McClelland, D. C., Atkinson, J. W., Clark, R. A. and Lowell, E. L., The Achievement Motive, New York 1953.

McGregor 1960: Mc Gregor, D., The Human Side of Enterprise, New York 1960.

Mehring 2002: Mehring, I., »Personalmarketing bei Personalabbau«, in: Personal, Heft 10/2002, S. 32–34.

Menke/Stührenberg 2003: Menke, I. und Stührenberg, L., »Wenn die Masse zur Bedrohung wird«, in: Personalmagazin, Heft 05/2003, S. 62–65.

Mentzel 1997: Mentzel, W., Unternehmenssicherung durch Personalentwicklung, 7. Auflage, Freiburg im Breisgau 1997.

Mentzel 2005: Mentzel, W., Personalentwicklung: Erfolgreich motivieren, fördern und weiterbilden, 2. Auflage, München 2005.

Mercer 2008: Mercer (Verfasser unbekannt), »Arbeitnehmer wollen vor allem Respekt«, in: Lohn + Gehalt, Heft 03/2008, S. 13.

Metz/Roth 2000: Metz, A. und Roth, S., »360°-Feedback und 360°-Beurteilung sind grundverschieden«, in: management & training, Heft 01/2000, S. 36–39.

Miller 1956: Miller, G. A., »The magical number seven, plus or minus two: Some limits on our capacity for processing information«, in: Psychological Review, Volume 03/1956, S. 81–97.

Miner 1978: Miner, J. B., »Twenty Years of Research on Role Motivation Theory of Managerial Effectiveness«, in: Personnel Psychology, Volume 31/1978, S. 739–760.

Miner 1988: Miner, J. B., Organization Behavior: Performance and Productivity, New York 1988.

Miner 1993: Miner, J. B., Role Motivation Theories, London, New York 1993.

Mitterer 2005: Mitterer, B., Die Sicht der administrativen Abwicklung«, in: Bröckermann, R. und Pepels, W. (Herausgeber), Die Personalfreisetzung: betriebswirtschaftlich – gesellschaftspolitisch – menschlich, Renningen 2005, S. 59–68.

Move Europe 2008: Move Europe (www.move-europe.de, Verfasser unbekannt), »Zu wenig Pausen«, in: Personalführung, Heft 07/2008, S. 16.

Mudra 2004: Mudra, P., Personalentwicklung: Integrative Gestaltung betrieblicher Lern- und Veränderungsprozesse, München 2004.

Mudra 2008: Mudra, P., »Pädagogisch-psychologische Motivationstheorien als Grundlage der Personalentwicklung«, in: Bröckermann, R. und Müller-Vorbrüggen, M. (Herausgeber), Handbuch Personalentwicklung: Praxis der Personalbildung, Personalförderung und Arbeitsstrukturierung, 2. Auflage, Stuttgart 2008, S. 23–41.

Mülder 1994: Mülder, W., »Personalkennzahlen und Personalcontrolling«, in: Mülder, W. und Seibt, D. (Herausgeber), Methoden- und computergestützte Personalplanung, 2. Auflage, Köln 1994, S. 114–154.

Mülder 2000: Mülder, W., »Trends in der Arbeitszeitwirtschaft«, in: Lohn + Gehalt, Heft 04/2000, S. 39–42.

Mülder 2004: Mülder, W., »Personalinformationssysteme«, in: Gaugler, E., Oechsler, W. A. und Weber, W. (Herausgeber), Handwörterbuch des Personalwesens, 3. Auflage, Stuttgart 2004, Spalte 1534–1546.

Mülder/Hohoff/Kaneko 2002: Mülder, W., Hohoff, U. und Kaneko, H., »Personalinformationssysteme«, in: Stelzer-Rothe, T. (Herausgeber), Personalmanagement für den Mittelstand, Heidelberg 2002, S. 255–288.

Mülder/Störmer 2002: Mülder, W. und Störmer, W., Arbeitszeitmanagement und Zutrittskontrolle mit System, 3. Auflage, Neuwied, Kriftel 2002.

Müller-Vorbrüggen 2008 a: Müller-Vorbrüggen, M., »Management der Personalentwicklung«, in: Bröckermann, R. und Müller-Vorbrüggen, M. (Herausgeber), Handbuch Personalentwicklung: Praxis der Personalbildung, Personalförderung und Arbeitsstrukturierung, 2. Auflage, Stuttgart 2008, S. 707–721.

Müller-Vorbrüggen 2008 b: Müller-Vorbrüggen, M., »Struktur und Strategie der Personalentwicklung«, in: Bröckermann, R. und Müller-Vorbrüggen, M. (Herausgeber), Handbuch Personalentwicklung: Praxis der Personalbildung, Personalförderung und Arbeitsstrukturierung, 2. Auflage, Stuttgart 2008, S. 3–20.

Müller-Vorbrüggen/Falk 2006: Müller-Vorbrüggen, M. und Falk, S., »Warum Sie Zukunft als Wissensmanager haben«, in: Personalmagazin, Heft 02/2006, S. 16–18.

Muschiol 2007: Muschiol, T., »Fehler beim BEM sind korrigierbar«, in: Personalmagazin, Heft 09/2007, S. 98–99.

Muschiol 2008: Muschiol, T., »Variantenreiches Weihnachtsgeld«, in: Personalmagazin, Heft 11/2008, S. 78–80.

Neuberger 1974: Neuberger, O., Theorien der Arbeitszufriedenheit, Stuttgart, Berlin, Köln, Mainz 1974.

Neuberger 1999: Neuberger, O., Mobbing: Übel mitspielen in Organisationen, 3. Auflage, München, Mering 1999.

Neuberger 2002: Neuberger, O., Führen und führen lassen: Ansätze, Ergebnisse und Kritik der Führungsforschung, 6. Auflage, Stuttgart 2002.

Nick 1974: Nick, F. R., Management durch Motivation, Stuttgart 1974.

Nickel 2005: Nickel, T., »Wie man sich richtig online bewirbt«, in: WISU: das Wirtschaftsstudium, Heft 10/2005, S. 1148–1149.

Nickut 2008: Nickut, J., »Förderkreis, Talent- und Karrieremanagement«, in: Bröckermann, R. und Müller-Vorbrüggen, M. (Herausgeber), Handbuch Personalentwicklung: Praxis der Personalbildung, Personalförderung und Arbeitsstrukturierung, 2. Auflage, Stuttgart 2008, S. 439–452.

Nicolai 2000: Nicolai, W., »Personalanpassung sozialverträglich gestalten«, in: Personalwirtschaft, Heft 11/2000, S. 56–58.

Nicolai 2001: Nicolai, W., »Finanzielle Hilfe zur Personalanpassung«, in: Personalmagazin, Heft 08/2001, S. 72–73.

Nicolai 2004: Nicolai, C., »Stellenbeschreibungen als Führungsinstrument«, in: WISU: das Wirtschaftsstudium, Heft 02/2004, S. 177–180.

Nicolai 2006: Nicolai, C., Personalmanagement, Stuttgart 2006.

Nieder 2005: Nieder, P., »Anwesenheit ist wichtig – nicht Fehlzeiten«, in: Personalwirtschaft, Heft 05/2005, S. 36–39.

Nord Soft 2008: Nord Soft (www.nord-soft.de, Verfasser unbekannt), »Erfolgsorientiert vergüten«, in: Personal, Heft 07–08/2008, S. 57.

Obermann 2006: Obermann, C., Assessment Center: Entwicklung, Durchführung, Trends, 3. Auflage, Wiesbaden 2006.

Odiorne 1965: Odiorne, G. S., Management by Objectives, New York 1965.

Odiorne 1985: Odiorne, G. S., Strategic Management of Human Resources, San Francisco 1985.

Oechsler 2006: Oechsler, W. A., Personal und Arbeit: Grundlagen des Human Resource Management und der Arbeitgeber-Arbeitnehmer-Beziehungen, 8. Auflage, München, Wien 2006.

Ohmann-Sauer 2006: Ohmann-Sauer, I., »Das Risikopotenzial zunächst definieren«, in: Personalmagazin, Heft 07/2006, S. 22–23.

Olesch 2008: Olesch, G., »Personalmanager an die Macht«, in: Personalwirtschaft, Heft 02/2008, S. 43–45.

Olfert 2004: Olfert, K., Kompakt-Training Projektmanagement, 4. Auflage, Ludwigshafen 2004.

Olfert 2008: Olfert, K., Personalwirtschaft, 13. Auflage, Ludwigshafen 2008.

Orthmann 1999: Orthmann, G., »Kalte Füße: Neun Facetten der Entstehung und Beschwichtigung von Angst in Organisationen«, in: Freimuth, J. (Herausgeber), Die Angst der Manager, Göttingen, Bern, Toronto, Seattle 1999, S. 69–96.

Orths 2003: Orths, D., »Psychologische Beratung am Telefon«, in: Personalwirtschaft, Heft 08/2003, S. 32–34.

PA Consulting 2007: PA Consulting Group (www.paconsulting.com, Verfasser unbekannt), »Erhebliche Potenziale«, in: Personalführung, Heft 10/2007, S. 8.

Panse/Stegmann 1998: Panse, W. und Stegmann, W., Kostenfaktor Angst, 3. Auflage, Landsberg am Lech 1998.

Paschen 2002: Paschen, M., »Praxisbericht: Externe Personalbeschaffungswege – Progressives Posting«, in: Bröckermann, R. und Pepels, W. (Herausgeber), Handbuch Recruitment, Berlin 2002, S. 104–118.

Paschen 2003: Paschen, M., »Einsicht ohne Verlierer«, in: management & training, Heft 10/2003, S. 26–29.

Peemöller 2005: Peemöller, V. H. unter Mitarbeit von Geiger, T., Controlling: Grundlagen und Einsatzgebiete, 5. Auflage, Herne, Berlin 2005.

Pepels 2001: Pepels, W., »Grundlagen der Personalbeschaffungswerbung«, in: Pepels, W. (Herausgeber), Erfolgreiche Personalwerbung in Medien, München, Wien 2001, S. 1–18.

Pepels 2002: Pepels, W., »Personalbindung«, in: Bröckermann, R. und Pepels, W. (Herausgeber), Personalmarketing: Akquisition – Bindung – Freistellung, Stuttgart 2002, S. 129–143.

Pepels 2004: Pepels, W., »Personalzufriedenheit und Zufriedenheitsmessung«, in: Bröckermann, R. und Pepels, W. (Herausgeber), Personalbindung: Wettbewerbsvorteile durch strategisches Human Resource Management, Berlin 2004, S. 51–81.

PersonalMarkt 2007: PersonalMarkt Services GmbH (Verfasser unbekannt), »Vergütungs-Check: Personalleitung«, in: Personalmagazin, Heft 03/2007, S. 74.

PersonalMarkt 2008: PersonalMarkt Services GmbH (Verfasser unbekannt), »Vergütungs-Check: Personalreferent«, in: Personalmagazin, Heft 04/2008, S. 81.

Pöpping 2008: Pöpping, W., Wirtschaftsmediation als Verfahren des betrieblichen Konfliktmanagements: Bedarf und Nachfrage – Eine empirische Untersuchung, München, Mering 2008.

Pollert/Spieler 2008: Pollert, D. und Spieler, S., Die Arbeitnehmerüberlassung in der betrieblichen Praxis: Personaleinsatz bedarfsgerecht steuern und rechtssicher gestalten, 2. Auflage, Heidelberg, München, Landsberg, Berlin 2008.

Porter/Lawler 1968: Porter, L. W. and Lawler III, E. E., Managerial Attitudes and Performance, Homewood 1968.

Preis/Kliemt/Ulrich 2003: Preis, U., Kliemt, M. und Ulrich, C., Aushilfs- und Probearbeitsverhältnis, 2. Auflage, Heidelberg 2003.

Prognos 2007: Prognos (www.prognos.de, Verfasser unbekannt), »Die Pflege Angehöriger wird Personalthema«, in: Personalmagazin, Heft 07/2007, S. 45.

Public Health Research Consortium 2008: Public Health Research Consortium (www.york.ac.uk/phrc, Verfasser unbekannt), »Komprimierte Arbeitswochen«, in: Personalführung, Heft 10/2008, S. 8.

Pulte 2001: Pulte, P., »Rechtliche Rahmenbedingung der Personalwerbung«, in: Pepels, W. (Herausgeber), Erfolgreiche Personalwerbung in Medien, München, Wien 2001, S. 189–200.

Pulte 2006: Pulte, P., Das deutsche Arbeitsrecht: Kompaktwissen für die Praxis, 2. Auflage, München 2006.

Pulte 2008: Pulte, P., »Rechtliche Rahmenbedingungen der Personalentwicklung«, in: Bröckermann, R. und Müller-Vorbrüggen, M. (Herausgeber), Handbuch Personalentwicklung: Praxis der Personalbildung, Personalförderung und Arbeitsstrukturierung, 2. Auflage, Stuttgart 2008, S. 63–80.

Randhofer 2008: Randhofer, T., »Assessment Center und psychologische Testverfahren«, in: Bröckermann, R. und Müller-Vorbrüggen, M. (Herausgeber), Handbuch Personalentwicklung: Praxis der Personalbildung, Personalförderung und Arbeitsstrukturierung, 2. Auflage, Stuttgart 2008, S. 337–349.

Rastetter 1999: Rastetter, D., »Das Einstellungsinterview: ein Name, viele Verfahren«, in: zfo – Zeitschrift Führung + Organisation, Heft 01/1999, S. 20–24.

Rauen 2000 a: Rauen, C., »Der Ablauf eines Coaching-Prozesses«, in: Rauen, C. (Herausgeber), Handbuch Coaching, Göttingen, Bern, Toronto, Seattle 2000, S. 171–187.

Rauen 2000 b: Rauen, C., »Varianten des Coachings im Personalentwicklungsbereich«, in: Rauen, C. (Herausgeber), Handbuch Coaching, Göttingen, Bern, Toronto, Seattle 2000, S. 41–67.

Reddin 1977: Reddin, W. J., Das 3-D-Programm zur Leistungssteigerung des Managements, München 1977.

REFA 1984: REFA, Verband für Arbeitsstudien und Betriebsorganisation e. V. (Autorenkollektiv/Herausgeber), Methodenlehre des Arbeitsstudiums, Teil 1: Grundlagen, 7. Auflage, München 1984.

REFA 1991a: REFA, Verband für Arbeitsstudien und Betriebsorganisation e. V. (Autorenkollektiv/Herausgeber), Methodenlehre des Arbeitsstudiums: Anforderungsermittlung, 2. Auflage, München 1991.

REFA 1991b: REFA, Verband für Arbeitsstudien und Betriebsorganisation e. V. (Autorenkollektiv/Herausgeber), Methodenlehre des Arbeitsstudiums: Entgeltdifferenzierung, 3. Auflage, München 1991.

REFA 1992: REFA, Verband für Arbeitsstudien und Betriebsorganisation e. V. (Autorenkollektiv/Herausgeber), Methodenlehre des Arbeitsstudiums, Teil 2: Datenermittlung, 7. Auflage, München 1992.

Regnet 2001: Regent, E., Konflikte in Organisationen: Formen, Funktionen und Bewältigung, 2. Auflage, Göttingen 2001.

Regnet 2003: Regnet, E., »Kommunikation als Führungsaufgabe«, in: Rosenstiel, L. von, Regnet, E. und Domsch, M. E. (Heraus-geber), Führung von Mitarbeitern: Handbuch für erfolgreiches Personalmanagement, 5. Auflage, Stuttgart 2003, S. 243–252.

Regnet 2008: Regnet, E., »Evaluation der Personalentwicklung«, in: Bröckermann, R. und Müller-Vorbrüggen, M. (Herausgeber), Handbuch Personalentwicklung: Praxis der Personalbildung, Personalförderung und Arbeitsstrukturierung, 2. Auflage, Stuttgart 2008, S. 675–691.

Regnet/Winkler 2000: Regnet, E. und Winkler, S., »Outdoor-Training«, in: io management, Heft 03/2000, S. 46–53.

Reichelt 2008: Reichelt, B., »Mentoring und Patenschaft«, in: Bröckermann, R. und Müller-Vorbrüggen, M. (Herausgeber), Handbuch Personalentwicklung: Praxis der Personalbildung, Personalförderung und Arbeitsstrukturierung, 2. Auflage, Stuttgart 2008, S. 391–407.

Reschke 2001: Reschke, C.-P., »Zufrieden und verantwortungsbewusst«, in: CoPers – e-HR Personalarbeit und computergestütztes Personalmanagement, Sonderheft ADP-Special 2001, S. 38–39.

Renggli 2008: Renggli, S., »Human Resources – das Outsourcing-Potenzial ist enorm«, in: io new management, Heft 03/2008, S. 32–35.

Richardi 2004: Richardi, R., »Misslungene Reform des Kündigungsschutzes durch das Gesetz zu Reformen am Arbeitsmarkt«, in: Der Betrieb, Heft 09/2004, S. 486–490.

Rieck 2002: Rieck, W., »Forschungsbericht: High-Potentials durch Scouting gewinnen«, in: Bröckermann, R. und Pepels, W. (Herausgeber), Handbuch Recruitment, Berlin 2002, S. 119–134.

Rischar 2002: Rischar, A., »Arbeitsrechtliche Klauseln zur Rückzahlung von Fortbildungskosten«, in: Betriebs-Berater, Heft 49/2002, S. 2550–2552.

Roethlisberger/Dickson 1939: Roethlisberger, F. J. and Dickson, W. J., Management and the Worker, Cambridge 1939.

Ronge 2007: Ronge, B., »Die Richtigen finden«, in: Rheinische Post vom 05.05.2007, S. M17.

Rosen 2004: Rosen, R. von, »Betriebliche Altersvorsorge – Chancen und Herausforderungen«, in: Personalführung, Heft 02/2004, S. 18–31.

Rosenbladt/Bilger 2008: Rosenbladt, B. von und Bilger, F., Weiterbildungsbeteiligung in Deutschland: Eckdaten zum BSW-AES 2007, München 2008.

Rosenstiel 2000: Rosenstiel, L. von, »Potentialanalyse und Potentialentwicklung«, in: Rosenstiel, L. von und Lang-von Wins, T. (Herausgeber), Perspektiven der Potentialbeurteilung, Göttingen, Bern, Toronto, Seattle 2000, S. 3–25.

Rosenstiel 2001: Rosenstiel, L. von, Motivation im Betrieb: mit Fallstudien aus der Praxis, 10. Auflage, Leonberg 2001.

Rosenstiel 2002: Rosenstiel, L. von, »Das Assessmentcenter hat endgültig ausgedient: Interview geführt von Thore Dohse«, in: Personalmagazin, Heft 07/2002, S. 60.

Rosenstiel 2003: Rosenstiel, L. von, Grundlagen der Organisations-psychologie, 5. Auflage, Stuttgart 2003.

Rudow 2004: Rudow, B., Das gesunde Unternehmen: Gesundheits-management, Arbeitsschutz und Personalpflege in Organisatio-nen, München, Wien 2004.

Rühl/Hoffmann 2008: Rühl, M. und Hoffmann, J., Das AGG in der Unternehmenspraxis: Wie Unternehmen und Personalführung Gesetz und Richtlinien rechtssicher und diskriminierungsfrei umsetzen, Wiesbaden 2008.

Rummel/Rainer/Fuchs 2004: Rummel, M., Rainer, L. und Fuchs, R., Alkohol im Unternehmen: Prävention und Intervention, Göttingen, Bern, Toronto, Oxford, Prag 2004.

Rump 2008: Rump, J., »Wissensmanagement als Teil der Personal-entwicklung«, in: Bröckermann, R. und Müller-Vorbrüggen, M. (Herausgeber), Handbuch Personalentwicklung: Praxis der Per-sonalbildung, Personalförderung und Arbeitsstrukturierung, 2. Auflage, Stuttgart 2008, S. 257–276.

Rundstedt 2008: Rundstedt, E. von, »Berufliche Neuorientierung und Outplacement«, in: Bröckermann, R. und Müller-Vorbrüg-gen, M. (Herausgeber), Handbuch Personalentwicklung: Praxis der Personalbildung, Personalförderung und Arbeitsstrukturie-rung, 2. Auflage, Stuttgart 2008, S. 171–188.

Sarges 2000: Sarges, W., »Diagnose von Managementpotential für eine sich immer schneller und unvorhersehbar ändernde Wirt-schaftswelt«, in: Rosenstiel, L. von und Lang-von Wins, T. (He-rausgeber), Perspektiven der Potentialbeurteilung, Göttingen, Bern, Toronto, Seattle 2000, S. 107–128.

Sauermann 2002: Sauermann, P., »Personalmotivierung«, in: Brö-ckermann, R. und Pepels, W. (Herausgeber), Personalmarketing: Akquisition – Bindung – Freistellung, Stuttgart 2002, S. 116–128.

Schäffer-Külz 2008: Schäffer-Külz, U., »IT-Unterstützung der Per-sonalentwicklung«, in: Bröckermann, R. und Müller-Vorbrüg-gen, M. (Herausgeber), Handbuch Personalentwicklung: Praxis der Personalbildung, Personalförderung und Arbeitsstrukturie-rung, 2. Auflage, Stuttgart 2008, S. 81–96.

Schaub 1999: Schaub, G., »Entgeltfortzahlung in neuem (alten) Gewand?«, in: Neue Zeitschrift für Arbeitsrecht NZA, Heft 04/1999, S. 177–179.

Schaub 2000: Schaub, G., »Gesetz zur Vereinfachung und Be-schleunigung des arbeitsgerichtlichen Verfahrens«, in: Neue Zeitschrift für Arbeitsrecht NZA, Heft 07/2000, S. 344–348.

Schaub/Schindele 2005: Schaub, G. und Schindele, F., Kurzarbeit, Massenentlassung, Sozialplan, 2. Auflage, München 2005.

Schellschmidt 2008: Schellschmidt, K.-D., »Training off the Job«, in: Bröckermann, R. und Müller-Vorbrüggen, M. (Herausgeber), Handbuch Personalentwicklung: Praxis der Personalbildung, Personalförderung und Arbeitsstrukturierung, 2. Auflage, Stutt-gart 2008, S. 203–220.

Scherm 2004: Scherm, E., »Veräußerte Kompetenz«, in: Personal-wirtschaft, Heft 05/2004, S. 42–44.

Scherm/Kuszpa 2006: Scherm, E. und Kuszpa, M. A., »Das Lernen wird mobil«, in: Personalwirtschaft, Heft 02/2006, S. 40–42.

Scherm/Sarges 2002: Scherm, E. und Sarges, W., 360° Feedback, Göttingen 2002.

Scherm/Süß 2003: Scherm, E. und Süß, S., Personalmanagement, München 2003.

Schiefer/Köster/Korte 2007: Schiefer, B., Köster, H.-W. und Korte, W., »Befristung von Arbeitsverträgen – Die neue Altersbefris-tung nach § 14 Abs. 3 TzBfG«, in: Der Betrieb, Heft 19/2007, S. 1081–1086.

Schier 2008: Schier, W., »Training on the Job und Training near the Job«, in: Bröckermann, R. und Müller-Vorbrüggen, M. (He-rausgeber), Handbuch Personalentwicklung: Praxis der Per-sonalbildung, Personalförderung und Arbeitsstrukturierung, 2. Auflage, Stuttgart 2008, S. 189–202.

Schmalen/Pechtl 2006: Schmalen, H. und Pechtl, H., Grundlagen und Probleme der Betriebswirtschaft, 13. Auflage, Stuttgart 2006.

Schmalzl/Malsbenden 2005: Schmalzl, B. und Malsbenden, J., »Schreibtisch auf Abruf«, in: Personal, Heft 06/2005, S. 6–8.

Schmeisser 2000: Schmeisser, W., »Installation eines Frühwarnsys-tems«, in: Personalwirtschaft, Heft 06/2000, S. 38–45.

Schmeisser 2008: Schmeisser, W., Finanzorientierte Personalwirt-schaft, München, Wien 2008.

Schmeisser/Eckstein/Klugmann 2002: Schmeisser, W., Eckstein, P. und Klugmann, P., »Forschungsbericht: Personalrecruiting im Internet«, in: Bröckermann, R. und Pepels, W. (Herausgeber), Handbuch Recruitment, Berlin 2002, S. 84–103.

Schmidt 2008: Schmidt, M., »Die Laien-Headhunter kommen«, in: Personalführung, Heft 04/2008, S. 10–12.

Schmidt-Rathjens 2007: Schmidt-Rathjens, C., »Anforderungsana-lyse und Kompetenzmodellierung«, in: Schuler, H. und Sonn-tag, K. (Herausgeber), Handbuch der Arbeits- und Organisa-tionspsychologie, Göttingen, Bern, Wien, Paris, Oxford, Prag, Toronto, Cambridge, Amsterdam, Kopenhagen 2007, S. 592–601.

Schmitt 2008: Schmitt, K., »Gesundheit steuerfrei gefördert«, in: Personalmagazin, Heft 11/2008, S. 54–55.

Schmitz-Buhl 2002: Schmitz-Buhl, S. M., »Praxisbericht: Personalauswahl – unpersönliche Auswahlverfahren«, in: Brö-ckermann, R. und Pepels, W. (Herausgeber), Handbuch Recruit-ment, Berlin 2002, S. 286–299.

Schmitzer 2003: Schmitzer, W., »Auswahlkriterien für Lohn- und Gehalts-Software«, in: CoPers: Computer & Personal, Heft 09/2003, S. 57–61.

Schneider/Fritz/Zander 2007: Schneider, H. J., Fritz, S. und Zan-der, E., Erfolgs- und Kapitalbeteiligung der Mitarbeiter, 6. Auf-lage, Düsseldorf 2007.

Scholz 2000: Scholz, C., Personalmanagement, 5. Auflage, München 2000.

Scholz 2001: Scholz, C., »E-Learning«, in: WiSt: Wirtschaftswissenschaftliches Studium, Heft 11/2001, S. 611–614.

Scholz 2002: Scholz, C., »Die virtuelle Personalabteilung: Stand der Dinge und Perspektiven«, in: Personalführung, Heft 02/2002, S. 22–31.

Scholz 2005: Scholz, C., »Personalabteilung – Virtualisierung 2.0«, in: Personalmagazin, Heft 12/2005, S. 52–54.

Scholz 2008: Scholz, C., »Talentmanagement und personalwirtschaftlicher Zehnkampf«, in: HR Performance: Computer + Personal, Heft 05/2008, S. 50–53.

Scholz/Stein/Bechtel 2003: Scholz, C., Stein, V. und Bechtel, R., »Zehn Postulate für das Human-Capital-Management«, in: Personalwirtschaft, Heft 05/2003, S. 50–54.

Scholz/Stein/Bechtel 2004: Scholz, C., Stein, V. und Bechtel, R., Human Capital Management – Wege aus der Unverbindlichkeit, München 2004.

Schönfeld/Reimers/Hofmann 2007: Schönfeld, W., Reimers, P. und Hofmann, M. A.: Geringfügige Beschäftigungsverhältnisse/Mini-Jobs/400-€-Jobs: Lohnsteuer – Sozialversicherung – Arbeitsrecht, 9. Auflage, Heidelberg, München, Landsberg, Berlin 2007.

Schreiber-Tennagels 2002: Schreiber-Tennagels, S., »Internet-Stellenmärkte«, in: Bröckermann, R. und Pepels, W. (Herausgeber), Personalmarketing: Akquisition – Bindung – Freistellung, Stuttgart 2002, S. 71–85.

Schröder 2008: Schröder, C., »Personalkosten sinken leicht«, in: Personal, Heft 07–08/2003, S. 20–22.

Schuler 2000: Schuler, H., Psychologische Personalauswahl: Einführung in die Berufseignungsdiagnostik, 3. Auflage, Göttingen, Bern, Toronto, Seattle 2000.

Schuler/Marcus 2006: Schuler, H. und Marcus, B., »Biografieorientierte Verfahren der Personalauswahl«, in: Schuler, H. (Herausgeber), Lehrbuch der Personalpsychologie, 2. Auflage, Göttingen, Bern, Wien 2006, S. 189–226.

Schulz von Thun 2009: Schulz von Thun, F., »Ich lebe noch«, in: Managerseminare, Heft 01/2009, S. 62–67.

Schulz von Thun/Ruppel/Stratmann 2001: Schulz von Thun, F., Ruppel, J. und Stratmann, R., Miteinander reden: Kommunikationspsychologie für Führungskräfte, Reinbek bei Hamburg 2001.

Schwaab 2004: Schwaab, M.-O., »Herausforderung Trainerauswahl«, in: Personalmagazin, Heft 05/2004, S. 64–67.

Seebass/Wallenstein 2008: Seebass, S. und Wallenstein, B., »Remote Working, Telearbeit und Home Office«, in: Bröckermann, R. und Müller-Vorbrüggen, M. (Herausgeber), Handbuch Personalentwicklung: Praxis der Personalbildung, Personalförderung und Arbeitsstrukturierung, 2. Auflage, Stuttgart 2008, S. 463–475.

Sengelmann 2002: Sengelmann, T., »Praxisbeispiel Dienstleistung: Cologne Broadcasting Center – Personalarbeit im Medienbereich«, in: Bröckermann, R. und Pepels, W. (Herausgeber), Personalmarketing: Akquisition – Bindung – Freistellung, Stuttgart 2002, S. 257–272.

Seufert 2008: Seufert, S., »Corporate University«, in: Bröckermann, R. und Müller-Vorbrüggen, M. (Herausgeber), Handbuch Personalentwicklung: Praxis der Personalbildung, Personalförderung und Arbeitsstrukturierung, 2. Auflage, Stuttgart 2008, S. 277–290.

Siemers 2001: Siemers, B., »Sabbatical und Langzeiturlaub: Befristeter Ausstieg – Einstieg in mehr Lebensqualität?«, in: WSI Mitteilungen, Heft 10/2001, S. 616–621.

Sievers 1980: Sievers, B., »Das Phasenmodell der Organisationsentwicklung«, in: Management-Zeitschrift io, Heft 01/1980, S. 5–8.

Sievers 1987: Sievers, B., »Motivation als Sinnersatz«, in: Gruppendynamik, Heft 02/1987, S. 159–178, Heft 03/1987, S. 269–295.

Sievers 1991: Sievers, B., »Mitarbeiter sind keine Olympioniken«, in: Personalführung, Heft 04/1991, S. 272–274.

Sievers 1994: Sievers, B., Work, Death and Life Itself, Berlin, New York 1994.

Siry 2004: Siry, W. »Wann Manager und Mitarbeiter haften«, in: Personalmagazin, Heft 07/2004, S. 42–44.

Speck/Ryba 2004: Speck, P. und Ryba, A., »Best-Practise-Personalbindungsstrategien in Industrieunternehmen«, in: Bröckermann, R. und Pepels, W. (Herausgeber), Personalbindung: Wettbewerbsvorteile durch strategisches Human Resource Management, Berlin 2004, S. 383–398.

Sprenger 1995: Sprenger, R. K., Mythos Motivation: Wege aus einer Sackgasse, 8. Auflage, Frankfurt am Main, New York 1995.

Stavenhagen 2008: Stavenhagen, I., »Wer geht, redet Klartext«, in: Personalmagazin, Heft 04/2008, S. 50–52.

Stein 2005: Stein, P., »Mindestkündigungsschutz außerhalb des KSchG – Praktische Fragen der Darlegungs- und Beweislast«, in: Der Betrieb, Heft 22/2005, S. 1218–1222.

Stein 2008: Stein, V., »Aussagestarke Humankapitalbewertung«, in: Personal, Heft 10/2008, S. 24–26.

Stein/Schulze/Fleschütz 2006: Stein, A., Schulze, E. und Fleschütz, K., Schnelleinstieg 400 € Mini-Jobs, Freiburg, Berlin, München 2006.

Steinbuch 2001: Steinbuch, P., Organisation, 12. Auflage, Ludwigshafen 2001.

Steinert 2002: Steinert, C., »Praxisbericht: Personaleinstellung«, in: Bröckermann, R. und Pepels, W. (Herausgeber), Handbuch Recruitment, Berlin 2002, S. 316–327.

Steinle 1978: Steinle, C., Führung: Grundlagen, Prozesse und Modelle der Führung in der Unternehmung, Stuttgart 1978.

Steinle/Ahlers/Gradtke 2000: Steinle, C., Ahlers, F. und Gradtke, B., »Vertrauensorientiertes Management: Grundlegung, Praxisschlaglicht und Folgerungen«, in: zfo – Zeitschrift Führung + Organisation, Heft 04/2000, S. 208–217.

stellenanzeigen.de 2008 a: stellenanzeigen.de (www.stellenanzeigen.de/umfrage, Verfasser unbekannt), »Bewerbung mit Bild«, in: Personal, Heft 07–08/2008, S. 57.

stellenanzeigen.de 2008 b: stellenanzeigen.de (www.stellenanzeigen.de/umfrage, Verfasser unbekannt), »Treffen bevorzugt«, in: Personal, Heft 10/2008, S. 32.

Stelzer-Rothe 2002: Stelzer-Rothe, T., »Forschungsbericht: Personalauswahl – persönliche Auswahlverfahren«, in: Bröckermann, R. und Pepels, W. (Herausgeber), Handbuch Recruitment, Berlin 2002, S. 240–260.

Stelzer-Rothe 2008: Stelzer-Rothe, T., »Stellvertretung«, in: Bröckermann, R. und Müller-Vorbrüggen, M. (Herausgeber), Handbuch Personalentwicklung: Praxis der Personalbildung, Personalförderung und Arbeitsstrukturierung, 2. Auflage, Stuttgart 2008, S. 557–569.

Stelzer-Rothe/Hohmeister 2001: Stelzer-Rothe, T. und Hohmeister, F., Personalwirtschaft, Stuttgart, Berlin, Köln 2001.

Steppan 2004: Steppan, R., »Teilsieg für Headhunter«, in: Personal, Heft 05/2004, S. 58–60.

Stock-Homburg 2008: Stock-Homburg, R., Personalmanagement: Theorien – Konzepte – Instrumente, Wiesbaden 2008.

Stogdill 1972: Stogdill, R. M., »Persönlichkeitsfaktoren und Führung: Ein Überblick über die Literatur«, in: Kunczik, M. (Herausgeber), Führung: Theorien und Ergebnisse, Düsseldorf, Wien 1972, S. 86–123.

Stogdill 1974: Stogdill, R. M., Handbook of Leadership, New York 1974.

Strack 2006: Strack, H., »Illegale Drogen im Betrieb«, in: Personalführung, Heft 04/2006, S. 64–68.

Strack/Baier/Fahlander 2008: Strack, R., Baier, J. und Fahlander, A., »Demografie: Talente fördern – Wissen bewahren«, in: Harvard Business Manager, Heft 03/2008, S. 24–36.

Stracke 2007: Stracke, F., Menschen verstehen – Potenziale erkennen: Die Systematik professioneller Bewerberauswahl und Mitarbeiterbeurteilung, 2. Auflage, Leonberg 2007.

Strasmann 2008 a: Strasmann, J., »Outdoor Training, insbesondere Teambildung und Teamentwicklung«, in: Bröckermann, R. und Müller-Vorbrüggen, M. (Herausgeber), Handbuch Personalentwicklung: Praxis der Personalbildung, Personalförderung und Arbeitsstrukturierung, 2. Auflage, Stuttgart 2008, S. 409–418.

Strasmann 2008 b: Strasmann, J., »Qualitätszirkel und Lernstatt«, in: Bröckermann, R. und Müller-Vorbrüggen, M. (Herausgeber), Handbuch Personalentwicklung: Praxis der Personalbildung, Personalförderung und Arbeitsstrukturierung, 2. Auflage, Stuttgart 2008, S. 527–541.

Stuber 2002: Stuber, M., »Diversity Mainstreaming«, in: Personal, Heft 03/2002, S. 48–53.

Stührenberg 2003: Stührenberg, L., Professionelle betriebliche Kommunikation: Erfolgsfaktoren der Personalführung, Wiesbaden 2003.

Tannenbaum/Schmidt 1958: Tannenbaum, R. and Schmidt, W. H., »How to choose a Leadership Pattern«, in Harvard Business Review, Volume 02/1958, S. 95–101.

Taylor 1911: Taylor, F. W., Principles of Scientific Management, New York 1911.

tb 2008: tb (Verfasser unbekannt), »Kopfgeld für Mitarbeiter«, in: ›Rheinische Post vom 10.07.2008, S. C3.

TechConsult 2008: TechConsult (www.kleineUnternehmen.de/trendbarometer, Verfasser unbekannt), »E-Learning ist umstritten«, in: Personalmagazin, Heft 07/2008, S. 24.

Templer 2002: Templer, K.-J., »Personaleinsatz im Ausland«, in: Bröckermann, R. und Pepels, W. (Herausgeber), Personalmarketing: Akquisition – Bindung – Freistellung, Stuttgart 2002, S. 205–226.

Theuner 2001: Theuner, G., »Grundlagen der Layout-Gestaltung der Personalwerbung«, in: Pepels, W. (Herausgeber), Erfolgreiche Personalwerbung in Medien, München, Wien 2001, S. 47–66.

Thiel 2003: Thiel, A., »›Populäre Irrtümer‹ des Konfliktmanagements«, in: Personal, Heft 10/2003, S. 50–51.

Thierau-Brunner/Stangel-Meseke/Wottawa 2006: Thierau-Brunner, H., Stangel-Meseke, M. und Wottawa, H., »Evaluation von Personalentwicklungsmaßnahmen«, in: Sonntag, K. (Herausgeber), Personalentwicklung in Organisationen, 3. Auflage, Göttingen, Bern, Toronto, Seattle 2006, S. 329–354.

Thierig 2008: Thierig, A., »Job-Casting verkürzt die Auswahl«, in: Personalmagazin, Heft 02/2008, S. 34–35.

Thom/Friedli 2004: Thom, N. und Friedli, V., Hochschulabsolventen gewinnen, fördern und erhalten, 2. Auflage, Bern, Stuttgart, Wien 2004.

Thum 2002: Thum, R., Betriebsbedingte Kündigung und unternehmerische Entscheidungsfreiheit, Frankfurt am Main, Bern, Bruxelles, New York, Oxford, Wien 2002.

Tiberius 2004: Tiberius, V. A., »Interimsmanagement: Begriff und Konzeption«, in: Tiberius, V. A. (Herausgeber), Interimsmanagement: Management auf Zeit – in der Praxis, Bern, Stuttgart, Wien 2004, S. 11–36.

Tillmanns 2001: Tillmanns, C., »Achtung Sperrgebiet für den Betriebsrat«, in: Personalmagazin, Heft 08/2001, S. 16–17.

tm 2002: tm (Verfasser unbekannt), »Meniskusschaden beim Firmensport«, in: Personalmagazin, Heft 05/2002, S. 16–18.

Töpfer/Mann 1997: Töpfer, A. und Mann, A., »Benchmarking: Lernen von den Besten«, in: Töpfer, A. (Herausgeber), Benchmarking: Der Weg zu Best Practice, Berlin, Heidelberg, New York,

Hongkong, London, Mailand, Paris, Santa Clara, Singapur, Tokio 1997, S. 31–75.

Towers Perrin 2007: Towers Perrin (Verfasser unbekannt), »Umdenken«, in: Personalführung, Heft 10/2007, S. 12.

Towers Perrin 2008: Towers Perrin (www.towersperrin.com, Verfasser unbekannt), »Zeitwertkonten«, in: Personalführung, Heft 03/2008, S. 10.

Triller 2002: Triller, U., »ePlacement: Outplacement via Internet«, in: Personal, Heft 05/2002, S. 38–39.

Trost/Horstmeier 2007: Trost, A. und Horstmeier, G., »Strategien und Methoden wettbewerbsorientierter Rekrutierung: Rechtliche Rahmenbedingungen der Personalabwerbung«, in: Personalführung, Heft 12/2007, S. 50–57.

Tschöpe 2000: Tschöpe, U., »Betriebsbedingte Kündigung«, in: Betriebs-Berater, Heft 51,52/2000, S. 2630–2636.

Tschöpe 2001: Tschöpe, U., »Personenbedingte Kündigung«, in: Betriebs-Berater, Heft 41/2001, S. 2110–2115.

Tschöpe 2002: Tschöpe, U., »Verhaltensbedingte Kündigung – Eine systematische Darstellung im Lichte der BAG-Rechtsprechung«, in: Betriebs-Berater, Heft 15,52/2002, S. 778–785.

Ubber 2006: Ubber, T., »Zeitarbeit aus dem eigenen Haus«, in: Personalwirtschaft, Heft 11/2006, S. 50–52.

Ulich 2005: Ulich, E., Arbeitspsychologie, 6. Auflage, Stuttgart 2005.

Ullmann 2004: Ullmann, F., »Personal verleihen statt es zu entlassen«, in: Personalmagazin, Heft 04/2001, S. 66–67.

Ulmer 2000: Ulmer, G., »Leistungsbeurteilung – Spiel mit dem Feuer«, in: io management, Heft 03/2000, S. 57–59.

Ungleich Besser Diversity Consulting 2007: Ungleich Besser Diversity Consulting (Verfasser unbekannt), »Diversity«, in: Personalführung, Heft 11/2007, S. 8.

Verfasser unbekannt 2008: Verfasser unbekannt, »Auswirkungen des Elterngelds«, in: Personalmagazin, Heft 10/2008, S. 72.

Verfürth 2002: Verfürth, C., »Praxisbericht: Personalauswahl – persönliche Auswahlverfahren«, in: Bröckermann, R. und Pepels, W. (Herausgeber), Handbuch Recruitment, Berlin 2002, S. 261–278.

Verfürth 2008: Verfürth, C., »Einarbeitung, Integration und Anlernen neuer Mitarbeiter«, in: Bröckermann, R. und Müller-Vorbrüggen, M. (Herausgeber), Handbuch Personalentwicklung: Praxis der Personalbildung, Personalförderung und Arbeitsstrukturierung, 2. Auflage, Stuttgart 2008, S. 131–150.

Vogel 2002: Vogel, J., »Kündigungsschutz leitender Angestellter«, in: Neue Zeitschrift für Arbeitsrecht, Heft 06/2002, S. 313–318.

Vogelauer 2003: Vogelauer, W., »Coaching«, in: Auhagen, A. E. und Bierhoff, H.-W. (Herausgeber), Angewandte Sozialpsychologie: Das Praxishandbuch, Weinheim, Basel, Berlin 2003, S. 175–193.

Voltz 2001: Voltz, T., »Das Für und Wider der Vorgesetztenbeurteilung«, in: Personalführung, Heft 06/2001, S. 90–93.

Von der Ruhr/Bosse 2008: Von der Ruhr, J. und Bosse, N., »Job Families«, in: Bröckermann, R. und Müller-Vorbrüggen, M. (Herausgeber), Handbuch Personalentwicklung: Praxis der Personalbildung, Personalförderung und Arbeitsstrukturierung, 2. Auflage, Stuttgart 2008, S. 485–500.

Vroom 1964: Vroom, V. H., Work and Motivation, New York, London, Sydney 1964.

Vroom/Yetton 1973: Vroom, V. H. and Yetton, P. W., Leadership and Decision-Making, Pittsburgh 1973.

Wabel/Nitsch/Machl 2008: Wabel, C., Nitsch, S. und Machl, B., »Die Sorge um qualifiziertes Personal«, in: Personalwirtschaft, Heft 01/2008, S. 34–36.

Wachenfeld/Wiesmann 2008: Wachenfeld, A. und Wiesmann, D., »Angebote, die ankommen«, in: Personalwirtschaft, Heft 09/2008, S. 57–59.

Wagner 2005: Wagner, D., »Cafeteria-Systeme – Grundsätzliche Gestaltungsmöglichkeiten«, in: Zander, E. und Wagner, D. (Herausgeber), Handbuch des Entgeltmanagements, München 2005, S. 139–152.

Wagner/Bartscher/Nowak 2002: Wagner, K., Bartscher, T. und Nowak, U., Praktische Personalwirtschaft: Eine praxisorientierte Einführung, Wiesbaden 2002.

Walk 2005: Walk, F., »Bewerbung ohne Passbild«, in: Personal, Heft 03/2005, S. 52–53.

Walter 2005: Walter, N.: »Deutsche – immer weniger und immer älter: Was ist zu tun?«, in: Speck, P. (Herausgeber): Employability – Herausforderungen für die strategische Personalentwicklung, 2. Auflage, Wiesbaden 2005, S. 1–7.

Walther 2008: Walther, P., »Mitarbeiter mit Mission: Employee Branding«, in: Managerseminare, Heft 10/2008, S. 24–28.

Watson Wyatt o. J.: Watson Wyatt (Autorenkollektiv/Herausgeber), Benchmarking, Düsseldorf o. J.

Watzka/Wenkel 2004: Watzka, K. und Wenkel, S., »Stellengesuche im Dornröschenschlaf«, in: Personal, Heft 04/2004, S. 16–20.

Watzlawick/Beavin/Jackson 1980: Watzlawick, P., Beavin, J. H. und Jackson, D. D., Menschliche Kommunikation, 5. Auflage, Bern u. a. 1980.

Weber 1972: Weber, M., Wirtschaft und Gesellschaft, 5. Auflage, Tübingen 1972.

Weber 2004 a: Weber, J.: »Balanced Scorecard«, in: Gabler (Autorenkollektiv/Herausgeber), Gabler Wirtschaftslexikon, Band A – Be, 16. Auflage, Wiesbaden 2004, S. 297–299.

Weber 2004 b: Weber, J.: »Controlling«, in: Gabler (Autorenkollektiv/Herausgeber): Gabler Wirtschaftslexikon, Band Bf – E, 16. Auflage, Wiesbaden 2004, S. 619–621.

Wegerich 2008: Wegerich, C., »Entsendung und Auslandseinsatz«, in: Bröckermann, R. und Müller-Vorbrüggen, M. (Herausgeber),

Handbuch Personalentwicklung: Praxis der Personalbildung, Personalförderung und Arbeitsstrukturierung, 2. Auflage, Stuttgart 2008, S. 587–605.

Weiber/Meyer 2006: Weiber, R. und Meyer, J., »Herausforderung Change Management«, in: WISU: das Wirtschaftsstudium, Heft 02/2006, S. 200–205.

Weibler 2001: Weibler, J., Personalführung, München 2001.

Weidl 2003: Weidl, B. J., »Personalpolitische Konzepte in Krisenzeiten«, in: Rosenstiel, L. von, Regnet, E. und Domsch, M. E. (Herausgeber), Führung von Mitarbeitern: Handbuch für erfolgreiches Personalmanagement. 5. Auflage, Stuttgart 2003, S. 787–798.

Weiner 1988: Weiner, B., Motivationspsychologie, 2. Auflage, München, Weinheim 1988.

Weinreich/Weigl 2002: Weinreich, I. und Weigl, C., Gesundheitsmanagement erfolgreich umsetzen: Ein Leitfaden für Unternehmen und Trainer, Neuwied, Kriftel 2002.

Welslau 2000 a: Welslau, D., »Anzeigepflicht bei Massenentlassungen«, in: Personalwirtschaft, Heft 01/2000, S. 58–61.

Welslau 2000 b: Welslau, D., »Rolle rückwärts bei der Scheinselbstständigkeit«, in: Personalwirtschaft, Heft 02/2000, S. 80–86.

Wenzler 2001: Wenzler, O., »Das letzte Gespräch«, in: Personalwirtschaft, Heft 04/2001, S. 42–43.

Werner 2002: Werner, B., »Sozialrechtliche Folgen des Abwicklungsvertrags«, in: Neue Zeitschrift für Arbeitsrecht, Heft 05/2002, S. 262–263.

Wetzel 2004: Wetzel, S., »Gesunde Ernährung im Betrieb«, in: Kuhn, D. und Sommer, D. (Herausgeber), Betriebliche Gesundheitsförderung: Ausgangspunkte – Widerstände – Wirkungen, Wiesbaden 2004, S. 199–136.

Weuster 2008: Weuster, A., Personalauswahl: Anforderungsprofil, Bewerbersuche, Vorauswahl und Vorstellungsgespräch, 2. Auflage, Wiesbaden 2008.

Weuster/Scheer 2002: Weuster, A. und Scheer, B., Arbeitszeugnisse in Textbausteinen: Rationelle Erstellung, Analyse, Rechtsfragen, 9. Auflage, Stuttgart, München, Hannover, Berlin, Weimar, Dresden 2002.

Wicher 2002: Wicher, H., »REFA Bundesverband e. V.«, in: WISU: das Wirtschaftsstudium, Heft 08–09/2002, S. 1067–1069.

Wichmann 2004: Wichmann, M., Mitarbeiterbeurteilung im Krankenhaus: Evaluation des Verfahrens der Kliniken Maria Hilf GmbH, München, Mering 2004.

Wickel-Kirsch/Janusch/Knorr 2008: Wickel-Kirsch, S., Janusch, M. und Knorr, E., Personalwirtschaft: Grundlagen der Personalarbeit in Unternehmen, Wiesbaden 2008.

Wiendieck 1994: Wiendieck, G., Arbeits- und Organisationspsychologie, Berlin, München 1994.

Wiendieck 2003: Wiendieck, G., »Führung und Organisationsstruktur«, in: Rosenstiel, L. von, Regnet, E. und Domsch, M. E. (Herausgeber), Führung von Mitarbeitern: Handbuch für erfolgrei-

ches Personalmanagement, 5. Auflage, Stuttgart 2003, S. 627–637.

Wiener 2003: Wiener, C., »E-Recruiting im Auf und Ab der Trendwellen«, in: Personal, Heft 08/2003, S. 22–24.

Wild 2008: Wild, M., »Professionelles HR-Controlling: Effizienzmessung durch Benchmarking«, in: HR Performance: Computer + Personal, Heft 07/2008, S. 22–25.

Wilms 2008: Wilms, W. J., »Job Enlargement und Job Enrichment«, in: Bröckermann, R. und Müller-Vorbrüggen, M. (Herausgeber), Handbuch Personalentwicklung: Praxis der Personalbildung, Personalförderung und Arbeitsstrukturierung, 2. Auflage, Stuttgart 2008, S. 501–512.

Wilpert 2007: Wilpert, B., »Organisation und Umwelt«, in: Schuler, H. (Herausgeber), Lehrbuch Organisationspsychologie, 4. Auflage, Bern 2007, S. 641–659.

Wimmer 2004: Wimmer, R., »OE am Scheideweg: Hat die Organisationsentwicklung ihre Zukunft bereits hinter sich?«, in: Organisationsentwicklung, Heft 01/2004, S. 26–39.

Wisskirchen 2006: Wisskirchen, G., »Der Umgang mit dem Allgemeinen Gleichbehandlungsgesetz – Ein ›Kochrezept‹ für Arbeitgeber«, in: Der Betrieb, Heft 27/2006, S. 1491–1499.

Withauer 1992: Withauer, K. F., Menschen führen: Mit praxisnahen Führungsaufgaben und Lösungswegen, 6. Auflage, Ehningen, Stuttgart, Zürich 1992.

Wolf 2006: Wolf, S., »Vetternwirtschaft«, in: Rheinische Post vom 02.09.2006, S. E 17.

Wöhe/Döring 2008: Wöhe, G. (†) und Döring, U., Einführung in die Allgemeine Betriebswirtschaftslehre, 23. Auflage, München 2008.

Wortmann 2007: Wortmann, J., E-Learning als Instrument der Personalentwicklung, München, Mering 2007.

Worzalla 2005: Worzalla, M., Arbeitsverträge gestalten: Grundlagen, Tipps und Formulierungshilfen, 2. Auflage, Berlin 2005.

Wottawa 2000: Wottawa, H., »Perspektiven der Potentialbeurteilung: Themen und Trends«, in: Rosenstiel, L. von und Lang-von Wins, T. (Herausgeber), Perspektiven der Potentialbeurteilung, Göttingen, Bern, Toronto, Seattle 2000, S. 27–51.

WSI 2007: WSI (Verfasser unbekannt), »Weihnachtsgratifikation«, in: Der Betrieb, Heft 49/2007, S. XXII.

Wucknitz 2005: Wucknitz, U. D., Personal-Rating und Personal-Risikomanagement: Wie mittelständische Unternehmen ihre Bewertung verbessern, Stuttgart 2005.

Wunderer 2000: Wunderer, R., »Entwicklungstendenzen im Personal-Controlling und der Wertschöpfungsmessung« in: Personal, Heft 06/2000, S. 298–304.

Wunderer 2003: Wunderer, R., Führung und Zusammenarbeit, 5. Auflage, München, Neuwied 2003.

Wunderer/Arx 2002: Wunderer, R. und von Arx, S., Personalmanagement als Wertschöpfungs-Center: Unternehmerische Organisationskonzepte für interne Dienstleister, 3. Auflage, Wiesbaden 2002.

Wunderer/Grunwald 1980 a: Wunderer, R. und Grunwald, W., Führungslehre, Band I: Grundlagen der Führung, Berlin, New York 1980.

Wunderer/Grunwald 1980 b: Wunderer, R. und Grunwald, W., Führungslehre, Band II: Kooperative Führung, Berlin, New York 1980.

Wunderer/Jaritz 2007: Wunderer, R. und Jaritz, A., Unternehmerisches Personalcontrolling: Evaluation der Wertschöpfung im Personalmanagement, 4. Auflage, Köln 2007.

Zander 1994: Zander, E., Lohn- und Gehaltsfestsetzung in Klein- und Mittelbetrieben, 10. Auflage, Freiburg im Breisgau 1994.

Zdrowomyslaw 2007: Zdrowomyslaw, N., Personalcontrolling: Der Mensch im Mittelpunkt – Erfahrungsberichte, Funktionen und Instrumente, Gernsbach 2007.

Zentrum für Europäische Wirtschaftsforschung 2008: Zentrum für Europäische Wirtschaftsforschung (www.zew.de/publikation4283, Verfasser unbekannt), »Wo Ausbildung sich rechnet«, in: Personal, Heft 07–08/2008, S. 57.

Ziegenbein 2002: Ziegenbein, K., Controlling, 7. Auflage, Ludwigshafen 2002.

Zumkeller 2001: Zumkeller, A., »Die Anhörung des Betriebsrats bei der Kündigung von Ersatzmitgliedern«, in: Neue Zeitschrift für Arbeitsrecht, Heft 15/2001, S. 823–825.

Zuschlag 2001: Zuschlag, B., Mobbing: Schikane am Arbeitsplatz, 3. Auflage, Göttingen, Bern, Toronto, Seattle 2001.

Zwanziger/Winkelmann 2007: Zwanziger, B. und Winkelmann, B., Teilzeitarbeit: Ein Leitfaden für die Praxis, Berlin 2007.

Stichwortverzeichnis